Reihe Mathematik für Ingenieure:

Grundwerk

Algebra und Geometrie für Ingenieure

Algebra und Geometrie für Ingenieure

von
Dr. H. Nickel, Dr. G. Kettwig, H. Beinhoff, W. Pauli, Prof. Dr.-Ing. H. Kreul, Dr.-Ing. W. Leupold

14. Auflage

Mit 365 Bildern und 1062 Aufgaben mit Lösungen

VERLAG HARRI DEUTSCH · THUN UND FRANKFURT/MAIN

HERAUSGEBER:

H. Birnbaum, Dr.-Ing. H. Götzke, Prof. Dr.-Ing. H. Kreul, Dr.-Ing. W. Leupold, Dr. F. Müller, Prof. Dr. P. H. Müller, Dr. H. Nickel, Prof. Dr. H. Sachs

AUTOREN

Federführung:

Studiendirektor Dr. Heinz Nickel

Autoren der einzelnen Abschnitte:

Dr. Günter Kettwig
(1. bis 8.)

Fachschuldozent Horst Beinhoff
(9. bis 18.)

Dipl.-Math. Wolfgang Pauli
(19. bis 23.)

Studiendirektor Dr. Heinz Nickel
(24., 27. bis 32.)

Studienrat Prof. Dr.-Ing. Hans Kreul
(25., 26., 33.)

Dr.-Ing. Wilhelm Leupold
(34. bis 39.)

ISBN 3 87144 107 4

Redaktionsschluß: 15. 2. 1985

Lizenzausgabe für den Verlag Harri Deutsch · Thun
Printed in GDR
Satz: VEB Druckhaus „Maxim Gorki", Altenburg
Fotomechanischer Nachdruck:
Grafische Werke Zwickau III/29/1

Vorwort

Der vorliegende Band „Algebra und Geometrie für Ingenieure" und der Band „Analysis für Ingenieure", die das zweibändige Grundwerk (weißer Einband) der „Reihe Mathematik für Ingenieure" bilden, gelten bereits als Standardlehrbücher. Sie haben ihren Platz neben dem vierbändigen Grundwerk (grüner Einband), dem „Lehr- und Übungsbuch Mathematik", das in den Anfangskapiteln breiter angelegt ist und weniger mathematische Vorkenntnisse voraussetzt.
Das zweibändige Grundwerk folgt der neuen Linie der mathematischen Ausbildung, indem es auf den Prinzipien der Mengenlehre aufbaut. Das vierbändige Grundwerk bleibt jedoch weiterhin bestehen, da es sich wegen seiner ausführlichen Darstellungsweise vor allem bei der Benutzung in Fachschulen und zum Selbststudium vorzüglich bewährt.
Die Bände „Algebra und Geometrie für Ingenieure" und „Analysis für Ingenieure" liegen von der 6. Auflage an völlig neu bearbeitet vor. Zahlreiche Anregungen von Dozenten, für die sich der Verlag an dieser Stelle noch einmal bedanken möchte, haben wesentlich zur Neufassung und Verbesserung der Bücher beigetragen.
Die Neubearbeitung hat dem zweibändigen Werk zu noch größerer Praxisnähe und Aktualität verholfen. Die Veränderungen beziehen sich im wesentlichen einmal auf den Aufbau des Stoffes, dessen Veränderlichkeit erhöht wurde, zum anderen auf Erweiterungen (so wurde zum Beispiel im vorliegenden Band ein Abschnitt über Logik neu aufgenommen). In der 12. Auflage wurde das Buch hinsichtlich der SI-Einheiten überarbeitet.
Der Verlag hofft, daß die Neubearbeitung des zweibändigen Grundwerkes der „Reihe Mathematik für Ingenieure" zur weiteren Verbesserung der Lernbedingungen beiträgt. Über den Gesamtaufbau der erfolgreichen Reihe, die nach modernen Gesichtspunkten als Baukastensystem konzipiert wurde, unterrichtet eine Übersicht am Schluß dieses Buches.

Verlag Harri Deutsch

Inhaltsverzeichnis

Logik und Mengenlehre

1. Grundbegriffe der Aussagenlogik

1.1. Begriff der Aussage

Eine der Grundlagen der modernen Mathematik ist die Logik als die »Lehre von der allgemeinsten Struktur des richtigen Denkens«.[1] Sie erklärt nicht nur das Wesen mathematischer Schlußweisen, sondern liefert auch einige für die heutige Mathematik fundamentale Begriffe, so die Begriffe der Aussage und der Aussageform. Diese sind besonders für das Verständnis der Gleichungslehre (vgl. Abschnitt 9.) unerläßlich.

Definition

Eine **Aussage** ist ein in Worte oder Zeichen gekleideter Gedanke, der die objektive Realität entweder richtig oder falsch widerspiegelt, also genau eins von beiden: *wahr* oder *falsch* ist. In diesem Sinne unterscheidet man wahre und falsche Aussagen.

Aussagen werden im folgenden durch kleine lateinische Buchstaben: $p, q, \ldots$ bezeichnet.

BEISPIELE

1. GAUSS war ein Mathematiker.
2. Wärme ist eine Energieform.
3. EUKLID war ein Römer.

Die Beispiele 1 und 2 stellen wahre Aussagen dar, das Beispiel 3 eine falsche.
Laut Definition gibt es keine Aussagen, die zugleich wahr und falsch sind. Es gibt aber auch keine, für die weder das eine noch das andere zutrifft. Um eine Aussage darzustellen, muß demnach ein Gedanke hinreichend klar gefaßt sein.
Der Satz: »Die Winkelsumme im Dreieck beträgt 180°« ist für ebene Dreiecke richtig, für sphärische dagegen falsch. Er stellt also ohne weiteres keine Aussage dar.

---

[1]) Vgl. [3] und [6]

1.2. Negation, Konjunktion und Alternative

Es ist auf verschiedene Weisen möglich, aus gegebenen Aussagen neue Aussagen zu bilden. Dabei spielen gewisse Worte und Wortverbindungen eine Rolle, die in der Mathematik einen ganz bestimmten, aus dem täglichen Sprachgebrauch nicht unbedingt gewohnten Sinn haben. Wegen der Häufigkeit der mit ihnen gebildeten Aussagenverknüpfungen sind sie für die mathematische Ausdrucksweise von außerordentlicher Bedeutung. Ihrer Erläuterung dienen die Abschnitte 1.2. und 1.3.
Durch sinnvolles Einfügen des Wortes nicht in eine gegebene Aussage kann zum Ausdruck gebracht werden, daß der Sachverhalt anders ist, als in der ursprünglichen Aussage beschrieben wurde. Die ursprüngliche Aussage wird verneint. Beispielsweise entsteht aus der Aussage »Eisen ist ein wichtiger Rohstoff« die Verneinung »Eisen ist nicht ein (kein) wichtiger Rohstoff«. Die in dieser Weise mit »nicht« gebildete neue Aussage wird Negation der ursprünglichen Aussage genannt:

Definition

Unter der **Negation** einer gegebenen Aussage p versteht man die Aussage »*nicht* p«. Sie wird mit $\overline{p}$ bezeichnet.

BEISPIELE

1. p: Wärme ist eine Energieform.
   $\overline{p}$: Wärme ist nicht eine (keine) Energieform.
2. p: Ein rechter Winkel beträgt 180°.
   $\overline{p}$: Ein rechter Winkel beträgt nicht 180°.

Da die Negation ausdrückt, daß es sich anders verhält als durch die ursprüngliche Aussage formuliert wird, gilt:

Die Negation einer gegebenen Aussage ist genau dann wahr, wenn die gegebene Aussage falsch ist.

Im Einführungsbeispiel und im Beispiel 1 sind die gegebenen Aussagen wahr, die Negationen daher falsch. Im Beispiel 2 ist es umgekehrt.
Durch Einfügen des Bindewortes und zwischen zwei gegebene Aussagen soll zum Ausdruck gebracht werden: Es besteht sowohl der durch die eine formulierte Sachverhalt als auch der durch die andere formulierte. Aus den beiden Aussagen: »Eisen ist ein chemisches Element« und »Wasser ist eine Verbindung« kann zum Beispiel die neue Aussage »Eisen ist ein chemisches Element und Wasser (ist) eine Verbindung« gebildet werden. Die neue Aussage wird Konjunktion der beiden Aussagen genannt.

Definition

Unter der **Konjunktion** der beiden Aussagen p und q versteht man die Aussage »p *und* q«. Sie wird durch $p \wedge q$ bezeichnet.

BEISPIELE

3. Gauss wurde 1777 geboren und (Gauss) starb 1855.
4. Die Sonne ist eine Kugel und der Mond (ist) eine Scheibe.
5. Ein Quadrat ist kein Parallelogramm und (ein Quadrat) hat gleichlange Seiten.
6. Konvexlinsen zerstreuen (das Licht) und Konkavlinsen sammeln das Licht.

Indem die Konjunktion zweier Aussagen sowohl den durch die eine ausgedrückten Sachverhalt als auch den durch die andere ausgedrückten behauptet, gilt:

Die Konjunktion zweier Aussagen ist genau dann wahr, wenn diese Aussagen beide wahr sind.

Demnach sind die im Einführungsbeispiel und im Beispiel 3 genannten Konjunktionen wahr, während die in den Beispielen 4, 5 und 6 angegebenen falsch sind.
Durch Einfügen des Bindewortes oder zwischen zwei gegebene Aussagen soll zum Ausdruck gebracht werden: Es besteht wenigstens einer der durch sie formulierten Sachverhalte, vielleicht auch alle beide. Das Wort »oder« wird also in der Mathematik im einschließenden Sinne gebraucht.[1]) Aus den beiden Aussagen: »Ein Sechseck hat sechs Seiten« und »Ein Dreieck hat fünf Seiten« ergibt sich zum Beispiel: »Ein Sechseck hat sechs Seiten oder ein Dreieck (hat) fünf (Seiten)«. Diese neue Aussage wird Alternative[2]) der beiden Aussagen genannt.

Definition

Unter der **Alternative** der beiden Aussagen p und q versteht man die Aussage »*p oder q*«. Sie wird durch $p \vee q$ bezeichnet.

BEISPIELE

7. Druck (erzeugt Wärme) oder Reibung erzeugt Wärme.
8. »Souvenir« ist ein englisches (Wort) oder (»Souvenir« ist ein) französisches Wort.
9. Dieses Beispiel hat die Nummer 8 oder die Nummer 10.

Weil die Alternative zweier Aussagen behauptet, daß wenigstens einer der beiden durch sie formulierten Sachverhalte besteht, gilt:

Die Alternative zweier Aussagen ist genau dann wahr, wenn wenigstens eine der beiden Aussagen wahr ist.

Im obigen Einführungsbeispiel ist die erste Teilaussage wahr, die zweite falsch, die Alternative also wahr. Ferner sind die Alternativen der Beispiele 7 und 8 wahr, die des Beispiels 9 dagegen falsch.
Mit Hilfe von Negation, Konjunktion und Alternative können auch mehrfache Aussagenverknüpfungen gebildet werden.

BEISPIELE

10. p: Im rechtwinkligen Dreieck gilt der Satz des PYTHAGORAS.
    q: Im rechtwinkligen Dreieck gilt der Höhensatz des EUKLID.
    r: Im rechtwinkligen Dreieck ist die größte Seite eine Kathete.
    $(p \wedge q) \vee r$: Im rechtwinkligen Dreieck gilt der Satz des PYTHAGORAS und der Höhensatz des EUKLID, oder die größte Seite ist im rechtwinkligen Dreieck eine Kathete.

---

[1]) Soll zum Ausdruck gebracht werden, daß genau einer der beiden Sachverhalte besteht (und nicht beide zugleich), so verwendet man die Wortverbindung »entweder .... oder ....«, zum Beispiel: »Eine Aussage ist entweder wahr oder falsch«. Eine solche Verknüpfung ist jedoch keine Alternative

[2]) Die sprachliche Bedeutung des Wortes Alternative steht im Gegensatz zu dieser Benennung

Diese Aussage ist insgesamt wahr; denn mit p und q ist die Konjunktion $p \wedge q$ wahr und damit auch die Alternative.

Die folgende Tabelle gibt eine Zusammenstellung der Bewertungen von Negation, Konjunktion und Alternative mit wahr (w) und falsch (f):

Gegebene Aussagen p	q	Negation $\bar{p}$	Konjunktion $p \wedge q$	Alternative $p \vee q$
w	w	f	w	w
w	f		f	w
f	w	w	f	w
f	f		f	f

1.3. Implikation und Äquivalenz

Werden zwei Aussagen durch die Wortverbindung wenn ..., so ... verknüpft, so bezeichnet man dabei die erste als *Voraussetzung* und die zweite als *Behauptung*. Die Verknüpfung soll ausdrücken: Es besteht der durch die Behauptung formulierte Sachverhalt, oder der durch die Voraussetzung ausgedrückte Sachverhalt besteht nicht. Für die beiden Aussagen: »Das in Bild 1 dargestellte Dreieck ist gleichseitig« und »In dem in Bild 1 dargestellten Dreieck halbiert die Höhe h_c die Seite c« lautet diese Verknüpfung zum Beispiel: »Wenn das in Bild 1 dargestellte Dreieck gleichseitig ist, so halbiert die Höhe h_c die Seite c«. Diese neue Aussage wird Implikation aus den beiden gegebenen Aussagen genannt.

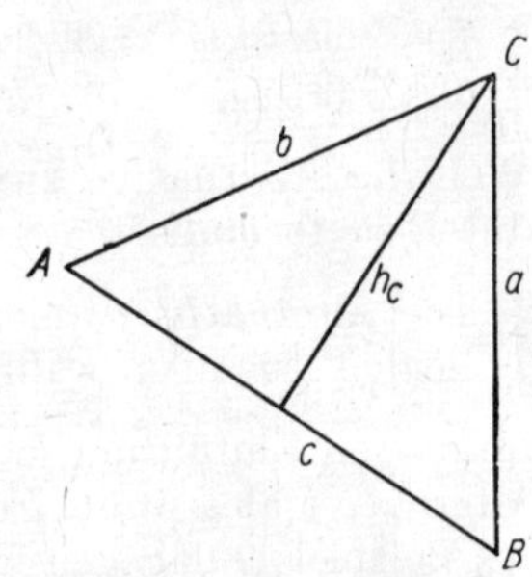

Bild 1

Definition

Unter der **Implikation** aus den beiden Aussagen p und q versteht man die Aussage »*wenn p, so q*«. Sie wird durch $p \Rightarrow q$ dargestellt.

Zwischen Voraussetzung und Behauptung einer Implikation braucht kein sachlicher, geschweige denn kausaler[1]) Zusammenhang zu bestehen. Sie kann aus beliebigen Aussagen gebildet werden.

BEISPIELE

1. Wenn die Erde ein Planet ist, so bewegt sie sich auf einer Ellipse um die Sonne.
2. Wenn ein Schaltjahr 366 Tage hat, so hat das normale Jahr 367 Tage.
3. Wenn Euler kein bedeutender Mathematiker war, so war Hertz kein bedeutender Physiker.

Oben wurde verabredet: Die Implikation aus zwei Aussagen behauptet das Bestehen des durch die Behauptung formulierten Sachverhaltes oder das Nichtbestehen des durch die Voraussetzung ausgedrückten. Daher ist jede Implikation wahr, deren

[1]) Kausal heißt der Zusammenhang zwischen Ursache und Wirkung

Behauptung wahr ist, unabhängig von der Wahrheit der Voraussetzung. Die Implikation des Einführungsbeispiels ist wahr, obwohl die Voraussetzung falsch ist; das Dreieck ist — wie man nachmessen kann — nicht gleichseitig. Ebenso ist jede Implikation wahr, deren Voraussetzung falsch ist, unabhängig von der Wahrheit der Behauptung. Insbesondere ist die Implikation in Beispiel 3 wahr, obwohl Voraussetzung und Behauptung falsch sind.

Die Implikation aus zwei Aussagen ist genau dann falsch, wenn die Voraussetzung wahr und die Behauptung falsch ist.

Dies trifft auf die in Beispiel 2 angegebene Implikation zu. Um eine Implikation auszudrücken, sind außer der Wortverbindung »wenn ..., so ...« in der Mathematik noch andere Wendungen üblich. Statt »wenn p, so q« wird vor allem auch gesagt:

p nur dann, wenn q,

aus p folgt q,

p ist hinreichend für q,

q ist notwendig für p.

Implikationen sind Hauptelemente des mathematischen Schließens. Dabei ist die Implikation $p \Rightarrow q$ von ihrer *Umkehrung* $q \Rightarrow p$ zu unterscheiden. Die Umkehrung der bei der Einführung genannten Implikation lautet zum Beispiel: »Wenn in dem in Bild 1 dargestellten Dreieck die Höhe h_c die Seite c halbiert, so ist das Dreieck gleichseitig.« Diese Implikation ist falsch.

Dagegen ist die Implikation $p \Rightarrow q$ der Implikation $\bar{q} \Rightarrow \bar{p}$, ihrer *Kontraposition*, gleichwertig. Denn die Kontraposition ist als Implikation genau dann falsch, wenn $\bar{q}$ wahr und $\bar{p}$ falsch ist, das heißt ebenfalls, wenn q falsch und p wahr ist.

Auf der einfachen Implikation und der Kontraposition beruhen die beiden wichtigsten Beweisverfahren der Mathematik:

1. *Direkter Beweis*: Um eine Aussage q zu beweisen, geht man von einer bereits bewiesenen Aussage p aus und folgert aus ihr mit Hilfe mathematischer Sätze die Richtigkeit von q. Man sucht also im Prinzip eine geeignete wahre Aussage p und eine wahre Implikation $p \Rightarrow q$. Durch beide ist die Wahrheit von q gesichert.
2. *Indirekter Beweis*: Um die Aussage q zu beweisen, macht man die Annahme, sie sei falsch, und folgert daraus mit Hilfe mathematischer Sätze einen Widerspruch, das heißt die Falschheit einer als wahr bekannten zweiten Aussage p. Man sucht also im Prinzip eine geeignete wahre Aussage p und eine wahre Kontraposition $\bar{q} \Rightarrow \bar{p}$. Durch beide wird die Falschheit von $\bar{q}$, das ist die Wahrheit von q gesichert.

In mathematischen Überlegungen kommen häufig wahre Implikationen vor, bei denen auch die Umkehrungen wahr sind. Zum Beispiel gehört zu der wahren Implikation »Wenn das in Bild 1 dargestellte Dreieck drei gleich lange Seiten hat, so hat es drei gleich große Winkel« die wahre Umkehrung »Wenn das in Bild 1 dargestellte Dreieck drei gleich große Winkel hat, so hat es drei gleich lange Seiten«. Um diesen Sachverhalt auszudrücken, verknüpft man die beiden Aussagen durch die Wortverbindung *genau dann, wenn*: »Das in Bild 1 dargestellte Dreieck hat genau dann drei gleich lange Seiten, wenn es drei gleich große Winkel hat«. Dadurch soll zum Ausdruck gebracht werden: Entweder bestehen beide in den Aussagen formulierten

Sachverhalte, oder sie bestehen beide nicht. Die neue Aussage wird Äquivalenz der beiden Aussagen genannt.

Definition

Unter der **Äquivalenz** der beiden Aussagen p und q versteht man die Aussage «p *genau dann, wenn q*». Sie wird durch $p \Leftrightarrow q$ bezeichnet.

BEISPIELE

4. Die in Bild 2 dargestellten Geraden sind genau dann parallel, wenn sie sich im Endlichen nicht schneiden.
5. Eine Stunde hat 60 Minuten genau dann, wenn eine halbe Stunde 20 Minuten hat.
6. Die Erde ist eine Hohlkugel genau dann, wenn Paris die Hauptstadt von Frankreich ist.

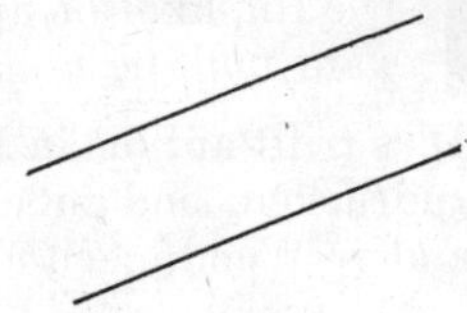

Bild 2

Weil die Äquivalenz zweier Aussagen entweder das Bestehen oder das Nichtbestehen beider durch sie formulierten Sachverhalte behauptet, gilt:

Die Äquivalenz zweier Aussagen ist genau dann wahr, wenn die Aussagen entweder beide wahr oder beide falsch sind.

Im Einführungsbeispiel zur Äquivalenz, S. 19 unten, sind die verknüpften Aussagen beide falsch, was durch Nachmessen bestätigt werden kann, im Beispiel 4 sind sie beide wahr. Diese Äquivalenzen sind demnach wahr. Die Beispiele 5 und 6 dagegen geben falsche Äquivalenzen.

Die Äquivalenz $p \Leftrightarrow q$ in Worte zu kleiden, gibt es außer der Formulierung »genau dann p, wenn q« noch eine Reihe weiterer Möglichkeiten, die den verschiedenen Ausdrucksweisen von Implikationen entsprechen:

p dann und nur dann, wenn q,
aus p folgt q und umgekehrt,
p ist notwendig und hinreichend für q.

Beim logischen Schließen ist es vorteilhaft, Implikationen und Äquivalenzen als Aussagen über die logische Beziehung zwischen den verknüpften Aussagen aufzufassen, als *Relationen* zwischen Aussagen. Dagegen tragen Negation, Konjunktion und Alternative mehr den Charakter von Operationen. Als Relationen zwischen Aussagen haben Implikation und Äquivalenz folgende bemerkenswerte Eigenschaften:

Für eine beliebige Aussage p gilt sowohl stets $p \Rightarrow p$ als auch $p \Leftrightarrow p$.

In diesen beiden Formeln sind nämlich entweder beide Seiten wahr oder beide Seiten falsch.

Relationen, die stets dann wahr sind, wenn sie zwischen einem Objekt und sich selbst aufgestellt werden, heißen *reflexiv*.

Aus den Implikationen $p \Rightarrow q$ und $q \Rightarrow r$ folgt stets die Implikation $p \Rightarrow r$.

Beweis: Sind die beiden Relationen $p \Rightarrow q$ und $q \Rightarrow r$ wahr, so ergibt sich aus der Wahrheit von p die Wahrheit von q und aus der Wahrheit von q die Wahrheit von r. Also ist es nicht möglich, daß p wahr und r falsch ist, das heißt, daß die Implikation $p \Rightarrow r$ falsch ist.

Dieselbe Eigenschaft kommt auch der Äquivalenz zu.

Aus den Äquivalenzen $p \Leftrightarrow q$ und $q \Leftrightarrow r$ folgt stets die Äquivalenz $p \Leftrightarrow r$.

Dadurch kommt eine gewisse Übertragbarkeit der Implikation und der Äquivalenz zum Ausdruck. Relationen, die wie die Implikation und die Äquivalenz übertragbar sind, werden *transitiv* genannt.

In einer Hinsicht aber unterscheiden sich die beiden Relationen wesentlich.

Aus $p \Leftrightarrow q$ folgt stets $q \Leftrightarrow p$.

Dagegen kann, wie oben bereits bemerkt, aus $p \Rightarrow q$ keinesfalls $q \Rightarrow p$ geschlossen werden.

Dürfen bei einer Relation, wie bei der Äquivalenz, die Bezugsobjekte ausgetauscht werden, so heißt diese Relation *symmetrisch*.

Satz

Die Äquivalenz ist eine symmetrische, reflexive und transitive Relation. Die Implikation ist nur reflexiv und transitiv.

Die nachstehende Tabelle gibt die Zusammenstellung der Bewertung von Implikation und Äquivalenz mit wahr (w) oder falsch (f):

Gegebene Aussagen		Implikation	Äquivalenz
p	q	$p \Rightarrow q$	$p \Leftrightarrow q$
w	w	w	w
w	f	f	f
f	w	w	f
f	f	w	w

1.4. Aussageformen

Bei allgemeinen Überlegungen soll häufig vom konkreten Inhalt bestimmter Begriffe abgesehen werden. Man ersetzt sie dann in Aussagen durch Buchstaben, für die man sich eine ganze Reihe von Begriffen einer bestimmten Art denken kann. Solche Buchstaben heißen Variablen.

Definition

Ein Buchstabe, für den während einer Überlegung in gewissem Ausmaß frei wählbare Begriffe eingesetzt werden dürfen, wird **Variable** genannt.

Zur Bezeichnung von Variablen werden vorwiegend die letzten Buchstaben des lateinischen Alphabets verwendet: u, v, w, x, y, z.

BEISPIELE

1. x war ein Mathematiker.
2. Die Sonne ist ein y.
3. u ist v.
4. Wenn 1 kg einer Ware x Pfennige kostet, kosten 3 kg der Ware 3 x Pfennige.

Wird in einer Aussage ein konkreter Begriff durch eine Variable ersetzt, so entsteht ein neues Gebilde. Bei diesem ist die Frage »wahr oder falsch?« im allgemeinen unsachgemäß. Es handelt sich also um keine Aussage mehr. Indessen ist die Form der Aussage noch vorhanden.

Definition

Ein durch Worte und Zeichen gegebenes Gebilde, welches Variablen enthält und durch Ersetzen der Variablen durch geeignete Begriffe zu einer Aussage wird, nennt man **Aussageform**.

Um eine Aussageform darzustellen, setzt man hinter einen kleinen lateinischen Buchstaben in Klammern die in dieser enthaltenen Variablen, zum Beispiel $p(x)$, $q(u, v, w)$, $s(x_1, x_2, \ldots, x_n)$.
Wird in einer Aussageform eine Variable durch einen geeigneten konkreten Begriff ersetzt, so spricht man von einer *Belegung* der Variablen durch diesen Begriff.
Die nach Belegung aller in der Aussageform vorhandenen Variablen durch geeignete konkrete Begriffe entstehende Aussage kann wahr oder falsch sein. Im Falle der Wahrheit sagt man, das System der für die Variablen eingesetzten Begriffe oder auch das System der diesen entsprechenden realen Objekte erfüllt oder löst die Aussageform, und nennt es eine *Erfüllung* oder eine *Lösung* von dieser.

BEISPIEL

5. Belegt man in der Aussageform »x war Mathematiker« die Variable der Reihe nach durch die Namen GAUSS, EULER und LESSING, so entstehen die Aussagen

   GAUSS war Mathematiker,

   EULER war Mathematiker,

   LESSING war Mathematiker.

   Davon sind die ersten zwei wahr und die dritte falsch. Das heißt, GAUSS und EULER erfüllen die Aussageform, LESSING erfüllt sie nicht.

Im allgemeinen werden Aussageformen durch gewisse Belegungen der Variablen zu wahren, durch andere hinwieder zu falschen Aussagen. Es gibt aber zwei bedeutsame Sonderfälle:
Es ist möglich, daß eine Aussageform für alle sinnvollen Belegungen ihrer Variablen zu einer falschen Aussage wird. Eine solche Aussageform heißt *unerfüllbar*.
Es kann dagegen auch sein, daß eine Aussageform für alle sinnvollen Belegungen ihrer Variablen zu einer wahren Aussage wird. Solche Aussageformen werden vor allem verwendet, um allgemeingültige Aussagen auszudrücken.

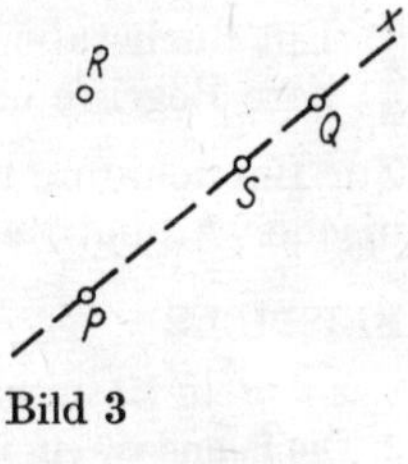

Bild 3

BEISPIELE

6. Die Gerade x geht durch die Punkte P, Q und R in Bild 3.
7. Wenn die Gerade x durch die Punkte P und Q in Bild 3 geht, so geht sie auch durch den Punkt S.

In Beispiel 6 handelt es sich um eine unerfüllbare Aussageform. Beispiel 7 drückt dagegen eine allgemeingültige Wahrheit aus.

AUFGABEN

1. Welche der folgenden Sätze sind Aussagen?
   a) Die Sonne ist ein Fixstern.
   b) Sonnenschein ist besser als Regen.
   c) Auf dem Planeten Jupiter gibt es Uran.
   d) Die Gerade g geht durch den Punkt P.
   e) $3 \cdot 3 = 10$.

2. Mit den Aussagen:
   p: Eisen ist ein chemisches Element.
   q: Messing ist ein chemisches Element.
   r: Blei ist ein chemisches Element.
   sind folgende Verknüpfungen zu bilden:
   a) $(p \wedge q) \wedge r$, b) $(p \vee q) \vee r$,
   c) $(p \wedge q) \vee \bar{r}$, d) $\bar{p} \vee (\bar{q} \wedge \bar{r})$.
   Diese Verknüpfungen sind auf ihre Wahrheit zu prüfen.

3. Sind die folgenden Aussagenverknüpfungen wahr oder falsch?
   a) Paris ist die Hauptstadt von Frankreich, oder die Rhone fließt durch Indien.
   b) Schall breitet sich gleichförmig aus und Licht ungleichmäßig beschleunigt.
   c) In einem Dreieck schneiden sich die Höhen in einem Punkt, oder die Seitenhalbierenden schneiden sich in einem Punkt.

4. Für welche Bewertungen von p und q sind folgende Verknüpfungen wahr:
   a) $(p \vee q) \wedge \bar{p}$, b) $(p \wedge q) \vee \bar{p}$, c) $(\bar{p} \vee \bar{q}) \wedge p$?

5. Für welche Bewertungen von p, q und r sind die folgenden Verknüpfungen wahr:
   a) $(p \wedge q) \vee r$, b) $p \wedge (q \vee r)$?

6. Was kann über die Verknüpfungen
   a) $p \wedge \bar{p}$, b) $p \vee \bar{p}$
   bezüglich ihrer Wahrheit gesagt werden?

7. Haben die Aussagenverknüpfungen
   a) $\bar{p} \wedge \bar{q}$ und $\overline{p \wedge q}$,
   b) $\bar{p} \vee \bar{q}$ und $\overline{p \vee q}$
   den gleichen Inhalt?

8. Es sind sprachliche Ausdrücke und Formeln für Aussagenverknüpfungen mit den in folgender Tabelle gegebenen Bewertungen durch wahr und falsch zu suchen:

p	q	a)	b)	c)	d)	e)
w	w	w	w	f	f	f
w	f	f	w	w	w	f
f	w	f	w	f	w	f
f	f	f	f	f	w	w

9. Sind folgende Implikationen und Äquivalenzen wahr oder falsch:
   a) Wenn der 16. Januar 1980 ein Montag ist, so ist der 18. Januar 1980 ein Mittwoch.
   b) Wenn der Radius der Erde mehr als 10000 km beträgt, so leben in den Wäldern der deutschen Mittelgebirge Elefanten.
   c) Durch ein und denselben Punkt können genau dann zwei verschiedene Parallelen gelegt werden, wenn die Strecke die kürzeste Verbindung zweier Punkte ist.
   d) Dafür, daß 2173 eine Primzahl ist, ist notwendig und hinreichend, daß 2173 nicht durch 3 teilbar ist?

10. Mit den folgenden Aussagen:
    p: 1526 ist durch 7 teilbar,
    q: 1528 ist durch 7 teilbar,
    r: 1533 ist durch 7 teilbar,
    s: 1555 ist durch 7 teilbar
    sind folgende Relationen zu bilden und auf ihre Wahrheit zu prüfen:
    a) $p \Rightarrow q$, b) $p \Rightarrow r$, c) $q \Rightarrow r$, d) $q \Rightarrow s$,
    e) $p \Leftrightarrow q$, f) $p \Leftrightarrow r$, g) $q \Leftrightarrow r$, h) $q \Leftrightarrow s$.

11. Für welche Bewertungen von p und q sind folgende Relationen wahr:
    a) $p \vee q = p \wedge q$,
    b) $p \wedge \bar{q} = \overline{p \wedge q}$?

12. Können folgende Relationen wahr sein:
    a) $p \Rightarrow \bar{p}$, b) $p \Leftrightarrow \bar{p}$?

13. Welche Relation steht mit Recht zwischen folgenden zwei Aussagen:
    a) $p \wedge q; p$, b) $p; p \vee q$,
    c) $\overline{p \wedge q}; \bar{p} \vee \bar{q}$, d) $\overline{p \vee q}; \bar{p} \wedge \bar{q}$?

14. Durch die Untersuchung aller Möglichkeiten der Bewertung von p und q durch wahr und falsch ist zu bestätigen, daß die folgenden beiden Aussagenverknüpfungen stets wahr sind:
    a) $(p \vee q) \wedge \bar{q} \Rightarrow p$, b) $(p \Rightarrow q) \Leftrightarrow q \vee \bar{p}$.

15. Welche Eigenschaften haben die folgenden Relationen:
    a) die für ebene Figuren erklärte Kongruenz $A_1 \cong A_2$,
    b) die für ebene Figuren erklärte Ähnlichkeit $A_1 \sim A_2$,
    c) die für Geraden in einer Ebene erklärte Orthogonalität (Senkrechtsein) $g_1 \perp g_2$,
    d) die für Geraden in einer Ebene erklärte Parallelität $g_1 \parallel g_2$?

16. In den folgenden Aussageformen ist die Variable x der Reihe nach durch die Zahlen 2, 3, 4, 5, 6 zu belegen. Wann entsteht eine wahre Aussage?
    a) x ist eine Primzahl und (x ist) größer als 4.
    b) x ist ohne Rest durch 5 teilbar oder (x ist) kleiner als 3.
    c) Wenn x gerade ist, so ist x durch 3 teilbar.
    d) x ist eine ungerade Zahl genau dann, wenn x Primzahl ist.

17. In den folgenden Aussageformen sind für die Variablen x und y alle möglichen Kombinationen der Zahlen 1 und 2 einzutragen. Welche Belegungen ergeben wahre Aussagen?
    a) Die Summe der zwei Zahlen x und y ist gerade.

b) Die Summe der Quadrate der zwei Zahlen x und y ist 5 und y ist größer als x.
c) Das Produkt der beiden Zahlen x und y ist 1 oder größer als 3.
d) Wenn y ganzzahlig durch x teilbar ist, so ist $x + y$ eine Primzahl.

18. Es sind die Lösungen der folgenden Aussageformen

a) $p(x) \wedge q(x)$, b) $\overline{p(x) \vee q(x)}$,

c) $p(x) \wedge \overline{q(x)} \Rightarrow r(x)$, d) $\overline{p(x)} \vee r(x) \Leftrightarrow q(x)$

für

$p(x)$: Die einstellige Zahl x ist eine Primzahl.
$q(x)$: Die einstellige Zahl x ist eine gerade Zahl.
$r(x)$: Die einstellige Zahl x ist kleiner als 5.
zu bestimmen.

19. Was kann über die folgenden Aussageformen gesagt werden:
a) Wenn die ganze Zahl x durch 2 und durch 9 teilbar ist, so ist x durch 6 teilbar.
b) Das Viereck v ist genau dann ein Quadrat, wenn v ein Rhombus ist und ein Rechteck.
c) Die ganze Zahl x ist durch 24 teilbar, und $x + 15$ ist eine Primzahl.
d) Die ganze Zahl x ist gerade, oder die ganze Zahl $x + 1$ ist gerade?

2. Grundbegriffe der Mengenlehre

2.1. Mengenbegriff

Im täglichen Leben bedient man sich oft eines naiven Mengenbegriffs. Man spricht von der Menge der Häuser in einer Stadt, von der Menge der Lehrbücher einer Bibliothek, von der Menge aller Schüler einer Lehranstalt und so fort. Der Mengenbegriff wird verwendet, wenn Objekte, über die etwas Gemeinsames ausgesagt werden kann, zu einer Gesamtheit zusammengefaßt werden sollen. Gelten aber für verschiedene Objekte analoge Aussagen, zum Beispiel »Schwefel ist ein chemisches Element«, »Kohlenstoff ist ein chemisches Element«, »Eisen ist ein chemisches Element«, so machen diese Objekte ein und dieselbe Aussageform zu einer wahren Aussage, im genannten Falle die Aussageform »x ist ein chemisches Element«. Dies veranlaßt zu folgender Definition:

Definition

Ist eine Aussageform $p(x)$ gegeben, so sagt man, alle Objekte, die diese Aussageform erfüllen, bilden eine Menge. Diese wird mit

$$\{x \mid p(x)\}$$

bezeichnet. Die Objekte werden *Elemente* der Menge genannt.

$p(x)$ heißt in diesem Zusammenhang *definierende Aussageform* der Menge, die Menge auch *Lösungs-* oder *Einfüllungsmenge* von $p(x)$.

BEISPIELE

1. Alle Münzen einer Münzensammlung bilden eine Menge. Definierende Aussageform: x ist Münze der Sammlung.
2. Alle Bewohner eines Hauses bilden eine Menge. Definierende Aussageform: x ist Bewohner des Hauses.
3. Alle durch 5 teilbaren ganzen Zahlen bilden eine Menge. Definierende Aussageform: x ist eine durch 5 teilbare ganze Zahl.
4. Die drei Buchstaben a, b, c bilden eine Menge. Definierende Aussageform: x ist entweder der Buchstabe a, der Buchstabe b oder der Buchstabe c.

Das letzte Beispiel lehrt, daß es mitunter möglich ist, eine Menge durch Aufzählen ihrer Elemente zu bestimmen. Soll eine Menge aus den Elementen $a, b, c, \ldots$ gebildet werden, so bezeichnet man sie auch mit

$$\{a, b, c, \ldots\}.$$

Die definierende Aussageform heißt in diesem Fall: x ist eines der Elemente $a, b, c, \ldots$ Mengen werden gewöhnlich mit großen lateinischen Buchstaben $A, B, C, \ldots$, ihre Elemente mit kleinen lateinischen Buchstaben $a, b, c, \ldots$ bezeichnet.
Ist a Element der Menge A, so wird das durch

$$a \in A \quad \text{(gelesen: } a \text{ Element von } A\text{)}$$

symbolisiert.
Dies bedeutet die Äquivalenz

$$a \in \{x \mid p(x)\} \Leftrightarrow p(a).$$

Ist zum Beispiel U die Menge aller ungeraden positiven Zahlen, so gilt

$$1013 \in U.$$

Die Definition schließt nicht aus, daß eine Menge nur aus einem Element besteht. So ist $\{a\}$ die Menge, die allein aus dem Element a gebildet wird. Ja, eine Menge darf sogar *leer* sein. Zum Beispiel definiert die Aussageform: x ist eine Maschine, die ohne Verbrauch irgendwelcher Energie immerfort Arbeit verrichtet, eine Menge. Weil aber kein Objekt – wie aus der Physik bekannt ist – die Aussageform erfüllt, hat die Menge kein einziges Element, sie ist leer. Jede unerfüllbare Aussageform definiert eine leere Menge.

2.2. Relationen zwischen Mengen

Den Relationen Implikation und Äquivalenz zwischen Aussagen entsprechen Relationen zwischen Mengen: Enthaltensein und Gleichheit.

Definition

Eine Menge A ist in der Menge B **enthalten**, in Zeichen $A \subseteq B$, wenn jedes Element der Menge A auch Element der Menge B ist:

$$\boxed{A \subseteq B \Leftrightarrow a \in A \Rightarrow a \in B} \qquad (1)$$

A heißt dann **Teilmenge** oder **Untermenge** von B.

Ist $p(x)$ die definierende Aussageform der Teilmenge und $q(x)$ die der umfassenden Menge, so drückt das Enthaltensein das Bestehen der *Implikation* $p(x) \Rightarrow q(x)$ aus:

$$\{x \mid p(x)\} \subseteq \{x \mid q(x)\} \Leftrightarrow p(x) \Rightarrow q(x).$$

BEISPIELE

1. Bild 4 zeigt zwei ebene Punktmengen A und B, von denen A in B enthalten ist.

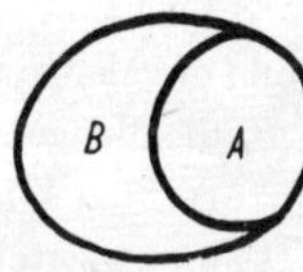

Bild 4

2. Es sei:
   A: die Menge aller Säugetiere. $p(x)$: x ist ein Säugetier.
   B: die Menge aller Wirbeltiere. $q(x)$: x ist ein Wirbeltier.
   Dann bedeutet die Beziehung
   $A \subseteq B$: Die Menge aller Säugetiere ist enthalten in der Menge aller Wirbeltiere
   die Implikation
   $p(x) \Rightarrow q(x)$: Wenn x ein Säugetier ist, so ist x ein Wirbeltier.
3. Die Menge aller geraden Zahlen ist Teilmenge der Menge aller ganzen Zahlen:
   $$\{0, 2, -2, 4, -4, \ldots\} \subseteq \{0, 1, -1, 2, -2, \ldots\}.$$
4. Die Menge aller Quadrate ist enthalten in der Menge aller Vierecke, diese wieder in der Menge aller Vielecke.

Beim Enthaltensein zweier Mengen, $A \subseteq B$, sind zwei Sonderfälle möglich:
Erstens kann die Teilmenge A eine leere Menge sein. Eine leere Menge ist in jeder beliebigen anderen Menge B enthalten. Denn eine leere Menge wird durch eine unerfüllbare Aussageform $p(x)$ definiert, und die Implikation $p(x) \Rightarrow q(x)$ ist im Sinne von 1.3. für jede Aussageform $q(x)$ stets wahr.
Zweitens kann die Teilmenge A die Menge B vollständig ausmachen, so daß es kein Element von B gibt, das nicht zu A gehört. In diesem Fall sagt man, A sei eine unechte Teilmenge von B, oder spricht von der Gleichheit der Mengen A und B. Von diesem Sonderfall unterscheidet man das echte Enthaltensein, wo A die Menge B nicht vollständig erfüllt. Dieses wird durch $A \subset B$ dargestellt.

Definition

Eine Menge A ist gleich einer Menge B, in Zeichen $A = B$, wenn jedes Element von A auch Element von B und umgekehrt jedes Element von B auch Element von A ist:

$$\boxed{A = B \Leftrightarrow \quad a \in A \Leftrightarrow a \in B} \qquad (2)$$

Sind $p(x)$ und $q(x)$ die definierenden Aussageformen der beiden Mengen, so drückt die Gleichheit das Bestehen der *Äquivalenz* $p(x) \Leftrightarrow q(x)$ aus:

$$\{x \mid p(x)\} = \{x \mid q(x)\} \Leftrightarrow p(x) \Leftrightarrow q(x).$$

Aus der Definition ergibt sich unmittelbar:

Satz

Zwei Mengen A und B sind genau dann gleich, wenn A in B und B in A enthalten ist:

$$A = B \Leftrightarrow A \subseteq B \wedge B \subseteq A.$$

BEISPIELE

5. Es seien:

A: die Menge aller Quadrate. $p(x)$: x ist ein Quadrat.

B: die Menge aller Rhomben mit einem rechten Winkel. $q(x)$: x ist ein Rhombus mit einem rechten Winkel.

Dann bedeutet die Beziehung

$A = B$: Die Menge aller Quadrate ist gleich der Menge aller Rhomben mit einem rechten Winkel, die Äquivalenz

$p(x) \Leftrightarrow q(x)$: x ist dann und nur dann ein Quadrat, wenn x ein Rhombus mit einem rechten Winkel ist.

6. Die Menge aller durch drei teilbaren ganzen Zahlen ist gleich der Menge aller ganzen Zahlen mit durch drei teilbarer Quersumme.

7. Die Menge A aller arabischen Ziffern ist gleich der Menge $\{0, 1, 2, \ldots, 9\}$:

$$A = \{0, 1, 2, \ldots, 9\}.$$

Eine unerfüllbare Aussageform $p(x)$ ist im Sinne von 1.3. jeder beliebigen anderen unerfüllbaren Aussageform $q(x)$ äquivalent. Daher sind alle durch unerfüllbare Aussageformen definierten Mengen, das heißt alle leeren Mengen, untereinander gleich. Aus diesem Grund wird von *der* leeren Menge gesprochen. Sie wird mit dem Symbol $\varnothing$ bezeichnet:

$$\varnothing = \{\,\}.$$

Von der leeren Menge ist die Menge $\{0\}$ zu unterscheiden, die als Element die Zahl Null enthält.

Die beiden Relationen Enthaltensein und Gleichheit haben die folgenden Eigenschaften, die denen der Implikation und der Äquivalenz von Aussagen entsprechen (vgl. 1.3.):

Reflexivität

Für eine beliebige Menge A gilt stets sowohl $A \subseteq A$ als auch $A = A$.

Transitivität

Ist eine Menge A in einer Menge B enthalten und die Menge B Teilmenge einer Menge C, so ist auch A Teilmenge von C:

$$A \subseteq B \wedge B \subseteq C \Rightarrow A \subseteq C.$$

Beweis: Es seien $p(x)$, $q(x)$, $r(x)$ die definierenden Aussageformen der Mengen A, B, C. Die Beziehungen $A \subseteq B$ und $B \subseteq C$ bedeuten $p(x) \Rightarrow q(x)$ und $q(x) \Rightarrow r(x)$. Wegen der Transitivität der Implikation folgt daraus
$p(x) \Rightarrow r(x)$, das heißt, $A \subseteq C$.

Ist die Menge A gleich der Menge B und die Menge B gleich der Menge C, so ist auch A gleich C:

$$A = B \wedge B = C \Rightarrow A = C.$$

Symmetrie

Aus $A = B$ folgt stets $B = A$.
Dagegen kann aus $A \subseteq B$ keineswegs $B \subseteq A$ geschlossen werden.

Satz

Die Gleichheit ist eine symmetrische, reflexive und transitive Relation. Das Enthaltensein ist nur reflexiv und transitiv.

2.3. Operationen mit Mengen

In Analogie zu Operationen mit Aussagen ist es auf verschiedene Weisen möglich, aus zwei Mengen eine dritte Menge zu bilden.

Vereinigung

Definition

Unter der **Vereinigungsmenge** $A \cup B$ (gelesen A vereinigt mit B) der beiden Mengen A und B versteht man die Menge aller Elemente, die zu A *oder* zu B gehören:

$$\boxed{a \in A \cup B \Leftrightarrow a \in A \vee a \in B} \qquad (3)$$

Sind $p(x)$ und $q(x)$ die definierenden Aussageformen der beiden Mengen, so ist die definierende Aussageform der Vereinigungsmenge die *Alternative* $p(x) \vee q(x)$:

$$\{x \mid p(x)\} \cup \{x \mid q(x)\} = \{x \mid p(x) \vee q(x)\}.$$

Auf Grund der Definition gilt stets

$$A \subseteq A \cup B \quad \text{und} \quad B \subseteq A \cup B.$$

BEISPIELE

1. Sind A und B die in den Bildern 5a und 5b dargestellten ebenen Punktmengen, so ist $A \cup B$ jeweils die durch Schraffur gekennzeichnete Punktmenge.

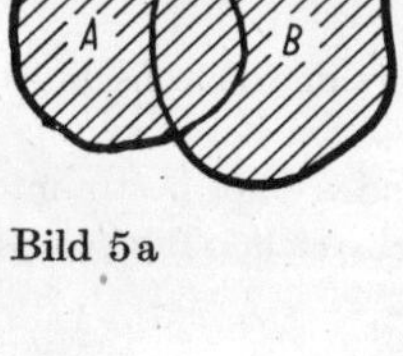

Bild 5a

Bild 5b

2. Es seien:

A: die Menge aller ebenen Figuren. $p(x)$: x ist eine ebene Figur.

B: die Menge aller räumlichen Figuren. $q(x)$: x ist eine räumliche Figur.

Dann ist die definierende Aussageform der Vereinigungsmenge $A \cup B$: Menge aller ebenen oder räumlichen Figuren, die Alternative

$p(x) \vee q(x)$: x ist eine ebene Figur oder (x ist) eine räumliche Figur.

3. Ist A die Menge aller lehrreichen Bücher in einem Schrank und B die Menge aller weiß gebundenen Bücher in diesem Schrank, so stellt $A \cup B$ die Menge aller lehrreichen oder weiß gebundenen Bücher in jenem Schrank dar.

4. $\{a, m, s, e, l\} \cup \{s, t, a, r\} = \{a, m, s, e, l, t, r\}$.

Es können auch mehr als zwei Mengen vereinigt werden. Zum Beispiel läßt sich die Vereinigungsmenge der drei Mengen A, B und C in der Weise bilden, daß man erst A und B vereinigt zu $A \cup B$ und dann diese Menge mit C zu $(A \cup B) \cup C$. Es ergibt sich die Menge aller Elemente, die zu A oder zu B oder zu C gehören. Dasselbe ist der Fall, wenn erst B mit C vereinigt wird zu $B \cup C$, und dann A mit $B \cup C$ vereinigt wird zu $A \cup (B \cup C)$. Da es mithin gleichgültig ist, in welcher Reihenfolge die Operationen ausgeführt werden, ist es gestattet, die Klammern ganz wegzulassen:

$$(A \cup B) \cup C = A \cup (B \cup C) = A \cup B \cup C.$$

Den durch diese Formelzeile dargestellten Sachverhalt nennt man das *Assoziationsgesetz der Vereinigung*. Es gilt auch für die Vereinigung beliebig vieler Mengen.
Die Vereinigung einer Menge A mit einer Teilmenge B liefert stets wieder A und umgekehrt:

$$B \subset A \Leftrightarrow A \cup B = A.$$

Durchschnitt

Definition

Unter dem **Durchschnitt** $A \cap B$ (gelesen: A geschnitten mit B) der beiden Mengen A und B versteht man die Menge aller Elemente, die zu A *und* B gehören:

$$\boxed{a \in A \cap B \Leftrightarrow a \in A \wedge a \in B} \qquad (4)$$

Sind $p(x)$ und $q(x)$ die definierenden Aussageformen der beiden Mengen, so ist die definierende Aussageform des Durchschnitts die *Konjunktion* $p(x) \wedge q(x)$:

$$\{x \mid p(x)\} \cap \{x \mid q(x)\} = \{x \mid p(x) \wedge q(x)\}.$$

Aus der Definition des Durchschnitts folgt unmittelbar

$$A \cap B \subseteqq A \quad \text{und} \quad A \cap B \subseteqq B.$$

BEISPIELE

5. Bild 6 stellt schraffiert den Durchschnitt zweier ebener Punktmengen A und B dar.

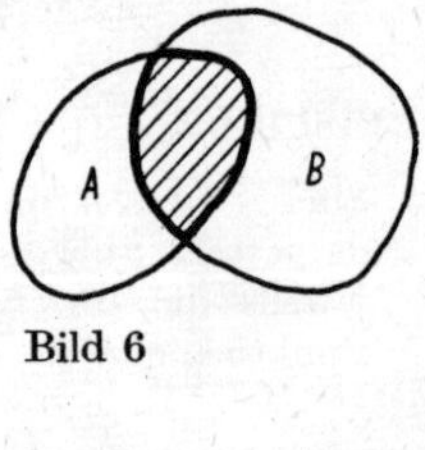

Bild 6

6. Bezüglich des Bestandes einer bestimmten Bücherei seien:

A: die Menge aller lehrreichen Bücher. $p(x)$: x ist ein lehrreiches Buch.

B: die Menge aller weiß gebundenen Bücher. $q(x)$: x ist ein weiß gebundenes Buch.
Dann ist die definierende Aussageform des Durchschnitts
$A \cap B$: Menge aller lehrreichen und weiß gebundenen Bücher
die Konjunktion
$p(x) \wedge q(x)$: x ist ein lehrreiches (Buch) und (x ist ein) weiß gebundenes Buch.

7. Ist A die Menge aller im Wasser lebenden Tiere, B die Menge aller auf dem Lande lebenden Tiere, so ist $A \cap B$ die Menge aller Amphibien.
8. $\{a, m, s, e, l\} \cap \{s, t, a, r\} = \{a, s\}$.

Enthalten A und B keine gemeinsamen Elemente — man sagt dann, die beiden Mengen seien *elementfremd* oder *disjunkt* —, so ist ihr Durchschnitt leer: $A \cap B = \emptyset$. Dies gilt auch umgekehrt: Ist der Durchschnitt zweier Mengen die leere Menge, so haben sie keine gemeinsamen Elemente. Die Konjunktion der beiden definierenden Aussageformen ist in diesem Falle unerfüllbar. Es handelt sich um *unverträgliche* oder *einander widersprechende Aussageformen.*
Auch der Durchschnitt kann von mehr als zwei Mengen gebildet werden. Dabei ergibt sich ähnlich wie bei der Vereinigung:

$$(A \cap B) \cap C = A \cap (B \cap C) = A \cap B \cap C.$$

Für die Durchschnittsbildung gilt also ebenfalls ein *Assoziationsgesetz.*

Differenz

Definition

Unter der **Differenzmenge** $A \setminus B$ (gelesen: Rest A bezüglich B) der beiden Mengen A und B versteht man die Menge aller Elemente, die zu A *und nicht* zu B gehören:

$$\boxed{a \in A \setminus B \Leftrightarrow a \in A \wedge a \notin B} \qquad (5)$$

Ist $p(x)$ die definierende Aussageform der ersten Menge und $q(x)$ die der zweiten, so wird die Differenzmenge durch die Konjunktion $p(x) \wedge \overline{q(x)}$ definiert:

$$\{x \mid p(x)\} \setminus \{x \mid q(x)\} = \{x \mid p(x) \wedge \overline{q(x)}\}.$$

Auf Grund der Definition ergibt sich sofort

$$A \setminus B \subseteq A.$$

BEISPIELE

9. Bild 7 zeigt schraffiert die Differenzmenge der ebenen Punktmengen A und B.
10. Es seien:
A: Menge aller Fünfecke. $p(x)$: x ist ein Fünfeck.
B: Menge aller regelmäßigen Vielecke. $q(x)$: x ist ein regelmäßiges Vieleck.

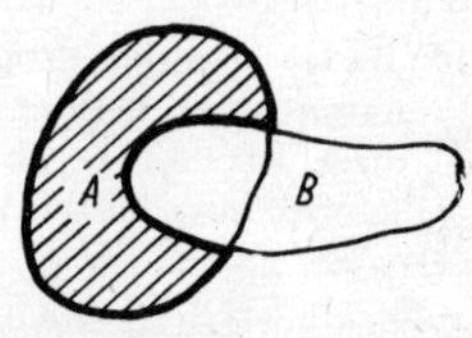

Bild 7

Dann hat die Differenzmenge

$A \setminus B$: Menge aller nichtregelmäßigen Fünfecke

die definierende Aussageform

$p(x) \wedge \overline{q(x)}$: x ist ein Fünfeck und (x ist) kein regelmäßiges Vieleck.

11. Sei A die Menge aller Lehrlinge eines Betriebes, B die Menge aller an einem bestimmten Tag abwesenden Angehörigen des Betriebes, so erscheint zu einer betrieblichen Lehrveranstaltung an diesem Tag im allgemeinen die Menge $A \setminus B$ aller Lehrlinge, die an dem Tag nicht abwesend sind.

12. $\{r, e, i, s\} \setminus \{s, t, u, r, m\} = \{e, i\}$.

Sind die Mengen A und B elementfremd, so stimmt die Differenz $A \setminus B$ mit A überein und umgekehrt. Auf jeden Fall aber gilt

$$A \setminus B = A \setminus (A \cap B),$$

weil bei der Differenzbildung von A genau die Elemente weggelassen werden, die sowohl zu A als auch zu B gehören.

Produkt

Das Mengenprodukt entspricht keiner Operation mit Aussagen. Es kommt zustande, indem man alle möglichen Paare aus je einem Element von A und einem Element von B bildet. Ist zum Beispiel $A = \{a, b\}$ und $B = \{\alpha, \beta, \gamma\}$, so besteht das Mengenprodukt dieser beiden Mengen aus den Paaren

$$(a; \alpha), (a; \beta), (a; \gamma), (b; \alpha), (b; \beta), (b; \gamma).$$

Dabei ist die Reihenfolge wesentlich: Bei jedem Paar steht an erster Stelle ein Element von A, an zweiter Stelle ein Element von B. Man spricht deshalb von geordneten Paaren.

Definition

Unter dem **Mengenprodukt** $A \times B$ (gelesen: A Kreuz B) der beiden Mengen A und B versteht man die Menge aller geordneten Elementpaare $(a; b)$ mit $a \in A$ und $b \in B$.

BEISPIELE

13. Ist R die Menge aller Zahlen der Zahlengeraden, so können die Elemente von $R \times R$ als Koordinatenpaare von Punkten in der Ebene eines cartesischen Koordinatensystems gedeutet werden. Bild 8 zeigt die Darstellung des Zahlenpaares $(x_1; y_1)$ als Punkt P_1 der Koordinatenebene.

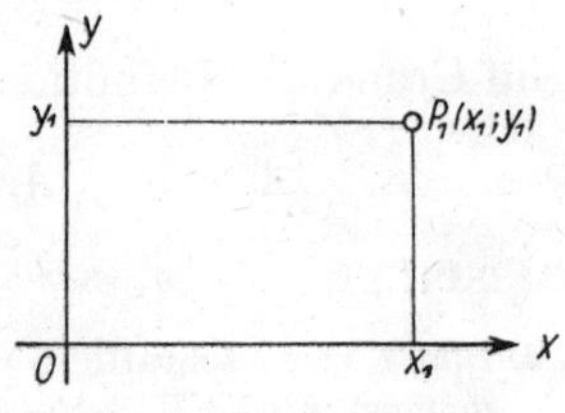

Bild 8

14. Bildet man das Produkt aus den Mengen aller Punktkoordinaten $(x; y)$ in einer Ebene und der Menge aller Höhen z über dieser Ebene, so ergeben sich Zahlentripel $(x; y; z)$, die die Raumkoordinaten der Punkte des dreidimensionalen Raumes bilden.

15. Ist T die Menge aller Zeitpunkte, so liefert das Mengenprodukt von T mit der Punktmenge des vorigen Beispiels Quadrupel $(x; y; z; t)$, die als Ort-Zeit-Punkte des vierdimensionalen Raumes der Relativitätstheorie gedeutet werden können.

2.4. Abbildungen

Es kommt häufig vor, daß Elemente zweier Mengen einander zugeordnet werden. Ist zum Beispiel $A = \{a, b, c, d\}$ die Menge aller Schalter in einem Raum und $B = \{u, v, w, x, y, z\}$ die Menge aller Lampen dieses Raumes, so sind jedem Schalter diejenigen Lampen zugeordnet, die durch ihn eingeschaltet werden.
Die Zuordnung kann in dreierlei Weisen dargestellt werden: a) durch die Angabe aller Paare einander zugeordneter Elemente der beiden Mengen, b) durch eine Zuordnungstabelle, c) durch ein Zuordnungsschema. Für das Beispiel der Schalter und Lampen könnte das etwa wie folgt aussehen:

a) $(a, v), (a, x), (a, z), (b, w), (b, y), (c, x)$.

b)

A	B
	u
a	v, x, z
b	w, y
c	x
d	

c)

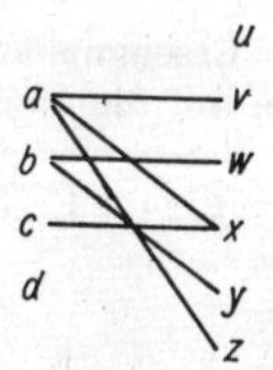

Dabei ist der Schalter d außer Betrieb und die Lampe u innerhalb des Raumes nicht einschaltbar.

Definition

Werden durch eine bestimmte Vorschrift Elementen einer Menge A Elemente einer Menge B zugeordnet, so spricht man von einer **Abbildung** *aus* der Menge A *in* die Menge B.

Entspricht dem Element $a \in A$ bei der Abbildung — vielleicht unter weiteren Elementen — das Element $b \in B$, so heißt b *Bild* des Elements a und a *Urbild* des Elements b. Die sämtlichen Urbilder werden zur *Urbildmenge*, die sämtlichen Bilder zur *Bildmenge* der Abbildung zusammengefaßt.
Ist die Urbildmenge gleich der Menge A, das heißt, wird jedem Element von A mindestens ein Element von B zugeordnet, so spricht man von einer Abbildung *von* der Menge A oder von einer Abbildung der Menge A schlechthin. Ist die Bildmenge gleich der Menge B, das heißt, kommt jedes Element von B als Bild mindestens eines Elementes von A vor, so spricht man von einer Abbildung *auf* die Menge B.
Abbildungen werden mit kleinen griechischen Buchstaben $\sigma, \tau, \ldots,$ bezeichnet.

BEISPIELE

1. A sei die Menge aller Lehrkräfte, B die Menge aller Klassen einer Schule. Ordnet man jeder Lehrkraft diejenigen Klassen zu, die sie unterrichtet, so entsteht eine Abbildung aus der Menge A in die Menge B. Es handelt sich um eine Abbildung von A, wenn keine Lehrkraft unterrichtsfrei ist, und um eine Abbildung auf B, wenn keine Klasse ohne Lehrer ist.
2. A sei die Menge aller Berufsgruppen in einem Produktionsbetrieb, B die Menge der verschiedenen Erzeugnisse des Betriebes. Ordnet man jeder Berufsgruppe diejenigen Erzeugnisse zu, an deren Produktion sie beteiligt ist, so entsteht eine Abbildung aus der Menge A auf die Menge B.

Die Möglichkeit, eine Abbildung durch Angabe der Paare einander zugeordneter Elemente zu beschreiben, führt zu einer wichtigen Erkenntnis:

Satz

Eine Abbildung aus einer Menge A in eine Menge B wird durch eine Teilmenge des Mengenprodukts $A \times B$ dargestellt.

Von besonderer Bedeutung sind diejenigen Abbildungen, bei denen jedes Urbild genau ein Bild hat. Sie heißen **eindeutige Abbildungen** oder, soweit die beiden Mengen aus mathematischen Objekten bestehen, **Funktionen.**

BEISPIELE

3. Falls jede Berufsgruppe an genau einem Erzeugnis arbeitet, stellt Beispiel 2 eine eindeutige Abbildung der Menge der Berufsgruppen auf die Menge der Erzeugnisse dar. Dabei können mehrere Berufsgruppen an dem gleichen Erzeugnis beteiligt sein. Bezeichnen etwa die Buchstaben a, b, c, d die Berufsgruppen und x, y, z die Erzeugnisse, so könnte das Schema der eindeutigen Abbildung folgendermaßen aussehen:

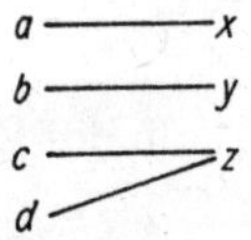

4. Es sei A die Menge aller Schüler einer Schule, B die Menge aller Klassen dieser Schule. Ordnet man jedem Schüler die Klasse zu, der er angehört, so erhält man eine eindeutige Abbildung der Menge A auf die Menge B.

5. Die Tabelle

A	B
1	2
2	4
3	5
4	4
5	2

stellt eine Funktion dar.

Am einfachsten sind jedoch diejenigen Abbildungen zu überblicken, bei denen nicht nur jedem Urbild genau ein Bild, sondern auch jedem Bild genau ein Urbild entspricht. Sie werden **eineindeutige Abbildungen** genannt,[1] weil sie sowohl in der Richtung von A nach B als auch umgekehrt eindeutig sind.

BEISPIEL

6. Ist A die Menge aller Sitzplätze in einem Theater und B die Menge aller Eintrittskarten für eine bestimmte Vorstellung, so liefert die Zuordnung jeder Karte zu dem auf ihr bezeichneten Platz eine eineindeutige Abbildung der Menge A auf die Menge B. Wenn die Sitzplätze mit

$a_1, a_2, a_3, \ldots$ und die zugehörigen Karten mit $b_1, b_2, b_3, \ldots$ bezeichnet werden, lautet das Abbildungsschema:

$$\begin{array}{c} a_1 — b_1 \\ a_2 — b_2 \\ a_3 — b_3 \\ \vdots \quad \vdots \end{array}$$

Gelegentlich — vor allem bei Funktionen — ist es nötig, bei einer Abbildung die Rollen von Urbildmenge und Bildmenge zu vertauschen.

BEISPIEL

7. Im Einführungsbeispiel des Abschnitts 2.4. wurden die Menge A der Schalter in einem Raum und die Menge B der Lampen dieses Raumes betrachtet. Die Abbildung beantwortet die Frage: Welche Lampen brennen beim Betätigen eines bestimmten Schalters? Es kann aber auch die umgekehrte Frage gestellt werden. Welche Schalter bringen eine bestimmte Lampe zum Leuchten? In diesem Fall interessiert man sich für die umgekehrte Zuordnung, die Zuordnung der Schalter zu den Lampen. Sie wird — dieselbe Installation des Raumes wie oben vorausgesetzt — auf folgende Weisen dargestellt:

a) $(v, a), (w, b), (x, a), (x, c), (y, b), (z, a)$.

b)

B	A
u	
v	a
w	b
x	a, c
y	b
z	a
	d

c)

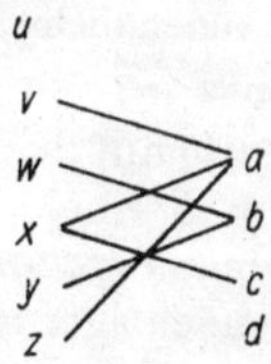

Definition

Die aus einer gegebenen Abbildung σ durch Vertauschen von Urbildmenge und Bildmenge entstehende Abbildung heißt **Umkehrabbildung** zu σ.

In diesem Sinne spricht man auch von *Umkehrfunktionen*.

2.5. Mächtigkeit und Ordnung

Zum Vergleich zweier Mengen in bezug auf ihren Reichtum an Elementen dient der Begriff der **Mächtigkeit**.

Definition

Ist es möglich, die Menge A eineindeutig auf die Menge B abzubilden, so heißen die beiden Mengen **gleichmächtig**.

BEISPIELE

1. Die Menge A der Sitzplätze und die Menge B der Eintrittskarten in einem Theater sind gleichmächtig (vgl. 2.4. Beispiel 6).
2. Die beiden Mengen $\{a, b, c, d\}$ und $\{I, V, IV, X\}$ sind gleichmächtig; denn die Zuordnung

$$\begin{aligned} a &- I \\ b &- V \\ c &- IV \\ d &- X \end{aligned}$$

liefert eine eineindeutige Abbildung.

3. Ein Massenpunkt bewege sich gleichförmig auf einer Geraden. M sei die Menge aller Punkte dieser Geraden und T die Menge aller Zeiten. Ordnet man jeder Zeit $t \in T$ den Punkt $P \in M$ der Geraden zu, an dem sich der Massenpunkt zur Zeit t befindet, so bekommt man eine eineindeutige Abbildung der Menge T auf die Menge M. Die Menge aller Zeiten ist also gleichmächtig der Menge aller Punkte auf einer Geraden.
4. Es sei A die Menge aller Geraden durch einen Punkt H und B die Menge aller Punkte auf einer nicht durch H gehenden Geraden h. Diese Mengen sind gleichmächtig. Wird nämlich wie in Bild 9 jeder Geraden aus A der Punkt aus B zugeordnet, in dem sie die Gerade h schneidet, so entsteht eine eineindeutige Abbildung von A auf B. (Der Parallelen zu h entspricht der »unendlich ferne« Punkt der Geraden h.)

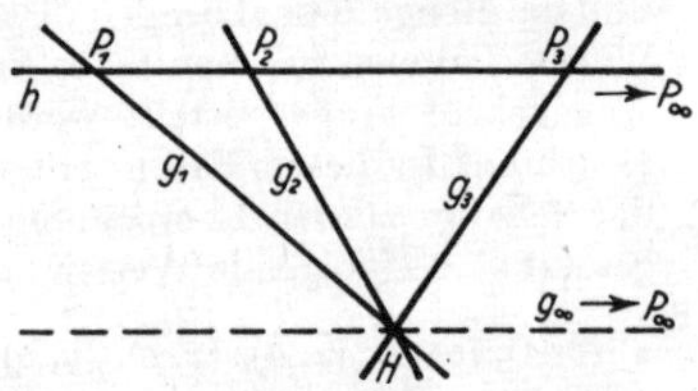

Bild 9

Ist es nicht möglich, die Menge A eineindeutig auf die Menge B abzubilden, wohl aber, die Menge A auf eine echte Teilmenge von B eineindeutig abzubilden, so sagt man, die Menge B sei *mächtiger* oder *von größerer Mächtigkeit* als die Menge A. In diesem Sinne ist zum Beispiel die Menge $\{a, b, c\}$ mächtiger als die Menge $\{\alpha, \beta\}$.
Bezüglich der inneren Struktur einer Menge ist die **Ordnung** eine wichtige Eigenschaft. Eine Menge heißt geordnet, wenn für je zwei verschiedene Elemente durch eine *Ordnungsrelation* eine Reihenfolge festgelegt ist.

BEISPIELE

5. Von zwei verschiedenen Punkten eines Strahles kann stets gesagt werden, welcher in der Richtung des Strahles gesehen vor dem anderen kommt. Das Zuvorkommen stellt eine Ordnungsrelation in der Menge der Punkte des Strahles dar und prägt ihr eine Ordnung auf.
6. Von zwei verschiedenen positiven ganzen Zahlen kann stets gesagt werden, welche kleiner als die andere ist. Das Kleinersein stellt eine Ordnungsrelation in der Menge der positiven ganzen Zahlen dar und prägt ihr eine Ordnung auf.
7. Von zwei Schülern einer Klasse kann stets gesagt werden, welcher dem anderen nach der im Klassenbuch vorhandenen Schülerliste vorangeht. Das Vorangehen laut Klassenbuch stellt eine Ordnungsrelation in der Menge der Schüler der Klasse dar und prägt ihr eine Ordnung auf.

Eine Ordnungsrelation wird im allgemeinen durch das Zeichen $<$ ausgedrückt. Sie muß drei Bedingungen erfüllen:

1. *Transitivität*: Aus $a < b$ und $b < c$ folgt stets $a < c$.

2. *Trichotomie*: Für zwei Elemente a und b gilt entweder $a = b$ oder $a < b$ oder $b < a$.

3. *Irreflexivität*: Es gilt niemals $a < a$.

Es ist leicht, zu bestätigen, daß die in den Beispielen 5, 6 und 7 beschriebenen Relationen diese Bedingungen erfüllen.

AUFGABEN

20. In welchen der folgenden Beispiele wird der Mengenbegriff im mathematischen Sinn gebraucht:
    a) die Menge der Freitage im laufenden Jahr,
    b) die Menge der Primzahlen,
    c) die Menge Wasser in einem Litergefäß,
    d) die Menge der Punkte auf der Peripherie eines Kreises,
    e) die Menge der Monatsnamen, die mit K beginnen?

21. Welcher der genannten Mengen gehört ein Rechteck mit dem Seitenverhältnis 1:2 an:
    a) Menge V der Vielecke,
    b) Menge T der Trapeze,
    c) Menge S der Rhomben,
    d) Menge R der Rechtecke,
    e) Menge P der Parallelogramme,
    f) Menge D der Drachenvierecke,
    g) Menge Q der Quadrate?[1]

22. Es sind die Lösungsmengen folgender Aussageformen anzugeben:
    a) x ist eine durch 23 teilbare zweistellige Zahl.
    b) Das Quadrat der Zahl x ist um 8 kleiner als ihr sechsfacher Wert.
    c) x ist eine zweistellige, gerade Primzahl.

23. Es sind definierende Aussageformen für folgende Mengen zu finden:
    a) $\{3, 6, 9, 12, \ldots\}$, b) $\{2, 3, 5, 7\}$,
    c) $\{-1, -2, -3, -4, \ldots\}$.

24. Es sind alle Teilmengen der Menge $\{i, l, s, e\}$ zu bestimmen.

25. Welche echten Enthaltenseinaussagen gelten zwischen den in Aufgabe 21 aufgeführten Mengen?

26. Es sind die den folgenden Mengenrelationen entsprechenden Relationen zwischen Aussageformen anzugeben:
    a) die Relation $A \subseteqq B$ für die Menge A aller Kupferlegierungen und die Menge B aller Metalle,

---

[1]) Ein Viereck heißt
Trapez, wenn es zwei parallele Seiten hat,
Rhombus, wenn alle Seiten gleich lang sind,
Rechteck, wenn alle Winkel 90° betragen,
Parallelogramm, wenn gegenüberliegende Seiten parallel verlaufen,
Drachenviereck, wenn zwei Paare benachbarter gleich langer Seiten vorhanden sind,
Quadrat, wenn alle Seiten gleich sind und alle Winkel

b) die Relation $A = B$ für die Menge A aller Dreiecke mit zwei gleich großen Winkeln und die Menge B aller Dreiecke mit zwei gleich langen Seiten.

27. Es sind die folgenden Beziehungen zwischen Aussageformen durch Relationen zwischen Mengen darzustellen:

a) Wenn die ganze Zahl x durch 6 teilbar ist, so ist sie durch 3 teilbar.

b) Dafür, daß die ganze Zahl x durch 14 teilbar ist, ist notwendig und hinreichend, daß x eine gerade durch 7 teilbare Zahl ist.

28. Es sind die Durchschnitte jeder der in Aufgabe 21 b) bis f) genannten Mengen mit jeder anderen dieser Mengen zu bilden.

29. Es sind Vereinigung, Durchschnitt und Differenz aus folgenden Mengenpaaren zu bilden:

a) $\{a, u, t, o\}$ und $\{m, a, u, s\}$,

b) $\{0, 2, 4, 6, \ldots\}$ und $\{0, 5, 10, 15, \ldots\}$,

c) der Menge aller russisch sprechenden Menschen und der Menge aller englisch sprechenden Menschen.

30. Es ist das Mengenprodukt der beiden Mengen $A = \{1, 2, 3, 4\}$ und $B = \{u, v, w\}$ zu bilden.

31. K sei die Menge aller Schüler einer Klasse, E die Menge der an einem bestimmten Tag entschuldigt, U die Menge der an diesem Tag unentschuldigt Fehlenden. Durch K, E und U ist die Menge aller an diesem Tag anwesenden Schüler der Klasse darzustellen.

32. Wie heißt die kleinste Menge, die die Mengen A, B und C enthält?

33. Wie heißt die größte Menge, die in den Mengen A, B und C enthalten ist?

34. Was ergibt

a) $A \cap \varnothing$, b) $A \setminus \varnothing$, c) $\varnothing \setminus A$?

35. Es ist

a) $A \cup (A \cap B)$, b) $A \cap (A \cup B)$

zu bestimmen (Skizze für Punktmengen!).

36. Es sei:

$A = \{x \mid p(x)\}$, $B = \{x \mid q(x)\}$, $C = \{x \mid r(x)\}$.

Wie heißen die definierenden Aussageformen der folgenden Mengen

a) $A \cup B \cup C$, b) $A \cap B \cap C$, c) $(A \cap B) \setminus C$,

d) $(A \cup B) \setminus C$, e) $(A \setminus B) \setminus C$, f) $A \setminus (B \cap C)$?

37. Mit Hilfe der in Aufgabe 36 definierten Mengen A, B, C sind die Lösungsmengen der folgenden Aussageformen auszudrücken:

a) $p(x) \wedge (q(x) \vee r(x))$, b) $p(x) \wedge \overline{q(x)} \wedge r(x)$,

c) $p(x) \wedge \overline{q(x) \vee r(x)}$.

38. Die nachstehenden Folgerungen sind zu begründen oder zu widerlegen:

a) $a \in A \wedge A \subseteqq B \wedge B \subseteqq C \Rightarrow a \in C$,

b) $a \in A \wedge B \subseteqq A \Rightarrow a \in A \setminus B$,

c) $a \in A \wedge B \subseteqq A \Rightarrow a \in A \cap B$,

d) $A \cup B = B \Rightarrow B \subseteqq A$,

e) $A \setminus B = \varnothing \Rightarrow A = B$,

f) $A \cap B = A \cup B \Rightarrow A = B$.

39. Was folgt

a) aus $a \in A \cup B \wedge a \notin A$, b) aus $a \notin A \cap B \wedge a \in A$

hinsichtlich der Beziehung von a zu B?

40. Es ist der Durchschnitt der Mengen $A \setminus B$ und $B \setminus A$ zu bilden.

41. Was kann aus $A \setminus B = B \setminus A$ geschlossen werden?

42. Was läßt sich über die Mengen A und B aussagen, wenn

a) $A \cup B \subseteqq A \cap B$, b) $A \setminus B \subseteqq A \cap B$?

43. Am Beispiel ebener Punktmengen sind folgende Beziehungen zu bestätigen:

a) $A \cup (B \cap C) = (A \cup B) \cap (A \cup C)$,

b) $A \cap (B \cup C) = (A \cap B) \cup (A \cap C)$,

c) $(A \setminus B) \setminus C = A \setminus (B \cup C)$,

d) $(A \cap B) \setminus C = A \cap (B \setminus C) = (A \setminus C) \cap B$.

44. Die in Aufgabe 43 genannten Beziehungen sind für die Mengen $A = \{g, e, i, s, t\}$, $B = \{i, n, s, e, l\}$ und $C = \{l, a, c, h, e, n\}$ zu bestätigen.

45. Es sind für die nachfolgenden Abbildungen aus der Menge $A = \{0, 1, 2, 3, 4, 5\}$ in die Menge $B = \{a, b, c, d\}$ die jeweils fehlenden zwei Darstellungsformen anzugeben:

a) $\{(0, a), (0, c), (1, b), (1, d), (2, a), (3, b), (5, d)\}$

b)

A	B
0	a
1	b
2	c
3	a, b
4	b, c
5	a, b, c

c)

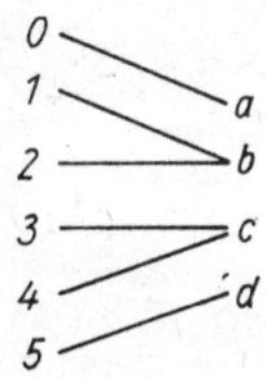

46. Bei welchen der in Aufgabe 45 genannten Abbildungen handelt es sich um eine Abbildung von A oder um eine Abbildung auf B, um eine eindeutige oder eine eineindeutige Abbildung?

47. Woran erkennt man eindeutige beziehungsweise eineindeutige Abbildungen

a) in der Teilmenge des Mengenproduktes,

b) in der Zuordnungstabelle,

c) im Zuordnungsschema?

48. A sei die Menge aller in einem bestimmten Internat wohnender Studierenden, B die Menge der von ihnen bewohnten Räume dieses Hauses. Es werden jedem Studenten diejenigen Räume zugeordnet, die er bewohnt. Unter welchen Bedingungen ist diese Abbildung

a) eindeutig,

b) eineindeutig?

49. Die in Aufgabe 48 gestellte Frage ist für folgende Abbildung zu beantworten:

A sei die Menge aller in einem Dorf ansässigen Familien,

B die Menge aller Wohnhäuser dieses Dorfes. Jeder Familie werden diejenigen Wohnhäuser zugeordnet, die sie bewohnt.

50. Es sind die Zuordnungstabellen der Umkehrabbildungen zu den in Aufgabe 45 gegebenen Abbildungen aufzustellen.

51. Wie muß eine eindeutige Abbildung beschaffen sein, damit ihre Umkehrabbildung wiederum eindeutig ist?

52. Es ist zu beweisen, daß die Menge der Punkte eines Halbkreises, die beiden Begrenzungspunkte ausgenommen, der Menge der im Endlichen liegenden Punkte auf einer Geraden gleichmächtig ist.

53. Kann eine Menge einer ihrer echten Teilmengen gleichmächtig sein?

54. Angenommen, es ist möglich, die Menge A eineindeutig auf die echte Teilmenge B' der Menge B abzubilden. Folgt daraus, daß B mächtiger als A ist?

55. Ist durch die lexikographische Anordnung der Wörter im Duden in der Menge aller deutschen Wörter im Sinne der Mengenlehre eine Ordnungsrelation gegeben?

Zahlenbereiche und Rechenoperationen

3. Bereich der natürlichen Zahlen

3.1. Begriff der natürlichen Zahl

Eine der ersten mathematischen Aufgaben, vor die der Mensch sich im Laufe seiner Entwicklung gestellt sah, war der Vergleich einfacher Mengen bezüglich ihrer Mächtigkeit. Beim Tauschhandel wurde etwa eine Menge Früchte für eine gleichmächtige Menge Muscheln gegeben. Um den persönlichen Besitz zu vergleichen, mußte festgestellt werden, wessen Viehherde von größerer Mächtigkeit war. Beim Kampf kam es unter anderem auf die Mächtigkeit der Menge der eigenen Krieger im Vergleich zur Mächtigkeit der Menge der gegnerischen Krieger an.
Im einfachsten Fall konnte dieser Vergleich durch eine eineindeutige Zuordnung der Elemente beider Mengen geschehen. Im Handel stellte man etwa jeder Frucht eine Muschel entgegen und erhielt dadurch, ohne zu zählen, zwei gleichmächtige Mengen. Schwieriger wurde es, wenn die räumliche Entfernung der beiden Mengen oder andere Umstände die unmittelbare Zuordnung der Elemente nicht gestattete. In diesem Falle benutzte man zunächst selbstgefertigte Vergleichsmengen. Sollte etwa die Mächtigkeit zweier weit voneinander entfernter Herden verglichen werden, so bediente man sich eines gekerbten Stabes, auf dem jede Kerbe einem Tier der einen Herde entsprach. Man trug den Stab zur anderen Herde und verglich die Mächtigkeit der Kerbenmenge mit deren Mächtigkeit.
Besonders die Finger der Hände wurden gern zur Bildung von Vergleichsmengen gebraucht. Indem man sie mehrfach benutzte, reichten sie auch zur Beschreibung reichhaltigerer Mengen aus. Symbolisch können die durch Finger gebildeten Mengen durch die folgenden Strichmengen dargestellt werden:

𝍷, 𝍷𝍷, 𝍷𝍷𝍷, 𝍷𝍷𝍷𝍷, 𝍸, ..., 𝍸𝍸, 𝍸𝍸𝍷, ...

In dieser Folge entsteht jedesmal durch Hinzufügen eines Striches eine Menge größerer Mächtigkeit[1]). Als Namen für die Mächtigkeit der durch die aufgeführten Strichmen-

---

1) Diese Tatsache bedürfte eines Beweises, der aber hier nicht gegeben werden kann

gen vertretenen Mengen bildeten sich die »natürlichen«[1]) Zahlen Eins, Zwei, Drei, ... heraus. Später kam als Namen für die Mächtigkeit der leeren Menge die Null hinzu.

Definition

> Die **natürlichen Zahlen** sind Namen für die durch Strichmengen vertretenen Mächtigkeiten:
>
> Null, Eins, Zwei, Drei, Vier, Fünf, ...
>
> |, ||, |||, ||||, ~~||||~~, ...

Die Menge der natürlichen Zahlen wird mit N bezeichnet. Hat die Mächtigkeit einer Menge A den Namen $n \in N$, so wird auch kurz gesagt: A habe n Elemente, oder die *Elementezahl* von A sei n.
Nach den durch sie benannten Mächtigkeiten können die natürlichen Zahlen geordnet werden. Die natürliche Zahl m heißt *kleiner* als die natürliche Zahl n, in Zeichen

$$m < n,$$

wenn die n darstellende Strichmenge von größerer Mächtigkeit ist als die m darstellende Strichmenge. Die damit erklärte Relation $<$ erfüllt die drei in 2.5. genannten Forderungen[2]). Mit ihr bilden die natürlichen Zahlen eine geordnete Menge.
Das *Gleichheitszeichen* steht zunächst nur zwischen einer natürlichen Zahl und sich selbst: $n = n$. Möchte man ausdrücken, daß m nicht kleiner als n ist, so kann das in der Form $m \geqq n$ geschehen. $m \leqq n$ bedeutet: m ist nicht größer als n. Um die Gleichheit auszuschließen, verwendet man das Zeichen $\neq$. Statt $n > 0$ sagt man auch, n sei *positiv*.
Zur graphischen Darstellung der natürlichen Zahlen benutzt man eine Gerade (Zahlengerade). Auf ihr werden — bei einem beliebigen Punkt, dem Nullpunkt, beginnend — den natürlichen Zahlen der Reihe nach in gleichen Abständen aufeinanderfolgende Punkte zugeordnet (Bild 10). Die Beziehung $m < n$ zwischen den natürlichen Zahlen m und n kommt dann dadurch zum Ausdruck, daß der m darstellende Punkt, von dem n darstellenden Punkt aus gesehen, auf der Seite des Nullpunktes liegt.

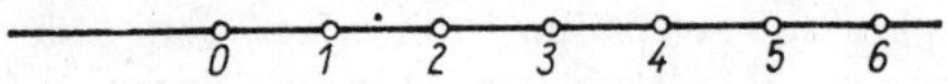

Bild 10

Eine Menge, deren Mächtigkeit durch eine natürliche Zahl, etwa $n \in N$, ausgedrückt wird, heißt *endlich*, oder hat, wie man sagt, endlich viele Elemente. Alle anderen Mengen heißen *unendlich*. Insbesondere ist die Menge N der natürlichen Zahlen selbst eine unendliche Menge.
Unter den unendlichen Mengen nehmen diejenigen eine Sonderstellung ein, die der Menge N gleichmächtig sind. Ihre Elemente können der Reihe nach eineindeutig den natürlichen Zahlen 0, 1, 2, 3, ... zugeordnet und dadurch abgezählt werden. Man

---

[1]) Der Ausdruck »natürliche Zahlen« bedeutet nicht, daß andere Zahlen — etwa die gebrochenen — weniger mit der Natur verbunden wären als diese. Er stammt aus einer Zeit, als in der Mathematik idealistische Vorstellungen den Zahlenbegriff beherrschten

[2]) Der Beweis dafür kann hier nicht geführt werden

sagt deshalb von solchen Mengen, sie seien *abzählbar unendliche Mengen* oder sie haben abzählbar unendlich viele Elemente. Dies gilt auch von der Menge N selbst:

Es gibt abzählbar unendlich viele natürliche Zahlen.

3.2. Menge der natürlichen Zahlen als Zahlensystem

Den Operationen mit endlichen Mengen entsprechen Rechenoperationen mit natürlichen Zahlen.

Addition

Definition

Die Elementezahl s der Vereinigungsmenge S der beiden elementfremden endlichen Mengen A und B mit den Elementezahlen a und b heißt **Summe** der beiden Zahlen a und b und wird durch $a + b$ bezeichnet:

$$\begin{array}{l} S = A \cup B \wedge A \cap B = \emptyset \\ s = a + b \end{array} \tag{6}$$

a und b heißen *Summanden*, die Rechnung heißt **Addition.**

Die Addition erfüllt folgende Grundgesetze[1]):

1. Die Addition ist *unbeschränkt ausführbar*:
   Zu zwei Zahlen a und b gibt es stets eine Summe $a + b$.
2. Die Summe ist *eindeutig* bestimmt:

$$a = a' \wedge b = b' \Rightarrow a + b = a' + b'.$$

3. *Assoziationsgesetz*:
   Es ist stets $a + (b + c) = (a + b) + c$.
   In Summen aus mehr als zwei Gliedern kommt es nicht auf die Reihenfolge der Ausführung der Additionen an.
4. *Kommutationsgesetz*:
   Es ist stets $a + b = b + a$.
   In einer Summe sind die Glieder vertauschbar.

Im Zusammenhang mit der Anordnung gilt ferner noch das *Monotoniegesetz*:

$$a < b \Rightarrow a + c < b + c.$$

Eine Ungleichung bleibt bestehen, wenn auf beiden Seiten die gleiche Zahl addiert wird.

---

[1]) Die Beweise dieser Grundgesetze sind leicht zu erbringen, würden jedoch hier zu weit führen

Wird eine endliche Menge A mit der Elementezahl a mit der leeren Menge (Elementezahl Null) vereinigt, so erhält sie dadurch nicht mehr Elemente. Daher ist die Summe gleich dem ersten Summanden, wenn der zweite Null ist:

$$A \cup \emptyset = A$$

$$a + 0 = a.$$

Subtraktion

Definition

Die Elementezahl d der Differenzmenge D einer Menge A mit der Elementezahl a bezüglich einer Teilmenge B mit der Elementezahl b heißt **Differenz** der beiden Zahlen a und b und wird mit $a - b$ bezeichnet:

$$\boxed{\begin{array}{l} D = A \setminus B \wedge B \subseteq A \\ d = a - b \end{array}} \tag{7}$$

a wird *Minuend* genannt und b *Subtrahend*. Die Rechnung heißt **Subtraktion**.

Wegen der Forderung $B \subseteq A$ ist die Subtraktion im Bereich der natürlichen Zahlen an die Bedingung $b \leqq a$ gebunden. Sie ist also nicht unbeschränkt ausführbar.
Die Subtraktion ist die Umkehrung der Addition. Denn für den Fall $B \subseteq A$ gilt:

$$(A \setminus B) \cup B = A \wedge (A \setminus B) \cap B = \emptyset$$

$$\Rightarrow (a - b) + b = a.$$

Dies bedeutet:

Die Differenz $a - b$ ist die Zahl, die zu b addiert a ergibt.

Die Gesetze der Subtraktion ergeben sich aus der Definition dieser Operation und den Grundgesetzen der Addition. Ein Beispiel mag dies belegen.

BEISPIEL

1. Zu beweisen ist: $a + (b - c) = (a + b) - c$.

Beweis: Die in der Gleichung rechts stehende Zahl ist nach der Erklärung der Subtraktion dadurch eindeutig bestimmt, zu c addiert $a + b$ zu ergeben.

Kommt diese Eigenschaft auch der linken Seite zu? Zur linken Seite wird c addiert:

$$[a + (b - c)] + c.$$

Nach dem Assoziationsgesetz darf die äußere Klammer umgesetzt werden:

$$[a + (b - c)] + c = a + [(b - c) + c].$$

Nun ist aber nach der Definition der Subtraktion $b - c$ die Zahl, die zu c addiert b ergibt. Also liefert $(b - c) + c$ den Wert b. Der ganze Ausdruck ist folglich gleich $a + b$. Daher stimmt die linke Seite der Gleichung mit der rechten überein.

Multiplikation

Definition

Die Elementezahl p des Mengenprodukts P der beiden endlichen Mengen A und B mit den Elementezahlen a und b heißt **Produkt** der Zahlen a und b und wird durch $a \cdot b$ oder kurz ab bezeichnet:

$$\boxed{\begin{aligned} P &= A \times B \\ p &= a \cdot b \end{aligned}} \tag{8}$$

a und b heißen *Faktoren*, die Rechnung heißt **Multiplikation**.

Die Multiplikation befolgt ähnliche *Grundgesetze* wie die Addition[1]):

1. Die Multiplikation ist *unbeschränkt ausführbar*:
   Zu zwei Zahlen a und b gibt es stets ein Produkt $a \cdot b$.
2. Das Produkt ist *eindeutig* bestimmt:
   $$a = a' \land b = b' \Rightarrow a \cdot b = a' \cdot b'.$$
3. *Assoziationsgesetz*:
   Es ist stets $a \cdot (b \cdot c) = (a \cdot b) \cdot c$.
   In Produkten aus mehr als zwei Gliedern kommt es nicht auf die Reihenfolge der Ausführung der Multiplikationen an.
4. *Kommutationsgesetz*:
   Es ist stets $a \cdot b = b \cdot a$.
   In einem Produkt sind die Glieder vertauschbar.
5. *Distributionsgesetz*:
   Es ist stets $a \cdot (b + c) = a \cdot b + a \cdot c$.
   Dieses Gesetz kann in zwei Richtungen gelesen werden:
   von links nach rechts: Man multipliziert eine Zahl mit einer Summe, indem man sie mit jedem Summanden einzeln multipliziert und die Produkte addiert;
   von rechts nach links: Aus einer Summe von Produkten dürfen gemeinsame Faktoren ausgeklammert werden.

Auch für die Multiplikation gilt im Zusammenhang mit der Anordnung ein *Monotoniegesetz*:

$$a < b \land c > 0 \Rightarrow a \cdot c < b \cdot c.$$

Eine Ungleichung bleibt bestehen, wenn beide Seiten mit der gleichen positiven Zahl multipliziert werden.

Bei der Bildung des Mengenprodukts $A \times B$ können alle a Elemente der Menge A mit einem Element der Menge B gepaart werden und liefern dabei a Elemente des

---

[1]) vgl. Fußnote Seite 43

Mengenprodukts. B hat b Elemente, also ergibt sich für die Elementezahl $a \cdot b$ des Mengenprodukts die Darstellung

$$a \cdot b = \underbrace{a + a + \cdots + a}_{b \text{ Summanden}}$$

Dies ist der bekannte Zusammenhang zwischen Multiplikation und Addition:
Das Produkt $a \cdot b$ ist gleich der Summe aus b Summanden a.
Überträgt man den Gedanken der mehrfachen Verknüpfung einer Zahl mit sich selbst von der Addition auf die Multiplikation, so kommt man zum Begriff der **Potenz**:
a^n $(n \in N \setminus \{0\})$ ist Abkürzung für ein Produkt aus n Faktoren a:

$$a^n = \underbrace{a \cdot a \cdot \cdots \cdot a}_{n \text{ Faktoren}}.$$

a heißt dabei *Basis*, n *Exponent* und a^n **Potenzwert**.
a^0 definiert man sinnvollerweise als Eins:

$$a^0 = 1.$$

Ist eine der beiden Mengen A und B die leere Menge, so enthält das Mengenprodukt $A \times B$ kein einziges Elementepaar und ist ebenfalls leer. Daher hat das Produkt den Wert Null, wenn einer der Faktoren Null ist. Enthält aber jede der beiden Mengen A und B wenigstens ein Element, so hat das Mengenprodukt $A \times B$ wenigstens das Paar dieser beiden Elemente und ist nicht leer. Demnach ist ein Produkt nur dann gleich Null, wenn einer der Faktoren Null ist.

Satz

Ein Produkt hat dann und nur dann den Wert Null, wenn einer der Faktoren Null ist:

$$\boxed{a \cdot b = 0 \Leftrightarrow a = 0 \vee b = 0} \tag{9}$$

Besteht eine der beiden Mengen A und B nur aus einem Element, so lassen sich genau so viele Paare bilden, wie die andere Menge Elemente zählt. Das heißt: Multipliziert man eine Zahl mit eins, so bleibt ihr Wert erhalten: $a \cdot 1 = a$.
Ein Beispiel mag zeigen, wie aus den Grundgesetzen der Addition und der Multiplikation weitere Gesetze abgeleitet werden können:

BEISPIEL

2. Zu beweisen ist:

$$(a + b)^2 = a^2 + 2ab + b^2$$

(binomische Formel).
Beweis: Nach der Definition der Potenz ist

$$(a + b)^2 = (a + b) \cdot (a + b).$$

Hierauf wird das Distributionsgesetz angewendet:

$$(a + b) \cdot (a + b) = (a + b) \cdot a + (a + b) \cdot b.$$

Nun gebraucht man das Kommutationsgesetz und darauf abermals das Distributionsgesetz:

$$a \cdot (a + b) + b \cdot (a + b) = (a \cdot a + a \cdot b) + (b \cdot a + b \cdot b).$$

Das Assoziationsgesetz der Addition gestattet das Weglassen der Klammern, $b \cdot a$ wird kommutiert, und für die Verknüpfungen einer Zahl mit sich selbst werden die Abkürzungen benutzt:

$$a \cdot a + a \cdot b + a \cdot b + b \cdot b = a^2 + 2ab + b^2.$$

Division

Die Multiplikation ist ebenso wie die Addition — aber im Bereich der natürlichen Zahlen auch nur bedingt — umkehrbar. Wenn die natürliche Zahl b »Teiler« der natürlichen Zahl a ist, gibt es eine natürliche Zahl c, so daß $b \cdot c = a$ ist. Bei $b \neq 0$ ist c durch diese Bedingung eindeutig bestimmt. Denn aus $c' > c$ folgt nach dem Monotoniegesetz der Multiplikation $b \cdot c' > b \cdot c = a$, aus $c' < c$ aber ergäbe sich $b \cdot c' < b \cdot c = a$.

Definition

Ist für die beiden Zahlen a und b die Bedingung $b \cdot c = a$ erfüllbar und b verschieden von Null, so heißt die durch sie eindeutig bestimmte Zahl c **Quotient** aus a und b und wird mit $a{:}b$ bezeichnet. In ihm wird a *Dividend*, b *Divisor* genannt. Die Rechnung heißt **Division**.

Daraus folgt:

Der Quotient $c = a{:}b$ ist die Zahl, die mit b multipliziert a ergibt.

Statt $a{:}b$ darf auch a/b geschrieben werden. In der letzteren Form nennt man den Quotienten einen *Bruch*. a heißt dabei *Zähler* und b *Nenner*.

Von größter Bedeutung für praktische Rechnungen ist:

Die Division durch Null ist ausgeschlossen.

3.3. Ziffernsysteme

Zur Darstellung der Zahlen bedient man sich Ziffern, die nach bestimmten Verabredungen zusammengesetzt werden. Die Zusammenstellung der Verabredungen, die man trifft, um eine beliebige Zahl durch gegebene Ziffern darzustellen, wird **Ziffernsystem** genannt.

Heute werden vor allem drei Ziffernsysteme verwendet: das römische Ziffernsystem, das Dezimalsystem und das Dualsystem. In der neueren Rechentechnik spielt jedoch auch das Oktalsystem eine Rolle.

Die *römischen Ziffern* verraten durch ihre Form zum Teil noch deutlich die Herkunft der natürlichen Zahlen durch Abstraktion konkreter Vergleichsmengen:

I	Eins	(Finger)
V	Fünf	(Hand),
X	Zehn	(zwei Hände).

Ziffern für größere Zahlen sind

L	Fünfzig,
C	Hundert,
D	Fünfhundert,
M	Tausend.

Das **römische Ziffernsystem** besteht in folgenden Verabredungen: Alle Zahlen werden als möglichst kurze Summen der durch die Ziffern dargestellten Zahlen ohne Additionszeichen geschrieben. Dabei wird viermaliges Wiederholen ein und derselben Ziffer dadurch ersetzt, daß diese Ziffer einmal vor die nächsthöhere Ziffer geschrieben wird, was Subtraktion bedeuten soll (IV statt IIII, IX statt VIIII):

MCMLXVII = 1967

MDCCCLXXXIV = 1884

Bei der Darstellung großer Zahlen und beim Rechnen bietet das römische Ziffernsystem beträchtliche Schwierigkeiten.
Das **Dezimalsystem** benutzt die *arabischen Ziffern*: 0, 1, 2, 3, 4, 5, 6, 7, 8, 9. Um die natürlichen Zahlen durch diese Ziffern auszudrücken, werden diese bekanntlich als Summen von Vielfachen von Zehnerpotenzen dargestellt, wobei die Zehnerpotenzen selbst und die Additionszeichen fortgelassen werden:

$$3 \cdot 10^3 + 7 \cdot 10^2 + 0 \cdot 10^1 + 6 \cdot 10^0 = 3706.$$

Der Wert, den eine Ziffer innerhalb einer Zahl vertritt, hängt also von ihrer Stellung innerhalb der Ziffernfolge ab. Man nennt deshalb das Dezimalsystem im Gegensatz zum römischen Ziffernsystem ein *Positionssystem.*
Baut man ein Positionssystem analog zum Dezimalsystem statt auf der Zahl 10 auf der Zahl 2 auf, so erhält man das für die moderne Rechentechnik unersetzliche **Dualsystem**. Es hat nur zwei Ziffern: die Null und die Eins. Diese werden in den Digitalrechenautomaten[1]) als die beiden möglichen Zustände elektronischer Bauelemente (Röhren, Transistoren) verarbeitet.
Um Dualzahlen von Dezimalzahlen zu unterscheiden, wird in ihnen die Eins durch L bezeichnet. Die ersten zwölf natürlichen Zahlen heißen demnach im Dualsystem:

	2^3	2^2	2^1	2^0		2^3	2^2	2^1	2^0
0				O	6		L	L	O
1				L	7		L	L	L
2			L	O	8	L	O	O	O
3			L	L	9	L	O	O	L
4		L	O	O	10	L	O	L	O
5		L	O	L	11	L	O	L	L

[1]) Rechenautomaten, die mit Ziffern arbeiten

Schon kleine Zahlen werden recht vielziffrig. Für Rechenautomaten ist dies aber kein wesentlicher Nachteil.

Um eine Dualzahl, etwa

$$\mathrm{LOLLLOL} = 1 \cdot 2^6 + 0 \cdot 2^5 + 1 \cdot 2^4 + 1 \cdot 2^3 + 1 \cdot 2^2 + 0 \cdot 2^1 + 1 \cdot 2^0$$

möglichst rationell ins Dezimalsystem zu übertragen, empfiehlt es sich, soweit wie möglich auszuklammern:

$$\begin{aligned} &(1 \cdot 2^5 + 0 \cdot 2^4 + 1 \cdot 2^3 + 1 \cdot 2^2 + 1 \cdot 2 + 0) \cdot 2 + 1 = \\ &= \big((1 \cdot 2^4 + 0 \cdot 2^3 + 1 \cdot 2^2 + 1 \cdot 2 + 1) \cdot 2 + 0\big) \cdot 2 + 1 = \\ &= \ldots\ldots\ldots\ldots\ldots\ldots\ldots\ldots\ldots\ldots\ldots = \\ &= \Bigg(\bigg(\Big(\big(((1 + 0) \cdot 2 + 0) \cdot 2 + 1\big) \cdot 2 + 1\Big) \cdot 2 + 1\bigg) \cdot 2 + 0\Bigg) \cdot 2 + 1. \end{aligned}$$

Die Anzahl der auszuführenden Operationen wird dadurch verringert. In dem erhaltenen Ausdruck wechseln Additionen zu den Ziffern der gegebenen Zahl mit Multiplikationen mit 2 ab. Am vorteilhaftesten ordnet man die Rechnung in einem Schema an:

1	0	1	1	1	0	1
0	$1 \cdot 2 = 2$	$2 \cdot 2 = 4$	$5 \cdot 2 = 10$	$11 \cdot 2 = 22$	$23 \cdot 2 = 46$	$46 \cdot 2 = 92$
$1+0=1$	$0+2=2$	$1+4=5$	$1+10=11$	$1+22=23$	$0+46=46$	$1+92=93$

oder kurz:

1	0	1	1	1	0	1
0	2	4	10	22	46	92
1	2	5	11	23	46	93

Dieses Rechenschema hat in der praktischen Mathematik große Bedeutung. Es heißt HORNERsches *Schema*[1]) und wird sich später noch häufig als nützlich erweisen.

Als Positionssystem gestattet das Dualsystem die Anwendung der vom Dezimalsystem her bekannten Verfahren des schriftlichen Rechnens. Beim Addieren ist zu beachten: L + L = LO, LL + L = LOO, LLL + L = LOOO usw. Das Einmaleins besteht im Dualsystem nur aus O · O = O, O · L = O und L · L = L.

BEISPIEL

1. a)

```
   L OLL
  LO OLL
  ------
  LL LLO
```

b)

```
   LO LOO
 −  L OLL
 --------
    L OOL
```

c)

```
LOLL · LOL
----------
LOLL
    LOLL
----------
LLOLLL
```

1) Vgl. 16.1.

Das **Oktalsystem** ist ein Positionssystem mit der Basis 8. In ihm gibt es die Ziffern 0, 1, 2, 3, 4, 5, 6, 7. Im Oktalsystem gemeinte Zahlen werden durch Anhängen des Index 7 (höchste Ziffer des Systems) gekennzeichnet:

$$700 = 1 \cdot 8^3 + 2 \cdot 8^2 + 7 \cdot 8^1 + 4 \cdot 8^0 = 1274_7.$$

Um eine Zahl aus dem Oktalsystem ins Dezimalsystem zu übersetzen, kann wie bei der Umrechnung von Dualzahlen das HORNER-Schema benutzt werden. Die Multiplikation erfolgt in diesem Fall mit 8.

BEISPIEL

2. Es ist die Zahl 34071_7 ins Dezimalsystem umzurechnen.

Lösung:

3	4	0	7	1
0	24	224	1792	14392
3	28	224	1799	14393

3.4. Vollständige Induktion

Induktion und Deduktion sind zwei wichtige Wege der Wissenschaft zur Erkenntnis. Deduktion nennt man den Schluß vom Allgemeinen auf das Besondere. Er ist logisch völlig exakt und spielt in der Mathematik die vorherrschende Rolle. Unter Induktion versteht man — grob gesagt — den Schluß vom Besonderen auf das Allgemeine. Etwa stellt man fest: Ein Schwan ist weiß, ein zweiter auch, ein dritter wiederum und so fort, auch der hundertste — und schließt daraus: Alle Schwäne sind weiß. Induktion muß stets angewendet werden, wenn aus Naturbeobachtungen oder Experimenten Erkenntnisse gewonnen werden sollen. Sie ist aber logisch nicht einwandfrei, wie gerade das Beispiel der Schwäne lehrt. Es gibt nämlich auch schwarze.
Die **vollständige Induktion** ist ein mathematisches Beweisverfahren, welches zwar einem Induktionsschluß ähnelt, aber im Grunde genommen eine deduktive Schlußweise verkörpert. Mit ihm werden Sätze und Formeln bewiesen, in denen eine natürliche Zahl vorkommt, die in gewissem Ausmaß frei gewählt werden darf.

BEISPIEL

1. Es ist die Formel zu beweisen

$$\boxed{1 + 2 + 3 + \cdots + n = \frac{(n+1) \cdot n}{2}, \qquad n \in N \setminus \{0\}} \tag{10}$$

Beweis: Für kleine Werte von n läßt sich die Behauptung ohne Umstände prüfen:

$$n = 1: \qquad 1 = \frac{2 \cdot 1}{2},$$

$$n = 2: \qquad 1 + 2 = \frac{3 \cdot 2}{2},$$

$$n = 3: \qquad 1 + 2 + 3 = \frac{4 \cdot 3}{2}.$$

Um die Aussage für beliebige Werte von n zu sichern, genügt es nun, zu beweisen, daß es keine letzte natürliche Zahl gibt, für die die Formel gerade noch gilt und für die folgende nicht mehr.

Angenommen, k wäre diese letzte Zahl, so stimmte demnach

$$n = k: \quad 1 + 2 + \cdots + k = \frac{(k+1) \cdot k}{2}. \tag{I}$$

Dagegen wäre

$$n = k + 1: \quad 1 + 2 + \cdots + (k+1) = \frac{(k+2) \cdot (k+1)}{2} \tag{II}$$

falsch. Aus (I) folgt indessen durch Addition von $k + 1$ auf beiden Seiten

$$(1 + \cdots + k) + (k+1) = \frac{(k+1) \cdot k}{2} + k + 1 = (k+1) \cdot \left(\frac{k}{2} + 1\right) =$$

$$= (k+1) \cdot \frac{k+2}{2} = \frac{(k+2) \cdot (k+1)}{2}.$$

Demnach kann (II) nicht falsch sein, wenn (I) gilt; und es gibt keine letzte natürliche Zahl, für die die Behauptung gerade noch richtig wäre. Diese ist damit für alle Werte von n bewiesen.

Das benutzte Beweisverfahren enthält zwei wesentliche Teile: den Beweis der Behauptung für die kleinste Wahl von n und den Schluß von $n = k$ auf $n = k + 1$.

Satz der vollständigen Induktion

Um eine Aussage zu beweisen, die eine von einer gewissen Größe an frei wählbare natürliche Zahl n enthält, genügt es, zu zeigen:

a) Die Aussage gilt für die kleinste Wahl von n (*Induktionsanfang*).

b) Wenn sie für $n = k$ gilt, ist sie auch für $n = k + 1$ richtig (*Schluß von k auf $k + 1$*).

BEISPIEL

2. Zu beweisen ist der Satz:

n unterschiedliche Objekte in eine Reihenfolge zu bringen, gibt es $n(n-1) \cdot \ldots \cdot 2 \cdot 1$ (Produkt aller natürlichen Zahlen von 1 bis n) Möglichkeiten.

Beweis: Der Beweis wird durch vollständige Induktion geführt:

a) Induktionsanfang: Ein Objekt in eine Reihenfolge zu bringen, gibt es eine Möglichkeit. Das Produkt $n \cdot (n-1) \cdot \ldots \cdot 2 \cdot 1$ beginnt in diesem Fall schon mit der letzten Zahl (die Faktoren $n - 1, \ldots, 2, 1$ gelten dann als nicht geschrieben) und hat demnach den Wert 1.

b) Schluß von k auf $k + 1$: Angenommen, es sei schon bewiesen, daß sich k unterschiedliche Objekte auf $k \cdot (k-1) \cdot \ldots \cdot 2 \cdot 1$ Weisen in eine Reihenfolge bringen lassen.

Von $k + 1$ unterschiedlichen Dingen kann jedes als erstes benutzt werden. Die übrigen k folgen zu lassen, gibt es nach Voraussetzung $k \cdot (k-1) \cdot \ldots \cdot 2 \cdot 1$ Möglichkeiten.

Daher sind für die $k + 1$ unterschiedlichen Objekte $(k+1) \cdot k \cdot (k-1) \cdot \ldots \cdot 2 \cdot 1$ Anordnungen möglich. Das entspricht der Aussage des Satzes für $n = k + 1$.

Damit ist der Satz bewiesen.

Zur Illustration dieses Beispiels seien alle $3 \cdot 2 \cdot 1 = 6$ Möglichkeiten genannt, die 3 Elemente a, b, c in eine Reihenfolge zu bringen:

a, b, c	b, a, c	c, a, b
a, c, b	b, c, a	$c, b, a.$

Eine Anordnung von n unterschiedlichen Objekten in einer Reihe nennt man *Permutation* der n Objekte.
Für das Produkt aus den ersten n positiven natürlichen Zahlen gebraucht man die Abkürzung $n!$ (gelesen: n Fakultät):

$$n! = n \cdot (n-1) \cdot (n-2) \cdot \dots \cdot 3 \cdot 2 \cdot 1.$$

Damit kann der im Beispiel 2 bewiesene Satz folgendermaßen gefaßt werden:

Satz

Mit n unterschiedlichen Objekten lassen sich $n!$ Permutationen bilden.

AUFGABEN

56. Wie kann die Menge der positiven natürlichen Zahlen unter Benutzung von Mengenoperationen durch N dargestellt werden?
57. Welche Eigenschaften hat die Relation $\leqq$?
58. Es sind die Mächtigkeiten der folgenden Zahlenmengen zu beschreiben:
    a) $\{1, 2, 3, \dots, 100000\}$, b) $\{2, 4, 6, 8, \dots\}$,
    c) $\{10000, 10001, 10002, 10003, \dots\}$.
59. In welcher Weise läßt sich das Quadrat einer natürlichen Zahl durch das Mengenprodukt definieren?
60. Es ist die Rechenregel $a \cdot (b - c) = a \cdot b - a \cdot c$ mit Hilfe der Definitionen und Grundgesetze der Addition, Subtraktion und Multiplikation zu beweisen.
61. Mit Hilfe der in Aufgabe 60 bewiesenen Regel und der Grundgesetze ist die binomische Formel $(a + b)(a - b) = a^2 - b^2$ zu bestätigen.
62. Welche der Mengenoperationen Vereinigung, Durchschnitt und Differenz sind
    a) assoziativ, b) kommutativ?
63. Welche Eigenschaften hat die im Bereich der natürlichen Zahlen erklärte Relation $a \mid b$ (a ist Teiler von b)?
64. Es ist zu beweisen, daß die Menge der natürlichen Zahlen der Menge der durch zwei teilbaren natürlichen Zahlen gleichmächtig ist.
65. Es ist eine Wertetabelle der Funktion aufzustellen, die jeder positiven natürlichen Zahl die Anzahl der in ihr enthaltenen Teiler zuordnet (bis 20).
66. Worin besteht der Fehler in folgendem »Beweis«, daß 1 die größte natürliche Zahl ist?
    Die größte natürliche Zahl kann nur eine sein, deren Quadrat (das ja wieder eine natürliche Zahl ist) nicht größer als sie ist. Danach kommen nur 0 und 1 in Frage, unter denen 1 die größte ist.
67. Folgende Zahlen sind ins Dualsystem zu übertragen:
    a) 35, b) 126, c) 80, d) 924, e) 1024.

68. Folgende Zahlen sind mit Hilfe des HORNER-Schemas ins Dezimalsystem zu übertragen:
a) LO OOL, b) L OLO LOL, c) L LLL LLL, d) LOL LOL LOL, e) LOO OLO LOL LLO.

69. Wie könnte das HORNER-Schema umgekehrt werden, um eine im Dezimalsystem gegebene Zahl ins Dualsystem zu übertragen?

70. Woran erkennt man im Dualsystem gerade und ungerade Zahlen?

71. Wie kann eine Dualzahl durch Zwei, Vier, Acht usw. geteilt werden?

72. Im Dualsystem ist auszurechnen:

a) L OLO + LLO, b) LO LOL − LLL, c) L OLO · LLO,

d) $\mathrm{L\,OLO}^{\mathrm{LL}}$, e) $\dfrac{\mathrm{LOO}\cdot\mathrm{LLO}}{\mathrm{LO}}$

73. Die in Aufgabe 67 genannten Zahlen sind als Oktalzahlen zu schreiben.

74. Mit Hilfe des HORNER-Schemas sind folgende Oktalzahlen ins Dezimalsystem zu übertragen:
a) 135_7, b) 75324_7, c) 103020_7.

75. Es sind folgende Rechnungen im Oktalsystem auszuführen:
a) $2457_7 + 3166_7$, b) $103245_7 - 65037_7$, c) $135_7 \cdot 364_7$.

76. Durch vollständige Induktion sind für $n \in N \setminus \{0\}$ folgende Formeln zu beweisen:

a) $5 + 6 + 7 + 8 + \cdots + (4 + n) = \dfrac{n(n+9)}{2}$,

b) $1 + 5 + 9 + 13 + \cdots + (4n - 3) = n(2n - 1)$,

c) $1 + 3 + 9 + \cdots + 3^{n-1} = \dfrac{3^n - 1}{2}$,

d) $1^2 + 2^2 + 3^2 + \cdots + n^2 = \dfrac{(2n+1)\cdot n\cdot(n+1)}{6}$,

e) $1^3 + 2^3 + 3^3 + \cdots + n^3 = \left(\dfrac{n(n+1)}{2}\right)^2$,

f) $1\cdot 1! + 2\cdot 2! + 3\cdot 3! + \cdots + n\cdot n! = (n+1)! - 1$,

g) $n < 2^n$.

77. Für folgende Ausdrücke ist durch Probieren eine Summenformel aufzustellen. Diese ist durch vollständige Induktion zu bestätigen:
a) $1 + 3 + 5 + \cdots + (2n - 1)$,
b) $1 + 2 + 4 + \cdots + 2^{n-1}$.

78. Zu beweisen ist: m unterschiedliche Objekte lassen sich unter Berücksichtigung der Reihenfolge auf

a) $m(m-1)$ Weisen zu Paaren,

b) $m(m-1)(m-2)$ Weisen zu Tripeln,

c) $m(m-1)(m-2)(m-3)$ Weisen zu Quadrupeln zusammenfassen.

79. Durch vollständige Induktion nach n ist zu beweisen: m unterschiedliche Objekte lassen sich unter Berücksichtigung der Reihenfolge auf $m(m-1)(m-2)\cdots(m-n+1)$ Weisen zu Gruppen aus n Objekten zusammenfassen.

80. Es ist zu begründen, warum für jede natürliche Zahl n

a) $\frac{n(n+1)}{2} \in N$, b) $\frac{n(n+1)(n+2)}{2 \cdot 3} \in N$, c) $\frac{n(n+1)(n+2)(n+3)}{2 \cdot 3 \cdot 4} \in N$.

Welche Verallgemeinerung ist zu vermuten?

4. Bereich der ganzen Zahlen

4.1. Erweiterung des Bereiches der natürlichen Zahlen zum Bereich der ganzen Zahlen

Um einen Zahlenbereich zu gewinnen, in dem außer der Addition und der Multiplikation auch die Subtraktion unbeschränkt ausführbar ist, müssen zu den natürlichen Zahlen weitere Zahlen hinzugenommen werden. Die Existenz der geforderten Zahlen in einem erweiterten Zahlenbereich kann streng bewiesen werden, wird aber hier vorausgesetzt.

Mindestens sind alle Zahlen der Form $0 - n$ nötig, die sich als Differenzen aus Null und einer positiven natürlichen Zahl n bilden lassen. Zu ihrer Darstellung benutzt man die Abkürzung

$$0 - a = -a.$$

Die Zahl $-a$ ist also nach der Definition der Subtraktion (vgl. 3.2.) die Zahl, die zu a addiert 0 ergibt.

Demnach werden die neuen Zahlen aus den positiven natürlichen Zahlen durch Vorsetzen des Minuszeichens gebildet: -1, -2, -3, -4, ... Sie werden *negative ganze Zahlen* genannt. Aus den natürlichen Zahlen und ihnen besteht der Bereich der ganzen Zahlen.

Definition

Der Bereich G der **ganzen Zahlen** wird von den Zahlen

$$\ldots, -3, -2, -1, 0, 1, 2, 3, \ldots$$

gebildet.

Im neuen Zahlenbereich treten vorzeichenbehaftete Zahlen auf, über die zunächst einiges Grundsätzliche bewiesen werden soll.

Vorzeichenregeln

1. Es ist stets

$$a + (-a) = 0.$$

Denn $0 - a = -a$ ist nach Definition der Subtraktion (vgl. 3.2.) die Zahl, die zu a addiert 0 ergibt.

2. Es ist stets

$$-(-a) = a.$$

Denn nach der ersten Regel ist a die Zahl, die zu $-a$ addiert Null liefert. Sie hat demnach Recht auf die Bezeichnung $0-(-a)$, die mit $-(-a)$ abgekürzt wird.

3. Es ist stets

$$a + (-b) = a - b.$$

Denn $a - b$ ist die Zahl, die zu b addiert a ergibt. Dieselbe Eigenschaft hat aber auch die Zahl $a + (-b)$:

$$a + (-b) + b = a \quad \text{(vgl. Regel 1)}.$$

4. Es ist stets

$$a - (-b) = a + b.$$

Ersetzt man nämlich in der Regel 3 die Zahl b durch die Zahl $-b$ so erhält man zunächst

$$a + [-(-b)] = a - (-b).$$

Daraus folgt nach Regel 2

$$a + b = a - (-b).$$

5. Es ist stets

$$-(a + b) = -a + (-b)$$

$$\text{(oder nach Regel 3} \quad -a - b).$$

Denn $-(a + b)$ ist die Abkürzung für die Zahl, die zu $a + b$ addiert 0 ergibt. Diese Eigenschaft kommt nach Regel 1 auch der Summe $-a + (-b)$ zu:

$$-a + (-b) + a + b = -a + a + (-b) + b = 0.$$

6. Es ist stets

$$-(a - b) = -a + b.$$

Dies ergibt sich aus Regel 5 durch Ersetzen von b durch $-b$ unter Beachtung der Regeln 2 und 3.

7. Es ist stets

$$a \cdot (-b) = -ab.$$

Denn $-ab$ ist die Zahl, die zu ab addiert 0 ergibt. Das gleiche leistet aber auch $a \cdot (-b)$:

$$\begin{aligned} a \cdot b + a \cdot (-b) &= a \cdot [b + (-b)] = && \text{(Distributionsgesetz)} \\ &= a \cdot 0 = && \text{(Regel 1)} \\ &= 0. \end{aligned}$$

8. Es ist stets

$$(-a) \cdot (-b) = a \cdot b$$

Dies erhält man, wenn man in Regel 7 für a die Zahl $-a$ einsetzt:

$$\begin{aligned} (-a) \cdot (-b) &= -(-a) \cdot b = \\ &= -b \cdot (-a) = && \text{(Kommutationsgesetz)} \\ &= -(-b \cdot a) = && \text{(Regel 7)} \\ &= b \cdot a = && \text{(Regel 2)} \\ &= a \cdot b && \text{(Kommutationsgesetz)} \end{aligned}$$

Mit diesen Vorzeichenregeln ist es leicht, zu zeigen, daß das Ergebnis der Addition, Subtraktion oder Multiplikation zweier ganzer Zahlen entweder eine natürliche Zahl oder eine negative ganze Zahl ist.

Satz

Der Bereich G der ganzen Zahlen ist der kleinste, den Bereich N der natürlichen Zahlen enthaltende Zahlenbereich, in dem Addition, Subtraktion und Multiplikation unbeschränkt ausführbar sind.

4.2. Ordnung und Mächtigkeit des Bereiches der ganzen Zahlen

Auf einer Geraden, auf der, wie in 3.1. beschrieben, die Menge der natürlichen Zahlen dargestellt wurde, kann auch noch die Menge der negativen ganzen Zahlen aufgetragen werden. Man weist den Zahlen $-1, -2, -3, \ldots$ der Reihe nach diejenigen Punkte zu, die ausgehend vom Nullpunkt die Teilung in dem noch unbesetzten Teil der Geraden fortsetzen (Bild 11).

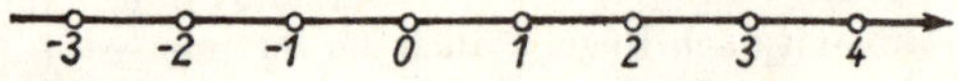

Bild 11

Auf der so ergänzten Zahlengeraden nennt man die Richtung vom Nullpunkt nach den positiven ganzen Zahlen hin positiv, die umgekehrte Richtung negativ. Auf Grund dieser Vereinbarung kann für die ganzen Zahlen eine *Ordnungsrelation* (vgl. 2.5.) erklärt werden, die die Ordnung der natürlichen Zahlen erweitert.

Zwischen zwei voneinander verschiedenen ganzen Zahlen g und h gilt die Relation $g < h$, wenn die Richtung von g nach h die positive Richtung der Zahlengeraden ist. Da die Bildpunkte der Zahlen $-1, -2, -3, \ldots$ auf der Zahlengeraden in umgekehrter Richtung aufeinanderfolgen wie die der Zahlen $1, 2, 3, \ldots$, ergibt sich folgende Bemerkung:

$$n < m \Leftrightarrow -n > -m.$$

Für die Ordnung der ganzen Zahlen gilt das Monotoniegesetz der Addition (vgl. 3.2.). Das Monotoniegesetz der Multiplikation besteht aber nur dann, wenn mit einer positiven ganzen Zahl multipliziert wird.

Satz

Wird eine Ungleichung mit einer negativen Zahl multipliziert, so ändert sich ihr Sinn:

$$a < b \wedge c < 0 \Leftrightarrow a \cdot c > b \cdot c.$$

Beweis: Ist $c = -n$ ($n \in N \setminus \{0\}$), so folgt aus $a < b$ zunächst nach dem für positive Faktoren gültigen Monotoniegesetz $na < nb$. Daraus ergibt sich nach der obigen Bemerkung $-n \cdot a > -n \cdot b$ oder der Vorzeichenregel 7 des vorigen Abschnittes zufolge $(-n) \cdot a > (-n) \cdot b$.

Bringt man die ganzen Zahlen in die Reihenfolge 0, 1, −1, 2, −2, 3, −3, ..., so können sie eine nach der anderen den natürlichen Zahlen zugeordnet werden:

0 — 0
1 — 1
2 — −1
3 — 2
4 — −2
. . .

Dadurch entsteht eine eineindeutige Abbildung der Menge der natürlichen Zahlen auf die Menge der ganzen Zahlen. Die Menge G der ganzen Zahlen ist also der Menge N der natürlichen Zahlen gleichmächtig oder, anders ausgedrückt:

Es gibt abzählbar unendlich viele ganze Zahlen.

4.3. Absolute Beträge

Oft kommen Situationen vor, in denen vom Vorzeichen einer bestimmten Zahl abgesehen werden muß oder kann. Um zum Beispiel den Abstand zweier Zahlen a und b auf der Zahlengeraden zu ermitteln, wird die Differenz $a - b$ berechnet. Diese enthält aber außer der gewünschten Information noch ein Vorzeichen, welches darüber Auskunft gibt, ob a rechts oder links von b liegt. Um sich in solch einem Fall vom Vorzeichen befreien zu können, wird der Begriff des absoluten Betrages eingeführt.

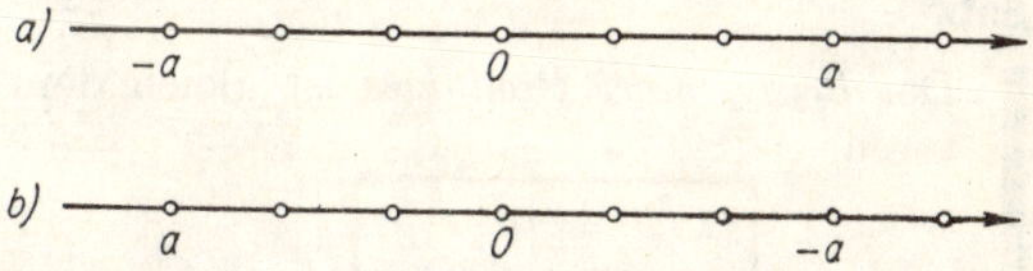

Bild 12

Das Bilden des absoluten Betrages ist eine Rechenoperation. Bei ihrer Ausführung geht man von der Tatsache aus, daß für jede Zahl a, sei sie positiv, negativ oder Null, wenigstens eine der beiden Zahlen a und $-a$ nicht negativ ist (vgl. Bild 12).

Definition

Der **absolute Betrag** einer Zahl a, in Zeichen $|a|$, sei die nicht negative der beiden Zahlen a und $-a$.

BEISPIELE

1. $|4|$ ist die nicht negative der beiden Zahlen 4 und -4, also $|4| = 4$.
2. $|-3|$ ist die nicht negative der beiden Zahlen -3 und $-(-3) = 3$, also $|-3| = 3$.
3. $|0|$ ist die nicht negative der beiden Zahlen 0 und $-0 = 0$, also $|0| = 0$.

Allgemein ergibt sich:

Der Betrag einer Zahl ist gleich dieser Zahl, wenn diese nicht negativ ist, andernfalls gleich ihrem entgegengesetzten Wert:

$$|a| = \begin{cases} a, & \text{wenn } a \geqq 0 \\ -a, & \text{wenn } a < 0 \end{cases} \tag{11}$$

Aus der Definition ergeben sich die *Folgerungen*:

1. Ein Betrag ist niemals negativ:

$$|a| \geqq 0.$$

Dabei gilt das Gleichheitszeichen dann und nur dann, wenn $a = 0$ ist.

2. Für jede Wahl des Vorzeichens ist

$$\pm a \leqq |a|.$$

Denn $|a|$ ist gleich der nicht negativen und damit gleich der größeren der beiden Zahlen a und $-a$.

3. Es ist stets

$$|-a| = |a|.$$

Denn auf beiden Seiten handelt es sich um die nicht negative der beiden Zahlen a und $-a$.

Für das Rechnen mit Beträgen gelten folgende Sätze:

Satz

Der *Betrag eines Produktes* ist gleich dem Produkt aus den Beträgen der Faktoren:

$$|a \cdot b| = |a| \cdot |b| \tag{12}$$

Denn sowohl $|a \cdot b|$ als auch $|a| \cdot |b|$ liefert den nicht negativen der beiden Werte $a \cdot b$ und $-a \cdot b$.

Satz

Der *Betrag eines Quotienten* ist gleich dem Quotienten aus den Beträgen von Dividend und Divisor:

$$|a:b| = |a|:|b| \tag{13}$$

Denn sowohl $|a:b|$ als auch $|a|:|b|$ ergibt den nicht negativen der beiden Werte $a:b$ und $-a:b$.

Dreiecksungleichung[1])

Der *Betrag einer Summe* ist niemals größer als die Summe der Beträge der Summanden:

$$\boxed{|a + b| \leqq |a| + |b|} \tag{14}$$

Denn es ist $\pm a \leqq |a|$, $\pm b \leqq |b|$, also auch

$$\pm(a + b) \leqq |a| + |b|.$$

$|a + b|$ aber ist die größere der beiden Zahlen $a + b$ und $-(a + b)$.

Satz

Der *Betrag einer Differenz* ist niemals größer als die Summe der Beträge ihrer Glieder:

$$\boxed{|a - b| \leqq |a| + |b|} \tag{15}$$

Diese Aussage ergibt sich unmittelbar aus (14), wenn man für b den Wert $-b$ einsetzt und $|-b| = |b|$ beachtet.

BEISPIELE

4. Zu berechnen ist der Wert der Summe

$$|2 - a| - |b + 1| + |a + b|$$

a) für $a = 3$, $b = 5$,

b) für $a = 2$, $b = -4$.

Lösung:

a) $|2 - 3| - |5 + 1| + |3 + 5| = |-1| - |6| + |8| = 1 - 6 + 8 = \underline{\underline{3}}$

b) $|2 - 2| - |-4 + 1| + |2 - 4| = |0| - |-3| + |-2| = 0 - 3 + 2 = \underline{\underline{-1}}$

5. Zu berechnen ist der Ausdruck

$$|a(a - b)^2|.$$

Lösung:

$$|a(a - b)^2| = |a| \cdot |(a - b)^2|.$$

Das zweite Betragszeichen kann weggelassen werden, weil das Quadrat $(a - b)^2$ nicht negativ sein kann:

$$|a\,(a - b)^2| = |a|\,(a - b)^2 = \underline{\underline{|a|\,(a^2 - 2ab + b^2)}}.$$

---

[1]) Diese Bezeichnung rührt daher, daß in der Geometrie ein analoger Satz gilt: Im Dreieck ist eine Seite stets kleiner als die Summe der beiden anderen Seiten. Mit Hilfe von Vektoren (vgl. 34.2.) kann der direkte Zusammenhang zwischen diesem Satz und der Dreiecksungleichung hergestellt werden

Interessiert bei einem arithmetischen Ausdruck nicht der konkrete Wert, sondern nur, daß dieser unter gewissen Bedingungen eine bestimmte Größe nicht überschreitet, so können die Rechengesetze für Beträge zum „Abschätzen" benutzt werden.

BEISPIEL

6. Es ist zu prüfen, ob der Wert des Ausdrucks

$$(3 - a)(b + ac)$$

unter den Bedingungen $|a| \leqq 2,\ |b| \leqq 5,\ |c| \leqq 4$ den Wert 80 nicht überschreitet.

Lösung: Allgemein gilt

$$(3 - a)(b + ac) \leqq |(3 - a)(b + ac)| = |3 - a| \cdot |b + ac|$$

Nach den Regeln über den Betrag einer Summe und einer Differenz ist das Produkt nicht größer als

$$(|3| + |a|)(|b| + |ac|) = (3 + |a|)(|b| + |a| \cdot |c|).$$

Wegen der Bedingungen $|a| \leqq 2, |b| \leqq 5, |c| \leqq 4$ kann der letzte Ausdruck den Wert

$$(3 + 2)(5 + 2 \cdot 4) = 65$$

nicht überschreiten. Unter den gegebenen Bedingungen ist demnach $(3 - a)(b + ac) < 80$.

AUFGABEN

81. Wie kann
   a) die Menge G der ganzen Zahlen durch die Menge N der natürlichen Zahlen und die Menge $\overline{N}$ der negativen ganzen Zahlen,
   b) die Menge N durch die Mengen G und $\overline{N}$ dargestellt werden?

82. Es ist durch Fallunterscheidung zu beweisen, daß die Subtraktion zweier ganzer Zahlen stets wieder eine ganze Zahl ergibt.

83. Mit Hilfe des Hornerschen Schemas ist eine Wertetabelle für die Funktion aufzustellen, die jeder ganzen Zahl x den Wert

   $$x^4 - 3x^3 + x^2 - 2x + 1$$

   zuordnet (Ausschnitt: $-4, \ldots, +4$).

84. Es sei A die Menge der tausend ganzen Zahlen von -499 bis 500. Ist die Differenzmenge $G \setminus A$ noch gleichmächtig zu G?

85. Kann durch die Reihenfolge $0, 1, -1, 2, -2, 3, -3, \ldots$ eine Ordnung in der Menge G der ganzen Zahlen festgelegt werden? Wenn ja, gilt für diese Ordnung
   a) das Monotoniegesetz der Addition,
   b) das Monotoniegesetz der Multiplikation?

86. Welchen Wert erhält die Summe $|2a - 3b| + 5$
   a) für $a = 7,\ b = 10$,
   b) für $a = 0,\ b = -3$?

87. Welchen Wert erhält die Summe $|a^2 - b^2 + 5ab| + |b - a| - 1$
   a) für $a = 2,\ b = -1$,
   b) für $a = 0,\ b = 4$,
   c) für $a = b = 1$?

88. Es ist der Wert des Ausdrucks

$$|a - b| - (|a| + b)$$

zu berechnen
   a) für $a = 2,\ b = 7$, b) $a = -1,\ b = -2$,
   c) unter den Bedingungen $a < 0$ und $b \geqq a$.

89. Welcher Werte ist die Summe $2a + b$ unter der Bedingung fähig, daß $|a| = 1$ und $|b| = 5$ ist?

90. Was kann für

$$|a^2 - 16| + (a + 2)^2$$

geschrieben werden, wenn a zwischen -4 und $+4$ liegt?

91. Was kann für

$$|3a - 3b - 1| + 2a + 1$$

geschrieben werden, wenn
   a) $a > b$ $(a, b \in G)$, b) $a \leqq b$ ist?

92. Es ist der Ausdruck

$$|10 - x^2| - |6x - 9| - (x - 3)^2$$

zu berechnen, wenn $x \geqq 4$ ist.

93. Es ist zu prüfen, ob die folgenden Ausdrücke unter den Bedingungen $|a| \leqq 10$, $|b| \leqq 12$ den Wert 900 überschreiten können:
   a) $a(3a - 5b)$, b) $(a + b)(a - 2b)$, c) $3 + a - 2b(2a - b)$.

94. Unter welchen Bedingungen ist

$$|a - 3|^n = (a - 3)^n?$$

95. Welches ist die größte aus den ganzen Zahlen a, b, c mit Hilfe von Addition und Subtraktion bildbare Zahl?

96. Was ergibt

   a) $\dfrac{a}{|a|}$, b) $\dfrac{a + |a|}{2}$, c) $\dfrac{a + b + |a - b|}{2}$, d) $\dfrac{a + b - |a - b|}{2}$?

97. Welche Eigenschaften hat die Abbildung $a \to |a|$?

98. Durch vollständige Induktion ist zu beweisen:

$$1 - 3 + 9 - 27 + - \cdots + (-3)^{n-1} = \frac{1 - (-3)^n}{4}, \qquad n \in N \setminus \{0\}.$$

5. Körper der rationalen Zahlen

5.1. Erweiterung des Bereiches der ganzen Zahlen zum Bereich der rationalen Zahlen

Um auch die Division möglichst unbeschränkt ausführen zu können, müssen zur Menge der ganzen Zahlen abermals neue Zahlen hinzugenommen werden. Der erweiterte Zahlenbereich müßte mindestens alle Brüche g/h, die sich aus ganzen Zahlen g und h bilden lassen, enthalten. Der Bereich der ganzen Zahlen hat nur einen kleinen Teil dieser Brüche, etwa 4/2, −7/1, 0/5, aber zum Beispiel nicht 7/3, 1/−2, 3/0.

Die Existenz einiger dieser Brüche in einem die natürlichen Zahlen enthaltenden Zahlenbereich ist aber mit den Regeln der Arithmetik unverträglich. Es sind dies alle diejenigen Brüche, deren Nenner Null ist. Schon im Bereich der natürlichen Zahlen mußte beim Nachweis der Eindeutigkeit der Division der Divisor Null ausgeschlossen werden (vgl. 3.2.). Damals wurde a/b als die Zahl erklärt, die mit b multipliziert a ergibt:

$$\left(\frac{a}{b}\right) \cdot b = a.$$

Also müßte man unter $a/0$ eine Zahl verstehen, die mit 0 multipliziert a liefert:

$$\left(\frac{a}{0}\right) \cdot 0 = a.$$

Wenn a ebenfalls Null ist, so löst jede Zahl die gestellte Aufgabe: $1 \cdot 0 = 0$, $(-2) \cdot 0 = 0$. Die Division von Null durch Null muß also nicht deswegen ausgeschlossen werden, weil es keine Zahl gäbe, die mit Null multipliziert Null ergibt, sondern weil es zu viele Zahlen gibt, die das Geforderte leisten. Ganz anders liegen die Dinge, wenn a verschieden von 0 ist. Stellvertretend für jeglichen solchen Wert von a soll $a = 1$ betrachtet werden. Es ist leicht einzusehen, daß es keinen Zahlenbereich geben kann, der den Bereich der natürlichen Zahlen enthält und in dem eine Zahl existiert, die mit 0 multipliziert 1 liefert. Gäbe es nämlich eine solche Zahl, etwa u, so würde

$$0 \cdot u = 1 \tag{I}$$

gelten. Aus dieser Beziehung und der Gleichheit $2 = 2$ folgt nach dem Eindeutigkeitsgesetz der Multiplikation (vgl. 3.2.)

$$2 \cdot (0 \cdot u) = 2 \cdot 1.$$

Nach dem Assoziationsgesetz ist die linke Seite gleich $(2 \cdot 0) \cdot u = 0 \cdot u$:

$$0 \cdot u = 2. \tag{II}$$

Aus (I) und (II) folgte aber wegen der Transitivität der Gleichheit

$$1 = 2.$$

In einem Zahlenbereich, in dem es eine Zahl gibt, die mit 0 multipliziert 1 ergibt, verschwindet demnach der Unterschied zwischen 1 und 2, und der Bereich der natürlichen Zahlen stürzt in sich zusammen.

Satz

Die *Division durch Null* ist in keinem Zahlenbereich möglich.

Daß dagegen alle anderen der geforderten Brüche g/h, also alle mit $h \neq 0$, in umfassenderen Zahlenbereichen existieren, kann hier nicht gezeigt werden. Es muß im folgenden jedoch als Voraussetzung dienen.

Definition

Eine Zahl heißt **rational**, wenn sie sich als Bruch g/h zweier ganzer Zahlen g und h schreiben läßt, wobei h verschieden von 0 ist. Die Menge der rationalen Zahlen wird mit K bezeichnet.

Die Menge K enthält die Menge G der ganzen Zahlen:

$$G \subset K.$$

Die ganze Zahl g wird in der Menge K durch den Bruch $g/1$ vertreten.
In der Menge der gebrochenen Zahlen kann ein und dieselbe Zahl mit verschiedenen Zählern und Nennern geschrieben werden. Aus der *Gleichheit*

$$\frac{g}{h} = \frac{g'}{h'}$$

zweier Brüche folgt durch Multiplikation mit hh'

$$gh' = g'h;$$

denn auf Grund der Definition der Quotienten (vgl. 3.2.) ist

$$\frac{g}{h} \cdot h = g \quad \text{und} \quad \frac{g'}{h'} \cdot h' = g'.$$

Ist umgekehrt für die Zahlen $g, h, g', h' \in G$, $h \neq 0$, $h' \neq 0$ die Gleichung $gh' = g'h$ erfüllt, so stimmen die Brüche g/h und g'/h' auf Grund der Eindeutigkeit der Division überein. Denn g/h ist die Zahl, die mit hh' multipliziert gh' ergibt, und g'/h' ist die Zahl, die mit hh' multipliziert $g'h = gh'$ ergibt.

Satz

Zwei Brüche g/h und g'/h' sind genau dann gleich, wenn $gh' = g'h$ ist:

$$\frac{g}{h} = \frac{g'}{h'} \Leftrightarrow gh' = g'h.$$

Aus diesem Kriterium ergibt sich, daß man in einem Bruch Zähler und Nenner mit derselben Zahl $k \neq 0$ multiplizieren oder durch dieselbe Zahl $k \neq 0$ dividieren darf, ohne seinen Wert zu verändern. Es ist

$$\frac{g}{h} = \frac{g \cdot k}{h \cdot k},$$

weil $g \cdot h \cdot k = g \cdot k \cdot h$ ist. So begründet sich das bekannte *Erweitern* und *Kürzen* von Brüchen.

Die Null wird in der Menge der rationalen Zahlen durch jeden Bruch $0/h$ $(h \in G \setminus \{0\})$ dargestellt, weil $h \cdot 0 = 0$ ist. Hat umgekehrt ein Bruch den Wert Null:

$$\frac{g}{h} = \frac{0}{k} \qquad (k \in G \setminus \{0\}),$$

so ergibt sich nach dem Gleichheitskriterium $gk = 0 \cdot h = 0$. Wegen $k \neq 0$ folgt hieraus $g = 0$ (vgl. 3.2.).

Satz

Ein Bruch hat dann und nur dann den Wert Null, wenn sein Zähler gleich Null ist:

$$\frac{g}{h} = 0 \Leftrightarrow g = 0 \quad \text{für} \quad h \neq 0.$$

5.2. Menge der rationalen Zahlen als Zahlenkörper

In der Menge K der rationalen Zahlen sind Addition, Subtraktion, Multiplikation und Division mit der einzigen Ausnahme der Division durch Null unbeschränkt ausführbar.

Beweis:

Am einfachsten läßt sich die **Multiplikation** zweier rationaler Zahlen g/h und k/l $(g, h, k, l \in G, h \neq 0, l \neq 0)$ ausführen.

Bei der Multiplikation zweier Brüche wird Zähler mit Zähler und Nenner mit Nenner multipliziert[1]):

$$\boxed{\frac{g}{h} \cdot \frac{k}{l} = \frac{g \cdot k}{h \cdot l}}\,. \tag{16}$$

Denn gk/hl ist die Zahl, die mit hl multipliziert gk ergibt. Die gleiche Eigenschaft weist die linke Seite der Gleichung (16) auf. Nach dem Assoziationsgesetz und dem

[1]) Dieser Satz beschränkt sich der Kürze halber auf das Wichtigste an der Formel (16). Er ist ihr nicht gleichwertig

Kommutationsgesetz der Multiplikation gilt:

$$\left(\frac{g}{h} \cdot \frac{k}{l}\right) \cdot (h \cdot l) = \left(\frac{g}{h} \cdot h\right) \cdot \left(\frac{k}{l} \cdot l\right),$$

g/h ist aber die Zahl, die mit h multipliziert g ergibt, und k/l ist die Zahl, die mit l multipliziert k ergibt. Also hat das letzte Produkt tatsächlich den Wert $g \cdot k$.
Das Ergebnis der Multiplikation ist nach (16) wieder eine rationale Zahl, indem $g \cdot k$ und $h \cdot l$ als Produkte ganzer Zahlen wieder ganze Zahlen sind, wobei $h \cdot l$ als Produkt zweier von 0 verschiedener Zahlen wiederum von 0 verschieden ist.
Bei der **Division** eines Bruches g/h durch einen Bruch k/l muß vorausgesetzt werden, daß der Divisor von 0 verschieden ist, das heißt $k \neq 0$. Dann gilt:

Bei der Division von Brüchen wird der Dividend mit dem Kehrwert des Divisors multipliziert:

$$\boxed{\frac{g}{h} : \frac{k}{l} = \frac{g}{h} \cdot \frac{l}{k}}. \tag{17}$$

Denn die linke Seite der Gleichung ist die Zahl, die mit k/l multipliziert den Wert g/h ergibt. Diese Eigenschaft hat aber auch die rechte Seite. Nach der eben bewiesenen Multiplikationsregel ist nämlich

$$\left(\frac{g}{h} \cdot \frac{l}{k}\right) \frac{k}{l} = \frac{g \cdot l \cdot k}{h \cdot k \cdot l} = \frac{g}{h}.$$

Das Ergebnis der Division ist als Produkt zweier rationaler Zahlen wieder eine rationale Zahl.
Zur **Addition** oder **Subtraktion** werden zwei rationale Zahlen zunächst so erweitert, daß sie einen gleichen Nenner, einen *Hauptnenner*, erhalten. Man macht sie *gleichnamig*. Als Hauptnenner dient in der Regel das kleinste gemeinsame Vielfache der beiden Nenner.

Bei der Addition oder der Subtraktion gleichnamiger Brüche werden deren Zähler addiert beziehungsweise subtrahiert und der Nenner beibehalten:

$$\boxed{\frac{g}{h} \pm \frac{k}{h} = \frac{g \pm k}{h}}. \tag{18}$$

Denn $(g \pm k)/h$ ist die Zahl, die mit h multipliziert $g \pm k$ ergibt. Diese Eigenschaft trifft aber nach dem Distributionsgesetz auch für die linke Seite der Gleichung zu:

$$\left(\frac{g}{h} \pm \frac{k}{h}\right) \cdot h = \frac{g}{h} \cdot h \pm \frac{k}{h} \cdot h = g \pm k.$$

Die Ergebnisse der Addition und der Subtraktion sind nach (18) wieder rationale Zahlen, weil $g \pm k$ stets wieder eine ganze Zahl ist, während h als von Null verschiedene ganze Zahl übernommen wird.

Indem also im Bereich der rationalen Zahlen die vier Grundrechnungsarten bis auf die unvermeidliche Ausnahme der Division durch Null unbeschränkt ausführbar sind, ist ein in dieser Hinsicht vollendeter Zahlenbereich erreicht. Für Zahlenbereiche solcher Art hat die Algebra den Namen Zahlenkörper. Der Körperbegriff wird aber nicht allein auf Zahlenbereiche angewendet, sondern auch auf Mengen, die nicht nur aus Zahlen bestehen. Er wird folgendermaßen erklärt:

Definition

Eine Menge M, unter deren Elementen eine Addition, eine Subtraktion, eine Multiplikation und eine Division mit den in 3.2. genannten Grundgesetzen erklärt und bis auf die Division durch Null ($= a - a$ für ein beliebiges $a \in M$) unbeschränkt ausführbar sind, heißt **Körper**.

Nach dem Vorangegangenen bildet die Menge der rationalen Zahlen einen Zahlenkörper. Von ihm kann gesagt werden:

Satz

Der Körper K der rationalen Zahlen ist der kleinste Zahlenkörper, der den Bereich der natürlichen Zahlen enthält.

5.3. Ordnung und Mächtigkeit des Körpers der rationalen Zahlen

Auf der mit den Bildern der ganzen Zahlen versehenen Zahlengeraden lassen sich auch den rationalen Zahlen Bildpunkte zuordnen. Um der Zahl g/h ($g, h \in G$, $h \neq 0$) einen Punkt anzuweisen, sorgt man durch eventuelles Erweitern mit -1 zunächst dafür, daß der Nenner positiv ist. Dann teilt man alle Strecken zwischen je zwei ganzen Zahlen in h gleiche Abschnitte und trägt vom Nullpunkt aus $|g|$ solcher Abschnitte in positiver oder negativer Richtung ab, je nachdem g positiv oder negativ ist. Der so erreichte Punkt wird der rationalen Zahl g/h zugeordnet (Bild 13). Auf diese Weise lassen sich alle rationalen Zahlen auf der Geraden unterbringen, verschiedene Zahlen erhalten verschiedene Orte, gleiche Zahlen — gekürzt oder erweitert dargestellt — erhalten denselben Ort.

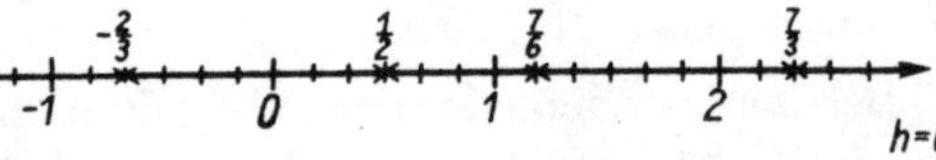

Bild 13

Auf Grund der Anordnung der Bildpunkte auf der Zahlengeraden wird für die rationalen Zahlen die Ordnungsrelation »kleiner als« definiert: Die rationale Zahl a heißt kleiner als die rationale Zahl b, wenn der b zugeordnete Punkt der Zahlengeraden in positiver Richtung auf den a zugeordneten Punkt folgt. Zwei verschiedene rationale Zahlen a und b genügen somit genau einer der Beziehungen $a < b$ oder $b < a$. Die rationalen Zahlen bilden auf diese Weise einen *geordneten Zahlenkörper*.

Es ist interessant, daß die Menge der rationalen Zahlen immer noch der Menge der natürlichen Zahlen gleichmächtig ist. Man kann nämlich die nicht negativen rationalen Zahlen g/h ($g, h \in N$, $h \neq 0$) nach der Summe s aus Zähler und Nenner ordnen:

$s = g + h$	g	h	g/h
1	0	1	$0/1 = 0$
2	0	2	$0/2 = 0$
	1	1	$1/1 = 1$
3	0	3	$0/3 = 0$
	1	2	$1/2$
	2	1	$2/1 = 2$
.	.	.	.
.	.	.	.

In dieser Aufstellung werden Wiederholungen fortgelassen: 0, 1, 1/2, 2, ..., und nach jeder Zahl wird die entsprechende negative eingefügt: 0, 1, −1, 1/2, −1/2, 2, −2, ... So erhält man eine Aufzählung der rationalen Zahlen, in der jede genau an einer Stelle vorkommt. Man kann sie der Reihe nach eineindeutig den natürlichen Zahlen zuordnen:

$$\begin{array}{ccccccc} 0, & 1, & -1, & 1/2, & -1/2, & 2\,, & -2, \ldots \\ 0, & 1, & 2, & 3, & 4, & 5, & 6, \ldots . \end{array}$$

Es gibt abzählbar unendlich viele rationale Zahlen.

Über die Besetzung der Zahlengeraden durch die Menge der rationalen Zahlen kann folgendes gesagt werden:

Sind q und r zwei verschiedene, noch so dicht nebeneinander liegende rationale Zahlen, so gibt es doch stets noch mindestens eine dritte zwischen ihnen, etwa das arithmetische Mittel

$$\frac{q+r}{2}.$$

Denn aus $q < r$ folgt nach dem Monotoniegesetz der Multiplikation

$$\frac{q}{2} < \frac{r}{2} \tag{I}$$

und daraus nach dem Monotoniegesetz der Addition

$$\frac{q}{2} + \frac{q}{2} < \frac{r}{2} + \frac{q}{2}.$$

Analog ergibt sich aus (I)

$$\frac{q}{2} + \frac{r}{2} < \frac{r}{2} + \frac{r}{2}.$$

Das heißt zusammengefaßt:

$$q < \frac{q+r}{2} < r.$$

$(q + r)/2$ ist als Quotient der Summe zweier rationaler Zahlen und der rationalen Zahl 2 wieder eine rationale Zahl. Den damit bewiesenen Sachverhalt drückt man mit den Worten aus:

▌ Die rationalen Zahlen liegen auf der Zahlengeraden in sich dicht.

AUFGABEN

99. Worin besteht der Fehler in folgendem »Schluß«, daß jede Zahl x ihrem Doppelten, $2x$, gleicht:

$$x^2 - x^2 = x^2 - x^2,$$
$$x(x - x) = (x + x)(x - x),$$
$$x = 2x.$$

100. Welche Eigenschaften hat die Abbildung, die jedem Element $(g, h) \in G \times (G \setminus \{0\})$ den Bruch g/h zuordnet? (Der Bruch darf gekürzt werden.)

101. Zu beweisen ist: Aus

$$\frac{u}{v} = \frac{u'}{v'} \quad (v \cdot v' \neq 0)$$

folgt

$$\frac{gu + hv}{ku + lv} = \frac{gu' + hv'}{ku' + lv'},$$

wobei g, h, k, l beliebige Zahlen sind, für die $ku + lv \neq 0$ ist. Dieses Verfahren, aus einer Bruchgleichung (Proportion) eine neue abzuleiten, heißt *korrespondierende Addition.*

102. Was ergibt:

a) $a + 0$, b) $a - 0$, c) $0 - a$, d) $0 \cdot a$, e) $0 : a$ $(a \neq 0)$?

103. Gibt es einen Zahlenkörper, der eine echte Teilmenge des Körpers der rationalen Zahlen darstellt?

104. Liegt die Menge $K \setminus G$ auf der Zahlengeraden in sich dicht?

105. Wieviel rationale Zahlen liegen zwischen Eins und Zwei?

106. Eins ist die kleinste positive ganze Zahl. Welches ist die kleinste positive rationale Zahl?

107. Es sind die ersten 20 Glieder der in 5.3. beschriebenen Aufzählung der rationalen Zahlen zu bestimmen.

108. Durch Ausführen der Division entsteht aus einem Quotienten zweier ganzer Zahlen ein Dezimalbruch. Analog sollen folgende Quotienten in Dualbrüche verwandelt werden:

a) L OLL : LO, b) LOL : LOOO, c) LOO : LL,

d) LL : LOL.

109. Welche Werte haben folgende Dualbrüche:

a) L, LOL, b) O, OLL, c) LL, OOL, d) L, OOOL?

110. Durch Probieren sind für folgende Ausdrücke Summenformeln zu finden. Sie sind durch vollständige Induktion zu bestätigen.

a) $1 + \frac{1}{2} + \frac{1}{4} + \cdots + \left(\frac{1}{2}\right)^{n-1}$

b) $\frac{1}{3} + \frac{1}{3 \cdot 5} + \frac{1}{5 \cdot 7} + \cdots + \frac{1}{(2n - 1)(2n + 1)}$.

6. Körper der reellen Zahlen

6.1. Unvollkommenheit des Körpers der rationalen Zahlen

Indem die den rationalen Zahlen entsprechenden Punkte auf der Zahlengeraden in sich dicht liegen (vgl. 5.3.), ist es um so erstaunlicher, daß es auf ihr dennoch Punkte gibt, die nicht Bilder rationaler Zahlen sind.
Eine solche Lücke läßt sich auffinden, indem man über der Einheitsstrecke der Zahlengeraden ein Quadrat konstruiert und dessen vom Nullpunkt ausgehende Diagonale mit dem Zirkel auf die Zahlengerade überträgt (Bild 14). Der so gefundene Punkt der Zahlengeraden heiße P. Nach dem Lehrsatz des PYTHAGORAS müßte P eine Zahl zugeordnet sein, deren Quadrat 2 ist. Aber es gibt keine solche rationale Zahl.
Dies läßt sich indirekt beweisen (vgl. 1.3.). Es sei also g/h ($g, h \in G$, $h \neq 0$) eine rationale Zahl, deren Quadrat 2 ist. Man darf voraussetzen, daß der Bruch nicht weiter kürzbar ist. Die Annahme bedeutet:

$$\left(\frac{g}{h}\right)^2 = 2, \quad \text{oder} \quad \frac{g^2}{h^2} = 2.$$

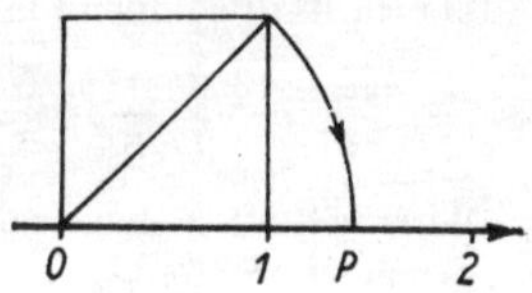

Bild 14

Durch Multiplikation mit h^2 ergibt sich:

$$g^2 = 2h^2.$$

Demnach muß g^2 eine gerade Zahl sein. Das ist aber nur möglich, wenn g gerade ist. Wenn aber g den Faktor 2 enthält, muß g^2 den Faktor 4 enthalten. Zwangsläufig ist dann die rechte Seite ebenfalls durch 4 teilbar. Ein Faktor 2 steht vor h^2, der andere muß in h^2 enthalten sein: h^2 muß gerade sein. Das ist aber wiederum nur dann möglich, wenn h schon gerade ist.
Also müssen g und h beide gerade sein. Dies ist jedoch ein Widerspruch zu der Voraussetzung, g/h sei nicht weiter kürzbar. Damit folgte aus der Annahme, das Quadrat einer rationalen Zahl sei 2, ein Widerspruch, und der indirekte Beweis, daß es keine solche rationale Zahl gibt, ist geführt.
Das Vorhandensein von Lücken auf der Zahlengeraden ist jedoch nur Ausdruck eines allgemeinen Mangels des Körpers der rationalen Zahlen. Um ihn verstehen zu können, müssen zuvor einige wichtige Begriffe erklärt werden:

Definition

Unter einer (unendlichen) **Zahlenfolge** versteht man eine eindeutige Abbildung der Menge N der natürlichen Zahlen auf eine Zahlenmenge.

Die Elemente der Bildmenge werden dabei *Glieder* der Folge genannt. Bei einer rationalen Zahlenfolge sind die Glieder rationale Zahlen.

Die ausführliche Darstellung einer Folge als eindeutige Abbildung von N auf eine Zahlenmenge A, etwa in Form der Zuordnungstabelle

N	0	1	2	3	4 ...
A	a_0	a_1	a_2	a_3	a_4 ...

kann verkürzt werden zu

$$a_0, a_1, a_2, a_3, a_4, \ldots,$$

da die Stellung jedes Elementes innerhalb der Aufzählung das jeweilige Urbild erkennen läßt. Es genügt daher auch eine eindeutige Vorschrift, nach der nacheinander eine erste Zahl a_0, eine zweite a_1 und so fort gebildet werden können, um eine Folge festzulegen.

BEISPIELE

1. $2, 4, 6, 8, 10, \ldots$

   Vorschrift: Aufzählen der geraden Zahlen ab 2.

2. $3, -6, 12, -24, 48, \ldots$

   Vorschrift: Beginnend mit 3 wird jede Zahl mit -2 multipliziert, um die folgende zu erhalten.

3. $\frac{1}{2}, \frac{2}{3}, \frac{3}{4}, \frac{4}{5}, \frac{5}{6}, \ldots$

   Vorschrift: Beginnend mit 1/2 werden Zähler und Nenner jeweils um 1 erhöht, um den folgenden Bruch zu erhalten.

4. $1, -\frac{1}{2}, \frac{1}{3}, -\frac{1}{4}, \frac{1}{5}, \ldots$

   Vorschrift: Aufzählung der Kehrwerte der positiven natürlichen Zahlen, versehen mit wechselnden Vorzeichen, mit plus beginnend.

5. $2,\ 2{,}6\left(=\frac{26}{10}\right),\ 2{,}66\left(=\frac{266}{100}\right),\ 2{,}666\left(=\frac{2\,666}{1\,000}\right), \ldots$

   Vorschrift: Beginnend mit der ganzen Zahl 2, wird jeweils eine neue Dezimale 6 hinzugefügt.

Die Beispiele 3, 4 und 5 stellen im Gegensatz zu den Beispielen 1 und 2 Folgen dar, deren Glieder sich, je weiter man fortschreitet, desto weniger unterscheiden. Um diese Erscheinung exakt beschreiben zu können, wird der Ausdruck *fast alle* eingeführt. »Fast alle«, bezogen auf die Elemente einer unendlichen Menge, soll bedeuten: alle bis auf endlich viele. Zum Beispiel sind fast alle natürlichen Zahlen größer als eine Million.

Offensichtlich kann von den in den Beispielen 3, 4 und 5 angegebenen Folgen gesagt werden: Fast alle Glieder unterscheiden sich um weniger als 1/10, oder: Fast alle Glieder unterscheiden sich um weniger als 1/100, oder: Fast alle Glieder unterscheiden sich um weniger als $1/10^6$. Denn es müssen jeweils nur mehr oder weniger viele Glieder am Anfang ausgelassen werden, so daß für die übrigen die behauptete Aussage zutrifft. Statt 1/10, 1/100 oder $1/10^6$ könnte dabei auch jede andere, beliebig kleine positive Vergleichszahl eingesetzt werden. Darauf gründet sich die Definition des Begriffes »Konvergenz« einer Zahlenfolge.

Definition

Eine Folge heißt **konvergent**, wenn die Aussageform: fast alle Glieder unterscheiden sich um weniger als ε, für jede Belegung der Variablen ε durch eine (beliebig kleine) positive Zahl zu einer wahren Aussage wird.

Diese Bedingung wird mit Sicherheit von jeder Folge erfüllt, die wie die Folge des Beispiels 5 dadurch entsteht, daß man von einer ganzen Zahl ausgeht und jedes folgende Glied aus dem vorangegangenen bildet, indem man nach einer bestimmten Vorschrift jeweils eine neue Dezimale hinzufügt. Solche Folgen sollen hier *Ergänzungsfolgen* von Dezimalbrüchen genannt werden.
Für die Folge des Beispiels 3 kann gesagt werden: Je weiter man fortschreitet, desto näher kommen die Glieder der Folge der Zahl 1, oder: Fast alle Glieder unterscheiden sich um weniger als 1/10 (1/100, $1/10^6$ usw.) vom Wert 1. Die Zahl 1 heißt in diesem Fall Limes oder Grenzwert der Folge. Analoge Aussagen können über die Folge des Beispiels 4 bezüglich der Zahl 0 und über die Folge des Beispiels 5 bezüglich der Zahl 8/3 gemacht werden.

Definition

Eine Folge $a_0, a_1, a_2, \ldots$ konvergiert gegen den **Limes** a, in Zeichen

$$\lim_{n\to\infty} a_n = a,$$

wenn die Aussageform:

fast alle Glieder unterscheiden sich um weniger als ε vom Wert a,

für jede Belegung der Variablen ε durch eine (beliebig kleine) positive Zahl zu einer wahren Aussage wird.

Die Bildung von Grenzwerten wird ausführlich behandelt (vgl. „Analysis für Ingenieure"). Hier soll deshalb von den zugehörigen Gesetzen nur ein grundlegendes erwähnt werden, wobei auf den Beweis verzichtet wird:

Die Bildung des Grenzwertes einer konvergenten Folge ist eine eindeutige Operation.

Dies bedeutet, daß eine bestimmte konvergente Folge nicht zwei verschiedene Grenzwerte haben kann.
Es gibt nun konvergente rationale Zahlenfolgen, die im Bereich der rationalen Zahlen keinen Grenzwert haben. Das Beispiel einer Ergänzungsfolge von Dezimalbrüchen mag dies belegen:
Ausgehend von der ganzen Zahl 1, wird bei jedem folgenden Glied jeweils die größte Ziffer als Dezimale hinzugefügt, für die der entsprechende Dezimalbruch auf der Zahlengeraden gerade noch links von dem in Bild 14 konstruierten Punkt P zu liegen kommt. Dabei schwindet auf der Zahlengeraden die Entfernung der darstellenden Punkte vom Punkt P:

Glieder	1	1,4	1,41	1,414 …
maximale Entfernung von P	10^0	10^{-1}	10^{-2}	10^{-3} …

Wegen der Eindeutigkeit des Grenzübergangs kann diese Folge keinen anderen Grenzwert haben als eine Zahl, die den Punkt P als Bildpunkt hat. Wie oben bewiesen, gibt es aber keine solche rationale Zahl.
Die Unvollkommenheit des Körpers der rationalen Zahlen besteht demnach in folgendem:

Im Körper der rationalen Zahlen ist der Grenzübergang bei konvergenten Zahlenfolgen nicht unbeschränkt ausführbar.

6.2. Erweiterung des Körpers der rationalen Zahlen zum Körper der reellen Zahlen

Um den Zahlenbereich auch gegenüber der Operation der Grenzwertbildung »abzuschließen«, müssen zur Menge der rationalen Zahlen abermals weitere Zahlen hinzugenommen werden. Dabei wird wie früher von der hier unbewiesenen Tatsache ausgegangen, daß ein umfassenderer Zahlenbereich existiert, in dem die geforderten Zahlen vorhanden sind.
Der anzustrebende Zahlenbereich muß mindestens alle Grenzwerte von Ergänzungsfolgen von Dezimalbrüchen enthalten. Als Bezeichnung eines solchen Grenzwertes bietet sich die Form des unendlichen Dezimalbruches an. Er entsteht, wenn man sich den Prozeß der dauernden Hinzunahme von Dezimalen ohne Ende fortgesetzt denkt. Beispielsweise wird der Grenzwert der Folge 1; 1,4; 1,41; 1,414; ... durch den unendlichen Dezimalbruch 1,41421 ... dargestellt.

Definition

Eine Zahl heißt **reell**, wenn sie in Gestalt eines unendlichen Dezimalbruches geschrieben werden kann, also Grenzwert einer Ergänzungsfolge von Dezimalbrüchen ist. Die Menge der reellen Zahlen wird mit R bezeichnet.

Auch jede rationale Zahl kann als Quotient zweier ganzer Zahlen in einen unendlichen Dezimalbruch entwickelt werden, wenn man durch Ausführung der Division ohne Ende immer neue Dezimalen bestimmt oder nach Auftreten des Restes 0 immer weitere Nullen als Dezimalen anfügt: $12/7 = 1{,}7\overline{142857}\ldots$, $-7/4 = -1{,}75000\ldots$
Die Menge der reellen Zahlen umfaßt daher die Menge der rationalen Zahlen:

$$K \subset R.$$

In der Menge R sind die rationalen Zahlen leicht erkennbar. Es gilt:

Eine reelle Zahl ist dann und nur dann rational, wenn sie durch einen periodischen unendlichen Dezimalbruch dargestellt wird.

Zum Beweis dieser Äquivalenz sind folgende zwei Implikationen zu bestätigen:

1. Wenn eine reelle Zahl rational ist, so wird sie durch einen periodischen unendlichen Dezimalbruch dargestellt.

Diese Implikation ist wahr; denn der unendliche Dezimalbruch entsteht aus dem Bruch ganzer Zahlen durch Ausführen der Division. Dabei kann nur eine endliche Anzahl von Null verschiedener Reste vorkommen, nämlich höchstens eins weniger, als der Nenner beträgt. Falls der Rest 0 nicht auftritt und dann die Ziffer 0 die Periode bildet, müssen gewisse Reste wiederkehren, und danach wiederholt sich die bereits gehabte Ziffernfolge.

2. Wenn eine reelle Zahl durch einen periodischen unendlichen Dezimalbruch dargestellt wird, so ist sie eine rationale Zahl.

Um diese Implikation zu begründen, wird gezeigt, wie ein beliebiger periodischer unendlicher Dezimalbruch in einen Bruch ganzer Zahlen verwandelt werden kann. Die Methode wird am Beispiel

$$x = 1{,}357\overline{507}\ldots$$

erläutert. Multiplikation mit 1000 liefert:

$$1000x = 1357{,}507\overline{507}\ldots$$

Durch Subtraktion der oberen Gleichung von der unteren ergibt sich

$$999x = 1356{,}15 = \frac{135615}{100},$$

also

$$x = \frac{135615}{99900}.$$

Folglich ist x eine rationale Zahl.
Damit ist die Äquivalenz bewiesen.

Mit unendlichen Dezimalbrüchen sind die vier Grundrechenoperationen analog ausführbar wie mit endlichen Dezimalbrüchen. Überdies hat aber im Bereich der reellen Zahlen jede konvergente Zahlenfolge einen Grenzwert. Der allgemeine Beweis hierfür kann allerdings an dieser Stelle nicht geführt werden.

Satz

Die Menge der reellen Zahlen bildet den kleinsten Zahlenkörper, der den Körper der rationalen Zahlen enthält und in dem der Grenzübergang bei konvergenten Zahlenfolgen unbeschränkt ausführbar ist.

Man könnte meinen, der Begriff der reellen Zahl sei recht unbefriedigend, weil sich von nichtperiodischen unendlichen Dezimalbrüchen stets nur wenige Dezimalen angeben lassen und die meisten — das sind die unendlich vielen weiteren — unbekannt bleiben. Aber dieser Umstand wirkt sich kaum nachteilig aus. Bei jeder praktischen Rechnung wird das Ergebnis nur mit einer bestimmten Genauigkeit gebraucht. Um diese zu erzielen, genügt immer eine angemessene Anzahl von Stellen der in der Rechnung beteiligten irrationalen Zahlen. Mit irrationalen Zahlen wird also in der Praxis nur näherungsweise gerechnet.

6.3. Ordnung und Mächtigkeit des Körpers der reellen Zahlen

Auf die gleiche Weise, wie in 6.2. dem in Bild 14 konstruierten Punkt P ein unendlicher Dezimalbruch zugeordnet wurde, kann jedem beliebigen Punkt der Zahlengeraden eindeutig ein solcher Bruch zugeordnet werden. Umgekehrt ist zu jedem unendlichen Dezimalbruch auf Grund seiner Dezimalen ein eindeutig bestimmter Platz auf der Zahlengeraden auffindbar.

▌ Die reellen Zahlen sind eineindeutig den Punkten der Zahlengeraden zugeordnet.

Durch die Lage der entsprechenden Punkte wird im Bereich der reellen Zahlen die Ordnung festgelegt: Wie bisher gilt für zwei verschiedene Zahlen die Relation $a < b$, wenn der zur Zahl b gehörige Punkt der Zahlengeraden von dem zu a gehörigen aus gesehen in positiver Richtung liegt.
Da die Zahlengerade nunmehr »kontinuierlich« mit Zahlen belegt ist, erscheint es sinnvoll, für die nicht weiter zu vervollständigende Menge aller Zahlen auf einem bestimmten Teilabschnitt Bezeichnungen einzuführen.
Für die Menge aller reellen Zahlen, die einem bestimmten Abschnitt der Zahlengeraden entspricht, gebraucht man den Namen **Intervall** und bezeichnet sie gewöhnlicht mit J. Handelt es sich um einen endlichen Abschnitt, so kann er durch die Angabe der beiden Randpunkte beschrieben werden. Je nachdem, ob diese zum Intervall gerechnet werden sollen oder nicht, spricht man von *abgeschlossenen* oder *offenen* Intervallen. Bei der Darstellung dieser Zahlenmengen durch Zeichen wird die Eigenschaft »offen« durch eine runde, die Eigenschaft »abgeschlossen« durch eine eckige Klammer wiedergegeben. Von den Zahlen a und b ($a \leqq b$) können dann folgende Intervalle eingeschlossen werden:

a) $J_1 = (a; b)$, Lösungsmenge der Aussageform $a < x < b$, beiderseits offenes Intervall von a bis b, $a \notin J_1$, $b \notin J_1$.

b) $J_2 = [a; b]$, Lösungsmenge der Aussageform $a \leqq x \leqq b$, beiderseits abgeschlossenes Intervall von a bis b, $a \in J_2$, $b \in J_2$.

c) $J_3 = (a; b]$, Lösungsmenge der Aussageform $a < x \leqq b$, unten offenes, oben abgeschlossenes Intervall von a bis b, $a \notin J_3$, $b \in J_3$.

d) $J_4 = [a; b)$, Lösungsmenge der Aussageform $a \leqq x < b$, unten abgeschlossenes, oben offenes Intervall von a bis b, $a \in J_4$, $b \notin J_4$ (Bild 15).

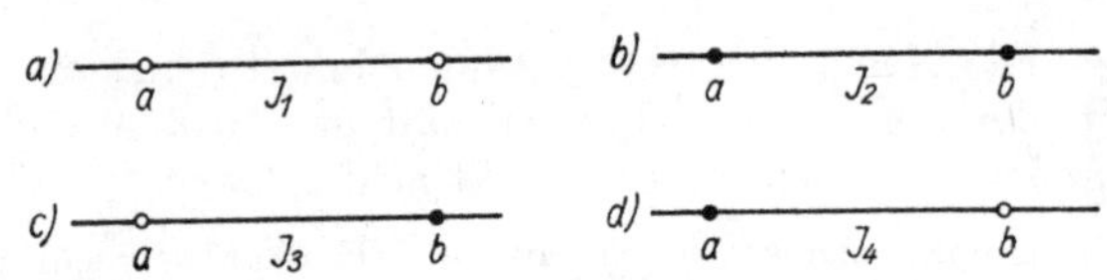

Bild 15

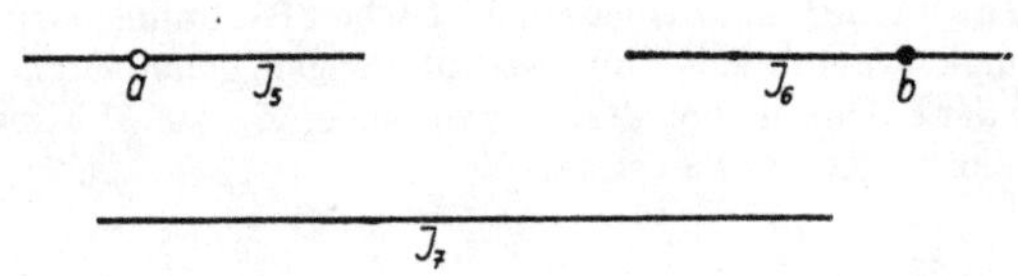

Bild 16

Entspricht das Intervall dagegen einem unendlichen Abschnitt der Zahlengeraden, so tritt das Zeichen ∞ an die Stelle der nicht mehr vorhandenen oberen, das Zeichen $-\infty$ an die Stelle der nicht mehr vorhandenen unteren Begrenzung. In diesen Richtungen ist das Intervall stets offen; denn ∞ und $-\infty$ sind keine Zahlen. Zum Beispiel ist das Intervall

$J_5 = (a; \infty)$ die Lösungsmenge der Aussageform $a < x$,

$J_6 = (-\infty; b]$ die Lösungsmenge der Aussageform $x \leqq b$,

$J_7 = (-\infty; \infty) = R$ die Menge aller reellen Zahlen (Bild 16).

Es zeigt sich, daß die Menge der reellen Zahlen von höherer Mächtigkeit ist als die Menge der rationalen Zahlen. Dafür kann folgender indirekter Beweis geführt werden:
Angenommen, die beiden Mengen wären gleichmächtig, so könnten die reellen Zahlen eineindeutig den natürlichen Zahlen zugeordnet werden. Die Zuordnungstabelle sei etwa:

N	R
0	$g_0, a_{01}a_{02}a_{03}\ldots$
1	$g_1, a_{11}a_{12}a_{13}\ldots$
2	$g_2, a_{21}a_{22}a_{23}\ldots$
3	$g_3, a_{31}a_{32}a_{33}\ldots$
$\vdots$	$\vdots$

Dabei bedeuten die g_i $(i = 0, 1, 2, 3, \ldots)$ ganze Zahlen, die in den unendlichen Dezimalbrüchen vor dem Komma stehen und a_{ij} $(j = 1, 2, 3, \ldots)$ Ziffern, die nach dem Komma folgen. Es läßt sich dann ein unendlicher Dezimalbruch konstruieren, der in der Aufzählung sicher nicht vorkommt: $x = 0, x_1x_2x_3\ldots$ Als Bildungsvorschrift für seine Dezimalen gilt:

$$x_i = \begin{cases} 2, \text{ wenn } a_{ii} \in \{5, 6, 7, 8, 9\} \\ 7, \text{ wenn } a_{ii} \in \{0, 1, 2, 3, 4\} \end{cases} \quad (i = 1, 2, 3, \ldots).$$

Dieser unendliche Dezimalbruch weist nach Konstruktion gegenüber dem $(i + 1)$-ten Dezimalbruch der Aufzählung an der i-ten Stelle einen wesentlichen Unterschied auf und stimmt deshalb mit keiner der aufgezählten Zahlen überein.

▌ Die Menge der reellen Zahlen ist nicht mehr abzählbar.

Von der Mächtigkeit der Menge der reellen Zahlen spricht man als der *Mächtigkeit des Kontinuums.*

AUFGABEN

111. Was kann über die Folge $a_1 - a, a_2 - a, a_3 - a, \ldots$ ausgesagt werden, wenn die Folge $a_1, a_2, a_3, \ldots$ gegen a konvergiert?

112. Welche der nachstehenden Folgen konvergieren und welche Grenzwerte haben diese:

a) $1; 0; -\frac{1}{2}; 0; \frac{1}{3}; 0; -\frac{1}{4}; 0; \frac{1}{5}; 0; \ldots,$

b) $1{,}00; 0{,}99; 1{,}00; 0{,}99; 1{,}00; 0{,}99; \ldots,$

c) $\frac{1}{4}; \frac{2}{5}; \frac{1}{2}\left(=\frac{3}{6}\right); \frac{4}{7}; \frac{5}{8}; \frac{2}{3}; \frac{7}{10}; \ldots,$

d) $1{,}3; 1{,}33; 1{,}333; 1{,}3333; \ldots$?

113. Wie heißen die ersten 5 Glieder einer Folge $a_0, a_1, a_2, \ldots$, für die gilt:

a) a_n ist der größte Dezimalbruch mit n Stellen nach dem Komma, für den $a_n^2 < 3$ ist,

b) a_n ist der kleinste Dezimalbruch mit n Stellen hinter dem Komma, für den $a_n^2 > 2$ ist?

114. Es ist zu beweisen, daß es keine rationale Zahl gibt, deren Quadrat 3 ist.

115. Was kann über die in Aufgabe 113 gebildeten Zahlenfolgen bezüglich Konvergenz und Grenzwert gesagt werden?

116. Ist es möglich, eine Folge zu bilden, in der

a) sämtliche rationalen Zahlen

b) sämtliche reellen Zahlen

als Glieder vorkommen?

117. Was kann über die Mächtigkeit der Menge der Glieder einer unendlichen Zahlenfolge ausgesagt werden?

118. Nach HERON kann man einer Zahl, deren Quadrat die positive Zahl b ist, näher und näher kommen, indem man nacheinander folgende Werte bildet: einen Schätzwert a_0;

$$a_1 = b/a_0; \quad a_2 = (a_0 + a_1)/2; \quad a_3 = b/a_2; \quad a_4 = (a_2 + a_3)/2; \quad a_5 = b/a_4; \ldots.$$

Dieses Verfahren ist für folgende Werte von b bis zur Sicherheit der dritten Stelle nach dem Komma durchzuführen:

a) 2, b) 3, c) 17, d) 1,372.

119. Folgende periodischen Dezimalbrüche sind als Brüche ganzer Zahlen darzustellen:

a) $0{,}04\overline{4}\ldots$, b) $5{,}\overline{713}\ldots$, c) $2{,}\overline{314572}\ldots$.

120. Wieviel größer ist der unendliche Dezimalbruch 1,000 ... als 0,999 ...?

121. r sei eine rationale Zahl, c eine irrationale. Sind die folgenden Zahlen rational oder irrational:

a) $r + c$, b) $r - c$, c) $r \cdot c$, d) $\frac{r}{c}$, e) $r(r - 2c)$?

122. Mit den Intervallen $A = (-1; 1)$ und $B = [0; 2]$ ist zu bilden:

a) $A \cup B$, b) $A \cap B$, c) $A \setminus B$.

123. Mit den Intervallen $A = (-1; 1)$, $B = (0; 2)$ und $C = (-2; 0)$ ist zu bilden

a) $(A \setminus C) \setminus B$, b) $A \setminus (B \cup C)$, c) $(A \cap C) \cup B$, d) $(B \setminus A) \cap C$.

124. Wie verhalten sich die Mächtigkeiten der Menge der rationalen Zahlen und der Menge der irrationalen Zahlen zueinander?

125. Es ist zu beweisen, daß die Menge [0, 1] nicht abzählbar ist.

126. Mit Hilfe des üblichen Divisionsverfahrens sind die unendlichen Dualbrüche zu folgenden Zahlen zu bestimmen:

a) $^1/_3$, b) $^4/_5$, c) $^{10}/_7$, d) $^{11}/_9$.

127. Welche Werte haben folgende unendlichen periodischen Dualbrüche:

a) $\mathrm{O},\overline{\mathrm{LOO}}\ldots$, b) $\mathrm{O},\overline{\mathrm{LOOO}}\ldots$, c) $\mathrm{LO},\overline{\mathrm{LLLO}}\ldots$, d) $\mathrm{O},\overline{\mathrm{LL}}\ldots$?

128. Welches sind die ersten vier Ziffern des unendlichen Dualbruches, dessen Quadrat LO(= 2) ist?

129. Es sind die unendlichen Oktalbrüche zu den in Aufgabe 126 gegebenen Zahlen zu bestimmen.

130. Welche Werte haben die folgenden unendlichen periodischen Oktalbrüche:

a) $0{,}\overline{135}\ldots_7$, b) $3{,}\overline{20571}\ldots_7$, c) $2{,}4444\ldots_7$, d) $7{,}777777\ldots_7$?

7. Potenzen, Wurzeln, Logarithmen

7.1. Elemente der Potenz-, Wurzel- und Logarithmenrechnung

7.1.1. Definitionen

Potenzen mit natürlichen Zahlen als Exponenten sind als Abkürzung für Produkte aus gleichen Faktoren bereits in 3.2. definiert worden. Die erste Erweiterung dieses Potenzbegriffes besteht in der Definition von Potenzen mit negativen ganzen Exponenten, bei denen wegen der Ausführbarkeit der Division die Basis verschieden von Null vorausgesetzt werden muß.

Definition

Ist a verschieden von Null und $-n$ eine negative ganze Zahl, so versteht man unter der **Potenz** a^{-n} den Wert $1/a^n$:

$$\boxed{a^{-n} = \frac{1}{a^n}} \quad (a \neq 0,\ n \in N \setminus \{0\}). \tag{19}$$

Bei der Definition von Potenzen mit rationalen Exponenten wird der Wurzelbegriff verwendet.

Definition

Ist a eine nichtnegative reelle Zahl und n eine positive natürliche Zahl, so versteht man unter der n-ten **Wurzel** aus der Zahl a, in Zeichen $\sqrt[n]{a}$, diejenige nichtnegative Zahl w, deren n-te Potenz a ist:

$$\boxed{w = \sqrt[n]{a} \Leftrightarrow w^n = a} \tag{20}$$

Dabei heißen: n — *Wurzelexponent*, a — *Radikand* und $\sqrt[n]{a}$ — *Wurzelwert*. Die Forderung $a \geqq 0$ wird im Interesse der Ausführbarkeit der Wurzel erhoben und geht ebenfalls in die Erklärung von Potenzen mit rationalen Exponenten ein:

Definition

Ist a eine positive reelle Zahl und g/n ($g \in G$, $n \in N \setminus \{0\}$) eine beliebige rationale Zahl, so versteht man unter der Potenz $a^{g/n}$ den Wert $\sqrt[n]{a^g}$:

$$\boxed{a^{g/n} = \sqrt[n]{a^g}} \tag{21}$$

Was unter einer Potenz mit irrationalen Exponenten zu verstehen ist, soll zunächst am Beispiel der Potenz $3^{\sqrt{2}}$ erläutert werden.

Der Wert $\sqrt{2}$ kann durch die Ergänzungsfolge von Dezimalbrüchen (vgl. 6.1.)

$$1;\ 1{,}4;\ 1{,}41;\ 1{,}414;\ 1{,}4142;\ \ldots$$

beliebig angenähert werden. Die den Gliedern dieser Folge entsprechenden Potenzen von 3 lassen sich als Potenzen mit rationalen Exponenten bilden und liefern die nachstehenden unendlichen Dezimalbrüche:

$$\begin{aligned}
3^1 &= 3 &&= 3{,}000\ldots\\
3^{1,4} &= 3^{14/10} &&= 4{,}655\ldots\\
3^{1,41} &= 3^{141/100} &&= 4{,}707\ldots\\
3^{1,414} &= 3^{1414/1000} &&= 4{,}727\ldots\\
3^{1,4142} &= 3^{14142/10000} &&= 4{,}728\ldots\\
&\ldots\ldots\ldots\ldots\ldots\ldots
\end{aligned}$$

Der Augenschein lehrt, daß die Folge der Potenzwerte konvergiert.[1]) Sinnvollerweise wird $3^{\sqrt{2}}$ als der im System der reellen Zahlen sicher vorhandene Grenzwert dieser Folge definiert.

Da jede irrationale Zahl als unendlicher Dezimalbruch durch eine zu ihr gehörige Ergänzungsfolge von endlichen Dezimalbrüchen angenähert werden kann und die Konvergenz der entstehenden Folge von Potenzwerten beweisbar ist, kann das für $3^{\sqrt{2}}$ beschriebene Verfahren allgemein angewendet werden. Die allgemeine Definition für Potenzen mit irrationalen Exponenten benutzt ferner, daß der Grenzwert von der speziellen Wahl der rationalen Exponentenfolge unabhängig ist.

Definition

Ist s eine beliebige reelle Zahl, $r_0, r_1, r_2, \ldots$ eine konvergente Folge rationaler Zahlen mit dem Grenzwert s und a eine beliebige positive reelle Zahl, so versteht man unter der *Potenz* a^s den Grenzwert der Folge $a^{r_0}, a^{r_1}, a^{r_2}, \ldots$:

$$a^s = \lim_{n\to\infty} a^{r_n}.$$

Bild 17 veranschaulicht diese Definition. Indem über jeder rationalen Zahl r der Zahlengeraden als Ordinate der Potenzwert a^r abgetragen wird, entsteht die eingezeichnete Kurve. Weil die zeichnerische Wiedergabe eines Punktes in jedem Fall eine bestimmte Fläche einnimmt und die rationalen Zahlen auf der Zahlengeraden dicht liegen, sind die über den irrationalen Zahlen vorhandenen Lücken der Kurve für das Auge nicht erkennbar. Das Diagramm zeigt, wie bei der Annäherung $r_0, r_1, r_2, \ldots \to s$ der Potenzwert a^{r_n} einem bestimmten Grenzwert zustrebt, den die Definition mit a^s bezeichnet.

Aus der in Bild 17 dargestellten Kurve ist ersichtlich, daß es genau einen Exponenten s gibt, der an die Basis a geschrieben einen geforderten Potenzwert liefert. Dies gilt für alle positiven Basen, die von 1 verschieden sind. Daraus ergibt sich die Definition des Logarithmenbegriffes:

[1]) Der exakte Konvergenzbeweis kann hier nicht geführt werden

Definition

Sind $a \neq 1$ und u beliebige positive reelle Zahlen, so versteht man unter dem **Logarithmus** von u zur Basis a, in Zeichen $\log_a u$, die Zahl s, die als Exponent an die Basis a gesetzt den Potenzwert u ergibt:

$$\boxed{s = \log_a u \Leftrightarrow a^s = u} \quad (a, u \in R;\ a, u > 0;\ a \neq 1). \tag{22}$$

Der Wert a heißt dabei *Logarithmenbasis* und u *Numerus* oder *Logarithmand.*

Aus der Definition folgen unmittelbar die Beziehungen

$$a^{\log_a u} = u$$

und

$$\log_a a^s = s.$$

Die Verabredung, alle positiven reellen Zahlen durch ihre Logarithmen zu einer bestimmten, fest gehaltenen Basis darzustellen, nennt man ein **Logarithmensystem.** Für praktische Rechnungen wird das Logarithmensystem zur Basis 10 bevorzugt, das System der *dekadischen* (oder auch der BRIGGSschen[1]) Logarithmen, weil es im Zusammenhang mit dem Dezimalsystem Vorteile bietet. Der Kürze halber wird für dekadische Logarithmen statt $\log_{10} x$ die Schreibweise lg x vereinbart.

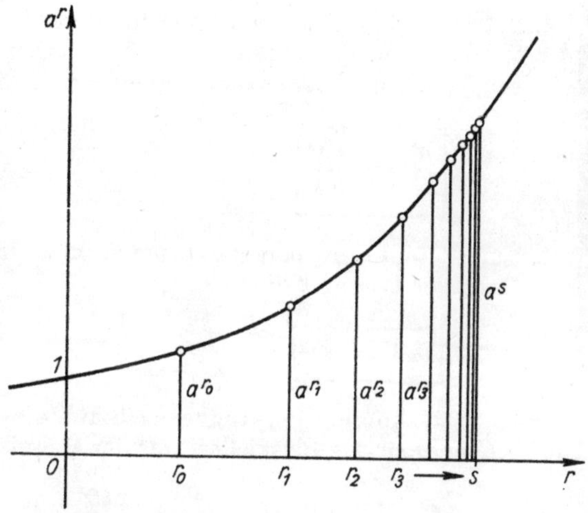

Bild 17

7.1.2. Rechengesetze

Für die Multiplikation, die Division und das Potenzieren von Potenzen gelten die folgenden

Potenzgesetze

1. Potenzen mit gleicher Basis werden multipliziert, indem man ihre Exponenten addiert und die Basis beibehält:

$$\boxed{a^s \cdot a^t = a^{s+t}} \tag{23}$$

[1]) Die zuerst von dem Engländer BRIGGS (1556 bis 1630) berechneten Logarithmen zur Basis 10 erschienen 1617

2. Potenzen mit gleicher Basis werden dividiert, indem man ihre Exponenten subtrahiert und die Basis beibehält:

$$\boxed{a^s : a^t = a^{s-t}} \tag{24}$$

3. Potenzen mit gleichen Exponenten werden multipliziert, indem man ihre Basen multipliziert und das Produkt mit dem gleichen Exponenten potenziert. Oder: Ein Produkt wird potenziert, indem man jeden Faktor einzeln potenziert:

$$\boxed{a^s \cdot b^s = (a \cdot b)^s} \tag{25}$$

4. Potenzen mit gleichen Exponenten werden dividiert, indem man ihre Basen dividiert und den Quotienten mit dem gleichen Exponenten potenziert. Oder: Ein Bruch wird potenziert, indem man Zähler und Nenner einzeln potenziert:

$$\boxed{\frac{a^s}{b^s} = \left(\frac{a}{b}\right)^s} \tag{26}$$

5. Eine Potenz wird potenziert, indem man die Exponenten multipliziert und die Basis der Potenz beibehält:

$$\boxed{(a^s)^t = a^{t \cdot s}} \tag{27}$$

Diese Gesetze können der Reihe nach für die verschiedenen Exponentenbereiche bewiesen werden. Als Beispiel sei nur der Beweis des dritten Gesetzes erbracht:

$$a^s \cdot b^s = (a \cdot b)^s.$$

a) Ist $s = n$ eine natürliche Zahl, so behauptet das Gesetz

$$a^n \cdot b^n = (a \cdot b)^n$$

oder auf Grund der Potenzdefinition (vgl. 3.2.):

$$\underbrace{(a \cdot a \cdot \dots \cdot a)}_{n \text{ Faktoren}} \underbrace{(b \cdot b \cdot \dots \cdot b)}_{n \text{ Faktoren}} = \underbrace{(a \cdot b)(a \cdot b) \cdot \dots \cdot (a \cdot b)}_{n \text{ Faktoren}}.$$

Wegen des Kommutations- und des Assoziationsgesetzes können aber die Faktoren links zu den Paaren rechts umgeordnet und zusammengefaßt werden.

b) Ist $s = -n$ eine negative ganze Zahl, so besagt die zu beweisende Formel

$$\frac{1}{a^n} \cdot \frac{1}{b^n} = \frac{1}{(ab)^n} \quad \text{für} \quad a, b \neq 0.$$

Zum Beweis werden auf der linken Seite die beiden Brüche nach der Multiplikationsregel (vgl. 5.2.) vereint, und für $a^n \cdot b^n$ wird nach a) — der Exponent ist hier eine natürliche Zahl — $(a \cdot b)^n$ geschrieben.

c) Ist $s = g/n$ ($g \in G$, $n \in N \setminus \{0\}$) eine rationale Zahl, so heißt die Behauptung

$$a^{g/n} \cdot b^{g/n} = (a \cdot b)^{g/n} \quad \text{für } a, b > 0.$$

Nach der Definition der Potenzen mit gebrochenen Exponenten bedeutet dies:

$$\sqrt[n]{a^g} \cdot \sqrt[n]{b^g} = \sqrt[n]{(a \cdot b)^g}.$$

Nun ist $\sqrt[n]{(a \cdot b)^g}$ laut Definition die positive Zahl, deren n-te Potenz $(a \cdot b)^g$ ist, und die durch diese Eigenschaft eindeutig bestimmt ist. Die linke Seite der Gleichung ist ebenfalls positiv, weil beide Faktoren als Wurzeln aus positiven Zahlen größer als Null sind, und wegen des in a) und b) Bewiesenen gilt für die n-te Potenz

$$\left(\sqrt[n]{a^g} \cdot \sqrt[n]{b^g}\right)^n = \sqrt[n]{a^g}^{\,n} \cdot \sqrt[n]{b^g}^{\,n} = a^g \cdot b^g = (a \cdot b)^g.$$

Also stimmen beide Seiten überein.

d) Ist schließlich s eine irrationale Zahl und $r_0, r_1, r_2, \ldots$ eine Folge rationaler Zahlen mit dem Grenzwert s, so behauptet das Potenzgesetz 3 laut Definition

$$\lim_{n \to \infty} a^{r_n} \cdot \lim_{n \to \infty} b^{r_n} = \lim_{n \to \infty} (a \cdot b)^{r_n}.$$

Da r_n ein rationaler Exponent ist, wurde $a^{r_n} \cdot b^{r_n} = (a \cdot b)^{r_n}$ bereits bewiesen. Der Beweis wird vervollständigt mit Hilfe des Satzes: Der Grenzwert eines Produktes ist gleich dem Produkt der Grenzwerte[1]):

$$\lim_{n \to \infty} (a^{r_n} \cdot b^{r_n}) = \lim_{n \to \infty} a^{r_n} \cdot \lim_{n \to \infty} b^{r_n}.$$

Die Potenzgesetze 3, 4 und 5 geben, mit dem Exponenten $s = 1/n$ geschrieben, Anlaß zu Gesetzen für das Rechnen mit Wurzeln.

Wurzelgesetze

3_W. $$\boxed{\sqrt[n]{a} \cdot \sqrt[n]{b} = \sqrt[n]{a \cdot b}} \qquad (28)$$

Gleichnamige Wurzeln werden multipliziert, indem man ihre Radikanden multipliziert und die Wurzel aus dem Produkt zieht. Oder: Man zieht die Wurzel aus einem Produkt, indem man sie aus den Faktoren einzeln zieht.

[1]) Vgl. „Analysis für Ingenieure“

4W. $$\frac{\sqrt[n]{a}}{\sqrt[n]{b}} = \sqrt[n]{\frac{a}{b}} \tag{29}$$

Gleichnamige Wurzeln werden dividiert, indem man ihre Radikanden dividiert und die Wurzel aus dem Quotienten zieht. Oder: Man zieht die Wurzel aus einem Bruch, indem man sie aus Zähler und Nenner einzeln zieht.

5W. $$\sqrt[n]{a}^{\,t} = \sqrt[n]{a^t} \tag{30}$$

Die Operationen Potenzieren und Radizieren sind vertauschbar.

Mit $s = 1/n$ und $t = 1/m$ liefert das fünfte Potenzgesetz ferner:

5′W. $$\sqrt[m]{\sqrt[n]{a}} = \sqrt[m \cdot n]{a} \tag{31}$$

Man zieht die Wurzel aus einer Wurzel, indem man die Wurzelexponenten multipliziert und das Produkt als neuen Wurzelexponenten benutzt.

Setzt man in den Potenzgesetzen 1, 2 und 5

$$a^s = u \quad \text{und} \quad a^t = v,$$

so wird $$s = \log_a u \quad \text{und} \quad t = \log_a v,$$

und es ergeben sich die Gesetze für das Rechnen mit Logarithmen. Potenzgesetz 1 besagt etwa: Der Exponent, den man an die Basis a setzen muß, um $u \cdot v$ zu erhalten, ist $s + t$, das heißt: $\log_a (u \cdot v) = \log_a u + \log_a v$.

Logarithmengesetze

1L. $$\log_a (u \cdot v) = \log_a u + \log_a v \tag{32}$$

Der Logarithmus eines Produktes ist gleich der Summe der Logarithmen der Faktoren.

2L. $$\log_a \frac{u}{v} = \log_a u - \log_a v \tag{33}$$

Der Logarithmus eines Bruches ist gleich der Differenz aus dem Logarithmus des Zählers und dem Logarithmus des Nenners.

5L. $$\log_a u^t = t \cdot \log_a u \tag{34}$$

Der Logarithmus einer Potenz ist gleich dem Produkt aus dem Exponenten und dem Logarithmus der Basis.

Mit $t = 1/n$ kann das letzte Gesetz auch folgende Auslegung erfahren:

$5'_L$. $$\log_a \sqrt[n]{u} = \frac{1}{n} \cdot \log_a u \qquad (35)$$

Der Logarithmus einer Wurzel ist gleich dem Quotienten aus dem Logarithmus des Radikanden und dem Wurzelexponenten.

Außerdem ergibt sich aus dem fünften Potenzgesetz mit

$$a^s = b \quad \text{und} \quad (a^s)^t = b^t = x,$$

das heißt, $s = \log_a b$ und $t = \log_b x$,

noch das *Umrechnungsgesetz* zwischen verschiedenen Logarithmensystemen:

$5''_L$. $$\log_a x = \log_a b \cdot \log_b x \qquad (36)$$

Die Logarithmen zweier verschiedener Systeme sind einander proportional. Der Proportionalitätsfaktor $\log_a b$ wird dabei *Umrechnungsmodul* der beiden Systeme genannt.

Es zeigt sich, daß alle Wurzel- und Logarithmengesetze nur andere Formulierungen der fünf Potenzgesetze darstellen.
Für das System der *dekadischen Logarithmen* ergibt sich nach den Logarithmengesetzen folgender Vorteil:
Der Zerlegung jeder positiven reellen Zahl in ein Produkt aus einer Zehnerpotenz und einer Zahl zwischen 1 und 10 entspricht die Zerlegung ihres dekadischen Logarithmus in eine Summe aus einer ganzen Zahl, der *Kennziffer*, und einem positiven echten Dezimalbruch, der *Mantisse*:

$$\lg 3060 = \lg (10^3 \cdot 3{,}060) = \lg 10^3 + \lg 3{,}060 =$$
$$= 3 + 0{,}4857\ldots = 3{,}4857\ldots$$

Da die Kennziffern als Exponenten der Stellenwerte der ersten geltenden Ziffern mit Leichtigkeit zu bestimmen sind, brauchen nur die Mantissen tabelliert zu werden. Die Tafeln der dekadischen Logarithmen sind daher stets Mantissentafeln.

BEISPIELE

1. Es ist der folgende Ausdruck zu vereinfachen:

$$\left(-\frac{8b^{-5}x^2}{a^{-6}y^{-4}}\right)^4 : \left(-\frac{x^{-1}y^{-2}}{12a^4b^{-3}}\right)^{-6}.$$

Lösung: Dividend und Divisor werden nach den Potenzgesetzen 3, 4 und 5 potenziert. Als Potenzen mit geraden Exponenten werden beide positiv. Um mit bequemeren Zahlen arbeiten zu können, wird $8 = 2^3$ und $12 = 2^2 \cdot 3$ eingesetzt:

$$\frac{2^{12}b^{-20}x^8}{a^{-24}y^{-16}} : \frac{x^6y^{12}}{2^{-12}3^{-6}a^{-24}b^{18}} = \frac{2^{12}b^{-20}x^8 2^{-12}3^{-6}a^{-24}b^{18}}{a^{-24}y^{-16}x^6y^{12}}.$$

Nun werden alle vorkommenden Potenzen mit ein und derselben Basis nach den Potenzgesetzen 1 und 2 zusammengefaßt:

$$\frac{2^{12-12}\,b^{-20+18}\,x^{8-6}\,3^{-6}\,a^{-24-(-24)}}{y^{-16+12}}.$$

Das Ergebnis wird so formuliert, daß keine negativen Exponenten mehr vorkommen:

$$\frac{x^2y^4}{3^6b^2} = \left(\frac{xy^2}{27b}\right)^2.$$

2. In dem folgenden Bruch ist der Nenner rational zu machen:

$$\frac{4\sqrt{7}-\sqrt{42}}{2\sqrt{3}+5\sqrt{2}}.$$

Lösung: Man benutzt die Formel $(a+b)(a-b) = a^2 - b^2$, um im Nenner die Wurzeln zu beseitigen, und erweitert mit $2\sqrt{3}-5\sqrt{2}$:

$$\frac{(4\sqrt{7}-\sqrt{42})(2\sqrt{3}-5\sqrt{2})}{(2\sqrt{3}+5\sqrt{2})(2\sqrt{3}-5\sqrt{2})} = \frac{8\sqrt{21}-20\sqrt{14}-2\sqrt{42\cdot 3}+5\sqrt{42\cdot 2}}{(2\sqrt{3})^2-(5\sqrt{2})^2} =$$

$$= \frac{8\sqrt{21}-20\sqrt{14}-6\sqrt{14}+10\sqrt{21}}{4\cdot 3-25\cdot 2} = \frac{18\sqrt{21}-26\sqrt{14}}{12-50} =$$

$$= \frac{26\sqrt{14}-18\sqrt{21}}{38} = \frac{13\sqrt{14}-9\sqrt{21}}{19}.$$

3. Mit Hilfe dekadischer Logarithmen ist der Wert der Potenz

$$x = 0{,}73124^{8{,}1350}$$

zu berechnen.

Lösung: Nach dem Logarithmengesetz 5_L ergibt sich:

$$\lg x = 8{,}1350 \cdot \lg 0{,}73124 =$$
$$= 8{,}1350 \cdot (0{,}86406 - 1) =$$
$$= 8{,}1350 \cdot (-0{,}13594) =$$
$$= -8{,}1350 \cdot 0{,}13594.$$

Das Produkt wird in einer Nebenrechnung logarithmisch bestimmt:

N	*L*
8,1350	0,91036
0,13594	0,13335 − 1
	1,04371 − 1
1,1059	0,04371

$\lg x = -\,1{,}1059.$

Dieser negative Logarithmus ist in Kennziffer und Mantisse zu zerlegen. Die Kennziffer ist eine ganze Zahl, die Mantisse ein echter positiver Dezimalbruch (vgl. Bild 18): $\lg x = 0{,}8941 - 2$. Unter Berücksichtigung der Tatsache, daß die Mantisse nur vier Stellen aufweist und daher Interpolation in der fünfstelligen Mantissentafel unsachgemäß ist, erhält man

$$\underline{\underline{x = 0{,}07836.}}$$

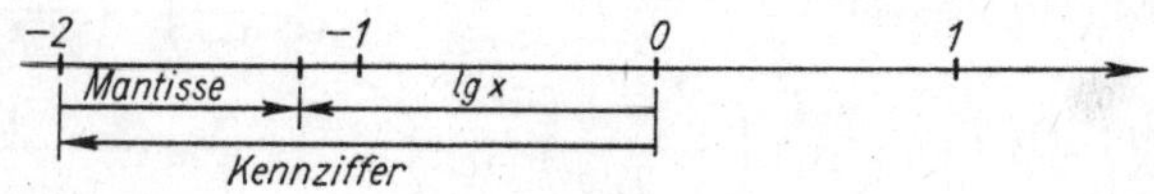

Bild 18

4. Es ist zu berechnen: $\log_2 273{,}5$.

Lösung: In Formel (36) wird $a = 10$ und $b = 2$ gesetzt. Es ergibt sich durch Umstellen zunächst die allgemeine Berechnungsvorschrift für Logarithmen zur Basis 2:

$$\log_2 x = \frac{\lg x}{\lg 2}.$$

Mit $x = 273{,}5$ erhält man:

$$\log_2 273{,}5 = \frac{\lg 273{,}5}{\lg 2} = \frac{2{,}43\,696}{0{,}30\,103} = \underline{\underline{8{,}0954.}}$$

Der Quotient wurde logarithmisch berechnet.

AUFGABEN

131. Wodurch kommt ein negativer Potenzwert zustande?

132. Es ist das vierte Potenzgesetz für rationale Exponenten zu beweisen.

133. Es ist das fünfte Potenzgesetz für Potenzen mit rationalen Exponenten zu beweisen.

134. Durch vollständige Induktion ist zu beweisen: Für einen bestimmten von Null verschiedenen natürlichen Exponenten n und nichtnegative Basen a und b ist der Potenzwert um so größer, je größer die Basis ist, und umgekehrt:

$$a < b \Leftrightarrow a^n < b^n.$$

135. Welchen Wert hat $1^{\sqrt{7}}$?

136. Zu vereinfachen ist:

a) $\left(\sqrt{2}^{\sqrt{2}}\right)^{\sqrt{2}}$, b) $\dfrac{3^{\sqrt{12}} \cdot 3^{\sqrt{75}}}{3^{\sqrt{147}}}$, c) $\left(\sqrt{3}^{\sqrt{2}} \cdot \sqrt[3]{3}^{\sqrt{3}}\right)^{\sqrt{6}}$, d) $\left(\sqrt[3]{7}^{\sqrt{12}} : \sqrt[3]{7}^{\sqrt{3}}\right)^{\sqrt{3}}$.

137. Warum muß 1 als Logarithmenbasis ausgeschlossen werden?

138. Was ist a) $\log_2 1/8$, b) $\log_8 4$, c) $\log_{\sqrt{2}} 1/2$, d) $\log_{81} 1/27$?

139. Nach dem Logarithmengesetz ist umzuformen:

a) $\log_a \dfrac{u^3 \cdot \sqrt{u+v}}{a}$, b) $\log_a \dfrac{a^7 - a^4}{b}$,

c) $\log_2 \dfrac{64u\sqrt{v}}{w}$, d) $\lg \sqrt[3]{2u^2v^5}$.

140. Es sind folgende Ausdrücke zu vereinfachen:

a) $(-x^{-7})^{-2n-1}$ für $n \in N$,

b) $\dfrac{a^{-4}\cdot b}{c^{-1}u^3}\cdot\dfrac{c\cdot u^{-4}}{a^{-5}b^{-2}}$, c) $\left(\dfrac{a^{-5}b^{-4}}{x^{-1}y^3}\right)^2\cdot\left(\dfrac{b^{-2}x}{a^3y^2}\right)^{-3}$,

d) $\left(-\dfrac{5u}{6v}\right)^{-3}:\left(-\dfrac{10uw}{9uv}\right)^{-3}$, e) $\dfrac{3-a}{a^{m-4}}+\dfrac{a^6-a^5+2a^3-1}{a^{m+1}}-\dfrac{2a^2+1}{a^{m-2}}$.

141. In den folgenden Brüchen sind die Nenner rational zu machen:

a) $\dfrac{33}{7-3\sqrt{3}}$, b) $\dfrac{17}{2\sqrt{7}+3\sqrt{5}}$, c) $\dfrac{a-b}{\sqrt{a}-\sqrt{b}}$, d) $\dfrac{\sqrt{3-2\sqrt{2}}}{\sqrt{3+2\sqrt{2}}}$.

142. Es sind die folgenden Ausdrücke zu vereinfachen:

a) $\sqrt[4]{\sqrt{23}+\sqrt{7}}\cdot\sqrt[4]{\sqrt{23}-\sqrt{7}}+\sqrt[6]{5\sqrt{2}+7}\,\sqrt[6]{5\sqrt{2}-7}$,

b) $\left(\sqrt{11}+\sqrt{2}\right)\sqrt{\sqrt{11}-\sqrt{2}}$, c) $\sqrt[5]{\dfrac{(ab^2)^3a^{-2}}{ab^{-4}}}$, d) $\sqrt[3]{3\sqrt[4]{\dfrac{2}{3}}}$.

143. Folgende Potenzen sind logarithmisch zu berechnen:

a) $17^{\sqrt{3}}$, b) $\sqrt{3}^{\sqrt{3}}$, c) $\sqrt{2}^{\pi}$, d) $0{,}72541^{-2{,}1713}$, e) $0{,}371\,56^{5{,}6727}$, f) $2^{-\sqrt{3}}$.

144. Es sind folgende Logarithmen zu berechnen:

a) $\log_2 74$, b) $\log_2 65$, c) $\log_{0,5} 13{,}72$ d) $\log_3 0{,}78531$.

7.2. Binomischer Lehrsatz

7.2.1. Einführung der Eulerschen Symbole

Der *binomische Lehrsatz* gibt an, wie zweigliedrige Summen (Binome) potenziert werden. Er wird an dieser Stelle nur für natürliche Zahlen als Exponenten behandelt.

Die ersten sieben Potenzen des Binoms $a + b$ sind im folgenden zusammengestellt:

$$\begin{aligned}
(a+b)^0 &= 1\\
(a+b)^1 &= a+b\\
(a+b)^2 &= a^2+2ab+b^2\\
(a+b)^3 &= a^3+3a^2b+3ab^2+b^3\\
(a+b)^4 &= a^4+4a^3b+6a^2b^2+4ab^3+b^4\\
(a+b)^5 &= a^5+5a^4b+10a^3b^2+10a^2b^3+5ab^4+b^5\\
(a+b)^6 &= a^6+6a^5b+15a^4b^2+20a^3b^3+15a^2b^4+6ab^5+b^6\\
&\cdots\cdots\cdots\cdots\cdots\cdots\cdots\cdots
\end{aligned}$$

Dabei erhält man aus jeder Zeile die folgende, indem man erneut mit $a + b$ multipliziert und gleiche Potenzprodukte zusammenfaßt.
Die Summenentwicklungen haben folgende *Gesetzmäßigkeiten*: Die Anzahl der Summanden ist jeweils um 1 größer als der Exponent des Binoms. Die Summanden sind aus a und b gebildete, mit Koeffizienten versehene Potenzprodukte. Die Summe der Exponenten in jedem Potenzprodukt ist gleich dem Exponenten des Binoms. Dabei werden alle Möglichkeiten, mit natürlichen Zahlen diese Summe zu bilden, erschöpft. Sind die Potenzprodukte wie oben nach fallenden Potenzen von a oder b geordnet, so können die Koeffizienten folgendem Schema, dem PASCAL*schen*[1]) *Zahlendreieck*, entnommen werden:

$$\begin{array}{ccccccccccccc}
 & & & & & & 1 & & & & & & \\
 & & & & & 1 & & 1 & & & & & \\
 & & & & 1 & & 2 & & 1 & & & & \\
 & & & 1 & & 3 & & 3 & & 1 & & & \\
 & & 1 & & 4 & & 6 & & 4 & & 1 & & \\
 & 1 & & 5 & & 10 & & 10 & & 5 & & 1 & \\
1 & & 6 & & 15 & & 20 & & 15 & & 6 & & 1
\end{array}$$

....

In ihm ist jede Zahl Summe der beiden darüberstehenden.

BEISPIEL

$(2a - 3)^5$ ist nach dem binomischen Lehrsatz zu entwickeln.

Lösung:

$$(2a - 3)^5 = [2a + (-3)]^5 =$$
$$= 1(2a)^5 + 5(2a)^4(-3) + 10(2a)^3(-3)^2 + 10(2a)^2(-3)^3 + 5 \cdot 2a(-3)^4 + 1(-3)^5 =$$
$$= \underline{\underline{32a^5 - 240a^4 + 720a^3 - 1080a^2 + 810a - 243}}$$

Die Ermittlung der Binomialkoeffizienten durch das PASCALsche Zahlendreieck ist recht unbequem, wenn es um höhere Potenzen geht. Denn dazu muß eine Vielzahl nicht unmittelbar benötigter Koeffizienten gebildet werden, die die Zeilen bis zur gesuchten Stelle füllen. Für gewisse Probleme ist es auch gar nicht nötig, alle Binomialkoeffizienten einer Zeile zu kennen; es genügen unter Umständen schon einige am Anfang der Zeile.
Deswegen ist eine Formel sehr nützlich, die gestattet, ohne Berechnung weiterer Koeffizienten unmittelbar einen an bestimmter Stelle des Zahlendreiecks stehenden Binomialkoeffizienten zu errechnen. Zu einer solchen Formel gelangte LEONHARD EULER[2]) durch kombinatorische[3]) Überlegungen, die hier nicht dargelegt werden können.

---

[1]) BLAISE PASCAL (1623 bis 1662), französischer Mathematiker

[2]) LEONHARD EULER, genialer Schweizer Mathematiker, Physiker und Astronom, geboren 1707 in Basel, gestorben 1783 in Petersburg

[3]) Die Kombinatorik (vgl. „Ausgewählte Kapitel der Mathematik") fragt nach der Anzahl der Möglichkeiten, gewisse Elemente unter gewissen Bedingungen zu Gruppen zusammenzustellen. Die Ermittlung der Anzahl der Permutationen von n unterschiedlichen Elementen (vgl. 3.4.) war ein kombinatorisches Problem

Für die Anwendung der EULERschen Formel werden die Zeilen des PASCALschen Zahlendreiecks nach den Exponenten der zugehörigen Potenzen von $a + b$ gezählt. Die ganz oben stehende Zeile, nur die Eins enthaltend, ist demnach die nullte Zeile. Ebenso zählt man die Koeffizienten in einer Zeile. Man sagt, die Eins ganz links stehe in jeder Zeile an nullter Stelle, und benennt die Stellen von da aus weiter. Im Sinne dieser Vereinbarung gab EULER für den Binomialkoeffizienten

in der 4. Zeile an 2. Stelle die Darstellung $\frac{4 \cdot 3}{1 \cdot 2} = 6$,

in der 6. Zeile an 3. Stelle die Darstellung $\frac{6 \cdot 5 \cdot 4}{1 \cdot 2 \cdot 3} = 20$,

in der 5. Zeile an 5. Stelle die Darstellung $\frac{5 \cdot 4 \cdot 3 \cdot 2 \cdot 1}{1 \cdot 2 \cdot 3 \cdot 4 \cdot 5} = 1$

und allgemein für den Binomialkoeffizienten in der n-ten Zeile ($n > 0$) an k-ter Stelle ($k > 0$) die Darstellung

$$\frac{n(n-1)(n-2)\ldots(n-k+1)}{k!}. \tag{I}$$

Der Bau dieser Brüche ist durch folgende *Gesetzmäßigkeiten* gekennzeichnet:
In Zähler und Nenner stehen Produkte mit der gleichen Anzahl Faktoren. Diese bilden in den Zählern fallende, in den Nennern steigende Folgen natürlicher Zahlen. Die Nummer der Zeile gibt an, mit welcher Zahl der Zähler beginnt. Die Nummer der Stelle nennt die Anzahl der Faktoren in Zähler und Nenner und gibt an, womit der Nenner endet.
Für den in der n-ten Zeile an k-ter Stelle stehenden Binomialkoeffizienten hat EULER die Abkürzung $\binom{n}{k}$ (gelesen: n über k) eingeführt, die nach ihm **»Eulersches Symbol«** genannt wird. Erweitert man den Bruch (I) mit dem Produkt $(n-k) \cdot (n-k-1) \ldots 2 \cdot 1 = (n-k)!$, so ergibt sich im Zähler die lückenlose Folge der von n bis 1 absteigenden natürlichen Zahlen. Der Wert des Zählers ist also dann $n!$. Daher gilt

$$\boxed{\binom{n}{k} = \frac{n(n-1)(n-2)\ldots(n-k+1)}{k!} = \frac{n!}{k!(n-k)!}} \tag{37}$$

Spezialfälle bilden die Binomialkoeffizienten, die an nullter Stelle in einer Zeile stehen: $\binom{n}{0}$.

Sinnvollerweise setzt man

$$\binom{n}{0} = 1 \quad \text{für beliebiges } n.$$

Wird die in 3.4. gegebene Definition des Fakultätsbegriffes durch $0! = 1$ ergänzt, so gilt auch für $k = 0$ die Formel (37).
Mit den EULERschen Symbolen geschrieben, nimmt das PASCALsche Zahlendreieck folgende Form an:

$$\binom{0}{0}$$

$$\binom{1}{0} \quad \binom{1}{1}$$

$$\binom{2}{0} \quad \binom{2}{1} \quad \binom{2}{2}$$

$$\binom{3}{0} \quad \binom{3}{1} \quad \binom{3}{2} \quad \binom{3}{3}$$

....

Die Werte der EULERschen Symbole werden in jeder ausführlicheren mathematischen Tabellensammlung angegeben[1]).

7.2.2. Eigenschaften der Eulerschen Symbole

Das PASCALsche Zahlendreieck ist symmetrisch zu seiner vertikalen Mittelachse gebaut. Diese **Symmetrie** muß auch den EULERschen Symbolen innewohnen. Sie fordert die Gleichheit

$$\boxed{\binom{n}{k} = \binom{n}{n-k}} \qquad (38)$$

Diese läßt sich leicht mit Hilfe der Formel (37) bestätigen: Für $\binom{n}{n-k}$ ist darin k durch $n - k$ zu ersetzen:

$$\binom{n}{n-k} = \frac{n!}{(n-k)!\,[n-(n-k)]!} = \frac{n!}{(n-k)!\,k!} = \binom{n}{k}.$$

Auch die **Summeneigenschaft** der Zahlen im PASCALschen Zahlendreieck, daß nämlich jede die Summe der beiden darüberstehenden ist, kann für die EULERschen Symbole nachgewiesen werden. Dazu muß man von einem beliebigen Binomialkoeffizienten $\binom{n}{k}$ ausgehen. Links neben ihm, also auch in der n-ten Zeile, aber an

[1]) Vgl. [5]

$(k-1)$-ter Stelle, steht $\binom{n}{k-1}$. Unter beiden, in der $(n+1)$-ten Zeile an k-ter Stelle, steht $\binom{n+1}{k}$. Es wird daher behauptet:

$$\boxed{\binom{n}{k-1} + \binom{n}{k} = \binom{n+1}{k}} \tag{39}$$

Zum Beweis werden die Koeffizienten $\binom{n}{k-1}$ und $\binom{n+1}{k}$ gebildet. $\binom{n}{k-1}$ unterscheidet sich von $\binom{n}{k}$ [vgl. (37)], indem nur $k-1$ Faktoren, also ein Faktor weniger, in Zähler und Nenner stehen. Der Zähler beginnt mit n, endet demnach mit $n-k+2$; im Nenner fehlt der Faktor k:

$$\binom{n}{k-1} = \frac{n(n-1)\cdot\dots\cdot(n-k+2)}{(k-1)!}.$$

$\binom{n+1}{k}$ entsteht aus $\binom{n}{k}$, indem der letzte Faktor des Zählers durch den vorangesetzten Faktor $(n+1)$ ersetzt wird:

$$\binom{n+1}{k} = \frac{(n+1)\cdot n\cdot(n-1)\cdot\dots\cdot(n-k+2)}{k!}.$$

Nun ist

$$\binom{n}{k-1} + \binom{n}{k} = \frac{n(n-1)\cdot\dots\cdot(n-k+2)}{1\cdot 2\cdot\dots\cdot(k-2)(k-1)} +$$

$$+ \frac{n(n-1)\cdot\dots\cdot(n-k+2)(n-k+1)}{1\cdot 2\cdot\dots\cdot(k-2)(k-1)k} =$$

$$= \frac{k\cdot n(n-1)\cdot\dots\cdot(n-k+2) + n(n-1)\cdot\dots\cdot(n-k+2)(n-k+1)}{1\cdot 2\cdot\dots\cdot(k-2)(k-1)\cdot k}.$$

Im Zähler lassen sich die Faktoren $n, n-1, \dots, n-k+2$ ausklammern:

$$\binom{n}{k-1} + \binom{n}{k} = \frac{[k+(n-k+1)]\cdot n(n-1)\cdot\dots\cdot(n-k+2)}{k!}.$$

$k+(n-k+1)$ aber ist gleich $n+1$, und so ergibt sich der Ausdruck für $\binom{n+1}{k}$.

7.2.3. Beweis und Anwendung des binomischen Lehrsatzes mit den Eulerschen Symbolen

Mit den EULERschen Symbolen ist es möglich, für den binomischen Lehrsatz eine allgemeingültige Formel aufzustellen. Der Beweis dieser Formel beinhaltet den Beweis der Richtigkeit der EULERschen Koeffizientenberechnung, die durch die Überlegungen im vorigen Abschnitt zwar glaubhaft gemacht, aber nicht eigentlich bestätigt wurde.

Es wird behauptet:

Binomischer Lehrsatz

Ist n eine beliebige natürliche Zahl, so gilt für die Potenz $(a+b)^n$ des Binoms $a+b$

$$(a+b)^n = \binom{n}{0} a^n + \binom{n}{1} a^{n-1} b + \binom{n}{2} a^{n-2} b^2 + \cdots + \binom{n}{n-1} a b^{n-1} + \binom{n}{n} b^n \tag{40}$$

Beweis durch vollständige Induktion (vgl. 3.4.)

a) Induktionsanfang:

Für die kleinste natürliche Zahl, den Exponenten Null, steht rechts nur ein Glied: $\binom{0}{0} a^0 b^0$. Wegen der Definitionen $\binom{n}{0} = 1$ für jedes n und $a^0 = 1$ für jedes a hat es den Wert 1. $(a+b)^0$ ist aber nach Definition ebenfalls gleich 1. Also ist der Induktionsanfang gesichert.

b) Schluß von k auf $k+1$:

Angenommen, die Formel wäre bereits für $n = k$ nachgewiesen, so gilt:

$$(a+b)^k = \binom{k}{0} a^k + \binom{k}{1} a^{k-1} b + \binom{k}{2} a^{k-2} b^2 + \cdots + \binom{k}{k-1} a b^{k-1} + \binom{k}{k} b^k.$$

Durch Multiplikation mit $a+b$ folgt daraus:

$$\begin{aligned}(a+b)^{k+1} &= (a+b)^k (a+b) = \\ &= \binom{k}{0} a^{k+1} + \binom{k}{1} a^k b + \binom{k}{2} a^{k-1} b^2 + \cdots + \binom{k}{k-1} a^2 b^{k-1} + \binom{k}{k} a b^k + \\ &\quad + \binom{k}{0} a^k b + \binom{k}{1} a^{k-1} b^2 + \cdots + \binom{k}{k-2} a^2 b^{k-1} + \\ &\quad + \binom{k}{k-1} a b^k + \binom{k}{k} b^{k+1}.\end{aligned}$$

Beim Zusammenfassen gleicher Potenzprodukte benutzt man die Summeneigenschaft der EULERschen Symbole:

$$\binom{k}{1} + \binom{k}{0} = \binom{k+1}{1}, \binom{k}{2} + \binom{k}{1} = \binom{k+1}{2}, \ldots$$

$$\ldots, \binom{k}{k-1} + \binom{k}{k-2} = \binom{k+1}{k-1}, \binom{k}{k} + \binom{k}{k-1} = \binom{k+1}{k}.$$

Für $\binom{k}{0}$ kann auch $\binom{k+1}{0}$, für $\binom{k}{k}$ auch $\binom{k+1}{k+1}$ geschrieben werden, da alle diese Ausdrücke gleich 1 sind. Auf diese Weise ergibt sich:

$$(a+b)^{k+1} = \binom{k+1}{0} a^{k+1} + \binom{k+1}{1} a^k b + \binom{k+1}{2} a^{k-1} b^2 + \ldots +$$
$$+ \binom{k+1}{k} a b^k + \binom{k+1}{k+1} b^{k+1}.$$

Damit folgte aus der angenommenen Gültigkeit der Behauptung für $n = k$ die Richtigkeit für $n = k + 1$, und der Schluß von k auf $k + 1$ ist erbracht. Nach dem Satz über die vollständige Induktion ist hiermit der binomische Lehrsatz mit den EULERschen Symbolen bewiesen. Die folgenden Beispiele zeigen, bei welcher Art Aufgaben die bewiesene Formel vor allem zur Anwendung gelangt.

BEISPIELE

1. Wie viele a^5 ergeben sich in der Summenentwicklung der Potenz

$$\left(2 + \frac{a}{8}\right)^{20} ?$$

Lösung: Nach dem binomischen Lehrsatz erhält man in der Summenentwicklung an fünfter Stelle:

$$\binom{20}{5} \cdot 2^{20-5} \cdot \left(\frac{a}{8}\right)^5 = \frac{20 \cdot 19 \cdot 18 \cdot 17 \cdot 16}{1 \cdot 2 \cdot 3 \cdot 4 \cdot 5} \cdot 2^{15} \cdot \frac{1}{8^5} \cdot a^5.$$

Der Koeffizient von a^5 ist demnach

$$19 \cdot 3 \cdot 17 \cdot 16 = \underline{\underline{15504.}}$$

2. Es ist der Wert $1{,}005^{25}$ auf 7 Dezimalen auszurechnen.

Lösung: Nach dem binomischen Lehrsatz ist

$$(1 + 0{,}005)^{25} = \binom{25}{0} \cdot 1^{25} + \binom{25}{1} \cdot 1^{24} \cdot 0{,}005 + \binom{25}{2} \cdot 1^{23} \cdot 0{,}005^2 + \cdots$$

Die Summanden dieser Entwicklung werden auf 8 Dezimalen (eine Schutzstelle) ausgerechnet. Dabei nutzt man aus, daß in jedem folgenden Glied alle Faktoren des vorangegangenen enthalten sind, und multipliziert den bereits berechneten Wert nur mit den neu hinzukommenden

Faktoren. Da mit wachsenden Exponenten die Glieder rasch kleiner werden, müssen nur wenige berechnet werden:

$$\binom{25}{0} 1^{25} = 1{,}00000000$$

$$\binom{25}{1} 1^{24} \cdot 0{,}005 = \frac{25}{1} \cdot 0{,}005 = 0{,}12500000$$

$$\binom{25}{2} 1^{23} \cdot 0{,}005^2 = \frac{25}{1} \cdot \frac{24}{2} \cdot 0{,}005 \cdot 0{,}005 = 0{,}00750000$$

$$\binom{25}{3} 1^{22} \cdot 0{,}005^3 = \frac{25 \cdot 24}{1 \cdot 2} \cdot \frac{23}{3} \cdot 0{,}005^2 \cdot 0{,}005 = 0{,}00028750$$

$$\binom{25}{4} 1^{21} \cdot 0{,}005^4 = \frac{25 \cdot 24 \cdot 23}{1 \cdot 2 \cdot 3} \cdot \frac{22}{4} \cdot 0{,}005^3 \cdot 0{,}005 = 0{,}00000791$$

$$\binom{25}{5} 1^{20} \cdot 0{,}005^5 = \frac{25 \cdot 24 \cdot 23 \cdot 22}{1 \cdot 2 \cdot 3 \cdot 4} \cdot \frac{21}{5} \cdot 0{,}005^4 \cdot 0{,}005 = 0{,}00000017$$

....

$$1{,}13279558$$

Ergebnis:

$$1{,}005^{25} = 1{,}1327956$$

AUFGABEN

145. Mit Hilfe des PASCALschen Zahlendreiecks ist zu bilden:

a) $(x - 1)^8$, b) $\left(\frac{u}{2} + \frac{v}{3}\right)^4$, c) $(2a - 3b)^5$.

146. Folgende Summen sind in Potenzen umzuwandeln:

a) $x^6 + 3x^4 + 3x^2 + 1$, b) $a^4 + 8a^3 + 24a^2 + 32a + 16$,
c) $u^3 - 6u^2v + 12uv^2 - 8v^3$, d) $b^9 + 9b^6 + 27b^3 + 27$,
e) $36a^2b + 27b^3 + 8a^3 + 54ab^2$.

147. Unter Benutzung des binomischen Lehrsatzes ist zu berechnen:

a) 103^3, b) 998^3, c) 99^4, d) 101^5.

148. Zu berechnen ist: $(a + 1)^6 + (a - 1)^6$.

149. Die Potenz $(a + b + c)^3$ ist als $[a + (b + c)]^3$ durch mehrmalige Anwendung des binomischen Lehrsatzes zu berechnen.

150. Zu errechnen ist:

a) $\binom{15}{3}$, b) $\binom{10}{5}$, c) $\binom{11}{7}$, d) $\binom{14}{9}$, e) $\binom{19}{17}$.

151. Welche Binomialkoeffizienten haben den Wert 6?

152. Was ist über n und k vorauszusetzen, damit $\binom{n}{k}$ im PASCALschen Zahlendreieck vorkommt?

153. Zu berechnen ist:

a) $\binom{n+2}{2}$, b) $\binom{n+k}{k}$, c) $\binom{n+k}{k+1}$, d) $\binom{m+7}{m+7}$.

154. Welcher Binomialkoeffizient steht

a) rechts neben $\binom{n}{k}$, b) links über $\binom{n}{k}$, c) rechts unter $\binom{n}{k}$, und wie wird er nach Euler berechnet?

155. Zu berechnen ist $\binom{n}{k+1} - \binom{n}{k}$.

156. Wie heißt der Koeffizient vor a^6 in der Entwicklung von

a) $(1 + a)^{15}$, b) $\left(2 - \frac{a}{2}\right)^{16}$, c) $\left(1 - \frac{a^2}{3}\right)^{20}$?

157. Zu berechnen sind:
a) die ersten drei Glieder von $(1 + a)^{50}$,
b) die ersten sechs Glieder von $(a - 1)^{10}$,
c) die ersten fünf Glieder von $(1 + a)^{20}$.

158. In den Summenentwicklungen folgender Ausdrücke sind die Absolutglieder und die Koeffizienten von x, x^2 und x^3 zu bestimmen:
a) $(1 + 2x)^{16} + (x - 1)^{15}$, b) $(1 + x)^{12} \cdot (2 + x)^7$,
c) $(x - 1)^{15} \cdot (x + 1)^{17}$, d) $(2x - 3)^6 \cdot (x + 1)^{20}$.

159. Mit Hilfe des binomischen Lehrsatzes ist
a) $1{,}1^7$, b) $0{,}98^5$ auf **4** Stellen,
c) $1{,}003^{20}$ auf 7 Stellen,
d) $0{,}99^{50}$ auf 6 Stellen
nach dem Komma zu bestimmen.

160. Mit Hilfe des binomischen Lehrsatzes ist
a) $1{,}03^6$, b) $0{,}98^8$
auf 5 Stellen nach dem Komma zu berechnen. Das Resultat ist mit dem logarithmisch bestimmten Wert zu vergleichen.

161. In den Formeln für $(a \pm b)^n$ ist $a = b = 1$ zu setzen. Welche Beziehungen ergeben sich daraus für die Binomialkoeffizienten einer Zeile?

162. Durch vollständige Induktion nach n ist zu beweisen:

a) $\binom{2}{2} + \binom{3}{2} + \binom{4}{2} + \cdots + \binom{n}{2} = \binom{n+1}{3}$,

b) $\binom{p}{p} + \binom{p+1}{p} + \binom{p+2}{p} + \cdots + \binom{n}{p} = \binom{n+1}{p+1}$.

163. Durch die Zuordnung $(n, k) \to \binom{n}{k}$ kann eine Teilmenge des Mengenprodukts $N \times N$ auf die Menge N der natürlichen Zahlen abgebildet werden. Welche Eigenschaften hat diese Abbildung?

164. Die ersten fünf Zeilen des Pascalschen Zahlendreiecks sind im Dualsystem zu schreiben.

165. Zu beweisen ist: Ohne Berücksichtigung der Reihenfolge lassen sich m unterschiedliche Objekte auf $\binom{m}{n}$ Weisen zu Gruppen aus n Objekten zusammenfassen.

166. Nach den Regeln für die EULERschen Symbole ist formal zu berechnen:

a) $\binom{-2}{3}$, b) $\binom{-7}{4}$, c) $\binom{1/2}{1}$, d) $\binom{-3/2}{3}$, e) $\binom{1{,}41421\ldots}{3}$

(auf Rechenstabgenauigkeit).

167. Zu beweisen ist (formal): $\binom{n}{2} = \binom{-n+1}{2}$.

7.3. System der natürlichen Logarithmen

Während, mathematisch gesehen, die Basis der dekadischen Logarithmen ihre Entstehung einer Zufälligkeit verdankt — hätte der Mensch nicht »zufällig« zehn Finger an beiden Händen, so spielte diese Zahl kaum eine so bedeutende Rolle —, ist das System der natürlichen (oder auch NAPIERschen[1])) Logarithmen auf tiefere mathematische Überlegungen gegründet.

Für dekadische Logarithmen gilt:

$$\begin{aligned}
\lg(1{,}0000 - 0{,}0001) &= -0{,}0000434,\\
\lg 1{,}0000 &= 0{,}0000000,\\
\lg(1{,}0000 + 0{,}0001) &= 0{,}0000434,\\
\lg(1{,}0000 + 0{,}0002) &= 0{,}0000869,\\
\lg(1{,}0000 + 0{,}0005) &= 0{,}0002171.
\end{aligned}$$

Durch Vergleich dieser Zahlen erkennt man: Der Logarithmus einer nahe bei 1 gelegenen Zahl ist deren Abweichung von 1 proportional. Als Proportionalitätskonstante erhält man etwa durch 0,0000869/0,0002 den Wert 0,434. Also gilt für dem Betrage nach kleine Werte h die Näherungsformel

$$\lg(1 + h) \approx 0{,}434 \cdot h.$$

Für größere Werte von h verschlechtert sich die Näherung. Bei $h = 1$ liefert sie etwa

$$\lg(1 + 1) \approx 0{,}434 \cdot 1 = 0{,}434$$

statt 0,301.

$\log_a 1 = 0$ gilt für alle Logarithmenbasen. Also sind für andere Logarithmensysteme analoge Näherungsformeln anzunehmen, bei denen lediglich die Proportionalitätskonstante 0,434 durch andere Zahlen zu ersetzen ist. Allgemein wird vermutet:

$$\log_a(1 + h) \approx k \cdot h.$$

[1]) Die erste Logarithmentafel dieser Art wurde von dem englischen Mathematiker JOHN NEPER (oder NAPIER) (1550 bis 1617) 1614 in Edinburg herausgegeben

Dabei ist der Betrag von h klein gegen 1 vorauszusetzen, was in Zeichen durch $|h| \ll 1$ ausgedrückt wird.
Besonders einfach wird die Formel bei einem Logarithmensystem, für das $k = 1$ ist. Wie groß muß die Basis dieses Logarithmensystems sein?
Die gewünschte Näherungsformel

$$\log_a (1 + h) \approx h \quad \text{für } |h| \ll 1$$

lautet in Potenzschreibweise

$$a^h \approx 1 + h.$$

Daraus folgt, wenn beide Seiten in die $\frac{1}{h}$-te Potenz erhoben werden:

$$a \approx (1 + h)^{1/h}.$$

Da die Näherungsformel um so besser gilt, je kleiner $|h|$ ist, wird man a dadurch berechnen, daß man für h möglichst kleine Werte einsetzt. Man bildet den Grenzwert von $(1 + h)^{1/h}$, wenn h hinschwindet:

$$a = \lim_{h \to 0} (1 + h)^{1/h}.$$

Die durch diesen Grenzwert gegebene vor den übrigen Basen durch die Einfachheit der Näherungsformel ausgezeichnete Basis wird mit e bezeichnet. Das zugehörige Logarithmensystem ist das System der natürlichen Logarithmen.

Definition

Die **Basis der natürlichen Logarithmen** ist die Zahl

$$\boxed{\mathrm{e} = \lim_{h \to 0} (1 + h)^{1/h}} \tag{41}$$

Für natürliche Logarithmen wird statt $\log_e$ die Abkürzung ln (gesprochen logarithmus naturalis) verwendet.
Auf Grund der Herleitung gilt für natürliche Logarithmen und Numeri nahe bei 1 die *Näherungsrelation*

$$\boxed{\ln (1 + h) \approx h} \qquad (h \ll 1) \tag{42}$$

Der Grenzwert (41) kann auf folgende Arten näherungsweise berechnet werden:

a) Für h werden der Reihe nach die Glieder einer schwindenden Zahlenfolge eingesetzt, etwa 1, 1/10, 1/100, 1/1000, ... Durch Benutzung der dekadischen Logarithmen erhält man:

h	1,000	0,100	0,010	0,001	...
$(1 + h)^{1/h}$	2,000	2,594	2,705	2,717	...

b) Der Grenzwert wird umgeformt. Für h wird der Wert $1/n$ eingetragen. Der Vorschrift $h \to 0$ entspricht dabei die Anweisung $n \to \infty$:

$$e = \lim_{h \to 0} (1 + h)^{1/h} = \lim_{n \to \infty} \left(1 + \frac{1}{n}\right)^n$$

Für natürliche Zahlen n kann der Ausdruck $(1 + 1/n)^n$ nach dem binomischen Lehrsatz entwickelt werden:

$$\left(1 + \frac{1}{n}\right)^n = \binom{n}{0} + \binom{n}{1} \cdot \frac{1}{n} + \binom{n}{2} \cdot \frac{1}{n^2} + \binom{n}{3} \cdot \frac{1}{n^3} + \binom{n}{4} \cdot \frac{1}{n^4} + \ldots$$

Durch Einsetzen der Binomialkoeffizienten erhält man:

$$\left(1 + \frac{1}{n}\right)^n = 1 + n \cdot \frac{1}{n} + \frac{n(n-1)}{2!} \cdot \frac{1}{n^2} + \frac{n(n-1)(n-2)}{3!} \cdot \frac{1}{n^3} + \\ + \frac{n(n-1)(n-2)(n-3)}{4!} \cdot \frac{1}{n^4} + \ldots,$$

oder mit den jeweiligen Potenzen von n gekürzt:

$$\left(1 + \frac{1}{n}\right)^n = 1 + 1 + \frac{1 - 1/n}{2!} + \frac{(1 - 1/n)(1 - 2/n)}{3!} + \\ + \frac{(1 - 1/n)(1 - 2/n)(1 - 3/n)}{4!} + \ldots$$

Wenn man nun für n wachsende Werte einsetzt, verschwinden alle Glieder mit n im Nenner, während die Summe immer mehr Summanden erhält. So entsteht als Grenzwert die »unendliche Reihe«[1])

$$1 + 1 + \frac{1}{2!} + \frac{1}{3!} + \frac{1}{4!} + \ldots$$

Satz

Die Basis e der natürlichen Logarithmen wird durch die unendliche Reihe

$$\boxed{e = \frac{1}{0!} + \frac{1}{1!} + \frac{1}{2!} + \frac{1}{3!} + \frac{1}{4!} + \ldots} \qquad (43)$$

dargestellt.

[1]) Über unendliche Reihen vgl. „Analysis für Ingenieure“

Die Glieder dieser Reihe sind eins nach dem anderen leicht zu berechnen und werden so rasch klein, daß schon nach dem zehnten fünfstellige Genauigkeit erreicht wird:

$$\frac{1}{0!} = 1{,}000000$$

$$\frac{1}{1!} = 1{,}000000$$

$$\frac{1}{2!} = 0{,}500000$$

$$\frac{1}{3!} = \left(\frac{1}{2!}\right) : 3 = 0{,}166667$$

$$\frac{1}{4!} = \left(\frac{1}{3!}\right) : 4 = 0{,}041667$$

$$\frac{1}{5!} = \left(\frac{1}{4!}\right) : 5 = 0{,}008333$$

$$\frac{1}{6!} = \left(\frac{1}{5!}\right) : 6 = 0{,}001389$$

$$\frac{1}{7!} = \left(\frac{1}{6!}\right) : 7 = 0{,}000198$$

$$\frac{1}{8!} = \left(\frac{1}{7!}\right) : 8 = 0{,}000025$$

$$\frac{1}{9!} = \left(\frac{1}{8!}\right) : 9 = 0{,}000003$$

$$\cdots\cdots\cdots\cdots\cdots\cdots$$

$$2{,}718282$$

$$\underline{\underline{e = 2{,}71828}}$$

Beim Benutzen der natürlichen Logarithmen, die ebenfalls in Tabellenbüchern enthalten sind[1]), ist zu beachten, daß nicht wie bei dekadischen Logarithmen mit Kennziffern und Mantissen gearbeitet werden kann. In einer Tabelle der natürlichen Logarithmen müßten daher auch zu allen positiven reellen Zahlen, von 0 bis unendlich, die natürlichen Logarithmen angegeben werden. Das geht natürlich nicht. Wie man sich helfen kann, falls man natürliche Logarithmen nicht tabellierter Zahlen benötigt, zeigt das folgende Beispiel:

[1]) Vgl. [5]

BEISPIEL

Gegeben seien die natürlichen Logarithmen der Zahlen 10; 11; ...; 1009; zu bestimmen:

a) ln 3752, b) ln 0,02524.

Lösung:

a) $\ln 3752 = \ln(10 \cdot 375{,}2) = \ln 10 + \ln 375{,}2 = 2{,}30259 + 5{,}92746 = \underline{\underline{8{,}23005}}$

b) $\ln 0{,}02524 = \ln(252{,}4 : 10^4) = \ln 252{,}4 - 4 \cdot \ln 10 = 5{,}53101 - 4 \cdot 2{,}30259 = \underline{\underline{-3{,}67935}}$

Sind überhaupt keine Tafeln der natürlichen Logarithmen zur Hand, so kann ein natürlicher Logarithmus im Bedarfsfall auch mit Hilfe der Umrechnungsformel (36) berechnet werden. Mit $a = 10$ und $b = \mathrm{e}$ besagt diese:

$$\lg x = \lg \mathrm{e} \cdot \ln x.$$

Der Umrechnungsmodul $\lg \mathrm{e} = 0{,}43429$ wird mit M bezeichnet:

$$\lg x = M \cdot \ln x, \qquad M = 0{,}43429.$$

Für die Berechnung eines natürlichen Logarithmus gilt demnach:

$$\ln x = \frac{1}{M} \cdot \lg x, \qquad \frac{1}{M} = 2{,}30259.$$

AUFGABEN

168. Mit Hilfe der Reihe

$$1 + 1 + \frac{1}{2!} + \frac{1}{3!} + \frac{1}{4!} + \cdots$$

ist die Zahl e auf 7 Dezimalen nach dem Komma zu berechnen.

169. ln 23,1407 und ln 0,12734 sind

a) nach der Tafel der natürlichen Logarithmen,

b) mit Hilfe dekadischer Logarithmen und der Umrechnungsformel

zu bestimmen.

170. Es sind folgende Werte zu bestimmen:

a) $\ln \mathrm{e} - \ln \frac{1}{\mathrm{e}}$, b) $\ln(\mathrm{e} + 1) - \ln \pi$, c) $\ln 10 \cdot \lg \mathrm{e}$.

171. Mit Hilfe natürlicher Logarithmen sind folgende Werte zu berechnen:

a) e^{π}, b) e^{3}, c) $\mathrm{e}^{-\sqrt{3}}$.

172. An Hand der Tafel ist festzustellen, bis zu welchen Größen von h die Näherungsformel $\ln(1 + h) \approx h$ auf

a) 3stellige, b) 2stellige Genauigkeit gilt.

8. Körper der komplexen Zahlen

8.1. Unvollkommenheit des Körpers der reellen Zahlen

Die Menge der reellen Zahlen ist gegenüber den vier Grundrechnungsoperationen und gegenüber der Grenzwertbildung abgeschlossen. Trotzdem gibt es noch Operationen, deren Ausführung in diesem Zahlenbereich zu wünschen übrig läßt. Beispielsweise können folgende Aufgaben noch nicht gelöst werden:

BEISPIELE

1. Es ist eine Zahl zu finden, deren vierte Potenz -10 ist.
2. Es ist eine Zahl zu finden, deren Quadrat um 12 kleiner ist als ihr doppelter Wert.

Die Operation, deren Beschränkung sich in diesen Beispielen zeigt, ist das *Lösen algebraischer Gleichungen*. Gleichungen erfahren später eine ausführliche Behandlung (vgl. Abschnitt 16.). Deshalb wird hier nur in knappster Form der Begriff der algebraischen Gleichung definiert. Bei dieser Erklärung wird der Begriff »Polynom« gebraucht.

Ein *Polynom* $P(x)$ in einer Variablen x über dem Körper der reellen Zahlen entsteht, indem die Variable x und reelle Zahlen mit Hilfe von Addition, Subtraktion und Multiplikation verknüpft werden, zum Beispiel $x^2 - 3x + 5$; $x(x^3 - x) + 3$.

Definition

Eine **algebraische Gleichung** in einer Variablen über dem Körper der reellen Zahlen ist eine Aussageform

$$P(x) = 0,$$

in der $P(x)$ ein Polynom über dem Körper der reellen Zahlen ist.

Als Aussageform hat jede algebraische Gleichung ihre Lösungsmenge (vgl 2.1.).

BEISPIEL

3. $x^3 - 2x^2 - 5x + 6 = 0$.
   Lösungsmenge: $L = \{-2, 1, 3\}$.

Beispiel 1 entspricht der algebraischen Gleichung $x^4 + 10 = 0$, Beispiel 2 der algebraischen Gleichung $x^2 - 2x + 12 = 0$. Die Lösungsmenge der Aussageform $x^4 + 10 = 0$ enthält keine reelle Zahl; denn auf Grund der Vorzeichenregeln (vgl. 4.1.) gibt es keine reelle Zahl mit einer negativen vierten Potenz. Daß die Lösungsmenge der zweiten algebraischen Gleichung keine reellen Zahlen enthält, wird klar, wenn man sie durch quadratische Ergänzung in die Form $(x - 1)^2 = -11$ bringt. Welche reelle Zahl man auch für x eintragen mag, $(x - 1)^2$ wird niemals negativ.

Also gibt es im Körper der reellen Zahlen nicht zu jeder algebraischen Gleichung eine Lösung. Die Operation: Lösen algebraischer Gleichungen ist nicht unbeschränkt ausführbar. Man drückt dies mit den Worten aus:

Der Körper der reellen Zahlen ist nicht algebraisch abgeschlossen.

8.2. Erweiterung des Bereiches der reellen Zahlen zum Bereich der komplexen Zahlen

Ein umfassenderer, algebraisch abgeschlossener Zahlenkörper müßte mindestens eine Zahl haben, deren Quadrat -1 ist, das heißt, eine Lösung der algebraischen Gleichung

$$x^2 + 1 = 0.$$

Die Existenz einer solchen Zahl in einem den Körper der reellen Zahlen enthaltenden Zahlenkörper war in der geschichtlichen Entwicklung der Mathematik lange Zeit umstritten. Schon im 16. Jahrhundert machte G. CARDANO[1]) den Versuch, mit Zahlen, deren Quadrate negativ sind, zu rechnen. Obwohl man derartige Zahlen lange für sinnlos hielt, stellte sich doch heraus, daß ihre Benutzung richtige und wertvolle Ergebnisse brachte. Aber erst Ende des 18. Jahrhunderts erschienen Arbeiten, die die Existenz des diese Zahlen enthaltenden Zahlenkörpers nachwiesen. Volle Anerkennung fand der neue Zahlenbereich durch das Wirken von C. F. GAUSS[2]).

Hier wird die Existenz eines Zahlenkörpers, der außer dem Körper der reellen Zahlen eine Zahl enthält, deren Quadrat -1 ist, vorausgesetzt. Diese Zahl wird imaginäre Einheit genannt und mit j bezeichnet[3]).

Definition

Die **imaginäre Einheit** ist eine Zahl, deren Quadrat -1 ist:

$$\boxed{\mathrm{j}^2 = -1}. \tag{44}$$

In der Definition steht vor dem Wort »Zahl« der unbestimmte Artikel. Denn es gibt nicht nur eine Zahl, deren Quadrat -1 ist, sondern zwei: Auch $-\mathrm{j}$ hat nach den im Körper geltenden Rechenregeln das Quadrat -1:

$$(-\mathrm{j})^2 = [(-1)\cdot \mathrm{j}]^2 = (-1)^2\cdot \mathrm{j}^2 = 1\cdot(-1) = -1.$$

Die Zahl $-\mathrm{j}$ ist von $+\mathrm{j}$ verschieden; aus $\mathrm{j} = -\mathrm{j}$ folgte nämlich $2\mathrm{j} = 0$ und damit $\mathrm{j} = 0$

Andererseits gibt es keine weiteren Zahlen, deren Quadrat -1 ist. Auf den Beweis soll hier verzichtet werden.

Welche Zahlen muß ein Zahlenkörper, der den Körper R der reellen Zahlen und die Zahl j, also $R \cup \{\mathrm{j}\}$ enthält, mindestens haben?

Weil die Multiplikation unbeschränkt ausführbar sein muß, sind alle Produkte $b\cdot \mathrm{j}$, gebildet aus einer reellen Zahl b und der imaginären Einheit j, erforderlich, zum Beispiel $5\mathrm{j}$, $-2\mathrm{j}$, $\frac{3}{7}\mathrm{j}$, $\pi\mathrm{j}$. Diese Produkte werden **imaginäre Zahlen** genannt.

---

[1]) GERONIMO CARDANO (1501 bis 1576), italienischer Mathematiker, Arzt und Philosoph

[2]) CARL FRIEDRICH GAUSS (1777 bis 1855), genialer deutscher Mathematiker, Physiker, Astronom und Geodät

[3]) Die imaginäre Einheit wird nach EULER häufig auch mit i bezeichnet. In der Ingenieurmathematik setzt sich aber im Hinblick auf die Verwendung des Buchstabens i als Symbol für Stromstärken die Bezeichnung j mehr und mehr durch

Auch die Addition muß unbeschränkt ausführbar sein. Daher muß der neue Zahlenkörper mindestens alle Summen aus einer reellen Zahl und einer imaginären Zahl enthalten: $3 + 5\mathrm{j}$, $-7 + \frac{3}{4}\mathrm{j}$, allgemein $a + b\mathrm{j}$ $(a, b, \in R)$.

Definition

Die Summen

$$a + b\mathrm{j} \quad (a, b \in R)$$

aus je einer reellen Zahl a und einer imaginären Zahl $b\mathrm{j}$ heißen **komplexe Zahlen.** In ihnen bezeichnet man a als *Realteil* und b als *Imaginärteil.*
Die Menge der komplexen Zahlen wird mit C bezeichnet.

Die Menge der komplexen Zahlen enthält die Menge der reellen Zahlen:

$$R \subset C.$$

Denn jede reelle Zahl a läßt sich als komplexe Zahl in der Form $a + 0\mathrm{j}$ schreiben. Ebenso sind alle imaginären Zahlen und insbesondere die imaginäre Einheit j unter den komplexen Zahlen zu finden. Denn jede imaginäre Zahl $b\mathrm{j}$ läßt sich in der Gestalt $0 + b\mathrm{j}$ als komplexe Zahl darstellen. Insbesondere ist $\mathrm{j} = 0 + 1\mathrm{j}$.
Die Gleichwertigkeit von j und $-\mathrm{j}$ als Lösungen der definierenden Gleichung $x^2 = -1$ kommt bei komplexen Zahlen dadurch zum Ausdruck, daß die Zahlen $z = a + b\mathrm{j}$ und $\bar{z} = a - b\mathrm{j}$ zueinander in einer besonderen Beziehung stehen. Man nennt zwei komplexe Zahlen, die sich nur durch das Vorzeichen des Imaginärteiles unterscheiden, zueinander konjugiert. $3 + 2\mathrm{j}$ ist zum Beispiel konjugiert zu $3 - 2\mathrm{j}$, $-5\mathrm{j}$ ist konjugiert zu $5\mathrm{j}$. Jede reelle Zahl ist zu sich selbst konjugiert.

8.3. Bereich der komplexen Zahlen als Zahlenkörper

Um prüfen zu können, ob die Menge C bereits einen Körper bildet oder ob noch weitere Zahlen hinzugenommen werden müssen, sind zunächst einige Erfahrungen im Umfang mit komplexen Zahlen nötig.

Gleichheit

Zwei komplexe Zahlen $a + b\mathrm{j}$ und $a' + b'\mathrm{j}$ $(a, b, a', b' \in R)$ sind genau dann gleich, wenn sie in Real- und Imaginärteil übereinstimmen:

$$a + b\mathrm{j} = a' + b'\mathrm{j} \Leftrightarrow a = a' \wedge b = b'.$$

Beweis: Aus

$$a + b\mathrm{j} = a' + b'\mathrm{j}$$

folgt

$$a - a' = (b' - b)\mathrm{j}.$$

Wäre $b \neq b'$, so könnte man durch $b' - b$ dividieren und erhielte für j die Darstellung $(a - a'):(b' - b)$, einen Quotienten zweier reeller Zahlen. Dann wäre aber j selbst reell. Dies ist unmöglich.

Also muß $b = b'$ sein. Dann aber verschwindet in der obigen Gleichheit die rechte Seite und die linke muß ebenfalls 0 sein: $a = a'$.

Addition und Subtraktion

Die Summe beziehungsweise Differenz der beiden komplexen Zahlen $a + b\mathrm{j}$ und $a' + b'\mathrm{j}$ kann auf folgende Weise berechnet werden:

$(a + b\mathrm{j}) \pm (a' + b'\mathrm{j}) = a \pm a' + b\mathrm{j} \pm b'\mathrm{j}$ (Assoziationsgesetz und Kommutationsgesetz)

$= (a \pm a') + (b \pm b')\mathrm{j}$ (Distributionsgesetz)

$a \pm a'$ und $b \pm b'$ sind reelle Zahlen, also ist das Ergebnis wieder eine komplexe Zahl.

Satz

Man addiert (beziehungsweise subtrahiert) zwei komplexe Zahlen, indem man ihre Real- und ihre Imaginärteile addiert (beziehungsweise subtrahiert):

$$(a + b\mathrm{j}) \pm (a' + b'\mathrm{j}) = (a \pm a') + (b \pm b')\mathrm{j}.$$

BEISPIEL

1. $(1 + 2\mathrm{j}) + (3 - 5\mathrm{j}) = (1 + 3) + (2 - 5)\,\mathrm{j} = \underline{\underline{4 - 3\mathrm{j}}}.$

Multiplikation

Das Produkt zweier komplexer Zahlen kann nach dem Distributionsgesetz ausgerechnet werden:

$$(a + b\mathrm{j}) \cdot (a' + b'\mathrm{j}) = aa' + ab'\mathrm{j} + a'b\mathrm{j} + bb'\mathrm{j}^2.$$

Unter Berücksichtigung von $\mathrm{j}^2 = -1$ ergibt sich durch Zusammenfassen gleichartiger Glieder

$$aa' + ab'\mathrm{j} + a'b\mathrm{j} - bb' = (aa' - bb') + (ab' + a'b)\mathrm{j}.$$

Das Ergebnis ist eine komplexe Zahl mit dem Realteil $aa' - bb'$ und dem Imaginärteil $ab' + a'b$.

BEISPIEL

$(2 + \mathrm{j}) \cdot (5 - 3\mathrm{j}) = 2 \cdot 5 - 2 \cdot 3\mathrm{j} + 5\mathrm{j} - 3\mathrm{j}^2 = 10 - 6\mathrm{j} + 5\mathrm{j} + 3 = \underline{\underline{13 - \mathrm{j}}}.$

Für mehrfache Produkte oder für Potenzen komplexer Zahlen werden die Potenzen der imaginären Einheit j mit natürlichen Exponenten gebraucht. Man erhält sie eine nach der anderen, indem man jeweils die vorangegangene mit j multipliziert:

$$\begin{aligned}
\mathrm{j}^1 &= \mathrm{j}\\
\mathrm{j}^2 &= -1\\
\mathrm{j}^3 &= -1 \cdot \mathrm{j} = -\mathrm{j}\\
\mathrm{j}^4 &= -\mathrm{j} \cdot \mathrm{j} = +1\\
\mathrm{j}^5 &= 1 \cdot \mathrm{j} = \mathrm{j}\\
\mathrm{j}^6 &= \mathrm{j} \cdot \mathrm{j} = -1\\
&\ldots\ldots\ldots\ldots
\end{aligned}$$

In der Folge der Potenzen von j wechseln sich demnach die Zahlen j, -1, $-$j, 1 in dieser Reihenfolge periodisch ab. Ist der Exponent durch 4 teilbar, so hat die Potenz den Wert 1. Läßt er dagegen bei der Division durch 4 den Rest 1, 2 oder 3, so hat die Potenz den Wert j, beziehungsweise -1 oder $-$j. Diese Regel gilt auch für den Exponenten 0: $j^0 = 1$.
Jede durch 4 teilbare natürliche Zahl kann in der Form $4n$ ($n \in N$) dargestellt werden. Eine ganze Zahl, die bei der Division durch 4 den Rest 1, 2 oder 3 ergibt, wird dann durch $4n + 1$, beziehungsweise $4n + 2$ oder $4n + 3$ wiedergegeben. Auf diese Weise läßt sich die gewonnene Regel durch folgende Formeln ausdrücken:

$$j^{4n} = 1, \qquad j^{4n+1} = j, \qquad j^{4n+2} = -1, \qquad j^{4n+3} = -j.$$

Zum Beispiel ist: $j^{1000} = 1$, $j^{42} = j^{4 \cdot 10 + 2} = -1$.

Unter Benutzung dieser Regel lassen sich die Potenzen komplexer Zahlen mit Hilfe des binomischen Lehrsatzes (vgl. 7.2.) berechnen.

BEISPIEL

3. $(2 + 3j)^5 =$

$$= 2^5 + 5 \cdot 2^4 \cdot (3j) + 10 \cdot 2^3 \cdot (3j)^2 + 10 \cdot 2^2 \cdot (3j)^3 + 5 \cdot 2 \cdot (3j)^4 + (3j)^5 =$$
$$= 32 + 240j + 720j^2 + 1080j^3 + 810j^4 + 243j^5 =$$
$$= 32 + 240j - 720 - 1080j + 810 + 243j = \underline{\underline{122 - 597j}}.$$

Division

Bei der Division zweier komplexer Zahlen bedient man sich wie beim Rationalmachen des Nenners (vgl. 7.1.2.) der binomischen Formel $(a + b)(a - b) = a^2 - b^2$, um den Divisor reell zu machen. Dazu wird mit $a' - b'j$ erweitert:

$$\frac{a + bj}{a' + b'j} = \frac{(a + bj)(a' - b'j)}{(a' + b'j)(a' - b'j)} = \frac{aa' - bb'j^2 + a'bj - ab'j}{a'^2 - b'^2 j^2} =$$

$$= \frac{aa' + bb' + (a'b - ab')j}{a'^2 + b'^2} = \frac{aa' + bb'}{a'^2 + b'^2} + \frac{a'b - ab'}{a'^2 + b'^2}\,j.$$

Sowohl $\dfrac{aa' + bb'}{a'^2 + b'^2}$ als auch $\dfrac{a'b - ab'}{a'^2 + b'^2}$ ist eine reelle Zahl.

Das Ergebnis stellt also wiederum eine komplexe Zahl dar. Für die Ausführbarkeit der Division muß vorausgesetzt werden, daß der Nenner nicht 0 ist. Dies bedeutet hier: a' und b' sind nicht beide 0.

BEISPIELE

4. $\dfrac{3 - 4j}{1 + 2j} = \dfrac{(3 - 4j)(1 - 2j)}{(1 + 2j)(1 - 2j)} = \dfrac{3 + 8j^2 - 4j - 6j}{1 - 4j^2} =$

$$= \frac{3 - 8 - 4j - 6j}{1 + 4} = \frac{-5 - 10j}{5} = \underline{\underline{-1 - 2j}}.$$

5. $(3 + 2j)^{-3} = \frac{1}{(3 + 2j)^3}$.

Es gibt zwei Möglichkeiten: Entweder wird $(3 + 2j)$ erst potenziert und dann der Kehrwert gebildet, oder man berechnet erst $1/(3 + 2j)$ und potenziert dann. Hier wird der erste Weg beschritten; der zweite sei als Übung empfohlen.

$$(3 + 2j)^3 = 3^3 + 3 \cdot 3^2 \cdot 2j + 3 \cdot 3 \cdot (2j)^2 + (2j)^3 = 27 + 54j - 36 - 8j = \underline{-9 + 46j}.$$

Der Kehrwert davon ist:

$$\frac{1}{(3+2j)^3} = \frac{1}{-9+46j} = \frac{-9-46j}{(-9+46j)(-9-46j)} = \frac{-9-46j}{81+2116} = \underline{\underline{-\frac{9}{2197} - \frac{46}{2197}\,j}}.$$

Wie festgestellt wurde, führen weder Addition, Subtraktion, Multiplikation noch Division aus der Menge der komplexen Zahlen heraus. Diese stellt daher einen Zahlenkörper dar. Nach den Überlegungen, die zum Begriff der komplexen Zahl führten, ist dieser Körper der kleinste Zahlenkörper, der den Körper der reellen Zahlen und die Zahl j, deren Quadrat -1 ist, enthält.

Daß das Ziel, einen algebraisch abgeschlossenen Körper zu erhalten, mit dem Körper der komplexen Zahlen erreicht wurde, ist ein tief liegendes Ergebnis, welches hier nicht allgemein bewiesen werden kann.

Man überzeugt sich allerdings leicht, daß algebraische Gleichungen der Art

$$x^2 + px + q = 0$$

(quadratische Gleichungen) mit $p, q \in R$ im Körper C der komplexen Zahlen stets Lösungen besitzen, und zwar:

$$x_{1,2} = \begin{cases} -\frac{p}{2} \pm \sqrt{\frac{p^2}{4} - q} \in R, & \text{wenn } \frac{p^2}{4} - q \geqq 0, \\ -\frac{p}{2} \pm j \cdot \sqrt{q - \frac{p^2}{4}}, & \text{wenn } \frac{p^2}{4} - q < 0. \end{cases}$$

Algebraische Gleichungen der Form

$$x^n = z$$

(reine algebraische Gleichungen) mit $n \in N \setminus \{0; 1\}$, $z \in C$ werden im folgenden noch ausführlich behandelt (vgl. 8.7.). Alle Erkenntnisse gipfeln jedoch im *Fundamentalsatz der Algebra* (vgl. 16.2.):

Im Körper der komplexen Zahlen hat jede algebraische Gleichung mindestens eine Lösung.

Also kann gesagt werden:

Die Menge C der komplexen Zahlen ist der kleinste algebraisch abgeschlossene Zahlenkörper, der den Körper der reellen Zahlen enthält.

8.4. Gaußsche Zahlenebene

Jede komplexe Zahl $a + b\mathrm{j}$ $(a, b \in R)$ entspricht einem geordneten Zahlenpaar $(a; b)$ aus reellen Zahlen. Diese Beziehung der Menge der komplexen Zahlen zum Mengenprodukt $R \times R$ legt den Gedanken nahe, den komplexen Zahlen wie den Elementen von $R \times R$ mit Hilfe eines cartesischen Koordinatensystems[1]) die Punkte einer Ebene zuzuordnen.
Der komplexen Zahl $a + b\mathrm{j}$ entspricht dabei der Punkt mit der Abszisse a und der Ordinate b. Beispiele zeigt Bild 19. Die Bildebene wird **Gaußsche Zahlenebene** genannt.

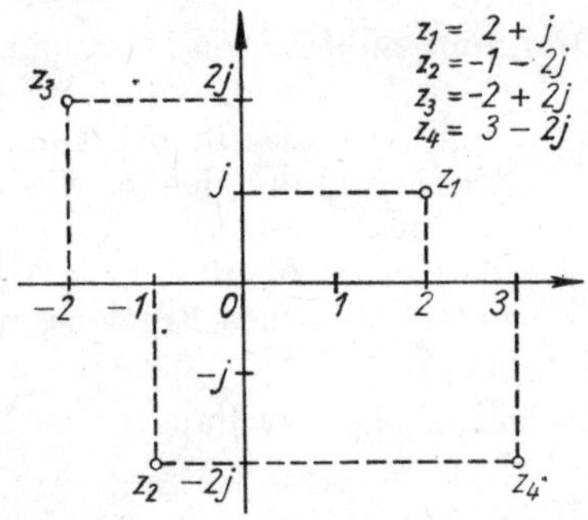

Bild 19

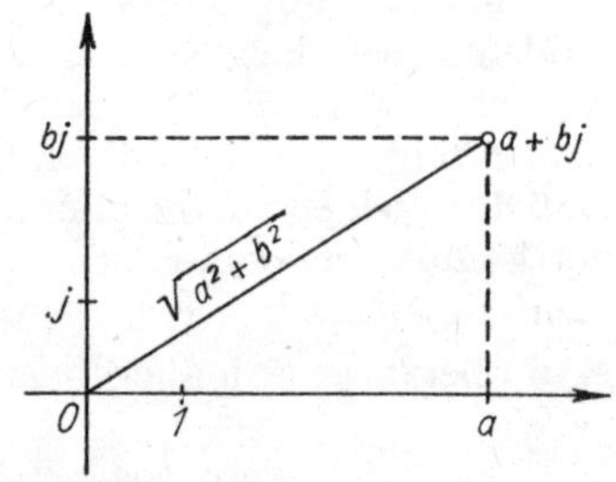

Bild 20

Bei dieser Abbildung werden die reellen Zahlen $(b = 0)$ auf diejenigen Punkte der Ebene abgebildet, deren Ordinate 0 ist. Das sind die Punkte der Abszissenachse. Diese wird daher auch *reelle Achse* der GAUSSschen Zahlenebene genannt.
Die imaginären Zahlen $(a = 0)$ dagegen werden auf die Punkte der Ebene abgebildet, deren Abszisse 0 ist. Das sind die Punkte der Ordinatenachse. Deswegen nennt man diese auch *imaginäre Achse* der GAUSSschen Zahlenebene.
Bei der Abbildung der komplexen Zahlen auf die Punkte der Zahlenebene entspricht jeder Zahl genau ein Punkt, und umgekehrt ist jeder Punkt genau einer Zahl zugeordnet. Es handelt sich also um eine *eineindeutige Abbildung* der Menge der komplexen Zahlen auf die Menge der Punkte der GAUSSschen Zahlenebene. Damit ist die Menge der komplexen Zahlen der Menge der Punkte in einer Ebene gleichmächtig.
Auf Grund der Lage der komplexen Zahlen in der Ebene ist es nicht möglich, eine Ordnungsrelation wie das Kleinersein im Bereich der reellen Zahlen zu erklären. Für beliebige komplexe Zahlen haben die Zeichen $<$ und $>$ keinen Sinn. Man kann auch nicht von positiven oder negativen komplexen Zahlen sprechen. Trotzdem ist es möglich, den Begriff »absoluter Betrag« für komplexe Zahlen zu verallgemeinern. Man definiert ihn entsprechend seiner Bedeutung für reelle Zahlen als den Abstand des Bildpunktes einer komplexen Zahl vom Nullpunkt der Zahlenebene (vgl. Bild 20).

[1]) Vgl. 24.1.

Definition

Unter dem **Betrag** $|z|$ der komplexen Zahl $z = a + b\mathrm{j}$ $(a, b \in R)$ versteht man den Wert $\sqrt{a^2 + b^2}$:

$$|z| = \sqrt{a^2 + b^2}.$$

Nach der Erklärung der Wurzel ist der Betrag einer komplexen Zahl ebenso wie der einer reellen Zahl eine nicht negative reelle Zahl:

$$|z| \geqq 0.$$

Auch jetzt gilt das Gleichheitszeichen nur für $z = 0$, wie aus $a^2 + b^2 = 0$ sofort folgt.

BEISPIELE

1. $|1 + \mathrm{j}| = \sqrt{1^2 + 1^2} = \underline{\underline{\sqrt{2}}}$.
2. $|4 - 3\mathrm{j}| = \sqrt{4^2 + (-3)^2} = \sqrt{25} = \underline{\underline{5}}$.
3. $|2\mathrm{j}| = \sqrt{0^2 + 2^2} = \underline{\underline{2}}$.

Für die geometrische Ausführung der Rechenoperationen in der Gaussschen Zahlenebene erweist es sich als zweckmäßig, die komplexen Zahlen nicht durch Punkte, sondern durch Pfeile darzustellen. Man ordnet der Zahl $z = a + b\mathrm{j}$ denjenigen Pfeil zu, der vom Nullpunkt zum Punkt mit den Koordinaten a; b geht (Bild 21). Die komplexen Zahlen erhalten dadurch einen neuen Aspekt, den Aspekt gerichteter Größen in einer Ebene (*zweidimensionale Vektoren*).

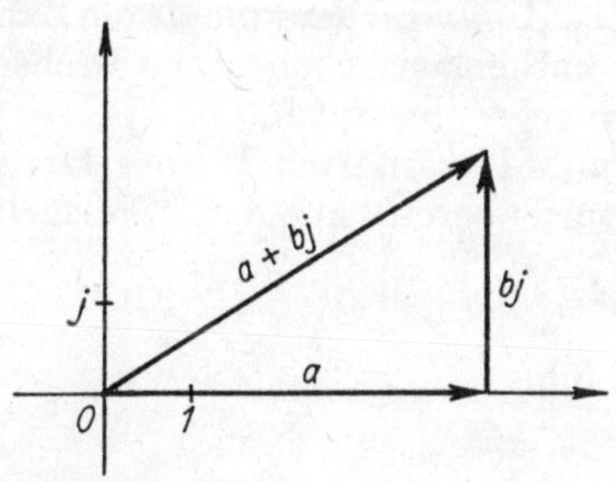

Bild 21

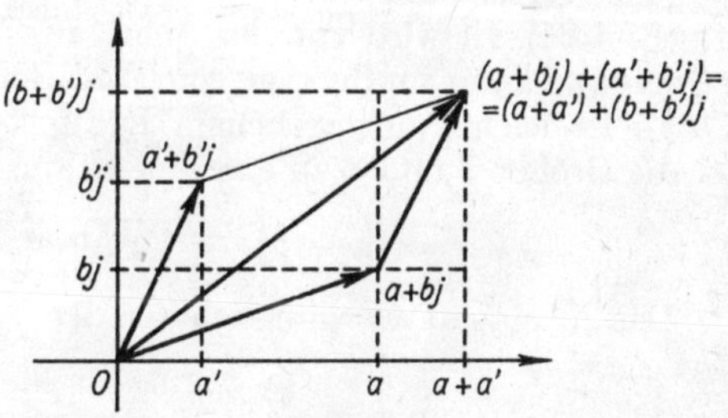

Bild 22

Realteil und Imaginärteil von z entsprechen den Komponenten des z darstellenden Pfeiles in Richtung der reellen und in Richtung der imaginären Achse. Da diese Komponenten nach 8.3. bei der *Addition* für sich addiert werden, kann die Summe zweier komplexer Zahlen geometrisch durch eine Parallelverschiebung des einen Pfeiles gewonnen werden (Bild 22):

Um die *Summe* zweier komplexer Zahlen geometrisch zu bilden, wird der den einen Summanden darstellende Pfeil so parallel verschoben, daß sein Anfang auf der Spitze des den anderen Summanden darstellenden Pfeiles liegt. Der vom Nullpunkt zur Spitze des verschobenen Pfeiles reichende Pfeil stellt die Summe dar.

Auf analogem Wege kann auch die *Subtraktion* ausgeführt werden (Bild 23):

Um die *Differenz* zweier komplexer Zahlen geometrisch zu bilden, wird der den Subtrahenden darstellende Pfeil so parallel verschoben, daß seine Spitze auf der Spitze des den Minuenden darstellenden Pfeiles liegt. Der vom Nullpunkt zum Anfang des verschobenen Pfeiles reichende Pfeil stellt die Differenz dar.

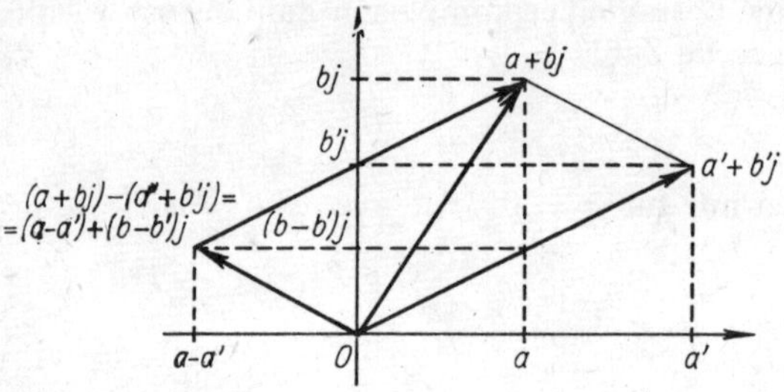

Bild 23

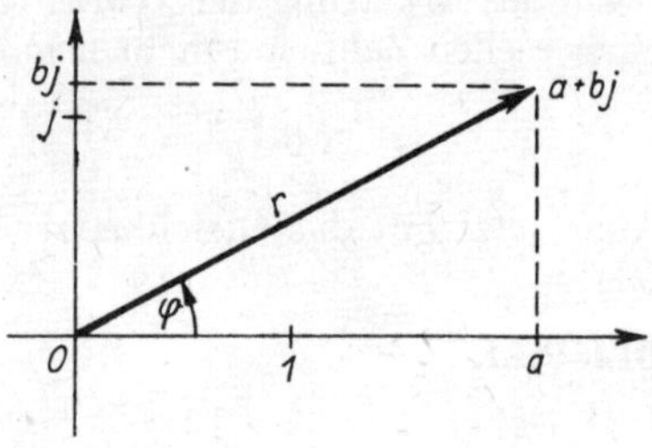

Bild 24

8.5. Goniometrische Form komplexer Zahlen

Es lohnt sich, der Darstellung komplexer Zahlen durch Pfeile auch rechnerisch nachzugehen. Ein Pfeil, oder — wie bereits bemerkt — ein *Vektor*, wird gewöhnlich durch zwei Angaben bestimmt: seine Länge und seine Richtung. Die Länge r stimmt mit dem bereits erklärten Betrag der komplexen Zahlen überein und wird in diesem Zusammenhang *Modul* genannt. Die Richtung wird am besten durch den mit der reellen Achse eingeschlossenen Winkel φ, das *Argument* der komplexen Zahl, bestimmt (Bild 24). Er wird von der Achse aus im mathematisch positiven Drehsinn[1]) gemessen und kann im Bereich von 0° bis 360° angegeben werden.

Es ist leicht, zu gegebenem Realteil a und Imaginärteil b einer komplexen Zahl die Größen r und φ zu errechnen. Für r wurde bereits in 8.4. die Formel aufgestellt:

$$r = |a + b\mathrm{j}| = \sqrt{a^2 + b^2}.$$

Das Argument φ ergibt sich aus der Beziehung

$$\tan \varphi = \frac{b}{a}.$$

Weil dabei zu einem Wert b/a zwei Winkel gehören, die sich um 180° unterscheiden, muß die Vorzeichenkombination von a und b zu Hilfe genommen werden, um φ eindeutig festzulegen.

BEISPIEL

1. $a = -2, \quad b = 2$:

$$r = \sqrt{(-2)^2 + 2^2} = \sqrt{8} = \underline{\underline{2\sqrt{2}}}, \quad \tan \varphi = \frac{2}{-2} = \underline{-1}.$$

---

1) das ist entgegen dem Uhrzeigersinn

Für φ kommen demnach die Werte 135° und 315° in Betracht. Wegen des negativen Realteils und des positiven Imaginärteils liegt der die Zahl darstellende Pfeil im zweiten Quadranten. Damit ist $\underline{\underline{\varphi = 135°}}$.

Umgekehrt kann eine komplexe Zahl durch ihren Modul und ihr Argument gegeben werden. Nach Bild 24 ergeben sich für a und b die Darstellungen

$$a = r\cos\varphi \quad \text{und} \quad b = r\sin\varphi.$$

Für die komplexe Zahl $z = a + b\mathrm{j}$ erhält man somit die Form

$$z = r\cos\varphi + \mathrm{j}r\sin\varphi = r(\cos\varphi + \mathrm{j}\sin\varphi).$$

Satz

Jede komplexe Zahl z läßt sich in der Gestalt

$$\boxed{z = r(\cos\varphi + \mathrm{j}\sin\varphi)} \qquad (r \in R,\ r \geqq 0,\ 0° \leqq \varphi < 360°) \tag{45}$$

durch Modul und Argument darstellen.
$r(\cos\varphi + \mathrm{j}\sin\varphi)$ wird **goniometrische Form** der komplexen Zahl z genannt.

Im Gegensatz dazu heißt $a + b\mathrm{j}$ *arithmetische Form* einer komplexen Zahl.

BEISPIELE

2. Wie heißt die goniometrische Form der komplexen Zahl

$$z = -2 + 2\sqrt{3}\,\mathrm{j}?$$

Lösung: Es ist $a = -2$, $b = 2\sqrt{3}$. Daraus ergibt sich

$$r = \sqrt{a^2 + b^2} = \sqrt{4 + 12} = 4; \quad \tan\varphi = \frac{2\sqrt{3}}{-2} = -\sqrt{3}.$$

Die Zahl z liegt im zweiten Quadranten (vgl. Bild 25): $\varphi = 120°$:

$$-2 + 2\sqrt{3}\,\mathrm{j} = \underline{\underline{4(\cos 120° + \mathrm{j}\sin 120°)}}.$$

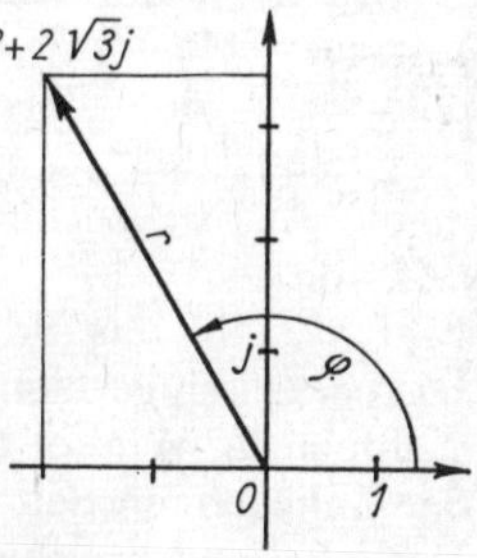

Bild 25

3. Wie heißt die arithmetische Form der komplexen Zahl

$$z = 7(\cos 60° + \mathrm{j}\sin 60°)?$$

Lösung: $a = 7\cos 60° = \frac{7}{2}$, $b = 7\sin 60° = \frac{7}{2}\sqrt{3}$.

$$\underline{\underline{z = \frac{7}{2} + \frac{7}{2}\sqrt{3}\,\mathrm{j}}}.$$

8.6. Multiplikation, Division und Potenzieren in der Gaußschen Zahlenebene

Multipliziert man zwei komplexe Zahlen z und z' in ihrer goniometrischen Form

$$z = r(\cos\varphi + \mathrm{j}\sin\varphi), \qquad z' = r'(\cos\varphi' + \mathrm{j}\sin\varphi'),$$

so ergibt sich:

$$\begin{aligned} z \cdot z' &= r \cdot r'(\cos\varphi\cos\varphi' + \mathrm{j}\cos\varphi\sin\varphi' + \mathrm{j}\sin\varphi\cos\varphi' + \mathrm{j}^2\sin\varphi\sin\varphi') = \\ &= r \cdot r'[\cos\varphi\cos\varphi' - \sin\varphi\sin\varphi' + \mathrm{j}(\sin\varphi\cos\varphi' + \cos\varphi\sin\varphi')]. \end{aligned}$$

Auf diesen Ausdruck können die Additionstheoreme (vgl. (90) und (91))

$$\cos(\alpha + \beta) = \cos\alpha \cos\beta - \sin\alpha \sin\beta,$$

$$\sin(\alpha + \beta) = \sin\alpha \cos\beta + \cos\alpha \sin\beta$$

der Goniometrie angewendet werden. Man erhält dadurch

$$z \cdot z' = r \cdot r'[\cos(\varphi + \varphi') + \mathrm{j}\sin(\varphi + \varphi')].$$

Dies ist die goniometrische Form der komplexen Zahl mit dem Betrag $r \cdot r'$ und dem Argument $\varphi + \varphi'$.

Satz

Der *Betrag eines Produktes* komplexer Zahlen ist gleich dem Produkt ihrer Beträge, das *Argument des Produktes* ist gleich der Summe der Argumente der Faktoren:

$$\boxed{z \cdot z' = r \cdot r'[\cos(\varphi + \varphi') + \mathrm{j}\sin(\varphi + \varphi')]} \tag{46}$$

Dieser Sachverhalt läßt sich geometrisch leicht deuten: Bei der Multiplikation mit z' wird der z darstellende Pfeil um den Winkel φ' gedreht und im Verhältnis $r':1$ gestreckt. Man spricht daher von einer *Drehstreckung*. Hat insbesondere der Multiplikator z' den Betrag $r' = 1$, so handelt es sich um eine reine Drehung um den Winkel φ'; hat z' das Argument $\varphi' = 0$, so liegt eine reine Streckung im Verhältnis $r':1$ vor.

Bild 26 stellt das Produkt $z \cdot z'$ nach diesen Angaben dar. Die beiden eingezeichneten Dreiecke sind ähnlich, denn sie stimmen im Winkel bei O überein, während das Verhältnis der anliegenden Seiten in beiden gleich ist ($rr':r = r':1$). Deshalb sind in ihnen auch die übrigen Winkel, jeder dem entsprechenden des anderen Dreiecks, gleich. Auf Grund dieser Erkenntnis kann zz' auf folgende Weise konstruiert werden:

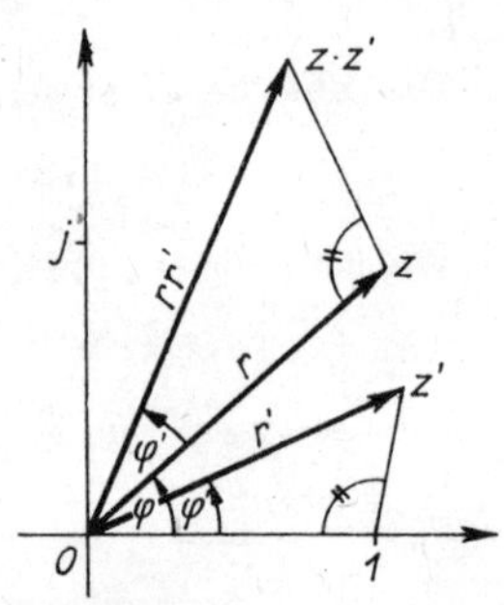

Bild 26

Geometrische Konstruktion des Produktes $z \cdot z'$ (Bild 26).

An den z darstellenden Pfeil trägt man in O das Argument von z' im mathematisch positiven Sinn an und findet damit die Richtung des zz' darstellenden Pfeiles. Dann bestimmt man den Winkel, der im Punkt 1 zwischen der Richtung zum Ursprung und zur Zahl z' liegt, und trägt ihn in z auf der Seite des eben konstruierten Strahles an den Pfeil an. Der Schnittpunkt der beiden Linien stellt das Produkt zz' dar.

Weil die Division die Umkehrung der Multiplikation ist, können die entsprechenden Sätze für sie ohne zusätzliche Überlegungen formuliert werden:

Satz

Der *Betrag eines Quotienten* komplexer Zahlen ist gleich dem von ihren Beträgen gebildeten Quotienten. Das *Argument des Quotienten* ist gleich der Differenz der Argumente von Dividend und Divisor:

$$\boxed{\frac{z}{z'} = \frac{r}{r'}\,[\cos(\varphi - \varphi') + \mathrm{j}\sin(\varphi - \varphi')]} \tag{47}$$

Geometrische Konstruktion des Quotienten $z:z'$ (Bild 27).

An den die Zahl z darstellenden Pfeil trägt man in O das Argument von z' im mathematisch negativen Sinn an und findet damit die Richtung des $z:z'$ darstellenden Pfeiles. Dann bestimmt man den Winkel, der im Punkt z' zwischen den Richtungen zum Ursprung und zur Zahl 1 liegt, und trägt ihn in z auf der Seite des eben konstruierten Strahles an den Pfeil an. Der Schnittpunkt der beiden Linien stellt den Quotienten $z:z'$ dar.

BEISPIEL

1. Aus folgenden Zahlen z, z', z'' ist der Wert zz'/z'' zu bilden:

$$z = 6(\cos 15^\circ + \mathrm{j}\sin 15^\circ),$$
$$z' = 10(\cos 45^\circ + \mathrm{j}\sin 45^\circ),$$
$$z'' = 15(\cos 75^\circ + \mathrm{j}\sin 75^\circ).$$

Lösung: $$\frac{z\cdot z'}{z''} = \frac{6\cdot 10}{15}[\cos(15^\circ + 45^\circ - 75^\circ) + $$
$$+ \mathrm{j}\sin(15^\circ + 45^\circ - 75^\circ)] =$$
$$= 4[\cos(-15^\circ) + \mathrm{j}\sin(-15^\circ)] =$$
$$= \underline{\underline{4(\cos 345^\circ + \mathrm{j}\sin 345^\circ)}}.$$

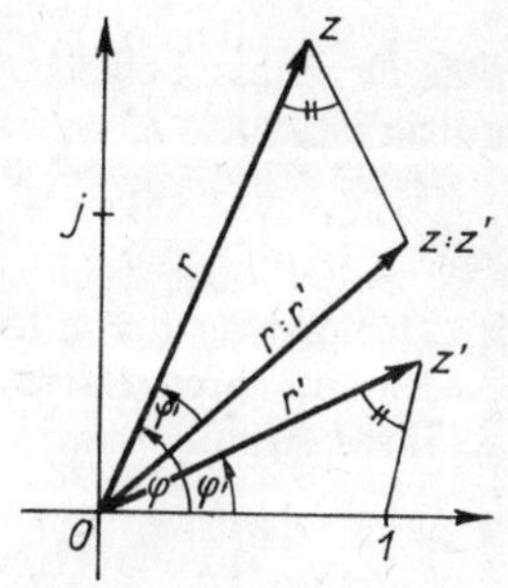

Bild 27

Bei der *Berechnung von Potenzen* erweist sich die goniometrische Form komplexer Zahlen der arithmetischen überlegen. Das Quadrat der Zahl $z = r(\cos\varphi + \mathrm{j}\sin\varphi)$ ist nach der Formel für Produkte

$$z\cdot z = r\cdot r[\cos(\varphi + \varphi) + \mathrm{j}\sin(\varphi + \varphi)] = r^2\cdot(\cos 2\varphi + \mathrm{j}\sin 2\varphi).$$

Man vermutet daraufhin für z^n ($n \in N$, $n \geqq 2$) die Formel

$$z^n = r^n(\cos n\varphi + \mathrm{j}\sin n\varphi). \tag{I}$$

Sie kann durch vollständige Induktion bewiesen werden:

a) Induktionsanfang: Für $n = 1$ und $n = 2$ gilt die Formel.

b) Schluß von k auf $k + 1$: Angenommen, für die natürliche Zahl k sei bereits bewiesen

$$z^k = r^k(\cos k\varphi + \mathrm{j}\sin k\varphi).$$

Dann ergibt sich nach der Produktformel:

$$z^{k+1} = z^k \cdot z = r^k \cdot r[\cos(k\varphi + \varphi) + \mathrm{j}\sin(k\varphi + \varphi)],$$

also

$$z^{k+1} = r^{k+1}[\cos(k + 1)\varphi + \mathrm{j}\sin(k + 1)\varphi].$$

Die Behauptung gilt somit auch für $k + 1$.
Durch die Teile a) und b) ist der Induktionsbeweis geliefert.
Die Potenzformel ist ebenfalls richtig, wenn man für n die Zahl 0 einträgt:

$$z^0 = r^0(\cos 0\varphi + \mathrm{j}\sin 0\varphi) = 1(\cos 0 + \mathrm{j}\sin 0) = 1.$$

Ist der Exponent eine negative ganze Zahl, etwa $-n$ ($n \in N$), und die Basis verschieden von 0, so läßt sich der Potenzwert als Quotient errechnen:

$$z^{-n} = \frac{1}{z^n} = \frac{1(\cos 0 + \mathrm{j}\sin 0)}{r^n(\cos n\varphi + \mathrm{j}\sin n\varphi)} = r^{-n}[\cos(-n\varphi) + \mathrm{j}\sin(-n\varphi)].$$

Das Ergebnis beweist, daß die Formel (I) selbst für beliebige ganze Exponenten gültig ist.

Satz

Der *Betrag der g-ten Potenz* ($g \in G$) einer komplexen Zahl ist gleich der g-ten Potenz ihres Betrages. Das *Argument der g-ten Potenz* ist gleich dem g-fachen ihres Argumentes:

$$\boxed{z^g = r^g(\cos g\varphi + \mathrm{j}\sin g\varphi)}, \qquad g \in G. \tag{48}$$

BEISPIEL

2. Zu berechnen ist $(1 + \mathrm{j})^{20}$.

Lösung: $1 + \mathrm{j}$ hat den Betrag $r = \sqrt{1 + 1} = \sqrt{2}$ und das Argument 45°, wie Bild 28 lehrt. Damit ist

$$1 + \mathrm{j} = \sqrt{2}(\cos 45° + \mathrm{j}\sin 45°)$$

und

$$(1 + \mathrm{j})^{20} = \sqrt{2}^{20}(\cos 20 \cdot 45° + \mathrm{j}\sin 20 \cdot 45°) =$$
$$= 2^{10}(\cos 900° + \mathrm{j}\sin 900°) =$$
$$= 1024(\cos 180° + \mathrm{j}\sin 180°) = \underline{\underline{-1024}}.$$

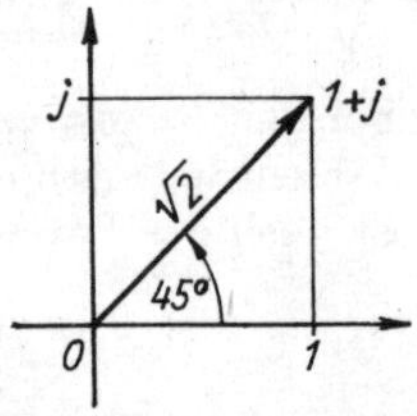

Bild 28

Den großen Vorteilen der goniometrischen Form komplexer Zahlen bei multiplikativen Arbeiten steht die verhältnismäßig umständliche Schreibweise gegenüber. Deswegen wird in den Anwendungen oft eine Verkürzung, die *Versorform* $r/\underline{\varphi}$, gebraucht:

$$r(\cos\varphi + \mathrm{j}\sin\varphi) = r/\underline{\varphi}.$$

8.7. Komplexe n-te Wurzeln einer komplexen Zahl

Während es im Körper der reellen Zahlen beispielsweise nur zwei Zahlen gibt, deren vierte Potenz 1 ist, enthält der Körper der komplexen Zahlen deren vier: 1, j, -1 und $-$j. Die Gleichung $x^4 = 1$ hat also im Körper der komplexen Zahlen vier Lösungen.

Definition

Die Lösungen der Gleichung

$$x^n = z, \quad x \in C \ (n \in N \setminus \{0\},\ z \in C)$$

heißen **komplexe n-te Wurzeln von z.**

Die Zahl 1 hat also die komplexen vierten Wurzeln 1, j, -1 und $-$j.
Für nicht negative reelle Werte von z ist unter den komplexen n-ten Wurzeln von z auch die Zahl $\sqrt[n]{z}$ als *die* n-te Wurzel von z schlechthin vertreten.
Die Lösungen der Gleichung $x^n = 1$ werden *komplexe n-te Einheitswurzeln* genannt.

BEISPIEL

1. Es sind alle komplexen vierten Wurzeln von $z = -8 + 8\sqrt{3}\,\mathrm{j}$ zu bestimmen.
Lösung: Nach der Definition sind die komplexen vierten Wurzeln von $-8 + 8\sqrt{3}\,\mathrm{j}$ die Lösungen der Gleichung

$$x^4 = -8 + 8\sqrt{3}\,\mathrm{j}, \quad x \in C.$$

Benutzt man die goniometrischen Darstellungen

$$x = \varrho(\cos\psi + \mathrm{j}\sin\psi),$$
$$-8 + 8\sqrt{3}\,\mathrm{j} = 16\,(\cos 120° + \mathrm{j}\sin 120°),$$

so lautet die Forderung

$$x^4 = \varrho^4(\cos 4\psi + \mathrm{j}\sin 4\psi) = 16(\cos 120° + \mathrm{j}\sin 120°).$$

Nun stimmen zwei von Null verschiedene komplexe Zahlen nur dann überein, wenn sie denselben Betrag haben und ihre Argumente höchstens um ein ganzzahliges Vielfaches des Vollwinkels voneinander abweichen. Also folgt:

$$\varrho^4 = 16 \text{ und wegen } \varrho \in R, \varrho \geqq 0 \text{ ergibt sich } \varrho = 2;$$
$$4\psi = 120° + k \cdot 360° (k \in G) \text{ und damit } \psi = 30° + k \cdot 90°.$$

Für k lohnen sich nur die Werte 0, 1, 2 und 3, da ab $k = 4$ mit $4 \cdot 90° = 360°$ nur bereits berechnete Werte wiederholt werden, was auch für $k = -1, -2, \ldots$ zutrifft. Daher gibt es genau vier verschiedene komplexe vierte Wurzeln von $-8 + 8\sqrt{3}\,\mathrm{j}$:

$$x_1 = 2(\cos 30° + \mathrm{j}\sin 30°) = \sqrt{3} + \mathrm{j},$$
$$x_2 = 2[\cos(30° + 90°) + \mathrm{j}\sin(30° + 90°)] = -1 + \sqrt{3}\,\mathrm{j},$$
$$x_3 = 2[\cos(30° + 2 \cdot 90°) + \mathrm{j}\sin(30° + 2 \cdot 90°)] = -\sqrt{3} - \mathrm{j},$$
$$x_4 = 2[\cos(30° + 3 \cdot 90°) + \mathrm{j}\sin(30° + 3 \cdot 90°)] = 1 - \sqrt{3}\,\mathrm{j}.$$

Zur allgemeinen Berechnung der komplexen n-ten Wurzeln der Zahl z wird die Gleichung

$$x^n = z, \qquad x \in C$$

mit Hilfe der goniometrischen Darstellungen

$$x = \varrho(\cos\psi + \mathrm{j}\sin\psi),$$

$$z = r(\cos\varphi + \mathrm{j}\sin\varphi)$$

untersucht. Die Forderung erhält die Form

$$x^n = \varrho^n(\cos n\psi + \mathrm{j}\sin n\psi) = r(\cos\varphi + \mathrm{j}\sin\varphi).$$

Daraus folgt:

$$\varrho^n = r \quad \text{und wegen} \quad \varrho \in R,\ \varrho \geqq 0\colon\ \varrho = \sqrt[n]{r};$$

$$n\psi = \varphi + k \cdot 360^\circ \ (k \in G) \quad \text{und damit} \quad \psi = \frac{\varphi}{n} + k \cdot \frac{360^\circ}{n}.$$

Hier genügt es, für k die Werte $0, 1, 2, \ldots, n-1$ einzusetzen. Bei $k = -1, -2, \ldots$ oder $k = n, n+1, \ldots$ entstehen dann nur Wiederholungen.

Satz

Jede von Null verschiedene komplexe Zahl

$$z = r(\cos\varphi + \mathrm{j}\sin\varphi)$$

hat genau n verschiedene komplexe n-te Wurzeln ($n \in N \setminus \{0\}$). Der *Betrag einer komplexen n-ten Wurzel* von z ist gleich der n-ten Wurzel aus dem Betrag von z. Die *Argumente der komplexen n-ten Wurzeln* erhält man, indem man zum Argument von z das k-fache ($k \in \{0, 1, \ldots, n-1\}$) des Vollwinkels addiert und die Summen durch n teilt:

$$\boxed{x_k = \sqrt[n]{r}\left(\cos\frac{\varphi + k \cdot 360^\circ}{n} + \mathrm{j}\sin\frac{\varphi + k \cdot 360^\circ}{n}\right), \quad k \in \{0, 1, \ldots, n-1\}} \tag{49}$$

BEISPIEL

2. Es sind alle komplexen sechsten Einheitswurzeln zu bestimmen.

Lösung: 1 hat die goniometrische Darstellung

$$1 = 1(\cos 0^\circ + \mathrm{j}\sin 0^\circ) \ (r = 1, \varphi = 0^\circ).$$

Daraus ergibt sich nach dem Satz jede der komplexen sechsten Wurzeln zu

$$x_k = \sqrt[6]{1}\left(\cos\frac{k \cdot 360^\circ}{6} + \mathrm{j}\sin\frac{k \cdot 360^\circ}{6}\right), \quad k \in \{0, 1, 2, \ldots, 5\}.$$

Es ist somit

$$x_0 = \sqrt[6]{1}\,(\cos 0^\circ + \mathrm{j}\sin 0^\circ) = \underline{\underline{1}},$$

$$x_1 = \sqrt[6]{1}\left(\cos\frac{360^\circ}{6} + \mathrm{j}\sin\frac{360^\circ}{6}\right) = \underline{\underline{\frac{1}{2} + \frac{1}{2}\sqrt{3}\,\mathrm{j}}},$$

$$x_2 = \sqrt[6]{1}\left(\cos\frac{720^\circ}{6} + \mathrm{j}\sin\frac{720^\circ}{6}\right) = \underline{\underline{-\frac{1}{2} + \frac{1}{2}\sqrt{3}\,\mathrm{j}}},$$

$$x_3 = \sqrt[6]{1}\left(\cos\frac{1080^\circ}{6} + \mathrm{j}\sin\frac{1080^\circ}{6}\right) = \underline{\underline{-1}},$$

$$x_4 = \sqrt[6]{1}\left(\cos\frac{1440^\circ}{6} + \mathrm{j}\sin\frac{1440^\circ}{6}\right) = \underline{\underline{-\frac{1}{2} - \frac{1}{2}\sqrt{3}\,\mathrm{j}}},$$

$$x_5 = \sqrt[6]{1}\left(\cos\frac{1800^\circ}{6} + \mathrm{j}\sin\frac{1800^\circ}{6}\right) = \underline{\underline{\frac{1}{2} - \frac{1}{2}\sqrt{3}\,\mathrm{j}}}.$$

Bild 29 stellt die Ergebnisse graphisch dar.

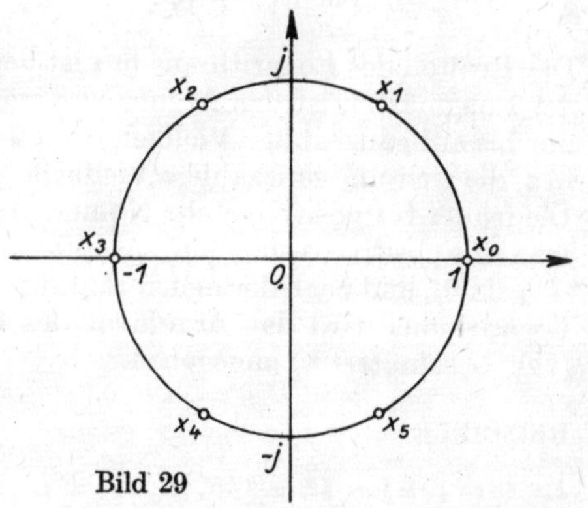

Bild 29

8.8. Logarithmen und Exponentialform komplexer Zahlen

Bei der Definition des Begriffes „natürlicher Logarithmus einer komplexen Zahl"[1]) ist folgendes zu berücksichtigen:

1. Soll der natürliche Logarithmus der komplexen Zahl z wieder die Zahl sein, die an die Basis e gesetzt den Potenzwert z ergibt, so darf er keine reelle Zahl sein. Denn alle Potenzen von e mit reellen Exponenten sind positive reelle Zahlen. Der natürliche Logarithmus einer komplexen Zahl muß also als komplexe Zahl definiert werden.
2. Sollen für die natürlichen Logarithmen komplexer Zahlen die Logarithmengesetze Gültigkeit haben, so ergibt sich aus der goniometrischen Darstellung

$$z = r(\cos\varphi + \mathrm{j}\sin\varphi)$$

[1]) Andere als natürliche Logarithmen komplexer Zahlen werden kaum benötigt

des Logarithmanden für $r \neq 0$ die Formel

$$\ln z = \ln r + \ln(\cos\varphi + j\sin\varphi).$$

Darin ist $\ln r$ bereits als reelle Zahl definiert.

3. Bei der Multiplikation, der Division oder beim Potenzieren komplexer Zahlen werden die Argumente addiert, beziehungsweise subtrahiert oder vervielfacht. Die Argumente tragen demnach logarithmischen Charakter.

Die einfachste Definition, die dieser Sachlage gerecht wird, ist folgende:

Definition

Unter dem **natürlichen Logarithmus der** von 0 verschiedenen[1]) **komplexen Zahl**

$$z = r(\cos\varphi + j\sin\varphi)$$

versteht man die komplexe Zahl

$$\ln z = \ln r + j\varphi.$$

Der Realteil des Logarithmus $\ln z$ ist der natürliche Logarithmus des Betrages von z, der Imaginärteil ist das Argument von z. Da das Argument einer komplexen Zahl z nur bis auf ganzzahlige Vielfache von 2π bestimmt ist, gibt es unendlich viele Werte $\ln z$, die sich um ganzzahlige Vielfache von $2\pi j$ unterscheiden.
Die früher für positive reelle Numeri gegebene Definition ist in der neuen enthalten: Ist z eine positive reelle Zahl, so lautet die goniometrische Darstellung $z = r(\cos 0 + j\sin 0)$, und nach der neuen Definition ist demnach $\ln z = \ln r + j \cdot 0 = \ln r$. Im Logarithmus wird das Argument des Logarithmanden in der Regel im Bogenmaß (vgl. Abschnitt 19.) angegeben.

BEISPIELE

1. $z = 1 + j = \sqrt{2}(\cos 45° + j\sin 45°)$.

$$\ln z = \ln\sqrt{2} + \frac{\pi}{4}j = \frac{1}{2}\ln 2 + \frac{\pi}{4}j \approx \underline{\underline{0{,}347 + 0{,}785\,j}}.$$

2. $z = -\frac{1}{2} - \frac{1}{2}\sqrt{3}\,j = 1(\cos 240° + j\sin 240°)$.

$$\ln z = \ln 1 + \frac{4}{3}\pi j = 0 + \frac{4}{3}\pi j = \frac{4}{3}\pi j \approx \underline{\underline{4{,}189\,j}}.$$

3. $z = 3j = 3(\cos 90° + j\sin 90°)$.

$$\ln z = \ln 3 + \frac{\pi}{2}j \approx \underline{\underline{1{,}099 + 1{,}571\,j}}.$$

4. $z = -2 = 2(\cos 180° + j\sin 180°)$.

$$\ln z = \ln 2 + \pi j \approx \underline{\underline{0{,}693 + 3{,}142\,j}}.$$

---

[1]) Der Logarithmus von 0 kann auch im Komplexen nicht erklärt werden

Für die natürlichen Logarithmen komplexer Zahlen gelten alle in 7.1.2. aufgeführten Logarithmengesetze. Hier sei nur das erste bewiesen:

$$\ln (z \cdot z') = \ln z + \ln z'.$$

Beweis: Es sei $z = r(\cos \varphi + \mathrm{j} \sin \varphi)$, $z' = r'(\cos \varphi' + \mathrm{j} \sin \varphi')$. Dann ist $z \cdot z' = rr'[\cos (\varphi + \varphi') + \mathrm{j} \sin (\varphi + \varphi')]$. Die behauptete Formel sagt demnach:

$$\ln (rr') + (\varphi + \varphi')\mathrm{j} = (\ln r + \varphi \mathrm{j}) + (\ln r' + \varphi' \mathrm{j}).$$

Für die positiven reellen Zahlen r und r' wurde aber die Umformung $\ln (rr') = \ln r + \ln r'$ früher bewiesen.
In Übereinstimmung mit der gewohnten Rolle des natürlichen Logarithmus als Exponent zur Basis e wird die Potenz $\mathrm{e}^{\ln r + \mathrm{j}\varphi}$ als die komplexe Zahl $z = r(\cos \varphi + \mathrm{j} \sin \varphi)$ erklärt. Da sich zu jeder komplexen Zahl z — die Null ausgenommen — ein natürlicher Logarithmus angeben läßt, entsteht mit $\mathrm{e}^{\ln r + \mathrm{j}\varphi}$ gleichzeitig eine neue Darstellungsmöglichkeit komplexer Zahlen:

Definition

Unter der *Potenz* $\mathrm{e}^{\ln r + \mathrm{j}\varphi}$ versteht man den Wert $z = r(\cos \varphi + \mathrm{j} \sin \varphi)$:

$$\boxed{\mathrm{e}^{\ln r + \mathrm{j}\varphi} = r \cdot (\cos \varphi + \mathrm{j} \sin \varphi)} \qquad (50)$$

$\mathrm{e}^{\ln r + \mathrm{j}\varphi}$ wird **Exponentialform** der komplexen Zahl z genannt.

$\ln z$ ist dann wiederum der Exponent, der, an die Basis e gesetzt, den Potenzwert z ergibt.
Durch die Definition sind Potenzen zur Basis e mit beliebigen Exponenten erklärt; denn $\ln r$ und φ können beliebige Real- und Imaginärteile ausdrücken. Die Potenzen sind dagegen ausdrücklich an die Basis e gebunden.
Für die Potenzen der Zahl e mit komplexen Exponenten gelten alle in 7.1.2. genannten Potenzgesetze. Als Beispiel sei hier nur das Gesetz über das Potenzieren von Potenzen bewiesen. Es besagt lediglich

$$(\mathrm{e}^z)^g = \mathrm{e}^{z \cdot g} \qquad (z \in C,\ g \in G),$$

weil von der komplexen Zahl e^z im allgemeinen nur Potenzen mit ganzzahligen Exponenten gebildet werden dürfen.
Zum Beweis wird $z = \ln r + \mathrm{j}\varphi$ gesetzt. Dann gilt

$$(\mathrm{e}^z)^g = (\mathrm{e}^{\ln r + \mathrm{j}\varphi})^g = [r(\cos \varphi + \mathrm{j} \sin \varphi)]^g = r^g(\cos g\varphi + \mathrm{j} \sin g\varphi).$$

Dieser Ausdruck ergibt sich aber auch für $\mathrm{e}^{g \cdot z}$:

$$\mathrm{e}^{g \cdot z} = \mathrm{e}^{g \cdot \ln r + \mathrm{j} \cdot g\varphi} = \mathrm{e}^{\ln r^g + \mathrm{j} \cdot g\varphi}.$$

BEISPIELE

5. $e^{1+\frac{2}{3}\pi j} = e^1\left(\cos\frac{2}{3}\pi + j\sin\frac{2}{3}\pi\right) = e\left(-\frac{1}{2}+\frac{1}{2}\sqrt{3}\,j\right) \approx \underline{\underline{-1{,}359 + 2{,}354\,j}}.$

6. $e^{2-3j} = e^2[\cos(-3) + j\sin(-3)] \approx e^2[\cos(-171°53') + j\sin(-171°53')] \approx$
$\approx 7{,}389\,(-0{,}990 - 0{,}141\,j) \approx \underline{\underline{-7{,}315 - 1{,}042\,j}}.$

7. $e^j = e^0(\cos 1 + j\sin 1) \approx 1\,(\cos 57°18' + j\sin 57°18') \approx \underline{\underline{0{,}540 + 0{,}841\,j}}.$

Um die Exponentialform einer komplexen Zahl zu gewinnen, muß ihr natürlicher Logarithmus gebildet werden.

BEISPIEL

8. Es ist die Exponentialform der komplexen Zahl $2 + 2j$ herzustellen.

Lösung: $z = 2 + 2j = \sqrt{8}\,(\cos 45° + j\sin 45°)$.

$$\ln z = \frac{1}{2}\ln 8 + \frac{\pi}{4}\,j \approx 1{,}040 + 0{,}785\,j.$$

$$\underline{\underline{z \approx e^{1{,}040+0{,}785j}}}.$$

Ihrer Kürze und bequemen Handhabung wegen wird die Exponentialform komplexer Zahlen bei multiplikativen Rechnungen gern angewendet.

BEISPIEL

9. $\left(e^{2+\frac{\pi}{6}j}\cdot e^{3-\frac{\pi}{12}j}\right)^{-4} = \left(e^{5+\frac{\pi}{12}j}\right)^{-4} = \underline{\underline{e^{-20-\frac{\pi}{3}j}}}.$

Die Exponentialform komplexer Zahlen erlaubt einige wichtige Folgerungen. Durch

$$e^{0+j\varphi} = e^0(\cos\varphi + j\sin\varphi)$$

ergibt sich die

Eulersche Formel

$$\boxed{e^{j\varphi} = \cos\varphi + j\sin\varphi}\,. \tag{51}$$

Wird in ihr φ durch $-\varphi$ ersetzt, so erhält man

$$e^{-j\varphi} = \cos(-\varphi) + j\sin(-\varphi),$$

$$e^{-j\varphi} = \cos\varphi - j\sin\varphi. \tag{I}$$

Durch Addition der Formeln (51) und (I) folgt

$$e^{j\varphi} + e^{-j\varphi} = 2\cos\varphi,$$

durch Subtraktion

$$e^{j\varphi} - e^{-j\varphi} = 2j \sin\varphi .$$

Aus diesen beiden Zeilen lassen sich folgende interessante Beziehungen ableiten:

$$\boxed{\begin{aligned} \sin\varphi &= \frac{e^{j\varphi} - e^{-j\varphi}}{2j} \\ \cos\varphi &= \frac{e^{j\varphi} + e^{-j\varphi}}{2} \end{aligned}} \qquad (52)$$

Sie stellen die Verbindung zwischen den Exponentialfunktionen und den trigonometrischen Funktionen her.

AUFGABEN

173. Wie unterscheidet sich die Zahl j hinsichtlich der Definition von einer Quadratwurzel, etwa $\sqrt{2}$?

174. Stellt der Buchstabe j als imaginäre Einheit eine Konstante oder eine Variable dar?

175. Wie heißen die Lösungen folgender quadratischer Gleichungen:

a) $x^2 - 6x + 25 = 0$, b) $x^2 - 2x + 3 = 0$,

c) $x^2 - 2ax + (a^2 + b^2) = 0$, d) $x^2 - 2x + 10 = 0$?

176. Zu berechnen ist:

a) $(3 - 2j) + (5 + 17j)$, b) $(2 + 5j) - (3 + 5j)$, c) $(3 + 7j) - 10j$.

177. Es sind folgende Produkte zu berechnen

a) $(3 + 4j)(1 - j)$, b) $(3 - 2j)(5 + 17j)$,

c) $(4 - 6j)(6 + 9j)$, d) $(3 + 7j) \cdot 2j$,

e) $\left(3 + 2j\sqrt{2}\right)\left(3 - 2j\sqrt{2}\right)$, f) $\left(3 + j\sqrt{2}\right)^2$.

178. Es sind folgende Quotienten zu berechnen:

a) $\dfrac{3 - 2j}{5 + 2j}$, b) $\dfrac{17 - 6j}{3 - 4j}$, c) $\dfrac{1 + 3j}{1 - j}$, d) $\dfrac{5}{1 - 2j}$,

e) $\dfrac{1}{3 + \sqrt{2}j}$, f) $\dfrac{\sqrt{3} + j\sqrt{2}}{\sqrt{3} - j\sqrt{2}}$, g) $\dfrac{3 + 2j}{3j}$.

179. Wann stimmt eine komplexe Zahl mit ihrer konjugierten überein?

180. Gegeben sind die konjugiert komplexen Zahlen

$z_1 = 2 + 3j$ und $\overline{z_1} = 2 - 3j$,

$z_2 = 4 - 2j$ und $\overline{z_2} = 4 + 2j$.

Zu berechnen ist:

a) $z_1 \cdot z_2$ und $\overline{z_1} \cdot \overline{z_2}$, b) $z_1 : z_2$ und $\overline{z_1} : \overline{z_2}$.

Was fällt an den Ergebnissen auf?

181. Unter Benutzung der imaginären Einheit läßt sich auch die Summe zweier Quadrate nach der Formel $a^2 - b^2 = (a + b)(a - b)$ in ein Produkt zerlegen:

$a^2 + b^2 = a^2 - (\mathrm{j}b)^2 = (a + b\mathrm{j})(a - b\mathrm{j})$.

Auf diese Weise ist in ein Produkt zu verwandeln:

a) $4x^2 + 9y^2$, b) $a + b \; (a, b > 0)$, c) $17 \, (= 16 + 1)$.

182. Was ist: a) j^{14}, b) j^{113}, c) j^{-201}, d) j^{-180}?

183. Was ergibt: a) $(-\mathrm{j})^{17}$, b) $-\mathrm{j}^{18}$, c) $(-\mathrm{j})^{-20}$, d) $\frac{1}{\mathrm{j}^5} + \frac{1}{\mathrm{j}^7}$?

184. Es sind folgende Potenzen zu berechnen:

a) $(1 + \mathrm{j})^4$, b) $(2 - \mathrm{j})^5$, c) $(1 + 2\mathrm{j})^7$, d) $(3 - 6\mathrm{j})^4$, e) $\left(-2 - 2\sqrt{3}\mathrm{j}\right)^3$.

185. Desgleichen:

a) $(1 + \mathrm{j})^{-6}$ b) $(2 - \mathrm{j})^{-4}$, c) $\left(1 + \sqrt{3}\mathrm{j}\right)^{-3}$,

d) $\left(\frac{1}{2}\sqrt{2} + \frac{1}{2}\sqrt{2}\mathrm{j}\right)^{-1}$.

186. Folgende Ausdrücke sind zu berechnen:

a) $\frac{(3 + \mathrm{j})^2}{2 - \mathrm{j}}$, b) $\left(\frac{3 + 2\mathrm{j}}{5 - 7\mathrm{j}}\right)^2$, c) $\left(\frac{3 - \mathrm{j}}{5 + 2\mathrm{j}}\right)^2$,

d) $(1 - 3\mathrm{j})^5 + (1 + 3\mathrm{j})^5$, e) $\frac{2 - 3\mathrm{j}}{4 + \mathrm{j}} - 2\mathrm{j}$,

f) $\frac{(3 + \mathrm{j})(2 + \mathrm{j})}{2 + 3\mathrm{j}}$, g) $\frac{2 + 3\mathrm{j}}{4 - \mathrm{j}} + \frac{2 - 3\mathrm{j}}{1 + 4\mathrm{j}}$.

187. Gegeben sind die konjugiert komplexen Zahlen $z = 2 + 3\mathrm{j}$ und $\bar{z} = 2 - 3\mathrm{j}$. Zu berechnen ist z^5 und $\bar{z}^5$. Was fällt an den Ergebnissen auf?

188. Welche der folgenden Zahlen erfüllen die Gleichung

$$x^4 - 2x^3 - x^2 - 38x + 130 = 0:$$

a) $-2 + 3\mathrm{j}$, b) $1 - 2\mathrm{j}$, c) $3 + \mathrm{j}$?

189. Von folgenden komplexen Zahlen sind die Beträge zu bestimmen:

a) $3 + 2\mathrm{j}$, b) $3 - 2\mathrm{j}$, c) $\sqrt{7} + \sqrt{2}\mathrm{j}$, d) $a + a\mathrm{j}$, e) $5\mathrm{j}$, f) $-1 - \mathrm{j}$.

190. Wo liegen die Zahlen z in der Gaussschen Zahlenebene, für die gilt

a) $|z| = 1$, b) $|z| < 1$, c) $|z| > 1$, d) $|z| = r \; (r > 0)$?

191. Wie kann $|z_1 - z_2|$ für zwei komplexe Zahlen z_1 und z_2 in der GAUSSschen Zahlenebene gedeutet werden?

192. Wo liegen die Zahlen z in der GAUSSschen Zahlenebene, für die gilt

a) $|z - 2| = 1$, b) $|z + 3| \leqq 2$, c) $|z - (1 + \mathrm{j})| > 1$?

193. Welcher Bedingung genügen die Zahlen z, die in der GAUSSschen Zahlenebene

a) auf einem Kreis um die Zahl $-2 + \mathrm{j}$ mit dem Radius 4,

b) innerhalb eines Kreises um die Zahl j mit dem Radius 1,

c) auf einem Kreis um die Zahl z_0 mit dem Radius r liegen?

194. Gegeben sind die Ungleichung $|z - 1| \leqq 1$ mit der Lösungsmenge L_1 und die Ungleichung $|z - 2\mathrm{j}| \leqq 2$ mit der Lösungsmenge L_2. Es sind in der GAUSSschen Zahlenebene die Punktmengen

a) $L_1 \cup L_2$, b) $L_1 \cap L_2$, c) $L_1 \setminus L_2$

darzustellen.

195. Für zwei beliebige komplexe Zahlen $z_1 = a_1 + b_1\mathrm{j}$ und $z_2 = a_2 + b_2\mathrm{j}$ ist zu beweisen:

a) die Gültigkeit der Dreiecksungleichung

$$|z_1 + z_2| \leqq |z_1| + |z_2|,$$

b) die Gültigkeit der Gleichung $|z_1 \cdot z_2| = |z_1| \cdot |z_2|$,

c) die Gültigkeit der Gleichung

$$\left|\frac{z_1}{z_2}\right| = \frac{|z_1|}{|z_2|}.$$

196. Welche Eigenschaften haben die auf folgende Weisen erklärten Abbildungen, und wie wirken sie sich in der GAUSSschen Zahlenebene aus:

a) $z = a + b\mathrm{j} \to \bar{z} = a - b\mathrm{j}$,

b) $z = a + b\mathrm{j} \to -z = -a - b\mathrm{j}$.

197. Folgende komplexe Zahlen sind in die goniometrische Form zu bringen:

a) $1 - \sqrt{3}\mathrm{j}$, b) $-1 - \mathrm{j}$, c) $8 + 15\mathrm{j}$, d) $-\mathrm{j}$, e) 2.

198. Folgende Zahlen sind in die arithmetische Form zu übertragen:

a) $3(\cos 30° + \mathrm{j} \sin 30°)$, b) $4(\cos 135° + \mathrm{j} \sin 135°)$,

c) $9(\cos 330° + \mathrm{j} \sin 330°)$, d) $\sqrt{2}\,(\cos 45° + \mathrm{j} \sin 45°)$,

e) $5(\cos 180° + \mathrm{j} \sin 180°)$.

199. Wie heißt die goniometrische Form der Zahlen

a) $z = r\,(\cos \varphi - \mathrm{j} \sin \varphi)$,

b) $z = -r\,(\cos \varphi + \mathrm{j} \sin \varphi)$ $(r \geqq 0)$?

200. Wie können konjugiert komplexe Zahlen hinsichtlich Betrag und Argument gekennzeichnet werden?

201. Mit den Zahlen

$$z = 12(\cos 300° + \mathrm{j} \sin 300°),$$
$$z' = 8(\cos 135° + \mathrm{j} \sin 135°),$$
$$z'' = 30(\cos 180° + \mathrm{j} \sin 180°)$$

sind folgende Werte zu bilden:

a) $\frac{z}{z'z''}$, b) $\frac{z'}{zz''}$, c) $\frac{z''}{zz'}$.

202. Das Produkt $(1{,}36 + 2{,}14\mathrm{j}) \cdot (0{,}97 - 1{,}73\mathrm{j})$ ist

a) in der arithmetischen Form,

b) in der goniometrischen Form,

c) geometrisch

zu bestimmen. Die Ergebnisse sind zu vergleichen.

203. Mit Hilfe der goniometrischen Form ist zu berechnen:

a) $(1 - \mathrm{j})^{13}$, b) $(1 + \mathrm{j})^8$, c) $(\sqrt{3} + \mathrm{j})^9$, d) $(1 + \sqrt{3}\,\mathrm{j})^{10}$, e) $\left(\frac{1}{2} - \frac{1}{2}\sqrt{3}\,\mathrm{j}\right)^{23}$.

204. Wie ist aus den goniometrischen Formen der Faktoren ersichtlich, ob ein Produkt eine reelle Zahl ergibt?

205. Zu beweisen ist: Wird mit $\bar{z}$ allgemein die konjugiert komplexe Zahl zu z verstanden, so gilt stets:

$$\overline{z^n} = \bar{z}^n, \qquad n \in N.$$

206. Welche Eigenschaften hat die Abbildung $z \to 1/z$, und welche Wirkung hat sie in der Gaussschen Zahlenebene?

207. Zu bestimmen sind:

a) die komplexen dritten Wurzeln von

$$-\frac{1}{2}\sqrt{2}\,(1 - \mathrm{j}),$$

b) die komplexen Quadratwurzeln von

$$-1 + \sqrt{3}\,\mathrm{j},$$

c) die komplexen dritten Wurzeln von -1,

d) die komplexen Quadratwurzeln von j,

e) die komplexen achten Einheitswurzeln,

f) die komplexen sechsten Wurzeln von $-8\mathrm{j}$,

g) die komplexen dritten Wurzeln von $5 - \mathrm{j}$.

208. Welche Darstellung ergibt sich aus der Formel (49) für die komplexen n-ten Einheitswurzeln?

209. Wo liegen die komplexen n-ten Einheitswurzeln in der Gaussschen Zahlenebene?

210. Für welche Rechenoperationen verwendet man a) die arithmetische, b) die goniometrische Form komplexer Zahlen?

211. Von folgenden Zahlen sind die natürlichen Logarithmen zu bestimmen:

a) $\sqrt{3} + j$, b) $-\frac{1}{4} + \frac{1}{4}j$, c) $\frac{1}{2} - \frac{1}{2}\sqrt{3}j$, d) $3 - 4j$, e) $2 + 3j$, f) $-j$.

212. Für Logarithmen komplexer Zahlen z und z' sind folgende Logarithmengesetze zu beweisen:

a) $\ln \frac{z}{z'} = \ln z - \ln z'$, b) $\ln z^n = n \cdot \ln z \quad (n \in N)$.

213. Wo liegen alle komplexen Zahlen, deren Logarithmen rein imaginär sind?

214. Für komplexe Exponenten z und z' ist das Potenzgesetz

$$e^z \cdot e^{z'} = e^{z+z'}$$

zu beweisen.

215. In welcher Beziehung stehen

a) die Logarithmen $\ln z$ und $\ln \bar{z}$,

b) die Potenzen e^z und $e^{\bar{z}}$

für die konjugiert komplexen Zahlen z und $\bar{z}$?

216. Es ist die Exponentialform folgender komplexer Zahlen zu bilden:

a) $3(\cos 15° + j \sin 15°)$, b) -2, c) $-\frac{1}{2} + j$.

217. Wie lautet die arithmetische Form folgender komplexer Zahlen:

a) $e^{-1+\frac{3}{2}\pi j}$, b) $e^{\frac{1}{2}+\frac{\pi}{4}j}$, c) $e^{-0{,}732+0{,}123j}$?

218. Folgende Ausdrücke sind zu vereinfachen:

a) $\left(\frac{e^{2+3j}}{e^{5-j}}\right)^2$, b) $\frac{e^{2-j} \cdot e^{\frac{1}{2}-2j}}{e^{3-3j}} \sqrt{e}$, c) $\left(e^{\pi(1+j)} \cdot e^{\pi\left(\frac{1}{2}-\frac{1}{3}j\right)}\right)^5$.

219. Mit den Zahlen

$$z = 0{,}37125(\cos 37° + j \sin 37°),$$
$$z' = 2{,}51342(\cos 71° + j \sin 71°)$$

sind die folgenden Ausdrücke logarithmisch zu berechnen:

a) $z \cdot z'$, b) $\frac{z}{z'}$, c) z^7.

220. Mit den Formeln (52) sind folgende Beziehungen zu beweisen:

a) das Additionstheorem

$$\sin(\varphi + \psi) = \sin\varphi \cos\psi + \cos\varphi \sin\psi,$$

b) die Doppelwinkelformel

$$\cos 2\varphi = 1 - 2 \sin^2 \varphi.$$

Überblick über die Zahlenbereiche

Bereich	Abkürzung	Zahlen	Unbeschränkt ausführbare Rechenoperationen
Bereich der natürlichen Zahlen	N	$0, 1, 2, 3, \ldots$	Addition, Multiplikation
Bereich der ganzen Zahlen	G	$\ldots, -1, 0, 1, \ldots$	Addition, Multiplikation, Subtraktion
Körper der rationalen Zahlen	K	$\frac{g}{n}$ $(g \in G,\ n \in N \setminus \{0\})$	Addition, Multiplikation, Subtraktion, Division
Körper der reellen Zahlen	R	unendliche Dezimalbrüche	Addition, Multiplikation, Subtraktion, Division, Limesbildung
Körper der komplexen Zahlen	C	$a + b\mathrm{j}$ $(a, b \in R,\ \mathrm{j}^2 = -1)$	Addition, Multiplikation, Subtraktion, Division, Limesbildung, Erfüllen algebraischer Gleichungen

Gleichungen

9. Allgemeines über Gleichungen und Ungleichungen

9.1. Term

Nachdem bereits in 1.4. der Begriff *Variable* behandelt worden ist, soll zunächst der für den Aufbau von Gleichungen und Ungleichungen wichtige Termbegriff eingeführt werden. Dabei soll die Definition dieses eigentlich viel allgemeineren Begriffes auf den hier vorgesehenen Verwendungszweck beschränkt bleiben.

Definition

Ein **Term** ist ein aus Zahlen, Buchstaben (als allgemeinen Zahlensymbolen) und Rechenzeichen gebildeter Ausdruck, der beim Belegen der Buchstaben mit geeigneten Zahlen einen Zahlenwert annimmt.

Die Menge aller Zahlen, mit denen ein Term belegt werden kann, bildet den **Definitionsbereich des Terms.**

BEISPIELE

1. Der Term $3a$ ist für alle a definiert.
2. Ein Term der Form ax^k (konstantes $a \in R$ und $k \in N$), definiert für alle $x \in C$, heißt *Monom.* Mittels Addition läßt sich daraus der *Polynom* genannte Term

$$a_n x^n + a_{n-1} x^{n-1} + \ldots + a_1 x + a_0$$

bilden.
3. $ax + by + c$ ist bei konstantem a, b und c ein in x und y *linearer Term.*
4. -245 ist ein konstanter Term.
5. Der Wurzelterm $\sqrt{x-3}$ weist den Definitionsbereich $X = [3; \infty)$ auf.

Soll ausgedrückt werden, daß in einem Term T die Variablen x und y enthalten sind, sein Wert also von der Belegung dieser Variablen abhängig ist, so wird er durch $T(x; y)$ symbolisiert.

BEISPIEL

6. Der Term $T(x; y) = 3x - 4y + 1$ nimmt für $x = 2$, $y = 3$ den Wert $T(2; 3) = -5$ an.

Die Addition mehrerer, je mit einem Faktor multiplizierter Terme

$$k_1T_1 + k_2T_2 + \cdots + k_nT_n$$

heißt *Linearkombination* dieser Terme. So kann beispielsweise ein Polynom als Linearkombination von Monomen angesehen werden.

9.2. Gleichung, Ungleichung

Definition

Werden zwei Terme durch ein Gleichheitszeichen (Ungleichheitszeichen) miteinander verbunden, so entsteht eine **Gleichung (Ungleichung)**

$$T_1 = T_2 \qquad T_1 < T_2.$$

Als Zeichen der Ungleichheit können daneben noch $\leqq$, $>$ und $\geqq$ auftreten.

Wenn im folgenden zwar nur von Gleichungen die Rede sein wird, so gilt für Ungleichungen Entsprechendes.
Für die weiteren Betrachtungen wird angenommen, daß in den Gleichungen mindestens eine Variable enthalten ist. Derartige Gleichungen, ausführlicher auch Bestimmungsgleichungen genannt, stellen im Sinne der formalen Logik Aussageformen dar, die bei Belegung der auftretenden Variablen in wahre oder falsche Aussagen übergehen. Unter dem **Definitionsbereich der Gleichung** ist die Durchschnittsmenge der Definitionsbereiche der am Aufbau der Gleichung beteiligten Terme zu verstehen.

BEISPIEL

1. Es ist der im Körper der reellen Zahlen gelegene Definitionsbereich von

$$\frac{1}{2x-3} = \sqrt{2x-1}$$

zu bestimmen.

Lösung: Definitionsbereich X_1 des Terms $\frac{1}{2x-3}$:

Die Variable x darf nur mit den Zahlen belegt werden, für die der Nenner des Terms von Null verschieden ist:

$$X_1 = R \setminus \{3/2\}.$$

Definitionsbereich X_2 des Terms $\sqrt{2x-1}$:
Da Wurzeln nur für nichtnegative Radikanden definiert sind, ergibt sich:

$$X_2 = [1/2; +\infty).$$

Definitionsbereich der Gleichung:

$$\underline{\underline{X = X_1 \cap X_2 = [1/2; +\infty) \setminus \{3/2\}}}.$$

Alle Elemente des Definitionsbereichs, mit denen die Gleichung erfüllt wird, d. h., für die aus der Gleichung eine wahre Aussage entsteht, bilden die **Lösungs-** oder **Erfüllungsmenge** der Gleichung. Weist die Gleichung eine, zwei oder allgemein n Variablen auf, so sind die Elemente der Lösungsmenge Einzelelemente, Wertepaare oder allgemein n-Tupel. Bei Nichterfüllbarkeit der Gleichung ist ihre Lösungsmenge leer. In der Schreibweise der Mengenlehre wird die die Gleichung $T_1 = T_2$ erfüllende Lösungsmenge symbolisch in der Form

$$L = \{(x; y; \ldots) \mid T_1(x; y; \ldots) = T_2(x; y; \ldots)\}$$

dargestellt.

BEISPIEL

2. Die Lösungsmenge der Gleichung $2x = 3$ wird durch

$$L = \{x \mid 2x = 3\} = \{3/2\}$$

wiedergegeben.

Bei verschiedenen Aufgaben, insbesondere Textaufgaben, macht es sich erforderlich, den eigentlichen Definitionsbereich der Gleichung einzuschränken.

BEISPIEL

3. Das Fünffache einer einstelligen Zahl ist um 5 größer als ihr Vierfaches. Wie heißt diese Zahl?
Lösung: Wird die gesuchte Zahl mit x bezeichnet, so lautet die zu lösende Gleichung

$$5x = 4x + 5.$$

Während der Definitionsbereich der formalen Gleichung den Körper der reellen Zahlen umfaßt, verlangt die Aufgabenstellung eine Beschränkung auf die Menge $\{1; 2; \ldots; 9\}$. Nur so ist die Gleichung zur gestellten Aufgabe äquivalent. Lösungsmenge der Gleichung: $\{5\}$.
Die gesuchte Zahl ist 5.

Eine durch die Aufgabe bedingte Einschränkung auf einen Bereich M wird zusätzlich angegeben:

$$L = \{(x; y; \ldots) \mid T_1(x; y; \ldots) = T_2(x; y; \ldots) \wedge (x; y; \ldots) \in M\}.$$

Das die Konjunktion kennzeichnende Symbol $\wedge$ verbindet dabei die einzelnen Eigenschaften, die von der Lösungsmenge erfüllt werden müssen. Für die im Beispiel 3 aufgeführte Aufgabe ist demnach

$$L = \{x \mid 5x = 4x + 5 \wedge x \in \{1; 2; \ldots; 9\}\}.$$

Praktisch wird man zunächst die uneingeschränkte Gleichung lösen. Die eigentliche Lösungsmenge ergibt sich dann daraus als Durchschnitt mit dem einschränkenden Bereich:

$$L = \{(x; y; \ldots) \mid T_1(x; y; \ldots) = T_2(x; y; \ldots)\} \cap M.$$

BEISPIEL

4. Für welche natürlichen Zahlen gilt, daß ihr Zweifaches kleiner als 9 ist?
   Lösung: Als Lösungsmenge ist

$$L = \{x \mid 2x < 9 \wedge x \in N\}$$

anzusetzen.

Uneingeschränkte Ungleichung: $2x < 9$

$$x < 4{,}5$$

$$x \in (-\infty; 4{,}5).$$

Lösungsmenge: $L = (-\infty; 4{,}5) \cap N =$

$$= \underline{\underline{\{0; 1; 2; 3; 4\}}}.$$

Bei derartigen Einschränkungen kann durchaus der Fall eintreten, daß trotz Lösbarkeit der uneingeschränkten Gleichung die Lösungsmenge leer ist.

BEISPIEL

5. Es ist $\{x \mid 2x = 3 \wedge x \in N\}$ zu bestimmen.
   Lösung: Mit $\{1{,}5\} \cap N = \varnothing$ ist die
   Lösungsmenge: $\underline{\underline{L = \varnothing}}$.

Eine Gleichung $T_1(x; y; \ldots) = T_2(x; y; \ldots)$, die von *allen* $(x; y; \ldots) \in M$ erfüllt wird, heißt eine über M *identische Gleichung*. Die beiden Terme sind bezüglich M äquivalent und lassen sich gegeneinander austauschen. In diesem Fall kann das Gleichheitszeichen durch das Identitätszeichen $\equiv$ ersetzt werden.
So ist beispielsweise $(x + y)^2 = x^2 + 2xy + y^2$ eine über C identische Gleichung, während $x = \sqrt{x^2}$ nur über der Menge der positiven reellen Zahlen als identische Gleichung angesehen werden kann. In der formalen Logik werden derartige Beziehungen als allgemeingültige Aussagen gekennzeichnet.

9.3. Äquivalenz

Die Lösungsverfahren beruhen darauf, die gegebene Gleichung in eine andere zu überführen, deren Lösungsmenge direkt erkennbar ist. Dabei muß selbstverständlich gewährleistet sein, daß diese neue Gleichung die gleiche Lösungsmenge aufweist.

Definition

Zwei Gleichungen werden bezüglich einer Menge M als **äquivalent** bezeichnet, wenn sie in dieser Menge definiert sind und in ihr dieselbe Lösungsmenge aufweisen.

Es ist also wichtig zu wissen, welche Umformungen wieder zu einer äquivalenten Gleichung bzw. Ungleichung führen. Hierbei ergeben sich einige Unterschiede zwischen Gleichungen und Ungleichungen. Auf Beweise soll mit einem Hinweis auf die

vorbereitenden Betrachtungen in den Abschnitten über die Zahlensysteme (z. B. 4.2.) verzichtet werden.
Es sei $T(x; y; \ldots)$ ein Term, der im gleichen Bereich wie die umzuformende Gleichung definiert ist. Die Terme seien vereinfacht durch T_1, T_2 und T dargestellt.

1. $$T_1 = T_2 \Leftrightarrow T_1 + T = T_2 + T \qquad T_1 < T_2 \Leftrightarrow T_1 + T < T_2 + T.$$

Zu beiden Seiten einer Gleichung (Ungleichung) darf derselbe Term addiert werden.

2. $$T_1 < T_2 \Leftrightarrow \begin{cases} T_1 \cdot T < T_2 \cdot T, & \text{wenn } T > 0, \\ T_1 \cdot T > T_2 \cdot T, & \text{wenn } T < 0. \end{cases}$$

Für die Multiplikation muß $T \neq 0$ vorausgesetzt werden. Bei negativem T kehrt sich die Ordnungsrelation um.
Gleichungen erfordern diese Fallunterscheidung nicht:

$$T_1 = T_2 \Leftrightarrow T_1 \cdot T = T_2 \cdot T, \quad \text{wenn } T \neq 0.$$

Im Fall des möglichen Verschwindens von T ergibt sich die Lösungsmenge der Gleichung $T_1 \cdot T = T_2 \cdot T$ als Vereinigung der Lösungsmengen von $T_1 = T_2$ und $T = 0$:

$$T_1 \cdot T = T_2 \cdot T \Leftrightarrow T_1 = T_2 \vee T = 0.$$

Entsprechendes gilt für Ungleichungen mit den Relationen $\leqq$ bzw. $\geqq$.
Weitere Äquivalenzbeziehungen sollen hier nicht angegeben werden. Soweit erforderlich, sind in den folgenden Abschnitten diesbezügliche Hinweise zu finden.

9.4. Einteilung der Gleichungen

Für Gleichungen ergeben sich verschiedene Einteilungsmöglichkeiten, je nachdem welche Unterscheidungsmerkmale herangezogen werden.
Eine erste Unterteilung kann nach der Anzahl der auftretenden Variablen erfolgen. Es werden Gleichungen mit einer, zwei und allgemein n Variablen unterschieden.
Eine weitere Unterteilung wird nach der Art, wie die Gleichung aus den Variablen und Konstanten aufgebaut ist, vorgenommen. Treten dabei die rationalen Rechenoperationen und das Radizieren endlich oft auf, ohne daß jedoch die Variable als Exponent erscheint, so liegt eine **algebraische Gleichung** vor. Algebraische Gleichungen mit einer Variablen lassen sich stets in der Form

$$a_n x^n + a_{n-1} x^{n-1} + \cdots + a_1 x + a_0 = 0 \qquad \begin{matrix} a_i \in R \\ n \in N \end{matrix}$$

darstellen. Eine Unterteilung dieser Gleichungsart läßt sich nach dem Wert des größten auftretenden Exponenten, dem *Grad* der Gleichung, vornehmen.
Alle anderen Gleichungen heißen **transzendent**. Als Beispiele derartiger Gleichungen

seien angegeben:

$\sin x + \cos x = 1$ (goniometrische Gleichung),

$3^{2x+4} = 7^x$ (Exponentialgleichung),

$3 \lg (x + 3) - 2 \lg x = x + 1$ (logarithmische Gleichung).

10. Ungleichungen mit einer Variablen

10.1. Lineare Ungleichungen

Für das Lösen von Ungleichungen sind die Ausführungen in 6.2. und 6.3. grundlegend. Die Aufgabe besteht darin, eine vorliegende Ungleichung auf eine der Grundformen zurückzuführen und daraus dann die Lösungsmenge abzulesen.

BEISPIEL

Es ist $\{x \mid 3x - 2 \leqq 5x + 4\}$ zu bestimmen.

Lösung: Wie bei den entsprechenden linearen Gleichungen werden alle variablen Terme auf einer Seite zusammengefaßt. Dazu muß zu beiden Seiten 2 und $-5x$ addiert werden:

$$3x - 5x \leqq 4 + 2$$

$$-2x \leqq 6.$$

Die Addition wirkt sich hier auch so aus, als würden die entsprechenden Terme mit entgegengesetztem Vorzeichen auf die jeweils andere Seite gebracht.
Bei der nun erforderlichen Division durch -2 ist zu beachten, daß sich die Ordnungsrelation umdreht:

$$x \geqq -3.$$

Lösungsmenge: $[-3; +\infty)$.

10.2. Ungleichungen, die sich auf lineare Ungleichungen zurückführen lassen

Als einfachster Typ einer Ungleichung mit Beträgen, die im Bereich der reellen Zahlen gelöst werden soll, stellt sich

$$|x| \leqq a \qquad | \qquad |x| \geqq a$$

dar (eventuell auch mit ausgeschlossener Gleichheit), wobei a eine positive reelle Zahl kennzeichnet. Zur Deutung dieser Ungleichung sei der absolute Betrag einer Zahl als der (ungerichtete) Abstand des ihr entsprechenden Punktes auf der Zahlengeraden vom Nullpunkt interpretiert (vgl. 4.3.). Lösungsmenge der Ungleichung sind dann alle x, deren Abstand vom Nullpunkt

kleiner oder gleich, also nicht größer	größer oder gleich, also nicht kleiner

als a ist. Aus der graphischen Veranschaulichung (Bild 30a, b)

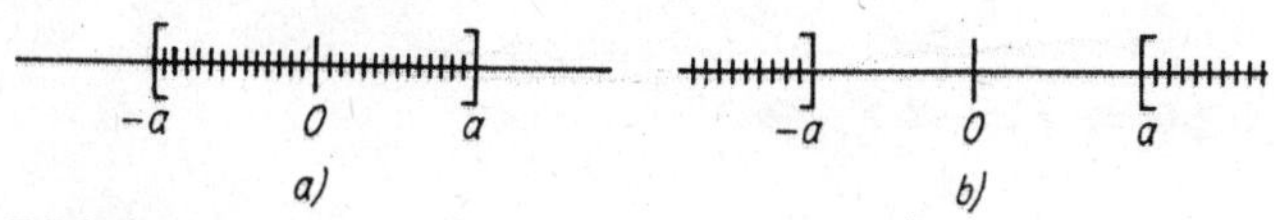

Bild 30

ergibt sich

$L = [-a; +a].$	$L = (-\infty; -a] \cup [+a; +\infty) = R \setminus (-a; +a).$

Ohne diese Veranschaulichung läßt sich die Ungleichung mittels der Definition des absoluten Betrages in zwei lineare Ungleichungen zerlegen. Sie kann im Bereich $x \geqq 0$ durch

$x \leqq a$	$x \geqq a$

mit der Lösungsmenge

$L_1 = [0; +a]$	$L_1 = [+a; +\infty)$

und im Bereich $x < 0$ durch

$-x \leqq a$	$-x \geqq a$
$x \geqq -a$	$x \leqq -a$

mit

$L_2 = [-a; 0)$	$L_2 = (-\infty; -a]$

ersetzt werden. Die Lösungsmenge der ursprünglichen Ungleichung ist dann $L = L_1 \cup L_2$:

$L = [0; +a] \cup [-a; 0) = [-a; +a].$	$L = [+a; +\infty) \cup (-\infty; -a] = R \setminus (-a; +a).$

Der erweiterte Grundtyp

$\lvert x - x_1 \rvert \leqq a$	$\lvert x - x_1 \rvert \geqq a$

läßt sich analog deuten, wenn $|x - x_1|$ als der (ungerichtete) Abstand der (variablen) Zahl x von der (festen) Zahl x_1 angesehen wird. Der x_1 entsprechende Punkt der

Zahlengeraden übernimmt dann die Rolle, die bei der einfacheren Ungleichung der Nullpunkt innehatte. Am Beispiel sei gezeigt, wie sich die Lösungsmenge errechnen läßt.

BEISPIELE

1. $\{x \mid |x+2| < 3\}$

Lösung: Um auf Ungleichungen ohne Beträge übergehen zu können, wird zunächst $|x+2|$ analysiert. Aus

$$x + 2 \geqq 0 \Rightarrow x \geqq -2$$

folgt

$$|x+2| = \begin{cases} x+2 & \text{für } x \in [-2; +\infty) \\ -(x+2) & \text{für } x \in (-\infty; -2). \end{cases}$$

Somit sind zu lösen:

$x + 2 < 3 \wedge x \in [-2; +\infty)$	$-(x+2) < 3 \wedge x \in (-\infty; -2)$
$x < 1$	$x + 2 > -3$
	$x > -5$
$L_1 = [-2; 1)$	$L_2 = (-5; -2)$.

$$L = L_1 \cup L_2$$

Lösungsmenge: $\underline{\underline{(-5; 1)}}$.

Für diese Ungleichung besteht ein vereinfachter Lösungsweg, indem sie durch

$$-3 < x + 2 < 3$$

$$-5 < x < 1$$

ersetzt wird. Allerdings läßt sich diese Möglichkeit nur schlecht auf umfangreichere Ungleichungen erweitern.

2. $\{x \mid |x+2| - |1-2x| < 1\}$

Lösung: Es folgt

$|x+2| =$	$|1-2x| =$
$= \overbrace{x+2 \quad \mid \quad = -(x+2)}$	$= \overbrace{1-2x \quad \mid \quad = -(1-2x)}$
wenn	wenn
$x + 2 \geqq 0 \quad \mid \quad x + 2 < 0$	$1 - 2x \geqq 0 \quad \mid \quad 1 - 2x < 0$
$x \geqq -2 \quad \mid \quad x < -2$	$x \leqq \frac{1}{2} \quad \mid \quad x > \frac{1}{2}$
also für	also für
$X_{11} = [-2; \infty) \mid X_{12} = (-\infty; -2)$	$X_{21} = \left(-\infty; \frac{1}{2}\right] \Big\vert\ X_{22} = \left(\frac{1}{2}; \infty\right)$.

Die graphische Darstellung (Bild 31)

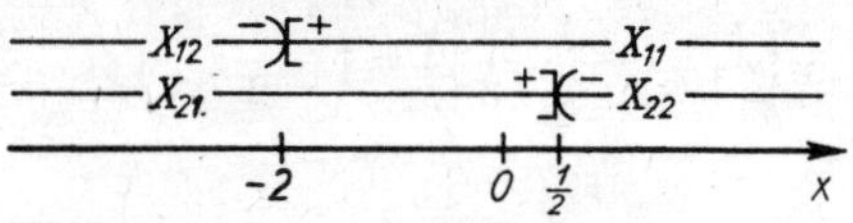

Bild 31

veranschaulicht diese Bereiche. Prinzipiell läßt sich somit jedem Bereich

$$X_{11} \cap X_{21} = \left[-2; \frac{1}{2}\right] \qquad X_{11} \cap X_{22} = \left(\frac{1}{2}; \infty\right) \qquad X_{12} \cap X_{21} = (-\infty; -2) \qquad X_{12} \cap X_{22} = \emptyset$$

eine von Beträgen freie Ungleichung zuordnen. Es sind

1. $x \in \left[-2; \frac{1}{2}\right] \quad \wedge \quad x + 2 - (1 - 2x) < 1$

$$3x < 0$$
$$x < 0$$
$$L_1 = [-2; 0),$$

2. $x \in \left(\frac{1}{2}; \infty\right) \quad \wedge \quad x + 2 + (1 - 2x) < 1$

$$-x < -2$$
$$x > 2$$
$$L_2 = (2; \infty),$$

3. $x \in (-\infty; -2) \quad \wedge \quad -(x + 2) - (1 - 2x) < 1$

$$x < 4$$
$$L_3 = (-\infty; -2),$$

4. $L_4 = \emptyset$, da leerer Bereich.

$$L = L_1 \cup L_2 \cup L_3 \cup L_4 = (-\infty; 0) \cup (2; \infty)$$

Lösungsmenge: $R \setminus [0; 2]$.

3. $\left\{x \,\middle|\, \frac{1}{3x - 2} \leqq \frac{1}{2x + 1}\right\}$

Lösung: Um die für alle $x \in X = R \setminus \left\{-\frac{1}{2}; \frac{2}{3}\right\}$ definierte Ungleichung durch Multiplikation mit $T = (3x - 2)(2x + 1)$ in lineare Ungleichungen umwandeln zu können, muß das Vorzeichen von T untersucht werden. Es ist $T > 0$ für

$3x - 2 > 0 \quad \wedge \quad 2x + 1 > 0$	$3x - 2 < 0 \quad \wedge \quad 2x + 1 < 0$
$x > \frac{2}{3} \quad \wedge \quad x > -\frac{1}{2}$	$x < \frac{2}{3} \quad \wedge \quad x < -\frac{1}{2}$
$x \in \left(\frac{2}{3}; \infty\right)$	$x \in \left(-\infty; -\frac{1}{2}\right)$

also für $X_1 = \left(-\infty; -\frac{1}{2}\right) \cup \left(\frac{2}{3}; \infty\right) = R \setminus \left[-\frac{1}{2}; \frac{2}{3}\right]$.

Folglich muß in

$$X_2 = X \cap (R \setminus X_1) = R \setminus \left(X_1 \cup \left\{-\frac{1}{2}; \frac{2}{3}\right\}\right) = \left(-\frac{1}{2}; \frac{2}{3}\right)$$

$T < 0$ sein. Danach sind zu lösen

$2x + 1 \leqq 3x - 2 \wedge x \in X_1$	$2x + 1 \geqq 3x - 2 \wedge x \in X_2$
$-x \leqq -3$	$-x \geqq -3$
$x \geqq 3$	$x \leqq 3$
$L_1 = [3; \infty)$	$L_2 = \left(-\frac{1}{2}; \frac{2}{3}\right)$

$$L = L_1 \cup L_2.$$

Lösungsmenge: $\left(-\frac{1}{2}; \frac{2}{3}\right) \cup [3; \infty)$.

AUFGABEN

Es sind die Lösungsmengen der folgenden Ungleichungen zu bestimmen.

221. $3x + 4 < 5(2 - x) + 8x$

222. $2(x + 3) \leqq 3(x - 2) - x$

223. $(x - 3)(2x + 1) < 0$

224. $3(x + 2) - 4x < 3(2x - 1) + 4$

225. $|x + 3| \leqq 2$

226. $|x + 4| > 3$

227. $|x + 2| - x \geqq 3$

228. $|2x + 1| \leqq |3x - 2|$

229. $|3 - x| < |x + 2|$

230. $|3 - 2x| + 1 \leqq x$

231. $|2x - 1| \leqq 5$

232. $\frac{1}{2x - 4} \leqq \frac{1}{3x + 9}$

233. $\frac{1}{|2x + 4|} \leqq \frac{1}{|3x - 6|}$

234. $\frac{1}{3 - x} < 1$

235. $(x - 3)(2x + 4) > 0$

11. Lineare Gleichungssysteme mit zwei Variablen

11.1. Eine lineare Gleichung mit zwei Variablen

Als lineare Gleichung mit zwei Variablen wird jede Aussageform

$$a_1x + a_2y = b \qquad (a_1, a_2, b, x, y \in R)$$

bezeichnet, in der a_1, a_2 und b reelle Konstanten, x und y reelle Variablen darstellen. Alle Wertepaare $(x; y) \in R \times R$, für die diese Aussageform in eine wahre Aussage übergeht, bilden die Lösungsmenge L der Gleichung:

$$L = \{(x; y) \mid (x; y) \in R \times R \wedge a_1x + a_2y = b\}$$

oder kürzer, wenn grundsätzlich kein Zweifel bezüglich des Definitionsbereichs möglich ist:

$$L = \{(x; y) \mid a_1x + a_2y = b\}.$$

Sind a_1 und a_2 von Null verschieden ($a_1 \cdot a_2 \neq 0$), so läßt sich die Lösungsmenge auf stellen, indem eine Variable als *freie Variable* aufgefaßt und mit beliebigen Werten belegt wird, und dann die jeweils entsprechenden Werte der zweiten, *gebundenen Variablen* ermittelt werden. Dazu ist es zweckmäßig, die Gleichung zunächst nach der einen der beiden Variablen aufzulösen. Die einzelnen Elemente $(x; y)$ der unendlichen Lösungsmenge lassen sich dann aus dem beliebig wählbaren

$x \in R$	$y \in R$

und

$y = \dfrac{b - a_1x}{a_2}$	$x = \dfrac{b - a_2y}{a_1}$

bilden. Die Lösungsmenge

$$L = \left\{\left(x; \frac{b - a_1x}{a_2}\right) \middle| x \in R\right\} \quad \Bigg| \quad L = \left\{\left(\frac{b - a_2y}{a_1}; y\right) \middle| y \in R\right\} \qquad \text{(I)}$$

kann so als Abbildung angesehen werden. Ihre graphische Darstellung als Punktmenge in einem cartesischen Koordinatensystem ergibt eine Gerade.

BEISPIEL

In Bild 32 ist die Lösungsmenge der Gleichung $2x - 5y = 1$, also

$$\{(x; y) \mid 2x - 5y = 1\}$$

als Punktmenge wiedergegeben. Auszugsweise läßt sich die Lösungsmenge in Form einer Wertetabelle darstellen:

x	-2	-1	0	$0{,}5$	1	2	3	$4{,}2$
$y = \dfrac{2x-1}{5}$	-1	$-3/5$	$-1/5$	0	$1/5$	$3/5$	1	$1{,}48$

Gleiche Lösungsmengen weisen

$$a_1x + a_2y = b \quad \text{und} \quad k \cdot a_1x + k \cdot a_2y = k \cdot b \qquad k \in R \setminus \{0\}$$

auf. Wie in 9.3. bereits festgestellt wurde, stellt die Multiplikation einer Gleichung mit einem von Null verschiedenen Faktor eine identische Umformung dar. Die dadurch neu entstehende Gleichung ist zur Ausgangsgleichung äquivalent. Die beiden Gleichungen sind voneinander *linear abhängig*.

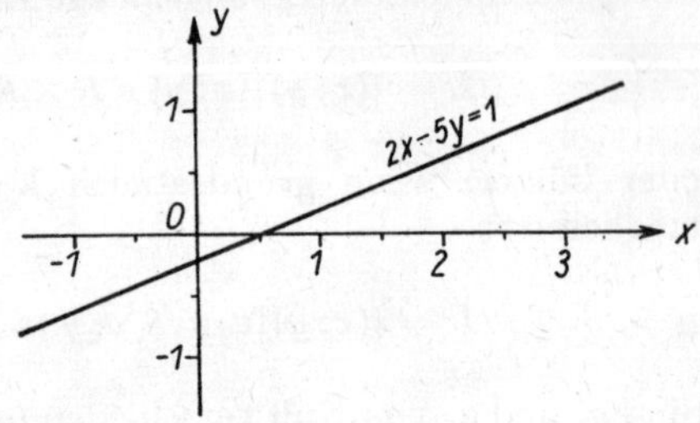

Bild 32

Während im vorhergehenden sowohl a_1 als auch a_2 von Null verschieden waren, soll jetzt einer der beiden Koeffizienten verschwinden. Somit tritt in der Gleichung eine der beiden Variablen nicht mehr auf. Trotzdem soll sie weiterhin als Gleichung mit zwei Variablen angesehen werden. Man denke sich die Gleichung in der Form

$$0 \cdot x + a_2 y = b \quad \Big| \quad a_1 x + 0 \cdot y = b$$

mit

$$a_2 \neq 0 \quad \Big| \quad a_1 \neq 0$$

geschrieben. Im ersten Fall erfüllt jedes aus einem beliebigen $x \in R$ und dem konstanten $y = \frac{b}{a_2}$ bestehende Wertepaar, also die aus der Menge der reellen Zahlen und der einelementigen Menge $\{b/a_2\}$ gebildete Produktmenge $R \times \{b/a_2\}$, die Gleichung. Im zweiten Fall erfüllen alle aus dem gleichbleibenden $x = b/a_1$ und dem beliebig wählbaren $y \in R$ gebildeten Wertepaare, also die Elemente der Produktmenge $\{b/a_1\} \times R$. Es ist demnach

$$L = \left\{\left(x; \frac{b}{a_2}\right) \middle| \, x \in R\right\} \quad \Big| \quad L = \left\{\left(\frac{b}{a_1}; y\right) \middle| \, y \in R\right\}.$$

Der Vergleich mit dem Vorhergehenden zeigt, daß dieser Sonderfall mit $a_1 = 0$ bzw. $a_2 = 0$ in (I) enthalten ist. Während jedoch im Fall $a_1 \cdot a_2 \neq 0$ wahlweise eine der beiden Darstellungsmöglichkeiten herangezogen werden konnte, existiert im Sonderfall jeweils nur eine der beiden Möglichkeiten.

Dieser Sonderfall einer linearen Gleichung mit zwei Variablen ist klar von einer Gleichung mit einer Variablen zu unterscheiden, deren Lösungsmenge aus einem Einzelelement besteht, während hier die Lösungsmenge (unbegrenzt viele) Wertepaare umfaßt.

Die den Lösungsmengen entsprechenden Geraden liegen im Fall $a_1 = 0$ parallel zur x-Achse und im Fall $a_2 = 0$ parallel zur y-Achse, falls $b \neq 0$ ist, während sie bei $b = 0$ mit den Achsen zusammenfallen.

Ist $a_1 = a_2 = 0$, die Gleichung also völlig entartet zu

$$0 \cdot x + 0 \cdot y = b,$$

so ist sie im Fall $b \neq 0$ von keinem Wertepaar zu erfüllen, ihre Lösungsmenge also leer. Verschwindet dagegen b ebenfalls, so führt jede beliebige Belegung der Variablen x und y zu einer wahren Aussage. Die Lösungsmenge ist dann mit der gesamten Produktmenge $R \times R$ identisch.

11.2. Zwei lineare Gleichungen mit zwei Variablen

11.2.1. Lösungsmenge

Unter der Lösungsmenge eines Gleichungssystems[1])

$$\left| \begin{aligned} a_{11}x + a_{12}y &= b_1 \\ a_{21}x + a_{22}y &= b_2 \end{aligned} \right|$$

ist die Menge aller Wertepaare $(x; y) \in R \times R$ zu verstehen, die beide Gleichungen in eine wahre Aussage überführen. Sind

$$L_1 = \{(x; y) \mid a_{11}x + a_{12}y = b_1\} \text{ und } L_2 = \{(x; y) \mid a_{21}x + a_{22}y = b_2\}$$

die Lösungsmengen der beiden Teilgleichungen, so muß demnach die Lösungsmenge L des Gleichungssystems mit der Durchschnittsmenge $L_1 \cap L_2$ identisch sein:

$$L_1 \cap L_2 = L = \{(x; y) \mid a_{11}x + a_{12}y = b_1 \wedge a_{21}x + a_{22}y = b_2\}.$$

Ist $b_1 = b_2 = 0$, so heißt das Gleichungssystem *homogen*, andernfalls *inhomogen*.

BEISPIELE

1. Die beiden Gleichungen des Systems

$$\left| \begin{aligned} 2x - 5y &= 1 \\ 3x - 2y &= 7 \end{aligned} \right|$$

haben, einzeln betrachtet, die auszugsweise in Form einer Wertetabelle wiedergegebenen Lösungsmengen:

x	...	−1	0	1	2	3	4	...
$y = \frac{2x-1}{5}$	...	−3/5	−1/5	1/5	3/5	1	7/5	...

x	...	−1	0	1	2	3	4	...
$y = \frac{3x-7}{2}$	...	−5	−7/2	−2	−1/2	1	5/2	...

[1]) Die Koeffizienten sind durch Doppelindizes gekennzeichnet. Der erste Index benennt die zugehörige Gleichungsnummer (desgl. der Index des absoluten Gliedes) und damit die Zeile, während der zweite Index die Zugehörigkeit des Koeffizienten zur ersten Variablen x bzw. zur zweiten Variablen y und damit die Spalte angibt.
Lies a_{21} als »a-zwei-eins«

Lösungsmenge des Systems ist demnach

$$L = \{(x; y) \mid 2x - 5y = 1 \wedge 3x - 2y = 7\} = \{(3; 1)\}.$$

Die beiden zuzuordnenden Geraden schneiden sich im Punkt (3; 1) (Bild 33).

2. Lautet die zweite Gleichung

$$4x - 10y = 2,$$

so ist deren Lösungsmenge mit der der ersten Gleichung identisch. Die beiden Gleichungen sind voneinander linear abhängig. Das Lösungssystem weist eine unbeschränkte Lösungsmenge auf. Die den beiden Gleichungen zuzuordnenden Geraden fallen zusammen.

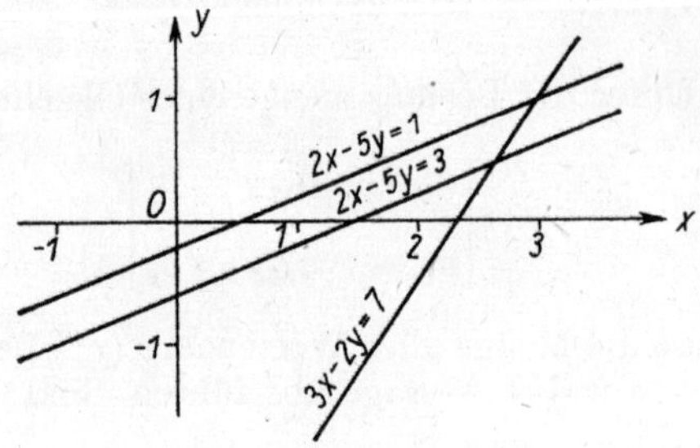

Bild 33

$$L = \{(x; y) \mid 2x - 5y = 1 \wedge 4x - 10y = 2\} = \left\{\left(x; \frac{2x-1}{5}\right) \middle| x \in R\right\}$$

3. Wird als zweite Gleichung

$$2x - 5y = 3$$

gewählt, so zeigt die Wertetabelle

x	...	-1	0	1	2	3	...
y	...	-1	$-3/5$	$-1/5$	$1/5$	$3/5$	...

daß alle y-Werte jeweils um $^2/_5$ kleiner sind als die der ersten Gleichung. Es kann also kein gemeinsames Wertepaar existieren. Die Lösungsmenge ist leer:

$$L = \{(x; y) \mid 2x - 5y = 1 \wedge 2x - 5y = 3\} = \emptyset.$$

Die Gleichungen stehen zueinander in Widerspruch, denn bei gleichen linken Seiten sind die rechten Seiten voneinander verschieden. Die entsprechenden Geraden verlaufen parallel.

An Hand dieser Beispiele lassen sich für die Lösungsmengen derartiger Gleichungssysteme drei grundsätzliche Möglichkeiten erkennen:

a) Die Lösungsmenge besteht aus einem Wertepaar $(x; y)$.

b) Die Lösungsmenge ist identisch mit den untereinander gleichen Lösungsmengen der beiden Gleichungen. Das Gleichungssystem weist eine unendliche Lösungsmenge auf.

c) Die Lösungsmenge ist leer. Das Gleichungssystem läßt sich nicht erfüllen; beide Gleichungen stehen zueinander in Widerspruch.

Die Allgemeingültigkeit dieser Feststellungen, die hier lediglich aus der Betrachtung eines Beispieles gewonnen wurden, wird im nächsten Abschnitt nachgewiesen.

11.2.2. Lösung mit Hilfe des Additionsverfahrens

Grundgedanke des Lösungsverfahrens ist, eine nur noch eine Variable enthaltende Gleichung zu gewinnen. Mit dem daraus bestimmbaren Wert für die eine Variable kann dann aus einer der beiden Ausgangsgleichungen der zugehörige Wert für die andere Variable errechnet werden.
Die grundsätzliche Möglichkeit zur Aufstellung einer derartigen Gleichung ergibt sich aus der Behauptung:
Ist das Wertepaar $(x_0; y_0)$ Element der Lösungsmenge eines Gleichungssystems:

$$(x_0; y_0) \in \{(x; y) \mid T_1(x, y) = b_1 \wedge T_2(x, y) = b_2\},$$

so ist es auch in der Lösungsmenge jeder durch *Linearkombination* beider Gleichungen gebildeten Gleichung enthalten:

$$(x_0; y_0) \in \{(x; y) \mid k_1 \cdot T_1(x, y) + k_2 \cdot T_2(x, y) = k_1 b_1 + k_2 b_2\}.$$

Beweis: Nach Voraussetzung nimmt $T_i(x, y)$ für $x = x_0$ und $y = y_0$ den Wert b_i an:

$$T_i(x_0, y_0) = b_i \qquad i \in \{1; 2\}.$$

Dann aber ist auch

$$k_1 \cdot T_1(x_0, y_0) + k_2 \cdot T_2(x_0, y_0) = k_1 b_1 + k_2 b_2$$

erfüllt.

BEISPIEL

1. Für das schon behandelte Gleichungssystem

$$\left| \begin{array}{l} 2x - 5y = 1 \\ 3x - 2y = 7 \end{array} \right|$$

mit der Lösungsmenge $\{(3; 1)\}$ sei beispielsweise eine neue Gleichung durch Linearkombination mit $k_1 = 2$ und $k_2 = -1$ aufgestellt:

$$x - 8y = -5.$$

Einige Elemente der Lösungsmenge dieser Gleichung sind durch die Wertetabelle

x	$\cdots$	-1	0	1	2	3	$\cdots$
y	$\cdots$	1/2	5/8	3/4	7/8	1	$\cdots$

wiedergegeben. Diese Lösungsmenge stimmt im Wertepaar $(3; 1)$ mit denen der beiden Ausgangsgleichungen überein.

Durch geeignete Linearkombination der beiden Ausgangsgleichungen wird eine nur noch eine Variable enthaltende Gleichung aufgestellt.

BEISPIELE

Auf die folgenden Gleichungssysteme soll das Additionsverfahren angewendet werden.

2.
$$\left|\begin{array}{l} 2x - 5y = 1 \\ 3x - 2y = 7 \end{array}\right| \begin{array}{r} -3 \\ 2 \end{array}$$

Lösung: Die Erweiterungsfaktoren sind hinter jeder Gleichung angegeben. Als neue Gleichung ergibt sich

$$11y = 11 \text{ bzw. } y = 1.$$

Lösungsmenge dieser Gleichung ist demnach

$$\{(x; 1) \mid x \in R\}.$$

Für $y = 1$ erfordern zu ihrer Erfüllung sowohl die erste als auch die zweite Gleichung $x = 3$. Dabei wird eine der beiden Gleichungen zur Berechnung von x, die andere zur Probe für die gefundene Lösungsmenge verwendet.

Lösungsmenge des Systems: $\{(3; 1)\}$.

Eine andere Möglichkeit zur Berechnung des x besteht in einer nochmaligen Linearkombination, bei der eine von y freie Gleichung aufzustellen ist.

3.
$$\left|\begin{array}{l} 9x + 4y = 22 \\ 11x + 6y = 28 \end{array}\right| \begin{array}{r} 3 \\ -2 \end{array}$$

Lösung: Es wird zweckmäßigerweise die Elimination vorgenommen, bei der der Rechenaufwand möglichst klein ist. Im vorliegenden Beispiel ist y zu eliminieren, da das kleinste gemeinschaftliche Vielfache der beiden Koeffizienten von y durch möglichst kleine Erweiterungsfaktoren erreicht werden kann.

Lösungsmenge: $\{(2; 1)\}$.

4.
$$\left|\begin{array}{l} 2x - 5y = 1 \\ 4x - 10y = 2 \end{array}\right| \begin{array}{r} -2 \\ 1 \end{array}$$

Lösung: Bei der formalen Anwendung des Additionsverfahrens auf dieses schon untersuchte Gleichungssystem, bei dem die beiden Gleichungen voneinander linear abhängig sind, ergibt sich die identische Gleichung $0 = 0$ als Hinweis auf die lineare Abhängigkeit der beiden Gleichungen.

5.
$$\left|\begin{array}{l} 2x - 5y = 1 \\ 2x - 5y = 3 \end{array}\right| \begin{array}{r} -1 \\ 1 \end{array}$$

Lösung: In diesem widersprechenden System führt das Additionsverfahren auf die falsche Aussage $0 = 2$, die auf die Nichtexistenz einer Lösung des Gleichungssystems hinweist.

Nur wenn ein widerspruchsfreies, linear unabhängiges Gleichungssystem vorliegt, kann die in diesem Fall aus einem Element bestehende Lösungsmenge mit Hilfe des Additionsverfahrens ermittelt werden. In den beiden anderen Fällen ergibt sich lediglich ein entsprechender Hinweis.
Insbesondere beim Auftreten nichtganzzahliger Koeffizienten und beim Einsatz von Rechenhilfen (Rechenstab) erweist sich eine Schematisierung des Additionsverfahrens als zweckmäßig. Dabei wird grundsätzlich nur *eine* der beiden Gleichungen mit einem Faktor multipliziert und zur anderen addiert.

BEISPIEL

6. Bestimme mit Rechenstab

$$\{(x; y) \mid 1{,}40x - 2{,}10y = 0{,}28 \wedge 1{,}30x + 1{,}80y = 3{,}26\}.$$

Lösung: Grundsätzlich könnte man die mit

$c = -\dfrac{1{,}30}{1{,}40}$ multiplizierte 1. Gleichung zur 2. addieren

oder die mit

$c = -\dfrac{1{,}40}{1{,}30}$ multiplizierte 2. Gleichung zur 1. addieren.

Bei Verwendung des Rechenstabes wird man, um die Ungenauigkeiten klein zu halten, die Möglichkeit mit $|c| \leqq 1$ bevorzugen.

$$\begin{array}{|rl|l} 1{,}40x - 2{,}10y = & 0{,}28 & -\dfrac{1{,}30}{1{,}40} \\ 1{,}30x + 1{,}80y = & 3{,}26 & + \\ \hline -1{,}30x + 1{,}95y = & -0{,}26 & + \\ \hline 3{,}75y = & 3{,}00 & \end{array}$$

Die erweiterte erste Gleichung, deren Koeffizienten sich mit fest eingestelltem Rechenstab bestimmen lassen, wurde zusätzlich angefügt. Die Stabeinstellung für

$$y = \frac{3{,}00}{3{,}75} = 0{,}80$$

wird noch dazu ausgenutzt, den Wert des Terms $2{,}10y$ zu bestimmen. Damit ist

$$1{,}40x - 1{,}68 = 0{,}28$$

$$x = \frac{1{,}96}{1{,}40} = 1{,}40.$$

Lösungsmenge: $\underline{\underline{\{(1{,}40; 0{,}80)\}}}$.

11.2.3. Lösung mit Hilfe von Determinanten. Einführung der zweireihigen Determinante

Aus dem Additionsverfahren heraus soll ein weiteres Verfahren entwickelt werden, das eine größere Schematisierung der erforderlichen Rechenvorgänge beim Lösen von linearen Gleichungssystemen ermöglicht. In größerer Übersichtlichkeit gestattet dieses Verfahren weiterhin den Übergang auf Gleichungssysteme mit mehr als zwei Variablen und die allgemeine Beurteilung derartiger Systeme bezüglich ihrer Lösbarkeit.

Es sei der Lösungsgang für das Gleichungssystem

$$\left| \begin{aligned} a_{11}x + a_{12}y &= b_1 \\ a_{21}x + a_{22}y &= b_2 \end{aligned} \right|$$

mit Hilfe des Additionsverfahrens eingeleitet:

a) Zur Berechnung von x:

$$\begin{array}{l|l} a_{11}x + a_{12}y = b_1 & \cdot a_{22} \\ a_{21}x + a_{22}y = b_2 & \cdot (-a_{12}) \end{array}$$

$$\begin{array}{rcl} a_{11}a_{22}x + a_{12}a_{22}y &=& a_{22}b_1 \\ -a_{12}a_{21}x - a_{12}a_{22}y &=& -a_{12}b_2 \end{array}$$

$$(a_{11}a_{22} - a_{12}a_{21})x = a_{22}b_1 - a_{12}b_2. \tag{I}$$

b) Zur Berechnung von y:

$$\begin{array}{l|l} a_{11}x + a_{12}y = b_1 & \cdot (-a_{21}) \\ a_{21}x + a_{22}y = b_2 & \cdot a_{11} \end{array}$$

$$(a_{11}a_{22} - a_{12}a_{21})y = a_{11}b_2 - a_{21}b_1. \tag{II}$$

Sowohl in (I) als auch in (II) erscheint jeweils auf der linken Seite als Faktor der Variablen x bzw. y der Term $a_{11}a_{22} - a_{12}a_{21}$. Der Anordnung der vier Koeffizienten im Gleichungssystem entsprechend, soll diese Differenz zweier Produkte durch das quadratische Schema

$$D = a_{11}a_{22} - a_{12}a_{21} = \begin{vmatrix} a_{11} & a_{12} \\ a_{21} & a_{22} \end{vmatrix}$$

wiedergegeben werden. Ein derartiges Schema wird allgemein **Determinante** genannt. Im vorliegenden Fall stellt es die zweireihige Koeffizientendeterminante des Gleichungssystems dar. Die vier Elemente einer zweireihigen Determinante sind in zwei *Zeilen* bzw. zwei *Spalten* angeordnet. Die im quadratischen Schema von links oben nach rechts unten verlaufende Diagonale wird *Hauptdiagonale*, die andere dagegen *Nebendiagonale* genannt.

Definition

Zur Berechnung des Wertes einer **zweireihigen Determinante** ist das Produkt der Elemente der Hauptdiagonalen um das Produkt der Elemente der Nebendiagonalen zu vermindern:

$$\boxed{\begin{vmatrix} a_{11} & a_{12} \\ a_{21} & a_{22} \end{vmatrix} = a_{11}a_{22} - a_{12}a_{21}} \tag{53}$$

Nach dieser Definition lassen sich die auf den rechten Seiten von (I) und (II) stehenden Terme $D_x = a_{22}b_1 - a_{12}b_2$ und $D_y = a_{11}b_2 - a_{21}b_1$ auch in der Determinantensymbolik wiedergeben. Der Vergleich mit der Koeffizientendeterminante D läßt erkennen, daß in D_x die Elemente a_{11} und a_{21} gegen b_1 bzw. b_2 ausgetauscht sind. Es sind also die in der ersten Spalte von D stehenden Koeffizienten der Variablen x durch die absoluten Glieder zu ersetzen:

$$D_x = \begin{vmatrix} b_1 & a_{12} \\ b_2 & a_{22} \end{vmatrix} = a_{22}b_1 - a_{12}b_2.$$

Entsprechend sind zur Bildung von D_y die Elemente der zweiten Spalte von D, also die Koeffizienten der Variablen y, gegen die absoluten Glieder auszutauschen:

$$D_y = \begin{vmatrix} a_{11} & b_1 \\ a_{21} & b_2 \end{vmatrix} = a_{11}b_2 - a_{21}b_1 .$$

Mit diesen Bezeichnungen lassen sich (I) und (II) als **Cramersche Regel** in der Form

$$\boxed{\begin{aligned} D \cdot x &= D_x \\ D \cdot y &= D_y \end{aligned}} \qquad (54)$$

wiedergeben.

Hauptfall I: $D \neq 0$

Die Lösungsmenge läßt sich eindeutig mit Hilfe von

$$x = \frac{D_x}{D} \qquad y = \frac{D_y}{D}$$

bestimmen.

BEISPIEL

1. Das Gleichungssystem

$$\left| \begin{aligned} 2x - 5y &= 1 \\ 3x - 2y &= 7 \end{aligned} \right|$$

ist mit Hilfe von Determinanten zu lösen.

Lösung: Es ist

$$D = \begin{vmatrix} 2 & -5 \\ 3 & -2 \end{vmatrix} = 2 \cdot (-2) - (-5) \cdot 3 = -4 + 15 = 11$$

$$D_x = \begin{vmatrix} 1 & -5 \\ 7 & -2 \end{vmatrix} = 1 \cdot (-2) - (-5) \cdot 7 = -2 + 35 = 33$$

$$D_y = \begin{vmatrix} 2 & 1 \\ 3 & 7 \end{vmatrix} = 2 \cdot 7 - 1 \cdot 3 = 14 - 3 = 11$$

und damit $x = \frac{33}{11} = 3$; $y = \frac{11}{11} = 1$.

Lösungsmenge: $\underline{\underline{\{(3; 1)\}}}$.

Hauptfall II: $D = 0$

Bevor etwas über die Lösungsmenge eines derartigen Gleichungssystems ausgesagt werden kann, ist zu untersuchen, wann eine Determinante den Wert Null annimmt.

Aus der Definition der Determinante folgt offensichtlich:

1. Besteht mindestens eine Zeile (Spalte) nur aus Nullelementen, so verschwindet die Determinante.
2. Weist die eine der beiden Diagonalen mindestens ein Nullelement auf, die andere aber nicht, so hat die Determinante einen von Null verschiedenen Wert.
3. Sind nun alle Elemente von Null verschieden, so folgt

$$\begin{vmatrix} a_{11} & a_{12} \\ a_{21} & a_{22} \end{vmatrix} = a_{11}a_{22} - a_{12}a_{21} = 0$$

$$a_{11}a_{22} = a_{12}a_{21}$$

$$\frac{a_{11}}{a_{12}} = \frac{a_{21}}{a_{22}}$$

und daraus mit den Proportionalitätsfaktoren $k, \varkappa \in R \setminus \{0\}$

$$a_{21} = ka_{11} \quad a_{22} = ka_{12}. \quad \Big| \quad a_{12} = \varkappa a_{11} \quad a_{22} = \varkappa a_{21}.$$

Die Elemente der

2. Zeile | 2. Spalte

sind proportional zu den Elementen der

1. Zeile | 1. Spalte.

Damit gilt:

Satz

Eine zweireihige Determinante hat den Wert Null, wenn

1. die Elemente mindestens einer Zeile (Spalte) alle Null sind,
2. zwischen den Zeilen (und damit auch zwischen den Spalten) lineare Abhängigkeit besteht.

An Hand dieser Feststellung soll nun das Gleichungssystem weiter untersucht werden.
Verschwindet die Koeffizientendeterminante D, weil eine und nur eine

Zeile (z. B. $a_{21} = a_{22} = 0$) | Spalte (z. B. $a_{12} = a_{22} = 0$)

nur Nullelemente aufweist, so liegt als Gleichungssystem

$$\begin{vmatrix} a_{11}x + a_{12}y = b_1 \\ 0x \;+ 0y \;= b_2 \end{vmatrix} \quad \Big| \quad \begin{vmatrix} a_{11}x + 0y = b_1 \\ a_{21}x + 0y = b_2 \end{vmatrix}$$

vor. Im Fall

$b_2 \neq 0$	$\frac{a_{11}}{a_{21}} \neq \frac{b_1}{b_2}$

und somit

$D_x \neq 0, \quad D_y \neq 0$	$D_x = 0, \ D_y \neq 0$

ist es unlösbar, während sich bei

$b_2 = 0$	$\frac{a_{11}}{a_{21}} = \frac{b_1}{b_2}$

also

$$D_x = D_y = 0$$

die unendliche Lösungsmenge aus der einen Gleichung

$a_{11}x + a_{12}y = b_1$	$a_{11}x = b_1$

nach 11.1. ermitteln läßt.

Der Leser untersuche selbst den Fall, daß noch ein weiteres Element der Koeffizientendeterminante den Wert Null annimmt.

Weist die Koeffizientendeterminante keine Nullelemente auf, so muß zwischen ihren Zeilen und somit zwischen den linken Seiten des Gleichungssystems lineare Abhängigkeit bestehen:

$$a_{21}x + a_{22}y = k\,(a_{11}x + a_{12}y) \qquad k \neq 0.$$

Unterfall 1:

Ist nun auch $b_2 = kb_1$, so sind beide Gleichungen insgesamt voneinander linear abhängig. Die unendlichen Lösungsmengen der beiden Gleichungen sind identisch. In diesem Fall ist dann auch

$$D_x = \begin{vmatrix} b_1 & a_{12} \\ b_2 & a_{22} \end{vmatrix} = \begin{vmatrix} b_1 & a_{12} \\ kb_1 & ka_{12} \end{vmatrix} = 0$$

und

$$D_y = \begin{vmatrix} a_{11} & b_1 \\ a_{21} & b_2 \end{vmatrix} = \begin{vmatrix} a_{11} & b_1 \\ ka_{11} & kb_1 \end{vmatrix} = 0.$$

Die Cramersche Regel nimmt mit $D = D_x = D_y = 0$ die Form

$$0 \cdot x = 0 \qquad 0 \cdot y = 0$$

an und kann nicht zur Bestimmung der Lösungsmenge verwendet werden, da sie durch jedes willkürlich gewählte Wertepaar $(x; y)$ erfüllbar ist.
Die Lösungsmenge ist wie in 11.1. zu bestimmen.

Unterfall 2:

Ist hingegen $b_2 \neq kb_1$, so stehen beide Gleichungen im Widerspruch. In diesem Fall ist mindestens eine der Determinanten D_x und D_y von Null verschieden.
Die Widersprüchlichkeit läßt sich an der Unerfüllbarkeit der CRAMERschen Regel erkennen. Ist zum Beispiel $D_x \neq 0$, so existiert kein x, das $0 \cdot x = D_x \neq 0$ erfüllt. Die linke Seite hat für jedes x den Wert Null, während die rechte Seite von Null verschieden ist.
In der nachfolgenden Tabelle sind die Ergebnisse der Diskussion zusammengefaßt:

D	D_x, D_y	Lösbarkeit des Systems
$\neq 0$	beliebig	eindeutig lösbar
0	beide 0	Gleichungen voneinander linear abhängig, unendliche Lösungsmenge
0	nicht beide 0	Widerspruch zwischen den Gleichungen, Lösungsmenge leer

Allein der Wert der Koeffizientendeterminante D gibt ein Kriterium dafür, ob ein Gleichungssystem eindeutig lösbar ist (Normalfall) oder nicht. Oft hängt schon von dieser Eindeutigkeit die Lösbarkeit eines Problems ab, so daß ein Verschwinden von D dessen Unlösbarkeit kennzeichnet.
Die leicht überprüfbare Tatsache, daß ein gemeinsamer Faktor der Elemente einer Zeile (Spalte) vor die Determinante gesetzt werden kann, läßt sich vorteilhaft bei ihrer Berechnung ausnutzen.
Wird der Determinantenwert mit dem Rechenstab bestimmt, so ist bei $|D| \ll 1$ bzw. $D = 0$ zwecks einwandfreier Unterscheidung der Hauptfälle I und II noch einmal exakt nachzurechnen (Rechenstabungenauigkeit!).

BEISPIELE

Die folgenden Gleichungssysteme sind unter Verwendung von Determinanten zu lösen:

2.
$$\left| \begin{array}{l} 1{,}3x + 2{,}4y = -3{,}72 \\ 0{,}8x + 1{,}8y = -3 \end{array} \right|$$

Lösung:

$$D = \begin{vmatrix} 1{,}3 & 2{,}4 \\ 0{,}8 & 1{,}8 \end{vmatrix} = 0{,}6 \begin{vmatrix} 1{,}3 & 4 \\ 0{,}8 & 3 \end{vmatrix} = 0{,}6 \cdot 0{,}7 .$$

Aus der 2. Spalte wurde der Faktor 0,6 herausgezogen.

Das Gleichungssystem muß eindeutig lösbar sein (Hauptfall I).

$$D_x = \begin{vmatrix} -3{,}72 & 2{,}4 \\ -3 & 1{,}8 \end{vmatrix} = -3 \cdot 0{,}6 \begin{vmatrix} 1{,}24 & 4 \\ 1 & 3 \end{vmatrix} = 3 \cdot 0{,}6 \cdot 0{,}28$$

$$D_y = \begin{vmatrix} 1{,}3 & -3{,}72 \\ 0{,}8 & -3 \end{vmatrix} = -3 \begin{vmatrix} 1{,}3 & 1{,}24 \\ 0{,}8 & 1 \end{vmatrix} = -3 \cdot 0{,}308$$

$$x = \frac{D_x}{D} = \frac{3 \cdot 0{,}6 \cdot 0{,}28}{0{,}6 \cdot 0{,}7} = 1{,}2 \qquad y = \frac{D_y}{D} = -\frac{3 \cdot 0{,}308}{0{,}6 \cdot 0{,}7} = -2{,}2.$$

Lösungsmenge: $\{(1{,}2;\ -2{,}2)\}$.

3.
$$\begin{vmatrix} 3x - 2y = 0 \\ 5x + 3y = 0 \end{vmatrix}$$

Lösung:

$$D = \begin{vmatrix} 3 & -2 \\ 5 & 3 \end{vmatrix} = 9 + 10 = 19 \qquad \text{Hauptfall I.}$$

Ohne weitere Rechnung läßt sich $x = y = 0$ angeben, denn bei einem homogenen Gleichungssystem ist wegen $b_1 = b_2 = 0$ stets $D_x = D_y = 0$.

Lösungsmenge: $\{(0;\ 0)\}$.

4.
$$\begin{vmatrix} 8{,}4x - 3{,}6y = 4{,}8 \\ 14{,}7x - 6{,}3y = 8{,}4 \end{vmatrix}$$

Lösung:

$$D = \begin{vmatrix} 8{,}4 & -3{,}6 \\ 14{,}7 & -6{,}3 \end{vmatrix} = -0{,}3 \cdot 0{,}9 \begin{vmatrix} 28 & 4 \\ 49 & 7 \end{vmatrix} = -0{,}3 \cdot 0{,}9 \cdot 4 \cdot 7 \begin{vmatrix} 7 & 1 \\ 7 & 1 \end{vmatrix} = 0.$$

Es liegt Hauptfall II und mit

$$D_x = \begin{vmatrix} 4{,}8 & -3{,}6 \\ 8{,}4 & -6{,}3 \end{vmatrix} = -1{,}2 \cdot 0{,}9 \begin{vmatrix} 4 & 4 \\ 7 & 7 \end{vmatrix} = 0$$

$$D_y = \begin{vmatrix} 8{,}4 & 4{,}8 \\ 14{,}7 & 8{,}4 \end{vmatrix} = 2{,}1 \cdot 1{,}2 \begin{vmatrix} 4 & 4 \\ 7 & 7 \end{vmatrix} = 0$$

Unterfall 1 vor. Beide Gleichungen sind linear abhängig.

Lösungsmenge: $\left\{\left(x;\ \frac{7x-4}{3}\right) \middle| \ x \in R\right\}$.

5.
$$\begin{vmatrix} 12x - 18y = 0 \\ 10x - 15y = 0 \end{vmatrix}$$

Lösung:

$$D = \begin{vmatrix} 12 & 18 \\ 10 & 15 \end{vmatrix} = 0 \quad \text{Hauptfall II, Unterfall 1 (homogenes System).}$$

Lösungsmenge: $\underline{\underline{\left\{\left(x; \frac{2}{3}x\right) \middle| x \in R\right\}}}$.

6.
$$\begin{vmatrix} 3{,}9x + 5{,}7y = -3{,}1 \\ 6{,}5x + 9{,}5y = 4{,}3 \end{vmatrix}$$

Lösung:

$$D = \begin{vmatrix} 3{,}9 & 5{,}7 \\ 6{,}5 & 9{,}5 \end{vmatrix} = 3 \cdot 5 \begin{vmatrix} 1{,}3 & 1{,}9 \\ 1{,}3 & 1{,}9 \end{vmatrix} = 0 \quad \text{Hauptfall II}$$

$$D_x = \begin{vmatrix} -3{,}1 & 5{,}7 \\ 4{,}3 & 9{,}5 \end{vmatrix} = -3{,}1 \cdot 9{,}5 - 4{,}3 \cdot 5{,}7 \neq 0.$$

Da schon $D_x \neq 0$, ist die Zugehörigkeit zum Unterfall 2 bereits geklärt. Beide Gleichungen stehen in Widerspruch zueinander.

Lösungsmenge: $\underline{\underline{\emptyset}}$.

11.2.4. Gleichungen, die sich auf lineare Gleichungen zurückführen lassen

Zum Teil treten innerhalb von Systemen nichtlineare Gleichungen auf, die sich in lineare Gleichungen umwandeln lassen. Entweder läßt sich das durch geeignete Umformungen erreichen oder dadurch, daß neue Variablen eingeführt werden. Es muß aber dabei überprüft werden, ob die so entstehenden linearen Gleichungen zu den gegebenen Gleichungen äquivalent sind. Dazu sind die Definitionsbereiche der umzuformenden Gleichungen zu bestimmen. Ergeben sich nur echte Untermengen des für die linearen Gleichungen grundsätzlich möglichen Bereichs der reellen Zahlen, so müssen die neuen Variablen entsprechend eingeschränkt werden, um das Auftreten unzulässiger Elemente in der Lösungsmenge des Ausgangssystems zu vermeiden. Werden die Bereiche nicht kontrolliert, so ist unbedingt am Schluß der Rechnung die Einsetzprobe durchzuführen.

BEISPIELE

$$\left\{(x; y) \middle| \frac{x+3}{x-1} + \frac{y+3}{y-2} = 2 \wedge 3x - 4y = -5\right\}$$

Lösung:

Definitionsbereich der ersten Gleichung: $x \in R \setminus \{1\}$

$y \in R \setminus \{2\}$.

Umformung der ersten Gleichung:

$$(x+3)(y-2) + (y+3)(x-1) = 2(x-1)(y-2)$$
$$5x + 4y = 13.$$

Das neue Gleichungssystem

$$\left| \begin{array}{l} 5x + 4y = 13 \\ 3x - 4y = -5 \end{array} \right| \qquad \begin{array}{l} x \in R \setminus \{1\} \\ y \in R \setminus \{2\} \end{array}$$

würde ohne Einschränkung die Lösungsmenge $\{(1;2)\}$ haben, so aber ist sie leer.
Lösungsmenge: $\underline{\underline{\emptyset}}$.

Die Gleichungssysteme

$$\left| \begin{array}{l} \dfrac{a}{x} + \dfrac{b}{y} = c \\ \dfrac{e}{x} + \dfrac{f}{y} = g \end{array} \right| \qquad \left| \begin{array}{l} a\sqrt{x} + b\sqrt{y} = c \\ e\sqrt{x} + f\sqrt{y} = g \end{array} \right|$$

können mittels der Substitution

$$u = \frac{1}{x}, \quad v = \frac{1}{y} \qquad\qquad u = \sqrt{x}, \quad v = \sqrt{y}$$

$$u, v \in R \setminus \{0\} \qquad\qquad u, v \in [0; +\infty)$$

auf das lineare System

$$\left| \begin{array}{l} au + bv = c \\ eu + fv = g \end{array} \right|$$

zurückgeführt werden.

AUFGABEN

236. Wie verändert sich der Wert einer zweireihigen Determinante, wenn
   a) die Zeilen mit den gleichstelligen Spalten vertauscht werden,
   b) zwei Zeilen (Spalten) miteinander vertauscht werden?

Die Lösungsmengen folgender Gleichungssysteme sind zu bestimmen:

237. $\left| \begin{array}{l} 3x + 2y = 8 \\ 6x - 3y = 30 \end{array} \right|$

238. $\left| \begin{array}{l} x = 3y - 19 \\ y = 3x - 23 \end{array} \right|$

239. $\left| \begin{array}{l} 3x = 4y - 15 \\ 5y = 11 - 4x \end{array} \right|$

240. $\left| \begin{array}{l} 18x = 10y - 20 \\ 24x = 15y - 30 \end{array} \right|$

241. $\left| \begin{array}{l} 2{,}4x - 1{,}7y = 1{,}52 \\ 3{,}2x + 2{,}3y = 5{,}68 \end{array} \right|$

242. $\left| \begin{array}{l} 4{,}9y + 3{,}2x = 1{,}23 \\ 3{,}5y - 2{,}4x = 6{,}97 \end{array} \right|$

243. $\left| \begin{array}{l} 3{,}5x + 4{,}7 = 3{,}8y \\ 5{,}7y - 3{,}9 = 6{,}3x \end{array} \right|$

244. $\left| \begin{array}{l} 4{,}5x + 1{,}5y = 3 \\ 3{,}6x + 1{,}2y = 2{,}4 \end{array} \right|$

245. $\left| \begin{array}{l} 18{,}0x - 25{,}0y = 31{,}2 \\ 23{,}4x - 32{,}5y = 23{,}4 \end{array} \right|$

246. $\left| \begin{array}{l} 4{,}2x - 0{,}03y = 3{,}489 \\ 12x + 0{,}7\ y = 6{,}59 \end{array} \right|$

247. $$\left| \begin{array}{l} 7{,}21x - 4{,}13y = 8{,}44 \\ 4{,}83x + 5{,}72y = 12{,}02 \end{array} \right|$$

248. $$\left| \begin{array}{l} 1{,}42x - 1{,}16y = 4{,}1 \\ 8{,}52x - 6{,}96y = 24{,}6 \end{array} \right|$$

249. $$\left| \begin{array}{l} 7(x+2) - 6(y+3) = 41 \\ 4(x+2) + 9(y+3) = 11 \end{array} \right|$$

250. $$\left| \begin{array}{l} 7{,}8(x-1) + 4{,}9(y+2) = -1 \\ 11{,}7(x-1) - 3{,}5(y+2) = 9{,}35 \end{array} \right|$$

251. $$\left| \begin{array}{l} 3(x-2) + 4\left(2y + \frac{3}{2}\right) = 0 \\ 5(x+3) - 3\left(y - \frac{1}{3}\right) = 16 \end{array} \right|$$

252. $$\left| \begin{array}{l} 2(3x+5y) - 4(2x-3y) = 20 \\ 3(5x-2y) + 6(x+y) = 21 \end{array} \right|$$

253. $$\left| \begin{array}{l} 2(7x+3y) - 4(5x+2y-1) = x - 13 \\ 5(3-2y) + 3(11x-3y-20) = 90 - y \end{array} \right|$$

254. $$\left| \begin{array}{l} 4x(15y-11) + 12y(3-5x) = 6(11y+12) \\ 3x(4y-10) + 4(2x-3y) = 3y(4x+1) - 12 \end{array} \right|$$

255. $$\left| \begin{array}{l} \frac{x-2}{3} - \frac{y+2}{2} = \frac{x-2y}{5} \\ \frac{x-y}{6} + \frac{3y+2}{4} = \frac{x-2(y-1)}{3} \end{array} \right|$$

256. $$\left| \begin{array}{l} \frac{3x-4y}{2} + \frac{5-3x}{3} - \frac{4y-1}{4} = \frac{23+6x}{12} \\ \frac{2x-y}{3} + \frac{2y-5x}{6} = -\frac{x}{6} \end{array} \right|$$

257. $$\left| \begin{array}{l} \frac{2x-3y+1}{5} + \frac{5x+4(y+3)}{7} = 3 \\ \frac{3x+11y}{7} - (2x+y)(4x-1) = (4-x)(8x+4y-9) - 16 \end{array} \right|$$

258. $$\left| \begin{array}{l} 3x + 5y = 36a - 7b \\ 2x - 3y = 5a - 11b \end{array} \right|$$

259. $$\left| \begin{array}{l} 5x + 2y = 29a \\ 2x + \frac{4}{5}y = \frac{58}{5}a \end{array} \right|$$

260. $$\left| \begin{array}{l} ax + by = a \\ x - y = 0 \end{array} \right|$$

261. $$\left| \begin{array}{l} ax + by = 2a \\ a^2x - b^2y = a^2 + b^2 \end{array} \right|$$

262. $$\left| \begin{array}{l} \left(\frac{a^2+b^2}{2a}\right)^2 x - \left(\frac{a^2-b^2}{2a}\right)^2 y = b^2 \\ \frac{a^2+b^2}{2a} x + \frac{a^2-b^2}{2a} y = a \end{array} \right|$$

263. $$\left| \begin{array}{l} \frac{x}{a+b} + \frac{y}{a} = 2b - a \\ \frac{x}{b} + \frac{y}{a-b} = b \end{array} \right|$$

264. $$\left| \begin{array}{l} \frac{x}{2a} + \frac{y}{a-b} = a + 3b \\ \frac{x}{a+b} - \frac{y}{2b} = a + b \end{array} \right|$$

265. $\left|\begin{array}{l} \dfrac{x}{a-b} + \dfrac{y}{a+b} = 1 \\[2ex] \dfrac{x}{a+b} + \dfrac{y}{a-b} = 1 \end{array}\right|$

266. $\left|\begin{array}{l} \dfrac{x}{a+b} + \dfrac{y}{a-b} = 1 \\[2ex] \dfrac{x}{a-b} + \dfrac{y}{a+b} = \dfrac{a^2+b^2}{a^2-b^2} \end{array}\right|$

267. $\left|\begin{array}{l} 2a(x+y) + 4a(a+b) = 2(x+y) + 4a^2(a+b) \\ (x+y+2a)(x-y-2b) = (x+y-2a)(x-y+2b) \end{array}\right|$

268. $\left|\begin{array}{l} \dfrac{1}{x} + \dfrac{1}{y} = \dfrac{1}{2} \\[2ex] \dfrac{1}{x} - \dfrac{1}{y} = \dfrac{1}{6} \end{array}\right|$

269. $\left|\begin{array}{l} \dfrac{4}{x} + \dfrac{5}{y} = 3 \\[2ex] \dfrac{7}{x} - \dfrac{1}{y} = 2 \end{array}\right|$

270. $\left|\begin{array}{l} \dfrac{7}{x} + 4y = 8 \\[2ex] \dfrac{1}{x} - y = -2 \end{array}\right|$

271. $\left|\begin{array}{l} 5y + 8x = 3xy \\ 2x - y = 0 \end{array}\right|$

272. $\left|\begin{array}{l} 4y - 9x = -xy \\ 6y + 3x = 4xy \end{array}\right|$

273. $\left|\begin{array}{l} \dfrac{2x+3y}{3x-y} = \dfrac{17}{9} \\[2ex] \dfrac{3x+4y}{6x-1} = 2 \end{array}\right|$

274. $\left|\begin{array}{l} \dfrac{5x+3y+3}{2x+y+1} = 3 \\[2ex] \dfrac{4x-2y-3}{3x+4y+1} = -1 \end{array}\right|$

275. $\left|\begin{array}{l} \dfrac{2x-3y}{2x-6} = \dfrac{4}{3} \\[2ex] \dfrac{3x-2y}{x+y} = 1 \end{array}\right|$

276. $\left|\begin{array}{l} \dfrac{1}{x+y+1} = \dfrac{1}{4x-3y+1} \\[2ex] \dfrac{1}{3x+y+2} = \dfrac{2}{4+3(x+2y)} \end{array}\right|$

277. $(x+2):(y+3):(2y-5x) = 1:3:5$

278. $(x+1):(y+2):(x+y+1) = 3:4:6$

279. Zwei Bautrupps *A* und *B* sollten eine Anlage zusammen in 30 Tagen montieren. Da aber Trupp *A* bereits nach 12 Tagen abgezogen wird, benötigt *B* noch 27 Tage zur Fertigstellung der Arbeit. In welcher Zeit hätte jeder Trupp allein die Montage durchführen können?

280. Ein Benzinkessel kann durch zwei Zuleitungen gefüllt werden. Ist die erste 6 min und die zweite 3 min geöffnet, so werden $^5/_6$ des Behälters gefüllt. Ist die erste 3 min und die zweite 6 min geöffnet, so bleibt $^1/_{12}$ des Behälters leer. Wie lange muß jede Zuleitung geöffnet sein, damit sie einzeln den Behälter füllt, und wie lange müssen sie zusammen in Betrieb genommen werden, um den Kessel zu füllen?

281. Die Produktionsauflage eines Maschinenbaubetriebes lag im 1. Quartal des neuen Jahres um 40 Maschinen höher als die Produktion im letzten Quartal des Vorjahres. Sie wurde um $^1/_3$ übererfüllt. Die so erreichte Produktion lag um 60% über der im letzten Quartal des Vorjahres. Wie groß waren die Vorjahresproduktion und die Produktionsauflage des neuen Jahres?

282. Zwei LKW eines städtischen Kraftverkehrsbetriebes sollten die Steine zur Ausbesserung einer Straße in 12 Tagen gemeinsam anfahren. Nach 8 Tagen wurde der eine Wagen anderweitig eingesetzt, und der andere Wagen fuhr noch 7 Tage allein. In wieviel Tagen hätte jeder LKW die Steine allein angefahren?

283. Eine Legierung mit der Dichte ϱ ist aus zwei Legierungsbestandteilen B_1 und B_2 mit den Dichten ϱ_1 und ϱ_2 zusammengesetzt ($\varrho_1 < \varrho < \varrho_2$). Es sind die prozentuale Massenzusammensetzung und das Mischungsverhältnis zu bestimmen.

284. Eine Flüssigkeit mit der Dichte ϱ ist durch Mischen zweier Flüssigkeiten F_1 und F_2 mit den Dichten ϱ_1 und ϱ_2 entstanden. Wie groß sind die prozentuale Volumenzusammensetzung und das Mischungsverhältnis?

285. Ein Quadratmeter eines 5,5 mm dicken Messingbleches hat die Masse 47,025 kg. Wieviel Cu ($\varrho = 8{,}9\ \mathrm{kg/dm^3}$) und wieviel Zn ($\varrho = 7{,}14\ \mathrm{kg/dm^3}$) sind darin enthalten?

286. Wieviel Schwefelsäure mit der Dichte $\varrho = 1{,}15\ \mathrm{kg/dm^3}$ und $\varrho = 1{,}20\ \mathrm{kg/dm^3}$ ergeben beim Mischen 60 dm³ Säure mit der Dichte $\varrho = 1{,}17\ \mathrm{kg/dm^3}$?

287. Welche Länge haben die Durchmesser zweier Kreise, wenn die Summe der Umfänge 109,96 cm beträgt und die Durchmesser sich um 5 cm unterscheiden?

288. Die Summe zweier Seiten eines Dreiecks beträgt 84 cm. Die Projektionen dieser Seiten auf die dritte sind 40 cm und 16 cm lang. Wie groß sind die Dreiecksseiten?

289. Wird die lange Seite eines Rechtecks um 4 cm verkürzt und die kurze Seite um 6 cm verlängert, so entsteht ein Quadrat mit gleichlanger Diagonale. Wie groß sind die Seiten des Rechtecks?

290. Wird die lange Seite eines Rechtecks um 2 cm verkürzt und die kurze Seite um 8 cm verlängert, so entsteht ein Quadrat mit einem um 50 cm² größeren Flächeninhalt. Es sind die Seitenlängen des Rechtecks zu bestimmen.

291. Verkürzt man die lange Seite eines Rechtecks um a und verlängert die kurze Seite um b, so entsteht ein Quadrat, dessen Flächeninhalt um ΔA größer ist als der des Rechtecks. Wie lang sind die Seiten des Rechtecks? Welchen Bedingungen müssen a, b und ΔA genügen, damit ein derartiges Rechteck existieren kann? ($a \neq b$)

292. Desgl. für $a = b$

293. Auf einer kreisrunden Bahn von 440 cm Länge treffen sich zwei Körper bei gleich gerichteter Bewegung alle 20 min, bei entgegengesetzter Bewegung alle 5 min. Wie groß sind die Geschwindigkeiten beider Körper?

294. Zwei Jugendwandergruppen wandern aus 30 km Entfernung einander entgegen. Bricht die erste 2 h früher auf als die zweite, so treffen sie sich $2^1/_2$ h nach dem Aufbruch der zweiten Gruppe. Bricht die zweite Gruppe 2 h früher auf als die erste, so treffen sie sich 3 h nach dem Aufbruch der ersten Gruppe. Wieviel Kilometer in der Stunde legt jede Gruppe zurück?

295. Das Drehmoment einer Kraft bleibt unverändert, wenn man die Kraft um 240 N vergrößert und den Hebelarm um 10 cm verkürzt oder wenn man die Kraft um 240 N verringert und den Hebelarm um 20 cm verlängert. Wie groß sind die Kraft und ihr Hebelarm?

296. Zwei Kräfte F_1 und F_2 wirken in der gleichen Geraden und haben bei gleichem Richtungssinn die Resultierende $F_{R1} = 310$ N und bei entgegengesetztem Richtungssinn die Resultierende $F_{R2} = 50$ N. Wie groß ist jede Kraft?

297. Das Übersetzungsverhältnis zweier Zahnräder eines Getriebes ist 7:11. Hätte jedes Rad 4 Zähne mehr, so würde das Verhältnis 2:3 sein. Wieviel Zähne hat jedes Rad?

298. Vermehrt man in einer Leitung bei unveränderter Spannung den Widerstand um 2 Ω, so verringert sich die Stromstärke um 1 A. Verringert man den Widerstand um 4 Ω, so steigert sich die Stromstärke um 3 A. Wie groß sind Widerstand und Stromstärke der Leitung?

12. Lineare Gleichungssysteme mit drei Variablen

12.1. Zwei lineare Gleichungen mit drei Variablen

Ein derartiges Gleichungssystem sei in der Normalform

$$\left| \begin{matrix} a_{11}x + a_{12}y + a_{13}z = b_1 \\ a_{21}x + a_{22}y + a_{23}z = b_2 \end{matrix} \right|$$

gegeben. Ist mindestens eines der beiden absoluten Glieder b_i von Null verschieden, so liegt ein *inhomogenes System* vor, während ein ***homogenes System*** $b_1 = b_2 = 0$ erfordert.

Die Koeffizienten sollen zu einem rechteckigen Schema

$$(a_{ij})\ ^{1)} = \begin{pmatrix} a_{11} & a_{12} & a_{13} \\ a_{21} & a_{22} & a_{23} \end{pmatrix},$$

der **Koeffizientenmatrix** des Systems, zusammengefaßt werden. Ergänzt durch die absoluten Glieder entsteht daraus die **erweiterte Koeffizientenmatrix**

$$(a_{ij}, b_i) = \begin{pmatrix} a_{11} & a_{12} & a_{13} & b_1 \\ a_{21} & a_{22} & a_{23} & b_2 \end{pmatrix}.$$

Derartigen Matrizen entspricht (im Gegensatz zu den Determinanten) kein Zahlenwert. Werden in (a_{ij}) eine und in (a_{ij}, b_i) zwei Spalten gestrichen, so lassen sich aus den jeweils verbleibenden vier Elementen die zweireihigen **Unterdeterminanten** der Matrix bilden. Die Matrix (a_{ij}) weist danach die Unterdeterminanten

$$\begin{vmatrix} a_{12} & a_{13} \\ a_{22} & a_{23} \end{vmatrix}, \quad \begin{vmatrix} a_{11} & a_{13} \\ a_{21} & a_{23} \end{vmatrix} \quad \text{und} \quad \begin{vmatrix} a_{11} & a_{12} \\ a_{21} & a_{22} \end{vmatrix}$$

auf, während (a_{ij}, b_i) zusätzlich noch die drei Unterdeterminanten

$$\begin{vmatrix} a_{1j} & b_1 \\ a_{2j} & b_2 \end{vmatrix} \qquad j \in \{1; 2; 3\}$$

zukommen.

Ist mindestens der Wert einer der zweireihigen Unterdeterminanten von Null verschieden, so wird der entsprechenden Matrix der **Rang** $r = 2$ gegeben. Verschwinden hingegen alle diese Unterdeterminanten, sind aber nicht alle a_{ij} gleich Null, so erhält die Matrix den Rang $r = 1$. Der Rang der erweiterten Koeffizientenmatrix kann niemals kleiner als der der Koeffizientenmatrix selbst sein.

---

[1]) (a_{ij}) lies: Matrix der a_{ij}

Auf das Gleichungssystem bezogen, ergeben sich folgende Feststellungen:
1. Sind die beiden Gleichungen linear unabhängig, so muß (a_{ij}) und damit zwangsläufig auch (a_{ij}, b_i) den Rang $r = 2$ haben.
2. Bei linearer Abhängigkeit zwischen den linken Seiten

$$a_{21}x + a_{22}y + a_{23}z = k(a_{11}x + a_{12}y + a_{13}z)$$

weist (a_{ij}) nur den Rang $r = 1$ auf, da alle ihre zweireihigen Unterdeterminanten verschwinden. Je nachdem, ob die rechten Seiten in gleicher Weise linear abhängig sind ($b_2 = k \cdot b_1$) oder nicht ($b_2 \neq k \cdot b_1$), wird die erweiterte Matrix den gleichen bzw. einen um Eins größeren Rang annehmen.
Mit Hilfe des Ranges der beiden Matrizen kann also das zu lösende Gleichungssystem beurteilt werden:

Matrix	(a_{ij})	(a_{ij}, b_i)	
Rang	2	2	zwei linear unabhängige Gleichungen, eine freie Variable
	1	2	Widerspruch zwischen den Gleichungen, Lösungsmenge leer
	1	1	Gleichungen linear abhängig, zwei freie Variablen

BEISPIELE

Für die folgenden Gleichungssysteme sind die Lösungsmengen zu ermitteln:

1. $$\left| \begin{aligned} 3x + 2y + z &= 3 \\ 2x - 4y - 2z &= 1 \end{aligned} \right|$$

Lösung: Zur Rangbestimmung von

$$(a_{ij}) = \begin{pmatrix} 3 & 2 & 1 \\ 2 & -4 & -2 \end{pmatrix}$$

sind zu berechnen:

$$D_1 = \begin{vmatrix} 2 & 1 \\ -4 & -2 \end{vmatrix} = 0, \quad D_2 = \begin{vmatrix} 3 & 1 \\ 2 & -2 \end{vmatrix} = -8.$$

Die Koeffizientenmatrix und damit auch die erweiterte Matrix haben den Rang $r = 2$. Als freie Variable wird die gewählt, deren Koeffizienten in einer der nicht verschwindenden Unterdeterminanten nicht enthalten sind.

$$\left| \begin{aligned} 3x + z &= 3 - 2y \\ 2x - 2z &= 1 + 4y \end{aligned} \right|$$

Koeffizientendeterminante dieses Systems ist $D_2 = -8$.

$$D_x = \begin{vmatrix} 3-2y & 1 \\ 1+4y & -2 \end{vmatrix} = -7 \qquad D_z = \begin{vmatrix} 3 & 3-2y \\ 2 & 1+4y \end{vmatrix} = 16y - 3$$

$$x = \frac{D_x}{D_2} = \frac{7}{8} \qquad z = \frac{D_z}{D_2} = \frac{3}{8} - 2y.$$

Lösungsmenge: $\left\{\left(\frac{7}{8};\ y;\ \frac{3}{8} - 2y\right) \middle|\ y \in R\right\}$.

2.
$$\begin{vmatrix} 2x + 3y - 4z = 6 \\ 3x + 4{,}5y - 6z = 9 \end{vmatrix}$$

Lösung: Zur Feststellung, daß

$$(a_{ij}) = \begin{pmatrix} 2 & 3 & -4 \\ 3 & 4{,}5 & -6 \end{pmatrix}$$

den Rang $r = 1$ hat, genügt es, die Unterdeterminanten

$$D_1 = \begin{vmatrix} 2 & 3 \\ 3 & 4{,}5 \end{vmatrix} = 0 \text{ und } D_2 = \begin{vmatrix} 2 & -4 \\ 3 & -6 \end{vmatrix} = 0$$

zu berechnen, da aus ihrem Verschwinden bereits $a_{2j} = k \cdot a_{1j}$ und somit $D_3 = 0$ folgt. Für die Rangbestimmung von

$$(a_{ij}, b_i) = \begin{pmatrix} 2 & 3 & -4 & 6 \\ 3 & 4{,}5 & -6 & 9 \end{pmatrix}$$

wird infolge der festgestellten Proportionalität nur noch eine der Unterdeterminanten

$$\begin{vmatrix} a_{1j} & 6 \\ a_{2j} & 9 \end{vmatrix}, \quad \text{also z. B.} \quad \begin{vmatrix} 2 & 6 \\ 3 & 9 \end{vmatrix} = 0$$

benötigt. Auch der erweiterten Matrix kommt der Rang $r = 1$ zu; beide Gleichungen sind voneinander linear abhängig.

Lösungsmenge: $\left\{\left(x;\ y;\ \frac{2x + 3y - 6}{4}\right) \middle|\ x, y \in R\right\}$.

3.
$$\begin{vmatrix} 2x + 3y - 4z = 6 \\ 3x + 4{,}5y - 6z = 8 \end{vmatrix}$$

Lösung: Das System unterscheidet sich nur in den absoluten Gliedern von dem im Beispiel 2.

$$(a_{ij}, b_i) = \begin{pmatrix} 2 & 3 & -4 & 6 \\ 3 & 4{,}5 & -6 & 8 \end{pmatrix}$$

hat aber nun den Rang $r = 2$, wie beispielsweise

$$\begin{vmatrix} 2 & 6 \\ 3 & 8 \end{vmatrix} = -2$$

bestätigt. Die Gleichungen widersprechen sich.

Lösungsmenge: $\emptyset$.

AUFGABEN

299. $\left| \begin{array}{l} 3x + 5y + z = 0 \\ 2x + 4y - 3z = 0 \end{array} \right|$

300. $\left| \begin{array}{l} 2{,}5x - 1{,}4y + 3{,}1z = 0 \\ 2{,}8x + 0{,}9y + 1{,}8z = 0 \end{array} \right|$

301. $\left| \begin{array}{l} 2x + 3y - 4z = 0 \\ 3x + 5y - 6z = 0 \end{array} \right|$

302. $\left| \begin{array}{l} 1{,}30x - 1{,}25y + 2{,}40z = 0 \\ 0{,}78x - 0{,}75y + 1{,}44z = 0 \end{array} \right|$

303. $\left| \begin{array}{l} 2x - 5y + 4z = 9 \\ x - y - z = 3 \end{array} \right|$

304. $\left| \begin{array}{l} 7{,}2x + 9{,}6y + 4{,}8z = 2{,}4 \\ 11{,}1x + 14{,}8y + 7{,}4z = 3{,}7 \end{array} \right|$

305. $\left| \begin{array}{l} 11{,}4x - 7{,}6y + 19{,}0z = 15{,}2 \\ 8{,}7x - 5{,}8y + 14{,}5z = 10{,}4 \end{array} \right|$

12.2. Drei lineare Gleichungen mit drei Variablen

Bevor ein System von drei linearen Gleichungen mit drei Variablen gelöst wird, soll zunächst die dreireihige Determinante behandelt werden.

12.2.1. Einführung der dreireihigen Determinante

Unter einer derartigen Determinante ist ein aus neun Elementen bestehendes Schema

$$D = \begin{vmatrix} a_{11} & a_{12} & a_{13} \\ a_{21} & a_{22} & a_{23} \\ a_{31} & a_{32} & a_{33} \end{vmatrix}$$

zu verstehen. Die aus ihr durch Streichen der i-ten Zeile und j-ten Spalte gewonnene und mit dem Vorzeichen $(-1)^{i+j}$ versehene zweireihige Determinante heißt die dem Element a_{ij} zugehörige **Adjunkte** A_{ij}. So ist beispielsweise

$$A_{23} = (-1)^{2+3} \begin{vmatrix} a_{11} & a_{12} \\ a_{31} & a_{32} \end{vmatrix} = -\begin{vmatrix} a_{11} & a_{12} \\ a_{31} & a_{32} \end{vmatrix}.$$

Die Vorzeichen der Adjunkten lassen sich auch nach Bild 34 bestimmen (Schachbrettregel).
Einer dreireihigen Determinante wird der Wert zugeordnet, der sich als Summe der Produkte aus den Elementen der ersten Spalte und den zugehörigen Adjunkten ergibt:

$$D = \begin{vmatrix} a_{11} & a_{12} & a_{13} \\ a_{21} & a_{22} & a_{23} \\ a_{31} & a_{32} & a_{33} \end{vmatrix} = a_{11}A_{11} + a_{21}A_{21} + a_{31}A_{31} = \qquad \text{(I)}$$

$$= a_{11}\begin{vmatrix} a_{22} & a_{23} \\ a_{32} & a_{33} \end{vmatrix} - a_{21}\begin{vmatrix} a_{12} & a_{13} \\ a_{32} & a_{33} \end{vmatrix} + a_{31}\begin{vmatrix} a_{12} & a_{13} \\ a_{22} & a_{23} \end{vmatrix}.$$

A_{11} +	A_{12} −	A_{13} +
A_{21} −	A_{22} +	A_{23} −
A_{31} +	A_{32} −	A_{33} +

Bild 34

BEISPIEL

1. Der Wert der Determinante

$$D = \begin{vmatrix} 2 & -1 & 3 \\ 3 & 2 & -2 \\ 4 & 3 & 1 \end{vmatrix}$$

ist zu bestimmen.

Lösung:

$$D = \begin{vmatrix} 2 & -1 & 3 \\ 3 & 2 & -2 \\ 4 & 3 & 1 \end{vmatrix} = 2\begin{vmatrix} 2 & -2 \\ 3 & 1 \end{vmatrix} - 3\begin{vmatrix} -1 & 3 \\ 3 & 1 \end{vmatrix} + 4\begin{vmatrix} -1 & 3 \\ 2 & -2 \end{vmatrix}$$

$$= 2 \cdot 8 - 3 \cdot (-10) + 4 \cdot (-4) = \underline{\underline{30}}.$$

Regel von Sarrus

Um zunächst einmal feststellen zu können, wie sich der Wert von D aus den Elementen a_{ij} direkt zusammensetzt, sollen die auf der rechten Seite von (I) befindlichen zweireihigen Determinanten ausgewertet werden.

$$D = \begin{vmatrix} a_{11} & a_{12} & a_{13} \\ a_{21} & a_{22} & a_{23} \\ a_{31} & a_{32} & a_{33} \end{vmatrix} = a_{11}(a_{22}a_{33} - a_{23}a_{32}) - a_{21}(a_{12}a_{33} - a_{13}a_{32}) + $$
$$+ a_{31}(a_{12}a_{23} - a_{13}a_{22}) =$$
$$= a_{11}a_{22}a_{33} - a_{11}a_{23}a_{32} - a_{12}a_{21}a_{33} +$$
$$+ a_{13}a_{21}a_{32} + a_{12}a_{23}a_{31} - a_{13}a_{22}a_{31}. \qquad \text{(II)}$$

Es ist bemerkenswert, daß in jedem Summanden jede Spalte bzw. jede Zeile nur einmal vertreten ist. Jedes der neun Glieder kommt insgesamt zweimal vor. Auf diese entwickelte Form einer dreireihigen Determinante kommt man auch durch die folgende *Regel von* SARRUS:

Man füge der Determinante die beiden ersten Spalten zusätzlich an

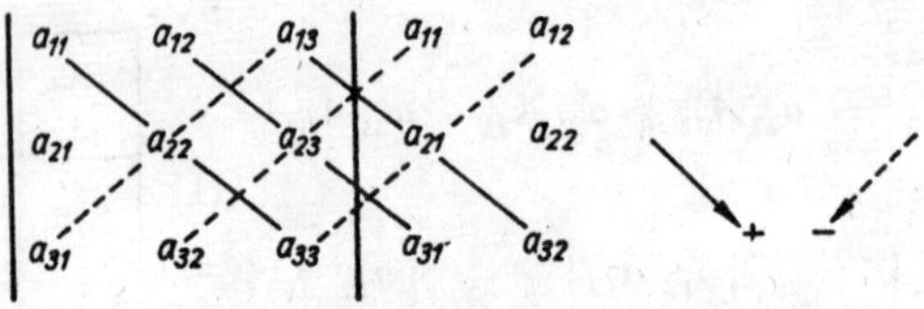

und bilde die Produkte der Elemente, die jeweils auf einer der eingezeichneten Diagonalen liegen. Dabei sind die Produkte mit dem für die Diagonalenrichtung vorgeschriebenen Vorzeichen (von links oben nach rechts unten: plus, von rechts oben nach links unten: minus) zu versehen.

Diese Regel gilt nur für dreireihige Determinanten!

BEISPIEL

1. (Fortsetzung) Die Determinante ist mit Hilfe der Regel von SARRUS zu berechnen.

Lösung:

$$D = \left|\begin{matrix} 2 & -1 & 3 \\ 3 & 2 & -2 \\ 4 & 3 & 1 \end{matrix}\right|\begin{matrix} 2 & -1 \\ 3 & 2 \\ 4 & 3 \end{matrix} = 2\cdot 2\cdot 1 + (-1)\cdot(-2)\cdot 4 + 3\cdot 3\cdot 3 - 3\cdot 2\cdot 4 - \\ - 2\cdot(-2)\cdot 3 - (-1)\cdot 3\cdot 1 = \underline{\underline{30}}.$$

Entwicklung nach den Elementen einer Zeile oder Spalte

In (I) liegt die nach den Elementen der ersten Spalte entwickelte dreireihige Determinante vor. Für die Elemente einer anderen Spalte oder Zeile lassen sich entsprechende Entwicklungen bilden. Werden dazu in (II) beispielsweise die Elemente der zweiten Zeile ausgeklammert, so ergibt sich

$$D = \begin{vmatrix} a_{11} & a_{12} & a_{13} \\ a_{21} & a_{22} & a_{23} \\ a_{31} & a_{32} & a_{33} \end{vmatrix} =$$

$$= -a_{21}(a_{12}a_{33} - a_{13}a_{32}) + a_{22}(a_{11}a_{33} - a_{13}a_{31}) - a_{23}(a_{11}a_{32} - a_{12}a_{31}) =$$

$$= -a_{21}\begin{vmatrix} a_{12} & a_{13} \\ a_{32} & a_{33} \end{vmatrix} + a_{22}\begin{vmatrix} a_{11} & a_{13} \\ a_{31} & a_{33} \end{vmatrix} - a_{23}\begin{vmatrix} a_{11} & a_{12} \\ a_{31} & a_{32} \end{vmatrix}.$$

Faktoren der a_{2i} sind die jeweils zugehörigen Adjunkten

$$A_{21} = -\begin{vmatrix} a_{12} & a_{13} \\ a_{32} & a_{33} \end{vmatrix}, \quad A_{22} = \begin{vmatrix} a_{11} & a_{13} \\ a_{31} & a_{33} \end{vmatrix} \quad \text{und} \quad A_{23} = -\begin{vmatrix} a_{11} & a_{12} \\ a_{31} & a_{32} \end{vmatrix}$$

Damit lautet die Entwicklung von D nach den Elementen der zweiten Zeile:

$$D = a_{21}A_{21} + a_{22}A_{22} + a_{23}A_{23}.$$

Allgemein ergibt sich als Entwicklung von D nach den Elementen der i-ten Zeile:

$$D = a_{i1}A_{i1} + a_{i2}A_{i2} + a_{i3}A_{i3} = \sum_{j=1}^{3} a_{ij}A_{ij} \qquad i \in \{1; 2; 3\}$$

und nach den Elementen der j-ten Spalte:

$$D = a_{1j}A_{1j} + a_{2j}A_{2j} + a_{3j}A_{3j} = \sum_{i=1}^{3} a_{ij}A_{ij} \qquad j \in \{1; 2; 3\}.$$

BEISPIEL

1. (Fortsetzung) Die Determinante ist nach den Elementen a) der dritten Zeile und b) der zweiten Spalte zu entwickeln und zu berechnen.

Lösung:

$$\text{a) } D = \begin{vmatrix} 2 & -1 & 3 \\ 3 & 2 & -2 \\ 4 & 3 & 1 \end{vmatrix} = 4\begin{vmatrix} -1 & 3 \\ 2 & -2 \end{vmatrix} - 3\begin{vmatrix} 2 & 3 \\ 3 & -2 \end{vmatrix} + 1\begin{vmatrix} 2 & -1 \\ 3 & 2 \end{vmatrix} = 4(-4) - 3(-13) + 7 = \underline{\underline{30}}.$$

$$\text{b) } D = \begin{vmatrix} 2 & -1 & 3 \\ 3 & 2 & -2 \\ 4 & 3 & 1 \end{vmatrix} = -(-1)\begin{vmatrix} 3 & -2 \\ 4 & 1 \end{vmatrix} + 2\begin{vmatrix} 2 & 3 \\ 4 & 1 \end{vmatrix} - 3\begin{vmatrix} 2 & 3 \\ 3 & -2 \end{vmatrix} = -(-1)11 + 2(-10) - 3(-13) = \underline{\underline{30}}.$$

Determinantengesetze

Im folgenden sollen Gesetzmäßigkeiten über Determinanten angeführt werden, die für die Anwendungen bedeutungsvoll sind. Diese Gesetze gelten entsprechend auch für zweireihige Determinanten (siehe u. a. Aufgabe 236).

Satz 1

Werden in einer Determinante die Spalten mit den gleichstelligen Zeilen vertauscht, so bleibt ihr Wert unverändert.

Werden

$$\begin{vmatrix} a_{11} & a_{12} & a_{13} \\ a_{21} & a_{22} & a_{23} \\ a_{31} & a_{32} & a_{33} \end{vmatrix} \quad \text{und} \quad \begin{vmatrix} a_{11} & a_{21} & a_{31} \\ a_{12} & a_{22} & a_{32} \\ a_{13} & a_{23} & a_{33} \end{vmatrix}$$

entwickelt, so ergibt sich für beide die ausmultiplizierte Form von (II).

Aus dieser Eigenschaft folgt, daß jede für die Zeilen (Spalten) nachgewiesene Gesetzmäßigkeit gleichzeitig für die Spalten (Zeilen) gilt. Spalten und Zeilen sind gleichberechtigt. Für sie wird deshalb die gemeinsame Beziehung *Reihe* eingeführt.

Satz 2

Enthalten alle Elemente einer Reihe einen gemeinsamen Faktor, so kann dieser Faktor vor die Determinante gesetzt werden.

Enthalten z. B. die Elemente der zweiten Spalte einen derartigen Faktor k, so sei die Determinante nach diesen Elementen entwickelt. Der Faktor k läßt sich ausklammern, also vor das Summenzeichen setzen. Wird nun die Summe wieder als Determinante dargestellt, so ist die Richtigkeit der im Satz aufgestellten Behauptung zu erkennen.

$$\begin{vmatrix} a_{11} & ka_{12} & a_{13} \\ a_{21} & ka_{22} & a_{23} \\ a_{31} & ka_{32} & a_{33} \end{vmatrix} = \sum_{i=1}^{3} ka_{i2}A_{i2} = k\sum_{i=1}^{3} a_{i2}A_{i2} = k\begin{vmatrix} a_{11} & a_{12} & a_{13} \\ a_{21} & a_{22} & a_{23} \\ a_{31} & a_{32} & a_{33} \end{vmatrix}.$$

Entsprechend kann mit allen Reihen verfahren werden.

Satz 3

Werden in einer Determinante zwei parallele Reihen miteinander vertauscht, so ändert der Wert der Determinante das Vorzeichen.

Zum Nachweis sollen die beiden Determinanten

$$D = \begin{vmatrix} a_{11} & a_{12} & a_{13} \\ a_{21} & a_{22} & a_{23} \\ a_{31} & a_{32} & a_{33} \end{vmatrix} \quad \text{und} \quad D' = \begin{vmatrix} a_{21} & a_{22} & a_{23} \\ a_{11} & a_{12} & a_{13} \\ a_{31} & a_{32} & a_{33} \end{vmatrix}$$

in denen die erste und zweite Zeile miteinander vertauscht sind, nach der ersten bzw. zweiten Zeile entwickelt werden. Es ist

$$D = a_{11}\begin{vmatrix} a_{22} & a_{23} \\ a_{32} & a_{33} \end{vmatrix} - a_{12}\begin{vmatrix} a_{21} & a_{23} \\ a_{31} & a_{33} \end{vmatrix} + a_{13}\begin{vmatrix} a_{21} & a_{22} \\ a_{31} & a_{32} \end{vmatrix}$$

und

$$D' = -a_{11}\begin{vmatrix} a_{22} & a_{23} \\ a_{32} & a_{33} \end{vmatrix} + a_{12}\begin{vmatrix} a_{21} & a_{23} \\ a_{31} & a_{33} \end{vmatrix} - a_{13}\begin{vmatrix} a_{21} & a_{22} \\ a_{31} & a_{32} \end{vmatrix}$$

und damit

$$D = -D'.$$

Bemerkung: Die zu vertauschenden Reihen müssen dabei nicht aufeinanderfolgend sein.

Satz 4

Weist eine Determinante zwei gleiche parallele Reihen auf, so hat sie den Wert Null.

Der Beweis erfolgt unter Zuhilfenahme von Satz 3. Werden in dieser Determinante die beiden übereinstimmenden Zeilen miteinander vertauscht, so muß einerseits nach Satz 3 die Determinante das Vorzeichen wechseln, andererseits aber ändert sie sich infolge der Übereinstimmung der beiden Reihen nicht. Demnach muß $D = -D$ oder $2D = 0$, also $D = 0$ sein.
Als Folgerung aus Satz 4 ergibt sich

Satz 4a

Die Produktsumme aus den zu einer Reihe gehörenden Adjunkten und den Elementen einer Parallelreihe hat den Wert Null.

Werden in der ganz rechts angeführten Entwicklung von

$$D = \begin{vmatrix} a_{11} & a_{12} & a_{13} \\ a_{21} & a_{22} & a_{23} \\ a_{31} & a_{32} & a_{33} \end{vmatrix} = a_{11}A_{11} + a_{12}A_{12} + a_{13}A_{13}$$

die a_{1j} beispielsweise durch die Elemente der zweiten Zeile ersetzt, so muß auch die Determinante entsprechend geändert werden.

$$D' = a_{21}A_{11} + a_{22}A_{12} + a_{23}A_{13} = \begin{vmatrix} a_{21} & a_{22} & a_{23} \\ a_{21} & a_{22} & a_{23} \\ a_{31} & a_{32} & a_{33} \end{vmatrix}$$

weist aber zwei gleiche Zeilen auf: $D' = 0$.
Für die Zeilen gilt allgemein mit $i, j, k \in \{1; 2; 3\}$

$$a_{i1}A_{k1} + a_{i2}A_{k2} + a_{i3}A_{k3} = \sum_{j=1}^{3} a_{ij}A_{kj} = \begin{cases} 0 \text{ für } i \neq k \\ D \text{ für } i = k \end{cases}$$

und entsprechend für die Spalten

$$a_{1k}A_{1j} + a_{2k}A_{2j} + a_{3k}A_{3j} = \sum_{i=1}^{3} a_{ik}A_{ij} = \begin{cases} 0 \text{ für } j \neq k \\ D \text{ für } j = k. \end{cases} \qquad \text{(I)}$$

Die Verknüpfung der Sätze 2 und 4 führt zum

Satz 5

Eine Determinante hat den Wert Null, wenn die Elemente einer Reihe zu denen einer parallelen Reihe proportional sind.

Mit $a_{31} = ka_{11}$, $a_{32} = ka_{12}$ und $a_{33} = ka_{13}$ ist

$$D = \begin{vmatrix} a_{11} & a_{12} & a_{13} \\ a_{21} & a_{22} & a_{23} \\ ka_{11} & ka_{12} & ka_{13} \end{vmatrix} = k\begin{vmatrix} a_{11} & a_{12} & a_{13} \\ a_{21} & a_{22} & a_{23} \\ a_{11} & a_{12} & a_{13} \end{vmatrix} = 0 \qquad (k \in R).$$

Insbesondere um wiederum die Lösbarkeit eines Gleichungssystems beurteilen zu können, soll aus der Voraussetzung $D = 0$ heraus die Beschaffenheit der Determinante untersucht werden.

1. $D = 0$, aber nicht alle $A_{ij} = 0$.

Dazu sei angenommen, daß mindestens $A_{33} \neq 0$ ist.

Sollte das nicht der Fall sein, so läßt es sich aber durch Vertauschen von Reihen und entsprechende Umnumerierung der Elemente erreichen.

Unter Verwendung von (I) gilt:

$$a_{11}A_{13} + a_{21}A_{23} + a_{31}A_{33} = 0$$

$$a_{12}A_{13} + a_{22}A_{23} + a_{32}A_{33} = 0$$

$$a_{13}A_{13} + a_{23}A_{23} + a_{33}A_{33} = D = 0.$$

Damit steht fest, daß zwischen den Elementen eine lineare Abhängigkeit besteht. Um den Sachverhalt noch weiter zu verdeutlichen, sollen diese drei Beziehungen nach den Elementen der dritten Zeile aufgelöst werden. Die Möglichkeit ergibt sich dazu aus dem Nichtverschwinden von A_{33}. Es ist

$$a_{3j} = -\frac{A_{13}}{A_{33}}\,a_{1j} - \frac{A_{23}}{A_{33}}\,a_{2j} \qquad j \in \{1; 2; 3\}$$

und mit

$$k_1 = -\frac{A_{13}}{A_{33}} \quad \text{und} \quad k_2 = -\frac{A_{23}}{A_{33}}$$

$$a_{3j} = k_1 a_{1j} + k_2 a_{2j}.$$

Sind A_{13} und A_{23} und damit sowohl k_1 als auch k_2 von Null verschieden, so stellen die a_{3j} Linearkombinationen der a_{1j} und a_{2j} dar. Verschwindet eine der beiden Adjunkten, so sind die a_{3j} den Elementen einer Zeile proportional. Nehmen beide Adjunkten den Wert Null an, so besteht die dritte Zeile nur aus Nullelementen.

2. $D = 0$, alle $A_{ij} = 0$, aber nicht alle $a_{ij} = 0$.

Auf Grund der Untersuchungen in 11.2.3. folgt aus $A_{31} = A_{32} = A_{33} = 0$ eine lineare Abhängigkeit zwischen den Elementen der ersten und zweiten Zeile. Aus $A_{21} = A_{22} = A_{23} = 0$ läßt sich entsprechend schließen, daß die Elemente der ersten und dritten Zeile linear abhängig sind. $A_{11} = A_{12} = A_{13} = 0$ bestätigt dann noch die schon aus dem vorhergehenden folgende Proportionalität zwischen den Elementen der zweiten und dritten Zeile. Es ist

$$a_{2j} = k_1 a_{1j} \wedge a_{3j} = k_2 a_{1j}$$

mit $k_1, k_2 \in R$ und $j \in \{1; 2; 3\}$.

Entsprechendes gilt für die Spalten. Zusammengefaßt ergibt sich

Satz 6

Hat eine dreireihige Determinante den Wert Null und verschwinden dabei nicht alle zweireihigen Adjunkten, so besteht mindestens zwischen zwei Reihen lineare Abhängigkeit. Verschwinden auch alle zweireihigen Adjunkten, ohne daß jedoch alle Elemente den Wert Null haben, so sind die Elemente zweier Reihen den Elementen der dritten Reihe proportional.

Wesentlich leichter läßt sich der Wert einer Determinante berechnen, wenn dazu der nächste Satz herangezogen wird.

Satz 7

Werden in einer Determinante zu den Elementen einer Reihe die mit einem Faktor multiplizierten Elemente einer parallelen Reihe addiert, so ändert die Determinante ihren Wert nicht.

Zu den Elementen der dritten Spalte der Determinante

$$D = \begin{vmatrix} a_{11} & a_{12} & a_{13} \\ a_{21} & a_{22} & a_{23} \\ a_{31} & a_{32} & a_{33} \end{vmatrix}$$

sollen die mit einem Faktor k multiplizierten Elemente der ersten Spalte addiert werden:

$$D' = \begin{vmatrix} a_{11} & a_{12} & a_{13} + ka_{11} \\ a_{21} & a_{22} & a_{23} + ka_{21} \\ a_{31} & a_{32} & a_{33} + ka_{31} \end{vmatrix} =$$

$$= (a_{13} + ka_{11})A_{13} + (a_{23} + ka_{21})A_{23} + (a_{33} + ka_{31})A_{33} =$$

$$= \underbrace{a_{13}A_{13} + a_{23}A_{23} + a_{33}A_{33}}_{D} + k\underbrace{(a_{11}A_{13} + a_{21}A_{23} + a_{31}A_{33})}_{0}.$$

Damit ist $D' = D$.

Für die anderen Reihen kann der Nachweis entsprechend geführt werden.

Ebenso wird die Determinante ihren Wert nicht ändern, wenn zu den Elementen einer Reihe die jeweils mit beliebigen Faktoren multiplizierten Elemente mehrerer Reihen addiert werden, kommt dies doch einer mehrfachen Anwendung des Satzes 7 gleich.

Mit Hilfe von Satz 7 ist es möglich, zwei Elemente einer Reihe verschwinden zu lassen. Die so umgeformte dreireihige Determinante wird dann nach dieser Reihe entwickelt und damit auf eine einzige zweireihige zurückgeführt.

BEISPIELE

2.

$$D = \begin{vmatrix} 2 & -3 & 1 \\ 4 & 2 & 3 \\ 1 & 5 & 2 \end{vmatrix}$$

Die mit (—2) multiplizierten Elemente der ersten Zeile sollen zu den Elementen der zweiten Zeile addiert werden, damit das neue Element a_{21} den Wert Null annimmt:

$$D = \begin{vmatrix} 2 & -3 & 1 \\ 0 & 8 & 1 \\ 1 & 5 & 2 \end{vmatrix}.$$

Damit auch a_{11} verschwindet, wird die mit (—2) multiplizierte dritte Zeile zur ersten Zeile addiert:

$$D = \begin{vmatrix} 0 & -13 & -3 \\ 0 & 8 & 1 \\ 1 & 5 & 2 \end{vmatrix}.$$

Die Entwicklung nach den Elementen der ersten Spalte ergibt:

$$D = 1 \begin{vmatrix} -13 & -3 \\ 8 & 1 \end{vmatrix} = \underline{\underline{11}}.$$

Eine andere Möglichkeit besteht darin, die Elemente a_{11} und a_{12} verschwinden zu lassen. Dazu ist die mit (—2) bzw. (+3) multiplizierte dritte Spalte zur ersten bzw. zweiten Spalte zu addieren:

$$D = \begin{vmatrix} 0 & 0 & 1 \\ -2 & 11 & 3 \\ -3 & 11 & 2 \end{vmatrix} = 1 \begin{vmatrix} -2 & 11 \\ -3 & 11 \end{vmatrix} = -11 \begin{vmatrix} 2 & 1 \\ 3 & 1 \end{vmatrix} = \underline{\underline{11}}.$$

Es lassen sich noch weitere Möglichkeiten auffinden.

$$\begin{vmatrix} 4 & -0{,}5 & 3 \\ 6 & 4 & -0{,}2 \\ 0{,}8 & 2 & 5 \end{vmatrix} = 2 \begin{vmatrix} 2 & -0{,}5 & 3 \\ 3 & 4 & -0{,}2 \\ 0{,}4 & 2 & 5 \end{vmatrix} =$$

$$\uparrow\!\!-4-\!\!\lrcorner\ \llcorner\!-6-\!\!\uparrow$$

$$= 2 \begin{vmatrix} 0 & -0{,}5 & 0 \\ 19 & 4 & 23{,}8 \\ 8{,}4 & 2 & 17 \end{vmatrix} = -2(-0{,}5) \begin{vmatrix} 19 & 23{,}8 \\ 8{,}4 & 17 \end{vmatrix} =$$

$$= -2(-0{,}5)(323 - 199{,}92) = \underline{\underline{123{,}08}}.$$

$$\begin{vmatrix} 5 & 3 & -7 \\ 7 & -5 & 3 \\ 3 & -7 & 5 \end{vmatrix}$$

Um ein Einselement zu erzeugen, wird das 2fache der Elemente der zweiten Spalte zu den Elementen der dritten Spalte addiert:

$$\begin{vmatrix} 5 & 3 & -1 \\ 7 & -5 & -7 \\ 3 & -7 & -9 \end{vmatrix} = \begin{vmatrix} 0 & 0 & -1 \\ -28 & -26 & -7 \\ -42 & -34 & -9 \end{vmatrix} = -1 \begin{vmatrix} -28 & -26 \\ -42 & -34 \end{vmatrix} =$$

(Spaltenoperationen: ↑ 3 ┘, ↑ 5 ┘)

$$= -14 \cdot 2 \begin{vmatrix} 2 & 13 \\ 3 & 17 \end{vmatrix} = \underline{\underline{140.}}$$

12.2.2. Lösung eines Systems von drei linearen Gleichungen mit drei Variablen

Das in 11.2.2. behandelte Additionsverfahren ist nicht nur auf Systeme mit zwei Variablen beschränkt. Im vorliegenden Fall wird es zunächst dazu eingesetzt, die drei Gleichungen mit drei Variablen zunächst auf zwei Gleichungen mit nur zwei Variablen zurückzuführen. Mit dem gefundenen Lösungspaar dieses Systems kann dann aus einer der drei Ausgangsgleichungen der zugehörige Wert der dritten Variablen errechnet werden.

BEISPIEL

1. Das Gleichungssystem

$$\begin{vmatrix} 2x - 3y + z = 7 \\ 4x + 2y + 3z = 8 \\ x + 5y + 2z = 0 \end{vmatrix}$$

ist mit dem Additionsverfahren zu lösen.

Lösung: Es werden zweckmäßig zwei von x freie Gleichungen aufgestellt. Dazu wird einmal die erste Gleichung mit -2 multipliziert und zur zweiten Gleichung addiert und zum anderen die dritte Gleichung mit -2 multipliziert und zur ersten addiert.

$$\begin{array}{|rcl|l|l} 2x - 3y + z &=& 7 & \cdot(-2) & \cdot(+1) \\ 4x + 2y + 3z &=& 8 & \cdot(+1) & \\ x + 5y + 2z &=& 0 & & \cdot(-2) \\ \hline \end{array}$$

$$\begin{array}{|rcl|l} 8y + z &=& -6 & \cdot(+3) \\ -13y - 3z &=& 7 & \cdot(+1) \\ \hline \end{array}$$

$$\begin{aligned} 11y &= -11 \\ y &= -1. \end{aligned}$$

Aus der ersten Gleichung des Systems mit zwei Variablen folgt dafür

$$\begin{aligned} 8(-1) + z &= -6 \\ z &= 2 \end{aligned}$$

und aus der dritten Gleichung des gegebenen Systems

$$x + 5 \cdot (-1) + 2 \cdot 2 = 0$$

$$x = 1.$$

Lösungsmenge: $\underline{\underline{\{(1;\ -1;\ 2)\}}}$.

Die Probe ist an der ersten und zweiten Gleichung durchzuführen.

Lösung mit Determinanten (Regel von Cramer)

Zur Lösung werden die Gleichungen des Systems

$$\left| \begin{array}{l} a_{11}x + a_{12}y + a_{13}z = b_1 \\ a_{21}x + a_{22}y + a_{23}z = b_2 \\ a_{31}x + a_{32}y + a_{33}z = b_3 \end{array} \right| \begin{array}{l} \cdot A_{1j} \\ \cdot A_{2j} \\ \cdot A_{3j} \end{array}$$

mit den Adjunkten A_{ij} der Spalte $j \in \{1; 2; 3\}$ der **Koeffizientendeterminante**

$$D = \begin{vmatrix} a_{11} & a_{12} & a_{13} \\ a_{21} & a_{22} & a_{23} \\ a_{31} & a_{32} & a_{33} \end{vmatrix}$$

multipliziert und dann addiert. Die in

$$x \sum_{i=1}^{3} a_{i1}A_{ij} + y \sum_{i=1}^{3} a_{i2}A_{ij} + z \sum_{i=1}^{3} a_{i3}A_{ij} = \sum_{i=1}^{3} b_i A_{ij}$$

als Koeffizienten auftretenden Summen nehmen auf Grund von Satz 4a folgende Werte an:

	$\sum_{i=1}^{3} a_{i1}A_{ij}$	$\sum_{i=1}^{3} a_{i2}A_{ij}$	$\sum_{i=1}^{3} a_{i3}A_{ij}$
$j = 1$	D	0	0
2	0	D	0
3	0	0	D

Auf der rechten Seite ist die Summe der Produkte der absoluten Glieder b_i mit den Adjunkten A_{ij} der j-ten Spalte entstanden. Sie läßt sich als dreireihige **Zählerdeterminante** wiedergeben, indem in D die Elemente der Spalte j durch die b_i ersetzt werden. Für die möglichen Werte von j sind:

$$D_x = \sum_{i=1}^{3} b_i A_{i1} = \begin{vmatrix} b_1 & a_{12} & a_{13} \\ b_2 & a_{22} & a_{23} \\ b_3 & a_{32} & a_{33} \end{vmatrix} \qquad D_y = \sum_{i=1}^{3} b_i A_{i2} = \begin{vmatrix} a_{11} & b_1 & a_{13} \\ a_{21} & b_2 & a_{23} \\ a_{31} & b_3 & a_{33} \end{vmatrix} \qquad D_z = \sum_{i=1}^{3} b_i A_{i3} = \begin{vmatrix} a_{11} & a_{12} & b_1 \\ a_{21} & a_{22} & b_2 \\ a_{31} & a_{32} & b_3 \end{vmatrix}.$$

Damit ergibt sich als CRAMERsche Regel für drei Gleichungen mit drei Variablen

$$\boxed{D \cdot x = D_x, \quad D \cdot y = D_y, \quad D \cdot z = D_z}. \tag{55}$$

Zur Beurteilung des Gleichungssystems werden wieder die Koeffizientenmatrix und erweiterte Koeffizientenmatrix

$$(a_{ij}) = \begin{pmatrix} a_{11} & a_{12} & a_{13} \\ a_{21} & a_{22} & a_{23} \\ a_{31} & a_{32} & a_{33} \end{pmatrix} \qquad (a_{ij}, b_i) = \begin{pmatrix} a_{11} & a_{12} & a_{13} & b_1 \\ a_{21} & a_{22} & a_{23} & b_2 \\ a_{31} & a_{32} & a_{33} & b_3 \end{pmatrix}$$

herangezogen. Für diese Matrizen gelten analog die in 12.1. eingeführten Begriffe Unterdeterminante und Rang.

Sie erhalten den Rang $r = 3$ bzw. 2, wenn sich eine von Null verschiedene drei- bzw. zweireihige Unterdeterminante angeben läßt. Anderenfalls kommt ihnen, vorausgesetzt, daß nicht alle ihre Elemente verschwinden, lediglich der Rang $r = 1$ zu. Die einzige dreireihige Unterdeterminante von (a_{ij}) ist mit der Koeffizientendeterminante D identisch. In (a_{ij}, b_i) treten neben D noch, z. T. nur bis auf das Vorzeichen übereinstimmend (vertauschte Spalten), die Zählerdeterminanten D_x, D_y und D_z als dreireihige Unterdeterminanten auf.

Fall 1: Rang $(a_{ij}) = 3$

Die Matrix (a_{ij}) und damit auch zwangsläufig (a_{ij}, b_i) hat den Rang $r = 3$, wenn $D \neq 0$ ist. Das System hat eine eindeutige Lösungsmenge, die sich aus

$$x = \frac{D_x}{D}, \qquad y = \frac{D_y}{D}, \qquad z = \frac{D_z}{D}$$

ermitteln läßt.

Fall 2: Rang $(a_{ij}) = 2$, Rang $(a_{ij}, b_i) = 3$

In diesem Fall muß $D = 0$ sein, wobei aber nicht alle A_{ij} verschwinden. Für die erweiterte Matrix existiert mindestens eine von Null verschiedene dreireihige Unterdeterminante. Da aber hierfür nur die Zählerdeterminanten D_x, D_y, D_z in Frage kommen können, ist (55) nicht erfüllbar. Das Gleichungssystem weist infolge Widerspruchs eine leere Lösungsmenge auf.

Fall 3: Rang $(a_{ij}) \leqq 2$, Rang $(a_{ij}, b_i) \leqq 2$

Unter Zuhilfenahme des Determinantengesetzes 6 folgt, daß das Gleichungssystem höchstens aus zwei voneinander unabhängigen Gleichungen besteht, die nun nach den Ausführungen von 12.1. beurteilt und gegebenenfalls gelöst werden können.

In der folgenden Übersicht sind die Fälle noch einmal zusammengefaßt:

Matrix	(a_{ij})	(a_{ij}, b_i)	
Rang	3	3	eindeutig lösbar
	2	3	Gleichungen einander widersprechend, Lösungsmenge leer
	2	2	nur zwei unabhängige Gleichungen, eine freie Variable
	1	2	Gleichungen einander widersprechend, Lösungsmenge leer
	1	1	nur eine unabhängige Gleichung, zwei freie Variablen.

Das Gleichungssystem ist also grundsätzlich unlösbar, wenn die Koeffizientenmatrix und die erweiterte Koeffizientenmatrix von unterschiedlichem Rang sind. Bei für beide Matrizen gleichem Rang r besteht das nun lösbare System aus r unabhängigen Gleichungen mit $3 - r$ freien Variablen.

Hat (a_{ij}) den Rang $r = 2$, so genügt zur Rangbestimmung der erweiterten Matrix, eine ihrer dreireihigen Unterdeterminanten zu berechnen, in der eine der nicht verschwindenden zweireihigen Unterdeterminanten von (a_{ij}) und die b_i enthalten sind. Ist beispielsweise die der Position der Adjunkte A_{33} entsprechende Unterdeterminante ungleich Null, so gilt nach Satz 6: $a_{3j} = k_1 a_{1j} + k_2 a_{2j}$. Damit wird die dreireihige Unterdeterminante von (a_{ij}, b_i)

$$\begin{vmatrix} a_{11} & a_{12} & b_1 \\ a_{21} & a_{22} & b_2 \\ k_1 a_{11} + k_2 a_{21} & k_1 a_{12} + k_2 a_{22} & b_3 \end{vmatrix} = \begin{vmatrix} a_{11} & a_{12} & b_1 \\ a_{21} & a_{22} & b_2 \\ 0 & 0 & b_3 - k_1 b_1 - k_2 b_2 \end{vmatrix}$$

dann und nur dann den Wert Null annehmen, wenn auch $b_3 = k_1 b_1 + k_2 b_2$ gilt, also dieselbe lineare Abhängigkeit zwischen den absoluten Gliedern besteht wie zwischen den linken Seiten des Gleichungssystems.

Weist (a_{ij}) lediglich den Rang $r = 1$ auf, so müssen alle $a_{2j} = k_1 a_{1j}$ und $a_{3j} = k_2 a_{1j}$ sein (Satz 6). Infolge dieser Proportionalität haben dann aber alle dreireihigen Unterdeterminanten der Matrix

$$(a_{ij}, b_i) = \begin{pmatrix} a_{11} & a_{12} & a_{13} & b_1 \\ k_1 a_{11} & k_1 a_{12} & k_1 a_{13} & b_2 \\ k_2 a_{11} & k_2 a_{12} & k_2 a_{13} & b_3 \end{pmatrix}$$

den Wert Null, so daß (a_{ij}, b_i) nur der Rang $r = 2$ bzw. 1 zukommen kann, was an Hand zweier zweireihiger Unterdeterminanten, die b_i enthalten, entschieden werden kann.

BEISPIELE

Es sind die Lösungsmengen folgender Gleichungssysteme zu bestimmen:

2. $$\begin{vmatrix} 2x + 3y - 2z = 7 \\ -3x - y + 3z = 0 \\ 5x + 2y - z = 1 \end{vmatrix}$$

Lösung: Die Rangbestimmung von (a_{ij}) erfolgt mittels

$$D = \begin{vmatrix} 2 & 3 & -2 \\ -3 & -1 & 3 \\ 5 & 2 & -1 \end{vmatrix} = \begin{vmatrix} 0 & 3 & -2 \\ 0 & -1 & 3 \\ 4 & 2 & -1 \end{vmatrix} = 4 \begin{vmatrix} 3 & -2 \\ -1 & 3 \end{vmatrix} = 4 \cdot 7.$$

Matrix und damit auch erweiterte Matrix haben den größtmöglichen Rang $r = 3$. Weiterhin sind

$$D_x = \begin{vmatrix} 7 & 3 & -2 \\ 0 & -1 & 3 \\ 1 & 2 & -1 \end{vmatrix} = \begin{vmatrix} 7 & 3 & 7 \\ 0 & -1 & 0 \\ 1 & 2 & 5 \end{vmatrix} = -1 \begin{vmatrix} 7 & 7 \\ 1 & 5 \end{vmatrix} = -7 \begin{vmatrix} 1 & 1 \\ 1 & 5 \end{vmatrix} = -7 \cdot 4,$$

$$D_y = \begin{vmatrix} 2 & 7 & -2 \\ -3 & 0 & 3 \\ 5 & 1 & -1 \end{vmatrix} = \begin{vmatrix} 0 & 7 & -2 \\ 0 & 0 & 3 \\ 4 & 1 & -1 \end{vmatrix} = 4 \begin{vmatrix} 7 & -2 \\ 0 & 3 \end{vmatrix} = 4 \cdot 21,$$

$$D_z = \begin{vmatrix} 2 & 3 & 7 \\ -3 & -1 & 0 \\ 5 & 2 & 1 \end{vmatrix} = \begin{vmatrix} -7 & 3 & 7 \\ 0 & -1 & 0 \\ -1 & 2 & 1 \end{vmatrix} = -1 \begin{vmatrix} -7 & 7 \\ -1 & 1 \end{vmatrix} = 0$$

und damit

$$x = -\frac{7 \cdot 4}{4 \cdot 7} = -1, \qquad y = \frac{4 \cdot 21}{4 \cdot 7} = 3, \qquad z = 0.$$

Lösungsmenge: $\underline{\underline{\{(-1;\,3;\,0)\}}}$.

3. $$\left| \begin{array}{r} 4x + 6y - 5z = -13 \\ 2x + 3y - 4z = -11 \\ -2x - 3y + 6z = 17 \end{array} \right|$$

Lösung:

$$D = \begin{vmatrix} 4 & 6 & -5 \\ 2 & 3 & -4 \\ -2 & -3 & 6 \end{vmatrix} = 2 \cdot 3 \cdot \begin{vmatrix} 2 & 2 & -5 \\ 1 & 1 & -4 \\ -1 & -1 & 6 \end{vmatrix} = 0 \Rightarrow \text{Rang } (a_{ij}) < 3.$$

Zur Feststellung, ob eventuell der Rang $r = 2$ vorliegt, werden, von einem $a_{ij} \neq 0$ ausgehend (z. B. $a_{11} = 4$), zweireihige Unterdeterminanten gebildet.

$$\begin{vmatrix} 4 & 6 \\ 2 & 3 \end{vmatrix} = 0, \quad \begin{vmatrix} 4 & 6 \\ -2 & -3 \end{vmatrix} = 0, \quad \begin{vmatrix} 4 & -5 \\ 2 & -4 \end{vmatrix} = -6 \Rightarrow \text{Rang } (a_{ij}) = 2.$$

Zur Rangbestimmung von

$$(a_{ij}, b_i) = \begin{pmatrix} 4 & 6 & -5 & -13 \\ 2 & 3 & -4 & -11 \\ -2 & -3 & 6 & 17 \end{pmatrix}$$

wird

$$\begin{vmatrix} 4 & -5 & -13 \\ 2 & -4 & -11 \\ -2 & 6 & 17 \end{vmatrix} = \begin{vmatrix} 0 & 7 & 21 \\ 0 & 2 & 6 \\ -2 & 6 & 17 \end{vmatrix} = 0 \Rightarrow \text{Rang}\,(a_{ij}, b_i) = 2$$

herangezogen. Da demnach nur zwei unabhängige Gleichungen vorliegen, wird das System gebildet, dessen Koeffizientendeterminante gleich der von Null verschiedenen Unterdeterminante ist.

$$\begin{vmatrix} 4x - 5z = -13 - 6y \\ 2x - 4z = -11 - 3y \end{vmatrix}$$

$$D = -6,\ D_x = \begin{vmatrix} -13-6y & -5 \\ -11-3y & -4 \end{vmatrix} = -3 + 9y,$$

$$D_z = \begin{vmatrix} 4 & -13-6y \\ 2 & -11-3y \end{vmatrix} = -18.$$

Lösungsmenge: $\left\{\left(\frac{1}{2} - \frac{3}{2}y;\ y;\ 3\right) \middle|\ y \in R\right\}$ oder mit $\frac{y}{2} = t$

$$\underline{\underline{\left\{\left(\frac{1}{2} - 3t;\ 2t;\ 3\right) \middle|\ t \in R\right\}}}.$$

4. $$\begin{vmatrix} 2{,}50x + 4{,}50y - 3{,}20z = 1{,}40 \\ 3{,}00x + 5{,}40y - 3{,}84z = 1{,}68 \\ -5{,}50x - 9{,}90y + 7{,}04z = -3{,}08 \end{vmatrix}$$

Lösung:

Da die Koeffizientendeterminante

$$D = \begin{vmatrix} 2{,}50 & 4{,}50 & -3{,}20 \\ 3{,}00 & 5{,}40 & -3{,}84 \\ -5{,}50 & -9{,}90 & 7{,}04 \end{vmatrix} = 0{,}5 \cdot 0{,}9 \begin{vmatrix} 5 & 5 & -3{,}20 \\ 6 & 6 & -3{,}84 \\ -11 & -11 & 7{,}04 \end{vmatrix} = 0$$

verschwindet, müssen die zweireihigen Unterdeterminanten der Koeffizientenmatrix untersucht werden. Der Leser führe dies selbst durch und begründe, daß dazu lediglich vier zweireihige Determinanten zu berechnen sind. Als Rang von (a_{ij}) stellt sich danach $r = 1$ heraus. Für die erweiterte Matrix

$$\begin{pmatrix} 2{,}50 & 4{,}50 & -3{,}20 & 1{,}40 \\ 3{,}00 & 5{,}40 & -3{,}84 & 1{,}68 \\ -5{,}50 & -9{,}90 & 7{,}04 & -3{,}08 \end{pmatrix}$$

folgt aus

$$\begin{vmatrix} 2{,}50 & 1{,}40 \\ 3{,}00 & 1{,}68 \end{vmatrix} = 0{,}5 \begin{vmatrix} 5 & 1{,}40 \\ 6 & 1{,}68 \end{vmatrix} = 0 \quad \text{und}$$

$$\begin{vmatrix} 2{,}50 & 1{,}40 \\ -5{,}50 & -3{,}08 \end{vmatrix} = -0{,}5 \begin{vmatrix} 5 & 1{,}40 \\ 11 & 3{,}08 \end{vmatrix} = 0$$

ebenfalls $r = 1$. Es liegt demnach nur eine Gleichung mit drei Variablen vor.

$$\text{Lösungsmenge:}\ \left\{\left(x;\ y;\ \frac{2{,}50x + 4{,}50y - 1{,}40}{3{,}20}\right) \middle|\ x, y \in R\right\}.$$

13. n-reihige Determinante

In völlig analoger Weise wie bei der Definition der dreireihigen Determinante lassen sich vier-, allgemein n-reihige Determinanten einführen. Für diese n-reihigen Determinanten gelten die für dreireihige Determinanten aufgestellten Gesetze unverändert (außer der Regel von Sarrus). Eine n-reihige Determinante kann nach den Elementen einer Reihe entwickelt werden und ist so, falls nicht einige Elemente dieser Reihe den Wert Null aufweisen, auf n $(n - 1)$-reihige Determinanten zurückführbar. Werden zuvor durch entsprechende Linearkombinationen der Reihen $n - 1$ Elemente einer Reihe zum Verschwinden gebracht, so läßt sich die n-reihige Determinante auf eine einzige $(n - 1)$-reihige reduzieren. So wird beispielsweise eine fünfreihige zunächst in eine vierreihige und diese wiederum in eine dreireihige Determinante überführt.

Die einem Element a_{ij} zugeordnete Adjunkte A_{ij} ergibt sich wiederum durch Streichen der Zeile i und der Spalte j. Das Vorzeichen von A_{ij} kann mittels Schachbrettregel (Bild 35) oder durch $(-1)^{i+j}$ ermittelt werden.

A_{11} +	A_{12} −	A_{13} +	A_{14} −
A_{21} −	A_{22} +	A_{23} −	A_{24} +
A_{31} +	A_{32} −	A_{33} +	A_{34} −
A_{41} −	A_{42} +	A_{43} −	A_{44} +

Bild 35

Die Entwicklung der vierreihigen Determinante

$$D = \begin{vmatrix} a_{11} & a_{12} & a_{13} & a_{14} \\ a_{21} & a_{22} & a_{23} & a_{24} \\ a_{31} & a_{32} & a_{33} & a_{34} \\ a_{41} & a_{42} & a_{43} & a_{44} \end{vmatrix}$$

nach den Elementen der ersten Zeile lautet

$$D = a_{11}A_{11} + a_{12}A_{12} + a_{13}A_{13} + a_{14}A_{14} = \sum_{j=1}^{4} a_{1j}A_{1j},$$

wobei

$$A_{11} = \begin{vmatrix} a_{22} & a_{23} & a_{24} \\ a_{32} & a_{33} & a_{34} \\ a_{42} & a_{43} & a_{44} \end{vmatrix}, \qquad A_{12} = -\begin{vmatrix} a_{21} & a_{23} & a_{24} \\ a_{31} & a_{33} & a_{34} \\ a_{41} & a_{43} & a_{44} \end{vmatrix}, \quad \ldots$$

ist.

BEISPIEL

Zur Zurückführung der vierreihigen Determinante

$$D = \begin{vmatrix} 1 & 2 & -3 & 4 \\ 3 & 0 & 1 & 5 \\ 2 & -1 & 3 & 1 \\ 5 & 3 & 1 & -2 \end{vmatrix}$$

auf eine dreireihige Determinante wird die mit 2 bzw. 3 multiplizierte dritte Zeile zur ersten bzw. vierten Zeile addiert und anschließend nach den Elementen der zweiten Spalte entwickelt.

$$D = \begin{vmatrix} 5 & 0 & 3 & 6 \\ 3 & 0 & 1 & 5 \\ 2 & -1 & 3 & 1 \\ 11 & 0 & 10 & 1 \end{vmatrix} = -(-1) \begin{vmatrix} 5 & 3 & 6 \\ 3 & 1 & 5 \\ 11 & 10 & 1 \end{vmatrix}$$

Weiterhin ist dann

$$D = \begin{vmatrix} -4 & 3 & -9 \\ 0 & 1 & 0 \\ -19 & 10 & -49 \end{vmatrix} = \begin{vmatrix} 4 & 9 \\ 19 & 49 \end{vmatrix} = 25$$

Der Rechenaufwand bei der Auflösung entsprechender Gleichungssysteme mit Hilfe von Determinanten steigt mit der Anzahl der Gleichungen und Variablen sehr stark an. Der Einsatz von Rechenautomaten ist zudem in dieser direkten Form nicht möglich. Aus diesen Gründen sollen weitergehende Betrachtungen über diesen grundsätzlich möglichen Lösungsweg nicht angestellt werden. Außerdem bietet der nächste Abschnitt eine Möglichkeit, umfangreichere Gleichungssysteme rationeller zu lösen. Aber nicht nur hierbei, sondern auch in anderen Gebieten der Mathematik, Technik und Ökonomie werden Determinanten und Matrizen bedeutungsvoll sein.

14. Gaußscher Algorithmus

Ein anderes Verfahren, von Gauss erstmalig in dieser Form angegeben und deshalb Gaussscher Algorithmus genannt, ermöglicht ein rationelleres Lösen linearer Gleichungssysteme. Dieses Eliminationsverfahren hat in abgewandelter Form, dem mechanisierten oder verketteten Gaussschen Algorithmus, zudem noch den wesentlichen Vorteil, daß für die anfallenden Rechnungen gut Rechenmaschinen eingesetzt werden können.

Der Grundgedanke des Verfahrens besteht darin, ein System mit n linear unabhängigen Gleichungen und n Variablen, das in der rechteckigen Form

$$\left|\begin{array}{l} a_{11}x_1 + a_{12}x_2 + \cdots + a_{1r}x_r + \cdots + a_{1n}x_n = a_1 \\ a_{21}x_1 + a_{22}x_2 + \cdots + a_{2r}x_r + \cdots + a_{2n}x_n = a_2 \\ \cdots\cdots\cdots\cdots\cdots\cdots \\ a_{n1}x_1 + a_{n2}x_2 + \cdots + a_{nr}x_r + \cdots + a_{nn}x_n = a_n \end{array}\right|$$

gegeben ist, durch geeignete Linearkombinationen in ein *gestaffeltes Gleichungssystem* von dreieckiger Form

$$\left|\begin{array}{r} b_{11}x_1 + b_{12}x_2 + \cdots + b_{1r}x_r + \cdots + b_{1n}x_n = b_1 \\ b_{22}x_2 + \cdots + b_{2r}x_r + \cdots + b_{2n}x_n = b_2 \\ \cdots\cdots\cdots\cdots\cdots \\ b_{rr}x_r + \cdots + b_{rn}x_n = b_r \\ \cdots\cdots\cdots\cdots \\ b_{nn}x_n = b_n \end{array}\right|$$

zu überführen. Die x_k können nun schrittweise, beginnend mit x_n, aus den Gleichungen berechnet werden, in denen sie als jeweils erste Variable auftreten.

14.1. Linear unabhängige Gleichungssysteme

Am allgemeinen Fall eines Gleichungssystems mit drei linearen Gleichungen und drei Variablen sowie an einem entsprechenden speziellen Beispiel soll dieses Verfahren demonstriert werden. Dabei sei im allgemeinen Fall angenommen, daß alle drei Gleichungen voneinander linear unabhängig sind ($D \neq 0$).

$$\left|\begin{array}{l} a_{11}x_1 + a_{12}x_2 + a_{13}x_3 = a_1 \\ a_{21}x_1 + a_{22}x_2 + a_{23}x_3 = a_2 \\ a_{31}x_1 + a_{32}x_2 + a_{33}x_3 = a_3 \end{array}\right| \qquad \left|\begin{array}{r} 2x - 3y + 4z = 19 \\ 4x - 4y + 3z = 22 \\ -6x - y + 5z = 7 \end{array}\right|$$

Die erste Gleichung des Systems bleibe ungeändert, nicht verschwindendes a_{11} vorausgesetzt, was gegebenenfalls durch Vertauschen von Zeilen oder Spalten und entsprechende Umnumerierung zu erreichen ist. Mit dieser Gleichung soll aus den beiden anderen Gleichungen die erste Variable eliminiert werden. Sie ist dazu jeweils mit dem Faktor

$$c_{21} = -\frac{a_{21}}{a_{11}} \qquad c_{21} = -2$$

$$c_{31} = -\frac{a_{31}}{a_{11}} \qquad c_{31} = 3$$

zu multiplizieren und zur zweiten bzw. dritten Gleichung zu addieren. Als neue zweite und dritte Gleichung ergeben sich

$$\left|\begin{array}{l} a'_{22}x_2 + a'_{23}x_3 = a'_2 \\ a'_{32}x_2 + a'_{33}x_3 = a'_3 \end{array}\right| \qquad \left|\begin{array}{r} 2y - 5z = -16 \\ -10y + 17z = 64 \end{array}\right|.$$

Mit diesen beiden Gleichungen wird analog verfahren, es wird x_2 bzw. y aus der dritten Gleichung eliminiert. Dazu ist im Fall $a'_{22} \neq 0$ die mit

$$c_{32} = -\frac{a'_{32}}{a'_{22}} \qquad c_{32} = 5$$

multiplizierte zweite Gleichung zur dritten zu addieren, so daß sie die Form

$$a''_{33}x_3 = a''_3 \qquad -8z = -16$$

annimmt. Zusammengefaßt ergibt sich als gestaffeltes System

$$\left|\begin{array}{r} b_{11}x_1 + b_{12}x_2 + b_{13}x_3 = b_1 \\ b_{22}x_2 + b_{23}x_3 = b_2 \\ b_{33}x_3 = b_3 \end{array}\right| \qquad \left|\begin{array}{r} 2x - 3y + 4z = 19 \\ 2y - 5z = -16 \\ -\ 8z = -16 \end{array}\right|,$$

wobei $b_{1k} = a_{1k}$, $b_{2k} = a'_{2k}$ und $b_{33} = a''_{33}$ gesetzt worden ist. Aus der dritten Gleichung kann nun x_3 berechnet werden und damit aus der zweiten Gleichung x_2 usw. Für das angegebene Beispiel ergeben sich nacheinander

$$z = 2, \quad y = -3 \quad \text{und} \quad x = 1,$$

so daß

$$\{(1; -3; 2)\}$$

die Lösungsmenge darstellt. Zur Probe müssen alle drei Ausgangsgleichungen herangezogen werden.

Eine vereinfachte Probe ergibt sich aus folgender, allgemein angestellter Überlegung: Werden alle Gleichungen einzeln durch die Lösungsmenge erfüllt, stellen sie also bei dieser Belegung wahre Aussagen dar, so muß dabei auch die Gleichung zur wahren Aussage werden, die sich durch Addition aller Gleichungen ergibt. Wird mit σ_k die Summe der zur Variablen x_k gehörenden, also in der k-ten Spalte auftretenden Koeffizienten bezeichnet (*Spaltensumme*) und mit σ die Summe der absoluten Glieder

$$\sigma_k = \sum_{i=1}^{n} a_{ik} \qquad \sigma = \sum_{i=1}^{n} a_i \qquad k \in \{1; 2; \ldots; n\},$$

so muß

$$\sigma_1 x_1 + \sigma_2 x_2 + \cdots + \sigma_n x_n = \sigma$$

mit der gefundenen Lösungsmenge eine wahre Aussage darstellen.

Die Erfüllung dieser Gleichung durch die ermittelte Lösungsmenge ist allerdings nur eine notwendige, aber nicht hinreichende Bedingung.
Im angegebenen Beispiel ist

$$0 \cdot 1 - 8 \cdot (-3) + 12 \cdot 2 = 48.$$

Es ist sehr vorteilhaft, eine laufende Kontrolle der einzelnen Eliminationsschritte vorzunehmen. Dazu sind die Summen s_i der Koeffizienten jeder Gleichung (einschl. Absolutglied) zu bilden (*Zeilensumme*):

$$s_i = a_{i1} + a_{i2} + \cdots + a_{in} + a_i \qquad i \in \{1; 2; \ldots; n\}.$$

Da die Koeffizienten a'_{ik} der bei der ersten Elimination entstehenden neuen i-ten Gleichung durch die Linearkombination

$$a'_{ik} = a_{ik} + c_{i1}a_{1k}, \quad a'_i = a_i + c_{i1}a_1$$

gebildet werden, muß auch die entsprechende Zeilensumme s'_i mit s_i und s_1 durch die gleiche Linearkombination verbunden sein:

$$\begin{aligned} s'_i &= a'_{i1} + a'_{i2} + \cdots + a'_{in} + a'_i = \\ &= (a_{i1} + c_{i1}a_{11}) + (a_{i2} + c_{i1}a_{12}) + \cdots + (a_{in} + c_{i1}a_{1n}) + (a_i + c_{i1}a_1) = \\ &= (a_{i1} + a_{i2} + \cdots + a_{in} + a_i) + c_{i1}(a_{11} + a_{12} + \cdots + a_{1n} + a_1) = \\ \mathbf{s'_i} &= \qquad \mathbf{s_i} \qquad + \mathbf{c_{i1} \cdot s_1}. \end{aligned}$$

Entsprechendes gilt für die folgenden Eliminationsstufen. Diese Möglichkeit, die s'_i, s''_i usw. auf zwei verschiedenen Wegen zu berechnen, wird zur Kontrolle verwendet, indem das durch Linearkombination berechnete jeweilige s'_i, s''_i usw. mit der durch Addition der Koeffizienten und des Absolutgliedes der entsprechenden Gleichung gebildeten Zeilensumme verglichen wird. Beide Werte müssen, von Ableseungenauigkeiten bei Verwendung des Rechenstabes abgesehen, übereinstimmen.
Zur Vermeidung unnötiger Schreibarbeit wird ein zweckmäßiges Rechenschema verwendet, in das zunächst lediglich die Koeffizienten und die absoluten Glieder des Gleichungssystems eingetragen werden. Außer nach der Eliminationszeile (E) ist nach jeder Zeile Platz für die zu addierenden $c_{i1}a_{1k}$ freizulassen. Links neben den einzelnen Zeilen werden die zugehörigen Erweiterungsfaktoren c_{i1} der Eliminationszeile angeführt. In einer weiteren Spalte sind rechts neben den einzelnen Zeilen die Zeilensummen s_i und die daraus durch Linearkombination entstehenden s'_i, s''_i usw. anzugeben. Daneben können noch, insbesondere bei Verwendung des Rechenstabes, die Abweichungen der durch Addition der Zeilenelemente gewonnenen Zeilensummen vermerkt werden. Oberhalb des Schemas ist Platz für die Spaltensummen σ_k, σ und die Kopfzeile zu lassen. Zusätzlich kann noch zur Kontrolle in der oberen rechten Ecke die Zeilensumme der σ-Werte angegeben werden, die der Spaltensumme der s_i gleich sein muß. Für das schon behandelte Beispiel nimmt das Rechenschema folgende Form an:

	a_{i1}	a_{i2}	a_{i3}	a_i	
	0	−8	12	48	52
E	2	−3	4	19	22
−2	4	−4	3	22	25
	−4	*6*	*−8*	*−38*	*−44*
3	−6	−1	5	7	5
	6	*−9*	*12*	*57*	*66*
E	0	2	−5	−16	−19
5	0	−10	17	64	71
		10	*−25*	*−80*	*−95*
		0	−8	−16	−24

Die Elemente der mit E bezeichneten Zeilen sowie die der letzten Zeile stellen die Koeffizienten b_{ik} bzw. Absolutglieder b_i des gestaffelten Systems dar.

Verallgemeinert ergibt sich das Rechenschema

	a_{i1}	a_{i2}	a_{i3}	$\cdots$	a_{in}	a_i	
	σ_1	σ_2	σ_3	$\cdots$	σ_n	σ	$\sigma + \sum \sigma_k = \sum s_i$
E	a_{11}	a_{12}	a_{13}	$\cdots$	a_{1n}	a_1	s_1
c_{21}	a_{21}	a_{22}	a_{23}	$\cdots$	a_{2n}	a_2	s_2
	— —	— —	— —		— —	— —	— —
c_{31}	a_{31}	a_{32}	a_{33}	$\cdots$	a_{3n}	a_3	s_3
	— —	— —	— —		— —	— —	— —
c_{41}	a_{41}	a_{42}	a_{43}	$\cdots$	a_{4n}	a_4	s_4
	— —	— —	— —		— —	— —	— —
	. . .	. . .	. . .	. . .			
c_{n1}	a_{n1}	a_{n2}	a_{n3}	$\cdots$	a_{nn}	a_n	s_n
	— —	— —	— —		— —	— —	— —
E	0	a'_{22}	a'_{23}	$\cdots$	a'_{2n}	a'_2	s'_2
c_{32}	0	a'_{32}	a'_{33}	$\cdots$	a'_{3n}	a'_3	s'_3
		— —	— —		— —	— —	— —
c_{42}	0	a'_{42}	a'_{43}	$\cdots$	a'_{4n}	a'_4	s'_4
		— —	— —		— —	— —	— —
	. . .	. . .	. . .				
c_{n2}	0	a'_{n2}	a'_{n3}	$\cdots$	a'_{nn}	a'_n	s'_n
		— —	— —		— —	— —	— —
E	0	0	a''_{33}	$\cdots$	a''_{3n}	a''_3	s''_3
c_{43}	0	0	a''_{43}	$\cdots$	a''_{4n}	a''_4	s''_4
			— —		— —	— —	— —
	. . .	. . .	. . .				
c_{n3}	0	0	a''_{n3}	$\cdots$	a''_{nn}	a''_n	s''_n
			— —		— —	— —	— —
	. . .	. . .	. . .	. . .			

BEISPIEL

1. Die Lösungsmenge des Gleichungssystems

$$\left|\begin{array}{r} x + y + z + u = 7 \\ x + 2y + 3z - u = 6 \\ 2x - 3y - 2z + 4u = 7 \\ 3x - y + z + 2u = 10 \end{array}\right|$$

ist zu bestimmen.

Lösung:

	a_{i1}	a_{i2}	a_{i3}	a_{i4}	a_i	
	7	−1	3	6	30	45
E	1	1	1	1	7	11
−1	1	2	3	−1	6	11
	−1	*−1*	*−1*	*−1*	*−7*	*−11*
−2	2	−3	−2	4	7	8
	−2	*−2*	*−2*	*−2*	*−14*	*−22*
−3	3	−1	1	2	10	15
	−3	*−3*	*−3*	*−3*	*−21*	*−33*
E	0	1	2	−2	−1	0
5	0	−5	−4	2	−7	−14
		5	*10*	*−10*	*−5*	*0*
4	0	−4	−2	−1	−11	−18
		4	*8*	*−8*	−4	*0*
E		0	6	−8	−12	−14
−1		0	6	−9	−15	−18
			−6	*8*	*12*	*14*
			0	−1	−3	−4

Das gestaffelte System

$$\left|\begin{array}{r} x + y + z + u = 7 \\ y + 2z - 2u = -1 \\ 6z - 8u = -12 \\ -u = -3 \end{array}\right|$$

ergibt nacheinander

$$u = 3; \quad z = 2; \quad y = 1; \quad x = 1.$$

Die Summenprobe

$$7 \cdot 1 - 1 \cdot 1 + 3 \cdot 2 + 6 \cdot 3 = 30$$

zeigt keinen Widerspruch.

Lösungsmenge: $\{(1; 1; 2; 3)\}$.

Insbesondere bei nicht ganzzahligen Koeffizienten führt dieses Lösungsverfahren unter Verwendung des Rechenstabes verhältnismäßig schnell zum Ziel. Die Multiplikation der Elemente der Eliminationszeile mit den Faktoren c_{ik} können mit fest eingestelltem Rechenstab durchgeführt werden. Um zu erreichen, daß die $|c_{ik}| < 1$ und so die Abrundungsfehler möglichst klein werden, ist jeweils die Zeile mit größtem Anfangselement als Eliminationszeile anzusetzen.

BEISPIEL

2. Das Gleichungssystem

$$\left|\begin{array}{r} 3{,}25x - 0{,}93y + 2{,}41z - 1{,}40u = 4{,}13 \\ 2{,}91x + 1{,}98y - 0{,}43z + 1{,}01u = 3{,}08 \\ 1{,}38x + 3{,}41y + 1{,}06z + 7{,}00u = 7{,}48 \\ -3{,}12x - 2{,}54y + 1{,}07z - 2{,}14u = -5{,}17 \end{array}\right|$$

ist mit Hilfe des Rechenstabes zu lösen.

Lösung:

	a_{i1}	a_{i2}	a_{i3}	a_{i4}	a_i		
	4,42	1,92	4,11	4,47	9,52	24,44	Abw.
E	3,25	−0,93	2,41	−1,40	4,13	7,46	
$-\frac{2,91}{3,25}$	2,91	1,98	−0,43	1,01	3,08	8,55	
	−2,91	*0,83*	*−2,16*	*1,25*	*−3,70*	*−6,68*	*−0,01*
$-\frac{1,38}{3,25}$	1,38	3,41	1,06	7,00	7,48	20,33	
	−1,38	*0,39*	*−1,02*	*0,59*	*−1,75*	*−3,17*	
$\frac{3,12}{3,25}$	−3,12	−2,54	1,07	−2,14	−5,17	−11,90	
	3,12	*−0,89*	*2,31*	*−1,34*	*3,96*	*7,16*	
$-\frac{2,81}{3,80}$	0	2,81	−2,59	2,26	−0,62	1,87	−0,01
		−2,81	*−0,03*	*−5,61*	*−4,23*	−12,69	+*0,01*
E	0	3,80	0,04	7,59	5,73	17,16	
$\frac{3,43}{3,80}$	0	−3,43	3,38	−3,48	−1,21	−4,74	
		3,43	*0,04*	*6,85*	*5,17*	*15,49*	
$\frac{2,62}{3,42}$		0	−2,62	−3,35	−4,85	−10,82	
			2,62	*2,58*	*3,03*	*8,24*	*−0,01*
E		0	3,42	3,37	3,96	10,75	
			0	−0,77	−1,82	− 2,58	+0,01

Die aus den σ-Werten gebildete Kontrollgleichung und das gestaffelte System sind demnach

$$K: 4{,}42x + 1{,}92y + 4{,}11z + 4{,}47u = 9{,}52$$

$$\left|\begin{array}{rcrcrcrcr} 3{,}25x & - & 0{,}93y & + & 2{,}41z & - & 1{,}40u & = & 4{,}13 \\ & & 3{,}80y & + & 0{,}04z & + & 7{,}59u & = & 5{,}73 \\ & & & & 3{,}42z & + & 3{,}37u & = & 3{,}96 \\ & & & & & & -0{,}77u & = & -1{,}82 \end{array}\right|$$

Die letzte Gleichung des gestaffelten Systems ergibt

$$u = \frac{1{,}82}{0{,}77} = 2{,}36.$$

Zweckmäßig wird jetzt möglichst die Rechenstabeinstellung festgehalten, damit zunächst die in die einzelnen Gleichungen (einschl. Kontrollgleichung) einzusetzenden Werte $3{,}37u$, $7{,}59u$, $-1{,}40u$ und $4{,}47u$ abgelesen werden können. Diese Werte sind an den entsprechenden Stellen des Systems einzusetzen:

$$\begin{array}{rrcl} K: & -- + ---- - & + 10{,}57 & = 9{,}52 \\ & 3{,}25x \;\; ------ & - 3{,}31 & = 4{,}13 \\ & 3{,}80y \;\; -- & + 17{,}94 & = 5{,}73 \\ & 3{,}42z & + 7{,}97 & = 3{,}96. \end{array}$$

Nach Berechnung des z werden wieder möglichst mit feststehendem Rechenstab die für die anderen Gleichungen benötigten Vielfachen von z abgelesen und eingesetzt. So ergeben sich nacheinander

$$z = -1{,}17; \qquad y = -3{,}20; \qquad x = 2{,}24,$$

während die Kontrollgleichung zur identischen Gleichung

$$9{,}90 - 6{,}14 - 4{,}81 + 10{,}57 = 9{,}52$$

wird.

Lösungsmenge:

$$\underline{\underline{\{(2{,}24;\, -3{,}20;\, -1{,}17;\, 2{,}36)\}}}.$$

Aus dem Gaussschen Algorithmus ergibt sich eine Möglichkeit zur Berechnung n-reihiger Determinanten. Die Koeffizientendeterminante des gegebenen und des gestaffelten Gleichungssystems stimmen wertmäßig überein, wurden doch die Umwandlungen mit Hilfe von Linearkombinationen der Zeilen vorgenommen. Dabei ändert sich auf Grund der Determinantengesetze der Wert nicht. Wird allerdings nicht jeweils die erste Zeile als Eliminationszeile verwendet, so entspricht das einer Umnumerierung der Gleichungen. Damit aber vertauschen sich jedes Mal zwei Zeilen der Determinante, infolgedessen wechselt der Wert der Determinante das

Vorzeichen. Tritt dieser Fall k-mal ein, so ist

$$D = \begin{vmatrix} a_{11} & a_{12} & \dots & a_{1n} \\ a_{21} & a_{22} & \dots & a_{2n} \\ \dots & \dots & \dots & \dots \\ a_{n1} & a_{n2} & \dots & a_{nn} \end{vmatrix} = (-1)^k \begin{vmatrix} b_{11} & b_{12} & \dots & b_{1n} \\ 0 & b_{22} & \dots & b_{2n} \\ \dots & \dots & \dots & \dots \\ 0 & 0 & \dots & b_{nn} \end{vmatrix}.$$

Aus der rechts stehenden Determinante ergibt sich der Wert

$$D = (-1)^k\, b_{11} b_{22} \dots b_{nn}$$

als Produkt der Elemente der Hauptdiagonalen, wie leicht einzusehen ist, wenn D nach der ersten Spalte, die dabei entstehende $(n-1)$-reihige Determinante wiederum nach der ersten Spalte usw. entwickelt wird.
Da bei einem linear unabhängigen Gleichungssystem stets $D \neq 0$ ist, müssen alle $b_{ii} \neq 0$ sein. Die Koeffizientenmatrix und die um die absoluten Glieder erweiterte Matrix des zum ursprünglich gegebenen Gleichungssystem äquivalenten gestaffelten Systems, also

$$\begin{pmatrix} b_{11} & b_{12} & \dots & b_{1n} \\ 0 & b_{22} & \dots & b_{2n} \\ \dots & \dots & \dots & \dots \\ 0 & 0 & \dots & b_{nn} \end{pmatrix} \quad \text{und} \quad \begin{pmatrix} b_{11} & b_{12} & \dots & b_{1n} & b_1 \\ 0 & b_{22} & \dots & b_{2n} & b_2 \\ \dots & \dots & \dots & \dots & \dots \\ 0 & 0 & \dots & b_{nn} & b_n \end{pmatrix},$$

weisen somit den gleichen Rang $r = n$ auf.

14.2. Linear abhängige Gleichungssysteme

Wurden bisher Systeme mit voneinander unabhängigen Gleichungen, also mit eindeutiger Lösungsmenge, behandelt, so soll jetzt untersucht werden, wie sich der Gausssche Algorithmus bei linear abhängigen und auch bei widersprechenden Gleichungssystemen gestaltet.

BEISPIEL

1. Das Gleichungssystem

$$\left| \begin{aligned} x + 2y - z + 3u &= 6 \\ 2y + z + 2u &= 2 \\ 2x + 10y + z + 12u &= 18 \\ x + 6y + z + 7u &= 10 \\ 3x + 4y - 4z + 7u &= 16 \end{aligned} \right|$$

ist mit Hilfe des Gaussschen Algorithmus zu lösen.

Lösung:

	a_{i1}	a_{i2}	a_{i3}	a_{i4}	a_i	
	7	24	−2	31	52	112
E	1	2	−1	3	6	11
0	0	2	1	2	2	7
	0	*0*	*0*	*0*	*0*	*0*
−2	2	10	1	12	18	43
	−2	*−4*	*2*	*−6*	*−12*	*−22*
−1	1	6	1	7	10	25
	−1	*−2*	*1*	*−3*	*−6*	*−11*
−3	3	4	−4	7	16	26
	−3	*−6*	*3*	*−9*	*−18*	*−33*
E	0	2	1	2	2	7
−3	0	6	3	6	6	21
		−6	*−3*	*−6*	*−6*	*−21*
−2	0	4	2	4	4	14
		−4	*−2*	*−4*	*−4*	*−14*
1	0	−2	−1	−2	−2	−7
		2	*1*	*2*	*2*	*7*
		0	0	0	0	0
		0	0	0	0	0
		0	0	0	0	0

Das gestaffelte System umfaßt nur die beiden linear unabhängigen Gleichungen

$$\left|\begin{array}{r} x + 2y - z + 3u = 6 \\ 2y + z + 2u = 2 \end{array}\right|.$$

Die Koeffizienten und Absolutglieder der drei anderen Gleichungen verschwinden infolge ihrer linearen Abhängigkeit. Die zum vollständigen System gehörigen Matrizen

$$\begin{pmatrix} 1 & 2 & -1 & 3 \\ 0 & 2 & 1 & 2 \\ 0 & 0 & 0 & 0 \\ 0 & 0 & 0 & 0 \\ 0 & 0 & 0 & 0 \end{pmatrix} \quad \text{und} \quad \begin{pmatrix} 1 & 2 & -1 & 3 & 6 \\ 0 & 2 & 1 & 2 & 2 \\ 0 & 0 & 0 & 0 & 0 \\ 0 & 0 & 0 & 0 & 0 \\ 0 & 0 & 0 & 0 & 0 \end{pmatrix}$$

weisen beide den Rang $r = 2$ auf.

Werden nun z und u als freie Variablen auf die rechten Seiten gebracht

$$\left| \begin{array}{r} x + 2y = 6 + z - 3u \\ 2y = 2 - z - 2u \end{array} \right|,$$

so ist

$$x = 4 + 2z - u; \qquad y = 1 - \frac{z}{2} - u.$$

Zweckmäßigerweise können noch zwei Parameter in der Form

$$t_1 = \frac{z}{2} \quad \text{und} \quad t_2 = u$$

eingeführt werden.

Lösungsmenge: $\left\{\left(4 + 2z - u;\ 1 - \frac{z}{2} - u; z; u\right) \middle|\ z, u \in R\right\} =$

$$= \{(4 + 4t_1 - t_2;\ 1 - t_1 - t_2;\ 2t_1; t_2)\ |\ t_1, t_2 \in R\}.$$

Auch bei einem Gleichungssystem mit weniger Gleichungen als Variablen muß, allein schon durch die geringere Anzahl der Gleichungen bedingt, die Umwandlung in die Dreiecksform eher abbrechen. Lineare Abhängigkeiten zwischen den Gleichungen vermindern zusätzlich die Anzahl der Eliminationsstufen.

BEISPIEL

2.
$$\left| \begin{array}{rcr} 2x - 4y + 3z - u &=& 2 \\ x - 2y - 2z + 3u &=& 15 \\ 3x - 6y + 8z - 5u &=& -11 \end{array} \right|$$

Lösung:

	a_{i1}	a_{i2}	a_{i3}	a_{i4}	a_i	
	6	−12	9	−3	6	6
−2	2	−4	3	−1	2	2
	−2	*4*	*4*	*−6*	*−30*	*−30*
E	1	−2	−2	3	15	15
−3	3	−6	8	−5	−11	−11
	−3	*6*	*6*	*−9*	*−45*	*−45*
$-\frac{1}{2}$	0	0	7	−7	−28	−28
			−7	*7*	*28*	*28*
E	0	0	14	−14	−56	−56
			0	0	0	0

Somit liegt das gestaffelte System

$$\left| \begin{array}{l} x - 2y - 2z + 3u = 15 \\ 14z - 14u = -56 \end{array} \right| \quad :14$$

vor. Als freie Variablen müssen x oder y und z oder u verwendet werden. Aus

$$\left| \begin{array}{l} x - 2z = 15 + 2y - 3u \\ z = -4 + u \end{array} \right|$$

folgt dann

$$x = 7 + 2y - u; \quad z = -4 + u$$

Lösungsmenge: $\underline{\underline{\{(7 + 2t_1 - t_2;\ t_1;\ -4 + t_2;\ t_2) | t_1, t_2 \in R\}}}$.

Weiterhin sei an einem Beispiel demonstriert, wie der GAUSSsche Algorithmus auf ein lineares System mit einander widersprechenden Gleichungen reagiert.

BEISPIEL

3.
$$\left| \begin{array}{l} 2x - 3y + 4z = 19 \\ 4x - 4y + 3z = 22 \\ 6x - 7y + 7z = 10 \end{array} \right|$$

Lösung:

	a_{i1}	a_{i2}	a_{i3}	a_i	
	12	−14	14	51	63
E	2	−3	4	19	22
−2	4	−4	3	22	25
	−4	*6*	*−8*	*−38*	*−44*
−3	6	−7	7	10	16
	−6	*9*	*−12*	*−57*	*−66*
E	0	2	−5	−16	−19
−1	0	2	−5	−47	−50
		−2	*5*	*16*	*19*
		0	0	−31	−31

Die aus der letzten Zeile entstehende Gleichung

$$0 \cdot z = -31$$

ist für keinen Wert z erfüllbar. Das Gleichungssystem ist widersprechend, die Lösungsmenge leer.

14.3. Zusammenfassende Betrachtung des Gaußschen Algorithmus

Allgemein läßt sich ein lineares Gleichungssystem mit m Gleichungen und n Variablen

$$\left|\begin{array}{l} a_{11}x_1 + a_{12}x_2 + \cdots + a_{1r}x_r + \cdots + a_{1n}x_n = a_1 \\ a_{21}x_1 + a_{22}x_2 + \cdots + a_{2r}x_r + \cdots + a_{2n}x_n = a_2 \\ \cdots\cdots\cdots\cdots\cdots\cdots\cdots\cdots\cdots \\ a_{r1}x_1 + a_{r2}x_2 + \cdots + a_{rr}x_r + \cdots + a_{rn}x_n = a_r \\ \cdots\cdots\cdots\cdots\cdots\cdots\cdots\cdots\cdots \\ a_{m1}x_1 + a_{m2}x_2 + \cdots + a_{mr}x_r + \cdots + a_{mn}x_n = a_m \end{array}\right|$$

durch entsprechende Elimination in die gestaffelte Form

$$\left|\begin{array}{r} b_{11}x_1 + b_{12}x_2 + \cdots + b_{1r}x_r + \cdots + b_{1n}x_n = b_1 \\ b_{22}x_2 + \cdots + b_{2r}x_r + \cdots + b_{2n}x_n = b_2 \\ \cdots\cdots\cdots\cdots\cdots\cdots \\ b_{rr}x_r + \cdots + b_{rn}x_n = b_r \\ 0 + \cdots + \quad 0 = b_{r+1} \\ \cdots\cdots\cdots \\ 0 = b_m \end{array}\right| \quad b_{ii} \neq 0$$

überführen, wobei eventuell einige Gleichungen und Variablen umnumeriert werden müssen. Als Koeffizientenmatrix und erweiterte Koeffizientenmatrix des neuen, zum ursprünglich gegebenen äquivalenten Systems treten

$$\begin{pmatrix} b_{11} & b_{12} & \ldots & b_{1r} & \ldots & b_{1n} \\ 0 & b_{22} & \ldots & b_{2r} & \ldots & b_{2n} \\ \cdots & & & & & \cdots \\ 0 & 0 & \ldots & b_{rr} & \ldots & b_{rn} \\ 0 & 0 & \ldots & 0 & \ldots & 0 \\ \cdots & & & & & \cdots \\ 0 & 0 & \ldots & 0 & \ldots & 0 \end{pmatrix} \quad \text{und} \quad \begin{pmatrix} b_{11} & b_{12} & \ldots & b_{1r} & \ldots & b_{1n} & b_1 \\ 0 & b_{22} & \ldots & b_{2r} & \ldots & b_{2n} & b_2 \\ \cdots & & & & & & \cdots \\ 0 & 0 & \ldots & b_{rr} & \ldots & b_{rn} & b_r \\ 0 & 0 & \ldots & 0 & \ldots & 0 & b_{r+1} \\ \cdots & & & & & & \cdots \\ 0 & 0 & \ldots & 0 & \ldots & 0 & b_m \end{pmatrix}$$

auf. Die Koeffizientenmatrix hat den Rang r, da sich aus ihr die nicht verschwindende Unterdeterminante

$$\begin{vmatrix} b_{11} & b_{12} & \ldots & b_{1r} \\ 0 & b_{22} & \ldots & b_{2r} \\ \cdots & & & \cdots \\ 0 & 0 & \ldots & b_{rr} \end{vmatrix} = b_{12}b_{22} \ldots b_{rr}$$

bilden läßt, während alle $(r + 1)$-reihigen Unterdeterminanten den Wert Null annehmen.

Fall I: Ist $b_{r+1} = \ldots = b_m = 0$, so hat die erweiterte Matrix den gleichen Rang r. Das aus r linear unabhängigen Gleichungen bestehende System ist grundsätzlich lösbar.

Unterfall 1: Ist $r = n \leqq m$, so liegt das eindeutig lösbare Gleichungssystem

$$\left| \begin{array}{r} b_{11}x_1 + b_{12}x_2 + \cdots + b_{1n}x_n = b_1 \\ b_{22}x_2 + \cdots + b_{2n}x_n = b_2 \\ \cdots\cdots\cdots \\ b_{nn}x_n = b_n \end{array} \right|$$

vor.

Unterfall 2: Für $r < \min(m, n)$ und im Fall $m < n$ auch für $r = m$ ergibt sich ein aus r Gleichungen bestehendes System mit n Variablen, von denen $n - r$ als freie Variablen (Parameter) auf die rechten Seiten gebracht werden. Dabei ist so vorzugehen, daß jede der r auf den linken Seiten verbleibenden Variablen in der Hauptdiagonale vertreten ist. Das System

$$\left| \begin{array}{r} b_{11}x_1 + b_{12}x_2 + \cdots + b_{1r}x_r = b_1 - b_{1,r+1}x_{r+1} - \cdots - b_{1n}x_n \\ b_{22}x_2 + \cdots + b_{2r}x_r = b_2 - b_{2,r+1}x_{r+1} - \cdots - b_{2n}x_n \\ \cdots\cdots\cdots\cdots\cdots \\ b_{rr}x_r = b_r - b_{r,r+1}x_{r+1} - \cdots - b_{rn}x_n \end{array} \right|$$

kann nun nach $x_r, \ldots, x_1$ gelöst werden. Infolge des Auftretens freier Variabler umfaßt die Lösungsmenge unbegrenzt viele Elemente.

Fall II: Ist mindestens ein $b_{r+k} \in \{b_{r+1}; \ldots; b_m\}$ von Null verschieden, so ist das Gleichungssystem unlösbar.

Die erweiterte Matrix hat den Rang $r + 1$, da die $(r + 1)$-reihige Determinante

$$\left| \begin{array}{lllll} b_{11} & b_{12} & \ldots & b_{1r} & b_1 \\ 0 & b_{22} & \ldots & b_{2r} & b_2 \\ \cdots & \cdots & \cdots & \cdots & \cdots \\ 0 & 0 & \ldots & 0 & b_{r+k} \end{array} \right|$$

ungleich Null ist.

AUFGABEN

Die Lösungsmengen der nachfolgenden Gleichungssysteme sind zu bestimmen.

306. $\left| \begin{array}{l} x + y = 28 \\ x + z = 30 \\ y + z = 32 \end{array} \right|$

307. $\left| \begin{array}{l} y + z = a \\ z + x = b \\ x + y = c \end{array} \right|$

308. $\left| \begin{array}{l} x + y = a + b \\ x + z = a + c \\ y + z = b + c \end{array} \right|$

309. $$\left|\begin{array}{r} x + y - z = 17 \\ x - y + z = 13 \\ -x + y + z = 7 \end{array}\right|$$

310. $$\left|\begin{array}{r} 2x - 3y + z = 12 \\ -x + 5y - 2z = -11 \\ 3x - 8y + 5z = 39 \end{array}\right|$$

311. $$\left|\begin{array}{r} x + y + z = 9 \\ x + 2y + 4z = 15 \\ x + 3y + 9z = 23 \end{array}\right|$$

312. $$\left|\begin{array}{r} x + y + z = 3 \\ 2x + 4y + 8z = 13 \\ 3x + 9y + 27z = 34 \end{array}\right|$$

313. $$\left|\begin{array}{r} 5x - y + 3z = a \\ 3x + 5y - z = b \\ -x + 3y + 5z = c \end{array}\right|$$

314. $$\left|\begin{array}{r} -4x + 3y - 2z = 8 \\ 5x + 4y - 6z = -8 \\ -3x + 2y + 4z = 19 \end{array}\right|$$

315. $$\left|\begin{array}{r} 0{,}2x + 0{,}3y + 0{,}4z = 29 \\ 0{,}3x + 0{,}4y + 0{,}5z = 38 \\ 0{,}4x + 0{,}5y + 0{,}7z = 51 \end{array}\right|$$

316. $$\left|\begin{array}{r} 3x + 2y + 3z = 110 \\ 5x + y - 4z = 0 \\ 2x - 3y + z = 0 \end{array}\right|$$

317. $$\left|\begin{array}{r} x + 2y - 0{,}7z = 21 \\ 3x + 0{,}2y - z = 24 \\ 0{,}9x + 7y - 2z = 27 \end{array}\right|$$

318. $$\left|\begin{array}{r} 3x + 5y - 2z = 0 \\ 7x - 4y + 3z = 0 \\ -2x + 3y - z = 0 \end{array}\right|$$

319. $$\left|\begin{array}{r} 3x - 4y + z = 0 \\ -3x + 6y - 2z = 0 \\ 6x - 2y - z = 0 \end{array}\right|$$

320. $$\left|\begin{array}{r} 6x - 4y + 8z = 0 \\ -9x + 6y - 12z = 0 \\ 15x - 10y + 20z = 0 \end{array}\right|$$

321. $$\left|\begin{array}{r} 6x + 5y - 3z = 0 \\ 2x + 3y - z = 0 \\ -4x - y + 2z = 0 \end{array}\right|$$

322. $$\left|\begin{array}{l} x - y = 0 \\ x + z = 0 \\ y + z = 0 \end{array}\right|$$

323. $$\left|\begin{array}{r} 11{,}3x + 8{,}9y + 5{,}4z = 80{,}13 \\ 8{,}4x - 2{,}8y + 10{,}3z = 3{,}36 \\ 5{,}5x + 9{,}7y - 8{,}4z = 91{,}89 \end{array}\right|$$

324. $$\left|\begin{array}{r} 3{,}2x - 4{,}1y + 5{,}3z = 4{,}90 \\ 5{,}1x + 3{,}2y - 2{,}9z = 11{,}07 \\ 2{,}1x + 1{,}5y + 3{,}1z = 11{,}83 \end{array}\right|$$

325. $$\left|\begin{array}{r} 2{,}8x + 3{,}4y + 1{,}2z = 14 \\ 5{,}1x - 2{,}2y + 3{,}3z = 7{,}6 \\ 6{,}5x - 0{,}5y + 3{,}9z = 24{,}2 \end{array}\right|$$

326. $$\left|\begin{array}{r} 5x - 3y - 3z + 13 = 0 \\ 3x - 5y + 11z + 11 = 0 \\ x - y + z + 3 = 0 \end{array}\right|$$

327. $$\left|\begin{array}{r} 4{,}13x + 3{,}72y + 5{,}83z = -0{,}10 \\ 3{,}26x - 4{,}11y + 6{,}29z = -17{,}73 \\ 1{,}14x + 2{,}18y - 4{,}15z = 19{,}91 \end{array}\right|$$

328. $$\left|\begin{array}{r} 5{,}36x - 0{,}93y + 4{,}72z = 14{,}68 \\ 4{,}72x + 1{,}13y - 0{,}84z = 14{,}20 \\ 1{,}17x + 2{,}14y + 1{,}11z = 23{,}91 \end{array}\right|$$

329. $$\left|\begin{array}{r} 9x + 3y - 2z + 6u = 63 \\ 3x - 2y + 4z - 2u = -12 \\ 6x + 2z + u = 19 \\ x + 2y - 2z + 3u = 23 \\ 11x + 3y - 2z + 6u = 71 \end{array}\right|$$

330. $$\left|\begin{array}{r} 3x - 5y + 4z - 3u = -2{,}5 \\ 2x - 3z + 2u = -1{,}7 \\ 3x + 2y + 4u = 14{,}8 \\ 5x - 2y + 3z - 3u = 4 \end{array}\right|$$

331. $\left|\begin{array}{l} 14{,}3x + 5{,}9y + 2{,}7z - 3{,}1u = 39{,}09 \\ 12{,}1x - 8{,}3y - 9{,}7z + 6{,}6u = 16{,}28 \\ 8{,}3x + 5{,}2y + 3{,}9z - 10{,}2u = 12{,}19 \\ 2{,}4x + 4{,}4y + 6{,}5z + 3{,}3u = 26{,}19 \end{array}\right|$

332. $\left|\begin{array}{l} 4x_1 + 2x_2 + 2x_3 - 2x_4 - 14 = 0 \\ x_1 + x_2 + 4x_3 - 4x_4 - 10 = 0 \\ x_1 - x_2 + 3x_3 - x_4 - 7 = 0 \\ 2x_1 - 2x_2 + 4x_3 + 8x_4 - 25 = 0 \end{array}\right|$

333. $\left|\begin{array}{l} x_1 + x_2 + x_3 - x_4 - x_5 = 6 \\ x_1 + x_2 + x_3 - x_4 + x_5 = 4 \\ x_1 - x_2 + x_3 + x_4 + x_5 = 8 \\ x_1 - x_2 - x_3 + x_4 + x_5 = 2 \\ -x_1 + x_2 - x_3 + x_4 - x_5 = 10 \end{array}\right|$

334. $\left|\begin{array}{l} -2M_1 - 2M_2 + M_3 + 3M_4 + M_5 = 3 \\ M_1 - 2M_2 - 2M_3 + M_4 + 3M_5 = 4 \\ 3M_1 + M_2 - 2M_3 - 2M_4 + M_5 = 2 \\ M_1 + 3M_2 + M_3 - 2M_4 - 2M_5 = 1 \\ -2M_1 + M_2 + 3M_3 + M_4 - 2M_5 = 5 \end{array}\right|$

335. $\left|\begin{array}{l} 28{,}3x - 19{,}2y + 34{,}2z - 11{,}3u = 7{,}30 \\ -19{,}4x + 15{,}1y - 22{,}1z + 29{,}6u = 47{,}24 \\ 14{,}6x + 11{,}3y + 9{,}6z + 10{,}4u = 78{,}06 \\ 15{,}2x - 21{,}4y + 14{,}3z + 15{,}2u = 18{,}01 \end{array}\right|$

336. $\left|\begin{array}{l} \frac{6}{x} + \frac{4}{y} + \frac{5}{z} = 4 \\ \frac{3}{x} + \frac{8}{y} + \frac{5}{z} = 4 \\ \frac{9}{x} + \frac{12}{y} - \frac{10}{z} = 4 \end{array}\right|$

337. $\left|\begin{array}{l} \frac{4}{x} - \frac{3}{y} = 1 \\ \frac{2}{x} + \frac{3}{z} = 4 \\ \frac{3}{y} - \frac{1}{z} = 0 \end{array}\right|$

338. $\left|\begin{array}{l} \frac{xy}{4y - 3x} = 20 \\ \frac{xz}{2x - 3z} = 15 \\ \frac{yz}{4y - 5z} = 12 \end{array}\right|$

339. $\left|\begin{array}{l} \frac{3}{x} + \frac{1}{y} - \frac{5}{z} = 0 \\ \frac{5}{x} - \frac{2}{y} - \frac{1}{z} = 0 \\ \frac{4}{x} + \frac{5}{y} - \frac{14}{z} = 0 \end{array}\right|$

340. $\left|\begin{array}{l} \frac{1}{x} - \frac{1}{y} - \frac{1}{z} = -3 \\ -\frac{1}{x} + \frac{1}{y} - \frac{1}{z} = 3 \\ \frac{1}{x} + \frac{1}{y} - \frac{1}{z} = 1 \end{array}\right|$

341. $\left|\begin{array}{l} \frac{xy}{x + y} = \frac{1}{5} \\ \frac{xz}{x + z} = \frac{1}{6} \\ \frac{yz}{y + z} = \frac{1}{7} \end{array}\right|$

342. Drei Zahnräder eines Getriebes haben zusammen 80 Zähne. Bei 10 Umdrehungen des ersten Rades drehen sich das zweite 18- und das dritte 45mal. Wieviel Zähne hat jedes Rad?

343. Ein Schnellzug benötigt auf einer bestimmten Strecke $2^1/_2$ Stunden weniger Fahrzeit als ein Personenzug, da er stündlich 25 km mehr als dieser zurücklegt. Ein Güterzug, dessen Geschwindigkeit um 15 km/h geringer ist als die des Personenzuges, benötigt für die Strecke $3^1/_2$ Stunden mehr als der Personenzug. Wie lang ist die Strecke, und mit welchen Geschwindigkeiten fahren die drei Züge?

344. Von drei Pumpen hebt die zweite 3 m^3 Wasser mehr, aber 4 m weniger hoch als die erste. Die dritte Pumpe hebt in der gleichen Zeit 2 m^3 Wasser weniger, aber 6 m höher als die erste. Welche Wassermengen bis zu welcher Höhe hebt jede Pumpe, wenn sie alle gleiche Leistungen haben?

345. Drei Behälter enthalten zusammen 270 hl Flüssigkeit. Füllt man den Inhalt des ersten Behälters in den zweiten um, so bleiben im ersten $^2/_7$ zurück. Füllt man den Inhalt der zwei letzten Behälter in den ersten um, so fehlen noch 10 hl, um den ersten vollständig zu füllen. Wieviel Hektoliter faßt jeder Behälter?

346. Stellt man in einer dreistelligen Zahl mit der Quersumme 9 die dritte Ziffer an den Anfang, so nimmt die Zahl um 135 zu. Addiert man dagegen zur dritten Ziffer 3, so erhält man den fünften Teil der aus den ersten beiden Ziffern bestehenden Zahl. Wie heißt die Zahl?

15. Quadratische Gleichungen

Nachdem in Abschnitt 8. der Körper der komplexen Zahlen eingeführt wurde, kann die bereits im »Lehrgang der Elementarmathematik« begonnene Behandlung der quadratischen Gleichungen weitergeführt werden. Konnten dort nur die Gleichungen gelöst werden, deren Lösungsmengen sich als Untermengen des Körpers der reellen Zahlen erwiesen, so soll jetzt die gesamte Menge der komplexen Zahlen zur Verfügung stehen.

15.1. Reinquadratische Gleichungen

Wurde im o. a. Lehrbuch zur Lösbarkeit von

$$Ax^2 + C = 0 \qquad (A \neq 0)$$

im Bereich der reellen Zahlen C als nicht positiv vorausgesetzt, so soll diese Bedingung jetzt aufgehoben sein. C sei also irgendeine beliebige reelle Zahl. Wird die Gleichung durch A dividiert, so nimmt sie die Form

$$x^2 + q = 0$$

an, worin $C/A = q$ wiederum eine beliebige reelle Zahl darstellt. Je nach der Beschaffenheit des absoluten Gliedes q bestehen folgende Möglichkeiten:

a) $q \leqq 0$

Es sei $q = -a$ $(a \geqq 0)$ gesetzt. Nach dem dritten binomischen Gesetz kann in diesem Fall die linke Seite von

$$x^2 - a = 0$$

als Produkt zweier Linearfaktoren dargestellt werden:

$$\left(x - \sqrt{a}\right)\left(x + \sqrt{a}\right) = 0.$$

Da ein Produkt nur Null sein kann, wenn mindestens einer der beiden Faktoren den Wert Null annimmt, und da beide Faktoren die Variable enthalten, kann die Gleichung in die beiden linearen Gleichungen

$$x - \sqrt{a} = 0 \quad \text{und} \quad x + \sqrt{a} = 0$$

mit den Lösungsmengen

$$\{x \mid x - \sqrt{a} = 0\} = \{\sqrt{a}\} \quad \text{und} \quad \{x \mid x + \sqrt{a} = 0\} = \{-\sqrt{a}\}$$

zerlegt werden. Ihre Vereinigungsmenge stellt die Lösungsmenge der quadratischen Gleichung dar:

$$\{x \mid x^2 - a = 0 \wedge a \geqq 0\} = \{\sqrt{a}; -\sqrt{a}\}.$$

Die Gleichung hat, wie bereits bekannt, zwei sich nur im Vorzeichen unterscheidende Wurzeln. Ist $a = 0$, so wird $x_1 = x_2 = 0$ als reelle Doppelwurzel bezeichnet.

b) $q > 0$

Es sei $q = a$ $(a > 0)$ gesetzt. Auf

$$x^2 + a = 0$$

kann nun zunächst nicht, wie zuvor, das dritte binomische Gesetz angewendet werden. Wird die Gleichung unter Verwendung der Definition $\mathrm{j}^2 = -1$ der imaginären Einheit in der Form

$$x^2 - a \cdot \mathrm{j}^2 = 0$$

dargestellt, so läßt sich die linke Seite in ein Produkt zerlegen:

$$(x - \mathrm{j}\sqrt{a})(x + \mathrm{j}\sqrt{a}) = 0,$$

wobei infolge $a > 0$ die Wurzel sinnvoll ist. Die Vereinigung der Lösungsmengen

$$\{x \mid x - \mathrm{j}\sqrt{a} = 0\} = \{\mathrm{j}\sqrt{a}\} \quad \text{und} \quad \{x \mid x + \mathrm{j}\sqrt{a} = 0\} = \{-\mathrm{j}\sqrt{a}\}$$

der beiden linearen Gleichungen ergibt dann wieder die Lösungsmenge der quadratischen Gleichung

$$\{x \mid x^2 + a = 0 \wedge a > 0\} = \{\mathrm{j}\sqrt{a}; -\mathrm{j}\sqrt{a}\}.$$

Die Gleichung hat zwei imaginäre Wurzeln x_1 und x_2, die sich nur im Vorzeichen unterscheiden.

Die Probe, das Belegen der Variablen mit den ermittelten Werten

$$x_1^2 + a = 0 \qquad\qquad x_2^2 + a = 0$$

$$\underbrace{(\mathrm{j}\sqrt{a})^2 + a = 0 \qquad\qquad (-\mathrm{j}\sqrt{a})^2 + a = 0}$$

$$\mathrm{j}^2 \cdot a + a = 0$$

$$0 = 0$$

verwandelt die Aussageform in eine wahre Aussage und bestätigt die Richtigkeit der gefundenen Lösungsmenge.

Satz

Eine reinquadratische Gleichung $x^2 + q = 0$ hat die beiden, sich nur im Vorzeichen unterscheidenden Wurzeln

$$\boxed{x_{1;2} = \begin{cases} \pm\sqrt{-q}, & \text{wenn } q \leqq 0 \\ \pm\mathrm{j}\sqrt{q}, & \text{wenn } q > 0 \end{cases}} \qquad (56)$$

BEISPIEL

1. $\{x \mid x^2 + 16 = 0\}$

Lösung: Zur praktischen Lösung wird das absolute Glied auf die rechte Seite gebracht

$$x^2 = -16$$

$$x_{1;2} = \pm\mathrm{j}\sqrt{16} = \pm 4\mathrm{j}.$$

Lösungsmenge: $\{4\mathrm{j};\ -4\mathrm{j}\}$.

Treten als Koeffizienten allgemeine Zahlensymbole auf, so machen sich, je nach den zwischen ihnen möglichen Relationen, Fallunterscheidungen notwendig.

BEISPIEL

2. $\{x \mid ax^2 - b = cx^2 + d \wedge a, b, c, d > 0\}$

Lösung: $(a - c)\,x^2 - (b + d) = 0$

Fall $a > c$:

$$x_{1;2} = \pm\sqrt{\frac{b + d}{a - c}}$$

Lösungsmenge: $\left\{\frac{1}{a - c}\sqrt{(b + d)\,(a - c)};\ -\frac{1}{a - c}\sqrt{(b + d)\,(a - c)}\right\}$.

Fall $a < c$:

$$x_{1;2} = \pm \mathrm{j} \sqrt{\frac{b+d}{c-a}}$$

Lösungsmenge: $\underline{\underline{\left\{\frac{\mathrm{j}}{c-a} \sqrt{(b+d)(c-a)};\ -\frac{\mathrm{j}}{c-a} \sqrt{(b+d)(c-a)}\right\}}}.$

15.2. Gemischtquadratische Gleichungen ohne Absolutglied

Diese Gleichung konnte bereits im Körper der reellen Zahlen in jedem Fall gelöst werden, so daß sich hier keine Erweiterungen ergeben.

15.3. Gemischtquadratische Gleichungen

Die bei der Lösung der reinquadratischen Gleichung gewonnenen Ergebnisse lassen sich auf die gemischtquadratische Gleichung

$$x^2 + px + q = 0$$

übertragen, wenn sie mit Hilfe der quadratischen Ergänzung zunächst auf die Form

$$\left(x + \frac{p}{2}\right)^2 + \left[q - \left(\frac{p}{2}\right)^2\right] = 0$$

gebracht wird. Einander entsprechende Terme sind dann

reinquadr. Gl.	gemischtquadr. Gl.
x	$x + \frac{p}{2}$
q	$q - \left(\frac{p}{2}\right)^2$
$-q$	$\left(\frac{p}{2}\right)^2 - q$.

Formel (56) nimmt damit die Gestalt

$$x_{1;2} + \frac{p}{2} = \begin{cases} \pm \sqrt{\left(\frac{p}{2}\right)^2 - q} \\ \pm \mathrm{j} \sqrt{q - \left(\frac{p}{2}\right)^2} \end{cases}$$

an. Wird noch der Term $p/2$ auf die rechte Seite gebracht, so ergibt sich:

Satz

Die gemischtquadratische Gleichung

$$x^2 + px + q = 0$$

besitzt stets die zwei Wurzeln

$$x_{1;2} = \begin{cases} -\frac{p}{2} \pm \sqrt{\left(\frac{p}{2}\right)^2 - q}, & \text{wenn } \left(\frac{p}{2}\right)^2 - q \geqq 0, \\ -\frac{p}{2} \pm \mathrm{j}\sqrt{q - \left(\frac{p}{2}\right)^2}, & \text{wenn } \left(\frac{p}{2}\right)^2 - q < 0, \end{cases} \tag{57}$$

die im Fall

a) $\left(\frac{p}{2}\right)^2 - q > 0$ voneinander verschieden und reell

b) $\left(\frac{p}{2}\right)^2 - q = 0$ einander gleich (reell)

c) $\left(\frac{p}{2}\right)^2 - q < 0$ konjugiert komplex

sind.

Der Term $D = (p/2)^2 - q$ heißt *Diskriminante* der Gleichung.
Die bereits im »Lehrgang der Elementarmathematik« für reelle Wurzeln aufgestellten Wurzelsätze von VIETA

$$x_1 + x_2 = -p$$

$$x_1 \cdot x_2 = q$$

gelten in gleicher Form auch für komplexe Wurzeln. Es ist

$$x_1 + x_2 = -\frac{p}{2} + \mathrm{j}\sqrt{q - \left(\frac{p}{2}\right)^2} + \left(-\frac{p}{2} - \mathrm{j}\sqrt{q - \left(\frac{p}{2}\right)^2}\right) = -p$$

und

$$x_1 x_2 = \left(-\frac{p}{2} + \mathrm{j}\sqrt{q - \left(\frac{p}{2}\right)^2}\right)\left(-\frac{p}{2} - \mathrm{j}\sqrt{q - \left(\frac{p}{2}\right)^2}\right) =$$

$$= \left(-\frac{p}{2}\right)^2 - \left(\mathrm{j}\sqrt{q - \left(\frac{p}{2}\right)^2}\right)^2 = \left(\frac{p}{2}\right)^2 + q - \left(\frac{p}{2}\right)^2 = q.$$

Somit besteht auch für komplexe Wurzeln x_1 und x_2 der Gleichung $x^2 + px + q = 0$ die Identität

$$x^2 + px + q = (x - x_1)(x - x_2).$$

BEISPIEL

1. $\{x \mid x^2 + 4x + 13 = 0\}$

Lösung: Untersuchung der Diskriminante: $\left(\frac{p}{2}\right)^2 - q = 4 - 13 = -9 < 0.$

Anwendung der entsprechenden Lösungsformel:

$$x_{1;2} = -2 \pm \mathrm{j}\sqrt{9} = -2 \pm 3\mathrm{j}.$$

Lösungsmenge: $\{-2 + 3\mathrm{j};\ -2 - 3\mathrm{j}\}$.

Sollte die Überprüfung der Diskriminante unterblieben und eventuell die nur für reelle Wurzeln geltende Lösungsformel verwendet worden sein, so ist spätestens an der Stelle im Lösungsgang die Korrektur vorzunehmen, bei der ein nicht zulässiger negativer Radikand auftritt. Im angeführten Beispiel müßte dann

$$x_{1;2} = -2 \pm \sqrt{-9}$$

durch

$$x_{1;2} = -2 \pm \mathrm{j}\sqrt{9}$$

ersetzt werden, was aber nicht etwa heißt, daß aus einer negativen Zahl eine Wurzel gezogen wurde.

Bei Anwendungsaufgaben weist meist das Auftreten komplexer Wurzeln, oft auch das negativer Wurzeln, auf die Nichtlösbarkeit des Problems hin. Insbesondere in der höheren Mathematik aber kommt den komplexen Wurzeln auch bei den Anwendungen außerordentliche Bedeutung zu.

BEISPIEL

2. Ein Rechteck mit den Seitenlängen $a = 4$ cm und $b = 5$ cm ist in ein inhaltsgleiches Rechteck mit dem Umfang $U = 16$ cm zu verwandeln.

Lösung: Die eine Seite des gesuchten Rechtecks sei x cm, die andere dann entsprechend $(8 - x)$ cm lang (Bild 36).

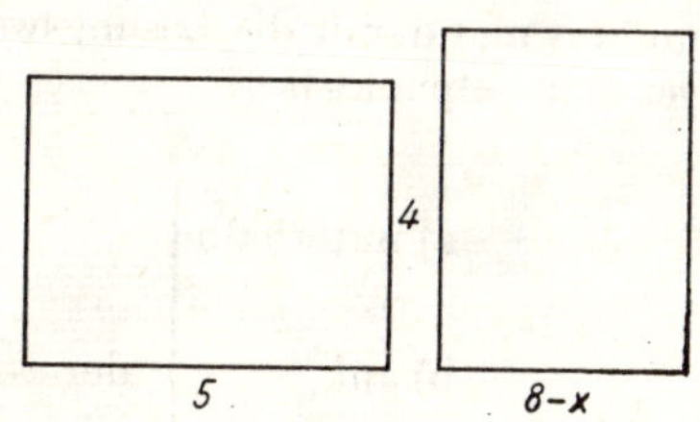

Bild 36

Aus der geforderten Inhaltsgleichheit folgt

$$x(8 - x) = 20.$$

Die gestellte Aufgabe läßt nur $x \in \left(0; \frac{U}{2} = 8\right)$ zu. Die Diskriminante der quadratischen Gleichung

$$x^2 - 8x + 20 = 0$$

ist negativ. Die Wurzeln der Gleichung sind komplex. Für den zulässigen Bereich ist die Lösungsmenge leer, das gestellte Problem ist nicht lösbar.

15.4. Geometrische Bedeutung der Diskriminante. Diskussion der quadratischen Gleichung

Wie bereits im »Lehrgang der Elementarmathematik« festgestellt wurde, ergibt sich nach der Umwandlung der Funktionsgleichung $y = x^2 + px + q$ mittels quadratischer Ergänzung in $y = (x - x_s)^2 + y_s$ die Möglichkeit, die Koordinaten x_s und y_s des Scheitelpunktes der zugehörigen Normalparabel abzulesen. Aus

$$y = \left(x + \frac{p}{2}\right)^2 - \left[\left(\frac{p}{2}\right)^2 - q\right]$$

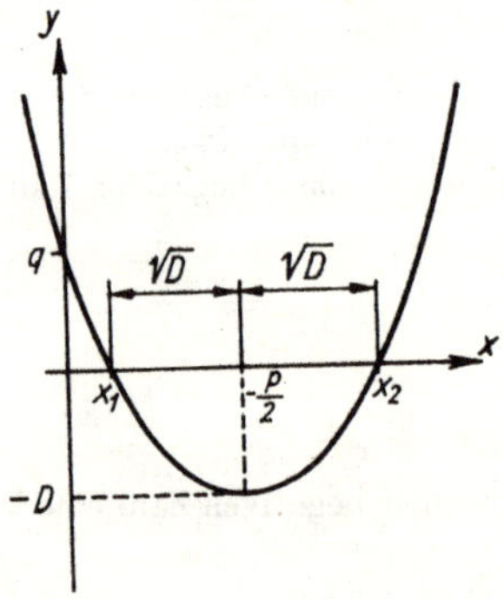

Bild 37

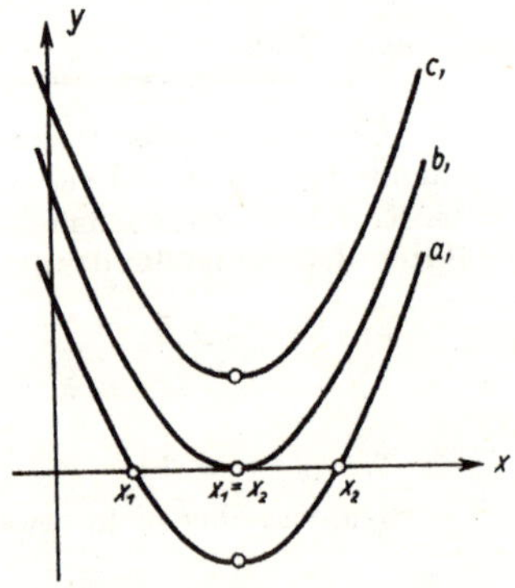

Bild 38

folgt demnach: $x_s = -\frac{p}{2}$; $y_s = -\left[\left(\frac{p}{2}\right)^2 - q\right] = -D$. Bild 37 veranschaulicht, wie u. a. die Diskriminante (angenommen: $D > 0$) die Lage des Scheitelpunktes und damit die Lösungswerte der quadratischen Gleichung beeinflußt.
Der Scheitelpunkt liegt

a) unterhalb ⎫ ⎧ $\left(\frac{p}{2}\right)^2 - q > 0$
b) auf ⎬ der x-Achse, wenn ⎨ $\left(\frac{p}{2}\right)^2 - q = 0$
c) oberhalb ⎭ ⎩ $\left(\frac{p}{2}\right)^2 - q < 0$

ist (Bild 38).

Somit bestimmt also das Vorzeichen des Terms $(p/2)^2 - q$, der als Diskriminante der quadratischen Gleichung $x^2 + px + q = 0$ eingeführt wurde, auf welcher Seite der x-Achse der Scheitel der Parabel zu finden ist.

Im Fall a) schneiden sich Kurve und x-Achse in den zwei Punkten, deren Abszissen x_1 und x_2 mit den Wurzeln der quadratischen Gleichung identisch sind. Die quadratische Gleichung hat zwei reelle Wurzeln.
Wird durch Vergrößern des q die Kurve in Richtung der positiven y-Achse verschoben, so werden sich die beiden Schnittpunkte einander nähern, um im Fall b) als Berührungspunkt zusammenzufallen. Die quadratische Gleichung weist dann die Doppelwurzel $x_1 = x_2 = -p/2$ auf.
Nach einer weiteren Vergrößerung des q werden sich im Fall c) Kurve und x-Achse nicht mehr schneiden. Die Lösungsmenge der quadratischen Gleichung besteht aus zwei komplexen Zahlen.

15.5. Gleichungen, die sich auf quadratische Gleichungen zurückführen lassen

Verschiedene Gleichungen lassen sich durch Umformen bzw. Einführen einer neuen Variablen auf quadratische Gleichungen zurückführen. Wie schon bei den linearen Gleichungen ist die Äquivalenz der neu entstehenden Gleichung zu überprüfen. Entweder wird diese Untersuchung beim Umwandeln der Gleichung durchgeführt: Feststellung des Definitionsbereichs, oder am Schluß des Lösungsvorganges: Einsetzprobe.

BEISPIELE

1. $\{x \mid x + 2\sqrt{x} - 15 = 0\}$

Lösung:

Definitionsbereich: $[0; +\infty)$,

neue Variable: $u = \sqrt{x}$,

quadratische Gleichung: $u^2 + 2u - 15 = 0 \wedge u \in [0; +\infty)$

$$u_{1;2} = -1 \pm 4 \qquad u_1 = 3, \qquad (u_2 = -5 \text{ entfällt}).$$

Lösungsmenge: $\underline{\underline{\{9\}}}$.

Werden zunächst $u_1 = 3$ und $u_2 = -5$, also $x_1 = 9$ und $x_2 = 25$ in die Lösungsmenge aufgenommen, so führt x_2 bei der Probe auf die falsche Aussage

$$25 + 2\sqrt{25} - 15 = 0,$$

so daß x_2 keine Wurzel der Ausgangsgleichung darstellt.

2. $\{x \mid x^4 + 5x^2 - 36 = 0\}$

Lösung:

Definitionsbereich: C,

neue Variable: $u = x^2$,

quadratische Gleichung: $u^2 + 5u - 36 = 0 \wedge u \in C$

$$u_{1;2} = -{}^5/_2 \pm {}^{13}/_2 \qquad u_1 = 4, \qquad u_2 = -9.$$

Wird x wieder eingeführt, so ergeben sich die beiden reinquadratischen Gleichungen

$$x^2 = 4 \qquad\qquad x^2 = -9$$

$$x_1 = 2, \quad x_2 = -2, \qquad x_3 = 3\text{j}, \quad x_4 = -3\text{j}.$$

Lösungsmenge: $\{2; -2; 3\text{j}; -3\text{j}\}$.

Die bereits schon einmal im »Lehrgang der Elementarmathematik« behandelten Wurzelgleichungen können eventuell auch auf quadratische Gleichungen führen.

BEISPIELE

3. $\{x \mid 3x - 8 - 4\sqrt{4x+1} = 0\}$

Lösung: Der Definitionsbereich läßt sich als Durchschnittsmenge der Lösungsmengen der beiden Ungleichungen

$3x - 8 \geqq 0$ (weil Wurzelterm nicht negativ sein kann)

$4x + 1 \geqq 0$ (weil Radikand nicht negativ sein darf)

bestimmen:

$$x \in [8/3; +\infty).$$

Wurzel isolieren: $3x - 8 = 4\sqrt{4x+1},$

beiderseits quadrieren: $9x^2 - 48x + 64 = 16(4x+1)$

$$x^2 - \frac{112}{9}x + \frac{48}{9} = 0$$

$$x_{1;2} = \frac{56}{9} \pm \frac{52}{9}$$

$$x_1 = 12, \quad (x_2 = 4/9 \text{ entfällt}).$$

Die bei Wurzelgleichungen unbedingt erforderliche Probe führt für $x_1 = 12$ auf eine wahre Aussage.

Lösungsmenge: $\{12\}$.

4. $\{x \mid \sqrt{2-x} + \sqrt{x-3} = 1\}$

Lösung: Die beiden Wurzelterme schränken im einzelnen die Variable x auf die Bereiche

$$(-\infty; 2] \quad \text{bzw.} \quad [3; +\infty)$$

ein. Die Durchschnittsmenge dieser beiden Bereiche, der Definitionsbereich der Gleichung, ist leer. Somit muß auch die Lösungsmenge leer sein.

Lösungsmenge: $\emptyset$.

Der Leser untersuche selbst, welche Lösungsmenge in diesem Fall die durch Quadrieren entstehende quadratische Gleichung aufweist, und begründe, weshalb sie nicht Lösungsmenge der Wurzelgleichung sein kann.

Bei komplizierteren Wurzelgleichungen läßt sich der Definitionsbereich der Gleichung nur sehr mühselig feststellen. Man wird dann darauf verzichten, muß aber alle gefundenen Wurzeln der quadratischen Gleichung der Probe an der Ausgangsgleichung unterziehen.

15.6. Quadratische Ungleichungen

Um die im Bereich der reellen Zahlen liegende Lösungsmenge einer quadratischen Ungleichung

$$Ax^2 + Bx + C \gtreqless 0 \qquad A, B, C \in R \wedge A \neq 0$$

zu bestimmen, ist ihre Normalform zunächst mittels quadratischer Ergänzung in die Form

$$(x - p/2)^2 \leqq (p/2)^2 - q \quad | \quad (x - p/2)^2 \geqq (p/2)^2 - q$$

zu bringen. Da $(x - p/2)^2$ stets nichtnegativ ist, hat die Ungleichung im Fall $(p/2)^2 - q < 0$ als Lösungsmenge

$$L = \varnothing . \quad | \quad L = R.$$

Ist $(p/2)^2 - q \geqq 0$, so kann sie mit Hilfe der für reelles $a \geqq 0$ geltenden Äquivalenz

$$X^2 \gtreqless a \Leftrightarrow |X| \gtreqless \sqrt{a}$$

in die in 10.2. behandelte lineare Ungleichung

$$|x - p/2| \gtreqless \sqrt{(p/2)^2 - q}$$

umgeformt werden.

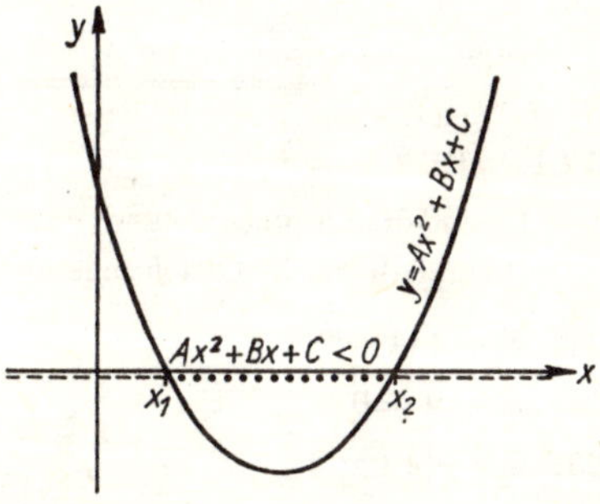

Bild 39

Die Lösungsmenge einer quadratischen Ungleichung veranschaulicht Bild 39. Im dargestellten Fall trennen die Schnittpunkte der zu $y = Ax^2 + Bx + C$ gehörenden Kurve mit der x-Achse, also die Wurzeln der quadratischen Gleichung $Ax^2 + Bx + C = 0$, die Lösungsmengen der Ungleichungen

$$Ax^2 + Bx + C < 0 \quad | \quad Ax^2 + Bx + C > 0$$

voneinander. Es sind

$$L = (x_1; x_2). \quad | \quad L = R \setminus [x_1; x_2].$$

BEISPIELE

1. $\{x | 24 + 8x - 2x^2 \geqq 0\}$

Lösung: $24 + 8x - 2x^2 \geqq 0 \,|: (-2)$

$x^2 - 4x - 12 \leqq 0$ Normalform

$x^2 - 4x + 2^2 \leqq 12 + 4$

$(x - 2)^2 \leqq 16$

$|x - 2| \leqq 4$

Lösungsmenge: $\underline{\underline{[-2; 6]}}$.

2. $\{x \mid x^2 - 6x > 0\}$

Lösung: $x^2 - 6x + 3^2 > 9$

$(x-3)^2 > 9$

$|x-3| > 3$

Lösungsmenge: $\underline{\underline{R \setminus [0; 6]}}$.

3. $\{x \mid x^2 - 6x + 13 \leqq 0\}$

Lösung: $(x-3)^2 \leqq -4$

Lösungsmenge: $\underline{\underline{\emptyset}}$.

4. $\{x \mid x^2 - 2ax + a^2 - b^2 < 0 \wedge a, b \in R\}$

Lösung: $(x-a)^2 < b^2$. Da b durchaus auch negativ sein kann, ist $\sqrt{b^2} = |b|$ zu setzen!

$|x-a| < |b|$

Lösungsmenge: $\underline{\underline{(a - |b|; a + |b|)}}$.

AUFGABEN

Es sind die Lösungsmengen der folgenden Gleichungen zu bestimmen.

Reinquadratische Gleichungen:

347. $x^2 - 144 = 0$
348. $x^2 - 256 = 0$
349. $x^2 + 9 = 0$
350. $3x^2 - 27 = 0$
351. $2x^2 - 40 = 0$
352. $x^2 - 24 = -6$
353. $5x^2 + 10 = 34$
354. $2x^2 + 25 = 0$
355. $ax^2 + b = 0 \quad (a \cdot b > 0)$
356. $ax^2 + b = 0 \quad (a \cdot b < 0)$
357. $\frac{a+b}{a-b} x^2 = a^2 - b^2$
358. $\frac{x}{x+a} + \frac{x}{x-a} = 1$
359. $\frac{a}{x} + \frac{x}{a} = \frac{x}{ab^2} + \frac{ab^2}{x}$
360. $\frac{a}{b} x^2 = a^3 b + 2a^2 b + ab$

Gemischtquadratische Gleichungen:

361. $x^2 + x - 12 = 0$
362. $x^2 - 7x + 10 = 0$
363. $x^2 + x - 90 = 0$
364. $x^2 - 6x + 13 = 0$
365. $x^2 - 2x + 2 = 0$
366. $x^2 - 0{,}3x + 0{,}02 = 0$
367. $x^2 + 3{,}6x + 7{,}65 = 0$
368. $x^2 + 4{,}7x + 11{,}2825 = 0$
369. $4x^2 - 4x - 3 = 0$
370. $8x^2 - 6x + 1 = 0$
371. $2x^2 + 4x + 5 = 0$
372. $3x^2 - 22x + 35 = 0$
373. $2x^2 - 34{,}60x + 129{,}40 = 0$
374. $10x^2 - 18{,}2x + 16{,}202 = 0$
375. $3x^2 - 8{,}4x + 5{,}88 = 0$
376. $x^2 + 6{,}51 = 5{,}2x$
377. $x^2 - (a-b)x = 2b(a+b)$
378. $4x^2 - 4ax = b^2 - a^2$

379. $x^2 - (3a - b)x + 2a^2 - 5ab - 12b^2 = 0$

380. $a(a - b)x^2 + b^2x = a(a + b)$

381. $x^2 - 2ax + a^2 = a - b$ (Fallunterscheidung $a > b$ und $a < b$)

382. $m(m + n) = n(2m - nx)x$

383. $(a - x)^2 + (x - b)^2 = a^2 + b^2$

384. $\frac{x + 11}{x + 3} = \frac{2x + 1}{x + 5}$

385. $\frac{7x - 5}{10x - 3} = \frac{5x - 3}{6x + 1}$

386. $\frac{5x - 1}{9} + \frac{3x - 1}{5} = \frac{2}{x} + x - 1$

387. $\frac{5x - 7}{9} + \frac{14}{2x - 3} = x - 1$

388. $\frac{7}{2x - 3} + \frac{5}{x - 1} = 12$

389. $\frac{7 - x}{11 - 2x} + \frac{4x - 5}{3x - 1} = 2$

390. $\frac{1}{x - 2} + \frac{2}{x - 3} = \frac{x^2 - 2x - 1}{x^2 - 5x + 6}$

391. $\frac{x^3 - 10x^2 + 1}{x^2 - 6x + 9} = x - 3$

392. $\frac{21}{x} - \frac{10}{x - 2} - \frac{4}{x - 3} = 0$

393. $\frac{(a - x)^2 + (x - b)^2}{(a - x)^2 - (x - b)^2} = \frac{a^2 + b^2}{a^2 - b^2}$

Die folgenden Terme sind als Produkte von Linearfaktoren darzustellen:

394. $x^2 + 2x - 15$

395. $x^2 - 4x$

396. $x^2 - 6x + 25$

397. $4x^2 + 8x - 5$

398. $2x^2 - 12x + 18$

399. $4x^2 - 4x + 10$

400. $x^2 - ax - bx + ab$

401. $x^2 - 2ax + a^2 + b^2$

402. $ax^2 + bx + adx + bd$

Welche quadratischen Gleichungen (Normalform) weisen die angegebenen Lösungsmengen auf?

403. $\{3; -2\}$

404. $\{0; 5\}$

405. $\{-4; -4\}$

406. $\{a; -a\}$

407. $\{a\mathrm{j}; -a\mathrm{j}\}$

408. $\{0; 0\}$

409. $\{3 + 2\mathrm{j}; 3 - 2\mathrm{j}\}$

410. $\{a(1 + \mathrm{j}); a(1 - \mathrm{j})\}$

411. $\{a + 2b; 2a + b\}$

412. $\{2a + 3b\mathrm{j}; 2a - 3b\mathrm{j}\}$

Die Lösungsmengen der folgenden Gleichungen, die sich auf quadratische Gleichungen zurückführen lassen, sind zu bestimmen.

413. $x^4 - 13x^2 + 36 = 0$

414. $x^4 - 5x^2 + 4 = 0$

415. $x^4 - 8x^2 = 0$

416. $x^4 + 3x^2 - 4 = 0$

417. $(x^2 - 10)(x^2 - 3) = 78$

418. $x^4 + 5x^2 = 0$

419. $x^4 - 9 = 0$

420. $x - 2\sqrt{x} - 3 = 0$

421. $x - 8\sqrt{x} + 15 = 0$

422. $x + 5\sqrt{x} + 6 = 0$

423. $x - \sqrt{-x} + 2 = 0$

424. $x - 6\sqrt{x} + 9 = 0$

425. $x - 5\sqrt{x} = 0$

426. $x - a\sqrt{x} = ab + b^2 \quad (a, b > 0)$

427. $\sqrt{2x^2 + 4x - 6} - x - 3 = 0$

428. $x + 1 - \sqrt{2x^2 + 0{,}5x + 1{,}5} = 0$

429. $x + 2 - \sqrt{2x^2 - 2x + 12} = 0$

430. $\sqrt{2x+15} - \sqrt{x+4} = 2$

431. $\sqrt{x+5} - \sqrt{2x+3} = -1$

432. $\sqrt{x+5} - \sqrt{2x+3} = 1$

433. $\sqrt{2x-1} - \sqrt{x-4} = 2$

434. $\sqrt{3-x} + \sqrt{x-4} = 3$

435. $\sqrt{x+8} - \sqrt{x+3} - \sqrt{x} = 0$

436. $\sqrt{x+8} + \sqrt{x+3} - \sqrt{x} = 0$

437. $\sqrt{3x+1} + 2\sqrt{7x-10} = 7\sqrt{x-1}$

438. $\sqrt{5x-1} - \sqrt{8-2x} = \sqrt{x-1}$

439. $\sqrt{a-x} + \sqrt{x-b} = \sqrt{a-b}\ (0 < b < a)$

440. $\sqrt{2x-1} + \sqrt{x+8} - \sqrt{2x+2} - \sqrt{x+3} = 0$

441. $\sqrt{2x-1} - \sqrt{x+8} + \sqrt{2x+2} - \sqrt{x+3} = 0$

442. $\sqrt{x+1} + \sqrt{3x-5} - \sqrt{x-2} - \sqrt{3x} = 0$

443. $\sqrt{x+2+\sqrt{2x-4}} = 4$

444. $\sqrt{x+1+\sqrt{3x+4}} = 3$

445. $\sqrt{x+1-\sqrt{3x+4}} = 3$

446. $\sqrt{x+2-\sqrt{2x-6}} = 2$

447. $\sqrt{x+3} + \sqrt{2x-8} = \dfrac{15}{\sqrt{x+3}}$

448. $\sqrt{2x-1} + \sqrt{x-1{,}5} = \dfrac{6}{\sqrt{2x-1}}$

Es sind die im Bereich der reellen Zahlen liegenden Lösungsmengen folgender Ungleichungen zu bestimmen.

449. $x^2 - 3 \geqq 0$

450. $x^2 + 3 > 0$

451. $x^2 + 3 \leqq 0$

452. $3 - 4x - 4x^2 \geqq 0$

453. $x^2 - 6x + 10 > 0$

454. $x^2 - 2x + 1 \leqq 0$

455. $4x^2 - 4x + 1 > 0$

456. $ab + (a-b)x - x^2 \geqq 0 \wedge a, b > 0$

457. $|x-1| \cdot |x+2| > 0$

458. $|x-2| \cdot |x-4| > 3$

459. $\dfrac{1}{x-3} + \dfrac{2}{x-1} < 1$

460. Nach einer Preissenkung im Einzelhandel zahlte man für 60 kg einer Ware 6 Mark mehr als vorher für 45 kg. Wieviel kostete 1 kg vor und nach der Preissenkung, wenn man nach der Senkung für 6 Mark 1 kg mehr erhält als vorher?

461. Zwei Elektriker stellen zusammen eine Anlage in $6^2/_3$ Tagen fertig. Wie lange müßte jeder allein an ihr arbeiten, wenn der zweite 3 Tage mehr als der erste benötigt?

462. Die Hypotenuse eines rechtwinkligen Dreiecks ist 0,53 m lang. Wie groß sind die Katheten, wenn ihre Gesamtlänge 0,686 m beträgt?

463. Der Inhalt eines Dreiecks, das einen rechten Winkel enthält, beträgt 24 cm^2. Die beiden Katheten unterscheiden sich um 2 cm. Wie lang sind sie?

464. Verlängert man die Seite eines Quadrates um 3 cm und verkürzt die benachbarte Seite um ebensoviel, so hat das aus den veränderten Seiten gebildete Rechteck eine Fläche von 55 cm^2. Wie lang ist die Seite des Quadrates?

465. In ein Rechteck mit den Seiten 49 cm und 30 cm ist ein zweites Rechteck gezeichnet, dessen Seiten von denen des ersten Rechtecks gleich weit entfernt sind und dessen Fläche $^4/_7$mal so groß ist wie die des ersten Rechtecks. Wie lang sind die Seiten des zweiten Rechtecks?

466. Wird der Durchmesser eines Kreises um 3 cm vergrößert, so verdoppelt sich damit der Flächeninhalt. Wie groß war der Durchmesser?

467. Wie groß ist die Spannweite eines kreisförmigen Brückenbogens mit dem Radius 26 m und der Pfeilhöhe 1,6 m?

468. Wie groß sind die Seiten einer rechteckigen Obstanlage einer landwirtschaftlichen Genossenschaft, die einen Umfang von 430 m und eine Fläche von 1 ha 8 a 81 m² hat?

469. Von den drei an einer Ecke zusammenstoßenden Kanten eines Quaders, dessen Gesamtoberfläche 568 cm² beträgt, ist die erste um 4 cm länger als die zweite und um 4 cm kürzer als die dritte. Wie lang sind die Kanten?

470. Die Oberflächen zweier Kugeln betragen zusammen 15400 cm². Die Radien unterscheiden sich um 7 cm. Wie groß sind sie? (Man rechne mit $\pi \approx 22/7$.)

471. Ein Maurer hätte an einer Mauer 9 Tage länger allein gearbeitet als ein anderer. Beide zusammen haben die Mauer in 20 Tagen aufgeführt. Wie lange hätte jeder allein gearbeitet?

472. Um einen Behälter zu füllen, braucht die eine von zwei Pumpen 24 min mehr als die zweite. Beide gleichzeitig pumpen den Behälter in 35 min voll. In welcher Zeit füllt die erste Pumpe den Behälter allein?

473. Ein Kessel wird durch 2 Pumpen gefüllt. Arbeiten beide Pumpen zugleich, so dauert die Füllung 6 h. Setzt man die Pumpen nacheinander in Betrieb, so daß der Kessel durch jede Pumpe allein gefüllt wird, so wird er in 25 h zweimal voll. In wieviel Stunden wird er durch jede Pumpe allein gefüllt?

474. Durch Verbesserung im Betrieb kann ein Eisenbahnzug jetzt eine um 9 km/h höhere Durchschnittsgeschwindigkeit erreichen und erzielt dadurch auf einer Strecke von 180 km Länge eine Zeiteinsparung von 60 min. Wieviel Stunden benötigt er für die Strecke?

475. Zum Durchfahren einer 225 km langen Strecke benötigt ein Eilzug $3^1/_2$h weniger als ein Personenzug. Der Eilzug legt dabei 26,25 km in der Stunde mehr zurück als der Personenzug. Wie groß sind Geschwindigkeit und Fahrtdauer beider Züge?

476. Ein Fußgänger geht mit einer Geschwindigkeit von 5 km/h von A nach B. Er wird $1^1/_2$ h nach seinem Aufbruch von einem Radfahrer überholt, der 30 min nach dieser Begegnung in B ankommt, dort sofort wendet und in A zu derselben Zeit ankommt, in welcher der Fußgänger B erreicht. Wie weit sind die Orte A und B voneinander entfernt?

477. Auf dem einen Schenkel eines rechten Winkels befindet sich im Abstande 11 cm vom Scheitel ein Punkt P_1, auf dem anderen Schenkel ein Punkt P_2 im Scheitelabstand 3 cm. Beide Punkte bewegen sich mit gleicher Geschwindigkeit vom Scheitel fort. P_1 beginnt 6 s später als P_2 sich in Bewegung zu setzen und hat nach 3 s einen Abstand von 130 cm von P_2 erreicht. Wie groß ist die Geschwindigkeit beider Punkte?

478. Auf dem Umfang eines Kreises von 420 m Länge bewegen sich zwei Körper A und B. B legt in der Minute 25 m mehr zurück als A und braucht daher, um den ganzen Kreis zu umlaufen, 5 min weniger als A. Welche Geschwindigkeiten haben A und B?

479. Auf den Schenkeln eines Winkels von 60° bewegen sich zwei Punkte A und B vom Scheitel fort. Ursprünglich sind A und B 2 m bzw. 10 m vom Scheitel entfernt. Wann werden die beiden Punkte 30 m voneinander entfernt sein, wenn sie 7 m bzw. 5 m in der Sekunde zurücklegen? (Man wende den Cosinussatz an.)

480. Auf einem 225 m langen Wege bewegen sich 2 Körper, gleichzeitig beginnend, einander entgegen. Der erste Körper führt eine gleichförmige Bewegung mit einer Geschwindigkeit von 20 m/s aus, der zweite eine gleichmäßig beschleunigte Bewegung mit der Beschleunigung 10 m/s². Wann werden sich beide Punkte treffen, und welchen Weg hat dann jeder zurückgelegt?

481. Ein Elbdampfer, der von Dresden um 9.30 Uhr mit einer Geschwindigkeit von 13,2 km/h über Grund abfährt, begegnet um 11.18 Uhr einem Dampfer, der Riesa um 8.00 verlassen hat. Der stromab fahrende Dampfer kommt 30 min früher in Riesa an als der stromauf fahrende Dampfer in Dresden. Wie lang ist die Fahrtstrecke?

482. Zwei Radfahrer treffen einander nach 42 Sekunden, wenn sie in einer kreisförmigen Bahn von derselben Stelle aus in entgegengesetzter Richtung abfahren. Wieviel Sekunden benötigt der erste Radfahrer für eine Runde, wenn er 13 s mehr braucht als der zweite?

483. Um die Tiefe eines Brunnens zu bestimmen, läßt man einen Stein frei hineinfallen und hört ihn nach 6 s im Wasser aufschlagen. Wie tief ist der Brunnen? (Schallgeschwindigkeit 333 m/s; Erdbeschleunigung 9,81 m/s². Der Luftwiderstand wird vernachlässigt.)

484. Der Achsenschnitt eines Zylinders ist ein Rechteck von 26 cm Umfang. Die Oberfläche des Zylinders beträgt 138,23 cm². Wie groß ist das Volumen?

485. Das Abstecken einer kreisförmigen Bordsteinkante einer Stadtstraße soll von der Sehne aus erfolgen, die einen Mittelpunktabstand von 39 m hat und 71 m länger ist als der Radius. Wie lang ist die Sehne?

486. Einer Kugel von 25 cm Radius soll ein Zylinder einbeschrieben werden, dessen Achsenschnitt einen Umfang von 140 cm hat. Wie groß sind die Höhe und der Grundkreisdurchmesser des Zylinders?

487. Die Höhe eines Kegels beträgt 12 cm, der Mantel 424,12 cm². Wie groß sind Oberfläche und Rauminhalt?

488. Die Oberfläche eines Kegelstumpfes von 8 cm Mantellinie beträgt 1298 cm², der Mantel 528 cm². Wie groß sind die Halbmesser?

489. Eine Hohlkugel aus Stahl ($\varrho = 7{,}85$ kg/dm³) von 3 cm Wanddicke hat eine Masse von 39,360 kg. Wie groß sind die Durchmesser?

490. Die Resultierende zweier rechtwinklig aufeinander wirkender Kräfte ist 170 N. Vergrößert man die eine Kraft um 10 N und die andere um 40 N, so wächst die Resultierende um 30 N. Wie groß sind die Kräfte?

491. Wird in einem Stromkreis mit 120 V Spannung der Widerstand um 10 Ω vergrößert, so sinkt die Stromstärke um 1 A. Wie groß sind Stromstärke und Widerstand?

492. Zwei Widerstände, die sich um 1 Ω unterscheiden, geben bei Parallelschaltung einen Gesamtwiderstand von 0,375 Ω. Wie groß sind die Einzelwiderstände?

493. Die Resultierende zweier rechtwinklig aufeinander wirkender Kräfte, die sich um 60 N unterscheiden, hat die Größe 300 N. Wie groß sind die Kräfte?

494. Zu einem Draht werden zwei weitere Drähte parallelgeschaltet, deren Widerstände um 4 Ω größer bzw. 5,6 Ω kleiner sind als der Widerstand des ersten Drahtes. Dadurch sinkt der Gesamtwiderstand auf den fünften Teil des ersten Drahtes. Welchen Widerstand haben die einzelnen Drähte?

495. Zwei Widerstände, die sich um 200 Ω unterscheiden, haben in Parallelschaltung einen Gesamtwiderstand von 24 Ω. Wie groß sind die Widerstände?

496. Der Gesamtwiderstand einer Reihenschaltung von zwei Widerständen beträgt 50 Ω, eine Parallelschaltung derselben zwei Widerstände 8 Ω. Wie groß sind die Einzelwiderstände?

497. In einem Stromkreis, an dem eine Spannung von 220 V angelegt ist, fließt bei Parallelschaltung zweier Widerstände ein Strom von 4 A und bei Reihenschaltung derselben Widerstände ein Strom von 1 A. Wie groß sind die Widerstände?

498. In einem rechteckigen Hof mit der Breite 48 m und der Länge 54 m soll ein gleichmäßig breiter Streifen mit quadratischen Fliesen von einer Kantenlänge 30 cm gepflastert werden. Die freie Fläche innen von einer Größe von 567 m² soll mit Rasen angesät werden. Wieviel Fliesen werden benötigt, und wie breit ist der Streifen?

499. Die Sehne eines Kreises hat den Mittelpunktabstand 9 cm und ist 39 cm länger als der Halbmesser. Wie groß ist die Sehne?

500. Bei einer Brinellhärteprüfung eines Stahls verwendet man eine Stahlkugel von 10 mm Durchmesser und erhält nach der Prüfung, bei der die Stahlkugel auf die Oberfläche des zu prüfenden Werkstückes gedrückt wird, einen Kugeleindruck, dessen Durchmesser (auf der ebenen Oberfläche des Werkstückes gemessen) 5 mm ist. Wie tief ist die Kugel in das Werkstück eingedrungen?

16. Algebraische Gleichungen n-ten Grades

Die bisher behandelten linearen und quadratischen Gleichungen mit einer Variablen sind Sonderfälle der allgemeinen Gleichung n-ten Grades (vgl. 9.4.)

$$a_n x^n + a_{n-1} x^{n-1} + \cdots + a_2 x^2 + a_1 x + a_0 = 0 \qquad a_n \neq 0,$$

in der die a_i beliebige reelle Koeffizienten darstellen und $n \in N$ ist. Der größte auftretende Exponent n bestimmt den *Grad* der Gleichung.

Wie im Abschnitt 1.3.3. des Bandes »Analysis« dargelegt, stellt die Funktionsgleichung

$$y = a_n x^n + a_{n-1} x^{n-1} + \cdots + a_2 x^2 + a_1 x + a_0$$

die analytische Form der ganzen rationalen Funktion n-ten Grades dar.
An dem in beiden Fällen auftretenden Term

$$g_n(x) = a_n x^n + a_{n-1} x^{n-1} + \cdots + a_2 x^2 + a_1 x + a_0,$$

allgemein **Polynom n-ten Grades** genannt, sollen im folgenden einige Untersuchungen vorgenommen werden, die als Ergebnis praktische Verfahren zur Berechnung derartiger Polynome zeitigen werden.

16.1. Schema von Horner

Zunächst soll ein derartiges Polynom in eine Summe zerlegt werden, deren einer Summand ein Produkt mit dem Linearfaktor $(x - x_1)$ und deren anderer eine Konstante ist. Diese Aufgabe läßt sich mit Hilfe der im »Lehrgang der Elementarmathematik« behandelten Partialdivision lösen.

BEISPIEL

1. Das Polynom $4x^4 - 15x^3 + 14x^2 - 17x + 9$ ist als Produktsumme mit dem Linearfaktor $(x - 3)$ darzustellen.

Lösung:

$$(4x^4 - 15x^3 + 14x^2 - 17x + 9):(x - 3) = 4x^3 - 3x^2 + 5x - 2$$

$$\begin{array}{l}
-|\underline{4x^4 - 12x^3} \\
\qquad -3x^3 + 14x^2 \\
\quad -|\underline{-3x^3 + 9x^2} \\
\qquad\qquad 5x^2 - 17x \\
\qquad\quad -|\underline{5x^2 - 15x} \\
\qquad\qquad\quad - 2x + 9 \\
\qquad\qquad -|\underline{- 2x + 6} \\
\qquad\qquad\qquad\quad 3
\end{array}$$

Die Division führt auf ein Polynom dritten Grades und, da sie nicht aufgeht, auf einen konstanten Rest. Für das angegebene Polynom gilt somit

$$\underline{\underline{4x^4 - 15x^3 + 14x^2 - 17x + 9 = (x - 3)(4x^3 - 3x^2 + 5x - 2) + 3.}}$$

Allgemein wird sich ein Polynom n-ten Grades in der Form

$$a_n x^n + a_{n-1} x^{n-1} + \cdots + a_1 x + a_0 = (x - x_1)(b_{n-1} x^{n-1} + \cdots + b_1 x + b_0) + r_0$$

oder kurz

$$g_n(x) = (x - x_1) \cdot g_{n-1}(x) + r_0$$

darstellen lassen. Zur Bestimmung der Koeffizienten b_i und des Restes r_0 soll nun ein rationelleres Verfahren als die Partialdivision entwickelt werden. Dazu ist die rechte Seite auszumultiplizieren und nach fallenden Potenzen von x zu ordnen:

$$a_n x^n + a_{n-1} x^{n-1} + \cdots + a_1 x + a_0 = b_{n-1} x^n + (b_{n-2} - x_1 b_{n-1}) x^{n-1} + (b_{n-3} - x_1 b_{n-2}) x^{n-2} + \cdots + (b_0 - x_1 b_1) x + (r_0 - x_1 b_0).$$

Die beiderseits des Gleichheitszeichens stehenden Polynome sind miteinander identisch, also müssen die Koeffizienten der jeweiligen Potenzen von x gleich sein:

$$\begin{array}{lcl}
a_n = b_{n-1} & \text{bzw. nach den} & b_{n-1} = a_n \\
a_{n-1} = b_{n-2} - x_1 b_{n-1} & b_i \text{ aufgelöst:} & b_{n-2} = a_{n-1} + x_1 b_{n-1} \\
a_{n-2} = b_{n-3} - x_1 b_{n-2} & & b_{n-3} = a_{n-2} + x_1 b_{n-2} \\
\cdots\cdots\cdots\cdots & & \cdots\cdots\cdots\cdots \\
a_1 = b_0 - x_1 b_1 & & b_0 = a_1 + x_1 b_1 \\
a_0 = r_0 - x_1 b_0 & & r_0 = a_0 + x_1 b_0.
\end{array}$$

Das rechts stehende System kann zur schrittweisen Berechnung der b_i verwendet werden. Mit dem Koeffizienten a_n des gegebenen Polynoms ist b_{n-1} bekannt. Durch Addition des zu bildenden Produkts $x_1 b_{n-1}$ mit dem gegebenen a_{n-1} läßt sich nun b_{n-2} bestimmen usw. Es lassen sich also die b_i und r_0 durch Multiplikationen mit dem gleichbleibenden Faktor x_1 (feste Einstellung des Rechenstabes!) und Additionen berechnen. Von HORNER wurde 1819 ein nach ihm benanntes Schema zur übersichtlichen Ausführung dieser Rechnungen angegeben. Darin werden zunächst die gegebenen Koeffizienten a_i, mit a_n beginnend, in einer Zeile niedergeschrieben (für fehlende Potenzen von x ist der Koeffizient 0 einzusetzen). Dann sind in der durch die eingezeichneten Pfeile gekennzeichneten Reihenfolge nacheinander b_{n-1}, $x_1 b_{n-1}$, b_{n-2} usw. anzugeben bzw. zu berechnen und einzutragen:

$$\begin{array}{c|ccccccccccc}
 & a_n & & a_{n-1} & & a_{n-2} & \cdots & a_1 & & a_0 & \\
 & \downarrow & & x_1 b_{n-1} & & x_1 b_{n-2} & \cdots & x_1 b_1 & & x_1 b_0 & \\
\hline
 & \downarrow & \nearrow & \downarrow & \nearrow & \downarrow & \cdots & \nearrow\ \downarrow & \nearrow & \downarrow & \\
x_1 & b_{n-1} & & b_{n-2} & & b_{n-3} & \cdots & b_1 & & b_0 & r_0
\end{array}$$

BEISPIEL

1. (Fortsetzung): Für das angegebene Polynom ergibt sich das HORNERsche Schema:

	4	−15	14	−17	9
		12	−9	15	−6
3	4	−3	5	−2	3
	b_3	b_2	b_1	b_0	r_0.

Damit sind die (zusätzlich unter den errechneten Werten vermerkten) Koeffizienten des entsprechenden Polynoms dritten Grades und der Rest r_0 gefunden, wie ein Vergleich mit dem Ergebnis der weiter vorn ausgeführten Partialdivision bestätigt.

Zweckmäßig wird noch eine Kontrollrechnung eingeschaltet. Dazu werden die *Koeffizientensummen*

$$a_n + a_{n-1} + \cdots + a_1 + a_0 = s_n$$

und

$$b_{n-1} + b_{n-2} + \cdots + b_1 + b_0 = s_{n-1}$$

der beiden Polynome eingeführt. Da die identische Gleichung

$$a_n x^n + a_{n-1} x^{n-1} + \cdots + a_1 x + a_0 = (x - x_1)(b_{n-1} x^{n-1} + \cdots + b_1 x + b_0) + r_0$$

für $x = 1$ die Form

$$a_n + a_{n-1} + \cdots + a_1 + a_0 = (1 - x_1)(b_{n-1} + \cdots + b_1 + b_0) + r_0$$

annimmt, muß

$$s_n = (1 - x_1) s_{n-1} + r_0$$

bzw.

$$s_n + (x_1 - 1)s_{n-1} = r_0$$

sein.

BEISPIEL

1. (Fortsetzung): Für obiges Polynom ist

$$s_4 = -5, \quad s_3 = 4$$

und damit

$$-5 + (3 - 1) \cdot 4 = 3.$$

Wird in

$$g_n(x) = (x - x_1) \cdot g_{n-1}(x) + r_0$$

für x der Wert x_1 eingesetzt:

$$g_n(x_1) = (x_1 - x_1) \cdot g_{n-1}(x_1) + r_0,$$

so folgt

$$g_n(x_1) = r_0.$$

Satz

Der Rest r_0 ist gleich dem Wert des Polynoms an der Stelle x_1.

Mit Hilfe des HORNERschen Schemas läßt sich sehr vorteilhaft die Wertetabelle für $y = g_n(x)$ aufstellen.

BEISPIEL

1. (Fortsetzung):

Es ist $g_4(3) = 3$.

Besonders bewährt sich das HORNERsche Schema, wenn die Koeffizienten und der Wert x_1 nicht ganzzahlig sind.

BEISPIEL

2. Es ist

$$g_4(x) = 1{,}25\,x^4 - 2{,}71\,x^3 + 1{,}41\,x + 3{,}21$$

für $x = 0{,}91$ zu berechnen.

Lösung:

	1,25	−2,71	0	1,41	3,21	$s_4 = 3{,}16$
		1,14	−1,43	−1,30	0,10	
0,91	1,25	−1,57	−1,43	0,11	3,31	$s_3 = -1{,}64$

Kontrolle: $3{,}16 + (0{,}91 - 1) \cdot (-1{,}64) = 3{,}31$.

Demnach ist

$$g_4(x) = (x - 0{,}91)\,(1{,}25x^3 - 1{,}57x^2 - 1{,}43x + 0{,}11) + 3{,}31,$$

$$\underline{\underline{g_4(0{,}91) = 3{,}31.}}$$

Ergibt sich $g_n(x_1) = 0$, ist also $r_0 = 0$, so heißt dieser Wert x_1 **Nullstelle des Polynoms** und stellt eine Wurzel der Gleichung $g_n(x) = 0$ bzw. eine Nullstelle der durch $y = g_n(x)$ gegebenen Funktion dar.

Satz

Hat ein Polynom n-ten Grades die Nullstelle x_1, so läßt es sich als Produkt aus dem Linearfaktor $(x - x_1)$ und dem entsprechenden Polynom $(n - 1)$-ten Grades darstellen.

$$g_n(x_1) = 0 \Leftrightarrow g_n(x) = (x - x_1) \cdot g_{n-1}(x).$$

BEISPIEL

3. Es ist

$$g_4(x) = x^4 - 3x^3 - 12x^2 + 52x - 48$$

als Produkt mit dem Linearfaktor $(x - 2)$ darzustellen.

Lösung:

	1	−3	−12	52	−48	$s_4 = -10$	
		2	−2	−28	48		Kontrolle:
2	1	−1	−14	24	0	$s_3 = 10$	$-10 + (2 - 1) \cdot 10 = 0$

Daraus folgt:

$$\underline{\underline{g_4(x) = (x - 2)\,(x^3 - x^2 - 14x + 24)}}$$

und

$$g_4(2) = 0, \quad \text{also } x = 2 \text{ Nullstelle.}$$

Entwicklung eines Polynoms an der Stelle $x = x_1$

Die einmalige Anwendung des HORNERschen Schemas führte auf

$$g_n(x) = (x - x_1) \cdot g_{n-1}(x) + r_0.$$

Nun soll das Polynom $g_{n-1}(x)$ in gleicher Weise behandelt werden, so daß sich dafür

$$g_{n-1}(x) = (x - x_1) \cdot g_{n-2}(x) + r_1$$

ergibt. Damit ist dann

$$g_n(x) = (x - x_1)\,[(x - x_1) \cdot g_{n-2}(x) + r_1] + r_0 =$$
$$= (x - x_1)^2 \cdot g_{n-2}(x) + r_1(x - x_1) + r_0.$$

Wird mit dem Polynom $g_{n-2}(x)$ genauso verfahren, so folgt

$$g_n(x) = (x - x_1)^3 \cdot g_{n-3}(x) + r_2(x - x_1)^2 + r_1(x - x_1) + r_0.$$

Ein Ende wird diese fortschreitende Entwicklung finden, wenn schließlich ein Polynom $g_0(x)$ nullten Grades, also eine Konstante, übrigbleibt. Das gegebene Polynom $g_n(x)$ ist dann an der Stelle $x = x_1$ *entwickelt*:

$$g_n(x) = r_n(x - x_1)^n + r_{n-1}(x - x_1)^{n-1} + \cdots + r_1(x - x_1) + r_0.$$

Die praktische Durchführung der Rechnung erfolgt durch Fortsetzung des Horner-schen Schemas, wobei das sich jeweils als letzter Wert ergebende r_i vom nächsten Zyklus auszuschließen ist.

BEISPIEL

4. Es ist $g_4(x) = 3x^4 + 20x^3 + 46x^2 + 40x + 3$ an der Stelle $x = -2$ zu entwickeln.

Lösung:

	3	20	46	40	3		$s_4 = 112$	
		−6	−28	−36	−8			Kontrolle:
−2	3	14	18	4	$-5 = r_0$		$s_3 = 39$	$112 + (-2 - 1) \cdot 39 = -5$
		−6	−16	−4				
−2	3	8	2	$0 = r_1$			$s_2 = 13$	$39 + (-2 - 1) \cdot 13 = 0$
		−6	−4					
−2	3	2	$-2 = r_2$				$s_1 = 5$	$13 + (-2 - 1) \cdot 5 = -2$
		−6						
−2	3	$-4 = r_3$					$s_0 = 3$	$5 + (-2 - 1) \cdot 3 = -4$
−2	$3 = r_4.$							

Somit ist

$$g_4(x) = 3(x + 2)^4 - 4(x + 2)^3 - 2(x + 2)^2 - 5.$$

Wird eine derartige Entwicklung an der Funktionsgleichung $y = g_n(x)$ vorgenommen und anschließend für den Term $(x - x_1)$ eine neue Variable z eingeführt:

$$z = x - x_1,$$

so entspricht der Übergang von $y = g_n(x)$ auf $y = g_n(z)$ einer Parallelverschiebung der y-Achse um x_1, wenn dabei die z-Achse so auf die x-Achse gelegt wird, daß entsprechende Werte zusammenfallen (Bild 40).

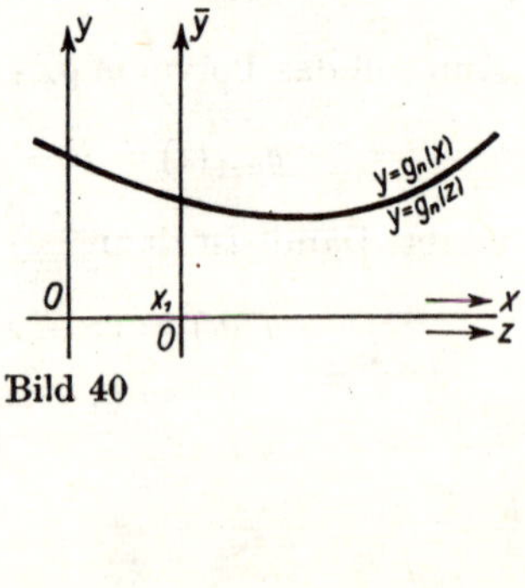

Bild 40

Umgekehrt läßt sich genauso jedes nach $(x - x_1)$ entwickelte Polynom

$$g_n(x - x_1) = a_n(x - x_1)^n + a_{n-1}(x - x_1)^{n-1} + \cdots + a_1(x - x_1) + a_0$$

nach Potenzen von x selbst, also an der Stelle $x = 0$ entwickeln. Dazu ist eine Hilfsvariable z in der Form

$$x - x_1 = z \quad \text{bzw.} \quad x = z + x_1$$

einzuführen und dann

$$g_n(z) = a_n z^n + a_{n-1} z^{n-1} + \cdots + a_1 z + a_0$$

an der Stelle $z = -x_1$ zu entwickeln, also mit Potenzen von $z + x_1 = x$ darzustellen.

BEISPIEL

5. Es ist $(x + 1)^3 - 3(x + 1)^2 + 5(x + 1) + 2$ nach Potenzen von x zu entwickeln.

Lösung: Mit $z = x + 1$ ist $z^3 - 3z^2 + 5z + 2$ an der Stelle $z = 1$ zu entwickeln:

	1	−3	5	2	$s_3 = 5$
		1	−2	3	$5 + (1 - 1) \cdot 2 = 5$
1	1	−2	3	5	$s_2 = 2$
		1	−1		$2 + (1 - 1) \cdot 0 = 2$
1	1	−1	2		$s_1 = 0$
		1			$0 + (1 - 1) \cdot 1 = 0$
1	1	0			$s_0 = 1$
1	1				

Somit ist

$$\underline{\underline{(x + 1)^3 - 3(x + 1)^2 + 5(x + 1) + 2 = x^3 + 2x + 5.}}$$

Im letzten Beispiel folgte aus dem Polynom $g_3(z)$ das von x^2 freie Polynom $g_3(x)$. Bei der Auflösung von Gleichungen höheren Grades wird häufig von einer derartigen Transformation, bei der die zweithöchste Potenz der neu eingeführten Variablen verschwindet, Gebrauch gemacht. Es ist zu untersuchen, wie in $z = x - x_1$ das x_1 gewählt werden muß, damit in $g_n(z)$ die Potenz z^{n-1} nicht mehr auftritt, ihr Koeffizient also den Wert Null hat (*reduziertes Polynom*). Aus

$$g_n(x) = a_n x^n + a_{n-1} x^{n-1} + \cdots + a_1 x + a_0$$

wird mit $z = x - x_1$; also $x = z + x_1$

$$\begin{aligned} g_n(z) &= a_n(z + x_1)^n + a_{n-1}(z + x_1)^{n-1} + \cdots + a_1(z + x_1) + a_0 = \\ &= a_n z^n + n \cdot a_n x_1 z^{n-1} + \cdots \\ &\qquad\qquad + a_{n-1} z^{n-1} \quad + \cdots \\ &\qquad\qquad\qquad\qquad + \cdots = \\ &= a_n z^n + (n \cdot a_n x_1 + a_{n-1}) z^{n-1} + \cdots \end{aligned}$$

Der Koeffizient von z^{n-1} verschwindet für

$$\boxed{x_1 = -\frac{a_{n-1}}{n \cdot a_n}} \tag{58}$$

BEISPIEL

6. In das Polynom $1{,}20x^3 - 4{,}50x^2 + 7{,}19x - 1{,}20$ ist eine neue Variable z so einzuführen, daß $g_3(z)$ kein Glied mit z^2 enthält.

Lösung:

Nach Formel (58) ist $x_1 = \frac{4{,}5}{3 \cdot 1{,}2} = \frac{5}{4} = 1{,}25$.

	1,20	−4,50	7,19	−1,20	$s_3 = 2{,}69$
		1,50	−3,75	4,30	$2{,}69 + 0{,}25 \cdot 1{,}64 = 3{,}10$
1,25	1,20	−3,00	3,44	3,10	$s_2 = 1{,}64$
		1,50	−1,875		$1{,}64 - 0{,}25 \cdot 0{,}30 = 1{,}565$
1,25	1,20	−1,50	1,565		$s_1 = -0{,}30$
		1,50			
1,25	1,20	0			
1,25	1,20				

Es ist $\underline{\underline{g_3(z) = 1{,}20z^3 + 1{,}565z + 3{,}10}}$.

Ergibt die Entwicklung eines Polynoms an einer Stelle x_1

$$r_0 = r_1 = \cdots = r_{i-1} = 0, \quad r_i \neq 0 \quad (i \leqq n),$$

so läßt sich $g_n(x)$ in der Produktform

$$g_n(x) = (x - x_1)^i \cdot g_{n-i}(x)$$

darstellen. Ein derartiges x_1 wird *i-fache Nullstelle* genannt. Die Koeffizienten von $g_{n-i}(x)$ können der Zeile des HORNERschen Schemas entnommen werden, deren letztes Glied r_{i-1} ist.

BEISPIEL

7. Es ist das Polynom

$$g_5(x) = x^5 - 15x^3 + 10x^2 + 60x - 72$$

auf die Vielfachheit der Nullstelle $x_1 = 2$ hin zu untersuchen und als Produkt mit der entsprechenden Potenz von $(x - 2)$ darzustellen.

Lösung:

	1	0	−15	10	60	−72	
		2	4	−22	−24	72	$-16 + 1 \cdot 16 = 0$
2	1	2	−11	−12	36	0	
		2	8	− 6	−36		$16 + 1 \cdot (-16) = 0$
2	1	4	− 3	−18	0		
		2	12	18			$-16 + 1 \cdot 16 = 0$
2	1	6	9	0			
		2	16				$16 + 1 \cdot 9 = 25$
2	1	8	25				

$x_1 = 2$ ist dreifache Nullstelle.

Produktdarstellung: $g_5(x) = (x - 2)^3 (x^2 + 6x + 9)$

$$g_5(x) = (x - 2)^3 (x + 3)^2.$$

Aus der Produktdarstellung folgt $x_2 = -3$ als zweifache Nullstelle.

AUFGABEN

Es sind die Werte des Polynoms $g_n(x)$ an den Stellen x_1 und x_2 zu berechnen:

501. $g_3(x) = x^3 - 3x^2 + 5x - 2;\quad x_1 = 2;\quad x_2 = -3$

502. $g_3(x) = 2x^3 - 3x - 1;\quad x_1 = -1;\quad x_2 = 3$

503. $g_4(x) = x^4 - 2x^2 + x + 2;\quad x_1 = -2;\quad x_2 = -3$

504. $g_2(x) = 3{,}7x^2 - 4{,}56x + 7{,}92;\quad x_1 = 2{,}8;\quad x_2 = -4{,}2$

505. $g_2(x) = 0{,}38x^2 - 0{,}564x + 0{,}692;\quad x_1 = 1{,}8;\quad x_2 = -4{,}7$

506. $g_3(x) = 4{,}9x^3 - 3{,}87x^2 + 5{,}694x - 2{,}687;\quad x_1 = 1{,}3;\quad x_2 = -2{,}7$

507. $g_3(x) = 0{,}8x^3 + 1{,}354x - 2{,}394;\quad x_1 = 1{,}7;\quad x_2 = -1{,}9$

508. $g_4(x) = 1{,}2x^4 - 2{,}74x^3 + 3{,}98x^2 - 4{,}561x - 4{,}5618;\quad x_1 = 2{,}7;\quad x_2 = -4{,}3$

509. $g_4(x) = 3{,}6x^4 - 2{,}54x^2 - 2{,}19736;\quad x_1 = 1{,}1;\quad x_2 = -1{,}5$

Für die angegebenen Funktionen ist eine Wertetabelle aufzustellen:

510. $\{(x; y) \mid y = x^3 - 3x^2 - 24x + 1\}$ $\quad x \in \{-3; -2; \ldots; 4; 5\}$

511. $\{(x; y) \mid y = x^3 - 9x^2 + 24x - 1\}$ $\quad x \in \{-1; 0; 1; \ldots; 6; 7\}$

512. $\{(x; y) \mid y = x^4 - 3x^2 + 3x + 2\}$ $\quad x \in \{-3; -2; \ldots; 2; 3\}$

Es sind die folgenden Polynome $g_n(x)$ als Produkte mit dem Linearfaktor $x - x_1$ darzustellen:

513. $g_3(x) = x^3 - 5x^2 + 8x - 4; \quad x_1 = 2$

514. $g_4(x) = x^4 - 2x^3 - 13x^2 + 9x + 9; \quad x_1 = -3$

515. $g_4(x) = x^4 - 3x^2 + 3x + 2; \quad x_1 = -2$

Die folgenden Polynome sind an der Stelle x_1 zu entwickeln:

516. $g_3(x) = 3x^3 - 13x^2 + 14x + 1; \quad x_1 = 2$

517. $g_3(x) = 4x^3 - 41x^2 + 140x - 159; \quad x_1 = 3$

518. $g_4(x) = 2x^4 + 16x^3 + 45x^2 + 52x + 25; \quad x_1 = -2$

519. $g_4(x) = x^4 - 4x^3 + 6x^2 - 4x + 5; \quad x_1 = 1$

Es sind nach Potenzen von x zu entwickeln:

520. $g_3(x) = 3(x + 2)^3 - 5(x + 2)^2 + 2(x + 2) + 4$

521. $g_3(x) = 2(x - 3)^3 + 3(x - 3)^2 + 4$

522. $g_3(x) = 2(x + 1{,}1)^3 + 2{,}6(x + 1{,}1)^2 + 3{,}46(x + 1{,}1) + 5{,}322$

523. $g_4(x) = (x + 3)^4$

Wie lauten die reduzierten Polynome für:

524. $g_3(x) = x^3 - 3x^2 + x + 4$

525. $g_3(x) = 2x^3 + 12x^2 + 19x + 6$

526. $g_3(x) = x^3 - 9x^2 + 27x - 22$

527. $g_3(x) = x^3 - 1{,}5x^2 + 2{,}1x + 1{,}4$

528. $g_3(x) = x^3 - 3{,}6x^2 + 5{,}2x - 1{,}3$?

Welche Vielfachheit hat die Nullstelle x_1 des Polynoms $g_n(x)$? Wie lautet die entsprechende Produktdarstellung?

529. $x_1 = 2; \quad g_3(x) = x^3 + x^2 - 10x + 8$

530. $x_1 = -1; \quad g_3(x) = x^3 - x^2 - 5x - 3$

531. $x_1 = 2; \quad g_4(x) = x^4 - 4x^3 - 5x^2 + 36x - 36$

532. $x_1 = 1$ und $x_2 = 2; \quad g_5(x) = x^5 - 7x^4 + 19x^3 - 25x^2 + 16x - 4$

16.2. Fundamentalsatz der Algebra

Im folgenden soll untersucht werden, wieviel Wurzeln eine algebraische Gleichung n-ten Grades

$$a_n x^n + a_{n-1} x^{n-1} + \cdots + a_1 x + a_0 = 0 \quad (a_n \neq 0; \quad a_i \in R; \quad n \in N)$$

im Bereich der komplexen Zahlen aufweist. Die Lösungsmenge einer in dieser Form gegebenen linearen Gleichung besteht grundsätzlich aus einem Element, während die einer quadratischen Gleichung im Bereich der komplexen Zahlen aus zwei (eventuell gleichen) Elementen besteht. Vermutlich wird nun allgemein eine Gleichung n-ten Grades n Wurzeln aufweisen. Ehe ein derartiger Satz formuliert wird, sei zunächst der von C. F. GAUSS 1799 in seiner Dissertation erstmalig bewiesene **Fundamentalsatz der Algebra** angeführt:

Jede algebraische Gleichung n-ten Grades mit einer Variablen

$$a_n x^n + a_{n-1} x^{n-1} + \cdots + a_1 x + a_0 = 0$$

hat im Bereich der komplexen Zahlen mindestens eine Wurzel.

Der vollständige Beweis kann hier nicht aufgestellt werden. Für Gleichungen, deren Grad n ungerade ist, ergibt sich ein einfacher Nachweis für die Richtigkeit dieses Satzes bei der Untersuchung des Verhaltens der durch die Funktionsgleichung

$$y = a_n x^n + a_{n-1} x^{n-1} + \cdots + a_1 x + a_0$$

gegebenen Funktion für große Absolutwerte von x. Dazu sei die Funktionsgleichung auf die Form

$$y = a_n x^n \left(1 + \frac{a_{n-1}}{a_n x} + \cdots + \frac{a_1 x}{a_n x^{n-1}} + \frac{a_0}{a_n x^n}\right)$$

gebracht. Wenn $|x|$ immer größere Werte annimmt, so werden die Beträge von $\frac{a_{n-1}}{a_n x}, \ldots, \frac{a_0}{a_n x^n}$ klein gegenüber Eins, sie streben gegen Null. Für große $|x|$ ist also

$$y \approx a_n x^n,$$

und damit wird, ungerades n vorausgesetzt, y entgegengesetzte Vorzeichen annehmen, je nachdem x mit absolut großen negativen oder positiven Werten belegt wird. Infolge der Stetigkeit muß dann aber mindestens ein reelles x existieren, für das y verschwindet, an dessen Stelle also die der Funktion entsprechende Kurve die x-Achse schneidet. Bei ungeradzahligem n muß also die Gleichung mindestens eine reelle Wurzel aufweisen. Für geradzahliges n kann eine entsprechende Folgerung nicht gezogen werden, da y für absolut große $x \gtrless 0$ stets Werte gleichen Vorzeichens annimmt, und deshalb nicht mit Sicherheit auf die Existenz von Schnittpunkten der Kurve mit der x-Achse geschlossen werden kann.

Wenn also jede Gleichung n-ten Grades mindestens eine Wurzel x_1 aufweist, dann muß sich das auf der linken Seite der Gleichung stehende Polynom n-ten Grades als Produkt aus dem Linearfaktor $(x - x_1)$ und dem entsprechenden Polynom $(n - 1)$-ten Grades darstellen lassen:

$$(x - x_1)(b_{n-1} x^{n-1} + b_{n-2} x^{n-2} + \cdots + b_1 x + b_0) = 0 \quad (b_{n-1} = a_n).$$

Die Belegung der linken Seite mit $x = x_1$ ergibt die auf Grund der angenommenen Bedeutung des x_1 zu erwartende wahre Aussage. Das Verschwinden der linken Seite kann nun aber auch Folge des Nullwerdens des zweitens Faktors sein. So liegt mit

$$b_{n-1}x^{n-1} + b_{n-2}x^{n-2} + \cdots + b_1 x + b_0 = 0$$

jetzt eine Gleichung $(n - 1)$-ten Grades vor, auf die wiederum der Fundamentalsatz zutrifft, für die also mindestens eine Wurzel x_2 existiert, die nicht unbedingt von x_1 verschieden ist. Es muß sich demnach ein Faktor $(x - x_2)$ abspalten lassen. Wird diese Überlegung fortgesetzt, so kann schließlich die in der allgemeinen Form gegebene Gleichung n-ten Grades in die **Produktform**

$$a_n(x - x_1)(x - x_2) \cdots (x - x_n) = 0$$

überführt werden. Daraus folgt unmittelbar der Satz:

Satz

Eine algebraische Gleichung n-ten Grades mit einer Variablen hat im Bereich der komplexen Zahlen stets n Wurzeln.

Über die Art der Wurzeln sagt die Produktform nichts aus. Sie können teilweise reell oder komplex, voneinander verschieden oder gleich sein. Tritt ein Wert x_k mit der Vielfachheit λ als Wurzel auf, so wird er als *λ-fache Wurzel* bezeichnet.

16.3. Eigenschaften der Wurzeln einer algebraischen Gleichung

In diesem Abschnitt sollen noch einige Eigenschaften der Wurzeln algebraischer Gleichungen n-ten Grades herausgestellt werden, die für das praktische Lösen derartiger Gleichungen von Bedeutung sein können.
Zweckmäßigerweise werden zunächst die zu lösenden Gleichungen durch Division mit a_n in ihre Normalform überführt, bei der also der Koeffizient der höchsten Potenz von x die Eins ist. Im weiteren Verlauf sei daher stets das Polynom in der Form

$$g_n(x) = x^n + a_{n-1}x^{n-1} + \cdots + a_1 x + a_0$$

angenommen.
Ohne Beweis sei hier der Satz angeführt:

Satz

Ist eine komplexe Zahl $a + b\,\mathrm{j}$ Wurzel einer algebraischen Gleichung mit reellen Koeffizienten, so ist es auch die dazu konjugiert komplexe Zahl $a - b\,\mathrm{j}$.

Komplexe Zahlen treten also grundsätzlich nur paarweise auf. Aus diesem Satz folgt unmittelbar, daß algebraische Gleichungen mit ungeradzahligem Grad stets eine ungerade Anzahl reeller Wurzeln aufweisen müssen. So können beispielsweise bei einer Gleichung dritten Grades zwei Möglichkeiten bezüglich der Beschaffenheit ihrer Wurzeln eintreten:

a) drei reelle Wurzeln (eventuell vollständig oder teilweise gleich),
b) eine reelle Wurzel und ein Paar konjugiert komplexe Wurzeln.

Bei Gleichungen geraden Grades hingegen treten reelle Wurzeln, falls sie überhaupt existieren, stets in gerader Anzahl auf.

Satz

Nimmt für zwei verschiedene x-Werte $g_n(x)$ Werte mit ungleichen Vorzeichen an, so muß zwischen diesen beiden x mindestens eine reelle Nullstelle liegen.

Von dieser Tatsache wurde schon beim Existenznachweis einer reellen Wurzel bei algebraischen Gleichungen mit ungeradzahligem Grad Gebrauch gemacht.
Je nach Art des Vorzeichens des absoluten Gliedes a_0 lassen sich die folgenden Fallunterscheidungen anstellen.

$a_0 < 0$

Grad ungeradzahlig: Mindestens eine reelle Wurzel muß im Bereich $x > 0$ liegen;
Grad geradzahlig: Es existieren mindestens je eine reelle Wurzel im Bereich $x < 0$ und $x > 0$;

$a_0 > 0$

Grad ungeradzahlig: Mindestens eine reelle Wurzel muß im Bereich $x < 0$ liegen;
Grad geradzahlig: In diesem Fall läßt sich keine Aussage über die Existenz reeller Wurzeln machen;

$a_0 = 0$

Aus der in diesem Fall möglichen Produktdarstellung

$$x(x^{n-1} + a_{n-1}x^{n-2} + \cdots + a_2x + a_1) = 0$$

ergibt sich grundsätzlich $x_1 = 0$ als Wurzel. Sind darüber hinaus auch $a_1 = a_2 = \cdots = a_{k-1} = 0$, $a_k \neq 0$ $(k < n)$, läßt sich also x^k ausklammern, so ist $x_1 = 0$ eine k-fache Nullstelle.

Eine Begründung für diese Aussagen läßt sich aus der Stetigkeit der durch die Funktionsgleichung $y = g_n(x)$ gegebenen Funktion, ihrem Verhalten für gegen $+\infty$ bzw. $-\infty$ strebendes x sowie aus $a_0 = g_n(0)$ leicht finden.

Satz

Hat eine algebraische Gleichung mit ganzzahligen Koeffizienten eine ganzzahlige Wurzel x_1, dann muß x_1 ein Teiler des absoluten Gliedes a_0 sein.

Der Beweis dieses Satzes soll indirekt geführt werden. Angenommen, die ganzzahlige Wurzel $x_1 \neq 0$ ist kein Teiler von a_0 also a_0/x_1 keine ganze Zahl. Dann muß die aus

$$a^n x_1^n + a_{n-1}x_1^{n-1} + \cdots + a_1x_1 + a_0 = 0$$

gewonnene Aussage

$$a_n x_1^{n-1} + a_{n-1} x_1^{n-2} + \cdots + a_1 = -\frac{a_0}{x_1}$$

falsch sein, ist doch auf Grund der vorausgesetzten Ganzzahligkeit der a_i und von x_1 die linke Seite ganzzahlig.
Die im Satz vorausgesetzte Existenz einer ganzzahligen Wurzel ist keinesfalls grundsätzlich für jede algebraische Gleichung mit ganzzahligen Koeffizienten gesichert. Sie muß durch Probieren festgestellt werden.

BEISPIEL

Es ist die Lösungsmenge

$$\{x \mid x^4 + 4x^3 - 11x^2 - 30x = 0\}$$

zu bestimmen.

Lösung: Aus der infolge Fehlens des absoluten Gliedes möglichen Produktform

$$x \cdot (x^3 + 4x^2 - 11x - 30) = 0$$

läßt sich $x_1 = 0$ als Wurzel der Gleichung ablesen.
Eventuelle ganzzahlige Wurzeln der restlichen Gleichung

$$x^3 + 4x^2 - 11x - 30 = 0$$

können nur die Teiler $\pm 1; \pm 2; \pm 3; \pm 5; \ldots$ des absoluten Gliedes sein. Bei der Belegung mit ± 1 entstehen offensichtlich falsche Aussagen. Für die nächsten Teiler soll das HORNERsche Schema herangezogen werden.

	1	4	−11	−30	
		2	12	2	$-36 + 1 \cdot 8 = -28$
2	1	6	1	−28	2 ist keine Wurzel.
		−2	−4	30	$-36 + (-3) \cdot (-12) = 0$
−2	1	2	−15	0.	

Damit ist $x_2 = -2$ Wurzel der Gleichung. Aus dem für $x = -2$ aufgestellten Schema ergibt sich die quadratische Gleichung

$$x^2 + 2x - 15 = 0$$

mit den Wurzeln $x_3 = 3$ und $x_4 = -5$.

Lösungsmenge: $\{-5;\ -2;\ 0;\ 3\}$.

In der folgenden Untersuchung wird gezeigt, wie mit Hilfe des Schemas von HORNER der Bereich, in dem reelle Wurzeln auftreten können, abgegrenzt werden kann.
Sind für $x_1 > 0$ in

$$g_n(x) = (b_{n-1} x^{n-1} + b_{n-2} x^{n-2} + \cdots + b_1 x + b_0)(x - x_1) + r_0 \qquad b_{n-1} \neq 0$$

alle Koeffizienten b_i und r_0 vorzeichengleich, so muß $g_n(x)$ für jedes $x > x_1$ nicht verschwindende Werte gleichen Vorzeichens annehmen.
Weisen hingegen für $x_1 < 0$ die b_i und r_0 wechselnde Vorzeichen auf, so stimmen für $x < x_1$ die Vorzeichen aller $b_i x^i$ mit dem von b_0 überein. Da $x - x_1$ für $x < x_1$ stets negativ ist, nimmt das Produkt das gleiche Vorzeichen wie r_0 an. Somit kann $g_n(x)$ für kein $x < x_1 < 0$ verschwinden.

Satz

Weisen die Werte b_i und r_0 der letzten Zeile des HORNERschen Schemas

$$\begin{array}{c|ccccc} & a_n & a_{n-1} & \dots & a_1 & a_0 \\ & & x_1 b_{n-1} & \dots & x_1 b_1 & x_1 b_0 \\ \hline x_1 & b_{n-1} & b_{n-2} & \dots & b_0 & r_0 \end{array}$$

für $x_1 > 0$ $(x_1 < 0)$ gleiche (ständig wechselnde) Vorzeichen auf, so existiert keine Nullstelle für alle $x > x_1$ $(x < x_1)$.

AUFGABEN

Es sind die im Bereich der komplexen Zahlen gelegenen Wurzeln der folgenden kubischen Gleichungen zu ermitteln:

533. $x^3 - 8 = 0$
534. $x^3 + 8 = 0$
535. $x^3 - 5 = 0$
536. $x^3 - 3x^2 + 2x = 0$
537. $x^3 - 6x^2 + 13x = 0$
538. $x^3 + 5x^2 = 0$
539. $x^3 - 4x = 0$
540. $x^3 - x^2 - 41x + 105 = 0$
541. $x^3 + x^2 - 6x - 56 = 0$
542. $x^3 - 2x^2 - 23x + 150 = 0$
543. $x^3 - 4x^2 + 25x - 100 = 0$
544. $x^3 - 7x^2 + 9x - 63 = 0$
545. $x^3 - 11x^2 + 55x - 125 = 0$
546. $x^3 - 3x^2 + 3x + 7 = 0$
547. $x^3 - 7{,}5x^2 + 18x - 13{,}5 = 0$
548. $x^3 + 6x^2 + 10{,}79x + 5{,}58 = 0$
549. In einem Quader ist die erste Kante um 2 cm länger als die zweite und um 4 cm kürzer als die dritte. Er hat ein Volumen von 576 cm³. Wie groß sind die Kantenlängen?
550. Von den Radien dreier Kugeln ist der zweite 2 cm und der dritte 4 cm größer als der erste. Wie groß sind die Radien, wenn das Volumen der dritten Kugel den dreifachen Inhalt der beiden anderen zusammen aufweist?
551. Einer Kugel mit dem Radius 6 cm ist ein Zylinder mit dem Volumen $162\,\pi$ cm³ einbeschrieben. Welche Höhe hat dieser Zylinder?
552. Einer Kugel mit dem Radius 6 cm ist ein Zylinder einbeschrieben, dessen Inhalt sich wie 5:9 zu dem der Kugel verhält. Welche Höhe hat der Zylinder?
553. Eine quadratische Säule mit dem Inhalt 480 cm³ ist einer Kugel mit dem Radius 7 cm einbeschrieben. Wie hoch ist die Säule?

17. Näherungsverfahren zur Lösung numerischer Gleichungen

Die Lösungsmengen linearer und quadratischer Gleichungen könnten stets durch Anwendung bestimmter Verfahren bzw. Lösungsformeln in geschlossener Form ermittelt werden. Zwar lassen sich für Gleichungen dritten und vierten Grades auch noch Lösungsformeln angeben, jedoch ist deren Handhabung zu umständlich. Es sollen daher allgemeine Näherungsverfahren entwickelt werden, nach denen sich nicht nur diese, sondern auch Gleichungen noch höheren Grades und transzendente Gleichungen lösen lassen. Es wäre jedoch ein Irrtum, wollte man die Näherungsverfahren als zweitrangig ansehen. Wenn mit ihnen die Elemente der Lösungsmengen mit jeder gewünschten Genauigkeit ermittelt werden können, stellen sie ebenfalls exakte, völlig gleichberechtigte Lösungsverfahren dar. In den folgenden Abschnitten sollen drei numerische Verfahren dargestellt werden, mit deren Hilfe sich die reellen Wurzeln gegebener Gleichungen errechnen lassen.

17.1. Graphische Ermittlung erster Näherungswerte

Grundsätzlich setzt die Anwendung eines numerischen Näherungsverfahrens die Kenntnis eines mehr oder weniger groben Näherungswertes voraus. Derartige erste Näherungen werden meist, sollten sie nicht schon anderweitig bekannt sein (Abschätzungen, Probieren usw.), graphisch ermittelt.

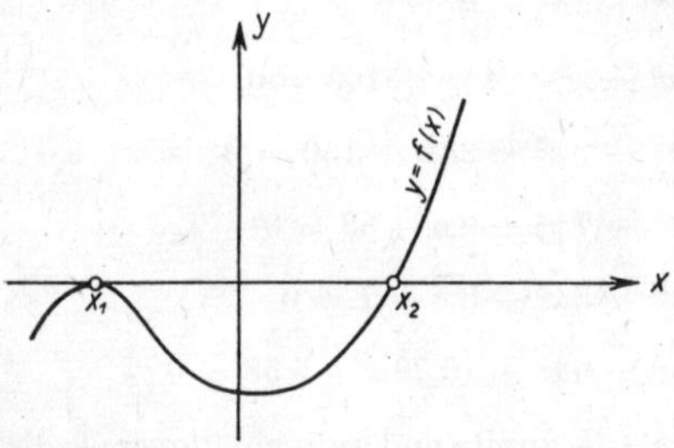

Bild 41

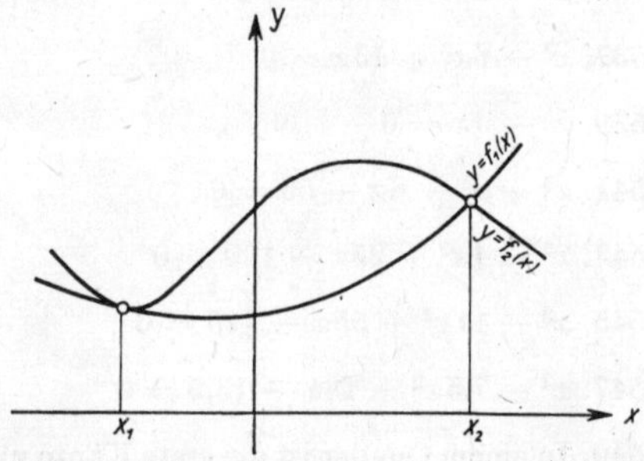

Bild 42

Hierzu können zwei Wege eingeschlagen werden:

1. Die in der Form $f(x) = 0$ gegebene Gleichung wird zur Kurvengleichung $y = f(x)$ umgewandelt, und die Abbildung
$$f = \{(x; f(x)) \mid x \in D\},$$
wobei $D \subseteqq R$ den im Körper der reellen Zahlen gelegenen Definitionsbereich von f darstellt, als Punktmenge in ein cartesisches Koordinatensystem eingezeichnet. An den Schnitt- und den Berührungspunkten der entsprechenden Kurve mit der x-Achse können dann die Näherungswerte abgelesen werden (Bild 41).

2. Nach der Aufspaltung der linken Seite in zwei Terme wird die gegebene Gleichung in der Form $f_1(x) = f_2(x)$ dargestellt. Aus der graphischen Darstellung der beiden Abbildungen

$$f_1 = \{(x; f_1(x)) \mid x \in D_1 \cap D_2\} \quad \text{und} \quad f_2 = \{(x; f_2(x)) \mid x \in D_1 \cap D_2\},$$

wobei D_1 und D_2 die Definitionsbereiche von f_1 bzw. f_2 kennzeichnen, lassen sich die Näherungswerte als Abszissen der Schnitt- und der Berührungspunkte beider Kurven ablesen (Bild 42).
Der zuerst angegebene Weg kann als Sonderfall des zweiten Weges angesehen werden. Es ist dort

$$f_1(x) \equiv f(x) \quad \text{und} \quad f_2(x) \equiv 0.$$

17.2. Lineares Eingabeln (regula falsi)

Dieses Verfahren war schon im Altertum den arabischen Mathematikern unter dem Namen »Regel der zwei Waagschalen« bekannt und wird jetzt häufig als »regula falsi« (Regel des doppelten falschen Ansatzes) bezeichnet. Durch den Namen »lineares Eingabeln« wird die eigentliche Wirkungsweise des Verfahrens besser gekennzeichnet.
Zunächst gilt es, zwei Näherungswerte x_1 und x_2 festzulegen, von denen die Wurzel x_0 der Gleichung $f(x) = 0$ eingegabelt wird:

$$x_1 < x_0 < x_2.$$

Die $y = f(x)$ entsprechende Kurve soll nun im Intervall $[x_1; x_2]$ durch eine Sekante ersetzt werden, die innerhalb dieses Intervalls die x-Achse schneidet (Bild 43). Dazu ist vorauszusetzen, daß $f(x_1)$ und $f(x_2)$ unterschiedliche Vorzeichen aufweisen. Andernfalls ist das Verfahren nicht anwendbar. Ohne Einschränkung der Allgemeingültigkeit kann angenommen werden, daß $f(x_1)$ negativ und $f(x_2)$ positiv ist. Wird zwischen den Punkten $(x_1; f(x_1))$ und $(x_2; f(x_2))$ linear interpoliert:

$$y = f(x_1) + \frac{f(x_2) - f(x_1)}{x_2 - x_1}(x - x_1),$$

so ergibt sich ein verbesserter Näherungswert x_3 durch Schnitt der entsprechenden Sekante mit der x-Achse:

$$0 = f(x_1) + \frac{f(x_2) - f(x_1)}{x_2 - x_1}(x_3 - x_1)$$

$$\boxed{x_3 = x_1 - \frac{f(x_1) \cdot (x_2 - x_1)}{f(x_2) - f(x_1)}} \qquad (59)$$

Je nach Krümmungsrichtung der Kurve wird dieser Wert x_3 zwischen x_1 und x_0 oder x_0 und x_2 liegen (Bild 43 und 44). Im ersten Fall stimmt das Vorzeichen von $f(x_3)$ mit dem von $f(x_1)$ und im zweiten Fall mit dem von $f(x_2)$ überein. Soll nun das Verfahren zu einer erneuten Verbesserung verwendet werden, so ist ein weiterer x-Wert heranzuziehen, der in Verbindung mit x_3 wiederum x_0 eingabelt usw.

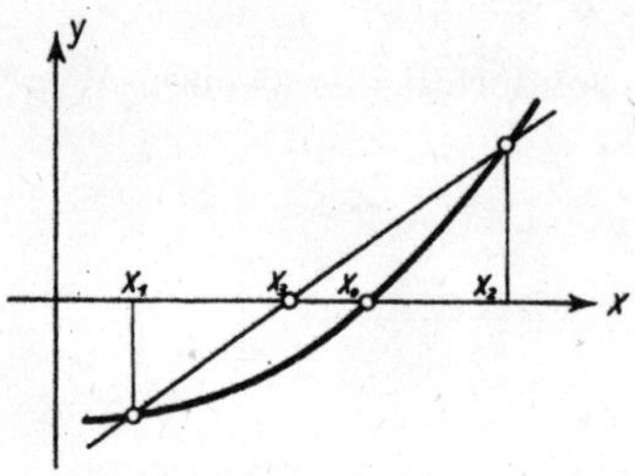

Bild 43

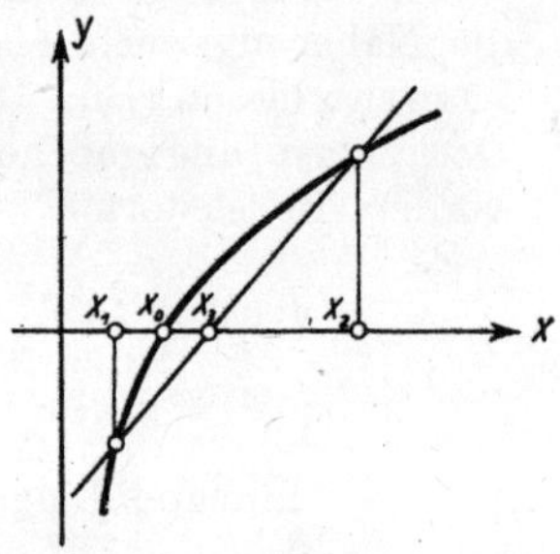

Bild 44

Anstatt Formel (59) anzuwenden, läßt sich x_3 durch Teilung des Intervalls $[x_1; x_2]$ im Verhältnis $|f(x_1)|:|f(x_2)|$ gewinnen. Bei jedem Schritt wird zweckmäßigerweise eine Verbesserung des Näherungswertes um höchstens zwei Dezimalstellen vorgenommen. Für die übersichtliche Durchführung der Rechnungen wird ein Rechenformular (vgl. »Ausgew. Kapitel d. Math.«) in der Form

x_1	x_2	$x_2 - x_1$	$f(x_1)$	$f(x_2)$	$f(x_2) - f(x_1)$	$\frac{f(x_1) \cdot (x_2 - x_1)}{f(x_2) - f(x_1)}$	x_3
①	②	③	④	⑤	⑥	⑦	⑧
		② − ①			⑤ − ④	$\frac{④ \cdot ③}{⑥}$	① − ⑦

verwendet.

BEISPIEL

Es ist die Lösungsmenge

$$\{x \mid x^3 - 3x^2 - 8x + 18 = 0\}$$

zu bestimmen. Etwa erforderliche Näherungen sind auf drei Dezimalstellen auszuführen.

Lösung: 1. Es soll eine Wertetabelle für ganzzahlige x aufgestellt werden, um eventuell vorhandene ganzzahlige Wurzeln nachweisen und andere reelle Wurzeln eingabeln zu können.

Es ergeben sich direkt $f(0) = 18$; $f(1) = 8$; $f(-1) = 22$ und weiter mit Hilfe des HORNERschen Schemas:

	1	−3	− 8	18
		2	− 2	−20
2	1	−1	−10	$-2 = f(2)$

Da $f(1) > 0$ und $f(2) < 0$, muß eine Wurzel im Intervall $(1;2)$ liegen.

		3	0	−24
3	1	0	−8	$-6 = f(3)$

		4	4	−16
4	1	1	−4	$2 = f(4)$

$x_2 \in (3;4)$

		5	10	10
5	1	2	2	$28 = f(5)$

Nur positive Glieder, keine Wurzel im Intervall $[5;\infty)$.

		−2	10	− 4
−2	1	−5	2	$14 = f(-2)$

		−3	18	−30
−3	1	−6	10	$-12 = f(-3)$

$x_3 \in (-3;-2)$
Wechselnde Vorzeichen, keine Wurzel im Intervall $(-\infty; -3]$.

2. Näherungslösung für $x_1 \in (1;2)$: Als 1. Näherung werden $x_{1;1} = 1$ und $x_{1;2} = 2$ verwendet. Zwecks Unterscheidung von den Wurzeln x_2 und x_3 sollen die eingabelnden Werte von x_1 mit $x_{1;k}$ bezeichnet werden.

$x_{1;1}$	$x_{1;2}$		$f(x_{1;1})$	$f(x_{1;2})$			
①	②	③	④	⑤	⑥	⑦	⑧
		② − ①			⑤ − ④	$\frac{④ \cdot ③}{⑥}$	① − ⑦
1	2	1	8	−2	−10	−0,8	1,8
1,7	1,8	0,1	0,64	−0,29	−0,93	−0,069	1,769
1,768	1,769	0,001	0,0049	−0,0042	−0,0091	−0,00054	1,76854

$x_1 = 1{,}769$

Hilfsrechnung zur Bestimmung der $f(x_{1;k})$:

	1	−3	− 8	18
		1,8	− 2,16	−18,29
1,8	1	−1,2	−10,16	− 0,29
		1,7	− 2,21	−17,36
1,7	1	−1,3	−10,21	0,64
		1,769	− 2,1776	−18,0042
1,769	1	−1,231	−10,1776	− 0,0042
		1,768	− 2,1782	−17,9951
1,768	1	−1,232	−10,1782	0,0049.

Da sgn $f(1{,}8)$ = sgn $f(2)$, muß $x_1 < 1{,}8$ sein.[1]) Es wird daher mit 1,7 weiter eingegabelt.

Da $|f(1{,}768)|:|f(1{,}769)| = 49:42 > 1$ ist, liegt x_1 dichter an 1,769, so daß als ausreichend genaue Näherung $x_1 = 1{,}769$ gilt.

3. Näherungswerte für x_2 und x_3: Dem zur Berechnung von $f(1{,}769)$ verwendeten Schema werden die Koeffizienten der quadratischen Gleichung für x_2 und x_3 entnommen.

$$x^2 - 1{,}231\,x - 10{,}1776 = 0$$

$$x_{2,3} = 0{,}6155 \pm \sqrt{0{,}3788 + 10{,}1776} =$$

$$= 0{,}6155 \pm 3{,}2490$$

$$x_2 = 3{,}864 \qquad\qquad x_3 = -2{,}634.$$

Überprüfung von x_2:

	1	−3	−8	18
		3,864	3,3385	−18,0120
3,864	1	0,864	−4,6615	− 0,0120
		3,865	3,3432	−17,9985
3,865	1	0,865	−4,6568	0,0015

Offensichtlich liegt x_2 näher an 3,865: $x_2 = 3{,}865$. Überprüfung von x_3:

	1	−3	− 8	18
		−2,633	14,8317	−17,9879
−2,633	1	−5,633	6,8317	0,0121
		−2,634	14,8400	−18,0166
−2,634	1	−5,634	6,8400	−0,0166

$x_3 = -2{,}633.$

Lösungsmenge: $\{-2{,}633;\ 1{,}769;\ 3{,}865\}$.

[1]) sgn, lies: signum Vorzeichen

17.3. Newtonsches Näherungsverfahren

Während bei dem im vorhergehenden Abschnitt behandelten Näherungsverfahren lediglich Elemente der Elementarmathematik Verwendung fanden, stützt sich das zuerst von NEWTON[1]) angegebene Verfahren auf die Elemente der Differentialrechnung, setzt also deren Kenntnis voraus.

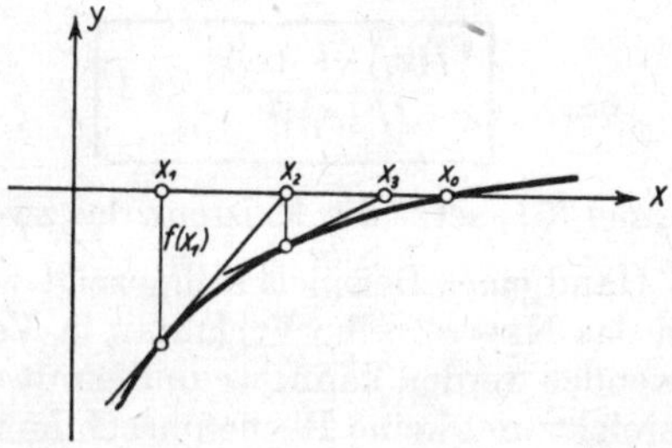

Bild 45

Wie beim Verfahren des linearen Eingabelns wird auch hier die Kurve in der Umgebung der einfachen Nullstelle x_0 durch eine Gerade, also die zu lösende Gleichung $f(x) = 0$ durch eine lineare Gleichung ersetzt. War es beim linearen Eingabeln eine Sekante, so findet hier die im Punkt $P(x_1; f(x_1))$ berührende Tangente Verwendung (Bild 45). Der Tangentenanstieg läßt sich mit Hilfe der Differentialrechnung als Wert der Ableitung an der Stelle x_1 angeben: $f'(x_1)$.

Die der Tangente entsprechende Funktionsgleichung ist somit

$$y = f(x_1) + f'(x_1) \cdot (x - x_1).$$

Durch Schnitt mit der x-Achse folgt daraus als verbesserter Näherungswert

$$0 = f(x_1) + f'(x_1) \cdot (x_2 - x_1)$$

$$x_2 = x_1 - \frac{f(x_1)}{f'(x_1)}.$$

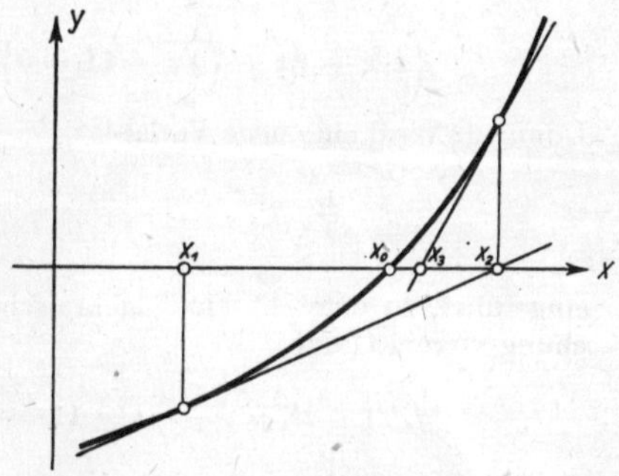

Bild 46

Der so erhaltene Wert kann wiederum als Ausgangswert einer erneuten Verbesserung verwendet werden usw.

Allgemein kann man so aus einem Näherungswert x_i mit

$$\boxed{x_{i+1} = x_i - \frac{f(x_i)}{f'(x_i)}} \qquad i \in \{1; 2; \ldots; n\} \qquad (60)$$

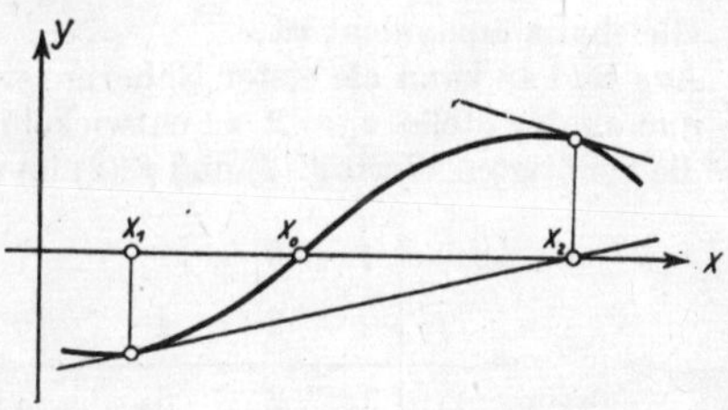

Bild 47

ein verbessertes x_{i+1} bilden, bis mit dem n-ten Schritt die gewünschte Genauigkeit erreicht ist.

Wie die Bilder 45 und 46 zeigen, kann die Annäherung entweder von einer Seite oder von beiden Seiten her erfolgen.

Formel (60) setzt voraus, daß die Funktion $\{(x; y) \mid y = f(x)\}$ differenzierbar ist und, da nicht durch Null dividiert werden darf, ihre Ableitung für alle Näherungswerte x_i

[1]) ISAAC NEWTON, engl. Naturwissenschaftler, 1643 bis 1727

und somit für alle x einer Umgebung der Stelle x_0 von Null verschieden ist. Wie Bild 47 zeigt, ist diese Bedingung aber nicht hinreichend für die Konvergenz der Näherungswerte $x_1, x_2, \ldots, x_n$. In diesem Fall wurde x_1 nicht »nahe genug« gewählt. Im nächsten Abschnitt ergibt sich als hinreichende Bedingung für die Konvergenz des NEWTONschen Verfahrens:

$$\boxed{\left|\frac{f(x_i)\cdot f''(x_i)}{[f'(x_i)]^2}\right| < 1} \tag{61}$$

Formel (61) setzt die Existenz der zweiten Ableitung voraus.

An Hand eines Beispiels soll gezeigt werden, wie speziell bei algebraischen Gleichungen das NEWTONsche Verfahren in Verbindung mit dem HORNERschen Schema angewendet werden kann, wenn die mit dem Rechenstab erreichbare Genauigkeit nicht ausreicht und keine Rechenmaschine zur Verfügung steht.

BEISPIEL

$$\left\{x \mid x + \sqrt{x} - 7\sqrt[4]{x} - 11 = 0\right\}$$

Lösung: Wird eine neue Variable

$$z = x^{\frac{1}{4}}$$

eingeführt, so entsteht eine algebraische Gleichung vierten Grades

$$f_4(z) = z^4 + z^2 - 7z - 11 = 0,$$

die bei Beschränkung ihres Variablenbereichs auf reelle $z \geqq 0$ zur anfangs gegebenen Gleichung äquivalent ist.

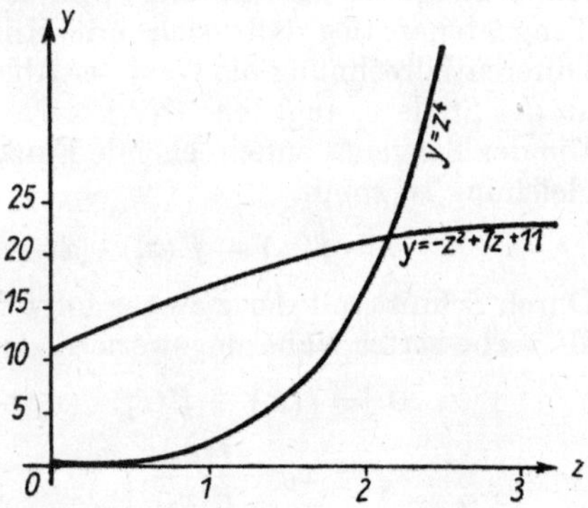

Bild 48

Aus Bild 48 kann als erster Näherungswert $z_1 = 2$ abgelesen werden. Das Polynom $f_4(z)$ ist nun an der Stelle $z_1 = 2$ zu entwickeln. Wie in Band »Analysis«, 1.3.9., gezeigt wird, stehen die benötigten Werte $f'(2)$ und $f''(2)$ im angegebenen Zusammenhang mit r_1 und r_2.

	1	0	1	−7	−11	
		2	4	10	6	
2	1	2	5	3	$-5 = r_0 = f_4(2)$	
		2	8	26		
2	1	4	13	$29 = r_1 = f'_4(2)$		
		2	12			
2	1	6	$25 = r_2 = \frac{1}{2!} f''_4(2)$			
		2				
2	1	8				
	1					

Konvergenzuntersuchung: $\left|\dfrac{f(2)\cdot f''(2)}{(f'(2))^2}\right| = \left|\dfrac{-5\cdot 50}{29^2}\right| \approx \dfrac{1}{3} < 1.$

Näherungsverbesserung: $z_2 = 2 - \dfrac{-5}{29} = 2 + 0{,}2$

$\left(\text{von } \dfrac{5}{29}\right.$ wurde nur eine bedeutsame Ziffer verwendet [1]$\left.\right)$.

Mit $u = z - 2$ hat dann $u^4 + 8u^3 + 25u^2 + 29u - 5 = 0$ als Näherung $u_1 = 0{,}2$.

	1	8	25	29	−5
		0,2	1,64	5,328	6,8656
0,2	1	8,2	26,64	34,328	1,8656
		0,2	1,68	5,664	
0,2	1	8,4	28,32	39,992	
		0,2	1,72		
0,2	1	8,6	30,04		
		0,2			
0,2	1	8,8			
	1				

Näherungsverbesserung: $u_2 = 0{,}2 - \dfrac{1{,}8656}{39{,}992} = 0{,}2 - 0{,}05.$

Wird die nächste Transformation $v = u - 0{,}2$ durchgeführt, so hat $v^4 + 8{,}8v^3 + 30{,}04v^2 + {} + 39{,}992v + 1{,}8656 = 0$ als Näherung $v_1 = -0{,}05$.

	1	8,8	30,04	39,992	1,8656
		−0,05	−0,4375	−1,480125	−1,925594
−0,05	1	8,75	29,6025	38,511875	−0,059994
		−0,05	−0,4350	−1,458375	
−0,05	1	8,70	29,1675	37,053500	
		−0,05	−0,4325		
−0,05	1	8,65	28,7350		
		−0,05			
−0,05	1	8,60			
	1				

Näherungsverbesserung: $v_2 = -0{,}05 - \dfrac{-0{,}059994}{37{,}0535} = {}$

$= -0{,}05 + 0{,}00162.$

[1]) bedeutsame Ziffer vgl. [2] Abschn. 5.1.

Transformation: $w = v + 0{,}05$, Näherungswert: $w_1 = 0{,}002$.

	1	8,60	28,7350	37,053500	−0,059994
		0,002	0,017204	0,057504	0,074222
0,002	1	8,602	28,752204	37,111004	0,014228
		0,002	0,017208	0,057539	
0,002	1	8,604	28,769412	37,168543	

Aus

$$w_2 = 0{,}002 - \frac{0{,}014228}{37{,}168543} = 0{,}002 - 0{,}00038 = 0{,}00162$$

resultiert keine Veränderung der mitgeführten fünften Dezimalstelle.
Mit $z = u + 2$ und $u = v + 0{,}2$ ist $z = 2 + 0{,}2 + v$ und

$$z_2 = 2 + 0{,}2 - 0{,}05 + 0{,}00162 = 2{,}15162.$$

Für die gegebene Gleichung folgt aus $x = z^4$ als Lösungsmenge: $\underline{\underline{\{21{,}4320\}}}$.

17.4. Iteration

Eine weitere Möglichkeit zur Verbesserung eines bekannten Näherungswertes x_1 einer Wurzel x_0 der Gleichung $f(x) = 0$ ist mit dem *Verfahren der Iteration* gegeben. Wie schon beim NEWTONschen Verfahren, das in diesem Sinne auch eine Iteration darstellt, soll dabei eine schrittweise Verbesserung der Näherungswerte durch wiederholte Anwendung derselben Rechenvorschrift erreicht werden.
Zur Aufstellung dieser Iterationsvorschrift ist die gegebene Gleichung so in eine Form

$$x = \varphi(x)$$

zu überführen, daß beim Einsetzen des Näherungswertes x_1 in die rechte Seite mit $x_2 = \varphi(x_1)$ und dann mit $x_3 = \varphi(x_2)$ usw., allgemein mit

$$\boxed{x_{i+1} = \varphi(x_i)} \qquad i \in \{1; 2; \ldots; n\} \tag{62}$$

eindeutig immer bessere Näherungswerte entstehen.
In Bild 49 ist die Wirkungsweise des Verfahrens zu erkennen. Ausgehend von x_1 stellt der Iterationsvorschrift zufolge die Ordinate des Punktes $P_1(x_1; \varphi(x_1))$ den nächsten Näherungswert x_2 dar. Die durch diesen Punkt laufende Parallele zur x-Achse schneidet die Gerade $y = x$ in dem Punkt, dessen Abszisse dieser neue Näherungswert x_2 ist. Mit diesem Wert wird der Vorgang wiederholt und x_3 gefunden usw. Es entsteht so die durch die Pfeile angedeutete Annäherung an den Schnittpunkt. Die x_i konvergieren von einer Seite her gegen x_0. Bild 50 und 51 lassen erkennen, daß sich $x_2, x_3, \ldots$ immer mehr von x_0 entfernen, während in Bild 52 sich die Pfeile wieder, jetzt aber spiralförmig, dem Schnittpunkt nähern. Die x_i konvergieren von beiden Seiten her gegen x_0.

Die mit Hilfe der Iterationsvorschrift ermittelten x_i konvergieren offensichtlich nur dann gegen x_0, wenn für alle x einer Umgebung X_0 der Stelle x_0, dem Näherungsintervall, die der Kurvengleichung $y = \varphi(x)$ entsprechende Kurve entweder nur Tan-

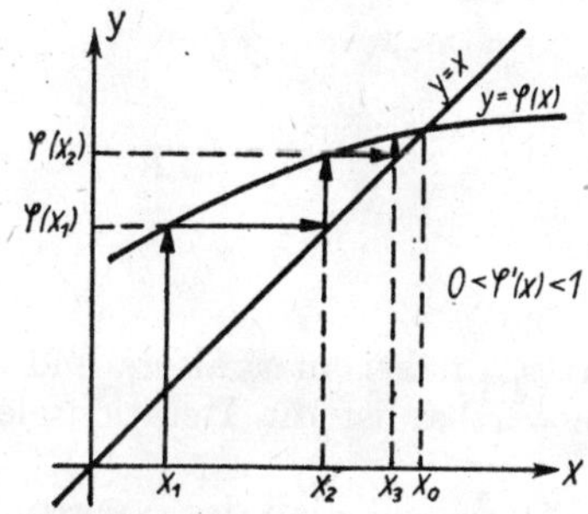

Bild 49

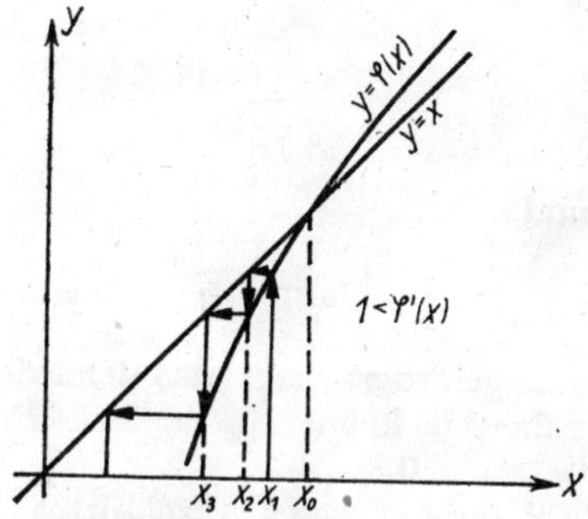

Bild 50

gentenwinkel zwischen 0° und 45° oder zwischen 135° und 180° aufweist, wenn also $\varphi(x)$ der Bedingung

$$\boxed{|\varphi'(x)| < 1} \qquad (x \in X_0) \tag{63}$$

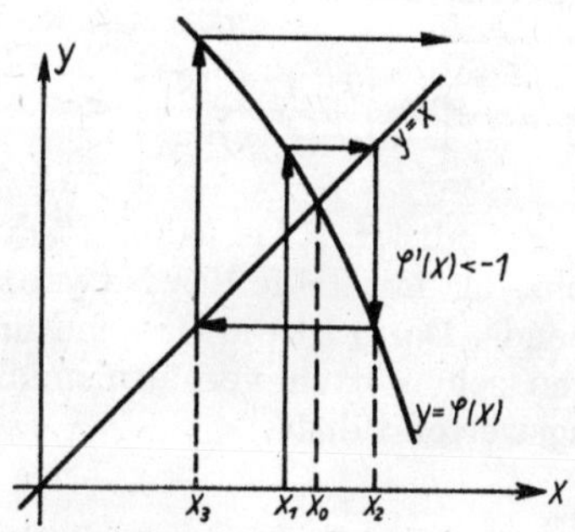

Bild 51

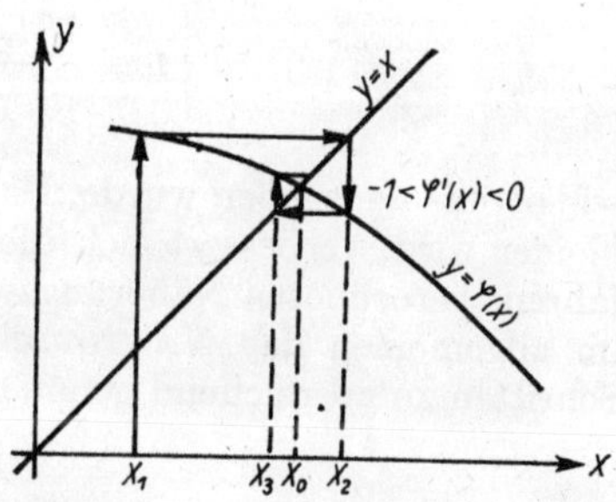

Bild 52

genügt. Diese der geometrischen Anschauung entnommene Bedingung läßt sich auch analytisch bestätigen. Es sei m der größte Wert, den $|\varphi'(x)|$ im Näherungsintervall annehmen kann:

$$m = \max |\varphi'(x)| < 1 \quad (x \in X_0).$$

Für zwei aufeinanderfolgende Näherungswerte x_i, $x_{i+1} \in X_0$, die der Iterationsvorschrift (62) genügen, stellt, wenn noch $x_0 = \varphi(x_0)$ gesetzt wird,

$$\frac{x_0 - x_{i+1}}{x_0 - x_i} = \frac{\varphi(x_0) - \varphi(x_i)}{x_0 - x_i}$$

den Differenzenquotienten der Funktion φ an der Stelle x_i dar. Da aber der absolute Betrag des Differenzenquotienten (Tangens des Sekantenwinkels) nicht größer als der im gleichen Intervall größtmögliche absolute Betrag der Ableitung (Tangens der Tangentenwinkel) sein kann, ist

$$\left|\frac{x_0 - x_{i+1}}{x_0 - x_i}\right| \leqq m < 1$$

und somit

$$|x_0 - x_{i+1}| < |x_0 - x_i| .$$

Wie gefordert, liegt also der Näherungswert x_{i+1} näher an x_0 als x_i, und zwar um so näher, je kleiner $|\varphi'(x)|$ ist. Praktisch verwertbar ist die Iterationsgleichung für $|\varphi(x)| < 0{,}8$.

Am Anfang dieses Abschnittes wurde bereits erwähnt, daß das NEWTONsche Näherungsverfahren ebenfalls eine Iteration darstellt. Zur Bildung der Iterationsvorschrift ist dort $f(x) = 0$ auf die Form

$$x = x - \frac{f(x)}{f'(x)} = \varphi(x)$$

gebracht worden. Als Konvergenzbedingung folgt aus Formel (63)

$$|\varphi'(x)| = \left|1 - \frac{[f'(x)]^2 - f(x) \cdot f''(x)}{[f'(x)]^2}\right| = \left|\frac{f(x) \cdot f''(x)}{[f'(x)]^2}\right| < 1,$$

wie bereits angegeben wurde. Da hierbei $|\varphi'(x)|$ mit $|f(x)|$ bei jedem Iterationsschritt kleiner wird, verbessert sich die Konvergenz der mit Hilfe des NEWTONschen Verfahrens berechneten Näherungswerte zusehends. Darin ist die Ursache zu sehen, daß im allgemeinen das NEWTONsche Verfahren schon nach verhältnismäßig wenigen Schritten zu ausreichend genauen Näherungswerten führt.

18. Transzendente Gleichungen

18.1. Lösung unter Verwendung von Näherungsverfahren

Mußte schon mitunter bei algebraischen Gleichungen zur Ermittlung der Lösungsmenge ein Näherungsverfahren herangezogen werden, so besteht darin, von einigen Ausnahmen abgesehen, bei transzendenten Gleichungen die einzige Lösungsmöglichkeit. An einigen Beispielen sollen diese Verfahren, insbesondere die Iteration, demonstriert werden.

BEISPIELE

1. $\left\{x \mid \ln x - \frac{1}{x} = 0\right\}$

Lösung: Aus Bild 53, in dem $y = \ln x$ und $y = {}^1/_x$ in einem einfach logarithmisch geteilten Koordinatensystem dargestellt sind, ist als erste Näherung $x_1 = 1{,}7$ zu entnehmen. Die Verbesserung dieses Näherungswertes soll durch Iteration erfolgen.
Aufstellung einer Iterationsgleichung:

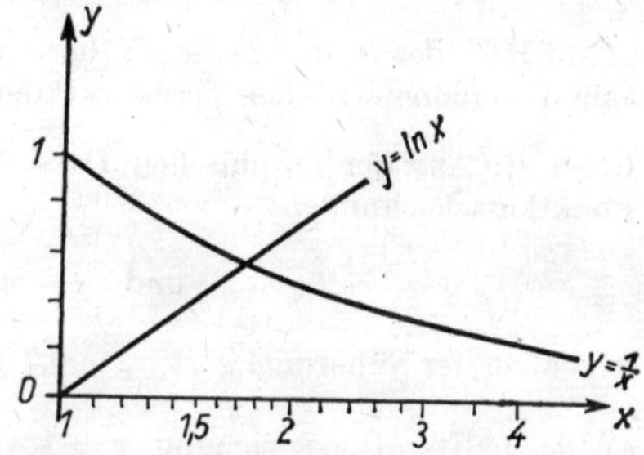

Bild 53

1. $x = \frac{1}{\ln x}$ $\qquad \varphi'(x) = -\frac{1}{x(\ln x)^2}$

Konvergenzuntersuchung:

$|\varphi'(1{,}7)| \approx \frac{1}{1{,}7 \cdot 0{,}25} > 1$ ungeeignet.

2. $\ln x = \frac{1}{x}$

$x = e^{\frac{1}{x}}$ $\qquad \varphi'(x) = -\frac{e^{\frac{1}{x}}}{x^2}$

Konvergenzuntersuchung:

$|\varphi'(1{,}7)| \approx \frac{e^{0{,}6}}{2{,}9} \approx \frac{1{,}8}{2{,}9} < 1.$

Iterationsvorschrift: $x_{i+1} = e^{1/x_i}$.

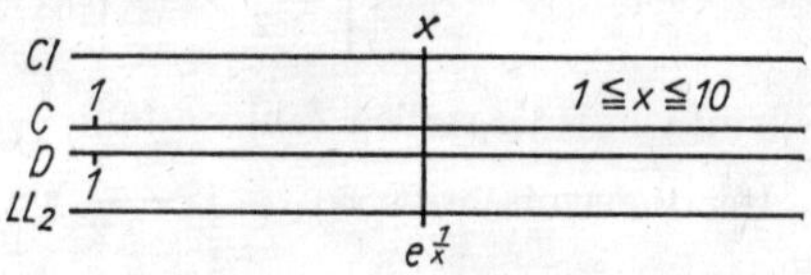

Bild 54

Die Iterationsvorschrift gestattet eine einfache Auswertung mit dem Rechenstab (System Darmstadt-Record). Ausgehend vom Näherungswert 1,7 wird der Läuferstrich so lange verschoben, bis die auf der CI- und LL_2-Teilung abzulesenden Zahlen übereinstimmen (Bild 54). Es ergibt sich als neuer Näherungswert $x_2 = 1{,}76$.
Zwecks weiterer Verbesserung dieses Wertes mit Hilfe der Logarithmentafel wird die Iterationsvorschrift umgeformt:

$$\lg x_{i+1} = \frac{1}{x_i} \lg e$$

$$\lg \lg x_{i+1} = \lg \lg e - \lg x_i.$$

x_i	①		1,763			
lg lg e	②		0,637 78−1	0,637 78−1	0,637 78−1	0,637 78−1
→ $\lg x_i$	③	lg ①	0,246 25	0,246 34	0,246 32	0,246 30
	④	② − ③	0,391 53−1	0,391 44−1	0,391 46−1	0,391 48−1
$\lg x_{i+1}$	⑤	Num. ④	0,246 34	0,246 29	0,246 30	0,246 31

└0,246 32┘

Da infolge $\varphi'(x) < 0$ die Näherungswerte von beiden Seiten her konvergieren, wurde in ② der dritten Spalte ein zwischen den $\lg x_{i+1}$ der beiden vorhergehenden Spalten liegender Wert eingesetzt. Für $\lg x_{i+1} = 0{,}24631$ ergibt sich bei Verwendung fünfstelliger Tafeln keine weitere Verbesserung.

Lösungsmenge: $\{1{,}7632\}$.

2. $\{x \mid 2x + \sin x - 2 = 0\}$ soll

a) durch Iteration (Rechenstab)

b) mit Hilfe des Newtonschen Näherungsverfahrens (Tafel) bestimmt werden. Da auch außerhalb des goniometrischen Terms vorkommend, muß x im Bogenmaß angegeben werden.

Lösung: Aus der graphischen Darstellung der Funktionsgleichungen

$$y = -2x + 2 \quad \text{und} \quad y = \sin x$$

folgt als erster Näherungswert $x_1 = 0{,}7$ (Bild 55).

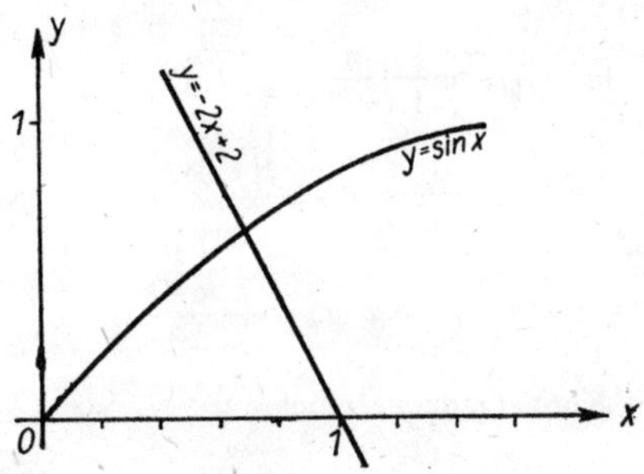

Bild 55

a) Die zur Iterationsgleichung $x = 1 - \frac{1}{2} \sin x$ gehörige Iterationsbedingung

$$|\varphi'(x)| = \left| -\frac{1}{2} \cos x \right| < 1$$

wird von jeder reellen Zahl x erfüllt.

Iterationsvorschrift: $x_{i+1} = 1 - \frac{1}{2} \sin x_i$.

In der zweiten Zeile des Rechenschemas wird zusätzlich x im Gradmaß angegeben, um den jeweiligen Sinuswert auf dem Rechenstab auffinden zu können.

x_i	①		0,7	0,686	0,687	0,683	0,684
	②	$\frac{180}{\pi} \cdot$ ①	40,1	38,8	39,3	39,1.	39,2
	③	sin ②°	0,644	0,627	0,634	0,631	0,632
	④	③ : 2	0,322	0,314	0,317	0,316	0,316
x_{i+1}	⑤	1 − ④	0,678	0,686	0,683	0,684	0,684

Lösungsmenge: $\{0{,}684\}$.

b) Es ist

$$f(x) = \sin x - 2(1 - x),$$

$$f'(x) = \cos x + 2,$$

$$f''(x) = -\sin x$$

Konvergenzuntersuchung: $\left| \frac{f(0{,}7) \cdot f''(0{,}7)}{(f'(0{,}7))^2} \right| < \frac{0{,}044 \cdot 0{,}64}{2{,}76^2} < 1.$

x_i	①		0,7	0,684	0,68404
	②	$\frac{180}{\pi}\cdot$ ①	40,1	39,19	39,192
	③	1 − ①	0,3	0,316	0,31596
	④	2 · ③	0,6	0,632	0,63192
	⑤	sin ②°	0,644	0,6319	0,63191
	⑥	⑤ − ④	0,044	−0,0001	−0,00001
	⑦	cos ②°	0,765	0,7750	0,77503
	⑧	2 + ⑦	2,765	2,7750	2,77503
	⑨	⑥ : ⑧	0,016	−0,00004	0,000004
x_{i+1}	⑩	① − ⑨	0,684	0.68404	0,684044

Lösungsmenge: {0,68404}.

Bei den einzelnen Durchgängen wurden Rechenstab, Tafel der natürlichen Werte der Winkelfunktionen und dann die ihrer Logarithmen verwendet.
Beim Lösungsweg b) ist die bereits bei der Behandlung der Iteration erwähnte fortlaufende Konvergenzverbesserung deutlich erkennbar. Mit wesentlich weniger, wenn auch bezüglich des Rechenaufwandes umfangreicheren Schritten als bei a) kann ein besserer Genauigkeitsgrad erreicht werden.

AUFGABEN

Für die folgenden Gleichungen sind die reellen Wurzeln zu bestimmen:

554. $x^3 + 7x - 9 = 0$

555. $x^3 - 3x - 16 = 0$

556. $x^3 - 33x + 17 = 0$

557. $2x^3 - 5x - 1 = 0$

558. $x^3 - 4x^2 + 24x - 100 = 0$

559. $x^3 - 7x^2 + 9x - 61 = 0$

560. $x^3 + x^2 - 6x - 55 = 0$

561. $x^3 - 0{,}5x^2 - 0{,}5x - 1{,}5 = 0$

562. $x^3 + 1{,}8x^2 - 0{,}8x + 5{,}6 = 0$

563. $2x^3 - 1{,}28x^2 + 0{,}096x - 3{,}456 = 0$

564. $x^3 - 20x^2 + 96x - 40 = 0$

565. $x^3 - 12x^2 + 36x - 24 = 0$

566. $x^3 - 5{,}348x^2 + 9{,}294x - 5{,}283 = 0$

567. $1{,}5x^3 - 12{,}313x^2 + 20{,}855x - 29{,}439 = 0$

568. $x^4 - 5{,}1x^3 + 5{,}9x^2 - 9{,}3x + 27 = 0$

569. $x^4 + 3x^3 + 2x^2 + x - 1 = 0$

570. $x^4 - 9x^3 + 24{,}25x^2 - 25{,}5x + 9 = 0$

571. $x^4 - 12x^3 + 45x^2 - 54x + 18 = 0$

572. $x^4 + 3x^2 - 2x - 12 = 0$

573. $x^4 - 20x^2 + 27x + 15 = 0$

574. $x^{\frac{3}{4}} + 5x^{\frac{1}{4}} - 9 = 0$

575. $x^{\frac{3}{4}} - 2x^{\frac{1}{2}} - 7 = 0$

576. $4x^4 + 3x^3 - 12x^2 - 23 = 0$

Es sind die Lösungsmengen der folgenden Gleichungen zu bestimmen:

577. $10^x + x - 3{,}429 = 0$
578. $e^x - 5x + 1{,}633 = 0$
579. $x - \lg x - 7{,}489 = 0$
580. $x + \lg x^2 - 22{,}7429 = 0$
581. $2x - 5 \sin x + 0{,}1575 = 0$
582. $3x - \cos x - 5{,}2357 = 0$
583. $x + \lg x = 5$
584. $x^x - 10^{7,2} = 0$
585. $\cos x - \frac{3}{4} x = 0$
586. $\tan x + \sin x - 2x = 0 \wedge x \in [0; 2\pi)$
587. $\sqrt{x - 4{,}5} + \sqrt[3]{x + 2{,}35} - 3{,}9292 = 0$
588. $\sqrt{x - 1{,}1} - \sqrt[3]{x + 0{,}75} + x - 5{,}4701 = 0$
589. $3x + 2e^{2x} - 18 = 0$
590. $3e^{-2x} - 2x = 10$
591. $2e^{1,2x} - 3e^{-1,5x} - 10 = 0$

18.2. Sonderfälle transzendenter Gleichungen

In einigen besonderen Fällen können transzendente Gleichungen ohne die Verwendung von Näherungsverfahren geschlossen gelöst werden. Im Rahmen des Lehrbuches ist keine umfassende Behandlung dieses umfangreichen Gebietes möglich. An Hand von Beispielen, die größtenteils praktischen Anwendungen entnommen sind, soll ein Einblick gewährt werden. Grundsätzlich sei für alle Betrachtungen der Körper der reellen Zahlen als Variablenbereich zugrunde gelegt.

18.2.1. Exponentialgleichungen

Eine Gleichung heißt Exponentialgleichung, wenn die Variable mindestens in einem Exponenten auftritt.
Im Rahmen dieses Abschnittes sollen einige Exponentialgleichungen behandelt werden, die sich auf den Grundtyp

$$a^x = b,$$

worin a und b positive reelle Zahlen, $a \neq 1$, darstellen, zurückführen lassen. Unter anderem ist das grundsätzlich nicht möglich, wenn die Variable nicht nur in den Exponenten erscheint. Wird eine Gleichung $a^x = b$ logarithmiert, wobei zweckmäßigerweise den dekadischen Logarithmen der Vorzug zu geben ist, so läßt sie sich auf die einfache Gleichung

$$x = \frac{\lg b}{\lg a}$$

zurückführen.

In ihr stellen lg b und lg a Zähler und Nenner des auf der rechten Seite stehenden Bruches dar, und nicht etwa ihre Logarithmen. Sie müssen also dividiert (und nicht subtrahiert) werden, was gegebenenfalls logarithmisch geschehen kann. Der Quotient stellt bereits den gesuchten Wert x dar. Es ist also nicht zusätzlich der Numerus aufzusuchen.

Läßt sich die rechte Seite der Gleichung als Potenz mit der auf der linken Seite auftretenden Basis darstellen:

$$a^x = a^c, \quad a \neq 1,$$

so erübrigt sich das Logarithmieren, denn infolge der Monotonie der Exponentialfunktion muß dann

$$x = c$$

sein (Exponentenvergleich bei gleicher Basis). Grundsätzlich ist demnach

$$\{x \mid a^x = a^c\} = \{c\}.$$

BEISPIELE

1. $\left\{x \,\middle|\, a^{\frac{4}{5}x+3} = a^{2x-3}\right\}$

   Lösung: Durch Exponentenvergleich folgt als äquivalente Gleichung

   $$\frac{4}{5}x + 3 = 2x - 3.$$

   Lösungsmenge: $\underline{\underline{\{5\}}}$.

2. $\{x \mid 4^{2x-5} = 64\}$

   Lösung: Nachdem die rechte Seite als Potenz mit der Basis 4 dargestellt worden ist,

   $$4^{2x-5} = 4^3,$$

   kann durch Exponentenvergleich die äquivalente Gleichung

   $$2x - 5 = 3$$

   aufgestellt werden.

   Lösungsmenge: $\underline{\underline{\{4\}}}$.

3. $\left\{x \,\middle|\, (a^{3x-5})^{8x-2} \cdot (a^{5x+3})^{2x-1} = (a^{6x-5})^{3x+2} \cdot (a^{4x-7})^{4x-3}\right\}$

   Lösung: Nach Anwendung der entsprechenden Potenzgesetze folgt

   $$a^{34x^2-45x+7} = a^{34x^2-43x+11}$$

   und daraus durch Exponentenvergleich

   $$34x^2 - 45x + 7 = 34x^2 - 43x + 11.$$

   Lösungsmenge: $\underline{\underline{\{-2\}}}$.

4. $\{x \mid 1{,}32^x = 5{,}413\}$

Lösung: Die Gleichung muß beiderseitig logarithmiert werden:

$$x \cdot \lg 1{,}32 = \lg 5{,}413$$

$$x = \frac{\lg 5{,}413}{\lg 1{,}32} = \frac{0{,}73344}{0{,}12057} = 6{,}083\,.$$

Lösungsmenge: $\{6{,}083\}$.

5. $\left\{x \,\middle|\, \left(\frac{27{,}13}{14{,}25}\right)^{\frac{x-1}{x}} = \frac{23{,}16}{39{,}41}\right\}$

Lösung: Nach Einführung der Hilfsvariablen

$$u = \frac{x-1}{x} \quad (u \neq 1)$$

wird die Gleichung beiderseitig logarithmiert und aufgelöst.

$$u = \frac{\lg 23{,}16 - \lg 39{,}41}{\lg 27{,}13 - \lg 14{,}25}$$

	lg
23,16	2,36474 − 1
39,41	1,59561
	$Z = 0{,}76913 - 1$

	lg
27,13	1,43345
14,25	1,15381
	$N = 0{,}27964$

$$u = \frac{0{,}76913 - 1}{0{,}27964}.$$

Die im Zähler auftretende Differenz muß zur weiteren Berechnung des Bruches aufgelöst werden:

$$u = -\frac{0{,}23087}{0{,}27964}.$$

Der absolute Betrag des Bruches kann mit einer logarithmischen Hilfsrechnung ermittelt werden:

	lg
0,23087	1,36337 − 2
0,27964	0,44660 − 1
0,82560	0,91677 − 1

$$u = -0{,}82560.$$

Daraus ist zu berechnen:

$$x = \frac{1}{1-u} = \frac{1}{1{,}82560}$$

$$x = 0{,}54778.$$

	lg
1	1,00000 − 1
1,8256	0,26140
0,54778	0,73860 − 1

Lösungsmenge: $\{0{,}54778\}$.

In den folgenden Beispielen treten Terme der Form $a^{T(x)}$ als Summanden innerhalb der Gleichung auf.

BEISPIELE

6. $\{x \mid 4^{2x+3} - 3^x = 2^{4x+3} + 3^{x+3}\}$

Lösung:
$$4^{2x+3} - 2^{4x+3} = 3^{x+3} + 3^x$$
$$2^{4x+6} - 2^{4x+3} = 3^{x+3} + 3^x$$
$$2^{4x+3}(2^3 - 1) = 3^x(3^3 + 1)$$
$$2^{4x+3} = 4 \cdot 3^x$$
$$(4x + 3) \cdot \lg 2 = \lg 4 + x \cdot \lg 3$$
$$x \cdot \lg 16 - x \cdot \lg 3 = 2 \lg 2 - 3 \lg 2$$
$$x = -\frac{\lg 2}{\lg 16 - \lg 3}$$
$$= -0{,}41407.$$

Lösungsmenge: $\underline{\underline{\{-0{,}41407\}}}$.

7. $\{x \mid e^{2x} + e^x = 2\}$

Lösung: Mit $u = e^x$ und Einschränkung dieser neuen Variablen auf den Bereich $u \in (0; +\infty)$ entsteht die äquivalente Gleichung
$$u^2 + u - 2 = 0.$$
Ihre Lösungsmenge besteht nur aus dem Element $u_1 = 1$ ($u_2 = -2$ entfällt). Somit ist die gegebene Gleichung auf
$$e^x = 1$$
zurückgeführt.

Lösungsmenge: $\underline{\underline{\{0\}}}$.

8. $\{x \mid e^{x-1} - e^{2-x} = 2\}$

Lösung: Nach dem Zerlegen der Potenzen
$$e^x \cdot e^{-1} - e^2 \cdot e^{-x} = 2$$
und Einführung einer neuen Variablen $u = e^x$ entsteht
$$e^{-1} \cdot u - e^2 \cdot u^{-1} = 2 \qquad u \in (0; +\infty)$$
$$u^2 - 2eu - e^3 = 0$$
$$u = e \underset{(-)}{+} \sqrt{e^2 + e^3}.$$
(Das Minuszeichen vor der Wurzel entfällt, da $\sqrt{e^2 + e^3} > e$).
Somit ist
$$e^x = e(1 + \sqrt{1 + e})$$
$$x = 1 + \ln(1 + \sqrt{1 + e}).$$

Lösungsmenge: $\underline{\underline{\{1 + \ln(1 + \sqrt{1 + e})\}}}$.

AUFGABEN

Die nachfolgenden Exponentialgleichungen sind zu lösen:

592. $a^{x+5} = a^{12}$ 593. $b^{3-x} = b^8$ 594. $p^{3x+5} = p^{2x+1}$

595. $v^7 \cdot v^{3(x-2)} = v \cdot v^{2(x+1)} \cdot v^{4(x-2)}$

596. $(r^{x-3})^{x-4} = (r^{x-2})^{x-7}$ 597. $a(a^{x-2})^{x+3} = a^{3x+8}(a^{x+1})^{x-5}$

598. $\sqrt{p^{12-x}} = p^{2(x+3)}$ 599. $\sqrt[x-2]{u^{2x-1}} = \sqrt[x+1]{u^{x-3}}$

600. $\left(\frac{2}{3}\right)^x = \left(\frac{3}{2}\right)^5$ 601. $\left(\frac{p}{q}\right)^x = \sqrt[3]{\left(\frac{q}{p}\right)^7}$ 602. $\sqrt[x]{a} = mn$

603. $\left(\frac{4}{5}\right)^{2x-3} = \left(\frac{5}{4}\right)^{3x+5}$ 604. $a^x b^{mx} = c$

605. $a^{n-x} = 2b^x$ 606. $a^{mx-p} = b^{nx-q}$ 607. $3^x = 10$

608. $5^x = 100$ 609. $0{,}025^x = 1000$ 610. $10^x = 1{,}25^{10}$

611. $3{,}412^x = 2432$ 612. $4{,}8321^x = 8{,}2137$ 613. $\sqrt[x]{6452} = 3{,}7824$

614. $\sqrt[x]{5{,}738} = 2500$ 615. $\sqrt[x]{4360{,}2} = 0{,}0011$ 616. $\sqrt[x]{1{,}3311} = \sqrt[3]{7}$

617. $18^{-x} \cdot 2436^x = 45^{x+1}$ 618. $4{,}278^{2x-3} = 3 \cdot 1{,}542^{3x+5}$

619. $\left(\frac{3}{8}\right)^{3x+4} = \left(\frac{4}{5}\right)^{2x+1}$ 620. $100^{\frac{1}{x}} = 36{,}63^{\frac{1}{25}}$

621. $\sqrt[2x]{2^{3x+2}} = \sqrt[3x]{3^{2x+3}}$ 622. $25 \cdot \left(\frac{3}{4}\right)^{5x-2} = 37 \cdot \left(\frac{2}{3}\right)^{x+5}$

623. $\sqrt[x]{\frac{22}{25}} = \frac{15}{7}$ 624. $\left(\frac{294{,}2}{315{,}8}\right)^{x-1} = \left(\frac{24{,}49}{19{,}27}\right)^x$

625. $2^x - 3^{x+1} = 2^{x+2} - 3^{x+3}$ 626. $3^{2x+1} - 5^{x-1} = 3^{2x+3} - 5^{x+1}$

627. $7^{2x-1} - 3^{3x-2} = 7^{2x+1} - 3^{3x+2}$ 628. $2^{(3^x)} = 3^{(2^x)}$

629. $e^{2x} - e^x - 6 = 0$ 630. $24 - 18e^{-2x} + 3e^{-4x} = 0$

631. $2e^x - 3e^{-x} = 1$ 632. $3e^{4x} - 2e^{2x} = 0$

633. Bei einer gedämpften Schwingung mit Luftreibung bilden die Amplituden eine fallende geometrische Folge. Beträgt die Amplitudenabnahme von Periode zu Periode 0,5%, so ist der Quotient der geometrischen Folge $q = 0{,}995$ und die Amplitude der n-ten Schwingung $A_n = A_1 q^{n-1}$, wobei A_1 die Anfangsamplitude kennzeichnet. Bei welcher Periode unterschreitet die Amplitude 1% des Anfangswertes?

634. Für den Riementrieb (Bild 56) gilt auf Grund des EULERschen Gesetzes für die Seilreibung, wenn das Rutschen des Riemens verhindert werden soll, die Forderung

$$\frac{F_{S1}}{F_{S2}} \leqq e^{\mu_0 \alpha}.$$

Hierbei bedeuten F_{S1} die Seilkraft in dem ziehenden Riementeil, F_{S2} die Seilkraft im gezogenen Riementeil, $\mu_0 = 0{,}25$ die Haftreibzahl von Leder auf Grauguß und α den in Radiant gemessenen Umschlingungswinkel. Wie groß muß α im Gradmaß sein, wenn sich F_{S1} zu F_{S2} wie 5:2 verhält?

635. Für einen Potenzflaschenzug gilt

$$F_1 = \frac{F_2}{2^n \cdot \eta}.$$

Wieviel Rollen werden benötigt, um die Last $F_2 = 40\,000$ N mit der Kraft $F_1 \leqq 600$ N bei einem Wirkungsgrad $\eta = 0{,}64$ heben zu können?

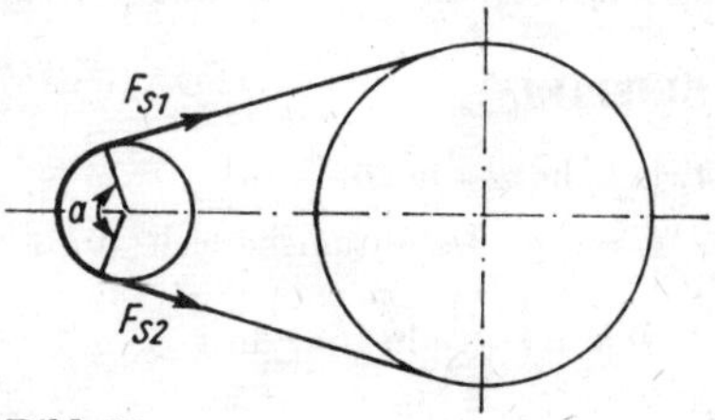

Bild 56

18.2.2. Logarithmische Gleichungen

In einer logarithmischen Gleichung tritt die Variable im Argument logarithmischer Terme auf. An Hand von Beispielen soll gezeigt werden, wie sich einige logarithmische Gleichungen auf eine Grundgleichung vom Typ

$$\log_a x = b$$

zurückführen lassen, die nach dem Potenzieren mit der Basis $a > 0$ die Gestalt

$$x = a^b$$

annimmt. Kann man die rechte Seite der Grundgleichung als Logarithmus mit der Basis a darstellen,

$$\log_a x = \log_a c,$$

so läßt sich infolge der Monotonie der Logarithmusfunktion setzen

$$x = c.$$

Bei allen logarithmischen Gleichungen ist zu beachten, daß nur Logarithmen von positiven reellen Zahlen definiert sind. Da beim Lösen derartiger Gleichungen häufig nichtäquivalente Umformungen vorgenommen werden, empfiehlt es sich, zu Beginn des Lösungsvorganges den der Gleichung zukommenden Definitionsbereich festzustellen. Dadurch wird von vornherein vermieden, daß unzulässige Elemente in der Lösungsmenge erscheinen; zum Beispiel stellt der Übergang von $2n \cdot \log x$ auf $\log x^{2n}$ im Fall $n \in G$ keine äquivalente Umformung dar, da beide Terme verschiedene Definitionsbereiche aufweisen. Andererseits dürfen bei den erforderlichen Umformungen keine Elemente verlorengehen. So muß

$$\log x^{2n} = 2n \log |x| \qquad n \in G$$

gesetzt werden, weil $\log x^{2n}$ für $x \in (-\infty; +\infty) \setminus \{0\}$ definiert ist. Lediglich wenn x von vornherein auf den Bereich $(0; +\infty)$ eingeschränkt ist, darf auf die Absolutstriche verzichtet, also das dritte Logarithmengesetz formal angewendet werden.

BEISPIEL

1. $\{x \mid 2 \ln x = \ln 16\}$

Lösung: Definitionsbereich: $(0; +\infty)$.

a) $\ln x = \frac{1}{2} \ln 16 = \ln 4$

$x = 4.$

Die Lösungsmenge der logarithmischen Gleichung stimmt mit der der äquivalenten linearen Gleichung überein:

Lösungsmenge: $\underline{\underline{\{4\}}}$.

b) Wird die nichtäquivalente Umformung

$$\ln x^2 = \ln 16$$

vorgenommen, so darf nur die in dem anfangs angegebenen Definitionsbereich liegende, also die positive Wurzel der Gleichung

$$x^2 = 16$$

in die Lösungsmenge aufgenommen werden.

Lösungsmenge: $\underline{\underline{\{4\}}}$.

In der höheren Mathematik treten logarithmische Gleichungen häufig in der Form

$$\ln (ax + b) = c$$

auf. Wird mit der Basis e der natürlichen Logarithmen potenziert,

$$ax + b = e^c,$$

so läßt sich die Gleichung nach x auflösen

$$x = \frac{1}{a} (e^c - b).$$

Sind a, b und c mit Zahlen belegt, so wird nach einem etwas abgewandelten Verfahren vorgegangen.

BEISPIEL

2. $\{x \mid \ln (3x - 2) = 0{,}5\}$

Lösung: Definitionsbereich: $(^2/_3; +\infty)$.
Da meist keine ausreichenden Tabellen für natürliche Logarithmen zur Verfügung stehen, wird zunächst mit Hilfe des entsprechenden Moduls (vgl. 7.3.) der natürliche Logarithmus in

den dekadischen Logarithmus umgewandelt

$$\lg(3x - 2) = 0{,}5\,M_{10} = 0{,}21714 \qquad (M_{10} = 0{,}43429)$$

und aus der Logarithmentafel der zugehörige Numerus abgelesen

$$3x - 2 = 1{,}6487$$
$$x = 1{,}2162.$$

Lösungsmenge: $\{1{,}2162\}$.

Andere Aufgaben lassen sich nach Anwendung der Logarithmengesetze auf die Grundgleichung zurückführen.

BEISPIEL

3. $\{x \mid \lg 16x^2 - \lg 8x^2 = 2\lg 4x^2 - \lg x^2 - \lg 8\}$

Lösung: $x \in (-\infty; +\infty) \setminus \{0\}$

$$\lg 16x^2 - \lg 8x^2 - \lg 16x^4 + \lg x^2 + \lg 8 = 0$$
$$\lg \frac{16x^2 \cdot x^2 \cdot 8}{8x^2 \cdot 16x^4} = 0$$
$$\lg 1/x^2 = 0$$
$$-2\lg|x| = 0$$
$$|x| = 1.$$

Lösungsmenge: $\{-1; 1\}$.

Die im folgenden Beispiel gegebene Gleichung kann als Exponentialgleichung und logarithmische Gleichung angesehen werden.

BEISPIEL

4. $\{x \mid 4^{3\lg x} = 2\}$

Lösung: $x \in (0; +\infty)$.

Um den die Variable x enthaltenden Term aus den Exponenten zu entfernen, wird die Gleichung logarithmiert.

$$3\lg x \cdot \lg 4 = \lg 2$$
$$\lg x = \frac{\lg 2}{3\lg 4} = \frac{\lg 2}{6\lg 2} = \frac{1}{6}$$
$$x = 1{,}4678.$$

Lösungsmenge: $\{1{,}4678\}$.

AUFGABEN

Es sind die Lösungsmengen folgender logarithmischer Gleichungen zu bestimmen:

636. $4 + 3\lg x = 5{,}2$

637. $5 - 2\lg 3x = 12{,}4$

638. $\lg x^3 + 2\lg x^2 = 20{,}4$

639. $\lg \sqrt[3]{2x} = 0{,}876$

640. $\frac{1}{3} \lg x^2 + \frac{1}{2} \lg x^3 = 0{,}0234$

641. $\lg(2x + 3) = \lg(x - 1) + 1$

642. $\lg x^5 = \lg x^2 + 6$

643. $\lg 5^x = \lg 2^x + 2$

644. $5^{\lg x} = 2 \cdot 3^{\lg x}$

645. $3 \lg x = 2 \lg 8$

646. $2 \lg x = 3 \lg 4$

647. $\lg x^2 = 3 \lg 4$

648. $2 \lg 4x - 2 \lg x - 2 \lg 8 = 0$

649. $\frac{1}{3} \ln x^6 = \frac{1}{2} \ln 81$

650. $\ln x - \ln a = b$

651. Die Gleichung $A \cdot B^{C \cdot \lg D + E} = F$ ist nach A, B, C, D und E umzustellen.

Trigonometrie der Ebene

Die in der Elementargeometrie auftretenden Gleichungen sind *algebraisch*[1]). Stellen sie Beziehungen zwischen Stücken des ebenen Dreiecks dar, so enthält eine Gleichung entweder nur Winkel, wie z. B. der Satz von der Winkelsumme im Dreieck, oder nur Seiten, wie z. B. der Satz des PYTHAGORAS. Im zweiten Fall können außer den Seiten auch noch andere Strecken und der Flächeninhalt des Dreiecks auftreten.
Der Zusammenhang zwischen den Seiten und Winkeln des ebenen Dreiecks ist nicht durch algebraische Gleichungen darstellbar. Hierfür bedarf es daher eines besonderen Abschnitts der Geometrie.

Die **Trigonometrie**[2]) **der Ebene** hat die Aufgabe, die Beziehungen zwischen den Strecken und Winkeln im ebenen Dreieck und in anderen ebenen, geradlinig begrenzten Figuren herzustellen. Sie benutzt hierzu die *trigonometrischen Funktionen*.

Die Lehre von den Eigenschaften und den gegenseitigen Beziehungen der trigonometrischen Funktionen heißt **Goniometrie**[3]) und ist ein Teil der Trigonometrie. Die Trigonometrie im engeren Sinne behandelt die eigentliche Dreiecksberechnung.

19. Winkelmessung. Winkeleinheiten

Wie bereits bekannt, schließen zwei von einem gemeinsamen Punkt O ausgehende Strahlen einen ebenen **Winkel** φ ein. Der Winkel ist also der Teil der Ebene, der von einem Strahl überstrichen wird, wenn sich dieser um seinen Anfangspunkt O von der Ausgangslage s_1 bis zu einer bestimmten Endlage s_2 dreht (Bild 57). Der Winkel heißt *positiv* oder *negativ*, je nachdem er durch Drehung eines Strahls gegen oder mit dem Uhrzeigersinn entsteht.
Dreht sich der Strahl einmal vollständig um seinen Anfangspunkt O, so wird der **Vollwinkel** φ_0 beschrieben (Bild 58).
Da der Winkel φ dem Bogen b proportional ist, kann aus Bild 58 die Proportion

$$\varphi:\varphi_0 = b:2\pi r$$

---

[1]) Vgl. Abschnitt 8.1.
[2]) (griech.) Dreiecksmessung
[3]) (griech.) Winkelmessung

abgelesen werden. Sie führt zu folgender allgemeingültiger Größengleichung[1]) für den Winkel φ

$$\boxed{\varphi = \frac{\varphi_0}{2\pi} \cdot \frac{b}{r}} \tag{64a}$$

bzw. für den Bogen b

$$b = \frac{2\pi}{\varphi_0}\,\varphi r. \tag{64b}$$

BEISPIEL

1. Schlägt man um den Scheitelpunkt eines Winkels $\varphi = 30°$ beliebig viele Kreise mit den Radien r_1, r_2, r_3 usw. (Bild 59), so erhält man aus (64b), wenn für den Vollwinkel $\varphi_0 = 360°$ gesetzt wird, die Bogen

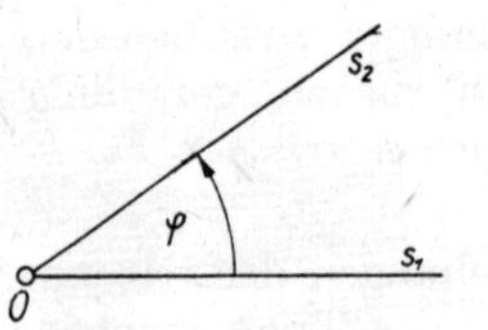

Bild 57

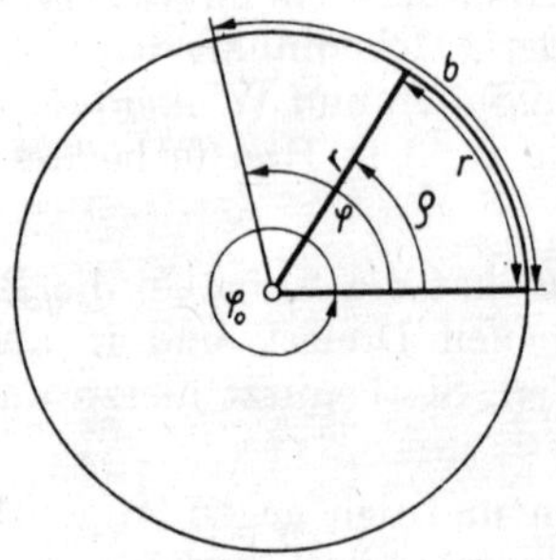

Bild 58

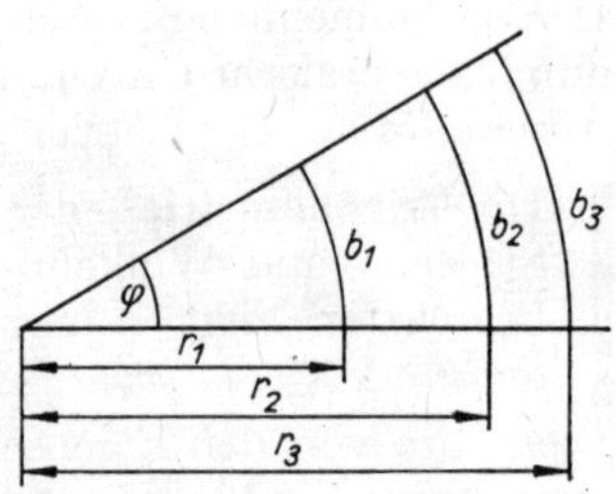

Bild 59

$$b_1 = \frac{\pi}{6}\,r_1, \quad b_2 = \frac{\pi}{6}\,r_2, \quad b_3 = \frac{\pi}{6}\,r_3, \ldots.$$

Hieraus findet man nach Umstellung

$$\frac{b_1}{r_1} = \frac{b_2}{r_2} = \frac{b_3}{r_3} = \cdots = \frac{\pi}{6}.$$

Das Verhältnis b/r ist also für einen vorgegebenen Winkel φ bei beliebigen Radien r konstant. Es eignet sich daher als Maß für den Winkel φ.

Wird $\varphi_0/2\pi = 1$ in (64a) gesetzt, so erhält man ein *kohärentes Maß*[2]) für den Winkel, das

$$\textbf{Bogenmaß}^3 \quad \boxed{\varphi = \frac{b}{r}} \tag{65}$$

[1]) Größengleichungen sind Gleichungen, die unabhängig von der Wahl der Einheiten gelten

[2]) cohaerere (lat.) zusammenhängen. Die Grundeinheiten und die aus ihnen unmittelbar abgeleiteten Einheiten eines Maßsystems, in denen nur der Zahlenfaktor 1 auftritt, bilden ein sog. kohärentes Einheitensystem

[3]) Wird zuweilen noch durch $\hat{\varphi}$ oder arc φ bezeichnet

Satz

Durch die Gleichung (65) ist der ebene Winkel als dimensionslose Größe definiert. Die Einheit $\varphi = 1$ des im Bogenmaß gemessenen Winkels wird durch zwei Kreisradien gebildet, die aus dem Kreis vom Radius r den Bogen $b = r$ ausschneiden (Bild 58). Im Bogenmaß beträgt der Vollwinkel $\varphi_0 = 2\pi$.

Zur Kennzeichnung des ebenen Winkels ist in der *Tafel der Einheiten* die Einheit des im Bogenmaß gemessenen Winkels als **Radiant**, abgekürzt **rad**, bezeichnet. Bei Verwendung dieser Winkeleinheit beträgt der Vollwinkel $\varphi_0 = 2\pi$ rad.
Im vorliegenden Lehrbuch wird die Winkeleinheit Radiant wegen der mit ihr verbundenen umständlichen Schreibweise (vgl. frühere Auflagen dieses Lehrbuchs) nicht benutzt.

Außer dem Bogenmaß sind für den ebenen Winkel die Einheiten

Grad	Kurzzeichen: °
Gon	gon

gebräuchlich. Für sie und das Bogenmaß gilt folgende

Definition der Winkeleinheiten

$$1\varphi_0 = 2\pi = 360° = 400 \text{ gon} \tag{66}$$

Der Zusammenhang mit den abgeleiteten Einheiten

Minute	Kurzzeichen:
Sekunde	″

folgt aus

$$1' = \frac{1°}{60} \qquad 1'' = \frac{1'}{60} \tag{67}$$

Wegen seiner Kohärenz ist das Bogenmaß gegenüber den anderen Winkeleinheiten zu bevorzugen.
Beim praktischen Messen[1]) von Winkeln werden jedoch überwiegend die anderen Winkeleinheiten benutzt. Es ist daher günstig, für die Umrechnung solcher Winkel, die in den nichtkohärenten Winkeleinheiten Grad, Gon usw. angegeben sind, in das Bogenmaß und umgekehrt eine Formel herzuleiten. Zu diesem Zweck wird der

Umrechnungsfaktor $$\varrho = \frac{\varphi_0}{2\pi} \tag{68}$$

[1]) Das Bau- und Vermessungswesen z. B. benutzt für das Messen von Horizontal- und Vertikalwinkeln im Gelände den Theodolit. Seine Teilkreise sind in Grad, Minuten und Sekunden oder in Gon, Zentigon und Milligon geteilt.

eingeführt, für den man aus (66) und (67) wegen $\pi = 3{,}14159265\ldots$ bei Rundung auf jeweils 7 Ziffern im einzelnen erhält:

$$\boxed{\begin{aligned} \varrho = 1 &= 57{,}29578^\circ &= 63{,}66198\ \text{gon} \\ &= 3437{,}747' &= 63661{,}98\ \text{mgon} \\ &= 206264{,}8'' &= 636619{,}8 \cdot 10^2\ \mu\text{gon} \end{aligned}} \tag{69}$$

Die meisten Rechenstäbe enthalten die Marken für $\varrho/'$, $\varrho/''$.
Die für die Winkeleinheit Grad zugeschnittene Größengleichung[1]) des Winkels φ ergibt sich aus (64a) zu

$$\varphi/^\circ = \frac{1}{2\pi}\ \varphi_0/^\circ \cdot \frac{b}{r}.$$

Setzt man hierin (65) und (68) ein, so findet man die

$$\textbf{Umrechnungsformel} \qquad \boxed{\varphi/^\circ = \varrho/^\circ \cdot \varphi} \tag{70}$$

Diese Gleichung und die ihr entsprechenden Gleichungen dienen zur Umrechnung des Bogenmaßes in die anderen Winkeleinheiten und umgekehrt.

BEISPIELE

2. Gegeben: $\varphi = 0{,}14524$
   Gesucht: φ in °
   Lösung: Aus (70) erhält man mit der Rechenmaschine:

$$\varphi/^\circ = 57{,}29578 \cdot 0{,}14524 \qquad \underline{\underline{\varphi = 8{,}32164^\circ}}$$

3. Gegeben: $\varphi = 26^\circ\ 17'$
   Gesucht: φ im Bogenmaß
   Lösung: Aus (70) folgt mit dem Rechenstab:

$$\varphi = \frac{\varphi}{1'} : \frac{\varrho}{1'} = \frac{1577}{3438} \qquad \underline{\underline{\varphi = 0{,}459.}}$$

Die Umrechnungen nach (70) lassen sich auch in einfacher Weise mit der sog. *Bogentafel* ausführen, die in den Logarithmentafeln[2]) enthalten sind.

---

[1]) Zugeschnittene Größengleichungen sind Größengleichungen, in denen jede Größe durch eine zugehörige Einheit dividiert erscheint

[2]) vgl. Literaturhinweise S. 583

Für einige ausgezeichnete Winkel werden die Beziehungen zwischen den verschiedenen Einheiten besonders oft gebraucht. Daher sei die folgende Tabelle angegeben:

φ	$\frac{\pi}{6}$	$\frac{\pi}{4}$	1	$\frac{\pi}{3}$	$\frac{\pi}{2}$	π	$\frac{3}{2}\pi$	2π
$\varphi/^\circ$	30	45	57,295...	60	90	180	270	360
φ/gon	$33{,}\overline{3}$	50	63,661...	$66{,}\overline{6}$	100	200	300	400

Die Teilung des Vollwinkels in 360° mit der Unterteilung in Minuten und Sekunden heißt **sexagesimale Teilung**[1]) oder **»alte Teilung« des Winkels.** Sie wird hauptsächlich in der Astronomie und Geographie benutzt, weil dort der Winkel mit der ebenfalls sexagesimal geteilten Zeit zusammenhängt. Auch in der Mathematik wurde bisher die »alte Teilung« bevorzugt, jedoch nur aus Gründen der Überlieferung.
Die Addition mehrerer Winkel, insbesondere bei Benutzung einer Rechenmaschine, ist in der sexagesimalen Teilung unbequem, da die Sekunden, Minuten und Grad getrennt addiert werden müssen. Die Division zweier Winkel in sexagesimaler Teilung verlangt die vorherige Verwandlung der Minuten und Sekunden in Dezimalen des Grads. Physik und Technik benutzen daher die **Altgradteilung mit dezimalgeteiltem Grad.**
Die gleichen Vorzüge wie die zuletzt genannte Teilung hat die zur Zeit der französischen Revolution eingeführte **zentesimale Teilung**[2]) oder **»neue Teilung« des Winkels**, die den Vollwinkel in 400 gon und das Gon in Zentigon und Milligon teilt. Sie wird bei uns nur vom Vermessungswesen benutzt.
Die Beziehungen zwischen den verschiedenen Gradteilungen des Winkels ergeben sich aus (66) und (67):

$$1^\circ = 1{,}\overline{1}\ \text{gon} \qquad 1\ \text{gon} = 54' = 0{,}9^\circ \qquad 0{,}1' = 6' = 0{,}\overline{1}\ \text{gon}$$
$$1' = 0{,}01\overline{6}^\circ = 0{,}0185\ \text{gon} \qquad 1\ \text{cgon} = 32{,}4'' = 0{,}009^\circ \qquad 0{,}01^\circ = 36'' = 0{,}0\overline{1}\ \text{gon}$$
$$1'' = 0{,}00027\overline{7}^\circ = \qquad 1\ \text{mgon} = 3{,}24'' = 0{,}00009^\circ \qquad 0{,}001^\circ = 3{,}6'' = 0{,}00\overline{1}\ \text{gon}$$
$$= 0{,}000308\ \ldots\ \text{gon}^{3)} \qquad (71)$$

Die Umrechnung von einer Gradteilung in die andere wird am schnellsten mit Tabellen[4]) ausgeführt.

[1]) Stammt von den Babyloniern und heißt so, weil die Zahl 60 Grundzahl ist; sexagesimus (lat.) der sechzigste
[2]) 100 ist Grundzahl; centesimus (lat.) der hundertste
[3]) Der Wert lautet genau: $0{,}000\overline{308641975}$ gon
[4]) siehe die Tafel lt. Literaturhinweis S. 583

AUFGABEN

652. Folgende Winkel sind umzurechnen:
 a) $43°12'14''$, b) $28{,}7349°$ in Gon,
 c) $21{,}4419$ gon, d) $38{,}1962°$ in sexagesimale Teilung,
 e) 36 gon 45 cgon 20 mgon f) $81°22'35''$ in dezimalgeteilten Grad.

653. Folgende Winkel sind in das Bogenmaß umzurechnen:
 a) $\frac{450°}{3}$, b) $301°17'20''$, c) $138{,}1923°$, d) 5 gon 88 cgon 25 mgon

654. Wie groß sind die Winkel
 a) 0,3, b) 1, c) $\frac{\pi}{12}$ in sexagesimaler Teilung?

655. Welche Länge hat der Bogen des Erdumfangs, der zu einem Mittelpunktswinkel von a) 1°, b) 15′, c) 1″ gehört? ($R = 6371{,}11$ km)

656. Wie lauten bei gegebenem Halbmesser r und gegebenem Mittelpunktswinkel φ die für das Bogenmaß und die Winkeleinheit ° zugeschnittenen Größengleichungen der Kreissektorfläche A?

657. Man berechne die Fläche A des Kreissektors für
 a) $r = 12$ cm, $\varphi = 96°15'25''$, b) $r = 5{,}5$ cm, $b = 7$ cm.

658. Der Horizontalkreis eines Theodolits soll in Intervalle zu 20 Zentigon eingeteilt werden. Wie groß ist der Abstand zwischen zwei benachbarten Teilstrichen, wenn der Kreisdurchmesser 94 mm beträgt?

20. Trigonometrische Funktionen

20.1. Allgemeine Definition der trigonometrischen Funktionen

Im folgenden wird für die trigonometrischen Funktionen eine Definition gewählt, die eine Verallgemeinerung der dem Leser bekannten Definition im rechtwinkligen Dreieck und am Einheitskreis darstellt. Bekanntlich[1]) werden jedem Punkt P der Ebene durch die Einführung eines cartesischen oder eines Polarkoordinatensystems je zwei Koordinaten zugeordnet, nämlich entweder

1. die **rechtwinkligen Koordinaten**, die *Abszisse* u und die *Ordinate* v (Bild 60), oder
2. die **Polarkoordinaten**, der *Abstand*[2]) r und der *Richtungswinkel*[3]) φ (Bild 61).

Hierbei sind u, v und r die Maßzahlen der in den Bildern 60, 61 usf. gezeichneten Strecken.
Im Fall 2. dient ein beliebiger Strahl als *Polarachse* (Nullrichtung), sein Anfangspunkt O heißt *Pol*.

---

[1]) Vgl. 24.2. bzw. [4] Abschn. 14.2.
[2]) Wird auch Radiusvektor, Leitstrahl oder Modul genannt
[3]) Heißt auch Phase, Amplitude oder Argument

Fallen Ursprung und Pol sowie u-Achse und Polarachse zusammen, so ergibt sich Bild 62. Der Zusammenhang zwischen den Koordinaten beider Systeme wird durch

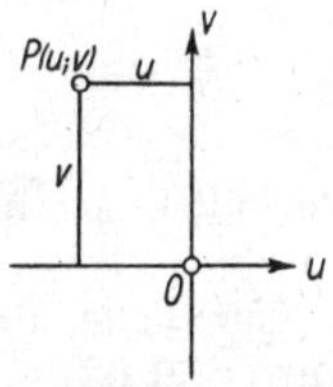

Bild 60

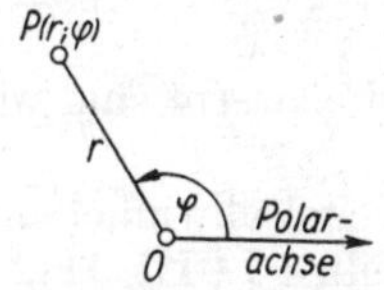

Bild 61

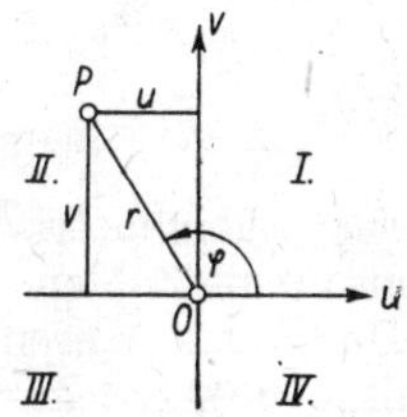

Bild 62

die Einführung der **trigonometrischen Funktionen** (auch goniometrische oder Winkelfunktionen genannt) Sinus, Cosinus, Tangens, Cotangens beschrieben:

Definition der trigonometrischen Funktionen

$$\sin\varphi = \frac{v}{r} \qquad \cos\varphi = \frac{u}{r}$$
$$\tan\varphi = \frac{v}{u} \qquad \cot\varphi = \frac{u}{v} \tag{72}$$

Ersetzt man für die folgenden Überlegungen den Abstand r durch $\sqrt{u^2 + v^2}$ (Bild 62), so ergibt sich:

$$\sin\varphi = \frac{v}{\sqrt{u^2 + v^2}} \qquad \cos\varphi = \frac{u}{\sqrt{u^2 + v^2}}$$

$$\tan\varphi = \frac{v}{u} \qquad \cot\varphi = \frac{u}{v}$$

Da ein Bruch mit dem Nenner Null genauso wenig einen Zahlenwert hat wie ein Bruch, dessen Zähler und Nenner verschwinden, läßt sich hieraus folgendes ablesen:
Durch (72) werden jedem geordneten Paar $(u; v)$ (also jedem Punkt der Koordinatenebene mit Ausnahmen) vier trigonometrische Funktionswerte

$$\sin\varphi \in [-1; +1], \quad \cos\varphi \in [-1; +1]$$

$$\tan\varphi \in (-\infty; +\infty), \cot\varphi \in (-\infty; +\infty)$$

zugeordnet. Der Bereich der Wertepaare $(u; v)$ ist für die vier trigonometrischen Funktionen verschieden und läßt sich mit dem Körper R der reellen Zahlen ausdrücken:
Für $\sin\varphi$, $\cos\varphi$: $(R \times R) \setminus \{(0; 0)\}$ (Koordinatenebene außer Ursprung O)
Für $\tan\varphi$: $(R \setminus \{0\}) \times R$ (Koordinatenebene außer der v-Achse)
Für $\cot\varphi$: $R \times (R \setminus \{0\})$ (Koordinatenebene außer der u-Achse)
Wie aus obigem bereits hervorgeht, wird $r > 0$ vereinbart, also $r = +\sqrt{u^2 + v^2}$, daher gilt

$$r \in (0; +\infty).$$

Die Menge Φ der Elemente φ ist von der Art der trigonometrischen Funktion abhängig:

$$\Phi_{\sin\varphi,\,\cos\varphi} = (-\infty; +\infty)$$

$$\Phi_{\tan\varphi} = (-\infty; +\infty) \setminus \left\{(2k+1)\cdot\frac{\pi}{2} \,\middle|\, k \in G\right\}^{1)}$$

$$\Phi_{\cot\varphi} = (-\infty; +\infty) \setminus \{k\pi \mid k \in G\}.$$

Die trigonometrischen Funktionswerte sind als Streckenverhältnisse dimensionslos, also reine Zahlen.
Durch das Achsenkreuz werden Vollwinkel und Ebene in vier Teile, die sog. **Quadranten**[2]), zerlegt. Letztere heißen I., II., III., IV. Quadrant (Bild 62).

20.2. Graphische Darstellung der trigonometrischen Funktionswerte. Bestimmung der Funktionswerte besonderer Winkel

Wird von O aus ein beliebiger Strahl g gezogen, so haben alle auf g liegenden Punkte $P, A, B, \ldots, P_1, P_2, \ldots$ denselben Richtungswinkel φ. Aus Bild 63 läßt sich bei Anwendung der Strahlensätze wegen (72) folgendes ablesen

$$\sin\varphi = \frac{v}{r} = \frac{v_A}{r_A} = \frac{v_B}{r_B} = \ldots; \quad \cos\varphi = \frac{u}{r} = \frac{u_A}{r_A} = \frac{u_B}{r_B} = \ldots$$
$$\tan\varphi = \frac{v}{u} = \frac{v_A}{u_A} = \frac{v_B}{u_B} = \ldots; \quad \cot\varphi = \frac{u}{v} = \frac{u_A}{v_A} = \frac{u_B}{v_B} = \ldots \tag{I}$$

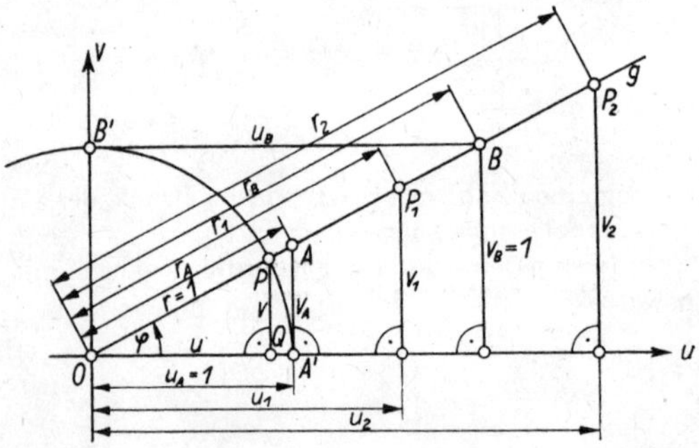

Bild 63

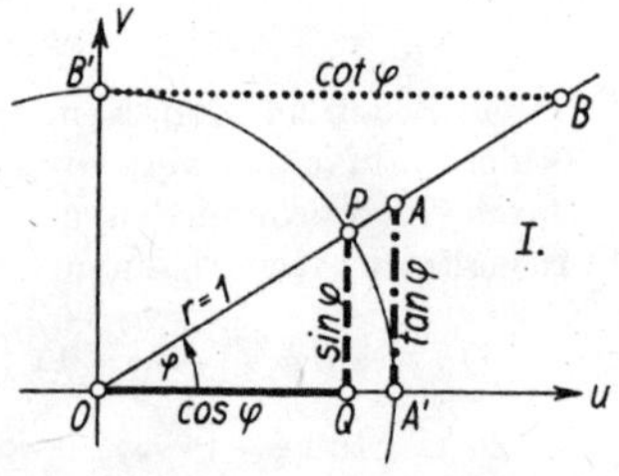

Bild 64

Während $P_1, P_2, \ldots$ beliebig auf g liegen, sind P, A, B so gewählt, daß $r = 1$, $u_A = 1$, $v_B = 1$ gilt. P ist also der Schnittpunkt des Strahls g mit dem Einheitskreis[3]), $A'A$ und $B'B$ sind Abschnitte der Vertikaltangente in A' und Horizontal-

[1]) G ist die Menge der ganzen Zahlen, vgl. Abschnitt 4.
[2]) quattuor (lat.) vier; Quadrant heißt Viertelkreis
[3]) Kreis vom Radius $r = 1$

tangente in B' an den Einheitskreis (Bilder 63 und 64). Somit ergibt sich aus (I):

$$\sin\varphi = v, \quad \cos\varphi = u$$
$$\tan\varphi = v_A, \cot\varphi = u_B. \tag{II}$$

Die Werte der trigonometrischen Funktionen können daher als Maßzahlen von Strecken am Einheitskreis unmittelbar abgelesen werden (Bild 64), so daß sich aus (II) ergibt:

Satz

Sinus bzw. *Cosinus* eines Winkels φ sind gleich der *Ordinate* bzw. *Abszisse* des zu φ gehörigen veränderlichen Punktes auf dem Einheitskreis.
Tangens bzw. *Cotangens* eines Winkels φ sind gleich den Maßzahlen derjenigen Abschnitte der *Vertikal-* bzw. *Horizontaltangente* an den Einheitskreis, die vom Berührungspunkt bis zum Schnittpunkt mit dem durch φ festgelegten Leitstrahl gemessen werden.

Beim Drehen des Radius OP aus der Ausgangslage OA' im positiven Sinn bis zu ihr zurück kann an der Änderung der Strecken $PQ, OQ, A'A, B'B$ der Verlauf der trigonometrischen Funktionen in den vier Quadranten verfolgt werden (Bilder 64 bis 67).

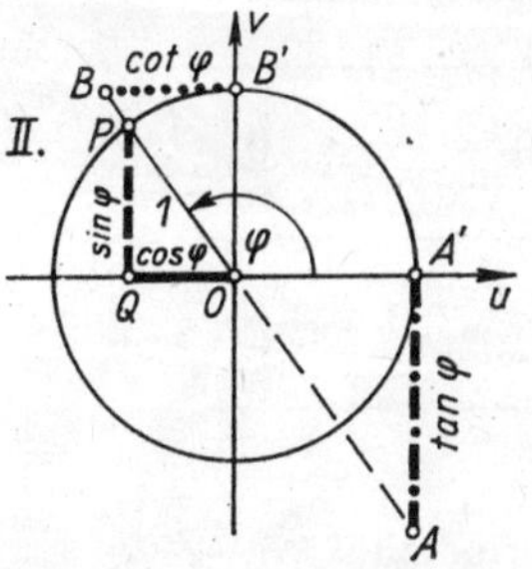

Bild 65

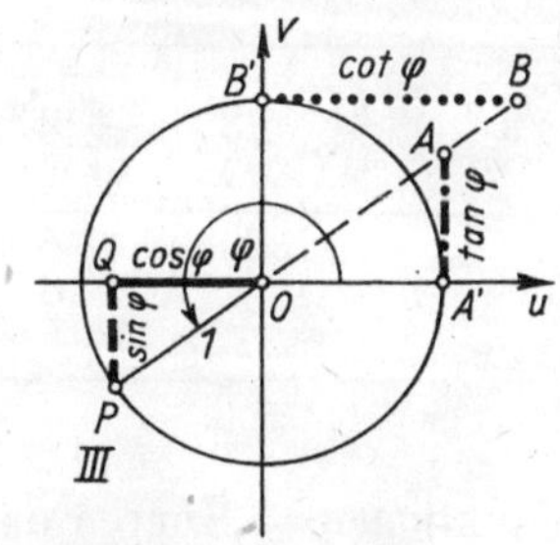

Bild 66

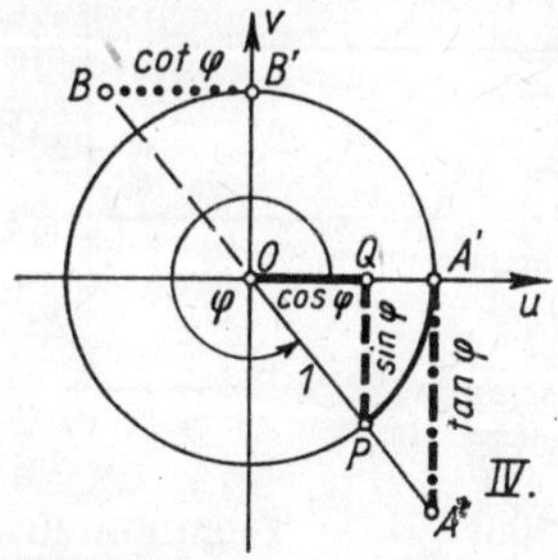

Bild 67

Da hierbei der Tangens auf der Tangente in A' und der Cotangens auf der Tangente in B' abgelesen werden, muß man für Winkel im II., III., IV. Quadranten den Strahl OP rückwärts verlängern.

Mit den bekannten Vorzeichen der rechtwinkligen Koordinaten in den vier Quadranten ergeben sich aus (72) in Verbindung mit den Bildern 64 bis 67 folgende Regeln:

Vorzeichen der trigonometrischen Funktionen (73)

Funktion \ Quadrant von φ	I	II	III	IV
$\sin\varphi$	+	+	−	−
$\cos\varphi$	+	−	−	+
$\tan\varphi$	+	−	+	−
$\cot\varphi$	+	−	+	−

Aus den den trigonometrischen Funktionswerten entsprechenden Strecken am Einheitskreis findet man unmittelbar die Funktionswerte für die Winkel 0°, 90°, 180°, 270°, 360°. Bei Anwendung der Definition (72) auf solche Punkte P im I. Quadranten, für die der Winkel $\varphi = 30°, 45°, 60°$ ist, ergeben sich die restlichen[1]) der in der folgenden Tafel zusammengefaßten Werte:

Trigonometrische Funktionswerte für besondere Winkel

Funktion \ Winkel φ	0°	30°	45°	60°	90°	180°	270°	360°
$\sin\varphi$	0	$\frac{1}{2}$	$\frac{1}{2}\sqrt{2}$	$\frac{1}{2}\sqrt{3}$	1	0	-1	0
$\cos\varphi$	1	$\frac{1}{2}\sqrt{3}$	$\frac{1}{2}\sqrt{2}$	$\frac{1}{2}$	0	-1	0	1
$\tan\varphi$	0	$\frac{1}{3}\sqrt{3}$	1	$\sqrt{3}$	$\pm\infty$[2])	0	$\pm\infty$	0
$\cot\varphi$	$\pm\infty$	$\sqrt{3}$	1	$\frac{1}{3}\sqrt{3}$	0	$\pm\infty$	0	$\pm\infty$

(74)

20.3. Trigonometrische Funktionen — Kurven und Periodizität

Ausgehend von der ursprünglichen Definition der trigonometrischen Funktionen in 20.1. werden jetzt die üblichen Bezeichnungen und Begriffe aus der Funktionen-

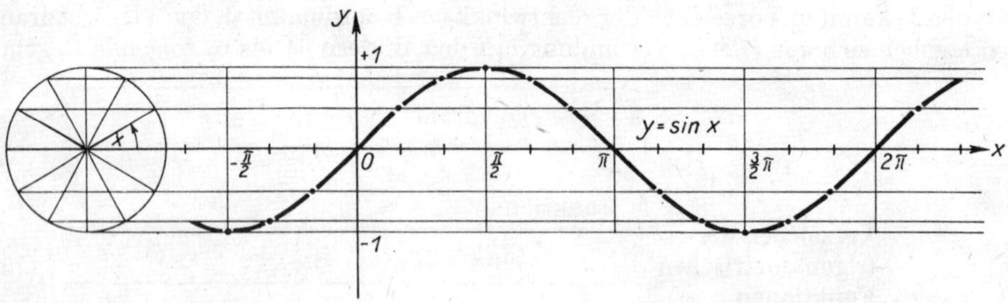

Bild 68

[1]) Vgl. [4] Abschn. 27.3.

[2]) Das Symbol $\pm\infty$ bedeutet, daß an dieser Stelle gar kein Funktionswert existiert; vgl. auch Unstetigkeitsstellen in [1]

lehre (vgl. Band »Analysis«, Abschnitt 1.) benutzt. Danach ist jede der vier trigonometrischen Funktionen

$$\boxed{y = \sin x, \quad y = \cos x, \quad y = \tan x, \quad y = \cot x} \tag{75}$$

eine Menge von geordneten Paaren $(x; y)$. Denn jedem Element $x \in X$ ist genau ein Element $y \in Y$ zugeordnet. Die Menge X wird *Definitionsbereich* und die Menge Y *Wertebereich* der jeweiligen Funktion genannt. Hierbei sind x mit φ und X mit Φ aus 20.1. identisch. Man erhält wie dort:

Menge / Funktion	Definitionsbereich X	Wertebereich Y
$\sin x$	$(-\infty; +\infty) = R$	$[-1; +1]$
$\cos x$	$(-\infty; +\infty) = R$	$[-1; +1]$
$\tan x$	$(-\infty; +\infty) \setminus \left\{(2k+1)\frac{\pi}{2} \,\middle|\, k \in G\right\}$	$(-\infty; +\infty) = R$
$\cot x$	$(-\infty; +\infty) \setminus \{k\pi \mid k \in G\}$	$(-\infty; +\infty) = R$

(76)

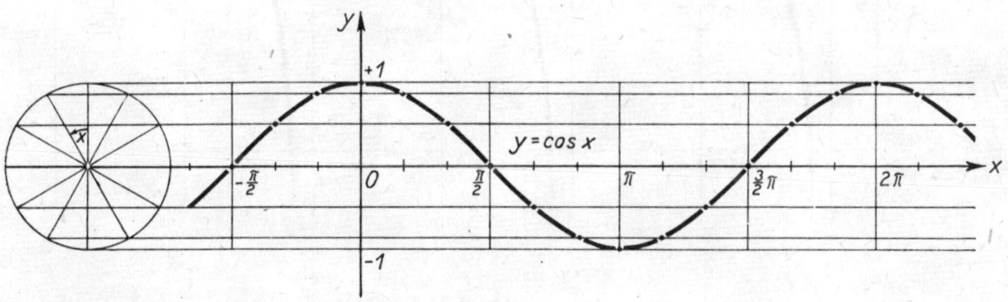

Bild 69

Die im Definitionsbereich von $\tan x$ und $\cot x$ ausgenommenen Winkel heißen *Unstetigkeitsstellen* der beiden Funktionen.
Eine anschauliche Vorstellung von den trigonometrischen Funktionen geben ihre Kurven (Bild 68 bis 71).

Man beachte, daß als Argument der trigonometrischen Funktionen der Winkel x im Bogenmaß aufgetragen werden muß, damit der Maßstab auf beiden Achsen gleich wird und dadurch unverzerrte Bilder entstehen.

Periodizität der trigonometrischen Funktionen

Betrachtet man einen beliebigen festen Punkt P_1 der Ebene, so ist seine Lage durch die zugehörigen rechtwinkligen Koordinaten u_1; v_1 oder durch die Polarkoordinaten r_1; φ_1 eindeutig bestimmt. Man erkennt, daß auch die Polarkoordinaten r_1; $\varphi_1 + k \cdot 360°$ ($k \in G$) auf denselben Punkt P_1 führen (Bild 72). Hieraus folgt, daß sich die Werte der vier trigonometrischen Funktionen mindestens alle 360° wiederholen.

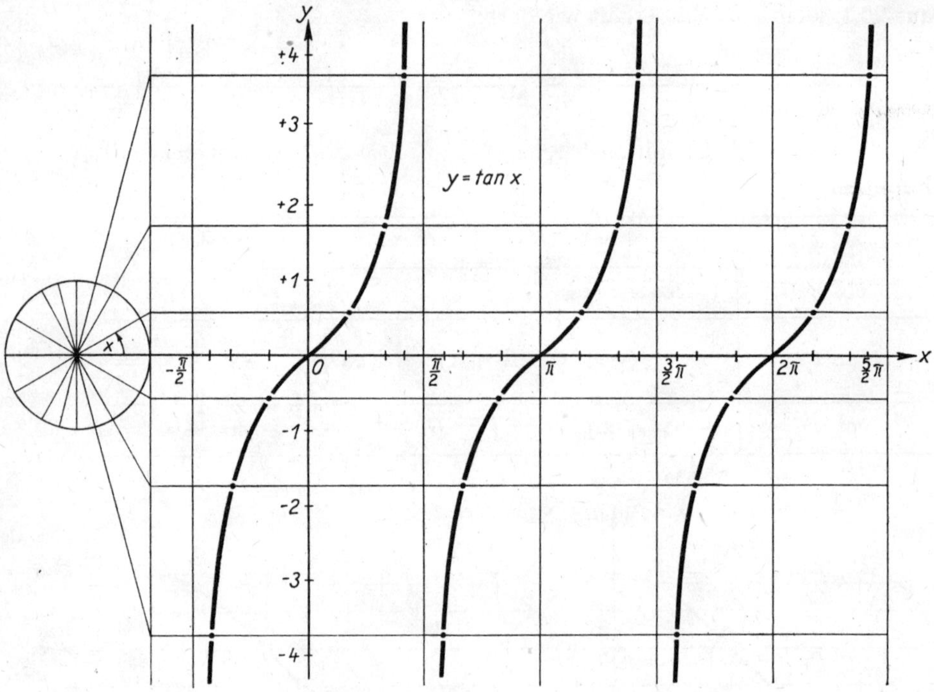

Bild 70

Im einzelnen ergibt sich: Wird der Radiusvektor OP von 0° aus im positiven und im negativen Sinn unbegrenzt gedreht, so wiederholen sich die Sinus- und Cosinuswerte alle 360° und die Tangens- und Cotangenswerte alle 180°. Aus dieser unbegrenzten Drehung des Radius in beiden Richtungen (Bilder 64 bis 67) ergibt sich eine unbegrenzte Fortsetzung der Kurven nach links und rechts (Bilder 68 bis 71).

Satz

Die trigonometrischen Funktionen sind *periodische Funktionen.* Die Sinus- und die Cosinusfunktion haben die Periode 360°, bei der Tangens- und der Cotangensfunktion beträgt die Periode 180°.

Dieser Satz ist gleichwertig mit folgenden Gleichungen:

Periodizität der trigonometrischen Funktionen

$$\sin(\varphi + k \cdot 360°) = \sin\varphi$$
$$\cos(\varphi + k \cdot 360°) = \cos\varphi$$
$$\tan(\varphi + k \cdot 180°) = \tan\varphi \qquad (77)$$
$$\cot(\varphi + k \cdot 180°) = \cot\varphi$$

mit $k \in G$

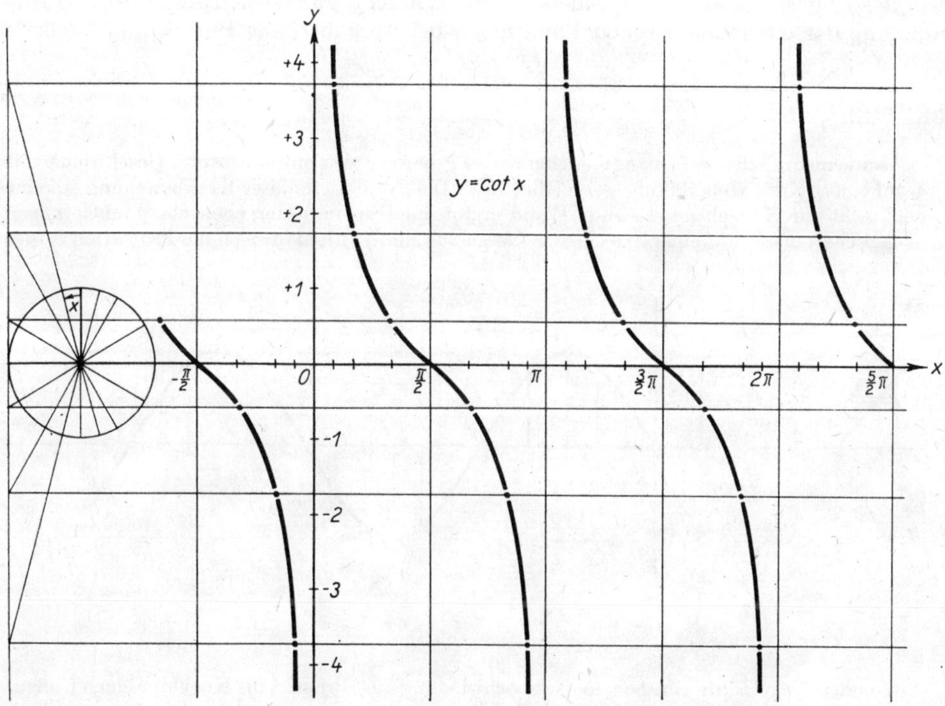

Bild 71

Mit (77) lassen sich trigonometrische Funktionswerte beliebiger Winkel auf Funktionswerte von Winkeln zwischen 0° und 360° zurückführen.

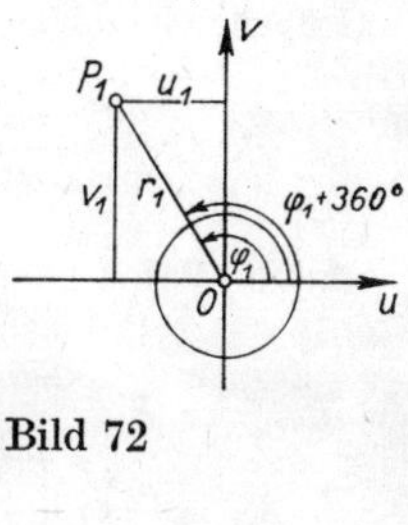

Bild 72

BEISPIELE

1. $\sin 620° \quad = \sin(620° - 360°) \quad = \underline{\underline{\sin 260°}}$
2. $\cos(-630°) \quad = \cos(-630° + 2 \cdot 360°) \quad = \underline{\underline{\cos 90°}}$

3. $\tan 865° = \tan(865° - 4 \cdot 180°) = \underline{\underline{\tan 145°}}$

4. $\cot 390° = \cot(390° - 2 \cdot 180°) = \underline{\underline{\cot 30°}}$

5. $\cos\left(-\frac{14}{3}\pi\right) = \cos\left(-\frac{14}{3}\pi + 3 \cdot 2\pi\right) = \underline{\underline{\cos\left(\frac{4}{3}\pi\right)}}$

6. $\tan\left(\frac{13}{4}\pi\right) = \tan\left(\frac{13}{4}\pi - 3 \cdot \pi\right) = \underline{\underline{\tan\frac{\pi}{4}}}$

Anmerkung: Die allgemeine Definition (72) der trigonometrischen Funktionen wurde so gewählt, daß sie für beliebig große Winkel φ gültig ist. Dies ist für die Anwendung der trigonometrischen Funktionen bei Aufgaben aus Physik und Technik notwendig.

BEISPIEL

7. Eine an einem Faden aufgehängte kleine Kugel P bewege sich mit konstanter Geschwindigkeit v auf einem Kreis vom Halbmesser a (Bild 73a). Die Projektion dieser Kreisbewegung auf eine senkrecht zur Kreisebene stehende Wand ergibt ein Hin- und Hergehen des punktförmigen Kugelschattens P' auf einer Strecke der Länge $2a$ (Bild 73b). Man sagt, die Projektion P' der

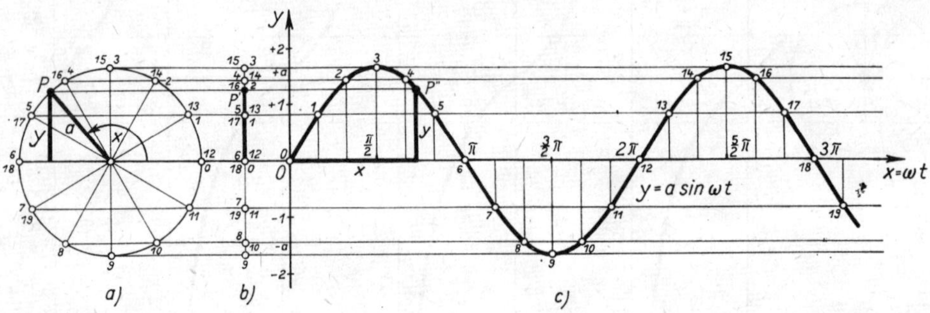

Bild 73

kreisenden Kugel führe eine harmonische Schwingung aus. Braucht die Kugel für einen Umlauf des Kreises die Zeit T, so ist T auch die Zeitdauer einer Schwingung, d. h. eines Hin- und Hergangs von P'. T wird als Perioden- oder Schwingungsdauer bezeichnet. Da in der Zeit T der Vollwinkel φ_0 und der Umfang des Kreises vom Radius a durchlaufen werden, lauten die allgemeinen Größengleichungen für die Winkelgeschwindigkeit (Kreisfrequenz)

$$\omega = \frac{\varphi_0}{T} \qquad \text{(I)}$$

und die Bahn- oder Tangentialgeschwindigkeit

$$v = \frac{2\pi a}{T}. \qquad \text{(II)}$$

Aus (I) und (II) folgt die ebenfalls allgemeine Größengleichung

$$v = \frac{2\pi}{\varphi_0}\,\omega a. \tag{III}$$

Die bezüglich des Winkels auf das Bogenmaß zugeschnittenen, sonst aber allgemeinen Größengleichungen heißen wegen $\varphi_0 = 2\pi$

$$\omega = \frac{2\pi}{T} \tag{Ia}$$

$$v = \omega a. \tag{IIIa}$$

Für den in der Zeit t durchlaufenen Winkel x gilt die Proportion

$$x : \varphi_0 = t : T,$$

so daß mit (I) folgt:

$$x = \omega t. \tag{IV}$$

Der jeweilige Abstand y des schwingenden Punktes P' von der Mittellage, Ausschlag oder Elongation genannt, ergibt sich wegen (72) aus Bild 73a zu

$$y = a \sin x \quad \text{oder} \quad y = a \sin(\omega t). \tag{V}$$

Wird der Kreis mehr als einmal durchlaufen, so wird $x > 2\pi$, d. h., die Definition der Sinusfunktion wird für beliebig große Winkel gebraucht. Um den zeitlichen Ablauf der Schwingungen zu veranschaulichen, trägt man die zu x gehörige Elongation y in einem rechtwinkligen Koordinatensystem auf (Bild 73c).

Beispiel: Es seien $T = 0{,}5$ s. $a = 0{,}2$ m, $t = T/6$. Aus (Ia) und (IIIa) findet man $\omega = 12{,}57\ ^1/\text{s}$, $v = 2{,}51$ m/s. (IV) und (V) ergeben $x = 1{,}05$, $y = 0{,}17$ m.

20.4. Zusammenhang zwischen den trigonometrischen Funktionen

Im folgenden werden Gleichungen hergeleitet, die die Grundlage dafür bieten, um jede trigonometrische Funktion durch eine der drei anderen auszudrücken.
Aus (72) und Bild 62 ergibt sich[1])

$$\sin^2\varphi + \cos^2\varphi = \frac{v^2}{r^2} + \frac{u^2}{r^2} = \frac{r^2}{r^2} = 1.$$

Diese Gleichung führt den Namen

Trigonometrische Form des Lehrsatzes von Pythagoras

$$\boxed{\sin^2\varphi + \cos^2\varphi = 1} \tag{78}$$

---

[1]) Für $\sin\varphi \cdot \sin\varphi = (\sin\varphi)^2$ wird $\sin^2\varphi$ geschrieben, entsprechend bei den anderen drei Funktionen und bei anderen Potenzen. Hiermit darf man $\sin\varphi^2 = \sin(\varphi^2)$ nicht verwechseln

Ferner gilt

$$\tan \varphi = \frac{v}{u} = \frac{1}{\frac{u}{v}} = \frac{1}{\cot \varphi}.$$

$$\boxed{\tan \varphi = \frac{1}{\cot \varphi}} \tag{79}$$

Außerdem findet man

$$\frac{\sin \varphi}{\cos \varphi} = \frac{v}{r} : \frac{u}{r} = \tan \varphi$$

$$\boxed{\tan \varphi = \frac{\sin \varphi}{\cos \varphi}} \tag{80}$$

Hieraus wegen (79)

$$\boxed{\cot \varphi = \frac{\cos \varphi}{\sin \varphi}} \tag{81}$$

Die Formeln sind für beliebige Winkel φ gültig, abgesehen von den Ausnahmen, die aus (76) hervorgehen.

BEISPIEL

Gegeben: $\cot \varphi$, gesucht: $\cos \varphi$.

Lösung: Aus (78) und (81) folgt zunächst

$$\cot \varphi = \frac{\cos \varphi}{\sin \varphi} = \frac{\cos \varphi}{\sqrt{1 - \cos^2 \varphi}}.$$

Quadriert:

$$\cot^2 \varphi = \frac{\cos^2 \varphi}{1 - \cos^2 \varphi}.$$

Hieraus durch Umstellen:

$$\cot^2 \varphi = \cos^2 \varphi \, (1 + \cot^2 \varphi).$$

Also

$$\cos \varphi = \frac{\cot \varphi}{\pm \sqrt{1 + \cot^2 \varphi}}.$$

Zusammenhang zwischen den trigonometrischen Funktionen

Gesucht \ Gegeben	$\sin\varphi$	$\cos\varphi$	$\tan\varphi$	$\cot\varphi$
$\sin\varphi$	$\sin\varphi$	$\pm\sqrt{1-\cos^2\varphi}$	$\dfrac{\tan\varphi}{\pm\sqrt{1+\tan^2\varphi}}$	$\dfrac{1}{\pm\sqrt{1+\cot^2\varphi}}$
$\cos\varphi$	$\pm\sqrt{1-\sin^2\varphi}$	$\cos\varphi$	$\dfrac{1}{\pm\sqrt{1+\tan^2\varphi}}$	$\dfrac{\cot\varphi}{\pm\sqrt{1+\cot^2\varphi}}$
$\tan\varphi$	$\dfrac{\sin\varphi}{\pm\sqrt{1-\sin^2\varphi}}$	$\dfrac{\pm\sqrt{1-\cos^2\varphi}}{\cos\varphi}$	$\tan\varphi$	$\dfrac{1}{\cot\varphi}$
$\cot\varphi$	$\dfrac{\pm\sqrt{1-\sin^2\varphi}}{\sin\varphi}$	$\dfrac{\cos\varphi}{\pm\sqrt{1-\cos^2\varphi}}$	$\dfrac{1}{\tan\varphi}$	$\cot\varphi$

(82)

Anmerkung: Von den beiden in der Tabelle angegebenen Vorzeichen für den jeweils gesuchten Funktionswert kommt nur eines in Frage, über dieses Vorzeichen entscheidet der Quadrant des Winkels φ nach (73).

Die in der Tabelle zusammengefaßten Beziehungen zwischen den vier trigonometrischen Funktionen ergeben sich auch unmittelbar aus Bild 74, in dem die aus dem pythagoreischen Lehrsatz folgenden Ausdrücke enthalten sind.

Bild 74

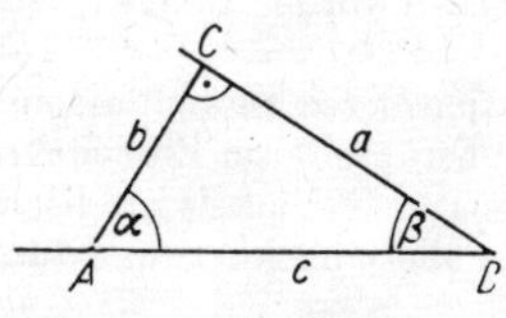

Bild 75

20.5. Trigonometrische Funktionen im rechtwinkligen Dreieck

Aus (72) folgen bei Beschränkung auf $\varphi \in (0°; 90°)$, $u \in (0; +\infty)$, $v \in (0; +\infty)$ und bei gewohnten Bezeichnungen, wie sie in Bild 75 eingetragen sind, für die trigonometrischen Funktionen die bekannten Beziehungen in Form von Seitenverhältnissen am rechtwinkligen Dreieck.

Erklärung der trigonometrischen Funktionen im rechtwinkligen Dreieck

$$\begin{aligned} \sin\alpha &= \frac{\text{Gegenkathete}}{\text{Hypotenuse}} = \frac{a}{c} \\ \cos\alpha &= \frac{\text{Ankathete}}{\text{Hypotenuse}} = \frac{b}{c} \\ \tan\alpha &= \frac{\text{Gegenkathete}}{\text{Ankathete}} = \frac{a}{b} \\ \cot\alpha &= \frac{\text{Ankathete}}{\text{Gegenkathete}} = \frac{b}{a} \end{aligned} \tag{83}$$

Aus Bild 75 folgt mit (83): $\sin\beta = \frac{b}{c} = \cos\alpha$ usw. Wegen $\beta = 90° - \alpha$ ergeben sich daher Beziehungen für die Funktionen eines Winkels und seines Komplementwinkels.

Komplementbeziehungen[1])

$$\begin{aligned} \sin(90° - \alpha) &= \cos\alpha \\ \cos(90° - \alpha) &= \sin\alpha \\ \tan(90° - \alpha) &= \cot\alpha \\ \cot(90° - \alpha) &= \tan\alpha \end{aligned} \tag{84}$$

Diese Gleichungen veranlassen dazu, die Cosinus- bzw. Cotangensfunktion **Cofunktion** der Sinus- bzw. Tangensfunktion zu nennen und umgekehrt.

Herkunft und Bedeutung des Wortes Sinus sind umstritten. Im Einheitskreis ist die Maßzahl der halben Sehne gleich dem Sinus des zugehörigen halben Zentriwinkels. Daher hängt die Entstehung der Bezeichnung sinus vermutlich mit den Sehnentafeln des PTOLEMÄUS[2]) zusammen, die von den Indern verbessert wurden. Das indische Wort ardhajyâ für Sehne übersetzten die Araber mit dschiba. Da in der arabischen Schrift die Vokale nicht mitgeschrieben wurden, verwechselte man das Wort wahrscheinlich mit dschaib, die Ausbuchtung, was dann im Lateinischen durch sinus wiedergegeben wurde. Andere Quellen führen das Wort Ausbuchtung auf die Form der Sinuskurve zurück.

Die Funktionsbezeichnung tangens hat sich daraus ergeben, daß der Tangens als Tangente [tangere (lat.) berühren] am Einheitskreis erscheint (Bild 64).

Der Cosinus eines Winkels ist gleich dem Sinus des Komplementwinkels [vgl. (84)], lat. sinus complementi, daher abgekürzt und zusammengezogen zu cosinus. Entsprechendes gilt für cotangens.

Die Berechnung des rechtwinkligen Dreiecks ist dem Leser von seiner früheren Ausbildung[3]) bekannt und wird daher in diesem Lehrbuch nicht ausführlich besprochen.

---

[1]) Dieser Name wurde gewählt, weil z. B. $\cos\alpha$ gleich dem Sinus des Komplementwinkels von α ist

[2]) CLAUDIUS PTOLEMÄUS (etwa 90 bis 160), griech. Mathematiker und Astronom

[3]) Vgl. [4] Abschn. 28.

20.6. Einrichtung und Benutzung der trigonometrischen Funktionstafeln

Die Berechnung der Funktionswerte für beliebige Winkel ist wesentlich schwieriger als für die speziellen Winkel 0°, 30°, 45°, ... [vgl. (74)]. Daher wurden Tafelwerke geschaffen, aus denen die Funktionswerte ohne Schwierigkeiten entnommen werden können. Zweierlei Tafeln sind grundsätzlich zu unterscheiden, die Tafeln der trigonometrischen Funktionswerte, auch Tafeln der natürlichen Werte der trigonometrischen Funktionen genannt, und die Tafeln der Logarithmen der trigonometrischen Funktionswerte. Beide sind stets in den gebräuchlichen Logarithmentafeln enthalten[1]). Die Tafeln enthalten die Funktionswerte oder ihre Logarithmen für die Winkel 0° bis 90°, wobei der Tafelumfang durch Berücksichtigung der Komplementbeziehungen (84) auf die Hälfte reduziert ist. Die Funktionswerte von Winkeln über 90° müssen auf Funktionswerte von spitzen Winkeln zurückgeführt werden, was der Leser in 20.9. kennenlernt.
Soll der Logarithmus eines Funktionswertes für einen Winkel aufgesucht werden, der nicht in vollen Minuten bzw. nicht in vollen Hundertstelgrad gegeben ist, wie z. B. lg cos 32°12′15″ oder lg sin 17,4533°, so hat man wie in der gewöhnlichen Logarithmentafel zu interpolieren. Hierbei ist zu beachten, daß Cosinus und Cotangens im I. Quadranten fallende Funktionen sind, d. h., daß ihre Funktionswerte mit wachsendem Winkel abnehmen (vgl. Bilder 69 und 71). Bei ihnen muß also der Interpolationsbetrag stets subtrahiert werden, falls mit fortschreitendem Winkel interpoliert wird. Entsprechendes gilt auch für die Tafeln der natürlichen Werte. Auf die Besprechung von Beispielen für die Interpolation wird verzichtet, da der Leser diese Aufgaben in seiner Grundausbildung[2]) ausführlich geübt hat.
Die natürlichen und die logarithmischen Werte der Winkelfunktionen sind im allgemeinen irrationale Zahlen, d. h., sie werden durch unendliche, nichtperiodische Dezimalbrüche dargestellt. Wir müssen uns jedoch bei der Angabe ihres Wertes auf eine endliche Anzahl von Dezimalen beschränken und unterscheiden daher 4stellige, 5stellige, 6stellige, 7stellige usw. Tafeln der trigonometrischen Funktionen. Je höher die Genauigkeitsansprüche an die Rechnung sind, desto genauer brauchen wir die Funktionswerte, d. h., mit desto mehr Dezimalen müssen sie verwendet werden. Für Berechnungen im Unterricht reichen 4- oder 5stellige Tafeln aus, desgleichen für viele Rechnungen der Praxis.

Hinweise zum Rechenschema

Bei der Lösung einer Aufgabe werden zuerst die für die Rechnung notwendigen Formeln zusammengestellt. Dann erfolgt die Zahlenrechnung. Im folgenden wird für logarithmische Berechnungen ein Schema benutzt. In diesem werden die Operationszeichen weggelassen, da die jeweilige Rechenoperation für die Logarithmen aus den neben dem Rechenschema stehenden Formeln abgelesen werden kann.

---

[1]) Vgl. [5]
[2]) Vgl. [4] Abschn. 9.2.2.

BEISPIEL

Von einem rechtwinkligen Dreieck seien die Hypotenuse $c = 31{,}294$ m und der Winkel $\alpha = 48{,}204°$ gegeben (Bild 76).
Gesucht sind β, a, b.

Lösung:

$\beta = 90° - \alpha$

$a = c \sin \alpha$

$b = c \cos \alpha$

$\beta = 41{,}796°$

$a = 23{,}331$ m

$b = 20{,}857$ m

N	lg N
a	1,36792
$\sin \alpha$	9,87246 − 10
....	....
c	1,49546
....	....
$\cos \alpha$	9,82379 − 10
b	1,31925

20.7. Rechnen mit kleinen Winkeln

Aus Bild 77 liest man für Winkel $x \in \left(0; \frac{\pi}{2}\right)$

$$r \sin x < r \cdot x < r \tan x$$

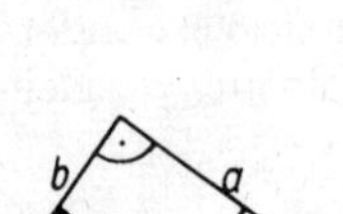

Bild 76

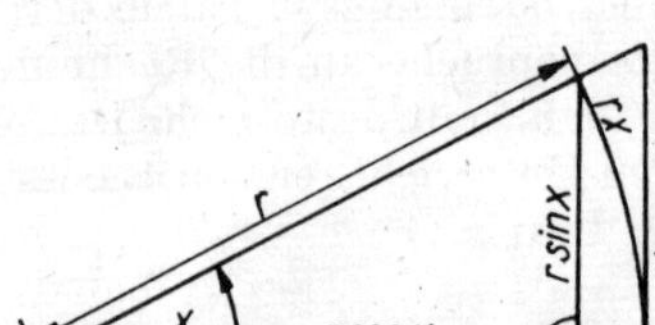

Bild 77

ab. Diese Beziehung geht für *kleine Winkel* x bei Division durch r über in

$$\boxed{\sin x \approx x \approx \tan x} \qquad (85)$$

Aus der Funktionstafel entnimmt man folgende Werte:

$x/°$	$\sin x$	x	$\tan x$
1	0,0175	0,0175	0,0175
2	0,0349	0,0349	0,0349
3	0,0523	0,0524	0,0524
4	0,0698	0,0698	0,0699
5	0,0872	0,0873	0,0875
6	0,1045	0,1047	0,1051

Hieraus ist zu erkennen, in welchem Bereich die Näherungsformel (85) gültig ist. Dieser Anwendungsbereich läßt sich genauer wie folgt angeben (ohne Beweis):

$$\left.\begin{matrix} 3- \\ 4- \\ 5- \\ 6- \end{matrix}\right\} \text{stellige Rechnung: } |x| < \left\{\begin{matrix} 5{,}7° \\ 2{,}6° \\ 1{,}2° \\ 0{,}6° \end{matrix}\right.$$

BEISPIEL

Für die Periodendauer T einer harmonischen Schwingung gilt

$$T = 2\pi\sqrt{\frac{my}{F}}.$$

Hierbei bedeutet m die schwingende Masse, y den Ausschlag aus der Ruhelage, F die rücktreibende Kraft. Die Periodendauer des mathematischen Pendels ist für kleine Ausschlagswinkel $\alpha < 5°$ zu berechnen.

Lösung: Der jeweilige Ausschlag ist der zum Winkel α gehörige Bogen $y = l\alpha$, für die rücktreibende Kraft ergibt sich $F = G \sin\alpha = mg \sin\alpha$ (Bild 78). Wird für kleine Ausschläge nach (85) $\sin\alpha \approx \alpha$ gesetzt, so findet man aus obiger Formel

$$\underline{\underline{T = 2\pi\sqrt{\frac{l}{g}}.}}$$

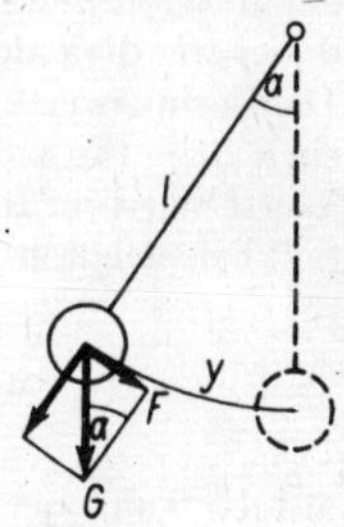

Bild 78

20.8. Trigonometrische Funktionen auf dem Rechenstab

Für Rechnungen mit geringerer Genauigkeit oder für Überschlagsrechnungen können mit Vorteil statt der trigonometrischen Funktionstafel die trigonometrischen Teilungen des Rechenstabs benutzt werden.
Auf den gebräuchlichen Rechenstäben sind im allgemeinen drei trigonometrische Teilungen angebracht:

1. die Sinusteilung, mit sin oder S bezeichnet,
2. die Tangensteilung, mit tan oder T bezeichnet,
3. die Sinus-Tangens-Teilung, mit sin/tan oder S/T oder arc bezeichnet.

Diese Teilungen enthalten die Winkel in sexagesimal- oder dezimalgeteiltem Altgrad und arbeiten jeweils mit einer der vier Skalen A, B, C, D zusammen, auf denen die Funktionswerte abzulesen sind.
Die trigonometrischen Teilungen umfassen im allgemeinen folgende Bereiche für die Winkel und Funktionswerte:

sin-Teilung:	$5°44' \ldots 90°$	mit den Sinuswerten $0{,}1 \ldots 1$
tan-Teilung:	$5°43' \ldots 45°$	mit den Tangenswerten $0{,}1 \ldots 1$
sin/tan-Teilung:	$34' \ldots 5°44'$	mit den Sinus- bzw. Tangenswerten $0{,}01 \ldots 0{,}1$

Wegen (85) lassen sich mit der sin/tan-Teilung die Sinus- und die Tangenswerte im Bereich $[34'; 5°44']$ näherungsweise gemeinsam einstellen. Aus demselben Grund werden die Sinus- und die Tangenswerte für Winkel im Bereich $[0°; 34']$ ohne die trigonometrischen Teilungen genähert aus (70) unter Benutzung der Marken ϱ bestimmt.
Am häufigsten sind zwei Typen des Rechenstabs vertreten:

1. System »Rietz«
Die drei trigonometrischen Teilungen befinden sich auf der Rückseite der Zunge. Die Zunge wird so verschoben, daß der zum Winkel α gehörige Teilstrich mit der festen Marke koinzidiert, die auf der Rückseite des Stabes (häufig an einem U-förmigen Ausschnitt) angebracht ist. Der Funktionswert wird auf der Vorderseite des Rechenstabes gegenüber der 1 bzw. 10 der D-Skale auf der C-Skale abgelesen. Man beachte, daß 0,... bzw. 0,0... der Ziffernfolge vorzusetzen ist. Bei älteren Typen dieses Systems und bei einigen Taschenrechenstäben fehlt die sin/tan-Teilung. Dafür enthält die Sinusteilung die Winkel $\alpha \in [34'; 90°]$. Die zugehörigen Sinuswerte (und die genäherten Tangenswerte für $\alpha \in [34'; 5°43']$) umfassen den Bereich $[0{,}01; 1]$ und werden daher gegenüber der 1 bzw. 100 der A-Skale auf der B-Skale abgelesen.
2. System »Darmstadt«
Die drei trigonometrischen Teilungen befinden sich auf der Rückseite des Stabkörpers. Der rückseitige Läuferstrich wird auf den Winkel α der trigonometrischen Teilung eingestellt, auf der Vorderseite liest man an der Läufermarke auf der D-Skale den Funktionswert ab. Bei anderen Rechenstabfabrikaten dieses Systems sind nur die ersten beiden trigonometrischen Teilungen auf der unteren Seite des Stabkörpers angebracht. Die Funktionswerte für $\alpha \in [34'; 5°43']$ werden daher wie diejenigen im Bereich $[0°; 34']$ näherungsweise nach (85) und (70) bestimmt.
Die Cosinuswerte für $\alpha \in [0°; 90°]$ und die Cotangenswerte für $\alpha \in [45°; 90°]$ ergeben sich aus $\sin\alpha$ bzw. $\tan\alpha$ durch Anwendung der Komplementbeziehungen (84). Für die Bestimmung der Werte $\tan\alpha$ im Intervall $[45°; 90°)$ und $\cot\alpha$ im Intervall $(0°; 45°]$ benutzt man die Formel (79). Soll beispielsweise $\tan 75°$ ermittelt werden, so hat man wegen

$$\tan 75° = \frac{1}{\cot 75°} = \frac{1}{\tan 15°}$$

auf der Tangensteilung 15° einzustellen und den Kehrwert von $\tan 15°$ auf der Reziprokskale CI des Rechenstabs abzulesen. Hierbei ist zu beachten, daß das Ergebnis für $\alpha \in [45°; 84°17']$ im Intervall $[1; 10]$ liegt. Entsprechend ergibt sich z. B.

$$\cot 20° = \frac{1}{\tan 20°}.$$

Wegen der Vielfalt der Rechenstabfabrikate wird dem Leser empfohlen, stets zu überprüfen, wie am jeweils benutzten Rechenstab einzustellen und abzulesen ist. Hierfür eignen sich am besten die bekannten Funktionswerte

$$\sin 30° = 0{,}5 \quad \text{und} \quad \tan 30° = \frac{1}{3}\sqrt{3} \approx 0{,}577.$$

BEISPIEL

Die im Beobachtungsort B gemessene Zenitdistanz z muß bei nahe gelegenen Gestirnen G vor dem Einsetzen in die Rechnung um die sog. Parallaxe p verbessert werden, weil in den astronomischen Berechnungen die im Erdmittelpunkt M erscheinende Zenitdistanz $z_0 = z - p$ gebraucht wird (Bild 79). Für die Sonne mit der Entfernung $e = 149{,}6 \cdot 10^6$ km von der Erde ist p bei den Zenitdistanzen $z = 30°, 40°, \ldots, 90°$ mit dem Rechenstab zu berechnen ($R = 6370$ km).

Lösung: In den rechtwinkligen Dreiecken GFM und BFM gilt

$$\sin p = \frac{\overline{FM}}{e}, \quad \sin z = \frac{\overline{FM}}{R}.$$

$\overline{FM}$ eliminiert:

$$\sin p = \frac{R}{e} \sin z$$ [1])

Da R im Vergleich zu e klein ist, wird p sehr klein. Mit (85) findet man bei Beachtung von (70):

$$p/'' = \varrho/'' \cdot \frac{R}{e} \sin z.$$

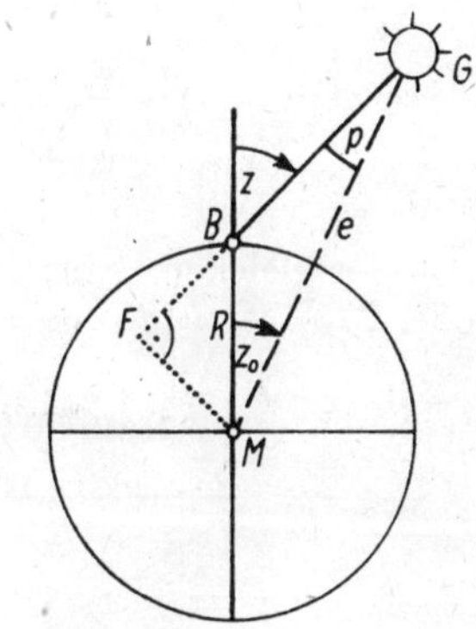

Bild 79

Mit dem Rechenstab ergeben sich wegen $\varrho = 206265''$ folgende Werte:

z	30°	40°	50°	60°	70°	80°	90°
p	4,4″	5,6″	6,7″	7,6″	8,3″	8,6″	8,8″

20.9. Quadrantenrelationen

Zwischen den Werten der trigonometrischen Funktionen von Winkeln im II. bis IV. Quadranten und den Funktionswerten im I. Quadranten bestehen Beziehungen, die **Quadrantenrelationen** genannt werden.
Wie aus den Bildern 68 bis 71 zu ersehen ist, treten die Funktionswerte des I. Quadranten, abgesehen vom Vorzeichen, auch in den anderen drei Quadranten jeweils genau für einen Winkel auf. Die Funktionstafeln lassen sich daher und wegen (77) für beliebige Winkel benutzen, obwohl sie die trigonometrischen Funktionswerte nur für spitze Winkel enthalten.

BEISPIEL

1. Wie lauten die Quadrantenrelationen für den Winkel $180° - \varphi$?
   Lösung: Aus der Kongruenz der Dreiecke OQP und OQ_1P_1 in Bild 80 folgt $v_1 = v$ und

[1]) Folgt auch unmittelbar aus dem Sinussatz

$u_1 = -u$. Daher erhält man mit (72), 20.1.,

$$\sin(180° - \varphi) = \frac{v_1}{r} = \frac{v}{r} = \sin\varphi$$

$$\cos(180° - \varphi) = \frac{u_1}{r} = \frac{-u}{r} = -\frac{u}{r} = -\cos\varphi$$

$$\tan(180° - \varphi) = \frac{v_1}{u_1} = \frac{v}{-u} = -\frac{v}{u} = -\tan\varphi$$

$$\cot(180° - \varphi) = \frac{u_1}{v_1} = \frac{-u}{v} = -\frac{u}{v} = -\cot\varphi$$

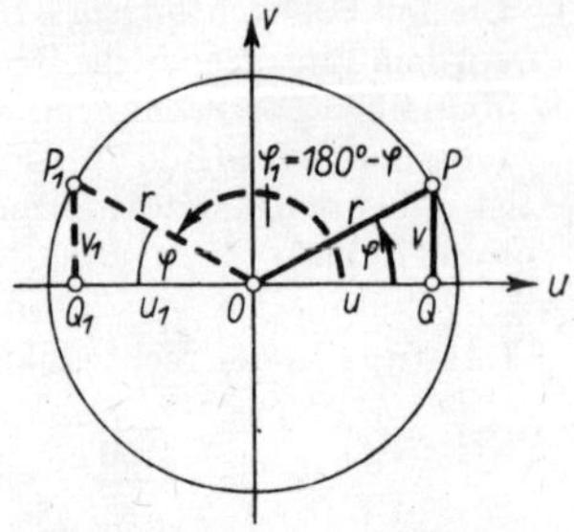

Bild 80

Auf der gleichen Grundlage ergeben sich für alle Quadranten und Bezugswerte (90° oder 270° bzw. 180° oder 360°) folgende Beziehungen:

Quadrantenrelationen

Funktion \ α	$90° \pm \varphi$	$180° \pm \varphi$	$270° \pm \varphi$	$360° \pm \varphi$
$\sin\alpha$	$+\cos\varphi$	$\mp\sin\varphi$	$-\cos\varphi$	$\pm\sin\varphi$
$\cos\alpha$	$\mp\sin\varphi$	$-\cos\varphi$	$\pm\sin\varphi$	$+\cos\varphi$
$\tan\alpha$	$\mp\cot\varphi$	$\pm\tan\varphi$	$\mp\cot\varphi$	$\pm\tan\varphi$
$\cot\alpha$	$\mp\tan\varphi$	$\pm\cot\varphi$	$\mp\tan\varphi$	$\pm\cot\varphi$

(86)

Beim obigen Beispiel war φ als spitzer Winkel angenommen worden. Trotzdem gilt (86) für beliebige Winkel φ. Auf den Beweis wird verzichtet.
Sämtliche Quadrantenrelationen der Tabelle (86) lassen sich in einem Satz zusammenfassen:

Satz

Für beliebige Winkel φ gilt

$$|F(180° \pm \varphi)| = |F(360° \pm \varphi)| = |F(\varphi)|$$

$$|F(90° \pm \varphi)| = |F(270° \pm \varphi)| = |\mathrm{co}\,F(\varphi)|.$$

Das Vorzeichen des Funktionswertes ist durch den Quadranten bestimmt, in dem der Winkel $\alpha = \cdots \pm \varphi$ liegt. In allgemeinen Rechnungen wird der Winkel φ als positiver spitzer Winkel angenommen.

Aus den Quadrantenrelationen (86) für den Winkel $360° - \varphi$ und der Periodizität (77) der Funktionen erhält man auch die allgemeingültigen Beziehungen zwischen den Funktionswerten für Argumente von gleicher Größe, aber verschiedenem Vorzeichen:

Beziehungen zwischen positiven und negativen Winkeln

$$\begin{array}{|l|} \hline \sin(-\varphi) = -\sin\varphi \\ \cos(-\varphi) = +\cos\varphi \\ \tan(-\varphi) = -\tan\varphi \\ \cot(-\varphi) = -\cot\varphi \\ \hline \end{array} \tag{87}$$

BEISPIELE

Folgende Funktionswerte sind zu bestimmen, indem sie auf Funktionswerte positiver spitzer Winkel zurückgeführt werden.

2. $\sin 230°50' = \sin(180° + 50°50') = -\sin 50°50' = \underline{\underline{-0{,}77531}}$

Man kann auch über 270° rechnen:

$$\sin 230°50' = \sin(270° - 39°10') = -\cos 39°10' = \underline{\underline{-0{,}77531}}.$$

Die erste Rechnung ist einfacher, da die Zerlegung einer Zahl in eine Summe bequemer ist als in eine Differenz. Es empfiehlt sich daher, jedesmal das unterhalb des vorgegebenen Winkels liegende ganzzahlige Vielfache von 90° zu suchen und hierauf die Umrechnung zu beziehen.

3. $\cos(-640{,}20°) = \cos 640{,}20° = \cos(360° + 280{,}20°) = \cos 280{,}20° = \cos(270° + 10{,}20°) = \sin 10{,}20° = \underline{\underline{0{,}17708}}.$

4. $\tan(-332°50') = -\tan 332°50' = \cot 62°50' = \underline{\underline{0{,}51320}}.$

5. $\cot(-102{,}75°) = -\cot 102{,}75° = \tan 12{,}75° = \underline{\underline{0{,}22628}}.$

Die Logarithmen der folgenden Funktionswerte sind zu bestimmen.

6. $\cos 217°50'$.

Da die Cosinusfunktion im III. Quadranten negativ ist, gibt es im Bereich der reellen Zahlen den verlangten Logarithmus nicht. Deshalb schlägt man vom absoluten Betrag des Funktionswertes den Logarithmus auf und vermerkt hinter diesem den Buchstaben n, der zum Ausdruck bringen soll, daß der zum Logarithmus gehörige Numerus negativ ist. Entsprechend verfährt man in ähnlichen Fällen. Also:

N	$\lg \lvert N \rvert$
$\cos 217°50' = -\cos 37°50'$	$\underline{\underline{9{,}89752 - 10\ (n)}}$
7. $\tan 244°40' = \tan 64°40'$	$\underline{\underline{0{,}32476}}$
8. $\sin(-158{,}134°) = -\cos 68{,}134°$	$\underline{\underline{9{,}57105 - 10\ (n)}}$
9. $\cot 700{,}568° = -\tan 70{,}568°$	$\underline{\underline{0{,}45249\ (n)}}$

Für welche $\varphi \in [0°; 360°)$ in dezimalgeteiltem Altgrad werden folgende Gleichungen erfüllt?

10. $\cos\varphi = -0{,}9494$. Man erhält: $\underline{\underline{\varphi_1 = 161{,}7°}}$; $\underline{\underline{\varphi_2 = 198{,}3°}}$.

    φ_1 und φ_2 folgen aus $\cos(180° \pm \varphi) = -\cos\varphi$.

11. $\tan\varphi = -1{,}171$. Dies ergibt: $\underline{\underline{\varphi_1 = 130{,}5°}}$; $\underline{\underline{\varphi_2 = 310{,}5°}}$.

    φ_1 und φ_2 folgen aus $\tan(180° - \varphi) = \tan(360° - \varphi) = -\tan\varphi$.
    Auf diese Art Aufgaben, in denen für einen gegebenen Funktionswert die zugehörigen Winkel zu bestimmen sind, wird in Abschnitt 23. näher eingegangen.

Eine Anwendung für die Quadrantenrelationen bietet die *Umformung von rechtwinkligen Koordinaten in Polarkoordinaten und umgekehrt* [aus (72) und Bild 62 in 20.1.]:

Umformung von rechtwinkligen Koordinaten in Polarkoordinaten und umgekehrt

$$r = \sqrt{u^2 + v^2} \qquad \tan\varphi = \frac{v}{u} \tag{88a}$$

$$u = r\cos\varphi \qquad v = r\sin\varphi \tag{88b}$$

Zur eindeutigen Bestimmung des Richtungswinkels $\varphi \in [0°; 360°)$ aus (88a) ist zu beachten, daß $\sin\varphi$ und v sowie $\cos\varphi$ und u wegen (72) im Vorzeichen übereinstimmen. Daher ergibt sich der Quadrant von φ aus (73) in 20.2.

BEISPIELE

12. Die rechtwinkligen Koordinaten eines Punktes P_1 der Ebene seien zu $u_1 = -342{,}18$, $v_1 = 105{,}27$ gegeben. Wie groß sind die Polarkoordinaten r_1; φ_1 von P_1?

    Lösung:

	N	$\lg\lvert N\rvert$
$u_1^2 = 117087$	v_1	2,02231
$v_1^2 = 11082$	u_1	2,53425 (n)
$r_1^2 = 128169$	$\tan\varphi_1$	9,48806 − 10 (n)
$\underline{\underline{r_1 = 358{,}01}}$	$\underline{\underline{\varphi_1 = 162{,}899°}}$	

    Wegen $u_1 < 0$, $v_1 > 0$ liegt φ_1 im II. Quadranten (Bild 81).

13. Aus den Polarkoordinaten $r_2 = 217{,}03$, $\varphi_2 = 301{,}542°$ eines Ebenenpunktes P_2 sind die rechtwinkligen Koordinaten u_2; v_2 zu berechnen.

Lösung:

	N	$\lg \lvert N \rvert$
$\underline{\underline{u_2 = 113{,}53}}$	u_2	2,05512
	$\cos \varphi_2$	9,71860 − 10
	....	....
	r_2	2,33652
	....	....
	$\sin \varphi_2$	9,93057 − 10 (n)
$\underline{\underline{v_2 = -184{,}97}}$	v_2	2,26709 (n)

Da φ_2 im IV. Quadranten liegt, werden $u_2 > 0$ und $v_2 < 0$ (Bild 82).

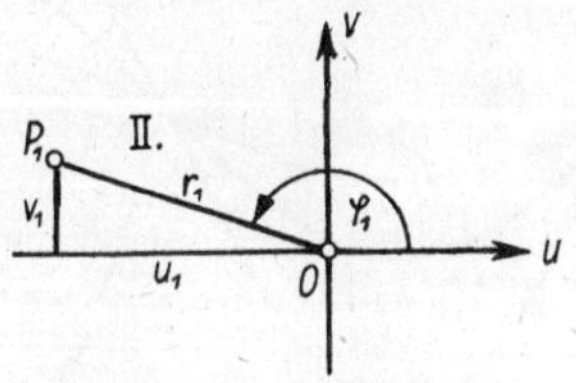

Bild 81

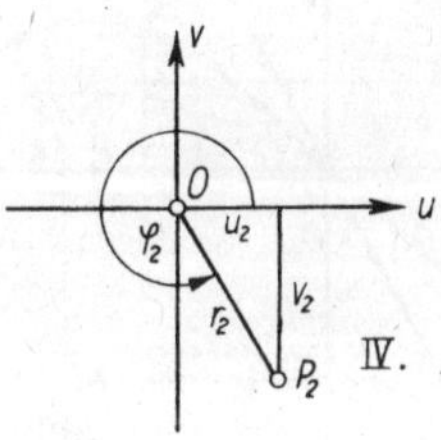

Bild 82

20.10. Allgemeine Sinusfunktion

Bereits in 20.3., Beispiel 7, wurde gezeigt, daß die Sinusfunktion wegen ihrer Periodizität für die Beschreibung periodischer Vorgänge, insbesondere harmonischer Schwingungen, benutzt werden kann. Die dort gefundenen Erkenntnisse werden hier verallgemeinert.

Da die in diesem Abschnitt auftretenden Funktionen bei ihrer Anwendung in der Praxis im allgemeinen Funktionen der Zeit sind, wird im folgenden für die unabhängige Variable t geschrieben.

In 20.3. wurde festgestellt, daß die Sinusfunktion

$$y = \sin t \tag{I}$$

eine periodische Funktion mit dem Definitionsbereich R ist, deren Werte y den Bereich $[-1; +1]$ durchlaufen und deren Periode $p = 2\pi$ beträgt (Bild 83).
Die Funktion (I) führt durch Multiplikation der Sinusfunktion mit einer beliebigen Konstanten a bzw. durch Multiplikation von t mit einem beliebigen Faktor ω bzw. durch Addition eines beliebigen Summanden φ zur Variablen t der Reihe nach auf die

Funktionen

$$y = a \sin t \tag{II}$$

$$y = \sin(\omega t) \tag{III}$$

$$y = \sin(t + \varphi). \tag{IV}$$

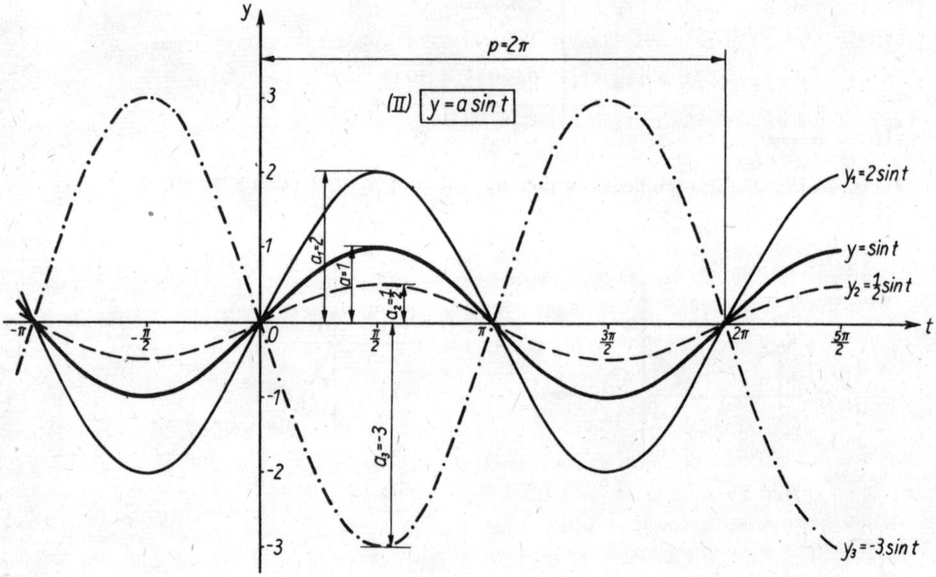

Bild 83

In den Bildern 83, 84, 85 sind für diese Funktionen Beispiele gezeichnet. Sie lassen die geometrische Bedeutung der drei Konstanten a, ω, φ erkennen.

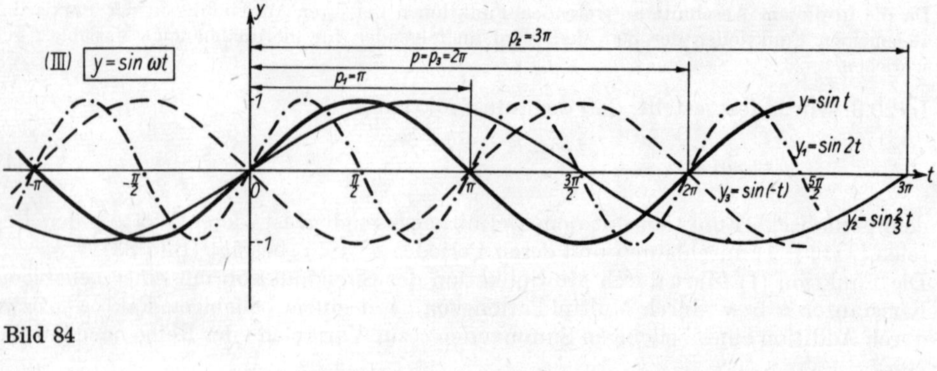

Bild 84

Aus der Zusammenfassung von (II), (III) und (IV) ergibt sich die

allgemeine Sinusfunktion oder harmonische Funktion $\boxed{y = a \sin(\omega t + \varphi)}$ (89)

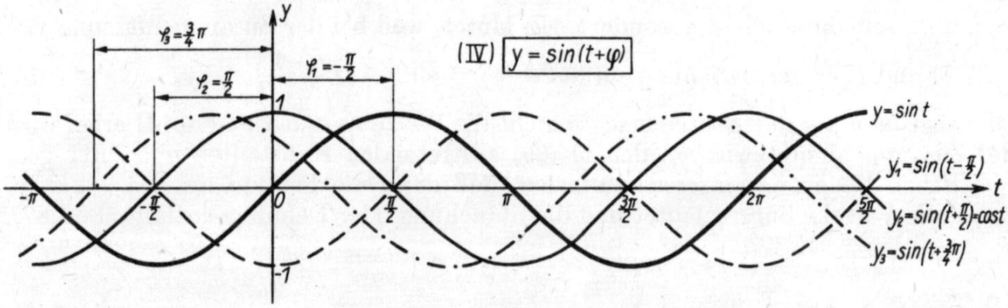

Bild 85

In Bild 86 ist für (89) das Beispiel $y = \frac{5}{2} \sin\left(\frac{2}{3}t + \frac{\pi}{6}\right)$ aufgetragen.

Wie aus den Bildern 83 bis 86 ersichtlich ist, bewirkt in (89)

1. der *Faktor* a eine **Vergrößerung** oder **Verkleinerung der Ordinaten** von (I) auf das $|a|$-fache, je nachdem $|a| > 1$ oder $|a| < 1$, und eine Spiegelung an der t-Achse, falls $a < 0$,

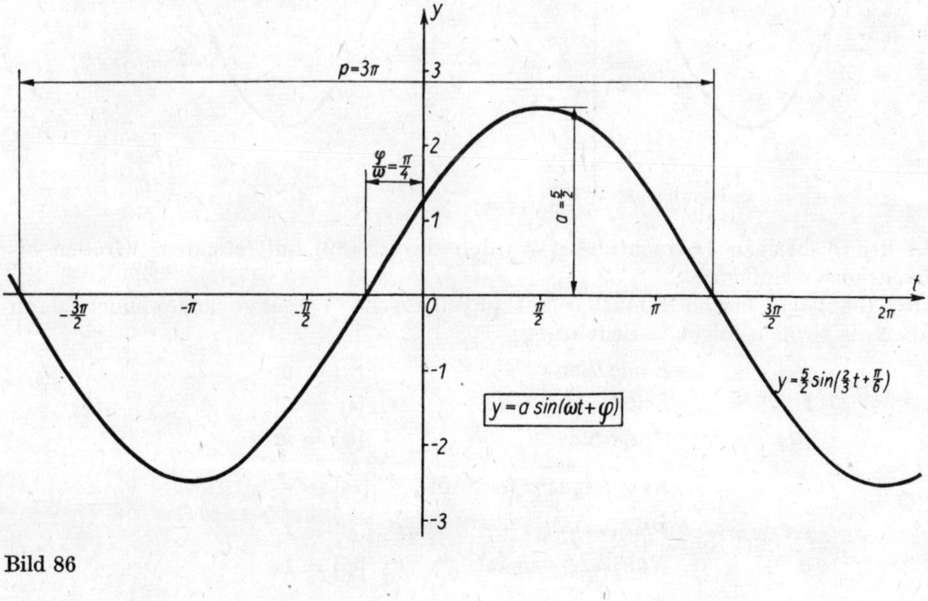

Bild 86

2. der *Faktor* ω eine gleichmäßige **Stauchung** oder **Dehnung** der Kurve von (I) in Richtung der t-Achse auf das $1/|\omega|$-fache, je nachdem $|\omega| > 1$ oder $|\omega| < 1$, und eine Spiegelung an der t-Achse, falls $\omega < 0$, sowie die Periode $p = 2\pi/|\omega|$,
3. der *Summand* φ eine **Verschiebung** der Sinuskurve (I) in Richtung der t-Achse um $\frac{\varphi}{\omega}$ nach rechts oder links, je nachdem $\frac{\varphi}{\omega} < 0$ oder $\frac{\varphi}{\omega} > 0$. Man beachte, daß die Verschiebung nicht φ, sondern φ/ω lautet, weil bei der Zusammenfassung von (III) und (IV) die Beziehung $\sin(\omega t + \varphi) = \sin\left[\omega\left(t + \frac{\varphi}{\omega}\right)\right]$ gilt.

Oft trägt man auf der Abszissenachse nicht die Werte t, sondern ωt ab. Hierbei wird der Zusammenhang zwischen den in (89) auftretenden Konstanten und ihrer geometrischen Bedeutung insofern einfacher, daß dann die Periode stets $p = 2\pi$ beträgt, die Verschiebung φ lautet und die Stauchung oder Dehnung entfällt (Bild 87).

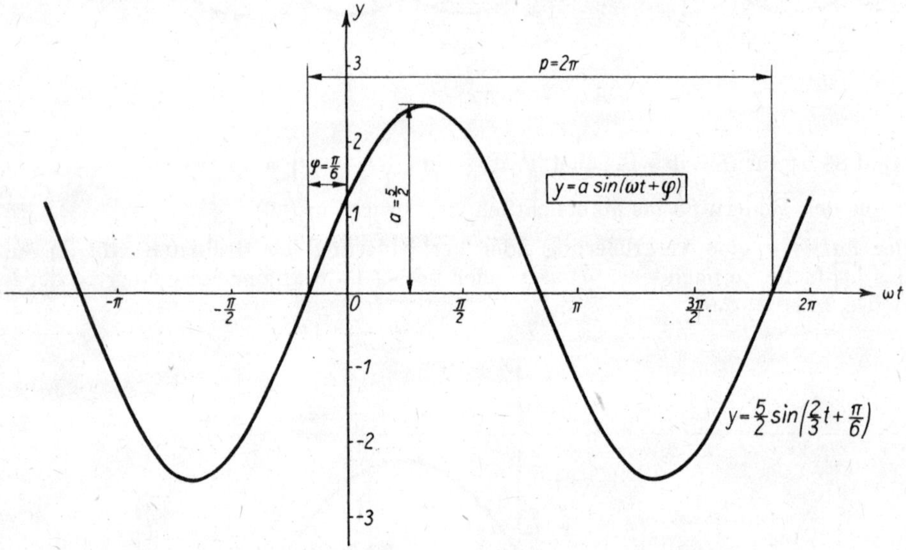

Bild 87

Bei den bisherigen Betrachtungen wurden die in (89) auftretenden Größen als dimensionslos aufgefaßt.

Wird die harmonische Funktion auf physikalische Vorgänge angewendet, dann haben die Größen folgende Bedeutung:

y	*Elongation*	$[y] = \mathrm{m}$
t	*Zeit*	$[t] = \mathrm{s}$
$\|a\|$	*Amplitude*	$[a] = \mathrm{m}$
ω	*Kreisfrequenz* $(\omega > 0)$	$[\omega] = \frac{1}{\mathrm{s}}$
$\omega t + \varphi$	*Phasenwinkel*	$[\omega t + \varphi] = 1$
φ	*Nullphasenwinkel*	$[\varphi] = 1$

Somit ist die Periode der harmonischen Funktion

$$p/\mathrm{s} = \frac{2\pi}{\omega \Big/ \frac{1}{\mathrm{s}}},$$

falls auf der Abszissenachse die Zeit t abgetragen wird. Die Periode p ist mit der Schwingungsdauer (Periodendauer) T identisch.
Es ergibt sich die Folgerung:
Trägt man auf der Abszissenachse
a) die Zeit t ab, so sind die Periode $p = T = 2\pi/|\omega|$ und die Verschiebung φ/ω,
b) den im Bogenmaß gemessenen Winkel ωt ab, so sind die Periode $p = 2\pi$ und die Verschiebung φ.

BEISPIEL

Ein mathematisches Pendel der Länge $l = 3{,}15$ m werde in Schwingungen versetzt. Nach einem Ausschlag von $\alpha_0 = 2°$ beginne die Messung der Zeit t, der Maximalausschlag betrage $\alpha_{max} = 4°$ (Bild 88). Wie lautet die harmonische Funktion, die die Schwingungen des Pendels beschreibt?

Bild 88

Lösung: Für die Amplitude ergibt sich nach der Kreisbogenformel

$$a = \alpha_{max} \cdot l.$$

Die Periodendauer folgt aus 20.7., Beispiel S. 261:

$$T = 2\pi \sqrt{\frac{l}{g}}.$$

Die Kreisfrequenz wird (vgl. S. 255)

$$\omega = \frac{2\pi}{T} = \sqrt{\frac{g}{l}}.$$

Bezeichnet y_0 die Elongation zur Zeit $t = 0$ s, so findet man $y_0 : a = \alpha_0 : \alpha_{max}$ oder

$$y_0 = \frac{\alpha_0}{\alpha_{max}} \cdot a.$$

Hieraus wird wegen $t = 0$ s mit (89)

$$\sin\varphi = \frac{\alpha_0}{\alpha_{max}}.$$

Werden die gegebenen Werte eingesetzt, so ergibt sich

$$a = \frac{4°}{57{,}3°} \cdot 3{,}15\ \mathrm{m} = 0{,}22\ \mathrm{m};\quad T = 6{,}28 \sqrt{\frac{3{,}15\ \mathrm{ms}^2}{9{,}81\ \mathrm{m}}} = 3{,}56\ \mathrm{s}$$

$$\omega = \frac{1}{0{,}567\ \mathrm{s}} = 1{,}76\ \frac{1}{\mathrm{s}};\quad \sin\varphi = \frac{1}{2}.$$

Da die Zeitmessung im 1. Viertel der 1. Schwingung beginnt, gilt $\varphi \in \left(0; \frac{\pi}{2}\right)$. Somit folgt

$$\varphi = 30^\circ = \frac{\pi}{6}.$$

Mit den gefundenen Werten erhält man aus (89) folgende harmonische Funktion:

$$y = 0{,}22\ \mathrm{m} \cdot \sin\left(1{,}76\,\frac{t}{\mathrm{s}} + \frac{\pi}{6}\right).$$

Den Ablauf der Pendelschwingungen veranschaulicht die Kurve in Bild 89.

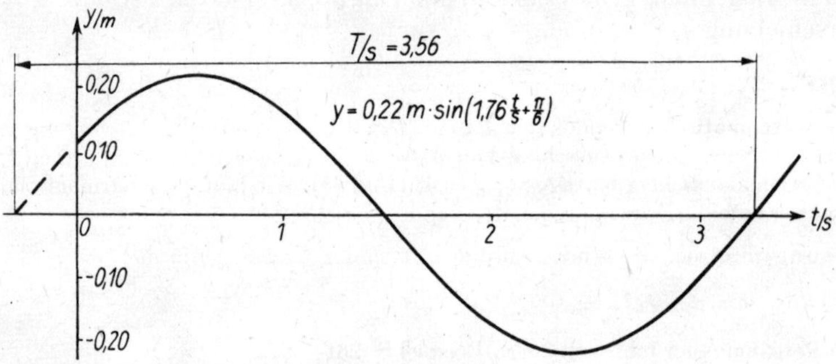

Bild 89

AUFGABEN

659. Man zeichne einen Viertelkreis vom Radius 10 cm und ermittle graphisch die Werte der Sinus- und der Cosinusfunktion und, soweit möglich, auch der Tangens- und der Cotangensfunktion für die Winkel 10°, 20°, 30°, ..., 80°.

660. Wie lauten die Gültigkeitsbereiche für die Gleichungen (78) bis (81)?

661. Die in der Tabelle (82) angegebenen Beziehungen sind nachzuprüfen.

662. Die Werte der drei anderen Funktionen sind für

a) $\sin\varphi = \frac{7}{25}$; b) $\cos\varphi = 0{,}6$;

c) $\tan\varphi = \frac{12}{5}$

zu bestimmen. Dabei sei $\varphi \in (0^\circ; 90^\circ)$.

663. Man berechne die anderen Funktionswerte für

a) $\sin\varphi = \frac{4\sqrt{m}}{1+4m}$; b) $\cos\varphi = \frac{1-q^2}{1+q^2}$.

m bzw. q seien vorgegebene Konstanten.

664. Die Gleichungen

a) $1 + \tan^2 \varphi = \frac{1}{\cos^2 \varphi}$; b) $1 + \cot^2 \varphi = \frac{1}{\sin^2 \varphi}$

sind zu beweisen.

665. Folgende Ausdrücke sind zu vereinfachen:

a) $\frac{\sin \varphi}{\tan \varphi}$; b) $\frac{\cot \varphi}{\cos \varphi}$; c) $\cos \varphi \sqrt{1 + \tan^2 \varphi}$.

666. Ein regelmäßiges Sechseck mit der Seite $a = 5$ cm ist gegen die Horizontalebene um den Winkel $\alpha = 30°$ geneigt. Wie groß ist der Flächeninhalt A' der Projektion?

667. Durch eine Grundkante eines gegebenen Würfels mit der Kantenlänge $a = 12{,}5$ cm ist eine unter $\alpha = 30°$ geneigte Ebene gelegt. Wie groß sind die Rauminhalte der beiden Teile, in die der Würfel durch die Ebene zerfällt?

668. 0,8 m über der Mitte eines runden Tisches von 1,20 m Durchmesser ist eine Lampe mit der Lichtstärke $I = 200$ cd angebracht (Bild 90). Wie groß ist die Beleuchtungsstärke E am Rande des Tisches? Man beachte, daß sich E aus der Formel $E = \frac{I}{r^2} \sin \varphi$ (in lx) ergibt, wobei r die Entfernung der Lichtquelle von der beleuchteten Fläche in Metern und φ der Winkel zwischen Lichtstrahlrichtung und beleuchteter Fläche ist.

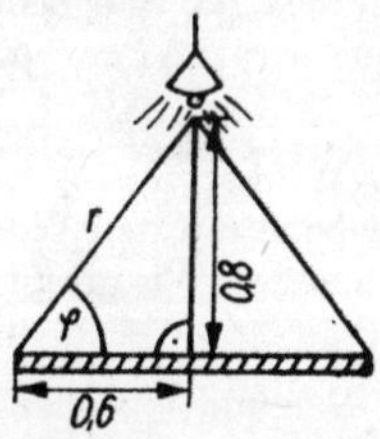

Bild 90

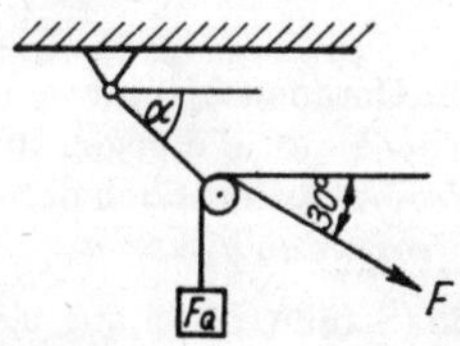

Bild 91

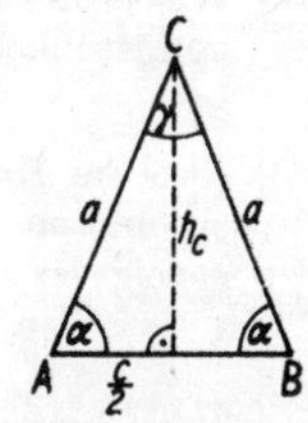

Bild 92

669. Ein Seil läuft über eine kleine Rolle. Es trägt an dem einen Ende die Last $F_Q = 2000$ N und wird am anderen Ende mit der Kraft $F = 2000$ N unter einem Winkel 30° gegen die Horizontale gehalten. Welche Zugkraft F_Z muß die Pendelstange, an der die Rolle befestigt ist, aufnehmen, und unter welchem Winkel α gegen die Horizontale stellt sie sich ein (Bild 91)?

670. Ein rechtwinkliges Dreieck ABC ist zu berechnen aus (Rechenstab):

a) $a = 33$ cm; $b = 56$ cm. Gesucht: α, β, c, A, h_c,

b) $a = 24$ cm; $c = 74$ cm. Gesucht: α, β, b, A, h_c,

c) $a = 40$ cm; $\alpha = 43°36'$. Gesucht: β, b, c, A,

d) $b = 60$ cm; $\alpha = 39°48'$. Gesucht: β, c, a, A,

e) $c = 50$ cm; $\beta = 53°08'$. Gesucht: α, a, b, A.

671. Ein gleichschenkliges Dreieck ABC (Bild 92) ist logarithmisch zu berechnen aus:

a) $a = 41{,}33$ m; $\gamma = 30{,}3°$. Gesucht: α, c, h_c, A,

b) $c = 18{,}12$ m; $\alpha = 45{,}3°$. Gesucht: γ, a, h_c, A,

c) $c = 28{,}04$ m; $\gamma = 50{,}8°$. Gesucht: α, a, h_c, A,

d) $a = 61$ cm; $h_c = 11$ cm. Gesucht: α, γ, c, A,

e) $h_c = 35$ cm; $A = 420$ cm². Gesucht: c, a, α, γ.

672. Von einem gleichschenkligen Dreieck seien die Basis $c = 28{,}00$ cm und der Schenkel $a = 42{,}30$ cm gegeben. Der Inkreisradius r_i und der Umkreisradius r sind zu berechnen.

673. Um wieviel länger ist der Bogen b als die Sehne s, wenn der Kreisradius $r = 80$ m beträgt und der zu b und s gehörige Zentriwinkel $\alpha = 22{,}33°$ ist?

674. In einem Kreis vom Halbmesser $r = 50$ cm seien auf verschiedenen Seiten des Mittelpunkts zwei parallele Sehnen gezogen, von denen die eine $a = 14$ cm und die andere $b = 30$ cm Abstand vom Kreismittelpunkt hat. Man berechne Inhalt und Umfang der von beiden Sehnen und dem Kreis eingeschlossenen Fläche.

675. Ein gerades regelmäßiges dreiseitiges Prisma mit den Grundkanten $a = 4$ cm und der Höhe $h = 12$ cm sei gegeben. Durch eine Grundkante wird eine Ebene gelegt, die gegen die Grundfläche unter dem Winkel $\alpha = 50{,}75°$ geneigt ist. Welches Volumen hat die abgeschnittene Pyramide?

676. Eine gerade regelmäßige dreiseitige Pyramide habe die Grundkante $a = 5$ cm und die Höhe $h = 8$ cm. Man berechne den Winkel α zwischen Grund- und Seitenkante, den Neigungswinkel β einer Seitenkante gegen die Grundfläche, den Neigungswinkel γ einer Seitenfläche gegen die Grundfläche sowie den Keilwinkel δ zwischen zwei Seitenflächen.

677. Ein zylindrischer Dampfkessel hat den Durchmesser $d = 1{,}00$ m und die Länge $l = 6{,}00$ m und ist bis zu einer Höhe $h = \frac{4}{5} d$ mit Wasser gefüllt. Wie groß ist die vom Wasser benetzte Fläche A des Dampfkessels?

678. Wie groß sind der Mantel A_M und das Volumen V eines geraden Kreiskegels mit dem Öffnungswinkel $2\gamma = 31°36'40''$, dem eine Kugel vom Radius $r = 27{,}7$ cm einbeschrieben ist?

679. Zwei im Raum liegende Geraden g_1 und g_2 schließen den Winkel $\alpha = 55°$ miteinander ein und spannen eine Ebene auf, die gegen die Projektionsebene um den Winkel $\varphi = 68°$ geneigt ist und die die Projektionsebene in der Geraden g_1 schneidet. Wie groß ist der Winkel α' zwischen g_1 und der Projektion g_2' von g_2?

680. a) Man sagt, eine Gerade (Straße, Böschung u. ä.) habe eine Neigung $1:n$ oder eine Neigung von p%, wenn sie auf n horizontale LE[1]) um 1 LE bzw. auf 100 horizontale LE um p LE steigt. Bezeichnet man den Neigungswinkel mit α, so gilt (Bild 93)

$$\tan\alpha = \frac{1}{n} = \frac{p}{100}.$$

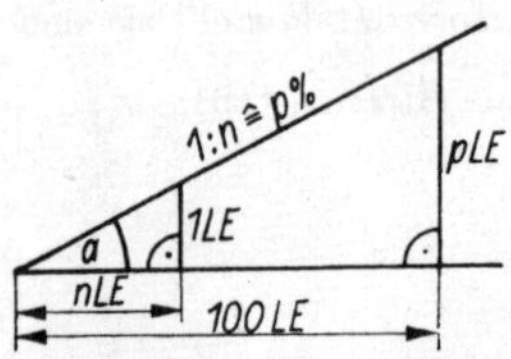

Bild 93

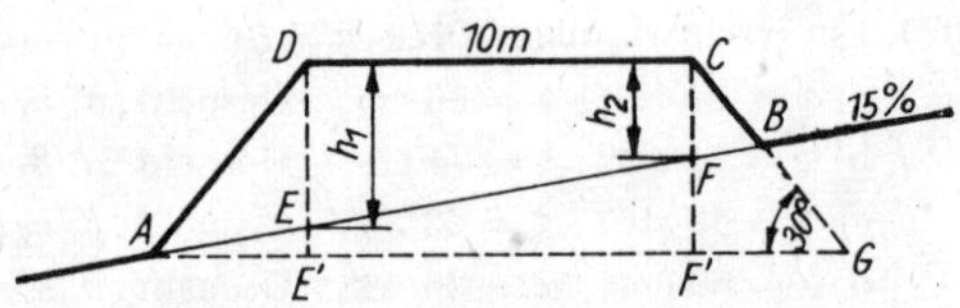

Bild 94

Man stelle eine Tabelle für den Neigungswinkel α in dezimalgeteiltem Altgrad bei einer Neigung von $p = 5, 10, 20, 40, 60, 80, 100$% auf.

b) Eine Straße habe eine Neigung von 8%. Wie groß ist ihr Neigungswinkel α, und welchen Höhenunterschied h muß ein Fahrzeug bei 75 m (schräger) Fahrbahn überwinden?

---

[1]) LE Längeneinheit

681. Ein Eisenbahndamm ist aufzuschütten. Die Kronenbreite soll 10 m und der Böschungswinkel 30° betragen. Da die Dammrichtung parallel zu den Höhenlinien des Geländes verläuft, hat die Dammsohle eine Querneigung von 15%. Die Dammhöhe h_2 soll 1,6 m betragen (Bild 94). Man berechne

a) die Dammhöhe h_1,

b) die Länge der Böschungsfallinien AD und BC,

c) die Breite AB der Dammsohle,

d) die Fläche A_{ABCD} des Dammquerschnitts.

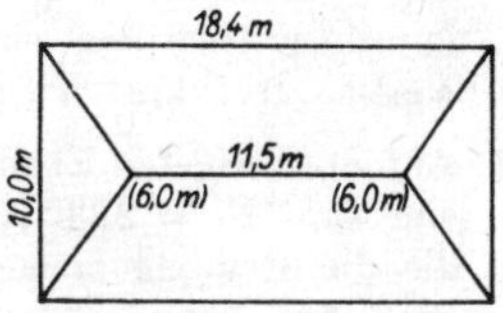

Bild 95

682. Bild 95 zeigt ein Walmdach in kotierter Projektion. Wie groß sind die Dachfläche A und die Neigungswinkel α_1 und α_2?

683. Welche Fläche A hat die Stirnseite eines exzentrischen Tonnengewölbes mit der Lichtweite $s = 7{,}20$ m, der lichten Bogenhöhe $p = 1{,}80$ m, der Scheiteldicke $d = 1{,}30$ m und der Dicke am Widerlager $c = 2{,}10$ m, wenn die Fuge am Widerlager nach dem Kreismittelpunkt der inneren Wölbung gerichtet ist (Bild 96)?

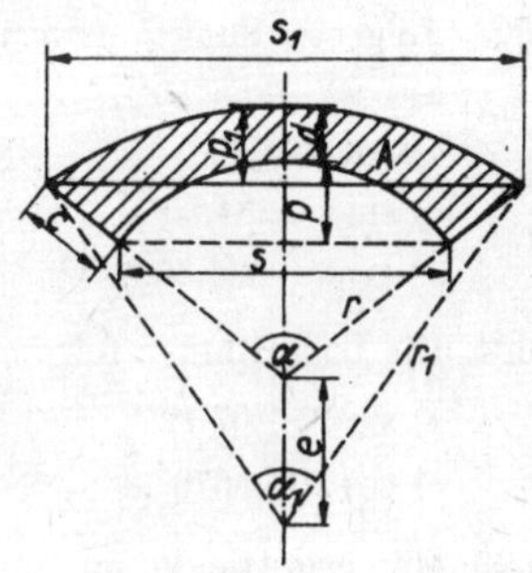

Bild 96

684. Von der Plattform eines $h = 28{,}50$ m hohen Aussichtsturmes mißt man mit dem Theodolit die Zenitdistanzen nach der Spitze und dem Fuß eines Schornsteins zu $\alpha = 85°30'$ und $\beta = 91°22'$. Aus dem Meßtischblatt entnimmt man die Horizontalentfernung des Schornsteins zu $e = 530$ m. Wie groß ist der Höhenunterschied Δh des Geländes beider Bauwerke, und welche Höhe x hat der Schornstein?

685. An einer Hauswand, die in west-östlicher Richtung steht, ist eine Sonnenuhr angebracht. Steht die Sonne im Süden, so wirft der an der Hauswand befestigte $l = 0{,}50$ m lange Stab einen lotrechten Schatten, der mit dem Stab einen Winkel $\varphi = 20°$ einschließt. Scheint die Sonne aus Südosten ($\beta = 45°$), so beträgt die Schattenlänge $s = 0{,}40$ m. Wie hoch steht dann die Sonne?

686. Man entwickle für den in Bild 97 dargestellten Querschnitt eines Zementrohres eine Flächenformel.

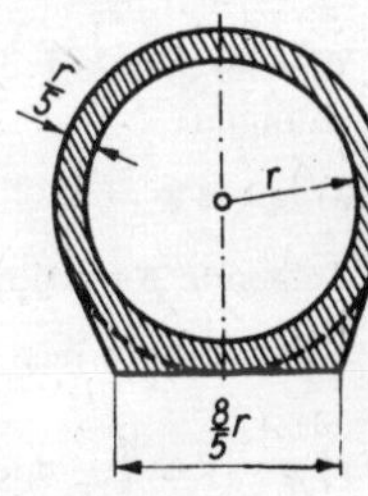

Bild 97

687. Die Höhe über Grund wurde bei den ehemaligen Zeppelinluftschiffen mit Hilfe des Echolotes bestimmt. Durch eine Schallquelle am Heck des Schiffes wurden Schallwellen ausgesandt, die von einem am Bug in 190 m Entfernung angebrachten Gerät aufgenommen wurden. Unter welchem Winkel (gegen die Senkrechte gemessen) treffen die Schallstrahlen auf die Erde auf, und wie hoch fliegt das Schiff, wenn die Fluggeschwindigkeit 125 km/h, die Schallgeschwindigkeit 333 m/s und die Zeit von Aussendung bis Empfang der Schallwellen 6 s betragen?

688. Eine vorgegebene Kraft F ist in zwei Komponenten F_1 und F_2 derart zu zerlegen, daß die Komponenten senkrecht aufeinanderstehen und F_1 mit F den Winkel α einschließt:

a) $F = 440$ N; $\alpha = 30°$,

b) $F = 5120$ N; $\alpha = 42{,}5°$,

c) $F = 1414$ N; $\alpha = 45°$.

689. Eine vorgegebene Kraft F ist in zwei gleich große Komponenten F_1 und F_2 zu zerlegen, die miteinander den Winkel α einschließen:

a) $F = 4710$ N; $\alpha = 48°$, b) $F = 2400$ N; $\alpha = 72{,}5°$.

690. Ein Sparren schließt mit der Horizontalebene einen Winkel $\alpha = 36{,}25°$ ein und erzeugt in seiner Richtung eine Kraft $F = 10000$ N. Man berechne Horizontalschub F_H und Vertikaldruckkraft F_V in der Mauer am Angriffspunkt des Sparrens (Bild 98).

691. Auf einer schiefen Ebene mit dem Neigungswinkel $\alpha = 21{,}5°$ gleitet eine Last $F_L = 2232$ N. Wie groß sind die Hangabtriebskraft F_H, die die Reibung erzeugende Normalkraft F_N und die Reibungskraft F_R (Reibungskoeffizient für Gleitreibung $\mu = 0{,}3$)?

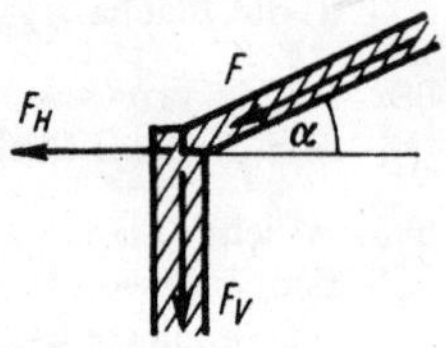

Bild 98

692. Die im Text hergeleiteten Quadrantenrelationen der Tabelle (86) sind zu beweisen.

693. Folgende Funktionswerte sind in der Tafel aufzuschlagen:

a) cos (−258°10′), b) sin 317°15′,
c) cot 210°30′, d) tan 195°40′,
e) sin (−284,25°), f) cos 368,75°,
g) tan (−835,50°), h) cot 457,40°.

694. Die Logarithmen folgender Funktionswerte sind zu bestimmen:

a) sin 150°07′12″, b) cot 251°26′37″,
c) cos 234,5679°, d) tan 188,2386°.

695. Man ermittle die im Intervall [0°; 360°) liegenden Lösungen folgender Gleichungen in sexagesimalgeteiltem Altgrad:

a) $\sin\varphi = 0{,}33216$, b) $\cot\varphi = -1{,}17223$.

696. Welche Winkel $\varphi \in [0°; 360°)$ in dezimalgeteiltem Altgrad befriedigen folgende Gleichungen:

a) $\lg\cos\varphi = 9{,}72315 - 10$, b) $\lg\tan\varphi = 0{,}29531\ (n)$.

697. Folgende Funktionen sind zu vereinfachen:

a) $y = \cos(x + \pi)$, b) $y = -\tan(\pi - x)$,

c) $y = \cos\left(\frac{5}{2}\pi - 2x\right)$,

d) $y = \dfrac{\sin\left(-x - \frac{3}{2}\pi\right)}{\cot(2\pi - x)}$, mit $x \neq \left(\frac{3}{2} - k\right)\pi$ und $x \neq k\pi$ für $k \in G$.

698. Ein Punkt P der Ebene ist durch seine rechtwinkligen Koordinaten u; v bzw. Polarkoordinaten r; φ gegeben:

a) $u = 32{,}12$, $v = 125{,}75$;
b) $u = 154{,}48$, $v = -233{,}66$;
c) $r = 157{,}52$, $\varphi = 225{,}5°$;
d) $r = 68{,}24$, $\varphi = 131°13'12''$.

Gesucht sind jeweils die anderen Koordinaten.

699. Die Periode, die Verschiebung, der Funktionswert y_0 für $t = 0$ und eventuelle Spiegelungen an der Abszissenachse sind für folgende Funktionen anzugeben, wenn auf der Abszissenachse entweder die Werte t oder ωt abgetragen werden:

a) $y = 0{,}3 \sin\left(\frac{t}{2} - \frac{\pi}{2}\right)$; b) $y = -3 \sin\left(2t + \frac{2\pi}{3}\right)$;

c) $y = 2 \sin\left(t + \frac{\pi}{4}\right)$; d) $y = -\frac{1}{4} \sin\left(-\frac{t}{3} + \frac{\pi}{6}\right)$.

21. Additionstheoreme und andere goniometrische Formeln

In diesem Abschnitt werden einige goniometrische Formeln hergeleitet, deren Grundlage die sogenannten Additionstheoreme bilden. Trotz der angegebenen Beispiele erkennt der Leser zunächst nicht ihre große Bedeutung. Sie finden später häufig Anwendung, so daß es vorteilhaft ist, sich die wichtigsten Formeln einzuprägen.

21.1. Funktionen von Winkelsummen und -differenzen

Um den Scheitel O eines Winkels $\alpha + \beta < 90°$ sei ein Kreis vom Radius r geschlagen, der die Schenkel des Winkels in A und B schneidet (Bild 99). Der gemeinsame Schenkel der Teilwinkel heiße $\overline{OC}$. Von B seien Lote auf $\overline{OC}$ bis D und auf $\overline{OA}$ bis E gefällt, desgleichen von D auf $\overline{BE}$ bis F und auf $\overline{OA}$ bis G. In der entstandenen Figur ist dann $\overline{OB} = r$, $\overline{BD} = r \sin\beta$, $\overline{OD} = r\cos\beta$. Ferner heißen $\overline{OG} = u$, $\overline{EG} = \overline{FD} = v$, $\overline{DG} = x$, $\overline{BF} = y$.

Im $\triangle\, OEB$ gilt

$$\sin(\alpha + \beta) = \frac{x + y}{r} \quad \text{(I)} \qquad \cos(\alpha + \beta) = \frac{u - v}{r}. \quad \text{(II)}$$

Im $\triangle\, OGD$

$$\sin\alpha = \frac{x}{r\cos\beta} \quad \text{(III)} \qquad \cos\alpha = \frac{u}{r\cos\beta}. \quad \text{(IV)}$$

Im $\triangle\, DBF$

$$\cos\alpha = \frac{y}{r\sin\beta} \quad \text{(V)} \qquad \sin\alpha = \frac{v}{r\sin\beta}. \quad \text{(VI)}$$

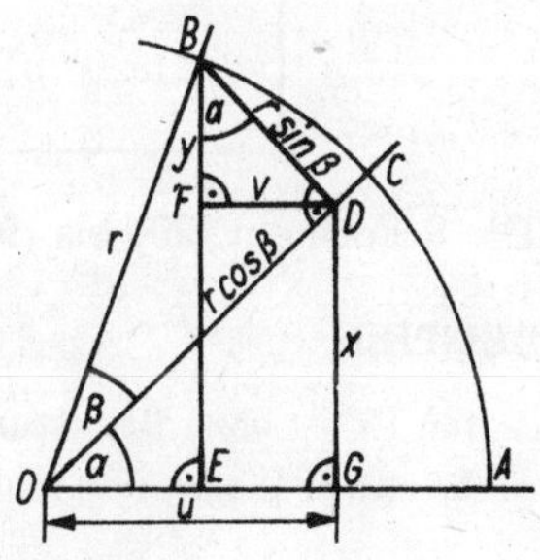

Bild 99

(III) und (V) in (I) eingesetzt:

$$\boxed{\sin(\alpha + \beta) = \sin\alpha\cos\beta + \cos\alpha\sin\beta} \qquad (90)$$

Aus (II) folgt mit (IV) und (VI)

$$\boxed{\cos(\alpha + \beta) = \cos\alpha\cos\beta - \sin\alpha\sin\beta} \qquad (91)$$

Es läßt sich zeigen, daß die Formeln (90) und (91) und damit die aus ihnen noch herzuleitenden Gleichungen für beliebige Winkel gelten. Auf den Beweis wird verzichtet.
Wird in (90) und (91) der Winkel β durch $(-\beta)$ ersetzt und (87) in 20.9. beachtet, so ergibt sich

$$\boxed{\sin(\alpha-\beta)=\sin\alpha\cos\beta-\cos\alpha\sin\beta} \tag{92}$$

$$\boxed{\cos(\alpha-\beta)=\cos\alpha\cos\beta+\sin\alpha\sin\beta} \tag{93}$$

Aus (90) und (91) folgt durch Division und Kürzen des entstehenden Bruches mit $\cos\alpha\cos\beta$

$$\boxed{\tan(\alpha+\beta)=\frac{\tan\alpha+\tan\beta}{1-\tan\alpha\tan\beta}} \tag{94}$$

Entsprechend findet man

$$\boxed{\cot(\alpha+\beta)=\frac{\cot\alpha\cot\beta-1}{\cot\beta+\cot\alpha}} \tag{95}$$

$$\boxed{\tan(\alpha-\beta)=\frac{\tan\alpha-\tan\beta}{1+\tan\alpha\tan\beta}} \tag{96}$$

$$\boxed{\cot(\alpha-\beta)=\frac{\cot\alpha\cot\beta+1}{\cot\beta-\cot\alpha}} \tag{97}$$

Die 8 Formeln (90) bis (97) heißen **Additionstheoreme**.

BEISPIEL

tan 15° ist ohne Benutzung der trigonometrischen Funktionstafel zu bestimmen.

Lösung: Wegen (96) und (74) ergibt sich

$$\tan 15^\circ=\tan(45^\circ-30^\circ)=\frac{\tan 45^\circ-\tan 30^\circ}{1+\tan 45^\circ\tan 30^\circ}=$$

$$=\frac{1-\frac{1}{3}\sqrt{3}}{1+\frac{1}{3}\sqrt{3}}=\frac{3-\sqrt{3}}{3+\sqrt{3}}=\frac{(3-\sqrt{3})\,(3-\sqrt{3})}{(3+\sqrt{3})\,(3-\sqrt{3})}=$$

$$=\frac{9-6\sqrt{3}+3}{9-3}=2-\sqrt{3}\approx\underline{\underline{0{,}26795}}\,.$$

21.2. Funktionen des doppelten Winkels

Wird $\beta = \alpha$ in (90) und (91) gesetzt, so ergibt sich

$$\boxed{\sin 2\alpha = 2 \sin \alpha \cos \alpha} \tag{98}$$

$$\boxed{\cos 2\alpha = \cos^2 \alpha - \sin^2 \alpha} \tag{99a}$$

Aus (99a) erhält man bei Beachtung von (78)

$$\boxed{\cos 2\alpha = 2 \cos^2 \alpha - 1} \tag{99b}$$

$$\boxed{\cos 2\alpha = 1 - 2 \sin^2 \alpha} \tag{99c}$$

Für $\beta = \alpha$ gehen (94) und (95) über in

$$\boxed{\tan 2\alpha = \frac{2 \tan \alpha}{1 - \tan^2 \alpha}} \tag{100}$$

$$\boxed{\cot 2\alpha = \frac{\cot^2 \alpha - 1}{2 \cot \alpha}} \tag{101}$$

Diese 6 Formeln lassen sich auch in anderer Form schreiben, wenn α durch $\alpha/2$ ersetzt wird:

$$\sin \alpha = 2 \sin \frac{\alpha}{2} \cos \frac{\alpha}{2} \tag{102}$$

$$\tan \alpha = \frac{2 \tan \frac{\alpha}{2}}{1 - \tan^2 \frac{\alpha}{2}} \tag{104}$$

$$\cot \alpha = \frac{\cot^2 \frac{\alpha}{2} - 1}{2 \cot \frac{\alpha}{2}} \tag{105}$$

$$\cos \alpha = \cos^2 \frac{\alpha}{2} - \sin^2 \frac{\alpha}{2} \tag{103a}$$

$$\cos \alpha = 2 \cos^2 \frac{\alpha}{2} - 1 \tag{103b}$$

$$\cos \alpha = 1 - 2 \sin^2 \frac{\alpha}{2} \tag{103c}$$

BEISPIEL

Gegeben sei ein Winkel $\alpha = 30°$. Von einem Punkt P_1 des einen Schenkels in der Entfernung $b = 7{,}0$ cm vom Scheitel wird das Lot P_1P_2 auf den anderen Schenkel gefällt, von P_2 wird wieder das Lot P_2P_3 auf den ersten Schenkel gefällt und so unbegrenzt fort. Gesucht ist die Länge s des gesamten Streckenzuges (Bild 100).

Lösung:

$$a_1 = b \sin\alpha, \quad a_2 = a_1 \cos\alpha, \quad a_3 = a_2 \cos\alpha, \ldots$$

Die Strecken bilden eine konvergente unendliche geometrische Folge[1]) mit dem Anfangsglied $a = b \sin\alpha$ und dem Quotienten $q = \cos\alpha$. Die Summe der Reihe wird bei Beachtung von (102) und (103c)

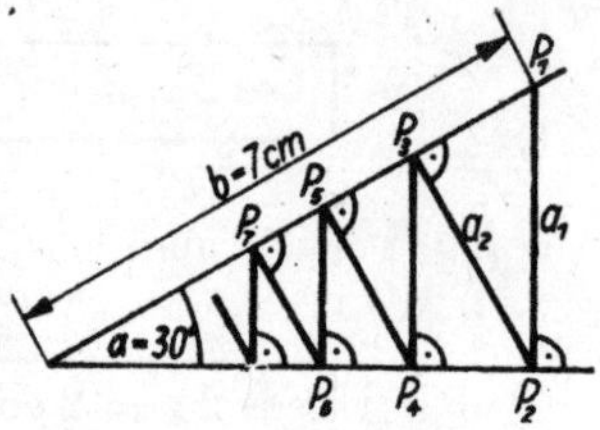

Bild 100

$$s = \frac{a}{1-q} = \frac{b \sin\alpha}{1-\cos\alpha} = \frac{b \cdot 2 \sin\frac{\alpha}{2} \cos\frac{\alpha}{2}}{2 \sin^2\frac{\alpha}{2}} =$$

$$= b \cot\frac{\alpha}{2} = \underline{\underline{26{,}1 \text{ cm}}}.$$

21.3. Verwandlung von Produkten in Summen von Funktionen und umgekehrt

Aus (90) bis (93) findet man durch Addition bzw. Subtraktion folgende Formeln:

$$\sin\alpha \sin\beta = \frac{1}{2}[\cos(\alpha-\beta) - \cos(\alpha+\beta)] \tag{106}$$

$$\sin\alpha \cos\beta = \frac{1}{2}[\sin(\alpha-\beta) + \sin(\alpha+\beta)] \tag{107}$$

$$\cos\alpha \cos\beta = \frac{1}{2}[\cos(\alpha-\beta) + \cos(\alpha+\beta)] \tag{108}$$

$$\cos\alpha \sin\beta = \frac{1}{2}[\sin(\alpha+\beta) - \sin(\alpha-\beta)]. \tag{I}$$

Wird vorübergehend $\alpha + \beta = \varphi$, $\alpha - \beta = \psi$ gesetzt, so folgt

$$\alpha = \frac{\varphi+\psi}{2}, \quad \beta = \frac{\varphi-\psi}{2}.$$

[1]) Vgl. [1] Abschn. 2.1.

Hiermit ergibt sich der Reihe nach aus (107), (I), (108), (106), wenn wieder α und β geschrieben wird:

$$\sin\alpha + \sin\beta = 2\sin\frac{\alpha+\beta}{2}\cos\frac{\alpha-\beta}{2} \quad (109)$$

$$\sin\alpha - \sin\beta = 2\cos\frac{\alpha+\beta}{2}\sin\frac{\alpha-\beta}{2} \quad (110)$$

$$\cos\alpha + \cos\beta = 2\cos\frac{\alpha+\beta}{2}\cos\frac{\alpha-\beta}{2} \quad (111)$$

$$\cos\alpha - \cos\beta = -2\sin\frac{\alpha+\beta}{2}\sin\frac{\alpha-\beta}{2} \quad (112)$$

Aus (80) folgt

$$\tan\alpha + \tan\beta = \frac{\sin\alpha}{\cos\alpha} + \frac{\sin\beta}{\cos\beta} = \frac{\sin\alpha\cos\beta + \cos\alpha\sin\beta}{\cos\alpha\cos\beta}.$$

Hieraus mit (90)

$$\tan\alpha + \tan\beta = \frac{\sin(\alpha+\beta)}{\cos\alpha\cos\beta} \quad (113)$$

Analog ergeben sich drei weitere Formeln:

$$\tan\alpha - \tan\beta = \frac{\sin(\alpha-\beta)}{\cos\alpha\cos\beta} \quad (114)$$

$$\cot\alpha + \cot\beta = \frac{\sin(\beta+\alpha)}{\sin\beta\sin\alpha} \quad (115)$$

$$\cot\alpha - \cot\beta = \frac{\sin(\beta-\alpha)}{\sin\beta\sin\alpha} \quad (116)$$

BEISPIELE

1. Ein Ballon B schwebt über einem See, in dem sein Spiegelbild B' gesehen wird. Wie groß ist seine Höhe x über dem See, wenn er von einem Standpunkt A mit der Höhe $h = 28{,}3$ m über dem See unter dem Höhenwinkel $\varepsilon = 55{,}45°$ und sein Spiegelbild unter dem Tiefenwinkel $\delta = 58{,}23°$ zu sehen ist?

   Lösung: Aus Bild 101 liest man ab

$$\tan\varepsilon = \frac{x-h}{y}, \qquad \tan\delta = \frac{x+h}{y}.$$

Hieraus folgt durch Elimination der unbekannten Entfernung y und Anwendung der Formeln (113) und (114) bei Benutzung des Rechenstabs

$$x = h\,\frac{\tan\delta + \tan\varepsilon}{\tan\delta - \tan\varepsilon} = \frac{h\sin(\delta+\varepsilon)}{\sin(\delta-\varepsilon)} =$$

$$= \frac{28{,}3\ \text{m}\cdot 0{,}917}{0{,}0486} = \underline{\underline{534\ \text{m}}}.$$

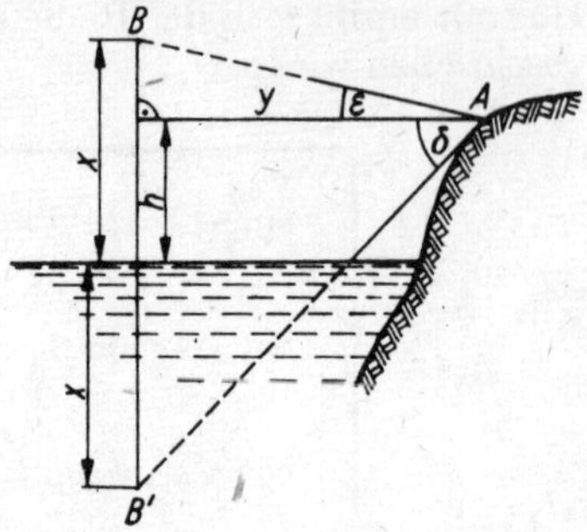

Bild 101

2. Der Ausdruck $x = \dfrac{\cos\alpha + \cos\beta}{\sin\alpha + \sin\beta}$ ist zu vereinfachen.

Lösung: Aus (109) und (111) folgt

$$x = \frac{2\cos\frac{\alpha+\beta}{2}\cos\frac{\alpha-\beta}{2}}{2\sin\frac{\alpha+\beta}{2}\cos\frac{\alpha-\beta}{2}} = \underline{\underline{\cot\frac{\alpha+\beta}{2}}}.$$

21.4. Rechnen mit kleinen Winkeln

Für kleine Winkel kann der Cosinus annähernd gleich 1 gesetzt werden (vgl. 20.3., Bild 69). Dies läßt sich in (90) und (92) anwenden. In (94) und (96) ist für kleine Winkel α und β das Produkt $\tan\alpha\tan\beta$ so klein, daß es gegen die Faktoren $\tan\alpha$ und $\tan\beta$ selbst vernachlässigt werden kann. Daher gilt für *kleine Winkel* α *und* β:

$$\boxed{\sin(\alpha\pm\beta)\approx\sin\alpha\pm\sin\beta} \qquad (117)$$

$$\boxed{\tan(\alpha\pm\beta)\approx\tan\alpha\pm\tan\beta} \qquad (118)$$

Folgender Anwendungsbereich läßt sich berechnen:

zu (117)

		Oberes Vorzeichen			Unteres Vorzeichen	
	β	$\frac{1}{4}\alpha$	α	5α	$\frac{1}{4}\alpha$	5α
3-stellige Rechnung:	$\alpha <$	8,4°	4,5°	1,8°	10,0°	2,1°
4-stellige Rechnung:	$\alpha <$	3,9°	2,1°	0,8°	4,5°	1,0°
5-stellige Rechnung:	$\alpha <$	1,8°	1,0°	0,4°	2,1°	0,4°
6-stellige Rechnung:	$\alpha <$	0,8°	0,4°	0,2°	1,0°	0,2°

zu (118)

		Oberes Vorzeichen			Unteres Vorzeichen	
	β	$\frac{1}{4}\alpha$	α	5α	$\frac{1}{4}\alpha$	5α
3-stellige Rechnung:	$\alpha <$	6,7°	3,6°	1,5°	8,0°	1,7°
4-stellige Rechnung:	$\alpha <$	3,1°	1,7°	0,7°	3,7°	0,8°
5-stellige Rechnung:	$\alpha <$	1,4°	0,8°	0,3°	1,7°	0,4°
6-stellige Rechnung:	$\alpha <$	0,7°	0,4°	0,1°	0,8°	0,2°

Ist in den Formeln (117) und (118) $\beta = \alpha$, so folgt im Falle des Pluszeichens und bei entsprechender Verallgemeinerung für *kleine Winkel* α

$$\sin n\alpha \approx n \sin \alpha \tag{119}$$

$$\tan n\alpha \approx n \tan \alpha \tag{120}$$

Anwendungsbereich:

		zu (119)			zu (120)		
	n	$\frac{1}{4}$	$\frac{1}{2}$	4	$\frac{1}{4}$	$\frac{1}{2}$	4
3-stellige Rechnung:	$\lvert\alpha\rvert <$	13,4°	11,4°	2,1°	10,6°	9,1°	1,7°
4-stellige Rechnung:	$\lvert\alpha\rvert <$	6,1°	5,3°	1,0°	4,9°	4,2°	0,8°
5-stellige Rechnung:	$\lvert\alpha\rvert <$	2,8°	2,4°	0,4°	2,3°	2,0°	0,4°
6-stellige Rechnung:	$\lvert\alpha\rvert <$	1,3°	1,1°	0,2°	1,0°	0,9°	0,2°

Die hier hergeleiteten Näherungsformeln und andere gehören zum unentbehrlichen Rüstzeug des Ingenieurs und des Physikers. Denn selten kommt es bei Berechnungen in der Praxis auf höchste Genauigkeit an. Vielmehr ist es bei manchen Problemen von großer Bedeutung, möglichst schnell eine Lösung zu finden, und dabei leisten Näherungsformeln unschätzbare Dienste.

BEISPIEL

Bei der Projektierung einer Straße ergibt sich die Aufgabe, zwei Geraden mit verschiedenem Anstieg durch einen Kreisbogen abzurunden. Die Neigungen betragen $p_A = 5{,}4\%$ und $p_B = 1{,}4\%$, der Ausrundungshalbmesser soll zu $R = 2000$ m gewählt werden. Für die Absteckung des Profils werden die Tangentenstrecken $t = \overline{AS} = \overline{BS}$ gebraucht. Bild 102 zeigt einen Vertikalschnitt durch das Gelände.

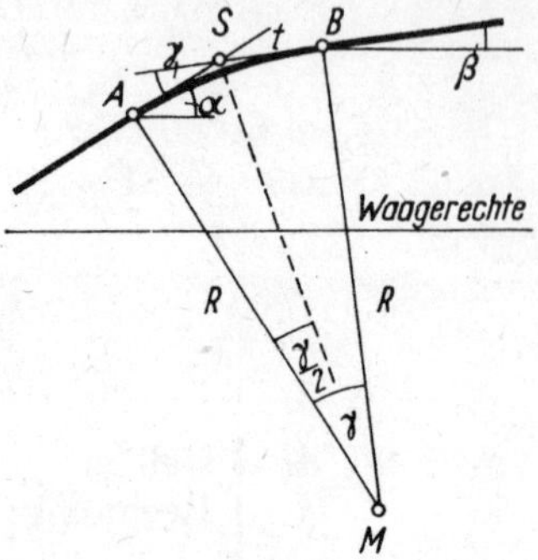

Bild 102

Lösung: Aus Bild 102 wird abgelesen

$$\tan\alpha = \frac{p_A}{100}, \quad \tan\beta = \frac{p_B}{100}.$$

Wegen der Kleinheit von α und β ergibt sich nach (118)

$$\tan\gamma = \tan(\alpha - \beta) \approx \tan\alpha - \tan\beta = \frac{p_A - p_B}{100}.$$

Aus Bild 102 folgt ferner bei Beachtung von (120)

$$t = R\tan\frac{\gamma}{2} \approx \frac{R}{2}\tan\gamma.$$

Somit

$$t \approx \frac{R}{200}(p_A - p_B).$$

Werden die gegebenen Werte eingesetzt, so findet man

$$\underline{\underline{t \approx 40\ \text{m}.}}$$

21.5. Addition von Sinusschwingungen

Bei der Anwendung der harmonischen Funktion (89) auf Schwingungsvorgänge ist folgender Satz von Bedeutung.

Satz

Die **Addition zweier Sinusschwingungen** gleicher Kreisfrequenz ω

$$A = a\sin(\omega t + \varphi_a),$$
$$B = b\sin(\omega t + \varphi_b)$$

mit dem Phasenunterschied $\varphi = \varphi_b - \varphi_a$ ergibt wieder eine Sinusschwingung (Bild 103)

$$C = c\sin(\omega t + \psi).$$

Der Nullphasenwinkel ψ und die Amplitude c folgen aus

$$\boxed{\tan\psi = \frac{a\sin\varphi_a + b\sin\varphi_b}{a\cos\varphi_a + b\cos\varphi_b}} \qquad (121)$$

$$\boxed{c = \sqrt{a^2 + b^2 + 2ab\cos\varphi}} \qquad (122)$$

Beweis:

Aus $C = A + B$ ergibt sich

$$c \sin(\omega t + \psi) = a \sin(\omega t + \varphi_a) + b \sin(\omega t + \varphi_b).$$

Mit (90):

$$c \sin(\omega t) \cos\psi + c \cos(\omega t) \sin\psi = a \sin(\omega t) \cos\varphi_a + a \cos(\omega t) \sin\varphi_a + \\ + b \sin(\omega t) \cos\varphi_b + b \cos(\omega t) \sin\varphi_b.$$

Anders geordnet:

$$\sin(\omega t) c \cos\psi + \cos(\omega t) c \sin\psi = \sin(\omega t)\,[a \cos\varphi_a + b \cos\varphi_b] + \\ + \cos(\omega t)\,[a \sin\varphi_a + b \sin\varphi_b].$$

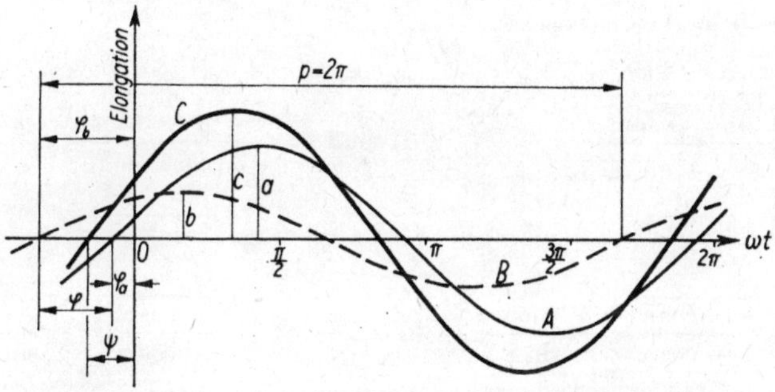

Bild 103

Die letzte Gleichung ist erfüllt, d. h., der Ansatz $C = A + B$ ist richtig, wenn die Koeffizienten von $\sin(\omega t)$ bzw. $\cos(\omega t)$ auf der linken und rechten Seite der Gleichung übereinstimmen (Koeffizientenvergleich):

$$c \sin\psi = a \sin\varphi_a + b \sin\varphi_b \tag{I}$$

$$c \cos\psi = a \cos\varphi_a + b \cos\varphi_b. \tag{II}$$

Die Division von (I) und (II) liefert wegen (80) die Formel (121). Werden die Gleichungen (I) und (II) quadriert und addiert, so folgt bei Beachtung von (78) und (93) nach Ziehen der Quadratwurzel die Formel (122).

BEISPIEL

Gegeben seien die Sinusschwingungen

$$A = 10\ \text{cm} \cdot \sin(4\,t/\text{s} + 0{,}240),$$

$$B = \ \ 5\ \text{cm} \cdot \sin(4\,t/\text{s} + 1{,}042).$$

Wie lautet die Summe C beider Schwingungen?

Lösung:

Die Nullphasenwinkel betragen im Gradmaß

$$\varphi_a = 13{,}75°, \qquad \varphi_b = 59{,}70°, \qquad \varphi = \varphi_b - \varphi_a = 45{,}95°.$$

Sie und die Amplituden ergeben mit dem Rechenstab für (121) und (122):

$$\tan\psi = \frac{10\text{ cm}\cdot 0{,}238 + 5\text{ cm}\cdot 0{,}863}{10\text{ cm}\cdot 0{,}971 + 5\text{ cm}\cdot 0{,}504} = 0{,}547; \quad \psi = 0{,}501 = 28{,}68°$$

$$c = \sqrt{100 + 25 + 69{,}53}\text{ cm} = 13{,}95\text{ cm},$$

$$\underline{\underline{C = 13{,}95\text{ cm}\cdot\sin(4t/ \ + 0{,}501).}}$$

Bild 103 stellt dieses Beispiel dar.

AUFGABEN

700. Folgende Formeln sind zu beweisen:

a) $\sin 3\alpha = 3\sin\alpha - 4\sin^3\alpha$, b) $\cos 3\alpha = 4\cos^3\alpha - 3\cos\alpha$,

c) $\tan 3\alpha = \dfrac{3\tan\alpha - \tan^3\alpha}{1 - 3\tan^2\alpha}$, d) $\cot 3\alpha = \dfrac{\cot^3\alpha - 3\cot\alpha}{3\cot^2\alpha - 1}$,

e) $\sin\dfrac{\alpha}{2} = \dfrac{1}{2}\sqrt{2 - 2\cos\alpha}$, f) $\cos\dfrac{\alpha}{2} = \dfrac{1}{2}\sqrt{2 + 2\cos\alpha}$,

g) $\tan\dfrac{\alpha}{2} = \sqrt{\dfrac{1-\cos\alpha}{1+\cos\alpha}} = \dfrac{1-\cos\alpha}{\sin\alpha}$, h) $\cot\dfrac{\alpha}{2} = \sqrt{\dfrac{1+\cos\alpha}{1-\cos\alpha}} = \dfrac{1+\cos\alpha}{\sin\alpha}$,

i) $\cos\alpha + \sin\alpha = \sqrt{2}\sin(45° + \alpha)$, j) $\cos\alpha - \sin\alpha = \sqrt{2}\cos(45° + \alpha)$,

k) $\cot\alpha + \tan\alpha = \dfrac{2}{\sin 2\alpha}$, l) $\cot\alpha - \tan\alpha = 2\cot 2\alpha$,

m) $\dfrac{1+\tan\alpha}{1-\tan\alpha} = \tan(45° + \alpha)$, n) $\dfrac{\cot\alpha + 1}{\cot\alpha - 1} = \cot(45° - \alpha)$.

701. Es sind a) $\cos 4\alpha$, b) $\cos 5\alpha$ in $\cos\alpha$ auszudrücken.

702. Ohne Verwendung der trigonometrischen Tafeln sind die vier Funktionswerte für folgende Winkel zu ermitteln:

a) 75°, b) 22°30′, c) 18°, d) 54°.

703. Folgende Ausdrücke sind zu vereinfachen:

a) $\cos(60° + \alpha) + \sin(30° + \alpha)$, b) $\sin(\alpha + 60°) + \sin(\alpha - 60°)$,

c) $\cos(\alpha + 45°) + \cos(\alpha - 45°)$, d) $\tan\alpha\tan\beta + (\tan\alpha + \tan\beta)\cot(\alpha + \beta)$,

e) $\dfrac{\sin(45° + \alpha) - \cos(45° + \alpha)}{\sin(45° + \alpha) + \cos(45° + \alpha)}$, f) $\dfrac{\sin(60° + \alpha) - \cos(30° + \alpha)}{\sin(60° + \alpha) + \cos(30° + \alpha)}$,

g) $\dfrac{1 - \cos^2 2\alpha}{2\sin\alpha}$, h) $\dfrac{\sin 2\alpha\cos\alpha}{(1 + \cos 2\alpha)(1 + \cos\alpha)}$.

704. Die Formel $\sin\alpha + \sin(\alpha + 120°) + \sin(\alpha + 240°) = 0$ tritt in der Wechselstromtechnik auf. Man führe den Beweis.

705. Folgende Ausdrücke sind in Produkte zu verwandeln:

a) $\dfrac{\sin\alpha + \cos\alpha}{\sin\alpha - \cos\alpha}$, b) $\dfrac{\sin\alpha + \sin\beta}{\sin\alpha - \sin\beta}$, c) $\sin^2\alpha - \sin^2\beta$,

d) $\cos^2\alpha - \cos^2\beta$, e) $\sin\alpha + \sin\beta + \sin\gamma$ mit $\alpha + \beta + \gamma = 180°$.

706. Zu berechnen sind

a) die Pfeilhöhe p eines Kreisabschnitts aus dem Radius r und dem Mittelpunktswinkel α,

b) die Fläche A eines gleichschenkligen Dreiecks aus dem Schenkel a und dem Basiswinkel α,

c) die Fläche A eines einem Kreis vom Radius r einbeschriebenen regelmäßigen n-Ecks.

707. Wie groß ist die Fläche A eines Kreissegments, wenn der Kreisradius $r = 15{,}58$ m und der Mittelpunktswinkel $\alpha = 62{,}167°$ betragen?

708. Die Mantellinien eines geraden Kreiskegels schließen mit der Grundfläche einen Winkel $\alpha = 53{,}833°$ ein und haben die Länge $s = 48$ cm. Wie groß sind Mantel A_M und Volumen V des Kegels?

709. Wie groß ist der vom 40. und 50. Breitenkreis begrenzte Teil A_M der Erdoberfläche ($R = 6371{,}11$ km), und welche Länge r_1 und r_2 haben die zu beiden Breitenkreisen gehörigen Radien?

710. Die Hypotenuse c eines rechtwinkligen Dreiecks, dessen Ebene gegen die Projektionsebene um den Winkel φ geneigt sei, liege in der Projektionsebene. Die Projektion γ' des rechten Winkels $\gamma = 90°$ ist aus den gegebenen Katheten a, b und dem Neigungswinkel φ zu berechnen. Das Ergebnis der Aufgabe 679 kann benutzt werden.

711. Vor dem Bau eines Tunnels sollen seine Länge $x = \overline{B'C'}$ und seine Neigung v bestimmt werden. Zu diesem Zweck steckt man beiderseits des Berges zwei horizontale Standlinien $AB = 262{,}71$ m und $CD = 380{,}50$ m ab, die mit der Bergspitze E sowie dem Tunneleingang B' und dem Tunnelausgang C' in einer Vertikalebene liegen. Ferner mißt man die horizontalen Strecken $BB' = 144{,}20$ m und $CC' = 79{,}33$ m sowie in A, B, C, D die Höhenwinkel $\alpha = 28°58'$, $\beta = 40°30'$, $\gamma = 58°50'$, $\delta = 32°20'$ (Bild 104).

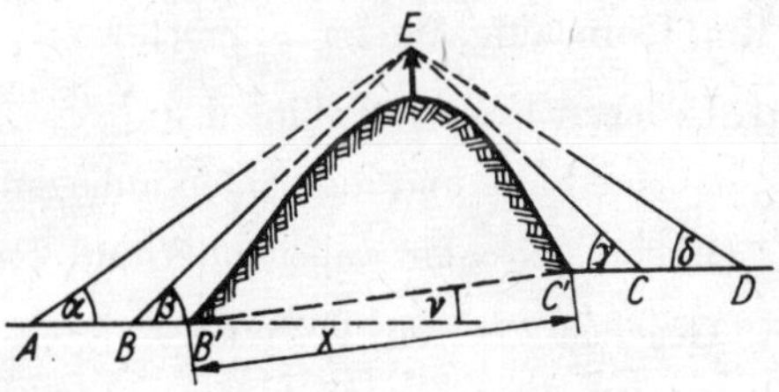

Bild 104

712. Die Höhe h_T eines Turmes ist zu bestimmen. In einer die Turmspitze T enthaltenden Vertikalebene werden zwei Punkte A und B festgelegt. Durch Messung werden die Höhenwinkel $\alpha = 11°54'40''$, $\beta = 15°37'20''$, die Instrumentenhöhen $i_A = 1{,}412$ m, $i_B = 1{,}385$ m und die Horizontalentfernung $e = 57{,}89$ m bestimmt. Durch Nivellement findet man $h_A = 377{,}974$ m und $h_B = 376{,}050$ m über NN (Bild 105).

713. Ein Lichtstrahl fällt unter dem Einfallswinkel $\alpha = 30°$ auf eine planparallele Glasplatte (Dicke der Platte $d = 1$ cm, relativer Brechungsindex $n = 1{,}5$) und erfährt beim Austritt eine Parallelverschiebung v (Bild 106). Für v ist eine allgemeine Formel mit α, d, n zu entwickeln, aus der die Verschiebung im Falle des Zahlenbeispiels zu bestimmen ist.

714. Für $\sin(\alpha + \Delta\alpha)$ mit $\Delta\alpha \approx 0$ ist eine Näherungsformel herzuleiten. Aus dieser ist der Fehler des Sinuswertes zu bestimmen, wenn statt des Winkels α der fehlerhafte Winkel $\alpha + \Delta\alpha$ eingesetzt wird.

715. Im Fall kleiner Zentriwinkel α ist eine Näherungsformel für die Pfeilhöhe p zu entwickeln, die die Sehne s und den Radius r des Kreisbogens enthält.

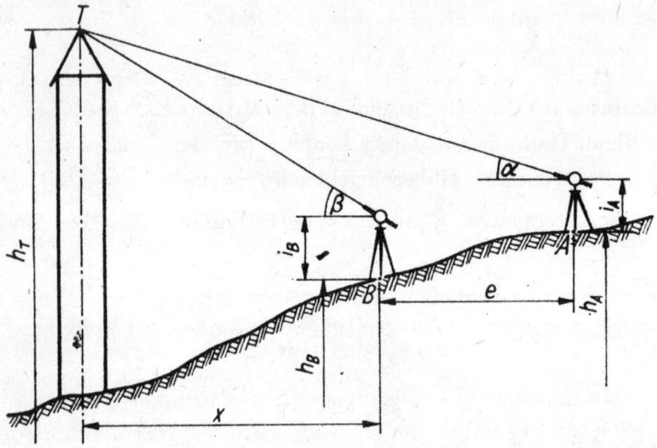

Bild 105

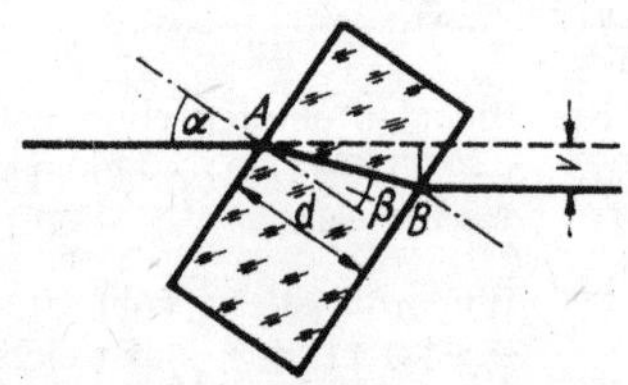

Bild 106

22. Berechnung des schiefwinkligen Dreiecks

Aus der Planimetrie ist bekannt, daß ein schiefwinkliges Dreieck durch *drei voneinander unabhängige Stücke* bestimmt ist. Bei gegebenen Seiten und Winkeln sind **fünf Grundaufgaben** zu unterscheiden:

1. Gegeben 1 Seite, 2 Winkel

   a) eine Seite und die beiden anliegenden Winkel (WSW)

   b) eine Seite, ein anliegender und der gegenüberliegende Winkel (SWW)

2. Gegeben 2 Seiten, 1 Winkel

   a) zwei Seiten und der der einen Seite gegenüberliegende Winkel (SSW)

   b) zwei Seiten und der von ihnen eingeschlossene Winkel (SWS)

3. Gegeben 3 Seiten (SSS)

Die Grundaufgaben sind unter folgenden Bedingungen lösbar:

1. a) und b): Die Summe der beiden gegebenen Winkel muß kleiner als 180° sein.

2. a) und b): Der gegebene Winkel muß kleiner als 180° sein.

3: Die Summe zweier Seiten muß jeweils größer als die dritte Seite sein.

Die im Fall 2a) angegebene Bedingung ist *notwendig*[1]), alle anderen Bedingungen sind notwendig *und hinreichend*[2]).
Die Lösungen aller Grundaufgaben sind, abgesehen vom Fall 2a) (SSW), stets eindeutig.

22.1. Lösung der Grundaufgaben mit Sinus- und Cosinussatz

Zur Berechnung des schiefwinkligen Dreiecks (Bild 107) werden bekanntlich[3])

Sinussatz

$$a : b : c = \sin\alpha : \sin\beta : \sin\gamma \qquad (123)$$

Cosinussatz

$$\begin{aligned} a^2 &= b^2 + c^2 - 2bc\cos\alpha \\ b^2 &= c^2 + a^2 - 2ca\cos\beta \\ c^2 &= a^2 + b^2 - 2ab\cos\gamma \end{aligned} \qquad (124)$$

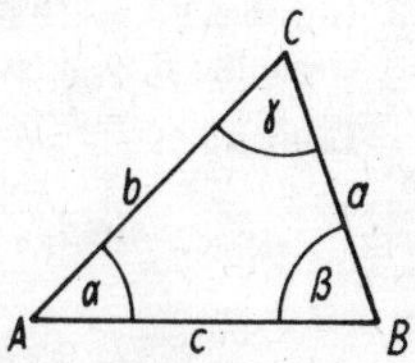

Bild 107

Winkelsumme des Dreiecks

$$\alpha + \beta + \gamma = 180° \qquad (125)$$

Satz

In einem beliebigen Dreieck gilt für zwei Seiten a, b und die gegenüberliegenden Winkel α, β stets:
Aus $a \gtreqless b$ folgt $\alpha \gtreqless \beta$ und umgekehrt.

gebraucht. Im folgenden ist zur Wiederholung für jede Grundaufgabe ein Beispiel angegeben.

BEISPIELE

1. Gegeben: $\alpha = 25°$; $\beta = 31°$; $c = 48{,}2$ m (WSW)
   Gesucht: γ, a, b (Rechenstab!)

   Lösung:

$$\gamma = 180° - (\alpha + \beta) \qquad \underline{\underline{\gamma = 124°}}$$

$$a = \frac{c\sin\alpha}{\sin\gamma} \qquad \underline{\underline{a = 24{,}6\text{ m}}}$$

$$b = \frac{c\sin\beta}{\sin\gamma} \qquad \underline{\underline{b = 30{,}0\text{ m}}}$$

[1]) Eine notwendige Bedingung bedeutet: Die Aufgabe ist nur dann lösbar, wenn die Bedingung erfüllt ist. Ist die Bedingung erfüllt, so braucht aber die Aufgabe nicht lösbar zu sein (Vgl. 1.3.)
[2]) Eine hinreichende Bedingung bedeutet: Ist die Bedingung erfüllt, dann läßt sich die Aufgabe lösen. Die Aufgabe kann aber auch lösbar sein, wenn die Bedingung nicht erfüllt ist (Vgl. 1.3.)
[3]) Vgl. [4] Abschn. 28.2.

2. Gegeben: $\alpha = 14{,}3°$; $\gamma = 143{,}2°$; $c = 39{,}1$ m (SWW)
   Gesucht: β, a, b (Rechenstab!)

   Lösung:

$$\beta = 180° - (\alpha + \gamma) \qquad \underline{\underline{\beta = 22{,}5°}}$$

$$a = \frac{c \sin\alpha}{\sin\gamma} \qquad \underline{\underline{a = 16{,}1 \text{ m}}}$$

$$b = \frac{c \sin\beta}{\sin\gamma} \qquad \underline{\underline{b = 25{,}0 \text{ m}}}$$

3. Gegeben: $a = 19{,}5$ m; $b = 27{,}9$ m; $\alpha = 36{,}8°$ (SSW)
   Gesucht: β, γ, c (Rechenstab!)

   Lösung:

$$\sin\beta_{1,2} = \frac{b \sin\alpha}{a}, \quad \beta_1 \text{ (spitz)}, \ \beta_2 = 180° - \beta_1 \text{ (stumpf)}$$

$$\gamma_{1,2} = 180° - (\alpha + \beta_{1,2}), \quad c_{1,2} = \frac{a \sin\gamma_{1,2}}{\sin\alpha}$$

1. Dreieck: $\underline{\underline{\beta_1 = 59{,}0°}}$; $\underline{\underline{\gamma_1 = 84{,}2°}}$; $\underline{\underline{c_1 = 32{,}4 \text{ m}}}$

2. Dreieck: $\underline{\underline{\beta_2 = 121{,}0°}}$; $\underline{\underline{\gamma_2 = 22{,}2°}}$; $\underline{\underline{c_2 = 12{,}3 \text{ m}}}$

Bemerkungen zur Grundaufgabe SSW (doppeldeutiger Fall)

Sind nun, wie im vorliegenden 3. Beispiel, die Seiten a, b mit $a < b$ und der Winkel $\alpha < 90°$ gegeben, so muß wegen des oben zitierten Satzes auch $\alpha < \beta$ sein. Diese Bedingung erfüllt im Fall $a > b \sin\alpha$ sowohl der spitze Winkel β_1 als auch der stumpfe Winkel $\beta_2 = 180° - \beta_1$ (vgl. Bild 108).
Es ergeben sich daher 2 Lösungen für β und somit auch 2 Lösungen für das ganze Dreieck. Deshalb wird der Fall SSW auch **doppeldeutiger Fall** genannt.
In der Praxis ist darauf zu achten, daß bei der Bestimmung unbekannter Stücke eines Dreiecks nach der Grundaufgabe SSW die Lösung auf Grund eines bekannten Kongruenzsatzes eindeutig ist:

Satz

Die Lösung der Grundaufgabe SSW ist eindeutig, wenn der der größeren Seite gegenüberliegende Winkel gegeben ist.

Die systematische Falluntersuchung für die Grundaufgabe SSW wird geometrisch folgendermaßen ausgeführt: Zwei Bestimmungsstücke des Dreiecks ABC, nämlich $b = \overline{AC}$ und α, seien fest vorgegeben; das dritte Bestimmungsstück a werde veränderlich angenommen. Die Konstruktion ergibt den dritten Eckpunkt B als Schnittpunkt des freien Schenkels des Winkels α und des Kreisbogens um C mit dem veränderlichen Radius a (Bild 108). Das führt zu folgender Determination:

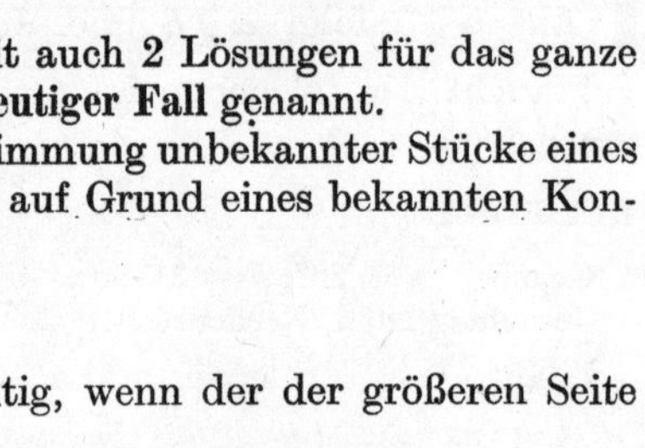

Bild 108

Fall					Art der Lösung
I	$a > b$		$\alpha \lesseqgtr 90^\circ$	$\beta < 90^\circ$	eindeutig
II	$a = b$	$a > b \sin \alpha$		$\beta = \alpha$	eindeutig; gleichschenkliges Dreieck
III/1			$\alpha < 90^\circ$	$\beta \gtrless 90^\circ$	zwei Lösungen
III/2	$a < b$	$a = b \sin \alpha$		$\beta = 90^\circ$	eindeutig; rechtwinkliges Dreieck
III/3		$a < b \sin \alpha$		—	keine Lösung

In den Fällen II bis III/3 gibt es für $\alpha \geqq 90^\circ$ stets keine Lösung.

BEISPIELE

4. Gegeben: $a = 14{,}31$ m, $b = 26{,}02$ m, $\gamma = 82{,}110^\circ$ (SWS).
Gesucht: c, α, β (logarithmisch!)

Lösung:

$$c = \sqrt{a^2 + b^2 - 2ab\cos\gamma}$$

$$\sin\alpha = \frac{a \sin\gamma}{c}$$

$$\sin\beta = \frac{b \sin\gamma}{c}$$

$$a^2 = 204{,}78$$
$$b^2 = 677{,}04$$
$$a^2 + b^2 = 881{,}82$$
$$P = 102{,}23$$
$$c^2 = 779{,}59$$
$$c = 27{,}921 \text{ m} \approx 27{,}92 \text{ m}$$
$$\alpha = 30{,}508^\circ$$
$$\beta = 67{,}380^\circ$$
$$\gamma = 82{,}110^\circ$$
$$\alpha + \beta + \gamma = 179{,}998^\circ \text{ (Probe)}$$

N	$\lg N$
2	0,30103
a	1,15564
b	1,41531
$\cos\gamma$	9,13758 − 10
P	2,00956
$\sin\gamma$	9,99587 − 10
c	1,44594
$\frac{\sin\gamma}{c}$	8,54993 − 10
$\sin\alpha$	9,70557 − 10
a	1,15564
$\frac{\sin\gamma}{c}$	8,54993 − 10
b	1,41531
$\sin\beta$	9,96524 − 10

Anmerkung: Ist der gegebene Winkel spitz, so hat man, um die Doppeldeutigkeit des aus der Sinusfunktion bestimmten Winkels zu umgehen, bei der Berechnung des zweiten und dritten Winkels stets *zuerst den Gegenwinkel der kleineren der beiden gegebenen Seiten mit dem Sinussatz* zu bestimmen. Die Entscheidung über die Größe des dritten Winkels ergibt sich aus der Winkelsumme im Dreieck.

5. Gegeben: $a = 10{,}03$ m, $b = 119{,}25$ m, $c = 120{,}22$ m (SSS)
Gesucht: α, β, γ (logarithmisch!)

Lösung:

$$\cos\gamma = \frac{a^2 + b^2 - c^2}{2ab}$$

$$\sin\alpha = \frac{a \sin\gamma}{c}$$

$$\sin\beta = \frac{b \sin\gamma}{c}$$

$$a^2 = 100{,}6$$
$$b^2 = 14220{,}5$$
$$a^2 + b^2 = 14321{,}1$$
$$c^2 = 14452{,}8$$
$$a^2 + b^2 - c^2 = -131{,}7$$
$$\gamma = 93{,}1561°$$
$$\beta = 4{,}7786°$$
$$\alpha = 82{,}07°$$ [1]

$$\alpha + \beta + \gamma = 180{,}0047° \text{ (Probe)}$$

N	$\lg \lvert N \rvert$
$2a$	1,30233
b	2,07646
$2ab$	3,37879
$a^2+b^2-c^2$	2,11959 (n)
$\cos\gamma$	8,74080 − 10 (n)
$\sin\gamma$	9,99934 − 10
c	2,07997
$\frac{\sin\gamma}{c}$	7,91937 − 10
$\sin\alpha$	8,92067 − 10
a	1,00130
....	....
$\frac{\sin\gamma}{c}$	7,91937 − 10
....	....
b	2,07646
$\sin\beta$	9,99583 − 10

Anmerkung: Da sich ein Winkel aus der Cosinusfunktion in den ersten beiden Quadranten eindeutig ergibt, wird zur Umgehung der Doppeldeutigkeit des aus der Sinusfunktion bestimmten Winkels stets *zuerst der der größten Seite gegenüberliegende Winkel mit dem Cosinussatz* bestimmt. Die beiden anderen Winkel sind in jedem Fall spitz.

[1] Die Tausendstel- und Zehntausendstelgrad des Winkels β sind vollkommen unsicher; denn hätte sich $\lg \sin\beta$ z. B. um eine Einheit der 5. Stelle größer ergeben, so wäre das Resultat $\beta = 82{,}08°$ gewesen (vgl. 22.2.). Daraus erklärt sich auch die verhältnismäßig große Differenz der Winkelsumme gegen 180°

22.2. Betrachtungen über bequeme und genaue Rechnung

Im vorangehenden Abschnitt haben wir gesehen, daß die Grundaufgaben WSW, SWW, SSW mit dem Sinussatz, die Grundaufgaben SWS, SSS mit dem Cosinussatz und dem Sinussatz zu lösen sind, d. h., Sinus- und Cosinussatz reichen aus, um ein schiefwinkliges Dreieck zu berechnen. Jedoch zeigen die letzten beiden Beispiele, daß der Cosinussatz für die logarithmische Rechnung unbequem ist, denn man muß entweder eine Quadrattafel verwenden oder die logarithmische Rechnung unterbrechen. Diesen Nachteil haben Formeln nicht, die aus Produkten und Quotienten bestehen.

Ferner ergibt sich ein in der Nähe von 90° bzw. 0° liegender Winkel aus der Sinusfunktion bzw. Cosinusfunktion ungenau. Denn an diesen Stellen ändert sich der jeweilige Funktionswert bei verhältnismäßig großen Änderungen des Winkels nur gering (Bild 109). Im Gegensatz hierzu ist die Winkelbestimmung aus der Tangens- und der Cotangensfunktion an allen Stellen genügend genau (Bild 109).

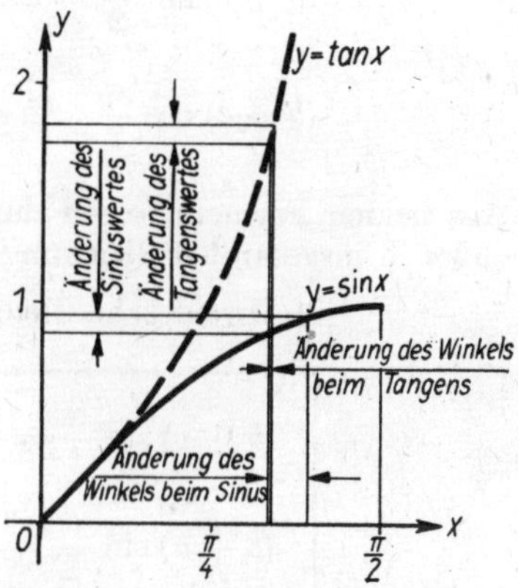

Bild 109

Dieser Sachverhalt ergibt sich auch aus der Größe der Tafeldifferenzen an den betreffenden Stellen. Für Winkel in der Nähe von 90° findet man bei der Sinusfunktion sehr kleine und bei der Tangensfunktion wesentlich größere Tafeldifferenzen. Beispielsweise habe sich für die Bestimmung von α aus dem Sinussatz ergeben: $\lg \sin \alpha = 9{,}99943 - 10$. Der Tafel entnimmt man $\alpha = 87{,}06°$ *oder* $\alpha = 87{,}07°$, d. h., die Tausendstelgrad sind vollkommen unsicher! Dagegen liefert die Tangensfunktion den Winkel mit genügender Schärfe. Zum Beispiel folgt aus $\lg \tan \alpha = 1{,}28978$ der Winkel $\alpha = 87{,}0626°$.

Soll umgekehrt für einen gegebenen Winkel der Funktionswert ermittelt werden, so sind Sinus und Cosinus günstiger als Tangens und Cotangens; denn z. B. eine kleine Änderung eines in der Nähe von 90° liegenden Winkels ruft fast keine Änderung des Sinus, jedoch eine große Änderung des Tangens hervor (Bild 109).

Diese Erkenntnisse führen zu folgenden Forderungen:

Die Formeln sollen möglichst

1. Produkte oder Quotienten darstellen,
2. die Tangens- oder die Cotangensfunktion der gesuchten Winkel und die Sinus- oder die Cosinusfunktion der gegebenen Winkel enthalten.

22.3. Gleichungen von Mollweide[1]) und der Tangenssatz

Aus zwei Gleichungen des Sinussatzes (123), beispielsweise

$$b \sin \alpha = a \sin \beta \qquad \text{und} \qquad c \sin \alpha = a \sin \gamma,$$

[1]) KARL MOLLWEIDE, Mathematiker und Astronom, 1774 bis 1825

ergibt sich durch Addition bzw. Subtraktion

$$(b + c) \sin \alpha = a(\sin \beta + \sin \gamma),$$

$$(b - c) \sin \alpha = a(\sin \beta - \sin \gamma).$$

Nach Umformung der rechten Seiten mit (109) bzw. (110), 21.3., und der linken Seiten mit (102), 21.2., findet man, wenn $\cos \frac{\alpha}{2} = \sin \frac{\beta + \gamma}{2}$ und $\sin \frac{\alpha}{2} = \cos \frac{\beta + \gamma}{2}$ [vgl. (84) und (125)] beachtet wird,

$$(b + c) \sin \frac{\alpha}{2} = a \cos \frac{\beta - \gamma}{2},$$

$$(b - c) \cos \frac{\alpha}{2} = a \sin \frac{\beta - \gamma}{2}.$$

Aus beiden Formeln folgen durch *zyklische Vertauschung*[1]) jeweils zwei weitere, so daß sich insgesamt 6 Gleichungen ergeben:

Mollweidesche Gleichungen

$(b + c) \sin \frac{\alpha}{2} = a \cos \frac{\beta - \gamma}{2}$	$(b - c) \cos \frac{\alpha}{2} = a \sin \frac{\beta - \gamma}{2}$
$(c + a) \sin \frac{\beta}{2} = b \cos \frac{\gamma - \alpha}{2}$	$(c - a) \cos \frac{\beta}{2} = b \sin \frac{\gamma - \alpha}{2}$
$(a + b) \sin \frac{\gamma}{2} = c \cos \frac{\alpha - \beta}{2}$	$(a - b) \cos \frac{\gamma}{2} = c \sin \frac{\alpha - \beta}{2}$

(126)

Bei Division von jeweils zwei nebeneinander stehenden Gleichungen (126) und Umformung unter Beachtung von (84) und (125) folgen die **Neperschen**[2]) **Gleichungen** oder der

Tangenssatz[3])

$\frac{a + b}{a - b} = \frac{\tan \frac{\alpha + \beta}{2}}{\tan \frac{\alpha - \beta}{2}}$	$\frac{b + c}{b - c} = \frac{\tan \frac{\beta + \gamma}{2}}{\tan \frac{\beta - \gamma}{2}}$	$\frac{c + a}{c - a} = \frac{\tan \frac{\gamma + \alpha}{2}}{\tan \frac{\gamma - \alpha}{2}}$

(127)

[1]) kyklos (griech.) Kreis; die Vertauschung sämtlicher Stücke einer Dreiecksformel mit ihren entsprechenden linken (oder rechten) Nachbarn am Dreieck führt wieder auf eine gültige Dreiecksformel, da entsprechende Stücke untereinander gleichberechtigt sind

[2]) John Neper, vgl. Fußnote 1, S. 95

[3]) Der Tangenssatz ergibt sich auch unmittelbar aus jeweils einer Gleichung des Sinussatzes durch korrespondierende Addition und Subtraktion

22.4. Halbwinkelsatz

Aus der ersten Gleichung des Cosinussatzes (124) ergibt sich mit (103c) und (103b), 21.2., sowie den binomischen Formeln

$$a^2 = (b - c)^2 + 4bc \sin^2 \frac{\alpha}{2}, \qquad a^2 = (b + c)^2 - 4bc \cos^2 \frac{\alpha}{2}$$

Durch Umstellen und Berücksichtigen der 3. binomischen Formel findet man

$$4bc \sin^2 \frac{\alpha}{2} = (a + b - c)(a - b + c) \tag{I}$$

$$4bc \cos^2 \frac{\alpha}{2} = (a + b + c)(-a + b + c). \tag{II}$$

Wird der halbe Dreiecksumfang mit s bezeichnet, so folgt

$$\boxed{a + b + c = 2s} \tag{128}$$

Hieraus erhält man

$$\left.\begin{aligned} -a + b + c &= 2(s - a) \\ a - b + c &= 2(s - b) \\ a + b - c &= 2(s - c). \end{aligned}\right\} \tag{129}$$

Bei Division von (I) und (II) und Beachtung von (128) und (129) ergibt sich einschließlich der aus der zyklischen Vertauschung folgenden Gleichungen:

Halbwinkelsatz

$$\boxed{\begin{aligned} \tan \frac{\alpha}{2} &= \sqrt{\frac{(s - b)(s - c)}{s(s - a)}} \\ \tan \frac{\beta}{2} &= \sqrt{\frac{(s - c)(s - a)}{s(s - b)}} \\ \tan \frac{\gamma}{2} &= \sqrt{\frac{(s - a)(s - b)}{s(s - c)}} \end{aligned}} \tag{130}$$

22.5. Umkreisradius, Inkreisradius und Fläche des Dreiecks

Aus der Planimetrie ist bekannt, daß der Mittelpunktswinkel doppelt so groß wie der Umfangswinkel über gleichem Bogen ist. Daher folgt aus Bild 110 bei Beachtung der zyklischen Vertauschung:

Umkreisradius

$$r = \frac{a}{2 \sin \alpha} = \frac{b}{2 \sin \beta} = \frac{c}{2 \sin \gamma} \tag{131}$$

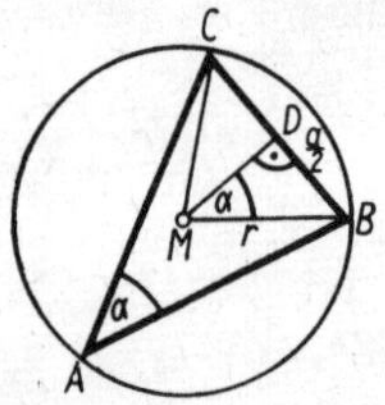

Bild 110

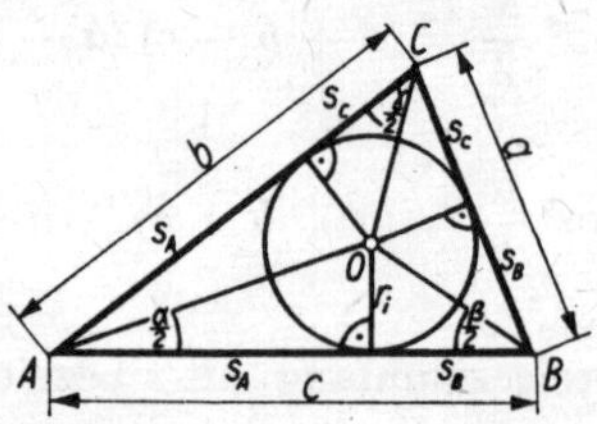

Bild 111

Zerlegt man das $\triangle ABC$ in die Teildreiecke ABO, BCO und CAO (Bild 111), so findet man für die Fläche A des Dreiecks

$$A = \frac{a r_i}{2} + \frac{b r_i}{2} + \frac{c r_i}{2} = r_i \cdot \frac{a + b + c}{2}$$

oder wegen (128)

Flächeninhalt des Dreiecks $\quad A = r_i s \quad$ (132)

Aus Bild 111 ergeben sich die drei Gleichungen

$$s_A + s_B = c \qquad s_A + s_C = b \qquad s_B + s_C = a.$$

Somit

$$2s_A = -a + b + c \qquad 2s_B = a - b + c \qquad 2s_C = a + b - c.$$

Hieraus wegen (129)

$$s_A = s - a \qquad s_B = s - b \qquad s_C = s - c. \tag{I}$$

Aus Bild 111 liest man ferner ab, wenn (I) berücksichtigt wird:

$$\tan \frac{\alpha}{2} = \frac{r_i}{s - a} \qquad \tan \frac{\beta}{2} = \frac{r_i}{s - b} \qquad \tan \frac{\gamma}{2} = \frac{r_i}{s - c} \tag{133}$$

Durch Gleichsetzen liefern (130) und (133):

Inkreisradius

$$r_i = \sqrt{\frac{(s-a)(s-b)(s-c)}{s}} \tag{134}$$

sowie (132) und (134):

Heronische Formel[1]) des Dreiecksinhalts

$$A = \sqrt{s(s-a)(s-b)(s-c)} \tag{135}$$

Für die Höhe auf der Seite c ergibt sich im beliebigen Dreieck $h_c = b \sin\alpha$. Hieraus folgt beim Einsetzen in die Dreiecksflächenformel $A = ch_c/2$ und bei Beachtung der zyklischen Vertauschung:

Flächeninhalt des Dreiecks

$$A = \frac{bc}{2}\sin\alpha = \frac{ca}{2}\sin\beta = \frac{ab}{2}\sin\gamma \tag{136}$$

22.6. Zweckmäßigste Lösungsverfahren der Grundaufgaben

Während die Grundaufgaben WSW, SWW und SSW mit dem Sinussatz gelöst werden, wie in 22.1. bereits angegeben, vermeidet man in den Fällen SWS und SSS den Cosinussatz und benutzt statt dessen für SWS die MOLLWEIDEschen Gleichungen (126) und den Tangenssatz (127) und für SSS den Halbwinkelsatz (130). Für die Lösung der Grundaufgabe SSS ergibt sich eine günstige Anordnung der Rechnung, wenn die Bestimmung der halben Winkel $\frac{\alpha}{2}, \frac{\beta}{2}, \frac{\gamma}{2}$ nicht direkt aus (130), sondern mit dem Inkreisradius r_i als Zwischengröße aus (134) und (133) erfolgt. Die Beispiele 4 und 5 aus 22.1. werden im folgenden mit diesen Sätzen nochmals durchgerechnet.

BEISPIELE

1. Gegeben: $a = 14{,}31$ m, $b = 26{,}02$ m, $\gamma = 82{,}110°$ (SWS)

   Gesucht: α, β, c, A (logarithmisch!)

   Lösung:

   Wegen $a < b$ wird $\alpha < \beta$. Daher sind die in (126) und (127) auftretenden Differenzen $a - b$ und $\alpha - \beta$ negativ. Um das Rechnen mit negativen Größen zu vermeiden, werden die Gleichungen mit -1 multipliziert.

[1]) HERON VON ALEXANDRIA, griech. Mathematiker, um 100 v. u. Z.

Aus (125):

$$\frac{\beta + \alpha}{2} = 90° - \frac{\gamma}{2}.$$

In (127, I) eingesetzt:

$$\tan \frac{\beta - \alpha}{2} = \frac{(b - a) \cos \frac{\gamma}{2}}{(b + a) \sin \frac{\gamma}{2}}.$$

Aus (126,III und IV):

$$c = \frac{(b + a) \sin \frac{\gamma}{2}}{\cos \frac{\beta - \alpha}{2}} \qquad c = \frac{(b - a) \cos \frac{\gamma}{2}}{\sin \frac{\beta - \alpha}{2}} \text{ (Probe).}$$

(136): $A = \frac{ab}{2} \sin \gamma$

$\gamma = 82{,}110°$

$a = 14{,}31$

$b = 26{,}02$

$b - a = 11{,}71$

$b + a = 40{,}33$

$\frac{\gamma}{2} = 41{,}055°$

$\frac{\beta + \alpha}{2} = 48{,}945°$

$\frac{\beta - \alpha}{2} = 18{,}437°$

$\alpha = 30{,}508°$

$\beta = 67{,}382°$

$\alpha + \beta + \gamma = 180{,}000°$ (Probe)

$c = 27{,}92$ m

$A = 184{,}41$ m²

N	lg N
$b - a$	1,06856
$\cos \frac{\gamma}{2}$	9,87742 − 10
$b + a$	1,60563
$\sin \frac{\gamma}{2}$	9,81742 − 10
$(b - a) \cos \frac{\gamma}{2}$	0,94598
$\sin \frac{\beta - \alpha}{2}$	9,50004 − 10
....	....
$\cos \frac{\beta - \alpha}{2}$	9,97712 − 10
$(b + a) \sin \frac{\gamma}{2}$	1,42305
$\tan \frac{\beta - \alpha}{2}$	9,52293 − 10
c	1,44593 (4)
a	1,15564
$\frac{b}{2}$	1,11428
$\sin \gamma$	9,99587 − 10
A	2,26579

Anmerkungen: Durch die Winkelsummenprobe wird lediglich die Bildung von $\frac{\gamma}{2}$ und $\frac{\beta+\alpha}{2}$ sowie die Berechnung von α und β aus $\frac{\beta+\alpha}{2}$ und $\frac{\beta-\alpha}{2}$ gesichert, während $\frac{\beta-\alpha}{2}$ nicht überprüft ist! Die Seite c kann auch mit dem Sinussatz berechnet werden.

2. Gegeben: $a = 10{,}03$ m, $b = 119{,}25$ m, $c = 120{,}22$ m (SSS).
Gesucht: α, β, γ, A, r_i (logarithmisch!)
Lösung:

(128): $a + b + c = 2s$ (134): $r_i = \sqrt{\frac{(s-a)(s-b)(s-c)}{s}}$

(133): $\tan\frac{\alpha}{2} = \frac{r_i}{s-a}$; $\tan\frac{\beta}{2} = \frac{r_i}{s-b}$; $\tan\frac{\gamma}{2} = \frac{r_i}{s-c}$ (132): $A = r_i s$.

Rechenproben: $(s-a) + (s-b) + (s-c) = s$

$$s \tan\frac{\alpha}{2} \tan\frac{\beta}{2} \tan\frac{\gamma}{2} = r_i$$

$$\frac{\alpha}{2} + \frac{\beta}{2} + \frac{\gamma}{2} = 90°$$

$a = 10{,}03$
$b = 119{,}25$
$c = 120{,}22$
$2s = 249{,}50$
$s = 124{,}75$
$s - a = 114{,}72$
$s - b = 5{,}50$
$s - c = 4{,}53$
Probe: $s = 124{,}75$

$\frac{\alpha}{2} = 2{,}3892°$
$\frac{\beta}{2} = 41{,}0331°$
$\frac{\gamma}{2} = 46{,}5780°$
Probe: $90{,}0003°$
$\alpha = 4{,}7784°$
$\beta = 82{,}0662°$
$\gamma = 93{,}1560°$
Probe: $180{,}0006°$
$A = 597{,}13\ \text{m}^2$
$r_i = 4{,}79$ m

N	$\lg N$
$s-a$	2,05964
$s-b$	0,74036
$s-c$	0,65610
$(s-a)(s-b)(s-c)$	$3{,}4561_0$
s	2,09604
r_i^2	1,36006
r_i	0,68003
$\tan\frac{\alpha}{2}$	8,62039 − 10
$\tan\frac{\beta}{2}$	9,93967 − 10
$\tan\frac{\gamma}{2}$	0,02393
s	2,09604
Probe: r_i	0,68003
A	2,77607

Anmerkung: Die Winkelsummenprobe sichert die Ergebnisse durchgreifend. Die Winkelsumme ist daher ein Maß für die Genauigkeit der Rechnung.

Die letzten beiden Beispiele zeigen im Vergleich zu Beispiel 4 und 5, 22.1., die Überlegenheit der hier angewendeten Rechenverfahren bezüglich der bequemen logarithmischen Rechnung und der Genauigkeit. Insbesondere hat sich der Winkel β im letzten Beispiel wesentlich genauer ergeben als im Beispiel 5, 22.1.

AUFGABEN

716. Sinus- und Cosinussatz sind zu beweisen.

717. Der Tangenssatz ist aus dem Sinussatz durch korrespondierende Addition und Subtraktion herzuleiten.

718. Wie lautet der Beweis für die Formeln des Dreiecksinhalts

a) $A = \frac{abc}{4r}$, b) $A = \frac{a^2 \sin\beta \sin\gamma}{2\sin(\beta+\gamma)}$?

719. Der Umkreisradius r ist in den drei Seiten a, b, c des Dreiecks auszudrücken.

720. Ein Dreieck ist logarithmisch zu berechnen aus:

a) $b = 191{,}02$ m;	$\alpha = 33{,}550°$;	$\gamma = 17{,}500°$.	Gesucht: β, a, c, r,
b) $a = 33{,}12$ m;	$\beta = 120{,}283°$;	$\gamma = 4{,}683°$.	Gesucht: α, b, c, A, h_a,
c) $c = 68{,}10$ m;	$\alpha = 55{,}684°$;	$\gamma = 18{,}317°$.	Gesucht: β, a, b, r_i,
d) $a = 103{,}14$ m;	$\alpha = 70{,}379°$;	$\beta = 30{,}334°$.	Gesucht: γ, b, c, A,
e) $b = 112{,}77$ m;	$c = 44{,}33$ m;	$\beta = 130{,}167°$.	Gesucht: γ, α, a, s_a[1]),
f) $a = 83{,}12$ m;	$c = 83{,}12$ m;	$\alpha = 76{,}417°$.	Gesucht: γ, β, b, r_i, w_α[2]),
g) $a = 341{,}79$ m;	$b = 435{,}57$ m;	$\alpha = 48{,}728°$.	Gesucht: β, γ, c,
h) $a = 120{,}58$ m;	$b = 59{,}13$ m;	$\beta = 110{,}333°$.	Gesucht: α, γ, c,
i) $b = 48{,}17$ m;	$c = 21{,}25$ m;	$\gamma = 30{,}533°$.	Gesucht: β, α, a,
j) $a = 37{,}60$ m;	$b = 100{,}08$ m;	$\gamma = 58{,}205°$.	Gesucht: c, α, β, A, h_a,
k) $a = 135{,}22$ m;	$c = 75{,}25$ m;	$\beta = 41{,}008°$.	Gesucht: b, α, γ, r,
l) $b = 120{,}18$ m;	$c = 8{,}04$ m;	$\alpha = 20{,}339°$.	Gesucht: a, γ, β, r_i, w_α,
m) $a = 205{,}37$ m;	$b = 252{,}76$ m;	$c = 189{,}68$ m.	Gesucht: α, β, γ, A, r_i,
n) $a = 68{,}98$ m;	$b = 91{,}81$ m;	$c = 124{,}85$ m.	Gesucht: α, β, γ, r, s_a,
o) $a = 43{,}55$ m;	$b = 56{,}13$ m;	$c = 20{,}00$ m.	Gesucht: α, β, γ, A.

721. Die restlichen Seiten und Winkel eines Dreiecks sind mit dem Rechenstab zu berechnen aus:

a) $a + b = 52$ cm;	$\gamma = 60°$;	$A = 160\sqrt{3}$ cm² $(a > b)$,
b) $b = 52{,}3$ m;	$h_c = 28{,}6$ m;	$\beta = 95{,}2°$,
c) $p_c^b = 18{,}1$ m[3]);	$p_b^c = 22{,}3$ m;	$\alpha = 46{,}2°$
d) $w_\alpha = 30{,}0$ m;	$\alpha = 40{,}3°$;	$\beta = 75{,}5°$,
e) $h_b = 40{,}2$ m;	$w_\beta = 58{,}8$ m;	$\alpha = 52{,}4°$,
f) $w_\gamma = 120{,}2$ m;	$\alpha = 93{,}2°$;	$\beta = 27{,}5°$,
g) $a + b = 53{,}3$ m;	$c = 24{,}2$ m;	$\alpha - \beta = 23{,}3°$,
h) $h_a + h_b = 153{,}1$ m;	$\alpha = 42{,}9°$;	$\beta = 39{,}7°$,
i) $a:b = 8:5$;	$A = 1220$ m²;	$\gamma = 51{,}2°$.

[1]) s_a ist die Seitenhalbierende von a [2]) w_α ist die Winkelhalbierende von α

[3]) Unter p_c^b versteht man die Projektion der Seite b auf die Seite c

722. In einem Parallelogramm mit den Seiten a, b und den Diagonalen e, f gilt

$$e^2 + f^2 = 2(a^2 + b^2).$$

Man beweise die Formel.

723. Schneiden die Diagonalen e und f eines beliebigen Vierecks einander unter dem Winkel ε, so gilt für den Vierecksflächeninhalt die Formel $A = \frac{ef}{2} \sin \varepsilon$. Der Beweis ist zu führen.

724. Drei Kreise mit den Radien $r_1 = 8$ cm, $r_2 = 6$ cm, $r_3 = 5$ cm berühren sich gegenseitig von außen. Unter welchen Winkeln schneiden sich je zwei Verbindungsgeraden zweier Mittelpunkte, und welchen Inhalt hat die zwischen den Kreisen liegende dreieckähnliche Fläche?

725. Die Grundfläche eines geraden Prismas mit der Höhe $h > 56$ cm ist ein Dreieck $A'B'C'$ mit den Seiten $a' = 33$ cm, $b' = 21$ cm, $c' = 45$ cm. Eine durch $C' = C$ gehende Ebene schneidet die den Punkt A' enthaltende Seitenkante des Prismas in A und die dritte Seitenkante in B. Diese Schnittpunkte haben die Höhen $h_A = 28$ cm und $h_B = 56$ cm über der Grundfläche. Man berechne Seiten, Winkel und Fläche des entstandenen Schnittdreiecks ABC.

726. Ein gerades dreiseitiges Prisma habe das Volumen $V = 400$ cm³. Zwei Winkel der Grundfläche betragen $\alpha = 42{,}533°$ und $\beta = 71{,}333°$. Das Volumen des umbeschriebenen Zylinders ist zu berechnen.

727. Die Höhe h_T einer Turmspitze T soll bestimmt werden. Zu diesem Zweck wird im Vorgelände des Turmes eine Standlinie AB abgesteckt, deren horizontale Länge $A'B' = e = 108{,}12$ m gemessen wird und deren Endpunkte A und B durch Nivellement höhenmäßig zu $h_A = 168{,}778$ m und $h_B = 170{,}959$ m über NN bestimmt werden. In A bzw. B werden mit dem Theodolit die Horizontalwinkel $\alpha = \sphericalangle T'A'B' = 41°12'20''$ bzw. $\beta = \sphericalangle A'B'T' = 68°04'00''$ zwischen der Standlinie und der Richtung zum Turm, die Höhenwinkel $\delta = 5°29'30''$ bzw. $\varepsilon = 6°02'40''$ nach T und die Instrumenthöhen $i_A = 1{,}423$ m bzw. $i_B = 1{,}478$ m gemessen.

728. Um die Höhe h der Figur auf dem Dresdner Rathausturm zu bestimmen, wird im Vorgelände eine Standlinie AB mit der schrägen Länge $a = 100{,}27$ m und der Neigung 0,2% (fällt von B nach A; B liegt näher am Turm) so abgesteckt, daß sie mit der Turmachse in einer Vertikalebene liegt. In A werden die Höhenwinkel $\alpha_K = 32°22'$ und $\alpha_F = 31°31'$ nach dem Kopf und dem Fuß der Figur und in B der Höhenwinkel $\beta_F = 43°03'$ nach deren Fuß gemessen. Die Höhe h ist zu ermitteln, nachdem die Neigung der Standlinie in den Winkel δ umgerechnet worden ist.

729. Die Höhe $h = \overline{AB}$ eines Turmes ist zu bestimmen. In den Punkten C, D, E einer horizontalen Standlinie wurden die Höhenwinkel $\gamma = 31°15'$, $\delta = 32°20'$, $\varepsilon = 31°45'$ nach der Turmspitze gemessen, die Teilstrecken der Standlinie ergaben sich zu $\overline{CD} = a = 41{,}22$ m und $\overline{DE} = b = 63{,}15$ m. Wie hoch liegt die Turmspitze über dem Niveau der Standlinie?

730. Die gebrochene Grenzlinie ABC zwischen zwei Grundstücken G_1 und G_2 soll von C aus durch die neue Grenze CD so begradigt werden, daß die Flächeninhalte der Grundstücke erhalten bleiben. Für die Absteckung des Grenzpunktes D ist die Strecke $x = \overline{AD}$ aus den gemessenen Stücken $a = 201{,}10$ m, $c = 246{,}20$ m, $\gamma = 43°17'$, $\delta = 76°23'$ zu berechnen (Bild 112).

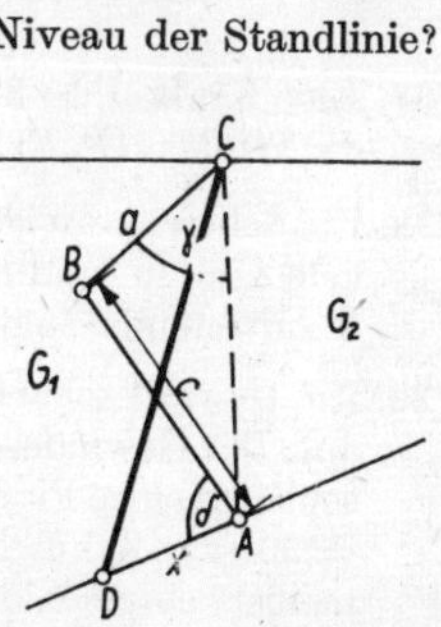

Bild 112

731. Zwecks Standortbestimmung werden von einem in der Nähe der Küste fahrenden Schiff ein Schornstein T in Richtung N 33,20° O und ein Leuchtturm L in Richtung N 48,42° W gepeilt. Aus der Karte werden die Strecke $LT = 18{,}3$ km und ihre Richtung

$(LT) = $ N 82,28° O entnommen. Wie weit ist das Schiff vom Leuchtturm L entfernt, und welchen Kurs muß das Schiff fahren, um den Leuchtturm im Abstand von 6,5 Seemeilen (1 sm = 1,852 km) zu passieren?

732. Ein Schiff fährt mit dem Kurs S 32,82° O und peilt einen Leuchtturm in Richtung S 63,47° O. Nachdem es 1 h 15 min mit einer Geschwindigkeit von 8 sm/h weitergefahren ist, peilt es den Leuchtturm in N 72,63° O. Wie weit ist es jetzt vom Leuchtturm entfernt?

733. Ein Flugzeug ist um $10^{\mathrm{h}}20^{\mathrm{min}}$ in A mit dem Kurs N 42,50° O gestartet, um einen 600 km entfernt liegenden Ort C um $11^{\mathrm{h}}\,50^{\mathrm{min}}$ zu erreichen. In einem Ort B, der 400 km südlich von C liegt, startet um $10^{\mathrm{h}}35^{\mathrm{min}}53^{\mathrm{s}}$ ein zweites Flugzeug, um das erste auf seinem Fluge von A nach C zu treffen und mit ihm weiterzufliegen. Welchen Kurs muß das zweite Flugzeug fliegen, wenn es eine Fluggeschwindigkeit von 450 km/h hat? Wann treffen sich die Flugzeuge, und welche Entfernung hat der Treffpunkt T von C?

734. Ein meteorologischer Beobachtungsballon hat sich losgerissen und wird vom Wind in Richtung S 22,50° O mit der Geschwindigkeit $v_1 = 30$ km/h abgetrieben. Um $13^{\mathrm{h}}50^{\mathrm{min}}$ wird er in A gesichtet. 100 km östlich von A startet in B um 15^{h} ein Hubschrauber mit der Eigengeschwindigkeit $v_2 = 150$ km/h, um den Ballon zu bergen. Welchen Kurs muß das Flugzeug einschlagen, wo und wann erreicht es den Ballon? Die Einwirkung des Windes auf das Flugzeug ist durch Berechnung mit dem Geschwindigkeitsparallelogramm zu berücksichtigen.

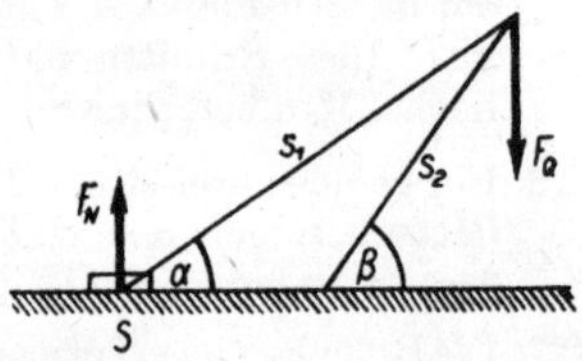

Bild 113

735. Drei Kräfte $F_1 = 500$ N, $F_2 = 700$ N, $F_3 = 800$ N greifen in einem Punkt an und halten sich das Gleichgewicht. Welche Winkel schließen ihre Wirkungslinien miteinander ein?

736. An einem Punkt greifen die drei Kräfte $F_1 = 250$ N, $F_2 = 400$ N und $F_3 = 500$ N an. Ihre Wirkungslinien bilden die Winkel $(F_1F_2) = 61°$ und $(F_2F_3) = 53°$. Die Resultierende F_{R} ist zu berechnen.

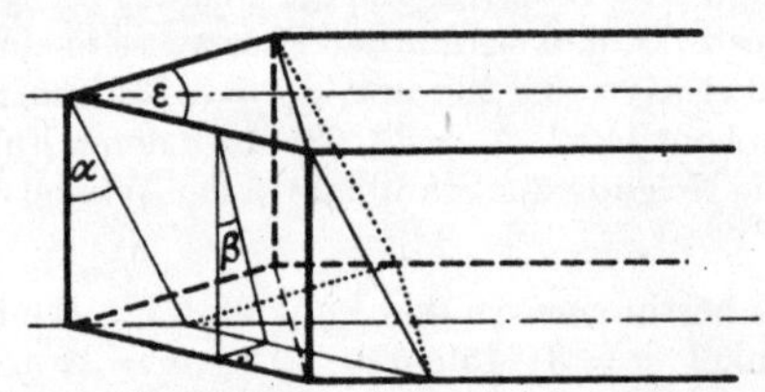

Bild 114

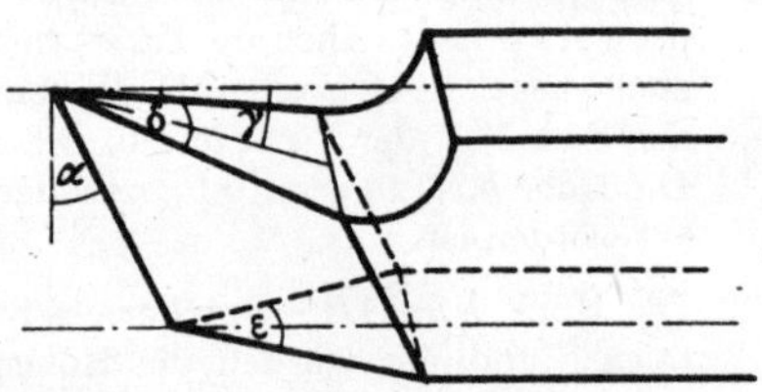

Bild 115

737. Eine Kraft $F = 330$ N ist in zwei Komponenten F_1 und F_2 so zu zerlegen, daß diese mit F die Winkel $(F_1F) = 32{,}3°$ und $(FF_2) = 47{,}6°$ bilden.

738. Ein Scherenkran ist mit $F_{\mathrm{Q}} = 28000$ N belastet. Die Streben s_1 und s_2 greifen unter den Winkeln $\alpha = 36°$ und $\beta = 55°$ an. Es sind die Stabkräfte F_{S1} und F_{S2} sowie die am Spannschloß S auftretende Zugkraft F_{Z} und Normalkraft F_{N} zu bestimmen (Bild 113).

739. Am Gewindeschneidmeißel treten der Zahnwinkel ε, der Freiwinkel α und der Spanwinkel γ auf. Der Gewindeschneidmeißel (Bild 115) entsteht aus dem Rohstück (Bild 114) durch Anschleifen eines Flankenwinkels β und des Spanwinkels γ. Wie groß muß für $\alpha = 15°$ und $\gamma = 30°$ der Zahnwinkel ε gewählt werden, damit der von den oberen Kanten des Schneidmeißels eingeschlossene Winkel $\delta = 60°$ wird? Welche Größe muß der Flankenwinkel β erhalten?

740. Der Normalschnitt eines dreiseitigen Glasprismas mit dem relativen Brechungsindex $n = 1{,}5$ sei ein gleichseitiges Dreieck. Der Gang eines parallel zu einer Begrenzungsfläche einfallenden Lichtstrahls ist zu untersuchen (Bild 116).

a) Man zeige, daß ein im unteren Teile einfallender Strahl das Prisma parallel verschoben verläßt, und stelle die Verschiebung d als Funktion der Einfallshöhe e und der Seitenlänge a dar.

b) Ein im oberen Teil einfallender Lichtstrahl wird um einen Winkel ε abgelenkt, dieser ist zu berechnen.

c) Es gibt einen Grenzfall e_G der Einfallshöhe, bei dem sich das Verhalten des Lichtstrahls von der Eigenschaft a) zur Eigenschaft b) sprunghaft ändert. e_G ist als Funktion der Seitenlänge a bzw. Höhe h auszudrücken.

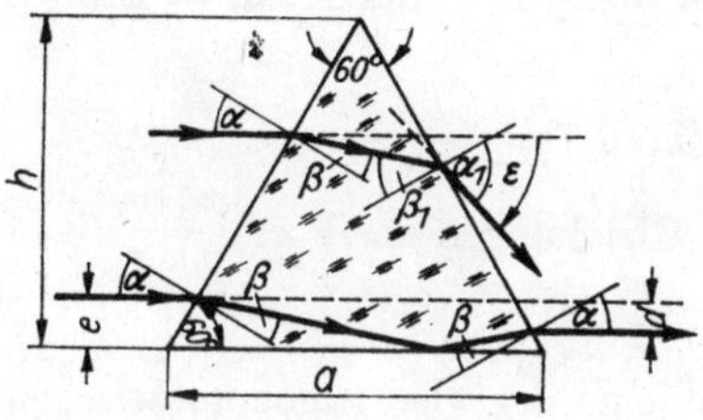

Bild 116

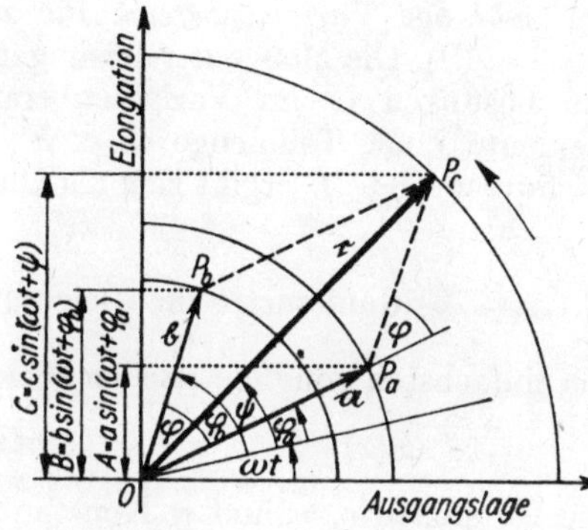

Bild 117

741. Die Formeln (121) und (122) des in 21.5. angegebenen Satzes über die Addition zweier Sinusschwingungen sind durch Auflösung des Dreiecks OP_aP_b (Bild 117) zu beweisen, dessen Seiten die als Vektoren dargestellten Sinusschwingungen sind. Hierbei ist $\overline{OP_a} = |\mathfrak{a}| = a$, $\overline{OP_b} = |\mathfrak{b}| = b$, $\overline{OP_c} = |\mathfrak{c}| = c$.

23. Goniometrische Gleichungen

Goniometrische Gleichungen sind transzendente Gleichungen, bei denen die Variablen u. a. im Argument goniometrischer Funktionen auftreten, z. B. $\tan 2x - x \cos x/2 = 3x$.

In diesem Abschnitt werden nur rein-goniometrische Gleichungen behandelt. Das sind solche goniometrische Gleichungen, in denen die Variablen nur im Argument goniometrischer Funktionen vorkommen, also Gleichungen, die sich auf algebraische Gleichungen zurückführen lassen, z. B. $\tan 2x - \cos x/2 = 3$.

Treten die Variablen nicht nur als Argument goniometrischer Funktionen, sondern auch selbst oder als Argument anderer Funktionen auf, z. B. $\tan 2x - \ln x \cdot \cos x/2 = 3x$, so heißen die Gleichungen gemischt-goniometrische Gleichungen. Ihre Lösung ist nur graphisch oder durch Iterationsverfahren möglich, vgl. hierzu 18.1.

23.1. Goniometrische Gleichungen mit einer Variablen

Da alle vier Winkelfunktionen mit verschiedenen Argumenten und in verschiedenen Potenzen vorkommen können, sind die Formen goniometrischer Gleichungen sehr zahlreich. Es gibt keine allgemeine Methode für ihre Auflösung. Ziel der äquivalenten Umformungen der Gleichung ist stets, daß in der Gleichung nur noch eine der vier trigonometrischen Funktionen mit ein und demselben Argument, allgemein $F(nx + \alpha)$, auftritt. Durch die Substitution $u = F(nx + \alpha)$ wird die umgeformte goniometrische Gleichung in eine algebraische Gleichung mit der Variablen u übergeführt.
Der *zulässige Variablenbereich* für x sei im allgemeinen die Menge $X = (-\infty; +\infty) = R$[1]. Die Menge der Lösungen x_i bezüglich X heiße E.
Die **Lösungen** $\bar{x}_i$ im Variablenbereich $\bar{X} = [0; 2\pi)$ bzw. $\bar{X} = [0°; 360°)$ sind Elemente einer Teilmenge $\bar{E} \subset E$ und sollen **Hauptwerte der Lösungsmenge** E genannt werden. $\bar{E}$ ergibt sich als Durchschnitt der Mengen E und $\bar{X}$: $\bar{E} = E \cap \bar{X}$.

23.1.1. Goniometrische Gleichungen vom linearen Typ

Die einfachsten goniometrischen Gleichungen sind Gleichungen der Form

$$F(x) = c \quad \text{bzw.} \quad F(nx + \alpha) = c.$$

Hierbei stellen c, n und α Konstanten dar. F ist eine der vier trigonometrischen Funktionen und x der gesuchte Winkel. Da alle goniometrischen Gleichungen bei ihrer Lösung auf diesen Typ führen, ist er besonders wichtig.

BEISPIELE

1. Welche Winkel x erfüllen die Gleichung $\sin x = -0{,}4586$?
Lösung: Zunächst werden die Hauptwerte bestimmt. Aus dem negativen Vorzeichen des gegebenen Sinuswertes folgt, daß je eine Lösung im III. und IV. Quadranten liegen muß. In der Funktionstafel wird der Wert 0,4586 aufgesucht. Man liest für ihn in der

Sinus-Spalte den Winkel $y = 27{,}3°$ und in der

Cosinus-Spalte den Winkel $z = 62{,}7°$ ab.

Aus dem Satz in 20.9., S. 264, folgt:

$$\bar{x}_1 = 180° + y = 207{,}3°$$
$$\bar{x}_2 = 270° + z = 332{,}7°.$$

$\bar{x}_1$ und $\bar{x}_2$ sind die Hauptwerte, also

$$\bar{E} = \{207{,}3°; 332{,}7°\}.$$

Mit der Periode 360° der Sinusfunktion ergibt sich folgende Lösungsmenge, wobei G die Menge der ganzen Zahlen darstellt:

$$\underline{\underline{E = \{207{,}3° + k \cdot 360°;\ 332{,}7° + k \cdot 360° \mid k \in G\}}}.$$

---

[1]) R ist der Körper der reellen Zahlen

2. Für folgende Gleichungen sind die Hauptwerte der Lösungen zu bestimmen:

a) $\cos x = 0{,}13341$; b) $\tan x = -0{,}26795$; c) $\cot x = -1{,}67530$;
d) $\sin x = 1$; e) $\cos x = 0{,}96440$; f) $\tan x = 1{,}15037$;
g) $\sin x = \pm\frac{1}{2}$; h) $\cos x = -\frac{1}{2}\sqrt{2}$

Lösung:

a) $\overline{E} = \{82°20'; 277°40'\}$, b) $\overline{E} = \{165°; 345°\}$
c) $\overline{E} = \{149°10'; 329°10'\}$, d) $\overline{E} = \{90°\}$
e) $\overline{E} = \{15°20'; 344°40'\}$, f) $\overline{E} = \{49°; 229°\}$
g) $\overline{E} = \{30°; 150°; 210°; 330°\}$, h) $\overline{E} = \{135°; 225°\}$.

Man beachte, daß der Variablenbereich für b) und f) $\overline{X} = [0°; 360°) \setminus \{90°; 270°\}$ und für c) $\overline{X} = [0°; 360°) \setminus \{0°; 180°\}$ lautet.

Für eine Gleichung der Form $F(nx + \alpha) = c$ mit $n > 0$ gilt:

Satz

Die Lösungsmenge $\overline{E}$ der Hauptwerte $\overline{x}_i$ der Gleichung $F(nx + \alpha) = c$ mit $n > 0$ ergibt sich, wenn für die Gleichung $F(y) = c$ alle Lösungen $\overline{y}_i \in B = [\alpha; n \cdot 360° + \alpha)$ bestimmt werden.

Beweis: Aus der Ungleichung $0° \leqq \overline{x}_i < 360°$, der die Hauptwerte genügen müssen, folgt durch Multiplikation mit $n > 0$ und durch Addition von α

$$\alpha \leqq n\overline{x}_i + \alpha < n \cdot 360° + \alpha.$$

BEISPIEL

3. Wie lauten die Hauptwerte der Lösungsmenge folgender Gleichungen:

a) $\sin(2x + 10°) = \frac{1}{2}\sqrt{3}$, b) $\tan\left(\frac{x}{3} - 100°\right) = 1$?

Lösung:

a) Die Lösungsmenge der Gleichung heißt für die Variable $y = 2x + 10°$:

$$E_y = \{60° + k \cdot 360°; 120° + k \cdot 360° \mid k \in G\}.$$

Wegen des obigen Satzes muß $\overline{y}_i$ Element der Menge $B = [10°; 730°)$ sein. Somit kommen nur $k = 0$ und $k = 1$ in Frage, und es wird

$$\overline{E}_y = E_y \cap B = \{60° + k \cdot 360°; 120° + k \cdot 360° \mid k = 0; k = 1\}.$$

Daher folgt aus $x_i = \frac{y_i - 10°}{2}$

$$\overline{E}_x = \{25°; 55°; 205°; 235°\}.$$

b) Für die Menge B gilt $B = [-100°; 20°)$, die allgemeine Lösung lautet $E_y = \{45° + k \cdot 180° \mid k \in G\}$. Wegen $\overline{E}_y = E_y \cap B = \varnothing$ wird $\overline{E}_x = \varnothing$, d. h., es gibt überhaupt keinen Hauptwert.

Zurückführen auf goniometrische Gleichungen vom linearen Typ mit einer trigonometrischen Funktion

Durch Anwendung goniometrischer Formeln und gegebenenfalls der korrespondierenden Addition und Subtraktion lassen sich kompliziertere Gleichungen in die einfachste Form des linearen Typs überführen.

BEISPIELE

4. $\cos x + \cos (x + 60°) - \frac{3}{2} = 0$

Lösung: Mit (111) umgeformt: $\cos (x + 30°) = \frac{1}{2}\sqrt{3}$

$$x + 30° = \pm 30° + k \cdot 360°$$

$$\underline{\underline{E = \{k \cdot 360°; 300° + k \cdot 360° \mid k \in G\}}}, \qquad \underline{\underline{\overline{E} = \{0°; 300°\}}}.$$

Zur Sicherung gegen Rechenfehler wird möglichst bei jeder Aufgabe überprüft, ob bei Belegung der Variablen x mit den gefundenen Lösungen x_i die gegebene Gleichung in eine wahre Aussage übergeht. Im Beispiel ergibt sich

$$x = k \cdot 360°: \qquad 1 + \frac{1}{2} - \frac{3}{2} = 0$$

$$x = 300° + k \cdot 360°: \qquad \frac{1}{2} + 1 - \frac{3}{2} = 0.$$

Da beide Aussagen wahr sind, ist die gefundene Lösungsmenge richtig.

5. $2 \sin(x + 170°) + 4 \sin (x + 50°) = 0$

Lösung: Durch Umstellen und Anwenden der korrespondierenden Addition und Subtraktion findet man

$$\frac{\sin (x + 170°) + \sin(x + 50°)}{\sin (x + 170°) - \sin(x + 50°)} = \frac{1}{3}.$$

Mit (109) und (110) folgt hieraus

$$\tan(x + 110°) = \frac{1}{3}\sqrt{3} \qquad x + 110° = 30° + k \cdot 180°.$$

$$\underline{\underline{E = \{100° + k \cdot 180° \mid k \in G\}}}, \qquad \underline{\underline{\overline{E} = \{100°; 280°\}}}.$$

6. $\sin (x - 30°) \cdot \cos x = \frac{1}{4}$

Lösung: Mit (107) wird

$$\frac{1}{2}[\sin (-30°) + \sin (2x - 30°)] = \frac{1}{4}.$$

Durch Umstellen:

$$\sin (2x - 30°) = 1 \qquad 2x - 30° = 90° + k \cdot 360°$$

$$\underline{\underline{E = \{60° + k \cdot 180° \mid k \in G\}}}, \qquad \underline{\underline{\overline{E} = \{60°; 240°\}}}.$$

7. In einem Dreieck mit der Seite $AB = c = 140{,}2$ m sei durch den Eckpunkt C eine Gerade g derart gezogen, daß die Seite c im Punkt D im Verhältnis $d:e = 3:2$ geteilt wird und die den Strecken d und e gegenüberliegenden Teilwinkel von γ die Größe $\delta = 37°$ und $\varepsilon = 28°$ erhalten (Bild 118). Wie groß sind $a, b, \alpha, \beta, \gamma$?

Lösung: Aus den gegebenen Stücken folgt unmittelbar

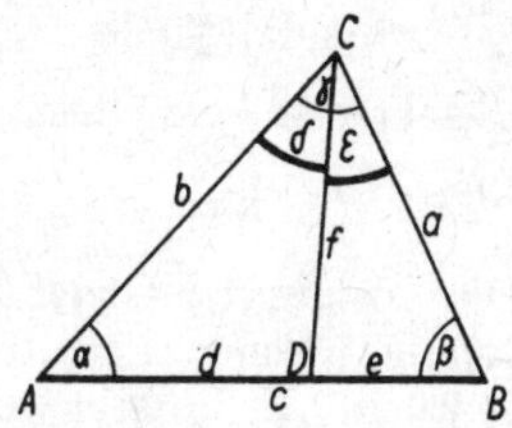

Bild 118

$$d = \frac{3}{5} \cdot 140{,}2\ \text{m} = 84{,}12\ \text{m}$$

$$e = \frac{2}{5} \cdot 140{,}2\ \text{m} = 56{,}08\ \text{m}$$

$$\underline{\underline{\gamma}} = \delta + \varepsilon = \underline{\underline{65°}}.$$

Bei Einführung der Hilfsgröße f findet man durch Anwendung des Sinussatzes

$$f = \frac{d \sin\alpha}{\sin\delta} = \frac{e \sin\beta}{\sin\varepsilon}.$$

Diese Gleichung enthält die beiden Variablen α und β. β läßt sich bei Beachtung der Winkelsumme im Dreieck durch Einsetzen der Gleichung

$$\beta = 180° - \gamma - \alpha = 115° - \alpha$$

eliminieren:

$$\frac{\sin(115° - \alpha)}{\sin\alpha} = \frac{d \sin\varepsilon}{e \sin\delta}.$$

Mit dem Rechenstab ergibt sich

$$\frac{d \sin\varepsilon}{e \sin\delta} = 1{,}17 = m.$$

Der unbekannte Winkel α läßt sich aus der goniometrischen Gleichung

$$\frac{\sin(115° - \alpha)}{\sin\alpha} = m$$

berechnen. Die Anwendung der korrespondierenden Addition und Subtraktion führt bei Beachtung von (109) und (110) auf

$$\cot(57{,}5° - \alpha) = \frac{m+1}{m-1} \cot 57{,}5°.$$

Wegen $m = 1{,}17$ findet man

$$\cot(57{,}5° - \alpha) = 8{,}13.$$

Hieraus: $57{,}5° - \alpha = 7{,}0° + k \cdot 180°$

$$\alpha = 50{,}5° - k \cdot 180°.$$

Wegen $\alpha \in \overline{X} = (0°; 180°)$ ist nur $k = 0$ möglich. Das ergibt

$$\underline{\underline{\alpha = 50{,}5°}}, \qquad \underline{\underline{\beta = 64{,}5°}}.$$

Der Sinussatz liefert nun auch die Seiten a und b:

$$a = \frac{c \sin \alpha}{\sin \gamma} = \underline{\underline{119{,}4 \text{ m}}}, \qquad b = \frac{c \sin \beta}{\sin \gamma} = \underline{\underline{139{,}6 \text{ m}}}.$$

Hilfswinkelmethode

Gegeben sei eine Gleichung der Form

$$a \cos x + b \sin x = c. \tag{I}$$

Die Lösung der Gleichung wäre auf folgendem Wege möglich: Eine der beiden trigonometrischen Funktionen wird durch Anwendung von (78) in der anderen ausgedrückt. Es entsteht eine Wurzelgleichung, die durch Quadrieren in eine quadratische Gleichung übergeführt wird. Dieser Lösungsweg ist umständlich, zumal die Ergebnisse einer Wurzelgleichung auf ihre Brauchbarkeit als Lösung der Ausgangsgleichung untersucht werden müssen.
Der Übergang zur Wurzel- bzw. quadratischen Gleichung läßt sich folgendermaßen vermeiden: Die Konstanten a, b werden als rechtwinklige Koordinaten eines Ebenenpunktes aufgefaßt und in Polarkoordinaten r, φ umgeformt. Mit (88) ergibt sich dann

$$a = r \cos \varphi \text{ (II)}, \qquad b = r \sin \varphi \text{ (III)}; \qquad \tan \varphi = \frac{b}{a}. \tag{IV}$$

Zur eindeutigen Bestimmung des Hilfswinkels φ aus (IV) vgl. 20.9.
(II) und (III) in (I) eingesetzt:

$$r \cos x \cos \varphi + r \sin x \sin \varphi = c.$$

Hieraus mit (93) und (II):

$$\cos (x - \varphi) = \frac{c}{a} \cos \varphi. \tag{V}$$

Mit dem Hilfswinkel aus (IV) gibt (V) die Lösung von (I).
Zu beachten ist der Zusammenhang der oben entwickelten Formeln mit dem Satz in 21.5.; denn die linke Seite von (I) ist die Summe zweier allgemeiner Sinusfunktionen mit $x = \omega t$, $\varphi_a = 90°$, $\varphi_b = 0°$. Aus (121) und (122) ergibt sich mit den Bezeichnungen von 21.5.

$$\tan \psi = \frac{a}{b}, \qquad c = \sqrt{a^2 + b^2}.$$

Wie man hieraus und aus (II), (III), (IV) erkennt, ist r die Amplitude und $90° - \varphi$ der Nullphasenwinkel der Summenfunktion $a \cos x + b \sin x$.

BEISPIELE

8. $3 \cos x - 4 \sin x = 2$

Lösung:
Aus (IV):

$$\tan \varphi = \frac{-4}{3} \text{ (IV. Quadrant).}$$

Hieraus wegen (82):

$$\cos\varphi = \frac{1}{\sqrt{1+\tan^2\varphi}} = \frac{3}{5}.$$

Mit dem Rechenstab folgt

$$\varphi = 306{,}9°.$$

(V) ergibt

$$\cos(x - 306{,}9°) = 0{,}4.$$

Hieraus:

$$x - 306{,}9° = \pm 66{,}4° + k \cdot 360°.$$

Somit:

$$\underline{\underline{E = \{13{,}3° + k \cdot 360°;\ 240{,}5° + k \cdot 360° \mid k \in G\}}}$$

$$\underline{\underline{\overline{E} = \{13{,}3°;\ 240{,}5°\}}}.$$

Wendet man auf die linke Seite $3\cos x - 4\sin x$ der gegebenen Gleichung den Satz in 21.5. an, so stellt man sie zweckmäßigerweise zunächst in der Form $3\sin(x + 90°) + 4\sin(x + 180°)$ dar. Mit $a = 3$, $b = 4$, $\varphi_a = 90°$, $\varphi_b = 180°$, $\varphi = 90°$ erhält man dann aus (121) und (122): $\tan\psi = \frac{3}{-4}$ (II. Quadrant); $\psi = 143{,}1°$; $c = 5$.
Für die Größen φ und r folgt hieraus

$$\varphi = 90° - \psi + 360° = 306{,}9° \quad \text{und} \quad r = c = 5$$

(die Bezeichnung c bezieht sich auf (122) und nicht auf (I)) in Übereinstimmung mit der obigen Rechnung.

9. $\cos x - \sin x = -1$

Lösung:

$$\tan\varphi = \frac{-1}{1}; \qquad \varphi = 315°; \qquad \cos\varphi = \frac{1}{2}\sqrt{2}$$

$$\cos(x - 315°) = -\frac{1}{2}\sqrt{2}.$$

$$\underline{\underline{E = \{90° + k \cdot 360°;\ 180° + k \cdot 360° \mid k \in G\}}}, \qquad \underline{\underline{\overline{E} = \{90°;\ 180°\}}}.$$

Graphische Lösung

Am vorangehenden Beispiel soll das **graphische Verfahren** für die Lösung goniometrischer Gleichungen erläutert werden. Wie bei algebraischen Gleichungen mit einer Variablen werden alle Glieder auf die eine Seite der Gleichung gebracht, so daß die Gleichung in eine Funktionsgleichung, hier im Beispiel

$$y = \sin x - \cos x - 1,$$

übergeht. Da die Nullstellen dieser Funktion die gesuchten Lösungen der goniometrischen Gleichung

$$0 = \sin x - \cos x - 1$$

sind, braucht man nur das Bild der Funktion zu zeichnen und an den Schnittpunkten der Kurve mit der x-Achse die Lösungen abzulesen.
Zum Zwecke der bequemen Zeichnung der Kurve wird die Funktion in drei Teilfunktionen

$$y_1 = \sin x, \qquad y_2 = -\cos x, \qquad y_3 = -1$$

zerlegt, deren Addition

$$y = y_1 + y_2 + y_3$$

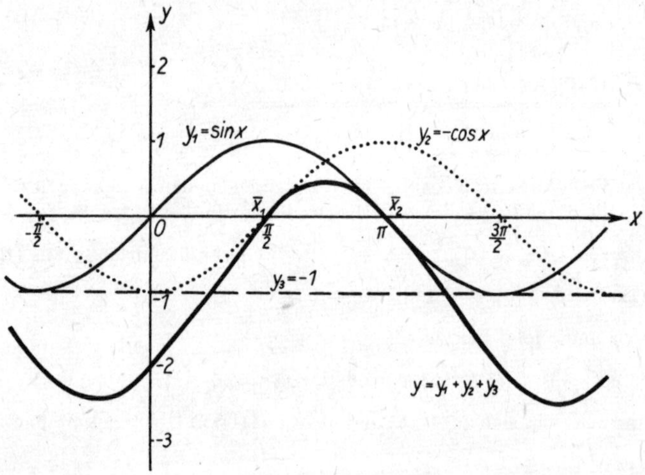

Bild 119

graphisch durchgeführt wird, indem man die Summenkurve durch *Überlagerung* (*Superposition*) der Teilkurven zeichnet (Bild 119). Dabei werden die Ordinaten y punktweise durch algebraische Addition der Ordinaten y_1, y_2, y_3 mit dem Stechzirkel ermittelt.
Aus Bild 119 liest man die Hauptwerte $\bar{x}_1 = 90°$, $\bar{x}_2 = 180°$ ab, wie es auch die Rechnung ergeben hat.

Die Summe der beiden Teilfunktionen $y_1 = \sin x$ und $y_2 = -\cos x$ läßt sich übrigens wieder leicht mit dem Satz in 21.5. ermitteln. Für $a = b = 1$, $\omega t = x$, $\varphi_a = 0$, $\varphi_b = \frac{3}{2}\pi$ erhält man aus (121) und (122): $\tan \psi = -1$, $\psi = \frac{7}{4}\pi$, $c = \sqrt{2}$. Die Summenkurve der drei Teilfunktionen stimmt mit der Kurve $y_1 + y_2$ bis auf die Parallelverschiebung um -1 überein, für sie lassen sich Nullphasenwinkel ψ und Amplitude c aus Bild 119 ablesen.

Da das graphische Verfahren die Lösungen der Gleichung ungenau liefert, wird es nur in den Fällen angewandt, wo die rechnerischen Methoden versagen, z. B. bei nicht auf algebraische Gleichungen zurückführbaren goniometrischen Gleichungen. Gegebenenfalls können die Lösungen mit Näherungsverfahren (vgl. 18.1.) verbessert werden.

23.1.2. Goniometrische Gleichungen vom quadratischen Typ

Eine goniometrische Gleichung quadratischen Typs

$$F^2(x) + pF(x) + q = 0$$

führt durch die Substitution $u = F(x)$ auf die quadratische algebraische Gleichung

$$u^2 + pu + q = 0,$$

deren Lösungsformel bekanntlich

$$u_{1;2} = -\frac{p}{2} \pm \sqrt{\left(\frac{p}{2}\right)^2 - q}$$

lautet.

BEISPIEL

1. $\tan^2 x + 2 \tan x - 1 = 0$

Lösung: Mit $u = \tan x$ wird

$$u^2 + 2u - 1 = 0.$$

Somit

$$u_{1;2} = (\tan x)_{1;2} = -1 \pm \sqrt{2}$$

$$u_1 = (\tan x)_1 = \sqrt{2} - 1$$

$$u_2 = (\tan x)_2 = -(\sqrt{2} + 1)$$

$$\underline{\underline{E = \{22{,}5° + k \cdot 90° \mid k \in G\}}}, \quad \underline{\underline{\overline{E} = \{22{,}5°; 112{,}5°; 202{,}5°; 292{,}5°\}}}.$$

Treten in der gegebenen Gleichung verschiedene Funktionen auf, so ist sie in eine Gleichung mit nur einer Funktion umzuformen.

BEISPIEL

2. $3 \sin x = 2 \cos^2 x$

Lösung: Mit (78) folgt

$$3 \sin x - 2(1 - \sin^2 x) = 0 \quad \text{oder} \quad \sin^2 x + \frac{3}{2} \sin x - 1 = 0.$$

Hieraus

$$(\sin x)_{1;2} = -\frac{3}{4} \pm \frac{5}{4}$$

$$(\sin x)_1 = \frac{1}{2} \qquad \overline{x}_1 = 30°, \quad \overline{x}_2 = 150°$$

$$(\sin x)_2 = -2.$$

Da $\sin x \in [-1; 1]$ gilt, ist der Wert $\sin x = -2$ goniometrisch nicht möglich und muß daher ausgeschlossen werden.

$$\underline{\underline{E = \{30° + k \cdot 360°; 150° + k \cdot 360° \mid k \in G\}}}, \quad \underline{\underline{\overline{E} = \{30°; 150°\}}}.$$

Auch bei der Auflösung goniometrischer Gleichungen von linearem Typ mit verschiedenen Argumenten oder verschiedenen Funktionen können quadratische Gleichungen entstehen, wie die folgenden Beispiele zeigen.

BEISPIEL

3. $3\cos x - 4\sin x = 2$

Lösung: Dieses Beispiel ist identisch mit dem 8. Beispiel von 23.1.1. Jetzt soll die Gleichung nach dem dort beschriebenen, aber nicht ausgeführten Verfahren gelöst werden.
Aus der Gleichung folgt wegen (78)

$$3\cos x - 4\sqrt{1 - \cos^2 x} = 2.$$

Durch Umstellen, Quadrieren und Zusammenfassen ergibt sich eine Gleichung vom quadratischen Typ:

$$\cos^2 x - \frac{12}{25}\cos x - \frac{12}{25} = 0.$$

Man erhält bei Benutzung des Rechenstabs

$$(\cos x)_1 = 0{,}973 \qquad (\cos x)_2 = -0{,}493.$$

Hieraus

$$\bar{x}_1 = 13{,}3°; \quad \bar{x}_2 = 119{,}5°; \quad \bar{x}_3 = 240{,}5°; \quad \bar{x}_4 = 346{,}7°.$$

Beim Vergleich mit dem früheren Ergebnis muß festgestellt werden, daß sich jetzt zwei Hauptwerte mehr ergeben haben. Zur Klärung dieses Widerspruchs wird überprüft, ob bei Belegung der Variablen mit den $\bar{x}_i$ $(i = 1, \ldots, 4)$ die gegebene Gleichung in eine wahre Aussage übergeht. Man erhält

$$\bar{x}_1{:}\quad 3 \cdot 0{,}973 - 4 \cdot 0{,}230 = 2 \quad \text{oder} \quad 1{,}999 = 2,$$

$$\bar{x}_2{:}\quad 3 \cdot (-0{,}493) - 4 \cdot 0{,}870 = 2 \quad \text{oder} \quad -4{,}959 = 2,$$

$$\bar{x}_3{:}\quad 3 \cdot (-0{,}493) - 4 \cdot (-0{,}870) = 2 \quad \text{oder} \quad 2{,}001 = 2,$$

$$\bar{x}_4{:}\quad 3 \cdot 0{,}973 - 4 \cdot (-0{,}230) = 2 \quad \text{oder} \quad 3{,}839 = 2.$$

Abgesehen von Rechenungenauigkeiten werden nur die 1. und 3. Aussage wahr. Die Ursache hiervon ist, daß das Quadrieren einer Gleichung keine äquivalente Umformung darstellt, so daß die gegebene Gleichung und die durch Quadrieren entstehende Gleichung verschiedene Lösungsmengen haben können. Wie in 23.1.1. lautet die Lösungsmenge

$$\underline{\underline{E = \{13{,}3° + k \cdot 360°;\, 240{,}5° + k \cdot 360° \mid k \in G\}}}.$$

Als Folge aus der im Beispiel gewonnenen Erkenntnis ergibt sich

Regel

> Wenn bei der Umformung einer Gleichung das Quadrieren angewendet worden ist, müssen die erhaltenen Ergebnisse daraufhin überprüft werden, ob sie die ursprünglich gegebene Gleichung erfüllen.

Wegen dieser Regel und zur Auffindung von Rechenfehlern ist eine Probe am Schluß der Rechnung stets angebracht.

BEISPIELE

4. $\cos 2x + \cos x = 0$

Lösung: Mit (99b) folgt

$$\cos^2 x + \frac{1}{2}\cos x - \frac{1}{2} = 0.$$

Die Auflösung dieser Gleichung ergibt

$$\underline{\underline{E = \{60° + k \cdot 120° \mid k \in G\}}}, \qquad \underline{\underline{\overline{E} = \{60°; 180°; 300°\}}}.$$

5. $3 \tan x = 5 \cot x$

Lösung: Die Anwendung von (80) und (81) führt auf

$$3 \sin^2 x = 5 \cos^2 x.$$

Hieraus

$$\tan^2 x = \frac{5}{3} \qquad \text{oder} \qquad \tan x = \pm\, 1{,}29.$$

Die Division durch $\cos^2 x$ ist erlaubt, da $\cos^2 x \neq 0$. Denn wäre $\cos^2 x = 0$, müßte wegen $3 \sin^2 x = 5 \cos^2 x$ auch $\sin^2 x = 0$ sein, was wegen $\sin^2 x + \cos^2 x = 1$ nicht möglich ist!

$$\underline{\underline{E = \{\pm\, 52{,}25° + k \cdot 180° \mid k \in G\}}},$$

$$\underline{\underline{\overline{E} = \{52{,}25°; 127{,}75°; 232{,}25°; 307{,}75°\}}}.$$

23.1.3. Gleichungen, die sich in goniometrische Gleichungen vom linearen und quadratischen Typ zerlegen lassen

Oft ist es zweckmäßig, durch Anwendung geeigneter goniometrischer Formeln sowie durch Ausklammern die Gleichung so umzuformen, daß auf der einen Seite der Gleichung ein Produkt und auf der anderen Seite Null steht.

BEISPIELE

1. $\sin 2x = \tan x$

Lösung: (98) und (80) ergeben:

$$2 \sin x \cos^2 x - \sin x = 0.$$

Durch Ausklammern von $\sin x$ folgt:

$$\sin x\, (2 \cos^2 x - 1) = 0.$$

Man beachte, daß die Division durch $\sin x$ nicht erlaubt ist, da $\sin x = 0$ werden kann. Wird trotzdem durch $\sin x$ geteilt, so gehen die aus $\sin x = 0$ folgenden Lösungen verloren!
Aus der letzten Gleichung ergeben sich zwei Gleichungen; denn ein Produkt wird Null, wenn mindestens ein Faktor Null ist:

$$\sin x = 0$$

$$2 \cos^2 x - 1 = 0 \qquad \cos x = \pm \frac{1}{2}\sqrt{2}.$$

Dies ergibt

$$\underline{\underline{E = \{k \cdot 180^\circ; 45^\circ + k \cdot 90^\circ \mid k \in G\}}},$$

$$\underline{\underline{\bar{E} = \{0^\circ; 45^\circ; 135^\circ; 180^\circ; 225^\circ; 315^\circ\}}}.$$

2. $\cos x - \cot \frac{x}{2} + 1 = 0$

Lösung: Durch Umstellen und Beachten von (103b) und (81) findet man

$$2 \cos^2 \frac{x}{2} \sin \frac{x}{2} - \cos \frac{x}{2} = 0.$$

Hieraus

$$\cos \frac{x}{2} (\sin x - 1) = 0$$

$$\cos \frac{x}{2} = 0 \qquad\qquad \sin x = 1$$

$$\underline{\underline{E = \{90^\circ + k \cdot 360^\circ; 180^\circ + k \cdot 360^\circ \mid k \in G\}}}, \qquad \underline{\underline{\bar{E} = \{90^\circ; 180^\circ\}}}.$$

23.2. Goniometrische Gleichungen mit zwei Variablen

Dieser Abschnitt beschränkt sich auf solche Gleichungssysteme, bei denen in einer Gleichung trigonometrische Funktionen der Variablen auftreten, während in der zweiten Gleichung die Variablen nicht mit trigonometrischen Funktionen verknüpft sind. Den einfachsten Lösungsweg zeigt das nachstehende Beispiel.

BEISPIEL

1. $\sin x + \sin y = 0{,}9$ (I)

$x + y = 62{,}3^\circ$ (II)

Lösung: Durch Einsetzen von (II) in (I) erhält man eine goniometrische Gleichung mit einer Variablen:

$$\sin x + \sin (62{,}3^\circ - x) = 0{,}9.$$

(109) angewendet:

$$2 \sin 31{,}15^\circ \cos(x - 31{,}15^\circ) = 0{,}9.$$

Hieraus folgt

$$\cos(x - 31{,}15^\circ) = 0{,}870, \qquad x - 31{,}15^\circ = \pm\, 29{,}55^\circ + k \cdot 360^\circ.$$

Dies ergibt wegen $y = 62{,}3^\circ - x$

$$\underline{\underline{E_x = \{1{,}6^\circ + k_1 \cdot 360^\circ; 60{,}7^\circ + k_2 \cdot 360^\circ \mid k_{1;2} \in G\}}},$$

$$\underline{\underline{E_y = \{60{,}7^\circ - k_1 \cdot 360^\circ; 1{,}6^\circ - k_2 \cdot 360^\circ \mid k_{1;2} \in G\}}}.$$

Das Mengenprodukt $E = E_x \times E_y$ von E_x und E_y ergibt die Menge aller Lösungspaare $(x; y)$:

$$\underline{\underline{E = \{(1{,}6^\circ + k_1 \cdot 360^\circ;\ 60{,}7^\circ - k_1 \cdot 360^\circ);\ (60{,}7^\circ + k_2 \cdot 360^\circ;\ 1{,}6^\circ - k_2 \cdot 360^\circ) \mid k_{1;2} \in G\}}}.$$

Die Menge der Hauptwerte lautet

$$\underline{\underline{\bar{E} = \{(1{,}6^\circ; 60{,}7^\circ);\ (60{,}7^\circ; 1{,}6^\circ)\}}}.$$

In der Vermessungstechnik z. B. treten solche Gleichungssysteme bei einigen wichtigen Aufgaben auf. Dabei wird im Interesse einer übersichtlichen, bequemen und genauen Rechnung ein etwas umständlicher Weg eingeschlagen, wie das nachfolgende Beispiel zeigt.

BEISPIEL

2. Um die Entfernung e zweier unzugänglicher Punkte P_1 und P_2 zu bestimmen, werden in den Endpunkten A und B einer Standlinie der Länge $a = 311{,}16$ m die Horizontalwinkel $\alpha_1 = 58^\circ 24' 34''$, $\alpha_2 = 18^\circ 59' 07''$, $\beta_1 = 78^\circ 58' 42''$, $\beta_2 = 28^\circ 17' 32''$ gemessen (Bild 120).

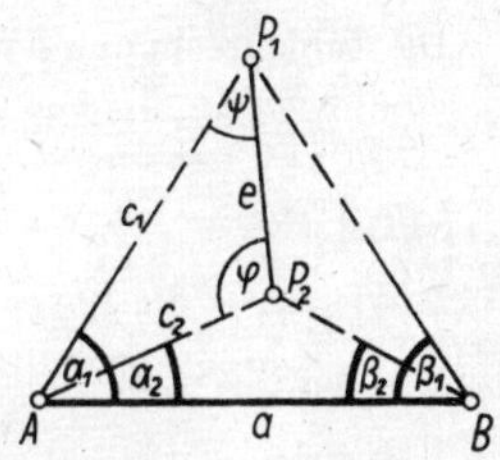

Bild 120

Lösung: Werden die Hilfswinkel $\sphericalangle A P_2 P_1 = \varphi$ und $\sphericalangle P_2 P_1 A = \psi$ eingeführt, so ergibt sich aus Bild 120 nach dem Sinussatz:

$$c_1 = \frac{a \sin \beta_1}{\sin(\alpha_1 + \beta_1)} \quad \text{(I)} \qquad c_2 = \frac{a \sin \beta_2}{\sin(\alpha_2 + \beta_2)} \quad \text{(II)}$$

$$e = \frac{c_1 \sin(\alpha_1 - \alpha_2)}{\sin \varphi} = \frac{c_2 \sin(\alpha_1 - \alpha_2)}{\sin \psi}. \quad \text{(III)}$$

(I) und (II) in (III) eingesetzt:

$$e = \frac{a \sin \beta_1 \sin(\alpha_1 - \alpha_2)}{\sin(\alpha_1 + \beta_1) \sin \varphi} = \frac{a \sin \beta_2 \sin(\alpha_1 - \alpha_2)}{\sin(\alpha_2 + \beta_2) \sin \psi}. \quad \text{(IV)}$$

Hieraus durch Umstellen:

$$\frac{\sin \varphi}{\sin \psi} = \frac{\sin \beta_1 \sin(\alpha_2 + \beta_2)}{\sin \beta_2 \sin(\alpha_1 + \beta_1)} = m. \quad \text{(V)}$$

Aus Bild 120 entnimmt man ferner

$$\varphi + \psi = 180^\circ - (\alpha_1 - \alpha_2). \quad \text{(VI)}$$

Das goniometrische Gleichungssystem (V) und (VI) wird folgendermaßen gelöst. Für den in (V) rechts stehenden Bruch, dessen Wert m sich aus den gemessenen Winkeln berechnen läßt, wird $\tan \mu$ gesetzt. Diese Verwendung eines Hilfswinkels μ mit $\mu \in (-90^\circ; +90^\circ)$ ist wegen $\tan \mu \in (-\infty; +\infty)$ immer möglich. Es ergibt sich

$$\tan \mu = \frac{\sin \beta_1 \sin(\alpha_2 + \beta_2)}{\sin \beta_2 \sin(\alpha_1 + \beta_1)} \quad \text{(VII)}, \qquad \frac{\sin \varphi}{\sin \psi} = \tan \mu. \quad \text{(VIII)}$$

Aus (VIII) folgt mit der korrespondierenden Addition und Subtraktion

$$\frac{\sin\varphi - \sin\psi}{\sin\varphi + \sin\psi} = \frac{\tan\mu - 1}{\tan\mu + 1}.$$

Bei Beachtung von (109), (110) und der Formel in Aufgabe 700 m) sowie durch Vereinfachen folgt

$$\tan\frac{\varphi - \psi}{2} = \tan(\mu - 45^\circ)\tan\frac{\varphi + \psi}{2}. \qquad \text{(IX)}$$

Aus (VI) erhält man

$$\frac{\varphi + \psi}{2} = 90^\circ - \frac{\alpha_1 - \alpha_2}{2}. \qquad \text{(X)}$$

Die Zahlenrechnung liefert mit (VII), (X), (IX) und (IV) folgendes Ergebnis:

$$\underline{\underline{e = 322{,}32 \text{ m.}}}$$

AUFGABEN

742. Wie lautet die Lösungsmenge folgender Gleichungen:

a) $\cos(2x + 20^\circ) = 0{,}5$, b) $\cot x = -0{,}2679$,

c) $\sin x = -0{,}4067$, d) $\tan x = -(\sqrt{2} - 1)$,

e) $\sin\frac{x}{2} = \frac{1}{2}\sqrt{3}$, f) $\cot x = 0{,}5317$,

g) $\tan\left(-\frac{x}{3} + 17^\circ\right) = 0{,}5543$, h) $\cos x = -0{,}9907$,

i) $\sin x = \pm 0{,}1736$, j) $\cos x = \pm 0{,}8290$,

k) $\tan x = \pm 4{,}331$, l) $\cot x = \pm 0{,}4224$?

743. Folgende goniometrische Gleichungen mit einer Variablen sind zu lösen:

a) $\sqrt{3}\sin x = \cos x$, b) $\sqrt{3}\cos x + \sin x - 1 = 0$,

c) $\sin x + \cos x = 1$, d) $8\sin x - 10\cos x = 5$,

e) $2\cos^2 x = 3 - 4\sin x$, f) $\cos^2 x - 4\sin x + 5\sin^2 x = 0$,

g) $\cos x = \frac{1}{2}\tan x$, h) $3\cos 2x - 20\sin x = 9$,

i) $\frac{\cos(x - 45^\circ)}{\sin x \sin 45^\circ} = 1 + \tan x$, j) $3\sin 2x = -2\cos 3x$,

k) $3\cos^2 x = \sin^2 2x$, l) $2\cos^2\frac{x}{2} = 1 + \cot x$,

m) $\cos^2 x + \frac{1}{3}\sin x\cos x + \frac{2}{3}\sin^2 x = 1$,

n) $\cos(x + 38^\circ) + \cos(x + 15^\circ) = 0{,}5$,

o) $\cos(x + 22{,}5^\circ) = (\sqrt{2} - 1)\cos(x - 22{,}5^\circ)$,

p) $2\cos(x + 60^\circ) + \sin(x - 90^\circ) = 0$.

744. Wie lautet die Lösungsmenge der folgenden goniometrischen Gleichungen mit zwei Variablen:

a) $\cos x + \sin y = -1$

$x + y = 450°$,

b) $\sin x \cdot \sin y = \frac{1}{4}$

$x + y = 70°$,

c) $\frac{\cos x}{\cos y} = \sqrt{2} - 1$

$x - y = 90°$,

d) $\frac{\sin x}{\sin y} = 2{,}25$

$x + y = 88{,}2°$,

e) $\frac{\tan x}{\tan y} = 3{,}8$

$x - y = 30°$?

745. Ein schiefwinkliges Dreieck sei durch $a = 82{,}14$ m, $h_a = 33{,}62$ m, $\alpha = 42{,}28°$ gegeben. Gesucht sind b, c, β, γ.

746. Die Lage dreier Punkte A, B, C zueinander sei durch die Strecken $AC = a = 625{,}30$ m, $BC = b = 418{,}40$ m und den Winkel $\sphericalangle ABC = \gamma = 152°37'23''$ bekannt. Durch die Messung der Winkel $\sphericalangle CPA = \alpha = 47°26'04''$ und $\sphericalangle BPC = \beta = 38°53'37''$ soll die Lage des Punktes P in bezug auf A, B und C bestimmt werden, d. h., es sind die Strecken $PA = x$, $PB = y$, $PC = z$ zu ermitteln (Rückwärtseinschneiden). Zur Lösung sind die Hilfswinkel $\sphericalangle PAC = \varphi$ und $\sphericalangle CBP = \psi$ (Bild 121) einzuführen. Die Rechnung soll analog zu Beispiel 2., S. 315, erfolgen.

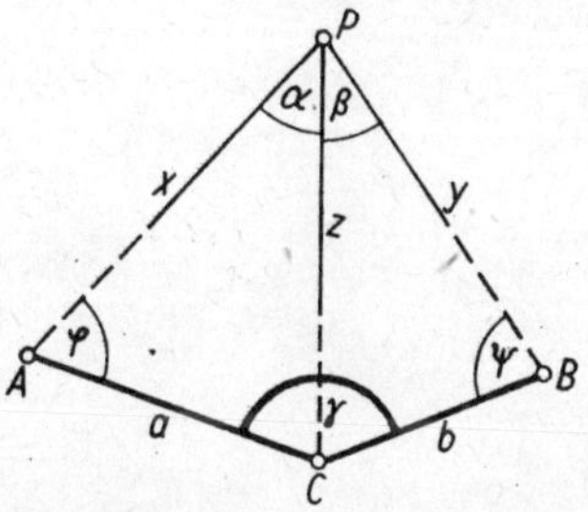

Bild 121

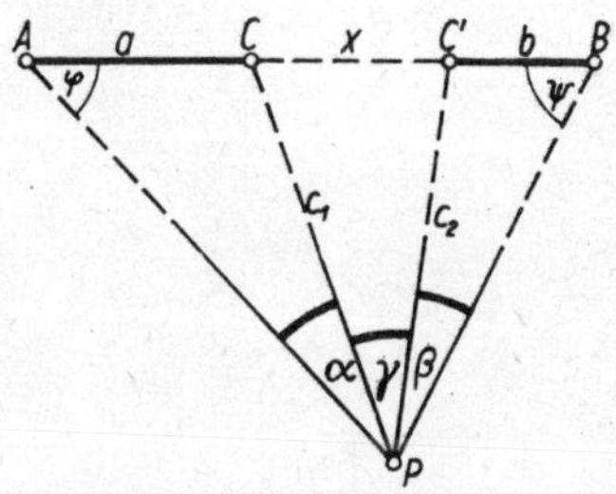

Bild 122

747. Bei der Bestimmung der Länge einer Strecke AB können wegen eines Hindernisses zwischen C und C' nur die Teilstrecken $AC = a = 99{,}83$ m und $C'B = b = 73{,}68$ m direkt gemessen werden. Für die Berechnung der Teilstrecke $CC' = x$ werden in einem passend gewählten Punkt P die Horizontalwinkel $\alpha = 23°24'20''$, $\beta = 24°18'30''$, $\gamma = 36°54'40''$ gemessen (Bild 122). Folgende Hilfsvariablen sind einzuführen:

$\varphi = \sphericalangle BAP$, $\psi = \sphericalangle PBA$, $c_1 = \overline{PC}$, $c_2 = \overline{PC'}$. Zu beachten ist, daß das Dreieck ABP nur spitze Winkel enthält.

748. Innerhalb eines gegebenen Dreiecks DEF mit den Seiten $d = 240{,}68$ m, $e = 238{,}36$ m, $f = 236{,}04$ m liege ein weiteres Dreieck ABC mit den Seiten $a = 37{,}30$ m, $b = 35{,}00$ m, $c = 28{,}50$ m derart, daß die Punkte A, B, D; B, C, E; A, C, F jeweils eine Gerade bilden (Bild 123). Man berechne die Winkel $\alpha, \beta, \gamma, \delta, \varepsilon, \varphi$ beider Dreiecke und alle Stücke $\delta_e, \delta_f, \varepsilon_f, \varepsilon_d, \varphi_d, \varphi_e, x, y, z$, die zur Festlegung der gegenseitigen Lage beider Dreiecke notwendig sind.

749. Die Differenz zweier Kräfte F_1 und F_2, deren Wirkungslinien den Winkel $\alpha = 121{,}6°$ einschließen, betrage $\Delta F = F_1 - F_2 = 325$ N, ihre Resultierende habe die Größe $F_R = 716$ N. Man berechne die Winkel, die die Richtungen beider Kräfte mit der Richtung der Resultierenden einschließen, sowie die Kräfte F_1 und F_2.

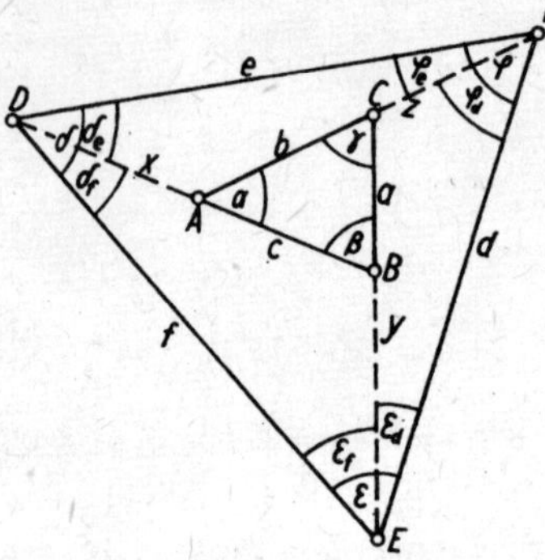

Bild 123

Analytische Geometrie

24. Arbeitsweise der analytischen Geometrie

24.1. Einleitung

Die Geometrie läßt sich im erweiterten Sinn in die **Synthetische Geometrie** und in die **Analytische Geometrie** einteilen. Zur synthetischen Geometrie gehören u. a. die Gebiete der Planimetrie und der Stereometrie. Ausgehend von der Anschauung werden hier die Beziehungen zwischen den Elementen überwiegend mit Hilfe geometrischer Konstruktionen bewiesen. Algebraische Rechnungen werden nur in geringem Umfang für die Entwicklung oder Umstellung von Formeln verwandt. In der analytischen Geometrie löst man dagegen die geometrischen Probleme auf rechnerischem Wege, wie es aus der Trigonometrie bekannt ist. Im folgenden soll jedoch unter der analytischen Geometrie im engeren Sinn nur die von DESCARTES[1]) entwickelte *Koordinatengeometrie* verstanden werden. Durch die Verwendung von Koordinaten werden den Punkten der Ebene bzw. des Raumes Zahlenpaare bzw. Zahlentripel zugeordnet und damit Möglichkeiten geschaffen, die Eigenschaften der geometrischen Gebilde und ihre gegenseitigen Beziehungen mit den Hilfsmitteln der Algebra zu untersuchen. Gegenüber der synthetischen Geometrie hat die analytische Geometrie zunächst den Vorteil, einen größeren Anwendungsbereich zu besitzen (jede konstruktiv lösbare Aufgabe läßt sich auch rechnerisch lösen; die Umkehrung gilt dagegen nicht). Außerdem führt die analytische Geometrie meistens auf kürzerem Weg zum Ziel und liefert die zu bestimmenden Größen wie Strecken oder Flächen mit beliebig hoher Genauigkeit.
Der vorliegende Abschnitt erstreckt sich nur auf die analytische Geometrie der Ebene. Im Abschnitt »Vektorrechnung« werden dann mit weiterreichenden Hilfsmitteln auch räumliche Probleme untersucht.

24.2. Rechtwinklige Koordinaten und Polarkoordinaten in der Ebene

Unter den zahlreichen möglichen Koordinatensystemen in der Ebene haben das System der rechtwinkligen Koordinaten und das System der Polarkoordinaten die größte Bedeutung.

---

[1]) RENÉ DESCARTES (latinisiert Cartesius), franz. Philosoph, Mathematiker u. Physiker, 1596 bis 1650

Zunächst sei das **System der rechtwinkligen Koordinaten**, auch cartesisches Koordinatensystem genannt, noch einmal zusammenfassend erläutert.
In der Ebene sind zwei senkrecht aufeinander stehende Geraden ausgewählt, die sich im Punkt O, dem Ursprung, schneiden (Bild 124). Die horizontale Gerade heißt x-Achse oder *Abszissenachse*, die vertikale Gerade y-Achse oder *Ordinatenachse*. Von O aus wird eine beliebig gewählte Strecke auf den Achsen nach rechts und nach oben abgetragen. Den dadurch bestimmten Punkten E_x und E_y ordnet man jeweils die Zahl 1 zu. Die Richtung von O nach E_x bzw. E_y wird als positive Richtung der betreffenden Achse definiert und durch Pfeile angegeben. Damit sind auf den Achsen *Einheitslänge* und *Orientierung* festgelegt. P_x ist ein beliebiger Punkt der x-Achse. Sein Abstand OP_x vom Ursprung läßt sich mit der Einheitsstrecke OE_x messen und die Maßzahl x dem Punkt P_x zuordnen. Bei einer Messung entgegengesetzt zur positiven Richtung erhält die Maßzahl das negative Vorzeichen. Damit liegt eine eineindeutige Abbildung der Punkte der x-Achse auf den Körper R der reellen Zahlen vor. Entsprechend läßt sich jedem Punkt der y-Achse eineindeutig eine reelle Zahl y zuordnen.

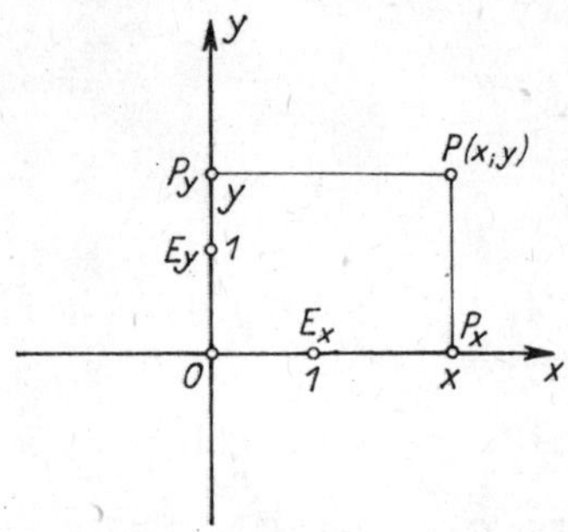

Bild 124

P ist ein beliebiger Punkt der Ebene. Die Lote von P auf die Koordinatenachsen besitzen die Fußpunkte P_x und P_y mit den zugeordneten Zahlen x und y. Jeder Punkt P wird also eindeutig auf ein geordnetes Paar reeller Zahlen abgebildet. Umgekehrt läßt sich zu jedem geordneten Wertepaar $(x; y)$ eindeutig ein Punkt der Ebene konstruieren. In den zu x und y gehörenden Punkten P_x und P_y werden die Senkrechten zu den Achsen errichtet, die sich in P schneiden. Daraus folgt:

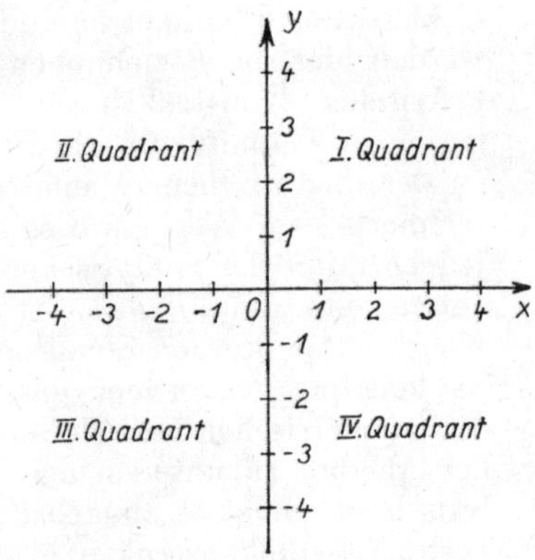

Bild 125

> Unter Zugrundelegung eines rechtwinkligen Koordinatensystems lassen sich die Punkte der Ebene eineindeutig auf die Produktmenge $R \times R$ abbilden.

x und y sind die *rechtwinkligen Koordinaten* von P, x heißt *Abszisse* und y *Ordinate*. Für den Punkt P mit den Koordinaten x und y schreibt man $P(x; y)$. Die Abszisse x wird stets zuerst genannt.

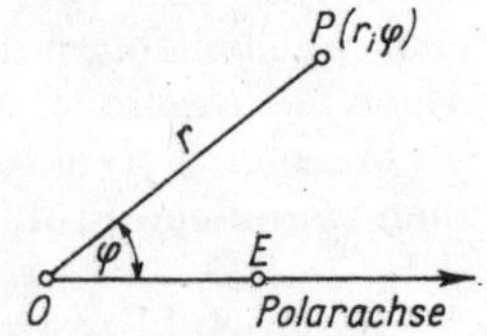

Bild 126

Die Koordinatenachsen zerlegen die Ebene in vier Quadranten (Bild 125).
Als Grundlage des **Polarkoordinatensystem** werden ein Punkt O als *Pol*, ein von O ausgehender Strahl als *Polarachse* und auf dieser eine Einheitsstrecke OE gewählt (Bild 126). Jedem Punkt P der Ebene, den Pol ausgenommen, werden eindeutig die Strecke OP mit der Maßzahl $r > 0$ und ein Winkel φ zugeordnet. φ ist der in O

mathematisch positiv gemessene Winkel von der Polarachse bis zur Strecke OP. r und φ heißen die *Polarkoordinaten* von P, r heißt *Abstand* oder *Radiusvektor* und φ *Richtungswinkel* oder *Argument*. Da zu jedem $r > 0$ und $\varphi \in [0°, 360°)$ eindeutig ein Punkt P konstruiert werden kann, liegt eine eineindeutige Abbildung der Punkte der Ebene mit Ausnahme des Poles auf die Menge der geordneten Paare $(r; \varphi)$, genauer auf die Menge

$$\{(r; \varphi) \mid r > 0,\ \varphi \in [0°, 360°)\}$$

vor.

24.3. Kurvengleichungen

24.3.1. Kurvengleichungen der Form $F(x; y) = 0$ bzw. $y = f(x)$

Aus der Punktmenge der Ebene soll eine Teilmenge ausgewählt werden, die eine Kurve darstellt. Hierzu ist eine *Vorschrift* notwendig, die für jeden Punkt der Ebene eindeutig festlegt, ob er zur Kurve gehört oder nicht. Die Kurve als Teilmenge wird im folgenden durch kleine lateinische Buchstaben $c, g, k, \ldots$ bezeichnet.
Die Vorschrift kann in *Worten* gegeben sein, wie es von der Planimetrie her bekannt ist. Dort war auch für die Teilmenge der Name *geometrischer Ort* gebräuchlich.

BEISPIELE

1. Die Menge der Punkte einer Ebene, deren Abstände von zwei festen Punkten A und B der Ebene jeweils gleich sind, ist die Mittelsenkrechte der Strecke AB.
2. Die Menge der Punkte einer Ebene, die von einem Punkt M der Ebene den gleichen Abstand r besitzen, ist der Kreis um M mit dem Radius r.
3. An einen Kreis mit dem Durchmesser AB ist in B die Tangente t angelegt (Bild 127). Eine Gerade g durch A schneidet den Kreis in R und die Tangente in Q. Die Parallele zu t durch R und die Senkrechte zu t durch Q schneiden sich in P. Die Gerade g drehe sich um A. Die Menge aller Punkte P, die zu den verschiedenen Lagen von g gehören, bestimmt eine Kurve mit dem Namen *Versiera der Agnesi*.

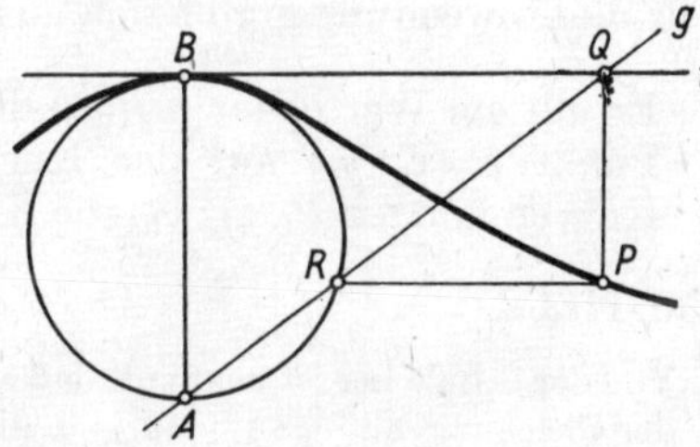

Bild 127

Bei Verwendung eines Koordinatensystems kann die Vorschrift auch in *analytischer Form* durch eine Gleichung in den Variablen x und y, den Koordinaten der Kurvenpunkte, gegeben sein. Für rechtwinklige Koordinaten lautet diese Gleichung

$$F(x; y) = 0. \qquad \text{(I)}$$

Alle Paare $(x; y)$ von reellen Zahlen, die Gleichung (I) erfüllen, bilden eine Teilmenge von $R \times R$. Dieser Teilmenge ist nach 24.2. eineindeutig eine Punktmenge in der Ebene zugeordnet, die eine Kurve k bildet.

Die Gleichung (I) heißt eine zu k gehörende **Kurvengleichung.** Mit der Symbolik der Mengenlehre läßt sich für k schreiben:

$$k = \{P(x; y) \mid F(x; y) = 0\}. \tag{II}$$

Oft wird vereinfacht, aber nicht mehr exakt, von der Kurve $F(x; y) = 0$ gesprochen und darunter der durch (II) gegebene Zusammenhang verstanden.

Statt der *impliziten*[1]) Form (I) der Kurvengleichung verwendet man auch die *explizite*[2]) Form

$$y = f(x), \tag{III}$$

die u. a. für die Aufstellung einer Wertetabelle geeignet ist. In (III) erhält x den Charakter einer unabhängigen Variablen, y den einer abhängigen. Die Abbildung $x \to f(x)$ ist i. allg. nicht eindeutig. Bei eindeutiger Abbildung stellt die Kurvengleichung (III) bzw. (I) eine Funktionsgleichung dar.

Die Darstellung $F(x; y) = 0$ oder $y = f(x)$ ist nicht bei allen Kurven möglich. Eine exakte Definition der Kurve kann nur mit Hilfe der in 24.3.2. behandelten Parameterdarstellung gegeben werden. Im Rahmen dieses Buches wird darauf jedoch nicht eingegangen.

X ist die Menge der Zahlen x, für die (I) bzw. (II) definiert ist, Y die Menge der zugeordneten Zahlen y. Im Fall einer Funktion ist X der Definitionsbereich und Y der Wertevorrat. Der Punkt $P(x; y)$ in (II) ist ein beliebiger Vertreter der Punkte von k. Da seine Koordinaten Variablen sind, heißt P **variabler Punkt.** Wird angenommen, daß sich $x \in X$ stetig ändert, so folgt daraus i. allg. auch eine stetige Änderung von $y \in Y$, und der zugehörige Punkt $P(x; y)$ bewegt sich auf der Kurve. Für die Darstellung eines festen Kurvenpunktes werden Indizes verwendet, z. B. $P_0(x_0; y_0)$, $P_1(2; 3)$ usw.

Für die Anwendung ergibt sich aus Gleichung (II) die wichtige Folgerung:

Erfüllt ein Wertepaar $(x_0; y_0)$ die Kurvengleichung $F(x; y) = 0$, dann liegt der Punkt $P_0(x_0; y_0)$ auf der Kurve. Umgekehrt erfüllen die Koordinaten jedes Kurvenpunktes $P_0(x_0; y_0)$ die Kurvengleichung.

BEISPIELE

4. Von der Schule her ist bekannt, daß zu einer Geraden g eine lineare Gleichung gehört, z. B. ist der Gleichung $3x - 8y + 15 = 0$ die Gerade

$$g = \{P(x; y) \mid 3x - 8y + 15 = 0\}$$

zugeordnet.

5. Die Kurve

$$k = \{P(x; y) \mid x^3 + xy^2 - 2y^2 = 0\}$$

heißt *Zissoide.* Man schreibe die Kurvengleichung in expliziter Form, zeichne die Kurve mit Hilfe einer Wertetabelle und stelle fest, ob die Punkte $P_1(1; -1)$, $P_2(1{,}5; 0{,}5)$, $P_3(0{,}4; -0{,}201)$ auf der Kurve liegen.

---

[1]) unentwickelt (lat.)

[2]) entwickelt (lat.)

Lösung: Die explizite Form der Kurvengleichung lautet

$$y = \pm\sqrt{\frac{x^3}{2-x}}. \qquad \text{(IV)}$$

Der Radikand muß positiv sein, so daß x auf das Intervall $X = [0; 2)$ beschränkt wird. Daraus folgt $Y = (-\infty; \infty)$. Nach der Wertetabelle

x	0	0,3	0,6	0,9	1,2	1,5
y	0	$\pm 0{,}13$	$\pm 0{,}39$	$\pm 0{,}81$	$\pm 1{,}47$	$\pm 2{,}60$

sind die Kurvenpunkte in Bild 128 konstruiert. Die Kurve ist wegen der zwei Vorzeichen in (IV) symmetrisch zur x-Achse. Die Koordinaten von P_1, P_2, P_3 werden in (IV) eingesetzt und ergeben für

$$P_1\colon -1 \quad = -1, \quad \text{d. h.,}\ P_1 \in k$$

$$P_2\colon\ 0{,}5 \quad \neq \quad 2{,}60, \quad \text{d. h.,}\ P_2 \notin k$$

$$P_3\colon -0{,}201 \neq -0{,}20, \quad \text{d. h.,}\ P_3 \notin k.$$

Für P_2 könnte auch graphisch festgestellt werden, daß der Punkt nicht auf k liegt. Für P_3 dagegen ist wegen der begrenzten Zeichengenauigkeit und des in Bild 128 verwendeten Maßstabes nur noch die rechnerische Überprüfung möglich.

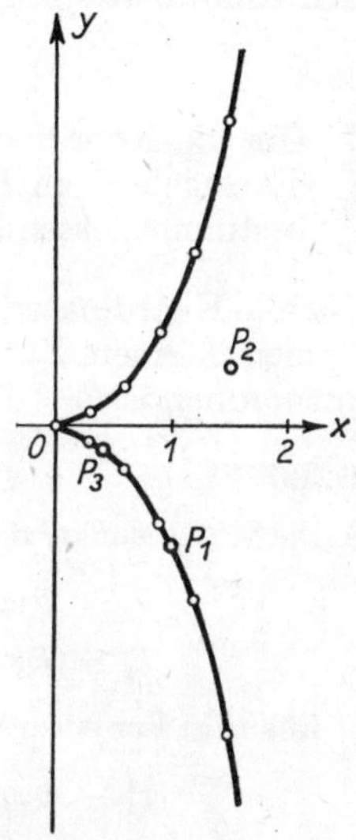

Bild 128

Jeder Kurve der Ebene ist im allgemeinen bei festgelegtem Koordinatensystem eine Gleichung $F(x; y) = 0$ zugeordnet, und umgekehrt gehört zu jeder derartigen Gleichung eine Kurve. Weil die Kurvengleichung abhängig von der Lage des Koordinatensystems ist, kann durch geschickte Wahl desselben, etwa unter Ausnutzung vorhandener Symmetrie der Kurve, ein relativ einfacher Term für die Gleichung erhalten werden. Das wird in den folgenden Abschnitten weitgehend angewandt. Im allgemeinen besteht die erste Aufgabe in der analytischen Geometrie darin, aus der in Worten gegebenen Definition einer Kurve nach Wahl eines Koordinatensystems die Kurvengleichung herzuleiten. Durch diese Gleichung wird die Kurve vollständig beschrieben, so daß sich als weitere Aufgaben ergeben, durch Rechnungen und anschließende geometrische Interpretation die Eigenschaften der Kurve zu ermitteln, d. h. die Kurvengleichung zu »entschlüsseln«.
Häufig sind die **Schnittpunkte** zweier Kurven

$$k_1 = \{P(x; y) \mid F_1(x; y) = 0\}, \qquad k_2 = \{P(x; y) \mid F_2(x; y) = 0\}$$

zu berechnen. Für einen Schnittpunkt P_1 gilt $P_1 \in k_1$ und $P_1 \in k_2$, also auch $P_1 \in k_1 \cap k_2$. Schneiden sich die Kurven in n Punkten P_i $(i = 1, 2, \ldots, n)$, dann ist

$$k_1 \cap k_2 = \{P_1, P_2, \ldots, P_n\}.$$

Die Koordinaten jedes Schnittpunktes P_i müssen beide Kurvengleichungen erfüllen:

$$F_1(x_i; y_i) = 0, \qquad F_2(x_i; y_i) = 0. \qquad \text{(V)}$$

(V) ist daher ein Gleichungssystem mit 2 Variablen. Seine Lösungsmenge besteht aus den Koordinatenpaaren $(x_i; y_i)$ der Schnittpunkte P_i.

Satz

> Um die Koordinaten der Schnittpunkte zweier Kurven zu berechnen, faßt man die zugehörigen Kurvengleichungen zu einem Gleichungssystem zusammen und bestimmt dessen Lösungsmenge.

Da alle Koordinaten reelle Zahlenpaare sind, bedeutet das Auftreten von komplexen Zahlen in einem Zahlenpaar der Lösungsmenge, daß diesem Paar kein Schnittpunkt zuzuordnen ist.

BEISPIEL

6. Die Schnittpunkte der Kurven sind zu berechnen:

$$k_1 = \{P(x; y) \mid x^2 - 10x - 2y + 30 = 0\}$$
$$k_2 = \{P(x; y) \mid x - y - 1 = 0\}$$

Lösung: Für einen Schnittpunkt P_i gilt

$$x_i^2 - 10x_i - 2y_i + 30 = 0$$
$$x_i - y_i - 1 = 0.$$

Der Wert von y_i aus der 2. Gleichung in die 1. Gleichung eingesetzt ergibt $x_i^2 - 12x_i + 32 = 0$. Die quadratische Gleichung hat die Lösungen $x_1 = 8,\ x_2 = 4$.
Aus der 2. Gleichung folgt

$$y_1 = 7, \quad y_2 = 3.$$

Die Kurven schneiden sich in den Punkten

$$P_1(8; 7), P_2(4; 3), \quad \text{d. h.,} \quad \underline{\underline{k_1 \cap k_2 = \{P_1(8; 7), P_2(4; 3)\}}}.$$

Zur Probe setzt man die Schnittpunktkoordinaten in beide Kurvengleichungen ein. Außerdem kann graphisch eine Kontrolle erfolgen.

Sind die **Schnittwinkel** zwischen zwei Kurven zu bestimmen, dann werden zunächst deren Schnittpunkte ermittelt. Ist P_0 einer der Schnittpunkte und wird in P_0 an jede Kurve die Tangente gelegt, dann wird der Winkel σ (bzw. $180° - \sigma$) zwischen beiden Tangenten als der Schnittwinkel beider Kurven in P_0 erklärt (vgl. Bild 179).

24.3.2. Parameterdarstellung einer Kurve

In manchen Fällen ist es notwendig oder zumindest einfacher, statt einer Gleichung $F(x; y) = 0$ zwei Gleichungen anzugeben, in denen x und y getrennt voneinander in Abhängigkeit von einer Hilfsvariablen t, dem **Parameter**, dargestellt werden:

$$\begin{aligned} x &= x(t) \\ y &= y(t). \end{aligned} \qquad \text{(I)}$$

Jedem Wert $t \in T$ wird nach (I) ein Zahlenpaar $(x; y)$ und diesem bei gewähltem Koordinatensystem ein Punkt $P(x; y)$ zugeordnet. Durch das Gleichungssystem (I) ist eine **Parameterdarstellung** der Kurve gegeben.

BEISPIELE

1. Eine Kurve hat die Parameterdarstellung

$$\left.\begin{aligned} x &= t^2 - 2 \\ y &= 2t + 1. \end{aligned}\right\} \quad \text{(II)}$$

Es ist eine Wertetabelle aufzustellen und die Kurve zu zeichnen.

Lösung: Die Gleichungen (II) sind für $t \in T = (-\infty; \infty)$ definiert. t ist unabhängige Variable, x und y sind abhängige Variablen. Bild 129 zeigt die nach der Wertetabelle konstruierten Kurvenpunkte. Die Parameterwerte kann man an die Kurvenpunkte anschreiben.

t	x	y
−3	7	−5
−2	2	−3
−1	−1	−1
0	−2	1
1	−1	3
2	2	5
3	7	7

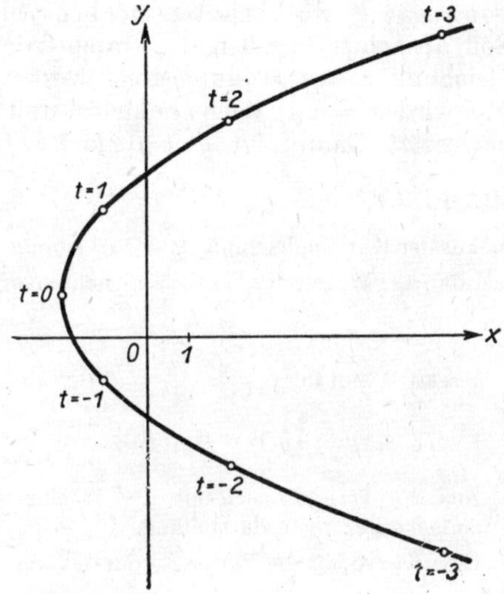

Bild 129

2. Für die in Beispiel 3 aus 24.3.1. definierte Kurve ist eine Parameterdarstellung anzugeben.

Lösung: Der Punkt A (vgl. Bild 127) wird als Ursprung eines rechtwinkligen Koordinatensystems und AB als y-Achse gewählt. Da sich die Gerade g um A drehen soll, kann der Winkel zwischen g und der x-Achse als Parameter t verwendet werden (Bild 130). Mit $\overline{AB} = a$ folgt für einen Kurvenpunkt $P(x; y)$:

$$x = \overline{AV} = \overline{VQ} \cdot \cot t = a \cot t$$

$$y = \overline{VP} = \overline{UR} = \overline{AR} \sin t$$

und mit $\overline{AR} = a \sin t$ folgt

$$y = a \sin^2 t.$$

Die Parameterdarstellung der Kurve lautet

$$\left.\begin{aligned} x &= a \cot t \\ y &= a \sin^2 t \end{aligned}\right\} \quad t \in T = (0°; 180°).$$

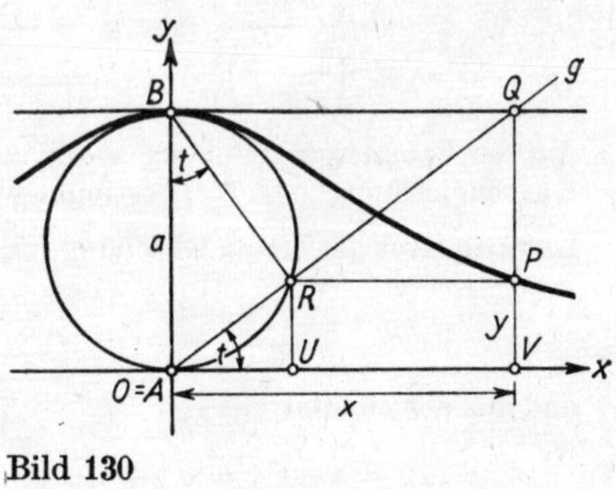

Bild 130

Das Intervall für t liest man aus dem Bild ab.

Der Parameter t des Beispiels 1 hat keine selbständige geometrische Bedeutung, während in Beispiel 2 der Parameter ein Winkel ist. Bei vielen physikalischen oder technischen Aufgaben stellt t die Zeit bzw. ihre Maßzahl dar.

Zu behandeln ist noch der Übergang von der Darstellung $F(x; y) = 0$ zur Parameterdarstellung und umgekehrt. Aus einer Kurvengleichung $F(x; y) = 0$ lassen sich i. allg. unbegrenzt viele Parameterdarstellungen ableiten. Die Kurvengleichung wird nach y aufgelöst, $x = x(t)$ beliebig gewählt und in $y = f(x)$ eingesetzt.
$y = f[x(t)] = y(t)$ ist dann die zweite Parametergleichung. Die Freiheit bei der Wahl von $x = x(t)$ wird benützt, möglichst einfache Parametergleichungen zu erhalten.
Soll aus einer gegebenen Parameterdarstellung $x = x(t)$, $y = y(t)$ die Kurvengleichung $y = f(x)$ aufgestellt werden, dann ist t zu eliminieren. Im allgemeinen Fall wird $x = x(t)$ nach t aufgelöst und die erhaltene Gleichung $t = \varphi(x)$ in $y = y(t)$ eingesetzt. Dann folgt $y = y[\varphi(x)] = f(x)$.

BEISPIELE

3. Aus der Kurvengleichung $y = \sqrt[3]{x^2}$ ist eine Parameterdarstellung der Kurve abzuleiten.

Lösung: Wegen des Wurzelexponenten wird am besten

$$x = t^3 = x(t)$$

gesetzt. Dann folgt

$$y = \sqrt[3]{(t^3)^2} = t^2 = y(t).$$

Aus $x = \sqrt{t}$ ergibt sich mit $y = \sqrt[3]{t}$ eine weitere, aber für praktische Rechnung nicht mehr so einfache Parameterdarstellung.

4. Eine Kurve hat die Parameterdarstellung

$$x = 2t + 1 = x(t), \qquad y = \frac{1}{t^2} = y(t).$$

Wie heißt die parameterfreie Darstellung $y = f(x)$?

Lösung: Aus der ersten Gleichung folgt

$$t = \frac{x-1}{2} \quad \text{und damit aus der zweiten}$$

$$y = \frac{1}{\left(\frac{x-1}{2}\right)^2} \quad \text{oder} \quad y = \frac{4}{(x-1)^2} = f(x).$$

5. Aus der Parameterdarstellung $x = a \cot t$, $y = a \sin^2 t$ des Beispiels 2 soll die parameterfreie Kurvengleichung $y = f(x)$ bestimmt werden.

Lösung: Aus der ersten Gleichung folgt

$$\cot t = \frac{x}{a}$$

und aus der zweiten

$$y = a \sin^2 t = a \frac{1}{1 + \cot^2 t} = a \frac{1}{1 + \frac{x^2}{a^2}}$$

$$y = \frac{a^3}{a^2 + x^2}.$$

Der Übergang von der Darstellung $F(x; y) = 0$ bzw. $y = f(x)$ zur Parameterdarstellung ist stets möglich. Dagegen gibt es Kurven mit Parameterdarstellung, für die z. B. die explizite Form $y = f(x)$ nicht hergestellt werden kann. In solchem Fall läßt sich nämlich $x = x(t)$ nicht nach t auflösen, sondern stellt etwa bezüglich t eine transzendente Gleichung dar.

BEISPIEL

6. Zur Parameterdarstellung einer Kurve

$$x = t \cos t, \qquad y = 2t + 1$$

ist die parameterfreie Gleichung $y = f(x)$ zu bestimmen.

Lösung: Da die erste Gleichung nicht nach t aufgelöst werden kann, ist die Kurve parameterfrei in der Form $y = f(x)$ nicht darstellbar. Es läßt sich dagegen die parameterfreie Form

$$x = \frac{y-1}{2} \cos \frac{y-1}{2} = \varphi(y)$$

herleiten.

24.3.3. Kurvengleichungen in Polarkoordinaten

Bei zugrunde gelegtem Polarkoordinatensystem wird durch eine Gleichung der Form

$$F(r; \varphi) = 0 \quad \text{oder} \quad r = f(\varphi) \tag{I}$$

aus der Punktmenge der Ebene eine Teilmenge ausgewählt. Diese enthält alle Punkte, deren Polarkoordinaten r und φ Gleichung (I) erfüllen und ergibt i. allg. eine Kurve k:

$$k = \{P(r; \varphi) \mid F(r; \varphi) = 0\}.$$

Die Betrachtungen aus 24.3.1. lassen sich sinngemäß auf den vorliegenden Fall übertragen.

Wichtig ist der Übergang von rechtwinkligen Koordinaten zu Polarkoordinaten und umgekehrt.

Von einer Kurve ist die Gleichung $F(x; y) = 0$ gegeben, und es wird die Gleichung $\bar{F}(r; \varphi) = 0$ gesucht. Vorausgesetzt wird, daß der Ursprung des rechtwinkligen Koordinatensystems mit dem Pol und die x-Achse mit der Polarachse zusammenfallen. Dann wird

$$x = r \cos \varphi; \quad y = r \sin \varphi \quad \text{(Bild 131)}$$

in $F(x; y) = 0$ eingesetzt und ergibt die Kurvengleichung in Polarkoordinaten, die gegebenenfalls nach r aufgelöst wird. Ist von der Gleichung $F(r; \varphi) = 0$ zu rechtwinkligen Koordinaten überzugehen, dann ersetzt man r und φ durch

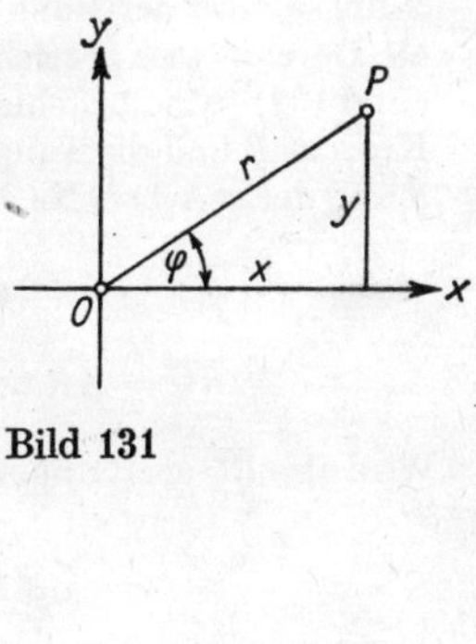

Bild 131

$$r = \sqrt{x^2 + y^2}, \qquad \varphi = \arctan \frac{y}{x}.$$

Vorteilhaft sind manchmal auch die Formeln

$$\sin\varphi = \frac{y}{\sqrt{x^2+y^2}}, \qquad \cos\varphi = \frac{x}{\sqrt{x^2+y^2}}.$$

Der Quadrant von φ ergibt sich aus den Vorzeichen von x und y.

BEISPIELE

1. Aus der Gleichung der Zissoide (Beispiel 5 aus 24.3.1.)

$$y = \pm\sqrt{\frac{x^3}{2-x}} \qquad \text{(II)}$$

ist die Kurvengleichung in Polarkoordinaten abzuleiten.

Lösung: Gleichung (II) wird quadriert

$$y^2 = \frac{x^3}{2-x}$$

und $x = r\cos\varphi, y = r\sin\varphi$ eingesetzt:

$$r^2\sin^2\varphi = \frac{r^3\cos^3\varphi}{2 - r\cos\varphi}.$$

Die Kurvengleichung wird nach r aufgelöst.:

$$2r^2\sin^2\varphi - r^3\sin^2\varphi\cos\varphi - r^3\cos^3\varphi = 0$$

$$2\sin^2\varphi - r(1-\cos^2\varphi)\cos\varphi - r\cos^3\varphi = 0$$

$$2\sin^2\varphi - r\cos\varphi = 0$$

$$r = \frac{2\sin^2\varphi}{\cos\varphi}$$

$$r = 2\sin\varphi\tan\varphi = f(\varphi). \qquad \text{(III)}$$

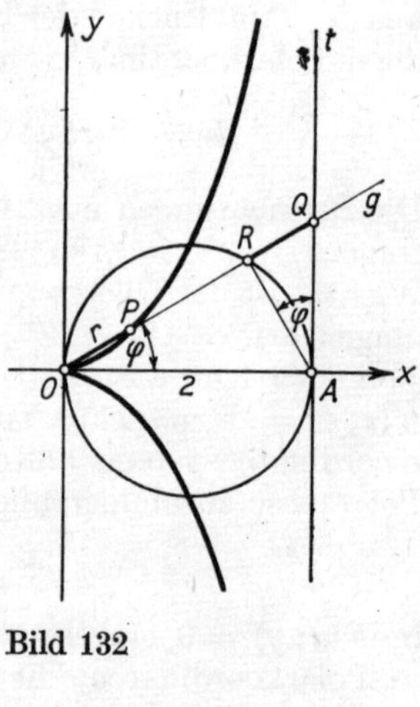

Bild 132

Aus der Festsetzung $r > 0$ folgt $\varphi \in (-90°; 90°)$.
Die Kurvengleichung (III) zeigt den Weg zu einer einfachen Kurvenkonstruktion, die aus (II) nicht abzulesen ist. Auf der x-Achse wird der Punkt $A(2; 0)$ gewählt, der Kreis mit $\overline{OA}$ als Durchmesser gezeichnet und in A die Tangente t gezogen (Bild 132). Eine beliebige Gerade g durch O schneidet den Kreis in R und die Tangente in Q. φ ist der Winkel zwischen g und der x-Achse. Nach Bild 132 folgt

$$\overline{AR} = 2\sin\varphi$$

$$\overline{RQ} = \overline{AR}\tan\varphi = 2\sin\varphi\tan\varphi.$$

Wird also $\overline{RQ}$ als Radiusvektor r auf g von O bis P abgetragen, dann ist P ein Punkt der Zissoide.

2. Eine Kurve hat in Polarkoordinaten die Gleichung

$$r = 2\cos\varphi = f(\varphi). \tag{IV}$$

Wie heißt ihre Gleichung in rechtwinkligen Koordinaten?

Lösung: Es wird $r = \sqrt{x^2+y^2}$, $\cos\varphi = \frac{x}{\sqrt{x^2+y^2}}$ in (IV) eingesetzt:

$$\sqrt{x^2+y^2} = 2\,\frac{x}{\sqrt{x^2+y^2}}.$$

Umgeformt ergibt:

$$F(x;y) = x^2 + y^2 - 2x = 0. \tag{V}$$

Gleichung (IV) zeigt in Verbindung mit Bild 133 und dem Satz des THALES, daß die Kurve ein Kreis mit dem Radius 1 und dem Mittelpunkt $M(1;0)$ ist.

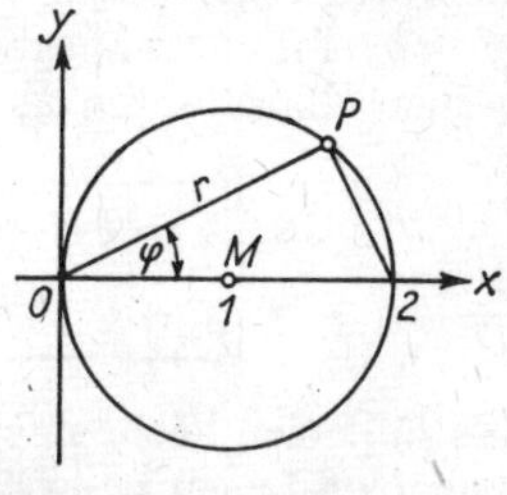

Bild 133

24.4. Koordinatentransformation

24.4.1. Einleitung

Die zu einer Gleichung gehörende Kurve ist abhängig von der Lage der Kurve zum Koordinatensystem. Wird diese besonders günstig gewählt, indem man z. B. die Koordinatenachsen mit vorhandenen Symmetrieachsen der Kurve zusammenfallen läßt, dann erhält man einfachere Terme für die Kurvengleichungen als bei anderen Lagen. Das erleichtert z. B. die analytische Untersuchung der Kurveneigenschaften.
Liegt ein Koordinatensystem bereits vor, dann kann durch Übergang zu einem günstigeren Koordinatensystem die Kurvengleichung vereinfacht werden.
Eine andere Aufgabe liegt vor, wenn die Koordinaten von Punkten in verschiedenen Systemen gegeben sind und für auszuführende Berechnungen wie Entfernungs- oder Flächenbestimmungen alle Koordinaten in einem System benötigt werden.
Beim ersten Aufgabentyp ist eine Kurvengleichung im neuen System anzugeben. Beim zweiten Typ sind die neuen Koordinaten einzelner Punkte zu berechnen. Das führt zu unterschiedlicher Anwendung der zu entwickelnden Formeln.
Der Übergang von einem Koordinatensystem zu einem anderen heißt **Koordinatentransformation**. Er kann stets durch eine *Parallelverschiebung* und eine *Drehung* erfolgen. Sind nämlich ein $x;y$-System und ein $\xi;\eta$-System in beliebiger Lage zueinander gegeben (Bild 134), dann kann das $x;y$-System so parallel verschoben werden, daß sein Ursprung O mit dem Ursprung O' des $\xi;\eta$-Systems zusammenfällt.

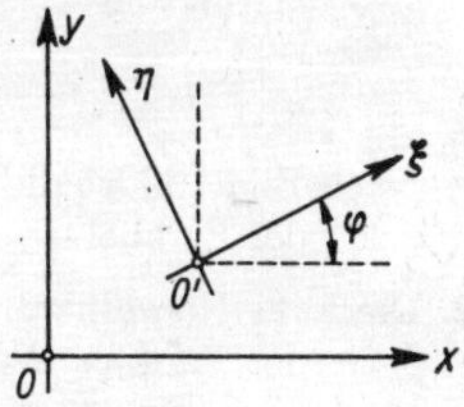

Bild 134

Durch eine Drehung um O' mit dem Drehwinkel φ läßt sich das $x;y$-System dann mit dem $\xi;\eta$-System zur Deckung bringen.

24.4.2. Parallelverschiebung des Koordinatensystems

Das $x;y$-System und das $\xi;\eta$-System haben die in Bild 135 angegebene parallele Lage der Achsen, d. h., ein System geht aus dem anderen durch Parallelverschiebung hervor. Der Ursprung O' des $\xi;\eta$-Systems hat im $x;y$-System die Koordinaten $x = a$, $y = b$. Für den angegebenen Punkt P liest man sofort folgende Beziehungen zwischen seinen Koordinaten $x;y$ und $\xi;\eta$ ab:

$$\boxed{\begin{aligned} x &= \xi + a \\ y &= \eta + b \end{aligned}} \quad (137\text{a}) \qquad \text{bzw.} \qquad \boxed{\begin{aligned} \xi &= x - a \\ \eta &= y - b \end{aligned}} \quad (137\text{b})$$

Es läßt sich leicht nachweisen, daß diese **Formeln der Parallelverschiebung** auch für beliebige Lagen von O' und P bezüglich des $x;y$-Systems Gültigkeit haben.

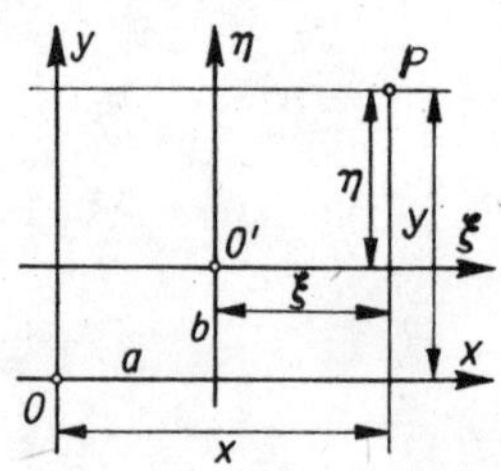

Bild 135

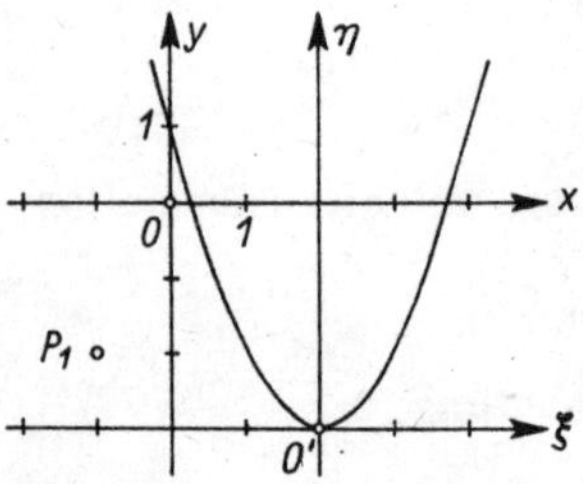

Bild 136

BEISPIELE

1. Die Gleichung einer Kurve (Parabel) lautet im $x; y$-System: $y = x^2 - 4x + 1$. Wie heißt ihre Gleichung im $\xi; \eta$-System, das durch $O'(a = 2;\ b = -3)$ festgelegt ist?

   Lösung: Die Formeln (137a) lauten

   $$x = \xi + 2$$
   $$y = \eta - 3.$$

   In die Kurvengleichung eingesetzt ergibt:

   $$\eta - 3 = (\xi + 2)^2 - 4(\xi + 2) + 1 \quad \text{oder}$$
   $$\underline{\underline{\eta = \xi^2.}}$$

   Nach Bild 136 ist die neue Kurvengleichung deshalb einfacher, weil die η-Achse Symmetrieachse der Parabel ist und die ξ-Achse durch den Scheitelpunkt der Parabel geht.

2. Die zwei Koordinatensysteme sind wie in Beispiel 1 gegeben. Wie heißen die Koordinaten $\xi_1; \eta_1$ des Punktes $P_1(x_1 = -1;\ y_1 = -2)$?

   Lösung: Jetzt sind die Formeln (137b) zu verwenden:

   $$\xi_1 = x_1 - a = -1 - 2 = \underline{\underline{-3}}$$
   $$\eta_1 = y_1 - b = -2 + 3 = \underline{\underline{1.}} \quad \text{(Bild 136)}$$

Es ist zu beachten, daß bei der Transformation einer Kurvengleichung die neuen Koordinaten auf der rechten Seite der Gleichungen stehen (Beispiel 1). Dagegen stehen bei der Transformation einzelner Punkte die neuen Koordinaten auf der linken Seite der Gleichungen (Beispiel 2).

24.4.3. Drehung des Koordinatensystems

Beide Systeme haben jetzt einen gemeinsamen Ursprung, aber das $\xi;\eta$-System geht aus dem $x;y$-System durch eine Drehung um den Winkel φ hervor. Aus Bild 137 liest man für einen Punkt P ab:

$$x = \overline{OA} = \overline{OB} - \overline{AB} = \overline{OB} - \overline{CD}$$
$$y = \overline{AP} = \overline{AC} + \overline{CP} = \overline{BD} + \overline{CP}$$
$$\overline{OB} = \xi \cos\varphi; \quad \overline{CD} = \eta \sin\varphi$$
$$\overline{BD} = \xi \sin\varphi; \quad \overline{CP} = \eta \cos\varphi.$$

Damit folgt für die **Formeln der Drehung**

$$\boxed{\begin{aligned} \overrightarrow{x} &= \xi\cos\varphi - \eta\sin\varphi \\ y &= \xi\sin\varphi + \eta\cos\varphi \end{aligned}} \qquad (138\text{a})$$

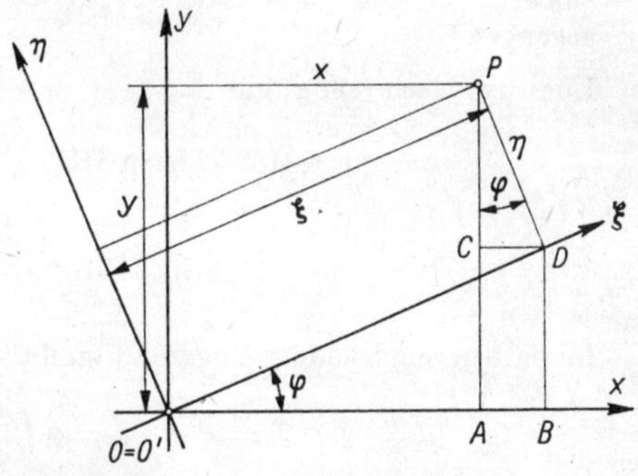

Bild 137

Bei Anwendungen der Gleichungen (138a) ist der Winkel φ von der positiven Richtung der x-Achse linksläufig bis zur positiven Richtung der ξ-Achse zu messen [formal in (138a) durch einen Pfeil angegeben]. Nimmt man wieder $x;y$ als die gegebenen, $\xi;\eta$ als die neuen Koordinaten an, dann ist (138a) für die Transformation einer Kurvengleichung geeignet.

Um einzelne Punkte transformieren zu können, müßten die Gleichungen (138a) nach ξ und η aufgelöst werden:

$$\xi = \frac{\begin{vmatrix} x & -\sin\varphi \\ y & \cos\varphi \end{vmatrix}}{\begin{vmatrix} \cos\varphi & -\sin\varphi \\ \sin\varphi & \cos\varphi \end{vmatrix}} = \frac{x\cos\varphi + y\sin\varphi}{\cos^2\varphi + \sin^2\varphi}$$

$$\eta = \frac{\begin{vmatrix} \cos\varphi & x \\ \sin\varphi & y \end{vmatrix}}{\begin{vmatrix} \cos\varphi & -\sin\varphi \\ \sin\varphi & \cos\varphi \end{vmatrix}} = \frac{-x\sin\varphi + y\cos\varphi}{\cos^2\varphi + \sin^2\varphi}$$

$$\boxed{\begin{aligned} \xi &= x\cos\varphi + y\sin\varphi \\ \eta &= -x\sin\varphi + y\cos\varphi \end{aligned}} \qquad (138\text{b})$$

Um Verwechslungen zu vermeiden und nicht mit zwei Formeln verschiedener Bauart arbeiten zu müssen, ist es einfacher, in (138a) $\xi;\eta$ und $x;y$ zu vertauschen und zu schreiben:

$$\overrightarrow{\xi = x} \cos\varphi' - y \sin\varphi'$$

$$\eta = x \sin\varphi' + y \cos\varphi',$$

wobei φ' jetzt der positiv gemessene Winkel von der ξ- zur x-Achse ist (Pfeil). Unter Beachtung dieser Wahl des Drehwinkels kann also unabhängig von der Bezeichnung der Achsen stets (138a) verwendet werden.

Zusammenfassung: **Bei der Transformation von Kurven müssen in (138a) links die alten und rechts die neuen Koordinaten stehen. Bei der Transformation einzelner Punkte ist es umgekehrt. Der Drehwinkel φ wird stets in der durch den Pfeil angegebenen Richtung linksläufig zwischen den Achsen gemessen.**

BEISPIELE

3. Eine Kurve (Gerade) hat die Gleichung $y = -3x + 2\sqrt{2} = f(x)$. Wie heißt ihre Gleichung in einem $\xi;\eta$-System, das aus dem $x;y$-System durch Drehung um den Winkel $\varphi = 315°$ hervorgegangen ist?

Lösung: Nach (138a) gilt

$$x = \xi \cos 315° - \eta \sin 315° = \frac{1}{2}\sqrt{2}\,\xi + \frac{1}{2}\sqrt{2}\,\eta$$

$$y = \xi \sin 315° + \eta \cos 315° = -\frac{1}{2}\sqrt{2}\,\xi + \frac{1}{2}\sqrt{2}\,\eta.$$

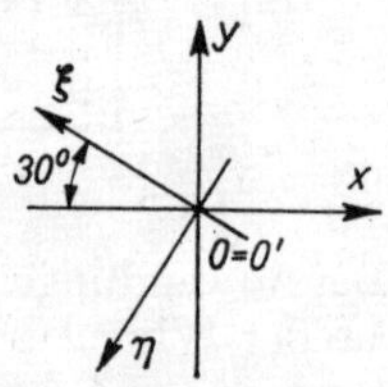

Bild 138

In die Kurvengleichung eingesetzt ergibt

$$-\frac{1}{2}\sqrt{2}\,\xi + \frac{1}{2}\sqrt{2}\,\eta = -3\left(\frac{1}{2}\sqrt{2}\,\xi + \frac{1}{2}\sqrt{2}\,\eta\right) + 2\sqrt{2}$$

$$\underline{\underline{\eta = -\frac{1}{2}\,\xi + 1.}}$$

4. Man berechne die Koordinaten des Punktes $A(x_a = -4;\ y_a = 1)$ für die in Bild 138 angegebene Lage der Koordinatenachsen im $\xi;\eta$-System.

Lösung: In der Formel

$$\overrightarrow{\xi_a = x_a} \cos\varphi - y_a \sin\varphi$$

$$\eta_a = x_a \sin\varphi + y_a \cos\varphi$$

ist φ der positiv gemessene Winkel von der ξ- zur x-Achse, also $\varphi = 210°$:

$$\xi_a = -4\cos 210° - 1\sin 210° = -4\left(-\frac{1}{2}\sqrt{3}\right) - 1\left(-\frac{1}{2}\right) = \underline{\underline{3{,}96}}$$

$$\eta_a = -4\sin 210° + 1\cos 210° = -4\left(-\frac{1}{2}\right) + 1\left(-\frac{1}{2}\sqrt{3}\right) = \underline{\underline{1{,}13}}.$$

5. Man berechne die Koordinaten des Punktes $A\,(x_a = -7;\, y_a = -3)$ im $\xi;\eta$-System (Bild 139).

Lösung: Es liegt der allgemeine Fall der Transformation (Drehung und Parallelverschiebung) vor. Durch den Ursprung O' des $\xi;\eta$-Systems wird ein Hilfssystem gelegt, dessen Achsen $\xi';\eta'$ parallel zur x- bzw. y-Achse sind.
Dann gilt für die Parallelverschiebung

$$\xi' = x - 6$$

$$\eta' = y + 8$$

und für die Drehung

$$\xi = \xi' \cos\varphi - \eta' \sin\varphi$$

$$\eta = \xi' \sin\varphi + \eta' \cos\varphi$$

mit $\varphi = 120°$. Zusammengefaßt folgt für die neuen Koordinaten von A:

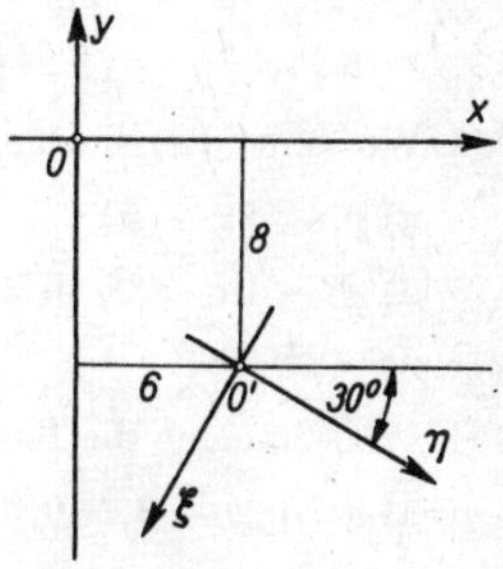

Bild 139

$$\xi_a = (x_a - 6)\cos 120° - (y_a + 8)\sin 120° = \underline{\underline{2{,}17}}$$

$$\eta_a = (x_a - 6)\sin 120° + (y_a + 8)\cos 120° = \underline{\underline{-13{,}76.}}$$

AUFGABEN

750. Die Kurven

$$k_1 = \{P(x;y) \mid y = 2x - 4\}$$

$$k_2 = \{P(x;y) \mid x^2 + 6y - 9 = 0\}$$

$$k_3 = \begin{cases}\{P(x;y) \mid x^2y - 6 = 0\} & \text{für} \quad X = (0;\infty)\\ \{P(x;y) \mid x^2y + 6 = 0\} & \text{für} \quad X = (-\infty;0)\end{cases}$$

$$k_4 = \left\{P(x;y) \mid y = \pm\frac{3}{5}\sqrt{25 - x^2}\right\}$$

sind unter Verwendung einer Wertetabelle zu zeichnen.

751. Welche von den Punkten

$$P_1(0;5),\quad P_2(4;3),\quad P_3(0;-2),\quad P_4\left(3;\frac{1}{2}\right)$$

liegen auf den Kurven

$$k_1 = \left\{P(x;y) \mid y = \frac{5}{1 + x^2}\right\}$$

$$k_2 = \{P(x;y) \mid 5x^2 - 16y - 32 = 0\}$$

$$k_3 = \{P(x;y) \mid x^2 + y^2 - 25 = 0\}$$

$$k_4 = \{P(x;y) \mid 5x - 6y - 12 = 0\}\,?$$

752. Gegeben sind zwei Kurvengleichungen. In welchen Punkten schneiden sich die zugehörigen Kurven:

a) $x - y + 7 = 0$
$3x + y + 13 = 0,$

b) $x^2 - 9x - y + 18 = 0$
$x + y - 6 = 0,$

c) $x^2 + y^2 - 4 = 0$
$3x + 2y - 12 = 0$?

753. Wo schneiden die Kurven mit den Gleichungen

a) $y = 2x - 6,$ b) $9x^2 + 25y^2 - 900 = 0,$ c) $y = x^2 - 5x + 4,$

d) $x^2 - 4x - 4y + 28 = 0$

die x-Achse?

754. Wo schneiden die Kurven mit den Gleichungen

a) $5x + y - 3 = 0,$ b) $25x^2 + 16y^2 - 400 = 0,$ c) $x^2y + y - 1 = 0,$

d) $4x^2 - 9y^2 - 36 = 0$

die y-Achse?

755. Eine Kurve ist durch eine Parameterdarstellung gegeben. Man stelle eine Wertetabelle auf, zeichne die Kurve und bestimme ihre parameterfreie Gleichung $F(x; y) = 0$.

a) k_1: $x = t - 1$
$y = \frac{1}{2} t^2 - 3,$

b) k_2: $x = \frac{t}{1 - t}$
$y = \frac{1 + t}{1 - t},$

c) k_3: $x = 2 \cos t + 3$
$y = 2 \sin t,$

d) k_4: $x = 3 \cot t$
$y = \frac{2}{\sin t}$

756. Für die Kurvengleichung $r = \frac{3}{1 + \sin \varphi}$ ist eine Wertetabelle für $\varphi \in [-30°; 210°]$ und die Differenz $\Delta\varphi = 10°$ aufzustellen (Rechenstab) und die Kurve zu zeichnen.

757. Aus der gegebenen Kurvengleichung $F(x; y) = 0$ ist die Gleichung in Polarkoordinaten $r = f(\varphi)$ abzuleiten:

a) $y = 2\sqrt[3]{x^2},$ b) $y = 2x - 1,$ c) $x^2 - y^2 - 1 = 0.$

758. Aus der gegebenen Kurvengleichung $r = f(\varphi)$ ist die Gleichung in rechtwinkligen Koordinaten $F(x; y) = 0$ abzuleiten:

a) $r = \frac{2}{1 - \cos \varphi},$ b) $r = \frac{4}{\sin \varphi + \cos \varphi},$ c) $r - 4 \sin \varphi + \cos \varphi = 0.$

759. Ein $x;y$- und ein $\xi;\eta$-System haben parallele und gleichgerichtete Achsen. Der Ursprung O' des $\xi;\eta$-Systems hat die Koordinaten $x = 4,\ y = 7$.

a) Man berechne die Koordinaten $\xi_a;\eta_a$ des Punktes $A(x_a = -2;\ y_a = 5)$.

b) Wie heißt die Gleichung der Kurve $y^2 - 4x - 14y + 33 = 0$ im $\xi;\eta$-System?

760. Gegeben ist eine Kurve mit der Gleichung $x^2 + y^2 - 25 = 0$. Wie heißt die Kurvengleichung in dem nach Bild 138 festgelegten $\xi;\eta$-System?

761. Man bestimme für den Punkt $A(x_a = 5; y_a = -6)$ die Koordinaten $\xi_a; \eta_a$ für die in Bild 140 angegebene Lage beider Koordinatensysteme.

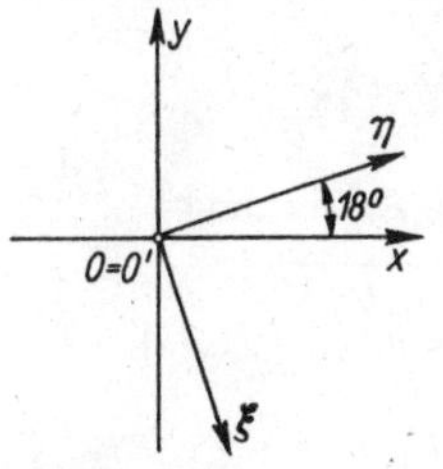

Bild 140

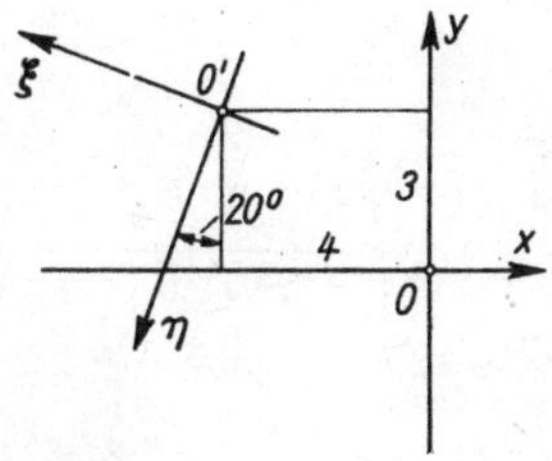

Bild 141

762. Gegeben ist eine Kurve (Gerade) mit der Gleichung $y = -(2 + \sqrt{3})\,x + 6 + 8\sqrt{3}$. Wie heißt die Kurvengleichung in dem $\xi; \eta$-System, das durch Bild 139 gegeben ist?

763. Für den Punkt $A(x_a = 2; y_a = -8)$ sind die Koordinaten im $\xi; \eta$-System, das durch Bild 141 gegeben ist, zu berechnen.

25. Punkte, Strecken und Flächen im rechtwinkligen Koordinatensystem

25.1. Entfernung zweier Punkte

Im rechtwinkligen Koordinatensystem ist die Lage eines Punktes durch die Angabe seiner Koordinaten eindeutig festgelegt. Damit ist es auch möglich, die Entfernung zweier Punkte durch deren Koordinaten auszudrücken.

In einem rechtwinkligen Koordinatensystem mit gleich großen Einheitslängen $OE_x = OE_y$ seien die beiden Punkte $P_1(x_1; y_1)$ und $P_2(x_2; y_2)$ gegeben (Bild 142). Zieht man durch P_1 eine Parallele zur x-Achse und durch P_2 eine Parallele zur y-Achse so entsteht das rechtwinklige Dreieck P_1QP_2 mit den beiden Katheten $P_1Q = x_2 - x_1$ und $QP_2 = y_2 - y_1$. Damit liefert der Satz des PYTHAGORAS für die **Entfernung der beiden Punkte P_1 und P_2** die Formel

$$\overline{P_1P_2} = \sqrt{(x_2 - x_1)^2 + (y_2 - y_1)^2} \qquad (139)$$

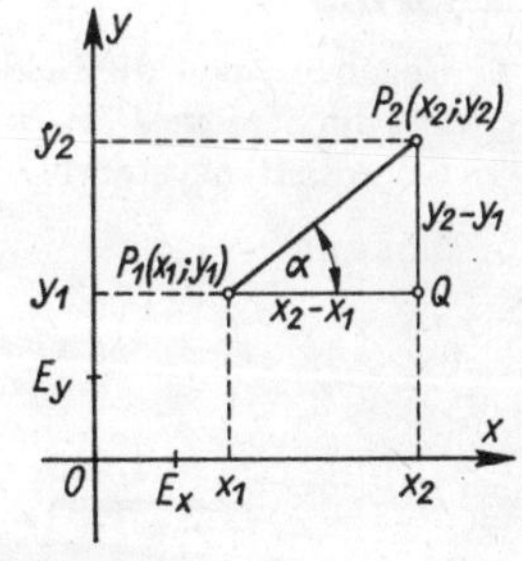

Bild 142

Bei der Herleitung dieser Formel wurde davon ausgegangen, daß die beiden Punkte P_1 und P_2 im ersten Quadranten liegen. Wie man sich jedoch leicht überzeugen kann, gilt diese Formel in jedem Falle, in welchen Quadranten die beiden gegebenen Punkte auch liegen mögen.

Ferner wurde oben vorausgesetzt, daß die beiden Einheitslängen OE_x und OE_y auf den beiden Koordinatenachsen gleich groß sein sollen. Ist dies der Fall, so liefert die Formel (139) die tatsächliche Länge der Strecke P_1P_2, ausgedrückt durch diese Einheitslängen. — Man verwendet jedoch Formel (139) auch dann als Formel für die Entfernung der beiden Punkte P_1 und P_2, wenn die beiden Einheitslängen OE_x und OE_y verschieden voneinander sind. Allerdings muß dann auf eine geometrisch-anschauliche Interpretation des Entfernungs-Begriffes verzichtet werden.

BEISPIEL

Die beiden Punkte $A(-3; 2)$ und $B(5; -8)$ haben die Entfernung

$$e = \overline{AB} = \sqrt{[5-(-3)]^2 + (-8-2)^2} = \sqrt{8^2 + (-10)^2}$$

$$\underline{\underline{e = \sqrt{164} \approx 12{,}8}}.$$

25.2. Anstieg einer Strecke

In einem rechtwinkligen Koordinatensystem mit gleich großen Einheitslängen OE_x und OE_y versteht man unter dem **Anstiegswinkel** α der Strecke P_1P_2 denjenigen Winkel $\alpha \in [0°; 180°)$, den diese Strecke mit der positiv gerichteten x-Achse bildet. Der Tangens des Anstiegswinkels wird als Anstieg m oder auch als Richtungsfaktor der Strecke bezeichnet.

Aus Bild 142 folgt für den **Anstieg der Strecke P_1P_2**

$$\boxed{m = \tan \alpha = \frac{y_2 - y_1}{x_2 - x_1}} \qquad (140)$$

Im geometrisch-anschaulichen Sinne ist es nur dann angebracht, vom Anstiegswinkel α zu sprechen, wenn dem Problem ein gleichgeteiltes Koordinatensystem zugrunde liegt. Dagegen verwendet man den Begriff des Anstiegs einer Strecke auch dann, wenn die Teilungen auf den Koordinatenachsen verschieden sind.

BEISPIEL

Gegeben seien die beiden Punkte $P_1(3{,}214; 1{,}684)$ und $P_2(4{,}715; 4{,}286)$. Welchen Anstieg hat die Strecke P_1P_2, und wie groß ist der zugehörige Anstiegswinkel in einem gleichgeteilten Koordinatensystem?

Lösung:

$$m = \tan \alpha = \frac{y_2 - y_1}{x_2 - x_1} = \frac{4{,}286 - 1{,}684}{4{,}715 - 3{,}214} = \frac{2{,}602}{1{,}501}$$

$$\underline{\underline{m = 1{,}733}} \Rightarrow \underline{\underline{\alpha = 60°}}.$$

25.3. Teilung einer Strecke

Bei den folgenden Betrachtungen soll außer der Lage der beiden Endpunkte P_1 und P_2 einer Strecke auch noch der »Durchlaufsinn« dieser Strecke beachtet werden. So soll z. B. die Strecke P_1P_2 vom Punkt P_1 ausgehend nach dem Punkt P_2 hin durchlaufen werden, während die Strecke P_2P_1 ihren Ausgangspunkt im Punkte P_2

haben soll und zum Punkt P_1 hin durchlaufen wird. Die beiden Strecken P_1P_2 und P_2P_1 sind zwar lagemäßig gleich, sie unterscheiden sich jedoch in ihrem Durchlaufsinn.
Nun seien P_1 und P_2 zwei beliebige Punkte einer Geraden g. Durch $\overline{P_1P_2}$ ist dann eine mit einem Richtungssinn versehene Strecke als Teilmenge aller Punkte der Geraden g festgelegt:

$$\overline{P_1P_2} \subset g.$$

Ist ferner T ein weiterer beliebiger Punkt der Geraden g:

$$T \in g,$$

so nennt man das Verhältnis

$$\boxed{\overline{P_1T} : \overline{TP_2} = \lambda} \qquad (141)$$

das durch T bewirkte **Teilungsverhältnis λ der Strecke $\overline{P_1P_2}$.**

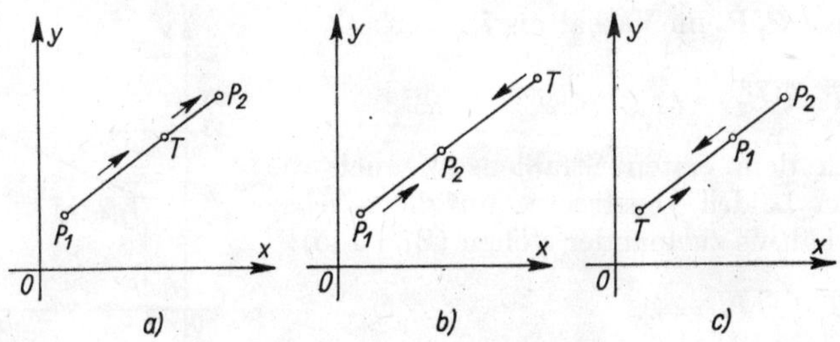

Bild 143

Als Verhältnis zweier Strecken ist das Teilungsverhältnis λ eine dimensionslose Zahl. Sie ist positiv, wenn der Teilungspunkt T ein Punkt der Strecke P_1P_2 ist. In diesem Falle werden nämlich die beiden Teilstrecken P_1T und TP_2 im gleichen Sinne durchlaufen (Bild 143a). Liegt dagegen der Teilungspunkt T außerhalb der Strecke P_1P_2 auf g, so wird das zugehörige Teilungsverhältnis eine negative Zahl sein, denn dann ist der Richtungssinn von $\overline{P_1T}$ dem Richtungssinn von $\overline{TP_2}$ genau entgegengesetzt (Bild 143b und c).

Gelegentlich wird in der Literatur zwischen der *äußeren* und der *inneren Teilung* einer Strecke unterschieden. Man spricht dann von der äußeren Teilung, wenn der Teilungspunkt T außerhalb der gegebenen Strecke P_1P_2 liegt, und von der inneren Teilung, wenn der Teilungspunkt T zwischen den beiden Endpunkten P_1 und P_2 der Strecke liegt. Diese Unterscheidung ist jedoch nicht erforderlich, wenn — wie es hier getan wurde — das Teilungsverhältnis λ als vorzeichenbehaftete Zahl definiert wird.

In Bild 144 wird dargestellt, welche Werte das Teilungsverhältnis λ der Strecke P_1P_2 annimmt, wenn der Teilungspunkt T in den verschiedenen Abschnitten der durch P_1 und P_2 festgelegten Geraden liegt.

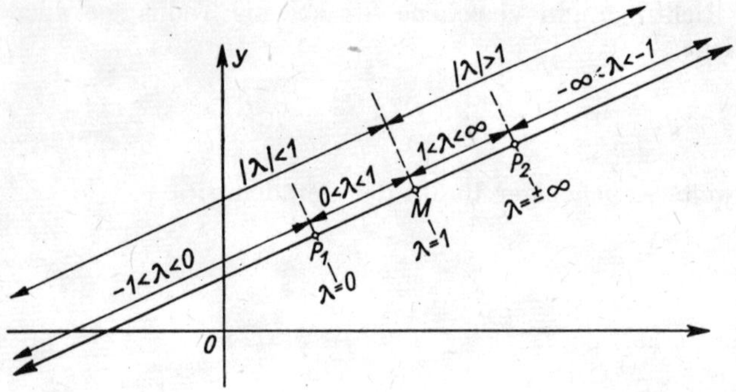

Bild 144

Es sollen nun die Koordinaten x_T und y_T des Teilungspunktes T berechnet werden, der eine gegebene Strecke P_1P_2 in einem vorgeschriebenen Teilungsverhältnis λ teilt.

Soll T die Strecke P_1P_2 im Verhältnis λ teilen:

$$\overline{P_1T}:\overline{TP_2}=\lambda,$$

so müssen nach dem ersten Strahlensatz auch die Projektionen der beiden Teilstrecken auf die x-Achse im gleichen Verhältnis zueinander stehen (Bild 145):

$$\overline{P_1'T'}:\overline{T'P_2'}=\lambda.$$

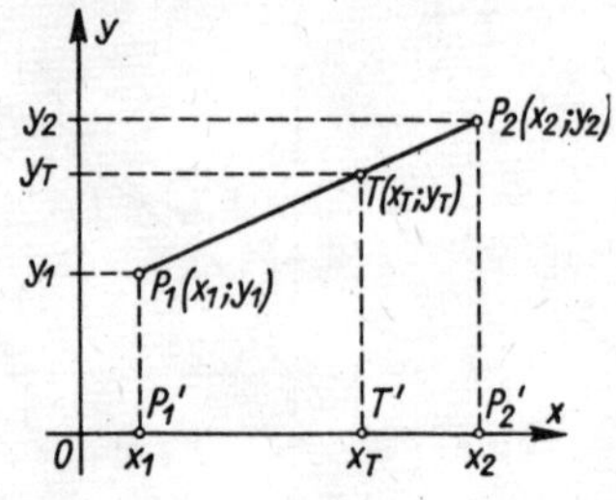

Bild 145

Mit $\overline{P_1'T'}=x_T-x_1$ und $\overline{T'P_2'}=x_2-x_T$ folgt daraus

$$(x_T-x_1):(x_2-x_T)=\lambda,$$

woraus sich durch Auflösen nach x_T die Abszisse des Teilungspunktes T zu

$$x_T=\frac{x_1+\lambda x_2}{1+\lambda}$$

ergibt.

Entsprechend erhält man für die Ordinate y_T des Teilungspunktes T

$$y_T=\frac{y_1+\lambda y_2}{1+\lambda}.$$

Sind $P_1(x_1; y_1)$ und $P_2(x_2; y_2)$ die Endpunkte einer Strecke, die durch einen Teilungspunkt T im Verhältnis λ geteilt werden soll, so lauten die **Koordinaten x_T und y_T dieses Teilungspunktes**

$$x_T = \frac{x_1 + \lambda x_2}{1 + \lambda} \qquad y_T = \frac{y_1 + \lambda y_2}{1 + \lambda} \qquad \lambda \in R \setminus \{-1\} \tag{142}$$

BEISPIELE

1. Wie lauten die Koordinaten des Mittelpunktes einer Strecke P_1P_2, deren Endpunkte $P_1(-3; 2)$ und $P_2(5; -4)$ sind?

Lösung: Ist M der Mittelpunkt der Strecke P_1P_2, so muß $\overline{P_1M} = \overline{MP_2}$ sein. Das durch den Mittelpunkt einer Strecke bewirkte Teilungsverhältnis λ ist also

$$\lambda = \overline{P_1M} : \overline{MP_2} = 1$$

(vgl. auch Bild 144).
Mit $\lambda = 1$ erhält man nach (142) für die Koordinaten des Mittelpunktes M der Strecke P_1P_2

$$x_M = \frac{x_1 + x_2}{2} = \frac{(-3) + 5}{2} \qquad y_M = \frac{y_1 + y_2}{2} = \frac{2 + (-4)}{2}$$

$$x_M = 1 \qquad y_M = -1.$$

Der Mittelpunkt der Strecke P_1P_2 ist demnach der Punkt $M(1; -1)$.

2. Es sind die Koordinaten desjenigen Punktes zu ermitteln, der die Strecke AB mit den Endpunkten $A(5; -1)$ und $B(2; 6)$ im Verhältnis $\lambda = -2$ teilt.

Lösung: Da λ negativ ist, muß der Teilungspunkt außerhalb der Strecke AB liegen. Mit $\lambda = -2$ ergibt sich

$$x_T = \frac{x_A - 2x_B}{-1} \qquad y_T = \frac{y_A - 2y_B}{-1}$$

$$x_T = -1. \qquad y_T = +13.$$

Der gesuchte Teilungspunkt ist demnach $T(-1; 13)$. Man überzeuge sich durch eine maßstabsgerechte Skizze davon, daß der Punkt T außerhalb der Strecke AB liegt, sowie durch Rechnung davon, daß $|\overline{AT}| = 2 \cdot |\overline{TB}|$ ist.

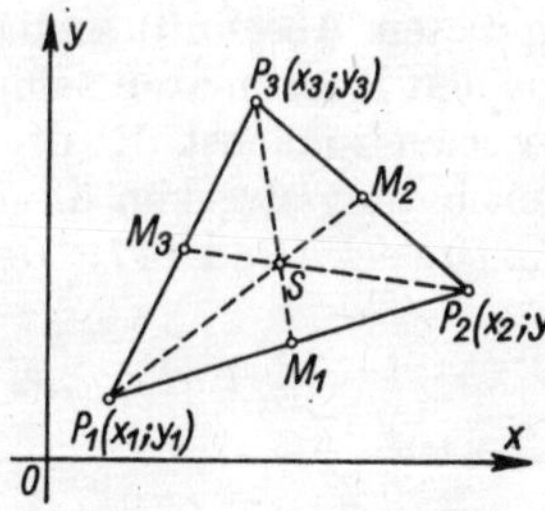

Bild 146

3. Wie lauten die Koordinaten des Schwerpunktes S eines homogenen Dreiecks mit den Eckpunkten $P_1(x_1; y_1)$, $P_2(x_2; y_2)$ und $P_3(x_3; y_3)$?

Lösung: Aus der elementaren Geometrie ist bekannt, daß sich die drei Seitenhalbierenden eines Dreiecks im Schwerpunkt schneiden und daß jede Seitenhalbierende vom Eckpunkt aus durch den Schwerpunkt im Verhältnis 2:1 geteilt wird (Bild 146). Es ist also z. B.

$$x_S = \frac{x_3 + 2x_{M_1}}{3} \qquad y_S = \frac{y_3 + 2y_{M_1}}{3}.$$

Beachtet man, daß nach Beispiel 1

$$x_{M_1} = \frac{x_1 + x_2}{2} \quad \text{und} \quad y_{M_1} = \frac{y_1 + y_2}{2}$$

ist, so erhält man für die Schwerpunktskoordinaten des Dreiecks

$$\underline{\underline{x_S = \frac{x_1 + x_2 + x_3}{3}}} \qquad \underline{\underline{y_S = \frac{y_1 + y_2 + y_3}{3}}}.$$

Von der Formel (142) ist bei den bisherigen Beispielen stets in der Weise Gebrauch gemacht worden, daß für einen festen Wert λ die Koordinaten desjenigen Teilungspunktes T bestimmt wurden, der eine gegebene Strecke im vorgeschriebenen Teilungsverhältnis λ teilt. Faßt man dagegen λ als einen variablen Parameter auf mit

$$\lambda \in R \setminus \{-1\},$$

so stellen die beiden Formeln

$$\boxed{x(\lambda) = \frac{x_1 + \lambda x_2}{1 + \lambda}} \qquad \boxed{y(\lambda) = \frac{y_1 + \lambda y_2}{1 + \lambda}} \tag{143}$$

eine **Parameterdarstellung für** diejenige **Gerade** g dar, die durch die beiden Punkte P_1 und P_2 hindurchgeht, d. h., für jeden beliebigen Wert von λ aus dem oben angegebenen Definitionsbereich erhält man stets die Koordinaten eines Punktes $P \in g$.

25.4. Flächeninhalt ebener Vielecke

In diesem Abschnitt sei die Aufgabe gestellt, den Flächeninhalt eines ebenen Vielecks aus den Koordinaten seiner Eckpunkte zu berechnen.
Es seien zunächst die drei Punkte $P_1(x_1;y_1)$, $P_2(x_2;y_2)$ und $P_3(x_3;y_3)$ gegeben. Die Verbindungsstrecken dieser drei Punkte bilden im kartesischen Koordinatensystem ein Dreieck (Bild 147). Der Flächeninhalt dieses Dreiecks berechnet sich aus

$$\begin{aligned} A &= A_{P_1Q_1Q_3P_3} + A_{P_3Q_3Q_2P_2} - A_{P_1Q_1Q_2P_2} = \\ &= \frac{1}{2}(y_1 + y_3)(x_3 - x_1) + \frac{1}{2}(y_3 + y_2)(x_2 - x_3) - \\ &\quad - \frac{1}{2}(y_1 + y_2)(x_2 - x_1) = \\ &= \frac{1}{2}(x_1y_2 - x_1y_3 + x_2y_3 - x_2y_1 + x_3y_1 - x_3y_2) \\ A &= \frac{1}{2}[x_1(y_2 - y_3) + x_2(y_3 - y_1) + x_3(y_1 - y_2)]. \end{aligned}$$

Wie man leicht nachprüfen kann, läßt sich der zuletzt erhaltene Term in Form einer einprägsamen dreireihigen Determinante schreiben:

$$A = \frac{1}{2} \cdot \begin{vmatrix} 1 & 1 & 1 \\ x_1 & x_2 & x_3 \\ y_1 & y_2 & y_3 \end{vmatrix}$$

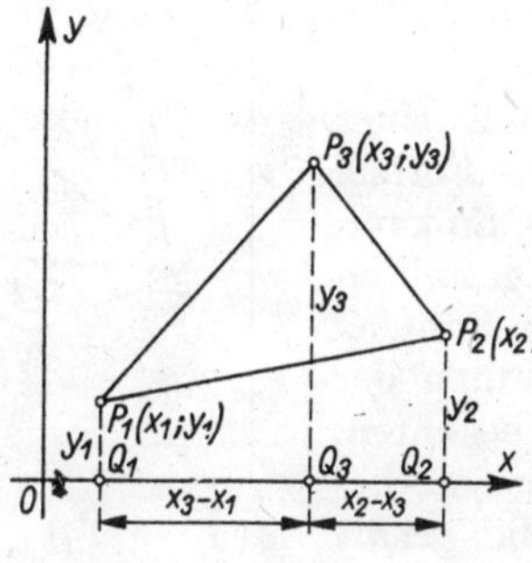

Bild 147

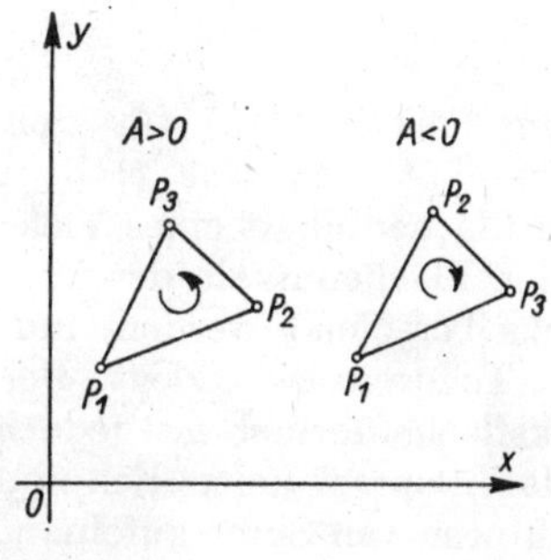

Bild 148

Der **Flächeninhalt eines Dreiecks** mit den Eckpunkten $P_1(x_1;y_1)$, $P_2(x_2;y_2)$ und $P_3(x_3;y_3)$ ist

$$A = \frac{1}{2} \cdot [x_1(y_2 - y_3) + x_2(y_3 - y_1) + x_3(y_1 - y_2)]$$

oder

$$A = \frac{1}{2} \cdot \begin{vmatrix} 1 & 1 & 1 \\ x_1 & x_2 & x_3 \\ y_1 & y_2 & y_3 \end{vmatrix} \qquad (144)$$

Der nach Formel (144) berechnete Flächeninhalt eines Dreiecks kann positiv oder negativ sein. Das hängt davon ab, in welchem Umlaufsinn die drei Eckpunkte des Dreiecks aufeinander folgen. Folgen die drei Eckpunkte im mathematisch positiven Sinne aufeinander (Bild 148, linkes Dreieck), so ergibt sich ein positiver Wert für den Flächeninhalt. Der Flächeninhalt wird negativ, wenn die drei Eckpunkte im mathematisch negativen Sinne aufeinander folgen (Bild 148, rechtes Dreieck).
Liefert schließlich Formel (144) den Wert $A = 0$, so ist dies ein Zeichen dafür, daß die drei gegebenen Punkte kein Dreieck bilden, sondern auf einer Geraden liegen. Es ergibt sich damit ein sehr einfaches Kriterium dafür, ob drei Punkte

»*kollinear*« sind, d. h., ob sie auf einer Geraden liegen:

Die drei Punkte $P_1(x_1;y_1)$, $P_2(x_2;y_2)$ und $P_3(x_3;y_3)$ liegen auf einer Geraden, wenn

$$\begin{vmatrix} 1 & 1 & 1 \\ x_1 & x_2 & x_3 \\ y_1 & y_2 & y_3 \end{vmatrix} = 0$$

ist.

Aus der Formel (144) für den Flächeninhalt eines Dreiecks läßt sich eine recht übersichtliche Formel für den Flächeninhalt eines Vielecks herleiten. So kann z. B. der Flächeninhalt des in Bild 149 dargestellten Fünfecks berechnet werden, indem man das Fünfeck in drei Teildreiecke zerlegt. Bei der Anwendung der Dreiecksflächenformel ist jedoch dabei zu beachten, daß die entsprechenden Eckpunkte immer im mathematisch positiven Sinne aufeinander folgen. Man erhält

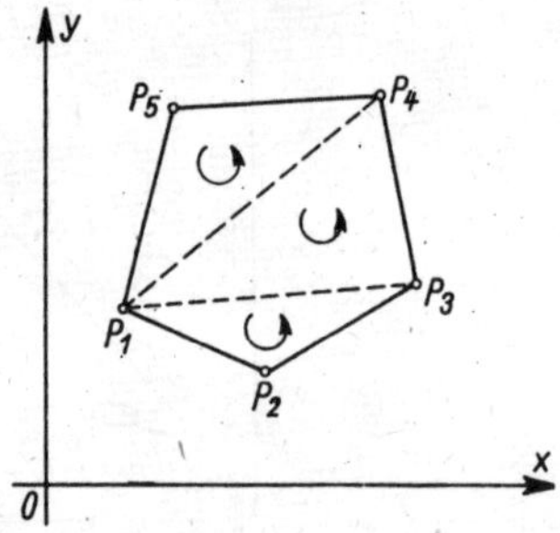

Bild 149

$$A = \frac{1}{2}\,[x_1(y_2 - y_3) + x_2(y_3 - y_1) + x_3(y_1 - y_2)] +$$

$$+ \frac{1}{2}\,[x_1(y_3 - y_4) + x_3(y_4 - y_1) + x_4(y_1 - y_3)] +$$

$$+ \frac{1}{2}\,[x_1(y_4 - y_5) + x_4(y_5 - y_1) + x_5(y_1 - y_4)].$$

Dieser Ausdruck läßt sich noch vereinfachen zu

$$A = \frac{1}{2}\,[x_1(y_2 - y_5) + x_2(y_3 - y_1) + x_3(y_4 - y_2) +$$

$$+ x_4(y_5 - y_3) + x_5(y_1 - y_4)].$$

Sieht man vom ersten und vom letzten Glied dieser Klammer ab, so erkennt man, daß die übrigen Glieder gesetzmäßig aufgebaut sind:

$$x_k(y_{k+1} - y_{k-1}).$$

Diese Gesetzmäßigkeit läßt sich ausnutzen, um die Formel für den Flächeninhalt eines Fünfecks in Summenschreibweise angeben zu können. Definiert man nämlich, daß

$$y_0 = y_5 \quad \text{und} \quad y_6 = y_1$$

sein soll, dann wird

$$A = \frac{1}{2} \sum_{k=1}^{5} x_k (y_{k+1} - y_{k-1}).$$

Diese Formel läßt sich ohne Schwierigkeiten erweitern zu einer **Formel für den Flächeninhalt eines ebenen n-Ecks:**

$$\boxed{A = \frac{1}{2} \sum_{k=1}^{n} x_k (y_{k+1} - y_{k-1})}, \tag{145}$$

wobei $y_0 = y_n$ und $y_{n+1} = y_1$.

BEISPIELE

1. Wie groß ist die Fläche des ebenen Dreiecks mit den Eckpunkten $A(1; -2)$, $B(5; 3)$ und $C(-4; 6)$?

Lösung: Aus der maßstabsgerechten Skizze folgt, daß das Dreieck positiv orientiert ist. Es ist also ein positiver Flächeninhalt zu erwarten. Nach Formel (144) ist

$$A = \frac{1}{2} \begin{vmatrix} 1 & 1 & 1 \\ 1 & 5 & -4 \\ -2 & 3 & 6 \end{vmatrix}$$

$$\underline{\underline{A = 28{,}5 \text{ FE.}}}$$

2. Welchen Flächeninhalt hat das Sechseck mit den Eckpunkten $A(-6; 3)$, $B(-4; -3)$, $C(1; -6)$, $D(4; -2)$, $E(5; 3)$ und $F(2; 5)$?

Lösung: Die Eckpunkte des Sechsecks folgen im mathematisch positiven Sinne aufeinander (Skizze!). Für die Berechnung des Flächeninhaltes ist das folgende Rechenschema von Vorteil:

k	x_k	y_k	$y_{k+1} - y_{k-1}$	$x_k(y_{k+1} - y_{k-1})$
0	2	5		
1	−6	3	−8	48
2	−4	−3	−9	36
3	1	−6	1	1
4	4	−2	9	36
5	5	3	7	35
6	2	5	0	0
7	−6	3		
			+17 −17	156

$$A = \frac{1}{2} \cdot 156 = 78$$

Der Flächeninhalt des Sechsecks beträgt 78 Flächeneinheiten.

Anmerkungen zum Rechenschema: Die Werte $k = 0$ und $k = 7$ wurden deshalb mit aufgenommen, weil sich dadurch die Rechnung übersichtlicher gestaltet. — Die einzelnen Zahlen der vierten Spalte sind dadurch entstanden, daß jeweils der y-Wert der vorhergehenden Zeile vom y-Wert der nachfolgenden Zeile subtrahiert wurde.

Kontrollmöglichkeit: Die Summe sämtlicher Differenzen $y_{k+1} - y_{k-1}$ muß Null sein. (Warum?)

AUFGABEN

764. Berechnen Sie die Entfernung der folgenden Punkte:

a) $P_1(2; -3)$ und $P_2(5; 1)$, b) $A(4; 2)$ und $B(2; 0)$,

c) $P(-3; -2)$ und $Q(4; 6)$, d) $M(0; 0)$ und $N(6; -8)$,

e) $S(-3; -5)$ und $T(3; -5)$, f) $P(2{,}27; -3{,}58)$ und $Q(2{,}27; 0)$,

g) $A(1{,}3; -2{,}4)$ und $B(-2{,}1; -4{,}6)$,

h) $P(3{,}24; 2{,}78)$ und $Q(-5{,}92; -2{,}47)$.

765. Wie vereinfacht sich die Formel für die Entfernung zweier Punkte, wenn einer der beiden Punkte mit dem Koordinatenursprung zusammenfällt?

766. Welcher Punkt der x-Achse hat vom Punkte $A(6; -4)$ den Abstand $a = 5$ LE?

767. Welcher Punkt der y-Achse hat vom Punkte $Q(12; -2)$ den Abstand $a = 13$ LE?

768. Welche Koordinaten hat der Mittelpunkt des Dreiecks mit den Eckpunkten $A(0; 0)$, $B(8; 2)$, $C(3; 6)$? Wie groß ist der Radius des Umkreises?

769. Gegeben ist die Strecke P_1P_2 mit den Endpunkten $P_1(0; 0)$ und $P_2(10; 0)$. Welche Abszisse hat dann der Teilungspunkt T für die Teilungsverhältnisse:

a) $\lambda = \frac{1}{3}$, b) $\lambda = 3$, c) $\lambda = -2$, d) $\lambda = -0{,}5$?

770. Auf der x-Achse seien die beiden festen Punkte A und B markiert. Über der x-Achse ist als Ordinate jeweils der Wert des Teilungsverhältnisses aufzutragen, in dem der betreffende Punkt die Strecke AB teilt. Wie sieht die entstehende Kurve aus? In welche Kategorie ist die zugehörige Funktionsgleichung einzuordnen?

771. Wo liegt der Teilungspunkt T, der die Strecke AB im Verhältnis λ teilt, wenn

a) $A(8; 3)$, $B(3; -4)$, $\lambda = 2:3$,

b) $A(1; 5)$, $B(6; -4)$, $\lambda = -4$,

c) $A(-3; 7)$, $B(3; -7)$ $\lambda = 0$,

d) $A(2{,}5; -3{,}24)$, $B(6{,}1; -2{,}83)$, $\lambda = 1$

ist?

772. Wo liegen die Mittelpunkte der folgenden durch A und B gegebenen Strecken:

a) $A(1; 2)$, $B(5; 6)$, b) $A(-3; 5)$, $B(4; -7)$,

c) $A(a; -b)$, $B(-a; b)$, d) $A(2{,}3; -1{,}7)$, $B(8{,}2; 5{,}3)$?

773. Die Strecke AB mit den Endpunkten $A(2; -1)$ und $B(5; 3)$ soll a) auf das Doppelte, b) auf das Fünffache der ursprünglichen Länge über B hinaus verlängert werden. Wo liegen die neuen Endpunkte?

774. Wo liegt der Schwerpunkt des Dreiecks mit den Eckpunkten $P(-2; 3)$, $Q(2; 10)$ und $R(-10; -3)$?

775. Bestimmen Sie den Flächeninhalt der folgenden Dreiecke:

a) $A(3; -4)$, $B(-4; 1)$, $C(5; 6)$,

b) $A(3; 5)$, $B(-3; 7)$, $C(-5; -1)$,

c) $P(0; 3)$, $Q(-5; 0{,}5)$, $R(1{,}6; 3{,}8)$.

776. Wie groß ist der Flächeninhalt des Achtecks mit den Eckpunkten $A(1; -8)$, $B(4; -4)$, $C(6; 1)$, $D(3; 7)$, $E(-1; 8)$, $F(-5; 6)$, $G(-8; 0)$ und $H(-3; -6)$?

777. Wo liegt der Drehpunkt eines zweiarmigen Hebels, der in den Punkten $A(3; 7)$ und $B(-4; 2)$ mit $F_A = 80$ N und $F_B = 120$ N belastet wird?

778. Die Eckpunkte eines Dreiecks seien $A(-5; -1)$, $B(7; -5)$ und $C(-1; 7)$.

a) Die Mittelpunkte D, E und F der Dreiecksseiten sind zu bestimmen.

b) Es ist analytisch zu zeigen, daß die Verbindungsstrecken der Seitenmittelpunkte halb so lang sind wie die zu ihnen parallel laufenden Dreiecksseiten.

c) Die Flächeninhalte der Dreiecke ABC und DEF sind zu vergleichen.

d) Wo liegt der Schwerpunkt des Dreiecks?

779. Durch die beiden Punkte $P(-3; 2)$ und $Q(5; 8)$ ist eine Gerade gelegt. Es soll ein Punkt R mit der Abszisse $x_R = 1$ so bestimmt werden, daß er auf der durch P und Q hindurchgehenden Geraden liegt.

780. Welchen Flächeninhalt hat das Viereck mit den Eckpunkten $P_1(-5; 0)$, $P_2(6; 2)$, $P_3(7; -9)$ und $P_4(-3; -11)$?

781. Wie vereinfacht sich die Formel für den Flächeninhalt eines Dreiecks, wenn einer der drei Eckpunkte des Dreiecks im Koordinatenursprung liegt?

26. Gerade

26.1. Allgemeine Form der Geradengleichung

Aus dem Band »Analysis für Ingenieure« ist bekannt, daß die Menge aller Punkte $P(x;y)$, deren Koordinaten x und y die lineare Gleichung

$$Ax + By + C = 0$$

mit

$$A, B, C \in R$$

und

$$(x;y) \in R \times R$$

erfüllen, im rechtwinkligen Koordinatensystem eine Gerade g bildet. Die Gleichung

$$\boxed{Ax + By + C = 0} \tag{146}$$

kann somit unter den oben genannten Bedingungen als **allgemeine Form einer Geradengleichung** aufgefaßt werden.
Erfüllen die Koordinaten eines Punktes $P(x;y)$ die Gleichung (146), so ist $P \in g$ und umgekehrt. Erfüllen dagegen die Koordinaten eines Punktes $Q(x;y)$ die Gleichung (146) nicht, so ist $Q \notin g$ und umgekehrt.
Da bekannt ist, daß das Bild jeder Funktion der Form (146) eine Gerade ist, läßt sich die zugehörige Gerade verhältnismäßig schnell zeichnen, wenn man sich zwei Punkte dieser Geraden verschafft. Am besten eignen sich dazu meist die Schnittpunkte der Geraden mit den Koordinatenachsen.

BEISPIELE

1. Die Gerade $2x - 3y + 6 = 0$ ist in ein rechtwinkliges Koordinatensystem einzuzeichnen.
   Lösung: Als Schnittpunkt der Geraden mit der x-Achse ($y_1 = 0$) findet man
   $$2x_1 + 6 = 0 \Rightarrow x_1 = -3.$$
   Entsprechend findet man den Schnittpunkt mit der y-Achse ($x_2 = 0$):
   $$-3y_2 + 6 = 0 \Rightarrow y_2 = 2.$$
   Die Gerade $2x - 3y + 6 = 0$ hat demzufolge die in Bild 150 eingezeichnete Lage (g_1).
2. Die Gerade $8x - y - 12 = 0$ ist in ein rechtwinkliges Koordinatensystem einzutragen.
   Lösung: Schnitt mit der x-Achse bei $x_1 = 1{,}5$.
   Als Schnitt mit der y-Achse würde man $y_0 = -12$ erhalten. Da man hierzu das Koordinatensystem unnötig weit nach unten zeichnen müßte, berechnet man lieber den y-Wert für einen günstiger liegenden x-Wert, z. B. für $x_2 = 2$. Man erhält
   $$8 \cdot 2 - y_2 - 12 = 0 \Rightarrow y_2 = 4.$$
   Die gesuchte Gerade muß also durch die beiden Punkte $P_1(1{,}5; 0)$ und $P_2(2; 4)$ hindurchgehen. Sie hat die im Bild 150 gestrichelt eingezeichnete Lage (g_2).

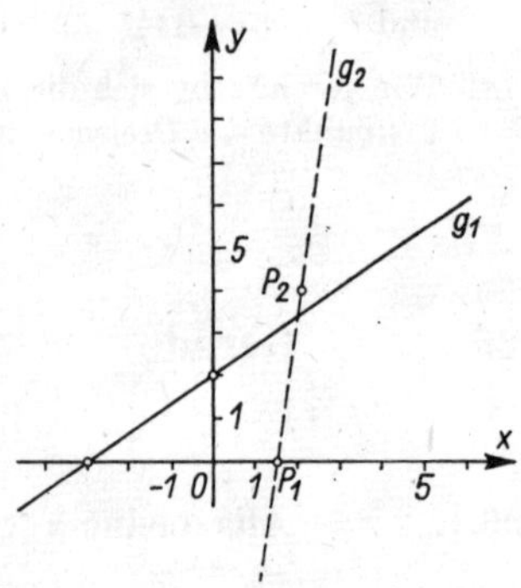

Bild 150

Sind A und B in Gleichung (146) beide $\neq 0$, so ergibt sich stets eine Gerade, die zu keiner der beiden Koordinatenachsen parallel verläuft und deren Lage nach dem oben geschilderten Verfahren bestimmt werden kann.
Im Falle $C = 0$ geht die Gerade durch den Koordinatenursprung.
Ist $A = 0$ und $B \neq 0$, so lautet die Geradengleichung
$$By + C = 0$$
oder
$$y = -\frac{C}{B}.$$
Diese Gleichung stellt eine Parallele zur x-Achse im Abstand $-\dfrac{C}{B}$ dar.

Ist $A \neq 0$ und $B = 0$, so lautet die Geradengleichung

$$Ax + C = 0$$

oder

$$x = -\frac{C}{A}.$$

Dies ist die Gleichung einer Parallelen zur y-Achse im Abstand $-\frac{C}{A}$.

Ist schließlich sowohl $A = 0$ als auch $B = 0$, so muß auch $C = 0$ sein.

Die Gerade

$$Ax + By + C = 0$$

teilt die gesamte $x;y$-Ebene in zwei Halbebenen. Die Koordinaten aller Punkte der Trennlinie erfüllen die Gleichung

$$Ax + By + C = 0.$$

Dagegen gilt für die Koordinaten aller Punkte der einen Halbebene die Relation

$$Ax + By + C > 0,$$

während die Koordinaten aller Punkte der anderen Halbebene die Relation

$$Ax + By + C < 0$$

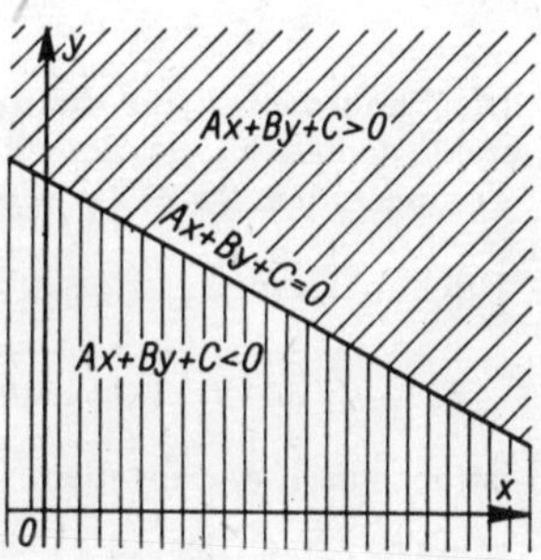

Bild 151

erfüllen. — Für welche der beiden Halbebenen das Größer- bzw. das Kleinerzeichen gilt, muß von Fall zu Fall untersucht werden. Dazu genügt es, einen einzigen Punkt herauszugreifen, der nicht auf der Trenngeraden der beiden Halbebenen liegt; meistens verwendet man dazu den Ursprung des Koordinatensystems (Bild 151).

BEISPIELE

3. Es ist diejenige Halbebene des rechtwinkligen Koordinatensystems zu bestimmen, für die gilt

$$2x - 3y + 6 \leqq 0.$$

Lösung: Die Gerade, die die beiden Halbebenen voneinander trennt, ist die Gerade

$$2x - 3y + 6 = 0.$$

Sie schneidet die x-Achse ($y_1 = 0$) bei $x_1 = -3$ und die y-Achse ($x_2 = 0$) bei $y_2 = 2$ (Bild 152). Setzt man in den gegebenen Term $2x - 3y + 6$ die Koordinaten des Nullpunktes $P(0; 0)$ ein, so ergibt sich die Ungleichung

$$0 - 0 + 6 > 0.$$

Die Koordinaten des Nullpunktes erfüllen also die gegebene Ungleichung nicht; demzufolge gilt für die gesamte untere Halbebene H_2 (Bild 152) die Ungleichung

$$2x - 3y + 6 > 0.$$

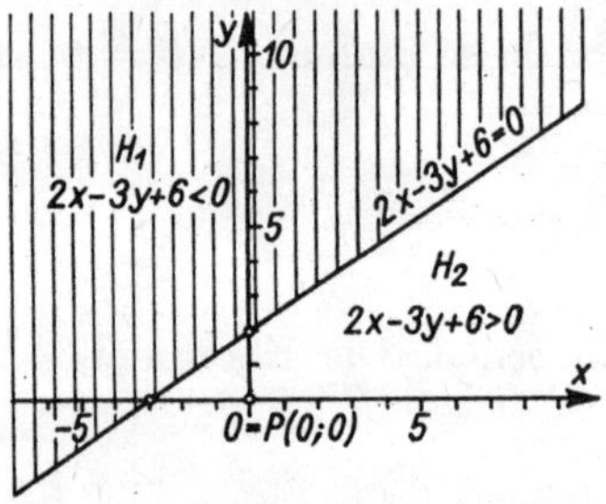

Bild 152

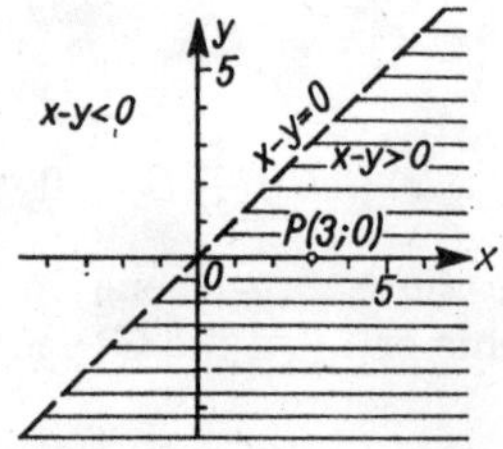

Bild 153

Die Punktmenge, für die die in der Aufgabenstellung angegebene Forderung erfüllt ist, besteht demnach aus den Punkten der oberen Halbebene H_1 einschließlich der Punkte der Trenngeraden $2x - 3y + 6 = 0$.

4. Die Punktmenge

$$\{(x; y) \mid (x; y) \in R \times R \wedge x - y > 0\}$$

ist graphisch darzustellen.

Lösung: Nach der Aufgabenstellung sind alle diejenigen Punkte der $x; y$-Ebene zu bestimmen, für deren Koordinaten gilt

$$x - y > 0.$$

Die Trenngerade der beiden Halbebenen ist die Winkelhalbierende des 1. und 3. Quadranten (Bild 153). Zur Festlegung, welche der beiden Halbebenen den gegebenen Bedingungen entspricht, ist hier der Nullpunkt ungeeignet, da er auf der Trenngeraden liegt (seine Koordinaten erfüllen die Gleichung $x - y = 0$). Daher werden die Koordinaten eines beliebigen anderen Punktes, z. B. des Punktes $P(3; 0)$ in den Term $x - y$ eingesetzt. Man erhält

$$3 - 0 > 0.$$

Die Koordinaten des Kontrollpunktes erfüllen also die in der Aufgabenstellung gegebene Ungleichung. Demnach erfüllt die gesamte in Bild 153 schraffiert gezeichnete Punktmenge die Forderung $x - y > 0$. — Die Punkte der Trenngeraden gehören in diesem Falle **nicht** mit zur Lösungsmenge der Aufgabe.

5. Es ist die Lösungsmenge des Ungleichungssystems

$$
\begin{array}{ll}
(1) & 2x - 3y + 6 \geqq 0 \\
(2) & 3x - 2y - 9 \leqq 0 \\
(3) & x + y - 2 \geqq 0 \\
(4) & x \leqq 5 \\
(5) & x \geqq 0 \\
(6) & y \geqq 0
\end{array}
$$

graphisch darzustellen.

Lösung: Wie in den vorangegangenen Beispielen werden zunächst die Grenzgeraden

$$
\begin{array}{ll}
g_1\colon & 2x - 3y + 6 = 0 \\
g_2\colon & 3x - 2y - 9 = 0 \\
g_3\colon & x + y - 2 = 0 \\
g_4\colon & x - 5 = 0 \\
g_5\colon & x = 0 \\
g_6\colon & y = 0
\end{array}
$$

gezeichnet und diejenigen Halbebenen festgelegt, die die jeweiligen Bedingungen erfüllen. (In Bild 154 sind diese Halbebenen jeweils durch einen Pfeil an den einzelnen Geraden angedeutet worden.) *Die Lösungsmenge des gesamten Ungleichungssystems ist dann gleich dem Durchschnitt der Lösungsmengen aller einzelnen Ungleichungen*; d. h., man erhält als Lösungsmenge dieser Aufgabe das in Bild 154 schraffiert gezeichnete Gebiet.

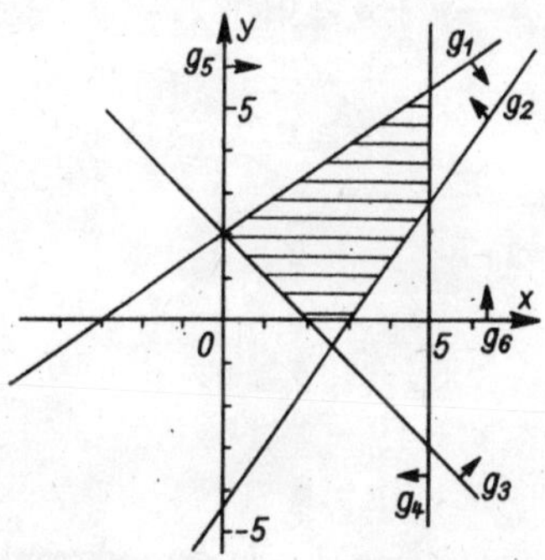

Bild 154

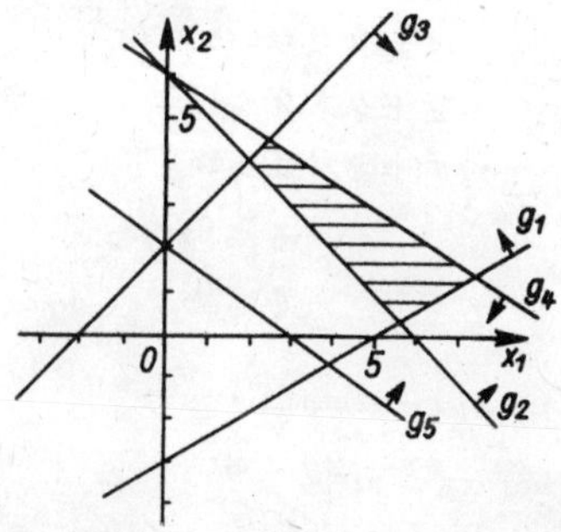

Bild 155

6. Desgl. für das Ungleichungssystem

$$
\begin{array}{ll}
(1) & 3x_1 - 5x_2 - 15 \leqq 0 \\
(2) & x_1 + x_2 - 6 \geqq 0 \\
(3) & x_1 - x_2 + 2 \geqq 0 \\
(4) & 3x_1 + 5x_2 - 30 \leqq 0 \\
(5) & 2x_1 + 3x_2 - 6 \geqq 0.
\end{array}
$$

Lösung: In Bild 155 sind die fünf Trenngeraden $g_1, \ldots, g_5$ eingezeichnet. Die Halbebenen, die auf Grund der gegebenen Ungleichungen für die Lösungsmenge in Frage kommen, sind wiederum durch Pfeile angedeutet. Als Lösungsmenge ergibt sich die in Bild 155 schraffiert gezeichnete

Punktmenge. Es ist zu erkennen, daß sich diese Punktmenge auch dann ergeben hätte, wenn die Ungleichung (5) nicht angegeben worden wäre. *Eine solche Ungleichung eines Systems*, die keinen Einfluß auf die Bildung der Lösungsmenge hat und die außerdem zu den übrigen Ungleichungen des Systems nicht im Widerspruch steht, ***heißt überflüssig***.

7. Desgl. für das Ungleichungssystem

(1) $2x_1 + 5x_2 - 10 \geqq 0$

(2) $x_1 - 2x_2 + 2 \geqq 0$

(3) $5x_1 + 4x_2 - 20 \leqq 0$

(4) $x_1 + x_2 - 5 \geqq 0$.

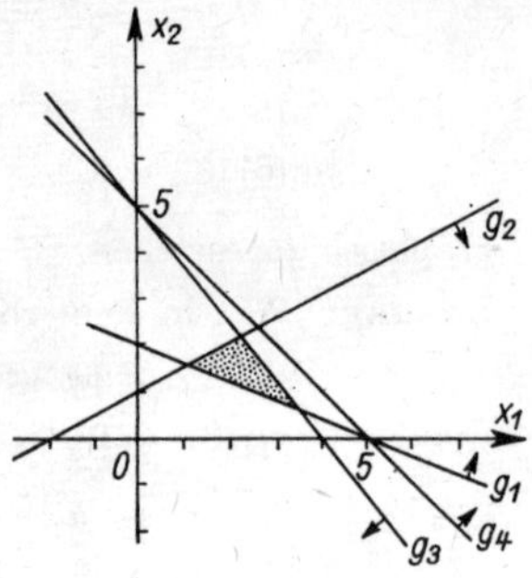

Bild 156

Lösung: Aus Bild 156 geht hervor, daß die Lösungsmenge, die die ersten drei der gegebenen vier Ungleichungen erfüllen würde, das punktiert gezeichnete Dreieck wäre. Ungleichung (4) steht jedoch zu den ersten drei Ungleichungen im Widerspruch. Die Lösungsmenge des gegebenen Ungleichungssystems ist demnach leer.

AUFGABEN

782. Die Lösungsmengen der folgenden Ungleichungssysteme sind in einem rechtwinkligen Koordinatensystem darzustellen:

a) $x - a < 0 \quad (a > 0)$
$x + a > 0$
$y - b < 0 \quad (b > 0)$
$y + b > 0,$

b) $x - y - 3 \leqq 0$
$x - y + 3 \geqq 0$
$x \geqq 0$
$y \geqq 0,$

c) $x + y - 2 > 0$
$x \geqq 0$
$y \geqq 0,$

d) $x - 2y + 4 \geqq 0$
$2x + y - 2 \geqq 0$
$5x - 3y - 15 \leqq 0$
$y \geqq 0,$

e) $x + y - 4 \geqq 0$
$2x + 2y - 8 \leqq 0,$

f) $x + y - 4 \geqq 0$
$2x + 2y - 8 < 0.$

783. Die Lösungsmengen der folgenden Ungleichungssysteme sind in ein rechtwinkliges Koordinatensystem einzuzeichnen. Außerdem soll festgestellt werden, ob es überflüssige Ungleichungen gibt bzw. ob die Ungleichungen der einzelnen Systeme verträglich oder unverträglich sind.

a) $x - y - 2 \geqq 0$
$2x - 5y + 10 \geqq 0$
$3x + 4y - 12 \leqq 0$
$x - 7 \leqq 0$
$y + 5 \geqq 0$
$x \geqq 0$
$y \leqq 0,$

b) $x_1 - 2x_2 - 2 \leqq 0$
$x_1 - 2x_2 + 7 \geqq 0$
$2x_1 - x_2 + 2 \geqq 0$
$2x_1 - x_2 - 7 \leqq 0,$

c) $x_1 - 2x_2 + 4 \geqq 0$
$x_1 + x_2 - 2 \geqq 0$
$x_1 + 2x_2 - 10 \leqq 0$
$3x_1 - x_2 - 9 \leqq 0$
$x_1 \geqq 0$
$x_2 \geqq 0,$

d) $3x_1 - 5x_2 + 15 \geqq 0$
$3x_1 + 5x_2 - 15 \leqq 0$
$5x_1 - 2x_2 - 10 \geqq 0$
$5x_1 + 2x_2 - 10 \geqq 0$
$x_1 \geqq 0$
$x_2 \geqq 0,$

e) $u - 4v + 4 \leqq 0$
$3u - 4v + 12 \geqq 0$
$5u + 6v - 30 \leqq 0$
$u + 2v - 10 \geqq 0$
$u \geqq 0$
$v \geqq 0,$

f) $p + q - 6 \leqq 0$
$p - q + 6 \geqq 0$
$p + q \geqq 0$
$p - q \leqq 0.$

784. Desgl. für

a) $y_1 - y_2 + 5 > 0$
$3y_1 - 2y_2 + 2 \leqq 0$
$2y_1 + y_2 - 8 \geqq 0$
$y_1 \geqq 0$
$y_2 \geqq 0,$

b) $x_1 + 3x_2 - 21 \leqq 0$
$x_1 + x_2 - 9 \leqq 0$
$2x_1 + x_2 - 15 \leqq 0$
$3x_1 - 5x_2 - 15 \leqq 0$
$x_1 \geqq 0$
$x_2 \geqq 0,$

c) $2x_1 + x_2 - 6 \geqq 0$
$x_1 + x_2 - 5 \geqq 0$
$2x_1 + 3x_2 - 12 \geqq 0$
$2x_1 - 3x_2 - 12 \leqq 0$
$x_1 \geqq 0$
$x_2 \geqq 0,$

d) $2s + 3t - 15 \geqq 0$
$3s + 2t - 6 \leqq 0$
$3s - 2t - 3 \leqq 0$
$s \geqq 0$
$t \geqq 0,$

e) $2x_1 + 3x_2 - 12 \geqq 0$
$x_1 - 3x_2 + 3 \geqq 0$
$2x_1 - x_2 - 6 \leqq 0$
$x_1 \geqq 0$
$x_2 \geqq 0,$

f) $2u - 5i + 30 \leqq 0$
$2u - 3i + 6 \geqq 0$
$u + 2i - 10 \geqq 0$
$2u + i - 14 \leqq 0$
$u \geqq 0$
$i \geqq 0.$

26.2. Normalform der Geradengleichung

Die in 26.1. behandelte allgemeine Form der Geradengleichung ist nicht für alle Anwendungsgebiete die vorteilhafteste Form. So kann man beispielsweise aus der allgemeinen Form einer Geradengleichung nicht ohne weiteres auf die Lage der zugehörigen Geraden im rechtwinkligen Koordinatensystem schließen.
Es gibt nun zahlreiche weitere Formen der Geradengleichung, aus denen man sofort bestimmte geometrische Eigenschaften der zugehörigen Geraden ablesen kann. Zu

einer solchen bequemeren Gleichung kommt man, wenn man die allgemeine Form der Geradengleichung

$$Ax + By + C = 0$$

nach y auflöst, wobei vorausgesetzt werden soll, daß $B \neq 0$ ist. Man erhält

$$y = -\frac{A}{B} \cdot x - \frac{C}{B}.$$

Setzt man hierin noch

$$-\frac{A}{B} = m \quad \text{und} \quad -\frac{C}{B} = b,$$

so erhält man die **Normalform einer Geradengleichung**

$$\boxed{y = mx + b} \tag{147}$$

Die geometrische Deutung der beiden in dieser Normalform der Geradengleichung auftretenden Parameter m und b ist sehr einfach. Setzt man nämlich $x = 0$, so erhält man als zugehörigen y-Wert (Bild 157)

$$y(0) = y_0 = b,$$

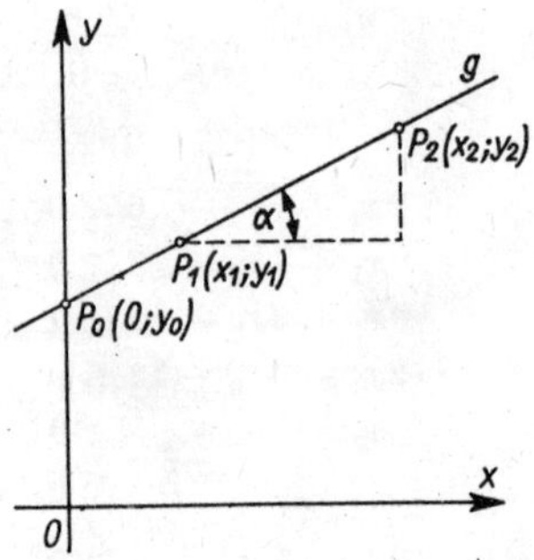

Bild 157

d. h.:
Das in der Normalform der Geradengleichung (147) auftretende Absolutglied b gibt die Ordinate des Schnittpunktes der zugehörigen Geraden g mit der y-Achse an.
Um den Faktor m in Gleichung (147) für die Gerade deuten zu können, wählen wir zwei beliebige Punkte $P_1(x_1;y_1) \in g$ und $P_2(x_2;y_2) \in g$ (Bild 157). Da beide Punkte auf g liegen sollen, muß

$$\begin{aligned} y_1 &= mx_1 + b \\ y_2 &= mx_2 + b \end{aligned} \quad \text{sowie}$$

gelten. Subtrahiert man die erste Gleichung von der zweiten, so ergibt sich

$$y_2 - y_1 = m(x_2 - x_1),$$

woraus

$$\boxed{m = \frac{y_2 - y_1}{x_2 - x_1} = \frac{\Delta y}{\Delta x}} \tag{148}$$

folgt. Dies ist aber der gleiche Ausdruck, den wir in 25.2. für den Anstieg der Strecke P_1P_2 erhalten haben. Da jedoch der Anstieg der Strecke P_1P_2 mit dem Anstieg der gesamten Geraden übereinstimmt, so folgt hieraus:

Der in der Normalform der Geradengleichung (147) auftretende Faktor m gibt den **Anstieg der Geraden** in bezug auf die positiv gerichtete x-Achse an.

Aus diesem Grunde wird der Faktor m auch häufig »*Anstieg der Geraden*« bzw. »*Richtungsfaktor der Geraden*« genannt.

Sind überdies in dem betreffenden Koordinatensystem die Einheitslängen auf den beiden Koordinatenachsen gleich, so gilt darüber hinaus

$$\boxed{m = \tan \alpha} \tag{149}$$

Aus diesen beiden Erkenntnissen ergibt sich die Möglichkeit, die zu einer Gleichung $y = mx + b$ gehörende Gerade g schnell und ohne weiteren Rechenaufwand in ein Koordinatensystem einzuzeichnen; man erkennt aus der Gleichung sofort den Schnittpunkt $P_0(0; b)$ der Geraden g mit der y-Achse und zeichnet, von diesem Punkt P_0 ausgehend, ein Anstiegsdreieck mit dem Kathetenverhältnis $\frac{\Delta y}{\Delta x}$, das dem Wert m entspricht.

BEISPIELE

1. In ein rechtwinkliges Koordinatensystem sind die beiden Geraden

$$g_1\colon\ y = \frac{2}{3}x - 3 \quad \text{und} \quad g_2\colon\ y = -0{,}6x + 2{,}4$$

einzuzeichnen.

Lösung: Aus der Gleichung für die Gerade g_1 erkennt man als Schnittpunkt mit der y-Achse den Punkt $A\,(0; -3)$. Von diesem Punkte ausgehend, schreitet man zunächst 3 Einheiten in x-Richtung und dann 2 Einheiten in y-Richtung voran. Man erhält so den Punkt B (Bild 158). Die Verbindungsgerade von A und B ist die gesuchte Gerade

$$y = \frac{2}{3}\,x - 3.$$

g_2 schneidet die y-Achse im Punkt $P(0; 2{,}4)$. Von P aus geht man zunächst eine Einheit in x-Richtung und dann $-0{,}6$ Einheiten in y-Richtung (oder besser 5 Einheiten in x-Richtung und -3 Einheiten in y-Richtung, denn $-\frac{3}{5} = -0{,}6$) und erhält so den Punkt Q (Bild 158). Die Verbindungsgerade von P und Q ist die gesuchte Gerade $y = -0{,}6x + 2{,}4$.

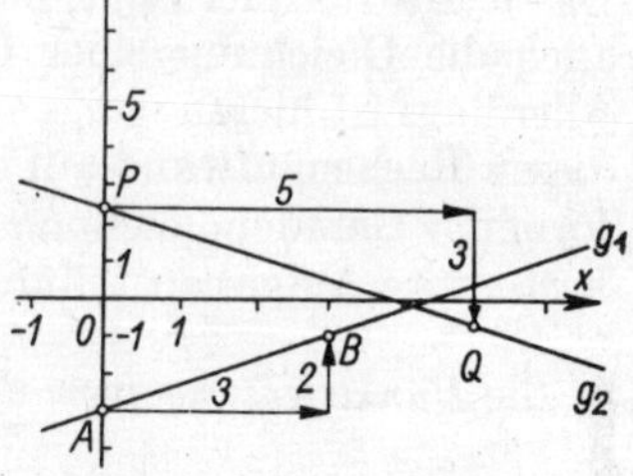

Bild 158

2. Wie lautet die Gleichung der in Bild 159 gezeichneten Geraden?

Lösung: Die Gleichung der Geraden lautet

$$q = mp + b.$$

Der Abschnitt b auf der q-Achse läßt sich unmittelbar ablesen:

$$b \approx 2{,}6.$$

Zur Bestimmung des Anstiegs m wurde ein Anstiegsdreieck eingezeichnet. Es hat die Katheten $\Delta y \approx -1$ und $\Delta x \approx 20$, so daß

$$\frac{\Delta y}{\Delta x} = m \approx -\frac{1}{20} = -0{,}05$$

wird. — Die gesuchte Geradengleichung lautet demnach

$$\underline{\underline{q \approx -0{,}05p + 2{,}6.}}$$

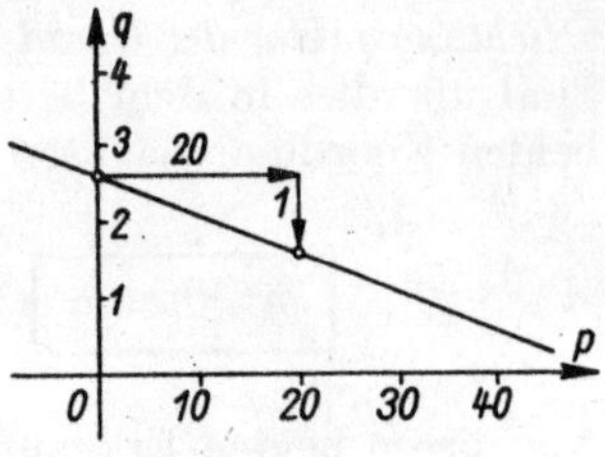

Bild 159

3. Wie lautet die Gleichung derjenigen Geraden, die durch die beiden Punkte $P(-3;7)$ und $Q(2;-5)$ hindurchgeht?

Lösung: Die Gleichung der Geraden g laute

$$y = mx + b,$$

$$P(-3;7) \in g \Rightarrow \quad 7 = m\cdot(-3) + b,$$

$$Q(2;-5) \in g \Rightarrow \quad -5 = m\cdot 2 \quad + b.$$

Die letzten beiden Gleichungen liefern

$$m = -\frac{12}{5} \quad \text{und} \quad b = -\frac{1}{5},$$

so daß die gesuchte Gleichung der Geraden durch P und Q lautet:

$$y = -\frac{12}{5}x - \frac{1}{5} = \underline{\underline{-2{,}4x - 0{,}2.}}$$

Man prüfe dieses Ergebnis an einer sauberen Zeichnung nach.

Das letzte Beispiel zeigt, daß man mit Hilfe der Normalform der Geradengleichung auch die Gleichung einer Geraden durch zwei gegebene Punkte aufstellen kann. Allerdings ist hierzu ein gewisser Rechenaufwand erforderlich. — Um nun auch noch diesen Rechenaufwand auf ein Minimum herabzusetzen, lassen sich aus der Normalform der Geradengleichung noch weitere Formen herleiten, die sich jeweils für ganz bestimmte Aufgabenstellungen eignen. Es handelt sich dabei um

die *Punktrichtungsform der Geradengleichung*

$$y - y_1 = m(x - x_1), \tag{150}$$

sie wird verwendet, wenn von einer Geraden der Anstieg m bekannt ist sowie ein Punkt $P_1(x_1;y_1)$, durch den die Gerade hindurchgehen soll;

die *Zweipunkteform der Geradengleichung*

$$\frac{y - y_1}{x - x_1} = \frac{y_2 - y_1}{x_2 - x_1}, \tag{151}$$

sie wird angewendet, wenn man zwei Punkte $P_1(x_1;y_1)$ und $P_2(x_2;y_2)$ kennt, durch die die Gerade hindurchgehen soll; sowie um die *Abschnittsform der Geradengleichung*

$$\frac{x}{a} + \frac{y}{b} = 1, \qquad (a \neq 0;\ b \neq 0) \tag{152}$$

die verwendet wird, wenn man die beiden Abschnitte a und b kennt, die die Gerade auf der x- und auf der y-Achse abschneidet.

Es sei jedoch ausdrücklich darauf verwiesen, daß man diese drei Aufgabenstellungen auch ausschließlich mit Hilfe der Normalform der Geradengleichung bewältigen kann.

AUFGABEN

785. Aus der Normalform der Geradengleichung $y = mx + b$ sind für die drei oben erwähnten Sonderfälle
a) die Punktrichtungsform,
b) die Zweipunkteform und
c) die Abschnittsform der Geradengleichung
zu entwickeln.

786. Wie lautet die Gleichung einer Geraden, die im gleichgeteilten rechtwinkligen Koordinatensystem den Anstiegswinkel α hat und auf der y-Achse den Abschnitt b abschneidet für

a) $\alpha = 45°$ $b = 5$, b) $\alpha = 150°$ $b = -3$,
c) $\alpha = 60°$ $b = -4$, d) $\alpha = 0°$ $b = 0$,
e) $\alpha = 116°$ $b = -2{,}24$, f) $\alpha = 105°$ $b = 3{,}14$.

787. Wie lautet die Gleichung einer Geraden durch den Nullpunkt, die die x-Achse in einem gleichgeteilten Koordinatensystem unter dem Winkel

a) $\alpha = 30°$, b) $\alpha = 60°$, c) $\alpha = 135°$,
d) $\alpha = 110°$, e) $\alpha = 0{,}5°$, f) $\alpha = 123°$
schneidet?

788. Für die folgenden Geraden sind der Schnittwinkel α mit der positiv gerichteten x-Achse in einem gleichgeteilten Koordinatensystem sowie der Achsenabschnitt auf der y-Achse zu bestimmen.

a) $y = 2x - 3$, b) $3x - 10y + 24 = 0$,
c) $2x + 3y - 5 = 0$, d) $96x + 100y + 824 = 0$,
e) $x + y = 0$, f) $y + 2{,}5 = 0$.

789. Die Gleichung derjenigen Geraden, die im gleichgeteilten rechtwinkligen Koordinatensystem den Anstiegswinkel α hat und durch den angegebenen Punkt hindurchgeht, ist zu bestimmen.

a) $\alpha = 30°$ $P(-3;1)$, b) $\alpha = 145°$ $P(2;-5)$,
c) $\alpha = 58°$ $P(-4;0)$, d) $\alpha = 138°$ $P(0;0)$,
e) $\alpha = 141°$ $P(2{,}1;-3{,}7)$, f) $\alpha = 5{,}4°$ $P(142;-261)$.

(Die Dezimalzahlen sind auf eine Stelle nach dem Komma zu runden.)

790. Zu bestimmen ist die Gleichung der Verbindungsgeraden der beiden Punkte P_1 und P_2 für

a) $P_1(-2; -3)$ $P_2(3; 2)$, b) $P_1(3; 8)$ $P_2(8; 3)$,
c) $P_1(-4; 2)$ $P_2(3; 16)$, d) $P_1(3; -5)$ $P_2(-1; 0)$,
e) $P_1(4; -2)$ $P_2(0; 0)$, f) $P_1(a; -a)$ $P_2(-b; b)$,
g) $P_1(-3; 0)$ $P_2(0; 7)$, h) $P_1(-2; 0)$ $P_2(0; -5)$.

791. Wie lautet die Gleichung der Geraden, die
a) die y-Achse in $P(0; b)$ schneidet und parallel zur x-Achse,
b) die x-Achse in $P(a; 0)$ schneidet und parallel zur y-Achse
verläuft?

792. Bestimmen Sie die Gleichungen der sechs in Bild 160 eingezeichneten Geraden.

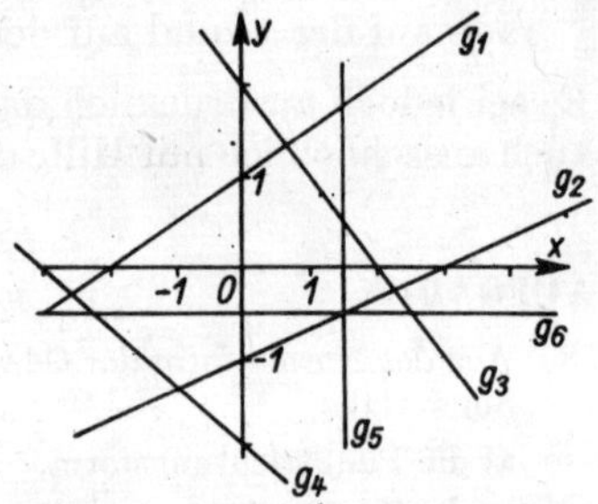

Bild 160

26.3. Schnittpunkt und Schnittwinkel zweier Geraden

Schnittpunkt und Schnittwinkel zweier Geraden g_1 und g_2 lassen sich rechnerisch ermitteln, wenn die Gleichungen der beiden Geraden bekannt sind. Dabei ist es gleichgültig, in welcher Form die beiden Geradengleichungen zur Verfügung stehen; denn man kann ohne Schwierigkeiten eine in der allgemeinen Form gegebene Geradengleichung in die Normalform umwandeln und umgekehrt.
Gegeben seien die beiden Geraden

$$g_1: \quad A_1x + B_1y + C_1 = 0 \quad \text{und}$$

$$g_2: \quad A_2x + B_2y + C_2 = 0.$$

$S(x_S; y_S)$ sei der Schnittpunkt dieser beiden Geraden.

$$S \in g_1 \Rightarrow A_1x_S + B_1y_S + C_1 = 0;$$

$$S \in g_2 \Rightarrow A_2x_S + B_2y_S + C_2 = 0.$$

Dies ist ein lineares Gleichungssystem mit zwei Variablen für die beiden unbekannten Koordinaten x_S und y_S des Schnittpunktes S der beiden Geraden g_1 und g_2. Dieses Gleichungssystem ist *eindeutig lösbar*, wenn die Koeffizientendeterminante

$$\Delta = \begin{vmatrix} A_1 & B_1 \\ A_2 & B_2 \end{vmatrix} \neq 0$$

ist. In diesem Falle sind die beiden Geradengleichungen linear unabhängig voneinander (vgl. 11.2.3.), und es *existiert ein Schnittpunkt S*.
Ist $\Delta = 0$, so bedeutet dies einmal, daß die beiden Gleichungen *linear abhängig voneinander* sind und demzufolge eine unendliche Lösungsmenge haben. Geometrisch

bedeutet dies, daß die beiden Geradengleichungen *ein und dieselbe Gerade* darstellen und daß es demzufolge unendlich viele gemeinsame Punkte der beiden Geraden gibt.
$\Delta = 0$ kann aber auch bedeuten, daß die beiden Gleichungen des Systems im *Widerspruch* zueinander stehen und daß demzufolge die Lösungsmenge leer ist. In diesem Falle gibt es also *keinen Schnittpunkt*, d. h., die beiden Geraden müssen *parallel* zueinander verlaufen.

BEISPIELE

1. Wo liegt der Schnittpunkt der beiden Geraden

$$g_1\colon 3x - 2y + 1 = 0 \quad \text{und} \quad g_2\colon x + 3y - 18 = 0?$$

Lösung: Die beiden Geradengleichungen sind offensichtlich linear unabhängig voneinander. Man erhält die Koordinaten des Schnittpunktes $S(x_S; y_S)$ aus dem Gleichungssystem

$$\left| \begin{array}{r} 3x_S - 2y_S + 1 = 0 \\ x_S + 3y_S - 18 = 0 \end{array} \right|$$

zu

$$\underline{\underline{x_S = 3}} \qquad \underline{\underline{y_S = 5}}.$$

Der Schnittpunkt der beiden Geraden ist demnach $S(3; 5)$.

2. Bestimmen Sie den Schnittpunkt der beiden Geraden

$$g_1\colon y = -0{,}5x + 2 \quad \text{und} \quad g_2\colon 4y + 2x - 5 = 0!$$

Lösung: Die Koordinaten des Schnittpunktes $S(x_S; y_S)$ ergeben sich aus dem linearen Gleichungssystem

$$\left| \begin{array}{l} y_S = -0{,}5x_S + 2 \\ y_S = -0{,}5x_S + 1{,}25 \end{array} \right|$$

Diese beiden Gleichungen widersprechen einander. Es gibt also keinen Schnittpunkt S der beiden Geraden g_1 und g_2. (Die beiden Geraden verlaufen parallel zueinander.)

Wenn der *Schnittwinkel* zweier Geraden g_1 und g_2 ermittelt werden soll, so ist es vorteilhaft, die Normalform der Geradengleichungen zu verwenden.
Es ist offensichtlich, daß die beiden Geraden

$$g_1\colon y = m_1x + b_1 \qquad g_2\colon y = m_2x + b_2$$

dann und nur dann parallel zueinander verlaufen (bzw. aufeinanderfallen), wenn sie in ihren Anstiegen m_1 und m_2 übereinstimmen.

$$\boxed{g_1 \parallel g_2 \Leftrightarrow m_1 = m_2} \qquad (153)$$

Stehen g_1 und g_2 senkrecht aufeinander, so besteht, wie aus Bild 161 hervorgeht, zwischen den zugehörigen Anstiegswinkeln α_1 und α_2 die Beziehung

$$\alpha_2 = 90° + \alpha_1.$$

Demnach ist

$$m_2 = \tan\alpha_2 = \tan(90° + \alpha_1) = -\cot\alpha_1 = -\frac{1}{\tan\alpha_1}$$

$$m_2 = -\frac{1}{m_1}.$$

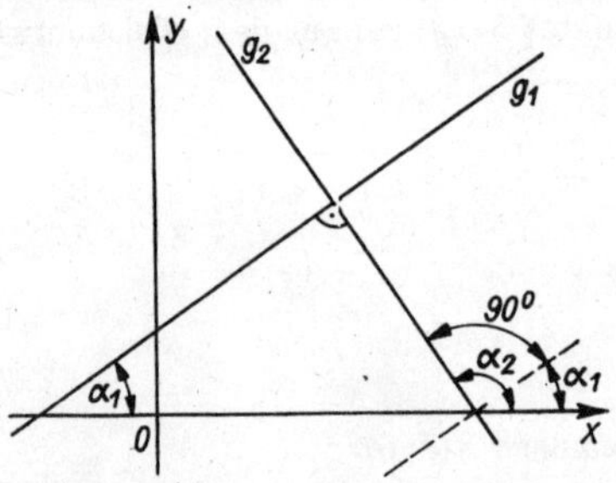

Bild 161

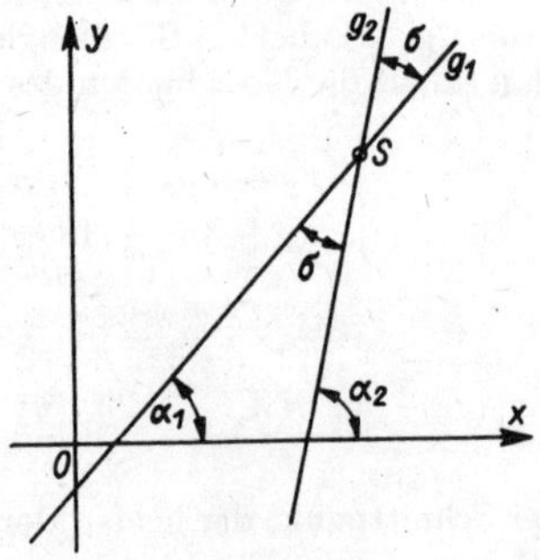

Bild 162

Da der Anstiegswinkel α auf das Intervall $[0°; 180°)$ beschränkt ist, folgt umgekehrt aus dem Bestehen der Beziehung $m_2 = -\frac{1}{m_1}$ auch, daß $\alpha_2 = 90° + \alpha_1$ sein muß, d. h., daß $g_2 \perp g_1$.

$$\boxed{g_2 \perp g_1 \Leftrightarrow m_2 = -\frac{1}{m_1}} \qquad (154)$$

Von den beiden Geraden

$$g_1\colon\ y = m_1 x + b_1 \quad \text{und} \quad g_2\colon\ y = m_2 x + b_2$$

sei nun vorausgesetzt, daß sie weder parallel zueinander verlaufen noch senkrecht aufeinander stehen. Zwischen dem Schnittwinkel σ dieser beiden Geraden sowie den beiden Anstiegswinkeln α_1 und α_2 besteht dann nach dem Außenwinkelsatz die Beziehung

$$\alpha_2 = \alpha_1 + \sigma \quad \text{(Bild 162)}$$

oder

$$\sigma = \alpha_2 - \alpha_1.$$

Daraus folgt

$$\tan\sigma = \tan(\alpha_2 - \alpha_1) =$$

$$= \frac{\tan\alpha_2 - \tan\alpha_1}{1 + \tan\alpha_2 \cdot \tan\alpha_1}$$

$$\boxed{\tan\sigma = \frac{m_2 - m_1}{1 + m_1 \cdot m_2}} \qquad (1 + m_1 \cdot m_2 \neq 0) \qquad (155)$$

Im Schnittpunkt zweier Geraden treten immer vier Winkel auf, von denen je zwei einander gleich sind (Scheitelwinkel) und von denen auch jeweils zwei einander zu 180° ergänzen (Nebenwinkel). Formel (155) liefert jeweils dasjenige Winkelpaar, das überstrichen wird, wenn man die Gerade mit dem Anstieg m_1 um den gemeinsamen Schnittpunkt S im mathematisch positiven Sinne soweit dreht, bis sie mit der anderen Geraden zusammenfällt.

Bei der Aufgabe, den Schnittwinkel zweier Geraden zu bestimmen, sollte man nicht gedankenlos sofort zur Formel (155) greifen, sondern sich vorher vergewissern, ob die beiden Geraden parallel zueinander verlaufen oder senkrecht aufeinander stehen.

BEISPIELE

3. Unter welchem Winkel schneiden sich die beiden Geraden

$$g_1\colon 2x - y - 3 = 0 \quad \text{und} \quad g_2\colon x - 2y - 2 = 0?$$

Lösung: Zur Bestimmung des Schnittwinkels zweier Geraden benötigt man deren Anstiege m_1 und m_2. Im gegebenen Falle ist

$$m_1 = 2 \quad \text{und} \quad m_2 = 0{,}5.$$

Die beiden Geraden sind nicht parallel; sie stehen auch nicht senkrecht aufeinander. Daher wird zur Schnittwinkelbestimmung Formel (155) verwendet:

$$\tan\sigma = \frac{0{,}5 - 2}{1 + 0{,}5 \cdot 2} = -0{,}75$$

$$\underline{\underline{\sigma = 143{,}1°}}.$$

4. Wie lautet die Gleichung derjenigen Geraden, die auf der Geraden $y = \frac{1}{3}x + 4$ senkrecht steht und durch den Punkt $P(-2; 3)$ hindurchgeht.

Lösung: Da die gesuchte Gerade senkrecht auf der Geraden $y = \frac{1}{3}x + 4$ stehen soll, muß ihr Anstieg

$$m_2 = -\frac{1}{m_1} = -3$$

sein. Ihre Gleichung lautet demnach

$$y = -3x + b.$$

Das noch unbekannte Absolutglied b bestimmt man aus der zusätzlichen Bedingung, daß $P \in g$ sein soll.

$$P \in g \Rightarrow 3 = -3 \cdot (-2) + b$$

$$b = -3.$$

Die Gleichung der gesuchten Geraden lautet also

$$\underline{\underline{y = -3x - 3.}}$$

AUFGABEN

793. Die Schnittpunkte der folgenden Geradenpaare sind rechnerisch und zeichnerisch zu bestimmen:

a) $3x + 2y - 12 = 0$ und $5x - 2y - 4 = 0$,

b) $3x - 2y - 11 = 0$ und $2x + 3y - 16 = 0$,

c) $y = 3x + 5$ und $6x - 2y + 10 = 0$,

d) $4x - 7y + 3 = 0$ und $-12x + 21y - 35 = 0$,

e) $2{,}4x - 1{,}7y - 1{,}52 = 0$ und $3{,}2x + 2{,}3y - 5{,}68 = 0$,

f) $3x - 4y + 1{,}5 = 0$ und $4x + 5y - 1{,}1 = 0$.

794. Wo und unter welchem Winkel schneiden sich die Geraden:

a) $y = 3x - 2$ und $y = -2x + 3$,

b) $2x + 3y - 8 = 0$ und $3x - 2y + 1 = 0$,

c) $y = 4x - 3$ und $4x - y + 3 = 0$,

d) $y = -1{,}5x + 4$ und $y = 2x - 10$?

795. Wie lautet die Gleichung derjenigen Geraden, die durch den Punkt $P(-2; 5)$ hindurchgeht und parallel zur Geraden $y = -3x + 7$ verläuft?

796. Gesucht ist die Gleichung derjenigen Geraden, die durch den Punkt $P(-2; 4)$ hindurchgeht und senkrecht auf der Verbindungsgeraden der beiden Punkte $A(1; 6)$ und $B(5; -2)$ steht.

797. Gegeben sind die beiden Geraden $2x + 3y - 12 = 0$ und $3x - y - 7 = 0$. Durch den Punkt $P_1(6; 4)$ sollen zwei Geraden so hindurchgelegt werden, daß sie zu den beiden gegebenen Geraden parallel verlaufen. Dadurch entsteht ein Parallelogramm.

a) Wie lauten die Gleichungen der beiden Parallelogrammseiten?

b) Wo liegen die fehlenden drei Eckpunkte des Parallelogramms?

798. Zu berechnen sind a) die Eckpunkte, b) die Längen der Seiten sowie c) die Innenwinkel des Dreiecks, das von den Geraden $6x - y - 26 = 0$, $5x + 6y - 8 = 0$ und $x - 7y + 23 = 0$ gebildet wird.

799. Durch die drei Punkte $A(-2; -1)$, $B(5; 2)$ und $C(1; 6)$ ist ein Dreieck bestimmt.

a) Wie lang sind die Dreiecksseiten?

b) Wie lauten die Gleichungen der Geraden, die die Dreiecksseiten bilden?

c) Wie groß sind die Innenwinkel des Dreiecks?

d) Wie lauten die Gleichungen der drei Höhen?

e) Wo liegt der Höhenschnittpunkt?

f) Wo liegt der Schwerpunkt des Dreiecks?

g) Welchen Flächeninhalt hat das Dreieck?

800. Die Eckpunkte eines Dreiecks sind $A(-2; -1)$, $B(6; 1)$ und $C(1; 5)$. Zu bestimmen sind
a) die Länge der Dreiecksseiten,
b) die Gleichungen der Dreiecksseiten,
c) die Dreieckswinkel,
d) die Gleichungen der Höhen,
e) die Fußpunkte der Höhen auf den gegenüberliegenden Seiten,
f) der Höhenschnittpunkt,
g) die Gleichungen der Mittelsenkrechten,
h) der Mittelpunkt des Umkreises,
i) der Radius des Umkreises,
k) der Schwerpunkt des Dreiecks,
l) der Flächeninhalt des Dreiecks.

801. Wie lautet die Gleichung derjenigen Geraden, die die Gerade $y = 4x - 1$ im Punkte $P(1; 3)$ unter einem Winkel von 45° schneidet?

802. Unter welchem Winkel schneiden sich die beiden Geraden

$$\frac{x}{a} + \frac{y}{b} = 1 \quad \text{und} \quad \frac{x}{b} - \frac{y}{a} = 1?$$

803. Was folgt aus der Formel (155) für den Schnittwinkel zweier Geraden, wenn a) $\sigma = 0°$ und b) $\sigma = 90°$ ist?

804. Ein Dreieck ist gegeben durch das Gleichungssystem $2x + y - 8 = 0$, $x - y + 2 = 0$ und $x + 2y + 8 = 0$.
a) Man weise nach, daß das Dreieck gleichschenklig ist.
b) Es ist die Gleichung der Symmetrieachse anzugeben.
c) Zu berechnen ist der Winkel an der Spitze des Dreiecks.
d) Wo liegt der Höhenschnittpunkt?

805. Die Seiten eines Dreiecks sind durch die Geraden

$$12x + 5y - 32 = 0, \quad 4x - 3y + 8 = 0 \quad \text{und} \quad y + 8 = 0$$

gegeben. Gesucht sind
a) die Eckpunkte des Dreiecks,
b) die Längen der Dreiecksseiten,
c) die Innenwinkel des Dreiecks und
d) der Höhenschnittpunkt.

26.4. Hessesche Normalform der Geradengleichung

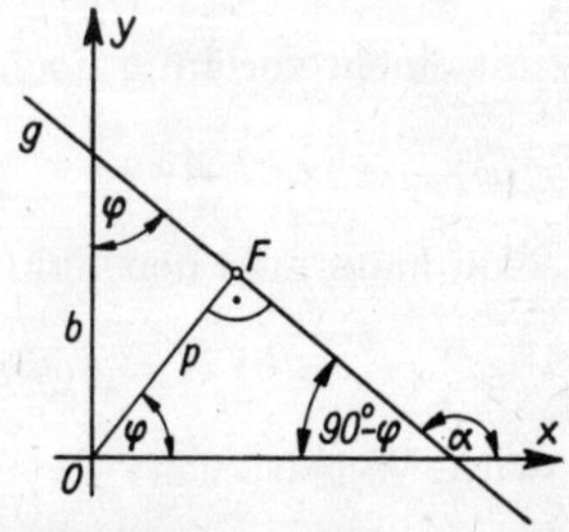

Bild 163

Eine Gerade ist auch dann bestimmt, wenn man ihren Abstand $\overline{OF} = p$ (vgl. Bild 163) vom Koordinatenursprung sowie den Winkel φ kennt, den das Lot vom Ursprung auf die Gerade mit der x-Achse einschließt. Nach Bild 163 berechnet sich der Abschnitt, den eine solche Gerade mit der y-Achse bildet, aus

$$\sin \varphi = \frac{p}{b}$$

zu

$$b = \frac{p}{\sin \varphi} \qquad \varphi \in (0°; 360°) \setminus \{180°\}.$$

Beachtet man weiterhin, daß aus

$$\alpha = 180° - (90° - \varphi) = 90° + \varphi$$

$$m = \tan \alpha = \tan (90° + \varphi) = -\cot \varphi$$

folgt, so geht die Normalform der Geradengleichung $y = mx + b$ mit diesen Werten über in

$$y = -\cot \varphi \cdot x + \frac{p}{\sin \varphi}.$$

Durch Multiplikation dieser Gleichung mit $\sin \varphi$ und durch einfaches Umordnen der Glieder erhält man hieraus schließlich die **Hessesche Normalform einer Geradengleichung**

$$\boxed{x \cdot \cos \varphi + y \cdot \sin \varphi - p = 0} \tag{156a}$$

Darin bedeuten also

p den Abstand der Geraden vom Koordinatenursprung und

φ den Winkel zwischen der x-Achse und dem Lot vom Ursprung auf die Gerade.

Man bemerkt, daß die HESSEsche Normalform der Geradengleichung eine auffallende Ähnlichkeit mit der allgemeinen Form der Geradengleichung hat. Multipliziert man nämlich die allgemeine Form der Geradengleichung

$$Ax + By + C = 0$$

mit einem vorläufig noch unbestimmten Faktor $k \neq 0$, so ergibt sich

$$k \cdot Ax + k \cdot By + k \cdot C = 0. \tag{I}$$

Nun kann man den Faktor k so wählen, daß

$$k \cdot A = \cos \varphi \quad \text{und} \quad k \cdot B = \sin \varphi$$

wird. Wegen

$$(k \cdot A)^2 + (k \cdot B)^2 = \cos^2 \varphi + \sin^2 \varphi = 1$$

ist dies dann der Fall, wenn

$$k = \pm \frac{1}{\sqrt{A^2 + B^2}}$$

ist. Wählt man hierin schließlich das Vorzeichen noch so, daß das Vorzeichen des Absolutgliedes in (I) negativ wird, so geht die allgemeine Form der Geradengleichung über in

$$\boxed{\frac{Ax + By + C}{\pm\sqrt{A^2 + B^2}} = 0} \qquad (156\,b)$$

Auf diese Weise läßt sich aus der allgemeinen Form der Geradengleichung stets die Hessesche Normalform herstellen.

BEISPIEL

1. Die Geradengleichung $8x - 6y + 25 = 0$ ist in die Hessesche Normalform überzuführen.

Lösung: Man erhält die Hessesche Normalform einer Geraden, indem man die allgemeine Form der Geradengleichung durch die Quadratwurzel aus der Summe der Quadrate der Koeffizienten von x und y dividiert und dabei darauf achtet, daß das Absolutglied negativ wird:

$$\frac{8x - 6y + 25}{-\sqrt{8^2 + 6^2}} = 0.$$

Die Hessesche Normalform lautet demnach

$$\underline{\underline{-0{,}8x + 0{,}6y - 2{,}5 = 0.}}$$

Aus dieser Gleichungsform erkennt man, daß die zugehörige Gerade im Abstand $p = 2{,}5$ am Koordinatenursprung vorbeiläuft.

Die Hessesche Normalform der Geradengleichung ist besonders dazu geeignet, den Abstand eines Punktes von einer gegebenen Geraden festzustellen:
Es soll der Abstand d des Punktes $P_1(x_1;y_1)$ von der Geraden

$$g\colon\ x \cdot \cos\varphi + y \cdot \sin\varphi - p = 0$$

ermittelt werden.
Dazu legt man durch den Punkt P_1 eine Parallele g_1 zu der gegebenen Geraden g. Die Gleichung dieser Parallelen lautet dann (vgl. Bild 164)

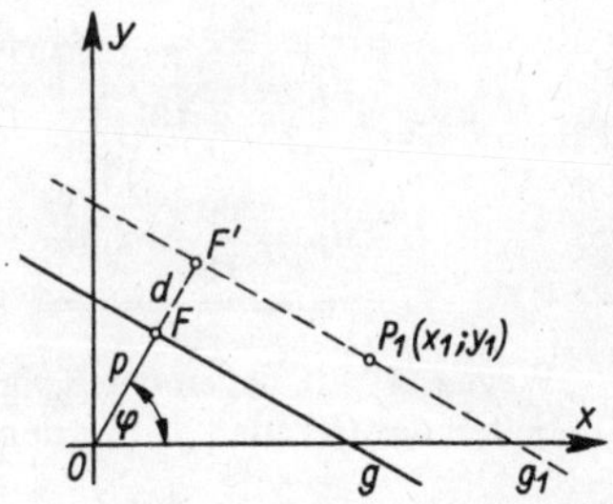

Bild 164

$$g_1\colon\ x \cdot \cos\varphi + y \cdot \sin\varphi - (p + d) = 0.$$

Wegen $P_1 \in g_1$ gilt auch

$$x_1 \cdot \cos\varphi + y_1 \cdot \sin\varphi - p - d = 0.$$

Darin ist alles außer d bekannt. Demnach ergibt sich

$$d = x_1 \cdot \cos \varphi + y_1 \cdot \sin \varphi - p,$$

d. h.,

man erhält den **Abstand eines Punktes** $P_1(x_1; y_1)$ **von einer Geraden** g, indem man die Koordinaten dieses Punktes in die HESSEsche Normalform der Geradengleichung von g einsetzt.

Für den Abstand d kann sich sowohl ein positiver als auch ein negativer Wert sowie auch $d = 0$ ergeben. Man kann sich leicht davon überzeugen, daß

$d > 0$, wenn Koordinatenursprung und gegebener Punkt auf zwei verschiedenen Seiten der Geraden liegen,

$d = 0$, wenn $P_1 \in g$, und schließlich

$d < 0$, wenn Koordinatenursprung und gegebener Punkt P_1 auf derselben Seite der Geraden liegen.

BEISPIEL

2. Welchen Abstand haben die beiden Punkte $P(1; 3)$ und $Q(5; 2)$ von der Geraden $5x - 12y + 1 = 0$?

Lösung: Die HESSEsche Normalform der Gleichung der gegebenen Geraden lautet

$$-\frac{5}{13}x + \frac{12}{13}y - \frac{1}{13} = 0.$$

Den Abstand des Punktes $P(1; 3)$ erhält man, wenn man die Koordinaten dieses Punktes in die HESSEsche Normalform der Geradengleichung einsetzt:

$$d_P = -\frac{5}{13} \cdot 1 + \frac{12}{13} \cdot 3 - \frac{1}{13}$$

$$d_P = \frac{30}{13} \approx 2{,}31.$$

Wegen $d > 0$ liegen der Koordinatenursprung und der Punkt P auf den beiden verschiedenen Seiten der Geraden g. Für den Punkt $Q(5; 2)$ erhält man entsprechend

$$d_Q = -\frac{5}{13} \cdot 5 + \frac{12}{13} \cdot 2 - \frac{1}{13}$$

$$d_Q = -\frac{2}{13} \approx -0{,}15.$$

Die Gerade g läuft also sehr nahe am Punkt Q vorbei, und zwar liegen Koordinatenursprung und Q auf derselben Seite der Geraden.

AUFGABEN

806. Wie lautet die HESSEsche Normalform der folgenden Geradengleichungen:

a) $y = -2{,}5x + 5$, b) $2x - 3y = 12$,

c) $3x = 5$, d) $4x - 3y + 17 = 0$,

e) $x - \sqrt{3} \cdot y - 8 = 0$, f) $\frac{x}{a} + \frac{y}{a} = 1$?

807. Welche Längen haben die Höhen im Dreieck mit den Eckpunkten $A(2; 5)$, $B(3; -7)$ und $C(-1; -2)$?

808. Welchen Abstand haben die beiden Geraden $y = 2x + 3$ und $y = 2x - 3$ voneinander?

809. Wie groß ist der Abstand des Punktes $P(8; 5)$ von der Geraden $3x - 4y + 8 = 0$?

810. Welche Gerade hat von der Geraden $3x - 4y + 5 = 0$ den Abstand 2?

26.5. Geradengleichungen in Parameterdarstellung und in Polarkoordinaten

Die in den bisherigen Abschnitten behandelten Formen der Geradengleichung eignen sich besonders für die Lösung geometrischer Probleme. Bei zahlreichen Aufgaben der Physik und Technik, insbesondere bei Aufgaben, denen ein dynamisches Problem zugrunde liegt, ist jedoch eine Parameterdarstellung der Geradengleichung wesentlich vorteilhafter.

Da es jedoch sehr viele Möglichkeiten der Parameterdarstellung einer Geraden gibt, sollen hier nur einige wenige als Beispiele angeführt werden. So wurde bereits in 25.3. die aus den Formeln für die Teilung einer Strecke gewonnene Darstellung (143) als Parameterdarstellung einer Geraden durch $P_1(x_1; y_1)$ und $P_2(x_2; y_2)$ gedeutet.

Die wohl einleuchtendste Parameterdarstellung für eine Gerade liegt dann vor, wenn *x und y lineare Funktionen des Parameters t* sind:

$$x(t) = a + bt \qquad t \in R;\ b \neq 0$$
$$y(t) = c + dt.$$

Wie man durch Elimination des Parameters t erkennt, ist diese Parameterdarstellung mit der Geradengleichung

$$y = \frac{d}{b}x + c - \frac{ad}{b}$$

äquivalent.

x und y müssen aber nicht unbedingt lineare Funktionen des Parameters t sein. So liefert z. B. die Parameterdarstellung

$$x(t) = \frac{a+t}{a-t} \qquad t \in R \setminus \{a\}$$
$$y(t) = \frac{2a}{a-t}$$

die Gerade

$$y = x + 1.$$

Man vergewissere sich durch Rechnung, daß mit wachsenden t-Werten die gesamte Gerade $y = x + 1$ durchlaufen wird.
Obwohl es zu einer guten Gewohnheit gehören sollte, daß man bei der Untersuchung funktionaler Abhängigkeiten stets auch den Definitionsbereich der jeweiligen Funktionen mit beachtet, soll hier noch einmal besonders darauf hingewiesen werden, dies in jedem Falle zu tun. Bei oberflächlicher Deutung von Parameterdarstellungen kann man nämlich sehr leicht Trugschlüssen unterliegen, wie das folgende Beispiel zeigen soll.
Eliminiert man aus der Parameterdarstellung

$$x(t) = \sqrt{t}$$

$$y(t) = 1 - \frac{1}{2}\sqrt{t} \qquad t \in [0; +\infty) \qquad \text{(I)}$$

den Parameter t, so ergibt sich die Gleichung

$$y = -\frac{1}{2}x + 1.$$

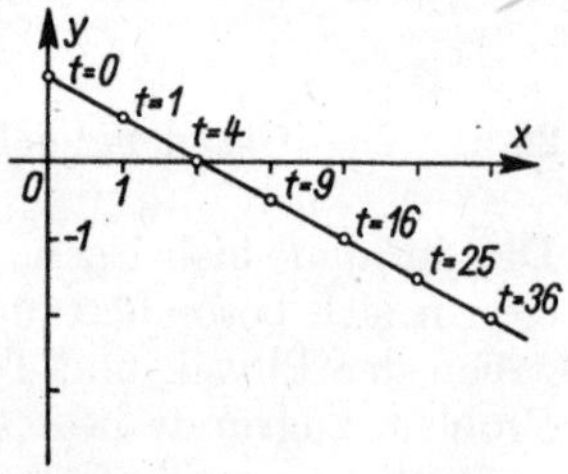

Bild 165

Man könnte also annehmen, daß die Parameterdarstellung (I) die Gerade $y = -\frac{1}{2}x + 1$ liefert. Da jedoch x auf Grund der eindeutigen Definition der Quadratwurzel nur positive Werte annehmen kann, liefert die Parameterdarstellung (I) nicht die gesamte Gerade $y = -\frac{1}{2}x + 1$, sondern nur die in Bild 165 eingezeichnete Halbgerade.
Ähnliche Verhältnisse liegen im Falle

$$x(t) = \sin t + 1$$

$$y(t) = 3\sin t - 4 \qquad t \in R$$

vor. Die Elimination des Parameters t liefert die Geradengleichung

$$y = 3x - 7.$$

Variiert man jedoch den Parameter t innerhalb des zugelassenen Definitionsbereiches, so bewegt sich der zugehörige Punkt nicht etwa auf der gesamten Geraden entlang, sondern er bewegt sich mit sinusförmiger Geschwindigkeit immer wieder nur auf der Strecke zwischen den beiden Punkten $P_1(0; -7)$ und $P_2(2; -1)$ auf und ab (Bild 166).

Schließlich sei noch auf die **Darstellung einer Geraden im Polarkoordinatensystem** verwiesen. Mit Hilfe der Transformationsformeln

$$x = r \cdot \cos\varphi \qquad y = r \cdot \sin\varphi$$

geht die allgemeine Geradengleichung

$$Ax + By + C = 0$$

über in

$$Ar \cdot \cos\varphi + Br \cdot \sin\varphi + C = 0,$$

woraus

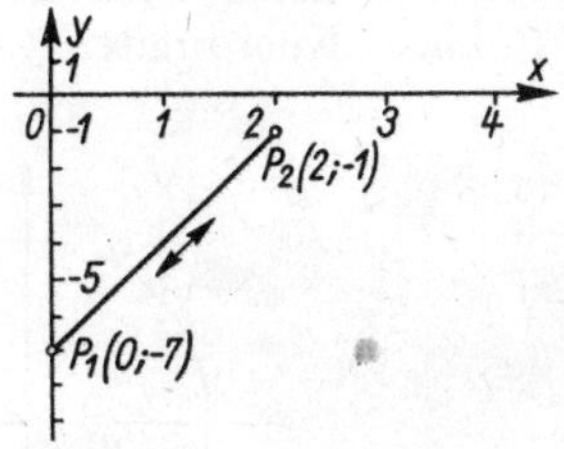

Bild 166

$$\boxed{r = -\frac{C}{A \cdot \cos\varphi + B \cdot \sin\varphi}} \tag{157}$$

folgt. — Der Definitionsbereich der unabhängigen Variablen φ hängt hierbei von den drei Größen A, B und C ab.

AUFGABEN

811. Welche Geraden bzw. Teile einer Geraden werden durch die folgenden Parameterdarstellungen geliefert:

a) $x(t) = 3 + 2t$	$y(t) = 4t - 1$	$t \in [0; 10]$,
b) $x(t) = a(1 - t)$	$y(t) = a(1 + t)$	$t \in R$,
c) $x(t) = 1 - \ln t$	$y(t) = 1 + \ln t$	$t \in (0; \infty)$,
d) $x(t) = 2 \cdot \sin^2 t$	$y(t) = \cos 2t$	$t \in R$?

812. Stellen Sie eine Parameterdarstellung für das Stück der Geraden $y = 0{,}75x - 1{,}25$ zwischen den beiden Punkten $P_1(-1; -2)$ und $P_2(3; 1)$ auf.

813. Wie lautet die allgemeine Form der folgenden in Polarkoordinaten gegebenen Geradengleichungen:

a) $r = \dfrac{5}{3\cos\varphi - 2\sin\varphi}$, b) $r = \dfrac{24}{2\sin\varphi - 7\cos\varphi}$?

27. Kreis

27.1. Mittelpunktsgleichung des Kreises und allgemeine Kreisgleichung

Die einfachste und zugleich wichtigste krummlinig begrenzte Figur in der Ebene ist der Kreis.

Definition:

| Der **Kreis** ist die Menge aller Punkte einer Ebene, die von einem festen Punkt dieser Ebene einen konstanten Abstand haben.

Der feste Punkt heißt **Mittelpunkt** M, der konstante Abstand heißt **Radius** r des Kreises. Aus der Definition folgt unmittelbar die Konstruktion des Kreises mit Hilfe eines Zirkels. Um für den Kreis eine Kurvengleichung aufzustellen, wird ein rechtwinkliges Koordinatensystem gewählt, dessen Ursprung O zunächst mit dem Kreis-

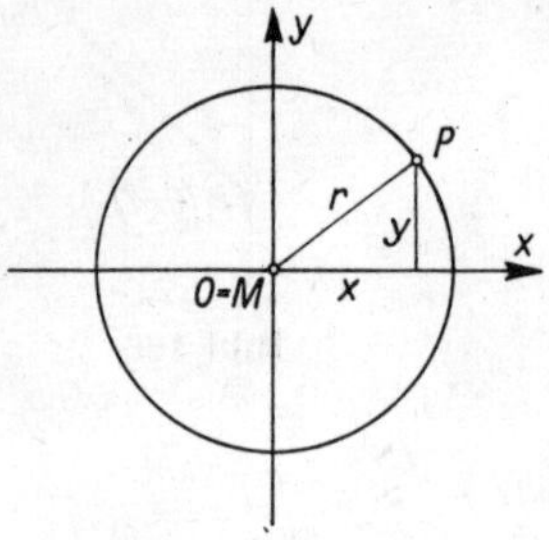

Bild 167

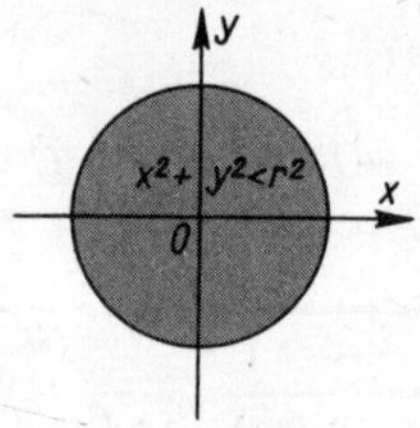

Bild 168

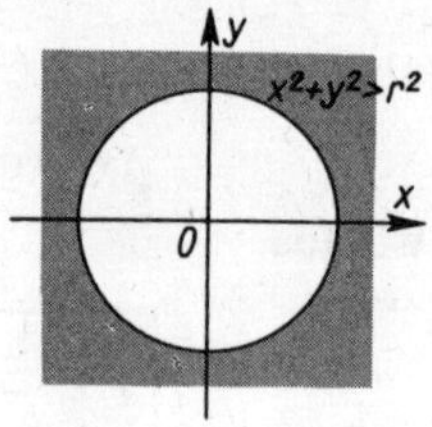

Bild 169

mittelpunkt zusammenfallen soll (Bild 167). Ist $P(x; y)$ ein beliebiger Kreispunkt, dann gilt für seine Koordinaten auf Grund der Definition nach dem pythagoräischen Satz:

$$\boxed{x^2 + y^2 = r^2} \tag{158}$$

Das ist die **Mittelpunktsgleichung des Kreises in impliziter Form.** Während die Geraden durch lineare Gleichungen beschrieben werden, stellt (158) eine Kurvengleichung 2. Grades dar. Es wird später gezeigt, daß alle Gleichungen 2. Grades in den Variablen x und y Kurven darstellen, die beim Schnitt eines Drehkegels mit einer Ebene entstehen und deshalb *Kegelschnitte* heißen.

Mit (158) erkennt man, daß die Ungleichung

$x^2 + y^2 < r^2$ die Menge der Punkte des Kreisinneren bestimmt (Bild 168), während durch

$x^2 + y^2 > r^2$ die Menge der Punkte außerhalb des Kreises festgelegt ist (Bild 169).

Aus (158) folgt die **explizite Form der Mittelpunktsgleichung des Kreises:**

$$\boxed{y = \pm\sqrt{r^2 - x^2}} \tag{159}$$

Der Kreis wird durch die Kurvengleichungen (158) bzw. (159) vollständig beschrieben. Deshalb müssen sich auch seine sämtlichen geometrischen Eigenschaften aus diesen Gleichungen ableiten lassen.

Obwohl der Kreis bekannt ist, sollen zunächst zur Übung aus den Gleichungen (158) bzw. (159) einige einfache geometrische Tatsachen über das Bild des Kreises gewonnen werden. Man spricht von der

Diskussion der Mittelpunktsgleichung:

In der Gleichung (158) tritt nur eine Konstante, der Kreisradius r, auf. Deshalb ist der Kreis in Mittelpunktslage durch einen gegebenen Punkt bestimmt, d. h., mit

Hilfe der Koordinaten dieses Punktes läßt sich die Mittelpunktsgleichung aufstellen. In (158) stehen x und y nur in der 2. Potenz. Erfüllt daher ein Wertepaar $(x_1; y_1)$ die Kurvengleichung, d. h., ist $P_1(x_1; y_1)$ ein Punkt des Kreises, dann liegen auch die Punkte $P_2(-x_1; y_1)$ und $P_3(x_1; -y_1)$ [und übrigens auch $P_4(-x_1; -y_1)$] auf dem Kreis (Bild 170). P_2 ist der zu P_1 symmetrisch liegende Punkt bezüglich der y-Achse, und P_3 ist der zu P_1 symmetrisch liegende Punkt bezüglich der x-Achse. Da P_1 ein beliebiger Kreispunkt sein kann, folgt aus dem Vorhandensein von x und y nur in der 2. Potenz, daß die x- und y-Achse Symmetrieachsen des Kreises sind.

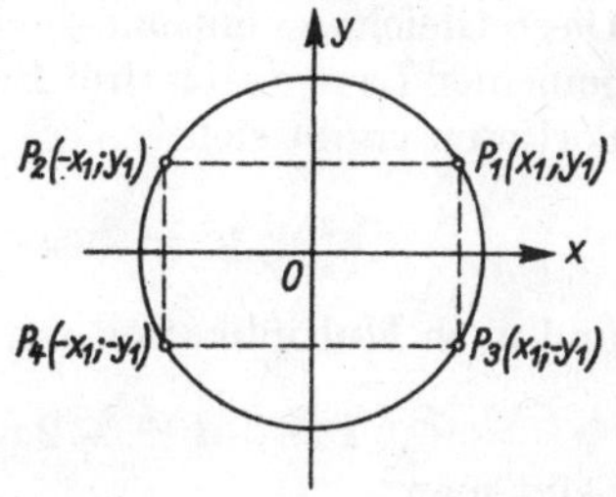

Bild 170

Um nach (159) reelle Koordinaten zu erhalten, muß für den Radikanden gelten: $r^2 - x^2 \geqq 0$. Daraus folgt für die Abszisse $|x| \leqq r$ bzw. $x \in [-r; r]$. Für jede Abszisse aus diesem Intervall gibt es wegen des doppelten Wurzelvorzeichens zwei y-Werte (Symmetrie zur x-Achse). Für $x = 0$ folgt $y = \pm r$, und für $x = \pm r$ folgt $y = 0$. Der Kreis schneidet sowohl die x- als auch die y-Achse in den Punkten mit dem Abstand r vom Ursprung. Läuft

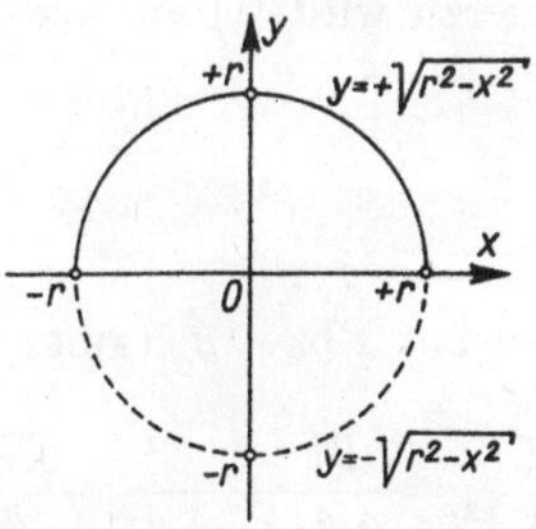

Bild 171

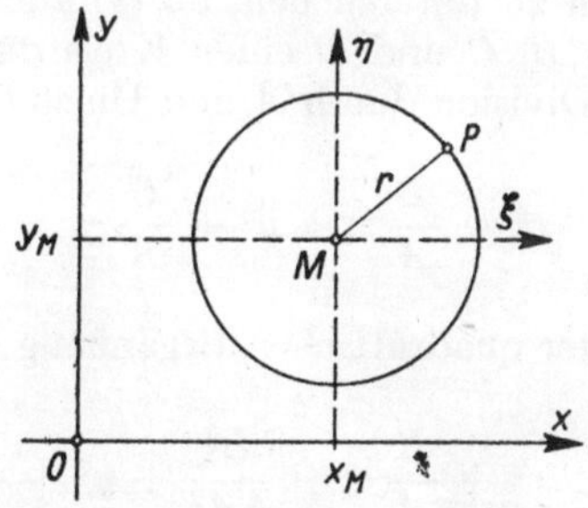

Bild 172

x von $-r$ über 0 bis $+r$, dann wandert y von 0 über $+r$ bzw. $-r$ bis 0. $y = +\sqrt{r^2 - x^2}$ ist die Gleichung des oberen, $y = -\sqrt{r^2 - x^2}$ die Gleichung des unteren Halbkreises. Für y gilt ebenfalls das Intervall $y \in [-r; r]$ (Bild 171).
Für $x \notin [-r; r]$, also für $x < -r$ oder $x > r$ wird y imaginär, und es ergeben sich übereinstimmend mit dem Bild keine Kreispunkte mehr.
Fällt der Kreismittelpunkt nicht mit dem Ursprung des Koordinatensystems zusammen, sondern hat M die Koordinaten x_M, y_M, dann wird nach Bild 172 ein $\xi; \eta$-System als Hilfssystem gewählt, in dem die Kreisgleichung lautet:

$$\xi^2 + \eta^2 = r^2.$$

Nach einer Parallelverschiebung

$$\xi = x - x_M; \qquad \eta = y - y_M$$

folgt dann die **allgemeine Kreisgleichung** im $x;y$-System:

$$\boxed{(x - x_M)^2 + (y - y_M)^2 = r^2} \tag{160}$$

Diese Gleichung enthält die drei Konstanten x_M, y_M und r. Der Kreis ist also in allgemeiner Lage durch drei Punkte bestimmt. Nach Ausrechnung der Klammern und Sortieren ergibt sich

$$x^2 + y^2 - 2x_M x - 2y_M y + x_M^2 + y_M^2 - r^2 = 0$$

und nach Multiplikation mit einem beliebigen Faktor k

$$kx^2 + ky^2 - 2x_M kx - 2y_M ky + k(x_M^2 + y_M^2 - r^2) = 0.$$

Setzt man

$$k = A, \quad -2x_M k = B, \quad -2y_M k = C, \quad k(x_M^2 + y_M^2 - r^2) = D,$$

dann erhält man als allgemeine Form von (160)

$$Ax^2 + Ay^2 + Bx + Cy + D = 0. \tag{I}$$

Es ist noch zu untersuchen, ob (I) auch umgekehrt für beliebige Wahl der Koeffizienten A, B, C und D einen Kreis darstellt. Hierzu wird (I) auf die Form (160) gebracht. Division durch A und Umstellung liefert

$$x^2 + \frac{B}{A}x + y^2 + \frac{C}{A}y = -\frac{D}{A}.$$

Addition der quadratischen Ergänzung der Glieder mit x bzw. y ergibt

$$x^2 + \frac{B}{A}x + \frac{B^2}{4A^2} + y^2 + \frac{C}{A}y + \frac{C^2}{4A^2} = \frac{B^2}{4A^2} + \frac{C^2}{4A^2} - \frac{D}{A}$$

oder

$$\left(x + \frac{B}{2A}\right)^2 + \left(y + \frac{C}{2A}\right)^2 = \frac{B^2 + C^2 - 4AD}{4A^2}. \tag{II}$$

Ein Vergleich mit (160) zeigt, daß

$$x_M = -\frac{B}{2A}, \quad y_M = -\frac{C}{2A}, \quad r = \sqrt{\frac{B^2 + C^2 - 4AD}{4A^2}}$$

zu setzen ist. Damit (I) die Kurvengleichung eines Kreises ist, muß r reell, d. h. $B^2 + C^2 - 4AD \geqq 0$, sein.

Für $B^2 + C^2 - 4AD = 0$ folgt $r = 0$. Gleichung (II) ist dann nur erfüllt durch das Wertepaar $\left(-\frac{B}{2A}; \ -\frac{C}{2A}\right)$. Denn der Term auf der linken Seite von (II) ist eine Summe von zwei Quadraten, von denen jedes einzeln Null werden muß. (II) stellt also nur einen Punkt dar, zu dem der Kreis wegen $r = 0$ zusammengeschrumpft ist.

Für $B^2 + C^2 - 4AD < 0$ wird r imaginär, und (II) kann nicht die Gleichung einer reellen Kurve sein. [(I) wird in diesem Fall auch als die Gleichung eines imaginären Kreises bezeichnet.]

Zusammenfassung: Eine Gleichung von der Form (I) stellt für

$$B^2 + C^2 - 4AD \begin{cases} > 0 & \text{einen Kreis} \\ = 0 & \text{einen Punkt} \\ < 0 & \text{keine reelle Kurve dar.} \end{cases}$$

BEISPIELE

1. Wie heißt die Gleichung des Kreises mit dem Mittelpunkt im Ursprung, der durch den Punkt $P_0\left(\frac{3}{2}; -2\right)$ geht?

Lösung: Die Koordinaten von P_0 müssen die Mittelpunktsgleichung (158) erfüllen:

$$\left(\frac{3}{2}\right)^2 + (-2)^2 = r^2.$$

Daraus folgt $r^2 = \frac{25}{4}$ und für die Gleichung des Kreises

$$\underline{\underline{x^2 + y^2 = \frac{25}{4}.}}$$

2. Man untersuche die Kurven mit den Gleichungen

a) $3x^2 + 3y^2 - 30x + 18y + 54 = 0,$

b) $x^2 + y^2 + 0{,}4\,x + 2{,}8y + 3{,}44 = 0,$

c) $16x^2 + 16y^2 - 16x + 24y + 13 = 0.$

Lösung: Zu a) Division der Kurvengleichung durch 3 und Umstellung ergibt

$$x^2 - 10x + y^2 + 6y = -18.$$

Nach Addition der quadratischen Ergänzungen folgt

$$x^2 - 10x + 25 + y^2 + 6y + 9 = 25 + 9 - 18$$
$$(x - 5)^2 + (y + 3)^2 = 16.$$

Die Kurve ist ein Kreis mit dem Mittelpunkt $M(5; -3)$ und dem Radius $r = 4$.

Zu b) Entsprechende Umformung wie unter a) ergibt

$$(x + 0{,}2)^2 + (y + 1{,}4)^2 = -1{,}44.$$

Es liegt keine reelle Kurve vor, da diese Gleichung durch kein reelles Wertepaar $(x; y)$ erfüllt werden kann.

Zu c) Man erhält

$$\left(x - \frac{1}{2}\right)^2 + \left(y + \frac{3}{4}\right)^2 = 0.$$

Diese Gleichung wird nur durch das Wertepaar $\left(\frac{1}{2}; -\frac{3}{4}\right)$ erfüllt und stellt daher den Punkt $P_1\left(\frac{1}{2}; -\frac{3}{4}\right)$ dar.

3. Wie heißt die Gleichung des Kreises, der durch die drei Punkte $A(-1; 6)$, $B(15; -2)$ und $C(13; -8)$ geht?

Lösung: Die Aufgabe hat zwei Lösungswege. Betrachtet man A, B, C als Eckpunkte eines Dreiecks, dann können entsprechend der Konstruktion in der Planimetrie nach Aufgabe 800g, h, i Mittelpunkt und Radius des Umkreises bestimmt und danach die Kreisgleichung aufgestellt werden. Im folgenden wird jedoch eine andere Lösung verwendet.
Die Gleichung des gesuchten Kreises lautet allgemein

$$(x - x_M)^2 + (y - y_M)^2 = r^2.$$

Die Punkte A, B, C sollen auf dem Kreis k liegen; das ergibt die Bedingungen:

$$A \in k: \quad (-1 - x_M)^2 + (6 - y_M)^2 = r^2 \qquad \text{(III)}$$

$$B \in k: \quad (15 - x_M)^2 + (-2 - y_M)^2 = r^2 \qquad \text{(IV)}$$

$$C \in k: \quad (13 - x_M)^2 + (-8 - y_M)^2 = r^2. \qquad \text{(V)}$$

Aus den drei Gleichungen (III), (IV), (V) können die drei Unbekannten x_M, y_M und r berechnet werden. Durch Ausmultiplizieren entstehen die Gleichungen:

$$x_M^2 + 2x_M + y_M^2 - 12y_M + 37 = r^2 \qquad \text{(VI)}$$

$$x_M^2 - 30x_M + y_M^2 + 4y_M + 229 = r^2 \qquad \text{(VII)}$$

$$x_M^2 - 26x_M + y_M^2 + 16y_M + 233 = r^2. \qquad \text{(VIII)}$$

Sie werden paarweise subtrahiert:

$$\text{(VI)}-\text{(VII)}: \quad 32x_M - 16y_M - 192 = 0$$

$$\text{(VII)} - \text{(VIII)}: -4x_M - 12y_M - 4 = 0.$$

Dieses lineare Gleichungssystem liefert die beiden Unbekannten $x_M = 5$; $y_M = -2$, und durch Einsetzen in eine der Gleichungen (III) bis (V) folgt $r = 10$. Die Gleichung des Kreises durch A, B und C lautet

$$\underline{\underline{(x - 5)^2 + (y + 2)^2 = 100.}}$$

4. Es ist die Menge der Punkte P der Ebene zu bestimmen, für die das Verhältnis $\overline{PA}:\overline{BP}$ ihrer Abstände von den zwei festen Punkten $A(-3; 0)$ und $B(3; 0)$ konstant gleich 2 ist.

Lösung: $P(x; y)$ sei ein beliebiger Punkt der gesuchten Punktmenge. Für seine Abstände e_1 und e_2 von A bzw. B muß daher gelten (Bild 173):

$$\frac{\overline{PA}}{\overline{PB}} = \frac{e_1}{e_2} = 2 \quad \text{oder} \quad e_1 = 2e_2.$$

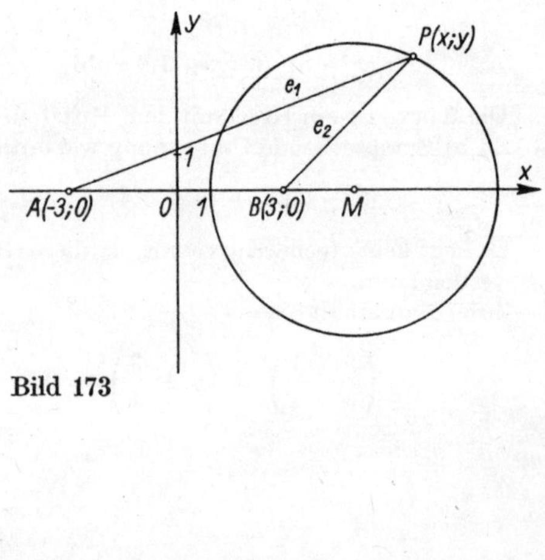

Bild 173

Nach der Abstandsformel (139) folgt

$$\sqrt{(x+3)^2+y^2} = 2\sqrt{(x-3)^2+y^2}.$$

Quadriert und umgeformt ergibt

$$x^2+6x+9+y^2 = 4(x^2-6x+9+y^2)$$

$$3x^2+3y^2-30x+27 = 0$$

$$\underline{\underline{(x-5)^2+y^2 = 16.}}$$

Die gesuchte Punktmenge ist ein Kreis mit dem Mittelpunkt $M\,(5;0)$ und dem Radius $r = 4$.

AUFGABEN

814. Wie lautet die allgemeine Gleichung des Kreises mit

a) $M(3;-5)$, $r = 8$,

b) $M(0;10)$, $r = 10$,

c) $M\left(\frac{1}{8};-\frac{1}{6}\right)$, $r = \frac{5}{24}$,

d) $M(-4;7)$, $r = 7$?

815. Gegeben ist der Kreis mit der Gleichung

$$\left(x-\frac{3}{2}\right)^2+\left(y+\frac{3}{4}\right)^2 = \frac{25}{16}.$$

Welcher der Punkte $A\left(\frac{9}{4};\frac{1}{4}\right)$, $B\left(\frac{3}{8};-\frac{5}{8}\right)$, $C\left(\frac{1}{2};0\right)$, $D\left(\frac{1}{2};\frac{1}{8}\right)$ liegt in, auf oder außerhalb des Kreises?

816. Man gebe graphisch die durch folgende Ungleichungen bestimmten Punktmengen an:

a) $x^2+y^2 < 9$,
$x+y > 3$,

b) $(x-3)^2+(y-4)^2 > 4$,
$4x-3y > 0$,
$4x+3y-24 > 0$.

817. Es sind Mittelpunkt und Radius der durch folgende Gleichungen bestimmten Kreise zu ermitteln:

a) $x^2+y^2-12x+6y-99 = 0$,

b) $x^2+y^2+y-2 = 0$,

c) $2x^2+2y^2+8x = 0$,

d) $x^2+y^2-10{,}4x-1{,}6y+7{,}43 = 0$,

e) $5x^2+5y^2-\frac{20}{3}x-2y-\frac{7}{9} = 0$,

f) $x^2+y^2+\frac{2}{3}x-\frac{1}{3}y+\frac{5}{6} = 0$,

g) $x^2+y^2+2x-y+\frac{5}{4} = 0$.

818. Wie heißt die Gleichung des Kreises, der den Mittelpunkt $M\left(3; -\frac{5}{4}\right)$ hat und durch den Ursprung geht?

819. Ein Kreis mit dem Mittelpunkt $M\left(-\frac{7}{4}; -\frac{2}{3}\right)$ geht durch den Punkt $P_1\left(\frac{3}{4}; \frac{16}{3}\right)$. Gesucht wird seine Gleichung.

820. Ein Kreis berührt die y-Achse im Punkt $P_1\left(0; -\frac{2}{5}\right)$ und geht durch den Punkt $P_2\left(1; \frac{8}{5}\right)$. Wie heißt seine Gleichung?

821. Ein Kreis berührt beide Achsen und geht durch den Punkt $P_0\left(-\frac{4}{3}; \frac{2}{3}\right)$. Wie heißt seine Gleichung?

822. Ein Kreis enthält die Punkte $P_1\left(\frac{7}{4}; -\frac{1}{2}\right)$ und $P_2\left(-2; \frac{19}{2}\right)$. Sein Mittelpunkt liegt auf der Geraden $y = -\frac{4}{11}x + \frac{3}{2}$. Gesucht wird die Kreisgleichung.

823. Von einem Dreieck sind die Eckpunkte $P_1(-11; 0)$, $P_2(12; -7)$, $P_3(12; 23)$ gegeben. Man berechne die Gleichungen der Mittelsenkrechten und die Gleichung des Umkreises.

824. Wie heißt die Gleichung des Kreises durch die drei Punkte $P_1(8; 16)$, $P_2(15; 9)$, $P_3(8; -8)$?

825. Gegeben sind der Kreis mit der Gleichung $2x^2 + 2y^2 - 32x - 16y - 178 = 0$ und die beiden Punkte $P_1(-9; -3)$, $P_2(27; -18)$. Man bestimme den Abstand d des Kreismittelpunktes von der durch P_1 und P_2 gehenden Geraden.

826. Gegeben ist der Kreis $3x^2 + 3y^2 + 24x - 48y - 60 = 0$. Man stelle die Gleichung des dazu konzentrischen Kreises auf, der die durch $P_1(3; 25)$ und $P_2(18; -11)$ gehende Gerade berührt.

827. Wie heißt die Gleichung des Kreises, der die x-Achse und die Gerade $y = \frac{3}{4}x + 12$ berührt und durch den Punkt $P_1(3; 2)$ geht?

828. Von einem Dreieck ABC sind die Seite c und das Verhältnis $a:b = m:n$ der Seiten a und b gegeben. Auf welcher Kurve liegen die Punkte C aller Dreiecke, die die gegebenen Werte haben?

829. Man errichte in $A(a; 0)$ ein Lot zur x-Achse und ziehe durch O eine variable Gerade g, die das Lot in B trifft. Für einen Punkt P auf g gelte $\overline{OP} \cdot \overline{OB} = a^2$. Gesucht wird die Menge aller Punkte P.

830. Ein gleichschenkliges Dreieck hat die Basis b und die Höhe h. Gesucht wird die Menge aller Punkte, für die das Quadrat ihres Abstandes von der Basis gleich dem Produkt der Abstände von den beiden Schenkeln ist.

27.2. Parameterdarstellung und Gleichung in Polarkoordinaten

Unter den möglichen Parameterdarstellungen eines Kreises in Mittelpunktslage erhält man die einfachste, wenn als Parameter der Winkel t zwischen dem zum Kreispunkt P führenden Radius OP und der x-Achse gewählt wird (Bild 174):

$$\boxed{\begin{aligned} x &= r\cos t \\ y &= r\sin t \end{aligned}} \begin{aligned} &= \varphi(t) \\ &= \psi(t). \end{aligned} \tag{161}$$

Für $t \in T = [0; 360°)$ erhält man sämtliche Kreispunkte. Ist ein Kreis in allgemeiner Lage durch die Gleichung

$$(x - x_M)^2 + (y - y_M)^2 = r^2 \qquad \text{(I)}$$

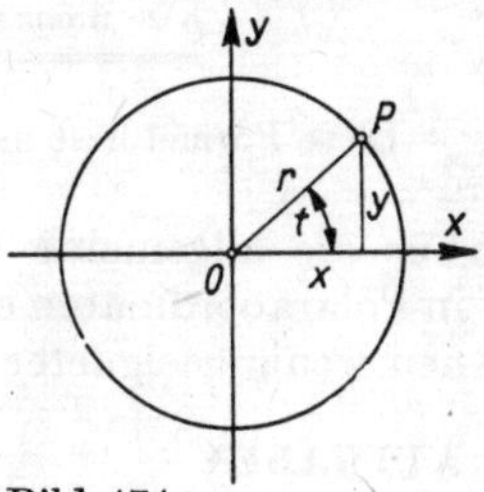

Bild 174

gegeben, dann kann

$$x = x_M + r\cos t = \varphi(t)$$

gewählt werden. Aus (I) folgt damit

$$(x_M + r\cos t - x_M)^2 + (y - y_M)^2 = r^2$$

$$(y - y_M)^2 = r^2 - r^2\cos^2 t = r^2\sin^2 t$$

$$y = y_M + r\sin t$$

bei Beschränkung auf das positive Vorzeichen der Wurzel. Mit

$$x = x_M + r\cos t = \varphi(t)$$
$$y = y_M + r\sin t = \psi(t)$$

liegt eine Parameterdarstellung des Kreises vor.

Für den Kreis mit der Gleichung $x^2 + y^2 = r^2$ wird die Gleichung in Polarkoordinaten gesucht. Durch Einsetzen von $x = \varrho\cos\varphi$, $y = \varrho\sin\varphi$ folgt

$$\varrho^2\cos^2\varphi + \varrho^2\sin^2\varphi = r^2$$

$$\varrho^2 = r^2 \text{ und wegen } \varrho > 0$$

$$\boxed{\varrho = r = \text{const.}} \qquad (162)$$

Um Verwechslungen zu vermeiden, wurde im Gegensatz zu 24.3.3. der Radius des Polarkoordinatensystems mit ϱ bezeichnet.

BEISPIEL

Gegeben ist der Kreis mit der Gleichung

$$(x - 3)^2 + y^2 = 9.$$

Wie heißt seine Gleichung in Polarkoordinaten?

Lösung: Durch Einsetzen von $x = \varrho\cos\varphi$, $y = \varrho\sin\varphi$ in die Kreisgleichung folgt

$$(\varrho\cos\varphi - 3)^2 + (\varrho\sin\varphi)^2 = 9$$

$$\varrho^2 - 6\varrho\cos\varphi = 0$$

Wegen der Bedingung $\varrho \neq 0$ folgt

$$\underline{\underline{\varrho = 6 \cos \varphi = f(\varphi)}}.$$

Diese Formel liest man mit Hilfe des Satzes von THALES auch aus Bild 175 ab.

Für die allgemeine Kreislage entsteht bei der Darstellung in Polarkoordinaten ein umständlicher, für praktisches Rechnen wenig geeigneter Ausdruck.

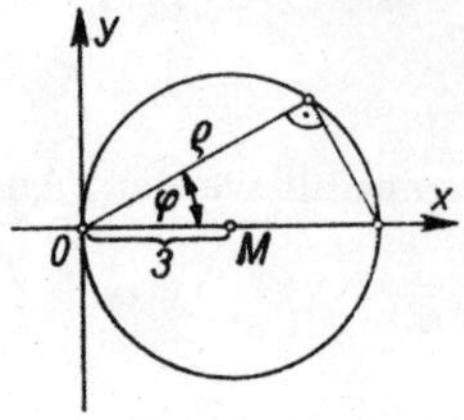

Bild 175

AUFGABEN

831. Eine Kurve hat die Parameterdarstellung

$$x = 2 - t = \varphi(t), \quad y = \sqrt{t(4 - t)} = \psi(t).$$

Wie heißt der Variablenbereich T? Man bestimme die parameterfreie Gleichung. Welche Kurve liegt vor?

832. Von einem Punkt $A(a; 0)$ wird auf eine Gerade g durch O das Lot gefällt. Gesucht wird eine Parameterdarstellung für die Menge der Lotfußpunkte F, die den verschiedenen Lagen der Geraden entsprechen, sowie eine parameterfreie Gleichung der sich ergebenden Kurve.

833. Gegeben ist die Gleichung eines Kreises in Polarkoordinaten $\varrho = 10 \sin \varphi$. Wie heißt die Gleichung in rechtwinkligen Koordinaten?

27.3. Kreis und Gerade

Die Planimetrie zeigt, daß zwischen einem Kreis k und einer Geraden g drei verschiedene Lagebeziehungen möglich sind:
Die Gerade *schneidet* als Sekante den Kreis in zwei Punkten: $k \cap g = \{P_1, P_2\}$.
Die Gerade *berührt* als Tangente den Kreis in einem Punkt: $k \cap g = \{P_0\}$.
Die Gerade hat mit dem Kreis keinen Punkt gemeinsam: $k \cap g = \emptyset$.
Diese drei Lagebeziehungen müssen auch bei der analytischen Behandlung zum Ausdruck kommen. Gegeben seien der Kreis

$$k = \{P(x; y) \mid x^2 + y^2 = r^2\} \quad \text{und die Gerade}$$

$$g = \{P(x; y) \mid y = mx + b\}.$$

Die Koordinaten der Schnittpunkte beider Kurven ergeben sich aus dem Gleichungssystem

$$x^2 + y^2 = r^2$$

$$y = mx + b.$$

Die zweite Gleichung wird in die erste eingesetzt:

$$x^2 + (mx + b)^2 - r^2 = 0.$$

Daraus folgt

$$x^2 + \frac{2mb}{1+m^2}\,x + \frac{b^2-r^2}{1+m^2} = 0$$

$$x_{1,2} = \frac{-mb \pm \sqrt{r^2(1+m^2)-b^2}}{1+m^2} \qquad \text{(I)}$$

und durch Einsetzen von (I) in die Geradengleichung

$$y_{1,2} = \frac{b \pm m\sqrt{r^2(1+m^2)-b^2}}{1+m^2}. \qquad \text{(II)}$$

Entscheidend für die Anzahl der Schnittpunkte ist der Radikand in (I) und (II). Man nennt

$$r^2(1+m^2) - b^2$$

die *Diskriminante.* Sie enthält die drei Konstanten r, m und b, die den Kreis und die Gerade und damit auch ihre gegenseitige Lage fixieren. Entsprechend den drei oben genannten Fällen kann man unterscheiden:

a) $r^2(1+m^2)-b^2>0$: $k \cap g = \{P_1, P_2\}$, denn (I) und (II) liefern je zwei reelle Werte x_1, x_2 bzw. y_1, y_2 für die Schnittpunktkoordinaten.

b) $r^2(1+m^2)-b^2=0$: $k \cap g = \{P_0\}$. In (I) und (II) entfällt mit der Wurzel auch das doppelte Vorzeichen. Man erhält nur je einen Wert für x und y.

$$x_0 = \frac{-mb}{1+m^2} \quad \text{(III)} \qquad y_0 = \frac{b}{1+m^2} \quad \text{(IV)}$$

sind die Koordinaten des Tangentenberührungspunktes.

c) $r^2(1+m^2)-b^2<0$: $k \cap g = \varnothing$. In (I) und (II) wird die Wurzel imaginär. Es gibt keinen reellen Schnittpunkt zwischen Kreis und Gerade.

Die Bedingungen $r^2(1+m^2)-b^2 \gtreqless 0$ lassen sich leicht geometrisch interpretieren.
Wegen $m = \tan\alpha$ gilt

$$r^2(1+m^2) = r^2(1+\tan^2\alpha) = \frac{r^2}{\cos^2\alpha}$$

und damit für die drei Fälle

$$\frac{r^2}{\cos^2\alpha} \gtreqless b^2 \quad \text{oder} \quad r \gtreqless |b\cos\alpha|.$$

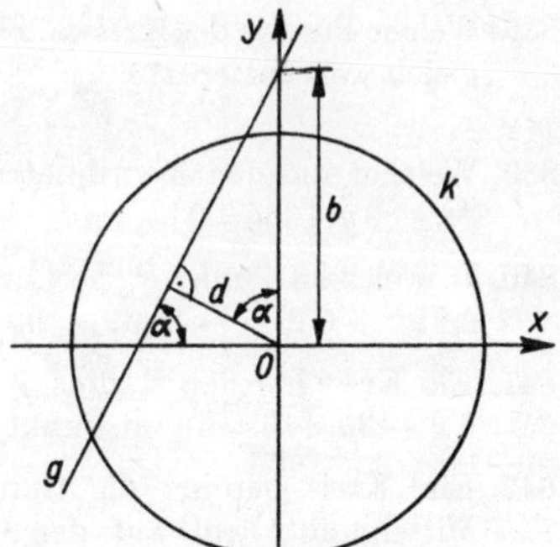

Bild 176

Nach Bild 176 ist $|b\cos\alpha|$ der Abstand d der Geraden vom Kreismittelpunkt M.

Die drei Bedingungen sagen in der Form $r \gtreqless d$ also lediglich, daß eine Gerade den Kreis schneidet, berührt oder meidet, wenn der Abstand der Geraden vom Kreismittelpunkt kleiner, gleich oder größer als der Kreisradius ist.

AUFGABEN

834. Es sind die Schnittpunkte zwischen Kreis und Gerade zu bestimmen. Welche Lage hat die Gerade zum Kreis?

a) $x^2 + y^2 = 100$

$y = 7x - 50,$

b) $x^2 + y^2 = 74$

$y = \frac{5}{7}x + \frac{74}{7},$

c) $x^2 + y^2 = 30$

$x - 3y - 20 = 0,$

d) $(x - 3)^2 + \left(y + \frac{1}{3}\right)^2 = \frac{100}{81}$

$y = \frac{1}{7}x + \frac{2}{63},$

e) $x^2 + y^2 + 4x - 10y + 21 = 0$

$2x - y - 1 = 0,$

f) $x^2 + y^2 - 10x + 2y + 6 = 0$

$2x + 4y - 26 = 0,$

g) $(x + 0{,}25)^2 + (y - 1{,}40)^2 = 4{,}65$

$y = 2{,}12x + 1{,}93$ (Rechenstab).

835. Gesucht werden die Schnittpunkte zwischen dem Kreis mit der Gleichung $(x - 5)^2 + (y + 1)^2 = 50$ und den Koordinatenachsen.

836. Gegeben ist der Kreis $(x - 6)^2 + (y - 5)^2 = 9$. Welcher Punkt dieses Kreises liegt dem Ursprung am nächsten, und welcher Punkt ist am weitesten vom Ursprung entfernt?

837. Der Kreis mit $M(4; -4)$ und $r = 10$ wird von der Geraden $y = -7x + 74$ geschnitten. Man berechne die Länge s der Sehne, den Sehnenmittelpunkt S und zeige, daß die Gerade MS senkrecht zur Sehne ist.

838. Welche Punkte des Kreises $x^2 + y^2 = 9$ sind von den Punkten $A\left(\frac{47}{6}; -\frac{2}{3}\right)$, $B\left(-\frac{17}{6}; \frac{22}{3}\right)$ gleich weit entfernt?

839. Welcher um den Koordinatenursprung gezeichnete Kreis berührt die Gerade $2x - 3y - 6 = 0$?

840. In welchem Punkt P_0 berührt ein Kreis mit $M(1{,}85; -2{,}18)$ die Gerade $2{,}91x + 0{,}24y - 13{,}39 = 0$, und wie heißt seine Gleichung? (Rechenstab)

841. Ein Kreis hat den Radius $r = 10$ und berührt die Gerade mit der Gleichung $4x - 3y + 8 = 0$ im Punkt $P_0(4; 8)$. Wie heißt die Kreisgleichung?

842. Ein Kreis berührt die Geraden g_1: $3x - 4y + 2 = 0$, g_2: $24x + 7y + 16 = 0$. Sein Mittelpunkt liegt auf der Geraden g_3: $9x + 2y - 19 = 0$. Man bestimme die Kreisgleichung.

843. Gegeben sind der Kreis $x^2 + y^2 = r^2$ und der Punkt $A(0; b)$ mit $b > r$. Eine variable Gerade durch A schneide aus dem Kreis eine Sehne aus. Gesucht wird die Menge der Sehnenmittelpunkte.

844. Ein Kreis hat den Mittelpunkt $M(a; 0)$ und den Radius r. Eine variable Gerade durch $A(-a; 0)$ schneide den Kreis in Q. Man bestimme die Menge der Punkte P, die $\overline{AQ}$ im Verhältnis $\lambda: 1$ teilen.

27.4. Tangente des Kreises

Nach Bild 177 sei t eine Gerade, die den Kreis k in $P_0(x_0; y_0)$ berührt. Dann gilt für t zunächst die Punktrichtungsform der Geradengleichung (150):

$$y - y_0 = m(x - x_0). \tag{I}$$

$m = \tan\alpha$ bestimmt man entweder (wegen $\alpha = 90° + \beta$) aus

$$m = \tan\alpha = -\cot\beta = -\frac{x_0}{y_0} \tag{II}$$

oder mit Hilfe der Differentialrechnung aus $m = f'(x_0)$, wobei $y = \sqrt{r^2 - x^2} = f(x)$ ist. Es folgt

$$m = f'(x_0) = \frac{-2x_0}{2\sqrt{r^2 - x_0^2}} = -\frac{x_0}{y_0}.$$

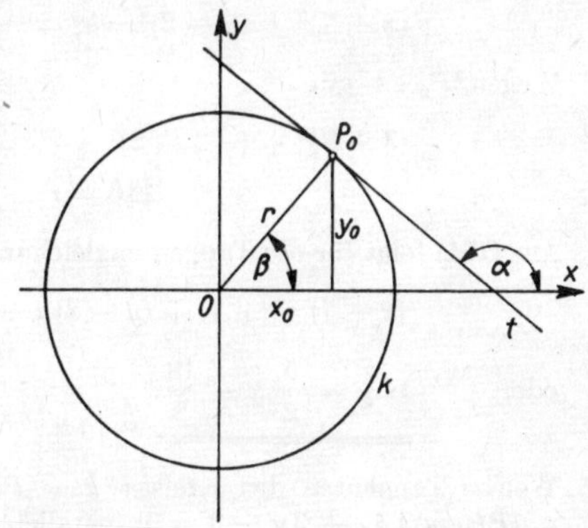

Bild 177

Es wurde für $f(x)$ wegen der Eindeutigkeit der Funktion nur das positive Vorzeichen aus (159) verwendet, d. h. der obere Halbkreis betrachtet. Für den unteren Halbkreis mit der Gleichung $y = -\sqrt{r^2 - x^2}$ führt die Ableitung zum gleichen Ergebnis.
(II) in (I) eingesetzt ergibt

$$y - y_0 = -\frac{x_0}{y_0}(x - x_0)$$

oder umgeformt

$$xx_0 + yy_0 = x_0^2 + y_0^2.$$

Wegen $P_0 \in k$ ergibt der Term der rechten Seite r^2. Deshalb lautet die **Gleichung der Kreistangente** mit dem Berührungspunkt $P_0(x_0; y_0)$

$$\boxed{xx_0 + yy_0 = r^2} \tag{163}$$

Liegt der Kreis in allgemeiner Lage, d. h., $M \neq O$, dann führt die in Bild 172 gezeigte Parallelverschiebung des Koordinatensystems zur Gleichung der Kreistangente bei allgemeiner Lage des Kreises

$$\boxed{(x - x_M)(x_0 - x_M) + (y - y_M)(y_0 - y_M) = r^2} \tag{164}$$

BEISPIELE

1. An den Kreis mit der Gleichung $x^2 + y^2 = 225$ ist in dem im IV. Quadranten liegenden Punkt $P_0(x_0 = 9)$ die Tangente t angelegt. Wie heißt ihre Gleichung?

Lösung: Die Ordinate y_0 des Berührungspunktes folgt durch Einsetzen von x_0 in die Kreisgleichung (159), wobei wegen der angegebenen Lage von P_0 im IV. Quadranten nur das negative Vorzeichen zu verwenden ist:

$$y_0 = -\sqrt{225 - 81} = -12.$$

Die Tangentengleichung lautet nach (163)

$$9x - 12y = 225$$

oder

$$t\colon\ y = \frac{3}{4}x - \frac{75}{4}.$$

2. Ein Kreis hat den Mittelpunkt $M(-7; 2)$ und geht durch den Punkt $P_0(3; -2)$. Wie heißt die Gleichung der Kreistangente in P_0?

Lösung: Die Kreisgleichung lautet

$$(x + 7)^2 + (y - 2)^2 = r^2.$$

Wegen $P_0 \in k$ gilt

$$(3 + 7)^2 + (-2 - 2)^2 = r^2$$

$$116 = r^2.$$

Aus (164) folgt für die Tangentengleichung

$$(x + 7)(3 + 7) + (y - 2)(-2 - 2) = 116$$

oder $$t\colon\ y = \frac{5}{2}x - \frac{19}{2}.$$

3. Welche Tangenten des Kreises $k = \{P(x; y) \mid x^2 + y^2 = 6{,}25\}$ sind zu der Geraden $g = \{P(x; y) \mid 4x + 3y - 3 = 0\}$ parallel, und wo liegen die Berührungspunkte?

Lösung: Die Geradengleichung und die Tangentengleichung (163) werden in die Normalform gebracht:

$$g\colon\ y = -\frac{4}{3}x + 1$$

$$t\colon\ y = -\frac{x_0}{y_0}x + \frac{r^2}{y_0}.$$

Die Richtungsfaktoren von g und t müssen gleich sein:

$$m = -\frac{4}{3} = -\frac{x_0}{y_0}. \qquad \text{(III)}$$

Außerdem gilt wegen $P_0 \in k$

$$x_0^2 + y_0^2 = 6{,}25. \qquad \text{(IV)}$$

Aus (III) und (IV) werden die Koordinaten x_0, y_0 berechnet. Es ergeben sich zwei Berührungspunkte:

$$\underline{\underline{P_0\left(2; \frac{3}{2}\right)}}, \quad \underline{\underline{P_0'\left(-2; -\frac{3}{2}\right)}}$$

und damit nach (163) die Gleichungen zweier Tangenten:

$$\underline{\underline{t\colon 8x + 6y - 25 = 0}}, \quad \underline{\underline{t'\colon 8x + 6y + 25 = 0.}} \quad \text{(Bild 178)}$$

4. Gesucht werden die Schnittpunkte und Schnittwinkel der beiden Kreise $k_1 = \{P(x;y) \mid x^2 + y^2 + 2x - 4y - 15 = 0\}$ und $k_2 = \{P(x;y) \mid x^2 + y^2 - 16x + 2y + 15 = 0\}$.

Lösung: Zur Berechnung der Schnittpunkte dient das Gleichungssystem

$$x^2 + y^2 + 2x - 4y - 15 = 0 \quad \text{(V)}$$

$$x^2 + y^2 - 16x + 2y + 15 = 0. \quad \text{(VI)}$$

Durch Subtraktion folgt

$$18x - 6y - 30 = 0$$

$$y = 3x - 5. \quad \text{(VII)}$$

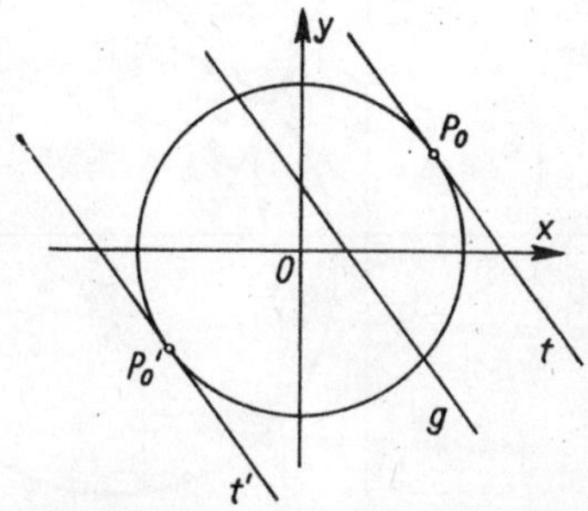

Bild 178

Gleichung (VII) stellt eine Gerade dar. Da die gesuchten Schnittpunktkoordinaten (V) und (VI) erfüllen müssen, erfüllen sie auch die daraus hervorgegangene Gleichung (VII). Diese Gerade geht also durch beide Schnittpunkte und ist daher die gemeinsame Sekante beider Kreise. Die Sekante wird nun mit einem der beiden Kreise zum Schnitt gebracht. (VII) in (V) eingesetzt ergibt

$$x^2 + (3x - 5)^2 + 2x - 4(3x - 5) - 15 = 0$$

$$x^2 - 4x + 3 = 0$$

$$x_1 = 3, \; x_2 = 1,$$

und aus (VII) folgt

$$y_1 = 4, \; y_2 = -2.$$

Die gesuchten Schnittpunkte sind $\underline{\underline{P_1(3; 4)}}$, $\underline{\underline{P_2(1; -2)}}$.

Unter dem Schnittwinkel zweier Kurven versteht man nach 24.3.1. den Winkel zwischen den Tangenten, die in den Schnittpunkten beider Kurven an diese gelegt sind. Aus Symmetriegründen müssen sich beide Kreise in P_1 und P_2 unter gleichen Winkeln schneiden. Deshalb wird nur der Schnittwinkel in P_1 betrachtet. Die beiden Kreisgleichungen werden umgeformt:

$$k_1\colon (x + 1)^2 + (y - 2)^2 = 20$$

$$k_2\colon (x - 8)^2 + (y + 1)^2 = 50.$$

Die Gleichungen der in P_1 an k_1 bzw. k_2 gelegten Tangenten folgen aus (164) nach Umformung:

$$t_1\colon y = -2x + 10$$

$$t_2\colon y = x + 1.$$

Nach (155) ergibt sich der Schnittwinkel mit $m_1 = -2,\ m_2 = 1$:

$$\tan\sigma = \frac{m_2 - m_1}{1 + m_2 m_1} = -3$$

$$\underline{\underline{\sigma = 108°26'.}} \qquad \text{(Bild 179)}$$

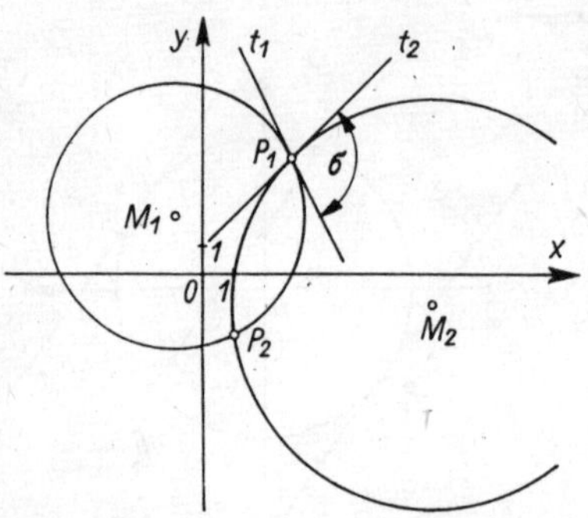

Bild 179

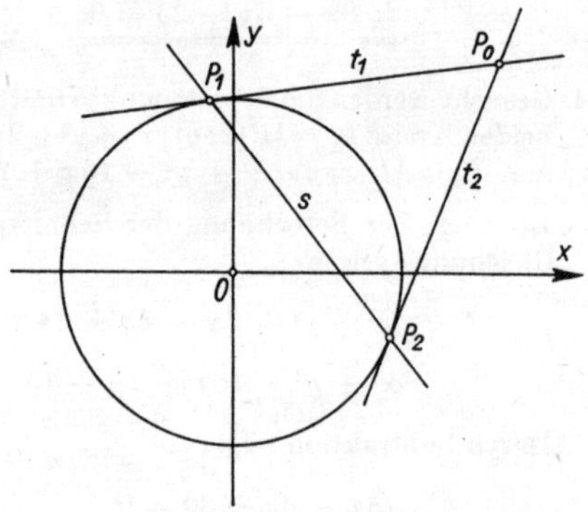

Bild 180

An einen Kreis $k = \{P(x; y) \mid x^2 + y^2 = r^2\}$ sollen von einem Punkt $P_0(x_0; y_0)$, der außerhalb des Kreises liegt, die Tangenten gelegt werden. Die bekannte Konstruktion aus der Planimetrie zeigt, daß zwei Tangenten, t_1 und t_2, die Aufgabe erfüllen. Ihre noch unbekannten Berührungspunkte seien P_1 und P_2 (Bild 180).

$$t_1\colon\ xx_1 + yy_1 = r^2$$

$$t_2\colon\ xx_2 + yy_2 = r^2.$$

Wegen $P_0 \in t_1$ und $P_0 \in t_2$ gelten die Gleichungen

$$x_0x_1 + y_0y_1 = r^2 \qquad \text{(VIII)}$$

$$x_0x_2 + y_0y_2 = r^2. \qquad \text{(IX)}$$

Diese Gleichungen lassen sich auch anders interpretieren. Betrachtet man eine Gerade s mit der Gleichung

$$xx_0 + yy_0 = r^2 \qquad \text{(X)}$$

dann erfüllen nach (VIII) die Koordinaten von P_1 und nach (IX) die Koordinaten von P_2 die Gleichung (X). Die Gerade s ist also die Kreissekante, die die Berührungspunkte P_1 und P_2 der von P_0 an den Kreis gelegten Tangenten verbindet. s soll kurz *Berührungssekante* von P_0 heißen.
Für tiefergehende Betrachtungen nennt man s die zum *Pol* P_0 gehörende *Polare*.

Die Gleichung $xx_0 + yy_0 = r^2$ bestimmt eine Tangente, wenn P_0 auf dem Kreis liegt. Sie bestimmt die Berührungssekante von P_0, wenn P_0 außerhalb des Kreises liegt.

Mit Hilfe der Berührungssekante kann die oben gestellte Aufgabe leicht gelöst werden.

BEISPIEL

5. Wie heißen die Gleichungen der Tangenten, die vom Punkt $P_0(6; -2)$ an den Kreis k mit der Gleichung $x^2 + y^2 = 20$ gezogen sind?

Lösung: Wegen $6^2 + (-2)^2 = 40 > 20 = r^2$ liegt P_0 tatsächlich außerhalb des Kreises. Die Gleichung der Berührungssekante lautet nach (X)

$$6x - 2y = 20$$

$$s\colon\ y = 3x - 10 \qquad \text{(XI)}$$

Dann werden mit (XI) und der Kreisgleichung die Schnittpunkte von s und k, d. h. die Tangentenberührungspunkte, bestimmt:

$$s \cap k = \{P_1(4; 2), P_2(2; -4)\}.$$

Mit diesen folgen aus (163) die gesuchten Tangentengleichungen

$$\underline{\underline{t_1\colon\ 4x + 2y = 20}}$$

$$\underline{\underline{t_2\colon\ 2x - 4y = 20.}}$$

Bei allgemeiner Lage des Kreises stellt (164) ebenfalls die Gleichung der Berührungssekante dar, wenn P_0 außerhalb des Kreises liegt.

AUFGABEN

845. An den Kreis mit der Gleichung $x^2 + y^2 = 289$ sind in den Punkten $P_1(15; y > 0)$ und $P_2(8; y < 0)$ die Tangenten gezogen. Man berechne den Tangentenschnittpunkt P_0, den Tangentenschnittwinkel δ und die Fläche $P_0P_1P_2$.

846. Um den Nullpunkt ist ein Kreis gezeichnet, der durch $P_1\left(\frac{5}{4}; -3\right)$ geht, und in P_1 ist die Tangente gezogen. Welchen Abstand d hat der Punkt $P_2(6; 4)$ von der Tangente?

847. An den Kreis $\{P(x; y) \mid x^2 + y^2 - 14x - 6y - 3 = 0\}$ sind die Tangenten in den Punkten gezogen, deren Abszisse $x = 2$ ist. Welchen Winkel bilden die Tangenten miteinander?

848. An den Kreis mit der Gleichung $x^2 + y^2 - 36x + 4y + 228 = 0$ ist im Punkt $P_1(12; y_1 > 0)$ die Tangente anzulegen. Man berechne den Schnittpunkt P_2 der Tangente mit der y-Achse und die Fläche des Dreiecks MP_1P_2.

849. Wie lauten die Gleichungen der Tangenten an den Kreis mit der Gleichung $x^2 + y^2 = 25$, die gegen die positiv gerichtete x-Achse unter einem Winkel a) $\alpha = 45°$, b) $\alpha = 120°$ geneigt sind?

850. Man bestimme die Gleichung der Tangenten des Kreises $k = \{P(x; y) \mid x^2 + y^2 = 208\}$, die senkrecht zu der Geraden $g = \{P(x; y) \mid y = \frac{2}{3}x + 3\}$ sind.

851. Welche Tangenten des Kreises mit der Gleichung $(x-4)^2+(y-2)^2=\frac{25}{4}$ sind parallel zu der Geraden mit der Gleichung $y=\frac{3}{4}x+4$?

852. Vom Punkt $P_0(14;2)$ sind an den Kreis $k=\{P(x;y) \mid x^2+y^2-100=0\}$ die Tangenten gezogen. Man berechne die Berührungspunkte P_1 und P_2, den Tangentenschnittwinkel δ und die Fläche des Dreiecks $P_0P_1P_2$.

853. Welche Gleichungen haben die Tangenten vom Punkt
a) $P_0(9;-5)$ an den Kreis $k=\{P(x;y) \mid x^2+y^2+12x+11=0\}$,
b) $P_0(4;19)$ an den Kreis mit $M(1;-2)$ und $r=15$.

854. Ein Kreis um $M=O$ mit dem Radius r schneidet die y-Achse in P_1. Auf der durch P_1 gehenden Kreistangente liegt ein variabler Punkt P_0. Die zweite Tangente von P_0 an den Kreis berühre in P_2. Man bestimme die Menge der Höhenschnittpunkte P im Dreieck $P_0P_1P_2$.

855. In welchen Punkten und unter welchem Winkel schneiden sich die Kreise
a) k_1 mit $M_1(6;1)$, $r_1=5$, k_2 mit $M_2(-8;-1)$, $r_2=5\sqrt{5}$,
b) $k_1=\{P(x;y) \mid x^2+y^2+6x-4y-12=0\}$
$k_2=\{P(x;y) \mid x^2+y^2-10x+4y-36=0\}$,
c) $k_1=\{P(x;y) \mid x^2+y^2+14x+8y+56=0\}$
$k_2=\{P(x;y) \mid x^2+y^2-2x+8y-8=0\}$?

856. Wie lautet die Gleichung des Kreises mit dem Mittelpunkt $M(-1;1)$, der den Kreis $k\colon x^2+y^2-6x+4y-23=0$ berührt?

857. Durch die Schnittpunkte der Kreise $k_1\colon M_1(1;-3)$, $r=5$ und $k_2\colon M(3;7)$, $r=7$ ist ein Kreis zu legen, dessen Mittelpunkt auf der Geraden $g\colon 8x-3y+11=0$ liegt. Wie heißt die Kreisgleichung?

858. Gesucht wird die Gleichung des Kreises, der den Kreis $k=\{P(x;y) \mid x^2+y^2-4x+9y+12=0\}$ rechtwinklig schneidet, durch den Punkt $P_1(7;-1)$ geht und dessen Mittelpunkt auf der Geraden $9x+4y-48=0$ liegt.

859. Wie lautet die Gleichung des Kreises, der den Kreis $k_1=\{P(x;y) \mid x^2+y^2+30x+16y+33=0\}$ und den Kreis $k_2=\{P(x;y) \mid x^2+y^2-20x-16y+115=0\}$ berührt und den Radius $r=10$ hat?

28. Parabel

28.1. Definition und Konstruktion

Nach der Geraden und dem Kreis werden in den folgenden Abschnitten drei Kurven untersucht, die für Naturwissenschaft und Technik von besonderer Bedeutung sind: die Parabel, die Ellipse und die Hyperbel. Diese drei Kurven heißen auch Kegelschnitte (s. 32.2.). Es wird sich zeigen, daß die Gleichungen der drei Kurven bei

Verwendung rechtwinkliger Koordinaten wie bei der Kreisgleichung quadratisch in x und y sind, wodurch eine gewisse Gemeinsamkeit zum Ausdruck kommt.
Für die Parabel gilt die

Definition

Die **Parabel** ist die Menge aller Punkte der Ebene, deren Abstände von einer festen Geraden und von einem festen Punkt gleich sind.

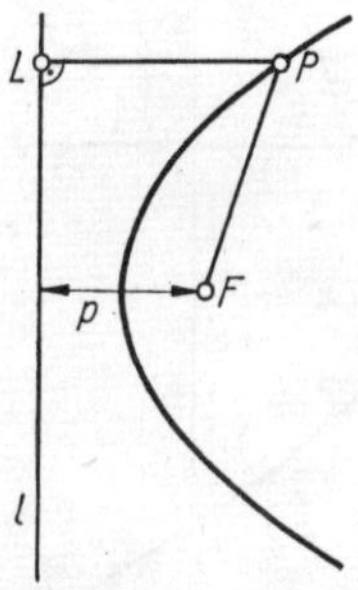

Bild 181

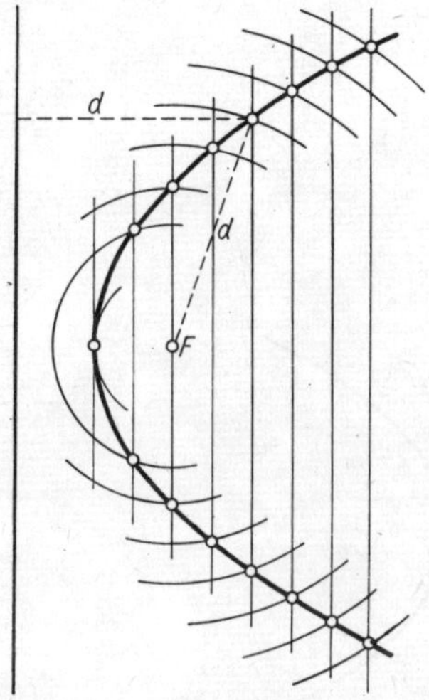

Bild 182

Die feste Gerade wird **Leitlinie** (Direktrix), der feste Punkt **Brennpunkt** (Fokus) genannt. Eine Parabel ist durch den Abstand des Brennpunktes F von der Leitlinie l eindeutig bestimmt. Dieser Abstand wird als **Halbparameter**[1]) p bezeichnet (Bild 181). Das Lot PL von einem beliebigen Parabelpunkt P auf die Leitlinie heißt **Leitstrahl**, die Strecke PF Brennstrahl dieses Punktes. Der Menge der Parabelpunkte kann die Gleichung $\overline{PL} = \overline{PF}$ zugeordnet werden.
Aus der Definition folgt unmittelbar eine *Konstruktion* für die Parabel:
Zu einem vorgegebenen Halbparameter p werden zunächst l und F und anschließend eine Schar von Parallelen zu l gezeichnet (Bild 182). Wählt man nun eine der Parallelen aus, nimmt ihren Abstand d von der Leitlinie in den Zirkel und schlägt mit d um F einen Kreisbogen, dann schneidet dieser die Parallele in zwei Parabelpunkten, falls $d > \frac{p}{2}$ ist. Für $d = \frac{p}{2}$ führt die Konstruktion nur zu einem Berührungspunkt. Ist $d < \frac{p}{2}$, so gibt es keine Parabelpunkte. Der Berührungspunkt, der also den Abstand p zwischen Brennpunkt und Leitlinie halbiert, wird **Scheitelpunkt** S, die

[1]) Der hier verwendete Begriff »Parameter« ist von dem Begriff »Parameter = Hilfsvariable« aus 24.3.2. zu unterscheiden

Strecke $SF = \frac{p}{2} = f$ *Brennweite* der Parabel genannt (Bild 183). Der Scheitelpunkt liegt von allen Parabelpunkten der Leitlinie am nächsten. Die durch den Scheitelpunkt parallel zur Leitlinie gezogene Gerade berührt daher die Parabel und heißt **Scheiteltangente**. Die Parabel ist in S am stärksten gekrümmt. Wie die Konstruktion veranschaulicht, liegt die Parabel symmetrisch zu der Geraden SF, die deshalb als **Parabelachse** bezeichnet wird.

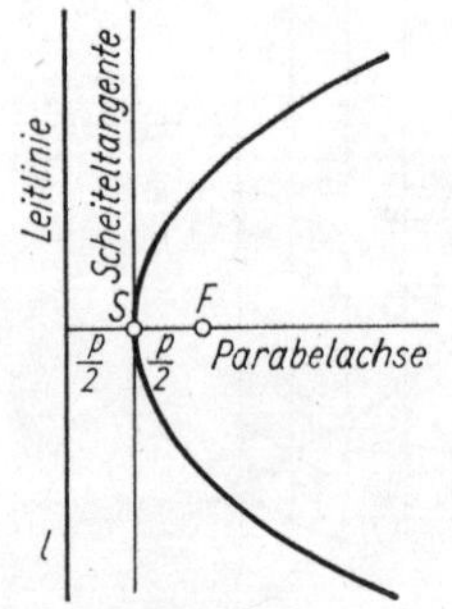

Bild 183

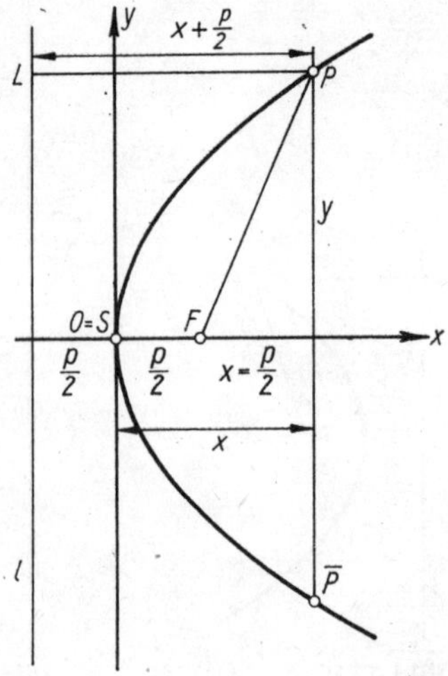

Bild 184

28.2. Scheitelgleichungen

Die Gleichung für die Parabel soll zunächst unter Verwendung cartesischer Koordinaten aufgestellt werden. Eine einfache Kurvengleichung ergibt sich durch geschickt gewählte Lage des Koordinatensystems. Der Koordinatenursprung liege im Scheitelpunkt, die x-Achse falle mit der Parabelachse zusammen (Bild 184). Damit wird die Symmetrie der Parabel ausgenützt. Die y-Achse ist Scheiteltangente. Ist $P(x; y)$ ein variabler Punkt der Parabel, dann gilt für Brenn- und Leitstrahl:

$$\overline{PF} = \sqrt{\left(x - \frac{p}{2}\right)^2 + y^2}$$

$$\overline{PL} = x + \frac{p}{2}.$$

Aus der Definitionsgleichung $\overline{PF} = \overline{PL}$ folgt

$$\sqrt{\left(x - \frac{p}{2}\right)^2 + y^2} = x + \frac{p}{2}$$

$$x^2 - px + \frac{p^2}{4} + y^2 = x^2 + px + \frac{p^2}{4}.$$

Scheitelgleichung der Parabel

$$\boxed{y^2 = 2px} \tag{165}$$

Durch die Kurvengleichung (165) sind auch die verschiedenen geometrischen Eigenschaften der Parabel erfaßt, und es ist die Aufgabe der folgenden Abschnitte, einige dieser Eigenschaften auf analytischem Weg mit Hilfe der Kurvengleichung zu erhalten. Grundlegendes über die Gestalt der Parabel, das man teilweise auch schon aus der angeführten Konstruktion erkennt, liefert die

Diskussion der Scheitelgleichung

Die Scheitelgleichung enthält als einzige Konstante den Halbparameter p. Dieser bestimmt allein die Parabel.
Der Halbparameter sei stets positiv. Aus $y^2 \geqq 0$ folgt also $x \geqq 0$, d. h., die Punkte der zu (165) gehörenden Parabel liegen nur im I. und IV. Quadranten.
Aus (165) folgt

$$y = \pm\sqrt{2px}. \tag{I}$$

Zu jedem Wert $x > 0$ gibt es zwei y-Werte, die sich nur um das Vorzeichen unterscheiden. Das drückt die bereits bei der Konstruktion erkannte Symmetrie der Parabel bezüglich der x-Achse als Parabelachse aus.
Betrachtet man einen Parabelpunkt $P(x; y)$, $y > 0$ im I. Quadranten und läßt x unbegrenzt größer werden, dann wird auch y unbegrenzt größer, d. h., für $x \to \infty$ folgt $y \to \infty$. Schwierigkeiten können sich aus dem Bild der Kurve ergeben. Wegen des immer geringer werdenden Zuwachses der Ordinaten könnte man annehmen, daß sich die Parabel einer Parallelen zur x-Achse nähert. Das ist aber nicht der Fall. Wählt man einen beliebig großen Wert für y, dann gibt es hierzu nach (165) stets einen Wert $x = y^2 : 2p$, so daß $P(x; y)$ ein Parabelpunkt ist. Das heißt aber, jede Parallele zur x-Achse, möge sie auch beliebig weit von ihr entfernt sein, wird von der Parabel geschnitten.

Für $x = \frac{p}{2}$ wird $y = \pm p$. Nennt man das Stück einer die Parabel schneidenden Geraden, das zwischen den Schnittpunkten liegt, in Analogie zum Kreis eine Sehne, dann folgt:

> Die Parabelsehne, die im Brennpunkt auf der Parabelachse senkrecht steht, ist gleich dem Parameter $2p$.

Mit Hilfe der fünf Punkte $P_1(0; 0)$, $P_{2;3}\left(\frac{p}{2}; \pm p\right)$, $P_{4;5}(2p; \pm 2p)$ läßt sich die Parabel schnell und annähernd genau skizzieren (Bild 185).

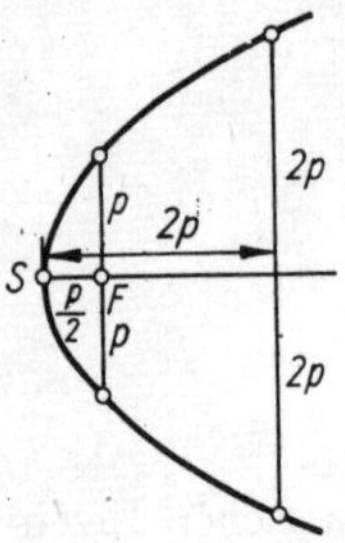

Bild 185

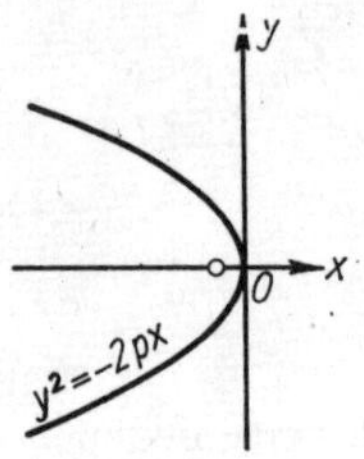

Bild 186

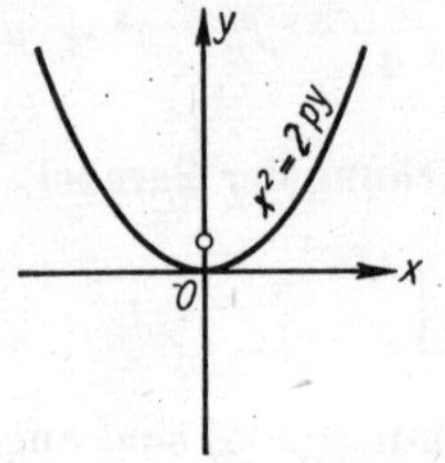

Bild 187

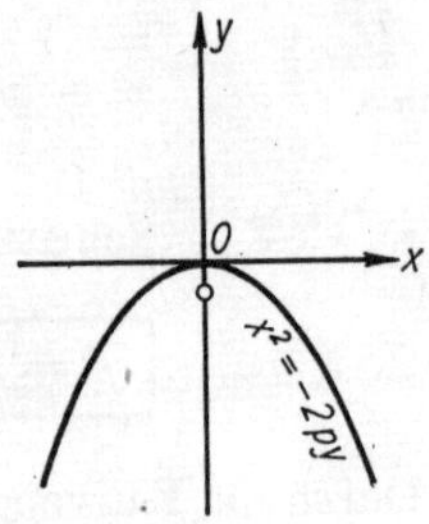

Bild 188

Es soll untersucht werden, welche Parabel die Gleichung

$$\boxed{y^2 = -2px} \tag{166}$$

besitzt. Wegen $y^2 \geqq 0$ muß auch die rechte Seite der Gleichung stets positiv sein. Aus der Voraussetzung $p > 0$ folgt daher $x \leqq 0$.
Zur Gleichung (166) gehört also eine in Bild 186 gezeigte nach links geöffnete Parabel. Vertauschung der Koordinaten x und y in (165) und (166) führt zu den Gleichungen

$$\boxed{x^2 = 2py} \tag{167}$$

und

$$\boxed{x^2 = -2py} \tag{168}$$

Jeweils zugehörige nach oben bzw. nach unten geöffnete Parabeln zeigen die Bilder 187 und 188.
Die Gleichungen (167) und (168) haben zusammengefaßt die Form

$$y = ax^2 \quad \text{mit} \quad a = \pm\frac{1}{2p}.$$

Entsprechend kann man (165) und (166) in der Form

$$x = cy^2 \quad \text{mit} \quad c = \pm\frac{1}{2p}$$

schreiben.

BEISPIEL

Ein an zwei Punkten A, B befestigtes und frei durchhängendes Seil hat näherungsweise die Form einer nach oben geöffneten quadratischen Parabel. C sei der tiefste Punkt des Seiles, l die Spannweite und h die Pfeilhöhe (Bild 189). Wie heißt die Scheitelgleichung der Parabel?

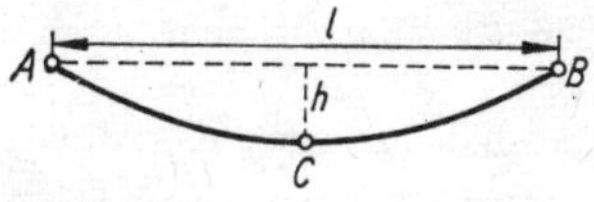

Bild 189

Lösung: Wählt man $O = C$ und legt die x-Achse parallel zu $\overline{AB}$, dann heißt die Gleichung allgemein

$$x^2 = 2py.$$

Die Koordinaten $x_a = -\frac{l}{2}$, $y_a = h$ des Punktes A müssen die Parabelgleichung erfüllen. Das ergibt

$$\frac{l^2}{4} = 2ph \quad \text{bzw.} \quad 2p = \frac{l^2}{4h}$$

und als Scheitelgleichung folgt

$$x^2 = \frac{l^2}{4h}y \quad \text{bzw.} \quad \underline{\underline{y = \frac{4h}{l^2}x^2.}}$$

AUFGABEN

860. Es sind Parabeln mit den Halbparametern $p = 0{,}5$ cm, 1 cm, 3 cm und 5 cm zu konstruieren.

861. Man zeichne mit Hilfe von Wertetabellen die folgenden, durch ihre Scheitelgleichungen gegebenen Parabeln:

a) $y^2 = \frac{3}{2}x$, b) $y^2 = 4x$, c) $y^2 = -3x$,

d) $y = x^2$, e) $x^2 = -5y$.

862. Es ist graphisch und rechnerisch festzustellen, welche von den Punkten $P_1(4;4)$, $P_2(1;-2)$, $P_3(9;6)$, $P_4\left(\frac{1}{2};-\frac{7}{5}\right)$, $P_5\left(6;\frac{25}{9}\right)$, $P_6\left(\frac{9}{5};\frac{6}{25}\right)$ auf den folgenden Parabeln liegen:

k_1: $y^2 = 4x$, k_2: $x^2 = \frac{27}{2}y$, k_3: $x^2 = -\frac{1}{2}y$.

863. Welche Koordinaten haben die Brennpunkte der folgenden Parabeln:

a) $y^2 = 10x$, b) $x^2 = -16y$, c) $y^2 + 0{,}8x = 0$,

d) $y = 0{,}5x^2$, e) $4y^2 + 20x = 0$, f) $\frac{2}{3}y - \frac{1}{6}x^2 = 0$?

864. a) Eine Parabel geht durch den Punkt $P_1(9;6)$, ihr Scheitelpunkt liegt in O, und ihre Achse fällt mit der x-Achse zusammen. Wie heißt die Scheitelgleichung?

Desgleichen b) $P_1\left(-\frac{5}{8};\frac{5}{2}\right)$, c) $P_1(2{,}75;-1{,}42)$.

865. a) Eine Parabel geht durch den Punkt $P_1\left(-1;\ \frac{1}{4}\right)$, ihr Scheitelpunkt liegt in O, und ihre Achse fällt mit der y-Achse zusammen. Wie heißt die Scheitelgleichung?

Desgleichen b) $P_1(1{,}20;\ -0{,}24)$, c) $P_1(3{,}34;\ 7{,}25)$.

866. Eine Parabel geht durch den Punkt $P_1\left(-\frac{3}{2};\ \frac{5}{4}\right)$, ihr Scheitelpunkt liegt in O, und ihre Achse fällt mit einer Koordinatenachse zusammen. Wie heißt die Scheitelgleichung?

867. Welchen Abstand d hat der Brennpunkt der Parabel

$$y = 0{,}125x^2 \text{ von dem Kreis } x^2 + y^2 - 10x + 20y + 116 = 0\,?$$

868. Um ein gleichseitiges Dreieck mit der Seite a ist eine Parabel zu legen, deren Scheitelpunkt in einer Ecke des Dreiecks liegt. Wie groß ist der Halbparameter p?

869. In ein gegebenes Trapez (Bild 190) ist eine Parabel zu legen, die durch die Punkte C und D geht und deren Scheitelpunkt S auf $\overline{AB}$ liegt. Man berechne $\overline{AS}$.

870. Man beweise die folgende *Konstruktion*:
Von einer Parabel sind der Scheitelpunkt S, die Parabelachse und ein Parabelpunkt P_1 gegeben. Man zeichne eine beliebige Parallele g zur Parabelachse. Die Parallele g schneidet $\overline{SP_1}$ in R. Die Senkrechte zu g durch R schneidet die Parallele zu g durch P_1 in Q. Dann ist der Schnittpunkt P_2 zwischen SQ und g ein weiterer Parabelpunkt.

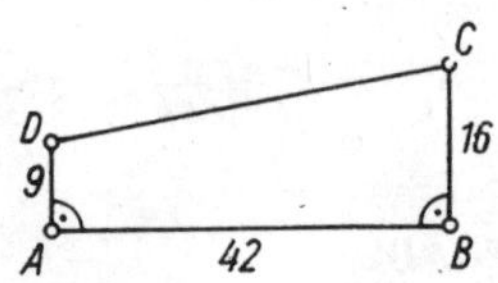

Bild 190

28.3. Allgemeine Parabelgleichungen

Die Lage der Parabel gegenüber dem Koordinatensystem wird jetzt verallgemeinert. Die Parabelachse soll noch parallel zu einer Koordinatenachse liegen, aber der Scheitelpunkt S muß nicht mehr mit dem Ursprung zusammenfallen. Er kann beliebige Koordinaten x_S und y_S haben. Man legt dann, wie es in Bild 191 für die nach rechts geöffnete Parabel angegeben ist, durch S ein neues Koordinatensystem mit den Achsen x' und y' parallel zur x- bzw. y-Achse.

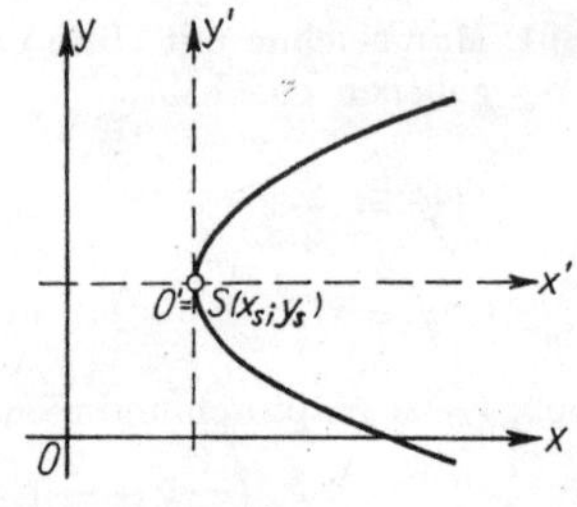

Bild 191

In diesem hat die Parabel die Gleichung:

$$y'^2 = 2px'. \tag{I}$$

Durch die Gleichungen

$$x' = x - x_S$$

$$y' = y - y_S$$

ist der Übergang zum $x;y$-System gegeben, und man erhält

$$\boxed{(y - y_S)^2 = 2p(x - x_S)} \tag{169}$$

Analog ergeben sich für die nach links, oben oder unten geöffneten Parabeln mit allgemeiner Lage des Scheitelpunktes die Gleichungen

$$\boxed{(y - y_S)^2 = -2p(x - x_S)} \tag{170}$$

$$\boxed{(x - x_S)^2 = 2p(y - y_S)} \tag{171}$$

$$\boxed{(x - x_S)^2 = -2p(y - y_S)} \tag{172}$$

Aus den Gleichungen (169) und (170) erhält man durch Ausmultiplizieren der Klammern und Auflösen nach x [das obere Vorzeichen folgt aus (169), das untere aus (170)]:

$$x = \pm\frac{y_S^2 \pm 2px_S}{2p} \mp \frac{y_S}{p}y \pm \frac{1}{2p}y^2$$

oder mit allgemeinen Koeffizienten

$$\boxed{x = a_0 + a_1y + a_2y^2} \tag{173}$$

Aus (171) bzw. (172) folgt entsprechend

$$\boxed{y = b_0 + b_1x + b_2x^2} \tag{174}$$

Aus den letzten beiden Formeln ergibt sich die Parabel als Bild der ganzen rationalen Funktion 2. Grades. Jede der Gleichungen enthält drei Konstanten. Eine Parabel, deren Achse parallel zu einer Koordinatenachse ist, wird daher durch die Angabe von drei Punkten eindeutig bestimmt.
Noch allgemeinere Parabelgleichungen folgen aus (173) und (174) durch Multiplikation mit einem beliebigen Faktor in der Form

$$Ay^2 + Bx + Cy + D = 0 \tag{II}$$

$$Ax^2 + Bx + Cy + D = 0. \tag{III}$$

In (173) und (II) liegt die Parabelachse parallel zur x-Achse, in (174) und (III) parallel zur y-Achse. In jeder Gleichung kommt nur eine Veränderliche in der zweiten Potenz vor.

BEISPIELE

1. Eine Parabel geht durch die drei Punkte $P_1(0; -2)$, $P_2(3; {}^1/_2)$, $P_3(-12; -2)$ und hat eine zur y-Achse parallele Achse. Man bestimme die Koordinaten des Scheitelpunktes und des Brennpunktes.

   Lösung: Wegen der vorgeschriebenen Lage der Parabelachse verwendet man die Gleichung (174)

   $$y = b_0 + b_1x + b_2x^2.$$

Die Koordinaten von jedem der drei Punkte müssen die Gleichung erfüllen:

$$-2 = b_0$$

$$\frac{1}{2} = b_0 + 3b_1 + 9b_2$$

$$-2 = b_0 - 12b_1 + 144b_2.$$

Aus diesem Gleichungssystem lassen sich die Konstanten b_0, b_1, b_2 berechnen:

$$b_0 = -2, \quad b_1 = \frac{2}{3}, \quad b_2 = \frac{1}{18}.$$

Die Gleichung der Parabel lautet

$$y = -2 + \frac{2}{3}x + \frac{1}{18}x^2.$$

Zur Ermittlung der Scheitelpunktkoordinaten und des Parameters ist die Gleichung auf eine der Formen (171) bzw. (172) zu bringen. Nach der Multiplikation mit 18 und dem Ordnen folgt

$$x^2 + 12x = 18y + 36.$$

Durch Addition von 36 auf beiden Seiten der Gleichung wird die linke Seite zum Binom ergänzt:

$$x^2 + 12x + 36 = 18y + 72$$

$$(x + 6)^2 = 18(y + 4).$$

Der Scheitelpunkt ist $S(-6;\ -4)$, der Halbparameter $p = 9$. Die Parabel ist nach oben geöffnet. Damit ergibt sich für den Brennpunkt $F(-6;\ {}^1/_2)$.

2. Ein parabolischer Brückenbogen hat die Spannweite $l = 32$ m und die Pfeilhöhe $h = 6$ m. In Abständen von je 4 m sind Vertikalstäbe angebracht. Man berechne deren Längen.

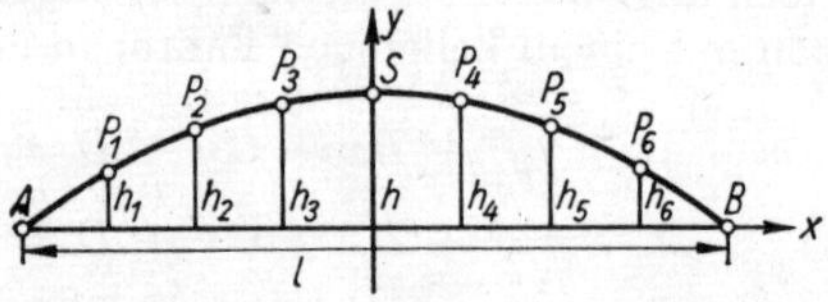

Bild 192

Lösung: Die x-Achse wird durch die Auflagepunkte A und B gelegt, die y-Achse durch den Scheitelpunkt S (Bild 192). Die Parabel ist nach unten geöffnet und hat die Gleichung

$$x^2 = -2p(y - 6).$$

Da $A(-16; 0)$ auf der Parabel liegt, gilt

$$256 = 12p \quad \text{oder} \quad 2p = \frac{128}{3}.$$

Die Parabelgleichung lautet

$$x^2 = -\frac{128}{3}(y - 6) \quad \text{bzw.} \quad y = 6 - \frac{3}{128}x^2.$$

Für $x_1 = -12$ und $x_6 = 12$ erhält man $y_1 = y_6 = \frac{21}{8}$.

Für $x_2 = -8$ und $x_5 = 8$ erhält man $y_2 = y_5 = \frac{9}{2}$.

Für $x_3 = -4$ und $x_4 = 4$ erhält man $y_3 = y_4 = \frac{45}{8}$.

Die Längen der Vertikalstäbe betragen

$$\underline{\underline{h_1 = h_6 = 2{,}625 \text{ m}}}, \qquad \underline{\underline{h_2 = h_5 = 4{,}500 \text{ m}}}, \qquad \underline{\underline{h_3 = h_4 = 5{,}625 \text{ m}}}.$$

3. Man bestimme die Menge aller Punkte der Ebene, für die ihre Entfernung von einer festen Geraden g gleich dem Tangentenabschnitt an einen festen Kreis k ist.

Lösung: Wie bei allen derartigen Aufgaben ist auch hier die Wahl eines geeigneten Koordinatensystems von Bedeutung. Je günstiger es gewählt wird — es sei dabei nur an die Berücksichtigung vorhandener Symmetrieeigenschaften erinnert —, um so einfacher wird sich die Gleichung für die gesuchte Punktmenge ergeben. Im vorliegenden Fall kann man die x-Achse mit der Geraden g zusammenfallen lassen und die y-Achse durch den Kreismittelpunkt M legen (Bild 193).

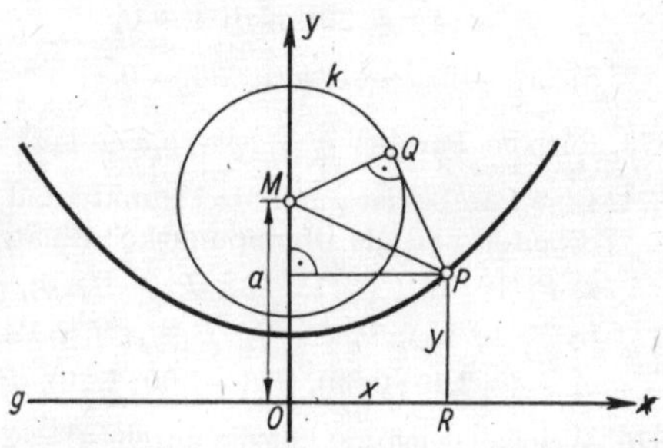

Bild 193

Der Abstand des Punktes M von g sei a. P sei ein beliebiger Punkt der Punktmenge, $\overline{PR}$ das Lot von P auf g und $\overline{PQ}$ die Tangente von P an den Kreis k. Die Aufgabenstellung verlangt

$$\overline{PR} = \overline{PQ}. \qquad \text{(IV)}$$

Nun ist $\overline{PR} = y$, und $\overline{PQ}$ ergibt sich durch zweimalige Anwendung des pythagoreischen Satzes:

$$\overline{PQ} = \sqrt{(a-y)^2 + x^2 - r^2}.$$

Damit folgt aus (IV) nach Quadrieren

$$y^2 = (a-y)^2 + x^2 - r^2$$

oder

$$\underline{\underline{x^2 = 2a\left(y - \frac{a^2 - r^2}{2a}\right)}}.$$

Die gesuchte Punktmenge ist eine nach oben geöffnete Parabel mit dem Scheitelpunkt $S\left(0;\ \frac{a^2 - r^2}{2a}\right)$ und dem Halbparameter $p = a$.

Der Leser wähle sich a und r beliebig, konstruiere die zugehörige Parabel und prüfe die Bedingung für die Punktmenge an einigen Parabelpunkten nach.

AUFGABEN

871. Man ermittle die Gleichung einer Parabel aus

a) $S(-2; -5)$, $p = 4$, Parabel nach rechts geöffnet,

b) $S(3; 0)$, $p = 0{,}5$, Parabel nach unten geöffnet,

c) $S(-1; 10)$, $p = \frac{3}{2}$, Parabel nach links geöffnet,

d) $S(6; -6)$, $p = 7$, Parabel nach oben geöffnet.

872. Von den folgenden Parabeln sind die Koordinaten des Scheitelpunktes und des Brennpunktes zu bestimmen.

a) $2y^2 - 24x - 12y - 6 = 0$,

b) $5x^2 + 40x + 25y + 230 = 0$,

c) $y^2 + 4x + 20y + 100 = 0$,

d) $3x^2 - 21x - 3y + 36 = 0$.

873. Für die Parabel $y = b_0 + b_1x + b_2x^2$ sind die Scheitelpunktkoordinaten zu bestimmen.

874. Eine Parabel ist durch drei Punkte und ihre Achsenrichtung bestimmt. Gesucht werden die Scheitel- und die Brennpunktkoordinaten.

a) $P_1(10; 15)$, $P_2(1; -3)$, $P_3(-5/4; 6)$, Parabelachse parallel zur x-Achse.

b) $P_1(1; 23/6)$, $P_2(2; 10/3)$, $P_3(8/3; 4/3)$, Parabelachse parallel zur y-Achse.

c) $P_1(-2{,}15; 0{,}60)$, $P_2(-2{,}60; 1{,}20)$, $P_3(-3{,}35; 1{,}80)$, Parabelachse parallel zur x-Achse.

875. Welche Gleichung hat die durch $y^2 = 2px$ gegebene Parabel in einem neuen Koordinatensystem mit den Achsen x' und y', das aus dem $x; y$-System durch Parallelverschiebung hervorgeht und dessen Ursprung

a) im Brennpunkt,

b) im Schnittpunkt Q von Leitlinie und Parabelachse liegt?

876. Der parabolische Träger einer Brücke mit aufgehängter Fahrbahn CD hat die Spannweite l und die zugehörige Pfeilhöhe $h + a$ (Bild 194).

a) Für das Verhältnis $(h + a) : l = 1 : 6$ ist die Gleichung der Parabel im angegebenen System aufzustellen.

b) Es sei in a) speziell $a = h$. Wie groß ist die Länge CD der Fahrbahn?

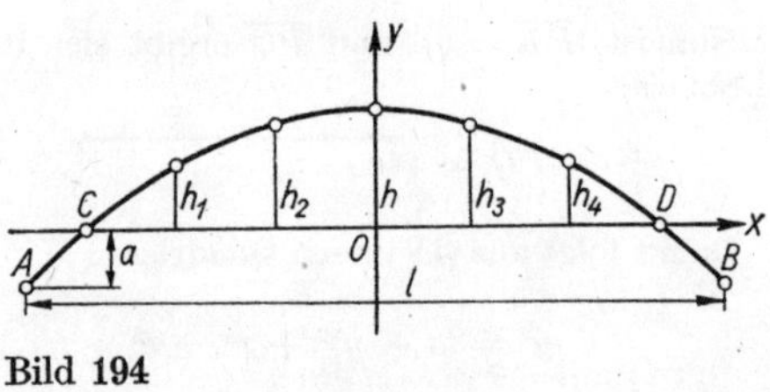

Bild 194

c) Für $l = 36$ m, $h = 6$ m, $a = 3$ m berechne man die Länge der Fahrbahn CD sowie die Längen der Vertikalstäbe, die 5 m bzw. 10 m von der Brückenmitte entfernt angebracht sind.

877. Gesucht wird die Menge der Mittelpunkte aller Kreise, die einen Halbkreis mit dem Radius r und den zugehörigen Kreisdurchmesser berühren.

878. Man bestimme die Menge der Mittelpunkte aller Kreise, die die Gerade $y = +3$ und den Kreis $x^2 + y^2 - 12x - 14y + 81 = 0$ außen berühren.

879. Man bestimme die Menge aller Punkte der Ebene, für die die Summe ihrer Entfernungen von einer festen Geraden g und einem festen Punkt A konstant gleich c ist.

880. Durch den variablen Punkt $Q(y_Q \neq 0)$ des Kreises $x^2 + y^2 = 36$ wird eine Parallele zur x-Achse gezogen, die die y-Achse in R trifft, $\overline{RQ}$ über Q um die Strecke RQ verlängert ergibt T. A ist der Schnittpunkt zwischen dem Kreis und der x-Achse mit positiver Abszisse. Auf welcher Kurve bewegt sich der Schnittpunkt P von $\overline{OQ}$ und $\overline{AT}$?

28.4. Parameterdarstellung

Für die Parabel mit der Gleichung $y^2 = 2px$ ergibt sich eine besonders einfache Parameterdarstellung, wenn $x = t^2$ gewählt wird. Durch Einsetzen in die Parabelgleichung folgt dann $y = \pm\sqrt{2p}\,t$ oder mit $\sqrt{2p} = c$

$$x = t^2 = x(t)$$

$$y = \pm ct = y(t) \qquad t \in [0, \infty).$$

Für das angegebene Intervall von t erhält man alle Parabelpunkte. Zur Vermeidung des doppelten Vorzeichens in der zweiten Gleichung kann das Intervall für t geändert werden. Die Darstellung

$$x = t^2 = x(t)$$

$$y = ct = y(t) \qquad t \in (-\infty, \infty)$$

liefert dann ebenfalls alle Parabelpunkte.
Für eine Parabel in allgemeiner Lage mit der Gleichung $(y - y_S)^2 = 2p(x - x_S)$ folgt entsprechend die Parameterdarstellung

$$x = x_S + t^2 = x(t)$$

$$y = y_S + ct = y(t) \qquad t \in (-\infty, \infty).$$

Bei Wahl anderer Parameterdarstellungen werden im allgemeinen Wurzeln auftreten.

BEISPIEL

Ein Körper wird mit der Geschwindigkeit v unter einem Winkel α gegen die Horizontalebene abgeworfen. Der Abwurfort liegt in dieser Horizontalebene.

a) Für die Bahnkurve des Schwerpunktes sollen eine Parameterdarstellung sowie eine parameterfreie Gleichung angegeben werden.

b) Die erreichte Wurfhöhe h und die Wurfweite w sind zu bestimmen.

c) Für welchen Winkel α ergibt sich eine maximale Wurfweite? (Der Luftwiderstand soll unberücksichtigt bleiben.)

Lösung:

a) Entsprechend Bild 195 wird ein Koordinatensystem gewählt, dessen Ursprung in dem Abwurfort liegt. Ohne den Einfluß der Schwerkraft würde sich der Körper auf der Geraden $y = mx$ bewegen, wobei $m = \tan\alpha$

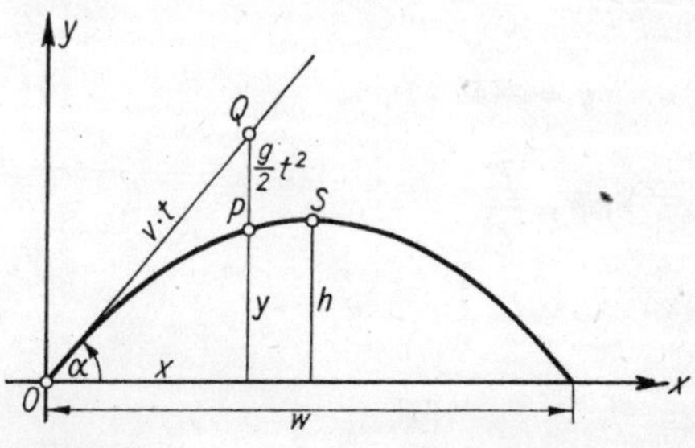

Bild 195

ist. Nach der Zeit t würde er die Strecke $OQ = vt$ zurückgelegt haben und sich im Punkte Q befinden. Durch die Einwirkung der Schwerkraft fällt er aber gleichzeitig um die Strecke $QP = \frac{g}{2}t^2$. Also ist P der Punkt der gesuchten Bahnkurve, in dem sich der Schwerpunkt des Körpers nach der Zeit t befindet. Aus dem Bild ist eine Parameterdarstellung der Bahnkurve mit der Zeit t als Parameter abzulesen:

$$x = vt\cos\alpha = x(t) \qquad y = vt\sin\alpha - \frac{g}{2}t^2 = y(t).$$

Nach Eliminierung des Parameters ($\alpha \neq 90°$) erhält man die parameterfreie Gleichung

$$y = x\tan\alpha - \frac{g}{2v^2\cos^2\alpha}x^2. \tag{I}$$

Da nur die Variable x den Exponenten 2 hat, ist die Bahnkurve eine Parabel. Sie läßt sich auf die Form (172) bringen:

$$\left(x - \frac{v^2\sin 2\alpha}{2g}\right)^2 = -\frac{2v^2\cos^2\alpha}{g}\left(y - \frac{v^2\sin^2\alpha}{2g}\right).$$

b) Die Wurfhöhe ist

$$h = y_S = \frac{v^2\sin^2\alpha}{2g},$$

und die Wurfweite ist wegen der Symmetrie der Parabel bezüglich ihrer Achse

$$w = 2x_S = \frac{v^2\sin 2\alpha}{g}. \tag{II}$$

Die Wurfweite w ergibt sich auch aus (I) als eine Lösung der Gleichung $y = 0$.

c) w erreicht nach (II) seinen maximalen Wert, wenn $\sin 2\alpha$ am größten, d. h. gleich Eins ist. Das tritt für $2\alpha = 90°$ und damit für $\alpha = 45°$ ein.

AUFGABEN

881. Aus der gegebenen Parameterdarstellung einer Parabel ist deren parameterfreie Gleichung herzuleiten.

a) $x = 1 + 4t$, $y = -4 - t^2$,

b) $x = t^2 - \frac{5}{2}$, $y = \frac{2}{3}t + \frac{5}{2}$,

c) $x = \frac{t}{2}$, $y = -\frac{1}{6}t^2 + 5$,

d) $x = 4t^2 + 12t + 20$, $y = 2t - 10$,

e) $x = a_0 + a_1 t$, $y = b_0 + b_1 t + b_2 t^2$.

882. Die Aufgabe a) des obigen Beispiels ist für $\alpha = 0$ (waagerechter Wurf) unter Verwendung des in Bild 195 angegebenen Koordinatensystems zu lösen. (Der Abwurfort liegt über der Horizontalebene.)

883. Durch einen Punkt $A(0; a)$ der y-Achse wird eine beliebige Gerade g gelegt, die die x-Achse in Q schneidet, und es wird der Punkt P der Geraden betrachtet, dessen Ordinate gleich x_Q ist. Für die von P durchlaufene Kurve ist eine Parameterdarstellung mit $x_Q = t$ als Parameter sowie eine parameterfreie Gleichung anzugeben.
Man konstruiere für einen gewählten Wert a die Kurve.

28.5. Darstellung in Polarkoordinaten

Die Parabelgleichung soll unter Verwendung von Polarkoordinaten r und φ aufgestellt werden. Die Wahl des Systems ist zwar beliebig, jedoch läßt sich eine besonders einfache Kurvengleichung entwickeln, wenn der Pol mit dem Brennpunkt und die Polarachse mit der Parabelachse zusammenfallen. Zunächst wird, wie in Bild 196 angegeben, durch F ein rechtwinkliges Koordinatensystem gelegt, in dem die Parabel die Gleichung

$$y^2 = 2p\left(x + \frac{p}{2}\right) \qquad \text{(I)}$$

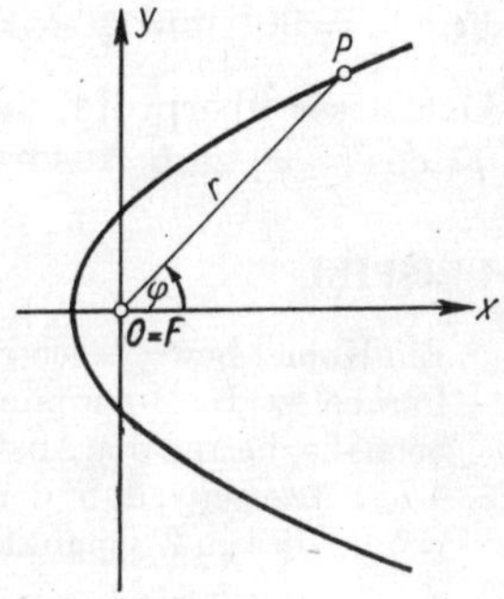

Bild 196

hat. Mit Hilfe der Formeln

$$x = r\cos\varphi$$

$$y = r\sin\varphi$$

folgt aus (I) die Kurvengleichung in Polarkoordinaten:

$$r^2\sin^2\varphi = 2p\left(r\cos\varphi + \frac{p}{2}\right).$$

Um die quadratische Gleichung nach r aufzulösen, ist die Umstellung auf die Normalform

$$r^2 - 2\,\frac{p\cos\varphi}{\sin^2\varphi}\,r - \frac{p^2}{\sin^2\varphi} = 0$$

erforderlich. Unter Beachtung der Beziehung $\sin^2\varphi + \cos^2\varphi = 1$ wird

$$r_{1;2} = \frac{p\cos\varphi \pm p}{\sin^2\varphi}.$$

Da der Radiusvektor r immer positiv sein soll und $p \cos\varphi < p$ ist, darf nur das obere Vorzeichen verwendet werden:

$$r = \frac{p\cos\varphi + p}{\sin^2\varphi} = \frac{p(\cos\varphi + 1)}{1 - \cos^2\varphi} = \frac{p(1 + \cos\varphi)}{(1 + \cos\varphi)(1 - \cos\varphi)}$$

Polargleichung der Parabel

$$\boxed{r = \frac{p}{1 - \cos\varphi}} \tag{175}$$

Für φ dürfen alle Werte aus dem Intervall $0° < \varphi < 360°$ eingesetzt werden. Für $\varphi = 0°$ wird der Nenner Null. Strebt φ gegen Null, dann wird der Radiusvektor unbegrenzt größer, d. h., aus $\varphi \to 0°$ folgt $r \to \infty$.
Für $\varphi = 90°$ und $\varphi = 270°$ erhält man $r = p$ und für $\varphi = 180°$ den Wert $r = \frac{p}{2}$.
Der Leser überprüfe, daß auch in (175) die Symmetrie der Parabel wegen $\cos\varphi = \cos(-\varphi)$ zum Ausdruck kommt.

BEISPIEL

Ein Komet bewegt sich auf einer Bahn, die in der Nähe der Sonne mit guter Annäherung eine Parabel ist. Im Brennpunkt der Parabel steht die Sonne. Im *Perihel*, d. i. der Punkt größter Sonnennähe, betrug der Abstand zwischen Sonne und Komet $88 \cdot 10^6$ km. Am 21. 2. 1896 hatte die *wahre Anomalie*, d. h. der Winkel Komet — Sonne — Perihel, den Wert $v = 54°48'$. Wie groß war zu diesem Zeitpunkt die Entfernung des Kometen von der Sonne?

Lösung: Das Perihel liegt im Scheitelpunkt der Parabel. Zwischen v und dem Polarwinkel φ besteht die Beziehung

$$\varphi = 180° - v$$

und aus (175) folgt

$$r = \frac{p}{1 - \cos(180° - v)} = \frac{p}{1 + \cos v}.$$

Für $v = 54°48'$ ergibt sich die gesuchte Entfernung mit

$$\underline{\underline{r = 111{,}4 \cdot 10^6 \text{ km.}}}$$

AUFGABEN

884. Unter Verwendung der Parabeldefinition ist die Gleichung (175) abzuleiten.

885. Man berechne nach (175) für $p = 2$ und $\varphi = 30°, 40°, \ldots, 320°, 330°$ die Werte für r und zeichne die Parabel punktweise mit Hilfe der Polarkoordinaten.

886. Es ist die Polargleichung der Parabel $x^2 = 2py$ für den Fall aufzustellen, daß der Pol im Scheitelpunkt liegt und die Polarachse mit der y-Achse zusammenfällt.

887. Man gehe in den folgenden Kurvengleichungen zu rechtwinkligen Koordinaten über:

a) $r = \dfrac{6\sin\varphi}{\cos^2\varphi}$, b) $r - r\sin\varphi + 4 = 0$.

28.6. Parabel und eine Gerade

Um die Lagebeziehungen zwischen einer Parabel und einer Geraden allgemein zu untersuchen, wird analog zu 27.3. eine beliebige Parabel $k = \{P(x; y) \mid y^2 = 2px\}$ mit einer beliebigen Geraden $g = \{P(x; y) \mid y = mx + b\}$ zum Schnitt gebracht. Die Koordinaten der Schnittpunkte beider Kurven ergeben sich aus dem Gleichungssystem

$$y^2 = 2px$$

$$y = mx + b$$

mit

$$x_{1;2} = \frac{-mb + p \pm \sqrt{p(p - 2mb)}}{m^2} \qquad \text{(I)}$$

$$y_{1;2} = \frac{p \pm \sqrt{p(p - 2mb)}}{m} \qquad \text{(II)}$$

Diskussion:

Die Anzahl der Schnittpunkte ist vom Radikand abhängig, und zwar, da $p > 0$ ist, nur von $p - 2mb$. Diese Diskriminante enthält die 3 Größen p, m und b, welche die Parabel und die Gerade festlegen.

1. Zunächst gelte: $0 < |m| < \infty$.

Dann ergeben sich je nach der Größe der Diskriminanten 3 Fälle:

a) $p - 2mb > 0$: $k \cap g = \{P_1; P_2\}$,
denn (I) und (II) liefern je 2 reelle Werte. Die Gerade schneidet also die Parabel in zwei Punkten P_1 und P_2.

b) $p - 2mb = 0$: $k \cap g = \{P_0\}$.
(I) und (II) ergeben durch den Wegfall des Wurzelausdrucks nur je einen Wert. Die Gerade hat daher mit der Parabel nur einen Punkt gemeinsam. Sie ist Tangente an die Parabel und der Berührungspunkt P_0 hat die Koordinaten

$$x_0 = \frac{-mb + p}{m^2} \quad \text{(III)}; \qquad y_0 = \frac{p}{m} \quad \text{(IV)}.$$

c) $p - 2mb < 0$: $k \cap g = \emptyset$.
Aus (I) und (II) erhält man für x und y komplexe Zahlen. Da alle vorliegenden Untersuchungen auf reelle Koordinaten beschränkt sind, schneidet die Gerade die Parabel nicht.

Man erhält für die 3 Fälle a) bis c) zusammengefaßt:

$$mb \begin{matrix} < \\ = \\ > \end{matrix} \frac{p}{2} \quad \begin{matrix} \text{zwei gemeinsame Punkte (Schnittpunkte)} \\ \text{einen gemeinsamen Punkt (Berührungspunkt)} \\ \text{keine gemeinsamen Punkte.} \end{matrix}$$

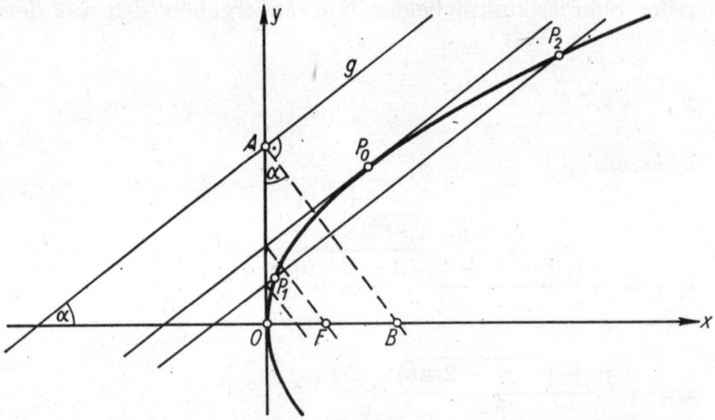

Bild 197

Dieses Ergebnis läßt sich geometrisch deuten. Bild 197 zeigt, daß eine beliebige Gerade g die y-Achse im Punkt A schneidet. Die Senkrechte zu g durch den Punkt A schneidet die x-Achse im Punkt B. Es ist $\overline{OA} = |b|$ und $\overline{OB} = |b \cdot \tan \alpha| = |bm|$. Liegt also der Punkt B links vom Brennpunkt, dann existieren 2 Schnittpunkte, liegt er rechts von F, gibt es keinen gemeinsamen Punkt. Für $B = F$ ist die Gerade eine Tangente.

Satz

Die auf einer Parabeltangente im Schnittpunkt mit der Scheiteltangente errichtete Senkrechte geht durch den Brennpunkt.

Die Umkehrung dieses Satzes liefert eine *Hüllkonstruktion der Parabel*:
Scheiteltangente und Brennpunkt einer Parabel seien gegeben. Legt man durch F beliebige Geraden und errichtet zu ihnen in den jeweiligen Schnittpunkten mit der Scheiteltangente Senkrechten, dann hüllen diese als Tangenten die Parabel ein (Bild 198).

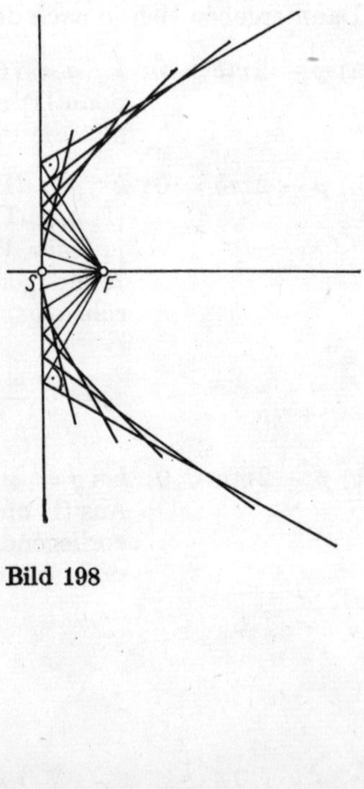

Bild 198

2. Es sei $m = 0$.

Die Gleichungen (I) und (II) sind nicht anwendbar. Die Gerade ist parallel zur x-Achse und hat die Gleichung $y = c$. Durch Einsetzen in die Parabelgleichung erhält man $c^2 = 2px_1$ oder

$$x_1 = \frac{c^2}{2p}, \qquad y_1 = c.$$

Es existiert nur ein Schnittpunkt.

3. Die Gerade sei parallel zur y-Achse.

Auch hier versagen die Gleichungen (I) und (II), da m keinen endlichen Wert hat. Die Geradengleichung lautet $x = c$. Dann folgt aus der Parabelgleichung $y_i^2 = 2pc$ oder

$$y_{1;2} = \pm\sqrt{2pc}, \qquad x_{1;2} = c.$$

Es ergeben sich zwei Schnittpunkte, die symmetrisch zur x-Achse liegen.

AUFGABEN

888. Welche Lagebeziehungen bestehen zwischen der Parabel $y^2 = 7x$ und den Geraden

a) $y = 3x - 8$, b) $3x - 4y + 16 = 0$, c) $y = -\frac{3}{4}x - \frac{7}{3}$,

d) $x - 4y + 5 = 0$, e) $x + 5 = 0$?

889. Man berechne die Schnittpunkte zwischen der Parabel $y^2 = 1{,}6x$ und den Geraden

a) $2x - 9y + 16 = 0$, b) $y = \frac{1}{6}x + 2{,}4$, c) $y = 4x + 10{,}1$,

d) $y = 0{,}4x$, e) $x - 2 = 0$, f) $y + 1{,}2 = 0$.

890. Wie lang ist die Sehne, die von der Parabel mit der Gleichung $y^2 = 12x$ aus der Geraden mit der Gleichung $4x + y - 6 = 0$ ausgeschnitten wird?

891. Man lege durch den Brennpunkt der Parabel mit der Gleichung $y^2 = 4x$ eine Gerade mit dem Anstieg $-\frac{4}{3}$. Welche Koordinaten hat der Mittelpunkt der auf der Geraden liegenden Parabelsehne?

892. Gegeben sind eine Parabel durch $y^2 = 12x$ und ein Punkt $M(5; -3)$. Auf welcher Geraden liegt die Parabelsehne, die durch M halbiert wird?

28.7. Tangente und Normale

Gegeben sei eine Parabel durch $y^2 = 2px$ und ein Parabelpunkt $P_0(x_0; y_0)$. Es soll die Gleichung der Parabeltangente durch P_0 aufgestellt werden.

Nach der Punktrichtungsgleichung erhält man für die Tangente t

$$\frac{y - y_0}{x - x_0} = m. \tag{I}$$

Der Richtungsfaktor m ergibt sich entweder aus der für den Tangentenberührungspunkt P_0 gültigen Formel (IV) aus 28.6. mit

$$m = \frac{p}{y_0} \qquad \text{(II)}$$

oder mit Hilfe der Differentialrechnung als Ableitung der Funktion $y = \sqrt{2px}$ an der Stelle $x = x_0$:

$$m = \frac{2p}{2\sqrt{2px_0}} = \frac{p}{y_0}.$$

Wegen der Eindeutigkeit der Funktion erfolgt eine Beschränkung auf das positive Vorzeichen der Wurzel, d. h. auf den im ersten Quadranten liegenden Parabelbogen. Für die im vierten Quadranten liegenden Parabelpunkte erhält man das gleiche Ergebnis.

Aus (I) und (II) folgt

$$\frac{y - y_0}{x - x_0} = \frac{p}{y_0}$$

oder

$$yy_0 - y_0^2 = px - px_0. \qquad \text{(III)}$$

Für den Parabelpunkt P_0 gilt

$$y_0^2 = 2px_0. \qquad \text{(IV)}$$

Die Addition von (III) und (IV) führt schließlich zur **Gleichung der Parabeltangente im Parabelpunkt $P_0(x_0; y_0)$**

$$\boxed{yy_0 = p(x + x_0)} \qquad \text{(176)}$$

Als *Normale* der Parabel im Punkt P wird die durch P gehende Senkrechte zur Tangente bezeichnet. Die Normale n hat die Gleichung

$$\frac{y - y_0}{x - x_0} = -\frac{y_0}{p}. \qquad \text{(V)}$$

Die Tangente und die Normale werden mit der x-Achse geschnitten. T und N seien die Schnittpunkte (Bild 199). Ihre Abszissen ergeben sich aus (176) bzw. (V), wenn dort $y = 0$ gesetzt wird:

$$0 = p(x_T + x_0) \qquad \frac{-y_0}{x_N - x_0} = -\frac{y_0}{p}$$

$$x_T = -x_0 \quad \text{(VI)} \qquad x_N = x_0 + p. \quad \text{(VII)}$$

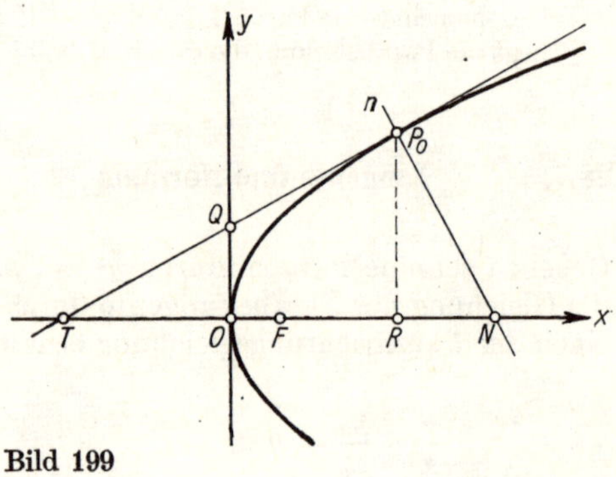

Bild 199

Die Projektion $\overline{TR}$ des Tangentenabschnittes $\overline{TP_0}$ auf die x-Achse, d. h. auf die Parabelachse, wird *Subtangente* genannt, die entsprechende Projektion $\overline{RN}$ des Normalenabschnittes $\overline{P_0N}$ heißt *Subnormale*. Nach Formel (VI) wird $\overline{TR} = 2x_0$, und nach (VII) ergibt sich $\overline{RN} = p$. Für die Parabel $y^2 = 2px$ folgt also der

Satz

Die Subtangente ist gleich der doppelten Abszisse des Berührungspunktes. Die Subnormale ist konstant gleich p.

Zur Kontrolle erhält man nach dem Höhensatz aus dem rechtwinkligen Dreieck P_0TN

$$\overline{P_0R}^2 = \overline{TR} \cdot \overline{RN} \quad \text{oder} \quad y_0^2 = 2px_0,$$

also wieder Gleichung (IV).

Für den Schnittpunkt Q zwischen der Tangente und der y-Achse ergibt sich aus (176) mit $x_Q = 0$

$$y_Q = \frac{px_0}{y_0} = \frac{py_0^2}{y_0 2p} = \frac{y_0}{2}.$$

Satz

Die Ordinate des Schnittpunktes zwischen Tangente und y-Achse ist halb so groß wie die Ordinate des Berührungspunktes.

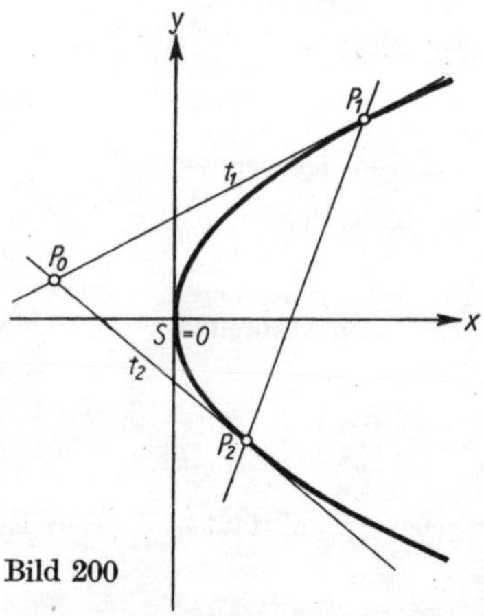

Bild 200

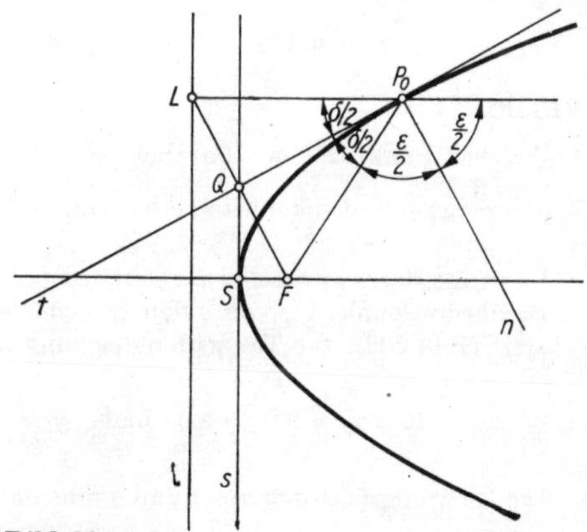

Bild 201

Die obigen Sätze ermöglichen die Konstruktion einer Parabeltangente, wenn die Parabelachse, der Scheitelpunkt und ein Berührungspunkt P_0 gegeben sind.

Auf gleichem Wege wie in 27.4. für den Kreis läßt sich auch für die Parabel beweisen, daß die Gleichung (176) die *Berührungssekante* P_1P_2 (Bild 200) darstellt, wenn P_0 außerhalb der Parabel liegt. Mit Hilfe der Berührungssekante läßt sich die Aufgabe lösen, von einem Punkt P_0 an die Parabel die Tangenten anzulegen.

Es soll noch eine Brennpunkteigenschaft der Parabel auf planimetrischem Weg abgeleitet werden. In Bild 201 sind zu einem Parabelpunkt P_0 der Brennstrahl P_0F

und der Leitstrahl P_0L eingetragen. Nach der Parabeldefinition ist $\overline{P_0F} = \overline{P_0L}$ und damit das Dreieck P_0LF gleichschenklig. Die Scheiteltangente S schneidet $\overline{FL}$ in Q. Nach dem Strahlensatz (Strahlen: FS und FL, Parallelen: l und s) ist $\overline{FQ} = \overline{QL}$, also $\overline{QP_0}$ die Höhe im Dreieck P_0LF, die sowohl den Winkel FP_0L halbiert als auch senkrecht auf $\overline{FL}$ steht. Wegen $\sphericalangle FQP_0 = 90°$ muß dann aber nach dem Satz auf Seite 400 QP_0 eine Parabeltangente sein.

Satz

> Die Parabeltangente halbiert den Winkel zwischen Brennstrahl und Leitstrahl. Die Normale halbiert den zugehörigen Nebenwinkel.

Den zweiten Teil des Satzes beweist man durch einfache planimetrische Überlegung. Rotiert eine Parabel um ihre Achse, dann entsteht ein *Rotationsparaboloid.* Ein Parabolspiegel ist ein Stück des Paraboloids, seine Innenfläche trägt einen Spiegelbelag. Parallel zur Achse einfallende Lichtstrahlen werden nach dem obigen Satz wegen des Reflexionsgesetzes so zurückgeworfen, daß sie durch F gehen. Hieraus erklärt sich auch für F der Name „Brennpunkt".

Liegt die Parabel in allgemeiner Lage, ist sie also z. B. durch (169) gegeben, dann führt die in Bild 191 gezeigte Parallelverschiebung des Koordinatensystems zur Gleichung der Parabeltangente in P_0 bzw. zur Gleichung der Berührungssekante, falls P_0 außerhalb der Parabel liegt:

$$(y - y_S)(y_0 - y_S) = p(x + x_0 - 2x_S). \tag{V}$$

BEISPIELE

1. Welcher Punkt P_0 der Parabel $y^2 = 12x$ hat von der Geraden $y = \frac{3}{4}x + 8$ den kleinsten Abstand, und wie groß ist dieser?

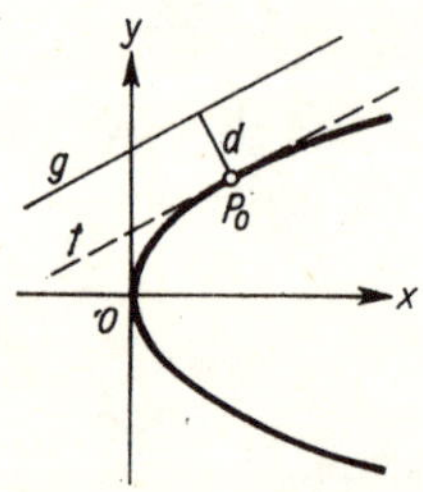

Bild 202

Lösung: Man legt parallel zur Geraden g eine Parabeltangente, deren Berührungspunkt P_0 von g den geforderten minimalen Abstand besitzt (Bild 202). Die Tangentengleichung lautet:

$$t\colon\; yy_0 = 6(x + x_0) \quad \text{bzw.} \quad y = \frac{6}{y_0}x + \frac{6x_0}{y_0}.$$

Die Richtungsfaktoren von t und g müssen wegen der Parallelität beider Geraden übereinstimmen:

$$\frac{6}{y_0} = \frac{3}{4}.$$

Daraus folgt $y_0 = 8$ und mit diesem Wert aus der Parabelgleichung $x_0 = \frac{16}{3}$. Der gesuchte minimale Abstand des Punktes P_0 von g ergibt sich mit Hilfe der Hesseschen Normalform von g:

$$d = \frac{3\,x_0 - 4y_0 + 32}{-5} = -\frac{16}{5}.$$

2. Wie groß ist der Halbparameter der Parabel $x^2 = 2py$, die die Gerade $y = \frac{3}{4}x - \frac{9}{2}$ als Tangente hat?

Lösung: Die Parabel ist nach oben geöffnet. An die Stelle der Tangentengleichung (176) tritt jetzt die Gleichung:

$$xx_0 = p(y + y_0)$$

und nach y aufgelöst:

$$y = \frac{x_0}{p}x - y_0.$$

Durch Vergleich mit der gegebenen Geraden folgt:

$$\frac{x_0}{p} = \frac{3}{4}; \qquad y_0 = \frac{9}{2}.$$

Für P_0 gilt

$$x_0^2 = 2py_0.$$

Aus diesen 3 Gleichungen läßt sich p berechnen:

$$\underline{\underline{p = 16.}}$$

AUFGABEN

893. Man bestimme die Gleichung der Tangente an eine bekannte Parabel in einem gegebenen Parabelpunkt P_0.

a) $y^2 = 32x, \quad P_0(8; y > 0)$,

b) $x^2 = -\frac{32}{15}y, \quad P_0(3{,}2; \ldots)$,

c) $(y - 3)^2 = -20(x + 1), \quad P_0(\ldots; 5)$,

d) $5x^2 - 40x - 12y - 40 = 0, \quad P_0(2; \ldots)$,

e) $y = -\frac{3}{10}x^2 - \frac{9}{5}x + \frac{33}{10}, \quad P_0(\ldots; 4)$.

894. Wie heißt die Gleichung der Normalen der Parabel

$y^2 - 10x - 4y + 14 = 0$ im Punkt $P_0(3{,}5; y < 0)$?

895. Gegeben sind die Parabel $x^2 = -18y$ und die Gerade $y = -\frac{1}{3}x - 4$. In den Schnittpunkten P_1 und P_2 von Parabel und Gerade sind die Tangenten an die Parabel anzulegen. Man berechne

a) den Schnittpunkt P_0 der Parabeltangenten,

b) den Tangentenschnittwinkel,

c) die Fläche des Dreiecks $P_0P_1P_2$.

896. Durch den Brennpunkt einer Parabel wird eine Gerade gelegt, und durch deren Schnittpunkte mit der Parabel werden die Tangenten gezogen. Es ist analytisch zu beweisen, daß die Tangenten senkrecht aufeinanderstehen.

897. An eine gegebene Parabel ist eine Tangente mit bekannter Richtung zu legen. Man bestimme den Berührungspunkt und die Tangentengleichung.

a) $x^2 = 9y$, Steigung der Tangente: $\frac{8}{3}$;

b) $y^2 = 4x$, die Tangente steht senkrecht auf der Geraden $y = -3x - 5$;

c) $y^2 = 4x$, die Tangente bildet mit der Geraden $y = 2x - 3$ einen Winkel von $45°$;

d) $y^2 - 9x + 6y + 81 = 0$, die Tangente ist senkrecht zur Geraden $4x - 3y - 25 = 0$;

e) $(y - 8)^2 = -\frac{25}{2}x$, die Tangente ist parallel zur Geraden $5x - 4y = 0$.

898. Eine nach oben geöffnete Parabel enthält die drei Punkte

$$P_1\left(1; -\frac{3}{2}\right), \quad P_2\left(8; \frac{15}{4}\right), \quad P_3\left(0; -\frac{1}{4}\right).$$

a) Welche Parabeltangente und welche Parabelnormale gehen durch den Punkt $P_4\left(\frac{11}{2}; \ldots\right)$ der Parabel?

b) In welchem Punkt P_5 berührt die Tangente mit der Steigung $-\frac{5}{2}$ die Parabel?

899. Eine an die Parabel $y^2 = 24x$ gelegte Tangente schneidet auf der y-Achse die Strecke 4 ab. Wie lautet die Tangentengleichung, und wo liegt der Berührungspunkt?

900. a) Wie groß ist der Halbparameter der Parabel $y^2 = 2px$, die die Gerade $y = 0{,}26x + 1{,}20$ als Tangente hat?

b) Desgleichen für $y^2 = 2px$ und $y = -3x + 8$.

901. Für welchen Parabelpunkt ist die Subtangente genauso lang wie die Subnormale?

902. Für welchen Parabelpunkt ist die Normale genauso lang wie der Parameter $2p$?

903. Zu einem Parabelpunkt mit der Abszisse $x_0 = \frac{16}{5}$ gehört die Subnormale von der Länge 10. Welchen Winkel bildet die Tangente dieses Punktes mit der x-Achse?

904. Wie groß ist die Fläche eines gleichseitigen Dreiecks, dessen 3 Seiten auf Tangenten der Parabel $y^2 = 6x$ liegen?

905. Welche Tangente an die Parabel $y^2 = 12x$ hat vom Brennpunkt den Abstand $d = 5$?

906. In einem Punkt P_0 der Parabel $y^2 = 2px$ ist die Tangente angelegt. Sie schneidet die y-Achse in R. Man bestimme die Menge der Umkreismittelpunkte der Dreiecke OP_0R.

907. Die Normale in einem Parabelpunkt P_0 der Parabel $y^2 = 2px$ schneidet die x-Achse im Punkt Q. Auf der Senkrechten zur x-Achse in Q wird $\overline{P_0Q}$ von Q aus bis R abgetragen. Auf welcher Kurve bewegt sich R, wenn P_0 die Parabel durchläuft?

908. Wie heißen die Gleichungen der gemeinsamen Tangenten an die Parabel $y^2 = \frac{75}{2}x$ und den Kreis $x^2 + y^2 = 100$.
Welches sind die Berührungspunkte?

909. An eine gegebene Parabel sind von einem gegebenen Punkt P_0 die Tangenten zu legen. Wie heißen ihre Gleichungen?

a) $y^2 = 10x$, $P_0\left(-5; \frac{5}{2}\right)$,

b) $x^2 = 24y$, $P_0(3; -3)$,

c) $y^2 = -13x$, $P_0(10; 2)$,

d) $x^2 - 8x + 8y + 64 = 0$, $P_0(0; 0)$.

910. Eine Parabel ist durch die Leitlinie und den Brennpunkt F gegeben. Von einem Punkt P_0 sind an die Parabel die Tangenten zu legen. Man beweise die folgende Konstruktion:
Um P_0 ist ein Kreis mit $\overline{P_0F}$ als Radius zu zeichnen. Der Kreis schneidet die Leitlinie in den Punkten R und Q. Die Mittelsenkrechten von $\overline{RF}$ und $\overline{QF}$ sind die gesuchten Tangenten. Die Tangentenberührungspunkte ergeben sich als Schnittpunkte zwischen den Tangenten und den in R und Q errichteten Senkrechten zur Leitlinie.

911. Zwei Tangenten und die zugehörige Berührungssehne einer Parabel bilden ein gleichseitiges Dreieck mit der Seitenlänge $s = 12$. Wie groß ist der Halbparameter der Parabel?

912. Unter welchen Winkeln schneiden sich die folgenden Kurven:

a) $y^2 = \frac{9}{4}x, \qquad x^2 + y^2 = 25,$

b) $y^2 = 12x, \qquad x^2 = \frac{32}{9}y,$

c) $x^2 - 4y = 0, \qquad y^2 + 8x - 10y - 7 = 0.$

913. Man beweise den Satz auf Seite **404** auf analytischem Wege.

914. Der parabolische Hohlspiegel eines Scheinwerfers hat einen Durchmesser $d = 26{,}4$ cm und eine Tiefe $h = 12{,}0$ cm. In welcher Entfernung vom Scheitelpunkt ist eine als punktförmig anzunehmende Lichtquelle zu befestigen, damit die Lichtstrahlen parallel zur Spiegelachse reflektiert werden?

915. Sind von einer Parabel die Tangenten t_1 und t_2 durch ihre Berührungspunkte P_1 und P_2 und ihren Schnittpunkt P_0 gegeben, dann kann man weitere Parabeltangenten durch folgende Konstruktion finden: Man teilt die Strecken P_0P_1 und P_0P_2 in je n Teile (n beliebig). Die erhaltenen Punkte $R_i \in t_1$ und $Q_i \in t_2$ numeriert man in der Reihenfolge

$$R_0 = P_1, R_1, R_2, \ldots, R_n = P_0$$
$$Q_0 = P_0, Q_1, Q_2, \ldots, Q_n = P_2.$$

Die Verbindungslinien R_iQ_i von Punkten mit gleichen Indizes sind dann Parabeltangenten (*Hüllkonstruktion* der Parabel). Man konstruiere danach für $n = 10$ und $\overline{P_0P_1} = 7$ cm, $\overline{P_0P_2} = 13$ cm, $\sphericalangle P_1P_0P_2 = 50°$ die Parabel durch einhüllende Tangenten.

916. Die folgende Konstruktion ist durchzuführen: Von P_0 sind an eine Parabel bis P_1 bzw. P_2 die Tangenten gelegt. Zieht man durch einen beliebigen Punkt T der Sehne P_1P_2 eine Parallele zu $\overline{P_0P_2}$, die $\overline{P_0P_1}$ in R schneidet, und eine Parallele zu $\overline{P_0P_1}$, die $\overline{P_0P_2}$ in Q schneidet, dann ist $\overline{RQ}$ eine Parabeltangente.

917. Durch den Scheitelpunkt der Parabel $y^2 = 2px$ ist ein Geradenbüschel gelegt. Man bestimme die Menge aller Punkte der Ebene, welche die von den Geraden ausgeschnittenen Parabelsehnen im Verhältnis $n_1:n_2$ teilen.

918. Die Parabel $y = \frac{x^2}{18}$ wird von der Geraden $y = -\frac{1}{6}x + 10$ geschnitten. Welchen Winkel schließen die zu den Schnittpunkten P_1 und P_2 führenden Brennstrahlen miteinander ein? Wie groß ist die Fläche des Dreiecks P_1P_2F?

29. Ellipse

29.1. Definition und Konstruktion

Für die Ellipse gilt die folgende Definition:

> Die Ellipse ist die Menge aller Punkte der Ebene, für die die Summe ihrer Abstände von zwei festen Punkten konstant ist.

Die festen Punkte F_1 und F_2 werden **Brennpunkte** der Ellipse genannt. Außerdem wird für die konstante Abstandssumme

$$\overline{PF_1} + \overline{PF_2} = 2a \qquad \text{(I)}$$

und für den Abstand der Brennpunkte

$$\overline{F_1F_2} = 2e \qquad \text{(II)}$$

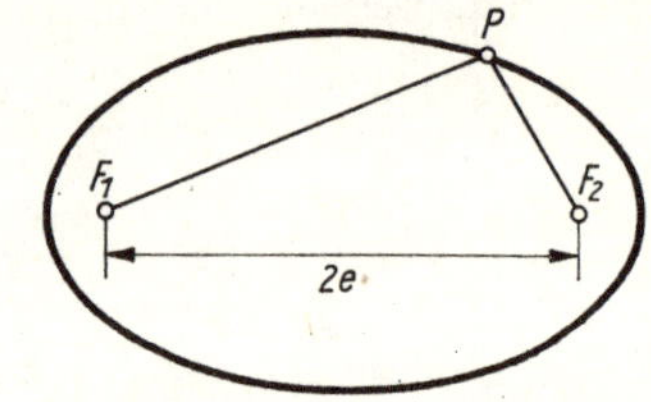

Bild 203

gesetzt (Bild 203). e heißt lineare **Exzentrizität** der Ellipse. Durch die Größen e und a ist die Ellipse eindeutig bestimmt, und zwar muß $e < a$ sein. Das Verhältnis $\varepsilon = \frac{e}{a} < 1$ heißt **numerische Exzentrizität**. $\overline{PF_1}$ und $\overline{PF_2}$ nennt man die **Brennstrahlen** von P. Aus der obigen Definition folgen unmittelbar zwei *Ellipsenkonstruktionen*. Die Größen $2a$ und $2e$ seien gegeben.

1. *Punktweise Konstruktion*

Aus der gegebenen Strecke $CD = 2a$ wählt man R beliebig und schlägt mit $\overline{CR} = r_1$ um F_1 und mit $\overline{DR} = r_2$ um F_2 Kreisbogen, die sich in zwei Ellipsenpunkten P_1 und P_2 schneiden. Durch Vertauschen von r_1 und r_2 ergeben sich zwei weitere Punkte P_3 und P_4. Man beachte bei der Wahl von R, daß $r_1 \geqq a - e$ bzw. $r_2 \geqq a - e$ sein muß. Die Konstruktion beweist die Existenz von zwei Symmetrieachsen der Ellipse (Bild 204). Ihr Schnittpunkt heißt *Mittelpunkt M* der Ellipse. Die durch die Brennpunkte gehende Symmetrieachse heißt **Hauptachse** der Ellipse, die dazu senkrechte Symmetrieachse heißt **Nebenachse**.

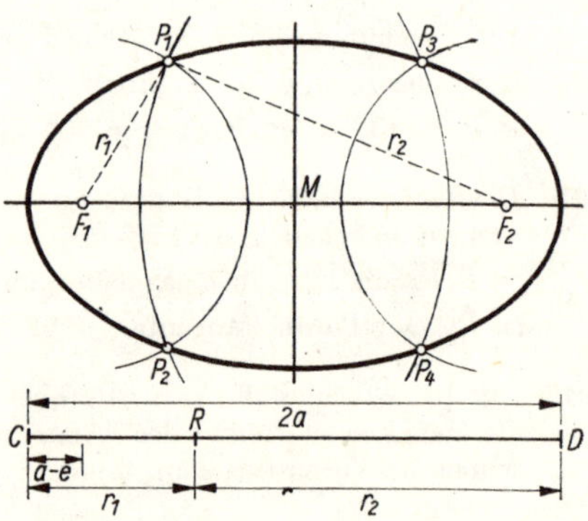

Bild 204

2. *Fadenkonstruktion* (*Gärtnerkonstruktion*)

Um zwei Reißzwecken im Abstand $2e$ wird ein Faden gelegt, der zu einer Schlinge verknüpft ist und den Umfang $2a + 2e$ hat (Bild 205). Mit einem in die Schlinge gesteckten Bleistift wird der Faden gespannt und die Kurve umfahren.

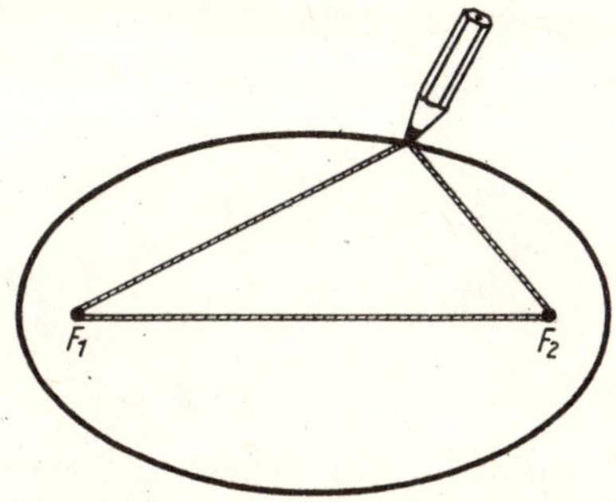

Bild 205

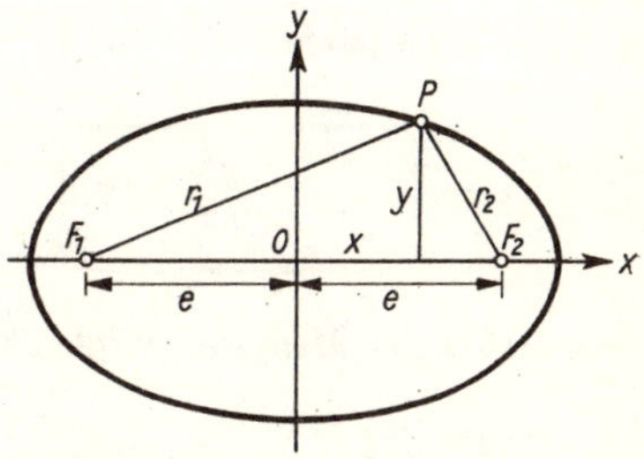

Bild 206

29.2. Ellipsengleichungen

Um zunächst die Kurvengleichung der Ellipse in rechtwinkligen Koordinaten aufzustellen, wird unter Ausnutzung der Symmetrie ein geeignetes Koordinatensystem gewählt. Der Ursprung liegt im Ellipsenmittelpunkt, die Koordinatenachsen fallen mit den Symmetrieachsen, und zwar die x-Achse mit der Hauptachse, zusammen (Bild 206). Die Brennpunkte erhalten die Koordinaten $F_1(-e; 0)$, $F_2(e; 0)$. Für einen variablen Ellipsenpunkt $P(x; y)$ gilt nach der Definitionsgleichung

$$r_1 + r_2 = 2a \qquad \text{oder}$$

$$\sqrt{(e + x)^2 + y^2} + \sqrt{(e - x^2) + y^2} = 2a.$$

Umgestellt und quadriert ergibt

$$e^2 + 2ex + x^2 + y^2 = 4a^2 - 4a\sqrt{(e - x)^2 + y^2} + e^2 - 2ex + x^2 + y^2$$

und vereinfacht folgt

$$ex - a^2 = -a\sqrt{(e - x)^2 + y^2}.$$

Hier wird nochmals quadriert und zusammengefaßt:

$$(a^2 - e^2)x^2 + a^2y^2 = a^2(a^2 - e^2). \tag{I}$$

Zur Abkürzung setzt man

$$\boxed{a^2 - e^2 = b^2} \tag{177}$$

wobei b später auch geometrisch erklärt wird. Aus (I) folgt

$$b^2x^2 + a^2y^2 = a^2b^2, \tag{II}$$

und Division durch a^2b^2 ergibt die

Mittelpunktsgleichung der Ellipse

$$\frac{x^2}{a^2} + \frac{y^2}{b^2} = 1 \tag{178}$$

Diskussion der Mittelpunktsgleichung

Die Ellipse ist abhängig von den Größen a und b oder allgemeiner wegen (177) von zwei der drei Größen a, b und e. Die Mittelpunktsgleichung (178) ist rein quadratisch in x und y, was wieder die Symmetrie der Ellipse bezüglich der x-Achse und der y-Achse bestätigt.

Setzt man in (178) $y = 0$, dann wird $x = \pm a$. Die Ellipse schneidet die x-Achse in zwei Punkten $A_1(-a; 0)$ und $A_2(a; 0)$. Wird in (178) $x = 0$, dann ist $y = \pm b$, d. h., die Ellipse schneidet die y-Achse in den Punkten $B_1(0; b)$ und $B_2(0; -b)$ (Bild 207). In der Differentialrechnung wird gezeigt, daß die Ellipse in den Punkten A_1 und A_2 am stärksten und in den Punkten B_1 und B_2 am schwächsten gekrümmt ist.[1]) Man nennt daher A_1 und A_2 die **Hauptscheitelpunkte**, B_1 und B_2 die **Nebenscheitelpunkte**. Die Strecken $A_1A_2 = 2a$ und $B_1B_2 = 2b$ bezeichnet man auch als große bzw. kleine Achse der Ellipse und a als **große Halbachse**, b als **kleine Halbachse**. Die in den Scheitelpunkten an die Ellipse gelegten Tangenten heißen **Scheiteltangenten**.

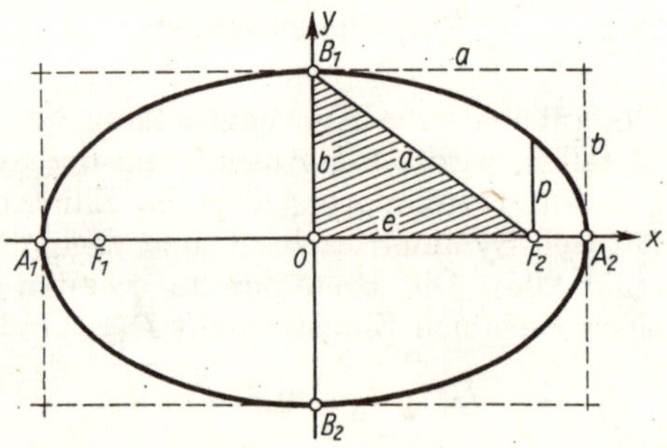

Bild 207

Aus (178) erhält man durch Auflösen nach y

$$y = \pm \frac{b}{a} \sqrt{a^2 - x^2} \tag{178a}$$

Für jeden Wert $x \in [-a; a]$ ist die Wurzel reell. Es lassen sich für diese x-Werte, bis auf $x = \pm a$, zwei y-Werte berechnen, die sich nur um das Vorzeichen unterscheiden (Symmetrie zur x-Achse). Wandert x von $-a$ über 0 bis $+a$, dann ändert y seine Werte von 0 bis $\pm b$ und wieder bis 0. Für die Ordinaten gilt deshalb $y \in [-b; b]$. Für $|x| > a$ ist die Wurzel imaginär, also gibt es in Übereinstimmung mit der Anschauung keine Ellipsenpunkte mehr. Die Ellipse liegt völlig in dem von den Scheiteltangenten gebildeten Rechteck. Die Gleichung (177) wird nun auch unmittelbar aus Bild 207 abgelesen. Für den Ellipsenpunkt B_1 gilt z. B. die Gleichung $\overline{F_1B_1} + \overline{F_2B_1}$

[1]) Vgl. Band „Analysis"

$= 2a$ und wegen der Symmetrie wird $\overline{F_2B_1} = a$. Aus dem Dreieck B_1F_2O folgt nach dem pythagoreischen Satz die Gleichung (177).

Für $x = \pm e$ folgt $y = \pm \frac{b}{a} \sqrt{a^2 - e^2} = \pm \frac{b^2}{a}$. Wie bei der Parabel heißt die durch den Brennpunkt senkrecht zur x-Achse gelegte Sehne Parameter und wird mit $2p$ bezeichnet. Es ist $2p = \frac{2b^2}{a}$, und man findet für den **Halbparameter**

$$p = \frac{b^2}{a}. \tag{III}$$

Ist speziell $a = b$, dann folgt aus (178) durch Multiplikation mit a^2 die Kreisgleichung $x^2 + y^2 = a^2$. Der Kreis ergibt sich als Sonderfall der Ellipse, beide Brennpunkte fallen wegen $e = 0$ im Kreismittelpunkt zusammen.

Die Gleichung (178a) führt zu einer oft verwendeten *Ellipsenkonstruktion*:

Gegeben sind die Halbachsen a und b der Ellipse. Man schlägt um den Ellipsenmittelpunkt einen Kreis mit dem Radius a, den **Hauptscheitelkreis**, und einen Kreis mit dem Radius b, den **Nebenscheitelkreis**. Ein beliebiger Strahl durch O schneidet den Hauptscheitelkreis in R und den Nebenscheitelkreis in Q (Bild 208). Die Parallele zur Hauptachse durch Q schneidet die Parallele zur Nebenachse durch R in dem Ellipsenpunkt P.

Beweis: Nach Bild 208 ist

$$\overline{OS} = x, \quad \overline{PS} = y$$

und

$$\overline{RS} = \sqrt{a^2 - x^2}.$$

Aus der Proportion

$$\frac{\overline{PS}}{\overline{RS}} = \frac{b}{a}$$

folgt

$$\overline{PS} = y = \frac{b}{a} \sqrt{a^2 - x^2},$$

d. i. Gleichung (178a).

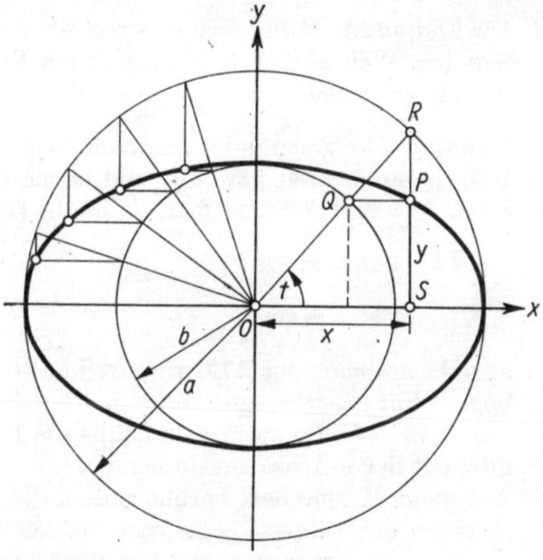

Bild 208

Außerdem wird aus Bild 208 noch eine wichtige Parameterdarstellung der Ellipse abgelesen. Mit $\sphericalangle ROS = t$ gilt

$$\boxed{\begin{aligned} x &= a \cos t \\ y &= b \sin t \end{aligned}} \qquad t \in [0; 360°). \tag{179}$$

Der Winkel t heißt *exzentrische Anomalie*. Dividiert man die erste Parametergleichung durch a, die zweite durch b, quadriert und addiert die so erhaltenen Gleichungen, dann folgt wieder die Mittelpunktsgleichung (178).

Schließlich werden noch die Kurvengleichungen für allgemeinere Lagen der Ellipse angegeben. Der Ellipsenmittelpunkt M habe die Koordinaten x_M, y_M, die Hauptachse sei parallel zur x-Achse. Die Gleichung der Ellipse lautet (vgl. 28.3.)

$$\frac{(x - x_M)^2}{a^2} + \frac{(y - y_M)^2}{b^2} = 1 \tag{180}$$

Ist die Hauptachse parallel zur y-Achse, d. h. die Ellipse gegenüber den bisherigen Lagen um 90° gedreht, dann sind in den Gleichungen (178) bis (180) a und b zu vertauschen.
Die letzte Gleichung ergibt nach Multiplikation mit dem Hauptnenner, Auflösen der Klammern, Ordnen und nach entsprechender Bezeichnung der Koeffizienten von x und y

$$Ax^2 + By^2 + Cx + Dy + E = 0. \tag{IV}$$

Dabei ist $A \neq B$ und $A \cdot B > 0$, d. h., A und B haben gleiches Vorzeichen. Jede Gleichung von der Form (IV), deren Koeffizienten A und B beide Bedingungen erfüllen, bestimmt eine Ellipse.

BEISPIELE

1. Die Endpunkte R und Q einer Strecke konstanter Länge gleiten auf zwei zueinander senkrechten Geraden. Welche Kurve durchläuft ein Punkt P der Strecke, dessen Entfernung von R gleich m und von Q gleich n ist?

   Lösung: Die zueinander senkrechten Geraden werden als Koordinatenachsen gewählt, und es wird $\sphericalangle\, OQP = t$ gesetzt. Aus Bild 209 liest man sofort die Gleichungen

   $$x = m \cos t$$

   $$y = n \sin t$$

   ab. Nach Gleichung (179) beschreibt also P einen Ellipsenbogen. Für $m > n$ gilt $m = a$, $n = b$, für $m < n$ wird $n = a$, $m = b$. Im zweiten Fall fällt die Hauptachse der Ellipse mit der y-Achse zusammen.
   Auf dieser Eigenschaft beruht erstens die *Papierstreifenkonstruktion* der Ellipse — die Strecke RQ wird durch einen Papierstreifen realisiert, auf dem P markiert ist — und zweitens die Wirkungsweise des *Ellipsenzirkels*.

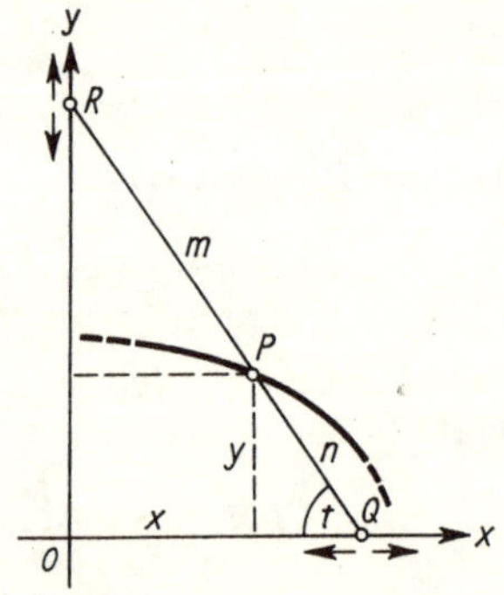

Bild 209

2. Es ist die Gleichung der Ellipse in Polarkoordinaten aufzustellen, wenn der Brennpunkt F_1 als Pol und die Richtung von F_1 nach F_2 als Polarachse gewählt werden.

   Lösung: Man wählt nach Bild 210 ein rechtwinkliges Koordinatensystem mit dem Ursprung in F_1 und erhält für die Ellipse die Gleichung

   $$\frac{(x - e)^2}{a^2} + \frac{y^2}{b^2} = 1.$$

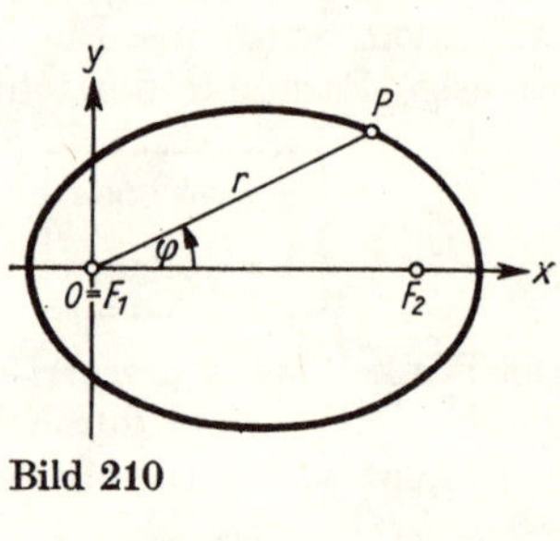

Bild 210

Dann geht man mittels der Gleichungen $x = r\cos\varphi$, $y = r\sin\varphi$ zu Polarkoordinaten über:

$$\frac{(r\cos\varphi - e)^2}{a^2} + \frac{(r\sin\varphi)^2}{b^2} = 1.$$

Nach r aufgelöst, ergibt unter Verwendung von $a^2 - e^2 = b^2$:

$$r^2 - 2\frac{eb^2\cos\varphi}{a^2 - e^2\cos^2\varphi}r - \frac{b^4}{a^2 - e^2\cos^2\varphi} = 0$$

$$r = \frac{eb^2\cos\varphi}{a^2 - e^2\cos^2\varphi} + \sqrt{\frac{e^2b^4\cos^2\varphi}{(a^2 - e^2\cos^2\varphi)^2} + \frac{b^4}{a^2 - e^2\cos^2\varphi}}.$$

Wegen $r > 0$ wurde vor der Wurzel nur das Pluszeichen verwandt. Weitere Vereinfachung ergibt

$$r = \frac{eb^2\cos\varphi + ab^2}{a^2 - e^2\cos^2\varphi} = \frac{b^2(a + e\cos\varphi)}{(a + e\cos\varphi)(a - e\cos\varphi)} = \frac{b^2}{a - e\cos\varphi}$$

$$r = \frac{\frac{b^2}{a}}{1 - \frac{e}{a}\cos\varphi}.$$

Mit $\frac{b^2}{a} = p$ und $\frac{e}{a} = \varepsilon$ folgt die

Polargleichung der Ellipse

$$\boxed{r = \frac{p}{1 - \varepsilon\cos\varphi}} \qquad (181)$$

Speziell wird für

$$\varphi = 0°: \quad r = \frac{p}{1 - \varepsilon} = \frac{b^2}{a - e} = \frac{a^2 - e^2}{a - e} = a + e$$

$$\varphi = 90°: \quad r = p$$

$$\varphi = 180°: \quad r = \frac{p}{1 + \varepsilon} = \frac{b^2}{a + e} = \frac{a^2 - e^2}{a + e} = a - e.$$

Der Leser berechne sich mit $a = 6$ cm, $b = 4$ cm für $\varphi = 0°, 15°, 30°, 45°, \ldots, 345°$ die zugehörigen Radien mit dem Rechenstab und trage die entsprechenden Ellipsenpunkte $P(r;\varphi)$ auf.

AUFGABEN

919. Man bestimme die Mittelpunktsgleichung der Ellipse aus

a) $a = 11$; $e = 8$, b) $a = 8$; $\varepsilon = \frac{1}{4}\sqrt{7}$, c) $a = 18$; $p = 3$,

d) $b = 2{,}4$; $\varepsilon = 0{,}6$, e) $e = 12$; $\varepsilon = 0{,}75$, f) $e = 3\sqrt{2}$; $p = 3$.

920. Man bestimme die Halbachsen, die Brennpunkte, ε und p der Ellipsen

a) $\frac{x^2}{100} + \frac{y^2}{36} = 1$, b) $\frac{x^2}{4{,}41} + \frac{y^2}{8{,}41} = 1$, c) $27x^2 + 43y^2 - 1161 = 0$.

921. Man berechne aus je zwei der Größen a, b, e, ε, p die fehlenden.

922. Von einer Ellipse in Mittelpunktslage sind die große Halbachse $a = 5$ sowie ein Punkt $P(4; -1{,}8)$ gegeben. Wie heißt ihre Gleichung?

923. Die Ellipse $b^2x^2 + a^2y^2 = a^2b^2$ hat die numerische Exzentrizität $\varepsilon = 4/5$ und geht durch den Punkt $P_1(12; 27/5)$. Wie groß sind ihre Halbachsen?

924. a) Von der Ellipse $b^2x^2 + a^2y^2 = a^2b^2$ sind die Punkte $P_1(8; 3{,}6)$, $P_2(6; 4{,}8)$ gegeben. Wie groß sind ihre Halbachsen?
b) Desgl. für $P_1(10; 5)$, $P_2(6; 13)$.

925. Von der Ellipse $b^2x^2 + a^2y^2 = a^2b^2$ sind die Punkte $P_1(-3{,}6; 4)$ und $P_2(4{,}8; -3)$ gegeben. Man bestimme die numerische Exzentrizität ε und die Länge der Brennstrahlen von P_1 und P_2.

926. In die Ellipse $b^2x^2 + a^2y^2 = a^2b^2$ ist ein Quadrat einzuzeichnen, dessen Eckpunkte auf der Ellipse liegen (und dessen Seiten damit parallel zu den Ellipsenachsen sind). Wie groß ist seine Fläche?

927. In die Ellipse $\frac{x^2}{64} + \frac{y^2}{36} = 1$ ist ein Rechteck einzuzeichnen, dessen Ecken auf der Ellipse liegen, während seine Seiten parallel zu den Achsen sind und sich wie 5:3 verhalten. Wie groß ist die Rechtecksfläche?

928. Für die Länge der Brennstrahlen eines Ellipsenpunktes $P(x, y)$ gelten die Formeln

$$r_1 = a + \varepsilon x, \qquad r_2 = a - \varepsilon x.$$

Man entwickle die Formeln.

929. Gesucht wird die Gleichung einer Parabel, die die Ellipse $\frac{x^2}{169} + \frac{y^2}{144} = 1$ im Nebenscheitel B_1 berührt und durch die Brennpunkte geht.

930. Man bestimme a) konstruktiv, b) durch Rechnung die Ellipsenpunkte, deren beide Brennstrahlen aufeinander senkrecht stehen. Wann ist die Aufgabe nur lösbar?

931. In welchen Punkten schneiden sich die Ellipsen

$$4x^2 + 16y^2 = 64 \quad \text{und} \quad x^2 + 64y^2 = 64?$$

932. Man berechne die numerische Exzentrizität der elliptischen Erdbahn, wenn sich die Entfernungen der Erde von der im Brennpunkt stehenden Sonne in Sonnennähe (Perihel) und in Sonnenferne (Aphel) näherungsweise wie 29:30 verhalten.

933. Von dem Planeten Merkur ist die numerische Exzentrizität $\varepsilon = 0{,}2056$ der Bahn sowie die Periheldistanz $d_1 = 46$ Mill. km gegeben. Man berechne die Apheldistanz d_2.

934. Es ist zu zeigen, daß die in Beispiel 1 angegebene Bewegung auch die Ellipse liefert, wenn P außerhalb der Strecke RQ auf deren Verlängerung liegt. Wie groß sind a und b, wenn wieder $\overline{RP} = m$, $\overline{QP} = n$ und $m > n$ ist?

935. Gesucht werden der Mittelpunkt, die Halbachsen und die Brennpunkte für jede der folgenden Ellipsen:

a) $2x^2 + 5y^2 + 24x - 20y - 8 = 0$,
b) $3x^2 + 4y^2 - 24x = 0$,
c) $4x^2 + y^2 + 40x + 20y + 100 = 0$,
d) $x^2 + 16y^2 - 96y = 0$.

936. Eine Ellipse, deren Achsen parallel zu den Koordinatenachsen sind, berührt die x-Achse in $P_1(24; 0)$ und schneidet die y-Achse in $P_2(0; -8)$, $P_3(0; -18)$. Wie heißt die Ellipsengleichung?

937. Ein Kreis um O mit dem Radius r schneidet die x-Achse in den Punkten A und B, in denen die Tangenten t_1 bzw. t_2 gezogen sind. Eine beliebige, in Q berührende Kreistangente schneidet t_1 in T und t_2 in R. Welche Kurve durchläuft bei variablem Q der Schnittpunkt der Geraden AR und BT?

938. Zwei Stäbe $\overline{OR} = m$ und $\overline{RP} = n$ sind in R durch ein Gelenk miteinander verbunden. $\overline{OR}$ dreht sich um O linksläufig mit der Winkelgeschwindigkeit ω gegen die Ebene, während sich $\overline{RP}$ um R mit der Winkelgeschwindigkeit 2ω gegen $\overline{OR}$ rechtsläufig dreht. Welche Bahn beschreibt Punkt P?

939. Gesucht wird die parameterfreie Gleichung der Kurve

$$x = a\,\frac{1-t^2}{1+t^2}, \qquad y = \frac{2bt}{1+t^2}.$$

940. Man stelle die Gleichung der Ellipse in Polarkoordinaten auf, wenn der Mittelpunkt als Pol und die Hauptachse als Polarachse gewählt wird.

941. Wie groß ist die Entfernung Dresdens ($\varphi = 51°02'$) vom Erdmittelpunkt, wenn die Erde als Rotationsellipsoid betrachtet wird, mit dem Äquatordurchmesser 12756 km und dem Poldurchmesser 12714 km?

29.3. Ellipse und eine Gerade

Wird allgemein eine Ellipse $k = \{P(x; y) \mid b^2x^2 + a^2y^2 - a^2b^2 = 0\}$ mit einer Geraden $g = \{P(x; y) \mid y = mx + n\}$ zum Schnitt gebracht, dann ergeben sich aus dem Gleichungssystem

$$b^2x^2 + a^2y^2 - a^2b^2 = 0$$

$$y = mx + n$$

für die Schnittpunkte die Koordinaten

$$x_{1,2} = \frac{-a^2mn \pm ab\sqrt{a^2m^2 + b^2 - n^2}}{a^2m^2 + b^2}, \qquad \text{(I)}$$

$$y_{1,2} = \frac{b^2n \pm abm\sqrt{a^2m^2 + b^2 - n^2}}{a^2m^2 + b^2}. \qquad \text{(II)}$$

Diskussion

1. Es sei $0 \leqq |m| < \infty$.
Nach dem Wert der Diskriminante $D = a^2m^2 + b^2 - n^2$, in der alle Größen enthalten sind, die die Ellipse und die Gerade festlegen, werden drei Fälle unterschieden:

a) $a^2m^2 + b^2 - n^2 > 0$: $k \cap g = \{P_1; P_2\}$, die Gerade schneidet die Ellipse in zwei Punkten P_1 und P_2.

b) $a^2m^2 + b^2 - n^2 = 0$: $k \cap g = \{P_0\}$, die Gerade ist Tangente an die Ellipse. Für den Berührungspunkt folgen aus (I) und (II) die Koordinaten

$$x_0 = \frac{-a^2mn}{a^2m^2 + b^2} = \frac{-a^2m}{n} \qquad \text{(III)}$$

$$y_0 = \frac{b^2n}{a^2m^2 + b^2} = \frac{b^2}{n}. \qquad \text{(IV)}$$

c) $a^2m^2 + b^2 - n^2 < 0$: $k \cap g = \varnothing$, die Gerade schneidet die Ellipse nicht.

2. Ist die Gerade parallel zur y-Achse, dann hat sie die Gleichung $x = c$, und in Verbindung mit der Ellipsengleichung ergeben sich für die Schnittpunkte die Koordinaten $x_{1;2} = c$, $y_{1;2} = \pm\frac{b}{a}\sqrt{a^2 - c^2}$. Für $a > c$ folgen zwei Schnittpunkte, für $a = c$ folgt ein Schnittpunkt und für $a < c$ keiner.

Mit der *Tangentenbedingung* $D = a^2m^2 + b^2 - n^2 = 0$ läßt sich der folgende Satz beweisen:

Satz

Der Fußpunkt des Lotes, das von einem Brennpunkt auf eine Ellipsentangente gefällt ist, liegt auf dem Hauptscheitelkreis.

Beweis: Man wählt neben der Ellipse zunächst eine beliebige Gerade g: $y = mx + n$, fällt von F_1 das Lot l auf g und berechnet den Lotfußpunkt Q (Bild 211). Die Gleichung des Lotes ergibt sich nach der Punktrichtungsgleichung mit

$$l:\; y = -\frac{1}{m}x - \frac{e}{m}.$$

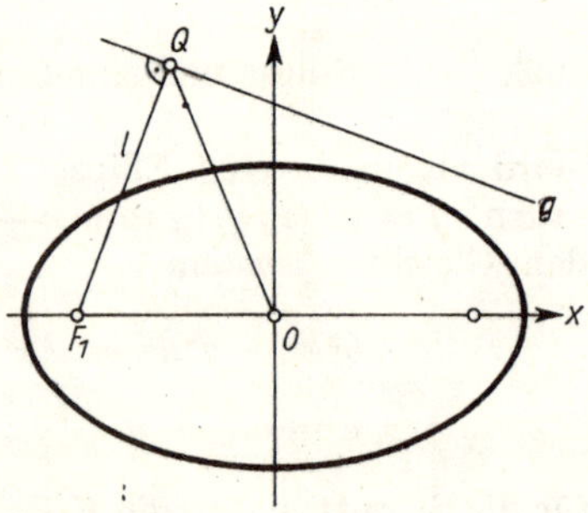

Bild 211

Q ist der Schnittpunkt von g und l:

$$x_Q = \frac{-e - mn}{1 + m^2}; \qquad y_Q = \frac{n - me}{1 + m^2}.$$

Für die Strecke OQ folgt

$$\overline{OQ} = \sqrt{x_Q^2 + y_Q^2} = \sqrt{\frac{(-e - mn)^2 + (n - me)^2}{(1 + m^2)^2}}$$

und nach Vereinfachen unter Verwendung von $e^2 = a^2 - b^2$

$$\overline{OQ} = \sqrt{\frac{a^2 - b^2 + n^2}{1 + m^2}}. \tag{V}$$

Ist aber g eine Tangente, dann führt $D = 0$ zu der Beziehung $n^2 = a^2m^2 + b^2$, die in (V) eingesetzt wird:

$$\overline{OQ} = \sqrt{\frac{a^2 - b^2 + a^2m^2 + b^2}{1 + m^2}} = \sqrt{\frac{a^2(1 + m^2)}{1 + m^2}} = a,$$

d. h., Q liegt auf dem Hauptscheitelkreis.

Aus obigem Satz folgt eine einfache *Hüllkonstruktion* der Ellipse: Man legt durch F_1 (oder F_2) beliebige Geraden und errichtet zu ihnen in den Schnittpunkten mit dem Hauptscheitelkreis Senkrechten. Diese sind Tangenten der Ellipse (Bild 212).

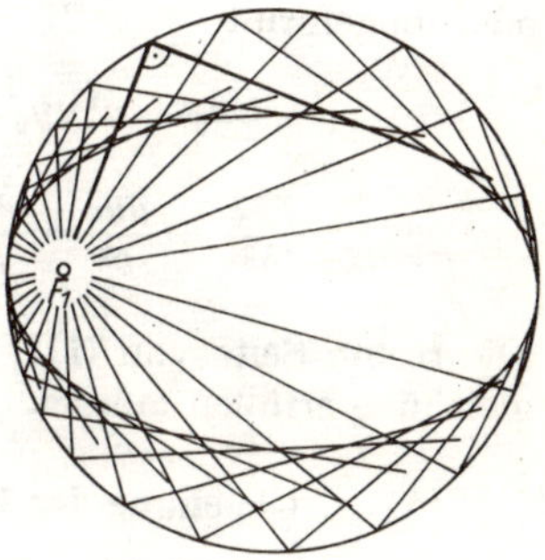

Bild 212

AUFGABEN

942. Man bestimme die Schnittpunkte von der Ellipse und der Geraden:

a) $\frac{x^2}{20} + \frac{y^2}{5} = 1; \quad y = -\frac{1}{2}x + 3,$

b) $\frac{x^2}{42} + \frac{y^2}{21} = 1; \quad y = -x + 9,$

c) $\frac{x^2}{64} + \frac{y^2}{32} = 1; \quad y = -\frac{\sqrt{6}}{2}x + 8\sqrt{2},$ d) $\frac{x^2}{36} + \frac{y^2}{16} = 1; \quad y = 2x.$

943. Wie lang ist die Sehne, die durch die Ellipse $100x^2 + 625y^2 = 62\,500$ aus der Geraden $y = -\frac{2}{5}x + \frac{34}{5}$ herausgeschnitten wird?

944. Durch den Brennpunkt F_1 und den Nebenscheitel B_1 der Ellipse $b^2x^2 + a^2y^2 = a^2b^2$ ist eine Gerade gelegt. Wie lang ist die zugehörige Ellipsensehne, und welchen Abstand hat der Brennpunkt F_2 von der Geraden?

29.4. Tangente der Ellipse

Die Ellipsentangente soll in P_0 berühren. Als Gerade durch P_0 hat sie die Gleichung

$$y - y_0 = m(x - x_0). \tag{I}$$

Die Tangenteneigenschaft wird durch geeignete Wahl von m erfüllt.
m erhält man entweder durch Division der Gleichungen (IV) und (III) in 29.3.:

$$\frac{y_0}{x_0} = -\frac{b^2}{a^2m} \quad \text{bzw.} \quad m = -\frac{b^2x_0}{a^2y_0} \tag{II}$$

oder mit Hilfe der Differentialrechnung als Ableitung der Funktion $y = \frac{b}{a}\sqrt{a^2 - x^2} = f(x)$ an der Stelle $x = x_0$:

$$m = f'(x_0) = \frac{-bx_0}{a\sqrt{a^2 - x_0^2}} = \frac{-b^2x_0}{a^2\left(\frac{b}{a}\sqrt{a^2 - x_0^2}\right)} = -\frac{b^2x_0}{a^2y_0}.$$

Damit folgt aus (I)

$$y - y_0 = -\frac{b^2x_0}{a^2y_0}(x - x_0)$$

oder umgeformt

$$b^2xx_0 + a^2yy_0 = b^2x_0^2 + a^2y_0^2$$

$$\frac{xx_0}{a^2} + \frac{yy_0}{b^2} = \frac{x_0^2}{a^2} + \frac{y_0^2}{b^2}. \tag{III}$$

Die rechte Seite von (III) ist aber Eins, da die Koordinaten von P_0 die Ellipsengleichung erfüllen müssen.

Gleichung der Ellipsentangente im Ellipsenpunkt P_0

$$\boxed{\frac{xx_0}{a^2} + \frac{yy_0}{b^2} = 1} \tag{182}$$

Liegt P_0 nicht auf der Ellipse, sondern außerhalb, dann stellt (182) die Gleichung der *Berührungssekante* dar. Der Beweis wird ähnlich wie beim Kreis geführt.

BEISPIELE

1. Welche Tangenten der Ellipse $\frac{x^2}{144} + \frac{y^2}{36} = 1$ bilden mit der x-Achse Winkel von 45°?

Lösung: Aufgaben, bei denen die Tangentenneigungen vorgegeben sind, lassen sich auf zwei Wegen lösen. Im ersten Fall geht man von der Gleichung $y = mx + n$ der Tangente aus, in der $m = 1$ bekannt ist, und berechnet sich aus der Tangentenbedingung $a^2m^2 + b^2 - n^2 = 0$ die Größe n:

$$n = \pm\sqrt{a^2m^2 + b^2} = \pm\sqrt{144 + 36} = \pm\sqrt{180} = \pm\, 6\sqrt{5}.$$

Man erhält zwei Tangenten als Lösungen:

$$\underline{\underline{t_1\colon\ y = x + 6\sqrt{5}}} \qquad \underline{\underline{t_2\colon\ y = x - 6\sqrt{5}.}}$$

Der zweite Weg wird zweckmäßig beschritten, wenn auch der Berührungspunkt gesucht wird. Die Tangentengleichung (182) wird nach y aufgelöst:

$$y = -\frac{b^2x_0}{a^2y_0}x + \frac{b^2}{y_0} = -\frac{x_0}{4y_0}x + \frac{36}{y_0}$$

und der Richtungsfaktor gleich Eins gesetzt:

$$-\frac{x_0}{4y_0} = 1.$$

Da P_0 auf der Ellipse liegt, gilt außerdem

$$\frac{x_0^2}{144} + \frac{y_0^2}{36} = 1.$$

Aus diesen beiden Gleichungen ergeben sich die Koordinaten der zwei möglichen Berührungspunkte

$$P_0\left(-\frac{24}{5}\sqrt{5}; \frac{6}{5}\sqrt{5}\right); \qquad P_0'\left(\frac{24}{5}\sqrt{5}; -\frac{6}{5}\sqrt{5}\right).$$

Nach (182) folgen dann die Tangentengleichungen.

2. Man beweise die folgende *Tangentenkonstruktion*:
An eine Ellipse ist im Punkt P_0 die Tangente anzulegen. Man zeichnet den Hauptscheitelkreis und verlängert die zu P_0 gehörende Ordinate bis P_1 (Bild 213). Die Kreistangente t_k in P_1 schneidet die Verlängerung der Hauptachse in T. $TP_0 = t_e$ ist dann die gesuchte Ellipsentangente.

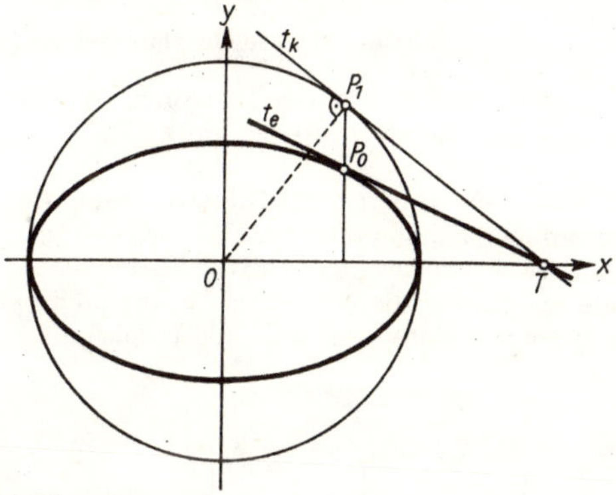

Bild 213

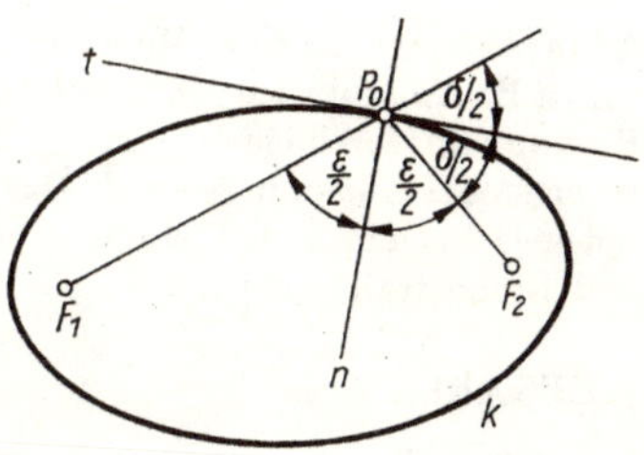

Bild 214

Lösung: Die Tangentengleichungen lauten wegen $x_0 = x_1$:

$$t_e\colon \frac{x\,x_0}{a^2} + \frac{y\,y_0}{b^2} = 1, \qquad t_k\colon x x_0 + y y_1 = a^2.$$

Um beide Tangenten mit der x-Achse zu schneiden, setzt man in den obigen Gleichungen $y = 0$ und erhält beidemal den gleichen Wert

$$x_T = \frac{a^2}{x_0}.$$

3. Man beweise den Satz:
Die Normale in einem beliebigen Ellipsenpunkt P_0 halbiert den Winkel ε zwischen den zugehörigen Brennstrahlen, die Tangente durch P_0 den Nebenwinkel δ (Bild 214).

Lösung: Unter Verwendung der Punkte $F_1(-e; 0)$, $F_2(e; 0)$ und $P_0(x_0; y_0)$ kann man die Gleichungen der Brennstrahlen $F_1P_0 = r_1$ und $F_2P_0 = r_2$ aufstellen:

$$r_1\colon\ y = \frac{y_0}{x_0 + e}\,x + \frac{y_0 e}{x_0 + e}$$

$$r_2\colon\ y = \frac{y_0}{x_0 - e}\,x - \frac{y_0 e}{x_0 - e}.$$

Für die Gleichung der Tangente t durch P_0 ergibt sich nach (182)

$$t\colon\ y = -\frac{b^2 x_0}{a^2 y_0}\,x + \frac{b^2}{y_0}.$$

Aus den Richtungsfaktoren dieser drei Geraden lassen sich die Schnittwinkel δ_1 bzw. δ_2 zwischen r_1 und t bzw. r_2 und t nach (155) berechnen. Man erhält nach Vereinfachung unter Verwendung der Bedingung $P_0 \in k : b^2x_0^2 + a^2y_0^2 = a^2b^2$ für die Schnittwinkel:

$$\tan \delta_1 = \tan \delta_2 = \frac{b^2}{y_0 e}, \quad \text{d. h.,}$$

$$\delta_1 = \delta_2 = \frac{\delta}{2}.$$

Mit Hilfe dieses Ergebnisses läßt sich der erste Teil des Satzes leicht planimetrisch beweisen.

Nach diesem Satz lassen sich die Normale und die Tangente in einem gegebenen Ellipsenpunkt konstruieren, wenn die Brennpunkte bekannt sind.

Anmerkung: An einer Mauer mit elliptischem Grundriß werden nach dem obigen Satz alle von einem Brennpunkt ausgehenden (horizontalen) Schallwellen so reflektiert, daß sie sich im anderen Brennpunkt vereinigen (Flüstergalerie). Da sie alle den gleichen Weg $2a$ durchlaufen, treten keine Interferenzerscheinungen auf. Das gleiche gilt für die von einem Brennpunkt eines elliptischen Spiegels ausgehenden Lichtstrahlen. Hieraus erklären sich auch die Bezeichnungen Brennpunkt und Brennstrahl.

AUFGABEN

945. Wie heißt die Gleichung der Tangente an eine gegebene Ellipse in einem gegebenen Punkt:

a) $\frac{x^2}{60} + \frac{y^2}{45} = 1; \quad P_0\left(\frac{4}{3}\sqrt{15};\ y_0 > 0\right),$

b) $\frac{x^2}{25} + \frac{y^2}{4} = 1; \quad P_0\left(x_0 > 0;\ y_0 = -\frac{8}{5}\right)?$

946. a) Wie heißt die Gleichung der Tangente an die Ellipse

$$\frac{(x - x_M)^2}{a^2} + \frac{(y - y_M)^2}{b^2} = 1 \quad \text{in } P_0?$$

b) desgl. für $M(4; -1)$, $a = 5$, $b = 4$, $P_0(7; y > 0)$.

947. Welche Gleichung hat die Normale der Ellipse

$$45x^2 + 60y^2 = 2700 \quad \text{durch} \quad P_0(2\sqrt{3};\ y_0 < 0)?$$

948. An die Ellipse $9x^2 + 100y^2 - 900 = 0$ ist im Punkt $P_0(6; y_0 > 0)$ die Tangente anzulegen. Welchen Abstand hat der linke Hauptscheitelpunkt von der Tangente?

949. Der Scheitel einer nach rechts geöffneten Parabel, deren Achse mit der x-Achse zusammenfällt und die den Halbparameter $p = 9/25$ hat, liegt im linken Hauptscheitel der Ellipse $9x^2 + 25y^2 = 225$. Wie lauten die Gleichungen der in den Schnittpunkten beider Kurven an die Ellipse gelegten Tangenten?

950. Man bestimme die Fläche des Parallelogramms, das die vier Tangenten der Ellipse $b^2x^2 + a^2y^2 = a^2b^2$ in den Endpunkten der Parameter $2p$ miteinander bilden.

951. In den Schnittpunkten zwischen der Geraden $y = -\frac{14}{27}x - \frac{2}{3}$ und der Ellipse $4x^2 + 9y^2 = 36$ sind die Tangenten gezogen. Welchen Winkel bilden sie miteinander?

952. Unter welchen Winkeln schneiden einander die Kurven

a) $\frac{x^2}{a^2} + \frac{y^2}{b^2} = 1$ und $\frac{y^2}{a^2} + \frac{x^2}{b^2} = 1$,

b) $16x^2 + 112y^2 = 256$ und $x^2 = 9y$,

c) $\frac{x^2}{40} + \frac{y^2}{15} = 1$ und $\frac{x^2}{20} + \frac{y^2}{45} = 1$,

d) $16x^2 + 25y^2 = 400$ und der Kreis durch die Endpunkte der Ellipsenparameter?

953. Welche Tangenten der Ellipse $13x^2 + 52y^2 = 676$ sind a) parallel, b) senkrecht zu der Geraden $y = -\frac{3}{4}x + 10$?

954. Man lege um die Ellipse $25x^2 + 100y^2 = 2500$ ein Tangentenrechteck, dessen eine Seite in $P_0(8; y_0 < 0)$ berührt. Wie heißen die Gleichungen seiner Seiten?

955. a) Man bestimme die Tangenten von $P_0(5; 6)$ an die Ellipse $\frac{x^2}{25} + \frac{y^2}{16} = 1$.

b) Desgl. für $\frac{(x-2)^2}{10} + \frac{(y-3)^2}{2,5} = 1$, $P_0(-2; 4)$.

956. Die Ellipse $b^2x^2 + a^2y^2 = a^2b^2$ berührt die Gerade $x + 3y - 18 = 0$ in $P_0(3; 5)$. Wie groß sind die Halbachsen?

957. Der ebene Schnitt durch die Achse eines elliptischen Hohlspiegels ist durch die Gleichung $\frac{x^2}{676} + \frac{y^2}{169} = 1$, $x \geqq 0$ gegeben. Ein Lichtstrahl mit der Gleichung $2x - 3y - 16 = 0$ wird am Spiegel reflektiert. In welchem Punkt R trifft der reflektierte Strahl wieder die Achse?

958. Es ist zu beweisen: Das Produkt der Abstände der Brennpunkte von einer Ellipsentangente ist konstant gleich b^2.

29.5. Ellipse als senkrechte Parallelprojektion des Kreises

Abschließend wird eine Ellipsendefinition besprochen, die einige Ellipseneigenschaften anschaulich erklärt und eine Verbindung herstellt zwischen der Behandlung der Ellipse in der analytischen Geometrie und in der darstellenden Geometrie. Die Ebene eines Kreises k ist gegen eine waagerechte Ebene Γ unter dem Winkel α geneigt. Durch Projektionsstrahlen, die senkrecht zu Γ sind, wird der Kreis auf Γ projiziert und ergibt dann eine Ellipse k' (Bild 215).

Beweis: Der waagerechte Kreisdurchmesser $2a$ projiziert sich in wahrer Länge. Der dazu senkrechte Kreisdurchmesser wird in der Projektion am stärksten verkürzt und hat dort die Länge $2b = 2a \cos \alpha$.

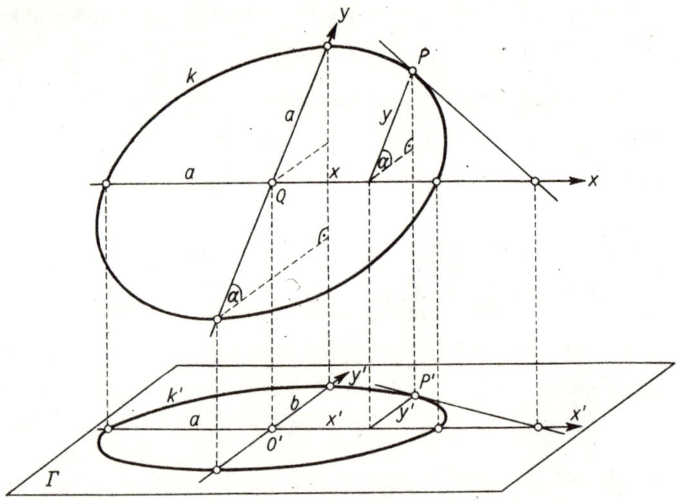

Bild 215

Hieraus folgt

$$\cos \alpha = \frac{b}{a}.$$

Nun wird in die Kreisebene ein Koordinatensystem gelegt, dessen x-Achse im horizontalen Durchmesser liegt. Die Projektion dieses Systems ist das x'; y'-System. Für einen Kreispunkt P und seine Projektion P' gilt

$$x' = x, \qquad \text{(I)} \qquad\qquad y' = y \cos \alpha = y \cdot \frac{b}{a}. \qquad \text{(II)}$$

Die Koordinaten von P erfüllen die Kreisgleichung

$$k\colon\ x^2 + y^2 = a^2.$$

Mittels (I) und (II) kann man zur Gleichung der Kurve k' übergehen:

$$x'^2 + \frac{a^2}{b^2}\, y'^2 = a^2 \qquad\qquad \frac{x'^2}{a^2} + \frac{y'^2}{b^2} = 1.$$

k' ist also eine Ellipse. Wie (II) zeigt, wird jede Kreisordinate im gleichen Verhältnis verkürzt, während die Abszissen gleich bleiben. Das ist aber der in Bild 208 dargestellte Sachverhalt. Man braucht nur Kreis und Ellipse von Bild 215 so in eine Ebene zu bringen, daß die x- und x'-Achse zusammenfallen. Wegen dieser Beziehung wird die Ellipse auch das *affine Bild* des Kreises genannt.
Die im Beispiel 2 aus 29.4. angegebene Tangentenkonstruktion läßt sich mit Bild 215 anschaulich erklären.

30. Hyperbel

30.1. Definition und Konstruktion

Definition

Die Hyperbel ist die Menge aller Punkte der Ebene, für die die Differenz ihrer Abstände von zwei festen Punkten konstant ist.

In die Definition der Ellipse tritt bei der Hyperbel nur an die Stelle der konstanten Abstandssumme die konstante Differenz. Zwischen den Sätzen bzw. Gleichungen und Formeln für beide Kurven gibt es daher auch nur geringe Unterschiede; meist tritt nur eine Änderung in den Vorzeichen ein. Es kann deshalb in den folgenden Abschnitten auf verschiedene Ableitungen verzichtet werden. Ausführlicher wird auf einige Eigenschaften eingegangen, die für die Hyperbel typisch sind.
Für die konstante Differenz wird

$$|\overline{PF_1} - \overline{PF_2}| = 2a \qquad \text{(I)}$$

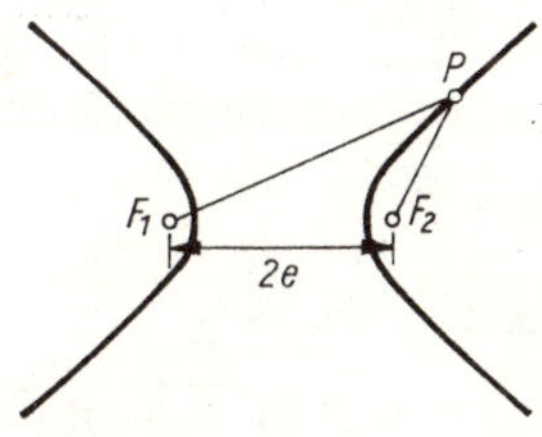

Bild 216

und für den Abstand der **Brennpunkte** F_1 und F_2

$$\overline{F_1F_2} = 2e$$

gesetzt (Bild 216). e ist die **lineare Exzentrizität** der Hyperbel, und zwar muß $e > a$ sein. $\varepsilon = \dfrac{e}{a} > 1$ ist die **numerische Exzentrizität** der Hyperbel.

Punktweise Konstruktion

a und e seien gegeben. Die Konstruktion entspricht der in 29.1. angegebenen ersten Ellipsenkonstruktion. Nur ist jetzt R auf der Verlängerung von $\overline{CD}$ beliebig zu wählen, aber so, daß r_2 (bzw. r_1) $> e - a$ wird (Bild 217). Die Konstruktion beweist die Existenz von zwei Symmetrieachsen, die sich im Mittelpunkt M der Hyperbel schneiden. Die Symmetrieachse durch F_1 und F_2 heißt **Hauptachse**, die dazu senkrechte Symmetrieachse heißt **Nebenachse**.

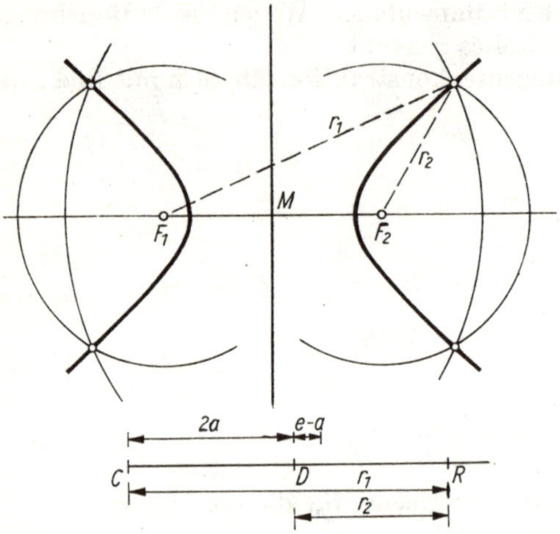

Bild 217

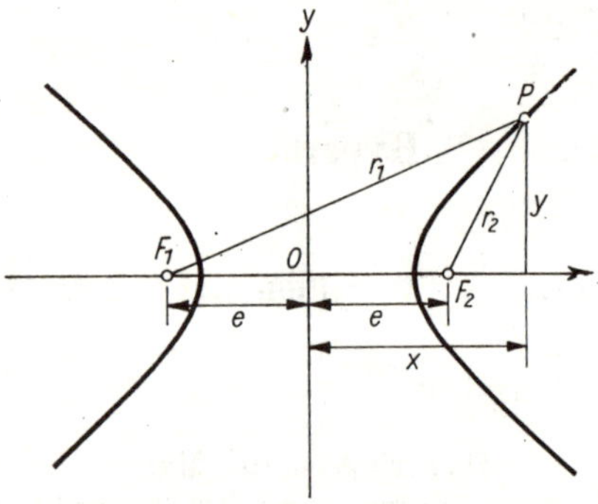

Bild 218

30.2. Hyperbelgleichungen

Man läßt die Koordinatenachsen wieder mit den Symmetrieachsen zusammenfallen (Bild 218). Aus der Bedingung

$$|r_1 - r_2| = 2a$$

folgt

$$|\sqrt{(x+e)^2 + y^2} - \sqrt{(x-e)^2 + y^2}| = 2a.$$

Durch ähnliche Umformung wie bei der Ellipse erhält man die Gleichung

$$(e^2 - a^2)x^2 - a^2y^2 = a^2(e^2 - a^2). \tag{I}$$

Sie stimmt mit der Ellipsengleichung (I) aus 29.2. formal überein. Weil aber für die Hyperbel $e > a$ ist, setzt man jetzt abkürzend

$$\boxed{e^2 - a^2 = b^2} \tag{183}$$

Aus (I) folgt dann

$$b^2x^2 - a^2y^2 = a^2b^2$$

oder die

Mittelpunktsgleichung der Hyperbel

$$\boxed{\frac{x^2}{a^2} - \frac{y^2}{b^2} = 1} \tag{184}$$

Diskussion der Mittelpunktsgleichung

Die Hyperbel ist durch zwei der drei Größen a, b und e bestimmt. Die Mittelpunktsgleichung ist rein quadratisch in x und y, wodurch die Symmetrie der Kurve bezüglich der x- und der y-Achse ausgedrückt wird. Für $y = 0$ folgt aus (184) $x = \pm a$. Die Hyperbel schneidet die x-Achse in den **Hauptscheitelpunkten** $A_1(-a; 0)$ und $A_2(a; 0)$. Mit $x = 0$ erhält man aus (184) $y = \pm b\,\mathrm{j}$. Es existieren also keine Schnittpunkte mit der y-Achse, d. h., die Hyperbel besteht aus zwei getrennten *Ästen* (Bild 219).

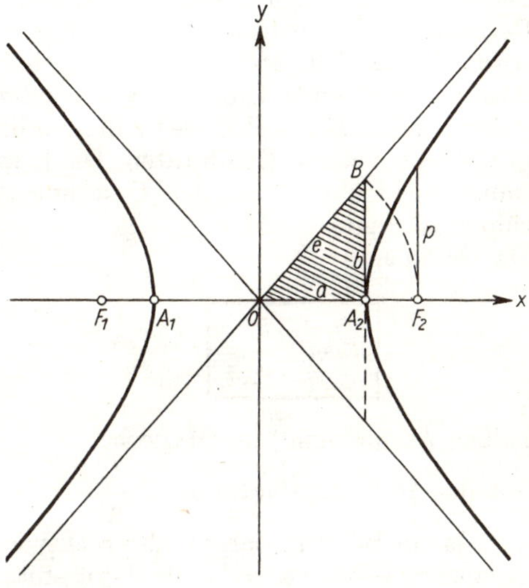

Bild 219

a heißt die **reelle Halbachse**, b die **imaginäre Halbachse**. Diese Bezeichnungen werden auch beibehalten, wenn die Brennpunkte auf der y-Achse liegen. In (184) sind dann a und b zu vertauschen. Im Gegensatz zur Ellipse kann jetzt auch $a < b$ sein. Explizit in y lautet (184)

$$\boxed{y = \pm\frac{b}{a}\sqrt{x^2 - a^2}} \tag{184a}$$

Für jeden Wert $|x| \geqq a$ ist die Wurzel reell. Zu diesen x-Werten kann man, bis auf $x = \pm a$, je zwei y-Werte berechnen, die sich nur durch das Vorzeichen unterscheiden (Symmetrie zur x-Achse).

Aus $|x| \to \infty$ folgt auch $|y| \to \infty$. Für $x \in (-a, a)$ wird die Wurzel imaginär, also existieren für dieses Intervall keine Hyperbelpunkte. Die beiden Äste der Hyperbel erstrecken sich von A_1 bzw. A_2 nach beiden Seiten bis in das Unendliche. Bei $|x| \to \infty$ zeigt die Hyperbel ein für sie typisches, von der Parabel abweichendes Verhalten, das untersucht werden soll. Wegen der Symmetrie der Hyperbel bezüglich beider Koordinatenachsen kann die Untersuchung auf den im ersten Quadranten liegenden Kurventeil beschränkt bleiben. Die Gleichung (184a) wird in der Form

$$y = \frac{b}{a}\,x\sqrt{1 - \frac{a^2}{x^2}} \qquad (x \geqq a) \tag{II}$$

geschrieben. Für $x \to \infty$ folgt $\frac{a^2}{x^2} \to 0$ oder $\sqrt{1 - \frac{a^2}{x^2}} \to 1$ und damit für (II)

$$y = \frac{b}{a} x \sqrt{1 - \frac{a^2}{x^2}} \to \bar{y} = \frac{b}{a} x. \tag{III}$$

Die rechte Kurvengleichung in (III) stellt den im 1. Quadranten liegenden Teil einer Geraden durch den Ursprung dar. Weil der Wurzelausdruck für jedes x kleiner als 1 wird, ist die Ordinate y eines Hyperbelpunktes stets kleiner als die zur gleichen Abszisse gehörende Ordinate $\bar{y}$ des entsprechenden Geradenpunktes. Durch Vergrößern von x läßt sich diese Ordinatendifferenz beliebig verkleinern. Entsprechendes gilt für die anderen Quadranten. Die Hyperbel nähert sich also von der x-Achse her immer mehr zwei durch den Ursprung gehenden Geraden, ohne sie aber je zu berühren oder zu schneiden.
Die Geraden

$$\boxed{y = \pm \frac{b}{a} x} \tag{185}$$

heißen **Asymptoten**[1]) der Hyperbel.
Mit den Richtungsfaktoren $\pm \frac{b}{a}$ der Asymptoten und der Beziehung (183) ergibt sich das in Bild 219 dargestellte rechtwinklige Dreieck OA_2B. Es zeigt, wie aus den gegebenen Größen a und b die Asymptoten und die Brennpunkte konstruiert werden können. Sind Scheitelpunkte und Asymptoten bekannt, dann läßt sich die Hyperbel leicht angenähert zeichnen.
Für $x = \pm e$ folgt aus (184a)

$$y = \pm \frac{b}{a} \sqrt{e^2 - a^2} = \pm \frac{b^2}{a}.$$

Die Hyperbelsehne $2p$ durch F_1 bzw. F_2 senkrecht zur Hauptachse heißt Parameter und $p = \frac{b^2}{a}$ **Halbparameter** der Hyperbel. Der gleiche Ausdruck ergab sich für den Halbparameter der Ellipse.
Während der Sonderfall $a = b$ bei der Ellipse den Kreis lieferte, ergibt sich hier für $a = b$ die **gleichseitige Hyperbel** mit der Gleichung

$$x^2 - y^2 = a^2. \tag{IV}$$

Ihre Asymptoten $y = \pm x$ schneiden die Koordinatenachsen unter 45° und einander unter 90° (Bild 220).

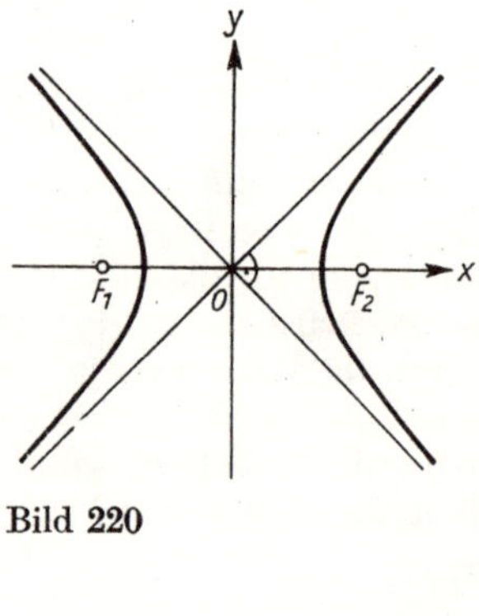

Bild 220

[1]) griechisch: asymptotos, nicht zusammenfallend

Ist allgemein $M(x_M; y_M)$ der Hyperbelmittelpunkt und ist die Hauptachse parallel zur x-Achse, dann lautet die Hyperbelgleichung

$$\boxed{\frac{(x - x_M)^2}{a^2} - \frac{(y - y_M)^2}{b^2} = 1} \tag{186}$$

oder umgeformt mit entsprechender Bezeichnung der Koeffizienten

$$Ax^2 + By^2 + Cx + Dy + E = 0, \tag{V}$$

wobei $A \cdot B < 0$ sein muß.

BEISPIEL

Die folgende Hyperbelkonstruktion ist zu beweisen: Um O werden zwei Kreise mit den Radien a bzw. b gezogen. Eine beliebige Gerade durch O schneidet die Kreise in Q und R. Die Kreistangenten in Q und R treffen die x-Achse in S bzw. T. Wird $\overline{QS}$ in T senkrecht zur x-Achse abgetragen, dann ergeben sich die Hyperbelpunkte P und P' (Bild 221).

Lösung: Der beliebig gewählte Radiusvektor OR bilde mit der x-Achse den Winkel t. Aus Bild 221 wird für die Koordinaten von P abgelesen:

$$x = \overline{OT} = \frac{a}{\cos t};$$

$$y = \overline{PT} = \overline{QS} = b \tan t.$$

Dividiert man die erste Gleichung durch a, die zweite durch b, quadriert beide Gleichungen und subtrahiert sie voneinander, dann folgt

$$\frac{x^2}{a^2} - \frac{y^2}{b^2} = \frac{1}{\cos^2 t} - \tan^2 t = 1,$$

da $\dfrac{1}{\cos^2 t} = 1 + \tan^2 t$ ist. Die Gleichungen

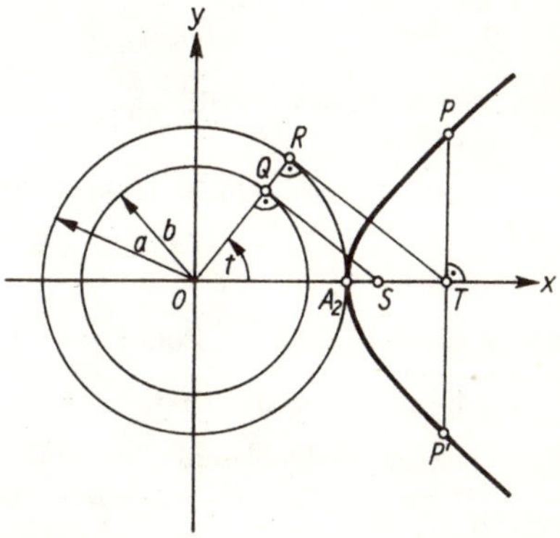

Bild 221

$$x = \frac{a}{\cos t}, \qquad y = b \tan t$$

ergeben also eine *Parameterdarstellung* der Hyperbel mit t als Parameter (Häufiger wird die Parameterdarstellung $x = a \cosh t$, $y = b \sinh t$ angewendet. Vgl. Band »Analysis«).

AUFGABEN

959. Man bestimme die Mittelpunktsgleichung der Hyperbel aus

a) $b = 2, \quad e = \dfrac{17}{4}$, b) $e = \dfrac{13}{6}, \quad \varepsilon = \dfrac{13}{12}$, c) $\varepsilon = \dfrac{5}{3}, \quad p = 1{,}6$.

960. Eine Hyperbel hat ihre Scheitelpunkte in den Brennpunkten der Ellipse $\dfrac{x^2}{52} + \dfrac{y^2}{36} = 1$ und die gleiche Nebenachse wie die Ellipse. Wo schneiden sich beide Kurven?

961. Eine Hyperbel geht durch die Punkte $P_1(15; {}^9/_2)$, $P_2(13; -{}^5/_2)$, ihre Hauptachse fällt mit der x-Achse und ihre Nebenachse mit der y-Achse zusammen. Wie heißt die Hyperbelgleichung?

962. Man bestimme die Halbachsen, die Brennpunkte und die Asymptotengleichungen der folgenden Hyperbeln:

a) $\frac{x^2}{36} - \frac{y^2}{144} = 1$, b) $225x^2 - 64y^2 + 14400 = 0$, c) $x^2 - y^2 - 196 = 0$.

963. Welchen Winkel schließen die Asymptoten der Hyperbel $16x^2 - 36y^2 = 576$ miteinander ein?

964. Eine Hyperbel hat die Asymptoten $y = \pm\, {}^{45}/_{28}\, x$ und den Brennpunkt $F_1(-{}^{53}/_{18}; 0)$. Wie groß sind die Halbachsen?

965. Eine Hyperbel $b^2x^2 - a^2y^2 = a^2b^2$ geht durch den Punkt $P(2; 3)$, ihre Asymptoten schließen den Winkel $2\alpha = 120°$ ein. Man berechne die Halbachsen.

966. Eine Ellipse hat die Gleichung $19x^2 + 64y^2 = 76$. Welche Hyperbel hat mit der Ellipse die Brennpunkte gemeinsam und geht durch den Punkt $P_1({}^5/_4; 2)$?

967. Gesucht wird der Abstand des Punktes $P_1(6; -4)$ von den Asymptoten der Hyperbel $\frac{x^2}{144} - \frac{y^2}{25} = 1$.

968. Man bestimme die Mittelpunkte, die Halbachsen und die Brennpunkte der folgenden Hyperbeln:

a) $9x^2 - 16y^2 - 36x - 128y - 364 = 0$,
b) $144x^2 - 25y^2 - 288x - 150y + 144 = 0$,
c) $4x^2 - 4y^2 + 32x + 20y - 25 = 0$.

969. P ist ein variabler Punkt der Hyperbel $\frac{x^2}{81} - \frac{y^2}{36} = 1$. Welche Bahn durchläuft der Schwerpunkt S des Dreiecks A_1A_2P?

970. Welches ist die Menge aller Punkte der Ebene, deren Entfernung von dem Mittelpunkt M der Strecke $AB = 2a$ die mittlere Proportionale zwischen ihren Entfernungen von A und B ist?

971. Die Seite $BC = a$ eines Dreiecks liegt fest, während die Spitze A sich so bewegt, daß $\gamma = 2\beta$ ist. Auf welcher Bahnkurve bewegt sich der Punkt A des Dreiecks?

972. Von einem variablen Punkt R der gleichseitigen Hyperbel $x^2 - y^2 = 4$ wird das Lot auf die y-Achse bis Q gefällt und zugleich über R hinaus um sich selbst verlängert bis T. Auf welcher Kurve liegt der Schnittpunkt P von $\overline{A_1Q}$ und $\overline{A_2T}$?

973. Es ist die Gleichung der Hyperbel $b^2x^2 - a^2y^2 = a^2b^2$ in Polarkoordinaten aufzustellen, wenn der Brennpunkt F_2 als Pol und die Richtung von F_1 nach F_2 als Polarachse gewählt werden.

30.3. Hyperbel, Gerade und Tangente

Die Mittelpunktsgleichung (178) der Ellipse geht in die Mittelpunktsgleichung (184) der Hyperbel über, wenn b^2 durch $-b^2$ ersetzt wird. Auf dem gleichen Weg kann man aus den anderen Formeln der Ellipse, die nur b^2 enthalten, sofort entsprechende

Formeln für die Hyperbel bekommen. Es wird deshalb allgemein auf die Untersuchung der Lagebeziehungen zwischen Hyperbel und Gerade verzichtet. Sie verläuft wie bei der Ellipse und wird dem Leser zur Übung empfohlen. Speziell sollen aber die Geraden durch den Hyperbelmittelpunkt betrachtet werden. Sie heißen *Durchmesser* der Hyperbel. Während alle Durchmesser der Ellipse diese schneiden, gilt das nicht mehr für die Hyperbel. Sie liegt völlig in denjenigen von den Asymptoten gebildeten Quadranten, die die Brennpunkte enthalten. Daher schneiden nur solche Durchmesser $y = mx$ die Hyperbel, für die $|m| < \frac{b}{a}$ ist. Sie heißen *Hauptdurchmesser* (Bild 222). Durchmesser mit $|m| > \frac{b}{a}$ heißen *Nebendurchmesser* und schneiden die Hyperbel nicht. Die Asymptoten trennen beide Durchmesserscharen.

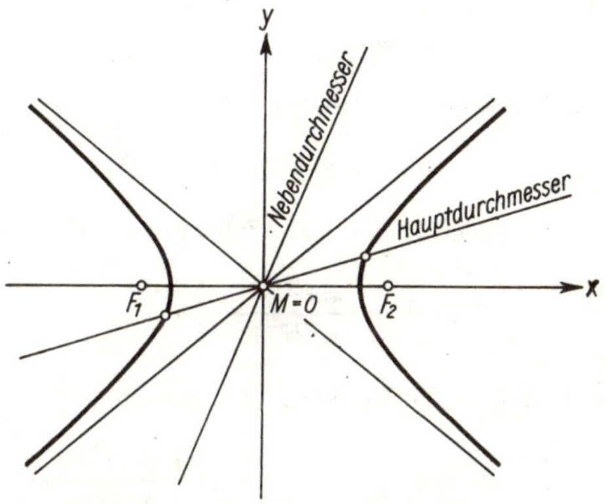

Bild 222

Der Leser veranschauliche sich, daß die Parallele zu einem Hauptdurchmesser die Hyperbel stets in zwei Punkten schneidet, die Parallele zu einem Nebendurchmesser die Hyperbel schneiden, berühren und meiden kann, während die Parallele zu einer Asymptote die Hyperbel nur in einem (endlichen) Punkt schneidet.
Die Tangentenbedingung für die Hyperbel lautet (vgl. 29.3. Diskussion, 1.b)

$$a^2m^2 - b^2 - n^2 = 0. \tag{I}$$

Für die Asymptoten ist $n = 0$ und $|m| = \frac{b}{a}$. Mit diesen Größen ist Gleichung (I) erfüllt. Da die Asymptote aber mit der Hyperbel im Endlichen keinen Punkt gemeinsam hat, sagt man: die Asymptote berührt die Hyperbel im Unendlichen. Für den Richtungsfaktor einer Tangente folgt aus (I):

$$|m| = \frac{\sqrt{b^2 + n^2}}{a} > \frac{b}{a}.$$

Die Tangenten können also nur parallel zu Nebendurchmessern sein.
Entsprechend (182) erhält man die

Gleichung der Hyperbeltangente im Hyperbelpunkt P_0

$$\boxed{\frac{xx_0}{a^2} - \frac{yy_0}{b^2} = 1} \tag{187}$$

Für einen Punkt P_0, der zwischen den beiden Hyperbelästen liegt, bedeutet (187) die Gleichung der *Berührungssekante*.

BEISPIEL

Es ist zu beweisen, daß sich Ellipse und Hyperbel mit gemeinsamen Brennpunkten stets rechtwinklig schneiden. (Derartige Kegelschnitte heißen *konfokal.*)

Lösung: Es seien a, b bzw. a', b' die Halbachsen der Ellipse bzw. der Hyperbel. Dann gilt

$$e^2 = a^2 - b^2 = a'^2 + b'^2 \tag{II}$$

Die Kurvengleichungen lauten

$$b^2x^2 + a^2y^2 = a^2b^2 \quad \text{(III)} \qquad b'^2x^2 - a'^2y^2 = a'^2b'^2. \quad \text{(IV)}$$

Aus beiden Gleichungen folgt für die Abszissen der Schnittpunkte

$$x^2 = \frac{a^2a'^2(b^2 + b'^2)}{a'^2b^2 + a^2b'^2}$$

und unter Verwendung von (II):

$$x^2 = \frac{a^2a'^2(a^2 - a'^2)}{a'^2(a^2 - e^2) + a^2(e^2 - a'^2)} = \frac{a^2a'^2(a^2 - a'^2)}{e^2(a^2 - a'^2)} = \frac{a^2a'^2}{e^2}$$

$$x = \pm\frac{aa'}{e}.$$

Entsprechend ergeben sich die Ordinaten der Schnittpunkte:

$$y = \pm\frac{bb'}{e}.$$

Für die Richtungsfaktoren der Ellipsen- bzw. Hyperbeltangente z. B. in $P_0\left(\frac{aa'}{e}; \frac{bb'}{e}\right)$ folgt

$$m = -\frac{x_0b^2}{y_0a^2} = -\frac{a'b}{ab'}; \qquad m' = \frac{x_0b'^2}{y_0a'^2} = \frac{ab'}{a'b}.$$

Wegen $m' = -\frac{1}{m}$ schneiden sich beide Kurven rechtwinklig.

AUFGABEN

974. Man berechne die Schnittpunkte zwischen der Hyperbel $4x^2 - 9y^2 = 36$ und den folgenden Geraden und veranschauliche sich die Ergebnisse an einer Skizze.

a) $y = 2x - 8$, b) $x - 2y - 1 = 0$, c) $y = 2x + 3$,

d) $5x + 6y + 9 = 0$, e) $2x + 3y + 15 = 0$.

975. a) Wie heißen die Gleichungen der Tangente und der Normalen durch den Punkt $P_0(^{10}/_9;\ y > 0)$ der Hyperbel

$$\frac{x^2}{\frac{64}{81}} - \frac{y^2}{\frac{25}{9}} = 1?$$

b) Desgleichen für $x^2 - 4y^2 - 12x - 16y - 16 = 0$, $P_0(16; y > 0)$.

976. Wo und unter welchen Winkeln schneiden einander die Kurven

a) $64x^2 - 3y^2 = 16$ und $16x^2 + 3y^2 = 64$,

b) $\frac{x^2}{36} - \frac{y^2}{16} = 1$ und $x^2 - 24y + 28 = 0$,

c) $\frac{x^2}{4} - \frac{y^2}{5} = 1$ und der Kreis durch F_2 mit dem Mittelpunkt im Scheitel A_2,

d) $x^2 + y^2 = 9$ und $36x^2 - 5y^2 = 180$?

977. Welche Tangenten der Hyperbel $9x^2 - 4y^2 = 36$ sind zur Geraden $15x + 8y = 16$ parallel?

978. Gesucht werden die Gleichungen der von $P_0(5; 6)$ an die Hyperbel $\frac{x^2}{25} - \frac{y^2}{16} = 1$ gelegten Tangenten.

979. Eine Hyperbel $b^2x^2 - a^2y^2 = a^2b^2$ hat die lineare Exzentrizität $e = \frac{5}{12}\sqrt{5}$ und wird von der Geraden $68x - 16y - 25 = 0$ berührt. Wie groß sind ihre Achsen? (Man verwende die Tangentenbedingung!)

980. Welche gleichseitige Hyperbel $x^2 - y^2 = a^2$ wird durch den Kreis $x^2 + (y + 10)^2 = 100$ von außen berührt? (Man bringe beide Kurven zum Schnitt und setze die Diskriminante der quadratischen Gleichung gleich Null.)

981. Welche Parabel $x^2 = 2py$ berührt die Hyperbel $x^2 - y^2 = 36$? Wie groß ist das von den gemeinsamen Tangenten und der Berührungssehne gebildete Dreieck?

982. Die Parabel $y^2 = 2px$ hat mit der Hyperbel $b^2x^2 - a^2y^2 = a^2b^2$ einen Brennpunkt gemeinsam. Wie heißen die Gleichungen der gemeinsamen Tangenten beider Kurven, und wo liegen die Berührungspunkte? (Skizze)

983. Eine Hyperbel hat mit der Ellipse $x^2 + 4y^2 = 100$ die Hauptscheitelpunkte gemeinsam. Die Asymptoten sind die Diagonalen in dem Rechteck, das von den Scheiteltangenten der Ellipse gebildet wird. Man bestimme die Berührungssehne der Hyperbel, die zum Ellipsenpunkt $P_1(x = 6)$ gehört. Welche Lage hat die Sehne zur Ellipse?

30.4. Eigenschaften der Hyperbel

Für die Hyperbel gilt der folgende

Satz

Die Fläche des Dreiecks, das von den Asymptoten und einer Hyperbeltangente gebildet wird, ist konstant und zwar gleich $a \cdot b$ (Bild 223).

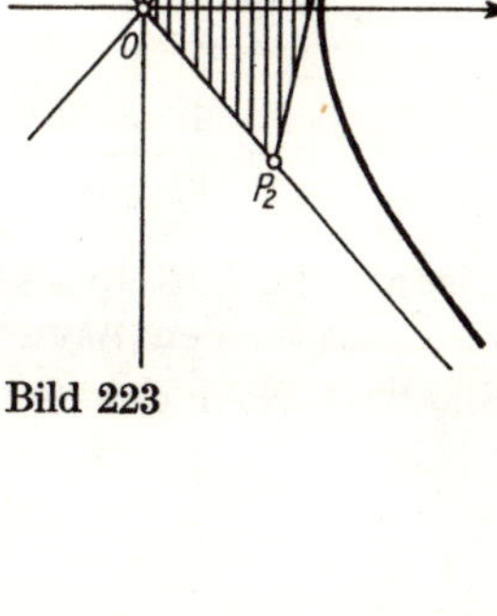

Bild 223

Beweis: Die in P_0 berührende Hyperbeltangente

$$\frac{xx_0}{a^2} - \frac{yy_0}{b^2} = 1 \qquad \text{(I)}$$

wird mit den Asymptoten

$$y = \pm \frac{b}{a} x \tag{II}$$

zum Schnitt gebracht. Gleichung (II) in (I) eingesetzt und nach x aufgelöst ergibt

$$x_{1;2} = \frac{a^2 b}{b x_0 \mp a y_0}. \tag{III}$$

Die Ordinaten der Schnittpunkte folgen aus (II):

$$y_{1;2} = \pm \frac{a b^2}{b x_0 \mp a y_0}. \tag{IV}$$

Für die Fläche des Dreiecks $O P_2 P_1$ erhält man

$$A = \frac{1}{2} \begin{vmatrix} 0 & 0 & 1 \\ x_2 & y_2 & 1 \\ x_1 & y_1 & 1 \end{vmatrix} = \frac{1}{2} (x_2 y_1 - x_1 y_2) =$$

$$= \frac{1}{2} \left(\frac{a^2 b}{b x_0 + a y_0} \cdot \frac{a b^2}{b x_0 - a y_0} - \frac{a^2 b}{b x_0 - a y_0} \cdot \frac{-a b^2}{b x_0 + a y_0} \right) =$$

$$= \frac{a^3 b^3}{b^2 x_0^2 - a^2 y_0^2} = \frac{a^3 b^3}{a^2 b^2} = a b .$$

Weiterhin gilt der

Satz

Das zwischen den Asymptoten gelegene Stück einer Hyperbeltangente wird von dem Berührungspunkt P_0 halbiert.

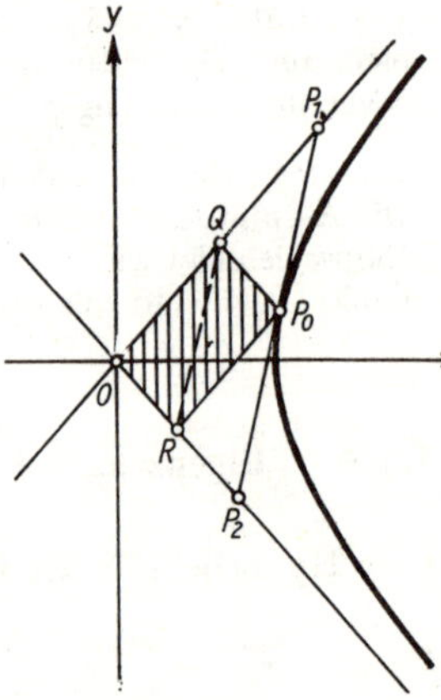

Bild 224

Zum *Beweis* bildet man mit (III):

$$\frac{x_1 + x_2}{2} = \frac{1}{2} \left(\frac{a^2 b}{b x_0 - a y_0} + \frac{a^2 b}{b x_0 + a y_0} \right) =$$

$$= \frac{1}{2} \cdot \frac{a^2 b^2 x_0 + a^3 b y_0 + a^2 b^2 x_0 - a^3 b y_0}{b^2 x_0^2 - a^2 y_0^2} =$$

$$= \frac{1}{2} \cdot \frac{2 a^2 b^2 x_0}{a^2 b^2} = x_0 .$$

P_0 ist also der Mittelpunkt der Strecke $P_1 P_2$, was zu zeigen war. Die durch P_0 gelegten Parallelen zu den Asymptoten schneiden die letzteren in den Punkten Q und R (Bild 224). Nach dem Strahlensatz ist $\overline{OQ} = \overline{QP_1}$ und $\overline{OR} = \overline{RP_2}$.

Daraus folgt eine einfache *Tangentenkonstruktion*, wenn die Asymptoten und der Berührungspunkt P_0 gegeben sind. Man zieht durch P_0 zu einer Asymptote, z. B. zu $y = \frac{b}{a}x$, eine Parallele bis R und trägt $\overline{OR}$ von R aus bis P_2 ab. Dann ist P_0P_2 die Tangente in P_0. Ebenso kann man natürlich die Punkte Q und P_1 verwenden.
Nach entsprechenden Sätzen der Planimetrie sind die vier Dreiecke ORQ, RP_0Q, RP_2P_0 und QP_0P_1 kongruent. Daher ist die Fläche des Parallelogramms ORP_0Q gleich der halben Fläche des Dreiecks OP_2P_1, also $\frac{ab}{2}$ und damit ebenfalls konstant.
Diese Eigenschaft führt bei der gleichseitigen Hyperbel zu einer einfachen Kurvengleichung. Da die Asymptoten senkrecht aufeinander stehen, geht das Parallelogramm in ein Rechteck über, dessen konstante Fläche wegen $a = b$ den Wert $\frac{a^2}{2}$ hat. Werden die Asymptoten als Achsen eines Koordinatensystems gewählt und hat ein beliebiger Hyperbelpunkt in diesem System die Koordinaten ξ und η (Bild 225), dann ist

$$\xi\eta = \frac{a^2}{2}, \tag{V}$$

oder wenn die Koordinaten wieder mit x, y bezeichnet werden und $\frac{a^2}{2} = c$ gesetzt wird:

$$\boxed{y = \frac{c}{x}} \tag{188}$$

(188) ist die Gleichung einer gleichseitigen Hyperbel, bezogen auf ihre Asymptoten als Koordinatenachsen.

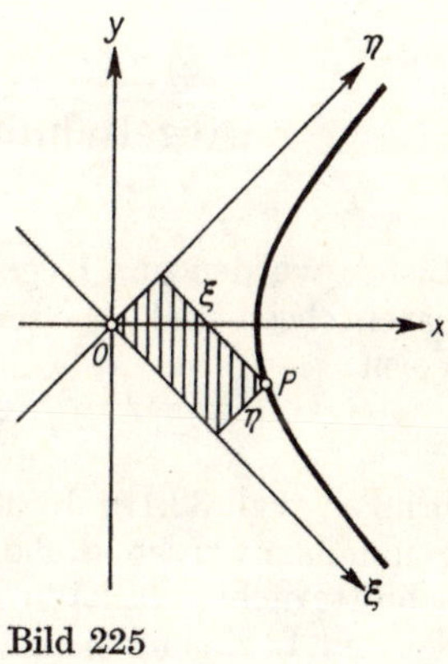

Bild 225

BEISPIEL

Die Gleichung (V) der gleichseitigen Hyperbel soll durch Koordinatentransformation aus der Mittelpunktsgleichung $x^2 - y^2 = a^2$ hergeleitet werden.

Lösung: Der Winkel φ in den Transformationsgleichungen (138a) ist der positiv gemessene Winkel von der x- zur ξ-Achse, d. h., $\varphi = 315°$. Die Gleichungen lauten

$$x = \xi \cos 315° - \eta \sin 315°$$

$$y = \xi \sin 315° + \eta \cos 315°,$$

$$x = \xi \frac{1}{2}\sqrt{2} + \eta \frac{1}{2}\sqrt{2} = \frac{1}{2}\sqrt{2}\,(\xi + \eta) \tag{VI}$$

$$y = -\xi \frac{1}{2}\sqrt{2} + \eta \frac{1}{2}\sqrt{2} = \frac{1}{2}\sqrt{2}\,(\eta - \xi). \tag{VII}$$

Die Gleichungen (VI) und (VII), in die Mittelpunktsgleichung $x^2 - y^2 = a^2$ eingesetzt, ergeben:

$$\frac{1}{2}(\xi^2 + 2\xi\eta + \eta^2) - \frac{1}{2}(\xi^2 - 2\xi\eta + \eta^2) = a^2,$$

$$\xi\eta = \frac{a^2}{2}.$$

Abschließend wird noch ein Satz angegeben, der analog zur Ellipse bewiesen wird: **Die Tangente in einem beliebigen Hyperbelpunkt P_0 halbiert den Winkel zwischen den zugehörigen Brennstrahlen, die Normale durch P_0 den Nebenwinkel.**

AUFGABEN

984. Es ist zu beweisen, daß das Produkt der Abstände eines Hyperbelpunktes von den Asymptoten konstant ist.

985. Man beweise den Satz: Der Fußpunkt des Lotes, das von einem Brennpunkt auf eine Hyperbeltangente gefällt ist, liegt auf dem Hauptscheitelkreis. Danach ist eine Hüllkonstruktion der Hyperbel durchzuführen. (Man beachte 29.3.)

986. Es ist zu beweisen: Wenn eine Gerade die Hyperbel in den Punkten P_1, P_2 und die Asymptoten in den Punkten P_3, P_4 schneidet, dann sind die Strecken P_1P_3 und P_2P_4 gleich lang (Bild 226). Man konstruiere nach diesem Satz aus den Asymptoten und einem Hyperbelpunkt P_1 weitere Hyperbelpunkte.

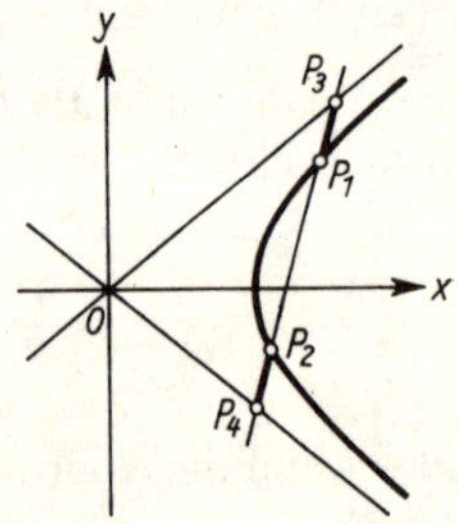

Bild 226

31. Kegelschnitte in allgemeiner Lage

Bisher wurden nur Kegelschnitte betrachtet, deren Achsen parallel zu den Koordinatenachsen sind. Die zugehörigen Kurvengleichungen lassen sich allgemein auf die Form

$$Ax^2 + By^2 + Cx + Dy + E = 0 \tag{I}$$

bringen (vgl. 32.1.). Jetzt soll allgemeiner angenommen werden, daß die Achsen der Kegelschnitte nicht parallel zu den Koordinatenachsen sind. In einem Beispiel wird die Auswirkung der neuen Lage auf die zugehörige Kurvengleichung untersucht.

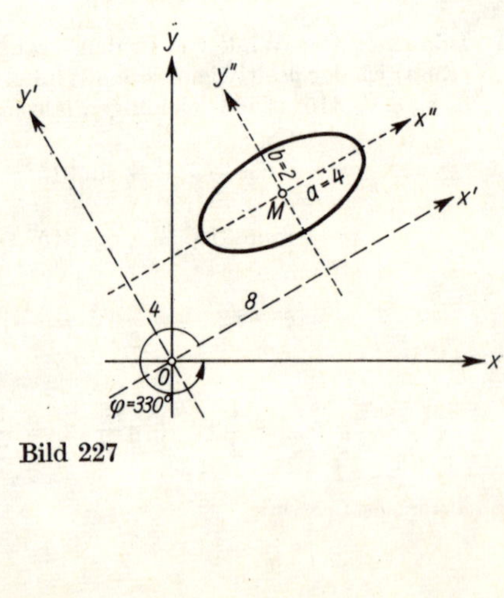

Bild 227

BEISPIEL

1. Wie heißt die Gleichung der in Bild 227 gezeigten Ellipse im $x;y$-System?

Lösung: Zur gesuchten Gleichung gelangt man in zwei Schritten. Man geht von dem $x'';y''$-System, dessen Achsen mit den Ellipsenachsen zusam-

menfallen, durch *Parallelverschiebung* zum $x';y'$-System und anschließend durch *Drehung* zum $x;y$-System über.
Im x''; y''-System lautet die Ellipsengleichung

$$\frac{x''^2}{16} + \frac{y''^2}{4} = 1 \tag{II}$$

und im x'; y'-System nach Gleichung (180)

$$\frac{(x'-8)^2}{16} + \frac{(y'-4)^2}{4} = 1. \tag{III}$$

Für den Übergang zum x; y-System gelten die Transformationsformeln (138a)

$$x' = x\cos 330° - y\sin 330° =$$

$$= \frac{1}{2}\sqrt{3}\,x + \frac{1}{2}y$$

$$y' = x\sin 330° + y\cos 330° = -\frac{1}{2}x + \frac{1}{2}\sqrt{3}y,$$

und es folgt aus (III):

$$\frac{\left(\frac{1}{2}\sqrt{3}x + \frac{1}{2}y - 8\right)^2}{16} + \frac{\left(-\frac{1}{2}x + \frac{1}{2}\sqrt{3}y - 4\right)^2}{4} = 1.$$

Die weitere Vereinfachung ergibt schließlich

$$7x^2 - 6\sqrt{3}xy + 13y^2 + 32(2 - \sqrt{3})\,x - 32(1 + 2\sqrt{3})\,y + 448 = 0. \tag{IV}$$

Der Vergleich von (IV) mit (I) zeigt, daß noch ein Glied mit xy, das *gemischtquadratische Glied*, hinzugekommen ist. Ein gleiches Ergebnis brachte auch das Beispiel aus 30.4. Durch Anwendung der Parallelverschiebung und Drehung auf (I) läßt sich allgemein zeigen:

Die allgemeine Gleichung eines Kegelschnittes in rechtwinkligen Koordinaten lautet

$$\boxed{Ax^2 + Bxy + Cy^2 + Dx + Ey + F = 0} \tag{189}$$

Jeder Kegelschnitt mit beliebiger Lage im Koordinatensystem wird durch eine Gleichung der Form (189) dargestellt. Von Interesse ist aber besonders das umgekehrte Problem. Gegeben ist die allgemeine Gleichung 2. Grades (189), und es ist für bestimmte Koeffizienten $A, B, \ldots, F$ zu untersuchen, welcher Kegelschnitt durch diese Gleichung beschrieben wird, wie groß seine Achsen sind bzw. welchen Parameter er hat und welche Lage er im Koordinatensystem einnimmt.
Durch Drehung um einen vorläufig noch unbekannten Winkel φ geht man mit (189) zu einem x'; y'-System über, dessen Achsen parallel zu den Kegelschnittachsen sind, so daß also kein gemischtquadratisches Glied mehr in der neuen Kurvengleichung enthalten ist. Die Transformationsformeln, in denen x und y jetzt auf der linken

Seite stehen müssen, lauten

$$x = x' \cos\varphi - y' \sin\varphi$$
$$y = x' \sin\varphi + y' \cos\varphi .$$

Damit folgt aus (189)

$$A(x' \cos\varphi - y' \sin\varphi)^2 + B(x' \cos\varphi - y' \sin\varphi)(x' \sin\varphi + y' \cos\varphi) +$$
$$+ C(x' \sin\varphi + y' \cos\varphi)^2 + D(x' \cos\varphi - y' \sin\varphi) +$$
$$+ E(x' \sin\varphi + y' \cos\varphi) + F = 0 .$$

Zusammengefaßt ergibt sich

$$(A \cos^2\varphi + B \sin\varphi \cos\varphi + C \sin^2\varphi)x'^2 + [B(\cos^2\varphi - \sin^2\varphi) -$$
$$-2(A - C) \sin\varphi \cos\varphi]x'y' + (A \sin^2\varphi - B \sin\varphi \cos\varphi + C \cos^2\varphi)y'^2 +$$
$$+ (D \cos\varphi + E \sin\varphi)x' + (E \cos\varphi - D \sin\varphi)y' + F = 0 . \tag{V}$$

Der Winkel φ, über den noch frei verfügt werden kann, wird so gewählt, daß das gemischtquadratische Glied verschwindet, d. h. der Koeffizient von $x'y'$ Null wird:

$$B(\cos^2\varphi - \sin^2\varphi) - 2(A - C) \sin\varphi \cos\varphi = 0$$
$$(A - C) \sin 2\varphi = B \cos 2\varphi$$

$$\boxed{\tan 2\varphi = \frac{B}{A - C}} \tag{190}$$

Bei der Lösung kann 2φ auf die ersten beiden Quadranten, φ also auf den ersten Quadranten beschränkt werden, denn durch Drehung des $x; y$-Systems um einen Winkel $\varphi \in [0°, 90°)$ läßt sich stets eine zu den Kegelschnittachsen parallele Lage erreichen. Im $x'; y'$-System hat der Kegelschnitt die **reduzierte Gleichung**

$$\boxed{A'x'^2 + B'y'^2 + C'x' + D'y' + E' = 0} \tag{191}$$

deren Koeffizienten mit dem nach (190) bestimmten Winkel φ aus

$$\boxed{\begin{aligned} A' &= A \cos^2\varphi + B \sin\varphi \cos\varphi + C \sin^2\varphi \\ B' &= A \sin^2\varphi - B \sin\varphi \cos\varphi + C \cos^2\varphi \\ C' &= D \cos\varphi + E \sin\varphi \\ D' &= E \cos\varphi - D \sin\varphi \\ E' &= F \end{aligned}} \tag{192}$$

berechnet werden. Aus der reduzierten Gleichung kommt man durch Umformung (u. a. Bilden der quadratischen Ergänzung) je nach Vorzeichen und Größe der Konstanten $A', \ldots, E'$ zu einer der Kurvengleichungen (169) bis (172), (180), (186). Dabei kann natürlich auch im Sonderfall der Scheitelpunkt bzw. Mittelpunkt des Kegelschnitts mit dem Koordinatenursprung zusammenfallen.

BEISPIELE

2. Man untersuche den Kegelschnitt, der durch die Gleichung

$$3x^2 - 10xy + 3y^2 + 28\sqrt{2}x - 4\sqrt{2}y - 32 = 0$$

gegeben ist.

Lösung: Mit $A = 3$, $B = -10$, $C = 3$ ergibt sich der Drehwinkel nach (190) mit

$$\tan 2\varphi = \frac{-10}{3-3}.$$

Der Nenner ist Null, daher muß $2\varphi = 90°$ und $\varphi = 45°$ sein. Nach der Formelgruppe (192) berechnet man die Koeffizienten der reduzierten Gleichung und erhält für diese

$$x'^2 - 4y'^2 - 12x' + 16y' + 16 = 0. \quad \text{(VI)}$$

Die Koeffizienten der quadratischen Glieder sind beide ungleich Null und haben verschiedene Vorzeichen. Die Gleichung (VI) beschreibt also eine Hyperbel. Man bringt (VI) in die Form (186):

$$\frac{(x'-6)^2}{4} - \frac{(y'-2)^2}{1} = 1.$$

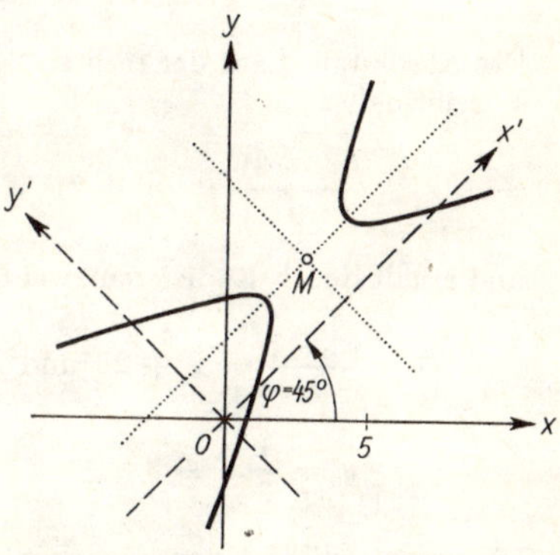

Bild 228

Die Hyperbel hat die Achsen $a = 2$, $b = 1$ und die Mittelpunktskoordinaten $x'_M = 6$, $y'_M = 2$. Mit diesen Werten und dem Drehwinkel $\varphi = 45°$ kann die Hyperbel in das $x;y$-System eingezeichnet werden (Bild 228).

3. Man untersuche den durch die Gleichung

$$16x^2 + 24xy + 9y^2 - 180x - 260y + 1300 = 0$$

gegebenen Kegelschnitt.

Lösung:

$$\tan 2\varphi = \frac{24}{16-9} = \frac{24}{7} = 3{,}4286,$$

$$2\varphi = 73°44', \quad \varphi = 36°52'.$$

Die reduzierte Gleichung lautet

$$x'^2 - 12x' - 4y' + 52 = 0$$

und stellt nach (III) aus 28.3. eine Parabel dar. Aus der durch Umformung erhaltenen Gleichung

$$(x'-6)^2 = 4(y'-4)$$

liest man die Koordinaten $x'_S = 6$, $y'_S = 4$ des Scheitelpunktes und den Halbparameter $p = 2$ ab. Der Leser fertige sich eine Zeichnung an.

4. Welcher Kegelschnitt hat die Kurvengleichung

$$3x^2 - 10\sqrt{3}xy + 13y^2 - 6(6-\sqrt{3})x + 6(1+6\sqrt{3})y + 54 = 0?$$

Lösung:

$$\tan 2\varphi = \frac{-10\sqrt{3}}{3-13} = \sqrt{3}, \quad 2\varphi = 60^\circ, \quad \varphi = 30^\circ.$$

Die reduzierte Gleichung lautet (nach Division durch -2):

$$x'^2 - 9y'^2 - 6x' - 36y' - 27 = 0.$$

Wie in Beispiel 2 scheint eine Hyperbel vorzuliegen. Die entsprechende Umformung ergibt

$$\frac{(x'-3)^2}{9} - (y'+2)^2 = 0.$$

Das Absolutglied auf der rechten Seite ist Null. Die Gleichung stellt keine Hyperbel dar. Man schreibt daher

$$\frac{(x'-3)^2}{9} = (y'+2)^2$$

und erhält durch Radizieren zwei Gleichungen

$$\frac{x'-3}{3} = y'+2 \quad \text{und} \quad \frac{x'-3}{3} = -(y'+2)$$

$$y' = \frac{1}{3}x' - 3 \qquad\qquad y' = -\frac{1}{3}x' - 1.$$

Die ursprüngliche Kurvengleichung stellt also keinen Kegelschnitt, sondern zwei sich schneidende Geraden dar. Man sagt, der Kegelschnitt ist in zwei sich schneidende Geraden zerfallen.

Wie das letzte Beispiel zeigt, kann die allgemeine Gleichung 2. Grades (189) auch Sonderfälle, sogenannte Entartungen, darstellen. Die Hyperbel kann im Sonderfall in zwei sich schneidende Geraden zerfallen, die Parabel in zwei parallele Geraden, die auch zusammenfallen oder imaginär sein können. Die Ellipse und damit der Kreis können zu einem Punkt oder einer imaginären Kurve entarten, d. h. einer Kurve, deren Gleichung nur durch imaginäre Koordinaten erfüllt wird. Man vergleiche hierzu die folgenden Aufgaben und die Zusammenstellung in 32.1.

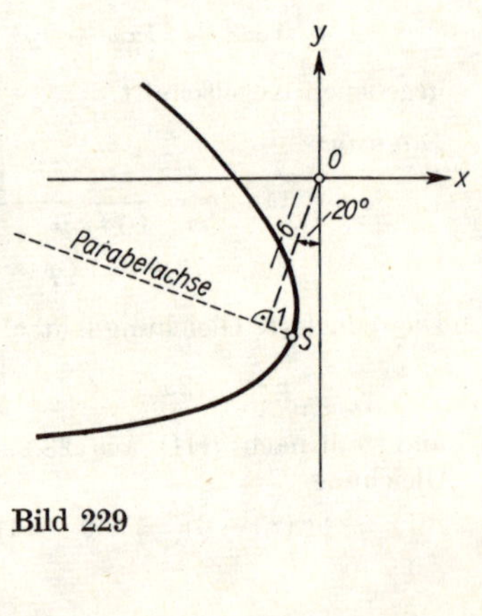

Bild 229

AUFGABEN

987. Welche Gleichung hat die in Bild 229 dargestellte Parabel ($p = 3$) im $x;y$-System?

988. Man untersuche die Kurven, die durch folgende Gleichungen 2. Grades gegeben sind:

a) $3x^2 + 2xy + 3y^2 + 2x - 2y = 0$,
b) $x^2 + xy + y^2 = 7$,
c) $x^2 - 2xy + y^2 - 4x - 4y + 4 = 0$,
d) $313x^2 + 120xy + 194y^2 + 234x + 1196y + 1859 = 0$,
e) $4x^2 - 24xy + 11y^2 + 144x - 92y - 140 = 0$,
f) $5x^2 + 4xy + 2y^2 - 18x - 12y + 30 = 0$,
g) $3x^2 + 12xy + 3y^2 + 6x + 18y + 2 = 0$,
h) $9x^2 + 24xy + 16y^2 - 240x + 180y = 0$,
i) $x^2 + 4xy + y^2 - 8 = 0$,
k) $4x^2 + 4xy + y^2 + 4x + 2y + 1 = 0$,
l) $x^2 + xy + y^2 = 0$,
m) $16x^2 + 24xy + 9y^2 - 40x - 30y - 75 = 0$,
n) $4{,}45x^2 - 2{,}40xy + y^2 - 5{,}54x + 3{,}46y - 2{,}20 = 0$,
o) $2{,}00x^2 + 3{,}20xy + 1{,}28y^2 + 6{,}10x - 4{,}60y + 10{,}00 = 0$.

989. Welche Kurve wird durch die Linsenformel $\frac{1}{g} + \frac{1}{b} = \frac{1}{f}$ bei variablen g und b dargestellt?

990. Ein Zweistabgetriebe ORP mit dem Drehpunkt O und dem Gelenk R hat die in Bild 230 gezeigte Ausgangsstellung. Welche Bahn beschreibt P, wenn sich $\overline{OR} = 2$ mit der Winkelgeschwindigkeit ω linksläufig, $\overline{RP} = 4$ mit der Winkelgeschwindigkeit $-\omega$, also rechtsläufig dreht?

991. a) Die Parametergleichungen einer Kurve lauten

$$x = t^2 + 2t; \qquad y = t^2 - 2t - 1.$$

Man stelle die Kurvengleichung in cartesischen Koordinaten auf und untersuche die Kurve.

b) Desgleichen für $x = \frac{t}{1-t}$; $y = \frac{1}{t}$.

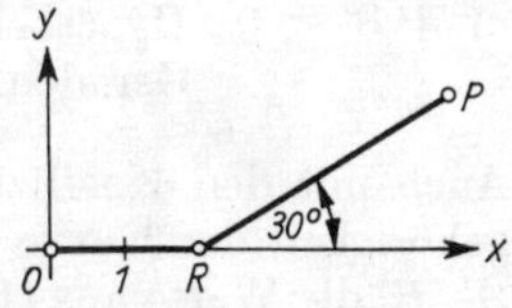

Bild 230

32. Verwandtschaft der Kegelschnitte

32.1. Gemeinsame Kurvengleichungen

In den vorangegangenen Abschnitten 27. bis 30. wurden der Kreis, die Parabel, die Ellipse und die Hyperbel unabhängig voneinander definiert und behandelt. Dabei zeigten sich einige Eigenschaften, die allen vier Kurven gemeinsam sind, wie z. B. das Auftreten quadratischer Glieder für x und y (oder nur für eine Koordinate) in

den Kurvengleichungen oder die doppelte Bedeutung einer bestimmten Geradengleichung als Tangentengleichung oder Gleichung der Berührungssekante je nach Lage eines Punktes P_0 zur Kurve. Diese und andere gemeinsame Eigenschaften resultieren aus der engen Verwandtschaft, die zwischen den Kegelschnitten besteht und die sowohl durch gemeinsame Kurvengleichungen als auch durch andere Möglichkeiten gemeinsamer Definitionen zum Ausdruck kommt.
Wie im vorigen Abschnitt erklärt, stellt die allgemeine Gleichung 2. Grades

$$Ax^2 + Bxy + Cy^2 + Dx + Ey + F = 0 \tag{I}$$

stets einen Kegelschnitt (oder eine der möglichen Entartungen) dar. Durch Drehung kommt man stets zur reduzierten Gleichung

$$A'x'^2 + B'y'^2 + C'x' + D'y' + E' = 0. \tag{II}$$

Die durch (II) dargestellte Kurve ergibt sich aus der folgenden Zusammenstellung (man vgl. die Hinweise zu den Formeln (I) aus 27.1., (II) und (III) aus 28.3., (IV) aus 29.2., (V) aus 30.2.):

a) $A'B' > 0$: **Ellipse** ($A' = B'$: Kreis),
Punkt, imaginärer Kegelschnitt.

b) $A'B' = 0$: **Parabel** ($A' = 0$: Parabelachse parallel zur x-Achse
$B' = 0$: Parabelachse parallel zur y-Achse),
zwei parallele, zusammenfallende oder imaginäre Geraden.

c) $A'B' < 0$: **Hyperbel** ($A' = -B'$: gleichseitige Hyperbel), zwei sich schneidende Geraden.

Auch mit den Koeffizienten A, B, C der ursprünglichen Gleichung kann die Zugehörigkeit der Kurve zu einer der drei Gruppen festgestellt werden. Setzt man für A', B' die Werte aus (192) ein, dann folgt nach Umformung unter Verwendung von (190)

$$A'B' = \frac{4AC - B^2}{4}.$$

Daher gilt

$$4AC - B^2 > 0: \text{ Fall a)}$$

$$4AC - B^2 = 0: \quad \text{,, b)}$$

$$4AC - B^2 < 0: \quad \text{,, c).}$$

Die Verwandtschaft zwischen den Kegelschnitten kommt auch besonders in den *Scheitelgleichungen* zum Ausdruck. Für die Parabel ist die Scheitelgleichung bereits mit (165) gegeben. Für die Ellipse und die Hyperbel folgt die Scheitelgleichung mit

Hilfe der Parallelverschiebung des Koordinatensystems, wenn die Kurven die in den Bildern 231 und 232 angegebene Lage haben.

Scheitelgleichungen der Kegelschnitte:

$$\begin{array}{|ll|}\hline \text{Ellipse:} & y^2 = 2px - \frac{p}{a}x^2 \\ \text{Parabel:} & y^2 = 2px \\ \text{Hyperbel:} & y^2 = 2px + \frac{p}{a}x^2 \\ \hline \end{array} \qquad (193)$$

Für die Ellipse ist das Quadrat aus der Ordinate kleiner als das Rechteck aus dem Parameter $2p$ und der Abszisse x.
Für die Parabel tritt Gleichheit ein, während für die Hyperbel das Quadrat größer als das Rechteck ist. Danach wurden von den Griechen die Namen für die Kegelschnitte eingeführt, denn Ellipse bedeutet Mangel[1]), Parabel Gleichheit[2]) und Hyperbel Überschuß[3]).
Für die Ellipse wird

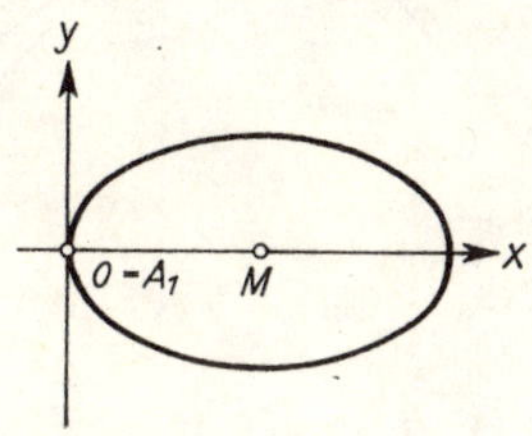

Bild 231

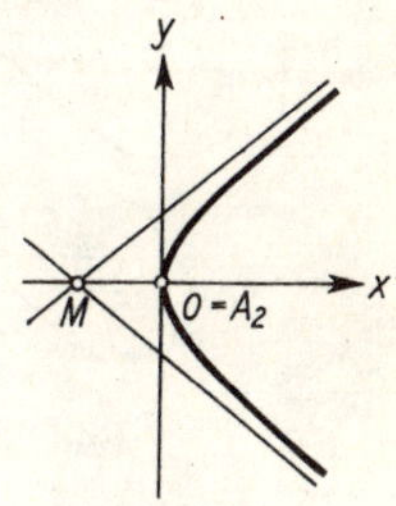

Bild 232

$$\frac{p}{a} = \frac{b^2}{a^2} = \frac{a^2 - e^2}{a^2} = 1 - \varepsilon^2 \qquad \text{(III)}$$

und für die Hyperbel

$$\frac{p}{a} = \frac{b^2}{a^2} = \frac{e^2 - a^2}{a^2} = \varepsilon^2 - 1. \qquad \text{(IV)}$$

Für die Parabel ist $\varepsilon = 1$, also $\varepsilon^2 - 1 = 0$. Die drei Scheitelgleichungen (193) können deshalb zu der gemeinsamen Scheitelgleichung

$$\boxed{y^2 = 2px + (\varepsilon^2 - 1)x^2} \qquad (194)$$

zusammengefaßt werden.

[1]) (griech.) ἔλλειψις [2]) (griech.) παραβολή [3]) (griech.) ὑπερβολή

In (194) soll p konstant, ε variabel angenommen werden. Gleichung (194) bestimmt dann eine *Schar von Kegelschnitten* mit gemeinsamem Scheitelpunkt (Bild 233). Zu jedem Wert $0 < \varepsilon < 1$ gehört eine Ellipse. Für $\varepsilon \to 1$ folgt $1 - \varepsilon^2 \to 0$ und nach (III)

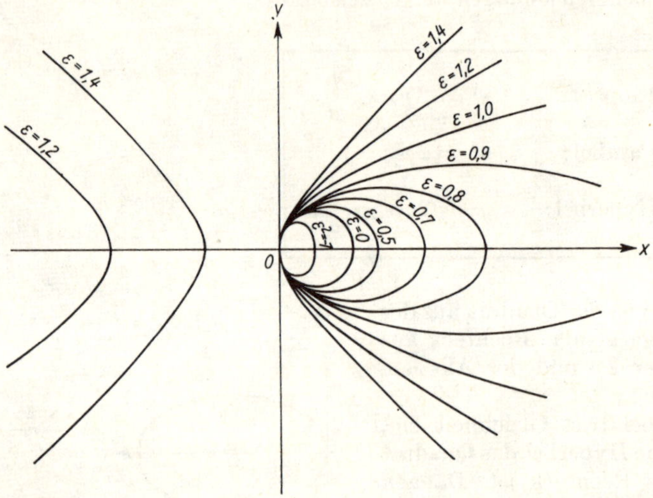

Bild 233

$a \to \infty$. Die Ellipsen werden also immer langgestreckter, es treten *quantitative* Veränderungen auf. Erreicht ε den Wert 1 oder wird $\varepsilon > 1$, dann erfolgt sprunghaft eine *qualitative* Veränderung. Aus der geschlossenen wird eine offene Kurve. Die Ellipse geht in eine Parabel oder in eine Hyperbel über. Für $\varepsilon = 0$ wird aus der Ellipse ein Kreis. Gleichung (194) hat sogar noch einen Sinn, wenn $\varepsilon^2 < 0$ ist, obgleich dazu kein reeller Wert ε existiert. Wegen $\varepsilon^2 = \dfrac{a^2 - b^2}{a^2} < 0$ ist $a < b$, d. h., die große Halbachse der Ellipse ist parallel zur y-Achse und wird hier ausnahmsweise mit b bezeichnet. Für $\varepsilon \to \infty$ nähern sich die Hyperbeläste immer mehr der y-Achse, und

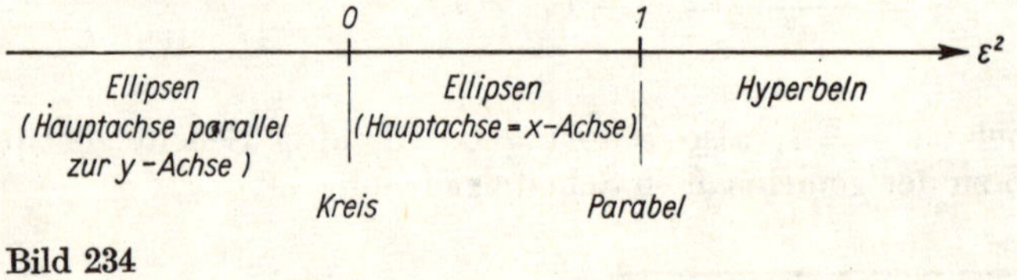

Bild 234

die Hyperbel geht schließlich in die y-Achse über. Für $\varepsilon^2 \to -\infty$ nähert sich die Ellipse dem Nullpunkt. Bild 234 zeigt die zu verschiedenen Werten von ε^2 gehörigen Kurven.

Auch bei Verwendung von Polarkoordinaten kann allen Kegelschnitten eine in der Form übereinstimmende Kurvengleichung zugeordnet werden [vgl. (175), (181) und

Aufgabe 973]:

$$r = \frac{p}{1 - \varepsilon \cos \varphi}.$$

Man erhält wieder für $\varepsilon = 0$ einen Kreis (Radius p),

$0 < \varepsilon < 1$ eine Ellipse,

$\varepsilon = 1$ eine Parabel,

$\varepsilon > 1$ eine Hyperbel.

32.2. Definition der Kegelschnitte mit Hilfe der Dandelinschen Kugeln

In diesem Abschnitt soll abschließend kurz gezeigt werden, daß die beim ebenen Schnitt eines Drehkegels auftretenden Schnittkurven mit den durch die allgemeine Gleichung 2. Grades bestimmten Kurven übereinstimmen, daß also für diese der Name *Kegelschnitt* berechtigt ist.

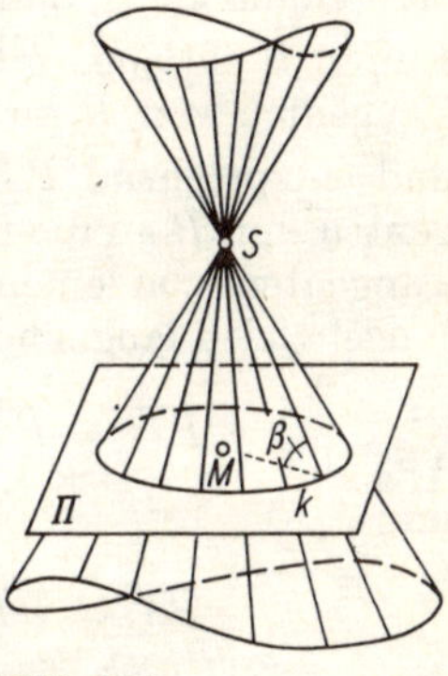

Bild 235

Der Drehkegel selbst sei folgendermaßen entstanden: In einer Ebene Π liege ein Kreis k und senkrecht zu Π über der Kreismitte M ein Punkt S. Die Menge aller Geraden durch S und durch die Punkte von k bilden einen Doppelkegel, der nach oben und unten unbegrenzt ist (Bild 235).
Die Geraden heißen Mantellinien des Kegels und schließen mit Π einen Winkel β ein. α sei der Neigungswinkel der Schnittebene E (Epsilon) gegen Π. Die Art der Schnittkurve ist von der Relation zwischen α und β abhängig. Die Schnittkurve heißt für

$\alpha < \beta$ Ellipse (Bild 236),

$\alpha = \beta$ Parabel (Bild 237),

$\alpha > \beta$ Hyperbel (Bild 238).

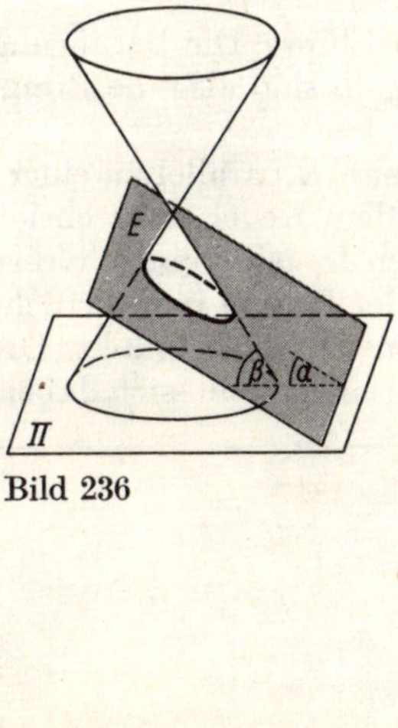

Bild 236

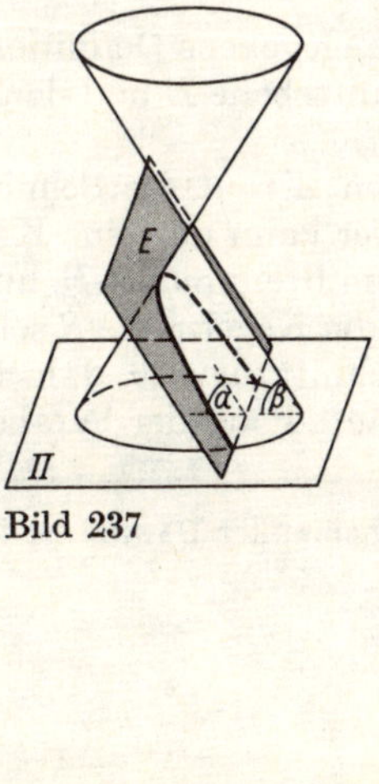

Bild 237

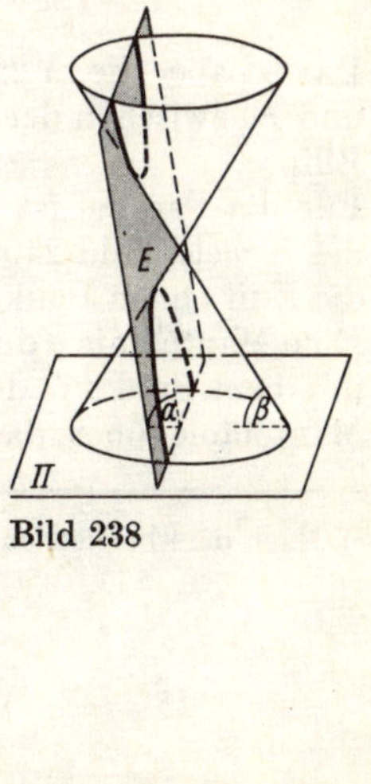

Bild 238

Diese drei Gruppen enthalten einige *Sonderfälle*. Für $\alpha = 0 < \beta$ folgt der *Kreis* als Sonderfall der Ellipse. Geht die Schnittebene E durch S, dann entartet die Schnittkurve für $\alpha < \beta$ zu einem *Punkt*, für $\alpha = \beta$ zu einer *Geraden* (Berührungsmantellinie zwischen Kegel und E) und für $\alpha > \beta$ zu *zwei sich schneidenden Geraden*.

Für $\alpha < \beta$, d. h. für den Fall der Ellipse, lassen sich dem Kegel zwei Kugeln einbeschreiben, die die Schnittebene E in je einem Punkt F_1 bzw. F_2 und den Kegel in je einem Kreis k_1 bzw. k_2 berühren (Bild 239). Man bezeichnet sie als *Dandelinsche Kugeln*.[1])

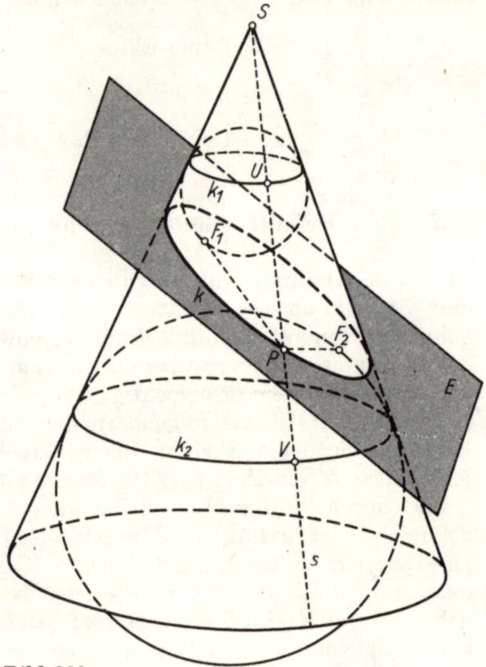

Bild 239

Eine beliebige Mantellinie des Kegels schneide k_1 in U, k_2 in V und die Ellipse k in einem Punkt P. Dreht sich die Mantellinie um S, dann läuft P auf der Ellipse k entlang. $\overline{PU}$ und $\overline{PF_1}$ sind Tangenten von P an die obere Kugel und entsprechend $\overline{PV}$ und $\overline{PF_2}$ Tangenten von P an die untere Kugel. Da Tangenten von einem Punkt an eine Kugel gleich lang sind, folgt

$$\overline{PU} = \overline{PF_1} \qquad \text{(I)}$$

und

$$\overline{PV} = \overline{PF_2}. \qquad \text{(II)}$$

Die Ebenen der Kreise k_1 und k_2 sind parallel. Daher gilt für jede Mantellinie

$$\overline{UV} = \overline{PU} + \overline{PV} = \text{konstant}$$

oder mit (I) und (II)

$$\overline{PF_1} + \overline{PF_2} = \text{konstant}.$$

Das ist aber die in 29.1. angegebene Definition der Ellipse. Die Berührungspunkte F_1 und F_2 zwischen der Schnittebene E und den Kugeln sind also die Brennpunkte der Ellipse.

Für die Parabel ist wegen $\alpha = \beta$ die Schnittebene E parallel zu einer Mantellinie des Kegels (Bild 240). Hier kann nur eine Kugel dem Kegel einbeschrieben werden, die E in einem Punkt, dem Brennpunkt F, und den Kegel in einem Kreis k_1 berührt. Eine Mantellinie s durch die Kegelspitze S schneidet k_1 in U und die Schnittebene E in einem Punkt P der Schnittkurve k, d. h. in einem Parabelpunkt. Dreht sich die Mantellinie um S, dann läuft P auf der Parabel entlang. Wenn sich dabei die Mantel-

[1]) Nach dem belgischen Mathematiker DANDELIN, 1794 bis 1847

linie immer mehr einer zu E parallelen Lage nähert, entfernt sich P immer weiter von F. Die Parabel ist also keine im Endlichen geschlossene Kurve.
$\overline{PF}$ und $\overline{PU}$ sind Tangenten von P an die Kugel, und es gilt

$$\overline{PF} = \overline{PU}. \tag{III}$$

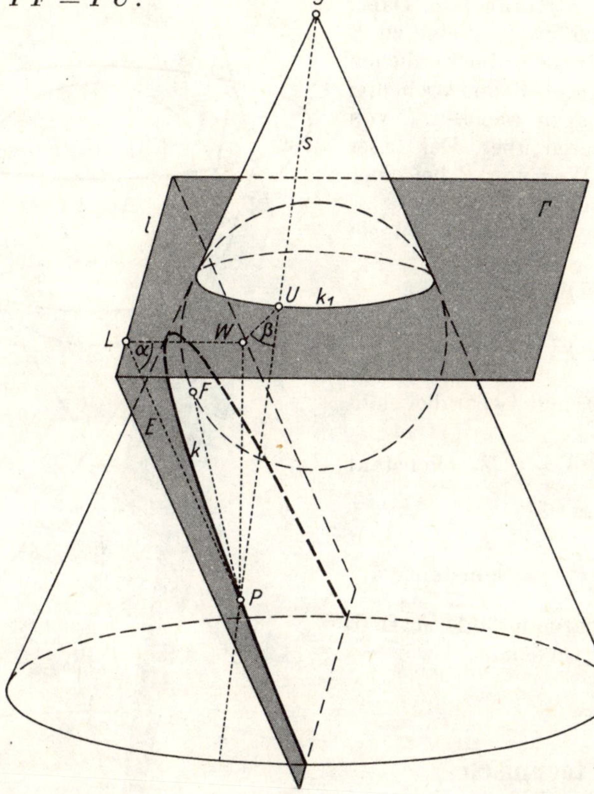

Bild 240

k_1 bestimmt eine Ebene Γ, die E in der Geraden l, der Leitlinie der Parabel, schneidet. Das Lot von P auf Γ ergibt W und das Lot von P auf l den Punkt L. Die Dreiecke PUW und PWL sind wegen $\alpha = \beta$ kongruent, also ist auch

$$\overline{PU} = \overline{PL}$$

und mit (III)

$$\overline{PF} = \overline{PL}.$$

Das ist die in 28.1. zugrunde gelegte Parabeldefinition.
Für die Hyperbel erhält man wegen $\alpha > \beta$ die in Bild 241 angegebene Lage der Schnittebene.

Wie bei der Ellipse lassen sich 2 Kugeln in den Kegel legen, die E in den **Brennpunkten** F_1 und F_2 und den Kegel in den Kreisen k_1 und k_2 berühren. Eine Mantellinie s durch S ergibt die Schnittpunkte U und V mit k_1 bzw. k_2 und den Hyperbelpunkt P als Schnittpunkt mit E. Bei einer vollständigen Drehung der Mantellinie um S beschreibt P zwei getrennte Äste. Dabei nimmt die Mantellinie zweimal eine zu E parallele Lage ein, für die es im Endlichen keinen Kurvenpunkt gibt. Beim Durchgang durch eine dieser Lagen wechselt P von einem Ast zum anderen über. Der Leser verfolge selbst den Weg von P bei einer Drehung der Mantellinie.

Für die Tangenten von P an die Kugeln gilt

$$\overline{PU} = \overline{PF_1}$$

$$\overline{PV} = \overline{PF_2},$$

und da die Kreise k_1 und k_2 parallel sind, also

$$\overline{UV} = \overline{PV} - \overline{PU} = \text{konstant}$$

ist, erhält man

$$\overline{PF_2} - \overline{PF_1} = \text{konstant}.$$

Diese Eigenschaft wurde in 30.1. zur Definition der Hyperbel verwendet.

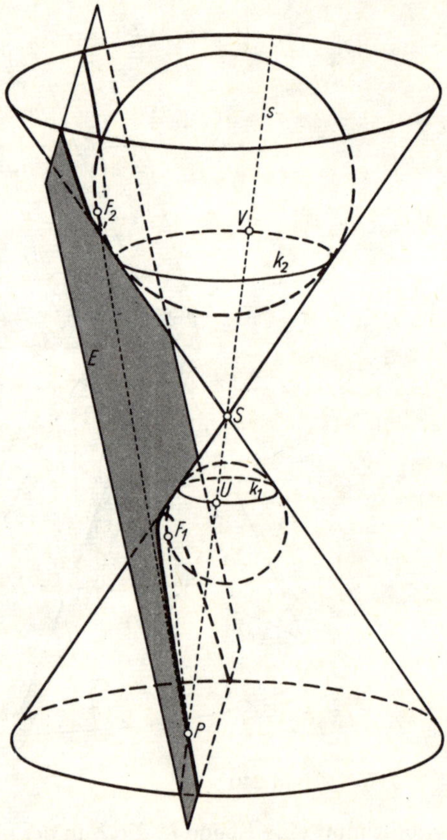

Bild 241

33. Einige technisch wichtige Kurven

33.1. Allgemeine Bemerkungen

Unter der »Analytischen Geometrie« versteht man vielfach nur die analytische Geometrie der Kegelschnitte (Punkt, Gerade, Kreis, Ellipse, Parabel und Hyperbel). Dies ist jedoch eine recht einseitige Auffassung, da in diesem Teilgebiet der Mathematik die Eigenschaften sämtlicher Kurven, sowohl der Ebene als auch des Raumes, behandelt werden können.

In diesem Abschnitt soll nun noch eine Auswahl von Kurven besprochen werden, die insbesondere den Techniker interessieren. Diese Auswahl kann sich naturgemäß nur auf eine geringe Anzahl von Kurven beschränken, da bei der Konstruktion von Maschinenteilen, Getrieben usw. derartig viele Kurven auftreten, so daß eine aus-

führliche Behandlung aller möglichen und technisch interessanten Kurvenformen weit über den Rahmen dieses Buches hinausgehen würde.
Bei den folgenden Betrachtungen wird keine Darstellungsart besonders bevorzugt. Es wird in jedem Falle diejenige Darstellungsmöglichkeit gewählt, die die geometrischen bzw. dynamischen Eigenschaften der jeweiligen Kurve am deutlichsten hervortreten läßt.

33.2. Kubische und semikubische Parabel

Die Gleichung der **kubischen Parabel** lautet

$$\boxed{y^3 = ax} \qquad (a \neq 0). \tag{195}$$

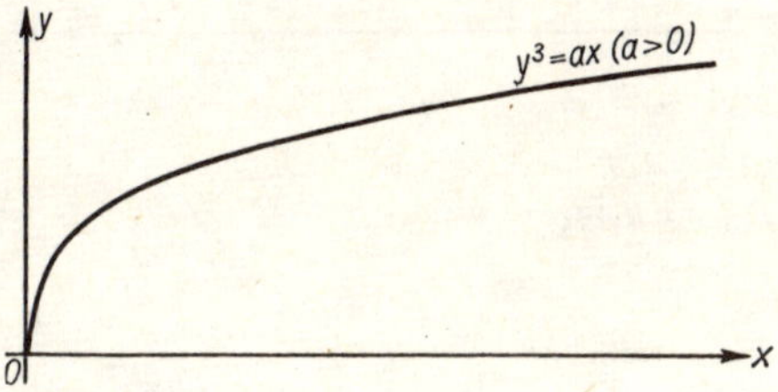

Bild 242

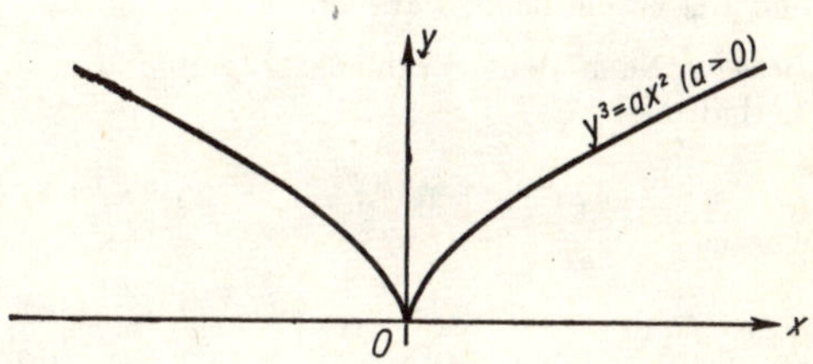

Bild 243

Aus ihr folgt

$$y = \sqrt[3]{ax}.$$

Daraus erkennt man, daß es im Fall $a > 0$ Parabelpunkte nur für $x \in [0; +\infty)$ gibt und daß die zugehörigen y-Werte positiv sind (Bild 242).
Aus $x \to \infty$ folgt dann auch $y \to \infty$. Das bedeutet, daß jede Parallele zur x-Achse $y = c$ mit $c > 0$ von der kubischen Parabel $y^3 = ax$ geschnitten wird, gleichgültig, wie groß immer c gewählt werden mag.
Aus der Gleichung der **semikubischen Parabel**

$$\boxed{y^3 = ax^2} \qquad (a > 0) \tag{196}$$

geht hervor, daß die semikubische Parabel für alle $x \in (-\infty; +\infty)$ Kurvenpunkte hat und daß auch bei ihr aus $x \to \pm\infty$ $y \to \infty$ folgt (Bild 243). Da die Variable x nur quadratisch auftritt, verläuft die semikubische Parabel symmetrisch zur y-Achse. Die Parabel $y^3 = ax^2$ wird auch NEILsche Parabel genannt.

Eine Anwendung findet die kubische Parabel beim Gleis- bzw. Autobahnbau. Dort läßt man eine Kurve nicht unmittelbar aus der Kreisbahn in die Gerade übergehen, sondern man schaltet als Übergangsbogen einen geeigneten Teil einer kubischen Parabel zwischen Kreis und Gerade.

Für die kubische und die semikubische Parabel gibt es eine sehr einfache Konstruktionsvorschrift für den Fall, daß der Scheitel S, die Parabelachse und ein Punkt

$P_0(x_0; y_0)$ der Parabel gegeben sind. Diese Konstruktionsvorschrift soll für die kubische Parabel $y^3 = ax$ $(a > 0)$ erläutert werden (Bild 244).

Durch den gegebenen Punkt P_0 der Parabel zeichnet man eine Parallele zur Parabelachse, die die y-Achse in A schneidet, sowie die Verbindungslinie SP_0. Auf $\overline{SP_0}$ greift man einen *beliebigen* Punkt Q heraus und zeichnet durch ihn die Parallelen zu den beiden Achsen. Die Parallele zur x-Achse schneide die y-Achse in B, die Gerade AP_0 wird von der Parallelen zur y-Achse in C geschnitten. C verbindet man durch eine Gerade mit S und erhält als Schnittpunkt mit der Geraden BQ den Punkt R. Durch R zeichnet man erneut eine Parallele zur y-Achse, die AP_0 in D schneidet.

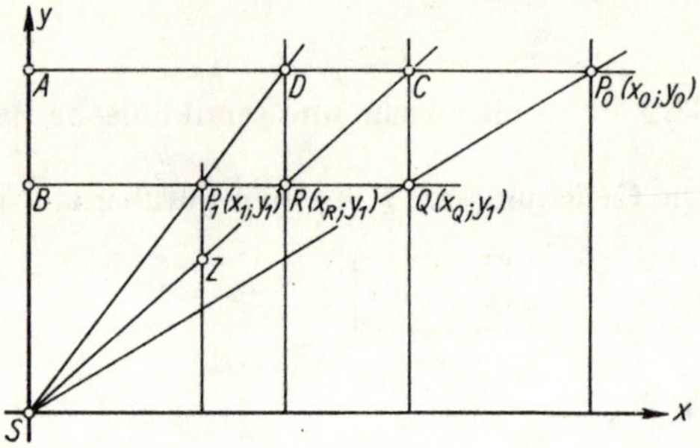

Bild 244

Behauptung: Der Schnittpunkt $P_1(x_1; y_1)$ der Verbindungsgeraden SD mit der Geraden BQ ist ein neuer Parabelpunkt.

Beweis: Nach dem Strahlensatz gelten die Verhältnisse

$$y_1 : x_1 = y_0 : x_R \qquad y_1 : x_R = y_0 : x_Q \qquad y_1 : x_Q = y_0 : x_0,$$

woraus

$$y_1 = \frac{y_0}{x_R} \cdot x_1 \qquad y_1 = \frac{y_0}{x_Q} \cdot x_R \qquad y_1 = \frac{y_0}{x_0} \cdot x_Q$$

folgt.
Multipliziert man die letzten drei Gleichungen miteinander, so ergibt sich

$$y_1^3 = \frac{y_0^3}{x_0} \cdot x_1. \tag{I}$$

Da nun $P_0(x_0;y_0)$ ein Punkt der kubischen Parabel $y^3 = ax$ sein soll, muß $y_0^3 = ax_0$ gelten, womit (I) übergeht in

$$y_1^3 = ax_1.$$

Die Koordinaten des Punktes P_1 erfüllen demnach ebenfalls die Kurvengleichung. Daraus folgt, daß auch P_1 ein Punkt der kubischen Parabel sein muß, w. z. b. w.
Durch die geeignete Wahl mehrerer Punkte $Q_1, Q_2, Q_3, \ldots$ auf der Geraden SP_0 erhält man einige Parabelpunkte, durch die man die Kurve dann gut zeichnen kann.
Es sei vermerkt, daß der in Bild 244 eingezeichnete Punkt Z ein Punkt der semikubischen Parabel $y^3 = ax^2$ ist, falls $P_0(x_0;y_0)$ ebenfalls dieser semikubischen Parabel angehört.

AUFGABEN

992. Man untersuche die Lage der Parabel $y^3 = ax$ im Koordinatensystem für den Fall, daß $a < 0$ ist.

993. Wie ist die Lage der NEILschen Parabel $y^2 = ax^3$ im Koordinatensystem im Falle a) $a > 0$ und b) $a < 0$?

994. In welchen Punkten schneiden einander die kubische Parabel $y^3 = ax$ und die semikubische Parabel $y^3 = bx^2$ $(a > 0, b > 0)$?

Es sei besonders darauf hingewiesen, daß die Kurven $y^n = ax$ zwar *Parabeln n-ter Ordnung* genannt werden, daß diese Kurven aber im Falle $n \neq 2$ die im Abschnitt 28. behandelten Parabeleigenschaften (Brennpunkts-, Leitlinieneigenschaften usw.) nicht mehr haben.

33.3. Rollkurven

Eine Rollkurve wird von einem mit einer in sich geschlossenen beweglichen Kurve fest verbundenen Punkt P beschrieben, wenn diese bewegliche Kurve entlang einer festen Linie abrollt, ohne dabei zu gleiten.

33.3.1. Zykloiden

Rollt ein Kreis in der Ebene ohne zu gleiten auf einer Geraden entlang, so beschreibt ein fest mit diesem Kreis verbundener Punkt P eine Zykloide (Radlinie). (Beispiel: Zahnrad auf Zahnstange.)

Der Radius des abrollenden Kreises sei r, die Entfernung des die Zykloide erzeugenden Punktes P vom Kreismittelpunkt sei c (Bild 245). Der Kreis möge auf der x-Achse entlangrollen, wobei der Beginn der Bewegung so erfolgen soll, daß sowohl der Kreismittelpunkt M als auch der Punkt P ihre Ausgangsstellung auf der y-Achse haben. Der Punkt B, in dem der Kreis im jeweiligen Augenblick die x-Achse berührt, heißt *Momentanpol*, während der Winkel PMB, dessen Maßzahl t sei, *Wälzwinkel* genannt wird.

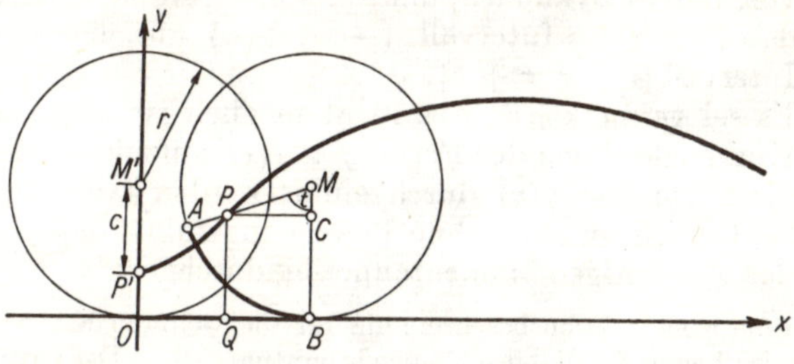

Bild 245

Als Kurvengleichung eignet sich besonders die Parameterdarstellung mit dem Wälzwinkel t als Parameter.

Da der Kreis ohne zu gleiten auf der x-Achse abrollen soll, muß

$$\overline{OB} = \widehat{AB} = rt$$

sein. Aus Bild 245 folgt dann für die Koordinaten des Punktes $P(x; y)$

$$x = \overline{OQ} = \overline{OB} - \overline{QB} = \overline{OB} - \overline{PC} = rt - c \cdot \sin t$$

und

$$y = \overline{QP} = \overline{BC} = \overline{BM} - \overline{CM} = r - c \cdot \cos t.$$

Die **Parameterdarstellung der Zykloide** lautet demnach

$$\boxed{\begin{aligned} x &= rt - c \cdot \sin t \\ y &= r - c \cdot \cos t \end{aligned}} \qquad (197)$$

Je nachdem, ob der die Zykloide erzeugende Punkt P innerhalb, auf oder außerhalb des abrollenden Kreises liegt, unterscheidet man (Bild 246)

die *gestreckte Zykloide* $(c < r)$,

die *gewöhnliche Zykloide* $(c = r)$ und

die *verschlungene Zykloide* $(c > r)$.

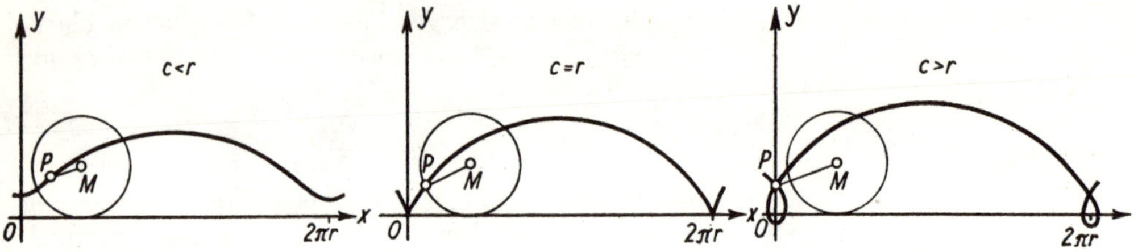

Bild 246

Aus der Parameterdarstellung (197) und der Erzeugungsweise der Zykloide geht hervor, daß es Zykloidenpunkte für alle Parameterwerte $t \in (-\infty; +\infty)$ gibt. Während dabei für x das Intervall $(-\infty; +\infty)$ gilt, liegen die zugehörigen y-Werte nur im Intervall $[r - c; r + c]$.
Es sei vermerkt, daß es nicht möglich ist, die Parameterdarstellung (197) in eine Kurvengleichung der Form $y = f(x)$ aufzulösen, daß aber dagegen die Auflösung in der Form $x = g(y)$ durchgeführt werden kann (vgl. Aufgabe 995).
Schließlich sei noch ohne Beweis angeführt, daß jede Normale einer Zykloide durch den zugehörigen Momentanpol hindurchgeht.

Eine Konstruktionsbeschreibung für die weiteren Kurven soll hier nicht gegeben werden. Es wird hierzu auf die einschlägige Literatur (z. B.: „Das Grundwissen des Ingenieurs", VEB Fachbuchverlag Leipzig) verwiesen.

AUFGABE

995. Wie lautet die Zykloidengleichung (197), wenn sie in der Form $x = g(y)$ angegeben werden soll?

33.3.2. Epizykloiden

Rollt ein Kreis in der Ebene ohne zu gleiten *außen* auf einem festen Kreis ab, so beschreibt ein fest mit dem abrollenden Kreis verbundener Punkt P eine Epizykloide. (Beispiel: zwei aufeinander abrollende Zahnräder.)
Der Radius des festen Kreises sei R, der des abrollenden Kreises r. Der Abstand des die Epizykloide erzeugenden Punktes P vom Mittelpunkt des abrollenden Kreises sei c. Das Abrollen soll so erfolgen, daß der Mittelpunkt M des abrollenden Kreises sowie der Punkt P zu Beginn der Bewegung auf der x-Achse liegen (Bild 247). Der Winkel $BMP = t$ wird auch hier *Wälzwinkel* genannt und unter dem *Momentanpol*

versteht man den Berührungspunkt B der beiden Kreise. Der Winkel $BOC = \varphi$ heißt *Drehwinkel.*

Bezeichnet man den Winkel NMP mit ε, so erhält man für die Koordinaten des Punktes $P(x; y)$

$$x = \overline{OQ} = \overline{OD} + \overline{DQ} = \overline{OD} + \overline{NP} = (R + r)\cos\varphi + c \cdot \sin\varepsilon \qquad \text{(I)}$$

und

$$y = \overline{QP} = \overline{DN} = \overline{DM} - \overline{NM} = (R + r) \cdot \sin\varphi - c \cdot \cos\varepsilon. \qquad \text{(II)}$$

φ und ε lassen sich noch durch den Wälzwinkel t ausdrücken, denn da die beiden Kreise ohne zu gleiten aufeinander abrollen, muß

$$\widehat{A_0B} = \widehat{BA},$$

d. h., $$R\varphi = rt$$

sein. Hieraus folgt

$$\varphi = \frac{r}{R}t,$$

und wegen

$$t - \varepsilon = \frac{\pi}{2} - \varphi$$

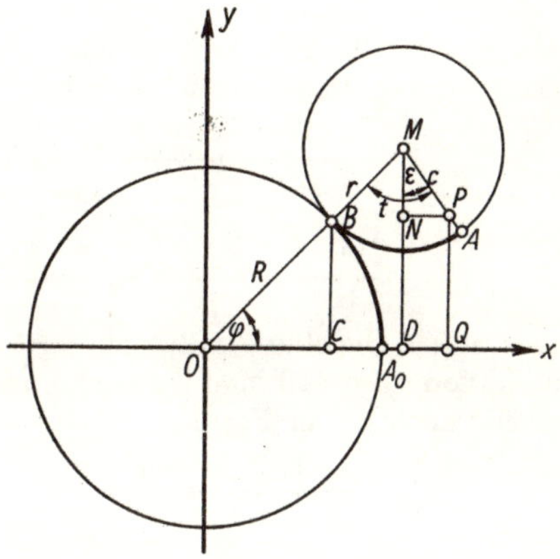

Bild 247

gilt

$$\varepsilon = t + \varphi - \frac{\pi}{2} = t + \frac{r}{R}t - \frac{\pi}{2} = \frac{R + r}{R}t - \frac{\pi}{2}.$$

Damit erhält man schließlich aus (I) und (II):

Parameterdarstellung der Epizykloide

$$\boxed{\begin{aligned} x &= (R + r) \cdot \cos\frac{r}{R}t - c \cdot \cos\frac{R + r}{R}t \\ y &= (R + r) \cdot \sin\frac{r}{R}t - c \cdot \sin\frac{R + r}{R}t \end{aligned}} \qquad (198)$$

Ist das Verhältnis $\frac{r}{R} = m$ der beiden Kreisradien eine rationale Zahl, so ergibt sich eine Kurve, die sich nach einer gewissen Anzahl von Umdrehungen des beweglichen Kreises in sich schließt. Ist m dagegen eine irrationale Zahl, so kommt der Punkt P auch bei noch so viel Umdrehungen des beweglichen Kreises nie an seinen Ausgangspunkt zurück. In diesem Falle ergibt sich ein Kurvenzug, der nicht in sich geschlossen ist.

Auch bei den Epizykloiden unterscheidet man

$$\left.\begin{array}{l}\textit{gestreckte}\\ \textit{gewöhnliche}\\ \textit{verschlungene}\end{array}\right\}\ \textit{Epizykloiden},$$

je nachdem, ob $c \lesseqgtr r$ ist (Bild 248).
Ist insbesondere $R = r = c$, so ergibt sich als Sonderfall einer Epizykloide die **Kardioide** (Herzkurve). Ihre Gleichung lautet

$$\boxed{\begin{aligned} x &= R(2\cos t - \cos 2t) \\ y &= R(2\sin t - \sin 2t) \end{aligned}} \qquad (199)$$

Aus dieser Gleichung läßt sich der Parameter t eliminieren, so daß man die Gleichung der Kardioide auch in der Form

$$\boxed{\begin{aligned} &(x^2 + y^2 - R^2)^2 = \\ &= 4R^2[(x - R)^2 + y^2] \end{aligned}} \qquad (200)$$

schreiben kann. – Bild 249 zeigt eine Kardioide.

AUFGABEN

996. Durch Elimination von t ist nachzuweisen, daß die Gleichung (200) der Kardioide aus ihrer Parameterdarstellung (199) hervorgeht.

997. Gegeben sind ein fester Kreis K_1 und ein beweglicher Kreis K_2 in der durch Bild 250 dargestellten Lage. K_2 soll im mathematisch positiven Sinne ohne zu gleiten auf K_1 abrollen. Dabei beschreibt der auf der Peripherie von K_2 liegende Punkt P eine Kardioide. Wie lautet die Gleichung dieser Kardioide a) in Parameterdarstellung, b) in cartesischen Koordinaten und c) in Polarkoordinaten?

998. Aus der Gleichung der Kardioide in Polarkoordinaten $r = 2R \cdot (1 + \cos\varphi)$ ist eine Konstruktionsvorschrift für diese Kurve zu entwickeln.

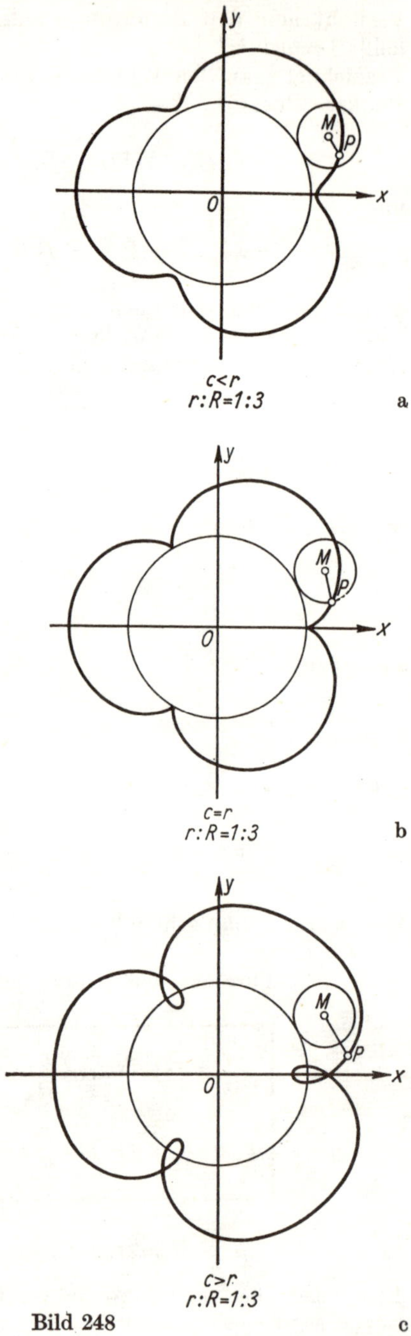

Bild 248

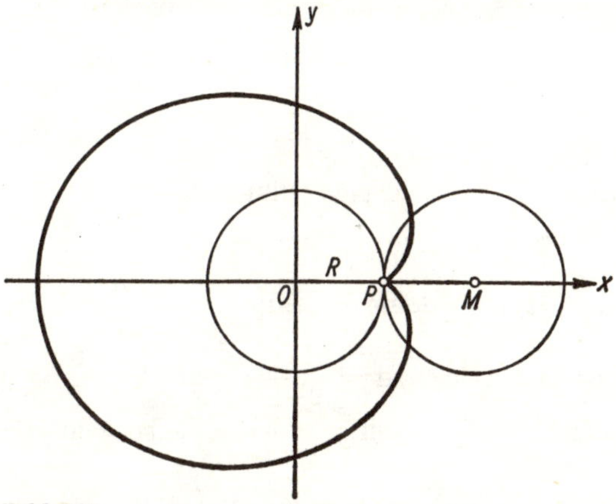

Bild 249

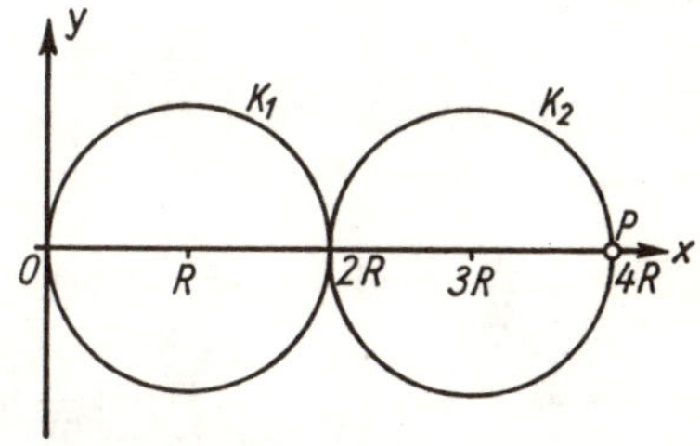

Bild 250

33.3.3. Hypozykloiden

Rollt ein Kreis in der Ebene ohne zu gleiten *innen* auf einem festen Kreis ab, so beschreibt ein fest mit dem abrollenden Kreis verbundener Punkt P eine Hypozykloide (Bild 251).

Verwendet man die gleichen Bezeichnungen wie bei der Epizykloide, so folgt aus der Bedingung, daß $\widehat{A_0B} = \widehat{AB}$ sein muß, wieder

$$\varphi = \frac{r}{R}\,t.$$

Außerdem liest man aus Bild 251 ab, daß

$$t = \varepsilon + \frac{\pi}{2} + \varphi$$

ist, woraus

$$\varepsilon = \frac{R - r}{R}\,t - \frac{\pi}{2}$$

folgt.

Mit diesen Werten erhält man:

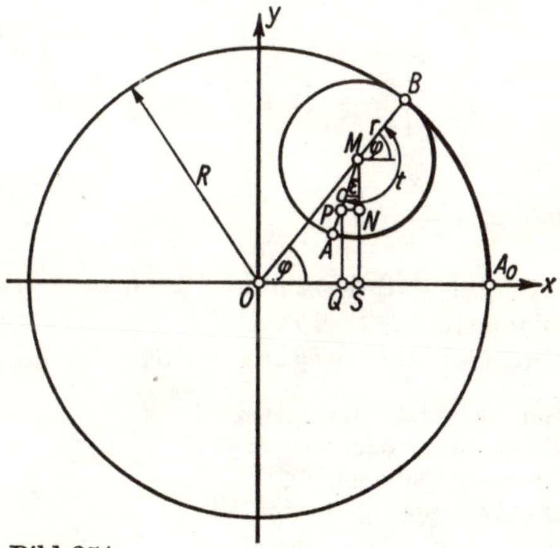

Bild 251

Parameterdarstellung der Hypozykloide

$$\begin{aligned} x &= (R - r)\cdot\cos\frac{r}{R}\,t + c\cdot\cos\frac{R - r}{R}\,t \\ y &= (R - r)\cdot\sin\frac{r}{R}\,t - c\cdot\sin\frac{R - r}{R}\,t \end{aligned} \qquad (201)$$

Auch hier ergibt sich eine in sich geschlossene Kurve, wenn das Verhältnis der beiden Radien $\frac{r}{R} = m$ eine rationale Zahl ist. Ist m dagegen irrational, so schließt sich die Kurve nie.

Ist $c \lesseqgtr r$, so ergibt sich eine $\begin{Bmatrix} \textit{gestreckte} \\ \textit{gewöhnliche} \\ \textit{verschlungene} \end{Bmatrix}$ *Hypozykloide* (Bild 252).

Für $r = \frac{R}{2}$ erhält man als Sonderfall einer Hypozykloide die Ellipse $x = \left(\frac{R}{2} + c\right) \times \times \cos\frac{t}{2}$, $y = \left(\frac{R}{2} - c\right) \cdot \sin\frac{t}{2}$ mit den Halbachsen $a = \frac{R}{2} + c$ und $b = \frac{R}{2} - c$ [vgl. Formel (179)]. Ist schließlich außer $r = \frac{R}{2}$ auch $c = r = \frac{R}{2}$, so geht die Parameterdarstellung (201) der Hypozykloide über in $x = R \cdot \cos\frac{t}{2}$, $y = 0$; das

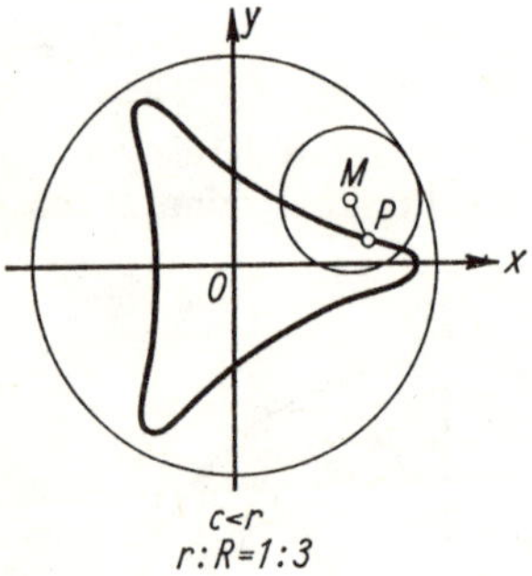

Bild 252a

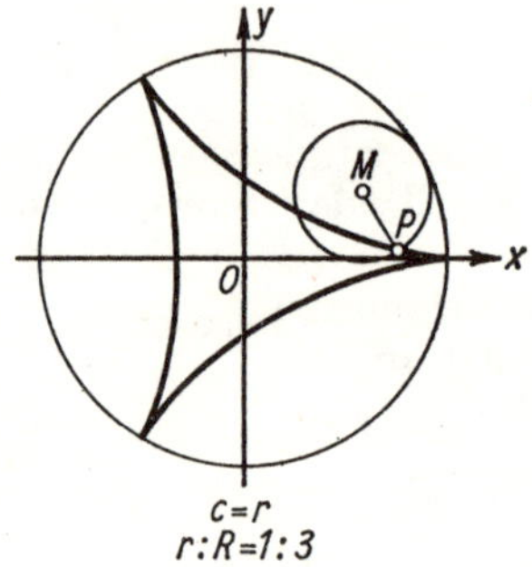

b

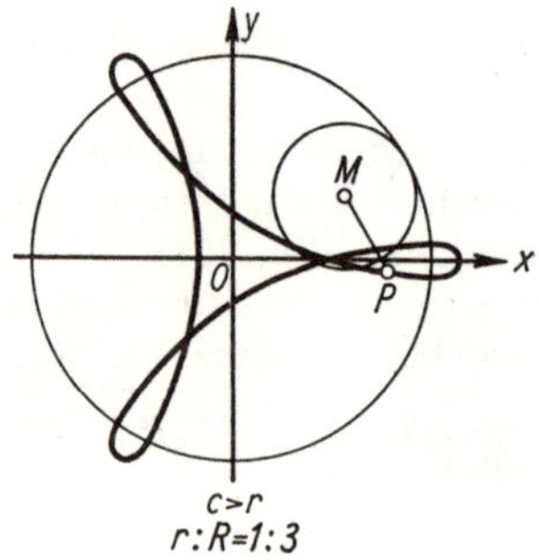

c

bedeutet, daß der Punkt P sich periodisch auf der x-Achse hin- und herbewegt. Der Diametralpunkt A zu P auf dem abrollenden Kreis vollführt dabei eine entsprechende Hin- und Herbewegung auf der y-Achse (Bild 253).

Man benutzt diese spezielle Eigenschaft der Hypozykloide beim Planetengetriebe, um Drehbewegungen in eine elliptische bzw. geradlinige Bewegung überzuführen.

Als weiterer Sonderfall einer Hypozykloide ergibt sich für $r = c = \frac{R}{4}$ die **Astroide** (Sternkurve) (Bild 254). Ihre Parameterdarstellung ergibt sich aus (201) nach einigen

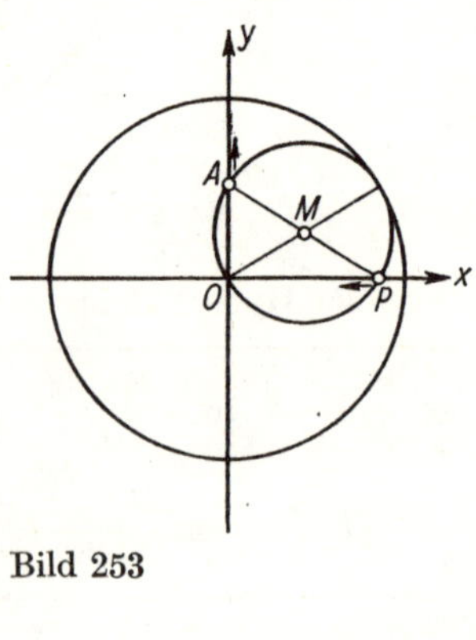

Bild 253

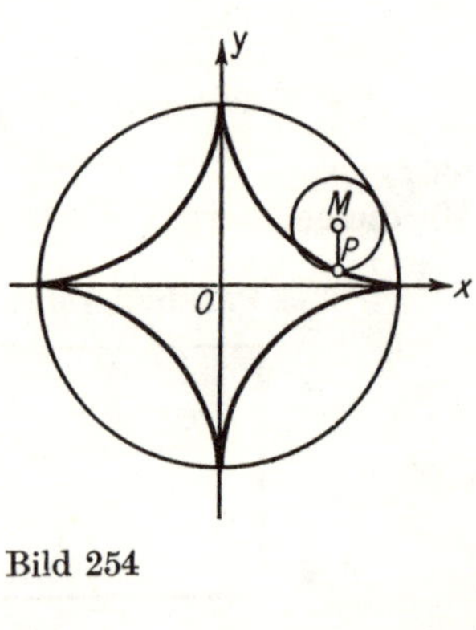

Bild 254

Umformungen zu

$$x = R \cdot \cos^3 \frac{t}{4}, \quad y = R \cdot \sin^3 \frac{t}{4} \tag{202}$$

woraus sich durch Elimination von t die Gleichung

$$x^{\frac{2}{3}} + y^{\frac{2}{3}} = R^{\frac{2}{3}} \tag{203}$$

herstellen läßt.

Zykloiden spielen in der Verzahnungstheorie bei Zahnrädern eine große Rolle.

AUFGABEN

999. An Hand von Bild 251 ist die Gleichung der Hypozykloide in Parameterdarstellung herzuleiten.

1000. Aus der Gleichung (201) ist für $r = c = \frac{R}{4}$ die Gleichung der Astroide in Parameterdarstellung sowie in cartesischen Koordinaten zu entwickeln.
Hinweis: Es sind die Formeln $\cos 3\alpha = 4\cos^3\alpha - 3\cos\alpha$ und $\sin 3\alpha = 3\sin\alpha - 4\sin^3\alpha$ zu verwenden.

33.4. Kreisevolvente

Wird ein um einen festen Kreis herumgelegter Faden straff abgewickelt, so beschreibt der Endpunkt dieses Fadens eine Kreisevolvente (Bild 255).
Aus Bild 255 folgt

$$\varepsilon = \frac{\pi}{2} - t.$$

Da der Faden straff abgewickelt werden soll, muß, falls die Abwicklung in $A\,(t = 0)$ beginnt,

$$\overline{BP} = \widehat{BA} = Rt$$

sein.
Damit ergibt sich für die Koordinaten des Punktes P die Darstellung

$$x = \overline{OQ} = \overline{OC} + \overline{CQ} =$$
$$= \overline{OC} + \overline{SP} =$$
$$= R \cdot \cos t + Rt \cdot \cos \varepsilon$$

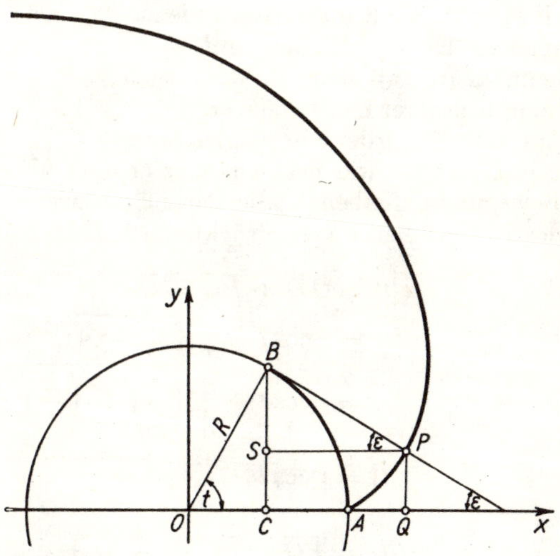

Bild 255

und

$$y = \overline{QP} = \overline{CS} = \overline{CB} - \overline{SB} = R \cdot \sin t - Rt \cdot \sin \varepsilon,$$

woraus wegen $\varepsilon = \frac{\pi}{2} - t$ folgt:

Parameterdarstellung der Kreisevolvente

$$\boxed{\begin{aligned} x &= R \cdot (\cos t + t \cdot \sin t) \\ y &= R \cdot (\sin t - t \cdot \cos t) \end{aligned}} \qquad (204)$$

33.5. Kurbeltriebe

Im Maschinenbau treten bei der Umsetzung von kreisförmigen Bewegungen in andersartige, z. B. geradlinige Bewegungen an bestimmten Stellen des Gelenksystems, charakteristische Kurven auf, deren Beschreibung oftmals sehr schwierig ist. Als Beispiel soll die folgende Aufgabe behandelt werden:

Der eine Endpunkt A einer Strecke der Länge $l > r$ bewege sich auf einem festen Kreise mit dem Radius r, während sich der andere Endpunkt B der Strecke auf einer Geraden hin und herbewegt, die durch den Kreismittelpunkt hindurchgeht. Welche Kurve beschreibt dann der Mittelpunkt der Strecke AB?

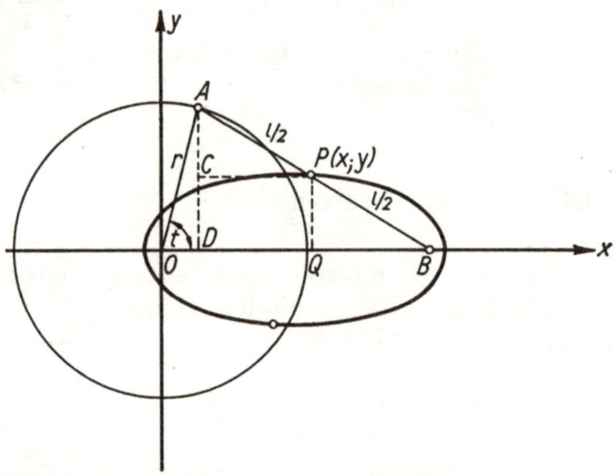

Bild 256

Konstruiert man die Kurve, auf der sich der Mittelpunkt P der Strecke AB bewegt, so könnte man bei oberflächlicher Betrachtung annehmen, es handele sich um eine Ellipse (Bild 256). Stellt man jedoch die zugehörige Kurvengleichung auf, so erkennt man, daß sich ein wesentlich komplizierterer Kurventyp ergibt.

Zur Aufstellung der Kurvengleichung eignet sich — wie bei den meisten Bewegungsaufgaben — die Parameterdarstellung, bei der x und y durch Funktionen des Drehwinkels t ausgedrückt werden. Es ist (Bild 256)

$$\begin{aligned} x(t) &= \overline{OD} + \overline{DQ} = \overline{OD} + \overline{CP} = \\ &= r\cos t + \sqrt{\overline{AP}^2 - \overline{AC}^2} = \\ &= r\cos t + \sqrt{\left(\frac{l}{2}\right)^2 - \left(\frac{1}{2}\, r \cdot \sin t\right)^2} \end{aligned}$$

$$x(t) = r\cos t + \frac{1}{2}\sqrt{l^2 - r^2 \cdot \sin^2 t}$$

$$y(t) = \overline{PQ} = \overline{DC} = \frac{1}{2}\,\overline{DA}$$

$$y(t) = \frac{1}{2}\, r \sin t.$$

Die Parameterdarstellung der Bewegungskurve lautet also

$$\left.\begin{aligned} x(t) &= r\cos t + \frac{1}{2}\sqrt{l^2 - r^2\sin^2 t} \\ y(t) &= \frac{1}{2}\, r\sin t \end{aligned}\right\}\quad t \in R.$$

Schon hieraus ist zu erkennen, daß die Bewegungskurve keine Ellipse sein kann. Dies wird noch deutlicher, wenn man von der Parameterdarstellung zur Darstellung in der Form $F(x; y) = 0$ übergeht.
Aus der Gleichung für $y(t)$ folgt

$$\sin t = \frac{2y}{r}$$

und damit

$$\cos t = \sqrt{1 - \sin^2 t} = \sqrt{1 - \frac{4y^2}{r^2}} = \frac{1}{r}\sqrt{r^2 - 4y^2}.$$

Setzt man diese Ausdrücke in die Gleichung für $x(t)$ ein, so erhält man

$$x = r\,\frac{1}{r}\sqrt{r^2 - 4y^2} + \frac{1}{2}\sqrt{l^2 - r^2\cdot\frac{4y^2}{r^2}}$$

$$x = \sqrt{r^2 - 4y^2} + \frac{1}{2}\sqrt{l^2 - 4y^2}. \qquad \text{(I)}$$

Durch zweimaliges Quadrieren und Umordnen lassen sich hierin noch die Wurzeln beseitigen. Es ergibt sich dann eine Gleichung der Form

$$64x^2(r^2 - 4y^2) = (4x^2 - 16y^2 + 4r^2 - l^2)^2.$$

Man erkennt daraus, daß es sich bei der Bewegungskurve um eine Kurve vierter Ordnung handelt.
Für die Diskussion dieser Kurve ist die nach x aufgelöste Form (I) am geeignetsten.
Man überzeuge sich davon, daß x-Werte nur dann entstehen, wenn $y \in \left[-\frac{r}{2}; +\frac{r}{2}\right]$, und daß die Bewegungskurve symmetrisch zur x-Achse ist.
Für den Fall $l = r$ geht die Bewegungskurve über in die Ellipse

$$4x^2 + 9y^2 = 9r^2.$$

33.6. Überlagerung von harmonischen Schwingungen bei verschiedenen Schwingungsrichtungen

Überlagern einander zwei harmonische Schwingungen, deren Schwingungsrichtungen senkrecht aufeinanderstehen, so läßt sich der Verlauf der Überlagerungskurve beider

Schwingungen durch die Parameterdarstellung

$$\boxed{\begin{aligned} x &= A_1 \cdot \sin(\omega_1 t - \varphi_1) \\ y &= A_2 \cdot \sin(\omega_2 t - \varphi_2) \end{aligned}} \tag{205}$$

erfassen[1]) (Überlagerungsschwingungen beim Oszillographen). Es entstehen dabei Schwingungsfiguren, deren Aussehen sehr wesentlich vom Frequenzverhältnis $\omega_1 : \omega_2$ der beiden Schwingungen und von deren Phasenlage abhängt.

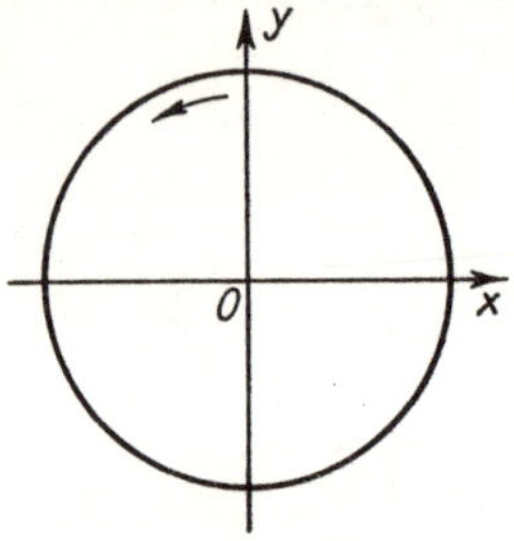

$x = a \cdot \sin t$
$y = a \cdot \sin(t - \frac{\pi}{2})$
$\omega_1 : \omega_2 = 1 : 1$

Bild 257

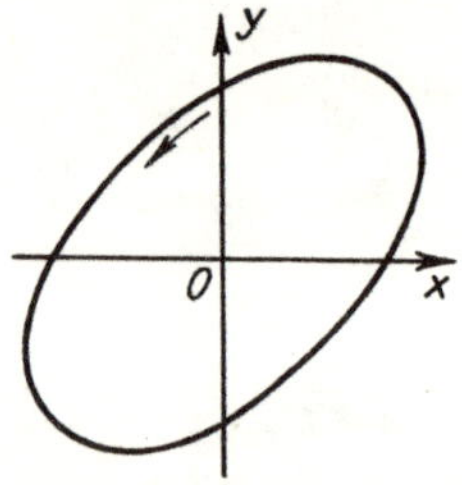

$x = a \cdot \sin t$
$y = a \cdot \sin(t - \frac{\pi}{3})$
$\omega_1 : \omega_2 = 1 : 1$

Bild 258

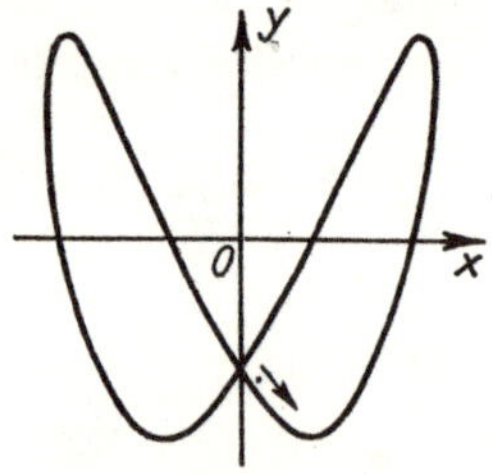

$x = a \cdot \sin t$
$y = a \cdot \sin(2t - \frac{\pi}{4})$
$\omega_1 : \omega_2 = 1 : 2$

Bild 259

Die Bilder 257 bis 262 zeigen einige derartige Überlagerungsschwingungen für gleiche Amplituden, aber verschiedene Frequenzverhältnisse und Phasenlagen.

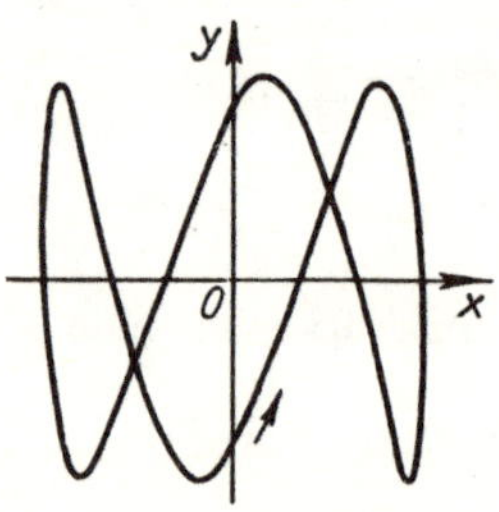

$x = a \cdot \sin t$
$y = a \cdot \sin(3t - \frac{\pi}{3})$
$\omega_1 : \omega_2 = 1 : 3$

Bild 260

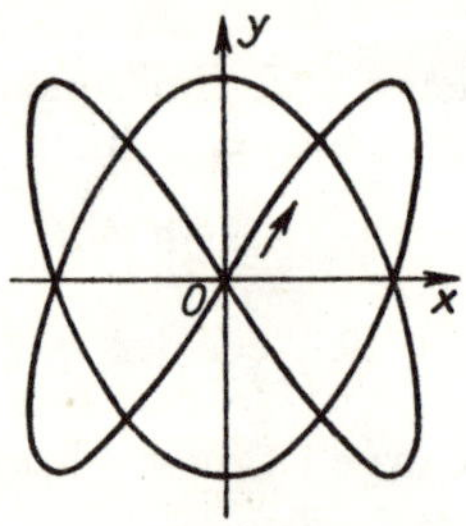

$x = a \cdot \sin 2t$
$y = a \cdot \sin 3t$
$\omega_1 : \omega_2 = 2 : 3$

Bild 261

$\omega_1 : \omega_2 = 8 : 9$

Bild 262

Derartige Überlagerungskurven zweier harmonischer Schwingungen werden auch LISSAJOUS-Figuren genannt.

AUFGABE

1001. Welche Bedingungen müssen erfüllt sein, wenn als Überlagerungsfiguren a) Kreise, b) Ellipsen entstehen sollen?

[1]) vgl. 20.10.

33.7. Spiralen

33.7.1. Archimedische Spirale

Bei einer Archimedischen Spirale ändert sich die Länge des Leitstrahles OP proportional zu dem von einem festen Anfangsstrahl OX aus gemessenen Drehwinkel φ (Bild 263).
Ihre Gleichung lautet demnach in Polarkoordinaten

$$\boxed{r = a \cdot \varphi} \tag{206}$$

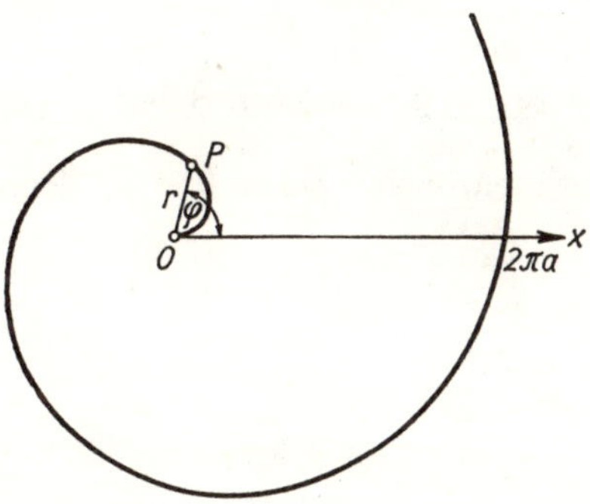

Bild 263

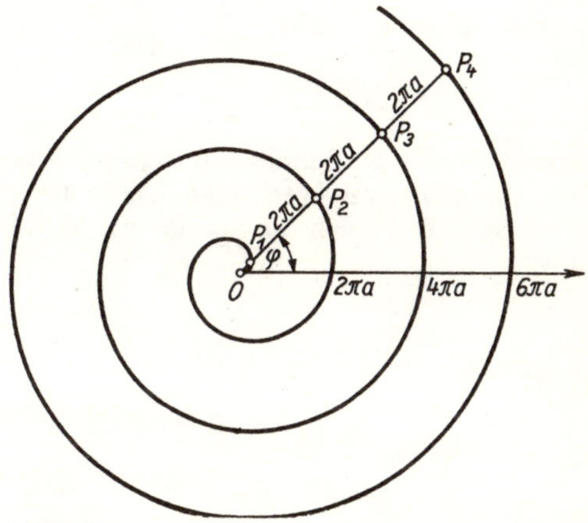

Bild 264

Man kann sich eine Archimedische Spirale auch dadurch entstanden denken, daß sich ein Punkt P mit konstanter Geschwindigkeit auf dem Strahl OP von O fortbewegt, während der Strahl sich gleichförmig um O dreht (Bewegung der Laufkatze eines Drehkranes).

Bei einer vollen Umdrehung des Leitstrahles ($\varphi = 2\pi$) hat der bewegliche Punkt P eine Entfernung $r_1 = 2\pi a$ vom Nullpunkt erreicht. Für $\frac{1}{n}$ Umdrehung ist auf Grund der Kurvengleichung die Länge des zugehörigen Leitstrahles $r = a \cdot \frac{2\pi}{n} = \frac{r_1}{n}$.
Hieraus ergibt sich eine einfache Konstruktionsmöglichkeit der Archimedischen Spirale.
Aus der Proportionalität zwischen der Länge des Leitstrahles und dem Drehwinkel φ folgt auch, daß der »Gangunterschied« zweier aufeinanderfolgender Spiralbögen den konstanten Wert $2\pi a$ hat, denn es gilt für die Entfernung zweier Spiralenpunkte P_n und P_{n+1}, deren Drehwinkel sich um 2π voneinander unterscheiden (Bild 264):

$$\overline{P_{n+1}P_n} = r_{n+1} - r_n = a \cdot [\alpha + 2\pi(n+1)] - a \cdot [\alpha + 2\pi n]$$

$$\overline{P_{n+1}P_n} = 2\pi a$$

33.7.2. Hyperbolische Spirale

Bei einer hyperbolischen Spirale ist die Länge des Leitstrahles OP umgekehrt proportional zum Drehwinkel φ (Bild 265).
Ihre Gleichung lautet demnach

$$\boxed{r = \frac{a}{\varphi}} \tag{207}$$

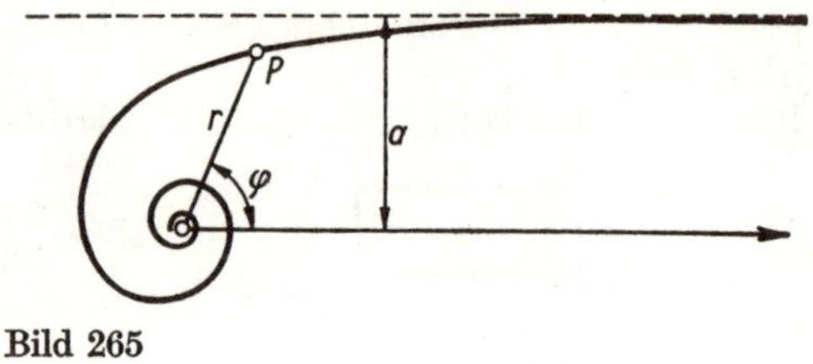

Bild 265

Mit wachsendem Winkel φ wird die Länge des zugehörigen Leitstrahles immer kleiner:

$$\lim_{\varphi \to \infty} r = 0.$$

Damit ist der Nullpunkt ein *asymptotischer Punkt* der hyperbolischen Spirale, dem sich die Kurve mit wachsendem φ immer mehr nähert.
Dagegen nähert sich die Spirale mit $\varphi \to 0$ immer mehr der Geraden $y = a$, denn aus

$$y = r \cdot \sin \varphi$$

folgt mit $r = \dfrac{a}{\varphi}$

$$y = \frac{\sin \varphi}{\varphi} \cdot a$$

und hieraus

$$\lim_{\varphi \to 0} y = \lim_{\varphi \to 0} a \cdot \frac{\sin \varphi}{\varphi} = a \cdot \lim_{\varphi \to 0} \frac{\sin \varphi}{\varphi} = a.$$

33.7.3. Logarithmische Spirale

Die Gleichung der logarithmischen Spirale lautet

$$\boxed{r = e^{a\varphi}} \tag{208}$$

wobei $a > 0$.

Auch hier ist der Nullpunkt ein *asymptotischer Punkt* der Spirale, dem sich die Kurve immer mehr nähert, wenn der Winkel $\varphi \to -\infty$ strebt.
Allerdings unterscheidet sich die logarithmische Spirale in ihrem weiteren Kurvenverlauf sehr wesentlich von der hyperbolischen Spirale. Während sich die hyperbolische Spirale für $\varphi \to 0$ der Geraden $y = a$ nähert, ist die Länge des zu $\varphi = 0$ gehörenden Leitstrahles der logarithmischen Spirale $r = 1$ und für $\varphi \to \infty$ geht auch $r \to \infty$ (Bild 266).

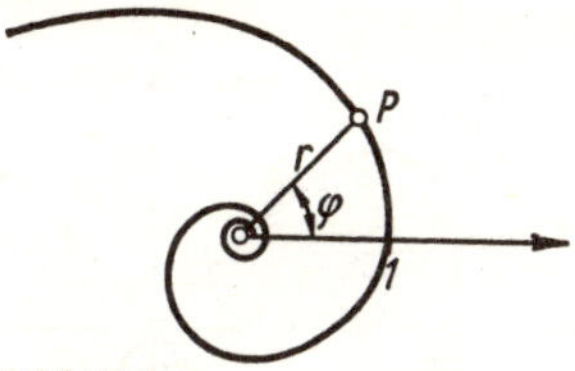

Bild 266

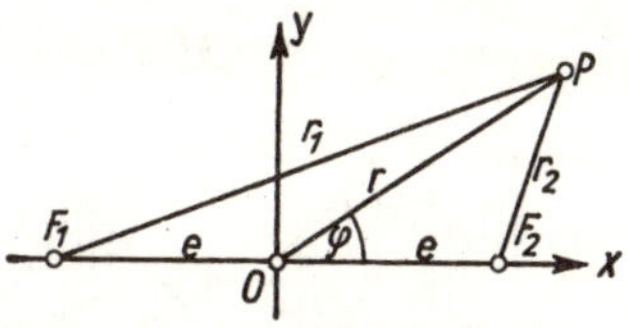

Bild 267

33.8. Lemniskate

Eine Lemniskate wird von der Menge aller derjenigen Punkte der Ebene gebildet, für die das Produkt der Abstände r_1 und r_2 von zwei festen Punkten F_1 und F_2 den konstanten Wert e^2 hat, wenn $\overline{F_1F_2} = 2e$ ist.

Verwendet man zur Herleitung der Kurvengleichung Polarkoordinaten und legt dabei den Pol des Polarkoordinatensystems in den Mittelpunkt O der Strecke F_1F_2 und die Polarachse durch den Punkt F_2, so folgt aus dem Cosinussatz (Bild 267)

$$r_2^2 = r^2 + e^2 - 2re \cdot \cos\varphi \tag{I}$$

und

$$r_1^2 = r^2 + e^2 - 2re \cdot \cos(180° - \varphi),$$

woraus wegen $\cos(180° - \varphi) = -\cos\varphi$

$$r_1^2 = r^2 + e^2 + 2re \cdot \cos\varphi \tag{II}$$

folgt.

Multipliziert man die beiden Gleichungen miteinander, so erhält man

$$r_1^2 \cdot r_2^2 = (r^2 + e^2)^2 - 4r^2e^2\cos^2\varphi.$$

Da nach der Definition der Lemniskate $r_1 \cdot r_2 = e^2$ sein soll, ergibt sich hieraus

$$e^4 = r^4 + 2r^2e^2 + e^4 - 4r^2e^2\cos^2\varphi,$$

woraus schließlich für $r \neq 0$

$$r^2 = 2e^2 \cdot (2\cos^2\varphi - 1)$$

folgt. Mit Hilfe der Formel $\cos 2\varphi = 2\cos^2\varphi - 1$ ergibt sich

Gleichung der Lemniskate in Polarkoordinaten

$$\boxed{r^2 = 2e^2 \cdot \cos 2\varphi} \tag{209}$$

Löst man diese Kurvengleichung nach r auf:

$$r = e \cdot \sqrt{2} \cdot \sqrt{\cos 2\varphi},$$

so erkennt man, daß die Lemniskate Kurvenpunkte nur für solche Winkel φ besitzt, für die $\varphi \in \left[-\frac{\pi}{4}; +\frac{\pi}{4}\right]$ bzw. $\varphi \in \left[\frac{3\pi}{4}; \frac{5\pi}{4}\right]$ gilt. Als maximalen Wert für r erhält man bei $\varphi = 0$ bzw. $\varphi = \pi$ $r_{\max} = e \cdot \sqrt{2}$. Die Lemniskate muß demzufolge vollständig innerhalb des in Bild 268 schraffiert gezeichneten Flächenstückes verlaufen. Konstruiert man die Lemniskate punktweise an Hand der Funktionsgleichung (209), so ergibt sich die in Bild 269 dargestellte Kurve.

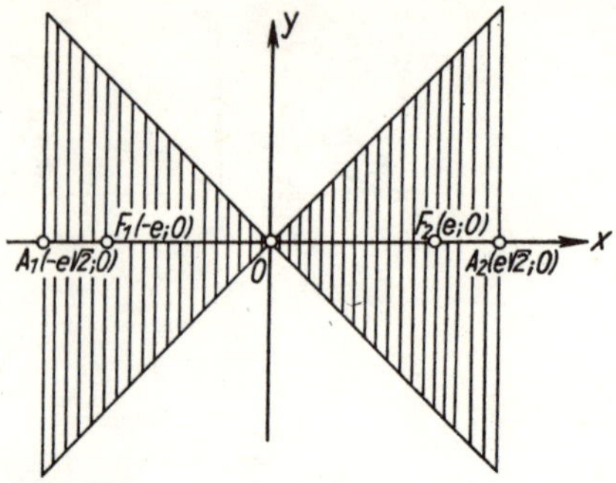

Bild 268

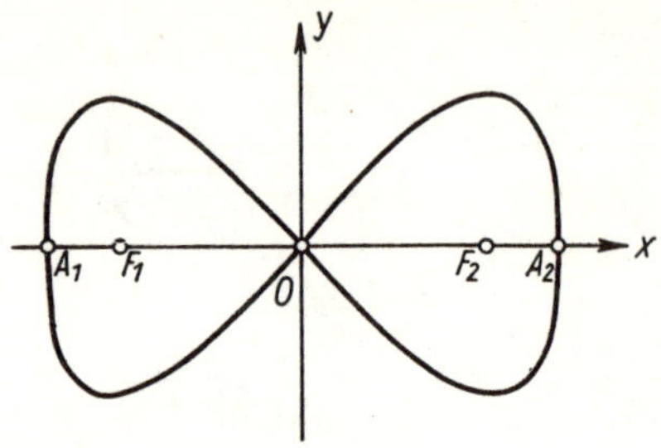

Bild 269

Durch Übergang zu cartesischen Koordinaten erhält man die Gleichung der Lemniskate in der Form

$$x^2 + y^2 = 2e^2\left(\frac{x^2}{x^2+y^2} - \frac{y^2}{x^2+y^2}\right)$$

oder als **Gleichung der Lemniskate in cartesischen Koordinaten**

$$\boxed{(x^2 + y^2)^2 - a^2(x^2 - y^2) = 0} \qquad (210)$$

mit

$$a^2 = 2e^2,$$

aus der die Symmetrie der Kurve zur x- und y-Achse noch einmal deutlich ersichtlich wird.

In der Meßtechnik werden Lemniskatenlenker verwendet, durch die eine Geradführung des Schreibstiftes bei Meßgeräten erreicht wird.

Wird wie bisher $\overline{F_1F_2} = 2e$, jedoch allgemeiner als oben $r_1r_2 = k^2$ gefordert, so erhält man als

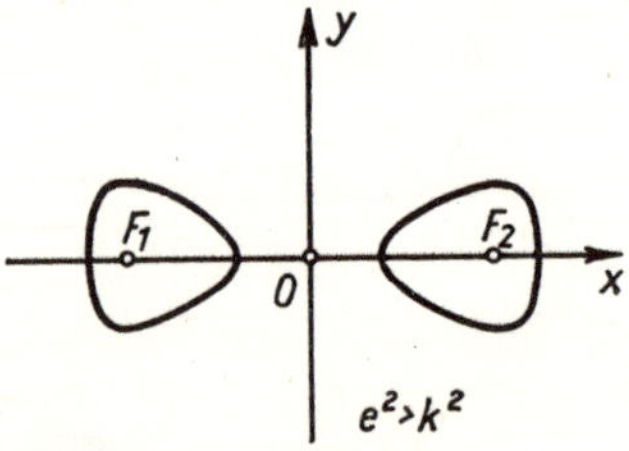

Bild 270

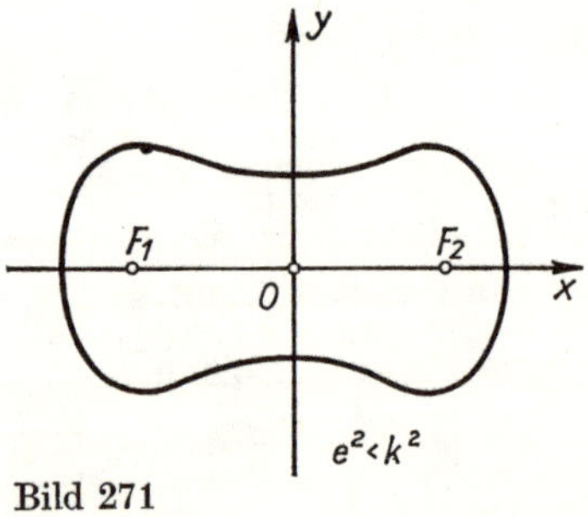

Bild 271

Verallgemeinerungen der Lemniskate die sogenannten *Cassinischen Kurven*. Sie bestehen, wenn $e^2 > k^2$ ist, aus zwei voneinander getrennten, eiförmigen Kurventeilen, die jeweils einen der beiden Punkte F_1 bzw. F_2 umschließen. Im Falle $e^2 < k^2$ erhält man einen in sich geschlossenen Kurvenzug (Bilder 270 und 271).

Die Gleichung der Cassinischen Kurven lautet

$$(x^2 + y^2)^2 - 2e^2(x^2 - y^2) + e^4 - k^4 = 0.$$

Vektoralgebra

34. Grundbegriffe der Vektorrechnung

34.1. Vektor, Skalar

Bei Betrachtung der in den Naturwissenschaften und in der Technik auftretenden Größen erkennt man:
Ein Teil dieser Größen ist bei festgelegter Maßeinheit durch die Angabe einer (reellen) Maßzahl vollständig bestimmt. Zu diesen Größen gehören: Länge, Zeit, Masse, Arbeit, Energie, Temperatur, Potential. Diese Größen können auf einer Zahlenleiter, einer Skale[1]), dargestellt werden. Sie heißen deshalb *skalare Größen* oder **Skalare**.
Größen, wie z. B. Geschwindigkeit, Beschleunigung, Kraft, elektrische und magnetische Feldstärke benötigen zu ihrer eindeutigen Bestimmung neben der Angabe einer Maßzahl noch die einer Richtung. Diese Größen heißen *vektorielle Größen* oder **Vektoren**[2]) und werden durch gerichtete Strecken im Raum (Pfeile) dargestellt.
Aber auch rein geometrische Sachverhalte, wie z. B. eine *Translation* (Verschiebung eines Körpers im Raum, bei der alle Punkte des Körpers um die gleiche Länge in der gleichen Richtung verschoben werden) lassen sich durch einen Vektor darstellen (Bild 272). Die Verschiebung aller Punkte kann nämlich durch ein und dieselbe Größe, einen Pfeil mit bestimmter Länge und Richtung, gekennzeichnet werden. Die die Translation beschreibende Größe ist demnach ein Vektor.
Bekanntlich kann bei Verwendung eines räumlichen cartesischen Koordinatensystems eine eineindeutige Zuordnung der Punkte des Raumes zur Menge aller Zahlentripel $(x; y; z)$ erfolgen. Jeder Punkt $P(x; y; z)$ des Raumes wird aber auch eindeutig durch eine vom Ursprung des Koordinatensystems zum Punkt P hinführende gerichtete Strecke — also wiederum durch einen Vektor — festgelegt und umgekehrt (Bild 273). Folglich besteht auch (bei Vorgabe eines Koordinatensystems) eine eineindeutige Zuordnung eines Vektors zu einem Zahlentripel.

---

[1]) scalae (lat.) die Leiter

[2]) Eigentlich müßte zwischen den rein algebraischen Größen Skalar und Vektor einerseits und der physikalischen Größe, d. h. der skalaren oder vektoriellen Größe, sowie ihrer geometrischen Veranschaulichung durch einen Pfeil andererseits unterschieden werden. Da aber im folgenden die Gesetze für das Rechnen mit Vektoren am geometrischen Bild hergeleitet werden, soll — wie allgemein üblich — die gerichtete Strecke selbst als Vektor bezeichnet werden

Zusammengefaßt: Ein Vektor kann zur Darstellung

a) einer vektoriellen Größe (z. B. aus Naturwissenschaft oder Technik),
b) einer Translation,
c) eines Zahlentripels

verwendet werden.

Bei der Beschreibung einer Translation durch einen Vektor ist dieser an keinen bestimmten Ort gebunden, er kann beliebig parallel verschoben werden. Ein solcher Vektor heißt ein *freier Vektor*. (Unter Vektor schlechthin soll im folgenden stets ein freier Vektor verstanden werden.)
Eine andere Art von Vektoren stellt man z. B. bei der Betrachtung von Kräften an einem starren Körper fest. Hier darf man eine angreifende Kraft zwar längs ihrer

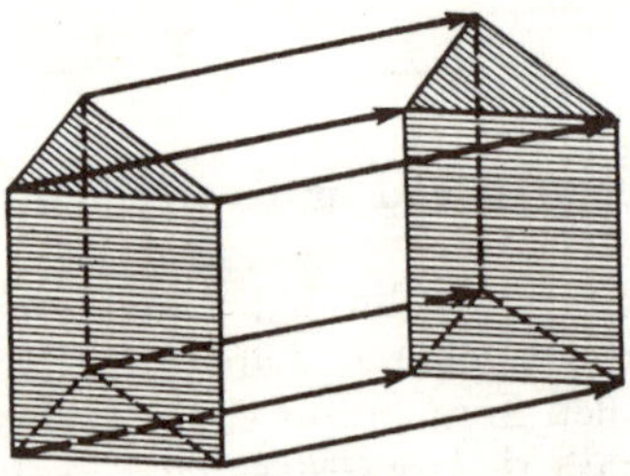

Bild 272

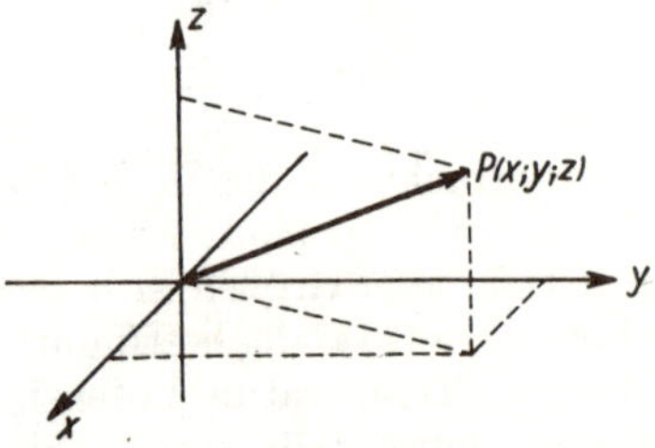

Bild 273

Wirkungslinie, keinesfalls aber parallel verschieben, ohne daß ihre Wirkung sich ändert. Die Kraft wird deshalb durch einen *liniengebundenen Vektor* dargestellt.
Greift eine Kraft an einem nichtstarren Körper an, so ist die Wirkung im allgemeinen abhängig vom Angriffspunkt der Kraft. Auch andere physikalische Größen, wie z. B. die elektrische und die magnetische Feldstärke sind zwar durch Betrag und Richtung gekennzeichnet (also Vektorgrößen), aber jeweils an einen bestimmten Ort gebunden. Das gleiche gilt für die Darstellung eines Zahlentripels durch einen Vektor. In allen genannten Fällen handelt es sich um *ortsgebundene Vektoren*. Speziell nennt man die an den Ursprung eines Koordinatensystems gebundenen Vektoren *Ortsvektoren*.

Vektoren bezeichnet man
durch (kleine oder große) Frakturbuchstaben, z. B. $\mathfrak{a}$, $\mathfrak{b}$, $\mathfrak{x}$, $\mathfrak{v}$, $\mathfrak{A}$, $\mathfrak{B}$, $\mathfrak{H}$ usw.,
oder durch Anfangs- und Endpunkt und einen darübergesetzten Pfeil, z. B. $\overrightarrow{AB}$,
oder (insbesondere bei Verwendung griechischer Buchstaben) durch einen übergesetzten Pfeil, z. B. $\vec{\omega}$.

Die Maßzahl der Länge des Pfeiles, der die Vektorgröße darstellt, heißt der **Betrag des Vektors**. Er wird durch Setzen des Vektorsymbols in Betragsstriche oder durch den entsprechenden lateinischen Buchstaben gekennzeichnet.

Für den Betrag des Vektors $\overrightarrow{AB} = \mathfrak{a}$ (Bild 274) schreibt man z. B. $|\overrightarrow{AB}| = |\mathfrak{a}| = a$.
Die Lage des Pfeiles im Raum und der Durchlaufsinn (durch Pfeilspitze gegeben) bestimmen die **Richtung des Vektors**.

Es ist zweckmäßig zu definieren:

Zwei Vektoren heißen genau dann gleich, wenn sie in Betrag und Richtung übereinstimmen.

So ist z. B. in Bild 274 $\mathfrak{a} = \mathfrak{b}$.
Will man Vektoren zum Rechnen geometrischer, physikalischer oder technischer Aufgaben verwenden, so muß vorher untersucht werden, welche Rechenoperationen sinnvoll auf Vektoren angewendet werden können und welche Gesetze hierbei gelten. Wie noch gezeigt wird, lassen sich für das Rechnen mit Vektoren einfache Rechen-

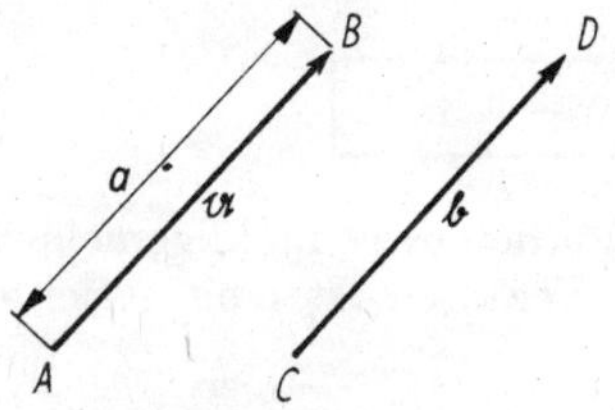

Bild 274

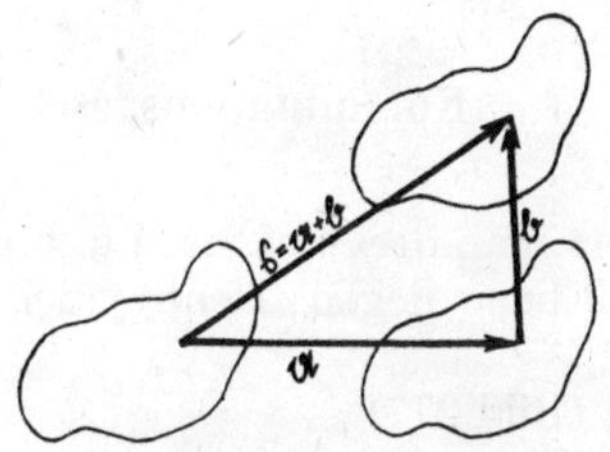

Bild 275

gesetze aufstellen, die in Analogie zu denen für reelle Zahlen stehen. Hierin ist ein Vorteil bei der Benutzung von Vektoren zu sehen. Ein weiterer Vorzug ist die kurze, übersichtliche Darstellungsweise von Vorgängen und Zusammenhängen in Naturwissenschaft und Technik mittels Vektoren. Auch geometrische Gebilde, wie Punkte, Linien und Flächen im Raum, lassen sich gut durch Vektoren beschreiben. In allen genannten Fällen ist zur numerischen Auswertung die Einführung eines Koordinatensystems erforderlich. Die folgenden Abschnitte werden deshalb neben technischen Anwendungen der Vektorrechnung eine Analytische Geometrie des Raumes zum Inhalt haben. Von den Rechenoperationen sollen nur die elementaren behandelt werden, d. h. eine *Vektoralgebra*. Die Differentiation und Integration von Vektoren erfolgt im Rahmen der Differential- und Integralrechnung.[1])

34.2. Addition und Subtraktion von Vektoren

Da zwei nacheinander ausgeführte Translationen $\mathfrak{a}$ und $\mathfrak{b}$ einer resultierenden Translation $\mathfrak{s}$ entsprechen (Bild 275), definiert man die Addition zweier Vektoren wie folgt:

Um zwei Vektoren $\mathfrak{a}$ und $\mathfrak{b}$ zu addieren, verschiebt man den Vektor $\mathfrak{b}$ parallel zu sich, so daß sein Anfangspunkt auf den Endpunkt des Vektors $\mathfrak{a}$ fällt. Der vom Anfangspunkt von $\mathfrak{a}$ zum Endpunkt von $\mathfrak{b}$ führende Vektor $\mathfrak{s}$ heißt der Summenvektor oder die Summe der Vektoren $\mathfrak{a}$ und $\mathfrak{b}$:

$$\mathfrak{s} = \mathfrak{a} + \mathfrak{b}.$$

Dieser Definition genügen auch — wie leicht nachzuprüfen ist — Vektorgrößen wie Kraft, Geschwindigkeit, Beschleunigung usw.

[1]) Vgl. [1]

Für die Addition von Vektoren gelten – genauso wie beim Rechnen mit reellen Zahlen – das Kommutations- und das Assoziationsgesetz.

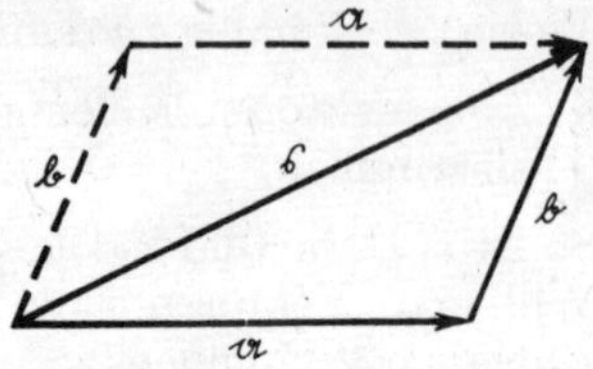

Bild 276

Trägt man nämlich (Bild 276) vom gleichen Anfangspunkt aus zunächst den Vektor $\mathfrak{b}$ ab und dann in dessen Endpunkt den Vektor $\mathfrak{a}$ an, d. h., wird die Vektorsumme mit umgekehrter Reihenfolge der Summanden gebildet, so erhält man wiederum den Summenvektor $\mathfrak{s}$. Da also sowohl $\mathfrak{a} + \mathfrak{b} = \mathfrak{s}$ als auch $\mathfrak{b} + \mathfrak{a} = \mathfrak{s}$ ist, gilt für die Addition von Vektoren das

Kommutationsgesetz $$\boxed{\mathfrak{a} + \mathfrak{b} = \mathfrak{b} + \mathfrak{a}} \qquad (211)$$

Addiert man drei Vektoren $\mathfrak{a}$, $\mathfrak{b}$ und $\mathfrak{c}$, so werden diese im allgemeinen Falle nicht in einer Ebene liegen; denn jeder der drei Vektoren ist eine gerichtete Strecke im Raum.

Es sei (Bild 277)

$$\mathfrak{a} + \mathfrak{b} = \mathfrak{s}_1.$$

Dann ist

$$(\mathfrak{a} + \mathfrak{b}) + \mathfrak{c} = \mathfrak{s}_1 + \mathfrak{c} = \mathfrak{s}.$$

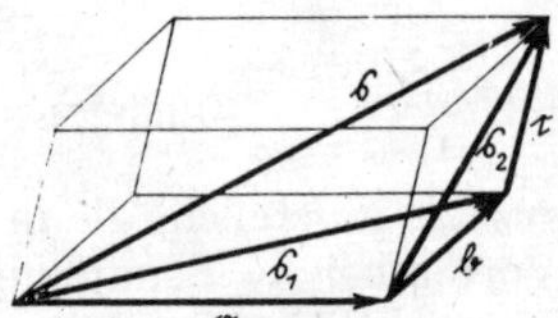

Bild 277

Addiert man zum Vektor $\mathfrak{a}$ den Summenvektor $\mathfrak{s}_2$ der Vektoren $\mathfrak{b}$ und $\mathfrak{c}$, so kommt man zum gleichen Ergebnis:

$$\mathfrak{a} + (\mathfrak{b} + \mathfrak{c}) = \mathfrak{a} + \mathfrak{s}_2 = \mathfrak{s}.$$

Also gilt für die Addition von Vektoren auch das

Assoziationsgesetz $$\boxed{(\mathfrak{a} + \mathfrak{b}) + \mathfrak{c} = \mathfrak{a} + (\mathfrak{b} + \mathfrak{c})} \qquad (212)$$

Da es gleichgültig ist, in welcher Reihenfolge die Additionen ausgeführt werden, sind die Klammern entbehrlich, und man schreibt

$$\mathfrak{s} = \mathfrak{a} + \mathfrak{b} + \mathfrak{c}.$$

Wie aus Bild 277 weiterhin zu ersehen ist, bilden die Vektoren $\mathfrak{a}$, $\mathfrak{b}$ und $\mathfrak{c}$ die Kanten eines Parallelflächners, auch *Spat*[1]) genannt, dessen Raumdiagonale der Summenvektor $\mathfrak{s}$ ist.

Die Summe beliebig vieler Vektoren erhält man, indem man die zu addierenden Vektoren zu einem Vektoreck zusammensetzt, wobei der Anfangspunkt eines Vektors immer der Endpunkt des vorhergehenden ist. Der Summenvektor ist dann der

[1]) Von den Kristallformen des Fluß- und Feldspats herrührend

vom Anfangspunkt des ersten zum Endpunkt des letzten Vektors gezogene Vektor. In Bild 278 ist

$$\mathfrak{s} = \mathfrak{a} + \mathfrak{b} + \mathfrak{c} + \mathfrak{d} + \mathfrak{e}.$$

(Zur besseren Veranschaulichung wurde der Anfangspunkt O des Vektors $\mathfrak{a}$ in eine Ebene E gelegt.)
Von besonderem Interesse ist in den technischen Anwendungen der Fall, daß die Addition der Vektoren ein geschlossenes (räumliches) Vektoreck ergibt. Dann muß

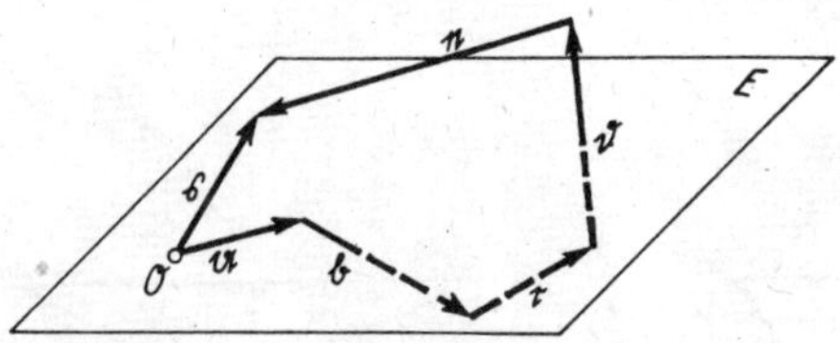

Bild 278

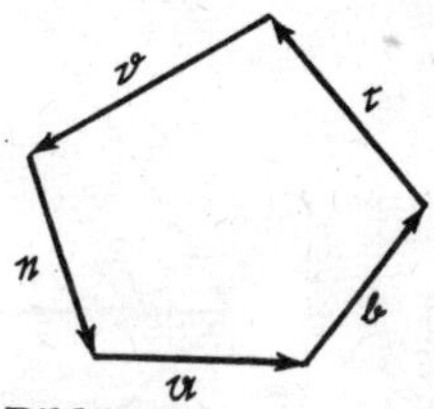

Bild 279

der Endpunkt des letzten Vektors mit dem Anfangspunkt des ersten Vektors zusammenfallen und der Summenvektor somit den Betrag Null besitzen. Ein solcher Vektor heißt **Nullvektor** und wird mit $\mathfrak{o}$ bezeichnet.[1])
In Bild 279 z. B. ist der Summenvektor ein Nullvektor:

$$\mathfrak{a} + \mathfrak{b} + \mathfrak{c} + \mathfrak{d} + \mathfrak{e} = \mathfrak{o}.$$

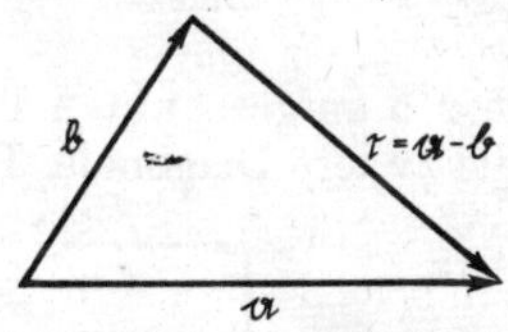

Bild 280

Man ordnet dem Nullvektor keine bestimmte Richtung zu.
Die Subtraktion zweier Vektoren wird – wie beim Rechnen mit reellen Zahlen – als Umkehrung der Addition erklärt, d. h., aus

$$\mathfrak{b} + \mathfrak{c} = \mathfrak{a}$$

soll folgen

$$\mathfrak{c} = \mathfrak{a} - \mathfrak{b}.$$

Der Differenzvektor $\mathfrak{c}$ muß demnach der Vektor sein, der zum Vektor $\mathfrak{b}$ addiert den Vektor $\mathfrak{a}$ ergibt. Er geht (Bild 280) vom Endpunkt von $\mathfrak{b}$ zum Endpunkt von $\mathfrak{a}$ (also vom Endpunkt des zu subtrahierenden Vektors aus!).
Ist in der Differenz $\mathfrak{a} - \mathfrak{b}$ der Vektor $\mathfrak{a}$ ein Nullvektor, so erhält man

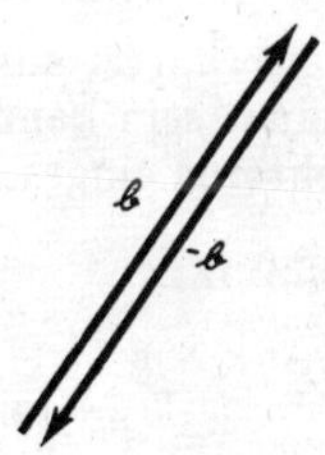

Bild 281

$$\mathfrak{o} - \mathfrak{b} = -\mathfrak{b} \quad \text{(Bild 281)}.$$

Der Vektor $-\mathfrak{b}$ führt vom Endpunkt des Vektors $\mathfrak{b}$ zu dessen Anfangspunkt zu-

[1]) Die manchmal in der Literatur verwendete Kennzeichnung des Nullvektors durch die arabische Ziffer (0) ist abzulehnen. Da die Summe mehrerer Vektoren wieder ein Vektor ist, muß auch im Fall der Summe Null ein Vektorzeichen ($\mathfrak{o}$) gesetzt werden

rück, ist also ein gleich langer, entgegengesetztgerichteter Vektor. Man nennt ihn auch den zu $\mathfrak{b}$ *entgegengesetzten Vektor*.
Mit dieser Feststellung kann die Subtraktion eines Vektors durch die Addition des entgegengesetzten Vektors ersetzt werden. Es ist (Bild 282)

$$\boxed{\mathfrak{a} - \mathfrak{b} = \mathfrak{a} + (-\mathfrak{b})} \qquad (213)$$

In Bild 276 war der Summenvektor $\mathfrak{a} + \mathfrak{b}$ die eine Diagonale des von den Vektoren $\mathfrak{a}$

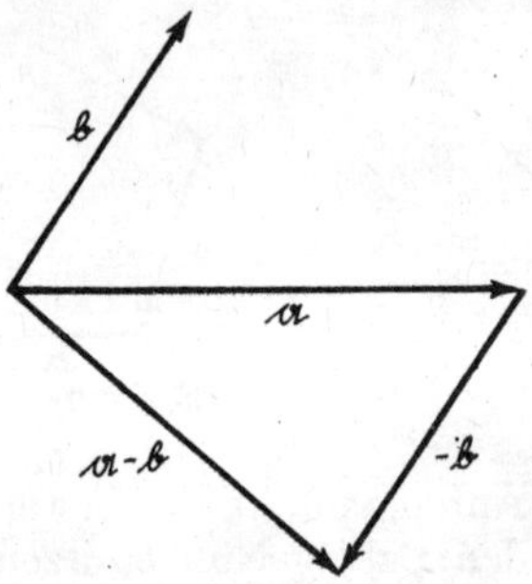

Bild 282

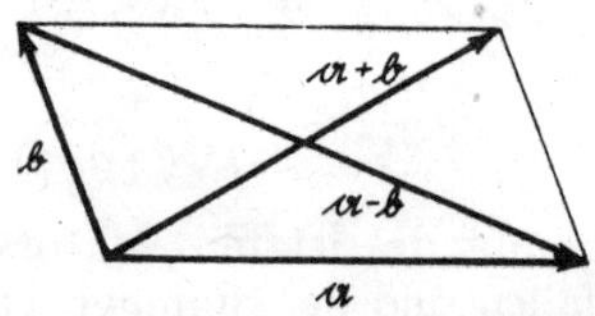

Bild 283

und $\mathfrak{b}$ aufgespannten Parallelogramms. Wie Bild 283 zeigt, ist der Differenzvektor die andere Diagonale. Für die Betragsabschätzung gilt[1])

$$\boxed{|\mathfrak{a} + \mathfrak{b}| \leqq |\mathfrak{a}| + |\mathfrak{b}|} \qquad (214a)$$

und

$$\boxed{|\mathfrak{a} - \mathfrak{b}| \geqq |\mathfrak{a}| - |\mathfrak{b}|} \qquad (214b)$$

Weiterhin ist aus Bild 283 zu erkennen, daß der Betrag der Summe zweier Vektoren kleiner sein kann als der Betrag ihrer Differenz, nämlich dann, wenn der von den Vektoren eingeschlossene Winkel größer als 90° ist.

BEISPIEL

An einem Verteilermast greifen in einem Punkt vier Kräfte $\mathfrak{F}_1$, $\mathfrak{F}_2$, $\mathfrak{F}_3$ und $\mathfrak{F}_4$ an, die in einer Ebene liegen sollen.
$F_1 = |\mathfrak{F}_1| = 3800$ N; $F_2 = |\mathfrak{F}_2| = 4000$ N; $F_3 = |\mathfrak{F}_3| = 3000$ N; $F_4 = |\mathfrak{F}_4| = 4400$ N;
$\sphericalangle(\mathfrak{F}_1, \mathfrak{F}_2) = 80°$; $\sphericalangle(\mathfrak{F}_2, \mathfrak{F}_3) = 120°$; $\sphericalangle(\mathfrak{F}_3, \mathfrak{F}_4) = 70°$.
Es sind zeichnerisch Betrag und Richtung der Resultierenden $\mathfrak{F}_R = \mathfrak{F}_1 + \mathfrak{F}_2 + \mathfrak{F}_3 + \mathfrak{F}_4$ zu ermitteln.

Lösung: Die Resultierende ergibt sich als Summenvektor im Vektorvieleck. Zur Darstellung der einzelnen Kräfte als Vektoren muß ein Maßstab festgelegt werden. In Bild 284 wurde gewählt $m_F = \dfrac{1\ \text{cm}}{1000\ \text{N}} \left(\text{Maßstab} = \dfrac{\text{Zeichengröße}}{\text{physikalische Größe}}\right)$.

[1]) Vgl. Aufg. 1007, S. 475

Man liest ab: $F_R = |\mathfrak{F}_R| \times 2200$ N; $\sphericalangle(\mathfrak{F}_1, \mathfrak{F}_R) \approx -40°$.
Eine rechnerische Nachprüfung mit Hilfe trigonometrischer Funktionen ergibt $F_R = 2260$ N; $\sphericalangle(\mathfrak{F}_1, \mathfrak{F}_R) = -41{,}6°$.

34.3. Multiplikation eines Vektors mit einem Skalar

Gemäß der Erklärung für die Addition von Vektoren in 34.2. muß ein Vektor

$$\mathfrak{b} = \underbrace{\mathfrak{a} + \mathfrak{a} + \mathfrak{a} + \cdots + \mathfrak{a}}_{k \text{ Summanden}}$$

dem Vektor $\mathfrak{a}$ gleichgerichtet sein (geschrieben: $\mathfrak{b} \uparrow\uparrow \mathfrak{a}$) und den k-fachen Betrag des Vektors $\mathfrak{a}$ haben:

$$\mathfrak{b} \uparrow\uparrow \mathfrak{a}; \quad |\mathfrak{b}| = k\,|\mathfrak{a}|.$$

Man schreibt hierfür

$$\mathfrak{b} = k\mathfrak{a}.$$

Für eine Summe von k gleichen Vektoren $(-\mathfrak{a})$ gilt dann

$$\underbrace{(-\mathfrak{a}) + (-\mathfrak{a}) + (-\mathfrak{a}) + \cdots + (-\mathfrak{a})}_{k \text{ Summanden}} = $$
$$= k(-\mathfrak{a}),$$

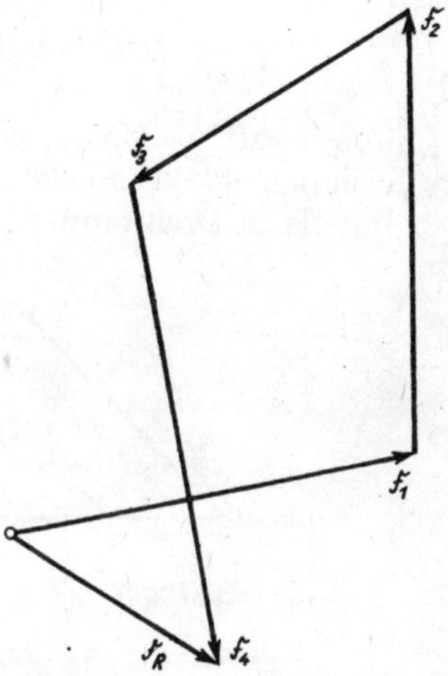

Bild 284

wobei $k(-\mathfrak{a})$ und $k\mathfrak{a}$ entgegengesetztgerichtet sind (geschrieben: $k(-\mathfrak{a}) \uparrow\downarrow k\mathfrak{a}$) und die gleichen Beträge haben, d. h., $|k(-\mathfrak{a})| = |k\mathfrak{a}|$. Also ist $k(-\mathfrak{a})$ der zu $k\mathfrak{a}$ entgegengesetzte Vektor

$$k(-\mathfrak{a}) = -k\mathfrak{a}.$$

Es ist sinnvoll, in Verallgemeinerung des eben Dargelegten für die Multiplikation eines Skalars n (einer reellen Zahl n) mit einem Vektor $\mathfrak{a}$ zu definieren:

Definition

Ein Vektor $\mathfrak{b} = n\mathfrak{a}$ ist ein Vektor, der parallel zu $\mathfrak{a}$ verläuft und dessen Betrag das $|n|$-fache des Betrages von $\mathfrak{a}$ ist:

$$|n \cdot \mathfrak{a}| = |n| \cdot |\mathfrak{a}|.$$

Dabei ist:

$$\mathfrak{b} = n\mathfrak{a} \uparrow\uparrow \mathfrak{a} \text{ für } n > 0,$$
$$\mathfrak{b} = n\mathfrak{a} \uparrow\downarrow \mathfrak{a} \text{ für } n < 0,$$
$$\mathfrak{b} = n\mathfrak{a} = \mathfrak{o} \text{ für } n = 0.$$

Vektoren, zwischen denen eine Beziehung von der Form $\mathfrak{b} = n\mathfrak{a}$ besteht, heißen auch kollineare Vektoren, weil sie durch Pfeile veranschaulicht werden können, die in ein und derselben Geraden liegen.
Viele Gesetze der Physik sind Beispiele für die Multiplikation eines Skalars mit einem Vektor, z. B.

das Grundgesetz der Dynamik	$\mathfrak{F} = m \cdot \mathfrak{a}$,
das Grundgesetz für die Drehbewegung	$\mathfrak{M} = J \cdot \vec{\alpha}$,
der Impulssatz	$\mathfrak{p} = \mathfrak{F} \cdot t = m \cdot \mathfrak{v}$,
der Drehimpulssatz	$\mathfrak{L} = \mathfrak{M}t = J \cdot \vec{\omega}$

(mit $\mathfrak{F}$ Kraft, m Masse, $\mathfrak{M}$ Drehmoment, J Massenträgheitsmoment, t Zeit, $\mathfrak{v}$ Geschwindigkeit, $\vec{\omega}$ Winkelgeschwindigkeit, $\mathfrak{a}$ Beschleunigung, $\vec{\alpha}$ Winkelbeschleunigung, $\mathfrak{p}$ Impuls, $\mathfrak{L}$ Drehimpuls).

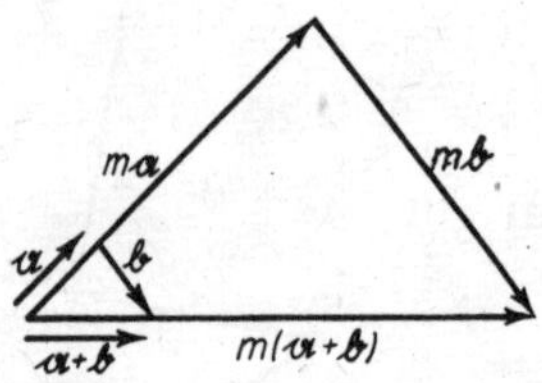

Bild 285

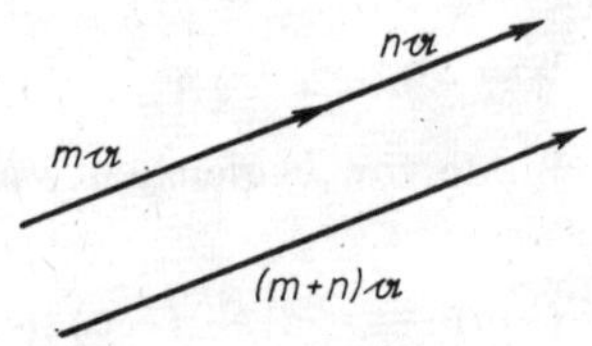

Bild 286

Ein Produkt eines Vektors $\mathfrak{a}$ und eines Skalars n in der Form $\mathfrak{a}n$ ist zunächst nicht erklärt. Vereinbart man, daß $\mathfrak{a}n$ und $n\mathfrak{a}$ gleichwertige Schreibweisen sein sollen, so gilt dadurch das

Kommutationsgesetz $\boxed{n\mathfrak{a} = \mathfrak{a}n}$ (215)

Ferner gilt das

Assoziationsgesetz $\boxed{m(n\mathfrak{a}) = n(m\mathfrak{a}) = mn\mathfrak{a}}$ (216)

wobei allerdings nur einer der Faktoren ein Vektor sein darf, da die Multiplikation von Vektoren noch nicht erklärt wurde.
Wie die Bilder 285 und 286 zeigen, existieren und gelten zwei Distributionsgesetze[1]):

1. Distributionsgesetz $\boxed{m(\mathfrak{a} + \mathfrak{b}) = m\mathfrak{a} + m\mathfrak{b}}$ (217a)

2. Distributionsgesetz $\boxed{(m + n)\mathfrak{a} = m\mathfrak{a} + n\mathfrak{a}}$ (217b)

[1]) Distribution (lat.) Verteilung

BEISPIELE

1. Gesucht ist die Entfernung des Halbierungspunktes P_3 der Strecke P_1P_2 vom Punkte O, wenn P_1 der Endpunkt des Vektors $\mathfrak{P}_1$ und P_2 der Endpunkt des Vektors $\mathfrak{P}_2$ ist und die Vektoren $\mathfrak{P}_1$ und $\mathfrak{P}_2$ vom Punkte O ausgehen (Bild 287).

   Lösung: Der von P_1 nach P_2 führende Vektor wird dargestellt durch den Differenzvektor $\overrightarrow{P_1P_2} = \mathfrak{P}_2 - \mathfrak{P}_1$. Die Hälfte des Differenzvektors zum Vektor $\mathfrak{P}_1$ addiert, ergibt den Vektor $\overrightarrow{OP_3}$:

$$\overrightarrow{OP_3} = \mathfrak{P}_1 + \frac{\mathfrak{P}_2 - \mathfrak{P}_1}{2} = \frac{\mathfrak{P}_1 + \mathfrak{P}_2}{2}$$

$$\overrightarrow{OP_3} = \frac{1}{2}\,|\mathfrak{P}_1 + \mathfrak{P}_2|.$$

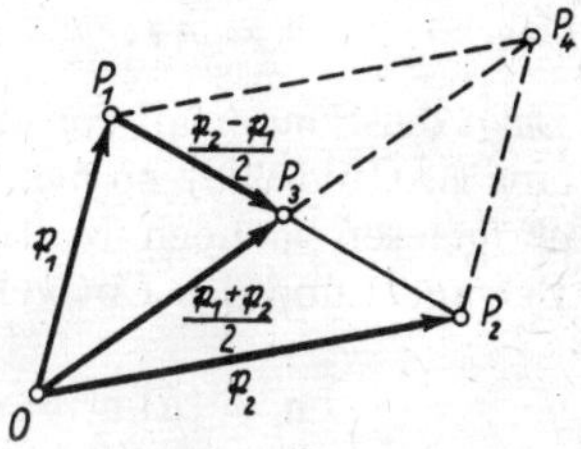

Bild 287

   Da aber $\overrightarrow{OP_4} = \mathfrak{P}_1 + \mathfrak{P}_2$ ist, muß P_3 auch der Halbierungspunkt von $\overrightarrow{OP_4}$ sein. Damit ist bewiesen, daß im Parallelogramm die Diagonalen durch ihren Schnittpunkt halbiert werden.

2. Es soll bewiesen werden: In einem beliebigen (nicht notwendigerweise ebenen) Viereck bilden die Verbindungslinien der Mittelpunkte je zweier benachbarter Seiten ein Parallelogramm.

   Lösung: Stellen $\mathfrak{a}$, $\mathfrak{b}$, $\mathfrak{c}$ und $\mathfrak{d}$ mit der in Bild 288 angegebenen Orientierung die Seiten des Vierecks dar, so können zwei Verbindungen der Seitenmitten durch

$$\mathfrak{v}_1 = \frac{1}{2}\,\mathfrak{a} + \frac{1}{2}\,\mathfrak{b} = \frac{1}{2}\,(\mathfrak{a} + \mathfrak{b})$$

und

$$\mathfrak{v}_2 = -\frac{1}{2}\,\mathfrak{c} - \frac{1}{2}\,\mathfrak{d} = \frac{1}{2}\,(-\mathfrak{c} - \mathfrak{d})$$

beschrieben werden.

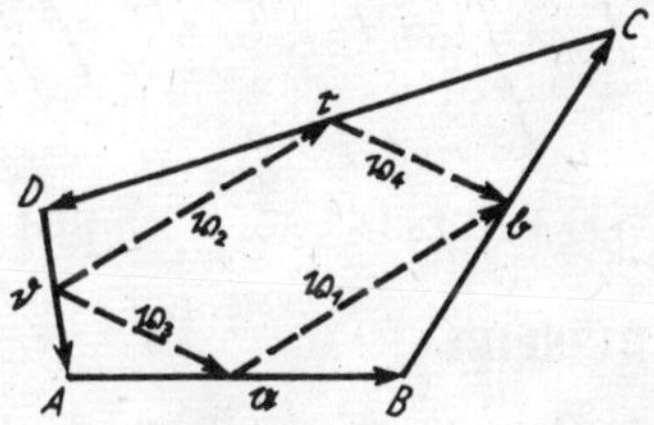

Bild 288

Da $\quad \mathfrak{a} + \mathfrak{b} + \mathfrak{c} + \mathfrak{d} = \mathfrak{o}$,

also $\quad \mathfrak{a} + \mathfrak{b} = -\mathfrak{c} - \mathfrak{d}$,

ergibt sich auch

$$\mathfrak{v}_2 = \frac{1}{2}\,(\mathfrak{a} + \mathfrak{b}).$$

Aus $\mathfrak{v}_1 = \mathfrak{v}_2$ folgt aber, daß $\mathfrak{v}_1$ und $\mathfrak{v}_2$ den gleichen Betrag und die gleiche Richtung haben. Da der eben für zwei Verbindungslinien erbrachte Beweis geführt wurde, ohne daß an die Seiten besondere Bedingungen gestellt wurden, muß auch für die anderen zwei Verbindungslinien der Seitenmitten (dargestellt durch $\mathfrak{v}_3$ und $\mathfrak{v}_4$) die Gleichheit nachgewiesen werden können. Das durch die Verbindungslinien der Mittelpunkte je zweier Seiten gebildete Viereck ist demnach ein Parallelogramm.

34.4. Grund- und Einsvektoren

Aus der Erklärung des Produktes $n\mathfrak{a}$ (vgl. 34.3.) folgt, daß alle zueinander parallelen Vektoren $\mathfrak{a}$ (Bild 289) durch einen von ihnen, den *Grundvektor* $\mathfrak{e}$, und einen Skalar n (positiven oder negativen Zahlenfaktor) ausgedrückt werden können:

$$\mathfrak{a} = n\mathfrak{e}.$$

Liegt der Sonderfall vor, daß dieser Grundvektor zu $\mathfrak{a}$ gleichgerichtet und sein Betrag eins ist (Bild 290), so nennt man ihn den zu $\mathfrak{a}$ gehörenden *Einsvektor* (*Einheitsvektor*) $\mathfrak{a}^0$ (gelesen »$\mathfrak{a}$ hoch Null«). Ein Vektor ist durch die Angabe seiner Länge (seines Betrages) und des Einsvektors eindeutig bestimmt:

$$\mathfrak{a} = |\mathfrak{a}|\,\mathfrak{a}^0 = a \cdot \mathfrak{a}^0.$$

Hieraus folgt

$$\boxed{\mathfrak{a}^0 = \frac{\mathfrak{a}}{|\mathfrak{a}|}} \qquad (218)$$

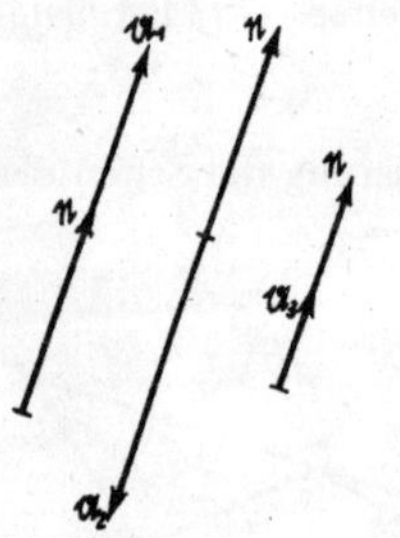

Bild 289

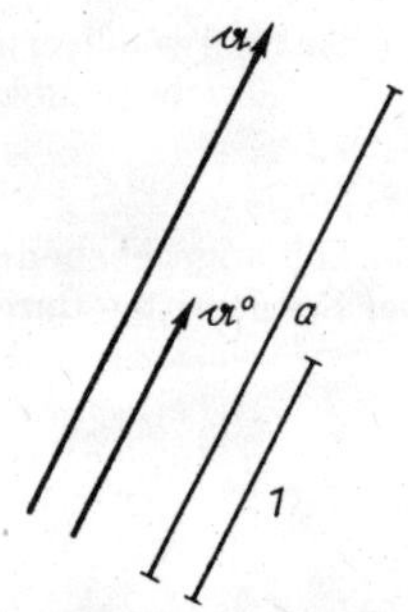

Bild 290

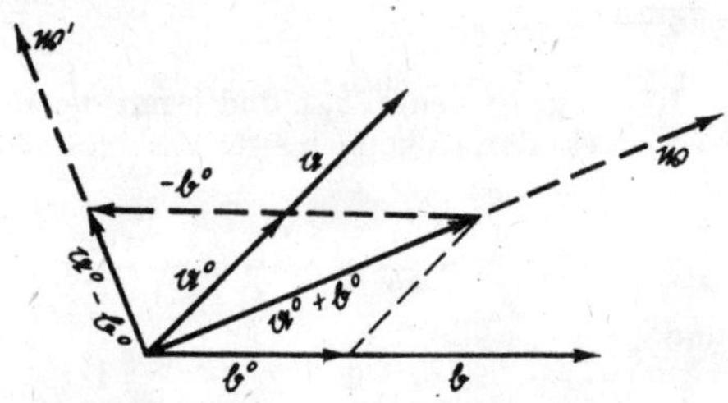

Bild 291

BEISPIEL

Gesucht ist ein Vektor in Richtung der Winkelhalbierenden des von den Vektoren $\mathfrak{a}$ und $\mathfrak{b}$ gebildeten Winkels.

Lösung: Die zu $\mathfrak{a}$ und $\mathfrak{b}$ gehörenden Einsvektoren $\mathfrak{a}^0 = \dfrac{\mathfrak{a}}{|\mathfrak{a}|}$ und $\mathfrak{b}^0 = \dfrac{\mathfrak{b}}{|\mathfrak{b}|}$ bestimmen einen Rhombus, dessen Diagonalvektor $\mathfrak{a}^0 + \mathfrak{b}^0$ den von $\mathfrak{a}$ und $\mathfrak{b}$ gebildeten Winkel halbiert (Bild 291).
Jeder Vektor

$$\mathfrak{w} = m(\mathfrak{a}^0 + \mathfrak{b}^0),$$

der durch Multiplikation des Diagonalvektors mit einem Skalar gebildet wird, liegt in Richtung der Winkelhalbierenden. Die Winkelhalbierende des Nebenwinkels wird beschrieben durch

$$\mathfrak{w}' = n(\mathfrak{a}^0 - \mathfrak{b}^0).$$

34.5. Zerlegung von Vektoren in Komponenten

In der Mechanik ist oft die Aufgabe zu lösen, die längs zweier vorgegebener Richtungen wirkenden **Komponenten** einer Kraft zu bestimmen (z. B. bei der Ermittlung der Längs- und Querkräfte eines belasteten Trägers).

Die Zerlegung eines Vektors in zwei Summanden mit vorgegebenen Richtungen stellt die Umkehrung der in Bild 276 gelösten Aufgabe dar, zwei Vektoren zu addieren. Ist z. B. (Bild 292) $\mathfrak{c}$ der zu zerlegende Vektor und geben die Vektoren $\mathfrak{a}$ und $\mathfrak{b}$ die Zerlegungsrichtungen an, so zieht man durch Anfangs- und Endpunkt von $\mathfrak{c}$ Parallelen zu den gegebenen Richtungen. Die Seiten des entstehenden Parallelogramms bestimmen Länge (Betrag) und Richtung der gesuchten Summanden $\mathfrak{c}_1$ und $\mathfrak{c}_2$, der Durchlaufungssinn folgt aus der Bedingung $\mathfrak{c} = \mathfrak{c}_1 + \mathfrak{c}_2$.

$\mathfrak{c}_1$ und $\mathfrak{c}_2$ heißen die Komponenten des Vektors $\mathfrak{c}$ längs $\mathfrak{a}$ und $\mathfrak{b}$. (Wie Bild 292 zeigt, brauchen die gegebenen Vektoren und die Komponenten nicht gleichgerichtet zu sein.) Mittels der in die Richtung von $\mathfrak{a}$ und $\mathfrak{b}$ fallenden Grundvektoren $\mathfrak{e}_\mathfrak{a}$ und $\mathfrak{e}_\mathfrak{b}$ läßt sich die Zerlegung in der Form

$$\mathfrak{c} = c_1 \mathfrak{e}_\mathfrak{a} + c_2 \mathfrak{e}_\mathfrak{b}$$

schreiben mit $\mathfrak{c}_1 = c_1 \mathfrak{e}_\mathfrak{a}$ und $\mathfrak{c}_2 = c_2 \mathfrak{e}_\mathfrak{b}$.

Die Zerlegung des Vektors $\mathfrak{c}$ in Komponenten längs $\mathfrak{a}$ und $\mathfrak{b}$ ist nur dann eindeutig

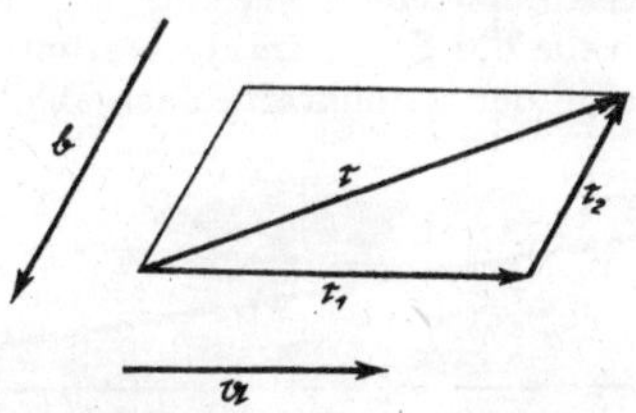

Bild 292

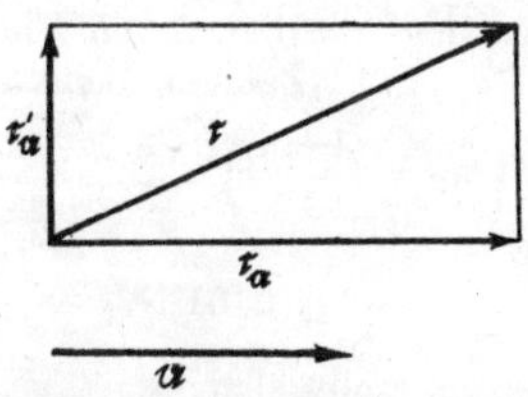

Bild 293

möglich, wenn $\mathfrak{c}$ in der durch $\mathfrak{a}$ und $\mathfrak{b}$ festgelegten Ebene liegt und $\mathfrak{a}$ und $\mathfrak{b}$ nicht einander parallel sind. Vektoren, die in einer Ebene liegen, nennt man *komplanar*[1]). Da sowohl $\mathfrak{c}_1$ und $\mathfrak{a}$ als auch $\mathfrak{c}_2$ und $\mathfrak{b}$ kollinear sind, kann man für sie auch die folgenden Beziehungen ansetzen:

$$\mathfrak{c}_1 = m\mathfrak{a}; \quad \mathfrak{c}_2 = n\mathfrak{b}.$$

Wegen $\mathfrak{c} = \mathfrak{c}_1 + \mathfrak{c}_2$ folgt daraus:

Sind drei komplanare Vektoren $\mathfrak{a}$, $\mathfrak{b}$ und $\mathfrak{c}$ nicht sämtlich kollinear, dann lassen sich stets zwei Skalare m und n bestimmen, so daß gilt

$$\mathfrak{c} = m\mathfrak{a} + n\mathfrak{b}.$$

Wird insbesondere ein Vektor $\mathfrak{c}$ in zwei senkrecht zueinander stehende Komponenten zerlegt, von denen eine parallel zu einem vorgegebenen Vektor $\mathfrak{a}$ verläuft, so bezeich-

[1]) planus (lat.) eben

net man die *Parallelkomponente* mit $\mathfrak{c}_{\mathfrak{a}}$ und die (senkrecht zu $\mathfrak{a}$ stehende) *Normalkomponente*[1]) mit $\mathfrak{c}'_{\mathfrak{a}}$ (Bild 293).
Sind drei Vektoren $\mathfrak{a}$, $\mathfrak{b}$ und $\mathfrak{c}$ nicht komplanar, dann ist

$$\mathfrak{d} = \mathfrak{a} + \mathfrak{b} + \mathfrak{c}$$

die Diagonale des von $\mathfrak{a}$, $\mathfrak{b}$ und $\mathfrak{c}$ aufgespannten Parallelflächners (vgl. 34.2. und Bild 277). Umgekehrt kann ein Vektor $\mathfrak{d}$ immer durch drei nicht komplanare Vektoren dargestellt werden. Sind z. B. die Richtungen der drei gesuchten Komponenten $\mathfrak{a}$, $\mathfrak{b}$ und $\mathfrak{c}$ durch drei Grundvektoren $\mathfrak{e}_{\mathfrak{a}}$, $\mathfrak{e}_{\mathfrak{b}}$ und $\mathfrak{e}_{\mathfrak{c}}$ gegeben (Bild 294) und ist $\mathfrak{a} = a\,\mathfrak{e}_{\mathfrak{a}}$, $\mathfrak{b} = b\,\mathfrak{e}_{\mathfrak{b}}$ sowie $\mathfrak{c} = c\,\mathfrak{e}_{\mathfrak{c}}$, so lautet die Komponentendarstellung des Vektors

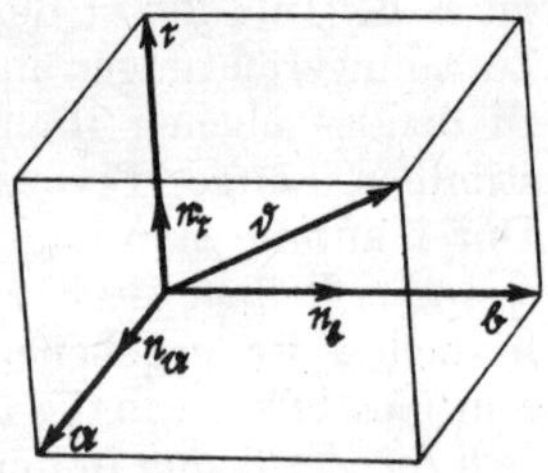

Bild 294

$$\mathfrak{d} = \mathfrak{a} + \mathfrak{b} + \mathfrak{c} = a\,\mathfrak{e}_{\mathfrak{a}} + b\,\mathfrak{e}_{\mathfrak{b}} + c\,\mathfrak{e}_{\mathfrak{c}}.$$

BEISPIEL

Eine Straßenleuchte von 20 N Gewicht ist über der Straßenmitte an zwei Drähten aufgehängt. Diese sind in gleicher Höhe beiderseits an Häusern verankert, die einen Abstand von 18 m voneinander haben. Welche Spannkräfte treten in den Drähten auf, wenn der Draht mit der Lampe 1,5 m durchhängt?

Lösung: Das Gewicht $\mathfrak{G}$ der Lampe muß in zwei Komponenten $\mathfrak{F}_{S1}$ und $\mathfrak{F}_{S2}$, die zwei Spannkräfte, zerlegt werden, deren Richtungen durch die der Spanndrähte bestimmt sind. Es ist $\mathfrak{F}_{S1} + \mathfrak{F}_{S2} = \mathfrak{G}$. Zeichnerisch können die Beträge der Spannkräfte nach Bild 295 ermittelt werden $\left(m_F = \dfrac{1\ \text{cm}}{10\ \text{N}}\right)$:

$$F_{S1} = F_{S2} \approx 61\ \text{N}.$$

Rechnerisch ergibt sich

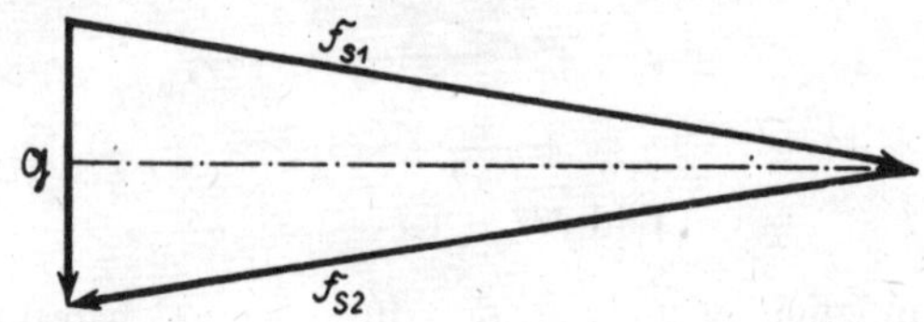

Bild 295

$$F_{S1} : \frac{G}{2} = \sqrt{83{,}25}\ \text{m} : 1{,}5\ \text{m}$$

$$F_{S1} = F_{S2} = 60{,}8\ \text{N} \approx \underline{\underline{61\ \text{N}.}}$$

AUFGABEN

1002. Wie groß sind die in den Stäben s_1 und s_2 (Schließe und Strebe) eines Drehkrans (Bild 296) auftretenden Kräfte, wenn der Kran eine Last von 18000 N trägt?

1003. Welchen Winkel müssen zwei am gleichen Punkt angreifende Kräfte von gleicher Größe miteinander bilden, damit ihre Resultierende wiederum die gleiche Größe hat?

1004. Für drei Vektoren $\mathfrak{a}$, $\mathfrak{b}$ und $\mathfrak{c}$ gilt $\mathfrak{a} + \mathfrak{b} + \mathfrak{c} = \mathfrak{o}$. Zu bestimmen ist der Vektor $\mathfrak{s}$, der in dem von $\mathfrak{a}$, $\mathfrak{b}$ und $\mathfrak{c}$ gebildeten Vektoreck Seitenhalbierende der Seite $\mathfrak{b}$ ist.

[1]) Die Schreibweise $\mathfrak{c}'_{\mathfrak{a}}$ darf nicht verwechselt werden mit der eines Vektors als Zeilenmatrix, z. B. $\mathfrak{c}' = (c_x, c_y, c_z)$. Die Tatsache, daß es sich hier um eine Komponente — und zwar die Normalkomponente — eines Vektors handelt, geht aus dem als Index geschriebenen Bezugsvektor hervor

1005. Zu bestimmen sei der Vektor $\mathfrak{r}$ von einem gegebenen Punkt O nach dem Schwerpunkt S eines Dreiecks, wenn dessen Eckpunkte P_1, P_2 und P_3 durch die Vektoren $\mathfrak{P}_1$, $\mathfrak{P}_2$ und $\mathfrak{P}_3$, die von O ausgehen, gegeben sind.

1006. In einem von drei Vektoren $\mathfrak{a}$, $\mathfrak{b}$ und $\mathfrak{c}$ gebildeten Dreieck gilt

$$\mathfrak{a} + \mathfrak{b} + \mathfrak{c} = \mathfrak{o},$$

und

$$|\mathfrak{b}|^2 + |\mathfrak{c}|^2 = |\mathfrak{a}|^2.$$

Zu bestimmen ist der vom Eckpunkt A des Vektorecks aus zur gegenüberliegenden Seite $\mathfrak{a}$ gerichtete Höhenvektor.

1007. Wann gelten in (214) die Gleichheitszeichen? Welche Lehrsätze der Planimetrie werden durch die Ungleichungen (214) ausgedrückt (vgl. Bild 283)?

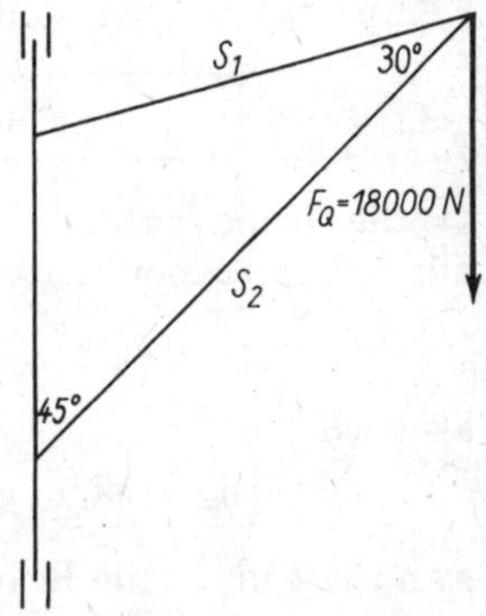

Bild 296

35. Vektoren in einem rechtwinkligen Koordinatensystem

35.1. Grundvektoren eines rechtwinkligen Koordinatensystems

Für das praktische Rechnen mit Vektoren ist es oft nützlich, die Vektoren auf einen bestimmten Punkt zu beziehen und durch Parallelverschiebung im Raum ihre Anfangspunkte in diesen Punkt zu verlegen. Man nennt diese Vektoren mit festgelegtem, gemeinsamem Anfangspunkt **Ortsvektoren**.
Im besonderen Fall, wenn der gemeinsame Anfangspunkt der Koordinatenanfangspunkt ist, bezeichnet man die Ortsvektoren auch als *Radiusvektoren*. Den folgenden Betrachtungen soll ein räumliches cartesisches Koordinatensystem zugrunde gelegt werden. Dieses entsteht aus dem ebenen cartesischen Koordinatensystem durch Hinzunehmen einer dritten Achse, der z-Achse, die senkrecht auf der $x;y$-Ebene steht und nach oben weist (Bild 297). Man nennt ein solches System auch ein *Rechtssystem*, weil x-, y- und z-Achse wie gespreizter Daumen, Zeige- und Mittelfinger der rechten Hand zueinander liegen. Bei diesem System stellt eine Drehung der x-Achse auf kürzestem Wege in Richtung der y-Achse und eine gleichzeitige Bewegung in Richtung der z-Achse die Bewegung einer rechtsgängigen Schraube dar.

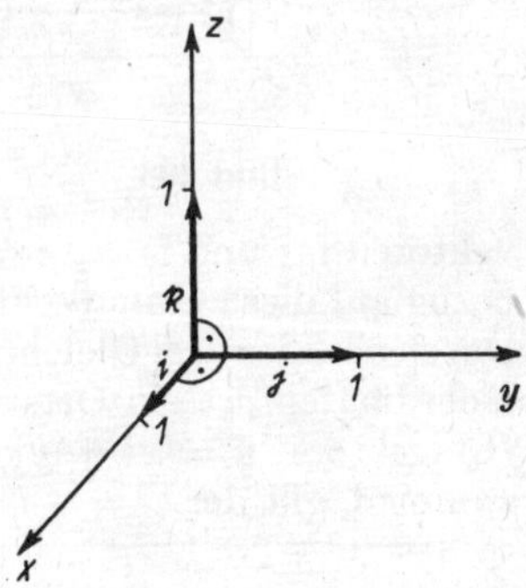

Bild 297

Einen Ortsvektor (Radiusvektor) $\mathfrak{a} = \overrightarrow{OP}$ stellt man mit Hilfe der drei **Grund-**

vektoren $\mathfrak{i}$, $\mathfrak{j}$ und $\mathfrak{k}$ dar, die die positive Richtung der x-, y- bzw. z-Achse und jeder die Länge *eins* haben, also Einsvektoren sind. Das von $\mathfrak{i}$, $\mathfrak{j}$ und $\mathfrak{k}$ gebildete »Dreibein« wird *Basis* genannt. Der Vektor $\mathfrak{a}$ hat in Richtung der Koordinatenachsen die Komponenten $\mathfrak{a}_x$, $\mathfrak{a}_y$ und $\mathfrak{a}_z$, so daß gilt:

$$\boxed{\mathfrak{a} = \mathfrak{a}_x + \mathfrak{a}_y + \mathfrak{a}_z} \tag{219a}$$

Da die Grundvektoren $\mathfrak{i}$, $\mathfrak{j}$ und $\mathfrak{k}$ Einsvektoren sind und damit zugleich die Einheiten auf den drei Koordinatenachsen bestimmen, gilt sowohl

$$\mathfrak{a}_x = a_x\mathfrak{i},\ \mathfrak{a}_y = a_y\,\mathfrak{j},\ \mathfrak{a}_z = a_z\mathfrak{k},$$

als auch

$$\mathfrak{a}_x = x\mathfrak{i},\ \mathfrak{a}_y = y\mathfrak{j},\ \mathfrak{a}_z = z\mathfrak{k},$$

wenn x, y und z die Koordinaten des Punktes P sind.
Also kann der Vektor $\mathfrak{a} = \overrightarrow{OP}$ auch dargestellt werden durch

$$\boxed{\mathfrak{a} = a_x\mathfrak{i} + a_y\mathfrak{j} + a_z\mathfrak{k}} \tag{219b}$$

oder

$$\boxed{\mathfrak{a} = x\mathfrak{i} + y\mathfrak{j} + z\mathfrak{k}} \tag{219c}$$

$\mathfrak{a}_x$, $\mathfrak{a}_y$ und $\mathfrak{a}_z$ heißen die *Komponenten* des Vektors $\mathfrak{a}$ in bezug auf die drei Grund-

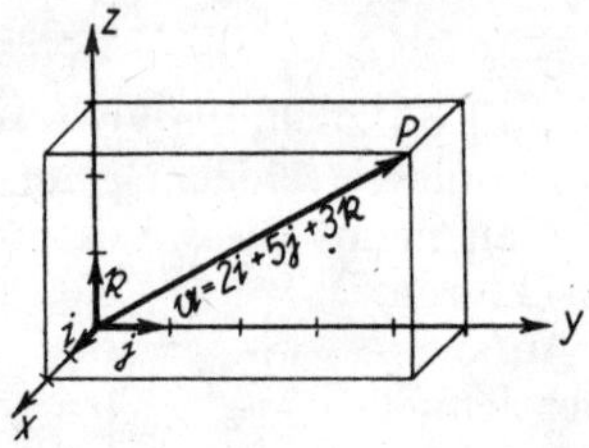

Bild 298

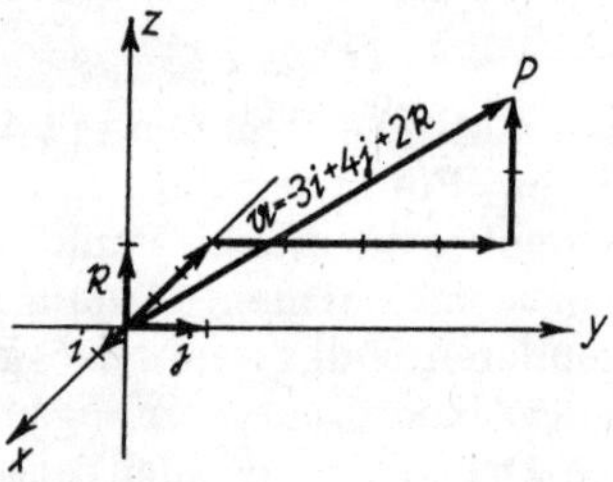

Bild 299

vektoren $\mathfrak{i}$, $\mathfrak{j}$ und $\mathfrak{k}$, $a_x = x$, $a_y = y$ und $a_z = z$ die *Koordinaten* des Vektors $\mathfrak{a}$ in bezug auf diese Grundvektoren[1]).
Durch eine der drei Gleichungen (219), d. h. durch Angabe der Komponenten oder der Koordinaten, ist ein Ortsvektor eindeutig bestimmt. Da aber die Koordinaten eines Ortsvektors $\mathfrak{a} = x\mathfrak{i} + y\mathfrak{j} + z\mathfrak{k}$ mit denen seines Endpunktes $P(x; y; z)$ übereinstimmen, gilt der

[1]) Ein Vektor kann auch als Spaltenmatrix $\mathfrak{a} = \begin{pmatrix} a_x \\ a_y \\ a_z \end{pmatrix}$ oder Zeilenmatrix $\mathfrak{a} = (a_x, a_y, a_z)$ geschrieben werden. Diese Schreibweise ist erweiterungsfähig auf n-dimensionale Vektoren, die sich zwar einer anschaulichen geometrischen Darstellung entziehen, nichtsdestoweniger aber eine große Bedeutung für praktische Anwendungen haben

Satz

Bei vorgegebener Basis kann jedem Punkt des Raumes ein Ortsvektor und umgekehrt jedem Ortsvektor ein Punkt zugeordnet werden.

Bild 298 zeigt die Bestimmung des zum Punkt P gehörenden Ortsvektors: Man legt durch P parallele Ebenen zu den drei Koordinatenebenen, deren Schnittpunkte mit den Koordinatenachsen die Koordinaten des Punktes P darstellen und damit den Vektor $\mathfrak{a}$ bestimmen ($\mathfrak{a} = 2\mathfrak{i} + 5\mathfrak{j} + 3\mathfrak{k}$). Umgekehrt bestimmt man den Endpunkt eines Ortsvektors, indem man nacheinander jeweils soviel Einheiten in den Richtungen der drei Grundvektoren voranschreitet, wie deren Koordinaten angeben. Ist die Koordinate negativ, so hat man die zum Grundvektor entgegengesetzte Richtung zu wählen. In Bild 299 ist der zum Ortsvektor $\mathfrak{a} = -3\mathfrak{i} + 4\mathfrak{j} + 2\mathfrak{k}$ gehörende Punkt P bestimmt worden.
Ähnlich wie man bei einer komplexen Zahl (d. i. ein Zahlenpaar) definiert, daß $a + b\mathrm{j} = 0$ identisch ist mit $a = 0$ und $b = 0$, soll für einen Vektor (d. i. ein Zahlentripel) die Aussage $\mathfrak{a} = a_x\mathfrak{i} + a_y\mathfrak{j} + a_z\mathfrak{k} = \mathfrak{o}$ identisch sein mit $a_x = 0$, $a_y = 0$ und $a_z = 0$, d. h., es gilt die

Definition

Ein Ortsvektor ist genau dann ein Nullvektor, wenn seine drei Koordinaten gleich Null sind.

Nach Definition (vgl. 34.1.) sind zwei Vektoren genau dann gleich, wenn sie in Betrag und Richtung übereinstimmen. Sind $\mathfrak{a} = a_x\mathfrak{i} + a_y\mathfrak{j} + a_z\mathfrak{k}$ und $\mathfrak{b} = b_x\mathfrak{i} + b_y\mathfrak{j} + b_z\mathfrak{k}$ zwei Ortsvektoren, so folgt aus $\mathfrak{a} = \mathfrak{b}$, daß $a_x = b_x, a_y = b_y$ und $a_z = b_z$ sein müssen, d. h., es gilt der

Satz

Zwei Ortsvektoren sind (bei gleicher Basis) gleich, wenn ihre Koordinaten paarweise gleich sind.

Die Gleichung $\mathfrak{a} = \mathfrak{b}$ ist eine einfache *Vektorgleichung*. Allgemein versteht man unter einer Vektorgleichung die Gleichheit zweier Terme $\mathfrak{T}_1$ und $\mathfrak{T}_2$, die vektorielle Ausdrücke darstellen: $\mathfrak{T}_1 = \mathfrak{T}_2$.
Die Vektorgleichung

$$\mathfrak{a} = \mathfrak{b} + \lambda\mathfrak{c},$$

in der $\mathfrak{a}$, $\mathfrak{b}$ und $\mathfrak{c}$ Ortsvektoren und λ ein Skalar sein sollen, kann man auch in der Form

$$\begin{aligned} a_x\mathfrak{i} + a_y\mathfrak{j} + a_z\mathfrak{k} &= b_x\mathfrak{i} + b_y\mathfrak{j} + b_z\mathfrak{k} + \lambda(c_x\mathfrak{i} + c_y\mathfrak{j} + c_z\mathfrak{k}) = \\ &= (b_x + \lambda c_x)\mathfrak{i} + (b_y + \lambda c_y)\mathfrak{j} + (b_z + \lambda c_z)\mathfrak{k} \end{aligned}$$

schreiben.
Die linke und die rechte Seite dieser Gleichung stellen (für jeden Wert von λ) je einen Vektor dar. Da aber zwei Vektoren genau dann gleich sind, wenn ihre Koordinaten

paarweise gleich sind, folgen aus der Vektorgleichung durch *Koeffizientenvergleich* die drei skalaren Gleichungen

$$a_x = b_x + \lambda c_x$$
$$a_y = b_y + \lambda c_y$$
$$a_z = b_z + \lambda c_z.$$

Satz

Eine Vektorgleichung mit dreidimensionalen Vektoren enthält drei skalare Gleichungen.

Von der Schlußweise des Koeffizientenvergleichs, die es ermöglicht, eine Vektorgleichung durch die drei in ihr zusammengefaßten skalaren Gleichungen zu ersetzen, wird in der Vektorrechnung sehr oft Gebrauch gemacht.
Für Vektorgleichungen gelten die gleichen Rechenregeln wie für gewöhnliche Gleichungen (soweit die jeweiligen Rechenoperationen für Vektoren erklärt sind). So darf man z. B. zwei Vektorgleichungen addieren, subtrahieren usw.
Besondere Bedeutung hat auch die Vektorgleichung als Bestimmungsgleichung für einen unbekannten Vektor oder Skalar.

BEISPIEL

Von einem Parallelogramm seien die Diagonalen durch zwei Vektoren $\mathfrak{e}$ und $\mathfrak{f}$ gegeben. Wie heißen die das Parallelogramm aufspannenden Vektoren?

Lösung: Seien $\mathfrak{x}$ und $\mathfrak{y}$ die Vektoren der Parallelogrammseiten, so gilt nach Bild 283

$$\left| \begin{matrix} \mathfrak{x} + \mathfrak{y} = \mathfrak{e} \\ \mathfrak{x} - \mathfrak{y} = \mathfrak{f} \end{matrix} \right|.$$

Hieraus folgt

$$\underline{\underline{\mathfrak{x} = \frac{1}{2}(\mathfrak{e} + \mathfrak{f})}}$$

$$\underline{\underline{\mathfrak{y} = \frac{1}{2}(\mathfrak{e} - \mathfrak{f}).}}$$

35.2. Rechengesetze für Vektoren in Koordinatendarstellung

Die Schreibweise von Vektoren durch verschiedene Vektorsymbole gestattet, Ableitungen und Gesetzmäßigkeiten (Formeln) kurz und übersichtlich darzustellen. Für das praktische Rechnen wird man jedoch meist die Darstellung eines Vektors durch seine Koordinaten verwenden. In 34.2. konnten die Addition und die Subtraktion von Vektoren nur graphisch durchgeführt werden. (Nur im Sonderfalle komplanarer Vektoren war eine rechnerische Nachprüfung möglich.) Durch das Einführen einer

Basis ist jetzt die Voraussetzung für die rechnerische Behandlung der Vektoraddition und -subtraktion geschaffen.
Sind

$$\mathfrak{r}_1 = x_1\mathfrak{i} + y_1\mathfrak{j} + z_1\mathfrak{k}$$

und

$$\mathfrak{r}_2 = x_2\mathfrak{i} + y_2\mathfrak{j} + z_2\mathfrak{k}$$

zwei Ortsvektoren[1]), so folgt aus

$$\mathfrak{r}_1 \pm \mathfrak{r}_2 = (x_1\mathfrak{i} + y_1\mathfrak{j} + z_1\mathfrak{k}) \pm \pm (x_2\mathfrak{i} + y_2\mathfrak{j} + z_2\mathfrak{k})$$

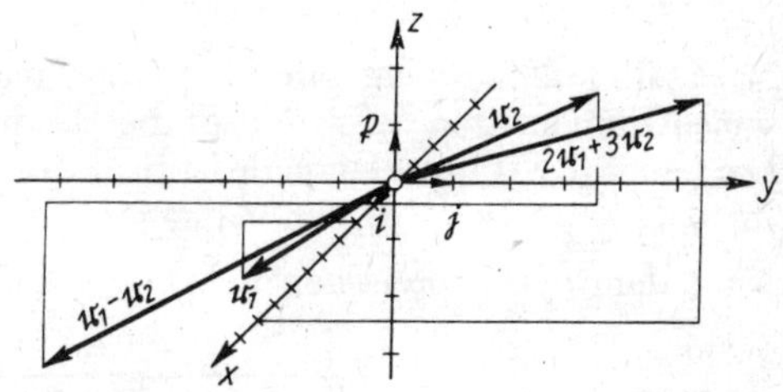

Bild 300

durch Anwenden des Kommutations- und des 2. Distributionsgesetzes

$$\boxed{\mathfrak{r}_1 \pm \mathfrak{r}_2 = (x_1 \pm x_2)\mathfrak{i} + (y_1 \pm y_2)\mathfrak{j} + (z_1 \pm z_2)\mathfrak{k}} \tag{220}$$

Die Koordinaten der Summe (Differenz) zweier Vektoren sind gleich den Summen (Differenzen) der entsprechenden Koordinaten der beiden Vektoren.

Durch Anwenden des 1. Distributionsgesetzes folgt

$$\boxed{n\mathfrak{r} = n(x\mathfrak{i} + y\mathfrak{j} + z\mathfrak{k}) = nx\mathfrak{i} + ny\mathfrak{j} + nz\mathfrak{k}} \tag{221}$$

Das Produkt eines Vektors mit einem Skalar ergibt einen Vektor, dessen Koordinaten die Produkte der entsprechenden Koordinaten des ursprünglichen Vektors mit dem Skalar sind.

BEISPIELE

1. Für zwei Vektoren $\mathfrak{r}_1 = 2\mathfrak{i} - 2\mathfrak{j} - \mathfrak{k}$ und $\mathfrak{r}_2 = \mathfrak{i} + 4\mathfrak{j} + 2\mathfrak{k}$ wird (Bild 300)

$$\mathfrak{r}_1 - \mathfrak{r}_2 = (2 - 1)\mathfrak{i} + (-2 - 4)\mathfrak{j} + (-1 - 2)\mathfrak{k} = \mathfrak{i} - 6\mathfrak{j} - 3\mathfrak{k}$$

und

$$2\mathfrak{r}_1 + 3\mathfrak{r}_2 = (4 + 3)\,\mathfrak{i} + (-4 + 12)\mathfrak{j} + (-2 + 6)\,\mathfrak{k} = 7\mathfrak{i} + 8\mathfrak{j} + 4\mathfrak{k}.$$

2. Sind für $\mathfrak{a} = 2\mathfrak{i} - \mathfrak{j} + 3\mathfrak{k}$, $\mathfrak{b} = 3\mathfrak{i} + 2\mathfrak{j} - 2\mathfrak{k}$ und $\mathfrak{c} = -4\mathfrak{i} - 2\mathfrak{j} + \mathfrak{k}$ drei andere Vektoren $\mathfrak{u}$, $\mathfrak{v}$ und $\mathfrak{w}$ bestimmt durch $\mathfrak{u} = \mathfrak{a} + \mathfrak{b} + \mathfrak{c}$, $\mathfrak{v} = \mathfrak{a} - \mathfrak{b} + 2\mathfrak{c}$ und $\mathfrak{w} = 2\mathfrak{a} - 3\mathfrak{b} + \mathfrak{c}$, so ergibt sich nach Formel (220) und (221)

$$\mathfrak{u} = (2 + 3 - 4)\,\mathfrak{i} + (-1 + 2 - 2)\,\mathfrak{j} + (3 - 2 + 1)\,\mathfrak{k} = \mathfrak{i} - \mathfrak{j} + 2\mathfrak{k};$$

$$\mathfrak{v} = -9\mathfrak{i} - 7\mathfrak{j} + 7\mathfrak{k};$$

$$\mathfrak{w} = -9\mathfrak{i} - 10\mathfrak{j} + 13\mathfrak{k}.$$

[1]) Im folgenden sollen durch den Buchstaben $\mathfrak{r}$ Orts- bzw. Radiusvektoren gekennzeichnet werden

35.3. Betrag und Richtungscosinus eines Vektors

Nach Bild 298 bilden ein vom Koordinatenursprung ausgehender Vektor $\mathfrak{a}$ und seine Komponenten $\mathfrak{a}_x, \mathfrak{a}_y$ und $\mathfrak{a}_z$ die Hauptdiagonale und die Kanten eines Quaders. Die Länge der Hauptdiagonale ist $|\mathfrak{a}| = a$, die Kantenlängen sind $|\mathfrak{a}_x| = |a_x| = |x|$, $|\mathfrak{a}_y| = |a_y| = |y|$, $|\mathfrak{a}_z| = |a_z| = |z|$.

Nach dem pythagoreischen Lehrsatz erhält man somit für die *Länge* oder den

Betrag eines Ortsvektors

$$a = |\mathfrak{a}| = \sqrt{a_x^2 + a_y^2 + a_z^2} = \sqrt{x^2 + y^2 + z^2} \tag{222}$$

Soll der Abstand zweier Punkte P_1 und P_2 im Raum berechnet werden, die durch ihre Koordinaten $(x_1; y_1; z_1)$ und $(x_2; y_2; z_2)$ gegeben sind, so kann zunächst jedem der beiden Punkte ein Ortsvektor zugeordnet werden:

$$\overrightarrow{OP_1} = \mathfrak{r}_1 = x_1\mathfrak{i} + y_1\mathfrak{j} + z_1\mathfrak{k}, \qquad \overrightarrow{OP_2} = \mathfrak{r}_2 = x_2\mathfrak{i} + y_2\mathfrak{j} + z_2\mathfrak{k}.$$

Es ist dann $\overrightarrow{P_1P_2} = \mathfrak{r}_2 - \mathfrak{r}_1 = (x_2 - x_1)\mathfrak{i} + (y_2 - y_1)\mathfrak{j} + (z_2 - z_1)\mathfrak{k}$ und damit der

Abstand zweier Punkte P_1 und P_2 im Raum:

$$\overline{P_1P_2} = \sqrt{(x_2 - x_1)^2 + (y_2 - y_1)^2 + (z_2 - z_1)^2} \tag{223}$$

Außer dem Betrag (der Länge) eines Ortsvektors gehört zu seiner eindeutigen Bestimmung noch die Richtung. Diese kann durch die Winkel angegeben werden, die der Vektor mit den Grundvektoren $\mathfrak{i}$, $\mathfrak{j}$ und $\mathfrak{k}$ der Basis bildet. Werden diese Winkel mit α, β und γ bezeichnet, so gilt (Bild 301)

$$\begin{aligned} \cos(\mathfrak{a}, \mathfrak{i}) &= \cos\alpha = \frac{a_x}{|\mathfrak{a}|} = \frac{a_x}{a} = \frac{x}{a} \\ \cos(\mathfrak{a}, \mathfrak{j}) &= \cos\beta = \frac{a_y}{|\mathfrak{a}|} = \frac{a_y}{a} = \frac{y}{a} \\ \cos(\mathfrak{a}, \mathfrak{k}) &= \cos\gamma = \frac{a_z}{|\mathfrak{a}|} = \frac{a_z}{a} = \frac{z}{a} \end{aligned} \tag{224}$$

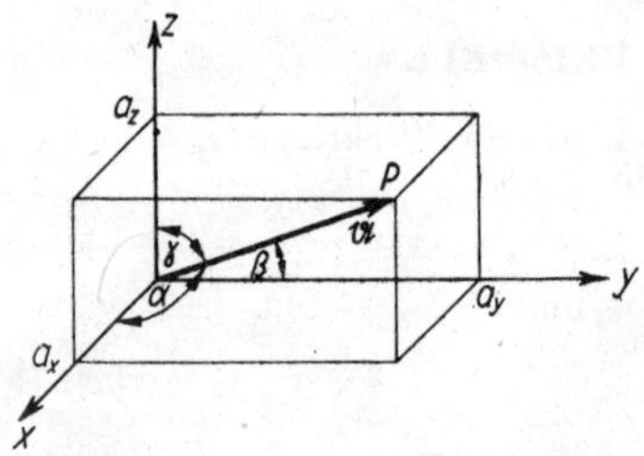

Bild 301

$\cos\alpha$, $\cos\beta$ und $\cos\gamma$ heißen die **Richtungscosinus** von $\mathfrak{a}$. Die Winkel $\alpha = \sphericalangle(\mathfrak{a}, \mathfrak{i})$, $\beta = \sphericalangle(\mathfrak{a}, \mathfrak{j})$ und $\gamma = \sphericalangle(\mathfrak{a}, \mathfrak{k})$ sind spitz oder stumpf, je nachdem a_x, a_y und a_z positiv oder negativ sind, d. h., je nachdem die Komponenten $\mathfrak{a}_x$, $\mathfrak{a}_y$ und $\mathfrak{a}_z$ den Grundvektoren $\mathfrak{i}$, $\mathfrak{j}$ und $\mathfrak{k}$ gleich oder entgegengesetzt gerichtet sind.

Wegen $\quad a_x^2 + a_y^2 + a_z^2 = a^2$

gilt $\cos^2\alpha + \cos^2\beta + \cos^2\gamma =$

$$= \frac{a_x^2 + a_y^2 + a_z^2}{a^2} = \frac{a^2}{a^2} = 1,$$

$$\boxed{\cos^2\alpha + \cos^2\beta + \cos^2\gamma = 1} \qquad (225)$$

Die Quadratsumme der Richtungscosinus ist immer 1.

Daraus folgt:

a) *Die drei Richtungscosinus sind voneinander abhängig.*

Bei vorgegebenen α und β ist z. B.

$$\cos\gamma = \pm\sqrt{1 - \cos^2\alpha - \cos^2\beta};$$

b) *Von den drei Winkeln kann immer nur einer kleiner als 45° sein.*

Wären nämlich zwei Winkel kleiner als 45°, z. B. α und β, so wäre $\cos^2\alpha > \frac{1}{2}$ und $\cos^2\beta > \frac{1}{2}$ und somit

$$\cos\gamma = \pm\sqrt{1 - \cos^2\alpha - \cos^2\beta} \quad \text{imaginär.}$$

Aus $\cos\alpha = \frac{a_x}{|\mathfrak{a}|}$, $\cos\beta = \frac{a_y}{|\mathfrak{a}|}$ und $\cos\gamma = \frac{a_z}{|\mathfrak{a}|}$

folgt für die Koordinaten des Vektors $\mathfrak{a}$

$$a_x = |\mathfrak{a}|\cos\alpha, \quad a_y = |\mathfrak{a}|\cos\beta, \quad a_z = |\mathfrak{a}|\cos\gamma.$$

Damit ist es nunmehr möglich, einen Vektor $\mathfrak{a}$ mit Hilfe seiner Bestimmungsgrößen Betrag und Richtung (die letztere dargestellt durch die Richtungscosinus) zu schreiben:

$$\mathfrak{a} = a_x\mathfrak{i} + a_y\mathfrak{j} + a_z\mathfrak{k} = |\mathfrak{a}|\,\mathfrak{i}\cos\alpha + |\mathfrak{a}|\,\mathfrak{j}\cos\beta + |\mathfrak{a}|\,\mathfrak{k}\cos\gamma;$$

$$\boxed{\mathfrak{a} = |\mathfrak{a}|\,(\mathfrak{i}\cos\alpha + \mathfrak{j}\cos\beta + \mathfrak{k}\cos\gamma)} \qquad (226)$$

Im besonderen Falle eines Einsvektors gilt wegen $|\mathfrak{a}^0| = 1$

$$\boxed{\mathfrak{a}^0 = \mathfrak{i}\cos\alpha + \mathfrak{j}\cos\beta + \mathfrak{k}\cos\gamma} \qquad (226\text{a})$$

Die Koordinaten eines Einsvektors sind seine Richtungscosinus.

BEISPIELE

1. Gesucht sind Länge, Einsvektor und die mit den Grundvektoren gebildeten Winkel des Vektors $\mathfrak{r} = 2\mathfrak{i} - \mathfrak{j} - 2\mathfrak{k}$.

Lösung: Länge (Betrag): $|\mathfrak{r}| = \sqrt{4 + 1 + 4} = \underline{\underline{3}}$;

Einsvektor: $\mathfrak{r}^0 = \dfrac{\mathfrak{r}}{|\mathfrak{r}|} = \dfrac{2}{3}\mathfrak{i} - \dfrac{1}{3}\mathfrak{j} - \dfrac{2}{3}\mathfrak{k}$;

Winkel: Die Richtungscosinus sind gleich den Koordinaten des Einsvektors, also sind

$$\cos\alpha = \frac{2}{3}, \qquad \cos\beta = -\frac{1}{3}, \qquad \cos\gamma = -\frac{2}{3},$$
$$\underline{\underline{\alpha = 48°11'}} \qquad \underline{\underline{\beta = 109°28'}}, \qquad \underline{\underline{\gamma = 131°49'}}.$$

2. Gesucht sei der Ortsvektor von der Länge $2\sqrt{2}$, der mit der x-Achse einen Winkel von 60°, mit der y-Achse einen Winkel von 135° und mit der z-Achse einen spitzen Winkel einschließt.

Lösung: Mit $\alpha = 60°$ und $\beta = 135°$ wird $\cos\gamma = \pm\sqrt{1 - \dfrac{1}{4} - \dfrac{1}{2}} = \pm\dfrac{1}{2}$ und, da γ spitz sein soll, $\gamma = 60°$.

Der Einsvektor ist

$$\mathfrak{r}^0 = \frac{1}{2}\mathfrak{i} - \frac{\sqrt{2}}{2}\mathfrak{j} + \frac{1}{2}\mathfrak{k}$$

und der Vektor selbst

$$\mathfrak{r} = |\mathfrak{r}|\,\mathfrak{r}^0 = 2\sqrt{2}\left(\frac{1}{2}\mathfrak{i} - \frac{\sqrt{2}}{2}\mathfrak{j} + \frac{1}{2}\mathfrak{k}\right),$$
$$\underline{\underline{\mathfrak{r} = \sqrt{2}\,\mathfrak{i} - 2\mathfrak{j} + \sqrt{2}\,\mathfrak{k}.}}$$

AUFGABEN

1008. Wie heißt der zu $\mathfrak{a} = \dfrac{11}{15}\mathfrak{i} - \dfrac{2}{3}\mathfrak{j} + \dfrac{2}{15}\mathfrak{k}$ gehörige Einsvektor?

1009. Vom Vektor $\mathfrak{r} = -3\,\mathfrak{i} + 8\mathfrak{j} + 5\mathfrak{k}$ sollen Länge, Einsvektor und die Winkel, die er mit den Grundvektoren bildet, bestimmt werden.

1010. Wie heißt ein Ortsvektor und in welcher Entfernung vom Nullpunkt liegt sein Endpunkt, wenn er mit der x-Achse einen Winkel von 135°, mit der y-Achse einen Winkel von 60° und mit der z-Achse einen stumpfen Winkel bildet, und wenn $a_z = -2$ sein soll?

1011. Welche Winkel bildet der Vektor $\mathfrak{r} = \mathfrak{a} + \mathfrak{b} + \mathfrak{c}$ für $\mathfrak{a} = \mathfrak{i} + 2\sqrt{2}\mathfrak{j} - 3\mathfrak{k}$, $\mathfrak{b} = \mathfrak{j} + 2\mathfrak{k}$ und $\mathfrak{c} = -2\mathfrak{i} - \mathfrak{j} + 5\,\mathfrak{k}$ mit den Koordinatenachsen?

1012. Ein Oktaeder (regelmäßiger Körper, begrenzt von acht kongruenten gleichseitigen Dreiecken) habe die Kantenlänge 2, alle seine Eckpunkte liegen auf den Koordinatenachsen. Die Kanten sollen als Vektoren betrachtet werden, wobei die in der $x;y$-Ebene liegenden Kanten eine Orientierung im positiven Umlaufsinn erhalten sollen, während die anderen Kanten in Richtung nach den auf der z-Achse liegenden Eckpunkten orientiert werden sollen. Wie heißen die Vektoren?

1013. Wie heißen die Vektoren, wenn das Oktaeder der Aufg. 1012. so um die z-Achse gedreht wird, daß die in der $x;y$-Ebene liegenden Kanten parallel zur x- und y-Achse verlaufen?

1014. Ein Tetraeder (regelmäßiger Körper, begrenzt von vier kongruenten gleichseitigen Dreiecken) von der Kantenlänge 2 liegt mit einer Seitenfläche in der $x;y$-Ebene derart, daß ein Eckpunkt im Ursprung und eine Kante auf der positiv gerichteten x-Achse liegt. Wie heißen die Vektoren für die Kanten? (Orientierung wie in Aufgabe 1012.)

35.4. Lineare Abhängigkeit und lineare Unabhängigkeit

Wie in 34.3. dargelegt wurde, verläuft eine Vektor $\mathfrak{b} = \lambda\mathfrak{a}$ parallel zum Vektor $\mathfrak{a}$. Die Gleichung $\mathfrak{b} = \lambda\mathfrak{a}$ stellt eine lineare Beziehung zwischen den Vektoren $\mathfrak{a}$ und $\mathfrak{b}$ dar.

Satz

Zwei Vektoren $\mathfrak{a}$ und $\mathfrak{b}$, für die

$$\mathfrak{b} = \lambda\mathfrak{a}$$

gilt, heißen **linear abhängig**. Zwei linear abhängige Vektoren sind **kollinear**.

Im Falle der Kollinearität (linearen Abhängigkeit) zweier Vektoren läßt sich aus einer der drei skalaren Gleichungen, die die Vektorgleichung $\mathfrak{b} = \lambda\mathfrak{a}$ enthält, ein Wert λ errechnen, der *alle drei* Gleichungen erfüllt.
Für drei komplanare Vektoren $\mathfrak{a}$, $\mathfrak{b}$ und $\mathfrak{c}$ gilt (vgl. 34.5.) eine lineare Beziehung

$$\mathfrak{c} = \lambda\mathfrak{a} + \mu\mathfrak{b}.$$

Sind $\mathfrak{a}$, $\mathfrak{b}$ und $\mathfrak{r}$ drei Ortsvektoren, so folgen aus der Vektorgleichung die drei skalaren Gleichungen

$$\begin{aligned} c_x &= \lambda a_x + \mu b_x \\ c_y &= \lambda a_y + \mu b_y \\ c_z &= \lambda a_z + \mu b_z . \end{aligned}$$

Dieses Gleichungssystem enthält drei Gleichungen für nur zwei Variablen λ und μ. Es ist nur dann eindeutig lösbar, wenn — wie im vorliegenden Falle — eine Gleichung von den anderen beiden linear abhängig ist. In diesem Falle muß die aus den Koordinaten der drei Vektoren gebildete Determinante gleich Null sein. Daraus folgt:

Satz

Drei Vektoren $\mathfrak{a}$, $\mathfrak{b}$ und $\mathfrak{c}$, für die

$$\mathfrak{c} = \lambda\mathfrak{a} + \mu\mathfrak{b}$$

bzw. $$D = \begin{vmatrix} a_x & b_x & c_x \\ a_y & b_y & c_y \\ a_z & b_z & c_z \end{vmatrix} = 0$$

gilt, heißen **linear abhängig**. Drei linear abhängige Vektoren sind **komplanar**.

Der Vektor $\mathfrak{c}$ kann dann durch die Vektoren $\mathfrak{a}$ und $\mathfrak{b}$ (sofern diese nicht kollinear sind) dargestellt werden, d. h., er kann eindeutig in Richtung dieser beiden Vektoren zerlegt werden.

Das Wertepaar λ, μ läßt sich aus zweien der drei skalaren Gleichungen, die der Vektorgleichung $\mathfrak{c} = \lambda\mathfrak{a} + \mu\mathfrak{b}$ entsprechen, berechnen. Da $D = 0$ sein soll, erfüllt dieses Wertepaar auch die dritte Gleichung.

Sind drei Vektoren $\mathfrak{a}$, $\mathfrak{b}$ und $\mathfrak{c}$ nicht komplanar, so läßt sich keine lineare Beziehung für sie herstellen, sie sind linear unabhängig. Verschiebt man ihre Anfangspunkte in einen Punkt, so ergeben sie ein räumliches Dreibein, eine Basis. Jeder weitere Vektor $\mathfrak{d}$ des Raumes kann nun nach diesen drei Basisvektoren zerlegt werden, d. h., es muß eine lineare Beziehung von der Form

$$\mathfrak{d} = \lambda\mathfrak{a} + \mu\mathfrak{b} + \nu\mathfrak{c}$$

bestehen.

Handelt es sich insbesondere um drei Ortsvektoren, so kann die Bedingung für lineare Unabhängigkeit wie folgt angegeben werden:

Satz

Drei Vektoren $\mathfrak{a}$, $\mathfrak{b}$ und $\mathfrak{c}$, für die

$$D = \begin{vmatrix} a_x & b_x & c_x \\ a_y & b_y & c_y \\ a_z & b_z & c_z \end{vmatrix} \neq 0$$

gilt, heißen **linear unabhängig**. Die Vektoren liegen nicht in einer Ebene (sind nicht komplanar).

Soll ein Vektor $\mathfrak{d}$ in Richtung dreier nicht komplanarer Vektoren $\mathfrak{a}$, $\mathfrak{b}$ und $\mathfrak{c}$ zerlegt werden, so können aus dem der Vektorgleichung $\mathfrak{d} = \lambda\mathfrak{a} + \mu\mathfrak{b} + \nu\mathfrak{c}$ entsprechenden System von drei skalaren Gleichungen die Werte von λ, μ und ν bestimmt werden.

Zusammenfassend kann also festgestellt werden:

In der Ebene gibt es nur zwei linear unabhängige Vektoren, im Raum gibt es nur drei linear unabhängige Vektoren.

BEISPIELE

1. Der Vektor $\mathfrak{r} = \mathfrak{i} + \frac{4}{7}\,\mathfrak{j} - \mathfrak{k}$ soll in Richtung der Vektoren $\mathfrak{a} = \mathfrak{i} + 2\mathfrak{j} - 3\mathfrak{k}$ und $\mathfrak{b} = 2\mathfrak{i} - \mathfrak{j} + \mathfrak{k}$ zerlegt werden.

   Lösung: Die aus den Koordinaten von $\mathfrak{a}$, $\mathfrak{b}$ und $\mathfrak{r}$ gebildete Determinante errechnet sich zu

$$D = \begin{vmatrix} 1 & 2 & 1 \\ 2 & -1 & \frac{4}{7} \\ -3 & 1 & -1 \end{vmatrix} = 0.$$

Die drei Vektoren sind komplanar, und es kann angesetzt werden

$$\mathfrak{r} = \lambda\mathfrak{a} + \mu\mathfrak{b}$$

$$\mathfrak{i} + \frac{4}{7}\mathfrak{j} - \mathfrak{k} = \lambda(\mathfrak{i} + 2\mathfrak{j} - 3\mathfrak{k}) + \mu(2\mathfrak{i} - \mathfrak{j} + \mathfrak{k}) =$$

$$= (\lambda + 2\mu)\,\mathfrak{i} + (2\lambda - \mu)\,\mathfrak{j} + (-3\lambda + \mu)\,\mathfrak{k}.$$

Der Koeffizientenvergleich liefert die skalaren Gleichungen

$$1 = \lambda + 2\mu$$

$$\frac{4}{7} = 2\lambda - \mu$$

$$-1 = -3\lambda + \mu.$$

Aus zwei Gleichungen lassen sich

$$\lambda = \frac{3}{7} \text{ und } \mu = \frac{2}{7}$$

errechnen, die auch die dritte Gleichung erfüllen.
Die Zerlegung lautet somit

$$\mathfrak{r} = \frac{3}{7}\mathfrak{a} + \frac{2}{7}\mathfrak{b}.$$

Die Richtigkeit des Ergebnisses überprüfe man durch Einsetzen von $\mathfrak{a}$ und $\mathfrak{b}$.

2. Der Vektor $\mathfrak{r} = 2\mathfrak{i} - 3\mathfrak{j} + 9\mathfrak{k}$ sei in Richtung der drei Vektoren $\mathfrak{a} = 2\mathfrak{i} - \mathfrak{j} + \mathfrak{k}$, $\mathfrak{b} = \mathfrak{i} + 2\mathfrak{j} - 2\mathfrak{k}$ und $\mathfrak{c} = \mathfrak{i} + \mathfrak{j} + 2\mathfrak{k}$ zu zerlegen.

Lösung: Da

$$D = \begin{vmatrix} 2 & 1 & 1 \\ -1 & 2 & 1 \\ 1 & -2 & 2 \end{vmatrix} = 15 \neq 0,$$

sind die Vektoren $\mathfrak{a}$, $\mathfrak{b}$ und $\mathfrak{c}$ linear unabhängig, und die Zerlegung von $\mathfrak{r}$ nach diesen Vektoren ist möglich.

Aus $\mathfrak{r} = \lambda\mathfrak{a} + \mu\mathfrak{b} + \nu\mathfrak{c}$ folgt das Gleichungssystem

$$\begin{aligned} 2\lambda + \mu + \nu &= 2 \\ -\lambda + 2\mu + \nu &= -3 \\ \lambda - 2\mu + 2\nu &= 9 \end{aligned}$$

mit $\lambda = 1,\ \mu = -2,\ \nu = 2.$

Also ist $\underline{\underline{\mathfrak{r} = \mathfrak{a} - 2\mathfrak{b} + 2\mathfrak{c}}}.$

Auch bei diesem Beispiel möge der Leser die Probe selbst durchführen.

AUFGABEN

1015. Sind die Vektoren

a) $\mathfrak{r}_1 = -3\mathfrak{i} + 2\mathfrak{k}$
$\mathfrak{r}_2 = \mathfrak{i} + 5\mathfrak{j} + \mathfrak{k}$
$\mathfrak{r}_3 = 2\mathfrak{i} + 3\mathfrak{j} - 2\mathfrak{k}$,

b) $\mathfrak{u} = \mathfrak{i} - 2\mathfrak{j} + \mathfrak{k}$
$\mathfrak{v} = 2\mathfrak{i} + 2\mathfrak{j} - \mathfrak{k}$
$\mathfrak{w} = -\mathfrak{i} + 4\mathfrak{j} - 2\mathfrak{k}$

linear abhängig oder unabhängig?

1016. Der Vektor $\mathfrak{t} = 3\mathfrak{i} - 2{,}7\mathfrak{j}$ soll in Richtung der beiden Vektoren $\mathfrak{r} = -2\mathfrak{i} + 3\mathfrak{k}$ und $\mathfrak{s} = 3\mathfrak{j} - 5\mathfrak{k}$ zerlegt werden.

1017. Der Vektor $\mathfrak{s} = \mathfrak{i} + 4\mathfrak{j} - 2\mathfrak{k}$ soll

a) in Richtung der Vektoren $\mathfrak{a} = -3\mathfrak{i} + \mathfrak{j} - 2\mathfrak{k}$,

$\mathfrak{b} = 2\mathfrak{i} + 3\mathfrak{j} - \mathfrak{k}$, $\mathfrak{c} = \mathfrak{i} - 2\mathfrak{j} - 3\mathfrak{k}$;

b) in Richtung der Vektoren $\mathfrak{a} = -3\mathfrak{i} + \mathfrak{j} + 2\mathfrak{k}$,

$\mathfrak{b} = -2\mathfrak{i} + 3\mathfrak{j} - \mathfrak{k}$, $\mathfrak{c} = \mathfrak{i} + 2\mathfrak{j} - 3\mathfrak{k}$

zerlegt werden.

1018. Der Vektor $\mathfrak{r} = 5\mathfrak{i} + \mathfrak{j} + \frac{1}{2}\mathfrak{k}$ soll mittels der Grundvektoren $\mathfrak{a} = \mathfrak{i} + \mathfrak{j}$, $\mathfrak{b} = \mathfrak{k}$, $\mathfrak{c} = \mathfrak{i} + \mathfrak{k}$ einer neuen Basis dargestellt werden. Wie groß sind die Beträge der neuen Komponenten?

35.5. Vektorgleichung einer Geraden im Raum

Punktrichtungsform der Geradengleichung

Eine Gerade soll durch einen Punkt P_0 gehen und in Richtung eines Vektors $\mathfrak{a}$ verlaufen.

Der Punkt P_0 kann durch einen Ortsvektor $\mathfrak{r} = \mathfrak{r}_0$ (Bild 302) festgelegt werden. Eine Gerade, die die gleiche Richtung wie $\mathfrak{a}$ hat, wird durch $\lambda\mathfrak{a}$ mit λ als Parameter $(-\infty < \lambda < +\infty)$ beschrieben. Legt man den zu $\lambda = 0$ gehörenden Punkt der Geraden in P_0, so erhält man als

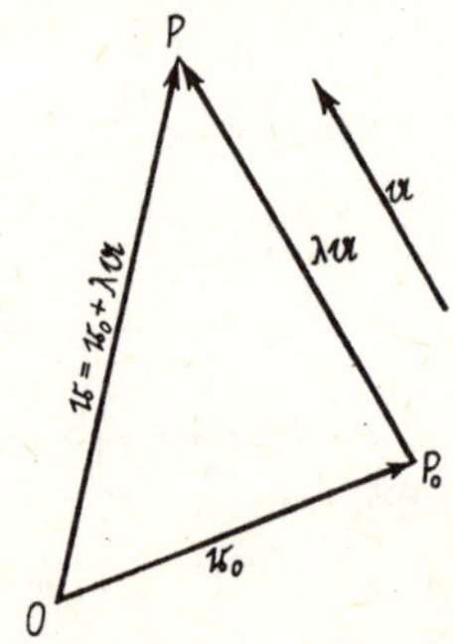

Bild 302

Punktrichtungsform der Geradengleichung

$$\boxed{\mathfrak{r} = \mathfrak{r}_0 + \lambda\mathfrak{a}} \qquad (227)$$

Die Vektorgleichung (227) lautet in Koordinatendarstellung geschrieben:

$$\mathfrak{r} = x\mathfrak{i} + y\mathfrak{j} + z\mathfrak{k} = x_0\mathfrak{i} + y_0\mathfrak{j} + z_0\mathfrak{k} + \lambda(a_x\mathfrak{i} + a_y\mathfrak{j} + a_z\mathfrak{k}) =$$
$$= (x_0 + \lambda a_x)\mathfrak{i} + (y_0 + \lambda a_y)\mathfrak{j} + (z_0 + \lambda a_z)\mathfrak{k}.$$

Ihr entsprechen drei skalare Gleichungen

$$x = x_0 + \lambda a_x, \quad \text{bzw.} \quad x - x_0 = \lambda a_x;$$
$$y = y_0 + \lambda a_y, \quad \text{bzw.} \quad y - y_0 = \lambda a_y;$$
$$z = z_0 + \lambda a_z, \quad \text{bzw.} \quad z - z_0 = \lambda a_z.$$

Aus diesen ergeben sich nach Eliminieren von λ die drei Gleichungen:

$$\frac{y - y_0}{x - x_0} = \frac{a_y}{a_x}, \quad \frac{z - z_0}{x - x_0} = \frac{a_z}{a_x}, \quad \frac{z - z_0}{y - y_0} = \frac{a_z}{a_y}.$$

Sie stellen die Punktrichtungsformen der Gleichungen der Projektionen der Geraden in die $x;y$-Ebene, $x;z$-Ebene und $y;z$-Ebene mit den Richtungsfaktoren $m_{xy} = \frac{a_y}{a_x}$, $m_{xz} = \frac{a_z}{a_x}$ und $m_{yz} = \frac{a_z}{a_y}$ dar.

Zweipunkteform der Geradengleichung

Eine Gerade soll durch zwei gegebene Punkte P_1 und P_2 gehen. Der von P_1 nach P_2 führende Vektor $\overrightarrow{P_1P_2} = \mathfrak{r}_2 - \mathfrak{r}_1$ legt, wenn $\overrightarrow{OP_1} = \mathfrak{r}_1$ und $\overrightarrow{OP_2} = \mathfrak{r}_2$ ist (Bild 303), die Richtung der Geraden fest und entspricht somit dem in Formel (227) mit $\mathfrak{a}$ bezeichneten Vektor. Damit heißt die

Zweipunkteform der Geradengleichung

$$\boxed{\mathfrak{r} = \mathfrak{r}_1 + \lambda(\mathfrak{r}_2 - \mathfrak{r}_1)} \qquad (228)$$

Diese Gleichung ist gleichwertig den drei skalaren Gleichungen

$$x = x_1 + \lambda(x_2 - x_1), \quad \text{bzw.} \quad x - x_1 = \lambda(x_2 - x_1);$$

$$y = y_1 + \lambda(y_2 - y_1), \quad \text{bzw.} \quad y - y_1 = \lambda(y_2 - y_1);$$

$$z = z_1 + \lambda(z_2 - z_1), \quad \text{bzw.} \quad z - z_1 = \lambda(z_2 - z_1).$$

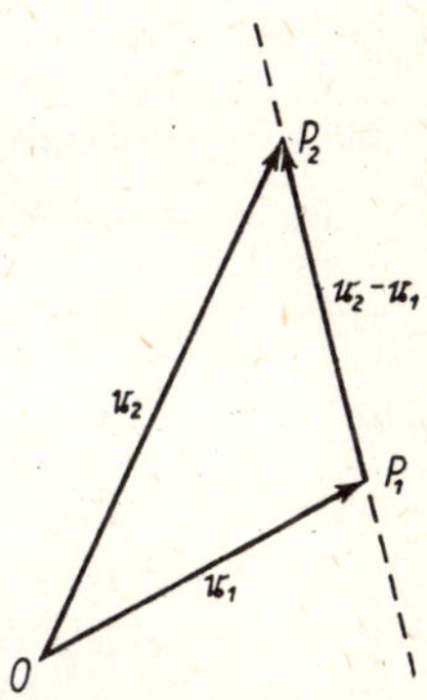

Bild 303

Die Elimination von λ liefert die Gleichungen

$$\frac{y - y_1}{x - x_1} = \frac{y_2 - y_1}{x_2 - x_1}; \quad \frac{z - z_1}{x - x_1} = \frac{z_2 - z_1}{x_2 - x_1}; \quad \frac{z - z_1}{y - y_1} = \frac{z_2 - z_1}{y_2 - y_1}.$$

Die erste gibt den Sachverhalt bei Beschränkung auf die $x;y$-Ebene an, nämlich die Zweipunkteform der Geradengleichung.

BEISPIELE

1. Eine Gerade geht durch $P_1(-1; 8; 6)$ und $P_2(11; -1; -9)$. Es soll untersucht werden, ob die Punkte $P_3(3; 5; 1)$ und $P_4(-5; 11; 8)$ auf der Geraden liegen.

   Lösung: Die Gleichung der Geraden lautet gemäß (228)

   $$\mathfrak{r} = -\mathfrak{i} + 8\mathfrak{j} + 6\mathfrak{k} + \lambda(12\mathfrak{i} - 9\mathfrak{j} - 15\mathfrak{k}).$$

   Liegt P_3 auf der Geraden, so muß der Vektor

   $$\mathfrak{r}_3 = 3\mathfrak{i} + 5\mathfrak{j} + \mathfrak{k}$$

die Gleichung der Geraden für einen bestimmten Wert von λ erfüllen. Aus $3\mathfrak{i} + 5\mathfrak{j} + \mathfrak{k} = -\mathfrak{i} + 8\mathfrak{j} + 6\mathfrak{k} + \lambda(12\mathfrak{i} - 9\mathfrak{j} - 15\mathfrak{k})$ folgt $4\mathfrak{i} - 3\mathfrak{j} - 5\mathfrak{k} = \lambda(12\mathfrak{i} - 9\mathfrak{j} - 15\mathfrak{k})$.
Die Gleichung wird durch

$$\lambda = \frac{1}{3}$$

erfüllt. Der Punkt P_3 liegt somit auf der Geraden durch P_1 und P_2.
Für P_4 erhält man analog $\mathfrak{r}_4 = -5\mathfrak{i} + 11\mathfrak{j} + 8\mathfrak{k}$.

Die Gleichung

$$-5\mathfrak{i} + 11\mathfrak{j} + 8\mathfrak{k} = -\mathfrak{i} + 8\mathfrak{j} + 6\mathfrak{k} + \lambda(12\mathfrak{i} - 9\mathfrak{j} - 15\mathfrak{k})$$

wird aber für keinen Wert von λ erfüllt. P_4 liegt also nicht auf der Geraden durch P_1 und P_2.

2. In welchem Punkt durchstößt die Gerade $\mathfrak{r} = 3\mathfrak{i} - 4\mathfrak{j} + \mathfrak{k} + \lambda(\mathfrak{i} + 2\mathfrak{j} - 3\mathfrak{k})$

a) die $x;y$-Ebene

b) die zur $x;z$-Ebene im Abstand $y = 2$ parallele Ebene?

Lösung: Der Durchstoßpunkt muß einerseits die Geradengleichung erfüllen, anderseits muß er im Fall a) die Koordinate $z = 0$ haben, im Fall b) die Koordinate $y = 2$.
Die Vektorgleichung der Geraden liefert die drei skalaren Gleichungen

$$x = 3 + \lambda; \quad y = -4 + 2\lambda; \quad z = 1 - 3\lambda.$$

a) Für $z = 0$ wird $\lambda = \frac{1}{3}$ und damit $x = \frac{10}{3}$, $y = -\frac{10}{3}$.

b) Für $y = 2$ wird $\lambda = 3$ und damit $x = 6$, $z = -8$.

Die Durchstoßpunkte sind $\underline{\underline{\left(\frac{10}{3}; -\frac{10}{3}; 0\right)}}$ und $\underline{\underline{(6; 2; -8)}}$.

3. Es soll untersucht werden, ob die beiden Geraden einander schneiden, die durch die Punktepaare $P_{11}(3; -2; 8)$, $P_{12}(1; 7; -1)$ und $P_{21}(3; 3; 1)$, $P_{22}(-2; 0{,}5; 13{,}5)$ bestimmt sind.

Lösung: Die Gerade $P_{11}P_{12}$ hat die Gleichung

$$\mathfrak{r}_1 = 3\mathfrak{i} - 2\mathfrak{j} + 8\mathfrak{k} + \lambda(-2\mathfrak{i} + 9\mathfrak{j} - 9\mathfrak{k}),$$

die Gerade $P_{21}P_{22}$

$$\mathfrak{r}_2 = 3\mathfrak{i} + 3\mathfrak{j} + \mathfrak{k} + \mu\left(-5\mathfrak{i} - \frac{5}{2}\mathfrak{j} + \frac{25}{2}\mathfrak{k}\right).$$

Für den Schnittpunkt muß gelten $\mathfrak{r}_1 = \mathfrak{r}_2$ bzw. $\mathfrak{r}_1 - \mathfrak{r}_2 = \mathfrak{o}$:

$$-5\mathfrak{j} + 7\mathfrak{k} + \lambda(-2\mathfrak{i} + 9\mathfrak{j} - 9\mathfrak{k}) - \mu\left(-5\mathfrak{i} - \frac{5}{2}\mathfrak{j} + \frac{25}{2}\mathfrak{k}\right) = \mathfrak{o}.$$

Die Vektorgleichung liefert die 3 skalaren Gleichungen

$$\left|\begin{aligned} -2\lambda + 5\mu &= 0 \\ -5 + 9\lambda + \frac{5}{2}\mu &= 0 \\ 7 - 9\lambda - \frac{25}{2}\mu &= 0 \end{aligned}\right|$$

Das Gleichungssystem wird erfüllt durch $\lambda = \frac{1}{2}$, $\mu = \frac{1}{5}$. Die Geraden schneiden einander. Den Schnittpunkt erhält man durch Einsetzen von λ und μ in eine der Geradengleichungen:

$2\mathfrak{i} + \frac{5}{2}\mathfrak{j} + \frac{7}{2}\mathfrak{k}$. Seine Koordinaten sind $\underline{\underline{(2;\, 2{,}5;\, 3{,}5)}}$.

Hinweis: Da die Geraden als Schnittpunkt einen Punkt des Raumes gemeinsam haben sollen, müssen die aus zwei Gleichungen errechenbaren Werte von λ und μ alle drei Gleichungen erfüllen; denn nur dann erfüllen sie die Vektorgleichung. Genügen ihre Werte z. B. nur den ersten beiden Gleichungen, so besagt das nur, daß sich die *Projektionen* der Geraden auf die $x;y$-Ebene in einem Punkt dieser Ebene schneiden.

AUFGABEN

1019. Gesucht ist die Gleichung der Winkelhalbierenden der beiden Ortsvektoren

$$\mathfrak{r}_1 = 4\mathfrak{i} - 4\mathfrak{j} - 2\mathfrak{k} \quad \text{und} \quad \mathfrak{r}_2 = -2\mathfrak{i} + 6\mathfrak{j} - 3\mathfrak{k}.$$

1020. Es ist die Vektorgleichung der Geraden durch den Punkt $(-2; 3; 5)$ in Richtung des Vektors $\mathfrak{r}_1 = 3\mathfrak{i} - \mathfrak{j} + 2\mathfrak{k}$ aufzustellen. Welche Punkte ergeben sich für $\lambda = 0, \pm 1, \pm 3$?

1021. Eine Gerade soll durch den Punkt $(1; -3; 2)$ parallel zu einem Vektor verlaufen, der durch $\cos\alpha = \cos\beta = \frac{1}{3}\sqrt{3}$, $\cos\gamma > 0$ bestimmt sei. In welchen Punkten durchstößt die Gerade die Koordinatenebenen?

1022. Wie lauten die Gleichungen der Seiten P_1P_2, P_2P_3 und P_3P_1 des Dreiecks mit den Eckpunkten $P_1(-1; 3; 7)$, $P_2(-5; 4; 3)$ und $P_3(6; -5; -4)$?

1023. Welche geometrischen Gebilde beschreiben die Vektorgleichungen

a) $\mathfrak{r} = \mathfrak{r}_1 + n\mathfrak{a}$, b) $\mathfrak{r} = m\mathfrak{r}_1 + \mathfrak{a}$, c) $\mathfrak{r} = m\mathfrak{r}_1 + n\mathfrak{a}$,

worin $\mathfrak{r}_1$ einen Ortsvektor, $\mathfrak{a}$ einen freien Vektor und m und n skalare Parameter ($-\infty < m < +\infty$; $-\infty < n < +\infty$) darstellen sollen?

36. Skalares Produkt

36.1. Definition des skalaren Produktes

Wie aus der Physik bekannt sein wird, ist beim Verschieben eines Körpers längs eines geradlinigen Weges $\mathfrak{s}$ durch eine dem Weg gleichgerichtete Kraft $\mathfrak{F}$ eine Arbeit

$$W = F \cdot s = |\mathfrak{F}| \cdot |\mathfrak{s}|$$

aufzuwenden. Die Kraft $\mathfrak{F}$ und der Weg $\mathfrak{s}$ sind hierbei vektorielle Größen, die Arbeit W ist eine skalare Größe.

Die Beziehung $W = |\mathfrak{F}| \cdot |\mathfrak{s}|$ ist aber nur ein spezieller Fall des allgemeineren Falles, daß $\mathfrak{F}$ und $\mathfrak{s}$ nicht gleichgerichtet sind, sondern einen Winkel $\varphi = \sphericalangle(\mathfrak{F}, \mathfrak{s})$ miteinander bilden (Bild 304).

Dann ist $\quad W = F_s \cdot s = |\mathfrak{F}_{\mathfrak{s}}| \cdot |\mathfrak{s}|.$

Für den Betrag der Komponente von $\mathfrak{F}$ in Richtung von $\mathfrak{s}$, der *Projektion* von $\mathfrak{F}$ auf die Richtung $\mathfrak{s}$, gilt aber

$$F_s = F \cdot \cos\varphi = F \cdot \cos(\mathfrak{F}, \mathfrak{s}) = |\mathfrak{F}| \cdot \cos(\mathfrak{F}, \mathfrak{s}).$$

Damit erhält man für die Arbeit der Kraft $\mathfrak{F}$ längs des Weges $\mathfrak{s}$ ein Produkt von der Form

$$W = |\mathfrak{F}| \cdot |\mathfrak{s}| \cdot \cos(\mathfrak{F}, \mathfrak{s}).$$

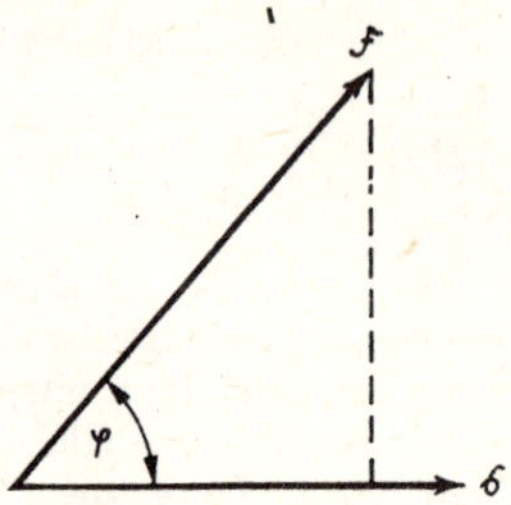

Bild 304

Für dieses Produkt schreibt man kurz nur $\mathfrak{F} \cdot \mathfrak{s}$, und man nennt

$$\mathfrak{F} \cdot \mathfrak{s} = |\mathfrak{F}| \cdot |\mathfrak{s}| \cdot \cos(\mathfrak{F}, \mathfrak{s})$$

das **skalare Produkt** der beiden Vektoren $\mathfrak{F}$ und $\mathfrak{s}$ (weil das Ergebnis ein Skalar ist) oder auch das *innere Produkt* der beiden Vektoren.

Definition

Unter dem skalaren Produkt zweier Vektoren versteht man das Produkt aus ihren Beträgen und dem Cosinus des von den beiden Vektoren eingeschlossenen Winkels:

$$\boxed{\mathfrak{a} \cdot \mathfrak{b} = |\mathfrak{a}| \cdot |\mathfrak{b}| \cdot \cos(\mathfrak{a}, \mathfrak{b})} \qquad (229)$$

Der Punkt zwischen $\mathfrak{a}$ und $\mathfrak{b}$ kann auch weggelassen werden. Es ist daher $\mathfrak{a}\mathfrak{b} = \mathfrak{a} \cdot \mathfrak{b}$; gelesen: »$\mathfrak{a}\mathfrak{b}$« oder auch »$\mathfrak{a}$ Punkt $\mathfrak{b}$«. Eine veraltete, nicht mehr standardgerechte Schreibweise für das Skalarprodukt ist $(\mathfrak{a}\mathfrak{b})$.

Es ist also z. B. die Arbeit das skalare Produkt der Vektoren Kraft und Weg: $W = \mathfrak{F} \cdot \mathfrak{s} = |\mathfrak{F}| \cdot |\mathfrak{s}| \cdot \cos(\mathfrak{F}, \mathfrak{s})$. Wenn $\mathfrak{F} \uparrow\uparrow \mathfrak{s}$, ist $\cos(\mathfrak{F}, \mathfrak{s}) = 1$, und es liegt der eingangs betrachtete Spezialfall vor: $W = |\mathfrak{F}| \cdot |\mathfrak{s}| = F \cdot s$.
Bei allen Produktbildungen von Vektoren darf nicht übersehen werden, daß es sich nicht um Produkte im Sinne des Zahlenrechnens handelt, sondern daß Produkte von Vektoren aus Gründen der Zweckmäßigkeit eingeführt und definiert werden. Daß Produkte von Vektoren andere Eigenschaften aufweisen als Produkte von Skalaren, erkennt man z. B. beim Untersuchen der Frage, wann $\mathfrak{a} \cdot \mathfrak{b}$ gleich Null sein kann. Zwar gilt auch hier, wie bei jedem Produkt von Zahlen, $\mathfrak{a} \cdot \mathfrak{b} = 0$, wenn $\mathfrak{a} = \mathfrak{o}$ oder $\mathfrak{b} = \mathfrak{o}$ oder $\mathfrak{a} = \mathfrak{b} = \mathfrak{o}$ ist. Weiterhin folgt aber aus der Definitionsgleichung, daß $\mathfrak{a} \cdot \mathfrak{b} = 0$ ist, wenn $\cos(\mathfrak{a}, \mathfrak{b}) = 0$, d. h. $\sphericalangle(\mathfrak{a}, \mathfrak{b}) = 90°$ oder $\sphericalangle(\mathfrak{a}, \mathfrak{b}) = 270°$ ist.

Ein skalares Produkt zweier Vektoren wird gleich Null, wenn wenigstens einer der beiden Vektoren der Nullvektor ist oder wenn die beiden Vektoren senkrecht aufeinander stehen.

Für die skalare Multiplikation zweier gleicher Vektoren folgt

$$\mathfrak{a} \cdot \mathfrak{a} = |\mathfrak{a}| \cdot |\mathfrak{a}| \cdot \cos 0^\circ = a \cdot a \cdot 1 = a^2.$$

Damit kann mit Hilfe des skalaren Produktes der

Betrag eines Vektors $\boxed{a = |\mathfrak{a}| = \sqrt{\mathfrak{a} \cdot \mathfrak{a}} = \sqrt{\mathfrak{a}^2}}$ (230)

dargestellt werden, wenn man die (sinnvolle) Vereinbarung $\mathfrak{a} \cdot \mathfrak{a} = \mathfrak{a}^2$ verwendet.
Es soll nun noch die Frage der Umkehrbarkeit der skalaren Multiplikation, d. h. die Möglichkeit der Division eines Skalars durch einen Vektor, untersucht werden. Alle Vektoren $\mathfrak{b}_n$, die die gleiche Komponente $\mathfrak{b}_\mathfrak{a}$ längs eines Vektors $\mathfrak{a}$ haben (Bild 305), haben wegen

$$|\mathfrak{b}_\mathfrak{a}| = |\mathfrak{b}_1| \cdot \cos \varphi_1 = |\mathfrak{b}_2| \cdot \cos \varphi_2 = \ldots$$

das gleiche Skalarprodukt

$$\mathfrak{a} \cdot \mathfrak{b}_\mathfrak{a} = |\mathfrak{a}| \cdot |\mathfrak{b}_\mathfrak{a}| \cdot \cos 0^\circ = |\mathfrak{a}| \cdot |\mathfrak{b}_1| \cdot \cos \varphi_1 = \\ = |\mathfrak{a}| \cdot |\mathfrak{b}_2| \cdot \cos \varphi_2 = \ldots$$

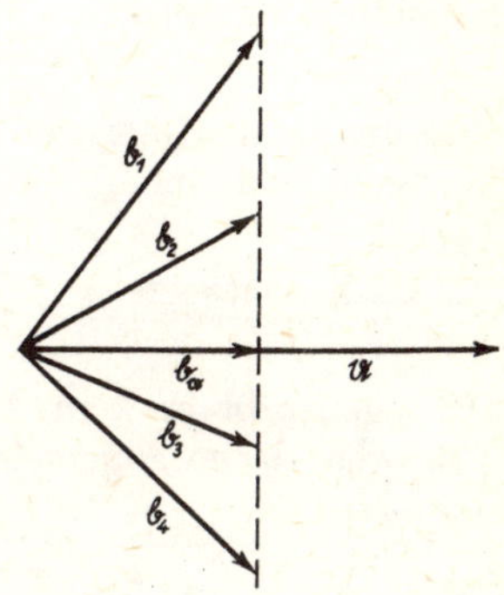

Bild 305

Also kann aus einem vorgegebenen Skalarprodukt $\mathfrak{a} \cdot \mathfrak{b}$ und einem vorgegebenen Vektor $\mathfrak{a}$ der Vektor $\mathfrak{b}$ nicht eindeutig bestimmt werden:
Die skalare Multiplikation läßt sich nicht eindeutig umkehren.
Weiterhin folgt aus den vorstehenden Betrachtungen:

$$\boxed{\mathfrak{a} \cdot \mathfrak{b} = \mathfrak{a} \cdot \mathfrak{b}_\mathfrak{a} = \mathfrak{a}_\mathfrak{b} \cdot \mathfrak{b}.} \tag{231}$$

Der Wert des skalaren Produktes zweier Vektoren ändert sich nicht, wenn man einen der Vektoren durch seine Komponente längs des anderen ersetzt.

AUFGABEN

1024. Wann ergibt das Skalarprodukt einen negativen Wert?
1025. Welchen Wert hat das Skalarprodukt zweier Vektoren, deren Beträge 3 und 4 sind und die einen Winkel von a) 30°, b) 60°, c) 90°, d) 150° miteinander bilden?
1026. Wie kann der Winkel $\varphi = \sphericalangle (\mathfrak{a}, \mathfrak{b})$ berechnet werden, wenn $\mathfrak{a}$ und $\mathfrak{b}$ bekannt sind?
1027. Was folgt aus $\mathfrak{a}\mathfrak{b} = \mathfrak{a}\mathfrak{c}$ für die Vektoren $\mathfrak{b}$ und $\mathfrak{c}$?
1028. Es soll bewiesen werden, daß $|\mathfrak{a}_\mathfrak{b}| = \frac{\mathfrak{a}\mathfrak{b}}{b}$ und $|\mathfrak{b}_\mathfrak{a}| = \frac{\mathfrak{a}\mathfrak{b}}{a}$ ist.

36.2. Rechengesetze für skalare Produkte

Vertauscht man in einem skalaren Produkt $\mathfrak{a}\mathfrak{b}$ die Reihenfolge der Faktoren, so erhält man zunächst

$$\mathfrak{b}\mathfrak{a} = ba \cos (\mathfrak{b}, \mathfrak{a}).$$

Setzt man wiederum $\sphericalangle(\mathfrak{a}, \mathfrak{b}) = \varphi$, so ist $\sphericalangle(\mathfrak{b}, \mathfrak{a}) = -\varphi$; denn der Drehsinn von $\sphericalangle(\mathfrak{b}, \mathfrak{a})$ ist dem des Winkels $(\mathfrak{a}, \mathfrak{b})$ entgegengesetzt gerichtet. Da aber $\cos(-\varphi) = \cos\varphi$ ist und damit $\cos(\mathfrak{b}, \mathfrak{a}) = \cos(\mathfrak{a}, \mathfrak{b})$, bekommt man, wenn man noch die Reihenfolge der Skalare b und a vertauscht,

$$\mathfrak{b}\mathfrak{a} = ab\cos(\mathfrak{a}, \mathfrak{b}).$$

Es gilt demnach das

Kommutationsgesetz $$\boxed{\mathfrak{a}\mathfrak{b} = \mathfrak{b}\mathfrak{a}} \tag{232}$$

Wie aus dem bisherigen leicht zu folgern ist, gilt für die Multiplikation von zwei Vektoren und einem Skalar das

Assoziationsgesetz $$\boxed{(n\mathfrak{a})\mathfrak{b} = \mathfrak{a}(n\mathfrak{b}) = n(\mathfrak{a}\mathfrak{b})} \tag{233}$$

Hingegen gibt es kein Assoziationsgesetz für die skalare Multiplikation mehrerer Vektoren, da im allgemeinen Falle

$$\mathfrak{a}(\mathfrak{b}\mathfrak{c}) \neq (\mathfrak{a}\mathfrak{b})\mathfrak{c} \quad \text{ist;}$$

denn $\mathfrak{b}\mathfrak{c}$ und $\mathfrak{a}\mathfrak{b}$ sind Skalare, so daß $\mathfrak{a}(\mathfrak{b}\mathfrak{c})$ ein zu $\mathfrak{a}$ paralleler, $(\mathfrak{a}\mathfrak{b})\mathfrak{c}$ ein zu $\mathfrak{c}$ paralleler

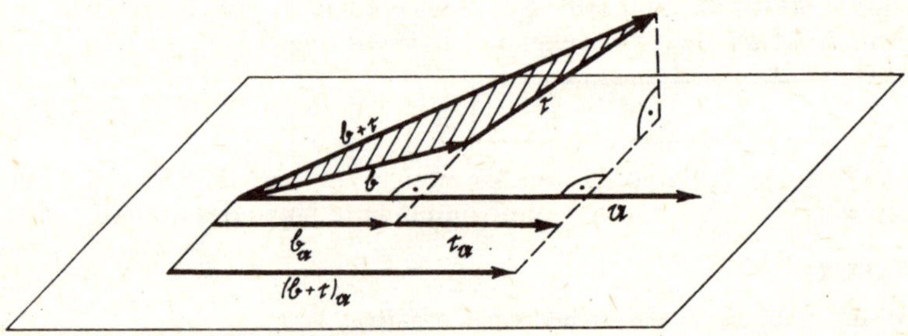

Bild 306

Vektor ist. Es gibt also keine skalare Multiplikation von mehr als zwei Vektoren. Auch ist eine Schreibweise $\mathfrak{a} \cdot \mathfrak{b} \cdot \mathfrak{c}$ ohne Zusammenfassen von zwei Vektoren in einer Klammer (als Zeichen für die Produktbildung) sinnlos.

Es soll nun noch gezeigt werden, daß bei der skalaren Multiplikation auch das Distributionsgesetz Gültigkeit hat, d. h., daß

$$\mathfrak{a}(\mathfrak{b} + \mathfrak{c}) = \mathfrak{a}\mathfrak{b} + \mathfrak{a}\mathfrak{c} \quad \text{ist.}$$

Zwei der drei Vektoren $\mathfrak{a}$, $\mathfrak{b}$ und $\mathfrak{c}$ bestimmen eine Ebene, während der dritte Vektor im allgemeinen Fall nicht in dieser Ebene liegen wird. In Bild 306 liegen $\mathfrak{a}$ und $\mathfrak{b}$ in der Ebene, $\mathfrak{c}$ außerhalb. Wie aus Bild 306 zu erkennen ist, ist die Komponente von

$\mathfrak{b} + \mathfrak{c}$ in der Richtung $\mathfrak{a}$ gleich der Summe der Komponenten von $\mathfrak{b}$ in der Richtung $\mathfrak{a}$ und von $\mathfrak{c}$ in der Richtung $\mathfrak{a}$:

$$(\mathfrak{b} + \mathfrak{c})_\mathfrak{a} = \mathfrak{b}_\mathfrak{a} + \mathfrak{c}_\mathfrak{a}.$$

Multipliziert man diese Gleichung skalar mit $\mathfrak{a}$, so erhält man

$$\mathfrak{a} \cdot (\mathfrak{b} + \mathfrak{c})_\mathfrak{a} = \mathfrak{a} \cdot \mathfrak{b}_\mathfrak{a} + \mathfrak{a} \cdot \mathfrak{c}_\mathfrak{a}.$$

Wegen der Beziehung (231) ist aber

$$\mathfrak{a} \cdot (\mathfrak{b} + \mathfrak{c})_\mathfrak{a} = \mathfrak{a}(\mathfrak{b} + \mathfrak{c}), \quad \mathfrak{a} \cdot \mathfrak{b}_\mathfrak{a} = \mathfrak{a} \cdot \mathfrak{b}, \quad \mathfrak{a} \cdot \mathfrak{c}_\mathfrak{a} = \mathfrak{a} \cdot \mathfrak{c}.$$

Diese Beziehungen in die zuletzt erhaltene Form eingesetzt, ergibt das

Distributionsgesetz $$\boxed{\mathfrak{a}(\mathfrak{b} + \mathfrak{c}) = \mathfrak{a}\mathfrak{b} + \mathfrak{a}\mathfrak{c}} \qquad (234)$$

BEISPIELE

1. Zu berechnen seien
   a) $(\mathfrak{a} + \mathfrak{b})^2$;
   b) $(\mathfrak{a} + \mathfrak{b} + \mathfrak{c})^2$.

   Lösung:

   a) Unter Verwendung des Distributionsgesetzes und der Beziehung $\mathfrak{a} \cdot \mathfrak{a} = \mathfrak{a}^2 = a^2$ erhält man
   $(\mathfrak{a} + \mathfrak{b})(\mathfrak{a} + \mathfrak{b}) = \mathfrak{a}^2 + \mathfrak{a}\mathfrak{b} + \mathfrak{a}\mathfrak{b} + \mathfrak{b}^2 = \mathfrak{a}^2 + 2\mathfrak{a}\mathfrak{b} + \mathfrak{b}^2 = a^2 + 2ab\cos(\mathfrak{a}, \mathfrak{b}) + b^2.$

   b) $$\begin{aligned}(\mathfrak{a} + \mathfrak{b} + \mathfrak{c})(\mathfrak{a} + \mathfrak{b} + \mathfrak{c}) &= \mathfrak{a}^2 + \mathfrak{a}\mathfrak{b} + \mathfrak{a}\mathfrak{c} + \mathfrak{a}\mathfrak{b} + \mathfrak{b}^2 + \mathfrak{b}\mathfrak{c} + \mathfrak{a}\mathfrak{c} + \mathfrak{b}\mathfrak{c} + \mathfrak{c}^2 = \\ &= \mathfrak{a}^2 + \mathfrak{b}^2 + \mathfrak{c}^2 + 2\mathfrak{a}\mathfrak{b} + 2\mathfrak{a}\mathfrak{c} + 2\mathfrak{b}\mathfrak{c} = \\ &= a^2 + b^2 + c^2 + 2[ab\cos(\mathfrak{a}, \mathfrak{b}) + ac\cos(\mathfrak{a}, \mathfrak{c}) + bc\cos(\mathfrak{b}, \mathfrak{c})].\end{aligned}$$

2. Es soll der Cosinussatz der ebenen Trigonometrie hergeleitet werden.

   Lösung: Nach Bild 307 ist

   $$\mathfrak{c} = \mathfrak{a} - \mathfrak{b}.$$

   Werden beide Seiten der Gleichung skalar mit sich selbst multipliziert, so ergibt sich

   $$\mathfrak{c}^2 = (\mathfrak{a} - \mathfrak{b})^2 = \mathfrak{a}^2 - 2\mathfrak{a}\mathfrak{b} + \mathfrak{b}^2 = a^2 - 2ab\cos(\mathfrak{a}, \mathfrak{b}) + b^2.$$

   Setzt man noch $\sphericalangle(\mathfrak{a}, \mathfrak{b}) = \gamma$, so erhält man, da $\mathfrak{c}^2 = c^2$, den Cosinussatz

   $$c^2 = a^2 + b^2 - 2ab\cos\gamma.$$

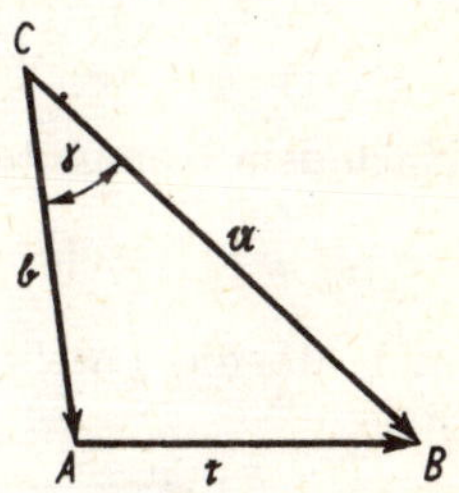

Bild 307

3. Gegeben seien zwei Vektoren $\mathfrak{a}$ und $\mathfrak{b}$. Gesucht ist $\mathfrak{b}_\mathfrak{a}$.

   Lösung: Es ist

   $$\mathfrak{b}_\mathfrak{a} = |\mathfrak{b}_\mathfrak{a}| \cdot \mathfrak{a}^0.$$

In Aufgabe 1028 wurde gezeigt, daß

$$|\mathfrak{b}_\mathfrak{a}| = \frac{\mathfrak{a}\mathfrak{b}}{a} \text{ ist.}$$

Weiterhin gilt

$$\mathfrak{a}^0 = \frac{\mathfrak{a}}{a},$$

so daß

$$\mathfrak{b}_\mathfrak{a} = \frac{\mathfrak{a}\cdot\mathfrak{b}}{a^2}\,\mathfrak{a}$$

wird oder, wegen

$$\mathfrak{a}^2 = a^2,$$

$$\mathfrak{b}_\mathfrak{a} = \frac{\mathfrak{a}\cdot\mathfrak{b}}{\mathfrak{a}^2}\,\mathfrak{a}.$$

Da die Summe von Parallelkomponente $\mathfrak{b}_\mathfrak{a}$ und Normalkomponente $\mathfrak{b}_{\mathfrak{a}}'$ den Vektor $\mathfrak{b}$ ergeben muß, läßt sich nun auch die Normalkomponente errechnen: $\mathfrak{b}_{\mathfrak{a}}' = \mathfrak{b} - \mathfrak{b}_\mathfrak{a}$.

Für das praktische Rechnen mit Vektoren verwendet man die Koordinatendarstellung. Die skalare Multiplikation zweier Vektoren

$$\mathfrak{r}_1 = x_1\mathfrak{i} + y_1\mathfrak{j} + z_1\mathfrak{k}$$
$$\mathfrak{r}_2 = x_2\mathfrak{i} + y_2\mathfrak{j} + z_2\mathfrak{k}$$

liefert zunächst durch Anwenden des Distributionsgesetzes:

$$\mathfrak{r}_1\mathfrak{r}_2 = x_1x_2\mathfrak{i}^2 + y_1x_2\mathfrak{j}\mathfrak{i} + z_1x_2\mathfrak{k}\mathfrak{i} + x_1y_2\mathfrak{i}\mathfrak{j} + y_1y_2\mathfrak{j}^2 + \\ + z_1y_2\mathfrak{k}\mathfrak{j} + x_1z_2\mathfrak{i}\mathfrak{k} + y_1z_2\mathfrak{j}\mathfrak{k} + z_1z_2\mathfrak{k}^2.$$

Nach dem Kommutationsgesetz gilt aber

$$\mathfrak{j}\mathfrak{i} = \mathfrak{i}\mathfrak{j},\quad \mathfrak{k}\mathfrak{i} = \mathfrak{i}\mathfrak{k},\quad \mathfrak{k}\mathfrak{j} = \mathfrak{j}\mathfrak{k},$$

und, da die jeweils ein Produkt bildenden Einsvektoren aufeinander senkrecht stehen:

$$\boxed{\mathfrak{i}\mathfrak{j} = \mathfrak{j}\mathfrak{i} = \mathfrak{i}\mathfrak{k} = \mathfrak{k}\mathfrak{i} = \mathfrak{j}\mathfrak{k} = \mathfrak{k}\mathfrak{j} = 0} \qquad (235)$$

Da $\mathfrak{i}^2$, $\mathfrak{j}^2$ und $\mathfrak{k}^2$ jeweils das Quadrat des Betrages liefern und der Betrag eines Einsvektors gleich *eins* ist, gilt weiterhin

$$\boxed{\mathfrak{i}^2 = \mathfrak{j}^2 = \mathfrak{k}^2 = 1} \qquad (236)$$

Damit fallen in dem obenstehenden Ausdruck für $\mathfrak{r}_1\mathfrak{r}_2$ alle Produkte zweier verschiedener Grundvektoren weg, die Produkte zweier gleicher Grundvektoren ergeben jeweils 1. Man erhält also

$$\boxed{\mathfrak{r}_1\mathfrak{r}_2 = x_1x_2 + y_1y_2 + z_1z_2} \qquad (237)$$

Das Skalarprodukt zweier Vektoren in Koordinatendarstellung ist gleich der Summe der Produkte der gleichartigen Koordinaten der beiden Vektoren.

BEISPIELE

4. Es soll der Winkel zwischen den Vektoren $\mathfrak{r}_1 = -6\mathfrak{i} + 8\mathfrak{j}$ und $\mathfrak{r}_2 = 3\mathfrak{i} - 4\mathfrak{j} + 12\mathfrak{k}$ berechnet werden.

   Lösung: Aus

$$\mathfrak{r}_1\mathfrak{r}_2 = |\mathfrak{r}_1|\,|\mathfrak{r}_2| \cos(\mathfrak{r}_1, \mathfrak{r}_2)$$

   folgt

$$\cos(\mathfrak{r}_1, \mathfrak{r}_2) = \frac{\mathfrak{r}_1 \cdot \mathfrak{r}_2}{|\mathfrak{r}_1| \cdot |\mathfrak{r}_2|} = \frac{x_1x_2 + y_1y_2 + z_1z_2}{\sqrt{x_1^2 + y_1^2 + z_1^2} \cdot \sqrt{x_2^2 + y_2^2 + z_2^2}}$$

$$\cos(\mathfrak{r}_1, \mathfrak{r}_2) = \frac{-50}{10 \cdot 13} = -\frac{5}{13} = -0{,}3846$$

$$\underline{\underline{\sphericalangle(\mathfrak{r}_1, \mathfrak{r}_2) = 112°37'.}}$$

5. Eine Kraft vom Betrag $F = 60$ N, die einen Körper von $P_1(2\text{ m}; -2\text{ m}; 1\text{ m})$ nach $P_2(3\text{ m}; 4\text{ m}; 5\text{ m})$ bewegt, besitzt die Richtung des Vektors $\mathfrak{r} = -\mathfrak{i} + 3\mathfrak{j} + 2\mathfrak{k}$. Welche Arbeit wird von der Kraft verrichtet?

   Lösung: Die Kraft ist

$$\mathfrak{F} = F \cdot \mathfrak{r}^0 = F\frac{\mathfrak{r}}{r}.$$

   Der Weg $\mathfrak{s} = \overrightarrow{P_1P_2}$ ist $\mathfrak{s} = \mathfrak{r}_2 - \mathfrak{r}_1$.

   Damit erhält man als Arbeit der Kraft $\mathfrak{F}$ längs des Weges $\mathfrak{s}$

$$W = \mathfrak{F} \cdot \mathfrak{s} = \frac{F}{r}\,\mathfrak{r}(\mathfrak{r}_2 - \mathfrak{r}_1),$$

$$W = \frac{6}{\sqrt{14}}(-1 + 18 + 8)\text{ J} = \underline{\underline{401\text{ J.}}}$$

AUFGABEN

1029. Es ist zu zeigen, daß die dritte binomische Formel auch für die skalare Multiplikation von Summe und Differenz zweier Vektoren gilt, indem man $(\mathfrak{a} + \mathfrak{b})(\mathfrak{a} - \mathfrak{b})$ berechnet.

1030. $|\mathfrak{r}| = \sqrt{x^2 + y^2 + z^2}$ soll mittels Formel (230) bewiesen werden, desgleichen $\overrightarrow{P_1P_2} = |\mathfrak{r}_2 - \mathfrak{r}_1| = \sqrt{(x_2 - x_1)^2 + (y_2 - y_1)^2 + (z_2 - z_1)^2}$.

1031. Der Vektor $\mathfrak{r}_1 = 2\mathfrak{i} - 3\mathfrak{j} + \mathfrak{k}$ soll skalar mit

   a) $\mathfrak{r}_2 = -\mathfrak{i} + 2\mathfrak{j} + 4\mathfrak{k}$, b) $\mathfrak{r}_2 = -2\mathfrak{i} - 4\mathfrak{j} - 8\mathfrak{k}$, c) $\mathfrak{r}_2 = -4\mathfrak{i} + 6\mathfrak{j} - 2\mathfrak{k}$

   multipliziert werden. Welche Lage zueinander haben die beiden Vektoren im Fall b) und im Fall c)?

1032. Gesucht ist die Komponente des Vektors $\mathfrak{a} = 2\mathfrak{i} - 3\mathfrak{j} - \mathfrak{k}$ in der Richtung des Vektors $\mathfrak{b} = -3\mathfrak{i} + 5\mathfrak{j} - 2\mathfrak{k}$.

1033. Welchen Winkel schließen die beiden Vektoren $\mathfrak{r}_1 = 4\mathfrak{i} - 3\mathfrak{j} + 10\mathfrak{k}$ und $\mathfrak{r}_2 = -3\mathfrak{i} + 6\mathfrak{j} + 5\mathfrak{k}$ ein?

1034. Für drei komplanare Vektoren $\mathfrak{a}$, $\mathfrak{b}$ und $\mathfrak{c}$ gilt $\mathfrak{c} = \lambda\mathfrak{a} + \mu\mathfrak{b}$. λ und μ sind aus $\mathfrak{a}$, $\mathfrak{b}$ und $\mathfrak{c}$ zu berechnen.
Anleitung: Man stelle zunächst durch skalares Multiplizieren der Vektorgleichung mit $\mathfrak{a}$ und $\mathfrak{b}$ zwei skalare Gleichungen her.

36.3. Anwendungen des Skalarproduktes

Abstand eines Punktes von einer Geraden

Die Gerade sei durch ihren Richtungsvektor $\mathfrak{a}$ und einen Punkt P_0 auf ihr gegeben. Gesucht ist der Abstand eines vorgegebenen Punktes P_1 von der Geraden.
Ist P der Fußpunkt des von P_1 auf die Gerade gefällten Lotes und ist $\overrightarrow{P_1P} = \mathfrak{x}$ (Bild 308), so ist $|\mathfrak{x}|$ die Lösung der Aufgabe.
Es gilt sowohl

$$\mathfrak{r} = \mathfrak{r}_1 + \mathfrak{x}$$

als auch

$$\mathfrak{r} = \mathfrak{r}_0 + \lambda_0\mathfrak{a},$$

worin λ_0 der dem Fußpunkt P entsprechende Wert des Parameters λ der Geradengleichung ist. Durch Gleichsetzen folgt

$$\mathfrak{r}_1 + \mathfrak{x} = \mathfrak{r}_0 + \lambda_0\mathfrak{a}. \qquad \text{(I)}$$

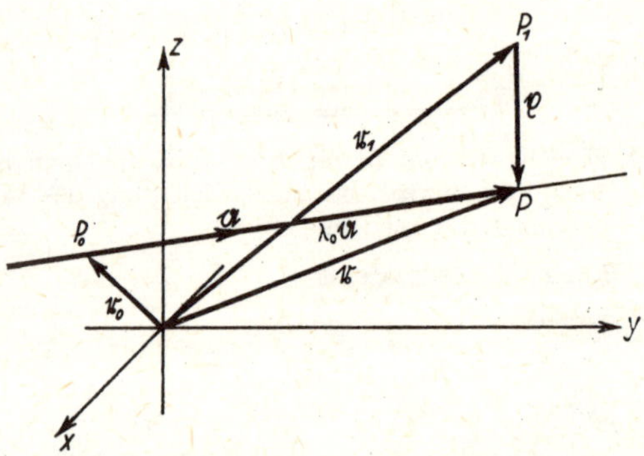

Bild 308

Dieser Vektorgleichung entsprechen drei skalare Gleichungen. Aus diesen allein können aber die vier in der Vektorgleichung enthaltenen Unbekannten (die drei Koordinaten von $\mathfrak{x}$ und der Parameterwert λ_0) nicht bestimmt werden, man benötigt noch eine Gleichung. Diese kann auf Grund der Bedingung des Senkrechtstehens von $\mathfrak{x}$ auf der Geraden aufgestellt werden:

$$\mathfrak{a} \cdot \mathfrak{x} = 0. \qquad \text{(II)}$$

Multipliziert man Gleichung (I) skalar mit $\mathfrak{a}$ und setzt darin Gleichung (II) ein, so erhält man eine Gleichung, die nur noch λ_0 enthält:

$$\mathfrak{a}\mathfrak{r}_1 + \mathfrak{a}\mathfrak{x} = \mathfrak{a}\mathfrak{r}_0 + \lambda_0\mathfrak{a}^2$$

$$\mathfrak{a}\mathfrak{r}_1 + 0 \;= \mathfrak{a}\mathfrak{r}_0 + \lambda_0\mathfrak{a}^2$$

$$\lambda_0 = \frac{\mathfrak{a}(\mathfrak{r}_1 - \mathfrak{r}_0)}{\mathfrak{a}^2}.$$

Das Einsetzen dieses Wertes in (I) ergibt

$$\boxed{\mathfrak{x} = \mathfrak{r}_0 - \mathfrak{r}_1 + \frac{(\mathfrak{r}_1 - \mathfrak{r}_0)\mathfrak{a}}{\mathfrak{a}^2}\,\mathfrak{a}} \tag{238}$$

Der gesuchte Abstand errechnet sich dann als $|\mathfrak{x}|$.

BEISPIEL

1. Eine Gerade verlaufe durch den Punkt $P_0(-1; -1; -1)$ in Richtung des Vektors $\mathfrak{a} = \mathfrak{i} + 2\mathfrak{j} - 2\mathfrak{k}$. Welchen Abstand hat der Punkt $P_1(-2; 3; 4)$ von der Geraden?

Lösung: Der zum Fußpunkt P_1 des Lotes von P_0 ausgehende Vektor ist

$$\mathfrak{x} = \mathfrak{r}_0 - \mathfrak{r}_1 + \lambda_0 \mathfrak{a}$$

mit $$\lambda_0 = \frac{\mathfrak{a}(\mathfrak{r}_1 - \mathfrak{r}_0)}{\mathfrak{a}^2} = \frac{(\mathfrak{i} + 2\mathfrak{j} - 2\mathfrak{k})(-\mathfrak{i} + 4\mathfrak{j} + 5\mathfrak{k})}{1 + 4 + 4} = \frac{-1 + 8 - 10}{9} = -\frac{1}{3}.$$

Damit wird

$$\mathfrak{x} = \mathfrak{i} - 4\mathfrak{j} - 5\mathfrak{k} - \frac{1}{3}(\mathfrak{i} + 2\mathfrak{j} - 2\mathfrak{k}) = \frac{2}{3}\mathfrak{i} - \frac{14}{3}\mathfrak{j} - \frac{13}{3}\mathfrak{k}$$

und $$\underline{\underline{|\mathfrak{x}| = \sqrt{41} \approx 6{,}40}}.$$

Schnittwinkel zweier Geraden

Die beiden Geraden seien in der Parameterdarstellung gegeben. Gesucht ist der Schnittwinkel der beiden Geraden.

Unter dem Schnittwinkel zweier einander nicht schneidender Geraden versteht man den Schnittwinkel der Parallelen zu den beiden Geraden durch einen beliebigen Punkt des Raumes. Die Rechnung gestaltet sich am einfachsten, wenn man für diesen beliebigen Punkt den Nullpunkt wählt.

Sind $\mathfrak{r} = \mathfrak{r}_1 + \lambda_1 \mathfrak{a}_1$ und $\mathfrak{r} = \mathfrak{r}_2 + \lambda_2 \mathfrak{a}_2$ die beiden Geraden, so bestimmt man nur den Winkel zwischen den Richtungsvektoren $\mathfrak{a}_1$ und $\mathfrak{a}_2$ der beiden Geraden.

Es ist dann

$$\cos(\mathfrak{a}_1, \mathfrak{a}_2) = \frac{\mathfrak{a}_1 \cdot \mathfrak{a}_2}{|\mathfrak{a}_1| \cdot |\mathfrak{a}_2|},$$

$$\boxed{\sphericalangle(\mathfrak{a}_1, \mathfrak{a}_2) = \arccos \frac{\mathfrak{a}_1 \cdot \mathfrak{a}_2}{|\mathfrak{a}_1| \cdot |\mathfrak{a}_2|}} \tag{239}$$

BEISPIEL

2. Der Schnittwinkel zwischen der Geraden g_1 durch die Punkte $P_{11}(-3; -1; 1)$ und $P_{12}(4; 3; 2)$ und der Geraden g_2 durch die Punkte $P_{21}(2; 1; -2)$ und $P_{22}(5; -1; 1)$ ist zu bestimmen.

Lösung: Die Richtungsvektoren der beiden Geraden können ermittelt werden:

$$\mathfrak{a}_1 = \mathfrak{r}_{12} - \mathfrak{r}_{11} = 7\mathfrak{i} + 4\mathfrak{j} + \mathfrak{k}$$

$$\mathfrak{a}_2 = \mathfrak{r}_{22} - \mathfrak{r}_{21} = 3\mathfrak{i} - 2\mathfrak{j} + 3\mathfrak{k}.$$

Nach Formel (239) wird

$$\cos(\mathfrak{a}_1, \mathfrak{a}_2) = \frac{21 - 8 + 3}{\sqrt{49 + 16 + 1} \cdot \sqrt{9 + 4 + 9}} = \frac{8}{33}\sqrt{3} = 0{,}4199;$$

$$\underline{\underline{\sphericalangle(\mathfrak{a}_1, \mathfrak{a}_2) = 65°10'.}}$$

Gleichung der Ebene durch einen Punkt senkrecht zu einem Vektor

Gegeben seien ein Vektor $\mathfrak{n}$ und ein Punkt P_0. Gesucht ist die Gleichung der Ebene, die senkrecht auf $\mathfrak{n}$ steht und in der P_0 liegt.

$\mathfrak{n}$ nennt man den *Normalenvektor* der Ebene. Ein Normalenvektor braucht weder auf der Ebene zu beginnen oder zu enden noch vom Ursprung auszugehen. Es gibt also unendlich viele Normalenvektoren einer Ebene. In Bild 309 wurde der Normalenvektor $\mathfrak{n}$ nach P_0 verschoben und der Ortsvektor $\mathfrak{r}$ eines beliebigen Ebenenpunktes P gezeichnet. Alle Vektoren $\mathfrak{r} - \mathfrak{r}_0$ liegen in der gesuchten Ebene und stehen damit auf $\mathfrak{n}$ senkrecht. Also ist das Skalarprodukt von $\mathfrak{n}$ und $\mathfrak{r} - \mathfrak{r}_0$ gleich Null:

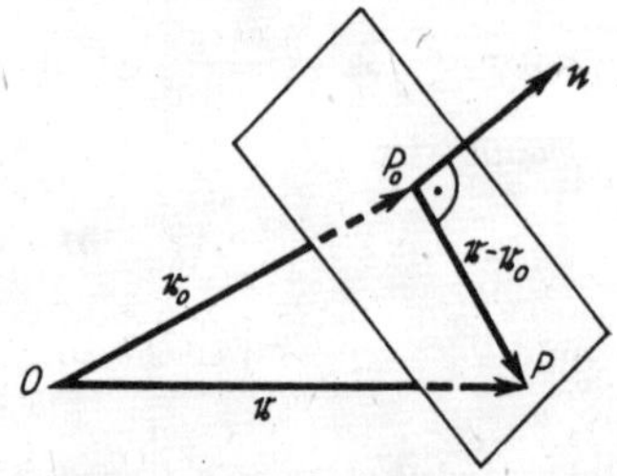

Bild 309

$$\mathfrak{n} \cdot (\mathfrak{r} - \mathfrak{r}_0) = 0, \quad \text{oder} \quad \mathfrak{n} \cdot \mathfrak{r} = \mathfrak{n} \cdot \mathfrak{r}_0.$$

Die Gleichung der Ebene durch P_0 senkrecht zu $\mathfrak{n}$ heißt somit

$$\boxed{\mathfrak{n}\mathfrak{r} = \mathfrak{n}\mathfrak{r}_0} \qquad (240)$$

Setzt man $\mathfrak{n} = A\mathfrak{i} + B\mathfrak{j} + C\mathfrak{k}$, so wird mit $\mathfrak{r} = x\mathfrak{i} + y\mathfrak{j} + z\mathfrak{k}$ die linke Seite von (240) zu

$$\mathfrak{n}\mathfrak{r} = Ax + By + Cz.$$

Da $\mathfrak{n}\mathfrak{r}_0$ eine Konstante ist, kann man sie ersetzen durch

$$\mathfrak{n}\mathfrak{r}_0 = -D.$$

Damit erhält man die Gleichung der Ebene in cartesischen Koordinaten

$$\boxed{Ax + By + Cz + D = 0} \qquad (240\text{a})$$

Als Schnittgerade dieser Ebene mit der $x;y$-Ebene erhält man mit $z = 0$ die bekannte allgemeine Gleichung einer Geraden.

BEISPIEL

3. Ein Punkt $P_0(2; -3; -1)$ liegt in einer Ebene, die senkrecht zum Vektor $\mathfrak{n} = \mathfrak{i} - 2\mathfrak{j} + 4\mathfrak{k}$ steht. Gesucht ist die Gleichung der Ebene.

Lösung: Es wird

$$\mathfrak{n}\mathfrak{r} = x - 2y + 4z$$

und $\mathfrak{n}\mathfrak{r}_0 = 2 + 6 - 4 = 4.$

Die Gleichung der Ebene heißt

$$\underline{\underline{x - 2y + 4z = 4.}}$$

Parameterdarstellung einer Ebene

a) Eine Ebene soll durch einen Punkt P_1 gehen und parallel zu zwei nicht kollinearen Vektoren $\mathfrak{a}$ und $\mathfrak{b}$ liegen.

Für jeden weiteren Punkt P, der in der Ebene liegt, muß gelten, daß der Vektor $\overrightarrow{P_1P} = \mathfrak{r} - \mathfrak{r}_1$ und die Vektoren $\mathfrak{a}$ und $\mathfrak{b}$ komplanar sind, d. h., es muß

$$\mathfrak{r} - \mathfrak{r}_1 = \lambda\mathfrak{a} + \mu\mathfrak{b} \text{ sein.}$$

Somit lautet die Parameterdarstellung einer Ebene im Raum

$$\boxed{\mathfrak{r} = \mathfrak{r}_1 + \lambda\mathfrak{a} + \mu\mathfrak{b}} \qquad (241)$$

Wegen der zweidimensionalen Ausdehnung müssen in der Gleichung einer Ebene zwei Parameter auftreten. Bei der Gleichung einer Geraden hingegen genügte einer.

b) Die Ebene soll durch drei Punkte P_1, P_2 und P_3 gehen.
Die Vektoren $\mathfrak{a}$ und $\mathfrak{b}$ der Gleichung (241) können auch durch $\mathfrak{a} = \overrightarrow{P_1P_2} = \mathfrak{r}_2 - \mathfrak{r}_1$ und $\mathfrak{b} = \overrightarrow{P_1P_3} = \mathfrak{r}_3 - \mathfrak{r}_1$ bestimmt werden. Dann erhält die Gleichung der Ebene wegen (241) die Form

$$\boxed{\mathfrak{r} = \mathfrak{r}_1 + \lambda(\mathfrak{r}_2 - \mathfrak{r}_1) + \mu(\mathfrak{r}_3 - \mathfrak{r}_1)} \qquad (241\,\text{a})$$

BEISPIEL

4. Gesucht ist die Gleichung der Ebene durch $P_1(-1; 4; 1)$, $P_2(3; -2; 2)$ und $P_3(2; 7; -3)$.
Lösung: Mit $\mathfrak{r}_2 - \mathfrak{r}_1 = 4\mathfrak{i} - 6\mathfrak{j} + \mathfrak{k}$ und $\mathfrak{r}_3 - \mathfrak{r}_1 = 3\mathfrak{i} + 3\mathfrak{j} - 4\mathfrak{k}$ heißt die Gleichung der Ebene

$$\mathfrak{r} = -\mathfrak{i} + 4\mathfrak{j} + \mathfrak{k} + \lambda(4\mathfrak{i} - 6\mathfrak{j} + \mathfrak{k}) + \mu(3\mathfrak{i} + 3\mathfrak{j} - 4\mathfrak{k}),$$

$$\mathfrak{r} = (-1 + 4\lambda + 3\mu)\,\mathfrak{i} + (4 - 6\lambda + 3\mu)\,\mathfrak{j} + (1 + \lambda - 4\mu)\,\mathfrak{k}.$$

Parameterfreie Darstellung der Ebene

a) Die Ebene soll durch drei Punkte P_1, P_2 und P_3 gehen.
Stellt man Gleichung (241 a) um und schreibt

$$\mathfrak{r} - \mathfrak{r}_1 = \lambda(\mathfrak{r}_2 - \mathfrak{r}_1) + \mu(\mathfrak{r}_3 - \mathfrak{r}_1),$$

so erkennt man die in 35.4. in der Form $\mathfrak{c} = \lambda\mathfrak{a} + \mu\mathfrak{b}$ geschriebene lineare Beziehung zwischen drei Vektoren wieder. Die drei Vektoren $\mathfrak{r} - \mathfrak{r}_1$, $\mathfrak{r}_2 - \mathfrak{r}_1$ und $\mathfrak{r}_3 - \mathfrak{r}_1$ liegen in der darzustellenden Ebene. Dann muß die aus den Koordinaten der drei Vektoren gebildete Determinante gleich Null sein:

$$D = \begin{vmatrix} x - x_1 & x_2 - x_1 & x_3 - x_1 \\ y - y_1 & y_2 - y_1 & y_3 - y_1 \\ z - z_1 & z_2 - z_1 & z_3 - z_1 \end{vmatrix} = 0.$$

Der Wert der Determinante ändert sich durch sogenanntes *Rändern* nicht:

$$D = \begin{vmatrix} 1 & 0 & 0 & 0 \\ x_1 & x - x_1 & x_2 - x_1 & x_3 - x_1 \\ y_1 & y - y_1 & y_2 - y_1 & y_3 - y_1 \\ z_1 & z - z_1 & z_2 - z_1 & z_3 - z_1 \end{vmatrix} = 0.$$

(Entwickelt man die Determinante nach den Elementen der ersten Zeile, so erhält man wieder die ungeränderte Determinante.)
Wie man erkennt, haben die in die erste Spalte gesetzten Elemente x_1, y_1 und z_1 keinen Einfluß auf den Wert der Determinante. Sie ermöglichen allerdings eine Vereinfachung. Addiert man die Elemente der 1. Spalte zu den entsprechenden der 2., 3. und 4. Spalte und vertauscht noch die 1. und 2. Spalte sowie die Zeilen und Spalten miteinander, so bekommt man die Gleichung einer Ebene durch drei Punkte in Determinantenschreibweise

$$\boxed{\begin{vmatrix} 1 & x & y & z \\ 1 & x_1 & y_1 & z_1 \\ 1 & x_2 & y_2 & z_2 \\ 1 & x_3 & y_3 & z_3 \end{vmatrix} = 0} \tag{242}$$

b) Abschnittsform der Gleichung einer Ebene:
Sind die Abschnitte, die die Ebene auf der x-, y- und z-Achse abschneidet, durch a, b und c gegeben, so nimmt Gleichung (242) die einfache Form

$$\begin{vmatrix} 1 & x & y & z \\ 1 & a & 0 & 0 \\ 1 & 0 & b & 0 \\ 1 & 0 & 0 & c \end{vmatrix} = 0$$

an. Entwickelt man die Determinante nach den Elementen der ersten Zeile, so erhält man

$$abc - bcx - acy - abz = 0$$

oder

$$bcx + acy + abz = abc.$$

Sind a, b und c verschieden von Null, so ergibt sich hieraus nach Division durch abc die Abschnittsform der Gleichung einer Ebene

$$\boxed{\frac{x}{a} + \frac{y}{b} + \frac{z}{c} = 1} \tag{242a}$$

Auch Gleichung (240a) liefert die Abschnittsform, wenn man dort durch $-D$ dividiert und $\frac{-D}{A} = a$, $\frac{-D}{B} = b$ und $\frac{-D}{C} = c$ setzt.

Abstand eines Punktes von einer Ebene

a) Eine Ebene sei gegeben durch

$$\mathfrak{n}\mathfrak{r} = \mathfrak{n}\mathfrak{r}_0 .$$

Zu bestimmen ist der Abstand d eines Punktes P_1 von dieser Ebene. Der Vektor des von P_1 auf die Ebene gefällten Lotes sei $\overrightarrow{P_1P} = \mathfrak{d}$. $\mathfrak{d}$ ist die Parallelkomponente des Vektors $\overrightarrow{P_1P_0} = \mathfrak{r}_0 - \mathfrak{r}_1$ längs des Normalenvektors $\mathfrak{n}$ (Bild 310).

Nach Formel (240) gilt deshalb

$$\mathfrak{n}(\mathfrak{r}_0 - \mathfrak{r}_1) = \mathfrak{n}\mathfrak{d},$$

und, da $\mathfrak{n} \| \mathfrak{d}$,

$$\mathfrak{n}(\mathfrak{r}_0 - \mathfrak{r}_1) = \pm |\mathfrak{n}| \cdot |\mathfrak{d}|.$$[1]

Hieraus bestimmt sich der Abstand d des Punktes P_1 von einer Ebene

$$\boxed{d = \left| \frac{\mathfrak{n}(\mathfrak{r}_0 - \mathfrak{r}_1)}{|\mathfrak{n}|} \right|} \tag{243}$$

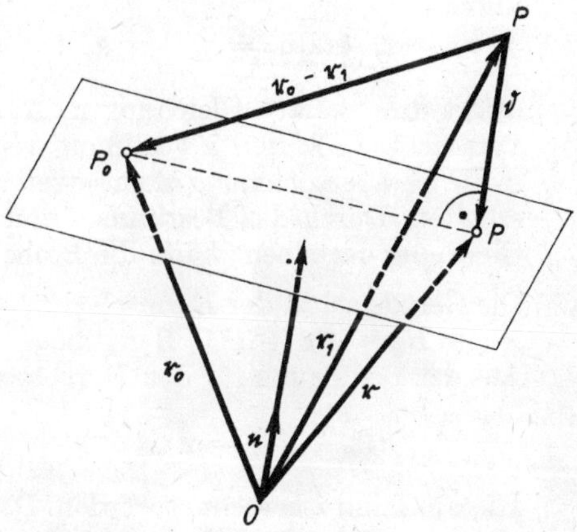

Bild 310

b) Die Ebene sei gegeben durch die Gleichung

$$Ax + By + Cz + D = 0.$$

Es ist (vgl. S. 498) $\mathfrak{n} = A\mathfrak{i} + B\mathfrak{j} + C\mathfrak{k}$ mit $|\mathfrak{n}| = \sqrt{A^2 + B^2 + C^2}$, $\mathfrak{n}\mathfrak{r}_0 = -D$,

[1]) Das Vorzeichen + gilt, wenn P_1 und O auf derselben Seite, das Vorzeichen −, wenn P_1 und O auf verschiedenen Seiten der Ebene liegen

$\mathfrak{n}\mathfrak{r}_1 = Ax_1 + By_1 + Cz_1$. Damit ist der Abstand eines Punktes P_1 von der Ebene $Ax + By + Cz + D = 0$.

$$d = \left| \frac{Ax_1 + By_1 + Cz_1 + D}{\sqrt{A^2 + B^2 + C^2}} \right| \tag{243a}$$

BEISPIEL

5. Welchen Abstand hat der Punkt (2; −1; −4) von der Ebene $2x - 2y - z - 1 = 0$?

Lösung: Nach Formel (243a) ist

$$d = \frac{4 + 2 + 4 - 1}{\sqrt{4 + 4 + 1}} = \underline{\underline{3}}.$$

Durchstoßpunkt einer Geraden durch eine Ebene

a) Gerade und Ebene seien in Parameterdarstellung gegeben:

$$\mathfrak{r}_G = \mathfrak{r}_1 + \lambda_1 \mathfrak{a}_1, \qquad \mathfrak{r}_E = \mathfrak{r}_2 + \lambda_2 \mathfrak{a}_2 + \mu \mathfrak{b}.$$

Der Durchstoßpunkt ist der Geraden und der Ebene gemeinsam, d. h., es muß $\mathfrak{r}_G = \mathfrak{r}_E$ sein.
Die durch das Gleichsetzen erhaltene Gleichung

$$\mathfrak{r}_1 + \lambda_1 \mathfrak{a}_1 = \mathfrak{r}_2 + \lambda_2 \mathfrak{a}_2 + \mu \mathfrak{b}$$

liefert drei skalare Gleichungen. Aus diesem Gleichungssystem können die drei Parameter λ_1, λ_2 und μ bestimmt werden. Es genügt bereits, λ_1 zu berechnen und in die Geradengleichung einzusetzen, um den Ortsvektor des Durchstoßpunktes zu erhalten. Durch das Bestimmen von λ_2 und μ und Einsetzen dieser Werte in die Gleichung der Ebene kann die Probe gemacht werden.

b) Die Gerade sei in der Form $\mathfrak{r}_G = \mathfrak{r}_1 + \lambda \mathfrak{a}$, die Ebene in der Form $\mathfrak{n}\mathfrak{r}_E = \mathfrak{n}\mathfrak{r}_0$ oder $Ax + By + Cz + D = 0$ gegeben.
Aus der Bedingung für den Durchstoßpunkt $\mathfrak{r}_G = \mathfrak{r}_E$ folgt die Gleichung

$$\mathfrak{n}(\mathfrak{r}_1 + \lambda \mathfrak{a}) = \mathfrak{n}\mathfrak{r}_0.$$

Hieraus kann λ berechnet werden. Das Einsetzen des Wertes von λ in die Geradengleichung liefert den Ortsvektor des Durchstoßpunktes.

BEISPIEL

6. Die Gleichung der Geraden sei $\mathfrak{r} = \mathfrak{i} + 3\mathfrak{j} - 2\mathfrak{k} + \lambda(2\mathfrak{i} + 2\mathfrak{j} - \mathfrak{k})$; die Ebene sei bestimmt durch den Punkt $P_0(1; -3; 1)$ in ihr und einen Normalenvektor $\mathfrak{n} = 2\mathfrak{i} - \mathfrak{j} - 4\mathfrak{k}$ bzw. gegeben durch ihre Gleichung $2x - y - 4z - 1 = 0$.

Lösung: Die skalare Schreibweise der Geradengleichung

$$x = 1 + 2\lambda, \quad y = 3 + 2\lambda, \quad z = -2 - \lambda$$

in die Gleichung der Ebene eingesetzt, liefert

$$\lambda = -1$$

und damit den Durchstoßpunkt $\underline{\underline{P(-1; 1; -1)}}$.

Neigungswinkel einer Geraden gegen eine Ebene

Es soll der Winkel φ berechnet werden, den eine Gerade $\mathfrak{r} = \mathfrak{r}_1 + \lambda \mathfrak{a}$ mit einer Ebene $\mathfrak{n}\mathfrak{r} = \mathfrak{n}\mathfrak{r}_0$ bildet.
Der im Durchstoßpunkt der Geraden durch die Ebene errichtete Normalenvektor $\mathfrak{n}$ (Bild 311) bildet mit dem Richtungsvektor $\mathfrak{a}$ der Geraden einen Winkel $\psi = 90° \pm \varphi$, je nachdem, auf welcher Seite der Ebene $\mathfrak{n}$ angetragen wird.
Dann gilt zunächst

$$|\cos \psi| = |\sin \varphi|.$$

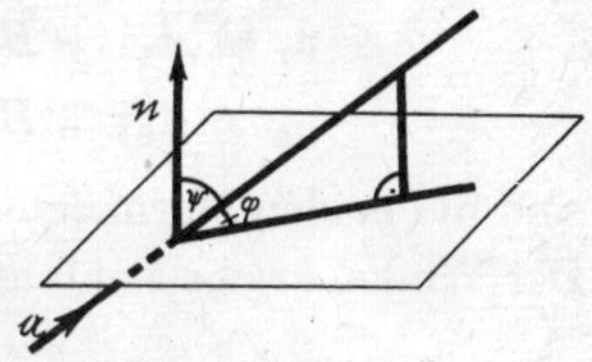

Bild 311

Es ist aber

$$\mathfrak{n}\mathfrak{a} = |\mathfrak{n}| \cdot |\mathfrak{a}| \cdot \cos \psi$$

und damit

$$|\sin \varphi| = |\cos \psi| = \left| \frac{\mathfrak{n} \cdot \mathfrak{a}}{|\mathfrak{n}| \cdot |\mathfrak{a}|} \right|.$$

Da aber $0° \leqq \varphi \leqq 90°$, können auf der linken Gleichungsseite die Betragsstriche wegfallen, und man erhält als Neigungswinkel

$$\boxed{\varphi = \arcsin \left| \frac{\mathfrak{n} \cdot \mathfrak{a}}{|\mathfrak{n}| \cdot |\mathfrak{a}|} \right|} \qquad (244)$$

In Koordinatendarstellung lautet das Ergebnis

$$\boxed{\varphi = \arcsin \left| \frac{A a_x + B a_y + C a_z}{\sqrt{A^2 + B^2 + C^2} \cdot \sqrt{a_x^2 + a_y^2 + a_z^2}} \right|} \qquad (244\,\text{a})$$

BEISPIEL

7. Die Gleichung der Ebene sei $2x - y - 4z - 1 = 0$, die Gleichung der Geraden sei $\mathfrak{r} = \mathfrak{i} + 3\mathfrak{j} - 2\mathfrak{k} + \lambda(2\mathfrak{i} + 2\mathfrak{j} - \mathfrak{k})$.

Lösung: Dann ist

$$\sin \varphi = \left| \frac{4 - 2 + 4}{\sqrt{21} \cdot \sqrt{9}} \right| = \frac{2}{21} \sqrt{21} = 0{,}4364$$

$$\underline{\underline{\varphi = 25°53'}}.$$

Winkel zwischen zwei Ebenen

Es soll der Winkel zwischen den beiden Ebenen

$$E_1\colon\ A_1x + B_1y + C_1z + D_1 = 0$$

und

$$E_2\colon\ A_2x + B_2y + C_2z + D_2 = 0$$

bestimmt werden.
Der Winkel φ zwischen den Ebenen ist gleich dem Winkel zwischen zwei Normalenvektoren dieser beiden Ebenen (Bild 312).

$$\mathfrak{n}_1 = A_1\mathfrak{i} + B_1\mathfrak{j} + C_1\mathfrak{k} \quad \text{und}$$
$$\mathfrak{n}_2 = A_2\mathfrak{i} + B_2\mathfrak{j} + C_2\mathfrak{k}$$

sind die beiden Normalenvektoren.
Der Winkel ergibt sich aus

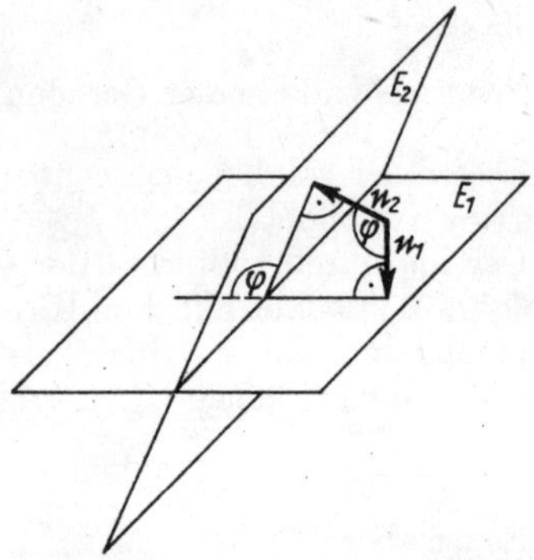

Bild 312

$$\cos\varphi = \cos(\mathfrak{n}_1, \mathfrak{n}_2) = \frac{\mathfrak{n}_1 \cdot \mathfrak{n}_2}{|\mathfrak{n}_1| \cdot |\mathfrak{n}_2|},$$

$$\boxed{\varphi = \arccos \frac{\mathfrak{n}_1 \cdot \mathfrak{n}_2}{|\mathfrak{n}_1| \cdot |\mathfrak{n}_2|}} \tag{245}$$

oder in Koordinatendarstellung

$$\boxed{\varphi = \arccos \frac{A_1A_2 + B_1B_2 + C_1C_2}{\sqrt{A_1^2 + B_1^2 + C_1^2} \cdot \sqrt{A_2^2 + B_2^2 + C_2^2}}} \tag{245a}$$

AUFGABEN

1035. Welche Winkel hat das Dreieck der Aufgabe 1022?

1036. Welchen Abstand hat der Punkt $P_1(2; 1; -3)$ von der Geraden durch $P_2(-3; 3; 5)$ und $P_3(1; -4; -2)$?

1037. Welchen Abstand hat der Punkt $P_1(2; -3; -1)$ von einer Ebene, deren Schnittgerade mit der $x;y$-Ebene $2x + 3y = 6$ und mit der $x;z$-Ebene $x + 2z = 3$ ist?

1038. Unter welchem Winkel schneidet die Gerade $\mathfrak{r} = 2\mathfrak{i} - 3\mathfrak{k} + \lambda(-2\mathfrak{i} + 5\mathfrak{j} + \mathfrak{k})$ die Ebene der Aufgabe 1037? Wie heißen die Koordinaten des Durchstoßpunktes?

1039. Unter welchem Winkel schneidet die Ebene der Aufgabe 1037 eine zweite Ebene E_2: $3x - 2y - z + 4 = 0$?

1040. Wie heißt die Gleichung der Geraden, die senkrecht auf der Ebene E_2 der Aufgabe 1039 steht und durch den Punkt $(2; 1; -2)$ geht?

37. Vektorielles Produkt

37.1. Definition des vektoriellen Produktes

Neben dem skalaren Produkt tritt in der Physik und in der Technik noch eine andere Kombination zweier Vektoren auf, die man ebenfalls als Produkt bezeichnet und für die man ein eigenes Symbol eingeführt hat.

Als Beispiel soll das Drehmoment eines um einen Punkt O frei drehbaren Körpers betrachtet werden (Bild 313). Auf den Körper wirke im Punkt P eine Kraft $\mathfrak{F}$. Der Punkt P ist in bezug auf den Drehpunkt O durch einen Vektor $\mathfrak{r} \doteq \overrightarrow{OP}$ festgelegt. Wie aus der Physik bekannt ist, bewirkt die Kraft $\mathfrak{F}$ ein Drehmoment, dessen Betrag gleich dem Produkt aus Abstand der Wirkungslinie der Kraft vom Drehpunkt und Betrag der Kraft ist:

$$M = a \cdot F = a \cdot |\mathfrak{F}|,$$

oder, wegen $a = |\mathfrak{r}| \sin \varphi = |\mathfrak{r}| \sin (\mathfrak{r}, \mathfrak{F})$

$$M = |\mathfrak{r}| \cdot |\mathfrak{F}| \sin (\mathfrak{r}, \mathfrak{F}).$$

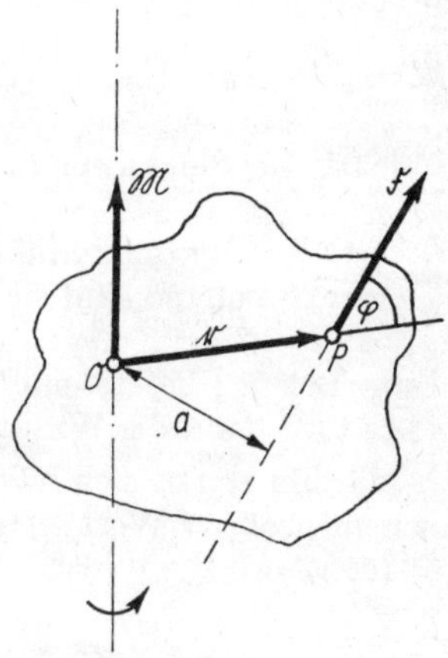

Bild 313

Damit ist aber noch nichts über die Lage der Drehachse und die Drehrichtung gesagt, die doch bei vorgegebenem $\mathfrak{r}$ und $\mathfrak{F}$ festliegt. Um diese noch mit zu erfassen, stellt man das Drehmoment als Vektor $\mathfrak{M}$ dar, der in Richtung der Drehachse liegt und so orientiert ist, daß, von seiner Spitze aus betrachtet, die Drehung im mathematisch positiven Drehsinn erfolgt. Die Drehachse selbst steht, wie aus den physikalischen Zusammenhängen folgt, senkrecht zu der Ebene, in der $\mathfrak{r}$ und $\mathfrak{F}$ liegen. Diesen durch $\mathfrak{r}$ und $\mathfrak{F}$ bestimmten Vektor schreibt man

$$\mathfrak{M} = \mathfrak{r} \times \mathfrak{F}$$

und nennt ihn das **vektorielle Produkt** oder **Vektorprodukt** (weil das Ergebnis ein Vektor ist) oder auch das *äußere Produkt* der beiden Vektoren.

Diese Erkenntnisse können verallgemeinert und auf zwei beliebige Vektoren $\mathfrak{a}$ und $\mathfrak{b}$ angewendet werden.

Definition

Unter dem vektoriellen Produkt zweier Vektoren $\mathfrak{a}$ und $\mathfrak{b}$ versteht man einen Vektor $\mathfrak{a} \times \mathfrak{b}$, der charakterisiert ist durch die Bedingungen

1. $\mathfrak{a} \times \mathfrak{b}$ steht senkrecht auf $\mathfrak{a}$ und $\mathfrak{b}$,
2. $\mathfrak{a}$, $\mathfrak{b}$, $\mathfrak{a} \times \mathfrak{b}$ bilden in dieser Reihenfolge ein Rechtssystem,
3. $|\mathfrak{a} \times \mathfrak{b}| = |\mathfrak{a}| \cdot |\mathfrak{b}| \cdot \sin (\mathfrak{a}, \mathfrak{b})$, wobei $0 \leqq \sphericalangle (\mathfrak{a}, \mathfrak{b}) \leqq \pi$.

$\mathfrak{a} \times \mathfrak{b}$ wird gelesen: „Vektorprodukt $\mathfrak{a}\mathfrak{b}$" oder auch „$\mathfrak{a}$ Kreuz $\mathfrak{b}$". Eine veraltete Schreibweise ist $[\mathfrak{a}\mathfrak{b}]$.

Aus der 3. Bedingung der Definition folgt, daß das Vektorprodukt Null wird, wenn entweder $\mathfrak{a} = \mathfrak{o}$ oder $\mathfrak{b} = \mathfrak{o}$ oder $\sin(\mathfrak{a}, \mathfrak{b}) = 0$. Der letztgenannte Fall liegt vor, wenn $\sphericalangle(\mathfrak{a}, \mathfrak{b}) = 0°$ oder $\sphericalangle(\mathfrak{a}, \mathfrak{b}) = 180°$, d. h., wenn $\mathfrak{a} \parallel \mathfrak{b}$.

Das vektorielle Produkt zweier Vektoren hat den Wert Null, wenn wenigstens einer der beiden Vektoren der Nullvektor ist oder wenn die beiden Vektoren parallel sind:

$$\mathfrak{a} \times \mathfrak{b} = \mathfrak{o}, \quad \text{wenn} \quad \mathfrak{a} \parallel \mathfrak{b}.$$

Wichtig für die Anwendungen ist auch die Umkehrung:

Ist das Vektorprodukt zweier Vektoren, von denen keiner der Nullvektor ist, gleich Null, so sind sie parallel.

Zum Beispiel liefert eine Kraft $\mathfrak{F}$, die in Richtung von $\mathfrak{r}$ wirkt, kein Drehmoment ($\mathfrak{M} = \mathfrak{o}$); denn die Wirkungslinie der Kraft geht durch den Drehpunkt.

Weiterhin ergibt sich aus der 3. Bedingung der Definition, daß das Vektorprodukt seinen größten Wert, nämlich $|\mathfrak{a}| \cdot |\mathfrak{b}|$, annimmt, wenn $\sin(\mathfrak{a}, \mathfrak{b}) = 1$, also wenn $\sphericalangle(\mathfrak{a}, \mathfrak{b}) = 90°$:

$$|\mathfrak{a} \times \mathfrak{b}| = ab, \quad \text{wenn} \quad \mathfrak{a} \perp \mathfrak{b}.$$

ab ist der Flächeninhalt eines Rechtecks mit den Seiten a und b. $ab \sin\varphi$ ist der

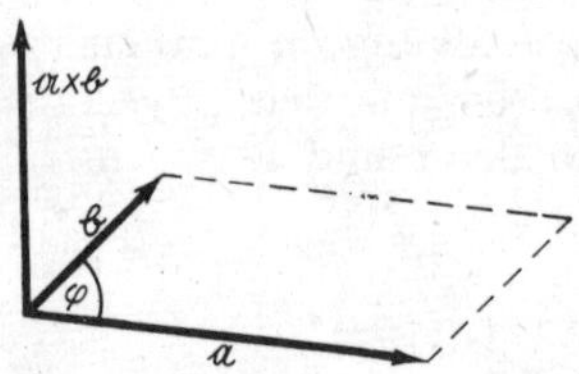

Bild 314

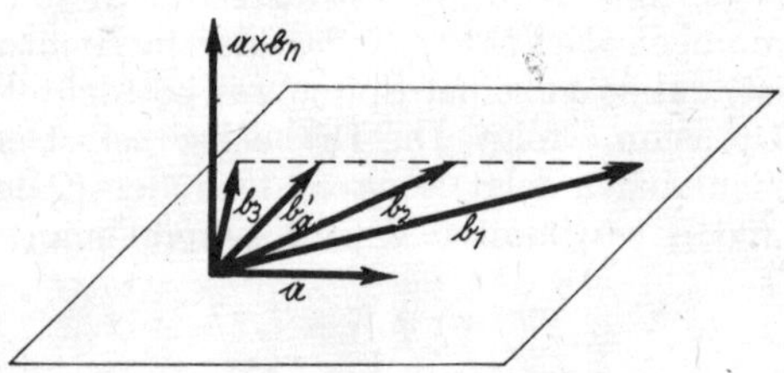

Bild 315

Flächeninhalt eines Parallelogramms mit den Seiten a und b und einem von diesen eingeschlossenen Winkel φ (Bild 314). Demnach kann man das Vektorprodukt auch wie folgt deuten:

$\mathfrak{a} \times \mathfrak{b}$ ist ein Vektor, der auf $\mathfrak{a}$ und $\mathfrak{b}$ senkrecht steht, derart, daß $\mathfrak{a}$, $\mathfrak{b}$ und $\mathfrak{a} \times \mathfrak{b}$ ein Rechtssystem bilden. Sein Betrag ist gleich dem Flächeninhalt des von $\mathfrak{a}$ und $\mathfrak{b}$ aufgespannten Parallelogramms.

Zur Untersuchung der Umkehrbarkeit der vektoriellen Multiplikation betrachte man Bild 315. Alle Vektoren $\mathfrak{b}_n$, die in der gleichen Ebene wie $\mathfrak{a}$ liegen und deren

Endpunkte sich auf einer Parallelen zu $\mathfrak{a}$ befinden, besitzen die gleiche Normalkomponente $\mathfrak{b}'_\mathfrak{a}$. Sie alle spannen deshalb Parallelogramme vom gleichen Flächeninhalt auf. Es ist also

$$\mathfrak{a} \times \mathfrak{b}_1 = \mathfrak{a} \times \mathfrak{b}_2 = \cdots = \mathfrak{a} \times \mathfrak{b}'_\mathfrak{a}.$$

Da alle Vektoren $\mathfrak{b}_n$, die die gleiche Normalkomponente $\mathfrak{b}'_\mathfrak{a}$ besitzen, mit $\mathfrak{a}$ das gleiche Vektorprodukt ergeben, kann aus $\mathfrak{a} \times \mathfrak{b}$ und dem Vektor $\mathfrak{a}$ der Vektor $\mathfrak{b}$ nicht eindeutig bestimmt werden.
Die vektorielle Multiplikation läßt sich nicht eindeutig umkehren.
Da die gleichen Betrachtungen auch für $\mathfrak{a}'_\mathfrak{b}$ und $\mathfrak{b}$ gelten, folgt

$$\boxed{\mathfrak{a} \times \mathfrak{b} = \mathfrak{a} \times \mathfrak{b}'_\mathfrak{a} = \mathfrak{a}'_\mathfrak{b} \times \mathfrak{b}} \tag{246}$$

Der Wert des vektoriellen Produktes zweier Vektoren ändert sich nicht, wenn man einen der Vektoren durch seine Normalkomponente längs des anderen ersetzt.

AUFGABEN

1041. Man berechne $\mathfrak{a} \times \mathfrak{a}$.
1042. Wie groß ist der Flächeninhalt eines Dreiecks, das durch zwei Vektoren $\mathfrak{a}$ und $\mathfrak{b}$, die die Schenkel eines Winkels γ bilden, festgelegt ist?
1043. Man berechne $(\mathfrak{a} \times \mathfrak{b})^2 + (\mathfrak{a} \cdot \mathfrak{b})^2$.

37.2. Rechengesetze für vektorielle Produkte

Beim Skalarprodukt galt, wie bei einem Produkt reeller Zahlen, das Kommutationsgesetz. Das ist durchaus nicht selbstverständlich und muß beim vektoriellen Produkt erneut überprüft werden. Bildet man gemäß der Definition auf Seite 505 das Produkt $\mathfrak{b} \times \mathfrak{a}$, so findet man, daß $\mathfrak{b} \times \mathfrak{a}$ wegen der 1. und 2. Bedingung dem Vektor $\mathfrak{a} \times \mathfrak{b}$ entgegengerichtet ist (Bild 316). Da sich nach der 3. Bedingung der gleiche Betrag ergibt, ist

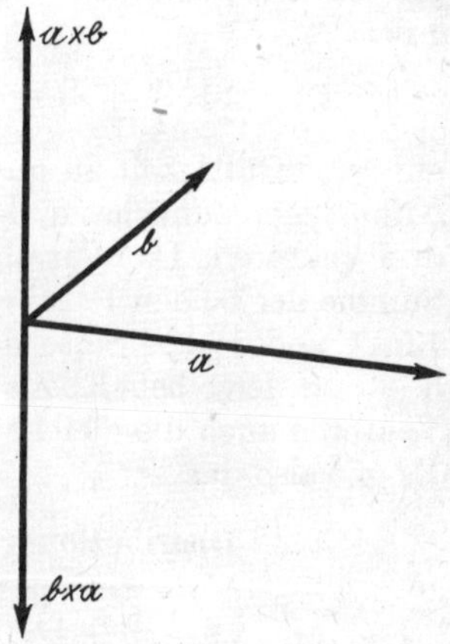

Bild 316

$$\boxed{\mathfrak{a} \times \mathfrak{b} = -(\mathfrak{b} \times \mathfrak{a})} \tag{247}$$

Die vorstehende Beziehung nennt man **Alternativgesetz**
Damit ist zugleich festgestellt:
Für die vektorielle Multiplikation gilt das Kommutationsgesetz nicht.
Hingegen gilt für die Multiplikation eines Vektors mit einem Skalar das

Assoziationsgesetz

$$\boxed{n(\mathfrak{a} \times \mathfrak{b}) = (n\mathfrak{a}) \times \mathfrak{b} = \mathfrak{a} \times (n\mathfrak{b})} \tag{248}$$

Die Richtigkeit von Formel (248) erkennt man, wenn man das Vektorprodukt als Parallelogrammfläche deutet. Formel (248) besagt dann: Der Flächeninhalt eines Parallelogramms wächst auf das n-fache, wenn eine Seite den n-fachen Betrag annimmt. Für die vektorielle Multiplikation von mehr als zwei Vektoren gilt das *Assoziationsgesetz* nicht, denn es ist im allgemeinen

$$\mathfrak{a} \times (\mathfrak{b} \times \mathfrak{c}) \neq (\mathfrak{a} \times \mathfrak{b}) \times \mathfrak{c}.$$

Zur Erklärung diene Bild 317, in dem der Einfachheit halber drei komplanare Vektoren $\mathfrak{a}$, $\mathfrak{b}$ und $\mathfrak{c}$ gewählt wurden (denn die Allgemeingültigkeit eines Satzes ist ja hinfällig, wenn der Satz in einem Spezialfall versagt).

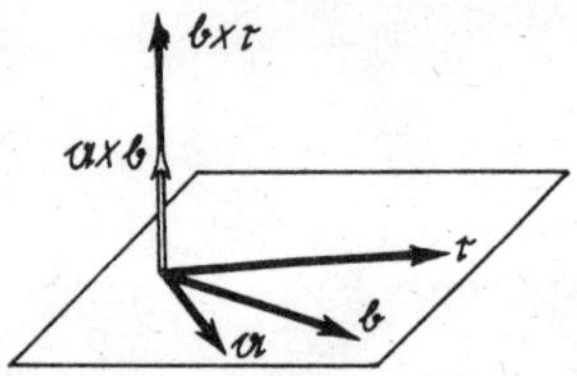

Bild 317

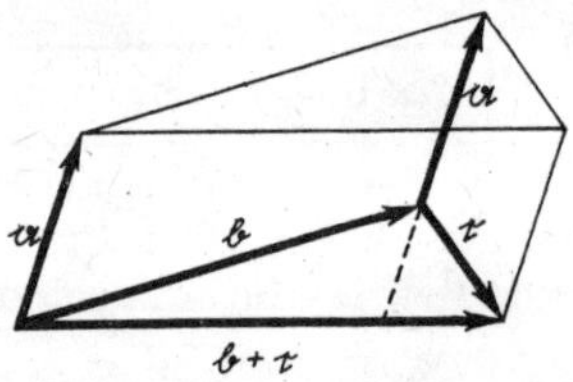

Bild 318

Sowohl $\mathfrak{b} \times \mathfrak{c}$ als auch $\mathfrak{a} \times \mathfrak{b}$ stehen dann auf dieser Ebene senkrecht, $\mathfrak{a}$ und $\mathfrak{b} \times \mathfrak{c}$ liegen aber in einer anderen Ebene als $\mathfrak{a} \times \mathfrak{b}$ und $\mathfrak{c}$, also müssen auch ihre Vektorprodukte voneinander verschieden sein. Als letztes bleibt noch das Distributionsgesetz

$$\mathfrak{a} \times (\mathfrak{b} + \mathfrak{c}) = \mathfrak{a} \times \mathfrak{b} + \mathfrak{a} \times \mathfrak{c}$$

auf seine Gültigkeit zu untersuchen.

Nimmt man zunächst $\mathfrak{a}$, $\mathfrak{b}$ und $\mathfrak{c}$ als komplanar an (Bild 318), so gilt in der Ebene der drei Vektoren: Das Parallelogramm mit den Seiten $\mathfrak{a}$ und $\mathfrak{b} + \mathfrak{c}$ ist inhaltsgleich der Summe der beiden Parallelogramme mit den Seiten $\mathfrak{a}$ und $\mathfrak{b}$ und den Seiten $\mathfrak{a}$ und $\mathfrak{c}$. Linke und rechte Seite der Gleichung stimmen also in den Beträgen überein. Da $\mathfrak{b} + \mathfrak{c}$ in derselben Ebene liegt wie $\mathfrak{b}$ und $\mathfrak{c}$, haben die links und rechts stehenden Vektoren auch die gleiche Richtung.

Es gilt also das

Distributionsgesetz

$$\boxed{\mathfrak{a} \times (\mathfrak{b} + \mathfrak{c}) = \mathfrak{a} \times \mathfrak{b} + \mathfrak{a} \times \mathfrak{c}} \tag{249}$$

Allgemein wird die Gültigkeit des Distributionsgesetzes mittels der Koordinatendarstellung am Ende dieses Abschnittes bewiesen. Beim Anwenden des Distributionsgesetzes ist die Reihenfolge der Faktoren innerhalb der Teilprodukte streng zu beachten, denn es ist

$$\mathfrak{a} \times (\mathfrak{b} + \mathfrak{c}) = \mathfrak{a} \times \mathfrak{b} + \mathfrak{a} \times \mathfrak{c},$$

aber

$$(\mathfrak{b} + \mathfrak{c}) \times \mathfrak{a} = \mathfrak{b} \times \mathfrak{a} + \mathfrak{c} \times \mathfrak{a} = -(\mathfrak{a} \times \mathfrak{b}) - (\mathfrak{a} \times \mathfrak{c}).$$

BEISPIEL

1. Zu berechnen sind

a) $(\mathfrak{a} + \mathfrak{b}) \times (\mathfrak{a} + \mathfrak{b})$;

b) $(\mathfrak{a} + \mathfrak{b}) \times (\mathfrak{a} - \mathfrak{b})$.

Lösung:

a) $(\mathfrak{a} + \mathfrak{b}) \times (\mathfrak{a} + \mathfrak{b}) = \mathfrak{a} \times \mathfrak{a} + \mathfrak{b} \times \mathfrak{a} + \mathfrak{a} \times \mathfrak{b} + \mathfrak{b} \times \mathfrak{b} = \mathfrak{o} - (\mathfrak{a} \times \mathfrak{b}) + \mathfrak{a} \times \mathfrak{b} + \mathfrak{o} = \underline{\underline{\mathfrak{o}}}$.

Das Ergebnis folgt auch direkt aus dem Resultat von Aufgabe 1041, wonach das Kreuzprodukt eines Vektors mit sich selbst Null ergibt.

b) $(\mathfrak{a} + \mathfrak{b}) \times (\mathfrak{a} - \mathfrak{b}) = \mathfrak{a} \times \mathfrak{a} + \mathfrak{b} \times \mathfrak{a} - (\mathfrak{a} \times \mathfrak{b}) - (\mathfrak{b} \times \mathfrak{b}) =$

$= \mathfrak{o} + \mathfrak{b} \times \mathfrak{a} + \mathfrak{b} \times \mathfrak{a} - \mathfrak{o} = \underline{\underline{2(\mathfrak{b} \times \mathfrak{a})}}$.

Bildet man von zwei Ortsvektoren

$$\mathfrak{r}_1 = x_1\mathfrak{i} + y_1\mathfrak{j} + z_1\mathfrak{k}$$

und

$$\mathfrak{r}_2 = x_2\mathfrak{i} + y_2\mathfrak{j} + z_2\mathfrak{k}$$

das Vektorprodukt, so erhält man durch Anwenden des Distributionsgesetzes

$$\mathfrak{r}_1 \times \mathfrak{r}_2 = x_1x_2(\mathfrak{i} \times \mathfrak{i}) + y_1x_2(\mathfrak{j} \times \mathfrak{i}) + z_1x_2(\mathfrak{k} \times \mathfrak{i}) + x_1y_2(\mathfrak{i} \times \mathfrak{j}) + \\ + y_1y_2(\mathfrak{j} \times \mathfrak{j}) + z_1y_2(\mathfrak{k} \times \mathfrak{j}) + x_1z_2(\mathfrak{i} \times \mathfrak{k}) + y_1z_2(\mathfrak{j} \times \mathfrak{k}) + \\ + z_1z_2(\mathfrak{k} \times \mathfrak{k}).$$

Von den hierbei auftretenden Vektorprodukten sind die mit gleichen Einsvektoren gleich dem Nullvektor:

$$\boxed{\mathfrak{i} \times \mathfrak{i} = \mathfrak{j} \times \mathfrak{j} = \mathfrak{k} \times \mathfrak{k} = \mathfrak{o}} \tag{250}$$

Die Produkte zweier verschiedener Einsvektoren ergeben einen Vektor, der wiederum den Betrag *eins* hat und in Richtung des dritten Einsvektors fällt, wenn die Vektoren in der Reihenfolge $\mathfrak{i}, \mathfrak{j}, \mathfrak{k}, \mathfrak{i}, \ldots$ in dem Vektorprodukt auftreten. Sie sind dem dritten Einsvektor entgegengerichtet, wenn die Reihenfolge vertauscht ist.
Man erhält

$$\boxed{\begin{array}{lll} \mathfrak{i} \times \mathfrak{j} = \mathfrak{k}, & \mathfrak{j} \times \mathfrak{k} = \mathfrak{i}, & \mathfrak{k} \times \mathfrak{i} = \mathfrak{j} \\ \mathfrak{j} \times \mathfrak{i} = -\mathfrak{k}, & \mathfrak{k} \times \mathfrak{j} = -\mathfrak{i}, & \mathfrak{i} \times \mathfrak{k} = -\mathfrak{j} \end{array}} \tag{251}$$

Damit wird

$$\mathfrak{r}_1 \times \mathfrak{r}_2 = x_2y_1(-\mathfrak{k}) + x_2z_1\mathfrak{j} + x_1y_2\mathfrak{k} + y_2z_1(-\mathfrak{i}) + x_1z_2(-\mathfrak{j}) + y_1z_2\mathfrak{i},$$

$$\mathfrak{r}_1 \times \mathfrak{r}_2 = (y_1z_2 - y_2z_1)\mathfrak{i} + (x_2z_1 - x_1z_2)\mathfrak{j} + (x_1y_2 - x_2y_1)\mathfrak{k}.$$

Die rechte Seite läßt sich übersichtlicher als dreireihige Determinante darstellen. Man erhält

$$\boxed{\mathfrak{r}_1 \times \mathfrak{r}_2 = \begin{vmatrix} \mathfrak{i} & \mathfrak{j} & \mathfrak{k} \\ x_1 & y_1 & z_1 \\ x_2 & y_2 & z_2 \end{vmatrix}} \tag{252}$$

Bei der Handhabung dieser Formel empfiehlt es sich nicht, die Determinante nach der Regel von SARRUS auszurechnen, sondern durch Entwickeln nach den Elementen der ersten Zeile.

In dieser Determinantenschreibweise kann auch die Allgemeingültigkeit des Distributionsgesetzes gezeigt werden. Nach den Rechenregeln für Determinanten ist

$$\begin{vmatrix} x_1 & x_2 & x_3 \\ y_1 & y_2 & y_3 \\ z_1 + u_1 & z_2 + u_2 & z_3 + u_3 \end{vmatrix} = \begin{vmatrix} x_1 & x_2 & x_3 \\ y_1 & y_2 & y_3 \\ z_1 & z_2 & z_3 \end{vmatrix} + \begin{vmatrix} x_1 & x_2 & x_3 \\ y_1 & y_2 & y_3 \\ u_1 & u_2 & u_3 \end{vmatrix}$$

Damit wird

$$\begin{vmatrix} \mathfrak{i} & \mathfrak{j} & \mathfrak{k} \\ a_1 & a_2 & a_3 \\ b_1 + c_1 & b_2 + c_2 & b_3 + c_3 \end{vmatrix} = \begin{vmatrix} \mathfrak{i} & \mathfrak{j} & \mathfrak{k} \\ a_1 & a_2 & a_3 \\ b_1 & b_2 & b_3 \end{vmatrix} + \begin{vmatrix} \mathfrak{i} & \mathfrak{j} & \mathfrak{k} \\ a_1 & a_2 & a_3 \\ c_1 & c_2 & c_3 \end{vmatrix}$$

oder nach (252)

$$\mathfrak{a} \times (\mathfrak{b} + \mathfrak{c}) = \mathfrak{a} \times \mathfrak{b} + \mathfrak{a} \times \mathfrak{c}.$$

BEISPIELE

2. Zu berechnen sei $\mathfrak{r}_1 \times \mathfrak{r}_2$ für $\mathfrak{r}_1 = 3\mathfrak{i} - 2\mathfrak{j} + 4\mathfrak{k}$, $\mathfrak{r}_2 = -\mathfrak{i} + 3\mathfrak{j} - 3\mathfrak{k}$.

Lösung:

$$\mathfrak{r}_1 \times \mathfrak{r}_2 = \begin{vmatrix} \mathfrak{i} & \mathfrak{j} & \mathfrak{k} \\ 3 & -2 & 4 \\ -1 & 3 & -3 \end{vmatrix} = \mathfrak{i}(6 - 12) - \mathfrak{j}(-9 + 4) + \mathfrak{k}(9 - 2),$$

$$\underline{\underline{\mathfrak{r}_1 \times \mathfrak{r}_2 = -6\mathfrak{i} + 5\mathfrak{j} + 7\mathfrak{k}.}}$$

3. Es soll der Wert der Tangensfunktion des von zwei Vektoren $\mathfrak{a}$ und $\mathfrak{b}$ gebildeten Winkels angegeben werden.

Lösung: Aus

$$\sin(\mathfrak{a}, \mathfrak{b}) = \frac{|\mathfrak{a} \times \mathfrak{b}|}{a \cdot b} \quad \text{und} \quad \cos(\mathfrak{a}, \mathfrak{b}) = \frac{\mathfrak{a} \cdot \mathfrak{b}}{a \cdot b}$$

folgt

$$\underline{\underline{\tan(\mathfrak{a}, \mathfrak{b}) = \frac{|\mathfrak{a} \times \mathfrak{b}|}{\mathfrak{a} \cdot \mathfrak{b}}.}}$$

AUFGABEN

1044. Zu berechnen sei $\mathfrak{r}_1 \times \mathfrak{r}_2$, wenn

a) $\mathfrak{r}_1 = 2\mathfrak{i} + \frac{1}{2}\mathfrak{j} - \mathfrak{k}$, $\quad$ b) $\mathfrak{r}_1 = 3\mathfrak{i} + 2\mathfrak{j} - \frac{1}{2}\mathfrak{k}$,

$\mathfrak{r}_2 = \frac{1}{2}\mathfrak{i} - 2\mathfrak{j} + \mathfrak{k}$; $\quad$ $\mathfrak{r}_2 = -3\mathfrak{i} - 2\mathfrak{j} + \frac{1}{2}\mathfrak{k}$ ist.

1045. Für die Vektoren der Aufgabe 1031 sind die Vektorprodukte $\mathfrak{r}_1 \times \mathfrak{r}_2$ zu berechnen.

1046. Es ist ein Normalenvektor der Ebene zu berechnen, in der eine Gerade $\mathfrak{r} = \mathfrak{i} - 2\mathfrak{j} + \lambda(-2\mathfrak{i} - \mathfrak{j} + 3\mathfrak{k})$ und ein Punkt $P_0(-1; 3; 2)$ liegen.

1047. Für das Ergebnis des Beispiels 3 ist die Koordinatendarstellung anzugeben und daraus die Schnittwinkelformel zweier Geraden in der Ebene herzuleiten, indem man $a_z = b_z = 0$ setzt.

37.3. Anwendungen des Vektorproduktes

Tangentialgeschwindigkeit

Es soll die Tangentialgeschwindigkeit eines Körpers bestimmt werden, der sich um die Achse mit einer Winkelgeschwindigkeit ω dreht und von einem beliebigen Punkt der Drehachse die Entfernung r hat.

Man kann die Winkelgeschwindigkeit als Vektor $\vec{\omega}$ darstellen, dessen Betrag gleich dem Betrag der Winkelgeschwindigkeit ist, der in Richtung der Drehachse liegt und so orientiert ist, daß von seiner Spitze aus betrachtet die Drehung im mathematisch positiven Drehsinn erfolgt (Bild 319). Die Lage des Körpers bezüglich eines beliebigen Punktes der Drehachse kann durch den Ortsvektor $\mathfrak{r}$ angegeben werden.

Dann ist der Betrag der Tangentialgeschwindigkeit

$$v = \omega r \sin(\vec{\omega}, \mathfrak{r})$$

und die Tangentialgeschwindigkeit als Vektorgröße wird

$$\mathfrak{v} = \vec{\omega} \times \mathfrak{r}.$$

Die Summe zweier Winkel- oder Tangentialgeschwindigkeiten kann durch Addition der sie darstellenden Vektoren ermittelt werden.

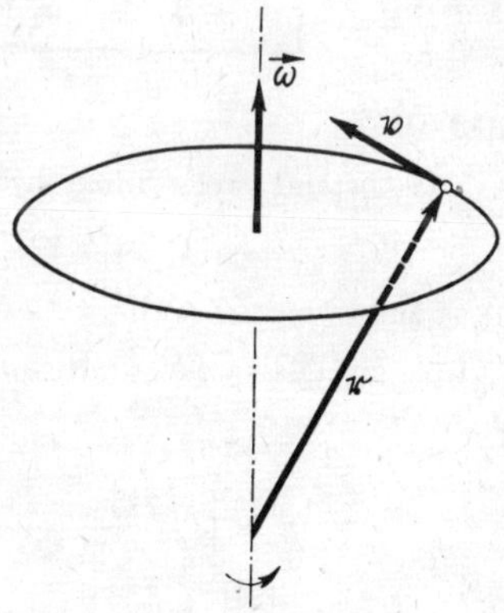

Bild 319

Abstand zweier windschiefer Geraden

Zwei Geraden seien gegeben durch $\mathfrak{r} = \mathfrak{r}_1 + \lambda_1\mathfrak{a}_1$ und $\bar{\mathfrak{r}} = \mathfrak{r}_2 + \lambda_2\mathfrak{a}_2$. Gesucht ist der Abstand d.

Die zwei Richtungsvektoren $\mathfrak{a}_1$ und $\mathfrak{a}_2$ bestimmen eine Schar paralleler Ebenen, von

denen zwei je eine der beiden Geraden ganz enthalten (Bild 320). Der Abstand dieser beiden Ebenen ist zugleich der Abstand der beiden Geraden, da die beiden Ebenen parallel zueinander liegen.
Die Richtung des Lotvektors ist bestimmt durch den Vektor

$$\mathfrak{n} = \mathfrak{a}_1 \times \mathfrak{a}_2.$$

Nun haben alle Vektoren, die zwei Punkte — z. B. P_1 und P_2 — der beiden Ebenen miteinander verbinden, die gleiche Komponente $\mathfrak{d}$ mit $|\mathfrak{d}| = d$ in der Richtung des Vektors $\mathfrak{n}$:

$$(\mathfrak{r}_2 - \mathfrak{r}_1)_\mathfrak{n} = \mathfrak{d}.$$

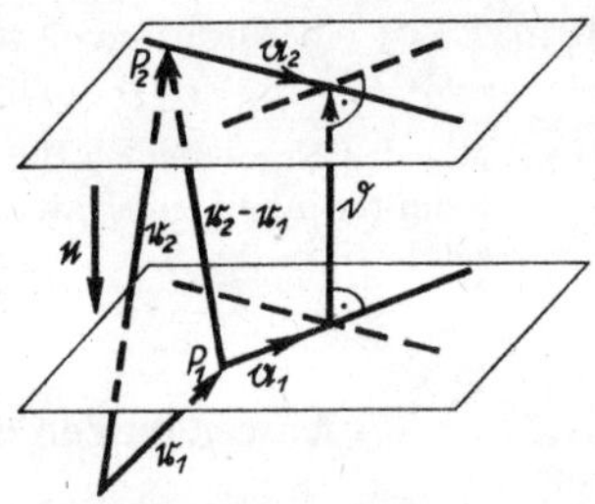

Bild 320

Nach Formel (231) ist

$$\mathfrak{n}(\mathfrak{r}_2 - \mathfrak{r}_1)_\mathfrak{n} = \mathfrak{n}(\mathfrak{r}_2 - \mathfrak{r}_1) = \mathfrak{n} \cdot \mathfrak{d}$$

und da $\mathfrak{n} \,||\, \mathfrak{d}$

$$\mathfrak{n}(\mathfrak{r}_2 - \mathfrak{r}_1) = \pm |\mathfrak{n}| \cdot |\mathfrak{d}|.$$

Hieraus ergibt sich der Abstand zweier windschiefer Geraden zu

$$d = \left| \frac{\mathfrak{n}(\mathfrak{r}_2 - \mathfrak{r}_1)}{|\mathfrak{n}|} \right|$$

und mit $\mathfrak{n} = \mathfrak{a}_1 \times \mathfrak{a}_2$

$$\boxed{d = \left| \frac{(\mathfrak{a}_1 \times \mathfrak{a}_2)(\mathfrak{r}_2 - \mathfrak{r}_1)}{|\mathfrak{a}_1 \times \mathfrak{a}_2|} \right|} \tag{253}$$

BEISPIEL

1. Der Abstand zweier durch ihre Parameterdarstellung gegebener Geraden

$$\mathfrak{r} = 5\mathfrak{i} + 2\mathfrak{j} - \mathfrak{k} + \lambda_1(3\mathfrak{i} - 4\mathfrak{j} + 12\mathfrak{k}), \quad \bar{\mathfrak{r}} = \mathfrak{i} + \mathfrak{j} - 3\mathfrak{k} + \lambda_2(2\mathfrak{i} - 2\mathfrak{j} - \mathfrak{k})$$

ist zu bestimmen.

Lösung: Man wendet Gleichung (253) an und erhält

$$\mathfrak{a}_1 \times \mathfrak{a}_2 = 28\mathfrak{i} + 27\mathfrak{j} + 2\mathfrak{k}; \quad \mathfrak{r}_2 - \mathfrak{r}_1 = -4\mathfrak{i} - \mathfrak{j} - 2\mathfrak{k}; \quad |\mathfrak{a}_1 \times \mathfrak{a}_2| \approx 38{,}95$$

$$d = \left| \frac{-112 - 27 - 4}{38{,}95} \right| \approx 3{,}67.$$

Gleichung der Schnittgeraden zweier Ebenen

Es soll die Gleichung der Schnittgeraden zweier Ebenen E_1 und E_2 ermittelt werden, die entweder in Parameterdarstellung durch $\mathfrak{r} = \mathfrak{r}_1 + \lambda_1\mathfrak{a}_1 + \mu_1\mathfrak{b}_1$ und $\bar{\mathfrak{r}} = \mathfrak{r}_2 + \lambda_2\mathfrak{a}_2 + \mu_2\mathfrak{b}_2$ oder in Koordinatendarstellung durch $A_1x + B_1y + C_1z + D_1 = 0$ und $A_2x + B_2y + C_2z + D_2 = 0$ gegeben sind.

Die Gleichung der Schnittgeraden kann aufgestellt werden, wenn

a) ein Punkt der Geraden und der Richtungsvektor,

b) zwei Punkte der Geraden

bekannt sind.

a) Der Richtungsvektor $\mathfrak{a}$ steht auf den Normalenvektoren beider Ebenen senkrecht, also muß gelten

$$\mathfrak{a} = \mathfrak{n}_1 \times \mathfrak{n}_2,$$

wobei

$$\mathfrak{n}_1 = \mathfrak{a}_1 \times \mathfrak{b}_1 \quad \text{und} \quad \mathfrak{n}_2 = \mathfrak{a}_2 \times \mathfrak{b}_2$$

ist.

Ein Punkt P_0 der Schnittgeraden erfüllt, da er in beiden Ebenen liegt, die Bedingungen

$$\mathfrak{r} = \overline{\mathfrak{r}}$$

$$\mathfrak{r}_2 - \mathfrak{r}_1 = \lambda_1 \mathfrak{a}_1 + \mu_1 \mathfrak{b}_1 - \lambda_2 \mathfrak{a}_2 - \mu_2 \mathfrak{b}_2. \tag{I}$$

Diese Vektorgleichung enthält drei skalare Gleichungen mit vier Parametern, d. h., eine Variable mehr als Gleichungen zu ihrer Bestimmung vorhanden sind. In Gleichung (I) steht links ein Differenzvektor, rechts stehen vier Vektoren. Da es aber nur drei linear unabhängige Vektoren im Raum gibt, muß jeder dieser vier von den anderen drei linear abhängig sein. Man kommt am einfachsten zum Ziel, wenn man für einen der vier Parameter (von denen jeder den Wertebereich $(-\infty; +\infty)$ durchlaufen kann) den Wert Null ansetzt und die zugehörigen Werte der anderen Parameter errechnet. Durch Einsetzen der Parameterwerte in eine der Ebenengleichungen erhält man die Koordinaten eines Punktes der Schnittgeraden. (Man braucht also eigentlich nur noch für eine Ebenengleichung den anderen, nicht gleich Null gesetzten Parameter aus dem Gleichungssystem auszurechnen.)

Wird die Koordinatendarstellung der Ebenen verwendet, so erhält man aus dem Gleichungssystem der beiden Ebenengleichungen den Durchstoßpunkt der Schnittgeraden durch die $x;y$-Ebene, indem man $z = 0$ setzt und den x- und y-Wert aus

$$A_1 x + B_1 y + D_1 = 0$$
$$A_2 x + B_2 y + D_2 = 0$$

errechnet.

Man kann natürlich auch im System der beiden Ebenengleichungen y oder x gleich Null setzen und dann aus dem Gleichungssystem mit zwei Unbekannten die Koordinaten des Durchstoßpunktes der Geraden durch die $x;z$- oder $y;z$-Ebene ausrechnen. Mittels eines auf diesem Wege ermittelten Punktes P_0 und des Richtungsvektors $\mathfrak{a}$ kann die Gleichung der Schnittgeraden in der Form $\mathfrak{r} = \mathfrak{r}_0 + \lambda \mathfrak{a}$ aufgestellt werden.

b) Bestimmt man auf dem zuletzt angegebenen Weg zwei Punkte P_1 und P_2 der Schnittgeraden, so kann deren Gleichung in der Form $\mathfrak{r} = \mathfrak{r}_1 + \lambda(\mathfrak{r}_2 - \mathfrak{r}_1)$ angesetzt werden.

Ein weiterer möglicher Weg, die Gleichung der Schnittgeraden aufzustellen, ist folgender:

Man benutzt die drei der Vektorgleichung (I) entsprechenden skalaren Gleichungen, um drei der vier Parameter λ_1, μ_1, λ_2 und μ_2 durch ein und denselben vierten darzustellen, und setzt die erhaltenen Ausdrücke in die Parametergleichung der Ebenen ein. Dadurch erhält man jeweils eine Gleichung mit nur noch einem Parameter, also eine Geradengleichung. Diese ist die Gleichung der Schnittgeraden. (Auch hier genügt es natürlich, wenn man eine der beiden Ebenengleichungen verwendet.)

BEISPIEL

2. Wie heißt die Gleichung der Schnittgeraden der Ebenen

$$E_1\colon 3x - 2y + z - 5 = 0; \quad E_2\colon 2x - y + 4z + 2 = 0?$$

Lösung: Man ermittelt mittels der beiden Normalenvektoren den auf diesen senkrecht stehenden Richtungsvektor der Schnittgeraden sowie einen Punkt der Schnittgeraden.

$$\mathfrak{n}_1 = 3\mathfrak{i} - 2\mathfrak{j} + \mathfrak{k}; \quad \mathfrak{n}_2 = 2\mathfrak{i} - \mathfrak{j} + 4\mathfrak{k};$$
$$\mathfrak{a} = \mathfrak{n}_1 \times \mathfrak{n}_2 = -7\mathfrak{i} - 10\mathfrak{j} + \mathfrak{k}; \quad P_0(-9; -16; 0).$$

Damit erhält man als Gleichung der Schnittgeraden

$$\underline{\underline{\mathfrak{r} = -9\mathfrak{i} - 16\mathfrak{j} + \lambda(-7\mathfrak{i} - 10\mathfrak{j} + \mathfrak{k}).}}$$

3. Die Schnittgerade der Ebenen $E_1\colon \mathfrak{r} = 3\mathfrak{i} + 2\mathfrak{j} - \mathfrak{k} + \lambda_1(\mathfrak{i} - 2\mathfrak{j} + 2\mathfrak{k}) + \mu_1(3\mathfrak{i} - 4\mathfrak{j} + 4\mathfrak{k})$ und $E_2\colon \bar{\mathfrak{r}} = 2\mathfrak{i} + \mathfrak{j} - 6\mathfrak{k} + \lambda_2(-\mathfrak{i} - 3\mathfrak{j} + \mathfrak{k}) + \mu_2(-\mathfrak{i} - 2\mathfrak{j} + 2\mathfrak{k})$ ist zu bestimmen.

Lösung:

1. Weg: Die Normalenvektoren der beiden Ebenen sind

$$\mathfrak{n}_1 = (\mathfrak{i} - 2\mathfrak{j} + 2\mathfrak{k}) \times (3\mathfrak{i} - 4\mathfrak{j} + 4\mathfrak{k}) = 2\mathfrak{j} + 2\mathfrak{k}$$
$$\mathfrak{n}_2 = (-\mathfrak{i} - 3\mathfrak{j} + \mathfrak{k}) \times (-\mathfrak{i} - 2\mathfrak{j} + 2\mathfrak{k}) = -4\mathfrak{i} + \mathfrak{j} - \mathfrak{k}.$$

Daraus ergibt sich der Richtungsvektor der Schnittgeraden

$$\mathfrak{a} = \mathfrak{n}_1 \times \mathfrak{n}_2 = -4\mathfrak{i} - 8\mathfrak{j} + 8\mathfrak{k}$$

oder vereinfacht

$$\mathfrak{a}' = \mathfrak{i} + 2\mathfrak{j} - 2\mathfrak{k}.$$

$\mathfrak{r} = \bar{\mathfrak{r}}$ liefert die Vektorgleichung

$$-\mathfrak{i} - \mathfrak{j} - 5\mathfrak{k} = \lambda_1(\mathfrak{i} - 2\mathfrak{j} + 2\mathfrak{k}) + \mu_1(3\mathfrak{i} - 4\mathfrak{j} + 4\mathfrak{k})$$
$$-\lambda_2(-\mathfrak{i} - 3\mathfrak{j} + \mathfrak{k}) - \mu_2(-\mathfrak{i} - 2\mathfrak{j} + 2\mathfrak{k}).$$

Aus den zugehörigen drei skalaren Gleichungen erhält man mit $\mu_1 = 0$ gesetzt: $\lambda_1 = -1$, $\lambda_2 = -3$, $\mu_2 = 3$.

Durch Einsetzen von λ_1 und μ_1 in die Gleichung für E_1 (oder von λ_2 und μ_2 in die Gleichung für E_2) bekommt man als Punkt der Schnittgeraden $P_0\ (2; 4; -3)$.

Somit lautet die Gleichung der Schnittgeraden

$$\mathfrak{r}_s = 2\mathfrak{i} + 4\mathfrak{j} - 3\mathfrak{k} + \lambda_s(\mathfrak{i} + 2\mathfrak{j} - 2\mathfrak{k}).$$

2. Weg: Die Gleichung der Schnittgeraden erhält man direkt (nur der Richtungsvektor kann sich um einen Zahlenfaktor unterscheiden), wenn man aus den drei skalaren Gleichungen beispielsweise λ_2 und μ_2 eliminiert und die entstehende Gleichung

$$2\lambda_1 + 5\mu_1 = -2$$

verwendet, um λ_1 durch μ_1 (oder umgekehrt) in der Gleichung für E_1 zu ersetzen. Die nur noch einen Parameter enthaltende Gleichung ist die obenstehende Gleichung der Schnittgeraden. Dieser Weg ist mit geringerem Rechenaufwand verbunden.

AUFGABEN

1048. Aus Formel (253) soll die Bedingung für den Schnitt zweier Geraden im Raum hergeleitet werden.
1049. Warum versagt Formel (253), wenn die beiden Geraden einander parallel sind?
1050. Es sollen der Schnittwinkel und die Gleichung der Schnittgeraden der durch die Punkte $P_1(1; 2; 3)$, $P_2(2; 3; 1)$, $P_3(-3; 0; 2)$ und $Q_1(3; 2; 1)$, $Q_2(-1; -2; -3)$, $Q_3(0; 1; 2)$ bestimmten Ebenen ermittelt werden.
1051. Es soll der Abstand der durch die Punkte P_1 und P_2 der Aufgabe 1050 gehenden Geraden von der Geraden durch Q_1 und Q_2 bestimmt werden.
1052. Eine Ebene schneidet die Koordinatenachsen in $x = 2$, $y = 3$, $z = -1$. Eine zweite Ebene schneidet die x-Achse in $x = -1$, die y-Achse in $y = 1$ und steht auf der ersten Ebene senkrecht. Der Schnittpunkt der zweiten Ebene mit der z-Achse und die Gleichung der Schnittgeraden der beiden Ebenen sind zu ermitteln.

38. Mehrfache Produkte von Vektoren

38.1. Möglichkeiten der Produktbildung

Die multiplikative Verknüpfung zweier Vektoren $\mathfrak{a}$ und $\mathfrak{b}$ kann als

Skalarprodukt $\mathfrak{a} \cdot \mathfrak{b}$

oder als

Vektorprodukt $\mathfrak{a} \times \mathfrak{b}$

erfolgen.

Da das Ergebnis einer skalaren Multiplikation ein Skalar ist, erfordern Produktbildungen mehrerer Vektoren, sofern sie auf neue Formen führen sollen, als ersten Schritt eine vektorielle Multiplikation.

Demnach interessieren bei drei Faktoren nur

das gemischte Produkt
(auch Spatprodukt genannt) $(\mathfrak{a} \times \mathfrak{b}) \cdot \mathfrak{c}$ (I)

und das vektorielle Produkt dreier Vektoren
(auch vektorielles Tripelprodukt genannt) $(\mathfrak{a} \times \mathfrak{b}) \times \mathfrak{c}.$ (II)

Bei vier Faktoren können folgende Verknüpfungen auftreten, die keine skalaren Zwischenprodukte nach dem ersten Schritt liefern:

$$(\mathfrak{a} \times \mathfrak{b}) \cdot (\mathfrak{c} \times \mathfrak{d}) \qquad \text{(III)}$$

$$(\mathfrak{a} \times \mathfrak{b}) \times (\mathfrak{c} \times \mathfrak{d}) \qquad \text{(IV)}$$

$$[(\mathfrak{a} \times \mathfrak{b}) \times \mathfrak{c}] \cdot \mathfrak{d} \qquad \text{(V)}$$

$$[(\mathfrak{a} \times \mathfrak{b}) \times \mathfrak{c}] \times \mathfrak{d} \qquad \text{(VI)}$$

Im folgenden wird gezeigt werden, daß die Produkte (III)···(VI) und auch Produkte von mehr als vier Faktoren sich auf Produkte der Form (I) und (II) sowie einfache Skalar- und Vektorprodukte zurückführen lassen.

38.2. Gemischtes Produkt

Das gemischte Produkt $(\mathfrak{a} \times \mathfrak{b}) \cdot \mathfrak{c}$ hat eine anschauliche geometrische Deutung.
$\mathfrak{a} \times \mathfrak{b}$ ist ein Vektor, der auf $\mathfrak{a}$ und $\mathfrak{b}$ senkrecht steht und dessen Betrag den Flächeninhalt des von $\mathfrak{a}$ und $\mathfrak{b}$ aufgespannten Parallelogramms angibt (Bild 321).
Setzt man

$$\mathfrak{a} \times \mathfrak{b} = \mathfrak{A},$$

so wird

$$(\mathfrak{a} \times \mathfrak{b}) \cdot \mathfrak{c} = \mathfrak{A} \cdot \mathfrak{c}.$$

Im Skalarprodukt $\mathfrak{A} \cdot \mathfrak{c}$ kann aber $\mathfrak{c}$ durch seine Komponente $\mathfrak{c}_{\mathfrak{A}}$ ersetzt werden, ohne daß sich der Wert des Skalarproduktes ändert. Da $\mathfrak{A} \| \mathfrak{c}_{\mathfrak{A}}$, ist

$$\mathfrak{A} \cdot \mathfrak{c}_{\mathfrak{A}} = \pm |\mathfrak{A}| \cdot |\mathfrak{c}_{\mathfrak{A}}|.$$

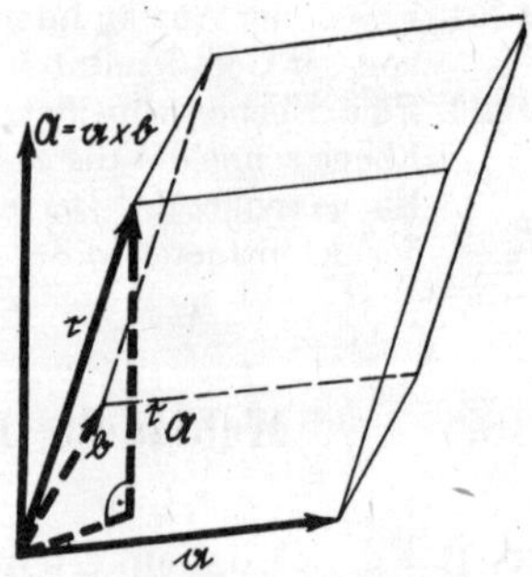

Bild 321

$|\mathfrak{c}_{\mathfrak{A}}|$ stellt in dem von $\mathfrak{a}$, $\mathfrak{b}$ und $\mathfrak{c}$ aufgespannten Spat die Höhe dar. Das gemischte Produkt gibt demnach das *Volumen V des Spates* an. Es heißt deshalb auch *Spatprodukt*. Es ist also

$$\boxed{(\mathfrak{a} \times \mathfrak{b}) \cdot \mathfrak{c} = V} \qquad (254)$$

V ist je nach der Orientierung der drei Vektoren positiv oder negativ. Bilden $\mathfrak{a}$, $\mathfrak{b}$ und $\mathfrak{c}$ ein Rechtssystem, so ergibt sich ein positiver Wert des Spatproduktes, bei einem Linkssystem erhält man einen negativen Wert für V.
Da sich das gleiche Volumen ergibt, wenn man das durch $\mathfrak{b}$ und $\mathfrak{c}$ oder das durch $\mathfrak{c}$ und $\mathfrak{a}$ aufgespannte Parallelogramm als Grundfläche nimmt, muß gelten

$$\boxed{(\mathfrak{a} \times \mathfrak{b})\mathfrak{c} = (\mathfrak{b} \times \mathfrak{c})\mathfrak{a} = (\mathfrak{c} \times \mathfrak{a})\mathfrak{b}} \qquad (255\text{a})$$

Ändert man die Reihenfolge so, daß ein Linkssystem entsteht, so muß auch das Vorzeichen wechseln:

$$\boxed{(\mathfrak{a}\times\mathfrak{b})\mathfrak{c} = -(\mathfrak{b}\times\mathfrak{a})\mathfrak{c} = -(\mathfrak{c}\times\mathfrak{b})\mathfrak{a} = -(\mathfrak{a}\times\mathfrak{c})\mathfrak{b}} \qquad (255\,\text{b})$$

Da für das skalare Produkt das Kommutationsgesetz gilt, kann man für die erste Gleichung in Formel (255a) auch

$$\boxed{(\mathfrak{a}\times\mathfrak{b})\mathfrak{c} = \mathfrak{a}(\mathfrak{b}\times\mathfrak{c})} \qquad (256)$$

schreiben. Wie man erkennt, ist es im Spatprodukt erlaubt, Punkt und Kreuz miteinander zu vertauschen. Man hat deshalb für das Spatprodukt auch das Symbol $[\mathfrak{a}\mathfrak{b}\mathfrak{c}]$ zugelassen.

Für das Spatprodukt dreier Ortsvektoren $\mathfrak{r}_1$, $\mathfrak{r}_2$ und $\mathfrak{r}_3$ erhält man zunächst

$$\mathfrak{r}_1\times\mathfrak{r}_2 = \begin{vmatrix} \mathfrak{i} & \mathfrak{j} & \mathfrak{k} \\ x_1 & y_1 & z_1 \\ x_2 & y_2 & z_2 \end{vmatrix} = \begin{vmatrix} y_1 & z_1 \\ y_2 & z_2 \end{vmatrix}\mathfrak{i} - \begin{vmatrix} x_1 & z_1 \\ x_2 & z_2 \end{vmatrix}\mathfrak{j} + \begin{vmatrix} x_1 & y_1 \\ x_2 & y_2 \end{vmatrix}\mathfrak{k}$$

und daraus

$$(\mathfrak{r}_1\times\mathfrak{r}_2)\cdot\mathfrak{r}_3 = \begin{vmatrix} y_1 & z_1 \\ y_2 & z_2 \end{vmatrix} x_3 - \begin{vmatrix} x_1 & z_1 \\ x_2 & z_2 \end{vmatrix} y_3 + \begin{vmatrix} x_1 & y_1 \\ x_2 & y_2 \end{vmatrix} z_3.$$

Dieses ist aber eine nach den Elementen x_3, y_3 und z_3 entwickelte dreireihige Determinante, so daß folgt

$$\boxed{(\mathfrak{r}_1\times\mathfrak{r}_2)\mathfrak{r}_3 = \begin{vmatrix} x_1 & y_1 & z_1 \\ x_2 & y_2 & z_2 \\ x_3 & y_3 & z_3 \end{vmatrix}} \qquad (257)$$

Neben der Volumenberechnung eines Spates hat das Spatprodukt weitere Anwendungsmöglichkeiten in der analytischen Geometrie des Raumes.

Bekanntlich ist das Volumen eines Tetraeders ein Drittel von dem eines Prismas mit gleicher Grundfläche und Höhe und dessen Volumen wiederum die Hälfte vom Volumen eines Spates mit doppelter Grundfläche und derselben Höhe. Für ein *Tetraeder* mit den Eckpunkten O, P_1, P_2 und P_3 gilt deshalb

$$V_{\mathrm{T}} = \frac{1}{6}(\mathfrak{r}_1\times\mathfrak{r}_2)\mathfrak{r}_3.$$

Ein Spatprodukt kann den Wert Null annehmen, wenn entweder einer der Vektoren Nullvektor ist oder wenn die drei Vektoren $\mathfrak{a}$, $\mathfrak{b}$ und $\mathfrak{c}$ komplanar sind; denn dann steht $\mathfrak{a} \times \mathfrak{b}$ auf $\mathfrak{c}$ senkrecht, und die Projektion von $\mathfrak{c}$ auf $\mathfrak{a} \times \mathfrak{b}$, also die Höhe des Spates, ist Null.

$$\boxed{(\mathfrak{a} \times \mathfrak{b})\mathfrak{c} = 0} \tag{258}$$

ist demnach die Bedingung dafür, daß *drei Vektoren komplanar* sind.

Ist z. B. P ein beliebiger Punkt der durch P_1, P_2 und P_3 bestimmten Ebene, so müssen $\mathfrak{r} - \mathfrak{r}_1$, $\mathfrak{r}_2 - \mathfrak{r}_1$ und $\mathfrak{r}_3 - \mathfrak{r}_1$ Vektoren in dieser Ebene sein. Auf sie kann die Formel (258) angewendet werden.

Es gilt dann $[(\mathfrak{r} - \mathfrak{r}_1) \times (\mathfrak{r}_2 - \mathfrak{r}_1)] \cdot (\mathfrak{r}_3 - \mathfrak{r}_1) = 0,$

bzw.
$$\begin{vmatrix} x - x_1 & y - y_1 & z - z_1 \\ x_2 - x_1 & y_2 - y_1 & z_2 - z_1 \\ x_3 - x_1 & y_3 - y_1 & z_3 - z_1 \end{vmatrix} = 0.$$

Durch Rändern (vgl. 36.3.) kann man hieraus die vierreihige Determinante (242)

$$\begin{vmatrix} 1 & x & y & z \\ 1 & x_1 & y_1 & z_1 \\ 1 & x_2 & y_2 & z_2 \\ 1 & x_3 & y_3 & z_3 \end{vmatrix} = 0$$

gewinnen. Durch Entwickeln dieser Determinante nach den Elementen der ersten Zeile erhält man die Gleichung der Ebene durch drei Punkte P_1, P_2 und P_3 (die nicht in einer Geraden liegen).

Auch der Schnittpunkt dreier Ebenen läßt sich mittels Spatprodukten ermitteln. Sind drei Ebenen

$$\begin{aligned} E_1&: \quad A_1x + B_1y + C_1z + D_1 = 0, \\ E_2&: \quad A_2x + B_2y + C_2z + D_2 = 0, \\ E_3&: \quad A_3x + B_3y + C_3z + D_3 = 0 \end{aligned}$$

gegeben, so kann man diese drei skalaren Gleichungen zu einer Vektorgleichung

$$\mathfrak{A}x + \mathfrak{B}y + \mathfrak{C}z + \mathfrak{D} = \mathfrak{o} \tag{I}$$

mit $\mathfrak{A} = A_1\mathfrak{i} + A_2\mathfrak{j} + A_3\mathfrak{k}$, $\mathfrak{B} = B_1\mathfrak{i} + B_2\mathfrak{j} + B_3\mathfrak{k}$, $\mathfrak{C} = C_1\mathfrak{i} + C_2\mathfrak{j} + C_3\mathfrak{k}$ und $\mathfrak{D} = D_1\mathfrak{i} + D_2\mathfrak{j} + D_3\mathfrak{k}$ zusammenfassen.

Da drei Ebenen im allgemeinen Fall nur einen Punkt, nämlich ihren Schnittpunkt, gemeinsam haben, gilt Gleichung (I) für diesen. Multipliziert man Gleichung (I) skalar mit $\mathfrak{B} \times \mathfrak{C}$, so erhält man

$$(\mathfrak{B} \times \mathfrak{C})\mathfrak{A} \cdot x + (\mathfrak{B} \times \mathfrak{C})\mathfrak{B} \cdot y + (\mathfrak{B} \times \mathfrak{C})\mathfrak{C} \cdot z + (\mathfrak{B} \times \mathfrak{C})\mathfrak{D} = 0. \tag{II}$$

$(\mathfrak{B} \times \mathfrak{C})\mathfrak{B}$ und $(\mathfrak{B} \times \mathfrak{C})\mathfrak{C}$ sind Spatprodukte komplanarer Vektoren und demnach gleich Null.

Gleichung (II) nach x aufgelöst ergibt

$$x = -\frac{(\mathfrak{B}\times\mathfrak{C})\mathfrak{D}}{(\mathfrak{B}\times\mathfrak{C})\mathfrak{A}} = -\frac{\mathfrak{D}(\mathfrak{B}\times\mathfrak{C})}{\mathfrak{A}(\mathfrak{B}\times\mathfrak{C})} = -\frac{[\mathfrak{D}\mathfrak{B}\mathfrak{C}]}{[\mathfrak{A}\mathfrak{B}\mathfrak{C}]}.$$

In gleicher Weise bekommt man nach skalarer Multiplikation von Gleichung (I) mit $\mathfrak{C}\times\mathfrak{A}$ bzw. $\mathfrak{A}\times\mathfrak{B}$ die Koordinate y bzw. z des Schnittpunktes. Die Koordinaten des Schnittpunktes dreier Ebenen sind

$$x = -\frac{[\mathfrak{D}\mathfrak{B}\mathfrak{C}]}{[\mathfrak{A}\mathfrak{B}\mathfrak{C}]}; \quad y = -\frac{[\mathfrak{A}\mathfrak{D}\mathfrak{C}]}{[\mathfrak{A}\mathfrak{B}\mathfrak{C}]}; \quad z = -\frac{[\mathfrak{A}\mathfrak{B}\mathfrak{D}]}{[\mathfrak{A}\mathfrak{B}\mathfrak{C}]} \tag{259}$$

AUFGABEN

1053. Die Gleichungen der Ebenen der Aufgabe 1050 sind mittels Formel (242) zu bestimmen.
1054. Das Volumen des Tetraeders der Aufgabe 1014 ist zu berechnen.
1055. In welchem Punkt durchstößt die z-Achse die durch die Punkte $P_1(2;\ 1;\ -2)$, $P_2(-3;\ 2;\ -1)$ und $P_3(-1;\ -2;\ 3)$ bestimmte Ebene?
1056. Wann versagt Formel (259)? Welche Schlußfolgerungen können dann gezogen werden?

38.3. Vektorielles Produkt dreier Vektoren

Im Gegensatz zu den bisher behandelten Produkten von Vektoren besitzt das vektorielle Produkt dreier Vektoren keine anschauliche geometrische oder physikalische Deutung.

$(\mathfrak{a}\times\mathfrak{b})\times\mathfrak{c}$ liefert einen Vektor, der mit $\mathfrak{x}$ bezeichnet werden soll. Es sei $(\mathfrak{a}\times\mathfrak{b}) = \mathfrak{f}$. Der Vektor $\mathfrak{f}$ steht senkrecht auf der Ebene von $\mathfrak{a}$ und $\mathfrak{b}$, $\mathfrak{x} = (\mathfrak{a}\times\mathfrak{b})\times\mathfrak{c} = \mathfrak{f}\times\mathfrak{c}$ senkrecht auf der Ebene von $\mathfrak{f}$ und $\mathfrak{c}$. Damit liegt $\mathfrak{x}$ wieder in der Ebene von $\mathfrak{a}$ und $\mathfrak{b}$ (Bild 322).

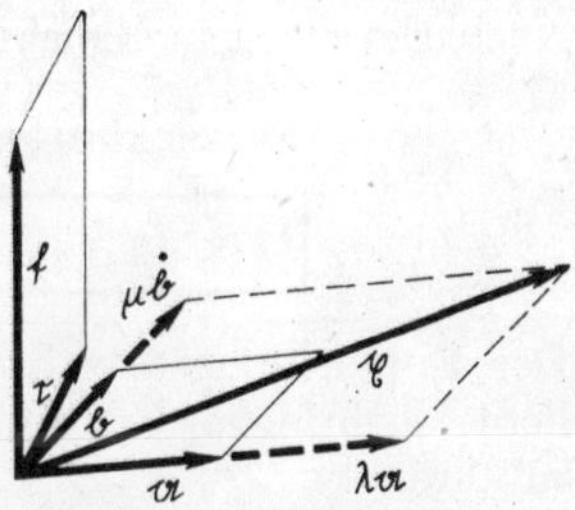

Bild 322

Da der Vektor $\mathfrak{x}$ in der gleichen Ebene wie $\mathfrak{a}$ und $\mathfrak{b}$ liegt, muß er in Richtung der Vektoren $\mathfrak{a}$ und $\mathfrak{b}$ zerlegt werden können, oder anders ausgedrückt, zwischen $\mathfrak{a}$, $\mathfrak{b}$ und $\mathfrak{x}$ muß eine lineare Beziehung von der Form

$$\mathfrak{x} = \lambda\mathfrak{a} + \mu\mathfrak{b} \tag{I}$$

bestehen.

Die Bestimmung der skalaren Faktoren λ und μ in Gl. (I) ist sehr kompliziert. Sie soll deshalb hier unter Zugrundelegen eines Koordinatensystems durchgeführt werden. Legt man die x-Achse in Richtung des Vektors $\mathfrak{a}$ und die y-Achse in die Ebene der Vektoren $\mathfrak{a}$ und $\mathfrak{b}$, so lautet die Koordinatendarstellung

$$\mathfrak{a} = a_x\mathfrak{i}$$
$$\mathfrak{b} = b_x\mathfrak{i} + b_y\mathfrak{j}$$
$$\mathfrak{c} = c_x\mathfrak{i} + c_y\mathfrak{j} + c_z\mathfrak{k}.$$

Dann wird

$$\mathfrak{f} = \mathfrak{a} \times \mathfrak{b} = \begin{vmatrix} \mathfrak{i} & \mathfrak{j} & \mathfrak{k} \\ a_x & 0 & 0 \\ b_x & b_y & 0 \end{vmatrix} = a_x b_y \mathfrak{k}$$

und

$$\mathfrak{x} = (\mathfrak{a} \times \mathfrak{b}) \times \mathfrak{c} = \mathfrak{f} \times \mathfrak{c} = \begin{vmatrix} \mathfrak{i} & \mathfrak{j} & \mathfrak{k} \\ 0 & 0 & a_x b_y \\ c_x & c_y & c_z \end{vmatrix} = -a_x b_y c_y \mathfrak{i} + a_x b_y c_x \mathfrak{j}. \qquad \text{(II)}$$

(Man erkennt, daß der Vektor $\mathfrak{x}$ wieder in der $x;y$-Ebene liegt, also mit $\mathfrak{a}$ und $\mathfrak{b}$ komplanar ist.)
Durch Koeffizientenvergleich der Gleichungen (I) und (II) können nun λ und μ bestimmt werden

$$\begin{aligned} \lambda a_x + \mu b_x &= -a_x b_y c_y \\ \mu b_y &= a_x b_y c_x \end{aligned}$$

Man erhält

$$\lambda = -(b_x c_x + b_y c_y)$$

$$\mu = a_x c_x .$$

Dafür kann man die Skalarprodukte der Vektoren $\mathfrak{b}$ und $\mathfrak{c}$ bzw. $\mathfrak{a}$ und $\mathfrak{c}$ schreiben:

$$\lambda = -\mathfrak{b}\mathfrak{c} \qquad \mu = \mathfrak{a}\mathfrak{c}.$$

Nach Einsetzen in Gleichung (I) bekommt man eine wichtige Beziehung:

Entwicklungssatz

$$\boxed{\mathfrak{x} = (\mathfrak{a} \times \mathfrak{b}) \times \mathfrak{c} = (\mathfrak{a}\mathfrak{c})\mathfrak{b} - (\mathfrak{b}\mathfrak{c})\mathfrak{a}} \qquad (260)$$

Der Entwicklungssatz hat deshalb besonders große Bedeutung, weil er es ermöglicht, mehrfache Produkte Schritt für Schritt auf einfachere Produkte zurückzuführen.
Für den nach (260) errechneten Vektor $\mathfrak{x}$ kann die Probe durchgeführt werden: wegen $\mathfrak{x} \perp \mathfrak{c}$ muß $\mathfrak{x} \cdot \mathfrak{c} = 0$ gelten.
Mit Hilfe des Entwicklungssatzes kann die Zerlegung eines Vektors $\mathfrak{b}$ in Parallel- und Normalkomponente bezüglich eines Vektors $\mathfrak{a}$ erfolgen. Für das Produkt $(\mathfrak{a} \times \mathfrak{b}) \times \mathfrak{a}$ ergibt sich nach (260)

$$(\mathfrak{a} \times \mathfrak{b}) \times \mathfrak{a} = (\mathfrak{a} \cdot \mathfrak{a})\mathfrak{b} - (\mathfrak{b} \cdot \mathfrak{a})\mathfrak{a}.$$

Die Auflösung dieser Gleichung nach $\mathfrak{b}$ liefert die *Zerlegung des Vektors* $\mathfrak{b}$ *in Parallel- und Normalkomponente zu* $\mathfrak{a}$

$$\boxed{\mathfrak{b} = \frac{\mathfrak{a}\mathfrak{b}}{a^2}\,\mathfrak{a} + \frac{1}{a^2}\,(\mathfrak{a} \times \mathfrak{b}) \times \mathfrak{a}} \qquad (261)$$

$\frac{\mathfrak{a}\mathfrak{b}}{a^2}\mathfrak{a}$ hat die Richtung von $\mathfrak{a}$, $\frac{1}{a^2}(\mathfrak{a}\times\mathfrak{b})\times\mathfrak{a}$ steht senkrecht auf $\mathfrak{a}$, denn $\mathfrak{a}$ ist ein Faktor des Vektorproduktes. Die beiden Summanden stellen also $\mathfrak{b}_a$ und $\mathfrak{b}'_a$ dar. Die Nachprüfung einer rechnerisch durchgeführten Zerlegung kann durch Bilden des Skalarproduktes von Parallel- und Normalkomponenten erfolgen. Wegen $\mathfrak{b}_a \perp \mathfrak{b}'_a$ muß $\mathfrak{b}_a \cdot \mathfrak{b}'_a = 0$ sein.

AUFGABEN

1057. Das vektorielle Produkt der Vektoren $\mathfrak{a} = 2\mathfrak{i} - \mathfrak{j}$, $\mathfrak{b} = 2\mathfrak{j} + 3\mathfrak{k}$ und $\mathfrak{c} = 3\mathfrak{i} - \mathfrak{k}$ soll berechnet werden.

1058. Parallel- und Normalkomponente des Vektors $\mathfrak{b} = 3\mathfrak{i} - 2\mathfrak{j} + \mathfrak{k}$ bezüglich a) $\mathfrak{a} = 2\mathfrak{i} - 7\mathfrak{j} + \mathfrak{k}$, b) $\mathfrak{a} = \mathfrak{j} + 2\mathfrak{k}$ sind zu bestimmen.

38.4. Produkte von vier Vektoren

Wie in 38.1. dargelegt wurde, sind mehrfache Produkte von Vektoren nur dann sinnvoll, wenn als erster Schritt jeweils eine vektorielle Multiplikation durchzuführen ist. Als mögliche Produkte von vier Vektoren wurden dort aufgeführt

$$(\mathfrak{a}\times\mathfrak{b})\cdot(\mathfrak{c}\times\mathfrak{d}) \quad \text{(III)} \qquad (\mathfrak{a}\times\mathfrak{b})\times(\mathfrak{c}\times\mathfrak{d}) \quad \text{(IV)}$$

$$[(\mathfrak{a}\times\mathfrak{b})\times\mathfrak{c}]\cdot\mathfrak{d} \quad \text{(V)} \qquad [(\mathfrak{a}\times\mathfrak{b})\times\mathfrak{c}]\times\mathfrak{d}. \quad \text{(VI)}$$

Das Produkt (V) kann auf das Spatprodukt $(\mathfrak{f}\times\mathfrak{c})\cdot\mathfrak{d}$ zurückgeführt werden, wenn als erster Schritt $\mathfrak{f} = \mathfrak{a}\times\mathfrak{b}$ berechnet wird. Auf die drei anderen Produkte kann der Entwicklungssatz (260) angewendet werden.

Das skalare Produkt zweier Vektorprodukte

Setzt man in $(\mathfrak{a}\times\mathfrak{b})\cdot(\mathfrak{c}\times\mathfrak{d})$ zunächst $\mathfrak{c}\times\mathfrak{d} = \mathfrak{g}$, so kann in $(\mathfrak{a}\times\mathfrak{b})\cdot\mathfrak{g}$ gemäß (256) vektorielle und skalare Multiplikation miteinander vertauscht werden:

$$(\mathfrak{a}\times\mathfrak{b})\cdot\mathfrak{g} = \mathfrak{a}(\mathfrak{b}\times\mathfrak{g}) = \mathfrak{a}[\mathfrak{b}\times(\mathfrak{c}\times\mathfrak{d})].$$

Auf

$$\mathfrak{b}\times(\mathfrak{c}\times\mathfrak{d}) = -(\mathfrak{c}\times\mathfrak{d})\times\mathfrak{b}$$

den Entwicklungssatz (260) angewendet, ergibt

$$\mathfrak{b}\times(\mathfrak{c}\times\mathfrak{d}) = (\mathfrak{b}\mathfrak{d})\mathfrak{c} - (\mathfrak{b}\mathfrak{c})\mathfrak{d}.$$

Multipliziert man noch skalar mit $\mathfrak{a}$, so erhält man

$$(\mathfrak{a}\times\mathfrak{b})\cdot(\mathfrak{c}\times\mathfrak{d}) = \mathfrak{a}[\mathfrak{b}\times(\mathfrak{c}\times\mathfrak{d})] = (\mathfrak{a}\mathfrak{c})(\mathfrak{b}\mathfrak{d}) - (\mathfrak{a}\mathfrak{d})(\mathfrak{b}\mathfrak{c}).$$

Den rechts stehenden Term kann man als zweireihige Determinante schreiben. Damit wird

$$\boxed{(\mathfrak{a}\times\mathfrak{b})\cdot(\mathfrak{c}\times\mathfrak{d}) = \begin{vmatrix} \mathfrak{a}\mathfrak{c} & \mathfrak{a}\mathfrak{d} \\ \mathfrak{b}\mathfrak{c} & \mathfrak{b}\mathfrak{d} \end{vmatrix}} \qquad (262)$$

Das vektorielle Produkt zweier Vektorprodukte

Setzt man in $(\mathfrak{a} \times \mathfrak{b}) \times (\mathfrak{c} \times \mathfrak{d})$

$$\mathfrak{a} \times \mathfrak{b} = \mathfrak{f} \quad \text{bzw.} \quad \mathfrak{c} \times \mathfrak{d} = \mathfrak{g},$$

so ergibt sich nach (260)

$$\begin{aligned} \mathfrak{f} \times (\mathfrak{c} \times \mathfrak{d}) &= (\mathfrak{f}\mathfrak{d})\mathfrak{c} - (\mathfrak{f}\mathfrak{c})\mathfrak{d} = \\ &= [(\mathfrak{a} \times \mathfrak{b})\mathfrak{d}]\mathfrak{c} - [(\mathfrak{a} \times \mathfrak{b})\mathfrak{c}]\mathfrak{d} = \\ &= [\mathfrak{a}\mathfrak{b}\mathfrak{d}]\mathfrak{c} - [\mathfrak{a}\mathfrak{b}\mathfrak{c}]\mathfrak{d} \end{aligned} \quad \text{bzw.} \quad \begin{aligned} (\mathfrak{a} \times \mathfrak{b}) \times \mathfrak{g} &= (\mathfrak{a}\mathfrak{g})\mathfrak{b} - (\mathfrak{b}\mathfrak{g})\mathfrak{a} = \\ &= \mathfrak{a}[(\mathfrak{c} \times \mathfrak{d})]\mathfrak{b} - [\mathfrak{b}(\mathfrak{c} \times \mathfrak{d})]\mathfrak{a} = \\ &= [\mathfrak{a}\mathfrak{c}\mathfrak{d}]\mathfrak{b} - [\mathfrak{b}\mathfrak{c}\mathfrak{d}]\mathfrak{a}. \end{aligned}$$

Also ist

$$\boxed{\begin{aligned} (\mathfrak{a} \times \mathfrak{b}) \times (\mathfrak{c} \times \mathfrak{d}) &= [\mathfrak{a}\mathfrak{c}\mathfrak{d}]\mathfrak{b} - [\mathfrak{b}\mathfrak{c}\mathfrak{d}]\mathfrak{a} = \\ &= [\mathfrak{a}\mathfrak{b}\mathfrak{d}]\mathfrak{c} - [\mathfrak{a}\mathfrak{b}\mathfrak{c}]\mathfrak{d} \end{aligned}} \tag{263}$$

Aus der Gleichung (263) folgt

$$\boxed{\mathfrak{a}[\mathfrak{b}\mathfrak{c}\mathfrak{d}] - \mathfrak{b}[\mathfrak{a}\mathfrak{c}\mathfrak{d}] + \mathfrak{c}[\mathfrak{a}\mathfrak{b}\mathfrak{d}] - \mathfrak{d}[\mathfrak{a}\mathfrak{b}\mathfrak{c}] = 0} \tag{263a}$$

oder in Determinantenschreibweise

$$\boxed{\begin{vmatrix} \mathfrak{a} & a_x & a_y & a_z \\ \mathfrak{b} & b_x & b_y & b_z \\ \mathfrak{c} & c_x & c_y & c_z \\ \mathfrak{d} & d_x & d_y & d_z \end{vmatrix} = 0} \tag{263b}$$

Die Übereinstimmung von (263a) und (263b) kann durch Entwickeln der vierreihigen Determinante nach den Elementen der ersten Spalte und Verwendung der Formel (257) nachgeprüft werden. Gleichung (263) stellt, da alle Spatprodukte Skalare ergeben, eine lineare Beziehung zwischen den vier Vektoren $\mathfrak{a}$, $\mathfrak{b}$, $\mathfrak{c}$ und $\mathfrak{d}$ dar. Wendet man auf die Spatprodukte noch die Beziehung (255a) und (255b) an und löst (263a) nach $\mathfrak{d}$ auf, so erhält man die Zerlegung des Vektors $\mathfrak{d}$ nach den Vektoren $\mathfrak{a}$, $\mathfrak{b}$ und $\mathfrak{c}$:

$$\boxed{\mathfrak{d} = \frac{\mathfrak{a}[\mathfrak{d}\mathfrak{b}\mathfrak{c}] + \mathfrak{b}[\mathfrak{a}\mathfrak{d}\mathfrak{c}] + \mathfrak{c}[\mathfrak{a}\mathfrak{b}\mathfrak{d}]}{[\mathfrak{a}\mathfrak{b}\mathfrak{c}]}} \tag{264}$$

Dieser Ausdruck ist insofern recht übersichtlich, als im Zähler der zu zerlegende Vektor $\mathfrak{d}$ der Reihe nach $\mathfrak{a}$, $\mathfrak{b}$ und $\mathfrak{c}$ aus dem Spatprodukt $[\mathfrak{a}\mathfrak{b}\mathfrak{c}]$ verdrängt hat.

Das vektorielle Produkt von vier Vektoren

Im Vektorprodukt $[(\mathfrak{a} \times \mathfrak{b}) \times \mathfrak{c}] \times \mathfrak{d}$ kann zunächst nach (260)

$$(\mathfrak{a} \times \mathfrak{b}) \times \mathfrak{c} = (\mathfrak{a}\mathfrak{c})\mathfrak{b} - (\mathfrak{b}\mathfrak{c})\mathfrak{a}$$

errechnet werden. Wegen des Distributionsgesetzes (249) wird dann

$$[(\mathfrak{a} \times \mathfrak{b}) \times \mathfrak{c}] \times \mathfrak{d} = (\mathfrak{a}\mathfrak{c})(\mathfrak{b} \times \mathfrak{d}) - (\mathfrak{b}\mathfrak{c})(\mathfrak{a} \times \mathfrak{d}).$$

Setzt man erst $\mathfrak{a} \times \mathfrak{b} = \mathfrak{f}$, so folgt nach (260)

$$[(\mathfrak{a} \times \mathfrak{b}) \times \mathfrak{c}] \times \mathfrak{d} = [\mathfrak{f} \times \mathfrak{c}] \times \mathfrak{d} = (\mathfrak{f}\mathfrak{d})\mathfrak{c} - (\mathfrak{c}\mathfrak{d})\mathfrak{f} = [\mathfrak{a}\mathfrak{b}\mathfrak{d}]\mathfrak{c} - (\mathfrak{c}\mathfrak{d})(\mathfrak{a} \times \mathfrak{b}).$$

Es ist also

$$\boxed{\begin{aligned}[(\mathfrak{a} \times \mathfrak{b}) \times \mathfrak{c}] \times \mathfrak{d} &= (\mathfrak{a}\mathfrak{c})(\mathfrak{b} \times \mathfrak{d}) - (\mathfrak{b}\mathfrak{c})(\mathfrak{a} \times \mathfrak{d}) \\ &= [\mathfrak{a}\mathfrak{b}\mathfrak{d}]\mathfrak{c} - (\mathfrak{c}\mathfrak{d})(\mathfrak{a} \times \mathfrak{b})\end{aligned}} \tag{265}$$

AUFGABEN

1059. Der Vektor $\mathfrak{r} = 0{,}5\mathfrak{i} - \mathfrak{j} - \mathfrak{k}$ soll mittels Formel (264) in Komponenten längs der Vektoren $\mathfrak{a} = \mathfrak{i} + 2\mathfrak{j} - \mathfrak{k}$, $\mathfrak{b} = 2\mathfrak{i} - \mathfrak{j} - 3\mathfrak{k}$ und $\mathfrak{c} = 3\mathfrak{i} - 3\mathfrak{j} - 3\mathfrak{k}$ zerlegt werden.

1060. Welche der folgenden Produkte sind sinnvoll und können demnach gebildet werden und welche nicht? Man versuche, die sinnvollen Produktbildungen anschaulich zu deuten.

a) $a \cdot \mathfrak{b}$, b) $\mathfrak{a} \cdot \mathfrak{b}$, c) $a \times \mathfrak{b}$ d) $\mathfrak{a} \times \mathfrak{b}$,
e) $a \times b$, f) $a \cdot (\mathfrak{b} \times \mathfrak{c})$, g) $\mathfrak{a} \cdot (\mathfrak{b} \times \mathfrak{c})$, h) $\mathfrak{a} \times (\mathfrak{b} \times \mathfrak{c})$,
i) $\mathfrak{a} \times (b \cdot \mathfrak{c})$, k) $\mathfrak{a} \times (b \times \mathfrak{c})$, l) $\mathfrak{a} \cdot (\mathfrak{b} \cdot \mathfrak{c})$, m) $\mathfrak{a} \cdot (b \cdot \mathfrak{c})$.

39. Vektorielle Darstellung von Kurven und Flächen im Raum

Wie in 24.3.2. gezeigt wurde, kann bei der analytischen Darstellung einer Funktion oder in der Gleichung einer Kurve die Zuordnung über eine Hilfsvariable t, den *Parameter*, erfolgen.
Jedem Parameterwert $t \in T$ wird durch

$$x = x(t) \qquad (x \in X) \tag{I}$$

und

$$y = y(t) \qquad (y \in Y) \tag{II}$$

ein Wertepaar $(x; y)$ und damit ein Punkt der $x; y$-Ebene zugeordnet. Der Parameter t kann z. B. ein Winkel oder auch eine Zeit sein, er muß aber nicht eine eigene Bedeutung haben.
Ordnet man noch eine dritte Variable z durch

$$z = z(t) \qquad (z \in Z) \tag{III}$$

dem jeweiligen Parameterwert zu, so ist durch die Gleichungen (I)···(III) eine Teilmenge der Punkte des Raumes bestimmt. Zu einem Wertetripel

$$x_0 = x(t_0);\; y_0 = y(t_0);\; z_0 = z(t_0)$$

gibt es einen Punkt P_0 des Raumes, der bei Zugrundelegen eines Koordinatensystems auch durch einen Ortsvektor $\mathfrak{r}_0$ bestimmt ist:

$$\mathfrak{r}_0 = x_0\mathfrak{i} + y_0\mathfrak{j} + z_0\mathfrak{k} = x(t_0)\mathfrak{i} + y(t_0)\mathfrak{j} + z(t_0)\mathfrak{k}.$$

Dieser Ortsvektor ist dem Parameterwert t_0 zugeordnet.
Sind x, y und z ein und demselben Parameter t zugeordnet, so durchläuft bei Änderung des Parameterwertes t die Spitze eines ihm zugeordneten Vektors $\mathfrak{r}$ eine Raumkurve, $\mathfrak{r} = \mathfrak{r}(t)$ ist eine Vektorfunktion des Parameters t:

$$\mathfrak{r} = \mathfrak{r}(t) = x(t)\mathfrak{i} + y(t)\mathfrak{j} + z(t)\mathfrak{k}.$$

Auch dieser Vektorgleichung entsprechen wieder drei skalare Gleichungen, die die Koordinatendarstellung der Raumkurve heißen:

$$\mathfrak{r} = \mathfrak{r}(t) \rightarrow \begin{cases} x = x(t) \\ y = y(t) \\ z = z(t) \end{cases}$$

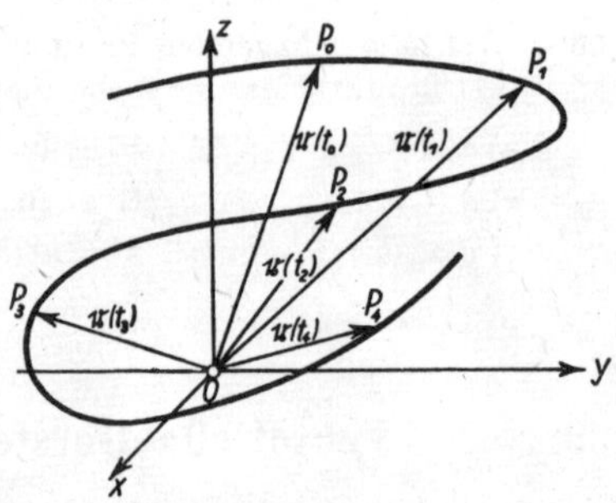

Bild 323

Durch Eliminieren des Parameters aus der Koordinatendarstellung kann man gegebenenfalls die Gleichung der Raumkurve in cartesischen Koordinaten erhalten.
Zur Veranschaulichung des Dargelegten denke man sich einen Beobachter (im Punkt O eines Koordinatensystems), der das Training eines Flugzeuges mit den Augen verfolgt. Zu verschiedenen Zeiten t_0, t_1, t_2, ... erblickt er das Flugzeug in den Punkten P_0, P_1, P_2, ... (Bild 323).
Eine einfache Raumkurve, die Gerade, wurde bereits in 35.5. behandelt. Ersetzt man in Gleichung (227) λ durch t, so erhält man

$$\mathfrak{r}(t) = \mathfrak{r}_0 + t\mathfrak{a} = (x_0 + ta_x)\mathfrak{i} + (y_0 + ta_y)\mathfrak{j} + (z_0 + ta_z)\mathfrak{k}$$

bzw. in Koordinatendarstellung

$$x(t) = x_0 + ta_x; \quad y(t) = y_0 + ta_y; \quad z(t) = z_0 + ta_z.$$

BEISPIELE

1. Welche Raumkurve beschreibt

$$\mathfrak{r}(t) = (a \cos t)\,\mathfrak{i} + (a \sin t)\,\mathfrak{j} + ct\mathfrak{k}?$$

Lösung: Die Koordinatendarstellung lautet

$$x(t) = a \cos t; \quad y(t) = a \sin t; \quad z(t) = ct.$$

$x(t) = a \cos t$ und $y(t) = a \sin t$ ist die Parameterdarstellung eines Kreises in der $x;\,y$-Ebene. $z(t) = ct$ besagt, daß sich die z-Koordinate proportional dem Parameter t ändert. Wächst t von $0 \ldots 2\pi$, so durchläuft die Projektion der Raumkurve in die $x;y$-Ebene einen Kreis, gleichzeitig hebt sich die Kurve von der $x;\,y$-Ebene ab und erreicht für $t = 2\pi$ eine Höhe von $2\pi c$ (Bild 324). Die Raumkurve ist eine Schraubenlinie mit der Steigung $2\pi c$, die sich auf dem Mantel eines Zylinders mit dem Radius a befindet.

2. Welche Raumkurve beschreibt

$$\mathfrak{r}(t) = (a \cos t)\,\mathfrak{i} + (b \sin t)\,\mathfrak{j} \pm (\sqrt{a^2 - b^2} \sin t)\,\mathfrak{k} \text{ mit } a > b > 0,\ 0 \leqq t \leqq 2\pi,$$
$$z(t) \geqq 0?$$

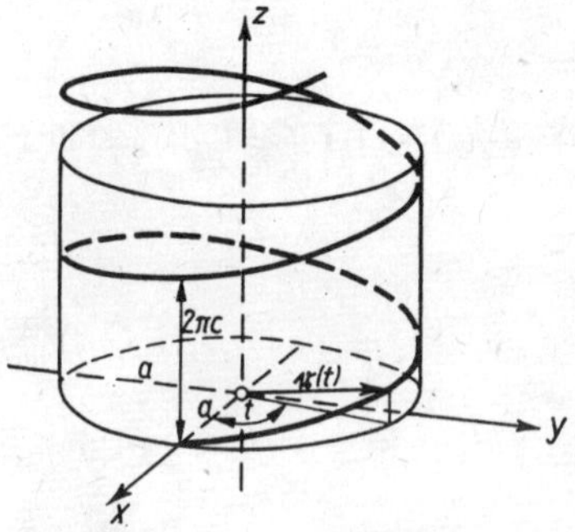

Bild 324

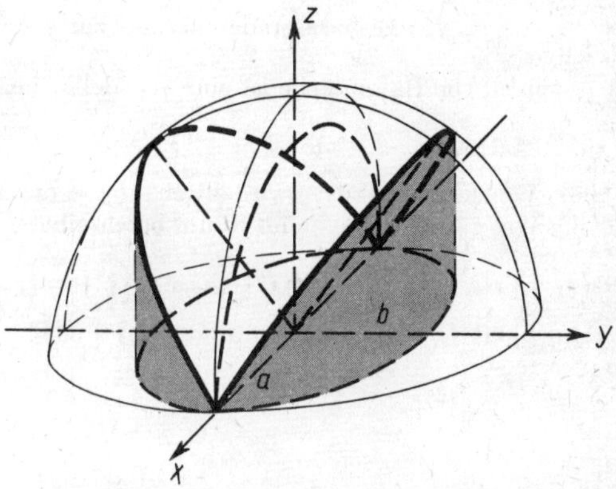

Bild 325

Lösung: Die Projektion in die $x;y$-Ebene ist eine Ellipse mit den Halbachsen a und b, denn $x = a \cos t$, $y = b \sin t$ ist nach (179) eine Parameterdarstellung der Ellipse.

In der $y;z$-Ebene ergibt sich ein Geradenpaar $z = \dfrac{\pm\sqrt{a^2 - b^2}}{b}\, y$. Die Projektion auf die $x;z$-Ebene ist (wegen $z \geqq 0$) eine Halbellipse $\dfrac{x^2}{a^2} + \dfrac{z^2}{a^2 - b^2} = 1$.

Berechnet man $|\mathfrak{r}(t)| = \sqrt{[x(t)]^2 + [y(t)]^2 + [z(t)]^2} = a$, so erkennt man, daß die Raumkurve auf der Oberfläche einer Kugel mit dem Radius a liegen muß. Es ist die Schnittkurve eines elliptischen Zylinders[1]) mit einer Halbkugel (Bild 325).

Ist der Ortsvektor $\mathfrak{r}$ zwei skalaren, voneinander unabhängigen Parametern s und t zugeordnet, so beschreibt seine Spitze eine Fläche im Raum: $\mathfrak{r} = \mathfrak{r}(s, t)$. Die Ebene als einfachste Raumfläche ist in vektorieller Darstellung bereits bekannt: $\mathfrak{r}(t) = \mathfrak{r}_0 + s\mathfrak{a} + t\mathfrak{b}$. Die Koordinatendarstellung der Ebene lautet

$$x(t) = x_0 + s a_x + t b_x, \quad y(t) = y_0 + s a_y + t b_y, \quad z(t) = z_0 + s a_z + t b_z.$$

[1]) Ein Zylinder, dessen Grundfläche eine Ellipsenfläche ist

BEISPIEL

3. Welche Fläche im Raum stellt $\mathfrak{r}(t) = (s \cos t)\,\mathfrak{i} + (s \sin t)\,\mathfrak{j} + ct\mathfrak{k}$ mit $0 \leqq s \leqq a, 0 \leqq t \leqq 2\pi$ dar?

Lösung: Setzt man $s = \text{const.} = k$, so bekommt man mit $\mathfrak{r}(t) = (k \cos t)\,\mathfrak{i} + (k \sin t)\,\mathfrak{j} + ct\mathfrak{k}$ die Gleichung einer Schraubenlinie (vgl. Beispiel 1).
Für $t = \text{const.} = k$ erhält man die Raumkurve $\mathfrak{r}(s) = (\cos k)\, s\mathfrak{i} + (\sin k)\, s\mathfrak{j} + ck\mathfrak{k}$, deren Projektionen in die

$x; y$-Ebene Geraden durch den Ursprung,

$x; z$-Ebene Geraden parallel zur x-Achse,

$y; z$-Ebene Geraden parallel zur y-Achse

ergeben. Die Raumfläche ist eine Wendelfläche.

AUFGABEN

1061. Welche Raumkurve wird durch $\mathfrak{r}(t) = (at \cos t)\,\mathfrak{i} + (at \sin t)\,\mathfrak{j} + ct\mathfrak{k}$ dargestellt?
1062. Was für eine Fläche im Raum beschreibt

a) $\mathfrak{r}(s, t) = (a\, s \cos t)\,\mathfrak{i} + (as \sin t)\,\mathfrak{j} + cs\mathfrak{k}$,

b) $\mathfrak{r}(s, t) = (s\, t \cos t)\,\mathfrak{i} + (s\, t \sin t)\,\mathfrak{j} + ct\mathfrak{k}$?

Lösungen

1. Aussagen sind: a), c) und e), keine Aussagen: b) (Für wen?) und d) (welche Gerade g, welcher Punkt P? Vgl. auch Beispiele 6. und 7. in 1.4.).

2. a) Eisen ist ein chemisches Element und Messing und Blei. Falsch
   b) Eisen ist ein chemisches Element oder Messing oder Blei. Wahr
   c) Eisen ist ein chemisches Element und Messing, oder Blei ist kein chemisches Element. Falsch
   d) Eisen ist kein chemisches Element; oder Messing ist kein chemisches Element und Blei ist keines. Falsch

3. a) und c) sind wahr, b) ist falsch.

4. a) In einer Tabelle werden alle Möglichkeiten der Bewertung von p und q untersucht:

p	q	$p \vee q$	$\overline{p}$	$(p \vee q) \wedge \overline{p}$
w	w	w	f	f
w	f	w	f	f
f	w	w	w	w
f	f	f	w	f

Nur wenn p falsch ist und q wahr, ist die Verknüpfung wahr.

Analog ergeben sich in b) und c) bei den folgenden Kombinationen wahre Verknüpfungen:

b)

p	w	f	f
q	w	w	f

c)

p	w
q	f

5. a)

p	w	w	w	f	f
q	w	w	f	w	f
r	w	f	w	w	w

b)

p	w	w	w
q	w	w	f
r	w	f	w

6. a) ist stets falsch, b) ist stets wahr.

7. a) Nein: $\overline{p} \wedge \overline{q}$ ist nur wahr, wenn p und q beide falsch sind, $\overline{p \wedge q}$ dagegen schon, wenn p allein falsch ist.

b) Nein: $\bar{p} \vee \bar{q}$ ist bereits wahr, wenn eine der beiden Aussagen p und q falsch ist. Dagegen ist $\overline{p \vee q}$ nur dann wahr, wenn p und q beide falsch sind.

8. a) p und q (Konjunktion), b) Entweder p oder q,
c) p und q nicht, d) Nicht sowohl p als auch q,
e) Weder p noch q

9. a) wahr, b) wahr, c) falsch, d) falsch

10. a) Wenn 1526 durch 7 teilbar ist, so ist 1528 durch 7 teilbar.
b), c) und d) analog.
e) 1526 ist genau dann durch 7 teilbar, wenn 1528 durch 7 teilbar ist.
f), g) und h) analog.
Wahr sind: b), c), d), f) und h).

11. a) Wahr, wenn p und q beide wahr oder beide falsch sind.
b) Wahr, wenn p wahr ist.

12. a) Wahr, wenn p falsch ist. b) Stets falsch (Kontradiktion)

13. a) $p \wedge q \Rightarrow p$, b) $p \Rightarrow p \vee q$, c) $\overline{p \wedge q} \Leftrightarrow \bar{p} \vee \bar{q}$,
d) $\overline{p \vee q} \Leftrightarrow \bar{p} \wedge \bar{q}$.

14. a)

p	q	$p \vee q$	$\bar{q}$	$(p \vee q) \wedge \bar{q}$	$(p \vee q) \wedge \bar{q} \Rightarrow p$
w	w	w	f	f	w
w	f	w	w	w	w
f	w	w	f	f	w
f	f	f	w	f	w

b) analog

15. a), b) und d) sind symmetrisch, reflexiv und transitiv.
c) ist symmetrisch, aber nicht reflexiv und nicht transitiv.

16. a) 2 ist eine Primzahl und größer als 4. Und so weiter, wahr für 5.
b) 2 ist ohne Rest durch 5 teilbar oder kleiner als 3. Und so weiter, wahr für 2 und 5.
c) wenn 2 gerade ist, ist 2 durch 3 teilbar. Und so weiter, wahr für 3, 5 und 6.
d) 2 ist eine ungerade Zahl genau dann, wenn 2 Primzahl ist. Und so weiter, wahr für 3, 4, 5 und 6.

17. Für x, y sind folgende Kombinationen einzusetzen:

x	1	1	2	2
y	1	2	1	2

Wahre Aussagen ergeben sich bei

a)

x	1	2
y	1	2

b)

x	1
y	2

c)

x	1	2
y	1	2

d)

x	1	1	2
y	1	2	1

18. a) 2, b) 1, 9, c) 1, 2, 3, 4, 6, 8, 9, d) 2, 4, 5, 6, 7, 8

19. a), b) und d) sind allgemeingültig. c) ist stets falsch.

20. In allen mit Ausnahme von c)

21. Allen mit Ausnahme von c), f) und g)

22. a) $\{23, 46, 69, 92\}$, b) $\{2, 4\}$, c) $\emptyset$

23. a) x ist eine durch 3 teilbare positive ganze Zahl.
b) x ist eine einstellige Primzahl.
c) x ist eine negative ganze Zahl.

24. $\{i, l, s, e\}$, $\{i, l, s\}$, $\{i, l, e\}$, $\{i, s, e\}$, $\{l, s, e\}$, $\{i, l\}$, $\{i, s\}$, $\{i, e\}$, $\{l, s\}$, $\{l, e\}$, $\{s, e\}$, $\{i\}$, $\{l\}$, $\{s\}$, $\{e\}$, $\emptyset$

25. $T, S, R, P, D, Q \subset V$; $S, R, P, Q \subset T$; $Q \subset S$; $Q \subset R$; $S, R, Q \subset P$; $S, Q \subset D$.

26. a) wenn x eine Kupferlegierung ist, so ist x ein Metall.
b) x ist genau dann ein Dreieck mit zwei gleich großen Winkeln, wenn x ein Dreieck mit zwei gleich langen Seiten ist.

27. a) A: Menge aller durch 6 teilbaren ganzen Zahlen. B: Menge aller durch 3 teilbaren ganzen Zahlen. $A \subset B$.
b) A: Menge aller durch 14 teilbaren ganzen Zahlen. B: Menge aller durch 7 teilbaren geraden Zahlen. $A = B$.

28.

$A \cap B$		B: T	S	R	P	D
A	T	T				
	S	S	S			
	R	R	Q	R		
	P	P	S	R	P	
	D	S	S	Q	S	D

29. a) $\{a, u, t, o, m, s\}$, $\{a, u\}$, $\{t, o\}$
b) $\{0, 2, 4, 5, 6, 8, 10, \ldots\}$, $\{0, 10, 20, \ldots\}$, $\{2, 4, 6, 8, 12, \ldots\}$
c) Menge aller russisch oder englisch sprechenden Menschen.
Menge aller russisch und englisch sprechenden Menschen.
Menge aller russisch sprechenden Menschen, die nicht englisch sprechen.

30. $\{(1, u), (1, v), (1, w), (2, u), (2, v), (2, w), (3, u), (3, v), (3, w), (4, u), (4, v,), (4, w)\}$

31. $K \setminus (E \cup U) = (K \setminus E) \setminus U$ 32. $A \cup B \cup C$ 33. $A \cap B \cap C$

34. a) $\emptyset$, b) A, c) $\emptyset$ 35. a) A, b) A

36. a) $p(x) \vee q(x) \vee r(x)$, b) $p(x) \wedge q(x) \wedge r(x)$,
c) $p(x) \wedge q(x) \wedge \overline{r(x)}$, d) $(p(x) \vee q(x)) \wedge \overline{r(x)}$,
e) $p(x) \wedge \overline{q(x)} \wedge \overline{r(x)}$, f) $p(x) \wedge \overline{q(x) \wedge r(x)}$

37. a) $A \cap (B \cup C)$, b) $(A \setminus B) \cap C$, c) $A \setminus (B \cup C)$

38. a) Richtig. Transitivität des Enthaltenseins
   b) Falsch, wenn $a \in B$.
   c) Falsch, wenn $a \notin B$.
   d) Falsch, wenn B echte Teilmenge von A ist.
   e) Falsch. Es folgt nur $A \subseteqq B$.
   f) Richtig. Aus $A \cap B = A \cup B$ folgt $A \subseteqq A \cap B$ und daraus $A \subseteqq B$. Analog ergibt sich $B \subseteqq A$. Also ist $A = B$.

39. a) $a \in B$, b) $a \in B$ 40. $\varnothing$

41. Zwei elementfremde Mengen (vgl. Aufgabe 40) können nur gleich sein, wenn beide leer sind. $A \setminus B = \varnothing \Rightarrow A \subseteqq B$, $B \setminus A = \varnothing \Rightarrow B \subseteqq A, \Rightarrow A = B$.

42. a) $A = B$ (vgl. Aufgabe 38. f), b) $\Rightarrow A \setminus B = \varnothing \Rightarrow A \subseteqq B$

43. Bild 326

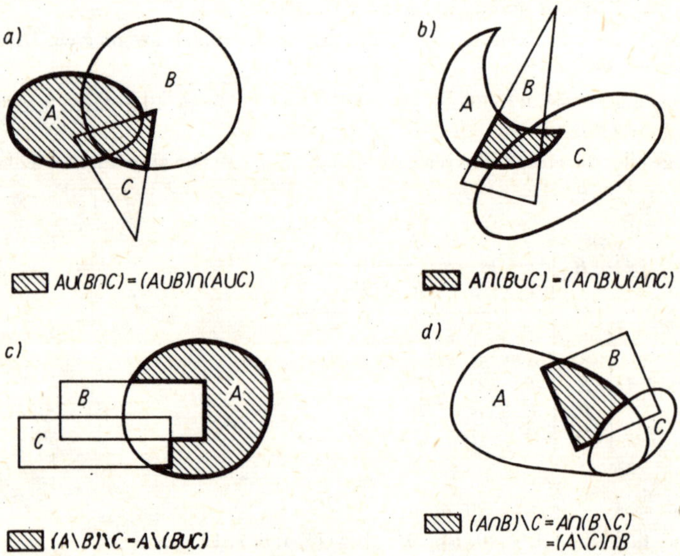

Bild 326a, b, c, d

44. Auf beiden Seiten ergibt sich: bei a) $\{g, e, i, s, t, n, l\}$, bei b) $\{e, i, s\}$, bei c) $\{g, t\}$ und bei d) $\{i, s\}$.

45. a)

A	B
0	a, c
1	b. d
2	a
3	b
4	
5	d

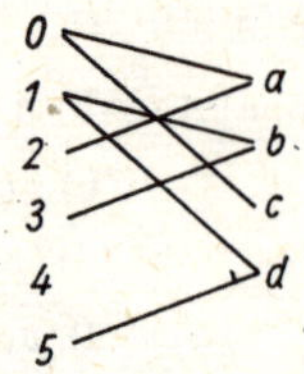

b) $\{(0, a), (1, b), (2, c), (3, a), (3, b), (4, b), (4, c), (5, a), (5, b), (5, c)\}$

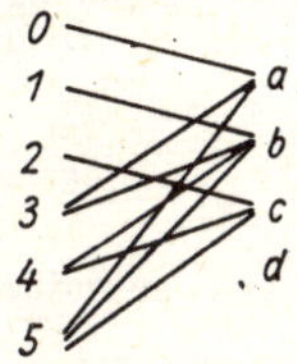

c) $\{(0, a), (1, b), (2, b), (3, c), (4, c), (5, d)\}$

A	B
0	a
1	b
2	b
3	c
4	c
5	d

46. Abbildungen von A: b) und c).
Abbildungen auf B: a) und c).
Eindeutige Abbildungen: c). Keine eineindeutigen Abbildungen.

47. a) Bei eindeutigen Abbildungen kommt jedes Urbild in genau einem Wertepaar vor, bei eineindeutigen ebenfalls jedes Bild.
b) Bei eindeutigen Abbildungen steht in jeder Zeile nur ein Element in der Bildspalte, bei eineindeutigen kommt außerdem jedes Bild nur einmal vor.
c) Bei eindeutigen Abbildungen geht von jedem Urbild genau eine Linie aus, bei eineindeutigen langt außerdem bei jedem Bild genau eine Linie an.

48. a) Wenn jeder Studierende genau ein Zimmer bewohnt. (Dabei können mehrere Studenten in demselben Zimmer wohnen.)
b) Wenn jeder Studierende genau ein Zimmer bewohnt und nicht mehrere Studenten das gleiche Zimmer bewohnen.

49. a) Wenn jede Familie genau ein Wohnhaus bewohnt.
b) Wenn außerdem jedes Wohnhaus nur von einer Familie bewohnt wird.

50.

B	A a)	A b)	A c)
a	0, 2	0, 3, 5	0
b	1, 3	1, 3, 4, 5	1, 2
c	0	2, 4, 5	3, 4
d	1, 5		5

51. Die Abbildung muß eineindeutig sein.

52. Die eineindeutige Zuordnung der Punkte kann etwa wie in Bild 327 geschehen.

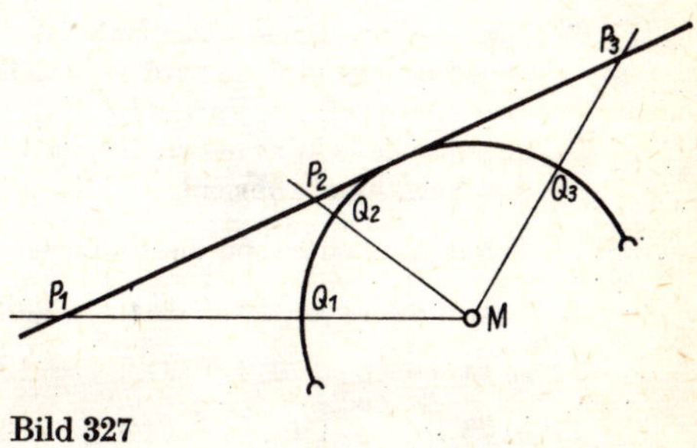

Bild 327

53. Ja: Indem man zum Beispiel jeder Zahl der Menge $\{0, 1, 2, \ldots\}$ die um eins größere zuordnet, erhält man eine eineindeutige Abbildung dieser Menge auf ihre echte Teilmenge $\{1, 2, 3, \ldots\}$.

54. Nein, vgl. Aufgabe 53

55. Ja

56. $N \setminus \{0\}$

57. Sie ist reflexiv und transitiv, aber nicht symmetrisch.

58. a) endlich, b) und c) abzählbar unendlich

59. Das Quadrat q der natürlichen Zahl a ist die Elementezahl des aus der endlichen Menge A mit der Elementezahl a gebildeten Mengenprodukts $A \times A$:

$$Q = A \times A,$$
$$q = a^2.$$

60. Rechts steht die Zahl, die zu ac addiert ab ergibt. Es ist zu prüfen, ob die linke Seite ebenfalls diese Bedingung erfüllt:

$$\begin{aligned} a(b-c) + ac &= a[(b-c)+c] && \text{(Distributionsgesetz)} \\ &= ab; \end{aligned}$$

denn $b - c$ ist die Zahl, die zu c addiert b ergibt.

61.
$$\begin{aligned} (a+b)(a-b) &= (a-b)(a+b) && \text{(Kommutationsgesetz)} \\ &= (a-b)\,a + (a-b)\,b && \text{(Distributionsgesetz)} \\ &= a(a-b) + b(a-b) && \text{(Kommutationsgesetz)} \\ &= a^2 - ab + ba - b^2 && \text{(Regel aus Aufgabe 60)} \\ &= a^2 - b^2 && \text{(Kommutationsgesetz).} \end{aligned}$$

62. a) Vereinigung und Durchschnitt,
b) Vereinigung und Durchschnitt

63. Reflexiv, transitiv, aber nicht symmetrisch

64. Die eineindeutige Abbildung wird durch die Zuordnung $n \to 2n$ $(n \in N)$ bewirkt.

65.

1	2	3	4	5	6	7	8	9	10	11	12	13	14	15	16	17	18	19	20
1	2	2	3	2	4	2	4	3	4	2	6	2	4	4	5	2	6	2	6

66. Der Fehler liegt in der stillschweigenden Voraussetzung, daß es eine größte natürliche Zahl gäbe.

67. a) LOO OLL, b) L LLL LLO, c) L OLO OOO,
d) L LLO OLL LOO, e) LO OOO OOO OOO

68. a) 17, b) 85, c) 127, d) 365, e) 2222

69. Die zu übertragende Dezimalzahl wird rechts in die unterste Zeile geschrieben. Ist die Zahl ungerade (gerade), so wird 1 (beziehungsweise 0) subtrahiert, der Subtrahend in die oberste, die Differenz in die mittlere Zeile geschrieben. Die Differenz wird durch 2 dividiert und in die unterste Zeile links neben die gegebene Zahl geschrieben. Dieser Vorgang wiederholt sich, bis das Verfahren abbricht. In der ersten Zeile steht dann die Zahl in dualer Schreibweise.

70. Gerade Zahlen haben die Endziffer O, ungerade die Endziffer L.

71. Indem man eine, zwei, drei, ... Nullstellen am Ende abstreicht.

72. a) LO OOO, b) L LLO, c) LLL LOO, d) L LLL LOL OOO, e) L LOO

73. a) 43_7, b) 176_7, c) 120_7, d) 1634_7, e) 2000_7

74. a) 93, b) 31444, c) 34320

75. a) 5645_7, b) 16206_7, c) 54244_7

76. a) Induktionsanfang: $n = 1$: $5 = \frac{1 \cdot (1+9)}{2}$.

Schluß von k auf $k+1$:

$$5 + 6 + \cdots + (4+k) = \frac{k(k+9)}{2} \quad \Big| + (4+k+1)$$

$$5 + 6 + \cdots + (4+k) + (4+k+1) = \frac{k(k+9) + 2(4+k+1)}{2} = \frac{k^2 + 11k + 10}{2} = \frac{(k+1)(k+1+9)}{2}.$$

b) analog zu a)

c) Induktionsanfang: $n = 1$: $1 = \frac{3^1 - 1}{2}$.

Schluß von k auf $k+1$:

$$1 + 3 + \cdots + 3^{k-1} = \frac{3^k - 1}{2} \quad \Big| + 3^k$$

$$1 + 3 + \cdots + 3^{k-1} + 3^k = \frac{3^k - 1 + 2 \cdot 3^k}{2} = \frac{3 \cdot 3^k - 1}{2} = \frac{3^{k+1} - 1}{2}.$$

d) analog zu e)

e) Induktionsanfang: $n = 1$: $1^3 = \left(\frac{1(1+1)}{2}\right)^2$.

Schluß von k auf $k+1$:

$$1^3 + 2^3 + \cdots + k^3 = \left(\frac{k(k+1)}{2}\right)^2 \quad \Big| + (k+1)^3$$

$$1^3 + 2^3 + \cdots + k^3 + (k+1)^3 = \frac{k^2(k+1)^2 + 4(k+1)^3}{4} = \frac{(k^2 + 4k + 4)(k+1)^2}{4} = \left(\frac{(k+1)(k+2)}{2}\right)^2.$$

f) Induktionsanfang: $n = 1$: $1 \cdot 1! = (1+1)! - 1$.

Schluß von k auf $k+1$:

$$1\cdot 1! + 2\cdot 2! + \cdots + k\cdot k! = (k+1)! - 1 \mid + (k+1)(k+1)!$$

$$1\cdot 1! + 2\cdot 2! + \cdots + k\cdot k! + (k+1)(k+1)! = (1+k+1)(k+1)! - 1 = \\ = (k+2)! - 1.$$

g) Induktionsanfang: $n = 1$: $1 < 2^1$.

Schluß von k auf $k+1$:

$$k < 2^k \mid +1$$

$$k+1 < 2^k + 1 < 2^k + 2^k = 2^{k+1}.$$

77. a) n^2. Induktionsbeweis analog zu Aufgabe 76.a)

b) $2^n - 1$. Induktionsbeweis analog zu Aufgabe 76.c)

78. a) Die erste Stelle des Paares kann mit m Objekten, die zweite mit jedem der verbleibenden $m-1$ Objekte besetzt werden: $m(m-1)$ Möglichkeiten.

b) Die ersten beiden Stellen können nach a) auf $m(m-1)$ Weisen besetzt werden. Für die dritte Stelle verbleiben $m-2$ Objekte: $m(m-1)(m-2)$ Möglichkeiten.

c) Die ersten drei Stellen können nach b) auf $m(m-1)(m-2)$ Weisen besetzt werden. Für die vierte Stelle verbleiben $m-3$ Objekte: $m(m-1)(m-2)(m-3)$ Möglichkeiten.

79. Der Induktionsanfang ist in Aufgabe 78 geliefert. Schluß von k auf $k+1$: Die ersten k Stellen lassen sich nach Induktionsvoraussetzung auf $m(m-1)\cdots(m-k+1)$ Weisen besetzen. Für die $(k+1)$-te Stelle verbleiben $m-k$ Objekte. Also ergeben sich $m(m-1)\cdots(m-k+1)(m-k)$ Möglichkeiten, Gruppen aus $k+1$ Elementen zu bilden.

80. a) Von zwei aufeinanderfolgenden natürlichen Zahlen ist stets eine gerade.

b) Von drei aufeinanderfolgenden natürlichen Zahlen ist mindestens eine gerade und stets eine durch 3 teilbar.

c) Von vier aufeinanderfolgenden natürlichen Zahlen ist stets eine durch 4 teilbar, eine weitere durch 2 und mindestens eine durch 3. Verallgemeinerung:

$$\frac{n(n+1)\cdots(n+k-1)}{k!} \in N.$$

81. a) $G = N \cup \overline{N}$, b) $N = G \setminus \overline{N}$

82. Bezüglich g und h sind 6 Fälle denkbar, die im folgenden mit Hilfe zweier natürlicher Zahlen m und n dargestellt werden:

1. $g = m,\quad h = n,\quad m \geqq n$: $\quad g - h = m - n \in N$,
2. $g = m,\quad h = n,\quad m < n$: $\quad g - h = -(n-m) \in \overline{N}$,
3. $g = m,\quad h = -n$: $\quad g - h = m + n \in N$,
4. $g = -m,\quad h = n$: $\quad g - h = -(m+n) \in \overline{N}$,
5. $g = -m,\quad h = -n,\quad n \geqq m$: $\quad g - h = n - m \in N$,
6. $g = -m,\quad h = -n,\quad n < m$: $\quad g - h = -(m-n) \in \overline{N}$.

83.

x	-4	-3	-2	-1	0	1	2	3	4
y	473	178	49	8	1	-2	-7	4	73

84. Ja. Dies ist aus folgender Zuordnung zu erkennen:

$0 \to -500$	$1 \to 501$
$-1 \to -501$	$2 \to 502$
$-2 \to -502$	$3 \to 503$
....	....

85. Die Reihenfolge gibt eine Ordnung. a) Das Monotoniegesetz der Addition gilt nicht: Im Sinne dieser Ordnung ist $2 < -4$, aber die durch Addition von 2 auf beiden Seiten erhaltene Ungleichung $4 < -2$ ist falsch, weil 4 nach -2 kommt. b) Das Monotoniegesetz der Multiplikation gilt.

86. a) 21, b) 14

87. a) 9, b) 19, c) 4

88. a) -4, b) 2, c) 0

89. -7, -3, 3 und 7

90. $4a + 20$

91. a) $5a - 3b$, b) $-a + 3b + 2$

92. -10

93. a) $\leqq 900$, b) $\leqq 748$, c) $\leqq 781$

94. Für gerade n; oder für ungerade n, wenn $a \geqq 3$ ist.

95. $|a| + |b| + |c|$

96. a) $+1$ für $a > 0$, -1 für $a < 0$. Für $a = 0$ ist $a/|a|$ nicht definiert.
b) a für $a > 0$, 0 für $a \leqq 0$.
c) die größte der beiden Zahlen a und b. Ist nämlich $a \geqq b$, so folgt $|a - b| = a - b$, ist aber b die größte, so gilt $|a - b| = -(a - b) = b - a$.
d) die kleinste der beiden Zahlen a und b

97. Eindeutig, aber nicht eineindeutig

98. Analog zu Aufgabe 76c)

99. Es wird durch $x - x = 0$ dividiert.

100. Eindeutig, aber nicht eineindeutig: (2; 1) und (4; 2) werden demselben Bruch zugeordnet.

101. Das Gleichheitskriterium fordert:

$$gkuu' + gluv' + hkvu' + hlvv' = gkuu' + glu'v + hkuv' + hlvv'.$$

Wegen $u/v = u'/v'$ ist aber $uv' = u'v$.

102. a) a, b) a, c) $-a$, d) 0, e) 0

103. Ja, die Menge $\{0\}$ bildet den einzigen solchen Zahlenkörper.

104. Ja, zwischen je zwei Zahlen der Menge liegt stets noch eine dritte.

105. Abzählbar unendlich viele

106. Es gibt keine kleinste positive rationale Zahl. Die Hälfte einer jeden positiven rationalen Zahl ist wieder eine positive rationale Zahl. Sie ist aber noch kleiner.

107. 0, 1, -1, 1/2, $-1/2$, 2, -2, 1/3, $-1/3$, 3, -3, 1/4, $-1/4$, 2/3, $-2/3$, 3/2, $-3/2$, 4, -4, 1/5

108. a) LOL,L, b) O,LOL, c) L,O$\overline{\text{LOL}}$ ..., d) O,$\overline{\text{LOOL}}$....

109. a) 13/8, b) 3/8, c) 25/8, d) 17/16

110. a) $2 - \dfrac{1}{2^{n-1}}$. Induktionsbeweis analog zu Aufgabe 76c)

b) $\frac{n}{2n+1}$. Induktionsanfang: $n = 1$: $\frac{1}{3} = \frac{1}{1 \cdot 3}$.

Schluß von k auf $k + 1$:

$$\frac{1}{3} + \frac{1}{3 \cdot 5} + \cdots + \frac{1}{(2k-1)(2k+1)} = \frac{k}{2k+1} + \frac{1}{(2k+1)(2k+3)}$$

$$\frac{1}{3} + \frac{1}{3 \cdot 5} + \cdots + \frac{1}{(2k+1)(2k+3)} = \frac{k(2k+3)+1}{(2k+1)(2k+3)} =$$

$$= \frac{2k^2+3k+1}{(2k+1)(2k+3)} = \frac{(2k+1)(k+1)}{(2k+1)(2k+3)} = \frac{k+1}{2(k+1)+1}$$

111. Die Folge konvergiert gegen Null.

112. a) Konvergiert gegen 0, b) konvergiert nicht, c) konvergiert gegen 1, d) konvergiert gegen 4/3.

113. a) 1; 1,7; 1,73; 1,732; 1,7320, b) 2; 1,5; 1,42; 1,415; 1,4143

114. Der Beweis entspricht dem in 6.1. geführten, daß es keine rationale Zahl mit dem Quadrat 2 gibt. Statt «gerade» heißt es jedesmal «durch 3 teilbar».

115. Beide konvergieren [a) als Ergänzungsfolge von Dezimalbrüchen]. Der Grenzübergang kann aber im Bereich der rationalen Zahlen nicht ausgeführt werden.

116. a) Ja, vgl. 5.3. b) Nein, vgl. 6.3.

117. Bei jeder Zahlenfolge handelt es sich um eine abzählbar unendliche Menge.

118. a) 1,414, b) 1,732, c) 4,123, d) 1,171

119. a) 2/45, b) 5708/999, c) 2314570/999999

120. Die Differenz beträgt 0,000 ... = 0. Die beiden unendlichen Dezimalbrüche sind gleich.

121. Alle Ergebnisse sind irrational. Wäre nämlich zum Beispiel $r + c$ gleich der rationalen Zahl q, so folgte $c = r - q$. Als Differenz zweier rationaler Zahlen wäre c damit rational im Widerspruch zur Voraussetzung.

122. a) $(-1; 2]$, b) $[0; 1)$, c) $(-1; 0)$

123. a) $\{0\}$, b) $\{0\}$, c) $(-1; 2) \setminus \{0\}$, d) $\varnothing$

124. Die Menge der irrationalen Zahlen ist von höherer Mächtigkeit als die Menge der rationalen Zahlen. Denn sonst wäre die Menge R der reellen Zahlen als Vereinigung zweier abzählbar unendlicher Mengen wieder abzählbar unendlich.

125. Der Beweis kann analog zu dem in 6.3. geführten erbracht werden. Dabei werden nur Dezimalbrüche betrachtet, die mit 0, ... beginnen.

126. a) $\mathrm{O,}\overline{\mathrm{OL}}\ldots$ b) $\mathrm{O,}\overline{\mathrm{LLOO}}\ldots$ c) $\mathrm{L,}\overline{\mathrm{OLL}}\ldots$ d) $\mathrm{L,}\overline{\mathrm{OOLLLO}}\ldots.$

127. a) 4/7 b) 8/15 c) 44/15 d) 1

128. L, OLL ...

129. a) $0{,}2\overline{52}\ldots_7$, b) $0{,}\overline{63146}\ldots_7$, c) $1{,}33\overline{3}\ldots_7$, d) $1{,}1\overline{61}\ldots_7$

130. a) 93/511, b) 106847/32760, c) 18/7, d) 8

131. Nur dadurch, daß die Basis negativ und der Exponent eine ungerade Zahl ist.

132. Der Beweis entspricht dem in 7.1.2. erbrachten Beweis für das dritte Potenzgesetz für rationale Exponenten. Es sind lediglich die Multiplikationen durch Divisionen zu ersetzen.

133. a) Für natürliche Exponenten:

$$(a^n)^m = \underbrace{\underbrace{(a \cdot \cdots \cdot a)}_{n}\,\underbrace{(a \cdot \cdots \cdot a)}_{n} \cdots \underbrace{(a \cdot \cdots \cdot a)}_{n}}_{m} = a^{nm}.$$

b) Für ganze Exponenten:

verschiedene Vorzeichen:

$$(a^n)^{-m} = \frac{1}{(a^n)^m} = \frac{1}{a^{nm}} = a^{-nm};$$

$$(a^{-n})^m = \left(\frac{1}{a^n}\right)^m = \frac{1}{(a^n)^m} = a^{-nm};$$

gleiche Vorzeichen:

$$(a^{-n})^{-m} = \frac{1}{(1/a^n)^m} = a^{nm}.$$

c) Für zwei gebrochene Exponenten:

Behauptung: $(a^{g/n})^{h/m} = a^{gh/nm}$.

Die rechte Seite ist die nicht negative Zahl, deren nm-te Potenz a^{gh} ist. Diese Eigenschaft kann von der linken Seite leicht durch Ausrechnen bestätigt werden.

134. Induktionsanfang: $n = 1$: $a^1 < b^1$.
Schluß von k auf $k + 1$: Aus $a^k < b^k$ folgt $a^k b < b^k b$, aus $a < b$ folgt $a \cdot a^k < b \cdot a^k$.
Beides zusammen ergibt $a^{k+1} < b^{k+1}$.

135. 1

136. a) 2, b) 1, c) $3^{\sqrt{3}} + \sqrt{2}$, d) 7

137. Weil alle Potenzen von 1 wieder 1 sind und deshalb $s \to 1^s$ keine eineindeutige Abbildung darstellt.

138. a) -3, b) $2/3$, c) -2, d) $-3/4$

139. a) $3 \log_a u + \frac{1}{2} \log_a(u + v) - 1$, b) $\log_a(a^3 - 1) - \log_a b + 4$,

c) $\log_2 u + \frac{1}{2} \log_2 v - \log_2 w + 6$,

d) $0{,}10034 + \frac{2}{3} \lg u + \frac{5}{3} \lg v$

140. a) $-x^{14n+7}$, b) $\frac{a \cdot b^3 \cdot c^2}{u^7}$, c) $\frac{1}{ab^2x}$, d) $\frac{64w^3}{27u^3}$, e) $\frac{a^3-1}{a^{m+1}}$

141. a) $\frac{21+9\sqrt{3}}{2}$, b) $3\sqrt{5}-2\sqrt{7}$, c) $\sqrt{a}+\sqrt{b}$, d) $3-2\sqrt{2}$

142. a) 3, b) $3\sqrt{\sqrt{11}+\sqrt{2}}$, c) b^2, d) $\sqrt[12]{54}$

143. a) 135,3, b) 2,5893, c) 2,9706, d) 2,0077,
e) 0,003410, f) 0,30102

144. a) 6,2094, b) 6,0224, c) $-3{,}7782$, d) $-0{,}21998$,

145. a) $x^8 - 8x^7 + 28x^6 - 56x^5 + 70x^4 - 56x^3 + 28x^2 - 8x + 1$,

b) $\frac{1}{16}u^4 + \frac{1}{6}u^3v + \frac{1}{6}u^2v^2 + \frac{2}{27}uv^3 + \frac{1}{81}v^4$,

c) $32a^5 - 240a^4b + 720a^3b^2 - 1080a^2b^3 + 810ab^4 - 243b^5$

146. a) $(x^2+1)^3$, b) $(a+2)^4$, c) $(u-2v)^3$, d) $(b^3+3)^3$, e) $(2a+3b)^3$

147. a) 1092727, b) 994011992 als $(1000-2)^3$, c) 96059601, d) 10510100501

148. $2a^6 + 30a^4 + 30a^2 + 2$

149. $a^3 + b^3 + c^3 + 3a^2b + 3a^2c + 3b^2a + 3b^2c + 3c^2a + 3c^2b + 6abc$

150. a) 455, b) 252, c) 330, d) 2002, e) 171

151. $\binom{6}{1}$, $\binom{6}{5}$ und $\binom{4}{2}$

152. n und k müssen natürliche Zahlen sein, die der Bedingung $n \geqq k$ genügen.

153. a) $\frac{(n+2)(n+1)}{2}$, b) $\frac{(n+k)(n+k-1)\cdots(n+1)}{k!}$,

c) $\frac{(n+k)(n+k-1)\cdots(n+1)\,n}{(k+1)!}$, d) 1

154. a) $\binom{n}{k+1} = \frac{n(n-1)\cdots(n-k)}{(k+1)!}$,

b) $\binom{n-1}{k-1} = \frac{(n-1)(n-2)\cdots(n-k+1)}{(k-1)!}$,

c) $\binom{n+1}{k+1} = \frac{(n+1)\,n\,(n-1)\cdots(n-k+1)}{(k+1)!}$

155. $\frac{n(n-1)\cdots(n-k+1)(n-2k-1)}{(k+1)!} = \binom{n}{k} \cdot \frac{n-2k-1}{k+1}$

156. a) $\binom{15}{6} = 5005$, b) $\binom{16}{6} \cdot 2^{10} \cdot \left(-\frac{1}{2}\right)^6 = 128128$,

c) $\binom{20}{3} \cdot \left(-\frac{1}{3}\right)^3 = -\frac{380}{9}$

157. a) $1 + 50a + 1225a^2 + \cdots,$

b) $a^{10} - 10a^9 + 45a^8 - 120a^7 + 210a^6 - 252a^5 + - \cdots,$

c) $1 + 20a + 190a^2 + 1140a^3 + 4845a^4 + \cdots$

158. a) $47x + 375x^2 + 4935x^3 + \cdots,$

b) $128 + 1984x + 14496x^2 + 66352x^3 + \cdots,$

c) $-1 - 2x + 14x^2 + 30x^3 + \cdots,$

d) $729 + 11664x + 85050x^2 + 369900x^3 + \cdots$

159. a) 1,9487, b) 0,9039, c) 1,0617412, d) 0,605006

160. a) 1,19405, logarithmisch 1,19406,

b) 0,85076, logarithmisch 0,85082

161. a) $\binom{n}{0} + \binom{n}{1} + \cdots + \binom{n}{n} = 2^n,$

b) $\binom{n}{0} - \binom{n}{1} + \binom{n}{2} - \binom{n}{3} + - \cdots + (-1)^n \binom{n}{n} = 0$

162. Induktionsanfang: $n = p$: $\binom{p}{p} = \binom{p+1}{p+1}$ $(=1)$.

Schluß von k auf $k + 1$:

$$\binom{p}{p} + \cdots + \binom{k}{p} + \binom{k+1}{p} = \binom{k+1}{p+1} + \binom{k+1}{p} = \binom{k+2}{p+1} =$$
$$= \binom{(k+1)+1}{p+1}.$$

Für a) ist $p = 2$ zu setzen.

163. Eindeutige, aber nicht eineindeutige Abbildung aus $N \times N$ in N

164.

					L					
				L		L				
			L		LO		L			
		L		LL		LL		L		
	L		LOO		LLO		LOO		L	
L		LOL		LOLO		LOLO		LOL		L

165. Mit Berücksichtigung der Reihenfolge wären es nach Aufgabe 79 $m(m-1)\cdots(m-n+1)$ Möglichkeiten. Dabei werden aber immer $n!$ Möglichkeiten aus den gleichen Elementen, nur verschieden angeordnet, gebildet. Also gibt es ohne Berücksichtigung der Reihenfolge

$$\frac{m(m-1)\cdots(m-n+1)}{n!} = \binom{m}{n}$$

Möglichkeiten.

166. a) -4, b) 210, c) 1/2, d) $-2{,}1875$, e) $-0{,}0572$

167. $\binom{-n+1}{2} = \frac{(-n+1)(-n)}{2} = \frac{(-1)^2(n-1)n}{2} = \binom{n}{2}$

168. 2,7182818

169. a) 3,14160 und $-2{,}06091$, b) 3,1416 und $-2{,}0609$

170. a) 2, b) 0,16853, c) 1

171. a) 23,141, b) 20,085, c) 0,17692

172. a) $0{,}97 \leqq h \leqq 1{,}03$, b) $0{,}91 \leqq h \leqq 1{,}10$

173. $\sqrt{2}$ ist die nicht negative Lösung der Gleichung $x^2 = 2$ und dadurch eindeutig definiert. j ist als eine Lösung der Gleichung $x^2 = -1$ nicht eindeutig definiert.

174. Indem j jede der beiden Lösungen der Gleichung $x^2 = -1$ darstellen kann, hat j den Charakter einer Variablen. In den meisten Überlegungen wird jedoch an einer bestimmten Lösung festgehalten und die andere mit $-\mathrm{j}$ bezeichnet. Dort ist j eine Konstante.

175. a) $3 + 4\mathrm{j}$ und $3 - 4\mathrm{j}$, b) $1 + \mathrm{j}\sqrt{2}$ und $1 - \mathrm{j}\sqrt{2}$, c) $a + b\mathrm{j}$ und $a - b\mathrm{j}$,
d) $1 + 3\mathrm{j}$ und $1 - 3\mathrm{j}$

176. a) $8 + 15\mathrm{j}$, b) -1, c) $3 - 3\mathrm{j}$

177. a) $7 + \mathrm{j}$, b) $49 + 41\mathrm{j}$, c) 78, d) $-14 + 6\mathrm{j}$, e) 17, f) $7 + 6\mathrm{j}\sqrt{2}$

178. a) $\frac{11}{29} - \frac{16}{29}\mathrm{j}$, b) $3 + 2\mathrm{j}$, c) $-1 + 2\mathrm{j}$, d) $1 + 2\mathrm{j}$

e) $\frac{3}{11} - \frac{\sqrt{2}}{11}\mathrm{j}$, f) $\frac{1}{5}(1 + 2\mathrm{j}\sqrt{6})$, g) $\frac{2}{3} - \mathrm{j}$

179. Genau dann, wenn sie reell ist.

180. a) $14 + 8\mathrm{j}$ und $14 - 8\mathrm{j}$, b) $\frac{1}{10} + \frac{4}{5}\mathrm{j}$ und $\frac{1}{10} - \frac{4}{5}\mathrm{j}$

Die Ergebnisse sind wiederum konjugiert.

181. a) $(2x + 3y\mathrm{j})(2x - 3y\mathrm{j})$, b) $(\sqrt{a} + \mathrm{j}\sqrt{b})(\sqrt{a} - \mathrm{j}\sqrt{b})$, c) $(4 + \mathrm{j})(4 - \mathrm{j})$

182. a) -1, b) j, c) $-\mathrm{j}$, d) 1

183. a) $-\mathrm{j}$, b) 1, c) 1, d) 0

184. a) -4, b) $-38 - 41\mathrm{j}$, c) $29 + 278\mathrm{j}$, d) $3^4(1 - 2\mathrm{j})^4 = -567 + 1944\mathrm{j}$,
e) 64

185. a) $\frac{\mathrm{j}}{8}$, b) $-\frac{7}{625} + \frac{24}{625}\mathrm{j}$, c) $-\frac{1}{8}$, d) $\frac{1}{2}\sqrt{2} - \frac{1}{2}\mathrm{j}\sqrt{2}$

186. a) $2(1 + 2\mathrm{j})$, b) $-\frac{240}{1369} + \frac{31}{2738}\mathrm{j}$, c) $\frac{48}{841} - \frac{286}{841}\mathrm{j}$, d) 632,

e) $\frac{5}{17} - \frac{48}{17}\mathrm{j}$, f) $\frac{25}{13} - \frac{5}{13}\mathrm{j}$, g) $-\frac{5}{17} + \frac{3}{17}\mathrm{j}$

187. $122 - 597\mathrm{j}$ und $122 + 597\mathrm{j}$. Die Ergebnisse sind wieder konjugiert.

188. $-2 + 3\mathrm{j}$ und $3 + \mathrm{j}$ erfüllen die Gleichung.

189. a) $\sqrt{13}$, b) $\sqrt{13}$, c) 3, d) $a\sqrt{2}$, e) 5, f) $\sqrt{2}$

190. a) Auf einem Kreis um den Ursprung mit dem Radius 1,
b) im Innern dieses Kreises,
c) außerhalb dieses Kreises,
d) auf einem Kreis um den Ursprung mit dem Radius r.

191. Als Abstand der Zahlen z_1 und z_2.

192. a) Auf einem Kreis um die Zahl 2 mit dem Radius 1,
b) im Innern und auf dem Rand eines Kreises um die Zahl -3 mit dem Radius 2,
c) außerhalb eines Kreises um die Zahl $1 + \mathrm{j}$ mit dem Radius 1.

193. a) $|z + 2 - \mathrm{j}| = 4$, b) $|z - \mathrm{j}| < 1$,
c) $|z - z_0| = r$

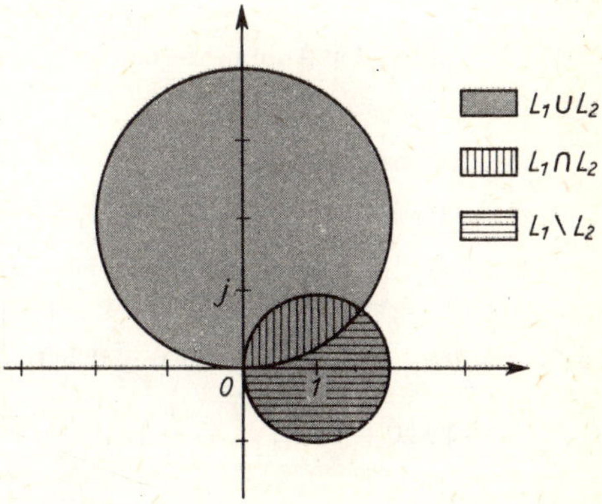

Bild 328

194. Bild 328

195. a) $\sqrt{(a_1 + a_2)^2 + (b_1 + b_2)^2} \leqq \sqrt{a_1^2 + b_1^2} + \sqrt{a_2^2 + b_2^2}$

$\Leftrightarrow (a_1 a_2 + b_1 b_2)^2 \leqq (a_1^2 + b_1^2) \cdot (a_2^2 + b_2^2)$

$\Leftrightarrow 0 \leqq (a_1 b_2 - a_2 b_1)^2$.

b) $\sqrt{(a_1 a_2 - b_1 b_2)^2 + (a_1 b_2 + a_2 b_1)^2} = \sqrt{a_1^2 + b_1^2}\sqrt{a_2^2 + b_2^2}$.

Dies wird durch Quadrieren und Vergleichen bestätigt.

c) Wird am einfachsten erhalten durch Anwendung der Regel b) auf die Identität $(z_1/z_2) \times$ $\times\, z_2 = z_1$.

196. a) Eineindeutige Abbildung der GAUSSschen Zahlenebene auf sich selbst. Spiegelung an der reellen Achse
b) Eineindeutige Abbildung der GAUSSschen Zahlenebene auf sich selbst. Drehung um den Ursprung um 180°

197. a) $2(\cos 300° + \mathrm{j}\sin 300°)$, b) $\sqrt{2}\,(\cos 225° + \mathrm{j}\sin 225°)$,
c) $17\,(\cos 61°56' + \mathrm{j}\sin 61°56')$,
d) $\cos 270° + \mathrm{j}\sin 270°$, e) $2\,(\cos 0° + \mathrm{j}\sin 0°)$

198. a) $\frac{3}{2}\left(\sqrt{3} + \mathrm{j}\right)$, b) $2\sqrt{2}\,(-1 + \mathrm{j})$, c) $\frac{9}{2}\left(\sqrt{3} - \mathrm{j}\right)$, d) $1 + \mathrm{j}$, e) -5

199. a) $r\,[\cos(-\varphi) + \mathrm{j}\sin(-\varphi)]$,
b) $r\,[\cos(\varphi + 180°) + \mathrm{j}\sin(\varphi + 180°)]$

200. Zwei komplexe Zahlen sind konjugiert, wenn sie den gleichen Betrag haben, während ihre Argumente entgegengesetzt gleich sind.

201. a) $\frac{1}{20}(\cos 345° + \mathrm{j}\sin 345°)$, b) $\frac{1}{45}(\cos 15° + \mathrm{j}\sin 15°)$,
c) $\frac{5}{16}(\cos 105° + \mathrm{j}\sin 105°)$

202. $5{,}02 - 0{,}28\,\mathrm{j}$

203. a) $-64 + 64\,\mathrm{j}$, b) 16, c) $-512\,\mathrm{j}$, d) $-512 - 512\,\mathrm{j}\sqrt{3}$, e) $\frac{1}{2} + \frac{1}{2}\,\mathrm{j}\sqrt{3}$

204. Die Summe der Argumente der Faktoren muß ein ganzzahliges Vielfaches von 180° sein.

205. $z = r(\cos\varphi + \mathrm{j}\sin\varphi)$

$z^n = r^n(\cos n\varphi + \mathrm{j}\sin n\varphi)$

$\overline{z^n} = r^n(\cos n\varphi - \mathrm{j}\sin n\varphi)$

$\bar{z} = r[\cos(-\varphi) + \mathrm{j}\sin(-\varphi)]$

$\bar{z}^n = r^n[\cos(-n\varphi) + \mathrm{j}\sin(-n\varphi)] =$

$= r^n(\cos n\varphi - \mathrm{j}\sin n\varphi)$.

206. Eineindeutig. Das Innere des Kreises um den Ursprung mit dem Radius 1 wird auf das Äußere abgebildet und umgekehrt (Spiegelung am Einheitskreis).

207. a) $0{,}707 + 0{,}707\,\mathrm{j}$; $-0{,}966 + 0{,}259\,\mathrm{j}$; $0{,}259 - 0{,}966\,\mathrm{j}$,

b) $\frac{1}{2}\sqrt{2}\left(1 + \mathrm{j}\sqrt{3}\right)$; $-\frac{1}{2}\sqrt{2}\left(1 + \mathrm{j}\sqrt{3}\right)$,

c) $\frac{1}{2} + \frac{1}{2}\mathrm{j}\sqrt{3}$; -1; $\frac{1}{2} - \frac{1}{2}\mathrm{j}\sqrt{3}$,

d) $\frac{1}{2}\sqrt{2}(1 + \mathrm{j})$; $-\frac{1}{2}\sqrt{2}(1 + \mathrm{j})$,

e) 1; $\frac{1}{2}\sqrt{2} + \frac{1}{2}\mathrm{j}\sqrt{2}$; j; $-\frac{1}{2}\sqrt{2} + \frac{1}{2}\mathrm{j}\sqrt{2}$;

-1; $-\frac{1}{2}\sqrt{2} - \frac{1}{2}\mathrm{j}\sqrt{2}$; $-\mathrm{j}$; $\frac{1}{2}\sqrt{2} - \frac{1}{2}\mathrm{j}\sqrt{2}$,

f) $1{,}000 + 1{,}000\,\mathrm{j}$; $-0{,}366 + 1{,}366\,\mathrm{j}$; $-1{,}366 + 0{,}366\,\mathrm{j}$;

$-1{,}000 - 1{,}000\,\mathrm{j}$; $0{,}366 - 1{,}366\,\mathrm{j}$; $1{,}366 - 0{,}366\,\mathrm{j}$,

g) $-0{,}761 + 1{,}544\,\mathrm{j}$; $-0{,}957 - 1{,}431\,\mathrm{j}$; $1{,}717 - 0{,}113\,\mathrm{j}$

208. $x_k = \cos\frac{k \cdot 360°}{n} + \mathrm{j}\sin\frac{k \cdot 360°}{n}$, $k \in \{0, 1, \ldots, n-1\}$

209. Auf dem Einheitskreis, den sie von der Zahl 1 aus in n gleiche Ausschnitte teilen

210. a) Bei der Ausführung der vier Grundrechnungsarten,

b) bei der Multiplikation, der Division, beim Potenzieren und beim Radizieren

211. a) $\ln 2 + \frac{\pi}{6}\,\mathrm{j} \approx 0{,}693 + 0{,}524\,\mathrm{j}$,

b) $-\frac{3}{2}\ln 2 + \frac{3}{4}\pi\mathrm{j} \approx -1{,}040 + 2{,}356\,\mathrm{j}$,

c) $\frac{5}{3}\pi\mathrm{j} \approx 5{,}236\,\mathrm{j}$, d) $1{,}609 + 5{,}356\,\mathrm{j}$,

e) $1{,}282 + 0{,}983\,\mathrm{j}$, f) $\frac{3}{2}\pi\mathrm{j} \approx 4{,}712\,\mathrm{j}$

212. a) Sei $z = r(\cos\varphi + j\sin\varphi)$, $z' = r'(\cos\varphi' + j\sin\varphi')$.

$$\frac{z}{z'} = \frac{r}{r'}[\cos(\varphi - \varphi') + j\sin(\varphi - \varphi')]$$

$$\ln\frac{z}{z'} = \ln\frac{r}{r'} + (\varphi - \varphi')\,j \qquad \text{(Definition der Logarithmen)}$$

$$= (\ln r + \varphi j) - (\ln r' + \varphi' j) \qquad \left(\ln\frac{r}{r'} = \ln r - \ln r'\right)$$

$$= \ln z - \ln z'$$

b) Sei $z = r(\cos\varphi + j\sin\varphi)$.

$$z^n = r^n(\cos n\varphi + j\sin n\varphi)$$

$$\ln z^n = \ln r^n + n\varphi j \qquad \text{(Definition der Logarithmen)}$$

$$= n\ln r + n\varphi j \qquad (\ln r^n = n\ln r)$$

$$= n(\ln r + \varphi j) = n\ln z.$$

213. Auf einem Kreis um den Nullpunkt der GAUSSschen Zahlenebene mit dem Radius 1.

214. Sei $z = \ln r + \varphi j$, $z' = \ln r' + \varphi' j$. Die Behauptung

$$e^{\ln r + \varphi j} \cdot e^{\ln r' + \varphi' j} = e^{\ln r + \ln r' + (\varphi + \varphi')j}$$

ist nach Definition dieser Potenzen gleichbedeutend mit

$$r(\cos\varphi + j\sin\varphi)\cdot r'(\cos\varphi' + j\sin\varphi') = rr'[\cos(\varphi + \varphi') + j\sin(\varphi + \varphi')].$$

215. a) $\ln\bar{z} = \overline{\ln z}$, b) $e^{\bar{z}} = \overline{e^z}$

216. a) $e^{\ln 3 + \frac{\pi}{12}j} \approx e^{1{,}099 + 0{,}262j}$,

b) $e^{\ln 2 + \pi j} \approx e^{0{,}693 + 3{,}142j}$,

c) $e^{0{,}112 + 2{,}034j}$

217. a) $-\frac{j}{e} \approx \infty - 0{,}368j$,

b) $\sqrt{e}\cos 45° + j\sqrt{e}\sin 45° \approx 1{,}166 + 1{,}166j$,

c) $0{,}477 + 0{,}059j$

218. a) e^{-6+8j}, b) 1, c) $e^{\frac{15}{2}\pi + \frac{10}{3}\pi j}$

219. a) $0{,}93315\,(\cos 108° + j\sin 108°)$,

b) $0{,}14771\,(\cos 326° + j\sin 326°)$,

c) $0{,}0009722\,(\cos 259° + j\sin 259°)$

220. a) Auf Grund der Formeln (52) ist

$$\sin(\varphi + \psi) = \frac{e^{(\varphi+\psi)j} - e^{-(\varphi+\psi)j}}{2j},$$

$$\sin\varphi\cos\psi + \cos\varphi\sin\psi = \frac{e^{\varphi j} - e^{-\varphi j}}{2j}\cdot\frac{e^{\psi j} + e^{-\psi j}}{2} + \frac{e^{\varphi j} + e^{-\varphi j}}{2}\cdot\frac{e^{\psi j} - e^{-\psi j}}{2j}.$$

Durch Ausmultiplizieren und Zusammenfassen läßt sich die rechte Seite in die linke überführen.

b) Nach (52) gilt

$$\cos 2\varphi = \frac{e^{2\varphi j} + e^{-2\varphi j}}{2},$$

$$1 - 2\sin^2\varphi = 1 - 2\left(\frac{e^{\varphi j} - e^{-\varphi j}}{2j}\right)^2 = \frac{2 + e^{2\varphi j} - 2e^{\varphi j}e^{-\varphi j} + e^{-2\varphi j}}{2}.$$

Der letzte Ausdruck stimmt mit dem für $\cos 2\varphi$ überein, indem $e^{\varphi j} \cdot e^{-\varphi j} = 1$ ist.

221. R

222. $\emptyset$

223. $\left(-\frac{1}{2};\ 3\right)$

224. $\left(\frac{5}{7};\ \infty\right)$

225. $[-5;\ -1]$

226. $R\setminus[-7;\ -1]$

227. $\left(-\infty;\ -\frac{5}{2}\right]$

228. $R\setminus\left(\frac{1}{5};\ 3\right)$

229. $\left(\frac{1}{2};\ \infty\right)$

230. $\left[\frac{4}{3};\ 2\right]$

231. $[-2;\ 3]$

232. $(-\infty;\ -13] \cup (-3;\ 2)$

233. $\left(\frac{2}{5};\ 10\right]\setminus\{2\}$

234. $R\setminus[2;\ 3]$

235. $R\setminus[-2;\ 3]$

236. a) Der Wert der Determinante bleibt unverändert.

b) Der Wert der Determinante wechselt das Vorzeichen. Infolge 236. a) gilt gleiches für zwei Spalten.

237. $\{(4;\ -2)\}$

238. $\{(11;\ 10)\}$

239. $\{(-1;\ 3)\}$

240. $\{(0;\ 2)\}$

241. $\{(1{,}2;\ 0{,}8)\}$

242. $\{(-1{,}3;\ 1{,}1)\}$

243. $\{(3;\ 4)\}$

244. $\{(x;\ 2 - 3x) \mid x \in R\}$

245. $\emptyset$

246. $\{(0{,}8;\ -4{,}3)\}$

247. $\{(1{,}60;\ 0{,}75)\}$

248. $\left\{\left(x;\ \frac{1{,}42x - 4{,}1}{1{,}16}\right) \mid x \in R\right\}$

249. $\{(3;\ -4)\}$

250. $\{(1{,}5;\ -3)\}$

251. $\{(0;\ 0)\}$

252. $\{(1;\ 1)\}$

253. $\{(3;\ -2)\}$

254. $\emptyset$

255. $\{(14;\ 2)\}$

256. $\{(x;\ 0) \mid x \in R\}$

257. $\{(1;\ 1)\}$

258. $\{(7a - 4b;\ 3a + b)\}$

259. $\left\{\left(x;\ \frac{29a - 5x}{2}\right) \mid x \in R\right\}$

260. $\left\{\left(\frac{a}{a+b};\ \frac{a}{a+b}\right)\right\}$

261. $\left\{\left(\frac{a+b}{a};\ \frac{a-b}{b}\right)\right\}$

262. $\{(1;\ 1)\}$

263. $\{(b(a+b);\ a(b-a))\}$

264. $\{(2a(a+b);\ 2b(a-b))\}$

265. $\left\{\left(\frac{a^2-b^2}{2a};\ \frac{a^2-b^2}{2a}\right)\right\}$

266. $\left\{\left(\frac{a+b}{2};\ \frac{a-b}{2}\right)\right\}$

267. $\{((a+b)^2;\ a^2 - b^2)\}$

268. $\{(3;\ 6)\}$

269. $\{(3;3)\}$ 270. $\emptyset$ 271. $\{(3;6)\}$ 272. $\{(0;0),(2;3)\}$

273. $\{(^1/_3;\,^1/_4)\}$ 274. $\{(0;1)\}$ 275. $\emptyset$

276. $\left\{\left(x;\frac{3}{4}x\right) \mid x\in R\setminus\{-^4/_7;\,-^8/_{15}\}\right\}$ 277. $\{(-1;0)\}$ 278. $\{(5;6)\}$

279. A: 90 Tage, B: 45 Tage 280. 12 min, 9 min, $\frac{36}{7}$ min

281. Vorjahrsproduktion: 800 Maschinen, Produktionsauflage des neuen Jahres 960 Maschinen.

282. 28 Tage; 21 Tage

283. $B_1: \frac{\varrho_1(\varrho_2-\varrho)}{\varrho(\varrho_2-\varrho_1)}100\%$; $B_2: \frac{\varrho_2(\varrho-\varrho_1)}{\varrho(\varrho_2-\varrho_1)}100\%$; Misch.-Verh.: $\frac{\varrho_1(\varrho_2-\varrho)}{\varrho_2(\varrho-\varrho_1)}$

284. $F_1: \frac{\varrho_2-\varrho}{\varrho_2-\varrho_1}100\%$; $F_2: \frac{\varrho-\varrho_1}{\varrho_2-\varrho_1}100\%$; Misch.-Verh.: $\frac{\varrho_2-\varrho}{\varrho-\varrho_1}$

285. 39,216 kg Cu; 7,809 kg Zn

286. 36 dm³ ($\varrho = 1{,}15$ kg/dm³); 24 dm³ ($\varrho = 1{,}20$ kg/dm³)

287. 20 cm; 15 cm 288. 34 cm; 50 cm 289. 17 cm; 7 cm

290. Ein derartiges Rechteck existiert nicht.

291. $\frac{\Delta A - a^2}{b-a}$; $\frac{\Delta A - b^2}{b-a}$ Ist $b > a$, so muß $\Delta A > b^2$ sein;
ist $b < a$, so muß $\Delta A < b^2$ sein.

292. Es existieren unbegrenzt viele Rechtecke mit den Seiten $x > 2a$ und $y = x - 2a$, wenn $\Delta A = a^2$ ist.

293. 55 cm/min; 33 cm/min 294. 5 km/h; 3 km/h 295. 720 N; 40 cm 296. 180 N; 130 N

297. 28 Zähne; 44 Zähne 298. 16 Ω; 9 A 299. $\left\{\left(-\frac{19}{2}z;\ \frac{11}{2}z;\ z\right) \middle| z\in R\right\}$

300. $\left\{\left(-\frac{5{,}31}{6{,}17}z;\ \frac{4{,}18}{6{,}17}z;\ z\right) \middle| z\in R\right\} = \{(-5{,}31\,t;\ 4{,}18\,t;\ 6{,}17\,t) \mid t\in R\}$

301. $\{(2z;\ 0;\ z) \mid z\in R\}$ 302. $\left\{\left(x;y;\frac{25y-26x}{48}\right) \middle| x;y\in R\right\}$

303. $\{(3z+2;\,2z-1;\,z) \mid z\in R\}$ 304. $\left\{\left(x;y;\frac{1-3x-4y}{2}\right) \middle| x;y\in R\right\}$

305. $\emptyset$ 306. $\{(13;15;17)\}$

307. $\left\{\left(\frac{1}{2}(b+c-a);\ \frac{1}{2}(a+c-b);\ \frac{1}{2}(a+b-c)\right)\right\}$ 308. $\{(a;b;c)\}$

309. $\{(15;12;10)\}$ 310. $\{(5;2;8)\}$ 311. $\{(5;3;1)\}$

312. $\{(5/6;\,3/2;\,2/3)\}$ 313. $\left\{\left(\frac{1}{14}(2a+b-c);\ \frac{1}{14}(2b+c-a);\ \frac{1}{14}(2c+a-b)\right)\right\}$

314. $\{(-1;3;2{,}5)\}$ 315. $\{(20;30;40)\}$ 316. $\{(11;13;17)\}$

317. $\{(30;20;70)\}$ 318. $\{(0;0;0)\}$

319. $\{(z/3;z/2;z)\,|\,z\in R\} = \{(2t;3t;6t)\,|\,t\in R\}$

320. $\left\{\left(\dfrac{2y-4z}{3};y;z\right)\middle|\; y;z\in R\right\}$ 321. $\{(z/2;0;z)\,|\,z\in R\} = \{(t;0;2t)\,|\,t\in R\}$

322. $\{(-z;-z;z)\,|\,z\in R\}$ 323. $\{(5{,}2;4{,}1;-2{,}8)\}$

324. $\{(1{,}7;2{,}2;1{,}6)\}$ 325. $\emptyset$

326. $\{(3t-2;4t+1;t)\,|\,t\in R\}$ 327. $\{(2{,}78;1{,}76;-3{,}11)\}$

328. $\{(1{,}48;8{,}73;3{,}15)\}$ 329. $\{(4;5;-3;1)\}$

330. $\{(1{,}2;2{,}2;2{,}5;1{,}7)\}$ 331. $\{(2{,}3;1{,}5;1{,}2;1{,}9)\}$

332. $\{(1{,}5;2{,}5;3{,}25;1{,}75)\}$ 333. $\{(4;7;3;9;-1)\}$

334. $\{(4;-4;13;-6;8)\}$ 335. $\{(1{,}25;2{,}34;1{,}19;2{,}11)\}$

336. $\{(3;4;5)\}$ 337. $\{(2;3;1)\}$ 338. $\{(5;4;3)\}$

339. $\{(1/t;1/2t;1/t)\,|\,t\in R\setminus\{0\}\}$ 340. $\emptyset$ 341. $\{(^1/_2,{}^1/_3;{}^1/_4)\}$

342. 45 Zähne, 25 Zähne, 10 Zähne

343. 315 km; $v_S = 70$ km/h; $v_P = 45$ km/h; $v_G = 30$ km/h

344. 6 m³, 12 m; 9 m³, 8 m; 4 m³, 18 m 345. 140 hl; 100 hl; 30 hl

346. 405 347. $\{12;-12\}$ 348. $\{16;-16\}$ 349. $\{3\mathrm{j};-3\mathrm{j}\}$

350. $\{3;-3\}$ 351. $\{2\sqrt{5};-2\sqrt{5}\}$ 352. $\{3\sqrt{2};-3\sqrt{2}\}$

353. $\left\{\dfrac{2}{5}\sqrt{30};-\dfrac{2}{5}\sqrt{30}\right\}$ 354. $\left\{\dfrac{5}{2}\mathrm{j}\sqrt{2};-\dfrac{5}{2}\mathrm{j}\sqrt{2}\right\}$ 355. $\left\{\dfrac{\mathrm{j}}{a}\sqrt{ab};-\dfrac{\mathrm{j}}{a}\sqrt{ab}\right\}$

356. $\left\{\dfrac{1}{a}\sqrt{-ab};-\dfrac{1}{a}\sqrt{-ab}\right\}$ 357. $\{a-b;b-a\}$ 358. $\{a\mathrm{j};-a\mathrm{j}\}$

359. $\{ab;-ab\}$ 360. $\{b(a+1);-b(a+1)\}$ 361. $\{3;-4\}$

362. $\{5;2\}$ 363. $\{9;-10\}$ 364. $\{3+2\mathrm{j};3-2\mathrm{j}\}$

365. $\{1+\mathrm{j};1-\mathrm{j}\}$ 366. $\{0{,}1;0{,}2\}$ 367. $\{-1{,}8+2{,}1\mathrm{j};-1{,}8-2{,}1\mathrm{j}\}$

368. $\{-2{,}35+2{,}4\mathrm{j};-2{,}35-2{,}4\mathrm{j}\}$ 369. $\{^3/_2;-{}^1/_2\}$ 370. $\{^1/_4;{}^1/_2\}$

371. $\{-1+{}^1/_2\mathrm{j}\sqrt{6};-1-{}^1/_2\mathrm{j}\sqrt{6}\}$ 372. $\{5;{}^7/_3\}$ 373. $\{11{,}83;5{,}47\}$

374. $\{0{,}91+0{,}89\mathrm{j};0{,}91-0{,}89\mathrm{j}\}$ 375. $\{1{,}4;1{,}4\}$ 376. $\{3{,}1;2{,}1\}$

377. $\{a+b;-2b\}$ 378. $\{^1/_2(a+b);{}^1/_2(a-b)\}$

379. $\{2a+3b;a-4b\}$ 380. $\left\{\dfrac{a+b}{a};-\dfrac{a}{a-b}\right\}$

381. $a>b:\{a+\sqrt{a-b};a-\sqrt{a-b}\}$ $a<b:\{a+\mathrm{j}\sqrt{b-a};a-\mathrm{j}\sqrt{b-a}\}$

382. $\left\{\dfrac{m}{n}+\mathrm{j}\sqrt{\dfrac{m}{n}};\;\dfrac{m}{n}-\mathrm{j}\sqrt{\dfrac{m}{n}}\right\}$ 383. $\{0;a+b\}$

384. $\{13; -4\}$ 385. $\{1{,}75; 1\}$ 386. $\{2; -{}^{45}/_{7}\}$ 387. $\{5; -3\}$

388. $\{2; {}^{29}/_{24}\}$ 389. $\{4; -10\}$ 390. $\emptyset$ 391. $\{1; -28\}$

392. $\{7; {}^{18}/_{7}\}$ 393. $\left\{0; \dfrac{2ab}{a+b}\right\}$ 394. $(x-3)(x+5)$ 395. $x(x-4)$

396. $(x-3+4\mathrm{j})(x-3-4\mathrm{j})$ 397. $(2x-1)(2x+5)$ 398. $2(x-3)^2$

399. $(2x-1+3\mathrm{j})(2x-1-3\mathrm{j})$ 400. $(x-a)(x-b)$

401. $(x-a+b\mathrm{j})(x-a-b\mathrm{j})$ 402. $(ax+b)(x+d)$

403. $x^2-x-6=0$ 404. $x^2-5x=0$ 405. $x^2+8x+16=0$

406. $x^2-a^2=0$ 407. $x^2+a^2=0$ 408. $x^2=0$

409. $x^2-6x+13=0$ 410. $x^2-2ax+2a^2=0$

411. $x^2-3(a+b)x+2a^2+5ab+2b^2=0$

412. $x^2-4ax+4a^2+9b^2=0$ 413. $\{3; -3; 2; -2\}$

414. $\{1; -1; 2; -2\}$ 415. $\{0; 0; 2\sqrt{2}; -2\sqrt{2}\}$

416. $\{1; -1; 2\mathrm{j}; -2\mathrm{j}\}$ 417. $\{4; -4; \mathrm{j}\sqrt{3}; -\mathrm{j}\sqrt{3}\}$

418. $\{0; 0; \mathrm{j}\sqrt{5}; -\mathrm{j}\sqrt{5}\}$ 419. $\{\sqrt{3}; -\sqrt{3}; \mathrm{j}\sqrt{3}; -\mathrm{j}\sqrt{3}\}$

420. $\{9\}$ 421. $\{9; 25\}$ 422. $\emptyset$ 423. $\{-1\}$

424. $\{9\}$ 425. $\{0; 25\}$ 426. $\{(a+b)^2\}$ 427. $\{5; -3\}$

428. $\{1; 0{,}5\}$ 429. $\{2; 4\}$ 430. $\{5; -3\}$ 431. $\{11\}$

432. $\{-1\}$ 433. $\{5; 13\}$ 434. $\emptyset$ 435. $\{1\}$

436. $\emptyset$ 437. $\{5\}$ 438. $\{2\}$ 439. $\{a; b\}$

440. $\{1\}$ 441. $\{201/41\}$ 442. $\{3\}$ 443. $\{10\}$

444. $\{4\}$ 445. $\{15\}$ 446. $\emptyset$ 447. $\{6\}$

448. $\{2{,}5\}$ 449. $R \setminus (-\sqrt{3}; \sqrt{3})$ 450. R 451. $\emptyset$

452. $\left[-\dfrac{3}{2}; \dfrac{1}{2}\right]$ 453. R 454. $\{1\}$ 455. $R \setminus \left\{\dfrac{1}{2}\right\}$

456. $[-b; a]$ 457. $R \setminus \{-2; 1\}$ 458. $R \setminus [1; 5]$

459. $(-\infty; 1) \cup (2; 3) \cup (5; \infty)$

460. Vor der Preissenkung 1,20 Mark bzw. 0,67 Mark, nach der Preissenkung 1,00 Mark bzw. 0,60 Mark

461. 12 Tage; 15 Tage 462. 0,494 m; 0,192 m 463. 8 cm; 6 cm

464. 8 cm 465. 40 cm; 21 cm 466. 7,24 cm

467. 17,960 m 468. 133,5 m; 81,5 m 469. 10 cm; 6 cm; 14 cm

470. 28 cm; 21 cm 471. 36 Tage; 45 Tage 472. 84 min

473. 15 h; 10 h 474. 4 h 475. Eilzug: 56,25 km/h; 4 h
Personenzug: 30 km/h; 7,5 h

476. 15 km

477. 13 cm/s
478. 35 m/min; 60 m/min
479. 4 s
480. 5 s; 100 m; 125 m
481. 52,8 km
482. 91 s
483. 152 m
484. 113,197 cm^3
485. 160 m
486. $d_1 = 40$ cm; $h_1 = 30$ cm
$d_2 = 30$ cm; $h_2 = 40$ cm
487. 678,6 cm^2
1018 cm^3
488. $R = 14$ cm; $r = 7$ cm
489. $D = 26$ cm; $d = 20$ cm
490. 150 N; 80 N
491. 4 A; 30 Ω
492. 0,5 Ω; 1,5 Ω
493. 180 N; 240 N
494. 8 Ω; 12 Ω; 2,4 Ω
495. 26,8 Ω; 226,8 Ω
496. 40 Ω; 10 Ω
497. $R_1 = R_2 = 110\,\Omega$
498. 22500 Fliesen; 13,5 m
499. 80 cm
500. 0,67 mm
501. 4; −71
502. 0; 44
503. 8; 62
504. 24,16; 92,34
505. 0,908; 11,737
506. 8,9402; −142,7198
507. 3,838; −10,4538
508. 21,9792; 716,7460
509. 0; 10,312 64

510.

x	−3	−2	−1	0	1	2	3	4	5
y	19	29	21	1	−25	−51	−71	−79	−69

511.

x	−1	0	1	2	3	4	5	6	7
y	−35	−1	15	19	17	15	19	35	69

512.

x	−3	−2	−1	0	1	2	3
y	47	0	−3	2	3	12	65

513. $(x^2 - 3x + 2)(x - 2)$
514. $(x^3 - 5x^2 + 2x + 3)(x + 3)$
515. $(x^3 - 2x^2 + x + 1)(x + 2)$
516. $3(x - 2)^3 + 5(x - 2)^2 - 2(x - 2) + 1$
517. $4(x - 3)^3 - 5(x - 3)^2 + 2(x - 3)$
518. $2(x + 2)^4 - 3(x + 2)^2 + 5$
519. $(x - 1)^4 + 4$
520. $3x^3 + 13x^2 + 18x + 12$
521. $2x^3 - 15x^2 + 36x - 23$
522. $2x^3 + 9{,}2x^2 + 16{,}44x + 14{,}936$
523. $x^4 + 12x^3 + 54x^2 + 108x + 81$
524. $z^3 - 2z + 3$ mit $z = x - 1$
525. $2z^3 - 5z$ mit $z = x + 2$
526. $z^3 + 5$ mit $z = x - 3$
527. $z^3 + 1{,}35z + 2{,}2$ mit $z = x - 0{,}5$
528. $z^3 + 0{,}88z + 1{,}484$ mit $z = x - 1{,}2$
529. Einfache Nullstelle, $(x - 2)(x^2 + 3x - 4)$
530. Zweifache Nullstelle, $(x + 1)^2(x - 3)$
531. Zweifache Nullstelle, $(x - 2)^2(x^2 - 9)$
532. x_1 dreifache Nullstelle, x_2 zweifache Nullstelle, $(x - 1)^3(x - 2)^2$
533. $\{2; -1 + \mathrm{j}\sqrt{3}; -1 - \mathrm{j}\sqrt{3}\}$
534. $\{-2; 1 - \mathrm{j}\sqrt{3}; 1 + \mathrm{j}\sqrt{3}\}$
535. $\left\{\sqrt[3]{5}; \sqrt[3]{5}\left(-\tfrac{1}{2} + \tfrac{1}{2}\mathrm{j}\sqrt{3}\right); \sqrt{5}\left(-\tfrac{1}{2} - \tfrac{1}{2}\mathrm{j}\sqrt{3}\right)\right\}$
536. $\{0; 1; 2\}$
537. $\{0; 3 + 2\mathrm{j}; 3 - 2\mathrm{j}\}$
538. $\{0; 0; -5\}$
539. $\{0; 2; -2\}$

540. {3; 5; −7}
541. $\left\{4; -\frac{5}{2} + \frac{j}{2}\sqrt{31}; -\frac{5}{2} - \frac{j}{2}\sqrt{31}\right\}$
542. {−6; 4 + 3j; 4 − 3j}
543. {4; 5j; −5j}
544. {7; 3j; −3j}
545. {5; 3 + 4j; 3 − 4j}
546. $\{-1; 2 + j\sqrt{3}; 2 - j\sqrt{3}\}$
547. {1,5; 3; 3}
548. {−2; −0,9; −3,1}
549. 8 cm; 6 cm; 12 cm
550. 2 cm; 4 cm; 6 cm
551. 6 cm; 7,8 cm
552. 8 cm; 5,8 cm
553. 6 cm; 10 cm
554. {1,097}
555. {2,914}
556. {5,467; 0,5194; −5,987}
557. {1,673; −1,470; −0,2034}
558. {4,098}
559. {6,965}
560. {3,980}
561. {1,5}
562. {−2,8}
563. {1,44}
564. {0,460; 6,865; 12,677}
565. {0,936; 3,306; 7,76}
566. {1,5; 1,5; 2,348}
567. {6,542}
568. {2,5; 3,6}
569. {0,4142; −2,4142}
570. {1,5; 1,5; 5,23607; 0,76393}
571. {4,73205; 1,26795; 5,44949; 0,55051}
572. {1,639; −1,375}
573. {3,148; 2,259; −0,424; −4,982}
574. {3,136}
575. {66,663}
576. {1,829; −2,408}
577. {0,471}
578. {0,75}
579. $\{3{,}244 \cdot 10^{-8}; 8{,}414\}$
580. {20,135}
581. {0,0526; 2,0908}
582. {1,7017}
583. {4,3605}
584. {7,9815}
585. {0,8648}
586. {0; 4,615}
587. {7,65}
588. {5,25}
589. {1,0068}
590. {−0,5444}
591. {1,3725}
592. {7}
593. {−5}
594. {−4}
595. {2}
596. {1}
597. {4}
598. {0}
599. {−7; 1}
600. {−5}
601. $\{-\frac{7}{3}\}$
602. $\left\{\frac{\lg a}{\lg m + \lg n}\right\}$
603. {−0,4}
604. $\left\{\frac{\lg c}{\lg a + m \lg b}\right\}$
605. $\left\{\frac{n \lg a - \lg 2}{\lg a + \lg b}\right\}$
606. $\left\{\frac{p \lg a - q \lg b}{m \lg a - n \lg b}\right\}$
607. {2,0959}
608. {2,8613}
609. {−1,8726}
610. {0,9691}
611. {6,3524}
612. {1,3368}
613. {6,5937}
614. {0,2233}
615. {−1,2301}
616. {0,44092}
617. {3,4572}
618. {4,7423}
619. {−1,4823}
620. {31,972}
621. {1,3194}
622. {2,1401}
623. {−0,16774}
624. {0,22813}
625. {−5,1289}
626. {−2,7382}
627. {0,43544}
628. {1,13595}
629. {1,09861}
630. {−0,69315; −0,34657}
631. {0,40544}
632. {−0,20273}
633. Bei der 919. Periode
634. 210°
635. 7 Rollen
636. {2,5119}

637. $\{6{,}651 \cdot 10^{-5}\}$ 638. $\{820{,}9\}$ 639. $\{212{,}31\}$

640. $\{1{,}0252\}$ 641. $\left\{\frac{13}{8}\right\}$ 642. $\{100\}$

643. $\{5{,}026\}$ 644. $\{22{,}746\}$ 645. $\{4\}$

646. $\{8\}$ 647. $\{-8; 8\}$ 648. $\varnothing$

649. $\{-3; 3\}$ 650. $\{a\mathrm{e}^b\}$

651. $A = \dfrac{F}{B^{C\lg D+E}}$; $B = \left(\dfrac{F}{A}\right)^{\frac{1}{C\lg D+E}}$; $C = \dfrac{\lg F - \lg A - E\lg B}{\lg B \cdot \lg D}$;

$D = 10^{\frac{\lg F - \lg A - E\lg B}{C\lg B}}$; $E = \dfrac{\lg F - \lg A - C\lg B\lg D}{\lg B}$

652. a) 48,0043 gon, b) 31,9277 gon, c) 19°17′52″
d) 38°11′46″, e) 32,8068°, f) 81,3764°

653. a) 2,61799, b) 5,25848, c) 2,41191, d) 0,09240

654. a) 17°11′19″, b) 57°17′45″, c) 15°

655. a) 111,20 km, b) 27,800 km, c) 1853,3 m ($\approx$ 1 Seemeile), d) 30,89 m

656. $A/\mathrm{m}^2 = \dfrac{1}{2}(r/\mathrm{m})^2 \cdot \varphi = \dfrac{1}{2}(r/\mathrm{m})^2 \cdot \dfrac{\pi}{180} \cdot \varphi/°$

657. a) 120,96 cm², b) 19,25 cm² 658. 0,1477 mm

659. Die graphisch gefundenen Werte überprüfe man durch Vergleich mit den auf drei Dezimalen gerundeten natürlichen Werten der trigonometrischen Funktionstafel.

660. Bei Beachtung der Definitionsbereiche in (76) und des Satzes, daß ein Bruch für den Nenner Null nicht erklärt ist, ergibt sich:

(78): $\varphi \in (-\infty; +\infty)$

(79): $\varphi \in (-\infty; +\infty) \setminus \left\{k \cdot \frac{\pi}{2} \,\middle|\, k \in G\right\}$

(80): $\varphi \in (-\infty; +\infty) \setminus \left\{(2k+1)\frac{\pi}{2} \,\middle|\, k \in G\right\}$

(81): $\varphi \in (-\infty; +\infty) \setminus \{k\pi \mid k \in G\}$.

661. Die Überprüfung der in (82) angegebenen Beziehungen kann entweder mit Hilfe des Bildes 74 oder durch Rechnung entsprechend dem in 20.4. angegebenen Beispiel erfolgen.

662. a) $\cos\varphi = \dfrac{24}{25}$; $\tan\varphi = \dfrac{7}{24}$; $\cot\varphi = \dfrac{24}{7}$,

b) $\sin\varphi = 0{,}8$; $\tan\varphi = 1{,}\overline{3}$; $\cot\varphi = 0{,}75$,

c) $\sin\varphi = \dfrac{12}{13}$; $\cos\varphi = \dfrac{5}{13}$; $\cot\varphi = \dfrac{5}{12}$

663. a) $\cos\varphi = \frac{1-4m}{1+4m}$; $\tan\varphi = \frac{4\sqrt{m}}{1-4m}$; $\cot\varphi = \frac{1-4m}{4\sqrt{m}}$,

b) $\sin\varphi = \frac{2q}{1+q^2}$; $\tan\varphi = \frac{2q}{1-q^2}$; $\cot\varphi = \frac{1-q^2}{2q}$

664. a) Mit Beachtung von (80) und (78) ergibt sich:

$$1 + \left(\frac{\sin\varphi}{\cos\varphi}\right)^2 = 1 + \frac{\sin^2\varphi}{\cos^2\varphi} = \frac{\cos^2\varphi}{\cos^2\varphi} + \frac{\sin^2\varphi}{\cos^2\varphi} =$$

$$= \frac{\cos^2\varphi + \sin^2\varphi}{\cos^2\varphi} = \frac{1}{\cos^2\varphi}.$$

b) Analog zu a) bei Beachtung von (81) und (78)

665. a) $\cos\varphi$, b) $\frac{1}{\sin\varphi}$, c) 1

666. Das Bestimmungsdreieck des regelmäßigen Sechsecks ist gleichseitig und hat die Fläche $\frac{a^2}{4}\sqrt{3}$, daher hat das Sechseck die Fläche $A = \frac{75}{2}\sqrt{3}\ \text{cm}^2$. Für die Projektion ergibt sich somit $A' = A\cos\alpha =$ $= 56{,}25\ \text{cm}^2$.

667. $V_u = 563{,}81\ \text{cm}^3$; $V_0 = 1389{,}32\ \text{cm}^3$

668. $E = 160\ \text{lx}$

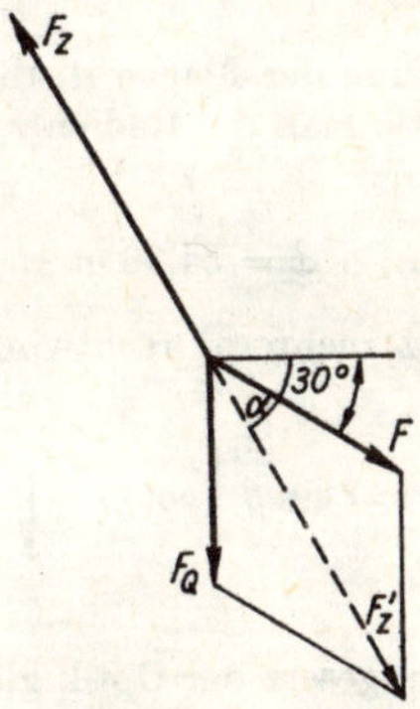

Bild 329

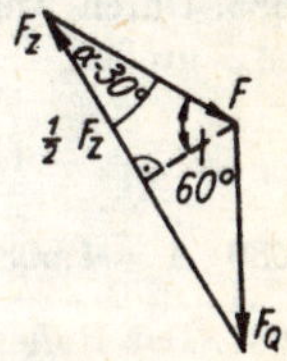

Bild 330

669. Damit die Kräfte im Gleichgewicht sind, muß $F'_Z = -F_Z$ die Resultierende von F und F_Q werden (Bild 329). Da die Beträge von F und F_Q gleich sind, ergibt sich als Krafteck ein gleichschenkliges Dreieck (Bild 330), aus dem abgelesen werden kann:

$\alpha = 60°$; $F_Z = 3464$ N.

670. a) $\alpha = 30°31'$; $\beta = 59°29'$; $c = 65$ cm; $A = 924\ \text{cm}^2$, $h_c = 28{,}4$ cm,
b) $\alpha = 18°55'$; $\beta = 71°05'$; $b = 70$ cm; $A = 840\ \text{cm}^2$; $h_c = 22{,}7$ cm,
c) $\beta = 46°24'$; $b = 42$ cm; $c = 58$ cm; $A = 840\ \text{cm}^2$,
d) $\beta = 50°12'$; $c = 78{,}1$ cm; $a = 50$ cm; $A = 1500\ \text{cm}^2$,
e) $\alpha = 36°52'$; $a = 30$ cm; $b = 40$ cm; $A = 600\ \text{cm}^2$

671. a) $\alpha = 74{,}85°$; $c = 21{,}60$ m; $h_c = 39{,}89$ m; $A = 430{,}9\ \text{m}^2$,
b) $\gamma = 89{,}40°$; $a = 12{,}88$ m; $h_c = 9{,}16$ m; $A = 82{,}9\ \text{m}^2$,
c) $\alpha = 64{,}60°$; $a = 32{,}69$ m; $h_c = 29{,}53$ m; $A = 414{,}0\ \text{m}^2$,
d) $\alpha = 10{,}39°$; $\gamma = 159{,}22°$; $c = 120$ cm; $A = 660\ \text{cm}^2$,
e) $c = 24$ cm; $a = 37$ cm; $\alpha = 71{,}076°$; $\gamma = 37{,}849°$

672. $r_1 = 9{,}93$ cm; $r = 22{,}41$ cm

673. $b - s = 0{,}196$ m

674. $A = 4190\ \text{cm}^2$; $U = 268{,}7$ cm

675. $V = 9{,}79\ \text{cm}^3$

676. $\beta = 70{,}16°$; $\gamma = 79{,}77°$; $\alpha = 72{,}91°$; $\delta = 63{,}08°$

677. $A = 14{,}633\ \mathrm{m}^2$

678. $A_M = 154{,}8\ \mathrm{dm}^2$; $V = 181{,}8\ \mathrm{dm}^3$

679. $\tan\alpha' = \tan\alpha \cos\varphi$; $\alpha' = 28{,}15°$

680. a)

p in %	5	10	20	40	60	80	100
α	2,86°	5,71°	11,31°	21,80°	30,96°	38,66°	45°

b) $\alpha = 4{,}57°$; $h = 5{,}98\ \mathrm{m}$

681. Die auftretenden schiefwinkligen Dreiecke sind zur Auflösung in rechtwinklige Dreiecke zu zerlegen:

a) 15% $\triangleq 8{,}53°$; $h_1 = 3{,}1\ \mathrm{m}$,
b) $\overline{AD} = 8{,}38\ \mathrm{m}$; $\overline{BC} = 2{,}54\ \mathrm{m}$,
c) $\overline{AB} = 19{,}67\ \mathrm{m}$,
d) $A_{ABCD} = 36{,}50\ \mathrm{m}^2$

682. $A = 302{,}7\ \mathrm{m}^2$; $\alpha_1 = 50{,}19°$; $\alpha_2 = 60{,}10°$

683. Zur Bestimmung der Fläche A, die sich aus Differenzen von Kreissektoren und Dreiecken ergibt, ermittle man die Radien r und r_1, die Mittelpunktswinkel α und α_1 sowie e und s_1. $A = 15{,}4\ \mathrm{m}^2$.

684. $\Delta h = 15{,}86\ \mathrm{m}$; $x = 54{,}36\ \mathrm{m}$

685. Durch Ansatz mehrerer rechtwinkliger Dreiecke findet man nach Elimination der Hilfsgrößen

$$\tan\alpha = \sin\beta\left[\cot\varphi - \sqrt{\left(\frac{s}{l}\right)^2 \frac{1}{\sin^2\varphi} - \cot^2\beta}\right]; \quad \alpha = 24{,}11°$$

686. $A = 1{,}6089\,r^2$

687. Das Reflexionsgesetz der Optik gilt auch für die Schallwellen. Somit ergibt sich $\alpha = 11{,}5°$ und $h = 979\ \mathrm{m}$.

688. a) $F_1 = 381\ \mathrm{N}$; $F_2 = 220\ \mathrm{N}$,
b) $F_1 = 3775\ \mathrm{N}$; $F_2 = 3459\ \mathrm{N}$,
c) $F_1 = F_2 = 1000\ \mathrm{N}$

689. a) $F_1 = F_2 = 2578\ \mathrm{N}$, b) $F_1 = F_2 = 1488\ \mathrm{N}$

690. $F_H = 8064\ \mathrm{N}$; $F_V = 5913\ \mathrm{N}$

691. $F_H = 818\ \mathrm{N}$; $F_N = 2077\ \mathrm{N}$; $F_R = 623\ \mathrm{N}$

Man beachte, daß für die Reibung $F_R = \mu \cdot F_N$ gilt.

693. a) $-0{,}20507$, b) $-0{,}67880$, c) $1{,}69766$, d) $0{,}28046$,
e) $0{,}96923$, f) $0{,}98836$, g) $2{,}09654$, h) $-0{,}12987$

694. a) $9{,}69739 - 10$, b) $9{,}52594 - 10$,
c) $9{,}76323 - 10\,(n)$, d) $9{,}16074 - 10$

695. a) $\varphi_1 = 19°24'$; $\varphi_2 = 160°36'$, b) $\varphi_1 = 139°32'$; $\varphi_2 = 319°32'$

696. a) $\varphi_1 = 58{,}0875°$; $\varphi_2 = 301{,}9125°$, b) $\varphi_1 = 116{,}8679°$; $\varphi_2 = 296{,}8679°$

697. a) $y = -\cos x$, b) $y = \tan x$, c) $y = \sin 2x$, d) $y = -\sin x$

Durch Grenzwertuntersuchung ergibt sich bei d), daß die vereinfachte Funktion sogar für die in der Aufgabenstellung ausgenommenen Winkel x gilt.

698. a) $r = 129{,}79$; $\varphi = 75{,}6713°$, b) $r = 280{,}11$; $\varphi = 303{,}4700°$,
c) $u = -110{,}41$; $v = -112{,}35$, d) $u = -44{,}97$; $v = 51{,}33$

699.

Aufgabe	t		ωt		$y_0 = a \sin \varphi$	Spiegelung
	Periode	Versch.	Periode	Versch.		
a)	4π	$-\pi$	2π	$-\frac{\pi}{2}$	$-0{,}3$	nein
b)	π	$\frac{\pi}{3}$	2π	$\frac{2\pi}{3}$	$-2{,}598$	ja
c)	2π	$\frac{\pi}{4}$	2π	$\frac{\pi}{4}$	$1{,}414$	nein
d)	6π	$-\frac{\pi}{2}$	2π	$-\frac{\pi}{6}$	$-0{,}125$	nein

Die Funktion d) läßt sich in $y = \frac{1}{4} \sin\left(\frac{t}{3} - \frac{\pi}{6}\right)$ umformen.

700. a) Anwendung von (90) auf 2α und α sowie Umformung mit (98), (99c) und (78),
b) bis d) analog zu a),
e) und f) folgen aus (103c) und (103b),
g) und h) aus e) und f). 2. Lösung durch Erweitern mit $1 - \cos\alpha$ bzw. $1 + \cos\alpha$ unter der Wurzel,
i) Aus (109) für $\beta = 90° - \alpha$ bei Beachtung von

$$\cos(\alpha - 45°) = \cos[-(45° - \alpha)] = \cos[90° - (45° + \alpha)] = \sin(45° + \alpha),$$

j), k, l) analog zu i) aus (112), (113), (116),
m) Division von (113) und (114), Setzen von $\alpha = 45°$, Beachten von $\sin(45° - \beta) = \sin[90° - (45° + \beta)] = \cos(45° + \beta)$,
Umbenennung von β in α,
n) analog zu m)

701. a) Aus (91) mit $\beta = 3\alpha$ und Benutzung der Lösung der Aufgabe 700b) folgt $\cos 4\alpha = 8\cos^4\alpha - 8\cos^2\alpha + 1$,
b) analog zu a) ergibt sich $\cos 5\alpha = 16\cos^5\alpha - 20\cos^3\alpha + 5\cos\alpha$

702. a) Beispielsweise aus (90), (91), (94), (95) für $\alpha = 45°$, $\beta = 30°$ mit Beachtung von (74). Die Lösung ist auch mit den Formeln der Aufgaben 700 e), f), g), h) möglich:

$$\sin 75° = \frac{1}{4}\left(\sqrt{6} + \sqrt{2}\right) = \frac{1}{2}\sqrt{2 + \sqrt{3}}; \qquad \tan 75° = 2 + \sqrt{3};$$

$$\cos 75° = \frac{1}{4}\left(\sqrt{6} - \sqrt{2}\right) = \frac{1}{2}\sqrt{2 - \sqrt{3}}; \qquad \cot 75° = 2 - \sqrt{3}$$

b) Formeln der Aufgaben 700 e), f), g), h) liefern für $\alpha = 45°$:

$$\frac{1}{2}\sqrt{2-\sqrt{2}}; \qquad \frac{1}{2}\sqrt{2+\sqrt{2}}; \qquad \sqrt{2}-1; \qquad \sqrt{2}+1.$$

c) Da der halbe Winkel an der Spitze im Bestimmungsdreieck des regelmäßigen Zehnecks 18° beträgt und da die Seite des einem Kreise einbeschriebenen regelmäßigen Zehnecks gleich dem größeren Abschnitt des stetig geteilten Kreisradius ist, ergibt sich:

$$\frac{1}{4}\left(\sqrt{5}-1\right); \qquad \frac{1}{4}\sqrt{10+2\sqrt{5}}; \qquad \frac{1}{5}\sqrt{25-10\sqrt{5}}; \qquad \sqrt{5+2\sqrt{5}}.$$

d) Aus c) mit (92) usw. für $\alpha = 72°$ und $\beta = 18°$:

$$\frac{1}{4}\left(\sqrt{5}+1\right); \qquad \frac{1}{4}\sqrt{10-2\sqrt{5}}; \qquad \frac{1}{5}\sqrt{25+10\sqrt{5}}; \qquad \sqrt{5-2\sqrt{5}}.$$

703. a) $\cos\alpha$, b) $\sin\alpha$, c) $\sqrt{2}\cos\alpha$, d) 1, e) $\tan\alpha$, f) $\frac{\sqrt{3}}{3}\tan\alpha$,

g) $\cos\alpha\sin 2\alpha$, h) $\tan\frac{\alpha}{2}$

704. Man wende (90) an.

705. a) $\cot(\alpha - 45°)$, b) $\tan\frac{\alpha+\beta}{2}\cot\frac{\alpha-\beta}{2}$,

c) $\sin(\alpha+\beta)\sin(\alpha-\beta)$, d) $\sin(\beta+\alpha)\sin(\beta-\alpha)$,

e) $4\cos\frac{\alpha}{2}\cos\frac{\beta}{2}\cos\frac{\gamma}{2}$

706. a) $p = 2r\sin^2\frac{\alpha}{4}$, b) $A = \frac{a^2}{2}\sin 2\alpha$, c) $A = \frac{n}{2}r^2\sin\frac{360°}{n}$

707. 24,36 m²

708. $A_M = 42{,}7\ \text{dm}^2$; $V = 32{,}6\ \text{dm}^3$

709. $A_M = 4\pi R^2\cos 45°\sin 5° = 31437\cdot 10^3\ \text{km}^2$;
$r_1 = R\cos 40° = 4880{,}6\ \text{km}$; $r_2 = R\cos 50° = 4095{,}4\ \text{km}$

710. $\tan\gamma' = -\frac{(a^2+b^2)\cot\varphi}{ab\sin\varphi}$

711. $x = 496{,}92\ \text{m}$; $v = 2°39'23''$

712. $h_T = 435{,}09\ \text{m}$

713. $v = d\sin\alpha\left(1 - \frac{\cos\alpha}{\sqrt{n^2-\sin^2\alpha}}\right) = 0{,}194\ \text{cm}$

714. $\sin(\alpha+\Delta\alpha) \approx \sin\alpha + \Delta\alpha\cos\alpha$;
$\sin(\alpha+\Delta\alpha) - \sin\alpha \approx \Delta\alpha\cos\alpha$

715. Aus Bild 331: $\sin\frac{\alpha}{2} = \frac{s}{2r}$,

$$\tan\frac{\alpha}{4} = \frac{2p}{s}$$

Hieraus mit (119), (120) und (85): $p \approx \frac{s^2}{8r}$

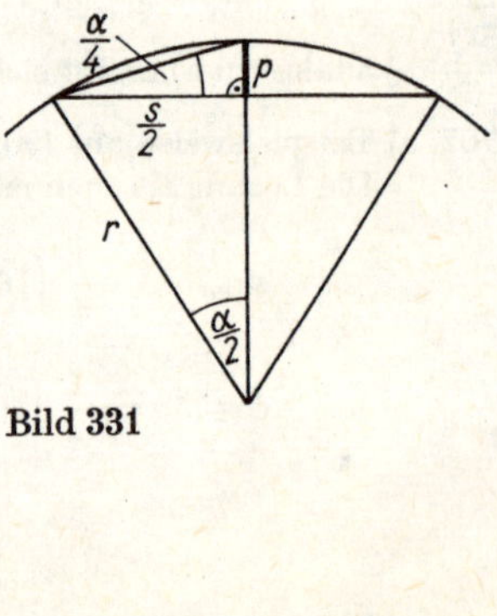

Bild 331

716. Beweis siehe z. B. El. math. 28.2.

717. Aus (123): $\frac{a+b}{a-b} = \frac{\sin\alpha + \sin\beta}{\sin\alpha - \sin\beta}$. Dies ergibt mit (109) und (110) den Tangenssatz.

718. a) (131) in (136) eingesetzt,
b) mehrmaliges Einsetzen von (131) in (136) und Beachten von (125)

719. Aus der Formel der Aufgabe 718 a) folgt mit (135)

$$r = \frac{abc}{4\sqrt{s(s-a)(s-b)(s-c)}}.$$

720. a) $\beta = 128{,}950°$; $a = 135{,}75$ m; $c = 73{,}86$ m; $r = 122{,}81$ m,
b) $\alpha = 55{,}034°$; $b = 34{,}90$ m; $c = 3{,}30$ m; $h_a = 2{,}85$ m; $A = 47{,}19$ m^2,
c) $\beta = 105{,}999°$; $a = 178{,}98$ m; $b = 208{,}30$ m; $r_i = 25{,}73$ m,
d) $\gamma = 79{,}287°$; $b = 55{,}30$ m; $c = 107{,}59$ m; $A = 2802{,}1$ m^2,
e) $\gamma = 17{,}482°$; $\alpha = 32{,}351°$; $a = 78{,}97$ m; $s_a = 76{,}04$ m,
f) $\gamma = 76{,}417°$; $\beta = 27{,}166°$; $b = 39{,}04$ m; $r_i = 15{,}37$ m;
$w_\alpha = 41{,}75$ m,
g) $\beta_1 = 73{,}297°$; $\gamma_1 = 57{,}975°$; $c_1 = 385{,}56$ m;
$\beta_2 = 106{,}703°$; $\gamma_2 = 24{,}569°$; $c_2 = 189{,}08$ m,
h) nicht lösbar,
i) nicht lösbar,
j) $\alpha = 21{,}709°$; $\beta = 100{,}086°$; $c = 86{,}40$ m; $h_a = 85{,}06$ m; $A = 1599{,}1$ m^2,
k) $\gamma = 32{,}192°$; $\alpha = 106{,}800°$; $b = 92{,}68$ m; $r = 70{,}62$ m,
l) $\beta = 158{,}240°$; $\gamma = 1{,}421°$; $a = 112{,}68$ m; $r_i = 1{,}39$ m; $w_\alpha = 14{,}84$ m,
m) $\alpha = 53{,}012°$; $\beta = 79{,}448°$; $\gamma = 47{,}540°$; $r_i = 59{,}12$ m; $A = 19148$ m^2,
n) $\alpha = 32{,}854°$; $\beta = 46{,}222°$; $\gamma = 100{,}924°$; $r = 63{,}58$ m; $s_a = 104{,}01$ m,
o) $\alpha = 42{,}551°$; $\beta = 119{,}356°$; $\gamma = 18{,}093°$; $A = 379{,}58$ m^2

721. a) $a = 32$ cm; $b = 20$ cm; $c = 28$ cm; $\alpha = 81{,}8°$; $\beta = 38{,}2°$,
b) $a = 28{,}7$ m; $\alpha = 33{,}1°$; $\gamma = 51{,}7°$; $c = 41{,}2$ m,
c) $a = 23{,}6$ m; $b = 26{,}2$ m; $c = 32{,}2$ m; $\beta = 53{,}2°$; $\gamma = 80{,}6°$,
d) $\gamma = 64{,}2°$; $a = 22{,}2$ m; $b = 33{,}2$ m; $c = 30{,}9$ m,
e) nicht lösbar,
f) $\gamma = 59{,}3°$; $a = 219$ m; $b = 101$ m; $c = 188$ m,
g) $\gamma = 52{,}8°$; $\alpha = 75{,}2°$; $\beta = 51{,}9°$; $a = 29{,}4$ m; $b = 23{,}9$ m,
h) $\gamma = 97{,}4°$; $a = 79{,}7$ m; $b = 74{,}7$ m; $c = 116$ m,
i) $\alpha = 90{,}1°$; $\beta = 38{,}7°$; $a = 70{,}8$ m; $b = 44{,}2$ m; $c = 55{,}2$ m

722. Zweimalige Anwendung von (124).

723. Ergänzung des Vierecks zu einem Parallelogramm und Bestimmung von dessen Fläche mit (136).

724. $\alpha = 47{,}908°$; $\beta = 61{,}281°$; $\gamma = 70{,}812°$; $A = 6{,}07$ cm^2

725. $a = 65$ cm; $b = 35$ cm; $c = 53$ cm; $A = 926{,}3$ cm^2; $\alpha = 92{,}951°$; $\beta = 32{,}531°$;
$\gamma = 54{,}518°$

726. Aus Formel der Aufgabe 718: $V_P = \dfrac{c^2 \sin\alpha \sin\beta}{2\sin(a+\beta)} h$

Mit (131) und (125): $V_Z = \dfrac{\pi c^2 h}{4 \sin^2(\alpha+\beta)}$

Somit: $V_Z = \dfrac{\pi \cdot 200 \text{ cm}^3}{\sin\alpha \sin\beta \sin(\alpha+\beta)} = 1072{,}8 \text{ cm}^3$

727. $h_T = 180{,}422$ m

728. $\delta = 6'53''$; $h = 6{,}00$ m

729. Jeweiliger Ansatz von (124) in den beiden horizontalen Dreiecken, hierin Einsetzen der Ausdrücke aus den drei rechtwinkligen Dreiecken und Gleichsetzen führt beim Beachten von (115) und (116) zu

$$h = \frac{\sin\gamma \sin\delta \sin\varepsilon \sqrt{ab(a+b)}}{\sqrt{b \sin^2\varepsilon \sin(\delta+\gamma)\sin(\delta-\gamma) - a \sin^2\gamma \sin(\varepsilon+\delta)\sin(\varepsilon-\delta)}} =$$

$= 120{,}68$ m.

730. Zweimalige Anwendung von (136) ergibt

$$x = \frac{a \sin\gamma}{\sin(\alpha+\delta)} = 147{,}14 \text{ m.}$$

731. $\overline{LS} = 14{,}0$ km $\approx 7{,}5$ sm; Kurs = S 72,12° W

732. 7,352 sm

733. Wenn das zweite Flugzeug in B startet, befindet sich das in A abgeflogene Flugzeug in A' (Bild 332) und hat den Flugweg $AA' = \dfrac{953}{9}$ km zurückgelegt. Im $\Delta A'BT$ gilt

$$\frac{\sin\beta}{\sin\gamma} = \frac{b}{c} = \frac{450 \text{ km/h} \cdot t}{400 \text{ km/h} \cdot t} = \frac{9}{8}$$

Die Auflösung von $\Delta A'BC$ ergibt ε, β, d und somit γ. Hieraus folgt der Abfahrtskurs $\alpha = $ N 38,211° W. Im $\Delta A'BT$ findet man c und damit wegen $c = 400 \text{ km/h} \cdot \Delta t$ die Ankunftszeit $11^h 12^{min} 24^s$ sowie die Entfernung $TC = 250{,}7$ km.

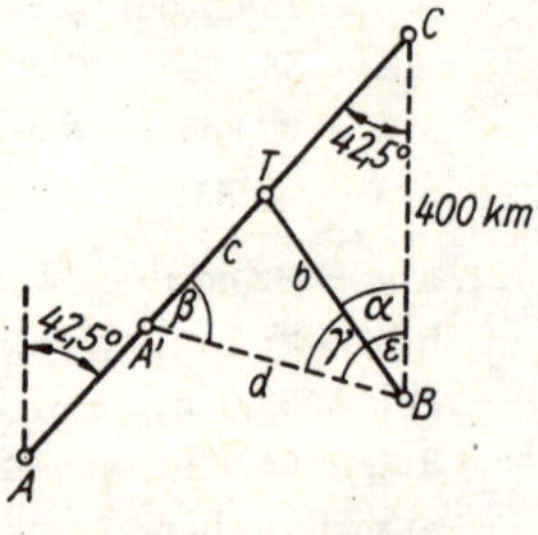

Bild 332

734. Um 15 Uhr, zum Zeitpunkt des Starts des Hubschraubers, befindet sich der Ballon in C (Bild 333). Die Eigengeschwindigkeit v_2 des Hubschraubers und die Windgeschwindigkeit v_1 addieren sich nach dem Geschwindigkeitsparallelogramm zur Geschwindigkeit über Grund v_G. Da v_1 sowohl den Flug des Ballons bestimmt als auch die zweite Geschwindigkeitskomponente des Hubschraubers darstellt, bildet $\overline{CD}$ eine Seite des Geschwindigkeitsparallelogramms. Die Auflösung von $\Delta\ ABC$ ergibt β', γ', d und somit γ, Δt. Für $\Delta\ BCD$ folgt $b = v_1 \cdot \Delta t$. Schließlich findet man β, c. Ergebnisse: $\varphi = 90° - (\beta' + \beta) = $ S 58,14° W (wahrer Kurs); $90° - \beta' = $ S 69,53° W (Eigenkurs); $b' + b = 53{,}5$ km von A bzw. $c = 93{,}6$ km von B entfernt; $15^h 37^{min}$.

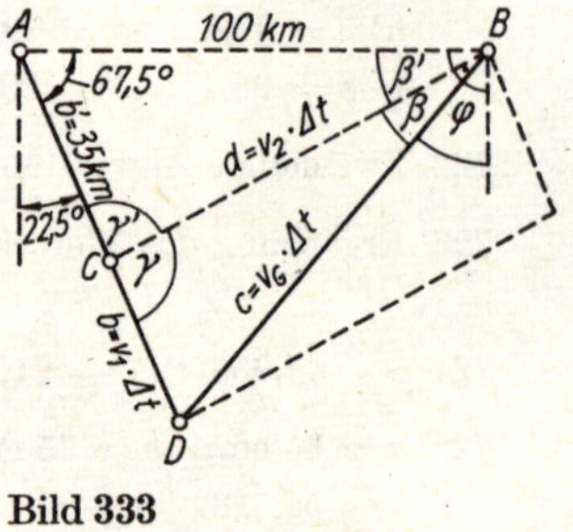

Bild 333

735. Das Krafteck ist ein Dreieck, die gesuchten Winkel sind die Außenwinkel des Dreiecks: 141,79°; 120,00°; 98,21°.

736. Die Berechnung in zwei Kräfteparallelogrammen ergibt $F_R = 841{,}7$ N.

737. $F_1 = 247{,}5$ N; $F_2 = 179{,}1$ N

738. Die Last F_Q und die Stabkräfte bilden ein schiefwinkliges Dreieck, die Zerlegung von F_{S1} in zwei rechtwinklige Komponenten ergibt F_Z und F_N:

$$F_{S1} = 49\,330\ \text{N};\quad F_{S2} = 69\,580\ \text{N};\quad F_Z = 39\,910\ \text{N};\quad F_N = 29\,000\ \text{N}.$$

739. Aus Ansätzen in 5 rechtwinkligen Dreiecken und in einem schiefwinkligen Dreieck folgt:

$$\tan\beta = \tan\alpha \sin\frac{\varepsilon}{2};\qquad \tan\frac{\delta}{2} = \frac{\cos(\alpha+\gamma)\tan\frac{\varepsilon}{2}}{\cos\alpha};\qquad \varepsilon = 76{,}523°;\qquad \beta = 9{,}421°.$$

740. a) $\alpha = 30°;\quad \frac{\sin\alpha}{\sin\beta} = \frac{3}{2};\quad \sin\beta = \frac{1}{3};\quad \cos\beta = \frac{2}{3}\sqrt{2};$

$$d = 2e - \frac{\sqrt{3}}{16}a\left(4-\sqrt{6}\right) = 2e - 0{,}16785a,$$

b) $\varepsilon = \alpha - \beta + \alpha_1 - \beta_1;\quad \beta_1 = 60° - \beta;\quad \varepsilon = \alpha + \alpha_1 - 60° = 47{,}095°,$

c) $e_G = \frac{\sqrt{3}}{16}a\left(4-\sqrt{6}\right) = 0{,}16785\,a = 0{,}19381\,h.$

Somit $d = 2e - e_G$.

741. (121) kann aus Bild 117 nach Einzeichnung entsprechender Hilfslinien (Lote von P_a, P_b und P_c auf den variablen Schenkel des Winkels ωt und Parallelen zu diesem Schenkel durch P_a und P_b) abgelesen werden. (122) folgt aus $\Delta\, OP_aP_c$ mit (124).

742. a) $\{20° + k\cdot180°;\ 140° + k\cdot180°\}$, b) $\{105° + k\cdot180°\}$,
c) $\{204° + k\cdot360°;\ 336° + k\cdot360°\}$, d) $\{-22{,}5° + k\cdot180°\}$,
e) $\{120° + k\cdot720°;\ 240° + k\cdot720°\}$, f) $\{62° + k\cdot180°\}$,
g) $\{-36° + k\cdot540°\}$, h) $\{172{,}2° + k\cdot360°;\ 187{,}8° + k\cdot360°\}$,
i) $\{\pm10° + k\cdot180°\}$, j) $\{\pm34° + k\cdot180°\}$,
k) $\{\pm77° + k\cdot180°\}$, l) $\{\pm67{,}1° + k\cdot180°\}$
Es gilt stets $k \in G$.

743. a) $\{30° + k\cdot180°\}$, b) $\{\pm60° + (12k+1)\cdot30°\}$,
c) $\{k\cdot360°;\ 90° + k\cdot360°\}$,
d) $\{74{,}322° + k\cdot360°;\ 208{,}358° + k\cdot360°\}$,
e) $\{17{,}031° + k\cdot360°;\ 162{,}969° + k\cdot360°\}$,
f) $\{30° + k\cdot360°;\ 150° + k\cdot360°\}$,
g) $\{51{,}33° + k\cdot360°;\ 128{,}67° + k\cdot360°\}$,
h) $\{199{,}471° + k\cdot360°;\ 340{,}529° + k\cdot360°\}$,
i) $\{\pm45° + k\cdot180°\}$,
j) $\{90° + k\cdot180°;\ 194{,}478° + k\cdot360°;\ 345{,}522° + k\cdot360°\}$,
k) $\{90° + k\cdot180°;\ \pm60° + k\cdot180°\}$,
l) $\{90° + k\cdot180°\}$, m) $\{k\cdot180°;\ 45° + k\cdot180°\}$,

n) $\{48{,}719° + k \cdot 360°;\ 258{,}281° + k \cdot 360°\}$,

o) $\{45° + k \cdot 180°\}$, p) $\{k \cdot 180°\}$

Es gilt stets $k \in G$.

744. a) $\{(240° + k_1 \cdot 360°;\ 210° - k_1 \cdot 360°);\ (120° + k_2 \cdot 360°;\ 330° - k_2 \cdot 360°)\}$,

b) $\{(51{,}323° + k_1 \cdot 180°;\ 18{,}677° - k_1 \cdot 180°);\ (198{,}677° + k_2 \cdot 180°;\ -128{,}677° - k_2 \cdot 180°)\}$,

c) $\{(67{,}5° + k \cdot 180°;\ -22{,}5° + k \cdot 180°)\}$,

d) $\{(64{,}541° + k \cdot 180°;\ 23{,}659° - k \cdot 180°)\}$,

e) $\{(44{,}498° + k_1 \cdot 180°;\ 14{,}498° + k_1 \cdot 180°);\ (75{,}502° + k_2 \cdot 180°;\ 45{,}502° + k_2 \cdot 180°)\}$

Es gilt stets $k, k_1, k_2 \in G$.

745. $h_a = c \sin\beta; \quad c = \dfrac{a \sin\gamma}{\sin\alpha}; \quad \sin\beta \sin\gamma = \dfrac{h_a \sin\alpha}{a}; \quad \beta + \gamma = 180° - \alpha$

Mit (106) folgt: $\cos(\beta - \gamma) = \dfrac{2h_a \sin\alpha}{a} - \cos\alpha$.

Hieraus und aus (123):

$\beta_1 = 119{,}311°; \quad \gamma_1 = 18{,}409°; \quad b_1 = 106{,}46\text{ m}; \quad c_1 = 38{,}56\text{ m};$

$\beta_2 = 18{,}409°; \quad \gamma_2 = 119{,}311°; \quad b_2 = 38{,}56\text{ m}; \quad c_2 = 106{,}46\text{ m}.$

746. $\dfrac{\varphi + \psi}{2} = 180° - \dfrac{\alpha + \beta + \gamma}{2}; \qquad z = \dfrac{a \sin\varphi}{\sin\alpha} = \dfrac{b \sin\psi}{\sin\beta};$

$$\frac{\sin\varphi}{\sin\psi} = \frac{b \sin\alpha}{a \sin\beta}; \qquad \frac{\sin\varphi}{\sin\psi} = \tan\mu;$$

$$\tan\frac{\varphi - \psi}{2} = \tan(\mu - 45°)\tan\frac{\varphi + \psi}{2};$$

$$x = \frac{a \sin(\varphi + \alpha)}{\sin\alpha}; \qquad y = \frac{b \sin(\psi + \beta)}{\sin\beta};$$

Ergebnisse:

$\mu = 38°07'42''; \quad \varphi = 48°29'18''; \quad \psi = 72°33'38''; \quad x = 844{,}48\text{ m};$

$y = 620{,}21\text{ m}; \quad z = 635{,}76\text{ m}$

747. (123) in den drei Teildreiecken angewandt ergibt $\sin\psi \sin(\psi + \beta) - k \sin\varphi \sin(\varphi + \alpha) = 0$ mit $k = \dfrac{a \sin\beta}{b \sin\alpha}$. Ferner: $\psi = 180° - (\varphi + \alpha + \beta + \gamma)$. Aus beiden Gleichungen folgt mit (106) und (91) eine goniometrische Gleichung in φ, die mit der Hilfswinkelmethode (vgl. 23.1.1.) gelöst wird:

$$\tan\lambda = \frac{-\sin(2\alpha + 2\gamma + \beta) + k \sin\alpha}{\cos(2\alpha + 2\gamma + \beta) - k \cos\alpha}; \qquad \lambda = 180°27'12'';$$

$$r = \frac{\cos(2\alpha + 2\gamma + \beta) - k \cos\alpha}{\cos\lambda}; \qquad \cos(2\varphi - \lambda) = \frac{\cos\beta - k \cos\alpha}{r};$$

$\varphi = 40°04'15''; \quad \psi = 55°18'15''$. Aus (123) folgt

$$x = \frac{a \sin\gamma \sin\varphi}{\sin\alpha \sin(\psi + \beta)} = \frac{b \sin\gamma \sin\psi}{\sin\beta \sin(\varphi + \alpha)} = 98{,}78\text{ m}.$$

748. $\alpha, \beta, \gamma, \delta, \varepsilon, \varphi$ mit (124) und (123) oder mit (130).

$$\psi = \beta + \gamma - \varepsilon; \quad \delta_f = \psi - \varphi_d, \quad \varepsilon_d = \delta_f - \beta + \varepsilon;$$

$$\delta_e = \delta - \delta_f; \quad \varepsilon_f = \varepsilon - \varepsilon_d; \quad \varphi_e = \varphi - \varphi_d;$$

$$y = \frac{f \sin \delta_f}{\sin \beta} = \frac{d \sin \varphi_d}{\sin \gamma} - a;$$

$$\frac{d}{\sin \gamma} \sin \varphi_d - \frac{f}{\sin \beta} \sin \delta_f - a = 0; \quad p = \frac{f \sin \psi}{\sin \beta};$$

$$q = -\left(\frac{d}{\sin \gamma} + \frac{f \cos \psi}{\sin \beta}\right); \quad p \cos \varphi_d + q \sin \varphi_d = -a;$$

$$r = +\sqrt{p^2 + q^2}; \quad \tan \nu = \frac{q}{p}; \quad \cos(\varphi_d - \nu) = \frac{-a}{r};$$

$$x = \frac{e \sin \varphi_e}{\sin \alpha}; \quad z = \frac{d \sin \varepsilon_d}{\sin \gamma};$$

Reihenfolge: $\alpha, \beta, \gamma, \delta, \varepsilon, \varphi, \psi, p, q, r, \nu, \varphi_d, \delta_f, \varepsilon_d, \delta_e, \varepsilon_f, \varphi_e, y, x, z$

$\alpha = 71°06'26''$; $\delta = 60°58'16''$; $\delta_e = 37°31'26''$; $\delta_f = 23°26'50''$;
$\beta = 62°35'47''$; $\varepsilon = 59°59'23''$; $\varepsilon_f = 39°08'57''$; $\varepsilon_d = 20°50'26''$;
$\gamma = 46°17'43''$; $\varphi = 59°02'16''$; $\varphi_d = 25°27'17''$; $\varphi_e = 33°34'59''$;
$x = 139{,}35$ m; $y = 105{,}79$ m; $z = 118{,}45$ m

749. $\alpha_1 + \alpha_2 = \alpha;$
$\beta + \gamma = 180° - \alpha;$
$\sin \alpha_1 - \sin \alpha_2 = \frac{\Delta F}{F_R} \sin(\beta + \gamma).$
Hieraus mit (110) sowie den ersten beiden Gleichungen:
$\sin \frac{\alpha_1 - \alpha_2}{2} = \frac{\Delta F}{F_R} \sin \frac{\alpha}{2}$. Dies ergibt mit der ersten Gleichung $\alpha_1 = 84{,}143°$; $\alpha_2 = 37{,}457°$.
(123) liefert $F_1 = 836{,}2$ N;
$F_2 = 511{,}2$ N.

750. Bild 334

751. $P_1 \in k_1$, $P_1 \in k_3$, $P_2 \in k_2$, $P_2 \in k_3$,
$P_3 \in k_2$, $P_3 \in k_4$, $P_4 \in k_1$, $P_4 \in k_4$

752. a) $P_1(-5; 2)$,
b) $P_1(6; 0)$, $P_2(2; 4)$,
c) kein Schnittpunkt

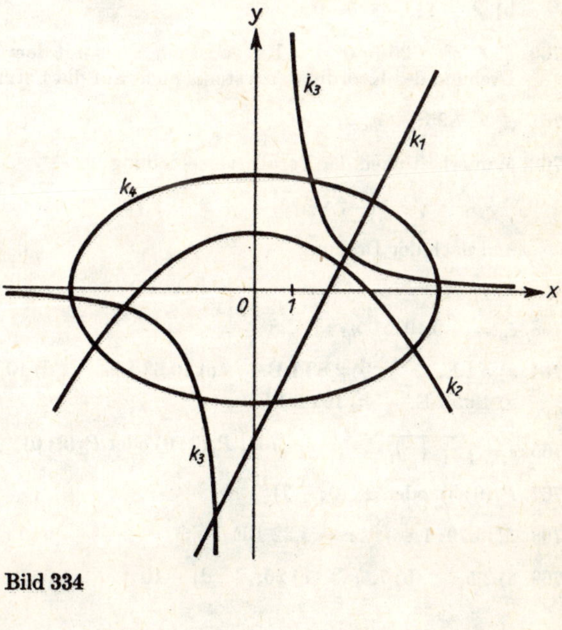

Bild 334

753. a) $x_1 = 3$ b) $x_{1;2} = \pm 10$
c) $x_1 = 1, x_2 = 4$
d) kein Schnittpunkt

754. a) $y_1 = 3,$ b) $y_{1;2} = \pm 5,$
c) $y_1 = 1,$
d) kein Schnittpunkt

755. a) $\frac{1}{2}x^2 + x - y - \frac{5}{2} = 0,$
b) $2x - y + 1 = 0,$
c) $x^2 + y^2 - 6x + 5 = 0,$
d) $4x^2 - 9y^2 + 36 = 0$
(Bild 335)

756. s. Kurve k_2 in Bild 334

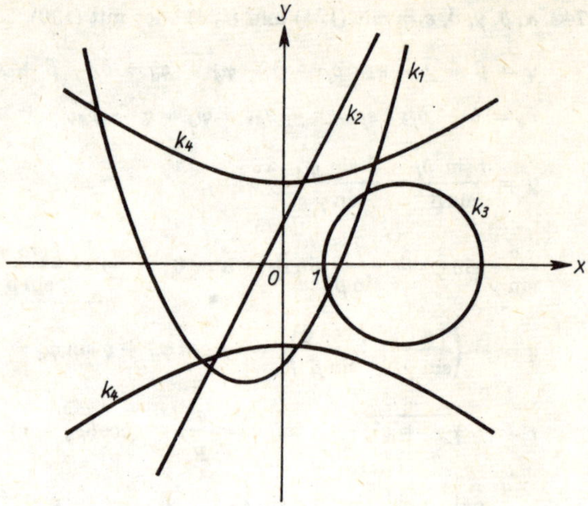

Bild 335

757. a) $r = \frac{8\cot^2\varphi}{\sin\varphi},$
b) $r = \frac{1}{2\cos\varphi - \sin\varphi},$ c) $r = \sqrt{\frac{1}{\cos 2\varphi}}$

758. a) $y^2 - 4x - 4 = 0,$ b) $x + y - 4 = 0,$
c) $x^2 + y^2 - 4y + x = 0$

759. a) $\xi_a = -6, \eta_a = -2,$
b) $\eta^2 - 4\xi - 32 = 0$

760. $\xi^2 + \eta^2 - 25 = 0$. Die Kurve ist ein Kreis mit dem Mittelpunkt in O. Daher wirkt sich die Drehung des Koordinatensystems nicht auf die Form der Kurvengleichung aus.

761. $\xi_a = 7{,}25; \quad \eta_a = 2{,}90$

762. Man erhält nach der Parallelverschiebung

$$\eta' = \left(-2 - \sqrt{3}\right)\xi' + 2 + 2\sqrt{3}$$

und nach der Drehung

$$\eta = \xi + 2.$$

763. $\xi_a = -9{,}40; \quad \eta_a = 8{,}28$

764. a) 5 LE, b) 2,83 LE, c) 10,63 LE, d) 10 LE, e) 6 LE, f) 3,58 LE,
g) 4,05 LE, h) 10,56 LE

765. $e = \sqrt{x_1^2 + y_1^2}$

766. $P_1(3; 0)$ oder $P_2(9; 0)$

767. $P_1(0; 3)$ oder $P_2(0; -7)$

768. $M(3{,}79; 1{,}86)$; $r = 4{,}22$ LE

769. a) 2,5, b) 7,5, c) 20, d) −10

770. Es handelt sich um eine gebrochen-rationale Funktion mit einer Nullstelle bei $x = x_A$ und einer einfachen Polstelle bei $x = x_B$ (Bild 336). Ferner ist $\lim\limits_{x \to \pm\infty} f(x) = -1$.

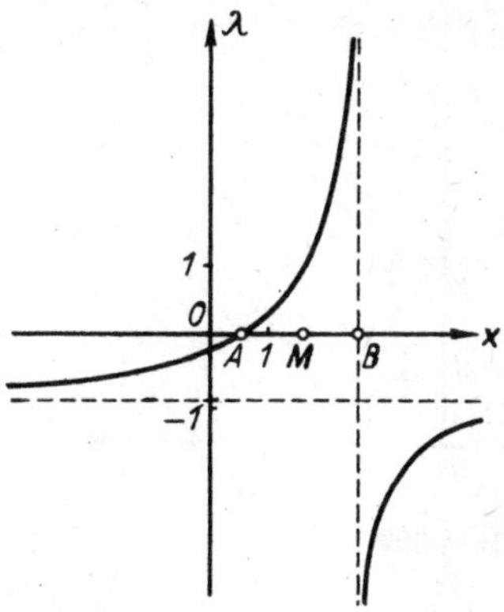

Bild 336

771. a) $T(6; 0{,}2)$, b) $T(7{,}67; -7)$, c) $T(-3; 7)$,
d) $T(4{,}3; -3{,}035)$

772. a) $M(3; 4)$, b) $M(0{,}5; -1)$, c) $M(0; 0)$,
d) $M(5{,}25; 1{,}80)$

773. a) $E(8; 7)$, b) $E(17; 19)$ 774. $S(-3{,}33; 5{,}67)$

775. a) $|A| = 40$ FE, b) $A = 26$ FE,
c) $A = 0$ FE, d. h., P, Q und R liegen auf einer Geraden.

776. $A = 143$ FE 777. $D(-1{,}2; 4)$

778. a) $D(1; -3)$ $E(3; 1)$ $F(-3; 3)$,

b) $\overline{AB} = 4 \cdot \sqrt{10}$ LE; $\overline{EF} = 2 \cdot \sqrt{10}$ LE; $\overline{EF} = \frac{1}{2} \cdot \overline{AB}$;

$\overline{BC} = 4 \cdot \sqrt{13}$ LE; $\overline{DF} = 2 \cdot \sqrt{13}$ LE; $\overline{DF} = \frac{1}{2} \cdot \overline{BC}$;

$\overline{AC} = 4 \cdot \sqrt{5}$ LE; $\overline{DE} = 2 \cdot \sqrt{5}$ LE; $\overline{DE} = \frac{1}{2} \cdot \overline{AC}$,

c) $A_{ABC} = 56$ FE; $A_{DEF} = 14$ FE; $A_{DEF} = \frac{1}{4} \cdot A_{ABC}$,

d) $S(0{,}33; 0{,}33)$

779. $R(1; 5)$ 780. $A = 118{,}5$ FE 781. $A = \frac{1}{2}(x_1 y_2 - x_2 y_1)$

782. a) Bild 337, b) Bild 338, c) Bild 339, d) Bild 340,
e) Bild 341: Die Lösungsmenge besteht nur aus den Punkten der Geraden $x + y - 4 = 0$.
f) Die Lösungsmenge ist leer.

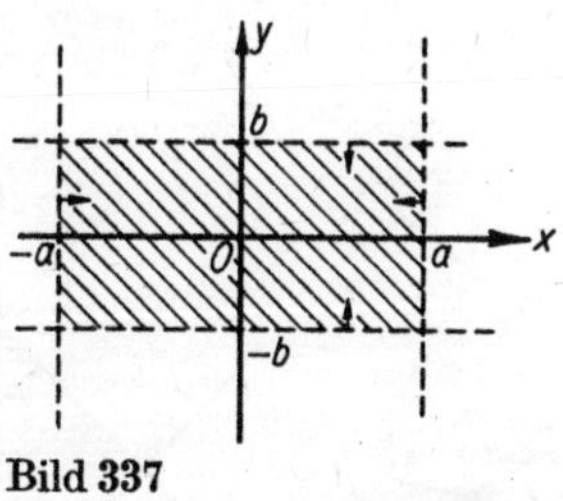

Bild 337

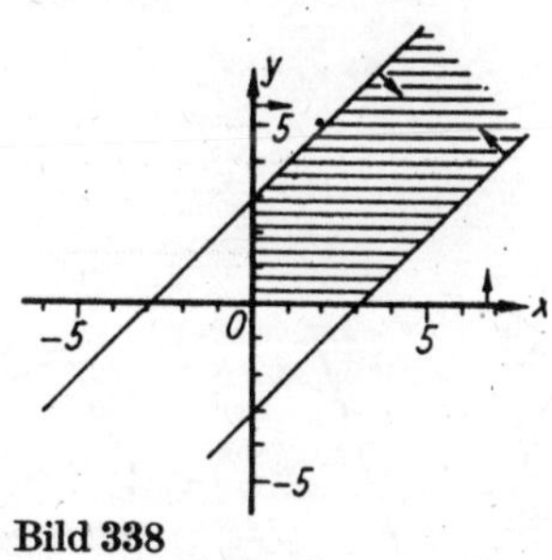

Bild 338

783. a) Ungleichung (2) ist überflüssig (Bild 342),
b) Bild 343, c) Ungleichung (5) ist überflüssig (Bild 344),
d) Ungleichungen (1), (4) und (5) sind überflüssig (Bild 345),
e) Ungleichung (3) steht im Widerspruch zu den übrigen Ungleichungen; Lösungsmenge ist leer (Bild 346),
f) Bild 347

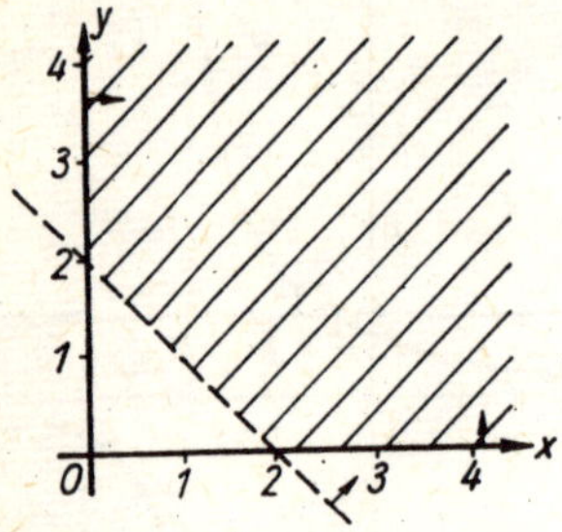

Bild 339

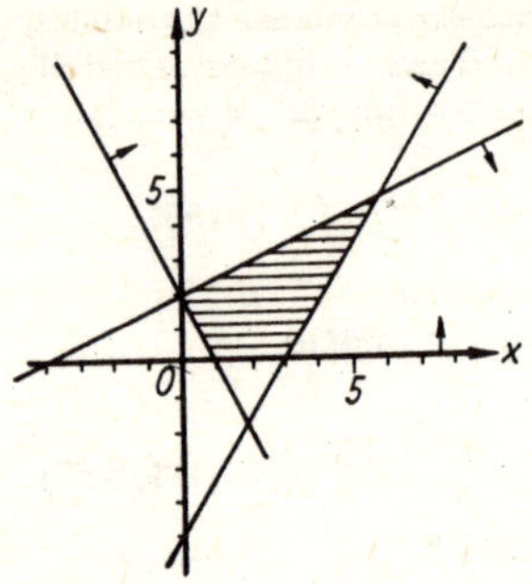

Bild 340

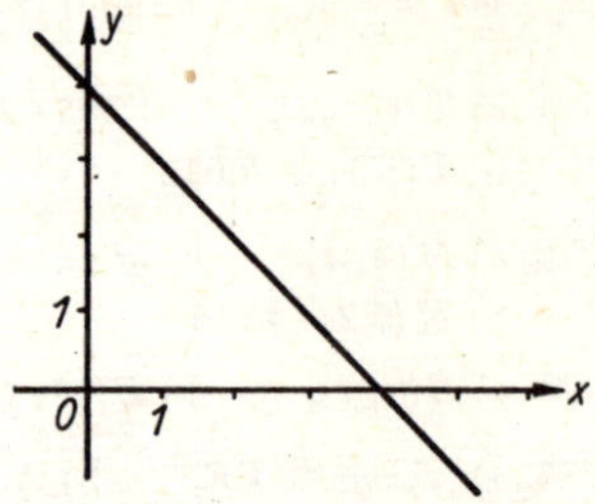

Bild 341

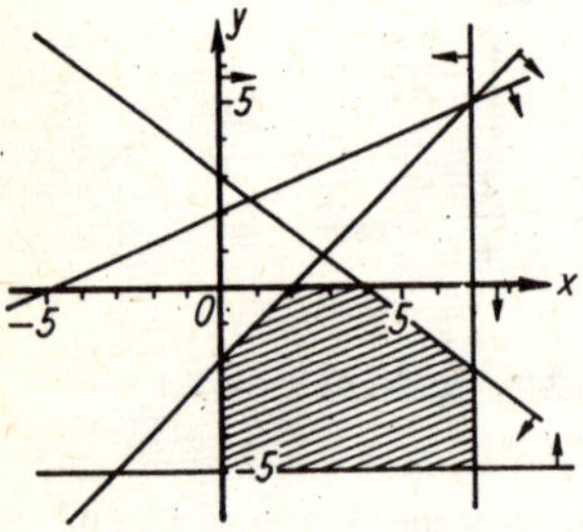

Bild 342

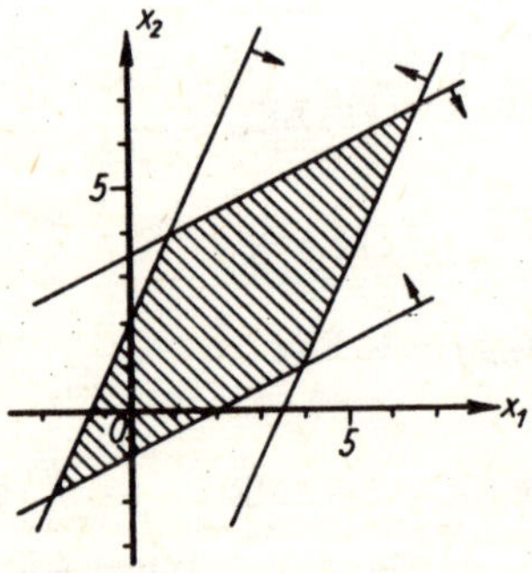

Bild 343

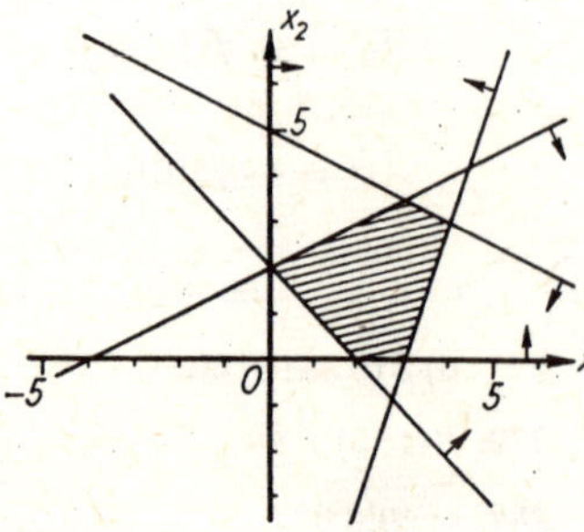

Bild 344

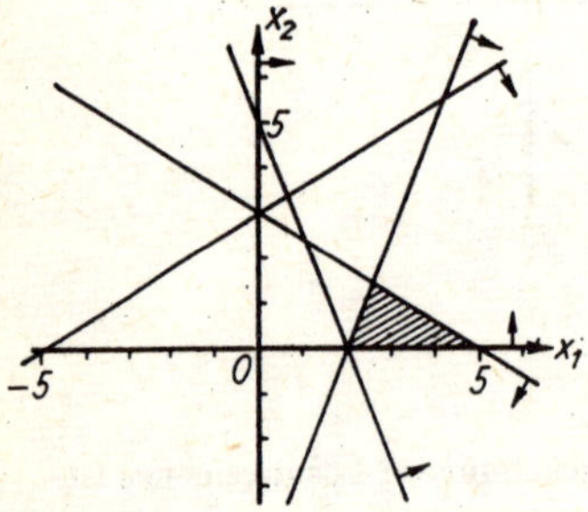

Bild 345

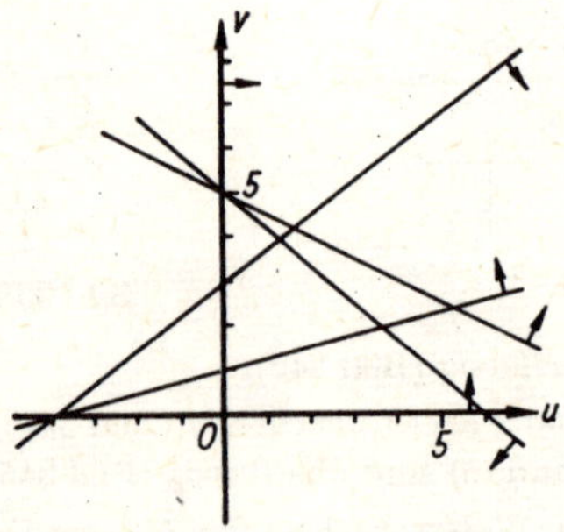

Bild 346

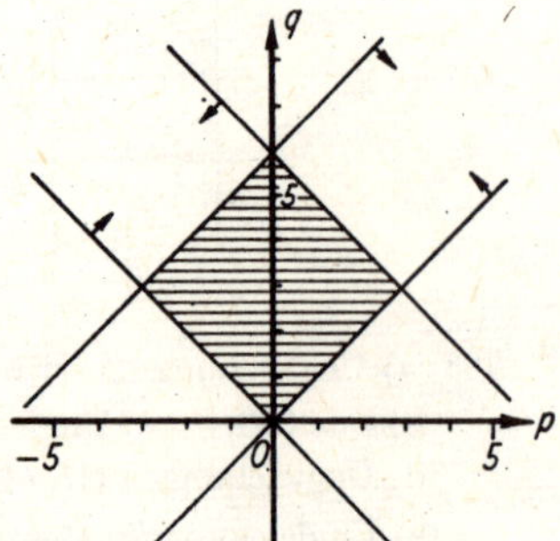

Bild 347

784. a) Ungleichungen (4) und (5) sind überflüssig (Bild 348),
b) Bild 349, c) Ungleichung (6) ist überflüssig (Bild 350),
d) Ungleichung (2) steht im Widerspruch zu den übrigen Ungleichungen; Lösungsmenge ist leer (Bild 351),
e) Ungleichungen (4) und (5) sind überflüssig (Bild 352),
f) Ungleichung (1) widerspricht den übrigen Ungleichungen; Lösungsmenge ist leer (Bild 353).

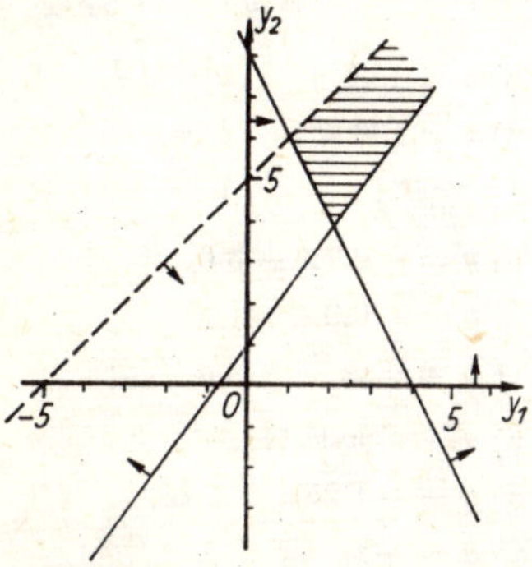

Bild 348

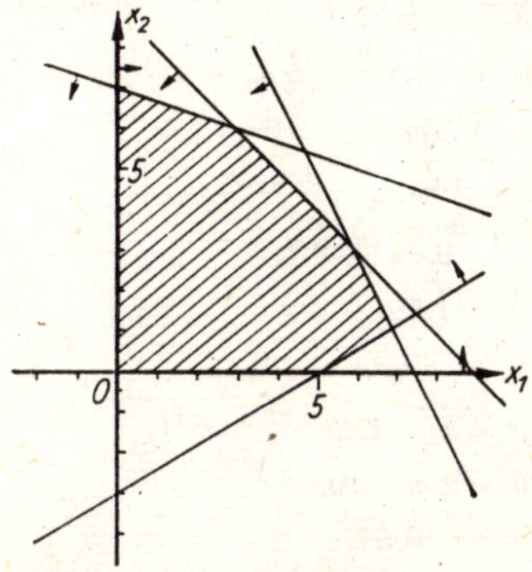

Bild 349

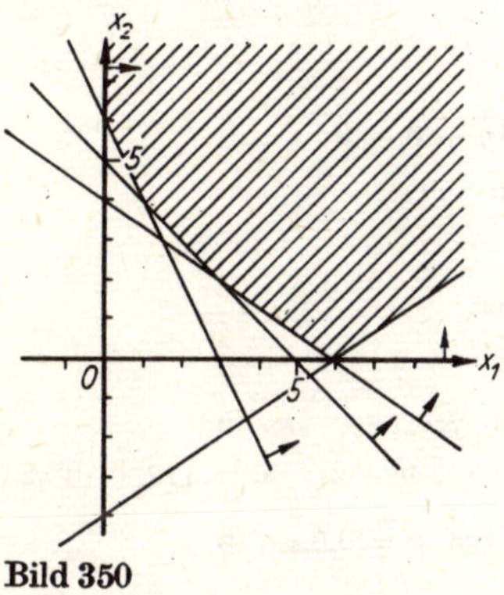

Bild 350

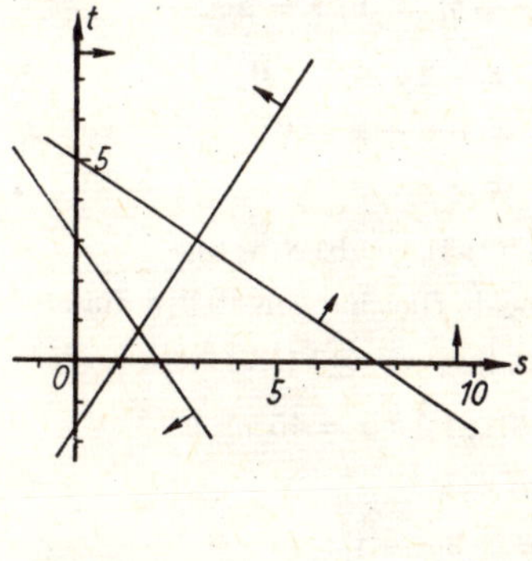

Bild 351

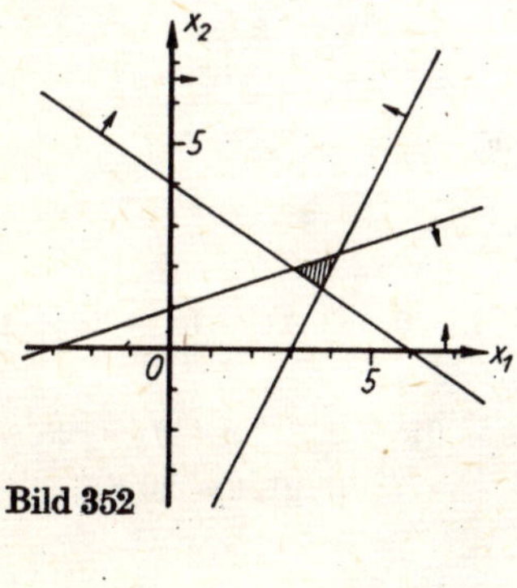

Bild 352

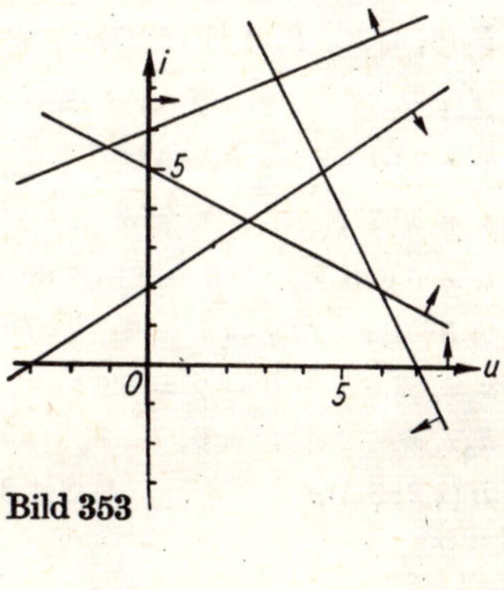

Bild 353

785. Vgl. Formeln (150) ... (152) von 26.2.!

786. a) $y = x + 5$, b) $y = -0{,}577x - 3{,}000$, c) $y = 1{,}732x - 4{,}000$, d) $y = 0$, e) $y = -2{,}05x - 2{,}24$, f) $y = -3{,}73x + 3{,}14$

787. a) $y = 0{,}577x$, b) $y = 1{,}732x$, c) $y = -x$, d) $y = -2{,}747x$, e) $y = 0{,}009x$, f) $y = -1{,}540x$

788. a) $\alpha = 63{,}4°$; $b = -3$, b) $\alpha = 16{,}7°$; $b = 2{,}4$, c) $\alpha = 146{,}3°$; $b = 1{,}67$, d) $\alpha = 136{,}2°$; $b = -8{,}24$, e) $\alpha = 135°$; $b = 0$, f) $\alpha = 0°$; $b = -2{,}5$

789. a) $y = 0{,}6x + 2{,}7$, b) $y = -0{,}7x - 3{,}6$, c) $y = 1{,}6x + 6{,}4$, d) $y = -0{,}9x$, e) $y = -0{,}8x - 2{,}0$, f) $y = 0{,}1x - 274{,}4$

790. a) $y = x - 1$, b) $y = -x + 11$, c) $y = 2x + 10$, d) $y = -1{,}25x - 1{,}25$, e) $y = -0{,}5x$, f) $y = -x$, g) $y = 2{,}33x + 7$, h) $y = -2{,}5x - 5$

791. a) $y = b$, b) $x = a$

792. g_1: $x - 2y + 2 = 0$; g_2: $x - 3y - 3 = 0$; g_3: $x + y - 2 = 0$; g_4: $2x + 3y + 6 = 0$; g_5: $x - 1{,}5 = 0$; g_6: $y + 0{,}5 = 0$

793. a) $S(2; 3)$, b) $S(5; 2)$,
c) beide Gleichungen stellen dieselbe Gerade dar,
d) $g_1 \parallel g_2$, e) $S(1{,}2; 0{,}8)$, f) $S(-0{,}1; 0{,}3)$

794. a) $S(1; 1)$; $\sigma = 45°$, b) $S(1; 2)$; $\sigma = 90°$, c) $g_1 \parallel g_2$, d) $S(4; -2)$; $\sigma = 119{,}8°$ $(60{,}2°)$

795. $y = -3x - 1$

796. $y = 0{,}5x + 5$

797. a) $2x + 3y - 24 = 0$ und $3x - y - 14 = 0$,
b) $P_2(6; 4)$; $P_3(4{,}09; 5{,}27)$; $P_4(4{,}91; 0{,}73)$

798. a) $A(4; -2)$; $B(-2; 3)$; $C(5; 4)$,
b) $a = 7{,}07$ LE; $b = 6{,}08$ LE; $c = 7{,}81$ LE,
c) $\alpha = 59{,}7°$; $\beta = 47{,}9°$; $\gamma = 72{,}4°$

799. a) $a = 5{,}66$ LE; $b = c = 7{,}62$ LE,
b) AB: $3x - 7y - 1 = 0$; BC: $x + y - 7 = 0$; AC: $7x - 3y + 11 = 0$,
c) $\alpha = 43{,}6°$; $\beta = \gamma = 68{,}2°$,
d) h_a: $x - y + 1 = 0$; h_b: $3x + 7y - 29 = 0$; h_c: $7x + 3y - 25 = 0$,
e) $H(2{,}2; 3{,}2)$, f) $S(1{,}33; 2{,}33)$, g) $A = 20$ FE

800. a) $a = 6{,}40$ LE; $b = 6{,}71$ LE; $c = 8{,}25$ LE,
b) AB: $x - 4y - 2 = 0$; BC: $4x + 5y - 29 = 0$;
AC: $2x - y + 3 = 0$,
c) $\alpha = 49{,}4°$; $\beta = 52{,}7°$; $\gamma = 77{,}9°$,
d) h_a: $5x - 4y + 6 = 0$; h_b: $x + 2y - 8 = 0$; h_c: $4x + y - 9 = 0$,
e) $D(2{,}24; 0{,}06)$; $E(2{,}10; 4{,}12)$; $F(0{,}40; 3{,}80)$,
f) $H(1{,}43; 3{,}29)$,
g) m_a: $5x - 4y - 5{,}5 = 0$; m_b: $x + 2y - 3{,}5 = 0$; m_c: $4x + y - 8 = 0$,
h) $M(1{,}79; 0{,}86)$, i) 4,22 LE, k) $S(1{,}67; 1{,}67)$, l) $A = 21$ FE

801. $3x - 5y + 12 = 0$ oder $5x + 3y - 14 = 0$

802. 90°

803. a) $\sigma = 0° \Rightarrow$ Zähler $= 0 \Rightarrow m_1 = m_2$
b) $\sigma = 90° \Rightarrow$ Nenner $= 0 \Rightarrow 1 + m_1 \cdot m_2 = 0$ oder $m_2 = -\dfrac{1}{m_1}$

804. a) $\overline{AB} = \overline{BC} = 13{,}42$ LE, b) $x + y = 0$,
c) $\beta = 36{,}9°$, d) $H(0; 0)$

805. a) $A(-8; -8)$; $B(6; -8)$; $C(1; 4)$,
b) $a = 13$ LE; $b = 15$ LE; $c = 14$ LE,
c) $\alpha = 53{,}1°$; $\beta = 67{,}4°$; $\gamma = 59{,}5°$,
d) $H(1; -4{,}25)$

806. a) $0{,}93x + 0{,}37y - 1{,}86 = 0$, b) $0{,}55x - 0{,}83y - 3{,}33 = 0$,
c) $x - 1{,}67 = 0$, d) $-0{,}8x + 0{,}6y - 3{,}4 = 0$,
e) $0{,}5x - 0{,}87y - 4 = 0$, f) $0{,}71x + 0{,}71y - 0{,}71a = 0$

807. $h_a = 6{,}72$ LE; $h_b = 5{,}65$ LE; $h_c = 3{,}57$ LE

808. $d = 2{,}68$ LE **809.** $d = 2{,}4$ LE

810. $3x - 4y - 5 = 0$ oder $3x - 4y + 15 = 0$

811. a) Teil der Geraden $2x - y - 7 = 0$ von $P_1(3; -1)$ bis $P_2(23; 39)$,
b) gesamte Gerade $x + y - 2a = 0$,
c) gesamte Gerade $x + y - 2 = 0$,
d) Teil der Geraden $x + y - 1 = 0$ von $P_1(0; 1)$ bis $P_2(2; -1)$

812. Einfachste Möglichkeit: $x(t) = t$, $y(t) = 0{,}75t - 1{,}25$ $t \in [-1; 3]$

813. a) $3x - 2y - 5 = 0$, b) $7x - 2y + 24 = 0$

814. a) $x^2 + y^2 - 6x + 10y - 30 = 0$,
b) $x^2 + y^2 - 20y = 0$,
c) $x^2 + y^2 - \dfrac{1}{4}x + \dfrac{1}{3}y = 0$,
d) $x^2 + y^2 + 8x - 14y + 16 = 0$

815. A und C liegen auf dem Kreis, B liegt im Kreis und D außerhalb des Kreises.

816. a)

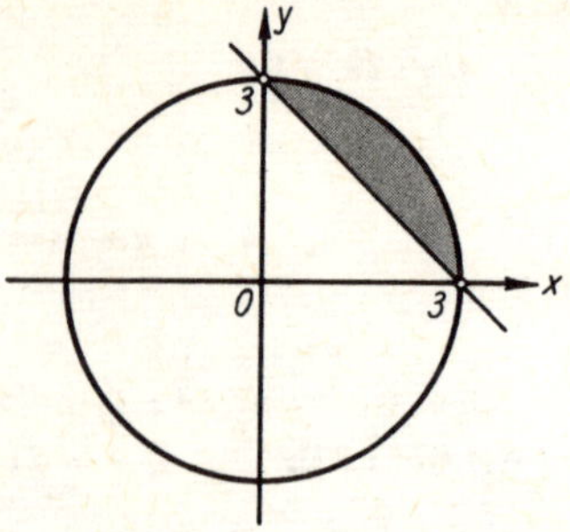

Bild 354

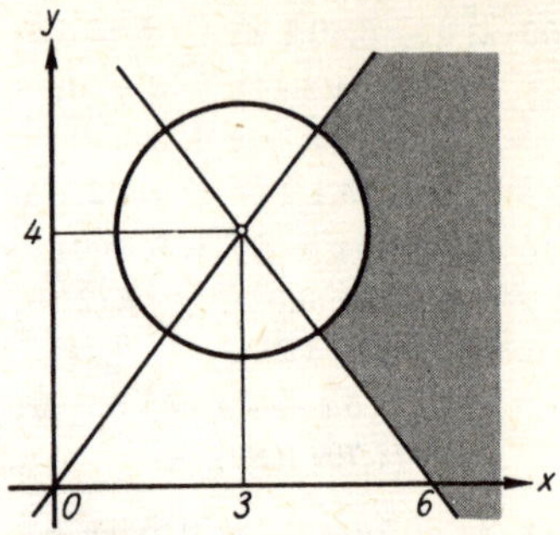

Bild 355

817. a) $M(6; -3)$, $r = 12$, b) $M\left(0; -\frac{1}{2}\right)$, $r = \frac{3}{2}$, c) $M(-2; 0)$, $r = 2$,

d) $M(5{,}2; 0{,}8)$, $r = 4{,}5$, e) $M\left(\frac{2}{3}; \frac{1}{5}\right)$, $r = \frac{4}{5}$,

f) $M\left(-\frac{1}{3}; \frac{1}{6}\right)$, $r = \frac{5}{6}$ j, keine reelle Kurve, g) $M\left(-1; \frac{1}{2}\right)$, $r = 0$, Punkt

818. $(x - 3)^2 + \left(y + \frac{5}{4}\right)^2 = \frac{169}{16}$

819. $\left(x + \frac{7}{4}\right)^2 + \left(y + \frac{2}{3}\right)^2 = \frac{169}{4}$

820. $\left(x - \frac{5}{2}\right)^2 + \left(y + \frac{2}{5}\right)^2 = \frac{25}{4}$

821. Es ergeben sich zwei Kreise

k_1: $\left(x + \frac{10}{3}\right)^2 + \left(y - \frac{10}{3}\right)^2 = \frac{100}{9}$

k_2: $\left(x + \frac{2}{3}\right)^2 + \left(y - \frac{2}{3}\right)^2 = \frac{4}{9}$

822. $\left(x + \frac{33}{8}\right)^2 + (y - 3)^2 = \frac{2993}{64}$

823. $(x - 4)^2 + (y - 8)^2 = 289$

824. $(x - 3)^2 + (y - 4)^2 = 169$

825. $d = 13$, der Kreis berührt die Gerade

826. $(x + 4)^2 + (y - 8)^2 = 169$

827. k berührt g: $\frac{3x_M - 4y_M + 48}{5} = r$

k berührt die x-Achse: $y_M = r$

$P_1 \in k$: $(3 - x_M)^2 + (2 - y_M)^2 = r^2$

Aus diesen 3 Gleichungen sind x_M, y_M, r zu berechnen. Es ergeben sich zwei Lösungen:

$$k_1\colon\ \left(x - \frac{25}{3}\right)^2 + \left(y - \frac{73}{9}\right)^2 = \left(\frac{73}{9}\right)^2;$$

$$k_2\colon\ (x + 1)^2 + (y - 5)^2 = 25.$$

828. Wählt man das Koordinatensystem so, daß gilt: $A(0; 0)$, $B(c; 0)$, dann folgt die Kurvengleichung

$$\left(x - \frac{n^2 c}{n^2 - m^2}\right)^2 + y^2 = \left(\frac{nmc}{n^2 - m^2}\right)^2.$$

Die gesuchte Kurve ist ein Kreis.

829. $\left(x \pm \frac{a}{2}\right)^2 + y^2 = \left(\frac{a}{2}\right)^2$, d. h., die Punktmenge besteht aus zwei Kreisen.

830. Man lege die x-Achse in die Basis und O in die Mitte der Basis. Die Punktmenge ist ein Kreis mit der Gleichung

$$x^2 + \left(y + \frac{b^2}{4h}\right)^2 = \frac{b^2(4h^2 + b^2)}{16h^2}.$$

831. $T = [0; 4]$; $y = \sqrt{4 - r^2}$, oberer Halbkreis mit $M = O$ und $r = 2$.

832. $x_F = \frac{a}{1 + t^2}$, $y_F = \frac{at}{1 + t^2}$, d. i. die Parameterdarstellung mit dem Richtungsfaktor $m = t$ der Geraden als Parameter. Die Kurve ist ein Kreis mit der Gleichung

$$\left(x - \frac{a}{2}\right)^2 + y^2 = \frac{a^2}{4}.$$

833. $x^2 + (y - 5)^2 = 25$

834. a) $P_1(8; 6)$, $P_2(6; -8)$: Die Gerade schneidet den Kreis.

b) $P_1(-5; 7) = P_2$: Die Gerade ist Tangente des Kreises.

c) $P_1(2 + 3\mathrm{j}; -6 + \mathrm{j})$, $P_2(2 - 3\mathrm{j}; -6 - \mathrm{j})$: Die Gerade schneidet den Kreis nicht.

d) $P_1\left(\frac{19}{9}; \frac{1}{3}\right)$; $P_2\left(\frac{33}{9}; \frac{5}{9}\right)$: Die Gerade schneidet den Kreis.

e) $P_1\left(2 + \sqrt{\frac{12}{5}}\,\mathrm{j}; 3 + 2\sqrt{\frac{12}{5}}\,\mathrm{j}\right)$: Die Gerade schneidet den Kreis nicht.

f) $P_1(7; 3) = P_2$: Die Gerade ist Tangente.

g) $P_1(0{,}67; 3{,}35)$, $P_2(-1{,}17; -0{,}55)$: Die Gerade geht durch den Kreismittelpunkt.

835. $P_1(12; 0)$; $P_2(-2; 0)$; $P_3(0; 4)$; $P_4(0; -6)$

836. $P_1(3{,}70; 3{,}08)$ liegt dem Ursprung am nächsten;

$P_2(8{,}30; 6{,}92)$ liegt vom Ursprung am weitesten entfernt.

837. $s = 10\sqrt{2}$; $S(11; -3)$; Richtungsfaktor der Sehne: $m_1 = -7$;

Richtungsfaktor der Geraden: $m_2 = \frac{1}{7}$

838. $P_1\left(\frac{9}{5}; \frac{12}{5}\right)$; $P_2\left(-\frac{9}{5}; -\frac{12}{5}\right)$; P_1 und P_2 sind die Schnittpunkte zwischen der Mittelsenkrechten von $\overline{AB}$ und dem Kreis.

839. $x^2 + y^2 = \frac{36}{13}$

840. $P_0(4{,}76; -1{,}94)$; $(x - 1{,}85)^2 + (y + 2{,}18)^2 = 8{,}53$

841. Gleichung der Geraden g_1 senkrecht zu g durch P_0: $y = -\frac{3}{4}x + 11$;

Schnittpunkte zwischen g_1 und dem Kreis um P_0 mit $r = 10$: $M_1(12; 2)$, $M_2(-4; 14)$; daher zwei Lösungen:

k_1: $(x - 12)^2 + (y - 2)^2 = 100$; k_2: $(x + 4)^2 + (y - 14)^2 = 100$.

842. Man lege durch den Schnittpunkt von g_1 und g_2 die Winkelhalbierenden

w_1: $y = 3x + 2$, w_2: $y = -\frac{1}{3}x - \frac{2}{9}$.

Dann folgen die Mittelpunkte der beiden möglichen Kreise aus $w_1 \cap g_3 = \{M_1\}$, $w_2 \cap g_3 = \{M_2\}$. Die Kreisgleichungen lauten

k_1: $(x - 1)^2 + (y - 5)^2 = 9$, k_2: $\left(x - \frac{7}{3}\right)^2 + (y + 1)^2 = \frac{169}{25}$.

843. Kreisbogen, der auf dem Kreis mit der Gleichung $x^2 + \left(y - \frac{b}{2}\right)^2 = \frac{b^2}{4}$ liegt und durch $x_1 = -\frac{r}{b}\sqrt{b^2 - r^2}$, $x_2 = \frac{r}{b}\sqrt{b^2 - r^2}$ begrenzt wird.

844. $\left[x + \frac{a(1 - \lambda)}{1 + \lambda}\right]^2 + y^2 = \frac{r^2\lambda^2}{(1 + \lambda)^2}$

845. t_1: $15x + 8y - 289 = 0$; t_2: $8x - 15y - 289 = 0$; $P_0(23; -7)$; $A = 144{,}5$; $\delta = 90°$

846. $d = \frac{241}{52}$

847. t_1: $y = \frac{5}{6}x + \frac{22}{3}$; t_2: $y = -\frac{5}{6}x - \frac{4}{3}$; $\delta = 79°37'$

848. $P_2(0; -3)$; $A = 75$

849. a) $y = x \pm 5\sqrt{2}$, b) $y = -\sqrt{3}x \pm 10$

850. t_1: $y = -\frac{3}{2}x + 26$; t_2: $y = -\frac{3}{2}x - 26$

851. t_1: $y = \frac{3}{4}x + \frac{17}{8}$; t_2: $y = \frac{3}{4}x - \frac{33}{8}$

852. $P_1(8; -6)$; $P_2(6; 8)$; $\delta = 90°$; $A = 50$

853. a) t_1: $y = -\frac{3}{4}x + \frac{7}{4}$; t_2: $y = -5$;

b) t_1: $4x + 3y = 73$; t_2: $-3x + 4y = 64$

854. $x^2 + (y - r)^2 = r^2$

855. a) $P_1(3; -3)$; $P_2(2; 4)$; $\sigma = 63°26'$,

b) $P_1(1; 5)$; $P_2(-3; -3)$; $\sigma = 82°52'$,

c) $S_0(-4; -4)$; $\sigma = 0°$, d. h., beide Kreise berühren sich.

856. $(x+1)^2 + (y-1)^2 = 1$

857. $(x-5)^2 + (y-17)^2 = 281$

858. $(x-8)^2 + (y+6)^2 = 26$

859. $(x+5)^2 + (y-16)^2 = 100$; $(x-10{,}98)^2 + (y+8{,}97)^2 = 100$

861. Parabel nach a), b) rechts, c) links, d) oben, e) unten geöffnet.

862. $P_1 \in k_1$, $P_2 \in k_1$, $P_2 \in k_3$, $P_3 \in k_1$, $P_3 \in k_2$, $P_6 \in k_2$

863. a) $F\left(\frac{5}{2}; 0\right)$, b) $F(0; -4)$, c) $F(-0{,}2; 0)$,
d) $F(0; 0{,}5)$, e) $F\left(-\frac{5}{4}; 0\right)$, f) $F(0; 1)$

864. a) $y^2 = 4x$, b) $y^2 = -10x$, c) $y^2 = 0{,}733x$

865. a) $x^2 = 4y$, b) $x^2 = -6y$, c) $x^2 = 1{,}54y$

866. 2 Lösungen: $y^2 = -\frac{25}{24}x$; $x^2 = \frac{9}{5}y$

867. $d = 10$ 868. $p = \frac{a}{12}\sqrt{3}$ 869. $\overline{AS} = 18$

870. Für das in Bild 356 eingezeichnete Koordinatensystem gilt die Parabelgleichung $y^2 = 2px$. P_1 ist ein Parabelpunkt:

$$y_1^2 = 2px_1 \quad \text{oder} \quad 2p = \frac{y_1^2}{x_1}.$$

Für die Parabelgleichung gilt daher

$$y^2 = \frac{y_1^2}{x_1}x. \qquad \text{(I)}$$

Aus ähnlichen Dreiecken folgen die Proportionen:

$$\frac{y_1}{u} = \frac{y_2}{x_2} \qquad \frac{y_1}{x_1} = \frac{y_2}{u}.$$

Die Gleichungen miteinander multipliziert und umgeformt ergeben

$$y_2^2 = \frac{y_1^2}{x_1}x_2,$$

d. h., die Koordinaten von P_2 erfüllen die Gleichung (I).

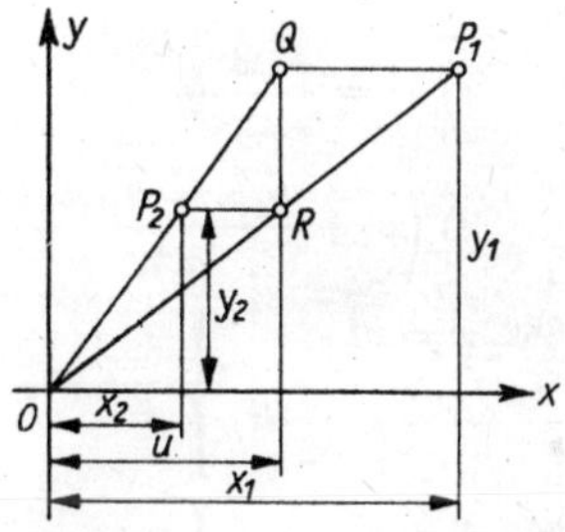

Bild 356

871. a) $(y+5)^2 = 8(x+2)$, b) $(x-3)^2 = -y$,
c) $(y-10)^2 = -3(x+1)$, d) $(x-6)^2 = 14(y+6)$

872. a) $S(-1; 3)$; $F(2; 3)$, b) $S(-4; -6)$; $F\left(-4; -\frac{29}{4}\right)$,
c) $S(0; -10)$; $F(-1; -10)$, d) $S\left(\frac{7}{2}; -\frac{1}{4}\right)$; $F\left(\frac{7}{2}; 0\right)$

873. $x_S = -\frac{b_1}{2b_2}$; $y_S = \frac{4b_0b_2 - b_1^2}{4b_2}$

874. a) $S(-2; 3)$; $F(1; 3)$, b) $S\left(\frac{4}{3}; 4\right)$; $F\left(\frac{4}{3}; \frac{23}{6}\right)$,

c) $S(-2; 0)$; $F(-2{,}6; 0)$

875. a) $y'^2 = 2px' + p^2$, b) $y'^2 = 2px' - p^2$

876. a) $x^2 = -9(a+h)(y-h)$ bzw. $x^2 = -\frac{l^2}{4(a+h)}(y-h)$, b) $\overline{CD} = \frac{l}{2}\sqrt{2}$,

c) $\overline{CD} = 29{,}4$ m; $h_1 = h_4 = 3{,}22$ m; $h_2 = h_3 = 5{,}30$ m

877. Parabel mit $p = r$, zum Durchmesser hin geöffnet

878. Parabel: $(x-6)^2 = 12(y-4)$

879. Wählt man die Gerade g als x-Achse, die Senkrechte dazu durch A als y-Achse, dann ergeben sich die Kurvengleichungen

$$\sqrt{x^2 + (y - y_A)^2} \pm y = c \quad \text{für} \quad \begin{cases} y > 0 \\ y < 0 \end{cases}$$

$$\text{bzw. } x^2 = \mp 2(c \mp y_A) \cdot \left(y \mp \frac{c \pm y_A}{2}\right).$$

Das obere Vorzeichen ergibt einen nach unten geöffneten, das untere Vorzeichen einen nach oben geöffneten Parabelbogen.

880. Parabel: $y^2 = 12(x+3)$. Wegen der Voraussetzung $y_Q \neq 0$ gehört $S(-3; 0)$ nicht zur Kurve. Jedoch gilt für $y_Q \to 0$ $P \to S$.

881. a) $(x-1)^2 = -16(y+4)$, b) $\left(y - \frac{5}{2}\right)^2 = \frac{4}{9}\left(x + \frac{5}{2}\right)$,

c) $x^2 = -\frac{3}{2}(y-5)$, d) $(y+13)^2 = x - 11$,

e) $\left(x^2 + \frac{a_1 b_1 - 2a_0 b_2}{2b_2}\right)^2 = \frac{a_1^2}{b_2}\left(y - b_0 + \frac{b_1^2}{4b_2}\right)$

882. $$\left.\begin{aligned} x &= vt \\ y &= -\frac{g}{2}t^2 \end{aligned}\right\} \text{ oder } y = -\left(\frac{g}{2v^2}\right)x^2$$

883. $$\left.\begin{aligned} y &= t \\ x &= \frac{t(a-t)}{a} \end{aligned}\right\} \text{ und } \left(y - \frac{a}{2}\right)^2 = -a\left(x - \frac{a}{4}\right)$$

884. Nach Bild 184 gilt: $\overline{PL} = p + \overline{PF}\cos\varphi$ (φ ist der positive Winkel von der positiven Richtung der x-Achse bis zur Geraden FP), woraus mit $\overline{PL} = \overline{PF} = r$ und Auflösen nach r die Gleichung (175) folgt.

886. $r = \frac{2p\cot\varphi}{\sin\varphi}$

887. a) $x^2 = 6y$, b) $x^2 = -8(y-2)$

888. a) Schneiden, b) Meiden, c) Berühren, d) Schneiden, e) Meiden

889. a) $P_1(10; 4)$; $P_2(6{,}4; 3{,}2)$, b) $P_0(14{,}4; 4{,}8)$; g ist Tangente,

c) g schneidet die Parabel nicht, d) $P_1(0; 0)$; $P_2(10; 4)$,

e) $P_1(2; 1{,}79)$; $P_2(2; -1{,}79)$, f) $P_1(0{,}9; -1{,}2)$

890. $s = \frac{9}{4}\sqrt{17} = 9{,}28$ **891.** $M\left(\frac{17}{8}; -\frac{3}{2}\right)$

892. Sind P_1, P_2 die Endpunkte der gesuchten Sehne, dann gilt

$$x_M = \frac{x_1 + x_2}{2} = \frac{-mb + p}{m^2}; \qquad y_M = \frac{y_1 + y_2}{2} = \frac{p}{m}.$$

Aus der 2. Gleichung folgt $m = -2$ und aus der 1. Gleichung $b = 7$. Die Sehne liegt auf der Geraden mit der Gleichung $y = -2x + 7$.

893. a) $y = x + 8$, b) $y = -3x + 4{,}8$, c) $y = -5x - 1$,

d) $y = -\frac{5}{3}x - 5$, e) $y = -1{,}55x + 3{,}35$

$y = 1{,}55x + 12{,}65$

894. $y = x - \frac{13}{2}$

895. a) $P_0(3; 4)$, b) $86°49'$, c) $A = 81$

896. Gerade: $y = mx - \frac{mp}{2}$

Ordinaten der Schnittpunkte: $y_{1;2} = \frac{p\left(1 \pm \sqrt{1 + m^2}\right)}{m}$

Neigungen der in den Schnittpunkten angelegten Tangenten:

$$\tan\alpha_1 = \frac{p}{y_1} = \frac{m}{1 + \sqrt{1 + m^2}}$$

$$\tan\alpha_2 = \frac{p}{y_2} = \frac{m}{1 - \sqrt{1 + m^2}} = -\frac{1 + \sqrt{1 + m^2}}{m} = -\frac{1}{\tan\alpha_1}$$

897. a) $P_0(12; 16)$; $y = \frac{8}{3}x - 16$, b) $P_0(9; 6)$; $y = \frac{1}{3}x + 3$.

c) 1. Lösung: $P_0\left(\frac{1}{9}; -\frac{2}{3}\right)$; $y = -3x - \frac{1}{3}$

2. Lösung: $P_0(9; 6)$; $y = \frac{1}{3}x + 3$,

d) $P_0(12; -9)$; $y = -\frac{3}{4}x$, e) $P_0(-2; 3)$; $y = \frac{5}{4}x + \frac{11}{2}$

898. a) t: $y = \frac{5}{4}x - \frac{125}{16}$; n: $y = -\frac{4}{5}x + \frac{277}{80}$, b) $P_5\left(-2; \frac{15}{4}\right)$

899. t: $y = \frac{3}{2}x + 4$; $P_0\left(\frac{8}{3}; 8\right)$

900. a) $p = 0{,}624$, b) Nicht lösbare Aufgabe

901. $P_1\left(\frac{p}{2}; p\right)$; $P_2\left(\frac{p}{2}; -p\right)$ **902.** $P_1\left(\frac{3}{2}p; p\sqrt{3}\right)$; $P_2\left(\frac{3}{2}p; -p\sqrt{3}\right)$

903. $\alpha_1 = 51°20'$ bzw. $\alpha_2 = 128°40'$

904. $A = 27\sqrt{3}$

905. $y = \frac{3}{4}x + 4$

$y = -\frac{3}{4}x - 4$

906. $y^2 = \frac{p}{4}\left(x - \frac{p}{2}\right)$

907. $y^2 = 2p\left(x - \frac{p}{2}\right)$

908. Aus den Tangentenbedingungen für Kreis und Parabel:

$r^2(1 + m^2) - b^2 = 0$; $p - 2mb = 0$ ergeben sich m und b.

t_1: $y = \frac{3}{4}x + \frac{25}{2}$; t_2: $y = -\frac{3}{4}x - \frac{25}{2}$

Berührungspunkte auf t_1: $P_1\left(\frac{50}{3}; 25\right)$; $P_2(-6; 8)$

Berührungspunkte auf t_2: $P_3\left(\frac{50}{3}; -25\right)$; $P_4(-6; -8)$

909. a) $y = \frac{1}{2}x + 5$; $y = -x - \frac{5}{2}$,

b) $y = x - 6$; $y = -\frac{1}{2}x - \frac{3}{2}$,

c) $y = 0{,}679x - 4{,}79$;

$y = -0{,}479x + 6{,}79$,

d) $y = -x$; $y = 3x$

910. Man beachte den Satz auf Seite 400.

911. $p = 2\sqrt{3}$

912. a) $\alpha_1 = \alpha_2 = 106°19'$,

b) $\alpha_1 = 90°$; $\alpha_2 = 34°42'$,

c) $\alpha_1 = 0$; $\alpha_2 = 6°11'$;

$\alpha_3 = 52°52'$

913. Brennstrahl:

$$y = \frac{y_0}{x_0 - \frac{p}{2}}x - \frac{y_0 p}{2x_0 - p};$$

Leitstrahl: $y = y_0$;

Tangente: $y = \frac{px}{y_0} + \frac{px_0}{y_0}$;

$\tan(\sphericalangle FP_0Q) = \tan(\sphericalangle QP_0L) = \frac{p}{y_0}$

914. 3,63 cm

915. Bild 357

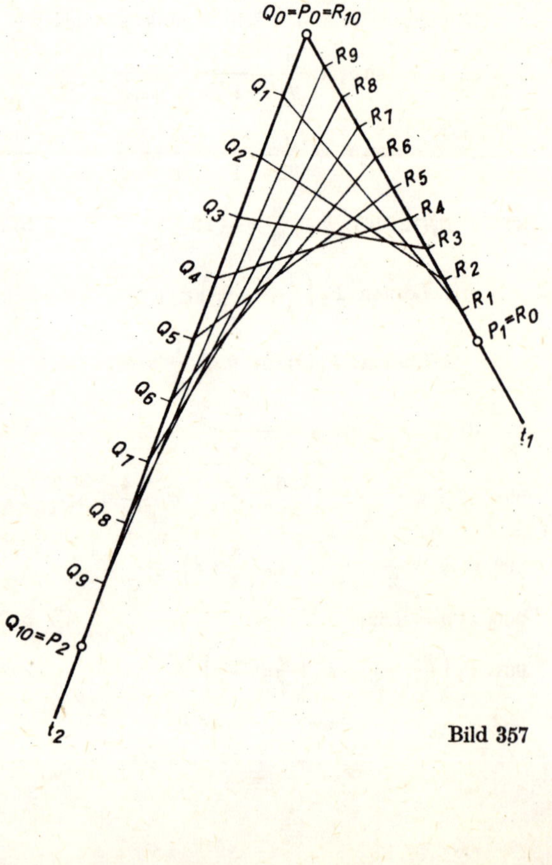

Bild 357

917. $y^2 = 2\dfrac{n_1}{n_1 + n_2}px$ 918. $\delta = 135°40'$; $A = \dfrac{297}{4}$

919. a) $\dfrac{x^2}{121} + \dfrac{y^2}{57} = 1,$ b) $\dfrac{x^2}{64} + \dfrac{y^2}{36} = 1,$ c) $\dfrac{x^2}{324} + \dfrac{y^2}{54} = 1,$

d) $\dfrac{x^2}{9} + \dfrac{y^2}{5{,}76} = 1,$ e) $\dfrac{x^2}{256} + \dfrac{y^2}{112} = 1,$ f) $\dfrac{x^2}{36} + \dfrac{y^2}{18} = 1$

920. a) $a = 10$; $b = 6$; $F_1(-8; 0)$; $F_2(8; 0)$; $\varepsilon = 0{,}8$; $p = 3{,}6,$

b) $a = 2{,}9$; $b = 2{,}1$; $F_1(0; 2)$; $F_2(0; -2)$; $\varepsilon = 0{,}69$; $p = 1{,}52,$

c) $a = \sqrt{43}$; $b = 3\sqrt{3}$; $F_1(-4; 0)$; $F_2(4; 0)$; $\varepsilon = 0{,}61$; $p = 4{,}12$

921. Gegeben a, b: $e = \sqrt{a^2 - b^2}$; $\varepsilon = \dfrac{\sqrt{a^2 - b^2}}{a}$; $p = \dfrac{b^2}{a}$

„ a, e: $b = \sqrt{a^2 - e^2}$; $\varepsilon = \dfrac{e}{a}$; $p = \dfrac{a^2 - e^2}{a}$

„ a, ε: $b = a\sqrt{1 - \varepsilon^2}$; $e = a\varepsilon$; $p = a(1 - \varepsilon^2)$

„ a, p: $b = \sqrt{ap}$; $e = \sqrt{a^2 - ap}$; $\varepsilon = \dfrac{\sqrt{a^2 - ap}}{a}$

„ b, e: $a = \sqrt{b^2 + e^2}$; $\varepsilon = \dfrac{e}{\sqrt{b^2 + e^2}}$; $p = \dfrac{b^2}{\sqrt{b^2 + e^2}}$

„ b, ε: $a = \dfrac{b}{\sqrt{1 - \varepsilon^2}}$; $e = \dfrac{\varepsilon b}{\sqrt{1 - \varepsilon^2}}$; $p = b\sqrt{1 - \varepsilon^2}$

„ b, p: $a = \dfrac{b^2}{p}$; $e = \dfrac{b}{p}\sqrt{b^2 - p^2}$; $\varepsilon = \dfrac{1}{b}\sqrt{b^2 - p^2}$

„ e, ε: $a = \dfrac{e}{\varepsilon}$; $b = \dfrac{e}{\varepsilon}\sqrt{1 - \varepsilon^2}$; $p = \dfrac{e}{\varepsilon}(1 - \varepsilon^2)$

„ e, p: $a = \dfrac{p}{2} + \sqrt{\left(\dfrac{p}{2}\right)^2 + e^2}$; $b = \sqrt{\dfrac{p^2 + p\sqrt{p^2 + 4e^2}}{2}}$;

$$\varepsilon = \frac{e}{\dfrac{p}{2} + \sqrt{\left(\dfrac{p}{2}\right)^2 + e^2}}$$

„ ε, p: $a = \dfrac{p}{1 - \varepsilon^2}$; $b = \dfrac{p}{\sqrt{1 - \varepsilon^2}}$; $e = \dfrac{p\varepsilon}{1 - \varepsilon^2}$

922. $\dfrac{x^2}{25} + \dfrac{y^2}{9} = 1$ 923. $a = 15$; $b = 9$

924. a) $a = 10$; $b = 6,$ b) $a = \dfrac{10\sqrt{10}}{3}$; $b = 5\sqrt{10}$

925. $\varepsilon = \dfrac{\sqrt{11}}{6} \approx 0{,}553$; P_1: $r_1 = 4{,}01$; $r_2 = 7{,}99$;

P_2: $r_1 = 8{,}65$; $r_2 = 3{,}35$

926. $A = \dfrac{4a^2b^2}{a^2+b^2}$

927. 1. Lösung: $A \approx 93{,}66$; 2. Lösung: $A \approx 71{,}85$

928. Es ist $r_1 + r_2 = 2a$

und $r_1^2 - r_2^2 = [y^2 + (e+x)^2] - [y^2 + (e-x)^2] = 4ex,$

also $r_1 - r_2 = \dfrac{2ex}{a} = 2\varepsilon x.$

929. $x^2 = -\dfrac{25}{12}(y-12)$

930. a) Der THALES-Kreis um O mit $r = e$ schneidet die Ellipse in den gesuchten Punkten.

b) $x = \pm\dfrac{a}{e}\sqrt{e^2-b^2}, \quad y = \pm\dfrac{b^2}{e}$, nur lösbar für $e \geqq b$

931. $x = \pm\dfrac{8}{5}\sqrt{5}; \quad y = \pm\dfrac{2}{5}\sqrt{5}$

932. $\varepsilon = \dfrac{1}{59} \approx 0{,}017$

933. $d_2 = 70$ Mill. km

934. $a = m; \quad b = n$

935. a) $M(-6; 2); \quad a = 5\sqrt{2}; \quad b = 2\sqrt{5}; \quad F_1(-11{,}48; 2); \quad F_2(-0{,}52; 2),$

b) $M(4; 0); \quad a = 4; \quad b = 2\sqrt{3}; \quad F_1(2; 0), \quad F_2(6; 0),$

c) $M(-5; -10); \quad a = 10; \quad b = 5; \quad F_1(-5; -1{,}34); \quad F_2(-5; -18{,}66),$

d) $M(0; 3) \quad a = 12; \quad b = 3; \quad F_1(-11{,}62; 3); \quad F_2(11{,}62; 3)$

936. $\dfrac{(x-24)^2}{26^2} + \dfrac{(y+13)^2}{13^2} = 1$

937. Aus den Gleichungen der Geraden AR und BT und der Bedingung $x_Q^2 + y_Q^2 = r^2$ sind x_Q, y_Q zu eliminieren. Man erhält

$$\frac{x^2}{r^2} + \frac{y^2}{\left(\frac{r}{2}\right)^2} = 1.$$

938. $x = (m+n)\cos\omega t$

$y = (m-n)\sin\omega t$; Ellipse mit $a = m+n, \quad b = m-n$

939. $b^2x^2 + a^2y^2 = a^2b^2$

940. $r^2 = \dfrac{b^2}{1 - \varepsilon^2\cos^2\varphi}$

941. 6365 km

942. a) $P_1(4; 1); \quad P_2(2; 2),$ b) kein Schnittpunkt,

c) $P_0\left(4\sqrt{3}; 2\sqrt{2}\right)$; g ist Tangente,

d) $P_1\left(\dfrac{3}{5}\sqrt{10}; \ \dfrac{6}{5}\sqrt{10}\right); \quad P_2\left(-\dfrac{3}{5}\sqrt{10}; \ -\dfrac{6}{5}\sqrt{10}\right)$

943. $s \approx 33{,}39$

944. $s = \dfrac{2a^3}{2a^2 - b^2}; \quad |d| = \dfrac{2be}{a}$

945. a) $y = -\dfrac{\sqrt{15}}{5}x + 9$, b) $y = \dfrac{3}{10}x - \dfrac{5}{2}$

946. a) $\frac{(x - x_M)(x_0 - x_M)}{a^2} + \frac{(y - y_M)(y_0 - y_M)}{b^2} = 1,$

b) $y = -\frac{3}{5}x + \frac{32}{5}$

947. $y = -\frac{4}{\sqrt{3}}x + 2$

948. $|d| = \frac{240}{41} \approx 5{,}85$

949. $y = \mp\frac{9}{20}x \pm \frac{15}{4}; \quad x = -5$

950. $A = \frac{2a^3}{e}$

951. $\alpha = 31°26'$

952. a) $\alpha = \arctan\frac{a^4 - b^4}{2a^2b^2},$ b) $\alpha = 56°18',$

c) $\alpha = 45°,$ d) $\alpha = 12°11'$

953. a) $y = -\frac{3}{4}x \pm \frac{13}{2},$ b) $y = \frac{4}{3}x \pm \sqrt{\frac{949}{9}}$

954. $y = \frac{2}{3}x \pm \frac{25}{3}; \quad y = -\frac{3}{2}x \pm 5\sqrt{10}$

955. a) $y = \frac{1}{3}x + \frac{13}{3}; \quad x = 5,$

b) $y = \frac{1}{6}x + \frac{13}{3}; \quad y = -\frac{3}{2}x + 1$

956. $a = \sqrt{54}; \quad b = \sqrt{30}$

957. $R(19{,}2; 0)$

958. Die HESSEsche Normalform der Tangentengleichung (182) lautet

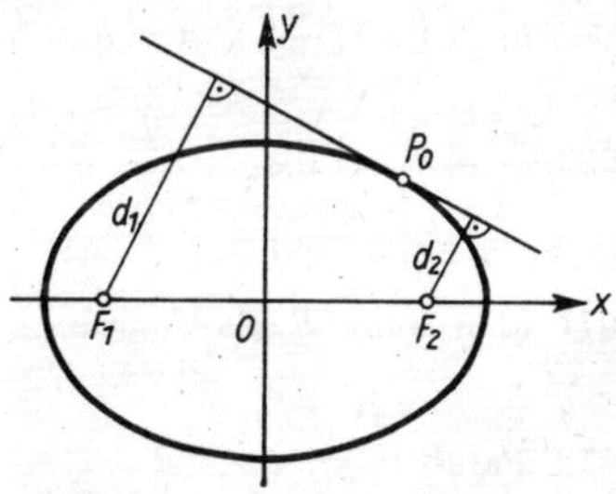

Bild 358

$$\frac{b^2 x_0 x + a^2 y_0 y - a^2b^2}{\sqrt{b^4x_0^2 + a^4y_0^2}} = 0.$$

Für die Abstände d_1 bzw. d_2 der Brennpunkte $F_1(-e; 0)$, $F_2(e; 0)$ folgt (Bild 358)

$$d_1 = \frac{-b^2x_0e - a^2b^2}{\sqrt{b^4x_0^2 + a^4y_0^2}} \qquad d_2 = \frac{b^2x_0e - a^2b^2}{\sqrt{b^4x_0^2 + a^4y_0^2}}$$

und für das Produkt

$$d_1 \cdot d_2 = -\frac{b^4x_0^2e^2 - a^4b^4}{b^4x_0^2 + a^4y_0^2}.$$

Mit den Formeln $a^2y_0^2 = a^2b^2 - b^2x_0^2$ und $e^2 = a^2 - b^2$ vereinfacht sich der Ausdruck zu

$$d_1 \cdot d_2 = b^2.$$

959. a) $\frac{16x^2}{225} - \frac{y^2}{4} = 1,$ b) $\frac{x^2}{4} - \frac{36y^2}{25} = 1,$ c) $\frac{x^2}{0{,}81} - \frac{y^2}{1{,}44} = 1$

960. $x = \pm 4\sqrt{\frac{26}{17}} = \pm 4{,}95; \quad y = \pm\frac{18}{\sqrt{17}} = \pm 4{,}36$

961. $\frac{x^2}{144} - \frac{y^2}{36} = 1$

962. a) $a = 6$; $b = 12$; $F_1(-6\sqrt{5}; 0)$; $F_2(6\sqrt{5}; 0)$; $y = \pm 2x$,

b) $a = 15$; $b = 8$; $F_1(0, 17)$; $F_2(0; -17)$; $y = \pm \frac{15}{8}x$,

c) $a = b = 14$; $F_1(-14\sqrt{2}; 0)$; $F_2(14\sqrt{2}; 0)$; $y = \pm x$

963. $2\alpha = 67°23'$

964. $a = \frac{14}{9}$; $b = \frac{5}{2}$

965. $a = 1$; $b = \sqrt{3}$

966. $\frac{x^2}{\frac{9}{16}} - \frac{y^2}{\frac{9}{4}} = 1$

967. $d_1 = 6$; $d_2 = -\frac{18}{13}$

968. a) $M(2; -4)$; $a = 4$; $b = 3$; $F_1(-3; -4)$; $F_2(7; -4)$,

b) $M(1; -3)$; $a = 3$; $b = \frac{5}{4}$; $F_1\left(1; \frac{1}{4}\right)$; $F_2\left(1; -\frac{25}{4}\right)$,

c) $M\left(-4; \frac{5}{2}\right)$; $a = b = 4$; $F_1(-9{,}66; 2{,}5)$; $F_2(1{,}66; 2{,}5)$

969. $\frac{x^2}{9} - \frac{y^2}{4} = 1$

970. Es sei $O = M$: $x^2 - y^2 = \frac{a^2}{2}$

971. Man wähle B als Ursprung: $\frac{\left(x - \frac{a}{3}\right)^2}{\frac{a^2}{9}} - \frac{y^2}{\frac{a^2}{3}} = 1$

972. Parabel: $y^2 = -4(x + 1)$

973. $r = \frac{p}{1 - \varepsilon \cos \varphi}$

974. a) $P_1(3{,}44; -1{,}12)$; $P_2(5{,}56; 3{,}12)$,

b) $P_1(3{,}56; 1{,}28)$; $P_2(-6{,}13; -3{,}57)$,

c) kein Schnittpunkt,

d) Tangente: $P_0\left(-5; \frac{8}{3}\right)$,

e) $P_1(-4{,}35; -2{,}1)$

975. a) t: $y = \frac{25}{8}x - \frac{20}{9}$; n: $y = -\frac{8}{25}x + \frac{289}{180}$;

b) t: $y = \frac{5}{8}x - 8$; n: $y = -\frac{8}{5}x + \frac{138}{5}$

976. a) $x = \pm 1$; $y = \pm 4$; $\delta = 42°31'$

b) $x = \pm 10$; $y = \frac{16}{3}$; $\delta = 0°$ (Berührung),

c) $x \approx 2{,}18$; $y \approx \pm 0{,}98$; $\delta = 80°51'$,

d) $x = \pm \frac{15}{\sqrt{41}}$; $y = \pm \frac{12}{\sqrt{41}}$; $\delta = 45°$

977. $y = -\frac{15}{8}x \pm \frac{9}{4}$

978. $y = \frac{13}{15}x - \frac{5}{3}$; $x = 5$

979. $a = \frac{5}{12}$; $b = \frac{5}{6}$

980. $x^2 - y^2 = 50$

981. $x^2 = 12y$; $A = 18\sqrt{2}$

982. Aus $p = 2e, p - 2mn = 0,\ a^2m^2 - b^2 - n^2 = 0$ berechnet man unter Beachtung von $b^2 = e^2 - a^2$ die Werte m und n.

$$t_{1;2}:\quad y = \pm \varepsilon x \pm a$$

Hyperbel: $P_{1;2}(-e; \pm p)$; Parabel: $P_{3;4}\left(\frac{a^2}{e}; \pm 2a\right)$

983. Die zu $P_1(6; 4)$ gehörende Berührungssehne $y = \frac{3}{8}x - \frac{25}{4}$ berührt die Ellipse in $P_2(6; -4)$.

984. $d_1 \cdot d_2 = \frac{a^2b^2}{e^2}$

986. **Beweis:** Man berechnet die Mittelpunkte P_m der Strecken P_1P_2 und P_3P_4 und erhält in beiden Fällen

$$x_m = \frac{a^2mn}{b^2 - a^2m^2},\quad y_m = \frac{b^2n}{b^2 - a^2m^2}.$$

Konstruktion: Man legt beliebige Geraden durch P_1 und trägt die jeweiligen Strecken P_1P_3 von P_4 bis P_2 ab. Die Gerade kann auch beide Hyperbeläste schneiden.

987. $0{,}117x^2 + 0{,}643xy + 0{,}883y^2 + 9{,}742x + 9{,}224y + 30 = 0$

988. a) Ellipse: $\frac{x'^2}{\frac{1}{4}} + \frac{\left(y' - \frac{1}{2}\sqrt{2}\right)^2}{\frac{1}{2}} = 1$; $\varphi = 45°$,

b) Ellipse: $\frac{x'^2}{\frac{14}{3}} + \frac{y'^2}{14} = 1$; $\varphi = 45°$,

c) Parabel: $y'^2 = 2\sqrt{2}\left(x' - \frac{1}{2}\sqrt{2}\right)$; $\varphi = 45°$,

d) Punkt: $P(x' = -1;\ y' = -3)$; $\varphi = 22°37'$,

e) Hyperbel: $-\frac{(x'-6)^2}{56} + \frac{(y'-4)^2}{14} = 1$; $\varphi = 36°52'$,

f) Imaginäre Ellipse: $\frac{\left(x' - \frac{4}{5}\sqrt{5}\right)^2}{\frac{3}{2}} + \frac{\left(y' - \frac{3}{5}\sqrt{5}\right)^2}{9} = -1$; $\varphi = 26°34'$,

g) Zwei einander schneidende Geraden:

$$y'' = \pm\sqrt{3}\,x'';\quad \varphi = 45°;\quad m = -\frac{2}{3}\sqrt{2};\quad n = \sqrt{2},$$

h) Parabel: $x'^2 = -12y'$; $\varphi = 53°08'$,

i) Hyperbel: $\dfrac{x'^2}{\frac{8}{3}} - \dfrac{y'^2}{8} = 1$; $\varphi = 45°$,

k) Zwei zusammenfallende Geraden: $x' = -\dfrac{1}{5}\sqrt{5}$; $\varphi = 26°34'$,

l) Imaginäres Geradenpaar: $y' = \pm \mathrm{j}\sqrt{3}\,x'$; $\varphi = 45°$,

m) Zwei parallele Geraden: $x' = 3$; $x' = -1$,

n) Ellipse: $\dfrac{(x' + 1{,}32)^2}{2{,}93^2} + \dfrac{(y' + 0{,}65)^2}{1{,}05^2} = 1$; $\varphi = 72°35'$,

o) Parabel: $(x' + 0{,}29)^2 = 2{,}26(y' - 1{,}29)$; $\varphi = 38°40'$

989. Gleichseitige Hyperbel: $\left(g' - f\sqrt{2}\right)^2 - b'^2 = 2f^2$; $\varphi = 45°$

990. Ellipse: $\dfrac{x'^2}{36} + \dfrac{y'^2}{4} = 1$; $\varphi = 15°$

991. a) $x^2 + y^2 - 2xy - 10x - 6y - 7 = 0$

Parabel: $\left(y' + \dfrac{1}{2}\sqrt{2}\right)^2 = 4\sqrt{2}\left(x' + \dfrac{1}{2}\sqrt{2}\right)$; $\varphi = 45°$,

b) $xy - x - 1 = 0$

Gleichseitige Hyperbel: $\left(x' - \dfrac{1}{2}\sqrt{2}\right)^2 - \left(y' - \dfrac{1}{2}\sqrt{2}\right)^2 = 1$; $\varphi = 45°$

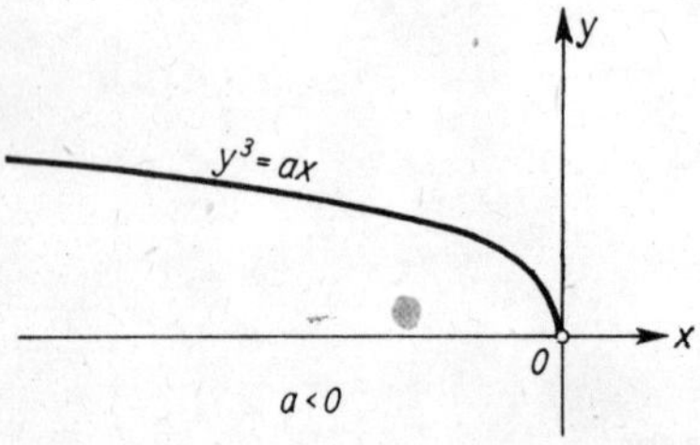

Bild 359

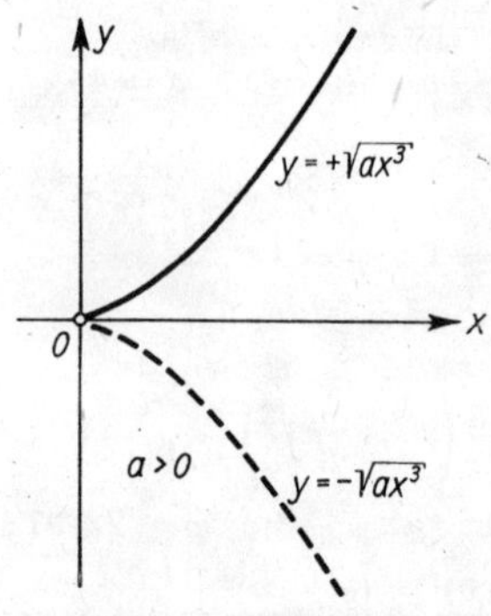

Bild 360

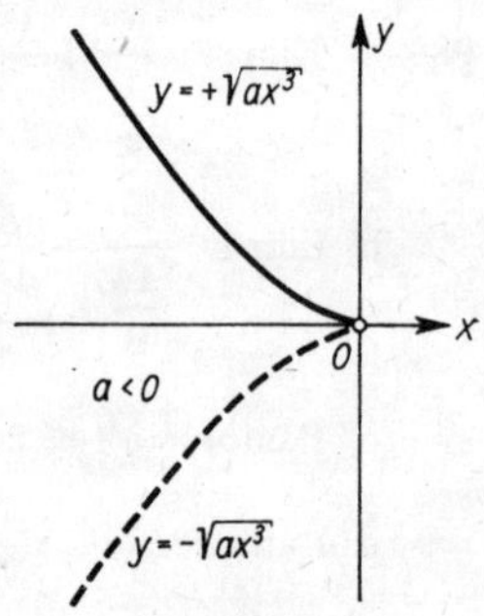

Bild 361

992. Vgl. Bild 359. Hier muß $x \in (-\infty; 0]$ sein.

993. a) Vgl. Bild 360. Hier muß $x \in [0; +\infty)$ sein,

b) Vgl. Bild 361. Hier muß $x \in (-\infty; 0]$ sein.

994. $P_1(0; 0)$; $P_2\left(\dfrac{a}{b}; \sqrt[3]{\dfrac{a^2}{b}}\right)$

995. $x = r \cdot \arccos \frac{r-y}{c} - \sqrt{c^2 - (r-y)^2}$

996. Vgl. Formel (200)

997. a) $x = R \cdot (1 + 2\cos t + \cos 2t)$; $y = R \cdot (2\sin t + \sin 2t)$,

b) $(x^2 + y^2 - 2Rx)^2 - 4R^2(x^2 + y^2) = 0$, c) $r = 2R \cdot (1 + \cos\varphi)$

998. In den Kreis $x^2 + y^2 = R^2$ wird ein beliebiger Radiusvektor eingezeichnet, der den Kreis in B schneiden möge. Der Fußpunkt des Lotes von B auf die x-Achse sei C. Die Strecke AC (vgl. Bild 362) hat die Länge: $\overline{AC} = R \cdot (1 + \cos\varphi)$. Diese Strecke, zweimal vom Nullpunkt aus auf dem Radiusvektor abgetragen, ergibt einen Kardioidenpunkt P.

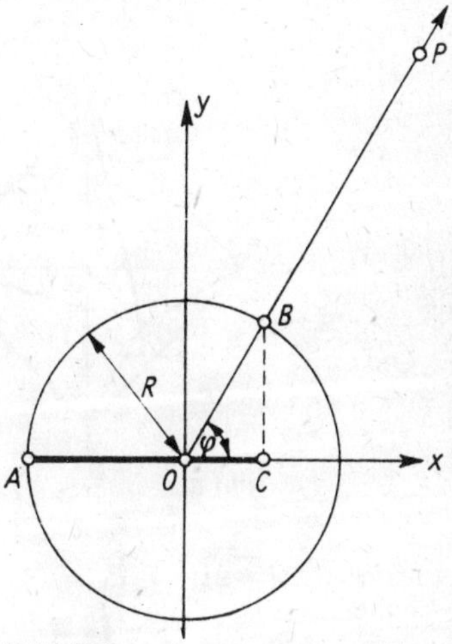

Bild 362

999. Vgl. Formel (201)

1000. Vgl. Formeln (202)′und (203)

1001. a) $A_1 = A_2$; $\omega_1 = \omega_2$ und $|\varphi_1 - \varphi_2| = \frac{\pi}{2}$,

b) $\omega_1 = \omega_2$

1002. Kraft in s_1: $F_{S1} = 25500$ N;

Kraft in s_2: $F_{S2} = 34800$ N

1003. $\sphericalangle(\mathfrak{F}_1; \mathfrak{F}_2) = 120°$

1004. $\mathfrak{s} = \mathfrak{a} + \frac{1}{2}\mathfrak{b} = -\left(\mathfrak{c} + \frac{1}{2}\mathfrak{b}\right)$

1005. $\mathfrak{r} = \frac{1}{3}(\mathfrak{P}_1 + \mathfrak{P}_2 + \mathfrak{P}_3)$

1006. (Bild 363) $|\mathfrak{q}| = \frac{|\mathfrak{c}|^2}{|\mathfrak{a}|}$ (Kathetensatz);

$\mathfrak{q} = |\mathfrak{q}| \cdot \mathfrak{q}^0 = |\mathfrak{q}| \frac{\mathfrak{a}}{|\mathfrak{a}|} = \frac{|\mathfrak{c}|^2}{|\mathfrak{a}|^2}\mathfrak{a}$

$\mathfrak{h} = \mathfrak{c} + \mathfrak{q} = \mathfrak{c} + \frac{|\mathfrak{c}|^2}{|\mathfrak{a}|^2}\mathfrak{a}$

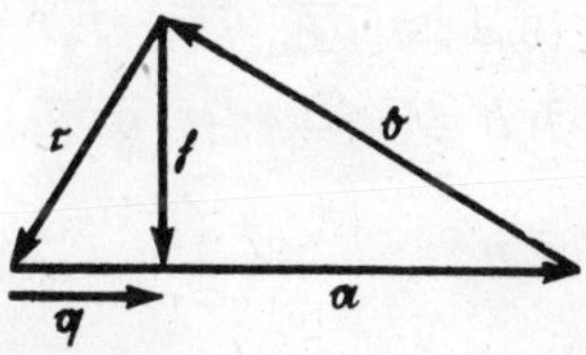

Bild 363

1007. Die Gleichheitszeichen gelten, wenn $\mathfrak{a} \uparrow\uparrow \mathfrak{b}$, wobei in (214) sein muß: $|\mathfrak{a}| > |\mathfrak{b}|$. In jedem Dreieck ist die Summe zweier Seiten stets größer, die Differenz zweier Seiten stets kleiner als die dritte Seite.

1008. $|\mathfrak{a}| = 1$; $\mathfrak{a}$ selbst ist bereits Einsvektor.

1009. $|\mathfrak{r}| = 9{,}90$; $\mathfrak{r}^\circ = -0{,}303\mathfrak{i} + 0{,}808\mathfrak{j} + 0{,}505\mathfrak{k}$;

$\alpha = 107°38'$; $\beta = 36°05'$; $\gamma = 59°40'$

1010. $\mathfrak{r} = -2\sqrt{2}\mathfrak{i} + 2\mathfrak{j} - 2\mathfrak{k}$; $|\mathfrak{r}| = 4$

1011. $\alpha = 101°32'$; $\beta = 55°33'$; $\gamma = 36°52'$

1012. Bild 364

$\overrightarrow{P_1P_2} = -\sqrt{2}\,\mathfrak{i} + \sqrt{2}\,\mathfrak{j}$; $\overrightarrow{P_2P_3} = -\sqrt{2}\,\mathfrak{i} - \sqrt{2}\,\mathfrak{j}$; $\overrightarrow{P_3P_4} = \sqrt{2}\,\mathfrak{i} - \sqrt{2}\,\mathfrak{j}$;

$\overrightarrow{P_4P_1} = \sqrt{2}\,\mathfrak{i} + \sqrt{2}\,\mathfrak{j}$; $\overrightarrow{P_1P_5} = -\sqrt{2}\,\mathfrak{i} + \sqrt{2}\,\mathfrak{k}$; $\overrightarrow{P_2P_5} = -\sqrt{2}\,\mathfrak{j} + \sqrt{2}\,\mathfrak{k}$;

$\overrightarrow{P_3P_5} = \sqrt{2}\,\mathfrak{i} + \sqrt{2}\,\mathfrak{k}$; $\overrightarrow{P_4P_5} = \sqrt{2}\,\mathfrak{j} + \sqrt{2}\,\mathfrak{k}$; $\overrightarrow{P_1P_6} = -\sqrt{2}\,\mathfrak{i} - \sqrt{2}\,\mathfrak{k}$;

$\overrightarrow{P_2P_6} = -\sqrt{2}\,\mathfrak{j} - \sqrt{2}\,\mathfrak{k}$; $\overrightarrow{P_3P_6} = \sqrt{2}\,\mathfrak{i} - \sqrt{2}\,\mathfrak{k}$; $\overrightarrow{P_4P_6} = \sqrt{2}\,\mathfrak{j} - \sqrt{2}\,\mathfrak{k}$

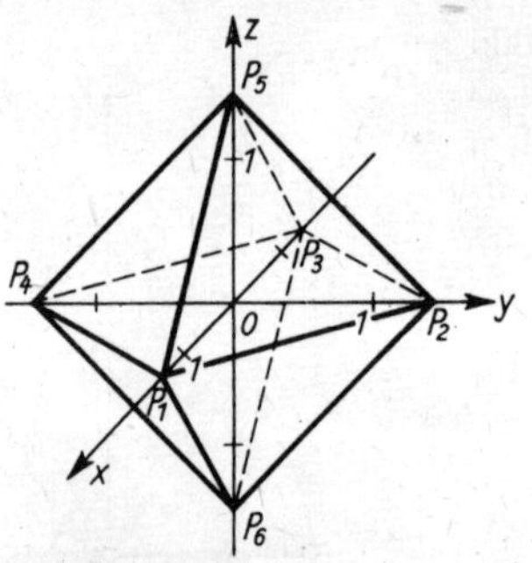

Bild 364

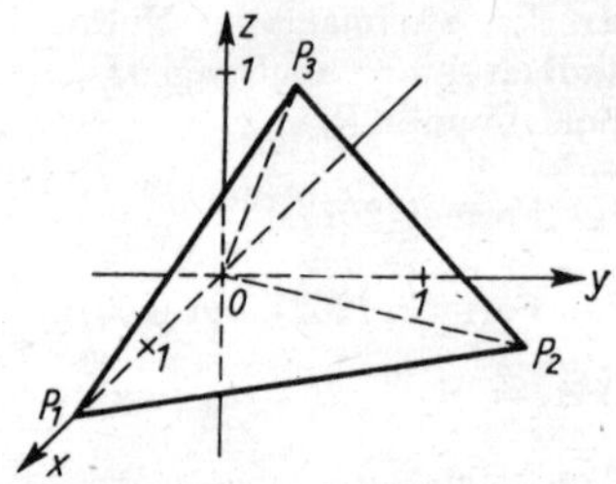

Bild 365

1013. $\overrightarrow{P_1P_2} = -2\mathfrak{i}$; $\overrightarrow{P_2P_3} = -2\mathfrak{j}$; $\overrightarrow{P_3P_4} = 2\mathfrak{i}$; $\overrightarrow{P_4P_1} = 2\mathfrak{j}$;

$\overrightarrow{P_1P_5} = -\mathfrak{i} - \mathfrak{j} + \sqrt{2}\,\mathfrak{k}$; $\overrightarrow{P_2P_5} = \mathfrak{i} - \mathfrak{j} + \sqrt{2}\,\mathfrak{k}$; $\overrightarrow{P_3P_5} = \mathfrak{i} + \mathfrak{j} + \sqrt{2}\,\mathfrak{k}$;

$\overrightarrow{P_4P_5} = -\mathfrak{i} + \mathfrak{j} + \sqrt{2}\,\mathfrak{k}$; $\overrightarrow{P_1P_6} = -\mathfrak{i} - \mathfrak{j} - \sqrt{2}\,\mathfrak{k}$; $\overrightarrow{P_2P_6} = \mathfrak{i} - \mathfrak{j} - \sqrt{2}\,\mathfrak{k}$;

$\overrightarrow{P_3P_6} = \mathfrak{i} + \mathfrak{j} - \sqrt{2}\,\mathfrak{k}$; $\overrightarrow{P_4P_6} = -\mathfrak{i} + \mathfrak{j} - \sqrt{2}\,\mathfrak{k}$

1014. (Bild 365) $\overrightarrow{OP_1} = 2\mathfrak{i}$; $\overrightarrow{P_1P_2} = -\mathfrak{i} + \sqrt{3}\,\mathfrak{j}$;

$\overrightarrow{P_2O} = -\mathfrak{i} - \sqrt{3}\,\mathfrak{j}$; $\overrightarrow{OP_3} = \mathfrak{i} + \frac{1}{3}\sqrt{3}\,\mathfrak{j} + \frac{2}{3}\sqrt{6}\,\mathfrak{k}$;

$\overrightarrow{P_1P_3} = -\mathfrak{i} + \frac{1}{3}\sqrt{3}\,\mathfrak{j} + \frac{2}{3}\sqrt{6}\,\mathfrak{k}$;

$\overrightarrow{P_2P_3} = -\frac{2}{3}\sqrt{3}\,\mathfrak{j} + \frac{2}{3}\sqrt{6}\,\mathfrak{k}$

1015. a) $D = 25$. Die Vektoren sind linear unabhängig.

b) $D = 0$. Die Vektoren sind linear abhängig.

1016. $\mathfrak{t} = -1{,}5\,\mathfrak{r} - 0{,}9\,\mathfrak{s}$

1017. a) $\mathfrak{s} = \frac{1}{52}(23\mathfrak{a} + 61\mathfrak{b} - \mathfrak{c})$,

b) Die Zerlegung ist nicht möglich, da $\mathfrak{a}$, $\mathfrak{b}$ und $\mathfrak{c}$ linear abhängig sind.

1018. $\mathfrak{r} = \mathfrak{a} - \frac{7}{2}\mathfrak{b} + 4\mathfrak{c}$; $|\mathfrak{r}_\mathfrak{a}| = \sqrt{2}$; $|\mathfrak{r}_\mathfrak{b}| = \frac{7}{2}$; $|\mathfrak{r}_\mathfrak{c}| = 4\sqrt{2}$

1019. $\mathfrak{w} = \mu(2\mathfrak{i} + \mathfrak{j} - 4\mathfrak{k})$

1020. $\mathfrak{r} = -2\mathfrak{i} + 3\mathfrak{j} + 5\mathfrak{k} + \lambda(3\mathfrak{i} - \mathfrak{j} + 2\mathfrak{k})$;

$\lambda = 0$: $(-2; 3; 5)$; $\lambda = 1$: $(1; 2; 7)$; $\lambda = -1$: $(-5; 4; 3)$;

$\lambda = 3$: $(7; 0; 11)$; $\lambda = -3$: $(-11; 6; -1)$

1021. $\cos\gamma = \frac{1}{3}\sqrt{3}$; $\mathfrak{r} = \mathfrak{i} - 3\mathfrak{j} + 2\mathfrak{k} + \lambda(\mathfrak{i} + \mathfrak{j} + \mathfrak{k})$;

Durchstoßpunkte: $(-1; -5; 0)$; $(4; 0; 5)$; $(0; -4; 1)$

1022. $\overrightarrow{P_1P_2} = -\mathfrak{i} + 3\mathfrak{j} + 7\mathfrak{k} + \lambda(-4\mathfrak{i} + \mathfrak{j} - 4\mathfrak{k})$;

$\overrightarrow{P_2P_3} = -5\mathfrak{i} + 4\mathfrak{j} + 3\mathfrak{k} + \mu(11\mathfrak{i} - 9\mathfrak{j} - 7\mathfrak{k})$;

$\overrightarrow{P_3P_1} = 6\mathfrak{i} - 5\mathfrak{j} - 4\mathfrak{k} + \nu(-7\mathfrak{i} + 8\mathfrak{j} + 11\mathfrak{k})$

1023. a) Gerade durch P_1 parallel zum Vektor $\mathfrak{a}$,

b) Parallele zum Vektor $\mathfrak{r}_1$,

c) Ebene durch den Ursprung und P_1, zu der der Vektor $\mathfrak{a}$ parallel verläuft

1024. Wenn der von den beiden Vektoren eingeschlossene Winkel ein stumpfer ist.

1025. a) $6\sqrt{3}$, b) 6, c) 0, d) $-6\sqrt{3}$

1026. Aus $\cos(\mathfrak{a}, \mathfrak{b}) = \frac{\mathfrak{a}\mathfrak{b}}{ab} = \frac{\mathfrak{a}}{a}\,\frac{\mathfrak{b}}{b} = \mathfrak{a}^0 \cdot \mathfrak{b}^0$

1027. $\mathfrak{b}$ und $\mathfrak{c}$ haben die gleiche Komponente längs $\mathfrak{a}$: $\mathfrak{b}_\mathfrak{a} = \mathfrak{c}_\mathfrak{a}$

1028. $\mathfrak{a}\mathfrak{b} = \mathfrak{a}_\mathfrak{b}\mathfrak{b} = |\mathfrak{a}_\mathfrak{b}| \cdot |\mathfrak{b}| \cdot \cos 0^0 = |\mathfrak{a}_\mathfrak{b}| \cdot b$; $|\mathfrak{a}_\mathfrak{b}| = \frac{\mathfrak{a}\mathfrak{b}}{b}$;

$\mathfrak{a}\mathfrak{b} = \mathfrak{a}\mathfrak{b}_\mathfrak{a} = |\mathfrak{a}| \cdot |\mathfrak{b}_\mathfrak{a}| \cdot \cos 0^0 = a \cdot |\mathfrak{b}_\mathfrak{a}|$; $|\mathfrak{b}_\mathfrak{a}| = \frac{\mathfrak{a}\mathfrak{b}}{a}$

1029. $(\mathfrak{a} + \mathfrak{b})(\mathfrak{a} - \mathfrak{b}) = \mathfrak{a}^2 + \mathfrak{b}\mathfrak{a} - \mathfrak{a}\mathfrak{b} - \mathfrak{b}^2 = a^2 + ba \cdot \cos(\mathfrak{b}; \mathfrak{a}) - ab \cdot \cos(\mathfrak{a}; \mathfrak{b}) - b^2 =$

$= a^2 + ab \cdot \cos(\mathfrak{a}; \mathfrak{b}) - ab \cdot \cos(\mathfrak{a}; \mathfrak{b}) - b^2 = a^2 - b^2$

1030. $|\mathfrak{r}| = \sqrt{(x\mathfrak{i} + y\mathfrak{j} + z\mathfrak{k})(x\mathfrak{i} + y\mathfrak{j} + z\mathfrak{k})} = \sqrt{x^2 + y^2 + z^2}$;

$|\mathfrak{r}_2 - \mathfrak{r}_1| = \sqrt{[(x_2 - x_1)\mathfrak{i} + (y_2 - y_1)\mathfrak{j} + (z_2 - z_1)\mathfrak{k}]^2} =$

$= \sqrt{(x_2 - x_1)^2 + (y_2 - y_1)^2 + (z_2 - z_1)^2}$

1031. a) $\mathfrak{r}_1\mathfrak{r}_2 = -4$, b) $\mathfrak{r}_1\mathfrak{r}_2 = 0$; $\mathfrak{r}_1 \perp \mathfrak{r}_2$, c) $\mathfrak{r}_1\mathfrak{r}_2 = -28$; $\mathfrak{r}_1 \parallel \mathfrak{r}_2\,(\mathfrak{r}_2 = -2\mathfrak{r}_1)$

1032. $\mathfrak{a}_\mathfrak{b} = \frac{\mathfrak{a} \cdot \mathfrak{b}}{\mathfrak{b}^2}\mathfrak{b} = 1{,}5\mathfrak{i} - 2{,}5\mathfrak{j} + \mathfrak{k}$

1033. $\sphericalangle(\mathfrak{r}_1, \mathfrak{r}_2) = 77°39'$

1034. $\lambda = \frac{\mathfrak{b}^2(\mathfrak{c}\mathfrak{a}) - (\mathfrak{a}\mathfrak{b})(\mathfrak{c}\mathfrak{b})}{\mathfrak{a}^2\mathfrak{b}^2 - (\mathfrak{a}\mathfrak{b})^2}$; $\mu = \frac{\mathfrak{a}^2(\mathfrak{c}\mathfrak{b}) - (\mathfrak{a}\mathfrak{b})(\mathfrak{c}\mathfrak{a})}{\mathfrak{a}^2\mathfrak{b}^2 - (\mathfrak{a}\mathfrak{b})^2}$

1035. $\sphericalangle\left(\overrightarrow{P_1P_2}, \overrightarrow{P_2P_3}\right) = 74°3'$; $\sphericalangle\left(\overrightarrow{P_2P_3}, \overrightarrow{P_3P_1}\right) = 21°10'$; $\sphericalangle\left(\overrightarrow{P_3P_1}, \overrightarrow{P_1P_2}\right) = 84°47'$

1036. $|\mathfrak{r}| = \frac{1}{57}\sqrt{71\,305} \approx 4{,}7$

1037. E: $2x + 3y + 4z - 6 = 0$; $d = \frac{15}{\sqrt{29}} \approx 2{,}8$

1038. $\varphi = 30°34'$; $P\left(\frac{2}{15}; \frac{14}{3}; -\frac{31}{15}\right)$

1039. $\varphi = 101°27'$

1040. $\mathfrak{r} = 2\mathfrak{i} + \mathfrak{j} - 2\mathfrak{k} + \lambda(3\mathfrak{i} - 2\mathfrak{j} - \mathfrak{k})$

1041. $\mathfrak{a} \times \mathfrak{a} = \mathfrak{o}$

1042. $A = \frac{1}{2}|\mathfrak{a}| \cdot |\mathfrak{b}| \cdot \sin\gamma$

1043. a^2b^2

1044. a) $\mathfrak{r}_1 \times \mathfrak{r}_2 = -\frac{3}{2}\mathfrak{i} - \frac{5}{2}\mathfrak{j} - \frac{17}{4}\mathfrak{k}$, b) $\mathfrak{r}_1 \times \mathfrak{r}_2 = \mathfrak{o}$

1045. a) $\mathfrak{r}_1 \times \mathfrak{r}_2 = -14\mathfrak{i} - 9\mathfrak{j} + \mathfrak{k}$, b) $\mathfrak{r}_1 \times \mathfrak{r}_2 = 28\mathfrak{i} + 14\mathfrak{j} - 14\mathfrak{k}$, c) $\mathfrak{r}_1 \times \mathfrak{r}_2 = \mathfrak{o}$

1046. $\mathfrak{n} = -17\mathfrak{i} - 2\mathfrak{j} - 12\mathfrak{k}$

1047. $\tan(\mathfrak{a}, \mathfrak{b}) = \frac{|a_xb_y - b_xa_y|}{a_xb_x + a_yb_y} = \frac{|m_\mathfrak{b} - m_\mathfrak{a}|}{1 + m_\mathfrak{a}m_\mathfrak{b}}$ mit $\frac{a_y}{a_x} = m_\mathfrak{a}$ und $\frac{b_y}{b_x} = m_\mathfrak{b}$

1048. $(\mathfrak{a}_1 \times \mathfrak{a}_2)(\mathfrak{r}_2 - \mathfrak{r}_1) = 0$ mit $\mathfrak{a}_1 \times \mathfrak{a}_2 \neq \mathfrak{o}$, d. h., $(\mathfrak{a}_1 \times \mathfrak{a}_2) \perp (\mathfrak{r}_2 - \mathfrak{r}_1)$

1049. Für $\mathfrak{a}_1 \parallel \mathfrak{a}_2$ wird $\mathfrak{a}_1 \times \mathfrak{a}_2 = \mathfrak{o}$, und es entsteht ein Ausdruck von der Form $\frac{0}{0}$.

1050. E_1: $5x - 9y - 2z + 19 = 0$; E_2: $x - 2y + z = 0$;
$\mathfrak{r} = -38\mathfrak{i} - 19\mathfrak{j} + \lambda(13\mathfrak{i} + 7\mathfrak{j} + \mathfrak{k})$; $\varphi = 35°10'$

1051. $\mathfrak{r} = \mathfrak{i} + 2\mathfrak{j} + 3\mathfrak{k} + \lambda(\mathfrak{i} + \mathfrak{j} - 2\mathfrak{k})$; $\bar{\mathfrak{r}} = 3\mathfrak{i} + 2\mathfrak{j} + \mathfrak{k} + \mu(\mathfrak{i} + \mathfrak{j} + \mathfrak{k})$;
$d = \sqrt{2} \approx 1{,}4$

1052. E_1: $3x + 2y - 6z - 6 = 0$; E_2: $6x - 6y + z + 6 = 0$;
Schnittpunkt: $z = -6$; $\mathfrak{r} = 0{,}8\mathfrak{i} + 1{,}8\mathfrak{j} + \lambda(34\mathfrak{i} + 39\mathfrak{j} + 30\mathfrak{k})$

1053. s. Lösung zu Aufg. 1050

1054. $V_\mathrm{T} = \frac{2}{3}\sqrt{2} \approx 0{,}94$

1055. E: $4x + 11y + 9z - 1 = 0$; $P_0\left(0; 0; \frac{1}{9}\right)$

1056. Wenn $[\mathfrak{A}\mathfrak{B}\mathfrak{C}] = 0$, dann sind die Normalenvektoren der drei Ebenen komplanar, d. h., alle drei Ebenen sind einander parallel, oder zwei Ebenen sind einander parallel, oder zwei Ebenen schneiden einander in einer Geraden, die parallel zur dritten Ebene verläuft, oder alle drei Ebenen schneiden einander in ein und derselben Geraden.

1057. $6\mathfrak{i} + 9\mathfrak{j} + 18\mathfrak{k}$

1058. a) $\mathfrak{b}_\mathfrak{a} = \frac{7}{9}\mathfrak{i} - \frac{49}{18}\mathfrak{j} + \frac{7}{18}\mathfrak{k}$; $\mathfrak{b}'_\mathfrak{a} = \frac{20}{9}\mathfrak{i} + \frac{13}{18}\mathfrak{j} + \frac{11}{18}\mathfrak{k}$,
b) $\mathfrak{b}_\mathfrak{a} = \mathfrak{o}$; $\mathfrak{b}'_\mathfrak{a} = \mathfrak{b}$ ($\mathfrak{b}$ steht senkrecht auf $\mathfrak{a}$)

1059. $\mathfrak{r} = -\frac{1}{3}\mathfrak{a} + \frac{1}{2}\mathfrak{b} - \frac{1}{18}\mathfrak{c}$

1060. Alle Produktbildungen außer c), e) und k) sind sinnvoll

1061. Konische Schraubenlinie

1062. a) Doppelkegel, b) Konische Wendelfläche

Verwendete Symbole

Symbol	Beispiel	Erklärung
Symbole der Logik		
		p und q sind Aussagen
$\overline{}$	$\overline{p}$	nicht p
$\wedge$	$p \wedge q$	p und q
$\vee$	$p \vee q$	p oder q
$\Rightarrow$	$p \Rightarrow q$	wenn p, so q
$\Leftrightarrow$	$p \Leftrightarrow q$	p genau dann, wenn q
Symbole der Mengenlehre		
$\in$	$a \in A$	a ist Element der Menge A
$\notin$	$a \notin A$	a ist nicht Element der Menge A
$\{.,.,\ldots\}$	$\{a_1, a_2, a_3, \ldots\}$	Menge der Elemente $a_1, a_2, a_3 \ldots$
$\subset$	$A \subset B$	Menge A ist in Menge B enthalten
$\emptyset$		leere Menge
$\cup$	$A \cup B$	Vereinigung der Mengen A und B
$\cap$	$A \cap B$	Durchschnitt der Mengen A und B
$\setminus$	$A \setminus B$	Differenz der Mengen A und B
$\times$	$A \times B$	Produkt der Mengen A und B
Symbole für Zahlenbereiche		
N		Bereich der natürlichen Zahlen
G		Bereich der ganzen Zahlen
K		Körper der rationalen Zahlen
R		Körper der reellen Zahlen
C		Körper der komplexen Zahlen

Literaturhinweise

[1] Analysis für Ingenieure. 16. Auflage. Verlag Harri Deutsch, Thun und Frankfurt/Main. 1984

[2] Ausgewählte Kapitel der Mathematik. 8. Auflage. Verlag Harri Deutsch, Thun und Frankfurt/Main 1975

[3] Klaus, G.: Einführung in die formale Logik. VEB Deutscher Verlag der Wissenschaften Berlin 1958

[4] Moderner Vorkurs der Elementarmathematik. 6. Auflage. Verlag Harri Deutsch, Thun und Frankfurt/Main 1985

[5] Müller, F.: Fünfstellige Logarithmen und andere mathematische Tafeln. 15. Auflage. Verlag Harri Deutsch, Thun und Frankfurt/Main 1970

[6] Segeth, W.: Elementare Logik. VEB Deutscher Verlag der Wissenschaften Berlin 1967

Sachwortverzeichnis

Reihe Mathematik für Ingenieure

Die „Reihe Mathematik für Ingenieure" – unterteilt in Vorstufe, Grundwerk und Ergänzungsbände – bringt im Baukastensystem die Mathematik von der Hauptschule bis zu speziellen Methoden für verschiedene Sondergebiete der Fachhochschulen. Dabei wurde besonderer Wert auf eine didaktisch gute Darstellung und zahlreiche durchgerechnete Beispiele und Übungsaufgaben gelegt.
Das ursprüngliche Ziel dieser Reihe war es, die Mathematik, die an Fach- und Fachhochschulen gelehrt wird, in einer Reihe preiswerter Lehrbücher gut darzustellen. In der Praxis zeigte sich dann, daß die Reihe aufgrund ihrer didaktischen Qualitäten weit über den ursprünglichen Interessentenkreis hinaus Beachtung fand.
So arbeiten neben Schülern an Fachschulen, Studierenden an Fachhochschulen, Technikern, Ingenieuren und Lehrkräften zahlreiche Autodidakten, Teilnehmer an Fernlehrgängen, Volkshochschul- und Abendkursen, Mittel- und Oberschüler sowie Hochschulstudenten der Anfangssemester erfolgreich mit diesen Büchern. Da sie sich gerade zum Selbststudium hervorragend eignen, sind die Bände auch all denen zu empfehlen, die mit der Mathematik Schwierigkeiten haben. Sie können unter den Bänden der „Reihe Mathematik für Ingenieure" den oder die ihren Vorkenntnissen entsprechenden Titel auswählen.

Reihe Mathematik für Ingenieure: Vorstufe

Moderner Vorkurs der Elementarmathematik

Von einer Autorengemeinschaft. Federführend: Hans Kreul. 5. Auflage. 583 Seiten. 523 Abbildungen. 857 Aufgaben mit Lösungen. 17,5 × 23,5 cm. Kunstleder. ISBN 3 87144 729 3
Dieser Band stellt die mengentheoretische Fassung des „Lehrganges der Elementarmathematik" dar und ist als Vorstufe zu den Bänden „Algebra und Geometrie für Ingenieure" und „Analysis für Ingenieure" zu verwenden.

Reihe Mathematik für Ingenieure: Grundwerk

Lehr- und Übungsbuch Mathematik

Band I: Arithmetik, Algebra und elementare Funktionenlehre (mit einem Anhang Logik und Mengenlehre)
Von einer Autorengemeinschaft. Federführend: Fritz Bewert und Willy Bennewitz. 18. Auflage. 536 Seiten. 124 Abbildungen. 1279 Aufgaben mit Lösungen. 213 Wiederholungsaufgaben ohne Lösungen. Formelsammlung als Beilage. 17,5 × 23,5 cm. Kunstleder.
ISBN 3 87144 4014

Band II: Planimetrie, Stereometrie und Trigonometrie der Ebene
Von einer Autorengemeinschaft. Federführend: Fritz Bewert und Heinz Pester. 17. Auflage. 382 Seiten. 581 Abbildungen. 566 Aufgaben mit Lösungen. 150 Wiederholungsaufgaben ohne Lösungen. 15 Raumbilder als Beilage. 17,5 × 23,5 cm. Kunstleder. ISBN 3 87144 402 2

Band III: Analytische Geometrie, Vektorrechnung und Infinitesimalrechnung
Von einer Autorengemeinschaft. Federführend: Wilhelm Leupold. 18. Auflage. 654 Seiten. 374 Abbildungen. 1080 Aufgaben mit Lösungen. 17,5 × 23,5 cm. Kunstleder. ISBN 3 87144 403 0
Dieses Werk stellt im Gegensatz zur zweibändigen mengentheoretischen Fassung („Algebra und Geometrie für Ingenieure", „Analysis für Ingenieure") die allgemeine Fassung dar. Die Vorstufe dazu bildet der „Lehrgang der Elementarmathematik".

Band IV: Sonderausgabe des Bandes „Ausgewählte Kapitel der Mathematik für Ingenieure und Ökonomen"

Reihe Mathematik für Ingenieure: Grundwerk

Algebra und Geometrie für Ingenieure
Von einer Autorengemeinschaft. Federführend: Heinz Nickel. 14. Auflage. 590 Seiten. 365 Abbildungen. 1062 Aufgaben mit Lösungen. 17,5 × 23,5 cm. Kunstleder. ISBN 3 87144 107 4
Die Bände „Algebra und Geometrie für Ingenieure" und „Analysis für Ingenieure" stellen die auf zwei Bände konzentrierte mengentheoretische Fassung der Bände I–III des „Lehr- und Übungsbuches Mathematik" dar und setzen etwa die Kenntnisse der „Mittleren Reife" voraus. Die Vorstufe dazu bildet der „Moderne Vorkurs der Elementarmathematik".

Analysis für Ingenieure

Von einer Autorengemeinschaft. Federführend: W. Leupold. 16. Auflage. 663 Seiten. 400 Abbildungen. 771 Aufgaben mit Lösungen. 1 Beilage: Integraltafeln. 17,5 × 23,5 cm. Kunstleder. ISBN 3 87144 103 1